INDUSTRIAL ENGINEER INDUSTRIAL SAFETY

산업안전 산업기사

필기

경국현 저

SYED
세영에듀

세영직업전문학교(세영에듀)에서 출판된 수험서 구입시
유튜브에서 동영상강의를 무료로 시청하실 수 있습니다.

[무료 시청 과정]

- 산업안전기사 필기·실기
- 건설안전기사 필기·실기
- 산업안전산업기사 필기·실기
- 건설안전산업기사 필기·실기
- 소방설비기사(기계분야) 필기·실기
- 소방설비기사(전기분야) 필기·실기
- 일반기계기사 필기

머리말

본서는 수년간의 실무경험과 강의경험을 통해 열악한 환경과 모자라는 시간 속에서 산업안전산업기사를 준비하는 수험생들에게 단기간에 가장 효율적인 학습이 되도록 구성하였고 수험자가 반드시 알아야 할 중요한 내용을 요약·정리하였으며, 엄선된 예상문제를 선정·수록하여 산업안전산업기사 시험에 대비할 수 있도록 최선을 다하였습니다.

본 교재의 특징

- 최근 변경된 한국산업인력관리공단의 출제기준에 맞추어 재편집 하였습니다.
- 최근 CBT문제를 복원·수록하여 수험자가 단기 합격할 수 있도록 하였습니다.
- 과목별 핵심이론, 단원별 실전문제 및 종합예상문제와 상세한 해설로 문제해결을 쉽게 할 수 있도록 하였습니다.

본 교재를 충분히 공부하여 산업안전산업기사 자격시험에 합격되시기를 기원하며 차후 변경되는 출제경향 및 과년도 문제 등을 수록하여 계속 보완하도록 하겠습니다.
끝으로 본서를 출간함에 있어 도움을 주시고 지도하여주신 모든 선후배님들께 감사를 드리며 그동안 본 수험서의 발행에 힘써주신 세영직업전문학교 대표님과 임직원들께 진심으로 감사드립니다.

저자 경국현

시험 정보

 산업안전산업기사 필기 출제기준

직무분야	안전관리	중직무분야	안전관리	자격종목	산업안전산업기사	적용기간	2025.01.01 ~2026.12.31

○ 직무내용: 제조 및 서비스업 등 각 산업현장에 소속되어 산업재해 예방계획 수립에 관한 사항을 수행하여 작업환경의 점검 및 개선에 관한 사항, 사고 사례 분석 및 개선에 관한 사항, 근로자의 안전교육 및 훈련 등을 수행하는 직무이다.

필기검정방법	객관식	문제수	100	시험시간	2시간 30분

필기과목명	문제수	주요항목	세부항목
[1과목] 산업재해 예방 및 안전보건교육	20	1. 산업재해예방 계획수립	1. 안전관리
			2. 안전보건관리 체제 및 운용
		2. 안전보호구 관리	1. 보호구 및 안전장구 관리
		3. 산업안전심리	1. 산업심리와 심리검사
			2. 직업적성과 배치
			3. 인간의 특성과 안전과의 관계
		4. 인간의 행동과학	1. 조직과 인간행동
			2. 재해 빈발성 및 행동과학
			3. 집단관리와 리더십
			4. 생체리듬과 피로
		5. 안전보건교육의 내용 및 방법	1. 교육의 필요성과 목적
			2. 교육방법
			3. 교육실시 방법
			4. 안전보건교육계획 수립 및 실시
			5. 교육내용
		6. 산업안전 관계법규	1. 산업안전보건법령
[2과목] 인간공학 및 위험성 평가·관리	20	1. 안전과 인간공학	1. 인간공학의 정의
			2. 인간-기계체계
			3. 체계설계와 인간요소
			4. 인간요소와 휴먼에러
		2. 위험성 파악·결정	1. 위험성 평가
			2. 시스템 위험성 추정 및 결정
		3. 위험성 감소대책 수립·실행	1. 위험성 감소대책 수립 및 실행

필기과목명	문제수	주요항목	세부항목
[2과목] 인간공학 및 위험성 평가 · 관리	20	4. 근골격계질환예방 관리	1. 근골격계 유해요인
			2. 인간공학적 유해요인 평가
			3. 근골격계 유해요인 관리
		5. 유해요인 관리	1. 물리적 유해요인 관리
			2. 화학적 유해요인 관리
			3. 생물학적 유해요인 관리
		6. 작업환경 관리	1. 인체계측 및 체계제어
			2. 신체활동의 생리학적 측정법
			3. 작업 공간 및 작업자세
			4. 작업측정
			5. 작업환경과 인간공학
			6. 중량물 취급 작업
[3과목] 기계 · 기구 및 설비 안전 관리	20	1. 기계안전시설 관리	1. 안전시설 관리 계획하기
			2. 안전시설 설치하기
			3. 안전시설 유지 · 관리하기
		2. 기계분야산업재해 조사	1. 재해조사
		3. 기계설비 위험요인 분석	1. 공작기계의 안전
			2. 프레스 및 전단기의 안전
			3. 기타 산업용 기계 기구
			4. 운반기계 및 양중기
		4. 기계안전점검	1. 안전점검계획 수립
			2. 안전점검 실행
			3. 안전점검 평가
		5. 기계설비 유지 · 관리	1. 기계설비 위험요인 대책 제시
			2. 기계설비 유지 · 관리
[4과목] 전기 및 화학설비 안전 관리	20	1. 전기작업 안전관리	1. 전기작업의 위험성 파악
			2. 전기작업 안전 수행
			3. 전기설비 및 기기
		2. 감전재해 및 방지대책	1. 감전재해 예방 및 조치
			2. 감전재해의 요인
			3. 절연용 안전장구
		3. 정전기 장 · 재해 관리	1. 정전기 위험요소 파악
			2. 정전기 위험요소 제거

시험 정보

필기과목명	문제수	주요항목	세부항목
[4과목] 전기 및 화학설비 안전 관리	20	4. 전기 방폭 관리	1. 전기방폭설비
			2. 전기방폭 사고예방 및 대응
		5. 전기설비 위험요인 관리	1. 전기설비 위험요인 파악
			2. 전기설비 위험요인 점검 및 개선
		6. 화재 · 폭발 검토	1. 화재 · 폭발 이론 및 발생 이해
			2. 소화 원리 이해
			3. 폭발방지대책 수립
		7. 화학물질 안전관리 실행	1. 화학물질(위험물, 유해화학물질) 확인
			2. 화학물질(위험물, 유해화학물질) 유해 위험성 확인
			3. 화학물질 취급설비 개념 확인
		8. 화공 안전운전 · 점검	1. 안전점검계획 수립
			2. 설비 및 공정 안전
			3. 안전점검 평가
[5과목] 건설공사 안전 관리	20	1. 건설현장 안전점검	1. 안전점검 계획 수립
			2. 안전점검 고려사항
		2. 건설현장 유해·위험요인관리	1. 건설공사 유해·위험요인 확인
		3. 건설업 산업안전보건관리비 관리	1. 건설업 산업안전보건관리비 규정
		4. 건설현장 안전시설 관리	1. 안전시설 설치 및 관리
			2. 건설공구 및 기계
		5. 비계 · 거푸집 가시설 위험방지	1. 건설 가시설물 설치 및 관리
		6. 공사 및 작업 종류별 안전	1. 양중 및 해체 공사
			2. 콘크리트 및 PC 공사
			3. 운반 및 하역작업

 국가기술자격시험 안내

(1) 국가기술자격 응시자격 안내

등급	응시자격
기사	다음 각 호의 어느 하나에 해당하는 사람 1. 산업기사 등급 이상의 자격을 취득한 후 응시하려는 종목이 속하는 동일 및 유사 직무분야에서 1년 이상 실무에 종사한 사람 2. 기능사 자격을 취득한 후 응시하려는 종목이 속하는 동일 및 유사 직무분야에서 3년 이상 실무에 종사한 사람 3. 응시하려는 종목이 속하는 동일 및 유사 직무분야의 다른 종목의 기사 등급 이상의 자격을 취득한 사람 4. 관련학과의 대학졸업자 등 또는 그 졸업예정자 5. 3년제 전문대학 관련학과 졸업자 등으로서 졸업 후 응시하려는 종목이 속하는 동일 및 유사 직무분야에서 1년 이상 실무에 종사한 사람 6. 2년제 전문대학 관련학과 졸업자 등으로서 졸업 후 응시하려는 종목이 속하는 동일 유사 직무분야에서 2년 이상 실무에 종사한 사람 7. 동일 및 유사 직무분야의 기사 수준 기술훈련과정 이수자 또는 그 이수예정자 8. 동일 및 유사 직무분야의 산업기사 수준 기술훈련과정 이수자로서 이수 후 응시하려는 종목이 속하는 동일 및 유사 직무분야에서 2년 이상 실무에 종사한 사람 9. 응시하려는 종목이 속하는 동일 및 유사 직무분야에서 4년 이상 실무에 종사한 사람 10. 외국에서 동일한 종목에 해당하는 자격을 취득한 사람
산업기사	다음 각 호의 어느 하나에 해당하는 사람 1. 기능사 등급 이상의 자격을 취득한 후 응시하려는 종목이 속하는 동일 및 유사 직무분야에 1년 이상 실무에 종사한 사람 2. 응시하려는 종목이 속하는 동일 및 유사 직무분야의 다른 종목의 산업기사 등급 이상의 자격을 취득한 사람 3. 관련학과의 2년제 또는 3년제 전문대학졸업자 등 또는 그 졸업예정자 4. 관련학과의 대학졸업자 등 또는 그 졸업예정자 5. 동일 및 유사 직무분야의 산업기사 수준 기술훈련과정 이수자 또는 그 이수예정자 6. 응시하려는 종목이 속하는 동일 및 유사 직무분야에서 2년 이상 실무에 종사한 사람 7. 고용노동부령으로 정하는 기능경기대회 입상자 8. 외국에서 동일한 종목에 해당하는 자격을 취득한 사람

시험 정보

(2) 국가기술자격 시험 원서접수(필기/실기) 안내

필기원서접수	• Q-net을 통한 인터넷 원서접수 • 필기접수 기간 내 수험원서 인터넷 제출 • 사진[(6개월 이내에 촬영한 90×120픽셀 사진파일(JPG)], 수수료 전자결제 • 시험장소 본인 선택(선착순)
필기시험	• 수험표, 신분증, 필기구(흑색 사인펜 등) 지참
합격자 발표	• Q-net을 통한 합격 확인(마이페이지 등) • 응시자격(기술사, 기능장, 산업기사, 서비스 분야 일부 종목) • 제한종목은 합격예정자 발표일로부터 8일 이내(토, 공휴일 제외) • 반드시 응시자격서류를 제출하여야 되며 단, 실기접수는 4일임
실기원서 접수	• 실기접수기간 내 수험원서 인터넷(www.Q-net.or.kr) 제출 • 사진[6개월 이내에 촬영한 반명함판 사진파일(JPG)], 수수료(정액) • 시험일시, 장소, 본인 선택(선착순) • 단, 기술사 면접시험은 시행 10일 전 공고
실기시험	• 수험표, 신분증, 필기구 지참
최종합격자 발표	• Q-net을 통한 합격 확인(마이페이지 등)
자격증 발급	• 인터넷 : 공인인증 등을 통한 발급, 택배 가능 • 방문수령 : 여권규격사진 및 신분확인서류

(3) 2025년 국가기술자격 시행일정

구분	필기원서접수 (휴일제외)	필기시험	필기 합격자 발표	실기원서접수 (휴일제외)	실기시험	실기 합격자 발표
산업기사 1회	1.13~1.16 빈자리 추가접수기간 2.1~2.2	2.7~3.4	3.12	3.24~3.27	4.20	6.5
산업기사 2회	4.14~4.17	5.10~5.30	6.11	6.23~6.26	7.19	9.5
산업기사 3회	7.21~7.24	8.9~9.1	9.10	9.22~9.25	11.2	12.5

차 례

제1과목 | 산업재해예방 및 안전보건교육

▌제1편▐ 산업재해예방

제1장 안전관리 개요

1 안전제일의 유래 및 이념 ·· 3
2 사고(accident)의 정의 ··· 3
3 안전사고와 재해 ··· 3
4 산업재해의 분류 ··· 4
5 재해발생의 메커니즘(mechanism) ·· 5
6 재해 원인의 연쇄 관계 ·· 6
7 재해발생의 메커니즘(3가지의 구조적 요소) ······································· 8
8 재해발생 비율 ··· 8
9 재해예방의 원칙 및 위험관리 기법 ·· 9
10 사고 예방대책의 기본원리(사고방지원리의 단계) ···························· 9
11 무재해운동 이론 ··· 10
12 위험예지 훈련 ·· 10
13 ECR의 제안제도 ··· 11
14 안전확인 5가지 운동 ··· 12
15 STOP(safety training observation program) ································ 12
▌실전문제 ··· 13

제2장 안전관리 체계 및 운영

1 안전관리 조직의 형태 ·· 19
2 산업안전보건법상의 안전 보건관리 조직 체계도 및 업무내용 ········ 21
3 안전조직의 일반적인 업무내용 ··· 22
4 산업안전보건위원회 ··· 23
5 안전관리 규정 ··· 24
6 안전관리 계획 ··· 25
7 안전보건개선계획 ·· 26
▌실전문제 ··· 29

차 례

제3장 재해조사 및 통계분석

1 재해조사의 목적 및 순서 · 34
2 재해발생시의 조치사항 · 34
3 재해발생의 메카니즘(mechanism) · 35
4 불안전한 행동별 원인 · 35
5 통계적 원인 분석 방법 · 35
6 재해율 · 36
7 세이프 티 스코어(SafeT.score) · 38
8 재해손실비 · 38
9 재해사례 연구의 진행단계 · 39
▌실전문제 · 40

제4장 안전점검 및 작업분석

1 안전점검 · 47
2 작업표준 · 48
3 작업위험 분석 · 49
4 동작 경제의 3원칙 · 49
5 안전인증 · 50
6 안전검사 · 52
▌실전문제 · 55

제5장 보호구 및 안전표지

1 보호구의 개요 · 61
2 안전모 · 62
3 눈의 보호구(보안경) · 64
4 안면보호구(보안면) · 66
5 귀 보호구 · 67
6 호흡용 보호구 · 68
7 손의 보호구 · 73
8 발의 보호구 · 74
9 안전대 · 75
10 색채조절 · 77

11 산업안전 표지 ··· 77
12 색의 종류 및 사용범위(KSD) ··· 79
▌ 실전문제 ··· 81
✔ 종합예상문제 ·· 88

▌제2편▌ 안전보건교육

제1장 산업심리학

1 산업심리학의 정의 및 목적 ··· 109
2 산업심리학과 관련이 있는 학문 ·· 109
3 호오도온(Hawthorne) 실험 ·· 109
4 개성 및 욕구와 사회행동의 기본형태 ······································ 110
5 인간관계의 메커니즘 및 관리방식 ··· 110
6 집단관리 ·· 111
7 직장에서의 적응과 부적응 ··· 112
8 모랄 서어베이 ·· 113
9 카운셀링(counseling) ··· 113
10 리더십 ·· 114
11 적성의 요인 및 적성발견의 방법 ··· 115
12 성격검사 ··· 116
13 심리검사 ··· 117
14 적성배치와 인사관리 ··· 117
15 안전사고의 요인 ··· 118
16 산업안전 심리의 요소 ··· 118
17 재해 빈발설 ·· 119
18 사고경향성자(재해 누발자, 재해 다발자)의 유형 ···················· 119
19 Lewin. K의 법칙 ··· 120
20 인간변화의 4단계(인간 변용의 메커니즘) ······························· 120
21 동기부여이론 ·· 120
22 동기유발요인 ·· 123
23 착오의 메커니즘 및 착오요인 ·· 123
24 착시(Optical Illusion) ··· 124
25 인간의 동작 특성 및 동작실패의 원인이 되는 조건 ················ 125

26 간결성의 원리 ·· 126
27 주의력과 부주의 ·· 127
28 의식 수준의 단계 ·· 128
29 피로 ··· 128
30 바이오리듬(biorhythm : 생체리듬) ······································ 130
31 스트레스의 주요원인 ··· 130
▌ 실전문제 ··· 131

제2장 안전보건교육

1 교육의 3요소 ·· 150
2 학습지도의 정의 및 원리 ··· 150
3 교육지도(학습지도)의 8원칙 ·· 151
4 교육법의 4단계 및 교육시간 ··· 152
5 학습의 이론 ·· 153
6 기억 및 망각 ·· 153
7 연습 ··· 154
8 학습의 전이 ·· 155
9 적응기제(適應機制) ·· 155
10 안전교육의 기본방향 및 목적 ·· 156
11 안전교육의 3단계 ·· 156
12 안전교육의 단계별 교육과정 ··· 157
13 안전교육 계획 ·· 157
14 기능(기술)교육의 진행방법 ··· 158
15 안전교육 방법 ·· 159
16 기업 내 정형교육 ·· 161
17 O·J·T와 off·J·T ··· 162
18 교육방법의 선택 ··· 162
19 시청각 교육 ·· 163
20 강의 계획 ·· 164
21 교육훈련 평가의 기준 ··· 164
22 교육훈련 평가의 4단계 ··· 165
23 교육과목에 따른 학습평가 방법 ·· 165
24 산업안전보건법관련 교육과정별 교육대상 및 교육내용 ········· 165

| ▋ 실전문제 | 170 |
| ✔ 종합예상문제 | 184 |

제2과목 | 인간공학 및 위험성 평가관리

▋제1편▋ 인간공학

제1장 안전과 인간공학

1 안전과 인간공학 ······ 205
2 체계의 특성 및 인간기계 체계 ······ 205
3 작업설계에 있어서의 인간의 가치기준 ······ 207
4 인간 요소적 평가 과정 ······ 207
5 인간공학의 연구 방법 및 인간공학의 기여도 ······ 207
6 체계개발에 있어서의 기준 및 기준의 요건 ······ 208
7 휴먼에러(human error) ······ 209
8 미확인 경우 및 착오의 메커니즘 ······ 210
9 인간 및 기계의 신뢰성 요인 ······ 211
10 신뢰도 ······ 212
11 고장 및 System의 수명 ······ 213
12 인간에 대한 monitoring 방식 ······ 214
13 fail-safety 및 lock system ······ 214
14 체계의 제어 ······ 214
15 인체계측 ······ 215
16 생리학적 측정법 및 작업의 종류에 따른 생리학적 측정법 ······ 216
17 에너지 소모량의 산출 ······ 216
18 작업공간 및 작업대 ······ 217
19 기계 통제장치의 유형 ······ 218
20 통제기기의 설정조건 ······ 218
21 통제 표시비(통제비) ······ 218
22 인간의 특정감각(sensory modality)을 통하여 환경으로부터 받아들이는 자극차원 ······ 220
23 인간기억의 정보량 ······ 220

24 표시장치로 나타내는 정보의 유형 및 표시장치의 종류 ········· 220
25 청각장치와 시각장치의 선택(특정 감각의 선택) ········· 221
26 암호체계 사용상의 일반적인 지침 ········· 221
27 속도압박과 부하압박 ········· 221
28 다중감각입력 및 신호검출이론 ········· 222
29 인간의 기술 ········· 222
30 양립성(compatibility) ········· 223
31 디스플레이(display)가 형성하는 목시각 ········· 223
32 시각적 표시장치 ········· 223
33 청각적 표시장치 ········· 225
34 동적인 촉각적 표시장치 ········· 226
35 신체 활동 및 생리적 배경 ········· 226
36 조정장치의 저항력 ········· 227
37 이력현상 및 사공간 ········· 227
38 운동관계의 양립성 ········· 228
39 온도와 열 압박 ········· 228
40 조 명 ········· 229
41 휘광(glare)의 처리 ········· 230
42 시각 및 색각 ········· 231
43 소 음 ········· 232
44 진동 및 기동중의 착각 ········· 234

제2장 근골격계 질환 예방관리

1 근골격계 질환의 정의·종류 ········· 235
2 근골격계 질환의 발생원인 ········· 235
3 근골격계 부담작업 ········· 236
4 근골격계 질환의 관리방안 ········· 237
5 근골격계질환 예방관리 프로그램 ········· 238
6 근골격계질환 예방관리 프로그램의 기본 진행순서, 기본원칙, 기본방향 등 ········· 238
7 근골격계질환 예방·관리 추진팀 및 보건관리자의 역할 ········· 239

제3장 유해요인 조사

1 근골격계부담작업 유해요인조사 지침(한국 산업안전보건공단 기술지침) ········· 240
2 유해요인조사도욱 중 JSI(jop strain index)의 평가항목 ········· 241

  3 유해요인의 개선방법 ·· 241
  4 유해요인의 공학적, 관리적 개선사례 ·· 241

제4장 인간공학적 유해요인 평가(작업부하 평가)

  1 들기작업공식(NLE; NIOSH Lifting Equation) ································· 242
  2 OWAS(ovako working-posture analysing system) ··························· 243
  3 RULA(rapid upper limb assessment) ·· 243
  4 REBA(rapid entire body assessment) ·· 244
  ▌실전문제 ·· 245

제2편 ▌위험성 평가관리

제1장 위험성 파악 결정

  1 시스템의 구성요소 및 기능 ·· 271
  2 시스템 안전관리 ·· 271
  3 시스템 안전의 달성 ··· 272
  4 위험성의 분류 및 FAFR ·· 272
  5 설비도입 및 제품 개발 단계의 안전성 평가 ································· 273
  6 PHA(예비사고분석) ·· 274
  7 FHA(결함사고분석) ·· 274
  8 FMEA(고장형태와 영향분석) ·· 275
  9 CA(위험도 분석) ·· 276
  10 DT(디시젼 트리)와 ETA(사상수분석법) ·· 276
  11 THERP(인간과오율예측기법) ·· 277
  12 MORT(경영소홀과 위험수분석) ·· 277
  13 O&SHA(운용 및 지원 위험분석) ·· 277
  14 HAZOP(위험 및 운전성 검토) ·· 278
  15 멀티플체크 ·· 280
  16 위험(risk) 처리(조정)기술 ··· 280
  17 F.T.A(결함수 분석법) ·· 280
  18 공장설비의 안전성 평가 ·· 284
  19 화학설비의 안전성 평가 ·· 285

차례

제2장 위험성 감소 대책 수립 · 실행

    1 위험성 평가의 개요 ··· 287
    2 위험성 평가의 방법 ··· 288
    3 위험성 평가의 절차 ··· 289
    4 위험성 평가의 실시시기 ··· 291
    ▌ 실전문제 ·· 293
    ✔ 종합예상문제 ··· 310

제3과목 | 기계 · 기구 및 설비 안전관리

제1장 기계안전의 개념

    1 기계의 위험 및 안전조건 ··· 339
    2 기계의 방호 ·· 344
    ▌ 실전문제 ·· 348

제2장 공작기계의 안전

    1 기계설비의 안전조건 ··· 357
    2 소성 가공기계의 안전 ··· 366
    3 용접장치의 안전 ··· 374
    ▌ 실전문제 ·· 380

제3장 산업용 기계안전기술

    1 보일러 안전 ·· 401
    2 압력용기 및 공기압축기 안전 ·· 405
    3 산업용 로봇의 안전 ··· 406
    4 운반기계 및 양중기의 안전 ··· 408
    ▌ 실전문제 ·· 418
    ✔ 종합예상문제 ··· 430

제4과목 | 전기 및 화학설비 안전관리

▮제1편▮ 전기설비 안전관리

제1장 전격재해 및 방지대책

1 전기재해의 종류 및 특성 ·· 455
2 전격현상의 메커니즘 및 위험도 결정조건 ··· 455
3 통전전류에 의한 인체의 영향 ·· 456
4 인체의 전기저항 및 안전전압 ·· 458
5 감전사고 발생 후의 처리 및 응급조치 ·· 459
6 감전사고 방지 ·· 459
7 전자파의 종류 및 전자파 장해의 방지대책 ··· 460
▮ 실전문제 ··· 461

제2장 전기설비기기 및 전기작업안전

1 전기설비 및 기기 ·· 466
2 전기작업안전 ·· 472
3 전기설비안전 ·· 478
4 교류 아크용접작업의 안전 ·· 483
▮ 실전문제 ··· 486

제3장 전기화재 예방대책

1 전기화재의 원인 분류 ··· 500
2 발화단계 및 착화에너지 ·· 501
3 전기화재의 방지대책 및 발화원의 관리 ·· 501
▮ 실전문제 ··· 504

제4장 정전기 재해 방지대책

1 정전기 이론 ·· 508
2 정전기 재해 방지대책 ··· 511
▮ 실전문제 ··· 516

차 례

제5장 전기설비의 방폭

1 폭발성가스의 위험특성 ··· 522
2 방폭대책의 기본사항 ··· 523
3 폭발성가스 및 분진 ··· 523
4 위험장소 ··· 525
5 방폭구조 ··· 526
▌실전문제 ··· 530
✔ 종합예상문제 ··· 538

▌제2편▌ 화학설비 안전관리

제1장 위험물의 화학 이론

1 위험물의 기초 화학 ··· 557
2 화학반응 ··· 557
3 연소 이론 ·· 558
4 위험물의 종류 및 성상 ·· 561
5 위험물질의 특성 등 ··· 564
6 고압가스 ··· 566
7 유해물질관리 ··· 567
8 소화이론 및 소화약제 ·· 570
▌실전문제 ··· 574

제2장 폭발방지 안전대책 및 방호

1 화 재 ··· 588
2 폭발 및 폭굉 ·· 589
3 폭발의 분류 ··· 590
4 가연성가스의 폭발한계 ·· 591
5 발화원 ·· 592
6 폭발압력 ··· 593
7 화재 및 폭발 방호 ··· 594
▌실전문제 ··· 596

제3장 화학설비 등의 안전

- 1 반응기 ··· 606
- 2 보일러 ·· 607
- 3 증류탑 ·· 608
- 4 열교환기 ·· 610
- 5 건조 설비 ·· 610
- 6 화학설비 및 특수화학설비 ···································· 611
- 7 제어장치 ·· 612
- 8 안전장치 ·· 612
- 9 배관부속품 ··· 614
- 10 압력계 및 유량계 ·· 614
- 11 송풍기와 압축기의 구분 및 종류 ····················· 615
- ▌ 실전문제 ··· 616
- ✔ 종합예상문제 ··· 628

제5과목 | 건설공사 안전관리

제1장 건설공사 안전의 개요

- 1 지반의 안전성 ·· 651
- 2 유해·위험방지계획 ··· 654
- 3 표준 안전 관리비 ·· 655
- ▌ 실전문제 ··· 657

제2장 건설기계 안전

- 1 굴착기계 ·· 664
- 2 토공기계 ·· 664
- 3 운반기계 ·· 665
- 4 법상 차량계 건설기계 및 하역 운반기계 ········· 667
- 5 건설용 양중기 ·· 670
- ▌ 실전문제 ··· 674

제3장　건설재해 및 대책

1 추락재해 ··· 680
2 낙하·비래재해 ··· 683
3 붕괴재해 ··· 684
4 감전안전 ··· 690
▌실전문제 ··· 694

제4장　건설 가시설물 안전

1 비계 설치기준 ··· 705
2 가설통로 설치기준 ··· 708
3 거푸집 설치 기준 ··· 710
▌실전문제 ··· 716

제5장　운반·하역작업 안전 및 기타 작업 안전

1 운반작업 ··· 734
2 하역작업 ··· 735
3 해체작업 ··· 736
▌실전문제 ··· 738
✔ 종합예상문제 ··· 746

부 록 | 과년도 기출문제 [산업안전산업기사]

[2020년 과년도 기출문제]
- 제1·2회 산업안전산업기사 ··· 765
- 제3회 산업안전산업기사 ··· 782

[2021년 과년도 기출문제]
- 제1회 산업안전산업기사 ··· 802
- 제2회 산업안전산업기사 ··· 818
- 제3회 산업안전산업기사 ··· 836

[2022년 과년도 기출문제]
- 제1회 산업안전산업기사 ·· 854
- 제2회 산업안전산업기사 ·· 873
- 제3회 산업안전산업기사 CBT 복원 기출문제 ·· 893

[2023년 과년도 기출문제]
- 제1회 산업안전산업기사 CBT 복원 기출문제 ·· 912
- 제2회 산업안전산업기사 CBT 복원 기출문제 ·· 931
- 제3회 산업안전산업기사 CBT 복원 기출문제 ·· 950

[2024년 과년도 기출문제]
- 제1회 산업안전산업기사 CBT 복원 기출문제 ·· 968
- 제2회 산업안전산업기사 CBT 복원 기출문제 ·· 988
- 제3회 산업안전산업기사 CBT 복원 기출문제 ·· 1008

[2025년 과년도 기출문제]
- 제1회 산업안전산업기사 CBT 복원 기출문제 ·· 1028

CONTENTS

PART 01 | 산업재해 예방
PART 02 | 안전보건교육

1 과목

산업재해 예방 및 안전보건교육

1편 산업재해 예방

1장 안전관리 개요

1 안전제일의 유래 및 이념

(1) 안전제일의 유래

    1) U. S. Steel Co.의 게리(E. H. Gary) 사장이 주장
    2) 경영방침 : 안전 제1, 품질 제2, 생산 제3으로 정함

(2) 안전제일이념 : 인도주의가 바탕이 된 인간존중

(3) 산업안전의 이념(안전관리의 효과)

    1) 인간존중 : 안전제일 이념
    2) 생산성 향상 및 품질향상 : 안전태도 개선 및 손실예방
    3) 기업의 경제적 손실예방 : 재해로 인한 인적·재산손실예방
    4) 대외여론 개선으로 신뢰성 향상 : 노사협력의 경영태세 완성
    5) 사회복지증진 : 경제성 향상

2 사고(accident)의 정의

(1) 원하지 않는 사상(undesired event) : 예측할 수 없는 사상
(2) 비효율적인 사상(inefficient) : 뉴욕대학의 Cutter 교수가 주장
(3) 변형된 사상(Strained event) : stress의 한계를 넘어선 변형된 사상은 모두 사고다.

3 안전사고와 재해

(1) 안전사고 : 고의성이 없는 어떤 불안전한 행동이나 조건이 선행되어 발생하는 사고를 말한다.
(2) 재해(loss, calamity) : 안전사고의 결과로 일어난 인명피해 및 재산의 손실을 말한다.
(3) 무상해 무사고(Near Accident) : 인명이나 물적 등 일체의 피해가 없는 사고를 말한다.(앗차사고, 위험순간 등)

(4) 산업안전보건법상의 산업재해 정의 : 노무를제공하는 사람이 업무에 관계되는 건설물, 설비, 원자재, 가스, 증기, 분진 등에 의하거나 작업 또는 그밖의 업무에 기인하여 사망 또는 부상하거나 질병에 걸리는 것을 말한다.

(5) 중대재해(시행규칙 제3조)

1) 사망자가 1명 이상 발생한 재해
2) 3개월 이상의 요양이 필요한 부상자가 동시에 2명 이상 발생한 재해
3) 부상자 또는 직업성질병자가 동시에 10명 이상 발생한 재해

> **길잡이**
>
> 안전사고의 본질적 특성
> 1) 사고발생의 시간성   2) 우연성 중의 법칙성
> 3) 필연성 중의 우연성   4) 사고의 재현 불가능성

4 산업재해의 분류

(1) 상해정도별 분류(ILO에 의한 구분)

1) 사망
2) 영구전노동불능(1~3급)
3) 영구일부노동불능(4~14급)
4) 일시전노동불능
5) 일시일부노동불능
6) 구급처치상해(응급조치상해)

(2) 상해종류에 의한 분류

분류항목	세 부 항 목
1. 골절	뼈가 부러진 상해
2. 동상	저온물 접촉으로 생긴 동상 상해
3. 부종	국부의 혈액순환에 이상으로 몸이 퉁퉁 부어오르는 상해
4. 찔림(자상)	칼날 등 날카로운 물건에 찔린 상해
5. 타박상(삐임)	타박, 충돌, 추락 등으로 피부표면 보다는 피하조직 또는 근육부를 다친 상해(삔 것 포함)
6. 절단	신체부위가 절단된 상해
7. 중독·질식	음식, 약물, 가스 등에 의한 중독이나 질식된 상해
8. 찰과상	스치거나 문질러서 벗겨진 상해
9. 베임(창상)	창, 칼 등에 베인 상해
10. 화상	화재 또는 고온물 접촉으로 인한 상해

분류항목	세 부 항 목
11. 뇌진탕	머리를 세게 맞았을때 장해로 일어난 상해
12. 익사	물속에 추락해서 익사한 상해
13. 피부염	작업과 연관되어 발생 또는 악화되는 모든 피부질환
14. 청력장해	청력이 감퇴 또는 난청이 된 상해
15. 시력장해	시력이 감퇴 또는 실명된 상해
16. 기타	1-15 항목으로 분류 불능시 상해 명칭을 기재할 것

(3) 재해 형태별 분류

분류항목	세 부 항 목
1. 추락	사람이 건축물, 비계, 기계, 사다리, 계단. 경사면, 나무 등에서 떨어지는 것
2. 전도	사람이 평면상으로 넘어졌을 때를 말함(과속, 미끄러짐 포함)
3. 충돌	사람이 정지물에 부딪힌 경우
4. 낙하·비래	물건이 주체가 되어 사람이 맞은 경우
5. 협착·감김	물건에 끼워진 상태, 말려든 상태
6. 감전(전류접촉)	전기 접촉이나 방전에 의해 사람이 충격을 받은 경우
7. 폭발	압력의 급격한 발생, 개방으로 폭음을 수반한 팽창이 일어난 경우
8. 붕괴·도괴	적재물, 비계, 건축물이 무너진 경우
9. 파열	용기 또는 장치가 물리적인 압력에 의해 파열한 경우
10. 화재	화재로 인한 경우를 말하며 관련물체는 발화물을 기재
11. 무리한동작	무거운 물건을 들다 허리를 삐거나 부자연할 자세나 반동으로 상해를 입는 경우
12. 이상온도 접촉	고온이나 저온에 접촉한 경우
13. 유해물 접촉	유해물 접촉으로 중독이나 질식된 경우
14. 기타	1-13 항으로 구분 불능 시 발생형태를 기재 할 것

5 재해발생의 메커니즘(mechanism)

(1) 하인리히(Heinrich)의 사고연쇄성 이론[도미노(domino)현상]

1) 1단계 : 사회적 환경 및 유전적 요소
2) 2단계 : 개인적 결함
3) 3단계 : 불안전한 행동 및 불안전한 상태(물리적, 기계적 위험)
4) 4단계 : 사고
5) 5단계 : 재해

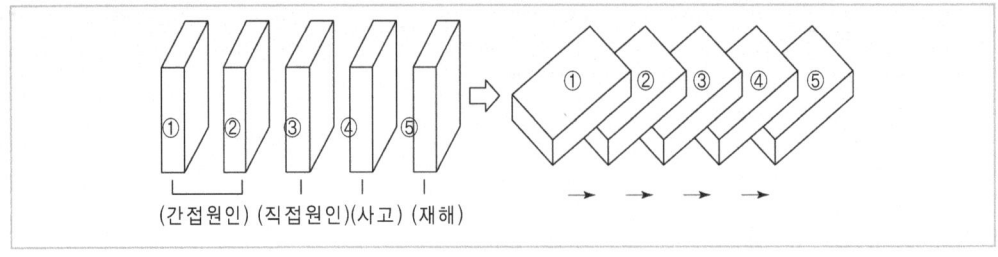

| 재해발생의 원인 |

(2) 버드(Bird)의 최신사고 연쇄성 이론

1) 1단계 : 통제의 부족 – 관리소홀(경영)
2) 2단계 : 기본원인 – 기원(원인론)
3) 3단계 : 직접원인 – 징후
4) 4단계 : 사고 – 접촉
5) 5단계 : 상해 – 손해 – 손실

(3) 아담스(Adams)의 사고연쇄성 이론

1) 1단계 : 관리구조 – 목적, 조직, 운영 등
2) 2단계 : 작전적(전략적) 에러 – 관리자 및 감독자의 행동에러
3) 3단계 : 전술적 에러
4) 4단계 : 사고 – 사고의 발생
5) 5단계 : 상해 또는 손실 – 대인, 대물

6 재해 원인의 연쇄 관계

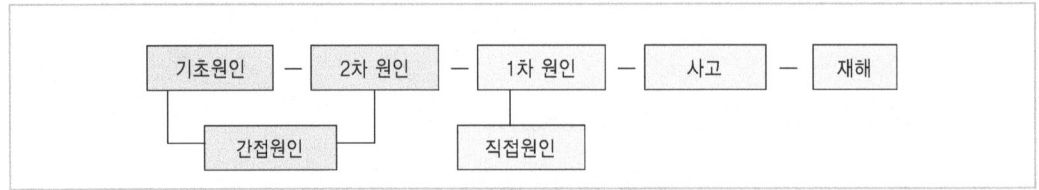

| 재해발생의 원인 |

(1) 간접원인 : 재해의 가장 깊은 곳에 존재하는 재해원인이다.

① 기초원인 : 학교 교육적 원인, 관리적 원인
② 2차원인 : 신체적 원인, 정신적 원인, 안전 교육적 원인, 기술적원인

(2) 직접원인(1차원인) : 시간적으로 사고 발생에 가까운 원인이다.

① 물적원인 : 불안전한 상태 (설비 및 환경 등의 불량)
② 인적원인 : 불안전한 행동

(3) 하인리히(Heinrich)에 의한 사고원인의 분류

① 직접원인 : 직접적으로 사고를 일으키는 불안전 행동이나 불안전한 기계적 상태를 말한다.
② 부원인(sub cause) : 불안전한 행동을 일으키는 이유 (안전작업 규칙들이 위배되는 이유)
　㉠ 부적절한 태도
　㉡ 지식 또는 기능의 결여
　㉢ 신체적 부적격
　㉣ 부적절한 기계적, 물리적 환경

(4) 직접원인 및 관리적 원인(산업재해조사표)

① 직접원인

1. 불안전한 행동	2. 불안전한 상태
① 위험장소 접근 ② 안전장치의 기능 제거 ③ 복장 보호구의 잘못사용 ④ 기계 기구 잘못 사용 ⑤ 운전 중인 기계장치의 손질 ⑥ 불안전한 속도 조작 ⑦ 위험물 취급 부주의 ⑧ 불안전한 상태 방치 ⑨ 불안전한 자세 동작 ⑩ 감독 및 연락 불충분	① 물 자체 결함 ② 안전 방호장치 결함 ③ 복장 보호구의 결함 ④ 물의 배치 및 작업장소 결함 ⑤ 작업환경의 결함 ⑥ 생산 공정의 결함 ⑦ 경계 표시, 설비의 결함

② 간접원인(관리적원인)

항 목	세 부 항 목
1. 기술적 원인	① 건물, 기계장치 설계 불량　② 구조, 재료의 부적합 ③ 생산 공정의 부적당　④ 점검, 정비보존 불량
2. 교육적 원인	① 안전의식의 부족　② 안전수칙의 오해 ③ 경험훈련의 미숙　④ 작업방법의 교육 불충분 ⑤ 유해위험 작업의 교육 불충분
3. 작업관리상의 원인	① 안전관리 조직 결함　② 안전수칙 미제정 ③ 작업준비 불충분　④ 인원배치 부적당 ⑤ 작업지시 부적당

7 재해발생의 메커니즘 (3가지의 구조적 요소)

(1) **단순자극형(집중형)** : 상호자극에 의해 순간적으로 재해가 발생하는 유형.
(2) **연쇄형** : 하나의 사고요인이 또 다른 요인을 발생시키며 재해를 발생하는 유형.
(3) **복합형** : 연쇄형과 단순자극형의 복합적인 발생유형.

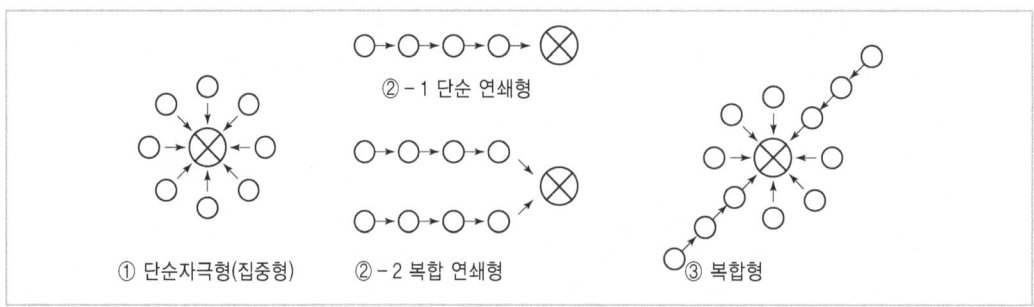

| 재해발생의 메커니즘 |

8 재해발생 비율

(1) **하인리히의 재해구성 비율**

(1 : 29 : 300의 법칙) : 중상 또는 사망 1회, 경상 29회, 무상해 사고 300회의 비율로 발생한다는 것을 나타낸다.

∴ 중상 또는 사망 : 경상 : 무상해 사고＝1 : 29 : 300

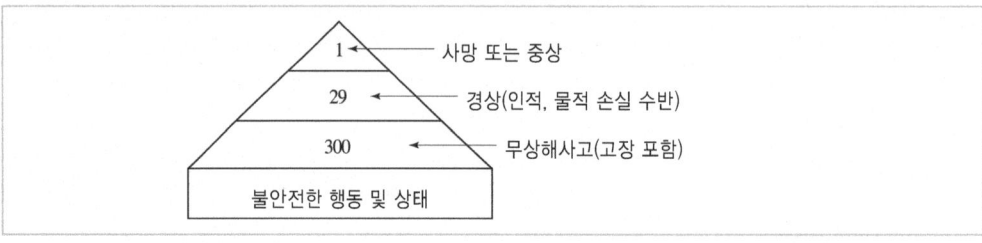

(2) **버드의 재해구성 비율** : 중상 또는 폐질 1, 경상(물적 또는 인적상해) 10, 무상해사고(물적손실) 30, 무상해 무사고 고장(위험순간) 600의 비율로 사고가 발생한다는 이론이다.

∴ 중상 또는 폐질 : 경상 : 무상해 사고 : 무상해 무사고 고장＝1 : 10 : 30 : 600

9 재해예방의 원칙 및 위험관리 기법

(1) 재해예방의 4원칙

1) 손실 우연의 원칙
2) 원인 계기의 원칙
3) 예방 가능의 원칙
4) 대책 선정의 원칙

(2) 재해방지의 기본원칙

1) 사고에 의해서 생기는 손실(상해)의 종류와 정도는 우연적이다 (1 : 29 : 300의 법칙). – 손실우연의 원칙
2) 모든 재해는 필연적인 원인에 의해서 발생한다. – 원인 계기의 원칙
3) 재해는 원칙적으로 모두 방지가 가능하다. – 예방가능의 원칙
4) 직접원인(1차원인)에는 그것의 존재 이유가 있다. 이것을 2차원인이라고 한다.
5) 2차원인 이전에는 기초원인이 있다.
6) 가장 효과적인 재해방지 대책의 선정은 이들 원인의 정확한 분석에 의해서 얻어진다. – 대책 선정의 원칙

(3) 위험관리(risk management)의 기법

1) 위험의 제거(remove)
2) 위험의 회피(avoid)
3) 위험의 전가(transfer)
4) 위험의 경감 및 감축(reduction)
5) 위험의 보류(retention)

10 사고 예방대책의 기본원리 (사고방지원리의 단계)

단계별과정		내용
1단계	조직	① 경영층의 참여 ② 안전관리자의 임명 ③ 안전의 라인 및 참모 조직 구성 ④ 안전활동 방침 및 계획 수립 ⑤ 조직을 통한 안전활동
2단계	사실의 발견	① 사고 및 안전활동 기록 검토 ② 작업분석 ③ 안전점검 및 안전진단 ④ 사고조사 ⑤ 안전회의 및 토의 ⑥ 근로자의 제안 및 여론조사 ⑦ 관찰 및 보고서의 연구 등을 통하여 불안전요소 발견
3단계	분석평가	① 사고보고서 및 현장조사 ② 사고기록 및 인적 물적 조건의 분석 ③ 작업공정 분석 ④ 교육 훈련 분석 등을 통하여 사고의 직접원인 및 간접원인을 규명

4단계	시정방법의 선정	① 기술적 개선 ③ 교육 훈련의 개선 ⑤ 규정 및 수칙 작업표준 제도의 개선 ⑥ 확인 및 통제체제 개선	② 인사조정(배치조정) ④ 안전행정의 개선
5단계	시정책의 적용(3E 적용)	① 기술적(engineering) 대책 ③ 단속적(enforcement) 대책	② 교육적(education) 대책

※ 3S : ① 표준화(Standardization) ② 전문화(Specification) ③ 단순화(Simplification)
∴ 4S에는 종합화 Synthesization 추가

11 무재해운동 이론

(1) 무재해운동의 이념 3원칙

1) 무의 원칙   2) 참가의 원칙   3) 선취 해결의 원칙

(2) 무재해운동 추진의 3기둥(무재해운동의 3요소)

1) 최고 경영자의 경영자세
2) 라인화의 철저(관리감독자에 의한 안전보건의 추진)
3) 직장(소집단)의 자주 활동의 활발화

(3) 브레인 스토밍 (B.S. : Brain storming)의 4원칙

1) 비평금지 : 좋다, 나쁘다고 비평하지 않는다.
2) 자유분방 : 마음대로 편안히 발언한다.
3) 대량발언 : 무엇이건 좋으니 많이 발언한다.
4) 수정발언 : 타인의 아이디어에 수정하거나 덧붙여 말하여도 좋다.

(4) 운동 실천의 3원칙

1) 팀 미팅 기법   2) 선취기법   3) 문제 해결기법

12 위험예지 훈련

(1) 위험예지 훈련의 안전 선취를 위한 방법

1) 감수성 훈련
2) 단시간 미팅 훈련
3) 문제 해결 훈련

(2) 위험 예지 훈련의 기존 4라운드 진행방법

1) 1R(현상파악) : 어떤 위험이 잠재하고 있는지 사실을 파악하는 라운드 (BS적용)
2) 2R(본질추구) : 가장 위험한 요인(위험 포인트)을 합의로 결정하는 라운드(요약)
3) 3R(대책수립) : 구체적인 대책을 수립하는 라운드 (BS적용)
4) 4R(목표달성 – 설정) : 수립한 대책 가운데 질이 높은 항목에 합의하는 라운드(요약)

(3) TMB (tool box meeting)
5~7명 정도의 인원이 직장, 현장, 공구상자 등의 근처에서 작업 시작 전 5~15분, 작업 종료 시 3~5분 정도의 짧은 시간동안에 행하는 미팅을 말한다.

(4) 단시간 미팅 즉시 적응훈련 진행 요령(TMB 5단계)

1) 제1단계 – 도입(정렬, 인사, 건강 확인, 직장 체조, 목표 제창, 안전 연설)
2) 제2단계 – 점검정비(복장, 보호구, 공구, 사용기기, 재료 등의 점검 정비)
3) 제3단계 – 작업 지시(전달연락 사항, 금일의 작업 지시 5W1H + 위험예지, 지적확인[중점 실시 사항 2point], 복창
4) 제4단계 – 위험예지(설정해 놓은 도해로 one point위험 예지 훈련 실시)
5) 제5단계 – 확인(one point 지적 확인 연습, touch & call, 끝맺음)

> **주**
> (1) **지적확인** : 작업을 안전하게 오조작 없이 하기 위해 작업공정의 요소요소에서 자신의 행동을(ㅇㅇ 좋아!) 라고 대상을 지적하여 큰소리로 확인하는 것을 말하는 것으로 대뇌의 긴장도를 높이고 의식수준을 제고하여 작업행동상의 과오를 최소화하려고 하는 기법이다.
> (2) **Touch & call** : 팀의 전원이 각자의 왼손을 서로 맞잡아 둥근원을 만들어 팀의 행동목표나 무재해운동의 구호를 지적확인하는 것을 말한다.

13 ECR의 제안제도

(1) ECR(error cause removal : 과오 원인 제거)

1) 사업장에서 직접 작업을 하는 작업자 스스로가 자기의 부주의 또는 제반오류의 원인을 생각함으로서 작업의 개선을 하도록 하는 제안이다.
2) J.D(Jero Defect)운동에서는 ECR 또는 ECE(error cause elimination)라고도 한다.

(2) 실수 및 과오의 3대 원인

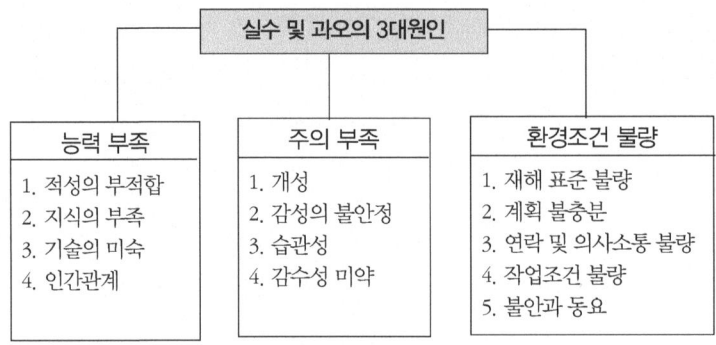

14 안전확인 5가지 운동

(1) **모지 - 마음** : 정신차려서 마음의 준비
(2) **시지 - 복장** : 연락, 신호, 그리고 복장의 정비
(3) **중지 - 규정** : 통로를 넓게, 규정과 기준
(4) **약지 - 정비** : 기계, 차량의 점검, 정비
(5) **새끼손가락 - 확인** : 표시는 뚜렷하게 안전 확인

15 STOP (safety training observation program)

(1) **STOP** : 감독자를 대상으로 한 안전관찰훈련 과정으로 각 계층의 감독자들이 숙련된 안전관찰(safety observation)을 행할 수 있도록 훈련을 실시함으로서 사고의 발생을 미연에 방지하기 위한 것이다.

(2) **안전 감독 실시법** : 관찰사이클 (observation cycle)

∴ 결심(Decide) - 정지(Stop) - 관찰(Observe) - 조치(Act) - 보고(Report)

실 / 전 / 문 / 제

01
다음 중 안전제일 이념에 해당되는 것은?
① 품질향상　② 생산성 향상
③ 인간존중　④ 재산보호

해설
안전관리의 근본이념은 인도주의가 바탕이 된 인간존중에 있다.

02
다음 중 생산활동에서 가지는 "안전의 뜻"에 어긋나는 것은?
① 사고발생원인은 생산저해요인이다.
② 사고처리비용은 사고예방경비보다 크다.
③ 사고예방경비는 생산투자비용에서 제외한다.
④ 안전유지는 근로의욕과 생산성을 향상시킨다.

해설
생산능률을 향상시키는데 필요한 인간의 작업활동과 설비의 가동활동, 재료 투입의 운반활동 등이 모두 평탄하게 유지되려면 안전이 지켜져야 한다. 따라서 안전을 위한 사고예방경비는 당연히 생산투자비용에 포함되어야 한다.

03
"Near Accident"란 무엇을 의미하는가?
① 사고가 일어난 인접 지역
② 사고가 일어난 지점에 계속 사고가 발생하는 지역
③ 사고가 일어나더라도 손실을 전혀 수반하지 않는 재해
④ 사고의 연관성

해설
Near Accident(무상해 무사고) : 인명이나 물적 등 일체의 피해가 없는 사고를 말한다.

04
기업경영에 안전이 중요한 것을 설명한 것과 관계가 먼 것은?
① 근로자의 인도적 측면에서 중요하다.
② 경제적 측면에서 중요하다.
③ 사회공공적 측면에서 중요하다.
④ 생산비 형성요소이므로 중요하다.

해설
사회공공적 측면이 안전과 관계되지만 기업경영의 안전과는 관계가 없다.

05
다음 재해발생 연쇄과정을 설명한 것이다. 옳게 설명한 것은?
① 재해 – 직접원인 – 간접원인 – 사고
② 사고 – 재해 – 간접원인 – 직접원인
③ 간접원인 – 직접원인 – 사고 – 재해
④ 직접원인 – 재해 – 간접원인 – 사고

해설
재해발생 연쇄과정 : 간접원인 → 직접원인 → 사고 → 재해

06
산업재해 발생형태 중 사람이 평면상으로 넘어졌을 때의 사고유형을 무엇이라고 하는가?
① 비래　② 전도
③ 도괴　④ 추락

해설
전도는 사람이 평면상으로 넘어졌을 때의 사고유형으로 과속이나 미끄러짐도 포함된다.

Answer ● 01. ③　02. ③　03. ③　04. ③　05. ③　06. ②

07
사고방지 책임으로 가장 적절한 것은?
① 모든 안전사고의 책임은 안전관리자에게 있다.
② 안전사고의 1차적 책임은 사고를 발생시킨 개인에게 있다.
③ 최고 책임자는 안전사고에 대한 도의적 책임만 있다.
④ 사고를 발생시킨 사고자의 직속상관은 사고에 대한 책임이 없다.

해설
사고 발생시 1차적인 책임은 사고를 발생시킨 당사자에게 있고, 부서의 장에게 2차적인 책임이 있다.

08
재해발생 과정 의도에서 이론을 옳게 연결시킨 것은?
① 선천적결함 – 개인적결함 – 불안전 행동 및 상태 – 사고 – 재해
② 개인적결함 – 선천적결함 – 사고 – 재해 – 불안전 행동 및 상태
③ 불안전 행동 및 상태 – 개인적결함 – 선천적결함 – 사고 – 재해
④ 개인적결함 – 불안전 행동 및 상태 – 선천적결함 – 재해 – 사고

해설
하인리히의 사고발생의 연쇄성 이론
1) 1단계 : 사회적 환경 및 유전적 요소(선천적 결함)
2) 2단계 : 개인적 결함(인간의 결함)
3) 3단계 : 불안전한 행동 및 상태
4) 4단계 : 사고
5) 5단계 : 재해

09
도미노이론의 핵심단계는?
① 환경
② 개성
③ 불안전 상태 및 행위
④ 재해

해설
불안전한 행동과 불안전 상태는 사고의 직접원인으로 사고예방을 위한 핵심단계에 해당한다. 즉, 사고예방을 위해서는 불안전한 행동과 상태의 배제에 중점을 두어야 한다.

10
Heinrich가 사고원인의 분류에서 부원인(副原因 : Subcause)으로 분류한 것은 다음 중 어느 것인가?
① guard의 미비
② 위험한 배열
③ 불안전한 공정
④ 이기적인 불협조

해설
부원인 : 불안전한 행동이 왜 일어나는가에 대한 이유들이나 안전 작업규칙들이 위배되는 이유들을 나타내는 것으로 다음과 같은 사항이 있다.
1) 부적절한 태도
2) 이기적인 불협조
3) 지식 또는 기능의 결여
4) 신체적 부적격
5) 부적절한 기계적 · 물리적 환경 등

11
버드(Bird)의 재해발생에 관한 이론중 '기본원인'은 몇 단계에 해당하는가?
① 제1단계
② 제2단계
③ 제3단계
④ 제4단계

해설
버드의 재해발생 이론
1) 1단계 : 통제의 부족 – 관리 소홀
2) 2단계 : 기본원인 – 기원
3) 3단계 : 직접원인 – 징후
4) 4단계 : 사고 – 접촉
5) 5단계 : 상해 – 손해 – 손실

12
산업재해의 원인으로 간접적 원인에 해당되지 않는 것은?
① 기술적 원인
② 물적 원인
③ 정신적 원인
④ 교육적 원인

해설
물적 원인(불안전한 상태) 및 인적 원인(불안전한 행동)은 산업재해의 직접원인에 해당된다.

Answer ➡ 07. ② 08. ① 09. ③ 10. ④ 11. ② 12. ②

13
다음 사고원인에 대한 설명 중에서 틀리는 것은?

① 교육적 원인 : 안전지식의 부족
② 간접원인 : 고의에 의한 사고
③ 인적원인 : 불안전한 행동
④ 직접원인 : 불량환경 및 설비

해설
고의에 의한 사고는 사고의 직접원인에 해당한다.

14
다음 중 재해원인의 분류 중 직접원인에 해당되지 않는 것은?

① 물적원인　　② 1차원인
③ 인적원인　　④ 기초원인

해설
④ 기초원인은 간접원인에 해당된다.

15
산업재해가 발생되는 직접원인은 불안전 상태와 불안전 행동으로 크게 나눈다. 다음 중에서 불안전한 행동에 해당되지 않는 것은?

① 위험장소 접근
② 보호구의 잘못 사용
③ 안전방호장치의 결함
④ 기계기구의 잘못 사용

해설
①, ②, ④는 불안전한 행동, ③은 불안전 상태이다.

16
다음 사항 중 불안전한 상태는 어느 것인가?

① 무단작업을 한다.
② 안전장치가 없다.
③ 보호구를 착용하지 않는다.
④ 안전장치를 사용하지 않는다.

해설
①, ③, ④항는 불안전 행동에 해당한다.

17
사고의 직접원인 중 인적요인이 아닌 것은?

① 감독 및 연락 불충분
② 안전장치의 기능 제거
③ 운전중인 기계장치의 손질
④ 작업순서의 잘못

해설
작업순서의 잘못은 생산공정의 결함을 나타내는 것으로 사고의 직접원인 중 물적원인에 해당한다.

18
안전사고의 연쇄성에서 안전사고를 방지하기 위해서는 다음 중 어느 것을 제거하는 것이 가장 효과가 있다고 생각하는가?

① 사회적 결함
② 개인적 결함
③ 불안전한 행위와 상태
④ 규정의 미숙지

해설
하인리히는 사고를 방지하기 위해서는 사고와 가장 가까운 원인인 사고의 직접원인 즉, 불안전한 행동과 불안전한 상태를 제거하는 것이 효과적이라고 하였다.

19
산업재해의 조사항목 중 관리적 원인이 아닌 것은?

① 기술적 원인
② 교육적 원인
③ 작업관리상 원인
④ 작업환경의 결함

해설
관리적 원인(산업재해조사표)
1) 기술적 원인 : 건물기계장치 설계 불량, 구조재료의 부적합, 생산방법의 부적당
2) 교육적 원인 : 안전지식의 부족, 안전수칙의 오해, 작업방법의 교육불충분, 유해위험작업의 교육불충분
3) 작업관리상 원인 : 안전관리조직 결함, 안전수칙 미제정, 작업준비 불충분, 인원배치 부적당, 작업지시 부적당

Answer ⇨　13. ②　14. ④　15. ③　16. ②　17. ④　18. ③　19. ④

20
산업재해의 원인 중 기술적 원인에 해당되지 않는 것은?

① 생산방법의 부적당
② 점검장비 보전불량
③ 구조재료의 부적합
④ 인원배치 부적당

해설
인원배치 부적당은 작업관리상의 원인에 해당한다.

21
다음 대책 중 기술적인 대책이 아닌 것은?

① 설계제작단계 개선
② 보호구 착용
③ 작업공정 변경
④ 기계장치 배치선정

해설
기술적 대책
1) 안전설계
2) 작업행정의 개선
3) 환경설비의 개선
4) 점검보전의 확립
5) 안전기준의 설정

22
하인리히의 상해비율 분포도 1 : 29 : 300에서 29는 무엇을 뜻하는 것인가?

① 중상해 사고
② 물자손실 사고
③ 경상해 사고
④ 무상해 사고

23
A사업장에서 경상해 사고가 58건 발생하였다면 무상해 사고는 몇 건 발생하는가?

① 150건
② 300건
③ 580건
④ 600건

해설
하인리히의 재해구성비율 1 : 29 : 300법칙에 의해서 29 : 300 = 58 : 600이 된다.

24
어떤 사업장에서 상해 또는 질병이 5명 발생하였는데 이 때 버드(Frank E. Bird Jr.)의 재해 비율 연구에 의한 경상이 일어날 수 있는 회수는 어느 정도인가?

① 50
② 100명
③ 150명
④ 200명

해설
버드의 재해구성비율은 상해 또는 질병(중상 또는 폐질) : 경상(물적 또는 인적 상해) : 무상해 사고(물질적 손실사고) : 무상해 무사고(위험 순간)의 비율이 1 : 10 : 30 : 600이다. 따라서 상해 또는 질병이 5명 발생하였으므로 경상은 5×10 = 50명이 된다.

25
다음 중 재해예방 기본원칙 중 해당되지 않는 것은?

① 대책선정 원칙
② 손실우연 원칙
③ 예방가능 원칙
④ 통계의 원칙

해설
재해예방의 4원칙에는 ①, ②, ③항 이외에 원인계기의 원칙이 있다.

26
사고예방원리가 단계적으로 맞게 된 것은?

① 조직 – 사실의 발견 – 평가분석 – 시정책의 적용 – 시정책의 선정
② 조직 – 사실의 발견 – 평가분석 – 시정책의 선정 – 시정책의 적용
③ 사실의 발견 – 조직 – 평가분석 – 시정책의 적용 – 시정책의 선정
④ 사실의 발견 – 조직 – 평가분석 – 시정책의 선정 – 시정책의 적용

27
사고방지대책을 수립하고자 할 때 Heinrich는 주장하였다. 제1단계로 제일 먼저 하여야 할 것은?

① 안전예산 확보
② 안전점검표 작성
③ 안전조직 편성
④ 안전교육훈련

Answer ➡ 20. ④ 21. ② 22. ③ 23. ④ 24. ① 25. ④ 26. ② 27. ③

해설

안전조직편성(제1단계)
1) 경영층의 참여
2) 안전관리자의 임명 및 라인조직구성
3) 안전활동방침 및 안전계획수립
4) 조직을 통한 안전 활동

28
안전 사고방지 기본원칙 중 사실의 발견과 관계가 먼 것은?

① 사고조사　② 안전조사
③ 안전토의　④ 교육훈련의 분석

해설

교육훈련의 분석은 사고방지 기본원칙의 제3단계인 「분석평가」에 해당되며, 제2단계 사실의 발견에 관계되는 내용은 다음과 같다.
1) 사고 및 안전활동의 기록검토
2) 작업분석
3) 안전점검 및 안전 진단
4) 사고조사
5) 안전회의 및 토의
6) 종업원의 건의 및 여론조사

29
사고방지의 기본원리 중 그 시정책을 선정하는데 필요한 조치로 볼 수 없는 것은?

① 기술교육 및 훈련의 개선
② 안전행정의 개선
③ 안전점검 및 사고조사
④ 인사조정 및 감독체계의 강화

해설

③은 제2단계 사실의 발견에 해당되며, 제 4단계 시정책의 선정에 관계되는 내용은 다음과 같다.
1) 기술의 개선　　　2) 인사조정
3) 교육 및 훈련의 개선　4) 안전행정의 개선
5) 규정 및 수칙의 개선　6) 확인 및 통제체제 개선

30
재해방지 대책의 3E가 아닌 것은?

① 기술(Engineering)　② 환경(Environment)
③ 교육(Education)　④ 관리(Enforcement)

31
다음 중 Fail Safe를 정의한 것 중 가장 가까운 것은?

① 인적 불안전 행위의 통제방법
② 인력으로 예방할 수 없는 불가항력의 사고
③ 인간-기계계의 최적정 설계
④ 인간 또는 기계, 설비의 결함으로 인하여 사고가 발생치 않도록 설계시부터 안전하게 함

32
다음 중 무재해운동 3원칙에 해당하지 않는 것은?

① 무의 원칙　② 보장의 원칙
③ 선취의 원칙　④ 참가의 원칙

33
브레인 스토오밍(Brain storming)의 4원칙과 거리가 먼 곳은?

① 예지훈련　② 자유분방
③ 대량발언　④ 수정발언

해설

BS의 4원칙
1) 자유분방　2) 대량발언　3) 수정발언　4) 비평금지

34
무재해운동을 추진하기 위한 운동 3요소가 아닌 것은?

① 경영층의 엄격한 안전방침 및 자세
② 안전활동의 라인화
③ 직장자주활동의 활성화
④ 전종업원의 안전요원화

해설

무재해운동을 추진하기 위한 3기둥(무재해운동의 3요소)
1) 경영자의 엄격한 경영자세 - 사업주
2) 안전활동의 라인화 - 관리감독자
3) 직장자주활동의 활발화 - 근로자

Answer ● 28. ④　29. ③　30. ②　31. ④　32. ②　33. ①　34. ④

35
위험예지훈련의 안전선취를 위한 방법이 아닌 것은?
① 실시계획훈련
② 단시간 미팅훈련
③ 문제해결훈련
④ 감수성 훈련종업원의 안전요원화

해설
위험예지훈련은 직장의 팀웍으로 안전을 「전원이 빨리 올바르게」선취하는 훈련으로, 이는 위험에 대한 개별훈련인 동시에 팀웍훈련이다. 안전을 선취하기 위해서는 다음의 3개의 훈련이 필요하다.
1) 감수성 훈련   2) 단시간 미팅훈련   3) 문제해결 훈련

36
위험예지훈련 4R방식 중 위험의 포인트를 결정하여 지적 확인하는 단계로 옳은 것은?
① 1단계(현상파악)   ② 2단계(본질추구)
③ 3단계(대책수립)   ④ 4단계(목표설정)

해설
위험예훈련의 4R
1) 1R(1단계) - 현상파악 : 사실(위험요인)을 파악하는 단계
2) 2R(2단계) - 본질추구 : 위험요인 중 위험의 포인트를 결정하는 단계(지적확인)
3) 3R(3단계) - 대책수립 : 대책을 세우는 단계
4) 4R(4단계) - 목표설정 : 행동계획(중점 실시항목)을 정하는 단계

37
무재해운동의 추진기법 중 위험예지훈련의 4라운드에서 제2단계 진행방법은 무엇인가?
① 본질추구   ② 현상파악
③ 목표설정   ④ 대책수립

해설
위험예지훈련의 단계 : 현상파악 - 본질추구 - 대책수립 - 목표설정

38
인간의 의식을 강화하고 오류를 감소하며 신속, 정확한 판단과 조치를 위한 효과적인 방법은 다음 어느 것인가?
① 확인 철저
② 환호 응답
③ 지적 확인
④ 작업표준의 교육과 훈련

39
다음 중 문제해결방법이 아닌 것은?
① 현상파악   ② 대책수립
③ 행동목표의 설정   ④ 안전평가

해설
문제해결의 4라운드
1) 1R : 현상파악   2) 2R : 본질추구
3) 3R : 대책수립   4) 4R : 행동목표 설정

40
숙련관찰자가 불안전한 행위를 관찰하기 위한 순서 중 맞는 것은?
① 결심 - 보고 - 정지 - 관찰 - 조치
② 결심 - 정지 - 관찰 - 조치 - 보고
③ 보고 - 정지 - 관찰 - 결심 - 조치
④ 보고 - 결심 - 관찰 - 정지 - 조치

해설
안전감독실시법 : 숙련된 관찰자는 불안전 행위를 관찰하기 위하여 다음의 관찰 cycle을 이용한다.
① 결심(decide) → ② 정지(stop) → ③ 관찰(observe) → ④ 조치(act) → ⑤ 보고(report) 다시 말하면 숙련된 관찰자는 처음 관찰하기를 결심한 후 불안전한 행위를 효과적으로 관찰하기 위하여 정지한다. 그리고 불안전 행위가 발견되면 그것을 멈추도록 조치하고 그 관찰 및 조치 내용을 보고한다.

41
작업을 하는 작업자 자신이 자기의 부주의 이외에 제반 오류의 원인을 생각함으로써 개선을 하도록 하는 과오 원인제거로 옳은 것은?
① TBM   ② ECR
③ STOP   ④ BS

해설
ECR(Error Cause Removal) : 과오 원인 제거

Answer 35.① 36.② 37.① 38.③ 39.④ 40.② 41.②

2장 안전관리 체계 및 운영

1 안전관리 조직의 형태

(1) 라인(Line)조직 형(직계식 조직)

1) 안전관리에 관한 계획에서 실시에 이르기까지 모든 권한이 포괄적이고 직선적으로 행사되며, 안전을 전문으로 분담하는 부분이 없다(생산조직 전체에 안전관리 기능을 부여한다.).
2) 소규모 사업장에 적합하다(100명 이하에 적합).
3) 라인형의 장점
   ① 안전지시나 개선조치가 각 부분의 직제를 통하여 생산업무와 같이 흘러가므로 지시나 조치가 철저할 뿐만 아니라 그 실시도 빠르다.
   ② 명령과 보고가 상하관계 뿐이므로 간단명료하다.
4) 라인형의 단점
   ① 안전에 대한 정보가 불충분하며, 안전전문 입안이 되어 있지 않아 내용이 빈약하다.
   ② 생산업무와 같이 안전대책이 실시되므로 불충분하다.
   ③ 라인에 과중한 책임을 지우기가 쉽다.

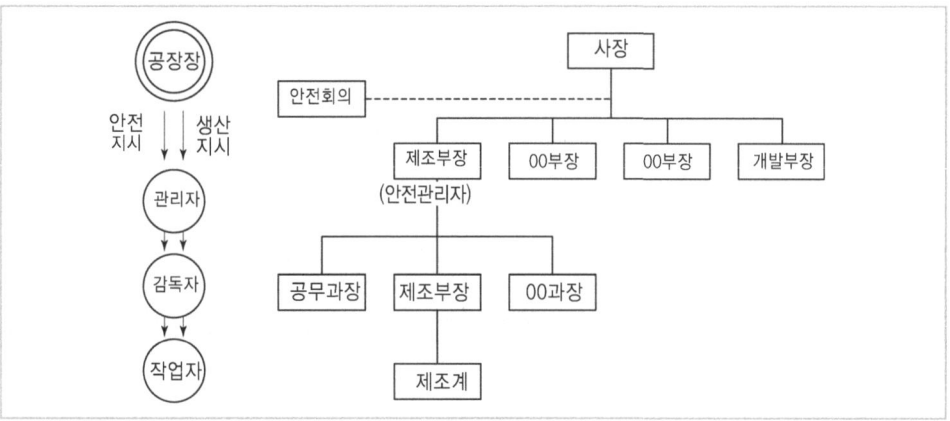

| 라인형 안전관리조직 |

(2) 스탭(staff)형 (참모식 조직)

1) 안전관리를 담당하는 스탭(참모진)을 두고 안전관리에 관한 계획, 조사, 검토, 권고, 보고 등을 행하는 관리방식이다.
2) 중규모 사업장(100명 이상~500명 미만)에 사용된다.

3) 스탭형의 장점
   ① 사업장의 특수성에 적합한 기술연구를 전문적으로 할 수 있다(안전지식 및 기술 축적이 용이).
   ② 경영자의 조언과 자문 역할을 한다.

4) 스탭형의 단점
   ① 생산 부분에 협력하여 안전 명령을 전달 실시하므로 안전 지시가 용이하지 않으며, 안전과 생산을 별개로 취급하기 쉽다.
   ② 생산부분은 안전에 대한 책임과 권한이 없다.
   ③ 권한 다툼이나 조정 때문에 통제 수속이 복잡해지며, 시간과 노력이 소모된다.

(3) 라인(line) · 스탭(staff)형의 복합형(직계, 참모식 조직)

1) 라인형과 스탭형의 장점을 취한 절충식 조직 형태로 안전업무를 전문으로 담당하는 스탭 부분을 두고 생산 라인의 각층에도 겸임 또는 전임의 안전 담당자를 두어서 안전대책은 스탭 부분에서 기획하고, 이것을 라인을 통하여 실시하도록 한 조직 방식이다.
2) 대규모의 사업장(1,000명 이상)에 효율적이다.
3) 라인 · 스탭형의 장점
   ① 스탭에 의해 입안된 것을 경영자의 지침으로 명령 실시하도록 하므로 정확 · 신속하게 실시된다.
   ② 안전입안 계획 평가 조사는 스탭에서, 생산기술의 안전대책은 라인에서 실시하므로 안전활동과 생산업무가 균형을 유지할 수 있다.

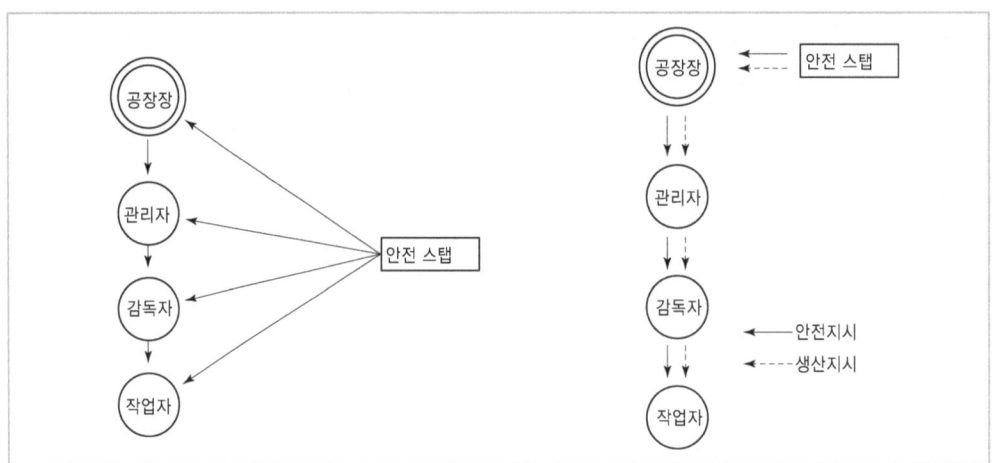

| 스탭형 안전관리 조직 | | 라인 · 스탭형 안전관리조직 |

4) 라인 · 스탭형의 단점
   ① 명령계통과 조언 권고적 참여가 혼동되기 쉽다.

② 라인이 스탭에만 의존하거나 또는 활용치 않는 경우가 있다.
③ 스탭의 월권행위의 경우가 있다.

2 산업안전보건법상의 안전 보건관리 조직 체계도 및 업무내용

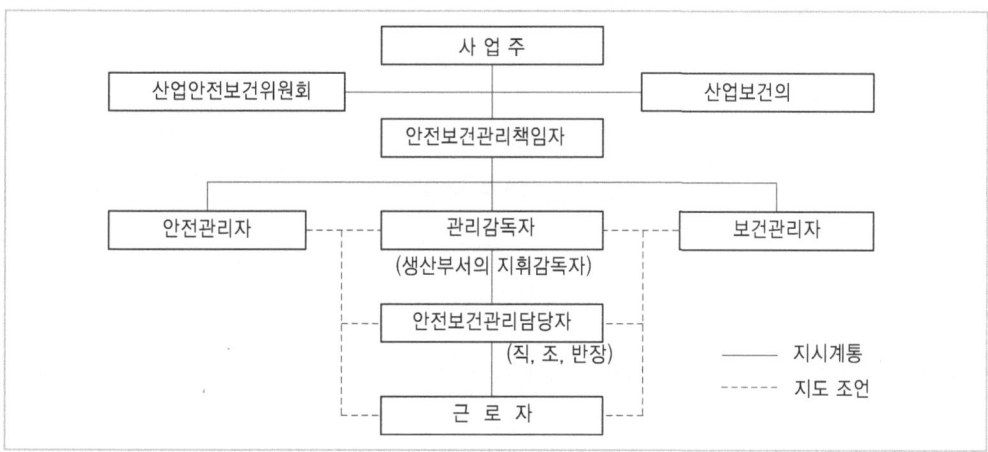

| 안전 · 보건관리 조직의 체계도 |

(1) 안전보건관리책임자의 업무내용

1) 사업장의 산업재해 예방계획의 수립에 관한 사항
2) 안전보건관리규정의 작성 및 그 변경에 관한 사항
3) 근로자의 안전 · 보건교육에 관한 사항
4) 작업환경의 측정 등 작업환경의 점검 및 개선에 관한 사항
5) 근로자의 건강진단 등 건강관리에 관한 사항
6) 산업재해의 원인조사 및 재발방지대책의 수립에 관한 사항
7) 산업재해에 관한 통계의 기록, 유지에 관한 사항
8) 안전장치 및 보호구 구입시의 적격품 여부 확인에 관한 사항
9) 그밖에 근로자의 유해, 위험예방조치에 관한 사항으로 고용노동부령이 정하는 사항

(2) 안전관리자의 업무내용

1) 산업안전보건위원회 또는 안전 · 보건에 관한 노사협의체에서 심의 · 의결한 업무와 해당 사업장의 안전보건관리규정 및 취업규칙에서 정한 직무
2) 안전인증대상 기계 · 기구 등과 자율안전확인대상 기계 · 기구 등의 구입시 적격품의 선정에 관한 보좌 및 지도 · 조언
3) 위험성 평가에 관한 보좌 및 지도 · 조언
4) 해당 사업장 안전교육계획의 수립 및 안전교육 실시에 관한 보좌 및 지도 · 조언

5) 사업장 순회점검 · 지도 및 조치의 건의
6) 산업재해 발생의 원인 조사 · 분석 및 재발방지를 위한 기술적 보좌 및 지도 · 조언
7) 산업재해에 관한 통계의 유지 · 관리 · 분석을 위한 보좌 및 지도 · 조언
8) 법 또는 법에 따른 명령으로 정한 안전에 관한 사항의 이행에 관한 보좌 및 지도 · 조언
9) 업무 수행 내용의 기록 · 유지
10) 그 밖에 안전에 관한 사항으로서 고용노동부장관이 정하는 사항

(3) 관리감독자의 업무내용

1) 사업장내 관리감독자가 지휘 · 감독하는 작업(이하 "해당 작업")과 관련되는 기계 기구 또는 설비의 안전 · 보건점검 및 이상유무의 확인
2) 관리감독자에게 소속된 근로자의 작업복 · 보호구 및 방호장치의 점검과 그 착용 · 사용에 관한 교육 · 지도
3) 해당 작업에서 발생한 산업재해에 관한 보고 및 이에 대한 응급조치
4) 해당 작업의 작업장의 정리정돈 및 통로확보의 확인 · 감독
5) 해당 사업장의 산업보건의 · 안전관리자 및 보건관리자의 지도 · 조언에 대한 협조
6) 위험성 평가에 관한 다음의 업무
    ① 유해, 위험요인의 파악에 대한 참여
    ② 개선조치 시행에 대한 참여
7) 그 밖에 해당 작업의 안전 · 보건에 관한 사항으로서 고용노동부령으로 정하는 사항

3 안전조직의 일반적인 업무내용

구 분	업 무 내 용	
경영자(사업주)	① 기본방침 및 안전시책의 시달 ② 안전조직 편성(원활한 안전조직의 확립) ③ 안전예산의 책정 ④ 안전한 기계설비, 작업환경의 유지	
관리자	① 구체적인 안전관리 기준 규정의 작성 ② 설비, 공정, 작업방법 등의 안전상의 검토 ③ 위험시 응급조치 ④ 재해조사 및 재해방지 ⑤ 안전 활동의 평가	
현장감독자 (현장안전관리의 핵심)	① 작업자 지도 및 교육훈련 ③ 안전점검 ⑤ 재해보고서 작성	② 작업감독 및 지시 ④ 직장안전 회의 ⑥ 개선에 관한 의견 상신
작업자	① 작업전 점검 실시 ③ 안전작업의 이행	② 보고 및 신호의 이행 ④ 개선 필요시 의견 제시

4 산업안전보건위원회

(1) 산업안전보건위원회를 설치·운영해야 할 사업의 종류 및 규모(시행령 별표 9)

사업의 종류	규모
1. 토사석 광업 2. 목재 및 나무제품 제조업 : 가구 제외 3. 화학물질 및 화학제품 제조업 : 의약품 제외(세제, 화장품 및 광택제 제조업과 화학섬유 제조업은 제외) 4. 비금속 광물제품 제조업 5. 1차 금속 제조업 6. 금속가공제품 제조업 : 기계 및 기구는 제외 7. 자동차 및 트레일러 제조업 8. 기타 기계 및 장비 제조업(사무용 기계 및 장비 제조업은 제외) 9. 기타 운송장비 제조업(전투용 차량 제조업은 제외)	상시근로자 50명 이상
10. 농업 11. 어업 12. 소프트웨어 개발 및 공급업 13. 컴퓨터 프로그래밍, 시스템 통합 및 관리업 14. 정보서비스업 15. 금융 및 보험업 16. 임대업 : 부동산 제외 17. 전문 과학 및 기술 서비스업(연구개발업은 제외) 18. 사업지원 서비스업 19. 사회복지 서비스업	상시근로자 300명 이상
20. 건설업	공사금액 120억원 이상 (토목공사업에 해당하는 공사의 경우에는 150억원 이상)
21. 제1호부터 제20호까지의 사업을 제외한 사업	상시근로자 100명 이상

(2) 위원회의 구성

　1) 사용자위원

　　① 해당 사업의 대표자(사업장의 최고 책임자)

　　② 산업보건의(선임되어 있는 경우에 한함)

　　③ 안전관리자 1명, 보건관리자 1명

　　④ 해당 사업의 대표자가 지명하는 9명 이내의 해당 사업장 부서의 장

　2) 근로자위원

　　① 근로자대표(노동조합이 있는 경우에는 노동조합의 대표자)

　　② 근로자대표가 지명하는 근로자 9명 이내

　　③ 근로자대표가 지명하는 1명 이상의 명예산업안전감독관(감독관이 위촉되어 는 경우에 한함)

(3) 위원회의 심의·의결 사항

1) 안전보건관리책임자의 업무에 관한 사항
2) 중대재해의 원인조사 및 재발방지대책의 수립에 관한 사항
3) 유해·위험기계·기구와 그밖에 설비를 도입한 경우 안전보건조치에 관한 사항

(4) 위원회의 운영

1) 위원장은 위원 중에서 호선한다. 이 경우 근로자위원과 사용자위원 중 각 1명을 공동위원장으로 선출할 수 있다.
2) 위원회는 3개월마다 정기적으로 개최하며 필요시 임시회를 개최할 수도 있다.

5 안전관리 규정

(1) 안전·보건관리 규정의 내용

1) 총칙(목적, 법령 및 제규정과의 관계, 용어의 정의 등)
2) 관리규정(기본조직 및 관리체계, 책임과 직무의 한계, 담당부서의 신설에 따른 업무 관리활동 등)
3) 안전기준(기계, 기구, 설비 등에 대한 안전기준과 보존조치 등)
4) 보건 기준(근로자의 건강관리, 작업환경관리 등)
5) 교육적 대책(교육기준, 안전수칙, 표준작업 등에 대한 기준 등)
6) 하청 사업장의 안전관리기준
7) 보호구 관리에 관한 기준
8) 재해 및 사고에 관한 규칙
9) 색채관리 및 안전표시 등에 관한 기준
10) 안전검사와 안전점검기준

(2) 법상의 안전·보건관리규정에 포함시켜야 할 사항(법 제25조)

1) 안전보건관리조직과 그 직무에 관한 사항
2) 안전보전교육에 관한 사항
3) 작업장 안전관리에 관한 사항
4) 작업장 보건관리에 관한 사항
5) 사고조사 및 대책수립에 관한 사항
6) 그밖에 안전보건에 관한 사항

(3) 안전관리규정 작성상의 유의 사항

1) 규정된 기준은 법정기준을 상회하도록 할 것.
2) 관리자층의 직무와 권한, 근로자에게 강제 또는 요청한 부분을 명확히 할 것.
3) 관계 법령의 제 개정에 따라 즉시 개정이 되도록 라인(Line) 활용에 쉬운 규정이 되도록 할 것.
4) 작성 또는 개정시에 현장의 의견을 충분히 반영시킬 것.
5) 규정내용은 정상 시는 물론 이상 시 사고 및 재해 발생시의 조치에 관하여도 규정 할 것.

6 안전관리 계획

(1) 안전관리 계획의 기본방향

1) 현재기준 범위 내에서의 안전 유지 방향
2) 현재 기준의 재설정 방향
3) 문제해결의 방향

(2) 계획수립시의 유의 사항

1) 사업장의 실태에 맞도록 독자적으로 수립하되, 실현가능성이 있도록 한다.
2) 직장단위로 구체적 계획을 작성한다.
3) 계획상의 재해 감소 목표는 점진적으로 수준을 높이도록 한다.
4) 근본적인 안전대책을 강구한다.
5) 복수적인 계획안을 내어 그 중에서 선택한다.

(3) 계획 작성 시 고려해야할 사항

1) 목표와 대책은 평형상태를 유지해야 한다.
2) 대책을 구상하기 전에 조감도를 작성한다.
3) 조감도에 의한 대책의 우선순위 결정시 유의 사항
   ① 목표 달성에 대한 기여도
   ② 대책의 긴급성에 의해 우선순위 결정
   ③ 문제의 확대 가능성의 여부
   ④ 대책의 난이성에 의한 우선순위 결정 지양

(4) 계획내용의 구비조건

1) 구체적인 내용일 것.
2) 타관리 재계획과 균형이 맞을 것.

3) 장기적인 관점에서 일관성이 있을 것
4) 실시 가능한 것일 것
5) 이해 하기가 용이할 것

(5) 평가 : 계획의 완성은 계획 → 실시 → 평가 → 계획수정 → 완성 → 평가를 통해서 이루어진다.

1) 평가시의 유의 사항
   ① 재해건수, 재해율 등의 목표치와 안전활동 자체평가 실시
   ② 다각적인 평가가 되도록 실시
   ③ 평가 결과에 따라 개선 방향 설정

2) 주요평가척도
   ① 절대척도 : 재해건수 등 수치
   ② 상대척도 : 도수율, 강도율 등
   ③ 평정척도 : 양적으로 나타내는 것이며, 양, 보통, 불량 등 단계로 평정
   ④ 도수척도 : %로 나타내는 것.

(6) 안전관리의 사이클(계획의 운용) : 관리의 사이클을 회전시킨다(P → D → C → A).

1) Plan(계획) : 목표를 정하고 달성하는 방법을 계획한다.
2) Do(실시) : 교육, 훈련을 하고 실행에 옮기는 것이다.
3) Check(검토) : 결과를 검토하는 것이다.
4) Action(조치) : 검토한 결과에 의해 조치를 취하는 것이다.

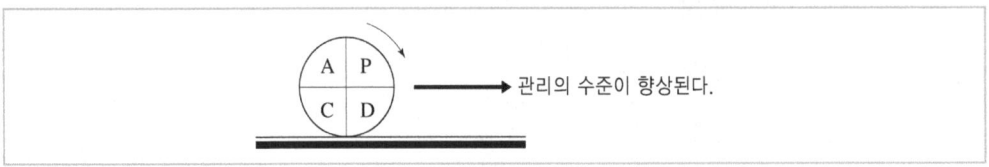

‖ 관리의 사이클 ‖

7 안전보건개선계획

(1) 안전보건개선계획 수립대상 사업장(법 제49조)

1) 산업재해율이 같은 업종의 규모별 평균 산업재해율보다 높은 사업장
2) 사업주가 안전보전조치를 이행하지 아니하여 중대재해가 발생한 사업장
3) 유해인자의 노출기준을 초과한 사업장
4) 대통령령으로 정하는 수 이상의 직업성 질병자가 발생한 사업장

(2) 안전보건진단을 받아 개선계획을 수립, 제출해야 되는 사업장(시행령 제49조)

1) 산업재해율이 같은 업종 평균 산업재해율의 2배 이상인 사업장
2) 사업주가 안전보건조치를 이행하지 아니하여 중대재해가 발생한 사업장
3) 직업성 질병자가 연간 2명 이상(상시 근로자 1,000명 이상 사업장의 경우 3명 이상)인 사업장
4) 그밖에 작업환경불량, 화재·폭발 또는 누출사고 등으로 사업장 주변까지 피해가 확산된 사업장으로서 고용노동부령으로 정하는 사업장

(3) 안전·보건 개선계획서에 포함해야 되는 내용(시행규칙)

① 시설
② 안전·보건교육
③ 안전·보건관리체제
④ 산업재해예방 및 작업환경의 개선을 위하여 필요한 사항

(4) 개선계획의 공통사항과 중점 개선계획

1) 공통사항에 포함되는 항목
  ① 안전·보건관리조직(안전·보건관리책임자 임명, 안전·보건관리자의 임명, 안전담당자 임명)
  ② 안전표지 부착(금지표지, 경고표지, 지시표지, 안내표지, 기타 표지)
  ③ 보호구 착용(작업복, 안전모, 보안경, 방진 마스크, 귀마개, 안전대, 안전화, 기타)
  ④ 건강진단실시(일반건강진단, 특수건강진단, 채용시 건강진단)

2) 중점 개선계획의 항목
  ① 시설(비상통로, 출구, 계단, 급수원, 소방시설, 작업설비, 운반경로, 안전통로, 배연시설, 배기시설, 배전시설 등 시설물의 안전대책)
  ② 기계 장치(기계별 안전장치, 전기장치, 가스장치, 동력전도장치, 운반장치, 용구 공구 등의 보존 상태 등의 안전대책)
  ③ 원료·재료(인화물, 발화물, 유해물, 생산원료 등의 취급방법, 적재방법, 보관방법 등의 안전대책)
  ④ 작업방법(안전기준, 작업표준, 보호구 관리상태 등에 대한 대책)
  ⑤ 작업환경(정리정돈, 청소상태, 채광조명, 소음, 분진, 고열, 색채, 온도, 습도, 환기 등의 개선대책)
  ⑥ 기타(산업안전·보건법, 안전·보건 기준상 조치사항)

(5) 작업공정별 유해 위험 분포도 작성시 포함되는 내용

1) 각 공정 속에 숨어있는 유해 위험요소의 발견
2) 각 공정간의 표준작업의 상태

3) 각 공정별로 종사하는 작업자의 파악
4) 공정상의 기계, 재료, 도구의 공학적 결함 유무
5) 작업조건 및 작업방법 개선
6) 공정에서 발생된 재해 및 사고 분석

01
다음 중 안전관리 조직의 기본 방식이 아닌 것은?

① line system　　② staff system
③ line-staff system　　④ safety system

해설
안전관리 조직의 기본방식
1) line형(직계식)　2) staff형(참모식)
3) line-staff형(직계·참모식)

02
안전문제의 계획에서부터 실시에 이르기까지의 제조명령이 생산라인을 따라서 시달되는 것과 같은 조직형태는 다음의 어느 것이라고 생각하는가?

① 참모식 조직　　② 기능식 조직
③ 단계식 조직　　④ 직계식 조직

해설
직계식 조직(line 형)은 안전지시나 개선조치가 각 부분의 직제를 통하여 생산업무와 같이 흘러가므로 그 지시나 조치가 철저할 뿐만 아니라 그 실시도 빠른 특징을 가지고 있는 조직형태이다.

03
대규모 현장의 안전조직 편성시 가장 중점적으로 고려하여야 할 사항은 다음 중 어느 것인가?

① 권한과 책임을 명확히 한다.
② 안전부서 중심으로 조직한다.
③ 라인형 조직을 채택한다.
④ 라인, 스탭 혼합형은 맞지 않다.

해설
안전관리 조직의 구비조건
1) 조직을 구성하는 관리자의 책임과 권한을 명확히 해야 한다.
2) 회사의 특성과 규모에 부합되게 조직되어야 한다.
3) 조직의 기능이 충분히 발휘될 수 있는 제도적 체계가 갖추어 야 한다.
4) 생산 line과 밀착된 조직이어야 한다.

04
안전관리 조직 중 대규모 기업체에 유리한 조직은 다음 중 어느 것이 가장 좋은가?

① 라인형
② 스탭형
③ 라인과 스탭의 혼합형
④ 독립관리형

해설
line형은 100명 미만의 소규모 사업장, staff형은 100~500명 정도의 중규모 사업장, line-staff의 혼합형은 1,000명 이상의 대규모 사업장에 적합한 조직형태이다.

05
다음 안전관리 조직 중 스탭(staff)형의 장점이 아닌 것은?

① 안전정보 수집이 신속하다.
② 안전기술 축적이 용이하다.
③ 안전기술 명령이 신속하다.
④ 경영자의 자문역할을 한다.

해설
③항은 라인(line)형의 장점에 해당된다.

06
안전조직 중 line-staff의 장점을 가장 잘 나타낸 것은?

① 안전전문가에 의해 입안된 것을 경영자의 지침으로 명령, 실시토록 하므로 정확하고 신속하다.
② 안전전문가가 안전계획을 세워 전문적인 문제해결방안을 모색, 대처한다.
③ 안전실시의 지시는 명령계통으로 신속히 전달된다.

Answer ➡ 01. ④　02. ④　03. ①　04. ③　05. ③　06. ①

④ 경영자의 조언과 자문역할을 한다.

해설
②항과 ④항은 staff형, ③항은 line형의 장점을 설명한 것이다.

07
라인식(직계식)조직의 특성으로 옳지 않은 것은?
① 안전관리 전담요원을 별도로 지정한다.
② 모든 명령은 생산계통을 따라 이루어진다.
③ 규모가 작은 사업장에 적용된다.
④ 참모식 조직보다 경제적인 조직이다.

해설
①항은 스탭형(참모식) 조직의 특징에 해당된다.

08
안전조직 중 안전스탭의 업무사항이 아닌 것은?
① 안전관리목표 및 방침안 작성
② 정보수집과 주지활동
③ 실시계획의 추진
④ 작업자의 적정배치에 대하여 조사한다.

09
안전조직을 설명한 것 중 line-staff에 해당되는 것은?
① 조언이나 권고적 참여가 혼동된다.
② 안전과 생산을 별도로 생각한다.
③ 안전에 대한 정보가 불충분하다.
④ 안전책임과 권한이 생산부분에는 없다.

해설
②항과 ④항은 staff형, ③항은 line형의 특징에 해당한다.

10
참모 및 라인혼합식의 특색이 아닌 것은?
① 모든 근로자가 안전활동에 참여할 기회가 부여된다.
② 특수한 사업장에만 적용된다.
③ 라인 각 층에 안전업무를 겸임시킬 수 있다.
④ 안전활동과 생산업무의 협조가 잘 이루어진다.

11
안전조직의 기능상 경영주가 직접해야할 업무는 어떤 것인가?
① 사고기록 조사 및 분석실시
② 위해요소의 발견과 시정
③ 안전수칙 준수의 이행 감독
④ 안전관리방침의 승인

해설
경영주의 안전업무 내용
1) 안전조직 편성(원활한 안전조직의 확립)
2) 안전예산의 책정
3) 안전한 기계설비 및 작업환경의 유지
4) 기본방침 및 안전시책의 시달(示達)

12
안전보건관리책임자의 업무한계가 아닌 것은?
① 작업환경점검 및 개선에 관한 사항
② 산업재해예방계획수립에 관한 사항
③ 유해위험방지에 관한 사항
④ 건설물 설비작업장소의 위험에 따른 방지조치 사항

해설
안전보건관리책임자의 업무
1) 산업재해예방계획의 수립에 관한 사항
2) 안전보건관리규정의 작성 및 변경에 관한 사항
3) 근로자의 안전·보건교육에 관한 사항
4) 작업환경의 측정 등 작업환경의 점검 및 개선에 관한 사항
5) 근로자의 건강진단 등 건강관리에 관한 사항
6) 산업재해의 원인 조사 및 재발 방지대책의 수립에 관한 사항
7) 산업재해에 관한 통계의 기록 및 유지에 관한 사항
8) 안전·보건과 관련된 안전장치 및 보호구 구입시의 적격품 여부 확인에 관한 사항
9) 그 밖에 근로자의 유해·위험 예방조치에 관한 사항으로서 고용노동부령이 정하는 사항

13
안전관리자의 직무에 해당되지 않는 것은?
① 해당 사업장 안전교육계획의 수립 및 실시
② 직업병 발생시의 원인조사 및 대책수립
③ 산업재해 발생의 원인조사 및 대책수립
④ 안전에 관련된 보호구의 구입시 적격품 선정

Answer ◐ 07. ① 08. ④ 09. ① 10. ② 11. ④ 12. ④ 13. ②

해설

안전관리자의 업무 내용
1) 산업안전보건위원회 또는 안전·보건에 관한 노사협의체에서 심의·의결한 업무와 해당 사업장의 안전보건관리규정 및 취업규칙에서 정한 직무
2) 안전인증대상 기계·기구 등과 자율안전확인대상기계·기구 등의 구입시 적격품의 선정에 관한 보좌 및 지도·조언
3) 위험성 평가에 관한 보좌 및 지도·조언
4) 해당 사업장 안전교육계획의 수립 및 안전교육 실시에 관한 보좌 및 지도·조언
5) 사업장 순회점검·지도 및 조치의 건의
6) 산업재해 발생의 원인 조사·분석 및 재발방지를 위한 기술적 보좌 및 지도·조언
7) 산업재해에 관한 통계의 유지·관리·분석을 위한 보좌 및 지도·조언(안전분야에 한함)
8) 업무 수행 내용의 기록·유지
9) 그 밖에 안전에 관한 사항으로서 고용노동부장관이 정하는 사항

14
사업주가 근로자의 안전 또는 보건을 위하는 조치에 따라 근로자가 준수하여야 할 사항 중 옳지 않은 것은?

① 보호구 착용
② 작업중지
③ 작업장 순회점검
④ 대피

해설
③ 작업장의 순회점검은 안전관리자의 업무내용이다.

15
다음 안전관리자가 할 업무에 해당되지 않는 것은?

① 산업재해원인 조사 및 대책수립
② 작업안전에 관한 교육 및 훈련
③ 안전에 관한 보조자 감독
④ 산업재해예방계획의 수립에 관한 사항

해설
산업재해예방계획의 수립에 관한 사항은 안전보건 관리책임자의 업무에 해당된다.

16
산업안전보건위원회의 구성원 중 틀린 것은?

① 관리책임자 2인
② 안전관리자 1인, 보건관리자 1인 및 관리감독자 중에서 사업주가 지명하는 9인 이내
③ 근로자 대표 1인 및 근로자 대표가 추천하는 근로자 9인 이내
④ 산업보건의 1인 이내

해설
산업안전보건위원회의 구성(시행령 제25조의 2)
1) 근로자위원
   ① 근로자대표(노동조합이 있는 경우에는 노동조합의 대표자)
   ② 근로자대표가 지명하는 1명 이상의 명예산업안전감독관(위촉되어 있는 경우에 한함)
   ③ 근로자대표가 지명하는 9명 이내의 근로자(명예산업안전감독관이 지명되어 있는 경우에는 그 수를 제외한 수의 근로자)
2) 사용자위원
   ① 해당 사업의 대표자(동일 사업 내에 지역을 달리하는 사업장은 그 사업장의 최고 책임자)
   ② 안전관리자(대행기관에 위탁한 사업장은 대행기관의 해당 사업장 담당자) 1명
   ③ 보건관리자(대행기관에 위탁한 사업장은 대행기관의 해당 사업장 담당자) 1명
   ④ 산업보건의(선임되어 있는 경우에 한함)
   ⑤ 해당 사업의 대표자가 지명하는 9명 이내의 해당 사업장 부서의 장

17
안전하게 작업을 하기 위하여 갖가지 수칙이 필요하다. 이와 같은 강제규정을 만든 이유 중 가장 근본적인 사항은?

① 생산성이 증대되도록 하기 위해
② 산업손실의 손실 증대
③ 생산제품의 손실 증대
④ 인명과 설비의 피해 방지

해설
안전기준은 최후규제라는 점에서 안전실천에 있어 지키지 않으면 위험하다는 점과 금지되지 않으면 재해를 초래하는 2가지 측면에서 규율로서 강제성을 가지고 규제하는 것이다.

Answer ● 14. ③ 15. ④ 16. ① 17. ④

18
다음 중 안전관리자의 직무는?

① 산재발생시의 원인조사 및 대책수립
② 안전보건관리규정의 작성
③ 산업재해에 관한 통계의 기록 유지
④ 안전장치 및 보호구 매입시 적격품 여부 확인

해설
②, ③, ④항은 안전보건관리책임자의 업무내용이다.

19
다음 중 안전관리규정에 포함되어야 할 사항이 아닌 것은?

① 보호구 관리
② 재해 cost 분석 방법
③ 사고 및 재해에 대한 조치
④ 안전표지

해설
안전관리규정의 내용
1) 총칙(목적, 법령 및 제규정과의 관계, 용어의 정의 등)
2) 관리규정(기본조직 및 관리체제, 책임과 직무의 한계 등)
3) 안전기준 및 보건기준
4) 교육적 대책
5) 하청사업장의 안전관리 기준
6) 보호구 관리에 관한 기준
7) 재해 및 사고에 대한 조치
8) 색채관리 및 안전표지 등에 관한 기준
9) 자체검사와 안전점검 기준

길잡이
법상의 안전관리규정에 포함시켜야 할 사항(법 제20조)
① 안전·보건관리조직과 그 직무에 관한 사항
② 안전·보건교육에 관한 사항
③ 작업장 안전관리에 관한 사항
④ 작업장 보건관리에 관한 사항
⑤ 사고조사 및 대책수립에 관한 사항
⑥ 그 밖에 안전·보건에 관한 사항

20
효율적인 안전관리를 위해서는 4가지의 기본 관리 cycle을 갖춰 활동을 되풀이 함으로써 안전관리의 수준이 향상된다. 관리의 조건이 아닌 것은?

① 계획(plan)   ② 예산(budget)
③ 실시(do)   ④ 조치(action)

해설
안전관리의 cycle
① 계획 → ② 실시 → ③ 검토 → ④ 조치

21
안전관리계획 수립시의 유의사항을 나열한 것이다. 틀린 것은?

① 목표는 낮은 수준에서 높은 수준으로 점진적으로 설정할 것
② 근본적인 안전대책을 강구할 것
③ 규정된 기준은 법정기준을 상회하게 할 것
④ 복수적인 안을 넣어 그 중 선택할 것

해설
③항은 안전관리규정의 작성상의 유의사항이다.

22
안전보건개선계획서를 작성하려고 한다. 이 때 포함시켜야 할 사항이 아닌 것은?

① 안전보건교육
② 시설
③ 산업재해예방 및 작업환경개선
④ 보호구

해설
안전보건개선계획서의 내용
1) 시설
2) 안전보건교육
3) 안전보건관리체제
4) 산업재해예방 및 작업환경의 개선

23
개선계획을 작성함에 있어서 먼저 공정도를 작성하지 않으면 안된다. 공정별 유해위험 분포도를 작성할 때의 중요 포인트에 해당되지 않는 것은?

① 공정내의 유해위험인자의 발견
② 공정별 종사인원의 파악
③ 각 공정간의 작업의 흐름에 따른 표준 작업 관계
④ 각 공정별 종사자의 적성

Answer ◘ 18. ① 19. ② 20. ② 21. ③ 22. ④ 23. ④

해설

작업공정별 유해위험분포도 작성시 반드시 포함되어야 할 항목
1) 공정별 유해위험요인 발견
2) 공정별로 종사하는 근로자 파악
3) 공정에서 발생된 재해 및 사고 분석
4) 각 공정간의 표준작업의 상태
5) 공정간의 기계, 재료, 도구의 공학적 결함 유무
6) 작업조건 및 작업 방법 개선

24
안전보건개선계획의 공통사항에 포함되지 않는 항목은?

① 안전보건관리조직
② 보호구 착용
③ 안전보건관리예산
④ 건강진단실시

해설

개선계획의 공통사항
1) 안전보건관리조직   2) 안전표지 부착
3) 보호구 착용   4) 건강진단실시
5) 참고사항

25
산업안전 중점개선계획 중 시설항목이 아닌 것은?

① 소방시설   ② 안전통로
③ 계단, 출구   ④ 동력전도장치

해설

중점개선계획의 항목
1) 시설 : 비상통로, 출구, 계단, 급수원, 소방시설, 작업설비 운반경로, 안전통로, 배연시설, 배기시설, 배전시설 등 시설물의 안전대책
2) 기계장치 : 기계별 안전장치, 전기장치, 가스장치, 동력전도 장치, 운반장치, 공구 등의 보전상태 등의 안전대책
3) 원료·재료 : 인화물, 발화물, 유해물, 생산원료 등의 취급 및 적재방법, 보관방법 등의 안전대책
4) 작업방법 : 안전기준, 작업표준, 보호구 관리상태 등에 대한 대책
5) 작업환경 : 정리정돈, 청소상태, 채광조명, 소음, 분진, 고열, 색채, 습도, 환기 등의 개선대책

26
다음 중 안전 보건 개선 대상 사업장에 속하지 않는 것은?

① 전년도 안전보건개선계획 실시작업장으로서 개선계획에 의한 개선조치가 완료되지 아니한 사업장
② 황 등 유해물질을 제조 사용하는 작업장으로서 설비의 개선이 미비한 사업장
③ 해당사업장의 재해율이 동종업종의 평균재해율 보다 낮은 사업장
④ 유해물질 중독사고가 발생하는 사업장

해설

③항, 해당 사업장의 재해율이 동종 업종의 산업재해율보다 높은 사업장

27
안전보건진단기관의 안전평가를 받아 개선 계획을 수립하여 제출해야 할 사업장이 아닌 것은?

① 중대재해발생 사업장 중 재해발생이전 1년간 재해율이 전년도 동종업종 평균재해율을 초과하는 사업장
② 작업환경불량, 직업병 유소견자발생, 화재. 폭발 또는 누출 사고로 사회적 물의를 야기한 사업장
③ 직업병 유소견자가 연간 2명 이상 발생한 사업장
④ 재해율이 동종업종 평균재해율의 3배 이상인 사업장

해설

④는 3배 이상이 아니라 2배 이상이다.

Answer ▶ 24. ③ 25. ④ 26. ③ 27. ④

3장 재해조사 및 통계분석

1 재해조사의 목적 및 순서

(1) **재해조사의 목적** : 동종재해 및 유사재해의 재발방지
(2) **재해조사의 순서** : ① 현장확인 → ② 목격자 및 관계자 진술 → ③ 자료수집 → ④ 검증(사고의 실연 검증) → ⑤ 분석평가 → ⑥ 재확인

2 재해발생시의 조치사항

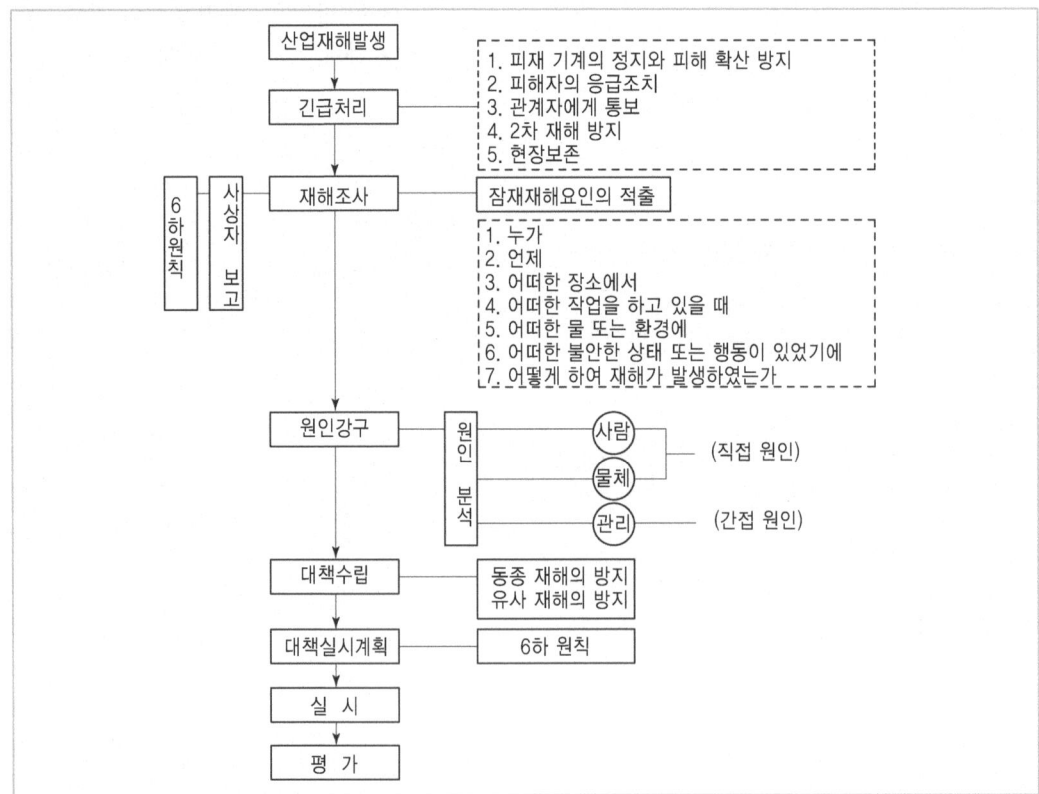

3 재해발생의 메카니즘(mechanism)

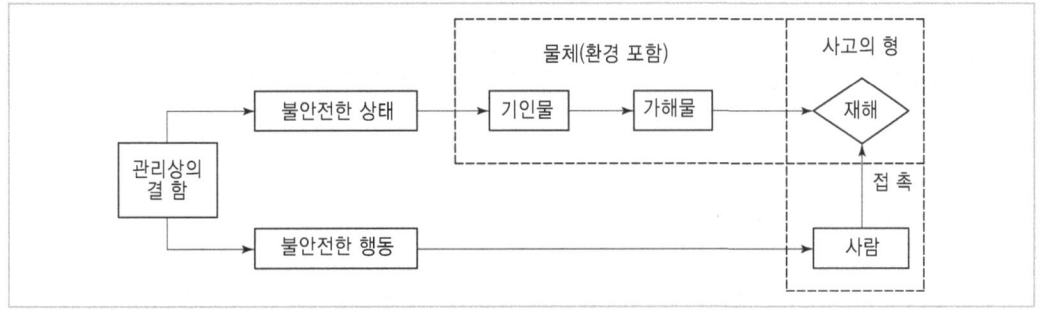

| 재해발생의 기본적 모델 |

(1) 사고의 형(型) : 물체와 사람과의 접촉의 현상을 말한다.

  1) 물체가 사람에 직접 접촉한 현상
  2) 사람이 유해 환경 하에 폭로된 현상

(2) 기인물과 가해물

  1) 기인물 : 불안전한 상태에 있는 물체(환경포함)
  2) 가해물 : 직접 사람에게 접촉되어 위해를 가한 물체

4 불안전한 행동별 원인

(1) 안전 작업표준 미작성 : 무단 작업 실시로 재해발생
(2) 작업과 안전 작업표준에 상이 : 설비, 작업의 수시변경으로 재해발생
(3) 안전 작업표준의 결함 : 작업분석의 불완전으로 일어남
(4) 안전 작업표준의 몰이해 : 안전교육에 결함이 있음
(5) 안전 작업표준의 불이행 : 안전태도에 문제가 있음

5 통계적 원인 분석 방법

(1) 파렛토도 : 분류 항목을 큰 순서대로 도표화 한 분석법
(2) 특성 요인도 : 특성과 요인관계를 도표로하여 어골상으로 세분화 한분석법
(3) 크로스(Cross)분석 : 데이터(data)를 집계하고 표로 표시하여 요인별 결과 내역을 교차한 크로스 그림을 작성하여 분석하는 방법

(4) 관리도 : 재해발생 건수 등의 추이를 파악하여 목표관리를 행하는데 필요한 월별 재해발생수를 그래프화하여 관리선을 설정관리하는 방법

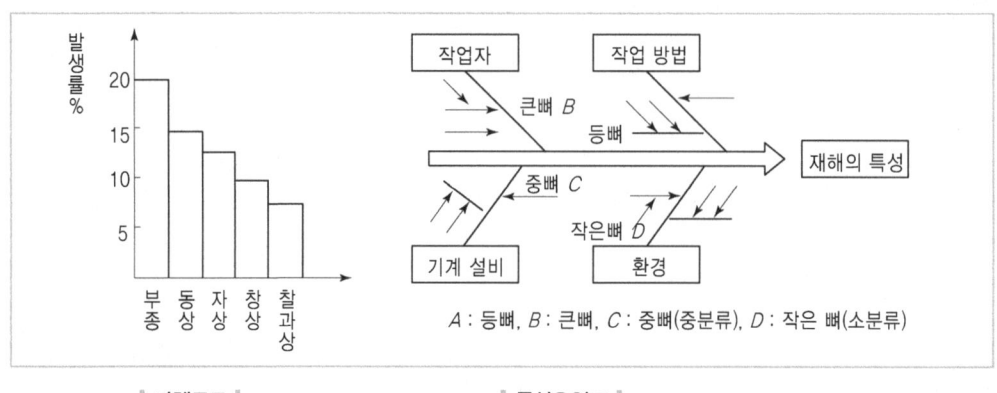

| 파렛토 | | 특성요인도 |

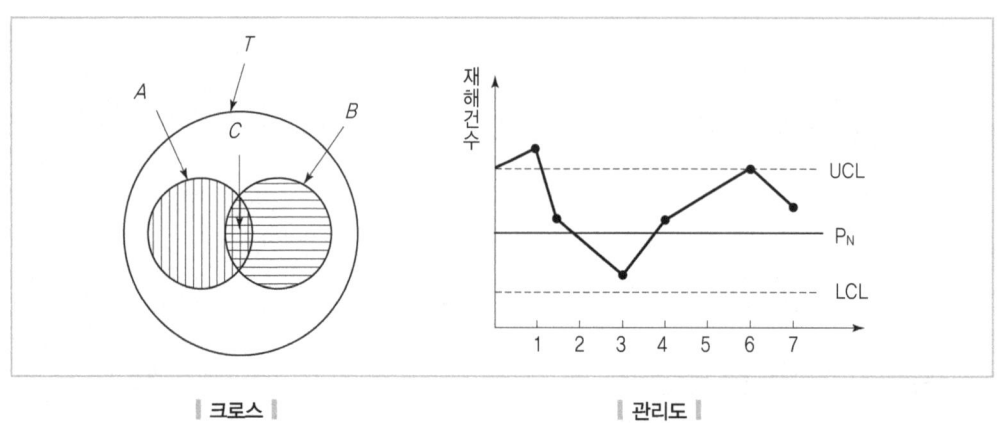

| 크로스 | | 관리도 |

6 재해율

(1) 연천인율(年千人率) : 근로자 1,000인당 1년간에 발생하는 사상자수를 나타낸다.

$$\therefore 연천인율 = \frac{사상자수}{연평균근로자수} \times 1,000$$

1) **사상자수** : 사망자, 부상자, 직업병의 환자수를 합한 것

2) 월천인율 $= \dfrac{월사상자수}{월평균근로자수} \times 1,000$

(2) 도수율(Frequency Rate of Injury : FR) : 산업재해의 발생빈도를 나타내는 것으로, 연 근로시간 합계 100만 시간당의 재해발생건수이다.

$$\therefore \text{도수율} = \frac{\text{재해발생건수}}{\text{연근로시간수}} \times 10^6$$

1) 연근로시간수 : 1일 8시간, 1개월 25일, 연 300일을 시간으로 환산한 연 2,400시간

   $\therefore$ 연근로시간수 $= 2,400 \times$ 근로자수

2) 도수율(빈도율) : 재해의 양을 나타냄

(3) 연천인율과 도수율과의 관계

$\therefore$ 연천인율 = 도수율 × 2.4

$\therefore$ 도수율 = $\dfrac{\text{연천인율}}{2.4} \times 100$

(4) 강도율(Severity Rate of Injury : SR)
재해의 경중, 즉 강도를 나타내는 척도로서 연 근로시간 1,000시간당 재해에 의해서 잃어버린 근로손실일수를 말한다.

$$\therefore \text{강도율} = \frac{\text{근로손실일수}}{\text{연근로시간수}} \times 1,000$$

길잡이

근로손실일수의 산정기준(국제기준)
① 사망 및 영구전노동불능(신체장해등급 : 1-3) : 7500일
② 영구일부노동불능(신체장해등급 : 4-14) : 다음과 같다

신체장해등급	4	5	6	7	8	9	10	11	12	13	14
근로손실일수	5,500	4,000	3,000	2,200	1,500	1,000	600	400	200	100	50

③ 일시전노동불능 : 휴업일수×300/365

(5) 환산 도수율 및 환산 강도율

1) 입사에서 퇴직할 때까지 평생 동안(40년)의 근로시간인 10만시간당 재해건수를 환산 도수율이라 한다.

   $\therefore$ 환산 도수율(F) = $\dfrac{\text{도수율}}{10}$

2) 10만시간당 근로손실일수를 환산 강도율이라 한다.

   $\therefore$ 환산 강도율(S) = 강도율×100

(6) 종합재해지수(도수강도치 : F.S.I)

$\therefore$ 도수강도치(F.S.I) = $\sqrt{\text{도수율}(F) \times \text{강도율}(S)}$

7 세이프 티 스코어(Safe T. score)

(1) 세이프 티 스코어 : 과거와 현재의 안전 성적을 비교 평가하는 방법으로 단위가 없으며 계산 결과 (+)이면 나쁜 기록, (-)이면 과거에 비해 좋은 기록으로 본다.

$$\therefore 세이프\ 티\ 스코어 = \frac{빈도율(현재) - 빈도율(과거)}{\sqrt{\frac{빈도율(과거)}{근로총시간수(현재)} \times 10^6}}$$

(2) 판정기준

1) +2.0 이상인 경우 : 과거보다 심각하게 나빠짐
2) +2.0 ~ -2.0 : 심각한 차이 없음
3) -2.0 이하 : 과거보다 좋아짐

8 재해손실비

(1) 하인리히(Heinrich) 방식

$$\therefore 총재해\ cost = 직접비 + 간접비$$

1) 직접비 : 간접비 = 1 : 4
2) 직접비 : 법령으로 정한 피해자에게 지급되는 산재보상비를 말한다.
   ① 휴업보상비 : 평균임금의 100분의 70에 상당하는 금액
   ② 장해보상비 : 신체장해가 남는 경우에 장해등급에 의한 금액
   ③ 요양보상비 : 요양비의 전액
   ④ 장의비 : 평균임금의 120일 분에 상당하는 금액
   ⑤ 유족보상비 : 평균임금의 1,300일분에 상당하는 금액
   ⑥ 기타 유족특별보상비, 장해특별보상비, 상병보상연금 등
3) 간접비 : 재산손실, 생산중단 등으로 기업이 입은 손실로서 정확한 산출이 어려울 때에는 직접비의 4배로 산정하여 계산한다.
   ① 인적손실 : 본인 및 제3자에 관한 것을 포함한 시간손실
   ② 물적손실 : 기계, 공구, 재료, 시설의 복구에 소비된 시간손실 및 재산손실
   ③ 생산손실 : 생산 감소, 생산중단, 판매 감소 등에 의한 손실
   ④ 기타손실 : 병상위문금. 여비 및 통신비, 입원중의 잡비, 장의비용 등

(2) 시몬즈(R.H.Simonds)방식

$$\therefore 총재해\ cost = 산재보험\ 코스트 + 비\ 보험\ 코스트$$

1) 산재보험 코스트 : 산업재해보상보험법에 의해 보상된 금액과 보험회사의 보상에 관련된 제 경비 및 이익금을 합친 금액

2) 비 보험 코스트 = (휴업상해건수×A) + (통원상해건수×B) +
   (응급조치건수×C) + (무상해 사고 건수×D)
   여기서 A, B, C, D는 장해 정도별에 의한 비 보험 코스트의 평균치

3) 재해의 종류
   ① 휴업상해 : 영구 일부 노동 불능 및 일시 전 노동 불능
   ② 통원상해 : 일시 일부 노동 불능 및 의사의 통원조치를 필요로 한 상해
   ③ 응급조치상해 : 응급조치 상해 또는 8 시간미만 휴업 의료조치 상해
   ④ 무상해 사고 : 의료조치를 필요로 하지 않는 상해사고 및 20달러 이상 재산손실 또는 8 시간 이상 손실을 발생한 사고

9 재해사례 연구의 진행단계

(1) 전제조건 : 재해 상황의 파악(재해상황)

1) 재해발생 일시 및 장소
2) 업종 및 규모
3) 상해의 상황(상해의 부위, 정도, 성질)
4) 물적피해 상황
5) 피해근로자의 특성
6) 사고의 형태
7) 기인물
8) 가해물
9) 조직 계통도
10) 재해현장도면

(2) 제1단계 : 사실의 확인

1) 사람에 관한 것
2) 물건에 관한 것
3) 관리에 관한 것

(3) 제2단계 : 문제점의 발견

(4) 제3단계 : 근본적 문제점 결정

(5) 제4단계 : 대책의 수립

실 / 전 / 문 / 제

01
재해조사의 목적을 가장 적절하게 설명한 것은?
① 책임소재를 규명하기 위하여
② 직접적인 사고원인을 찾아내기 위하여
③ 동종재해 재발방지를 위하여
④ 발생빈도가 많은 사고를 찾아내기 위하여

해설
재해조사의 목적 : 동종 및 유사한 재해의 재발방지를 주목적으로 하여 ① 재해발생의 원인 분석 ② 재해예방의 적절한 대책 수립 ③ 불안전한 상태와 행동 등을 파악하기 위한 것이다.

02
다음 중 재해조사시 유의사항이 아닌 것은?
① 조사자는 주관적이고 공정한 입장을 취한다.
② 조사목적에 무관한 조사는 피한다.
③ 조사는 현장이 변경되기 전에 실시한다.
④ 목격자나 현장책임자의 진술을 듣는다.

해설
조사자는 객관적인 입장에서 공정하게 조사하며, 조사는 2인 이상이 한다.

03
재해발생시 조치할 사항을 옳게 연결한 것은?
① 재해조사 – 원인분석 – 대책수립 – 응급조치(긴급조치)
② 긴급조치 – 재해조사 – 원인분석 – 대책수립
③ 대책수립 – 원인분석 – 긴급조치 – 재해조사
④ 재해조사 – 대책수립 – 원인분석 – 긴급조치

해설
재해발생시 조치순서
1) 긴급조치   2) 재해조사
3) 원인강구(원인분석) 4) 대책 수립
5) 대책실시계획   6) 실시
7) 평가

04
재해발생시 긴급처리 순서를 알맞게 기술한 것은?
① 피해자의 응급조치 – 피재기계의 정지 – 통보 – 2차 재해방지 – 현장보존
② 피재기계의 정지 – 통보 – 2차 재해방지 – 피해자의 응급조치 – 현장보존
③ 피해자의 응급조치 – 피재기계의 정지 – 2차 재해방지 – 통보 – 현장보존
④ 피재기계의 정지 – 피해자의 응급조치 – 통보 – 2차재해방지 – 현장 보존

해설
재해발생시 긴급처리 순서
1) 피재기계의 정지 및 피해확산 방지
2) 피해자의 응급조치
3) 관계자에게 통보
4) 2차 재해방지
5) 현장보존

05
산업재해 조사 항목 중 관리적 원인이 아닌 것은?
① 기술적 원인   ② 교육적 원인
③ 작업 관리상 원인   ④ 환경적 원인

해설
관리적 원인(산업재해 조사표)
1) 기술적 원인 : 건물기계장치 설계불량, 구조재료의 부적합, 생산방법의 부적당
2) 교육적 원인 : 안전지식의 부족, 안전수칙의 오해, 작업방법의 교육불충분, 유해위험작업 교육불충분
3) 작업관리상 원인 : 안전관리조직 결함, 안전수칙 미제정, 작업준비 불충분, 인원배치 부적당, 작업지시 부적당

Answer ● 01. ③ 02. ① 03. ② 04. ④ 05. ④

06
근로자가 작업대에서 작업 중 지면에 떨어져 상해를 입었다. 기인물과 가해물이 맞게 표기된 것은 어느 것인가?

① 기인물 – 지면, 가해물 – 작업대
② 기인물 – 작업대, 가해물 – 지면
③ 기인물 – 지면, 가해물 – 지면
④ 기인물 – 작업대, 가해물 – 작업대

해설
기인물과 가해물
1) 기인물 : 불안전한 상태에 있는 물체(환경포함)
2) 가해물 : 직접 사람에게 접촉되어 위해를 가한 물체

07
작업자가 바닥에 미끄러지면서 상자에 머리를 부딪쳐 머리에 상처를 입었다. 이 때 기인물은?

① 바닥　　　　② 상자
③ 바닥과 상자　④ 머리

해설
기인물은 바닥이며 가해물은 상자이다.

08
통계적 원인분석에서 재해통계방법으로 잘 사용되지 않는 것은?

① 파렛토도　　② 크로스 분석
③ 관리도　　　④ 실험계획도

해설
통계적 원인분석에 주로 사용되는 방법
1) 파렛토도　　2) 특성요인도
3) 크로스 분석　4) 관리도

09
재해원인분석의 기본적 모델에 맞지 않은 것은?

① 기인물　　② 재해 형태
③ 가해물　　④ 불안전 조치

10
작업자가 공구를 운반 중 공구를 떨어뜨려 발을 다쳤다. 기인물과 가해물은?

① 기인물 – 공구, 가해물 – 낙하물
② 기인물 – 낙하물, 가해물 – 공구
③ 기인물 – 낙하물, 가해물 – 낙하물
④ 기인물 – 공구, 가해물 – 공구

해설
기인물은 불안전한 상태에 있는 물체(환경포함)를 뜻하며, 가해물은 직접사람에게 접촉되어 위해를 가한 물체를 말한다.

11
다음은 재해조사에 필요한 용어를 설명한 것이다. 그 가운데 '불안전한 행동'의 용어에 해당하는 것은?

① 불안전한 행동이나 불안전한 상태로 이르게 한 관리. 감독자의 불충분한 관리. 감독의 상태를 말한다.
② 근로자의 불건전한 정신적 또는 신체적 요소와 상태를 말한다.
③ 사고를 가져오게 한 근로자 자신의 행동에 대한 불안전한 요소를 말한다.
④ 사고를 가져오게 한 기계, 장치 또는 기타의 환경 등을 말한다.

해설
불안전한 행동은 안전한 상태를 불안전한 상태로 바꾸어 놓는 행위나 재해를 가져오게 한 근로자 자신의 행동에 대한 불안전한 요소를 말한다.

12
다음 설명 중 틀린 것은?

① 재해통계의 내용은 그 활용목적을 충족할 수 있을 만큼 충분하여야 한다.
② 재해통계는 안전활동을 추진하기 위한 자료이지 안전활동은 아니다.
③ 재해통계를 근거로 하여 조건이나 상태를 추측하여야 한다.
④ 이용 및 활용가치가 없는 통계는 그것을 작성하기 위한 시간과 비용의 낭비임을 알아야 한다.

Answer ● 06. ② 07. ① 08. ④ 09. ④ 10. ④ 11. ③ 12. ③

해설

재해통계 작성시 고려할 사항 : ①, ②, ④항 이외에 다음과 같은 사항이 있다.
1) 재해통계를 근거로 하여 조건이나 상태를 추측해서는 안된다(통계의 사실을 정확하게 읽고 이해하며 판단하여야 한다).
2) 재해통계 그 자체를 중시해서는 안 된다. 다만, 읽고 이해된 경향과 성질의 활용을 중요시 해야 한다.

13
재해요인 분석 중 특성 요인의 설명이 틀린 것은?
① 특성이란 다른 것과는 다른 특유의 성질이다.
② 특성이란 사고의 형이나 재해의 현상과는 무관하다.
③ 요인이란 재해를 일으키게 된 직접원인과 간접원인을 총칭한다.
④ 특성이란 작업의 결과 나타나는 안전보건의 상황 가운데 재해요인을 포함한 문제점을 뜻한다.

해설

특성요인도의 뜻
1) 「특성」이란 다른 것과는 다른 특유의 성질을 말하며, 재해요인분석에 있어서 「특성」이란 작업의 결과 나타나는 안전보건의 상황 가운데 재해요인을 포함한 문제점이라는 뜻이며, 사고의 형이나 재해의 현상으로 포착된다.
2) 「요인」이란 재해를 일으키게 된 직접원인 및 간접원인을 총칭하는 재해요인을 뜻한다.
3) 「특성요인도」는 특성과 요인관계도를 도표로 하여 어골상(魚骨狀)으로 나타내어 재해요인을 분석하는데 사용한다.

14
불안전한 행동의 원인에 해당되지 않는 것은?
① 불안전한 설계 및 위험한 배치
② 안전작업표준 미작성
③ 작업과 안전작업표준의 상이
④ 안전작업표준에 결함

해설

불안전한 행동별 요인
1) 안전작업표준 미작성 : 무단작업실시로 재해가 발생한다
2) 작업과 안전작업표준의 상이 : 설비, 작업의 수시 변경으로 재해가 발생한다.
3) 안전작업표준에 결함 : 작업 분석의 불안전으로 일어난다.
4) 안전작업표준의 몰이해 : 안전교육에 결함이 있다.
5) 안전작업표준의 불이행 : 안전태도에 문제가 있다.

15
어느 공장의 근로자가 180명이고 6건의 재해가 발생했다면 천인율은 얼마인가? (단, 하루 8hr 일하며, 300일 근무)
① 13.89
② 33.34
③ 43.69
④ 12.79

해설

천인율 = $\frac{6}{180} \times 1,000 = 33.33$

16
어떤 공장에서 80명의 근로자가 1일 8시간, 연간 300일 작업하여 연간근로시간수는 192,000시간이었다. 이기간 동안 5명의 부상자를 냈을 때 도수율은 얼마가 되겠는가?
① 37.8
② 16.0
③ 26.0
④ 16.5

해설

도수율 = $\frac{5}{192,000} \times 10^6 = 26$

17
도수율이 1.5라면 연천인율은 얼마인가?
① 1.5
② 3
③ 3.6
④ 7.2

해설

연천인율 = 도수율×2.4 = 1.5×2.4 = 3.6

18
근로자 2,000명이 1년간 300일(1일 8시간)작업하는데 1명의 사망자와 의사진단에 의한 휴업일수 60일의 손실을 가져왔다. 강도율은 얼마인가?
① 1.84
② 11
③ 1.29
④ 1.57

해설

강도율 = $\frac{7500 + (60 \times 300/365)}{2,000 \times 2,400} \times 1,000 = 1.57$

Answer ➡ 13. ② 14. ① 15. ② 16. ③ 17. ③ 18. ④

19
재해율을 계산할 때 사망의 경우 사망자 1인의 근로손실일수를 얼마로 보는가?

① 10,500일 ② 9,000일
③ 7,500일 ④ 6,000일

해설
사망 및 영구전노동불능(1~3급)의 근로손실일수 7,500일은 사망자의 평균연령을 30세, 근로가능연령을 55세로 하여 그 차이인 25년 동안에 대한 근로손실일수이다.
∴ 25년 × 300일/년 = 7,500일

20
도수율이 10.0인 어느 사업장에서 작업자가 평생 동안 작업을 한다면 몇 건의 사고를 당하겠는가?

① 1.0건 ② 2.0건
③ 10.0건 ④ 20.0건

해설
환산도수율은 작업자가 사업장에서 평생동안(40년 : 10만 시간)작업을 할 때 발생할 수 있는 재해건수를 나타내는 것이다.
∴ 환산도수율 = 도수율/10 = 10/10 = 1.0건

21
B기업체에서 1,000명의 노동자가 1주간에 48시간, 연간 50주를 노동하는데 1년에 80건의 재해가 발생했다. 이 가운데 노동자들이 질병 기타 이유로 인하여 총근로 시간 중 5%의 결근하였다. 이 기업체의 도수율은?

① 35 ② 50
③ 70 ④ 100

해설
도수율 = $\frac{80}{1,000 \times 50 \times 48 \times 0.95} \times 10^6 = 35.09$

22
강도율이 7.5이다. 무슨 의미인가?

① 1,000시간 작업시 산재로 인해 7.5일의 근로손실이 생겼다.
② 1,000시간이 작업 중 7.5건의 재해가 발생했다.
③ 한건의 재해가 평균 7.5일의 작업손실을 가져왔다.
④ 근로자 1,000명당 7.5건의 재해가 발생했다.

해설
강도율 : 근로시간 1,000시간당 재해에 의해서 잃어버린 근로손실일수

23
재해강도율이 5.5라고 하는 뜻은 연근로시간 몇 시간 중 재해로 인하여 5.5일의 손실이 있다는 의미를 나타내는가?

① 1,000 ② 10,000
③ 100,000 ④ 1,000,000

24
종업원 1,000명이 근무하는 어느 공장의 재해도수율이 10.00이라면 이 공장에서 년간 발생한 재해건수는 몇 건인가?

① 20건 ② 22건
③ 24건 ④ 26건

해설
$10 = \frac{재해건수}{1000 \times 2400} \times 10^6$

25
재해 도수율이 20.04되는 사업장에서 근로자 1명이 평생동안 작업을 하였을 때 몇 건의 재해를 당하게 되겠는가? (단, 평생 근로년수를 40년, 평생근로 시간수를 10만 시간으로 생각한다)

① 약 0.5건 ② 약 2건
③ 약 5건 ④ 약 20건

해설
환산도수율 = $\frac{도수율}{10} = \frac{20.04}{10}$ = 약 2건

26
제조업에서 500명의 근로자가 1주일에 41시간, 연간 50주를 근로하는데 1년에 36건의 재해가 발생하였다. 이 기업체에서의 도수율은? (단, 근로자들이 질병 등으로 인하여 총 근로시간 중 3%결근)

① 21.21 ② 28.21
③ 36.21 ④ 41.21

Answer 19. ③ 20. ① 21. ① 22. ① 23. ① 24. ③ 25. ② 26. ③

해설

도수율 = $\dfrac{36}{500 \times 41 \times 50 \times 0.97} \times 10^6 = 36.21$

27
H건설의 1994년도 도수율이 10.05이고 강도율이 2.21일 때 이 건설회사에 근무하는 근로자는 입사부터 정년까지 재해는 몇 건이며 근로손실 일수는 얼마인가?

① 재해건수 : 0.11(건), 근로손실일수 : 221(일)
② 재해건수 : 110(건), 근로손실일수 : 220(일)
③ 재해건수 : 1.10(건), 근로손실일수 : 220(일)
④ 재해건수 : 1.01(건), 근로손실일수 : 221(일)

해설
① 환산도수율 = 10.05/10 ≒ 1.01건
② 환산강도율 = 2.21 × 100 = 221일

28
재해도수율이란 무엇을 나타내는가?

① 재해의 질   ② 재해의 크기
③ 재해의 양   ④ 재해의 비율

해설
도수율은 재해의 많고 적음을 나타내는 재해의 양을 결정하는 것이고, 강도율은 재해의 강약을 나타내는 재해의 질을 결정하는 것이다.

29
안전활동률을 나타내는 식은?

① $\dfrac{근로시간수 \times 평균근로자수}{안전활동건수} \times 10^6$

② $\dfrac{근로시간수}{안전활동건수} \times 10^6$

③ $\dfrac{안전활동건수}{근로시간수 \times 평균근로자수} \times 10^6$

④ $\dfrac{근로시간수 \times 평균근로자수}{안전활동건수} \times 10^6$

해설
안전활동은 근로시간수 100만 시간당 안전활동 건수를 나타낸다.

30
하인리히(H.W.Heinrich)의 재해코스트에서 재해직접비에 대하여 재해 간접비의 비율은?

① 1 : 2   ② 1 : 4
③ 1 : 6   ④ 1 : 8

해설
총재해코스트 = 직접비 + 간접비(직접비 : 간접비 = 1 : 4)

31
산업재해에 의한 직접손실이 연간 1,000억원이었다면 이해의 산업재해에 의한 총손실 비용은 얼마인가?

① 3,000억원   ② 4,000억원
③ 5,000억원   ④ 6,000억원

해설
총재해 cost = 직접비 + 간접비
= 1,000억 + (1,000억 × 4)
= 5,000억

32
다음 중 세이프 티 스코어(safe-T-score)공식으로 맞는 것은?

① $\dfrac{빈도율(현재) - 강도율(과거)}{\sqrt{\dfrac{빈도율(과거)}{근로 총 시간수(현재)}} \times 10^6}$

② $\dfrac{빈도율(현재) - 빈도율(과거)}{\sqrt{\dfrac{빈도율(과거)}{근로 총 시간수(현재)}} \times 10^6}$

③ $\dfrac{빈도율(현재) - 강도율(과거)}{\sqrt{\dfrac{강도율(과거)}{근로 총 시간수(현재)}} \times 10^6}$

④ $\dfrac{강도율(현재) - 강도율(과거)}{\sqrt{\dfrac{강도율(과거)}{근로 총 시간수(현재)}} \times 10^6}$

해설
세이프 티 스코어(safe-T-score)
(1) 의미
 안전에 관한 과거와 현재의 중대성의 차이를 비교하고자 사용하는 통계방식으로 단위가 없다. 계산결과가 (+)이면 나쁜 기록이고 (-)이면 과거에 비해 좋은 기록을 나타내는 것이다.

Answer ● 27. ④ 28. ③ 29. ③ 30. ② 31. ③ 32. ②

(2) 공식

∴ 세이프 티 스코어

$$= \frac{빈도율(현재) - 빈도율(과거)}{\sqrt{\frac{빈도율(과거)}{근로 총 시간수(현재)}} \times 10^6}$$

(3) 판정
① +2.00 이상인 경우 : 과거보다 심각하게 나빠짐
② +2.00~-2.00인 경우 : 심각한 차이가 없음
③ -2.00 이하인 경우 : 과거보다 좋아짐

33
재해사고가 발생했을 때의 손실 cost 계산에 있어서 Simonds 방식에 의한 계산방법으로 맞는 것은?

① 직접비+간접비
② 보험 cost+비보험cost
③ 보험코스트+사업주 부담금
④ 직접비+비보험코스트

34
시몬즈(Simonds)의 재해손실비용 산정방식 중 재해구분에서 제외되는 것은?

① 영구 전 노동불능 상해
② 영구 부분 노동불능 상해
③ 일시 전 노동불능 상해
④ 일시 부분 노동불능 상해

해설
시몬즈방식에 의한 재해손실비 산정에서 사망 및 영구 전 노동불능 상해는 재해구분에서 제외된다.

35
다음 재해코스트 산출에서 직접비에 해당되지 않는 것은?

① 장례비 및 치료비
② 요양비 및 휴업보상비
③ 기계 기구 손실수리비 및 손실시간비
④ 장해보상비

해설
③항은 간접비에 해당된다.

36
재해손실비 중 간접비에 해당되지 않는 것은?

① 생산손실
② 시설물자손실
③ 시간손실
④ 유족보상비

해설
법령으로 정한 산재보상비(휴업보상비, 장해보상비, 장의비, 유족보상비, 상병보상연금, 치료비 등)는 직접비에 해당된다.

37
재해가 일어났을 때에는 피해자 및 주위의 사람들에 의해서 생산감소를 일으키는 노동시간의 손실을 수반하게 되는데 이것은 재해손실비 상으로는 다음 어느것에 속하는가?

① 물적손실(物的損失)
② 인적손실(人的損失)
③ 품질손실(品質損失)
④ 생산손실(生産損失)

해설
재해발생시 본인 및 제 3자에 관한 것을 포함한 노동시간의 손실은 재해손실비의 간접비 중 인적손실에 해당된다.

38
재해비용(코스트)에 대한 설명이 잘못된것은?

① 재해코스트에는 직접비와 간접비의 합이다.
② 재해코스트에 있어서 직접비는 간접비보다 크다.
③ 임금에 대한 손실은 간접비에 해당된다.
④ 직접비 계산은 쉬우나 정확한 간접비 계산은 어렵다.

해설
재해코스트에 있어서 직접비대 간접비의 비율은 1 : 4로 직접비는 간접비보다 작다.

39
재해손실에서 1 : 4의 원칙이란? (단, 하인리히 설에 준한다.)

① 치료비와 보상비의 비율
② 직접손실과 간접손실
③ 보험지급비와 비보험 손실비율
④ 급료와 손해보상

Answer ➡ 33. ② 34. ① 35. ③ 36. ④ 37. ② 38. ② 39. ②

40
다음 사람들은 재해코스트에 대해 역설하였다. 관계가 없는 사람은?

① 시몬즈 ② 버즈
③ 웨버 ④ 콤페스

해설

재해 cost 산정방식에는 하인리히 방식 및 시몬즈방식(본문참조)이 있으며 그밖에 버즈방식, 콤페스방식, 노구찌 방식 등이 있다.
1. **버즈(Birds)방식** : 간접비를 빙산원리를 주장하여 두 개의 범주로 나누어 하나는 쉽게 측정할 수 있으며 동시에 보험에 가입되어 있지 않은 재산손실비용이고, 다른 하나는 양을 측정하기 어렵고 보험에 들지 않은 기타 비용으로 하여 다음의 비율로 재해 cost를 산정한다.
   ∴ 보험비 : 비보험재산비용 : 비보험 기타 재산비용 = 1 : 5∼50 : 1∼3
   1) 보험비는 의료 및 보상비
   2) 비보험재산비용은 건물손실로 기구 및 비손실, 제품 및 재료손실, 조업중단 및 지연
   3) 비보험 기타 재산비용은 시간조사, 교육, 임대 등 기타 항목
2. **콤페스(Compes)방식** : 전재해손실 = 공동비용 + 개별비용
   1) 공동비용(불변) : 보험료, 안전보건팀의 유지비용, 기타 추상적사항(기업의 명예, 안전감)
   2) 개별비용(변수) : 작업중단 및 그로 인한 손실, 수리대책에 필요한 경비, 치료에 소요되는 경비, 사고조사에 따르는 경비 등

41
다음은 재해사례연구 순서를 나열한 것이다. 맞은 것은?

① 현상파악 – 사실확인 – 문제점 발견 – 대책수립
② 사실확인 – 현상파악 – 대책수립 – 문제점발견
③ 문제점 발견 – 사실확인 – 현상파악 – 대책수립
④ 사실확인 – 문제점 발견 – 현상파악 – 대책수립

해설

재해사례연구의 진행단계
1) 전제조건 : 재해상황의 파악(현상파악)
2) 1단계 : 사실의 확인
3) 2단계 : 문제점 발견
4) 3단계 : 근본적 문제점 결정
5) 4단계 : 대책의 수립

42
재해사례 연구시 파악해야 할 상해의 상황 중 틀린 것은?

① 상해의 성질
② 상해로 인한 손해액
③ 상해의 부위
④ 상해의 정도

해설

전제조건인 재해상황의 파악
1) 재해발생일시, 장소
2) 업종, 규모
3) 상해의 상황(상해의 부위, 정도, 성질)
4) 물적 피해 상황(물적 손상 상황, 생산 정지 일수, 손해액, 기타)
5) 피해 근로자의 특성(성명, 연령, 소속, 근속 년수, 자격, 기타)
6) 사고의 형태
7) 기인물
8) 가해물
9) 조직 계통도
10) 재해 현장 도면(평면도, 측면도)

Answer ➔ 40. ③ 41. ① 42. ②

4장 안전점검 및 작업분석

1 안전점검

(1) 안전점검의 종류

1) 수시점검 : 작업 전, 중, 후에 실시하는 점검
2) 정기점검 : 일정기간마다 정기적으로 실시하는 점검
3) 특별점검
    ① 기계·기구·설비의 신설시·변경 내지 고장수리시 실시하는 점검
    ② 천재지변발생 후 실시하는 점검
    ③ 안전강조 기간 내에 실시하는 점검
4) 임시점검 : 이상 발견시 임시로 실시하는 점검, 정기점검과 정기점검 사이에 실시하는 점검

> **길잡이**
>
> 안전점검의 목적(의미)
> 1) 설비의 안전 확보(결함이나 불안전 조건의 제거)
> 2) 설비의 안전상태 유지 및 본래의 성능유지
> 3) 인적인 안전행동상태의 유지
> 4) 합리적인 생산관리(생산성 향상)

(2) 체크리스트에 포함되어야 할 사항(체크리스트 작성 항목)

1) 점검대상
2) 점검부분(점검개소)
3) 점검항목(점검내용 : 마모, 균열, 부식, 파손, 변형 등)
4) 점검주기 또는 기간(점검시기)
5) 점검방법(육안점검, 기능점검, 기기점검, 정밀점검)
6) 판정기준(자체검사기준, 법령에 의한 기준, KS기준 등)
7) 조치사항(점검결과에 따른 결함의 시정사항)

(3) 체크리스트 작성 시 유의사항

1) 사업장에 적합한 독자적인 내용일 것.
2) 중점도가 높은 것부터 순서대로 작성할 것(위험성이 높은 순이나 긴급을 요하는 순으로 작성).
3) 정기적으로 검토하여 재해방지에 실효성 있게 개조된 내용일 것.
4) 일정양식을 정하여 점검대상을 정할 것.
5) 점검표의 내용을 이해하기 쉽도록 표현하고 구체적일 것.

(4) 안전점검의 순환과정 : 다음의 4가지 과정으로 구분되며, 이 4가지 과정을 되풀이함으로써 작업장의 안전성이 높아진다.

1) 현상의 파악
2) 결함의 발견
3) 시정대책의 선정
4) 대책의 실시

(5) 안전의 5대 요소 : 안전점검시 다음의 5개 요소가 빠짐없이 검토되어야 한다.

1) 인간
2) 도구(기계, 장비, 공구 등)
3) 원재료
4) 환경
5) 작업방법

2 작업표준

(1) 정의 : 작업조건, 작업방법, 관리방법, 사용재료, 기타 취급상의 주의사항 등에 관한 기준을 규정한 것이다(기술표준, 동작표준, 작업순서, 작업요령, 작업지도서, 작업지시서 등이 포함).

(2) 작업표준의 목적

1) 작업의 효율화
2) 위험요인의 제거
3) 손실요인의 제거

(3) 작업표준의 구비조건

1) 작업의 실정에 적합할 것
2) 표현은 구체적으로 나타낼 것
3) 이상시의 조치기준에 대해 정해 둘 것
4) 생산성과 품질의 특성에 적합할 것
5) 좋은 작업의 표준일 것
6) 다른 규정 등에 위배되지 않을 것

3 작업위험 분석

(1) 작업개선 단계

1) 1단계 : 작업분해
2) 2단계 : 세부내용 검토
3) 3단계 : 작업분석
4) 4단계 : 새로운 방법의 적용

(2) 작업분석 방법(E.C.R.S) → 새로운 작업방법의 개발원칙

1) 제거(eliminate)
2) 결합(combine)
3) 재조정(rearrange)
4) 단순화(simplify)

(3) 작업위험분석 방법(작업위험 색출방법)

1) 면접
2) 관찰
3) 설문방법
4) 혼합방식

(4) 작업위험 분석시 고려사항

1) 육체적 요구조건
2) 안전관계
3) 보건상 위험성
4) 작업환경 조건
5) 잠재적 위험성
6) 개인 보호구
7) 기기 제조원의 책임(인간공학적 결함 또는 부적합성)

(5) 동작분석의 목적

1) 표준 동작의 설정
2) 모션마인드(motion mind)의 체질화
3) 동작계열의 개선

4 동작 경제의 3원칙

(1) 동작능력의 활용의 원칙

1) 발 또는 왼손으로 할 수 있는 것은 오른손을 사용하지 않는다.
2) 양손으로 동시에 작업을 시작하고 동시에 끝낸다.
3) 양손이 동시에 쉬지 않도록 함이 좋다.

(2) 작업량 절약의 원칙

1) 적게 움직이게 한다.
2) 재료나 공구는 취급하는 부근에 정돈한다.
3) 동작의 수를 줄인다.
4) 동작의 량을 줄인다.
5) 물건을 장시간 취급할 경우에는 장구를 사용할 것

(3) 동작개선의 원칙

1) 동작이 자동적으로 이루어지는 순서로 한다.
2) 양손은 동시에 반대의 방향으로, 좌우 대칭적으로 운동한다.
3) 관성, 중력, 기계력 등을 이용한다.
4) 작업장의 높이를 적당히 하여 피로를 줄인다.

5 안전인증

(1) 안전인증대상 기계·기구(시행령 제74조, 제77조)

구 분	안전인증대상 기계·기구	자율안전확인대상 기계·기구
기계· 기구 및 설비	① 프레스 ② 전단기 및 절곡기 ③ 크레인 ④ 리프트 ⑤ 압력용기 ⑥ 롤러기 ⑦ 사출성형기 ⑧ 고소작업대 ⑨ 곤돌라	① 연삭기 또는 연마기(휴대형은 제외) ② 산업용 로봇 ③ 혼합기 ④ 파쇄기 또는 분쇄기 ⑤ 식품가공용 기계(파쇄·절단·혼합·제면기만 해당) ⑥ 컨베이어 ⑦ 자동차정비용 리프트 ⑧ 공작기계(선반, 드릴기, 평삭·형삭기, 밀링만 해당) ⑨ 고정형 목재가공용기계(둥근톱, 대패, 루타기, 띠톱, 모떼기 기계만 해당) ⑩ 인쇄기
방호장치	① 프레스 및 전단기 방호장치 ② 양중기용 과부하방지장치 ③ 보일러 압력방출용 안전밸브 ④ 압력용기 압력방출용 안전밸브 ⑤ 압력용기 압력방출용 파열판 ⑥ 절연용 방호구 및 활선작업용 기구 ⑦ 방폭구조 전기기계·기구 및 부품 ⑧ 추락·낙하 및 붕괴 등의 위험방지 및 보호에 필요한 가설기자재로서 고용노동부장관이 정하여 고시하는 것	① 아세틸렌 용접장치용 또는 가스집합 용접장치용 안전기 ② 교류아크 용접기용 자동전격방지기 ③ 롤러기 급정지장치 ④ 연삭기 덮개 ⑤ 목재가공용 둥근 톱 반발예방장치와 날접촉예방장치 ⑥ 동력식 수동 대패용 칼날접촉방지장치

보호구	① 추락 및 감전 위험방지용 안전모 ② 차광 및 비산물 위험방지용 보안경 ③ 방진마스크 ④ 방독마스크 ⑤ 송기마스크 ⑥ 전동식 호흡보호구 ⑦ 방음용 귀마개 또는 귀덮개 ⑧ 용접용 보안면 ⑨ 안전장갑 ⑩ 안전화 ⑪ 안전대 ⑫ 보호복	① 안전모(추락 및 감전위험방지용 제외) ② 보안경(차광 및 비산물 위험방지용 제외) ③ 보안면(용접용 제외)

(2) 안전인증심사의 종류 및 내용 · 심사기간(시행규칙 제58조의 4)

심사의 종류	심사의 내용	심사기간
1. 예비심사	안전인증대상 기계 · 기구 등인지를 확인하는 심사 (안전인증을 신청한 경우만 해당)	7일
2. 서면심사	종류별 또는 형식별로 설계도면 등 제품기술과 관련된 문서가 안전인증기준에 적합한지 여부에 대한 심사	15일(외국에서 제조한 경우는 30일)
3. 기술능력 및 생산체계심사	안전성능을 지속적으로 유지 · 보증하기 위하여 사업장에서 갖추어야 할 기술능력과 생산체계가 안전인증기준에 적합한지에 대한 심사(수입자가 안전인증을 받은 경우 생략)	30일(외국에서 제조한 경우는 45일)
4. 제품심사(안전성능이 안전인증기준에 적합한지에 대한 심사)	(1) 개별제품심사 : 서면심사결과가 안전인증기준에 적합할 경우에 모두에 대하여 하는 심사	15일
	(2) 형식별제품검사 : 서면심사와 기술능력 및 생산체계 심사결과가 안전인증기준에 적합할 경우에 형식별로 표본을 추출하여 하는 심사	30일(단, 추락 및 감전위험방지용 안전화, 안전장갑, 방진마스크, 방독마스크, 송기마스크, 전동식 호흡보호구, 보호복은 60일)

(3) 안전인증의 면제(시행규칙 제109조)

1) 안전인증의 전부면제대상(시행규칙 제109조 제1항)

① 연구 · 개발을 목적으로 제조 · 수입하거나 수출을 목적으로 제조하는 경우

② 다른 법령에서 안전성에 관한 검사나 인증을 받은 경우

🔑 전부면제대상의 다른 법령 : 고압가스안전관리법, 에너지이용합리화법, 전기사업법, 항만법, 광산보안법, 건설기계관리법, 선박안전법 등

2) 안전인증의 일부항목의 면제대상(시행규칙 제109조 제2항)

① 고용노동부장관이 정하여 고시하는 외국의 안전인증기관에서 인증을 받은 경우

② 국제전기기술위원회(IEC)의 국제방폭전기기계 · 기구 상호인정제도(IECEx Scheme)에 따라 인증을 받은 경우

③ 다른 법령에서 안전인증을 받은 경우
> 일부항목 면제대상의 다른 법령 : 전기용품 및 생활용품 안전관리법, 산업표준화법, 국가표준기본법 등

(4) 안전인증의 취소 등(법 제86조)
: 안전인증을 받은 자가 다음 각호의 어느 하나에 해당하면 안전인증을 취소하거나 6개월 이내의 기간을 정하여 안전인증표시의 사용을 금지하거나 안전인증기준에 맞게 개선하도록 명할 수 있음.(다만, 제1호의 경우는 안전인증취소)

1) 거짓이나 그 밖의 부정한 방법으로 안전인증을 받은 경우
2) 안전인증을 받은 유해·위험한 기계·기구·설비 등의 안전에 관한 성능 등이 안전인증기준에 맞지 아니하게 된 경우
3) 정당한 사유없이 안전인증에 따른 확인을 거부, 기피 또는 방해하는 경우

(5) 안전인증기준 준수여부의 확인주기(시행규칙 제111조)

1) 안전인증기관은 안전인증을 받은 자가 안전인증기준을 지키고 있는지를 2년에 1회 이상 확인하여야 한다.
2) 3년에 1회 확인할 수 있는 경우
   ① 최근 3년 동안 안전인증이 취소되거나 안전인증표시의 사용금지 또는 개선명령을 받은 사실이 없는 경우
   ② 최근 2회의 확인 결과 기술능력 및 생산 체계가 고용노동부장관이 정하는 기준 이상인 경우
   > 안전인증기준 준수여부의 확인주기(법 제34조 제5항) : 3년 이하의 범위에서 고용노동부령으로 정함.

(6) 자율안전확인신고(법 제89조)

1) 자율 안전확인대상기계·기구 등을 출고 또는 수입하기 전에(대상기계·기구 등의 설치·주요부분 구조 변경하는 경우) 신고수리기간에 제출하여야 함.
2) 신고면제
   ① 연구·개발을 목적으로 제조·수입하거나 수출을 목적으로 제조하는 경우
   ② 안전인증을 받은 경우
   ③ 고용노동부령으로 정하는 다른 법령에서 안전성에 관한 검사나 인증을 받은 경우

6 안전검사

(1) 안전검사대상 유해·위험기계 등(시행령 제78조)

1) 프레스
2) 전단기
3) 크레인(정격하중 2톤 미만인 것은 제외)

4) 리프트
5) 압력용기
6) 곤돌라
7) 국소배기장치(이동식은 제외)
8) 원심기(산업용에 한정)
9) 롤러기(밀폐형 구조는 제외)
10) 사출성형기(형 체결력 294킬로뉴튼(kN) 미만은 제외)
11) 고소작업대(화물자동차 또는 특수자동차에 탑재한 고소작업대로 한정)
12) 컨베이어
13) 산업용 로봇

(2) 안전검사의 주기(시행규칙 제126조)

1) 크레인(이동식크레인 제외), 리프트(이삿짐운반용 리프트 제외) 및 곤돌라 : 사업장에 설치가 끝난 날부터 3년 이내에 최초 안전검사를 실시하되, 그 이후부터 매 2년(건설현장에서 사용하는 것은 최초로 설치한 날부터 6개월 마다)
2) 이동식 크레인, 이삿짐운반용 리프트 및 고소작업대 : 「자동차관리법」에 따른 신규등록 이후 3년 이내에 최초 안전검사를 실시하되, 그 이후부터 2년마다
3) 프레스, 전단기, 압력용기, 국소 배기장치, 원심기, 롤러기, 사출성형기, 컨베이어 및 산업용 로봇, 혼합기, 파쇄기 또는 분쇄기 : 사업장에 설치가 끝난날부터 3년 이내에 최초 안전검사를 실시하되, 그 이후부터 2년마다(공정안전보고서를 제출하여 확인을 받은 압력용기는 4년마다)

(3) 자율검사프로그램에 따른 안전검사(법 제98조)

1) 사업주가 근로자대표와 협의하여 검사기준 및 검사방법, 검사주기 등을 충족하는 자율검사프로그램을 정하고 고용노동부장관의 인정을 받아 그에 따라 유해·위험기계 등의 안전에 관한 성능검사를 실시한 경우 안전검사를 받은 것으로 인정
2) 자율검사프로그램의 유효기간 : 2년

(4) 자율검사프로그램의 인정요건(시행규칙 제132조)

1) 자격을 갖춘 검사원을 고용하고 있을 것.
2) 고용노동부장관이 정하여 고시하는 바에 따라 검사를 실시할 수 있는 장비를 갖추고 이를 유지·관리할 수 있을 것.
3) 안전검사 주기에 따른 검사주기의 2분의 1에 해당하는 주기(크레인 중 건설현장 외에서 사용하는 크레인의 경우에는 6개월)마다 검사를 실시할 것.
4) 자율검사프로그램의 검사기준이 안전검사기준을 충족할 것.

(5) 안전검사의 면제(시행규칙 제125조) : 고용노동부령으로 정하는 다른 법령에서 안전성에 관한 검사나 인증을 받은 경우

> 참 안전검사 면제대상의 다른 법령 : 고압가스안전관리법, 에너지이용합리화법, 전기사업법, 항만법, 광산안전법, 건설기계관리법, 선박안전법, 원자력 안전법, 소방시설 설치 유지 및 안전관리에 관한 법률, 위험물 안전관리법, 화학물질관리법 등

(6) 안전검사원의 자격(시행규칙 제130조)

1) 「국가기술자격법」에 따른 기계·전기·전자·화공 또는 산업안전분야에서 기사 이상의 자격을 취득한 사람으로서 해당 분야의 실무경력이 3년 이상인 사람
2) 「국가기술자격법」에 따른 기계·전기·전자·화공 또는 산업안전분야에서 산업기사 이상의 자격을 취득한 사람으로서 해당 분야의 실무경력이 5년 이상인 사람
3) 「국가기술자격법」에 따른 기계·전기·전자·화공 또는 산업안전분야에서 기능사 이상의 자격을 취득한 사람으로서 해당 분야의 실무경력이 7년 이상인 사람
4) 「고등교육법」에 따른 학교 중 수업연한이 4년인 학교(같은 법 및 다른 법령에 따라 이와 같은 수준 이상의 학력이 인정되는 학교를 포함)에서 기계·전기·전자·화공 또는 산업안전분야의 관련학과를 졸업한 사람으로서 해당 분야의 실무경력이 3년 이상인 사람
5) 「고등교육법」에 따른 학교 중 제4호에 따른 학교 외의 학교(같은 법 및 다른 법령에 따라 이와 같은 수준 이상의 학력이 인정되는 학교를 포함)에서 기계·전기·전자·화공 또는 산업안전분야의 관련학과를 졸업한 사람으로서 해당 분야의 실무경력이 5년 이상인 사람
6) 「초·중등교육법」에 따른 고등학교·고등기술학교에서 기계·전기 또는 전자·화공관련 학과를 졸업한 사람으로서 해당 분야의 실무경력이 7년 이상인 사람
7) 자율검사 프로그램에 따라 안전에 관한 성능검사 교육을 이수한 후, 해당 분야의 실무경력이 1년 이상인 사람

(7) 재료에 대한 검사

1) **인장검사** : 비례한도, 탄성한도, 항복점, 내력, 인장강도, 신장률, 조임률, 응력 등을 측정할 수 있다.

2) **비파괴검사의 종류**
   ① 육안검사   ② 누설검사
   ③ 침투검사   ④ 초음파검사
   ⑤ 자기탐상 검사(자분검사)   ⑥ 음향검사
   ⑦ 방사선투과검사

3) **초음파검사의 종류** : 반사법, 공진법, 수적탐사법
4) **자기분말검사 방법** : 축통전법, 관통법, 직각통전법, 코일법, 극간법

실 / 전 / 문 / 제

01
다음 중 안전점검의 점검목적을 옳게 설명한 것은?

① 생산위주로 시설을 가동시킴으로써, 생산량 증가를 목적으로 한다.
② 시설기계 등의 사용과정에서 안전상 자율적으로 기능을 체크하여 사전보수키 위함이다.
③ 기계 등의 안전유지를 위해 법에 따라 형식적으로 행한다.
④ 근로자가 검사하여 기업손실을 줄이고 오직 생산량 증가를 위함이다.

02
다음 설명 중 안전점검의 목적을 잘못 말한 것은?

① 사고의 원인을 찾아내어 재해를 미연에 방지하기 위함이다.
② 생산현장의 그릇된 행동이나 상태를 주의시키고 중단하기 위함이다.
③ 재해의 재발을 방지하여 사전대책을 세우기 위함이다.
④ 현장의 불안전 요인을 발견하여 적절한 계획에 반영시키기 위함이다.

해설
③항은 사고조사의 목적에 해당한다.

03
다음 중 안전점검의 종류에 해당되지 않는 것은?

① 정기점검   ② 수시점검
③ 임시점검   ④ 특수점검

해설
안전점검의 종류
1) 정기점검   2) 수시점검   3) 임시점검   4) 특별점검

04
작업시에 항상 실시하는 안전점검을 무엇이라 하는가?

① 정기점검   ② 확인점검
③ 임시점검   ④ 수시점검

해설
수시점검은 작업전, 작업중, 작업후에 통상적으로 점검하는 것을 말한다.

05
안전운동이 전개되는 안전강조 기간 내에 실시하는 안전점검의 종류는?

① 정기점검   ② 수시점검
③ 임시점검   ④ 특별점검

해설
특별점검 : 안전운동이 전개되는 안전강조 기간, 방화주간 등과 같은 기회에 실시하거나 또는 사고후 사고에 관련되는 제반 요소를 재검토하고서 새로운 위험이 발생되거나 잠재해 있지 않은가를 확인하기 위해서 새로운 장비, 기계, 기구의 설치, 새로운 작업절차의 적용, 작업의 배치, 절차의 변경을 행하여야 할 때에는 특별점검을 해야 한다.

06
점검의 종류 중 특별점검에 해당되지 않는 것은?

① 고장시 점검   ② 신설시 점검
③ 변경시 점검   ④ 이상발견시 점검

해설
특별점검 : 다음의 경우에 실시하는 점검을 말한다.
1) 기계설비의 신설시 및 변경시, 고장 내지 수리시 실시하는 점검
2) 천재지변 발생 후 실시하는 점검
3) 안전강조기간 내에 실시하는 점검

Answer ▶ 01. ② 02. ③ 03. ④ 04. ④ 05. ④ 06. ④

07
작업전 기계, 기구 및 설비 등에 대하여 점검하지 않아도 되는 것은?

① 안전장치의 이상유무
② 동력전도장치의 이상유무
③ 보호구의 이상유무
④ 공구의 이상유무

08
다음 중 점검표에 포함될 사항이 아닌 것은 어느 것인가?

① 점검항목　② 시정확인
③ 검사결과　④ 점검방법

해설

안전점검표에는 ① 점검항목 ② 점검사항 ③ 점검방법 ④ 판정기준 ⑤ 판정 ⑥ 시정사항 ⑦ 시정확인 등의 사항이 반드시 포함되어야 한다.

09
일시적인 성질의 위험이나 정기점검시에 밝혀지지 않은 위험을 적발하기 위하여 행하는 것으로서 한 작업의 국면이나 설비의 특정개소를 조사할 때에 주로 실시하는 안전점검의 종류는?

① 계획점검　② 임시점검
③ 수시점검　④ 특별점검

해설

임시점검은 정기점검실시 후 다음 점검기일 이전에 임시로 실시하는 점검의 형태로서 유사기계설비의 갑작스런 이상들이 발생되었을 때 실시한다.

10
다음은 안전점검표를 작성할 때 유의할 사항이다. 적합하지 않은 것은?

① 구체적이고 재해방지에 실효가 있을 것
② 중점도 낮은 것부터 순서있게 작성할 것
③ 쉽고 이해하기 쉬운 표현으로 할 것
④ 점검표는 되도록 일정한 양식으로 할 것

해설

②항, 중점도가 높은 것부터 순서있게 작성할 것

11
다음 안전관리의 일상업무인 안전점검을 행하는 사이클(주기)이다. 그 사이클을 바르게 설명한 것은?

① 실상의 파악 – 결함의 발견 – 대책의 결정 – 대책의 실시
② 결함의 발견 – 대책의 결정 – 대책의 실시 – 실상의 파악
③ 실상의 파악 – 결함의 발견 – 대책의 실시 – 대책의 결정
④ 결함의 발견 – 실상의 파악 – 대책의 결정 – 대책의 실시

해설

안전점검의 순환과정 : 현상의 파악(실상의 파악) – 결함의 발견 – 시정대책의 선정 – 대책의 실시

12
다음 중 점검자와 점검대상을 연결한 것이다. 잘못된 것은?

① 공장장 – 보호구, 안전장치의 정기점검 정비
② 안전관리자 – 건설물 설비의 위험유무
③ 관리감독자 – 직장 전반의 안전유지
④ 작업자 – 자기취급 공구, 기계설비 성능적부

해설

점검자와 점검대상

점검자	점검대상
공장장	• 생산의 양 및 질의 변화가 작업의 안전에 미치는 영향 • 공장설비의 레이아웃(lay out)의 적합 여부 • 작업방법의 기계화, 자동화의 가능성 • 안전 기본시책의 실시사항 • 현장간부의 안전에 관한 인식 정도
안전관리자	• 법령에 정해진 사항 • 방호장치, 보호구 등의 점검 및 정비 • 건설물 및 설비, 작업방법 등에 대한 위험성
부장, 과장	• 관장하는 작업 전반에 대한 안전사항
현장감독자	• 관장하는 작업 전반에 대한 안전사항
작업자	• 본인이 취급하는 모든 기구의 기능의 적합 여부(작업전 점검)

Answer ● 07. ④　08. ③　09. ②　10. ②　11. ①　12. ①

13
안전점검은 일정기준에 의해 실시되어야 한다. 이 기준의 기본조건이 아닌 것은?

① 점검대상의 결정   ② 점검부분의 명시
③ 점검방법의 채택   ④ 점검자의 시정

해설
점검기준의 기본조건
1) 점검대상(점검대상이 되는 기계의 명칭 또는 측정과 시험의 명칭)
2) 점검부분(점검대상 기계의 각 부분의 점검개소 부품명)
3) 점검항목(마모, 균열, 파손, 부식 등의 점검실시 항목)
4) 점검주기 또는 기간(점검 실시)
5) 점검방법(육안점검, 기기점검, 기능점검, 정밀점검)
6) 판정기준 및 조치

14
안전점검기준표의 내용에 속하지 않는 것은?

① 점검항목   ② 판정기준
③ 점검방법   ④ 소재

15
작업표준이 구비해야 할 요건 중 틀린 것은?

① 최상의 표준일 것
② 다른 규정에 위배되지 않을 것
③ 구체적으로 표현할 것
④ 작업표준안을 작성할 것

해설
작업표준의 구비조건
1) 작업의 실정에 적합할 것
2) 표현은 구체적으로 할 것
3) 좋은 작업의 표준일 것
4) 생산성과 품질의 특성에 적합할 것
5) 이상시의 조치기준에 대해 정해 둘 것
6) 다른 규정 등에 위배되지 않을 것

16
어느 작업장에서 설비나 작업의 수시변경이 있어 재해가 발생한다면 다음 중 무엇이 원인이 되겠는가?

① 안전작업 표준미작성
② 작업과 안전작업표준이 상이
③ 안전작업 표준에 결함
④ 안전작업표준의 불이행

해설
불안전 행동별 원인
1) 안전작업표준미작성 : 무단 작업실시로 재해가 발생한다.
2) 작업과 안전작업표준이 상이 : 설비나 작업의 수시변경으로 재해가 발생한다.
3) 안전작업표준에 결함 : 작업분석의 불완전으로 일어난다.
4) 안전작업표준의 불이행 : 안전태도에 문제가 있다.
5) 안전작업표준의 몰이해 : 안전교육에 결함이 있다.

17
작업위험분석 방법으로 적당하지 않은 것은?

① 관찰법   ② 면접법
③ 질문지법 ④ 해석법

해설
작업위험분석방법 : 관찰법, 면접법, 설문방법(질문지법), 혼합방법

18
작업위험 분석시 유의해야 할 사항으로 맞지 않는 것은

① 안전관리
② 새로운 작업방법의 표준화
③ 육체적 요구조건
④ 작업환경조건

해설
작업위험분석시 유의해야 할 사항(고려해야 할 사항)은 ①, ③, ④항 이외에도 다음의 것이 있다.
1) 개인보호구
2) 보건상 위험성
3) 기타 잠재적 위험성
4) 기기 제조원의 책임(인간공학적 결함 또는 부적합성)

19
동작분석의 목적이라 할 수 없는 것은?

① 표준동작의 설계
② 동작계열의 설계
③ Motion mind의 체질화
④ 표준시간의 절약

Answer 13. ④ 14. ④ 15. ④ 16. ② 17. ④ 18. ② 19. ④

20
다음의 직무분석방법 중 감독자, 동료근로자나 그 밖에 이 직무를 잘 아는 사람들로부터 성공적이지 못한 근로자와 성공적인 근로자를 구별해내는 행동을 밝히려는 목적으로 사용되는 것은?

① 면접
② 직접관찰
③ 결정적인 사건의 기록
④ 체계적인 일지 작성

해설

결정사건(critical incident)기법 : 직무를 수행하는데 결정적인 행동을 기록하는 방법으로 이 기법의 목적은 감독자, 동료근로자 그 외의 이 직무를 잘 아는 사람들로부터 성공적이지 못한 근로자와 성공적인 근로자를 구별해내는 행동을 밝히려는 것이다.

21
작업연구 또는 작업개선을 위한 4단계에 해당되지 않는 것은?

① 작업분해
② 세부내용검토
③ 새로운방법의 적용
④ 작업원 배치

해설

작업개선단계
1) 1단계 : 작업분해
2) 2단계 : 세부내용 검토
3) 3단계 : 작업분석
4) 4단계 : 새로운 방법의 적용

22
안전작업 분석방법이 아닌 것은?

① 계획
② 결함
③ 재조정
④ 표준시간의 제거

해설

안전작업 분석방법(ECRS)
1) 제거(eliminate)
2) 결합(combine)
3) 재조정(rearrange)
4) 단순화(simplify)

23
작업위험분석시 고려사항이 아닌 것은?

① 육체적 요구조건
② 작업환경조건
③ 보건상 위험성
④ 교육훈련의 조건

해설

작업위험 분석시 고려사항
1) 육체적 요구조건
2) 보건상 위험성
3) 작업환경조건
4) 기타 잠재적 위험성
5) 개인보호구
6) 안전관계(안전관리)
7) 기기제조원의 책임(인간공학적 결함 또는 부적합성)

24
작업위험 분석단계를 옳게 나타낸 것은?

> ① 분석 검토
> ② 작업위험분석에 필요한 단서에 대한 연구
> ③ 작업의 세분화
> ④ 신규방법의 개발
> ⑤ 적용

① ② → ③ → ① → ④ → ⑤
② ② → ① → ③ → ④ → ⑤
③ ④ → ③ → ② → ① → ⑤
④ ③ → ① → ② → ④ → ⑤

해설

작업위험의 분석단계
1) 작업위험분석에 필요한 단서에 대한 연구
2) 작업의 세분화
3) 분석 검토
4) 신규방법의 개발
5) 적용

25
다음 중 동작경제의 원칙이 아닌 것은?

① 양손으로 동시에 작업을 시작하고, 동시에 끝낸다.
② 동작의 수를 늘리고, 양을 줄인다.
③ 양손을 동시에 정반대의 방향으로 운동한다.
④ 동작이 자동적으로 리드미컬한 순서로 한다.

해설

②항, 동작의 수를 줄이고 양도 줄인다.

26
동작개선의 원칙으로 옳지 않은 것은?

① 작업점의 높이를 적당히 하여 피로를 줄인다.
② 양손은 동시에 반대의 방향으로, 상하 대칭적으로 운동한다.

Answer ➡ 20. ③ 21. ④ 22. ① 23. ④ 24. ① 25. ② 26. ②

③ 관성, 중력, 기계력 등을 이용한다.
④ 동작이 자동적으로 이루어지는 순서로 한다.

해설

②양손은 동시에 반대의 방향으로, 좌우 대칭적으로 운동한다.

27
안전인증대상 기계 · 기구 및 설비가 아닌 것은?

① 프레스 ② 압력용기
③ 사출성형기 ④ 연삭기

해설

(1) 안전인증대상 기계 · 기구 및 설비
   1) 프레스 2) 전단기
   3) 크레인 4) 리프트
   5) 압력용기 6) 롤러기
   7) 사출성형기 8) 고소작업대
(2) 자율안전확인대상 기계 · 기구 및 설비
   1) 연삭기 2) 산업용 로봇
   3) 컨베이어

28
산업안전보건법상 자율안전확인대상 기계 · 기구가 아닌 것은?

① 연삭기 ② 혼합기
③ 고소작업대 ④ 분쇄기

해설

③항, **고소작업대** : 안전인증대상 기계 · 기구 및 설비

29
다음 중 안전인증대상 방호장치에 해당하는 것은?

① 압력용기 압력방출용 파열판
② 아세틸렌 용접장치용 안전기
③ 연삭기 덮개
④ 롤러기 급정지장치

해설

(1) 안전인증대상 방호장치
   1) 프레스 및 전단기 방호장치
   2) 양중기용 과부하방지장치
   3) 보일러 압력방출용 안전밸브
   4) 압력용기 압력방출용 안전밸브
   5) 압력용기 압력방출용 파열판
   6) 절연용 방호구 및 활선작업용 기구

   7) 방폭구조 전기기계 · 기구 및 부품
   8) 추락 · 낙하 및 붕괴 등의 위험방호에 필요한 가설기자재로서 노동부장관이 정하여 고시하는 것
(2) 자율안전확인대상 방호장치
   1) 아세틸렌 용접장치용 안전기
   2) 교류아크 용접기용 자동전격방지기
   3) 롤러기 급정지장치
   4) 연삭기 덮개
   5) 목재가공용 둥근톱 반발예방장치 및 날접촉예방장치
   6) 동력식 구동 대패용 칼날접촉방지장치

30
다음 중 자율안전확인대상 방호장치가 아닌 것은?

① 교류아크 용접기용 자동전격방지기
② 절연용 방호구 및 활선작업용 기구
③ 산업용 로봇 안전매트
④ 목재가공용 둥근톱 날접촉예방장치

해설

②항, 절연용 방호구 및 활선작업용 기구 : 안전인증대상 방호장치

31
다음 중 안전인증심사의 종류별 심사기간으로 틀린 것은?

① 예비심사 : 7일
② 서면심사 : 30일
③ 기술능력 및 생산체계심사 : 30일
④ 개별제품심사 : 15일

해설

②항, 서면심사 : 15일(외국에서 제조한 경우는 30일)

32
다음 중 안전인증의 전부 면제대상이 아닌 것은?

① 연구 · 개발을 목적으로 제조 · 수입하는 경우
② 고압가스 안전관리법에서 안전성에 관한 검사를 받은 경우
③ 전기사업법에서 안전성에 관한 검사를 받은 경우
④ 외국의 안전인증기관에서 인증을 받은 경우

Answer 27. ④ 28. ③ 29. ① 30. ② 31. ② 32. ④

해설
④항, 안전인증의 일부항목의 면제대상에 해당됨.

33
다음 중 안전검사를 행해야 할 유해·위험기계 설비 등에 해당되지 않는 것은?

① 프레스 및 전단기 ② 크레인
③ 승강기   ④ 곤돌라

해설
③항, 승강기는 안전검사대상에 해당되지 않는다.

34
안전검사 대상이 아닌 기계설비는 다음 중 어느 것인가?

① 이동식 크레인
② 화학설비 및 그 부속설비
③ 롤러기
④ 사출성형기

해설
크레인 중 이동식 크레인은 안전검사 대상에서 제외된다.

35
비파괴검사의 종류가 아닌 것은?

① 육안검사   ② 크리프시험
③ 초음파검사   ④ 방사선투사검사

해설
비파괴검사의 종류
1) 육안검사   2) 누설검사
3) 침투검사   4) 초음파검사
5) 자기탐상검사(자상검사) 6) 음향검사(타진법)
7) 방사선투과검사

36
설비검사방법 중 초음파검사의 종류로 맞지 않는 것은?

① 투과법   ② 반사법
③ 공진법   ④ 공기진동법

해설
초음파검사 : 초음파를 피검사물에 보내어 내부의 결함 또는 불균일층의 존재에 의한 진행의 교란에 의해 결함을 검출하는 방법으로서 다음과 같은 방법이 있다.
1) 반사법   2) 공진법   3) 수적탐사법(水積探査法)

37
크레인, 리프트 및 곤돌라는 사업장에 설치가 끝난 날로부터 (①) 이내에 최초로 안전검사를 실시하되, 그 이후부터는 매 (②)마다 안전검사를 실시한다. ( ) 안에 알맞은 것은?

① ① 3년, ② 1년   ② ① 3년, ② 2년
③ ① 2년, ② 1년   ④ ① 2년, ② 3년

38
공정안전보고서를 제출하여 확인을 받은 압력용기의 안전검사주기로 맞는 것은?

① 6개월   ② 2년
③ 4년   ④ 5년

해설
압력용기의 안전검사주기 : 4년

39
자율검사프로그램의 유효기간으로 맞는 것은?

① 1년   ② 2년
③ 3년   ④ 6개월

40
자율검사프로그램의 인정을 받은 자가 그 인정을 취소받는 경우에 해당되는 것은?

① 거짓이나 그밖의 부정한 방법으로 자율검사프로그램을 인정받은 경우
② 자율검사프로그램을 인정받고도 검사를 하지 아니한 경우
③ 인정받은 자율검사프로그램의 내용에 따라 검사를 하지 아니한 경우
④ 자격을 가진 자 또는 지정검사기관이 검사를 하지 아니한 경우

해설
②, ③, ④항은 인정받은 자율검사프로그램의 내용에 따라 검사를 하도록 하는 등 개선을 명할 수 있는 경우이다.

Answer ➡ 33. ③ 34. ① 35. ② 36. ④ 37. ② 38. ③ 39. ② 40. ①

5장 보호구 및 안전표지

1 보호구의 개요

(1) 보호구의 구비조건
1) 착용이 간편하고 작업에 방해가 되지 않을 것.
2) 대상물(유해위험물)에 대하여 방호가 완전할 것.
3) 재료의 품질이 우수할 것
4) 구조 및 표면가공이 우수할 것.
5) 외관이 보기 좋을 것.

(2) 보호구의 효과 및 한계
1) **보호구의 효과** : 보호구는 강도가 높은 재해사고인 경우에 그것을 인시덴트(incident), 즉 불휴재해로 그 피해를 최소화 되도록 만들어져 있다. 따라서 보호구는 재해 시 인시덴트의 영역을 확대할 수 있는 역할을 담당하고 있는 것이다.
2) **보호구의 한계** : 소극적 안전대책

(3) 보호구의 점검과 관리
1) 정기적으로 점검할 것.
2) 청결하고 습기가 없는 장소에 보관할 것.
3) 보호구 사용 후는 세척하여 항상 깨끗이 보관할 것.
4) 세척한 후는 완전히 건조시켜 보관할 것.

(4) 안전인증대상 보호구

의무안전인증대상 보호구	자율안전확인대상 기계·기구
① 추락 및 감전 위험방지용 안전모 ② 차광 및 비산물 위험방지용 보안경 ③ 용접용 보안면　④ 방진마스크 ⑤ 방독마스크　　　⑥ 송기마스크 ⑦ 전동식 호흡보호구　⑧ 안전장갑 ⑨ 안전대　　　　　⑩ 안전화 ⑪ 보호복 ⑫ 방음용 귀마개 또는 귀덮개	① 안전모(추락 및 감전위험방지용 제외) ② 보안경(차광 및 비산물 위험방지용 제외) ③ 보안면(용접용 제외)

2 안전모

(1) 안전모의 종류

종류(기호)	사 용 구 분
AB	낙하 및 비래, 추락방지용
AE	낙하 및 비래, 감전 방지용(내전압성)
ABE	낙하 및 비래, 추락[1], 감전방지용(내전압성[2])

1) 추락 : 높이 2m 이상의 고소작업, 굴착작업 및 하역작업 등에 있어서의 추락을 의미한다.
2) 내전압성 : 7000볼트 이하의 전압에서 견디는 것을 말한다.

(2) 재료의 성질

1) 쉽게 부식하지 않는 것
2) 피부에 해로운 영향을 주지 않는 것
3) 사용목적에 따라 내열성, 내한성 및 내수성을 보유할 것
4) 충분한 강도를 가질 것
5) 모체의 표면을 밝고 선명한 색채로 할 것(백색이 가장 좋으나 황색이 많이 쓰임)

(3) 안전모의 일반구조

1) 안전모의 착용높이는 85mm 이상이고 **외부수직거리**는 80mm 미만일 것
   > 1. 착용높이 : 안전모를 머리모형에 장착하였을 때 머리고정대의 하부와 머리모형 최고점과의 수직거리
   > 2. 외부수직거리 : 안전모를 머리모형에 장착하였을 때 모체외면의 최고점과 머리 모형 최고점과의 수직거리

2) 안전모의 내부수직거리는 25mm 이상 50mm 미만일 것
   > 내부수직거리 : 안전모를 머리모형에 장착하였을 때 모체 내면의 최고점과 머리모형 최고점과의 수직거리

3) 안전모의 수평간격은 5mm 이상일 것
   > 수평간격 : 모체내면과 머리모형 전면 또는 측면간의 거리

4) 머리받침끈이 섬유인 경우에는 각각의 폭은 15mm 이상이어야 하며 교차되는 끈의 폭의 합은 72mm 이상일 것
5) 턱끝의 폭은 10mm 이상일 것
6) 안전모의 모체, 착장체 및 충격흡수재를 포함한 질량은 440g을 초과하지 않을 것.

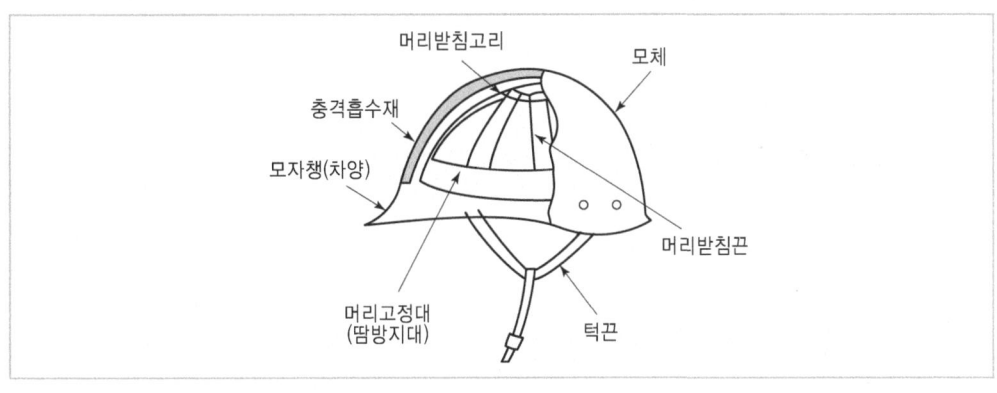

| 안전모의 구조 |

(4) 안전모의 성능 시험 항목

1) 내관통성 시험
   ① 450g의 철제추를 낙하점이 안전모 모체정부에서 76mm 안이 되도록 하여 높이 3m에서 자유낙하 시켜 관통거리를 측정한다.
   ② 합격기준 : AE와 ABE는 관통거리가 9.5mm 이하, AB는 관통거리가 11.1mm 이하일 것.

2) 충격흡수성 시험
   ① 3.6kg(8파운드)의 철제 충격추를 모체정부 76mm 안에 높이 1.524m(5피트)에서 자유낙하 시켜 전달 충격력을 측정한다.
   ② 합격기준 : 최고전달충격력이 4,450N(1,000파운드)를 초과하지 않을 것

3) 내전압성 시험(AE와 ABE)
   ① 모체를 수중에 넣은 후 전극을 담그고 주파수 60Hz의 정현파에 가까운 20kV의 전압을 가하여 1분간 이에 견디는 가를 조사한 후 충전전류를 측정한다.
   ② 합격기준 : 20kV의 전압에 1분간 견디고 충격전류가 10mA 이하일 것.

4) 내수성 시험(AE와 ABE)
   ① 모체를 20~25°C의 수중에 24시간 담가 놓은 후 대기 중에 꺼내어 무게 증가율을 산출한다.
   ② 합격기준 : 무게(질량)증가율이 1% 미만일 것.
   $$\therefore \text{무게 증가율}(\%) = \frac{\text{담근 후의 무게} - \text{담그기 전의 무게}}{\text{담그기 전의 무게}} \times 100$$

5) 난연성 시험
   ① 모체 정부로부터 50~100mm 사이로 불꽃 접촉면이 수평이 된 상태에서 10초간 연소시킨 후 모체의 재료가 불꽃을 내고 계속 연소되는 시간을 측정한다.
   ② 합격기준 : 불꽃을 내며 5초 이상 타지 않을 것

6) 턱끈 풀림시험 : 150N 이상 250N 이하에서 턱끈이 풀려야 한다.

3 눈의 보호구(보안경)

(1) 보안경의 종류 및 구비조건

1) 보안경의 종류(고용노동부 고시)

종류	사용구분	렌즈의 재질
차광안경	눈에 대하여 해로운 자외선 및 적외선 또 강렬한 가시광선(이하 유해광선이라 한다.)이 발생하는 장소에서 눈을 보호하기 위한 것.	유리 및 플라스틱
유리 보호안경	미분, 칩, 기타 비산물로부터 눈을 보호하기 위한 것.	유리
플라스틱 보호안경	미분, 칩, 기타 비산물로부터 눈을 보호하기 위한 것.	플라스틱
도수렌즈 보호안경	근시, 원시 혹은 난시인 근로자가 차광안경, 유리보호안경을 착용해야 하는 장소에서 작업하는 경우, 빛이나 비산물 및 기타 유해 물질로부터 눈을 보호함과 동시에 시력을 교정하기 위한 것.	유리 및 플라스틱

2) 안전인증대상 보안경의 구분

의무안전인증(차광보안경)	자율안전확인
1. 자외선용 2. 적외선용 3. 복합용(자외선 및 적외선) 4. 용접용(자외선, 적외선 및 강렬한 가시광선)	1. 유리보안경 2. 플라스틱 보안경 3. 도수렌즈보안경

3) 보안경의 구비조건

① 보안경은 그 모양에 따라 특정한 위험에 대해서 적절한 보호를 할 수 있을 것.
② 착용했을 때 편안할 것.
③ 견고하게 고정되어 착용자가 움직이더라도 쉽게 탈락 또는 움직이지 않을 것.
④ 내구성이 있을 것.
⑤ 충분히 소독되어 있을 것.
⑥ 세척이 쉬울 것.

(2) 차광안경

1) 차광안경의 일반구조

① 차광보안경에는 돌출부분, 날카로운 모서리 혹은 사용도중 불편하거나 상해를 줄 수 있는 결함이 없을 것
② 착용자와 접촉하는 차광보안경의 모든 부분에는 피부자극을 유발하지 않는 재질을 사용할 것
③ 머리띠를 착용하는 경우, 착용자의 머리와 접촉하는 모든 부분의 폭이 최소한 10mm 이상되어야 하며, 머리띠는 조절이 가능할 것.

2) 차광보안경의 성능기준
　① **시야범위** : 수평 22.0mm, 수직 20.0mm 이상일 것
　② **표면** : 표면에 기포, 발포, 반점, 성형자국, 구멍, 침전물 등이 없을 것
　③ **내노후성** : 고온안정성 시험 후 보안경의 변형이 없어야 하고, 자외선 조사 후 시감투과율 차이가 적합할 것
　④ **내충격성** : 필터에 파손이나 변형이 없을 것
　⑤ **내식성** : 부식이 없을 것
　⑥ **내발화성** : 발화 또는 적열이 없을 것

3) **추가표시** : 안전인증의 표시 외에 다음 내용을 추가로 표시할 것
　① 차광도번호
　② 굴절력 성능수준 등

4) 차광안경의 구비 조건(①, ②렌즈의 광학 특성)
　① 커버렌즈. 커버플레이트는 가시광선을 적당히 투과하여야 한다.(89% 이상 통과)
　② 자외선 및 적외선은 허용치 이하로 약화시켜야 한다.
　③ 아이 캡(eye cap) 형에서는 시계 105° 이상으로 통기성의 구조를 갖추어야 한다.
　④ 필터렌즈, 필터플레이트 색은 무채색 또는 황적색, 황색, 녹색, 청색 등의 색이어야 한다.

5) 광선은 400~700(㎛)의 파장을 가진 가시광선, 400(㎛)보다 단파장인 자외선, 700(㎛)보다 장파장인 적외선으로 대별되며, 300(㎛)이하의 자외선과 4000(㎛)이상의 적외선은 1(mm) 두께의 유리로도 차단이 되므로 유해성이 있는 것은 300~400(㎛)의 자외선과 800~4000(㎛)범위의 적외선이다.

(3) 유리 보호안경 및 플라스틱 보호안경(방진안경)

1) 종류 및 구조
　① 보통 안경형 : 두개의 렌즈, 테 및 걸이로 구성된다.
　② 측판부착 안경형 : 보통 안경형에 측판으로 부착시킨 것으로 측판은 가능한 시야를 방해하지 않을 것.
　참 렌즈 주위치수 허용차는 가능한 한 작게 하고 테에 끼웠을 때 탈락되지 않아야 하며, 교환이 용이하고 두께는 2.5mm 이상이어야 한다.

2) 방진안경의 렌즈의 구비조건
　① 렌즈가 신품인 경우 투과율은 투과광선의 약 90%를 투과하는 것으로 보통 70%를 내려서서는 안된다.
　② 광학적으로 질이 좋아 두통을 일으키지 않아야 한다.
　③ 렌즈에는 줄이나 흠, 기포, 뻐풀어짐 등이 없어야 한다.
　④ 렌즈의 강도가 요구될 때는 강화렌즈를 사용할 필요가 있다.

⑤ 렌즈의 양면은 매끄럽고 평행해야 한다.

3) 방진안경의 성능시험
① 겉모양 시험 : 충격으로 렌즈의 가장 자리가 깨지거나 테에서 탈락되어서는 안 된다.
② 금속부품의 내식성 시험 : 부식 흔적이 있어서는 안된다.
③ 렌즈의 성능시험 항목 : 겉모양시험, 평행도 시험, 굴절력시험, 투명도시험, 간섭무늬시험(유리), 내열성 시험(플라스틱), 강도시험, 파쇄면 시험(유리), 표면마모저항시험(플라스틱)

4) 도수렌즈 보호안경의 성능시험 : 방진안경의 성능시험에 추가로 「평면횡단시험」과 「가장자리의 횡단시험」을 행한다.

4 안면보호구(보안면)

(1) 보안면의 종류 : 비래물, 방사열, 유해광선으로부터 안면전체, 머리를 보호하기 위한 것으로 다음의 종류가 있다.

종류	사용구분	렌즈의 재질
용접용 보안면 (안전인증)	아아크 용접 및 가스 용접, 절단 작업시에 발생하는 유해한 자외선, 가시광선 및 적외선으로부터 눈을 보호하고, 용접광 및 열에 의한 화상의 위험에서 용접자의 안면, 머리부분 및 목부분을 보호하기 위한 것	발카나이즈드 파이버 및 유리섬유 강화 플라스틱(FRP)
일반보안면 (자율안전확인)	일반작업 및 용접 작업시 발생하는 각종비산물과 유해물과 유해한 액체로부터 얼굴(머리의 전면, 이마, 턱, 목앞부분, 코, 입)을 보호하고 눈부심을 방지하기 위해 적당한 보안경위에 겹쳐 착용하는 것	플라스틱

(2) 보안면의 구비조건

1) 경도가 높고 충격에 견디며, 불에 잘 타지 않고 홈으로 인해 시계가 나빠지지 않아야 한다 (플라스틱제).
2) 방사열을 효과적으로 차단할 수 있어야 한다(금강제).
3) 방호에 충분한 크기와 형, 내연성, 절기절연성, 방사선이 누출되지 않은 광창, 각종 플레이트의 교환이 용이하고 상해를 주는 각이나 요철이 없어야 한다.

(3) 보안면 면체의 성능시험 항목

1) 절연시험
2) 내식성시험
3) 각주굴절력시험
4) 구면굴절력 및 난시굴절력 시험
5) 투과율 시험
6) 시감투과율차이시험
7) 내충격성시험
8) 내발화성 및 관통시험
9) 낙하시험
10) 차광속도 및 차광능력시험 등

5 귀 보호구

(1) 방음 보호구의 종류

형식	종류	기호	적요
귀마개	1종	EP-1	저음부터 고음까지를 차단하는 것
귀마개	2종	EP-2	고음만을 차음하는 것
귀덮개		EM	저음부터 고음까지를 차단하는 것

(2) 방음보호구의 구비조건

1) 귀마개(ear plug) : 귓구멍을 막는 것
   ① 귀에 잘 맞을 것.
   ② 사용 중에 현저한 불쾌감이 없을 것.
   ③ 사용 중에 쉽게 탈락되지 않을 것.
   ④ 분실하지 않도록 적당한 곳에 끈으로 연결시킬 것.

2) 귀덮개(ear muff) : 귀 전체를 덮는 것
   ① 캡은 귀 전체를 덮어야 하며, 발포 플라스틱 등 흡음재로 감쌀 것
   ② 쿠션은 우레탄폼 또는 공기, 액체를 넣은 플라스틱튜브 등으로 귀 주위에 밀착시키는 구조일 것
   ③ 머리띠 또는 걸고리 등은 길이 조정이 가능하고 철제 스프링은 탄력성이 있어서 압박감 또는 불쾌감을 주지 않을 것

(3) 재료의 구비조건

1) 강도, 경도, 탄성 등이 각 부위별 용도에 적합해야 한다.
2) 피부에 해로운 영향을 주지 않아야 하고 소독이 용이한 것으로 할 것
3) 금속으로 된 재료는 녹 방지 처리가 된 것으로 간이 소독이 용이한 것으로 할 것

(4) 차음 성능 : 정상인의 청력을 가진 10사람의 피검자로 하여 125~8,000(Hz)의 주파수에 대하여 차음 성능을 측정하여 다음 표를 만족시켜야 한다.

중심주파수 (Hz)	차음성능치(dB) EP-1	차음성능치(dB) EP-2	차음성능치(dB) EM	중심주파수 (Hz)	차음성능치(dB) EP-1	차음성능치(dB) EP-2	차음성능치(dB) EM
125	10 이상	10 미만	5 이상	2,000	25 이상	20 이상	30 이상
250	15 이상	10 미만	10 이상	4,000	25 이상	25 이상	35 이상
500	15 이상	10 미만	20 이상	8,000	20 이상	20 이상	20 이상
1,000	20 이상	20 이상	25 이상				

(5) 선택법 : 귀 마개, 귀 덮개의 선택방법은 다음과 같다.

1) 소음레벨 및 작업내용에 알맞은 구조를 선택한다.
2) 사용 시 불쾌감과 압박감을 주지 않을 것.
3) 사용 중에 귀마개가 탈락되어서는 안 된다.
4) 귀 덮개는 밀착이 잘 되어야 한다.
5) 귀마개의 감음율은 고주파수에서 25~30dB 이고 귀 덮개는 35~45dB이므로 귀마개는 115~120dB에서, 귀 덮개는 130~135dB에서의 작업이 가능하다. 또한 귀마개와 귀 덮개를 동시에 착용하면 추가로 3~5dB까지 감음시킬 수 있으나 어떠한 경우에도 50dB을 감음시킬 수 없다.

6 호흡용 보호구

[1] 방진마스크

(1) 방진마스크의 종류 · 구조 · 선정기준

1) 방진마스크의 종류

종 류		형 상
분리식	격리식	• 전면형 : 안면부가 안면전체를 덮는 것 • 직결형 : 안면부가 입, 코를 덮는 것
	직결식	• 전면형 : 안면부가 안면전체를 덮는 것 • 직결형 : 안면부가 입, 코를 덮는 것
안면부 여과식		• 반면형 : 안면부가 입, 코를 덮는 것
사용조건		산소농도 18% 이상인 장소에서 사용

2) 방진마스크의 종류별 구조(형식 및 기능)

종 류		구조(형식 및 기능)
분리식	격리식	• 안면부, 여과재, 연결관, 흡기밸브, 배기밸브 및 머리끈으로 구성 • 여과재에 의해 분진이 제거된 깨끗한 공기를 연결관을 통하여 흡기밸브로 흡입되고 체내의 공기는 배기밸브를 통하여 외기중으로 배출하게 되는 것으로 부품을 자유롭게 교환할 수 있는 것
	직결식	• 안면부, 여과재, 흡기밸브, 배기밸브 및 머리끈으로 구성 • 여과재에 의해 분진이 제거된 깨끗한 공기가 흡기밸브를 통하여 흡입되고 체내의 공기는 배기밸브를 통하여 외기중으로 배출하게 되는 것으로 부품을 자유롭게 교환할 수 있는 것
안면부 여과식		• 여과재로 된 안면부와 머리끈으로 구성 • 여과재인 안면부에 의해 분진을 여과한 깨끗한 공기가 흡입되고 체내의 공기는 여과재인 안면부를 통해 외기중으로 배출(배기밸브가 있는 것은 배기밸브를 통하여 배출)되는 것으로 부품이 교환될 수 없는 것

3) 방진마스크 재료의 구비조건
① 안면접촉부분은 피부에 해를 주지 않을 것.
② 여과제는 여과 성능이 우수하고 인체에 해가 없을 것.
③ 플라스틱은 내열성 및 내한성을 가질 것.
④ 금속은 내식처리가 되어 있을 것.
⑤ 고무재료는 인장강도, 신장률, 경도, 내열성 내한성 및 비중시험에 합격할 것.
⑥ 섬유재료는 강도가 충분할 것.

4) 방진마스크의 선정기준(구비조건)
① 분진포집효율(여과효율)이 좋을 것.
② 흡기, 배기저항이 낮을 것.
③ 사용면적(유효 공간)이 적을 것
④ 중량이 가벼울 것.
⑤ 시야가 넓을 것(하방 시야 60° 이상)
⑥ 안면 밀착성이 좋을 것.
⑦ 피부 접촉부위의 고무질이 좋을 것.

(2) 방진마스크의 등급별 사용장소

등급	사 용 장 소
특급	• 베릴륨 등과 같이 독성이 강한 물질을 함유한 분진 등 발생장소 • 석면 취급장소
1급	• 특급마스크 착용장소를 제외한 분진 등 발생장소 • 금속 흄 등과 같이 열적으로 생기는 분진 등 발생장소 • 기계적으로 생기는 분진 등 발생장소(규소 등과 같이 2급 마스크를 착용하여도 무방한 경우는 제외)
2급	• 특급 및 1급 마스크 착용장소를 제외한 분진 등 발생장소

단, 배기밸브가 없는 안면부 여과식 마스크는 특급 및 1급 마스크 착용장소에서 사용하여서는 아니된다.

(3) 방진마스크의 성능기준

1) 여과재의 등급별 분진포집효율

종류	등급	염화나트륨(NaCl) 및 파라핀 오일(Paraffin oil) 시험(%)
분리식	특급	99.95(%) 이상
	1급	94.0(%) 이상
	2급	80.0(%) 이상
안면부 여과식	특급	99.0(%) 이상
	1급	94.0(%) 이상
	2급	80.0(%) 이상

2) 안면부 흡기저항시험

3) 안면부 배기저항시험

4) 안면부 누설률시험

5) 배기밸브작동시험

6) 시야

7) 투시부의 내충격성 : 이탈, 균열, 깨어짐 및 갈라짐이 없을 것

8) 여과재 호흡저항

9) 안면부 내부의 이산화탄소 농도 : 안면부 내부의 이산화탄소 농도가 부피분율 1% 이하일 것

[2] 방독마스크

(1) 방독마스크의 종류

1) 격리식 방독마스크(정화통, 연결관, 흡기밸브, 안면부, 배기밸브 및 머리끈으로 구성) : 가스 또는 증기의 농도가 2%(암모니아는 3%) 이하의 대기 중에서 사용하는 것

2) 직결식 방독마스크(정화통, 흡기밸브, 안면부, 배기밸브 및 머리끈으로 구성) : 가스 또는 증기의 농도가 1%(암모니아는 1.5%) 이하의 대기 중에서 사용하는 것

3) 직결식 소형 방독마스크(정화통, 흡기밸브, 안면부, 배기밸브 및 머리끈으로 구성) : 가스 또는 증기의 농도가 0.1% 이하의 대기 중에서 사용하는 것으로서 긴급용이 아닌 것.

길잡이

방독마스크 종류별 시험가스

종 류	시험가스
유기화합물용	시클로헥산(C_6H_{12})
할로겐용	염소가스 또는 증기(Cl_2)
황화수소용	황화수소가스(H_2S)
시안화수소용	시안화수소가스(HCN)
아황산용	아황산가스(SO_2)
암모니아용	암모니아가스(NH_3)

(2) 방독마스크 : 산소농도가 18% 미만 되는 장소 또는 가스, 증기의 농도가 2%(암모니아 3%)를 초과하는 장소에서 사용하여서는 안 된다.

(3) 방독마스크 재료의 구비조건

1) 얼굴에 밀착되는 부분은 피부에 장해를 주지 않아야 한다.

2) 정화제의 안쪽은 정화제에 의해서 부식되지 않는 것, 또는 부식되지 않도록 충분한 방식 처리가 되어있어야 한다.

3) 정화통 내부의 분진 포집용 거르개는 인체에 장해를 주지 않아야 한다.
4) 일반적인 취급에 있어 균열, 변형, 기타 이상이 생기지 않아야 한다.

(4) 방독마스크의 일반구조

1) 쉽게 깨어지지 않을 것.
2) 착용자의 시야가 충분할 것.
3) 착용자의 얼굴과 방독마스크 내면 사이의 공간이 너무 크지 않을 것.
4) 착용이 쉽고 착용하였을 때 공기가 새지 않고, 압박감이나 고통을 주지 않을 것.
5) 전면 형 방독마스크는 호기에 의해 눈 주위에 안개가 끼지 않을 것.
6) 정화통, 흡기밸브, 배기밸브 또는 머리끈을 바꿀 수 있는 것은 쉽게 바꿀 수 있는 구조일 것.

(5) 방독마스크의 흡수관(흡수통 또는 정화통)

1) 흡수관 속에 들어 있는 흡수제에 따라 그 종류별로 유효한 적응가스가 정해져 있다. 적응하는 가스의 종류를 나타내기 위해 흡수통에 색별의 도장과 기호가 표시되어 있다.
2) 흡수제 : 활성탄(가장 많이 쓰임), 실리카겔(sillca gel), 소다라임(soda lime), 호프카라이트(hopcalite), 큐프라마이트(kuperamite) 등

[표] 방독마스크의 흡수관

종 류	표 지		대응독물	주성분
	기호	색		
보통가스용 (할로겐가스용)	A	흑색, 회색	염소 및 할로겐 류, 포스겐, 유기 및 산성가스	활성탄, 소다라임
산성가스용	B	회색	염산, 할로겐화수소, 산, 탄산가스, 이산화질소, 산화질소	소다라임, 알카리제제
유기가스용	C	흑색	유기가스 및 증기, 이황화탄소	활성탄
일산화탄소용	E	적색	TEL, 일산화탄소	호프카라이트, 방습제
암모니아용	H	녹색	암모니아	큐프라마이트
아황산용	I	황적색	아황산 및 황산 미스트	산화금속, 알카리제제
청산용	J	청색	청산 및 청화물 증기	산화금속, 알카리제제
황화수소용	K	황색	황화수소	금속염류, 알카리제제

3) **흡수관의 파과** : 흡수관의 제독 능력에는 한계가 있으며, 흡수관속의 흡수제가 포화되어 흡수능력을 상실하면 유해가스가 제거되지 않은 채 통과되고 마는데, 이런 상태를 흡수관의 파과라 한다.

4) 흡수관의 유효시간 : $\dfrac{\text{표준유효시간} \times \text{시험가스농도}}{\text{사용한 환기중의 유해가스농도}}$

5) 정화통의 외부 측면의 표시색

종 류	표시색
유기화합물용 정화통	갈색
할로겐용 정화통	회색
황화수소용 정화통	
시안화수소용 정화통	
아황산용 정화통	노란색
암모니아용 정화통	녹색
복합용 및 겸용의 정화통	• 복합용의 경우 : 해당가스 모두 표시(2층 분리) • 겸용의 경우 : 백색과 해당가스 모두 표시(2층 분리)

(6) 방독마스크의 성능시험 : 기밀시험, 흡기저항시험, 통기저항시험, 제독능력시험, 배기저항시험, 배기밸브의 작동기밀시험

[3] 공기 공급식 마스크(송기마스크)

(1) 자급식 : 공기, 산소 또는 산소 발생물질을 착용자가 직접 운반하고 이를 흡수하는 식으로 SCBA(self-contained breathing apparatus)라고 불리운다.

(2) 호스 마스크(hose mask) : 전면형 마스크, 꼬이지 않는 호흡관, 착장대 및 직경이 크고 꼬이지 않는 공기공급용 호스로 구성되며, 송풍기형과 폐력 흡인식이 있다.

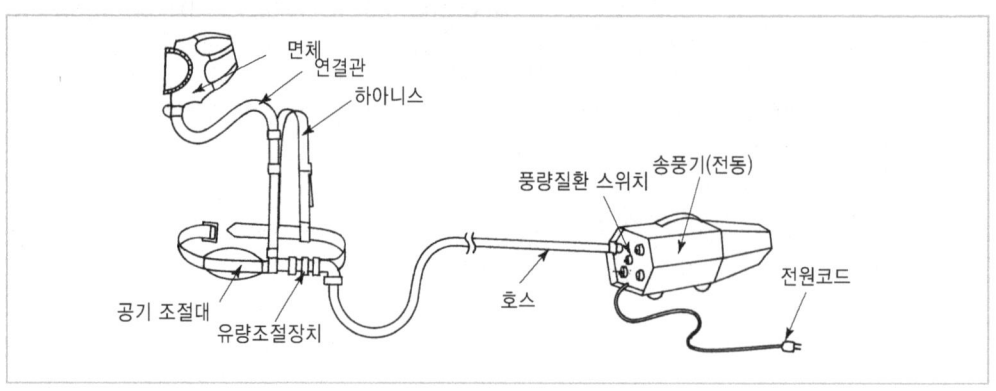

┃ 송풍기형(전동) 호스 마스크 ┃

(3) 에어-라인 마스크(air-line mask) : 압축기가 가압 공기 실린더에서 직경이 작은 에어라인을 통하여 공기를 공급하는 것으로, 일정유량형, 디맨드(demand)형, 압력디맨드(pressure demand)형이 있다.

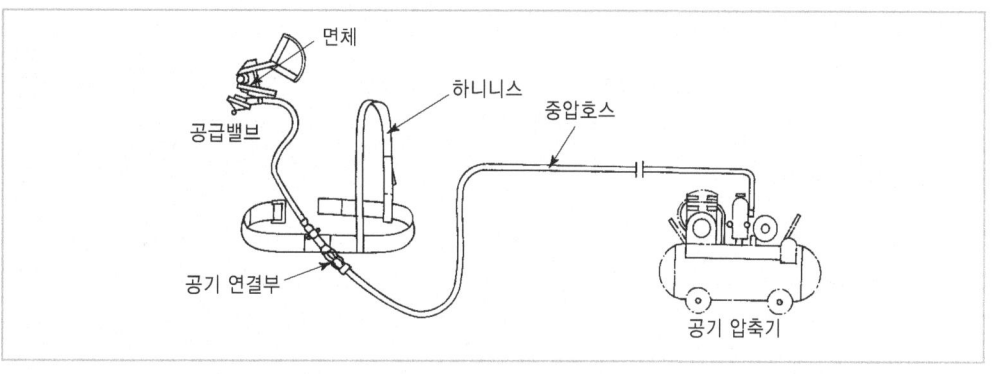

| 디맨드형 에어라인 마스크 |

7 손의 보호구

(1) 안전장갑(절연장갑)의 종류

구분	종류	재료	용도
전기용 고무장갑	A종	고무	주로 300V를 초과하고 교류 600V 또는 직류 750V 이하의 작업에 사용
	B종	고무	주로 교류 600V 또는 직류 750V를 초과하고 3,500V이하의 작업에 사용
	C종	고무	주로 3,500V를 초과하고 7,000V이하의 작업에 사용

(2) 절연장갑의 재료 및 외형

1) 재료의 성질 : 적당한 정도의 유연성 및 탄력성이 있는 양질의 고무를 사용하여야 한다.
2) 외형 : 장갑은 다듬질이 양호하여 흠, 기포, 안구멍, 기타 사용상 유해한 결점이 없고, 이은 자국이 없는 고른 것이어야 한다.

(3) 절연장갑의 등급별 최대사용전압 및 색상

등급	최대사용전압		색상
	교류(V, 실효값)	직류(V)	
00	500	750	갈 색
0	1,000	1,500	빨강색
1	7,500	11,250	흰 색
2	17,000	25,500	노랑색
3	26,500	39,750	녹 색
4	36,000	54,000	등 색

(4) 유기화합물용 안전장갑

1) 유기화합물용 안전장갑 : 액체상태의 유기화합물이 피부를 통하여 인체에 흡수되는 것을 방지하기 위하여 사용하는 보호장갑

2) 장갑의 재료 및 구조
   ① 장갑에 사용되는 재료와 부품은 착용자에게 해로운 영향을 주지 않을 것.
   ② 장갑은 착용 및 조작이 용이하고 착용상태에서 작업을 행하는 데 지장이 없도록 할 것.
   ③ 장갑은 이은 자국이 없고 육안을 통해 검사한 결과 찢어진 곳, 터진 곳, 구멍난 곳이 없도록 할 것.

8 발의 보호구

(1) 안전화의 종류

종 류	사 용 구 분
① 가죽제 안전화	물체의 낙하, 충격 및 날카로운 물체에 의한 바닥으로부터의 찔림에 의한 위험으로부터 발을 보호하기 위한 것
② 고무제 안전화	물체의 낙하, 충격 및 찔림에 의한 위험으로부터 발을 보호하고 아울러 방수 또는 내화학성을 겸한 것
③ 정전기 안전화(정전화)	정전기의 인체 대전을 방지하기 위한 것
④ 발등 안전화(방호 안전화)	물체의 낙하 및 충격으로부터 발 및 발등을 보호하기 위한 것
⑤ 절연화	저압의 전기에 의한 감전을 방지하기 위한 것
⑥ 절연장화	고압에 의한 감전을 방지하고 아울러 방수를 겸한 것

(2) 가죽제 발 보호 안전화

1) 가죽제 안전화의 구분

구 분	몸통높이(뒷굽높이 제외)
단 화	113mm 미만
중단화	113mm 이상
장 화	178mm 이상

2) 안전화의 일반적인 구조
   ① 제조하는 과정에서 발가락 끝 부분에 선심을 넣어 압박 및 충격에 대하여 착용자의 발가락을 보호할 수 있는 구조일 것.
   ② 착용감이 좋고 작업에 편리할 것.
   ③ 견고하게 제작하고 부분품의 마무리가 확실하며 형상은 균형이 있을 것.

④ 선심의 내측은 형겊, 가죽, 고무 또는 플라스틱 등으로 감싸고 특히 후단부의 내측은 보강되어 있을 것.

3) 가죽제 안전화의 성능시험방법
① 은면결렬시험　　　② 인열강도시험
③ 6가크롬시험　　　④ 내부식성시험
⑤ 인장강도시험　　　⑥ 내유성시험
⑦ 내압박성시험　　　⑧ 내충격성시험
⑨ 박리저항시험　　　⑩ 내답발성시험

(3) 고무제 발보호 안전화

1) 일반 구조
① 신었을 때 편안하고 활동하기에 편리하도록 할 것.
② 안창포, 심지포 및 안에 부착하는 제품의 안감에 사용되는 메리야스, 융 등은 목적에 적합한 조직의 재료를 사용하고 견고 하게 제조하여 모양이 균일 하도록 할 것.
③ 선심의 안쪽은 포, 고무 또는 플라스틱 등으로 붙이고 특히 선심 뒷부분의 안쪽은 보강되도록 할 것.
④ 안쪽과 골 씌움이 안전하도록 할 것.

2) 고무제 안전화의 성능시험방법
① 인장강도 및 노화 후 인장강도시험　　② 내유성시험
③ 내화학성시험　　　④ 파열강도시험
⑤ 누출방지시험　　　⑥ 완성품의 내화학성시험
⑦ 선심 및 내답판의 내부식성 시험

9 안전대

(1) 안전대의 종류

종류	사용구분
벨트(B)식	U자걸이 전용
	1개걸이 전용
안전그네식(H식)	안전블록
	추락방지대

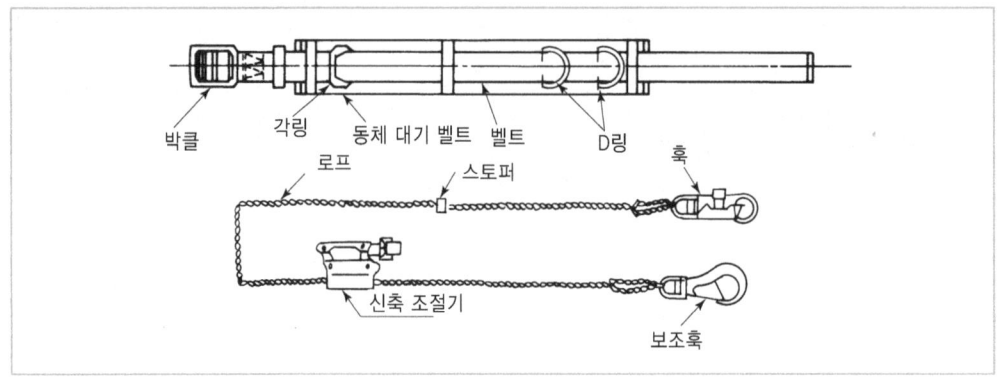

| U자걸이 전용 안전대 |

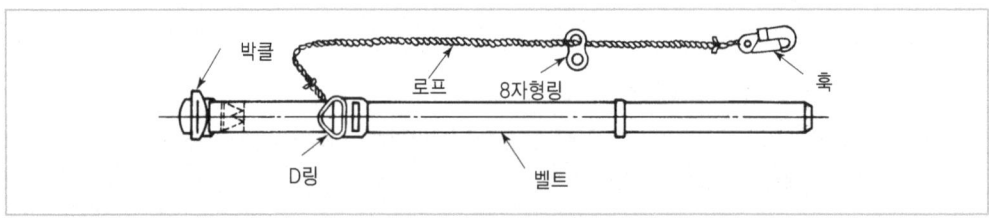

| 1개걸이 전용 안전대 |

| 추락방지대 | | 안전그네 | | 안전블록 |

(2) 안전대 용어의 정의

1) **U자걸이** : 안전대의 죔줄을 구조물 등에 U자모양으로 돌린 뒤 훅 또는 카라비나를 D링에 연결하고 신축조절기를 각링 등에 연결하여 신체의 안전을 꾀하는 방법
2) **1개 걸이** : 죔줄의 한쪽끝을 D링에 고정시키고 훅 또는 카라비나를 구조물 또는 구명줄에 고정시켜 추락에 의한 위험을 방지하기 위한 방법
3) **벨트** : 신체지지의 목적으로 허리에 착용하는 띠모양의 부품
4) **안전그네** : 신체지지의 목적으로 전신에 착용하는 띠모양의 부품
5) **추락방지대** : 벨트 또는 안전그네를 신체에 착용하기 위해 그 끝에 부착한 금속장치
6) **안전블록** : 안전그네와 연결하여 추락발생시 추락을 억제할 수 있는 자동잠금장치가 갖추어져 있고 죔줄이 자동적으로 수축되는 금속장치

(3) 안전대용 로프의 구비 조건

1) 충격, 인장강도에 강할 것.
2) 내마모성이 높을 것.
3) 내열성이 높을 것.
4) 완충성이 높을 것.
5) 습기나 약품류에 침범당하지 않을 것.
6) 부드럽고, 되도록 매끄럽지 않을 것.

10 색채조절

(1) 색의 3속성(색의 3요소)

1) 색상(hue) : 유채색에 있는 속성
2) 명도(value) : 눈에 느끼는 색의 명암의 정도(색의 밝기)
3) 채도(chroma) : 색의 선명도(색깔의 강약)

(2) 색채조절의 원칙사항

1) 조명
2) 광원의 색
3) 명도
4) 색채
5) 원심성
6) 구심성

(3) 색의 선택조건

1) 차분하고 밝은 색을 선택한다.
2) 안정감을 낼 수 있는 색을 선택한다.
3) 악센트(accent)를 준다.
4) 자극이 강한 색은 피한다.
5) 순백색은 피한다.
6) 차가운 색, 아늑한 색을 구분하여 사용한다.

11 산업안전 표지

(1) 안전표지의 사용목적

위험성을 표지로 경고 → 작업환경 통제 → 사전에 재해예방

(2) 산업안전표지의 크기 : 그림 또는 부호의 크기는 표지의 크기와 비례하여야 하며, 산업안전표지 전체규격의 30% 이상이 되어야 한다.

(3) 안전표찰 : 녹십자표지를 말하며 다음의 곳에 부착한다.

① 작업복 또는 보호의의 우측 어깨
② 안전모의 좌우면
③ 안전완장

(4) 안전표지의 종류 및 색채(시행규칙 별표 2)

분 류	종 류	색 채
금지표지	① 출입금지 ② 보행금지 ③ 차량통행금지 ④ 사용금지 ⑤ 탑승금지 ⑥ 금연 ⑦ 화기금지 ⑧ 물체이동금지	• 바탕은 흰색 • 기본모형은 빨간색 • 관련부호 및 그림은 검정색
경고표지	① 인화성물질경고 ② 산화성물질경고 ③ 폭발성물질경고 ④ 급성독성물질경고 ⑤ 부식성물질경고 ⑥ 방사성물질경고 ⑦ 고압전기경고 ⑧ 매달린 물체경고 ⑨ 낙하물체경고 ⑩ 고온경고 ⑪ 저온경고 ⑫ 몸균형상실경고 ⑬ 레이저광선경고 ⑭ 발암성·변이원성·생식독성·전신독성·호흡기과민성물질경고 ⑮ 위험장소경고	• 바탕은 노랑색 • 기본모형·관련부호 및 그림은 검정색 • 다만, 인화성물질경고, 산화성물질경고, 폭발성물질경고, 급성독성물질경고, 부식성물질경고 및 발암성·변이원성·생식독성·전신독성·호흡기과민성물질경고의 경우 바탕은 무색, 기본모형은 적색(흑색도 가능)
지시표지	① 보안경 착용 ② 방독마스크 착용 ③ 방진마스크 착용 ④ 보안면 착용 ⑤ 안전모 착용 ⑥ 귀마개 착용 ⑦ 안전화 착용 ⑧ 안전장갑 착용 ⑨ 안전복 착용	• 바탕은 파란색 • 관련그림은 흰색
안내표지	① 녹십자표지 ② 응급구호표지 ③ 들것 ④ 세안장치 ⑤ 비상구 ⑥ 좌측비상구 ⑦ 우측비상구	• 바탕은 흰색, 기본모형 및 관련부호는 녹색 • 바탕은 녹색, 관련부호 및 그림은 흰색
출입금지 표지	① 허가대상 유해물질 취급 ② 석면취급 및 해체·제거 ③ 금지유해물질 취급	• 글자는 흰색 바탕에 흑색 • 다음 글자는 적색 −○○○제조/사용/보관 중 −석면취급/해체 중 −발암물질 취급 중

(5) 산업안전표지의 색채 종류, 색도기준 및 용도

색 채	색도기준	용 도	사 용 예
빨간색	7.5R 4/14	금 지	정지신호, 소화설비 및 그 장소, 유해행위의 금지
		경 고	화학물질 취급장소에서의 유해·위험 경고
노란색	5Y 8.5/12	경 고	화학물질 취급장소에서의 유해·위험 경고 이외의 위험경고, 주의표지 또는 기계방호물
파란색	2.5PB 4/10	지 시	특정행위의 지시 및 사실의 고지
녹 색	2.5G 4/10	안 내	비상구 및 피난소, 사람 또는 차량의 통행표지
흰 색	N 9.5		파란색 또는 녹색에 대한 보조색
검은색	N 0.5		문자 및 빨간색 또는 노란색에 대한 보조색

주 ① 허용차 H = ±2, V = ±0.3, C = ±1 (H는 색상, V는 명도, C는 채도를 말한다)
② 위의 색도기준은 한국산업규격 색의 3속성에 의한 표시방법(KSA 0062 기술표준원고시 제 2008−0759)에 따른다.

12 색의 종류 및 사용범위(KSD)

색 명	표지사항	사용 범위
1. 적	① 방화 ② 정지 ③ 금지	① 방화표시, 소화설비, 화학류 ② 긴급정지 신호 ③ 금지표지
2. 황적	① 위험	① 보호상자, 보호장치 없는 SW 또는 위험부위, 위험장소에 대한 표시
3. 황	① 주의	① 충돌, 추락, 층계, 함정 등 장소기구 주의
4. 녹	① 안전안내 ② 진행유도 ③ 구급구호	① 안내, 진행유도, 대피소 안내 ② 비상구 또는 구호소, 구급상자 ③ 구호장비 보관장소 등의 표시
5. 청	① 조심 ② 지시	① 보호구 사용, 수리중 기계장소 또는 운전정지 ② 표지 SW 상자의 외면
6. 백	① 통로 ② 정리정돈	① 통로구획선, 방향선, 방향표지 ② 폐품수집소, 수집용기
7. 적자	① 방사능	① 방사능 표지

[표] 안전 보건 표지의 종류와 형태(시행규칙 제6조 관련 · 별표 1의 2)

① 금지표시	101 출입금지	102 보행금지	103 차량통행금지	104 사용금지	105 탑승금지	106 금연
	107 화기금지	108 물체이동금지	② 경고표지	201 인화성물질 경고	202 산화성물질 경고	203 폭발성물질 경고	204 급성독성물질 경고

	205 부식성물질 경고	206 방사성물질 경고	207 고압전기 경고	208 매달린물체 경고	209 낙하물경고	210 고온경고	211 저온경고
	212 몸균형상실 경고	213 레이저광선 경고	214 발암성 · 변이원 성 · 생식독성 · 전신독성 · 호흡 기과민성물질 경고	215 위험장소 경고	③ 지시표지	301 보안경 착용	302 방독마스크 착용
	303 방진마스크 착용	304 보안면착용	305 안전모착용	306 귀마개착용	307 안전화착용	308 안전장갑 착용	309 안전복착용
④ 안내표지	401 녹십자표지	402 응급구호표지	403 들것	404 세안장치	406 비상구	407 좌측비상구
	408 우측비상구						

실 / 전 / 문 / 제

01
다음 보호구를 선택할 때 주의사항을 설명했다. 틀린 것은?

① 귀마개 – 피부에 유해한 영향을 주지 않는 것일 것
② 안전모 – 내전, 내수, 내충격에 강한 것일 것
③ 보안경 – 상해 등을 주는 각이나 凹凸이 없고 불쾌감이 없을 것
④ 방진마스크 – 흡배기 저항이 높은 것일 것

해설
방진마스크나 방독마스크는 흡기, 배기 저항이 높게 되면 호흡이 곤란하므로 흡배기 저항이 낮아야 한다.

02
다음 중 보호구 선택시 반드시 고려할 필요가 없는 사항은?

① 사용목적에 적합하여야 한다.
② 불연성(不燃性)물질이어야 한다.
③ 공업규격에 합격된 것으로 품질이 좋아야 한다.
④ 크기가 사용자에게 적합하여야 한다.

해설
보호구는 검정기준에 맞는 난연성 물질의 재료를 사용하여 만들면 되는 것이지 꼭 불연성물질을 사용할 필요는 없다.

03
보호구로 갖추어야 할 구비요건 중 거리가 먼 것은?

① 착용이 간편할 것
② 작업에 방해가 되지 않을 것
③ 유해, 위험요소에 대한 방호가 안전할 것
④ 가격이 저렴할 것

04
다음 보호구가 잘못 사용된 것은 어느 것인가?

① 폐수맨홀청소 – 방진마스크
② 아세틸렌용접 – 쉴드헬멧
③ 용광로 – 고열복
④ 3m위 작업 – 안전벨트

해설
①항 폐수맨홀청소 – 송기마스크

05
다음 중 방진마스크의 선정기준에 해당되는 것은?

① 흡기저항이 높은 것일수록 좋다.
② 흡기저항 상승률이 낮은 것일수록 좋다.
③ 배기저항이 높은 것일수록 좋다.
④ 분진포집 효율이 낮은 것일수록 좋다.

해설
방진마스크는 흡기 및 배기저항이 낮을수록 좋으며, 분진포집률(여과효율)은 높을수록 좋은 것이다.

06
방진마스크의 구비조건 중 맞지 않는 것은?

① 여과효율이 좋을 것
② 중량이 가볍고 안면 밀착성이 좋을 것
③ 하방시야가 50° 이상 넓을 것
④ 흡배기저항이 높을 것

해설
④항, 흡배기저항이 낮을 것

07
방진마스크를 착용하여야 할 작업이 아닌 것은?

① 암석의 파쇄작업
② 철분이 비산하는 작업

Answer ◆ 01. ④ 02. ② 03. ④ 04. ① 05. ② 06. ④ 07. ④

③ 금속 흄(fume)이 비산되는 작업
④ 염소 탱크내의 작업

해설
④항, 염소 탱크내의 작업은 방독마스크를 착용하여야 한다.

08
산소가 결핍되어 있는 장소에서 사용하는 마스크는?

① 송기마스크　　② 방진마스크
③ 방독마스크　　④ 특급방진마스크

09
다음 중 방진마스크를 사용해서는 안되는 경우는?

① 산소농도 18% 미만
② 갱내 채광
③ 암석 및 광석의 분쇄
④ 면진이 일어나는 타면기 작업

해설
방진마스크, 방독마스크는 공기 중 산소농도가 18% 미만인 산소결핍 장소에서 사용해서는 안된다.

10
유기용제에서 발생한 독성을 제거하기 위한 방독마스크의 흡수제로서 옳은 것은?

① 호프카라이트　　② 큐프라마이트
③ 활성탄　　　　　④ 소다라임

해설
유기가스 및 증기용 방독마스크의 흡수제는 활성탄이다.

11
어느 공장에서 탈크를 공정 중에 투입하려고 한다. 투입 중 탈크가 많이 부유하므로 작업자들에게 보호구를 착용시킨다면 어느 것이 적합한가?

① 방진마스크　　② 방독마스크
③ 면마스크　　　④ 산소마스크

해설
탈크(talc : 활석)분진 : 방진마스크의 사용

12
할로겐가스용 방독마스크용의 정화통 색은?

① 적색　　　　　② 회색 및 흑색
③ 녹색　　　　　④ 황적색

해설
방독마스크의 정화통색
1) 할로겐가스용 : 흑색 및 회색　2) 산성가스용 : 회색
3) 유기가스용 : 흑색　　　　　　4) 일산화탄소용 : 적색
5) 암모니아용 : 녹색　　　　　　6) 아황산가스용 : 황적색
7) 아황산·황용 : 백색 및 황적색 8) 황화수소용 : 황색

13
안전대용 로프의 구비조건이 아닌 것은?

① 내마모성이 높을 것.　② 완충성이 높을 것.
③ 내열성이 높을 것.　　④ 값이 쌀 것.

14
안전모 성능시험의 항목이 아닌 것은?

① 내관통성 시험　　② 충격흡수성 시험
③ 내전압 시험　　　④ 내식성 시험

해설
안전모의 성능시험 항목
1) 내관통성 시험　　　2) 충격흡수성 시험
3) 내전압성 시험　　　4) 내수성 시험
5) 난연성 시험　　　　6) 턱끈풀림 시험

15
안전모의 각 부품에 사용하는 재료 및 구조는 다음과 같이 적합해야 한다. 틀린 항목은 어느 것인가?

① 사용목적에 따라 내열성, 내한성 및 내수성을 보유할 것
② 쉽게 부식하지 않을 것
③ 피부에 해로운 영향을 주지 않을 것
④ 안전모의 모체, 충격흡수 라이너, 착장제의 무게는 0.48kg을 넘지 않을 것

해설
안전모의 무게는 0.44kg를 넘지 않을 것

Answer ➡ 08. ①　09. ①　10. ③　11. ①　12. ②　13. ④　14. ④　15. ④

16
방진마스크의 성능시험방법이 아닌 것은?

① 흡기저항시험   ② 분진포집시험
③ 배기저항시험   ④ 중량시험

해설

방진마스크의 성능시험방법
1) 흡기시험
2) 분진포집시험
3) 배기저항시험
4) 흡기저항상승시험
5) 배기변의 작동기밀시험
주) 중량시험, 사적(유효공간)시험, 시야시험은 구조시험이다.

17
다음 중 이상적인 눈의 차광보호구의 색은?

① 순도가 높지 않은 녹색과 자색
② 고순도의 녹색
③ 녹, 청 혼합색
④ 황록색에 녹색이 가미된 색

해설

이상적인 차광보호구 색은 순도가 높지 않은 녹색과 자색, 즉 청색이 가미된 색이 좋다.

18
방진마스크를 사용하는 작업이 아닌 것은?

① 금속을 전기아아크로 용접 또는 용단하는 작업
② 갱내 또는 압석이나 암석과 유사한 광물을 뚫는 작업
③ 석면을 재료로 사용하는 작업
④ 반사물체가 있는 곳에서의 작업

해설

방진마스크를 사용하여야 하는 작업
1) 금속을 아크로 용접, 용단하는 작업
2) 주물공장에서 사형(砂型)을 사용하고 사락(砂落)하는 작업
3) 동력을 이용하여 토석, 암석, 광석을 파쇄, 분쇄하는 작업
4) 갱내에서 암석이나 암석과 유사한 광물을 뚫는 작업
5) 분상의 광물물질을 선별, 혼합 또는 포장하는 작업
6) 현저히 분진이 많은 작업장
7) 석면재료를 사용하는 작업

19
방진마스크의 흡기저항 상승률은 몇 % 이하이어야 하는가?

① 20%   ② 50%
③ 100% ④ 200%

해설

흡기저항 상승시험은 마스크를 통하여 공기를 흡입하는 때의 저항을 시험하는 것으로서 흡기저항 상승률은 200% 이하이어야 한다.

20
유독가스의 제거를 위한 방독마스크의 흡수제로서 틀린 것은?

① 암모니아 - 큐프라마이트
② 아황산 - 산화금속
③ 일산화탄소 - 소다라임
④ 유기가스 - 활성탄

해설

일산화탄소 : 호프카라이트

21
발을 보호하기 위한 가죽제 안전화의 구조에 대한 설명이다. 만족스럽지 못한 조건은 무엇인가?

① 가죽은 두께가 균등하고 홈 등의 결함이 없어야 하며, 두께는 중작업용은 1.8mm 이상, 경작업용은 1.5mm 이상일 것
② 착용감이 좋으며 작업하기에 편리할 것
③ 선심의 내측은 헝겊, 가죽, 고무 또는 플라스틱 등으로 감싸고 특히 후단부의 내측은 보강되어 있을 것
④ 견고하게 제작되어야 하며 부분품의 마무리가 확실하여야 하고 형상은 균형이 있을 것

해설

가죽제 안전화의 가죽은 두께가 균일해야 하고, 홈 등의 결함이 없어야 하며, 두께는 중작업용(H)은 1.5mm 이상, 경작업용(L)은 1.2mm 이상이어야 한다.

Answer ● 16. ④ 17. ① 18. ④ 19. ④ 20. ③ 21. ①

22
보호구 중 안전대의 종류별 사용방법에 맞지 않는 것은?

① U자걸이 전용
② 1개걸이 전용
③ 추락방지대
④ 특수용

해설

안전대의 종류(고용노동부고시)

종류	사용구분
• 벨트식 • 안전그네식	1개걸이용
	U자걸이용
	추락방지대(안전그네식에만 적용)
	안전블록(안전그네식에만 적용)

23
공장 내 안전표지를 부착하는 이유는?

① 능률적인 작업을 유도하기 위해
② 인간심리의 활성화 촉진
③ 인간행동의 변화통제
④ 공장 내 환경정비목적

해설

안전표지의 목적은 금지, 경고, 지시, 안내 등을 통해 인간행동의 변화를 통제하기 위함이다.

24
다음 안전표지를 알맞게 나타낸 것은?

① 부식성 물질의 저장 – 경고표지
② 금연 – 지시표지
③ 화기엄금 – 경고표지
④ 안전모착용 – 안내표지

해설

②항 금연 및 ③항 화기엄금은 금지표지, ④항 안전모 착용은 지시표지

25
지시표지를 나타내는 색도기준으로 옳은 것은?

① 7.5R 4/14
② 5Y 8.5/12
③ 2.5 PB 4/10
④ 2.5G 4/10

해설

산업안전표지의 색도기준
1) 금지표지 : 7.5R 4/14   2) 경고표지 : 5Y 8.5/12
3) 지시표지 : 2.5 PB 4/10   4) 안내표지 : 2.5G 4/10

26
다음 보기의 안전표지가 나타내는 의미는?

① 위험장소 경고
② 위험물질 경고
③ 유해물질 경고
④ 고온 경고

27
다음 건설현장에서 안전표지를 설치하려 한다. 그 종류와 분류가 맞는 것은?

① 물체이동 – 금지표지
② 인화성 물질 – 지시표지
③ 위험장소 – 안내표지
④ 안전화 착용 – 경고표지

해설

② 인화성물질 : 경고표지
③ 위험 장소 : 경고표지
④ 안전화 착용 : 지시표지

28
산업안전 색채의 사용중에서 노란색에 관한 사항과 관계없는 것은?

① 위험경고
② 유해행위의 금지
③ 주의표시
④ 기계방호물

해설

산업안전색채의 종류에 따른 사용예
1) 빨간색 : 정지신호, 소화설비 및 그 장소, 유해행위의 금지(금지표지), 화학물질 취급장소에서의 유해 · 위험경고
2) 노란색 : 화학물질 취급장소에서의 유해 · 위험경고 이외의 위험경고, 주의표지, 기계방호물(경고표지)
3) 파란색 : 특정 행위의 지시 및 사실의 고지(지시표지)
4) 녹색 : 비상구 및 피난소, 사람 및 차량의 통행표지(안내표지)
5) 흰색 : 파란색 또는 녹색에 대한 보조색
6) 검은색 : 문자 및 빨간색 또는 노란색에 대한 보조색

Answer ➡ 22. ④ 23. ③ 24. ① 25. ③ 26. ① 27. ① 28. ②

29
안전표지 중 주의, 위험표지의 글자, 보조색에 이용되는 색은?

① 보라색　　② 빨강
③ 흑색　　　④ 흰색

해설
주의표지색인 노랑, 위험표지색인 황적색을 잘 보이게 하기 위해 보조색으로 흑색을 사용한다.

30
바탕이 파란색에 관련된 그림을 흰색으로 표시한 표지는?

① 금지표시　　② 경고표지
③ 지시표지　　④ 안내표지

해설
산업안전표지의 구분
1) 금지표지 : 바탕은 흰색, 기본모형은 빨강, 관련부호 및 그림은 검정색
2) 경고표지 : 바탕은 노란색, 기본모형, 관련부호 및 그림은 검정색, 다만 화학물질 취급장소에서의 유해 · 위험경고의 경우 바탕은 무색, 기본모형은 적색(흑색도 가능)
3) 지시표지 : 바탕은 파랑, 관련그림은 흰색
4) 안내표지 : 바탕은 흰색, 기본모형 및 관련부호는 녹색 또는 바탕은 녹색, 관련부호 및 그림은 흰색

31
위험저장소의 표시는 다음 어느 표지에 해당하는가?

① 금지표지　　② 경고표지
③ 지시표지　　④ 안내표지

해설
산업안전표지의 구분
1) 금지표지 : 특정의 행동을 금지시키는 표지(안전명령)
2) 경고표지 : 위해 또는 위험물에 대한 주의를 환기시키는 표지
3) 지시표지 : 보호구 착용을 지시하는 등 지시 표지
4) 안내표지 : 위치(비상구, 의무실, 구급용구)를 알리는 표지

32
다음 색채 중 스위치 박스, 뚜껑내면, 재해발생장소에 위험표지로 사용되는 색깔은?

① 주황색　　② 빨강색
③ 노랑색　　④ 녹색

해설
색채의 종류에 따른 표시사항
1) 주황색 : 위험표지
2) 빨강색 : 방화, 정지, 금지표지
3) 노랑색 : 주의표지
4) 녹색 : 안전, 진행, 구급구호
5) 파랑 : 조심
6) 자주색 : 방사능 표지
7) 흰색 : 통로, 정돈

33
다음 중 기계작업장의 기계 본체의 색채 조절로서 가장 적합한 것은?

① 6.6YR 6/3　　② 3.5GY 6/3
③ 7.5GY 6/3　　④ 10YR 6/1.5

해설
기계작업장의 색채조절(대형기계현장)
1) 천장 5Y 9/2　　2) 벽 6GY 7.5/2
3) 허리벽 10GY 5.5/2　　4) 바닥 10YR 5/4
5) 기계본체 7.5GY 6/3　　6) 기계공작면 1.5Y 8/3

34
다음 중 색체조절의 원칙이 아닌 것은?

① 주위가 작업면보다 밝으면 작업능률이 향상된다.
② 광원을 밝게 하면 사물을 보는 속도가 빨라진다.
③ 물건을 정확하게 보기 위해서는 노랑색 빛이 도는 광원이 좋다.
④ 강렬한 색체는 인체를 자극하고, 부드러운 색은 자율신경을 안정시킨다.

해설
작업면과 주변전체와의 밝기가 조화되어야 한다.

Answer 29. ③　30. ③　31. ②　32. ①　33. ③　34. ①

35
작업장의 색체 관리(color conditioning)에 있어서 색의 선택조건에 맞지 않는 것은?

① 차분하고 밝은 색을 선택할 것
② 안정감을 주도록 할 것
③ 악센트를 주지 말 것
④ 순백색을 피할 것

해설
지루함을 없애주기 위해 악센트를 주어야 한다.

Answer ● 35. ③

1편 종합예상문제
[산업재해 예방]

종 / 합 / 예 / 상 / 문 / 제

01
다음 중 안전관리의 정의에 해당되는 것은?
① 조직내 마련된 위험에 대한 사전통제 방법
② 안전공학 보다 관리적 측면을 강조하는 안전활동
③ 산업심리나 인간공학적인 측면을 강조하는 수단
④ 안전공학 측면을 강조하는 안전수단

02
안전관리의 정의에 대한 설명으로 부적합한 것은?
① 생산성과는 무관하나 인명의 손실 방지만을 위한 활동을 말한다.
② 비능률적인 요소인 사고가 발생되지 않은 상태를 유지하기 위한 관리활동이라고 할 수 있다.
③ 비능률적인 재해로부터 인간의 생명과 재산을 보호하기 위한 계획적이고 체계적인 활동을 말한다.
④ 물적, 인적 손실을 최소화하기 위한 제반활동을 말한다.

해설
안전관리는 인명 및 재산 손실을 방지하기 위한 제반활동을 말한다.

03
다음 설명 중 재해의 특징이 아닌 것은?
① 모든 재해는 사전에 방지할 수 있다.
② 모든 재해의 발생에는 원인이 존재한다.
③ 모든 재해는 대책이 선정된다.
④ 모든 재해는 인적손상과 물적손상이 수반된다.

해설
모든 재해는 인적손실과 물적손실이 반드시 동시에 일어나는 것은 아니다.

04
산업재해를 가장 적절하게 표현한 것은?
① 산업재해는 사업체에서 일어난 사고를 말한다.
② 산업재해는 종업원 각자의 운에 관한 문제이다.
③ 사업체에서 야기된 사고의 결과로서 사망 및 부상자를 포함한 재산상의 손실을 말한다.
④ 근대화 과정에 따르는 부득이한 현상이다.

해설
산업재해는 사업체에서 일어난 사고의 결과로서 입은 인명손실과 재산의 피해현상을 말한다.

05
산업재해의 뜻을 가장 옳게 설명한 것은?
① 직업병은 산업재해에 속하지 않는다.
② 통제를 벗어난 에너지를 광란으로 인한 인명과 재산의 피해를 뜻한다.
③ 안전사고의 결과로 일어난 재산의 손실만을 말한다.
④ 공해와 사상은 산업재해에 속하지 않는다.

해설
산업재해는 에너지의 광란, 즉 에너지의 폭주현상이나 에너지와 에너지의 충돌현상에 의한 인명 및 재산의 피해현상을 말한다.

Answer ● 01. ① 02. ① 03. ④ 04. ③ 05. ②

06
다음 산업재해의 위험을 분류한 것 중에서 물리적 위험성 물질에 속하지 않는 것은?

① 가연성 액체　　② α선
③ 자외선　　　　④ 고기압

해설
화학적 위험 및 물리적 위험
(1) 화학적 위험
　1) 화재 및 폭발 : 가연성 가스 및 액체 또는 분체, 폭발성 물질, 자연발화성 물질, 금수성 물질 등
　2) 공업 중독 및 위해물질에 의한 직업병 : 질식성 가스, 자극성 가스, 전신 중독성 가스, 유해 분진, 미스트, 발암성 물질, 부식성 물질, 독극물 등
　3) 대기 오염 : 매연, 분진, 배출가스, 악취 등
(2) 물리적 위험
　1) 눈 장해 : 자외선, 적외선 등
　2) 방사선 장해 : α선, β선, γ선, X선, 중성자선 등
　3) 열중증 및 동상 : 고온 저온
　4) 잠함병 및 고산병 : 고기압, 저기압
　5) 난청 및 소음공해 : 음파
　6) 신경증 및 진동 공해 : 진동

07
회전 중의 숫돌차 및 둥근톱의 파괴와 압력용기의 파열 등에 의해 발생되는 재해는 다음 중 어느 것인가?

① 붕괴물　　　　② 전도물
③ 회전체　　　　④ 비래물

해설
회전 중의 숫돌차 및 둥근톱의 파괴와 압력용기가 파열될 때는 파편 등의 비래물에 의해 재해를 입을 수 있다.

08
재해의 원인 중 기초원인에 속하는 것은?

① 기술적 원인　　② 안전교육적 원인
③ 정신적 원인　　④ 관리적 원인

해설
기초원인에는 학교교육적 원인과 관리적 원인이 있다.

09
다음 중 사고의 원인과 거리가 먼 것은 어느 것인가?

① 재해결과 불명확한 규명
② 기계설비의 불량
③ 작업환경의 부적당
④ 작업관리의 불량

해설
재해결과를 제대로 규명하지 못하였다고 하여 그것이 사고의 원인이 되지는 않는다.

10
다음 재해발생 원인 중 관리적 원인에 속하는 것은?

① 안전기준의 부정확　② 점검 보전의 불충분
③ 조작기준의 부적당　④ 정신적인 동요

해설
재해발생의 원인 및 대책

관리적 원인	관리적 대책
1. 최고관리자의 책임감 부족 2. 안전관리조직의 결함 3. 안전교육제도의 불비 4. 안전기준의 불명확 5. 점검보전제도의 결함 6. 대책실시의 지연 7. 인사관리의 불비 8. 노동의욕의 침체	1. 최고관리자의 책임자각 2. 안전관리조직의 개선 3. 안전교육제도의 충실 4. 대책의 즉시실시 5. 인사관리의 개선 6. 근로의욕의 향상
기술적 원인	기술적 대책
1. 건물, 기계장치의 설계불량 2. 구조재료의 부적당 3. 점검보존의 불충분 4. 조작기준의 부적당	1. 안전설계 2. 작업행정의 개선 3. 점검보전의 확립 5. 안전기준의 설정
정신적 원인	정신적 대책
1. 착각 2. 태도불량 3. 정신적 동요 4. 지각적 결함	1. 심리학적 조사 2. 규율 엄수 3. 훈계 · 징벌 4. 배치 전환

11
안전사고예방을 위한 관리적 대책이 아닌 것은?

① 안전교육제도 이행　② 안전장치의 설치
③ 근로의욕향상　　　④ 인사적정 배치

해설
②안전장치의 설치는 기술적 대책에 해당한다.

Answer　06. ①　07. ④　08. ④　09. ①　10. ①　11. ②

12
다음 중 산업재해의 발생형태가 아닌 것은?

① 집중형　　② 연쇄형
③ 복합형　　④ 폭발형

해설
산업재해의 발생형태는 ① 집중형(단순자극형), ② 연쇄형, ③ 복합형의 3가지가 있다.

13
Bird의 재해 분포에 따르면 30건의 물적 손실 사고가 발생할 경우 무손실 사고는 몇 건이 발생하는가?

① 300　　② 400
③ 600　　④ 800

해설
버드의 재해구성 비율
∴ 중상 또는 폐질 : 경상 : 무상해사고(물적손실) : 무상해 무사고 고장(위험순간)
　= 1 : 10 : 30 : 600

14
하인리히의 재해발생빈도 법칙에 따라 중대재해 5건이 발생하였다면 경상재해는 몇 건이 발생되었다고 볼 수 있는가?

① 145건　　② 29건
③ 300건　　④ 1500건

해설
1 : 29 : 300의 재해구성비율에서, 5×29 = 145

15
다음 재해예방원칙 중 대책선정의 원칙을 바르게 설명한 것은?

① 재해는 원인만 제거되면 예방가능하다.
② 재해예방을 위한 방안은 반드시 있다.
③ 손실은 우연히 일어나므로 예방가능하다.
④ 재해는 어떤 원인의 결과에 따라 일어난다.

해설
대책선정의 원칙 : 재해예방을 위한 안전대책은 반드시 존재한다.
①는 예방가능의 원칙, ②는 대책선정의 원칙, ③는 손실우연의 원칙, ④는 원인계기의 원칙을 설명한 것이다.

16
하인리히의 사고방지대책 제3단계(분석)에서 하여야할 내용과 가장 적합하지 않은 것은?

① 안전회의 및 토론회 개최
② 인적, 물적, 환경조건의 분석
③ 교육 및 배치 사항
④ 사고기록 및 관계자료 대조 확인

해설
①항은 제2단계 사실의 발견에 해당되며, 제 3단계 분석에 관계되는 내용은 다음과 같다.
1) 사고 보고서 및 현장조사
2) 사고기록 및 인적, 물적조건의 분석
3) 작업공정의 분석
4) 교육훈련의 분석

17
재해예방 대책은 제5단계 과정을 거쳐서 계획을 수립하게 된다. 이때 제 4단계에 맞지 않는 것은?

① 기술적인 개선안　　② 작업배치도 조정
③ 교육훈련의 개선　　④ 작업분석

해설
④항의 작업분석은 제2단계 사실의 발견(현상파악)에 해당된다.

18
Harvey는 안전대책의 3E를 주장하였다. 그러나 현재는 3E만 가지고는 되지 않는다고 한다. 즉 Education, Engineering, Enforcement와 더불어 한가지를 추가한다면 다음 중 어느 것인가?

① Man　　② Machine
③ Media　　④ Management

해설
안전대책
1) 기술(engineering)적 대책
2) 교육(education)적 대책
3) 규제(enforcement)적 대책
4) 관리(management)적 대책

Answer ● 12. ④　13. ③　14. ①　15. ②　16. ①　17. ④　18. ④

19
3E를 주장한 사람은 누구인가?

① 하아비(Harvey)
② 하인리히(Heinrich)
③ 베르크호프(Berckhoff)
④ 사이몬즈(Simonds)

해설
3E는 하아비(J.H.Harvey)가 제창한 것이다.

20
사고발생의 제5단계 중 재해를 예방하기 위하여 제 몇 단계를 제거하면 되는가?

① 제2단계   ② 제3단계
③ 제4단계   ④ 제5단계

해설
재해를 예방하기 위해서는 하인리히의 사고발생의 제5단계 중 제3단계인 불안전한 행동 및 상태를 중점적으로 제거시켜야 한다.

21
다음은 재해사례를 설명한 것이다. 이중 불안전한 행동은?(작업자 A가 빈 드럼통 위에 서서 철구조물에 용접을 하고 있다. 이때 용접 이 튀어 드럼통 속으로 들어가 속의 잔류가스가 폭발하여 작업자가 10m 뒤에 떨어져 척추를 다쳤다.)

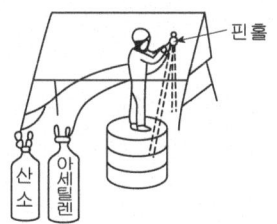

① 용접이 튀어 빈드럼통 속에 들어갔다.
② 빈드럼통 위에 서서 드럼통 속을 미확인하고 용접을 하였다.
③ 드럼통 속에 잔류가스가 있다.
④ 드럼통의 마개가 열려 있었다.

22
무재해운동의 이념은?

① 인간존중의 이념   ② 이윤추구의 이념
③ 재해방지의 이념   ④ 무사고 이념

23
무재해운동의 이념 중 선취의 원칙이란?

① 재해를 예방하거나 방지하는 것
② 근로자 전원이 일체감을 조성하는 것
③ 사고의 잠재요인을 사전에 파악하는 것
④ 근로자 전원이 자발성 자주성으로 안전활동을 촉진하는 것

해설
무재해운동에 있어서 선취란 궁극적 목표로서의 무재해, 무질병의 직장을 실현하기 위하여 일체의 직장위험요인을 행동하기 전에 발견, 파악, 해결하여 재해를 예방하거나 방지하는 것을 말한다.

24
무재해운동 기본이념의 참가의 원칙에 전원 참가의 '전원'이 의미하는 것에 해당되지 않는 것은 어느 것인가?

① 톱(Top)을 비롯하여 관리감독자 스텝(Staff)으로부터 작업자 전원
② 직장의 작업자 전원 - 직장 소집단 활동에 의한 전원
③ 근로자 가족까지 포함한 전원
④ 하청회사, 관련회사는 제외

25
다음 중 안전보건의식고취를 위한 추진방법 중에서 출근시 작업을 시작하기 전에 5~10분 정도의 시간을 내서 회합을 갖는 것은?

① OJT   ② OFF JT
③ TWT   ④ TBM

해설
TBM(tool box meeting) : TBM은 직장, 현장, 공구상자 등의 근처에서 인원 5~7명 정도가 작업개시 전에 5~10분 정도, 작업완료시에 3~5분 정도의 시간을 들여 행하는 안전미팅을 말하는 것이다.

Answer 19. ① 20. ② 21. ② 22. ① 23. ③ 24. ④ 25. ④

26
T.B.M(Tool Box Meeting)의 의미를 가장 잘 나타낸 것은 다음 중 어느 것인가?

① 지시나 명령의 전달회피
② 공구함을 준비한 후 작업한다는 뜻
③ 작업원 전원의 상호대화로 스스로 생각하고 납득하는 작업상 안전회의
④ 상사의 지시된 작업내용에 따른 공구를 하나하나 준비해야 한다는 뜻

27
지적확인의 특성은?

① 인간의 의식을 강화한다.
② 인간의 지식수준을 높인다.
③ 인간의 안전태도를 형성한다.
④ 인간의 육체적 기능수준을 높인다.

28
작업에 들어갈 때 그림과 같이 수지를 하나하나 꺽으면서 안전을 확인하고 전부 끝나면 힘차게 쥐고 '무사고로 가자' 하는 안전확인 5지 운동에 속하지 않는 것은?

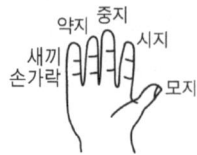

① 모지 : 마음   ② 시지 : 복장
③ 약지 : 확인   ④ 중지 : 규정

해설
안전확인 5지 운동
1) 모지 – 마음 : 정신차려서 마음의 준비
2) 시지 – 복장 : 연락, 신호 그리고 복장의 정비
3) 중지 – 규정 : 통로를 넓게, 규정과 기준
4) 약지 – 정비 : 기계, 차량의 점검정비
5) 새끼손가락 – 확인 : 표시는 뚜렷하게 안전 확인

29
안전업무에 해당되지 않는 것은?

① 재해를 국한하는 대책
② 재해의 처리 대책
③ 예방 대책
④ 안전예산승인 대책

해설
안전업무의 단계
1) 1단계 – 예방대책
2) 2단계 – 재해를 국한하는 대책
3) 3단계 – 재해처리 대책
4) 4단계 – 비상조치 대책
5) 5단계 – 개선을 위한 피드백(feed back)대책

30
안전조직 형태 중 직계(line)형의 특징은?

① 독립된 안전참모 조직을 보유하고 있다.
② 대규모의 사업장에 적합하다.
③ 안전지시나 명령이 신속히 수행된다.
④ 안전지식이나 기술축적이 용이하다.

해설
①, ④항은 참모(staff)형, ②항은 직계 – 참모(line – staff)형의 특징에 해당된다.

31
다음 안전조직 형태를 설명한 것이다. 맞게 이어놓은 것은?

① 명령과 보고관련 간단명료한 조직 – 라인 조직
② 경영자의 조언과 자문역할 – 라인조직
③ 명령자의 조언권고가 혼동되기 쉬운 조직 – 스탭조직
④ 생산부문은 안전에 대한 책임과 권한이 없다. – 라인 스탭조직

해설
②, ④항은 staff형, ③은 line – staff형에 대한 설명이다.

32
조직의 목표는 집단관리체제에서 중요성을 갖고 있다. 조직목표의 이점(利點)에 속하지 않는 것은?

① 조직의 목표는 구성원에게 조직의 목표를 위하여 일을 할 수 있는 용기를 준다.
② 조직목표로 경제적 효용을 강조하는 사회적

효용은 강조될 수 없다.
③ 효율적 목표는 측정, 비교, 평가가 유효하게 실행될 수 있다.
④ 효율적 조직목표 아래서 조직 구성원은 개인의 목표를 보다 쉽게 달성시킬 수 있다.

33
A사업장의 평균 근로자수가 1,000명의 중규모이다. 안전조직은 어떤 형태가 가장 적합한가?

① 라인형 안전조직
② 스탭형 안전조직
③ 라인-스탭형 병행조직
④ 생산부서장이 안전책임자 겸직 조직

34
다음 표는 라인형 안전조직표이다. 안전관리자의 위치로 옳은 것은?

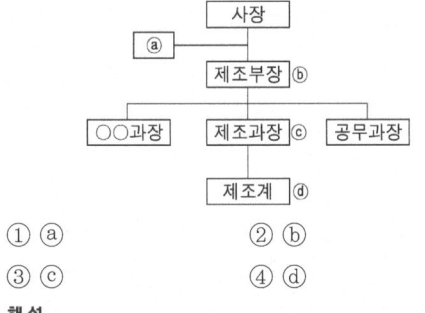

① ⓐ
② ⓑ
③ ⓒ
④ ⓓ

해설
line형에서는 생산 line의 부서의 장(생산부장 또는 제조부장)을 안전관리자로 본다.

35
사업주의 안전에 대한 책임에 해당되지 않는 것은?

① 안전기구의 조직
② 안전활동 참여 및 감독
③ 사고기록조사 및 분석
④ 안전방침 수립 및 시달

해설
사고기록조사 및 분석은 관리감독자 및 안전관리자의 책임에 해당된다.

36
관리감독자의 업무에 해당되지 않는 것은?

① 보호구 구입시 적격품 선정
② 기계설비의 안전보건 점검 및 이상유무의 확인
③ 산업재해에 관한 보고 및 그에 대한 응급조치
④ 작업장의 정리정돈 및 통로확보의 확인, 감독

해설
관리감독자의 업무내용
1) 사업장 내 관리감독자가 지휘, 감독하는 작업(이해 해당 작업)에 관련되는 기계, 기구 또는 설비의 안전. 보건 점검 및 이상 유무의 확인
2) 근로자의 작업복, 보호구 및 방호장치의 점검과 그 착용, 사용에 관한 교육. 지도
3) 해당 작업에서 발생한 산업재해에 관한 보고 및 그에 대한 응급조치
4) 해당 작업의 작업장의 정리정돈 및 통로 확보의 확인·감독
5) 산업보건의 안전관리자 및 보건관리자의 지도·조언에 대한 협조
6) 그 밖에 해당 작업의 안전·보건에 관한 사항으로서 고용노동부장관이 정하는 사항

37
산업안전보건위원회를 설치, 운영하는 자는?

① 사업주
② 산업자원부장관
③ 고용노동부장관
④ 보건복지부장관

해설
상시 100인 이상의 근로자를 사용하는 사업장의 사업주는 위원회를 설치, 운영하여야 한다.

38
안전업무를 수행하기 위하여 필요한 시설, 작업, 기타 인간행위의 안전을 위한 법규, 행정지시, 기업체의 안전규칙 및 준칙들은 다음 중 어느 것에 해당하는가?

① 안전점검
② 안전제도
③ 안전규칙
④ 안전기준

해설
안전기준은 생산라인에서 실시하는 안전의 규범이 되는 것을 말하며, 안전수칙, 각종 설비 관리규정, 안전작업표준, 각종 위원회 규정, 안전관리규정 등 여러 가지의 명칭의 것이 있다.

Answer ➡ 33. ③ 34. ② 35. ③ 36. ① 37. ① 38. ④

39
안전계획 작성시 주된 항목이 아닌 것은?

① 실시사항
② 실시현장의 의견청취
③ 실행담당자 및 실시부분
④ 실시결과보고 및 확인

해설
안전계획 내용의 주요항목
1) 중점사항과 세부실시사항 2) 실시시기
3) 실시부서 및 실시담당자 4) 실시상의 유의점
5) 실시결과의 보고 및 확인

40
다음 중 안전관리 계획수립시 기본계획에 해당되지 않는 것은?

① 전체 사업장 및 직장단위로 구체적으로 계획한다.
② 계획의 목표는 점진적이고 중간수준의 것으로 한다.
③ 사후형보다는 사전형의 안전대책을 채택한다.
④ 여러 개의 안을 만들어 최종안을 채택한다.

해설
계획의 재해감소 목표는 점진적으로 수준을 높여야 한다. 통상 목표는 재해도수율이나 강도율 또는 재해건수 등에 의해서 제시된다.

41
안전보건개선계획에 포함되지 않는 사항은?

① 시설   ② 안전보건교육
③ 안전보건관리체계 ④ 복지

42
개선계획을 작성하기 위해서는 먼저 기본방향을 명확히 하지 않으면 안된다. 이 기본방향에 맞지 않는 것은?

① 재해사고의 감소방향
② 생산성 향상방향
③ 사용상 편리를 위한 개선 방향
④ 쾌적한 작업환경조성

해설
개선계획수립의 기본방향
1) 재해사고의 감소방향
2) 생산성 향상방향
3) 쾌적한 작업환경의 조성방향

43
다음 중 중점개선계획에 관한 내용이 아닌 것은?

① 산업재해를 근본적으로 근절시킬 수 있는 계획이어야 한다.
② 실천가능한 계획이 되어야 한다.
③ 계획을 위한 계획이며 기계설비의 부분적인 중점 개선이다.
④ 설비조건이나 작업환경 등 종합적인 방향에서 근본적인 개선이다.

해설
중점개선계획은 계획을 위한 계획이 되어서는 안되며, 기계설비의 전반적인 중점개선이 되어야 한다.

44
산업재해조사 목적에 해당되지 않는 것은?

① 동종재해 재발방지   ② 원인규명
③ 예방자료 수집   ④ Line 책임자 처벌

해설
산업재해조사는 line 책임자의 책임추궁 및 처벌보다는 재해재발방지를 우선하는 기본태도를 가져야 한다.

45
재해조사에 있어서 다음 중 관리적인 원인이 아닌 것은?

① 안전수칙의 오해
② 생산방법의 부적당
③ 구조 재료의 부적당
④ 복장, 보호구의 잘못 사용

해설
④항은 사고의 직접원인 중 인적원인의 불안전한 행동에 해당된다.

Answer ➡ 39. ② 40. ② 41. ④ 42. ③ 43. ③ 44. ④ 45. ④

46

재해의 원인을 규명하는 것은 동종재해나 유사재해를 방지하기 위해 필요한 안전관리 업무이다. 다음의 재해원인규명시 고려할 사항 중 적합하지 않은 것은?

① 재해의 원인을 하나만으로 국한하는 것은 좋지 않다.
② 재해에는 직접원인과 간접원인이 연결되어 있다.
③ 재해의 원인은 시정대책을 실시하기 위해 규명한다.
④ 재해의 원인은 직접원인에 치중하여 규명함이 효과적이다.

해설
재해의 원인은 직접원인 뿐만 아니라 직접원인을 유발시킨 간접원인까지 규명되어야 근본적으로 재해를 예방할 수 있다.

47

'갑'회사에서는 전자제품 조립라인에서 4개월 이상 병원에 입원하여 치료를 받아야 될 부상자가 3명이 발생하였다. 다음 중 고용노동부 관할지청장 또는 지방고용노동관서장에게 즉시 보고해야 될 사항이 아닌 것은?

① 재해유발자개요　② 재해자 개요
③ 입원한 병원명　　④ 원인 및 결과

해설
산업재해발생시 보고 사항
1) 중대재해 발생시 관할 노동관서의 장에게 보고할 사항(노동부 예규)
   ① 사업장, 재해유발자, 재해자 개요
   ② 발생경위
   ③ 원인 및 결과
   ④ 조치 및 전망
   ⑤ 기타 재해와 관련되는 주요사항
2) 사업주는 사망자 또는 3일 이상의 휴업을 요하는 부상을 입거나 질병에 걸린 사람이 발생한 때에는 해당 산업재해가 발생할 날로부터 1개월 이내에 산업재해조사표를 작성하여 관할 지방 고용노동관서의 장에게 제출하여야 한다(시행규칙 제4조 ①항).
3) 사업주는 산업재해 중 중대재해 (사망자가 1인 이상 발생한 경우, 3월 이상의 치료를 요하는 부상자가 동시에 2인 이상 발생한 경우 또는 부상자 및 질병자가 동시에 10인 이상 발생한 경우)가 발생한 때에는 지체없이 다음 사항을 관할지방고용노동관서의 장에게 보고하여야 한다(시행규칙 제4조 ③항).
   ① 발생개요 및 피해상황
   ② 조치 및 전망
   ③ 그 밖의 중요한 사항
4) 산업재해발생시 기록·보존하여야 할 사항
   ① 사업장의 개요 및 근로자의 인적 사항
   ② 재해발생의 일시 및 장소
   ③ 재해발생의 원인 및 과정
   ④ 재해재발 방지계획

48

현황 그림과 같이 K공업의 위험예지 쉬트의 경우 위험요인 파악이 잘못된 것은 어느 것인가?

> K군은 화물에 와이어를 걸고 들어 올리다가 위치가 나빠 바닥에 내리고 와이어의 위치를 고치고 있다.
>
>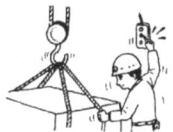

① 화물이 고리에서 벗어지는 것을 방지하는 장치가 없다.
② 한꺼번에 두 가지의 동작을 하고 있는 등 불안전한 행동이나 상태가 보인다.
③ 작동펜던트 스위치 위치는 적당하다.
④ 와이어(wire)를 고치는 손의 위치가 화물에 끼임 위치에 있다.

해설
①, ②, ④항 이외에 다음과 같은 위험요인이 있다.
㉠ 작동펜던트 스위치(Pendant Switch) 위치가 높아서 오조작의 우려가 있다.
㉡ 혼자서 한꺼번에 두가지 동작을 하므로 화물을 정중앙에 걸기가 어렵다.

49

일반적인 작업조건 하에서 근속연수가 사고발생 빈도에 미치는 영향은?

① 상대적 감소　② 정비례
③ 상대적 증가　④ 반비례

Answer ➡ 46. ④　47. ③　48. ③　49. ①

해설
일반적인 작업조건하에서는 근속연수가 많을수록 사고발생 빈도는 상대적으로 감소한다.

50
안전사고의 통계를 보고도 알 수 없는 것은?

① 안전사고 감소 목표의 수준
② 안전임무의 정도
③ 작업의 순수작업능률
④ 사고의 경향성

해설
재해의 통계를 보고는 작업자체의 능률을 산정할 수 없다.

51
사고조사자가 현장에 도착하여 제일 먼저 해야 할 사항은?

① 다른 사고의 방지(2차 재해방지)
② 현장 확인
③ 목격자 면담
④ 피해자의 응급조치

해설
재해발생시의 긴급처리사항
1) 피재기계의 정지와 피해확산 방지
2) 피해자의 응급조치
3) 관계자에게 통보
4) 2차재해방지
5) 현장보존

52
다음의 재해원인분석방법 중 사고의 유형, 기인물 등의 분류 항목을 큰 순서대로 도표화하여 분석하는 것은?

① cross 분석
② 특성 요인도
③ 파렛트도
④ 관리도

53
산업재해통계를 작성할 때 고려해야 할 점이 아닌 것은?

① 그 활용목적을 만족시킬 수 있는 충분한 내용이 담겨져 있을 것
② 안전활동을 추진한 실적을 작성한 것이다.
③ 통계에 나타난 경향과 성질의 활용을 중시한다.
④ 구체적으로 표시해야 하며, 쉽게 이해되도록 작성한다.

해설
산업재해통계는 안전활동을 추진하기 위한 자료이지 안전활동을 추진한 실적을 작성한 것은 아니다.

54
400명의 근로자가 근무하고 있는 어떤 공장에서 4건의 재해가 발생했다. 도수율은 얼마인가?

① 1.16
② 2.16
③ 3.16
④ 4.16

해설
도수율 $= \dfrac{4}{400 \times 2,400} \times 10^6 = 4.16$

55
다음의 설명 중 근로손실일수를 계산하는 방법으로 맞는 것은 어느 것인가?(단, I.L.O. 기준)

① 사망은 5,500일로 계산한다.
② 일시노동불능재해에는 휴업일수에 $\dfrac{300}{365}$ 을 곱한다.
③ 영구일부노동불능재해 중 신체장해등급 10급은 500일로 계산한다.
④ 영구전노동불능재해 중 신체장해등급에 따라 5,500일 이하로 계산한다.

56
상시 500명의 근로자를 두고 있는 사업장에서 1년간 25건의 재해가 발생하였다. 도수율은 얼마인가?

① 10.62
② 15.42
③ 20.83
④ 30.25

해설
도수율 $= \dfrac{25}{500 \times 2,400} \times 10^6 = 20.83$

Answer ➡ 50. ③ 51. ④ 52. ③ 53. ② 54. ④ 55. ② 56. ③

57
상시근로자를 400명 채용하고 있는 사업장에서 주당 48시간씩 1년간 50주를 작업하였을 때 재해가 180건이 발생되고 이에 따른 근로손실일수가 780일이었다. 강도율은 얼마인가?

① 0.45
② 0.75
③ 0.81
④ 1.95

해설

강도율 = $\frac{780}{400 \times 50 \times 48} \times 1,000 = 0.81$

58
연평균 200명의 근로자가 작업하는 사업장에서 연간 3건의 재해가 발생하여 사망 1명, 30일 가료 1명, 나머지 1명은 20일간 요양하였다. 강도율은?

① 15.61
② 15.71
③ 17. 61
④ 17.71

해설

강도율 = $\frac{근로손실일수}{년수근로시간수} \times 1,000$

= $\frac{7,500 + (30 + 20) \times 300/365}{200 \times 2,400} \times 1,000 = 15.71$

59
노동손실일수 산출근거에 있어서 노동손실연수는 몇 년으로 잡는가?

① 20년
② 25년
③ 10년
④ 15년

해설

재해사고 사망자는 평균연령을 30세로 근로가능연령을 55세로 한다.
∴ 근로 손실 연수는 55 − 30 = 25(년)

60
재해통계에서 강도율은 2.0이란?

① 한건의 재해강도 2.0%의 작업손실
② 근로자의 1,000명당 2.0건의 재해발생
③ 1,000시간 중 발생재해가 2.0건
④ 한건의 재해가 1,000시간 작업시 2.0일의 근로손실

해설

강도율 : 근로시간 1,000시간당 재해에 의해서 잃어버린 근로손실 일수를 말한다.

61
안전성과 평가 기준으로서 종합 재해지수(도수 강도치)를 구하는 식은?

① $\frac{총손실일수}{근로시간수} \times 10^3$
② $\frac{노동재해지수}{연근로시간수} \times 10^6$
③ $\sqrt{도수율 \times 강도율}$
④ 도수율 × 강도율

해설

도수강도치는 재해의 빈도의 다수(도수율)와 상해의 정도의 강약(강도율)을 종합하여 나타낸 종합재해 지수이다.

62
재해코스트를 산출하는 방식이다. 틀린 것은?

① 직접비와 간접비는 1 : 4로 계산한다.
② 직접비와 간접비를 모두 합한 수치이다.
③ 장해등급별×산재보험율＋휴업상해 건수＋무상해건수
④ 보험코스트＋비보험코스트이다.

63
재해손실의 코스트 계산에 있어 1 : 4의 원칙중 1에 해당되지 않는 것은?

① 재해자에게 지급되는 급료
② 재해보상보험금
③ 재해예방을 위한 교육비
④ 시설투자비

해설

1 : 4에서 1은 직접비, 4는 간접비를 나타낸다.

64
재해손실비용 계산법 중 하인리히법에서 직접손실비 중의 정부보상에 해당되지 않는 사항은?

① 휴업보상비
② 장해보상비
③ 요양비
④ 일시보상비

Answer ➡ 57. ③ 58. ② 59. ② 60. ④ 61. ③ 62. ③ 63. ④ 64. ④

해설
재해 cost 중 직접비에는 장해보상비, 요양보상비, 휴업보상비, 장의비, 유족보상비, 상병보상연금 등이 있다.

65
재해코스트 계산방식 중에서 시몬즈법을 사용할 경우에 비보험코스트 항목으로 틀린 사항은? (단, A, B, C, D는 장해 정도별 비보험코스트의 평균치임)

① A×휴업상해건수 ② B×통원상해건수
③ C×응급처치건수 ④ D×중상해건수

해설
시몬즈 방식에 의한 재해코스트 산정방식에서 비보험 코스트의 산정에 포함되는 재해의 종류는 ① 휴업상해 ② 통원상해 ③ 응급조치상해 ④ 무상해사고의 4가지이다(사망과 영구전노동불능은 제외됨)

66
다음은 재해손실비용이다. 이중에서 직접손실비용에 해당하는 것은?

① 각종 보상금(휴업보상비)
② 건물설비 등의 손실보상
③ 근로하지 못한 부동시간 보상
④ 연체료 지불

해설
②, ③, ④항은 간접비이다.

67
재해사례연구 설명 중 틀린 것은?

① 주관적이며 정확성이 있어야 한다.
② 신뢰성이 있어야 한다.
③ 논리적인 분석이 되어야 한다.
④ 과학적이며 객관성이 있어야 한다.

해설
①항은 객관적이며 정확성이 있어야 한다.

68
재해사례연구의 순서 중 제3단계는 어느 것인가?

① 문제점의 발견   ② 근본적 문제점의 결정
③ 대책의 수립   ④ 실시계획의 수립

69
안전점검의 대상이 아닌 것은?

① 안전관리 조직
② 안전점검 제조 및 실시 상황
③ 작업 환경
④ 인원의 배치

해설
안전점검대상
1) 전반적인 문제 : 안전관리조직체, 안전활동, 안전교육, 안전점검제도 및 실시상황 등
2) 설비에 관한 문제 : 작업환경, 안전장치, 보호구, 정리정돈, 위험물 방화관리, 운반설비 등

70
다음 안전점검 중 연결이 잘못된 것은?

① 계획설계 – 사전안전검사
② 제작도입 – 정기점검
③ 생산작업 – 기본동작점검
④ 기계운전 – 시업점검

해설
정기점검은 일정한 주기별로 실시하는 것이기 때문에 제작도입시의 점검에는 적합하지 않고 제작도입은 특별점검을 실시하여야 한다.

71
다음 중 안전의 5요소로서 맞는 것은 어느 것인가?

① 기계, 인간, 금전, 환경 시간이다.
② 인간, 기계, 재료, 작업, 환경이다.
③ 재료, 시간, 인간, 기계, 금전이다.
④ 인간, 기계, 공간, 재료, 시간이다.

해설
안전점검을 위한 안전의 5요소 : ① 인간 ② 도구(기계) ③ 원재료 ④ 환경 ⑤ 작업방법

72
직장의 안전점검 중 설비의 안전상태 유지확보를 위한 가장 적합한 점검 방법은?

① 설계사전점검   ② 수입검사
③ 시업검사   ④ 기본동작검사

Answer ➡ 65. ④ 66. ① 67. ① 68. ② 69. ④ 70. ② 71. ② 72. ③

해설
시업검사는 설비의 안전상태를 항상 유지확보하기 위하여 설비의 가동전에 실시하는 안전점검이다.

73
안전점검기준 작성시 주의사항이 아닌 것은?
① 점검 대상물의 과거 재해사고경력을 참작한다.
② 점검 대상물의 기능적 특성을 충분히 감안한다.
③ 점검 대상물의 위험도를 고려해야 한다.
④ 점검 대상물의 크기를 고려한다.

해설
①, ②, ③항 외에도 「점검의 기술적인 수준과 점검자의 기능이 적합하도록 점검한계를 적절히 설정한다」가 있다.

74
안전점검에 있어 점검방법에 해당되지 않는 것은?
① 기기점검 ② 육안점검
③ 확인점검 ④ 기능점검

해설
안전점검방법
1) 외관점검(육안점검)
2) 기능점검
3) 기기점검
4) 정밀점검 등

75
근로자들이 작업장에서 안전하게 직무를 수행하도록 하기 위한 작업대상에 깔려있는 위험성을 미리 알아내는 기술은?
① 직무분석 ② 사례연구
③ 안전교육 훈련 ④ 작업위험 분석

해설
작업위험 분석방법에는 ① 면접 ② 관찰 ③ 설문방법 ④ 혼합방식 등이 있다.

76
작업위험 분석법에 해당되지 않는 것은?
① 관찰법 ② 절충법
③ 방문법 ④ 면접법

해설
작업위험분석 방법
1) 면접법 2) 관찰법
3) 설문지법 4) 혼합방식

77
인간의 동작을 기본 요소별로 구별하여 분석하는 방법은?
① 양손작업 분석 ② 메모 모션 분석
③ therbig 분석 ④ 마이크로 모션 분석

해설
therbig : 동작을 구성하는 기본적인 요소를 정한 기호이다.

78
기계 및 재료에 대한 검사시 파괴검사에 해당되는 검사는?
① 육안검사 ② 인장검사
③ 초음파검사 ④ 자기검사

해설
①, ③, ④는 비파괴검사방법이며, 인장검사는 재료의 기계적 성질(인장강도, 연신율, 조임률 등)을 측정하는 검사방법이다.

79
다음 보호구 종류 사용상 연관을 연결한 것이다. 사용용도가 잘못된 것은?
① 비래장 소각업자 – 안전모
② 분진비산장 소각업자 – 방독마스크
③ 인력운반취급자 – 안전화
④ 로작업자 – 내열석면장갑

해설
②항, 분진비산장 소각업자 – 방진마스크

80
다음 중 안전모의 성능기준으로 적당하지 않은 것은?
① 외관 ② 안전성
③ 내충격성 ④ 내식성(부식)

Answer ▶ 73. ④ 74. ③ 75. ④ 76. ③ 77. ③ 78. ② 79. ② 80. ①

81
다음 방진마스크 선택시 주의점을 설명한 것이다. 잘못 설명한 것은?

① 포집률이 좋아야 한다.
② 흡기저항 상승률이 높을수록 좋다.
③ 시야가 넓을수록 좋다.
④ 안면의 밀착성이 큰 것일수록 좋다.

해.설

흡배기저항 상승시험은 마스크를 통하여 공기를 흡인하는 때의 저항을 시험하는 것으로서 될 수 있는대로 낮은 편이 좋다.

82
방진마스크 중 분리식 특급마스크의 분진포집효율로 맞는 것은?

① 99%
② 99.95%
③ 99.9%
④ 95%

해.설

분리식 방진마스크의 분진포집효율
1) 특급 : 99.95%
2) 1급 : 94%
3) 2급 : 80%

83
다음 중 방독마스크의 사용을 금지하는 경우는?

① 페인트를 제조할 때
② 소방작업을 할 때
③ 갱내의 산소가 결핍되었을 때
④ 메탄가스가 존재할 때

해.설

산소결핍장소에서는 송기마스크를 사용하여야 한다.

84
탱크, 보일러 또는 반응탑의 내부 등 통풍이 불충분한 장소에서 아르곤, 탄산가스 또는 헬륨을 사용하여 용접작용을 시키려고 한다. 이때 사용되어야 할 보호구는?

① 분진마스크
② 방독면
③ 가죽장갑
④ 석면장갑

85
안전대용 로프의 구비조건 중 틀린 것은 어느 것인가?

① 완충성이 높을 것
② 내마모성이 높을 것
③ 중량이 가벼울 것
④ 부드럽고 되도록 매끄럽지 않을 것

86
안전모의 해머그 상단과 모체 두정부의 간격은?

① 20mm 이상
② 25mm 이상
③ 35mm 이상
④ 50mm 이상

해.설

안전모를 쓸 때 모자와 머리끝 부분과의 간격은 25mm 이상 되도록 조절하여야 한다(머리받침고리와 모체 내부와의 간격은 32mm 이상일 것 : 고용노동부 고시)

87
인간행동에 색채조절의 효과로 기대되는 것이 아닌 것은?

① 밝기의 증가
② 생산의 증진
③ 피로의 증진
④ 작업능력향상

해.설

색채조절의 효과로 기대되는 것은 피로의 증진이 아니라 피로의 경감이다.

88
다음 산업안전색채 중 잠재한 위험을 일깨워 주거나 불안한 행위에 주위를 환기시킬 위치에 설치하는 경고표지의 색은?

① 빨강
② 노랑
③ 녹색
④ 파랑

해.설

1) 빨강 : 금지표지
2) 노랑 : 경고표지
3) 녹색 : 안내표지
4) 파랑 : 지시표지

89
산업안전표지 중 지시표지는 어떠한 색채의 종류인가?

① 녹색   ② 파랑색
③ 빨강색   ④ 노랑색

해설
지시표지는 파랑색, 금지표지는 빨강색, 경고표지는 노랑색, 안내표지는 녹색

90
다음은 산업안전표지의 기본모형을 그린 것이다. 이것은 어느 표지에 이용하는가?

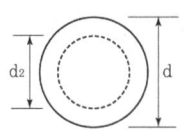

① 금지   ② 경고
③ 지시   ④ 안내

해설

산업안전표지의 기본모형

번호	기본모형	규격비율
1 금지	(원, 45°, d_3, d_2, d_1)	$d \geq 0.25L$ $d_1 = 0.08d$ $0.7d < d_2 < 0.8d$ $d_3 = 0.1d$
2 경고	(삼각형, 60°, a_2, a_1, a)	$a \geq 0.034L$ $a_1 = 0.8a$ $0.7a < a_2 < 0.8a$
3 지시	(원, d_2, d)	$d \geq 0.25L$ $d_1 = 0.08d$
4 안내	(사각형, b_1, b_2, b)	$b \geq 0.0224L$ $b_2 = 0.8b$
5 안내	(사각형, e_2, e_1, h_2, h, l_2, l)	$h < l$ $h_2 = 0.8h$ $l \times h \geq 0.0005L^2$ $h - h_2 = l - l_2 = 2e_2$ $l/h = 1, 4, 2, 4, 8(4종류)$

① L = 안전·보건표지를 인식할 수 있거나 인식해야 할 안전거리를 말한다(L과 a, b, d, e, h, l은 같은 단위로 계산해야 한다.).
② 점선 안에는 표시사항과 관련된 부호 또는 그림을 그린다.

91
산업안전표지 중에서 그림과 같이 3각형 모양의 표지는?

① 금지표지   ② 경고표지
③ 지시표지   ④ 안내표지

92
들 것, 비상구, 응급구호 표지를 나타내는 색은?

① 빨강   ② 노랑
③ 초록   ④ 주황

해설
안내표지(녹색) : 녹십자표지, 응급구호표지, 들 것, 세안장치, 비상구

93
다음 그림 중에서 금지표지는 어느 것인가?

①    ②

③ 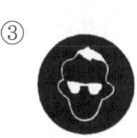   ④

94
사업장의 안전수칙에 포함되는 사항이 아닌 것은?

① 작업대 또는 기계주의의 청결 및 정리정돈의 정도
② 표준작업시간
③ 작업자의 복장, 두발 및 장구 등에 대한 규칙
④ 각종 기계 및 장비의 작동순서

Answer ➡ 89. ② 90. ③ 91. ② 92. ③ 93. ① 94. ②

해설
작업표준시간은 규정된 질과 양의 작업을 규정된 조건하에서 규정된 작업방법으로 숙련된 작업자가 작업에 수반되는 피로와 지연을 고려하여 정상페이스로 작업하는데 걸리는 시간을 말하는 것으로 안전수칙과는 관계가 없다.

95
다음 불안전 상태에서 역학적 불안전 요소 중 구속에너지에 속하는 것은?

① 동력전도장치 및 작업점
② 유해분진
③ 조명불량
④ 피난방법의 표시

96
다음 중 동적 에너지 사고에 대한 대책으로 적합하지 않은 것은?

① 방호 복개를 한다.
② 원격조정식으로 한다.
③ 인터 록킹(inter locking)식으로 한다.
④ 환기를 철저히 한다.

해설
1) 동적 에너지의 사고는 위험기계·기구 및 설비 등에 의한 사고를 말하는 것이다.
2) ④항 환기 철저는 유해물질에 대한 사고대책이다.

97
사고예방을 위한 훈련프로그램에서 다루지 않아도 되는 사항은?

① 직무지식
② 안전에 대한 태도
③ 사고 보고서
④ 생산성 향상

98
안전한 행위로서 당연히 해야 할 일을 지식으로 가지고 있는 것이나 의식대로 동작이 되지 아니하기 때문에 일어나는 재해는 다음 중 어느 경우인가?

① 작업태도가 좋고 안전의식이 높을 때
② 사태의 파악에 잘못이 없을 때
③ 안전의식이 없고 안전수단이 생략될 때
④ 좋은 행위만을 의식적으로 하고 있을 때

해설
①, ②, ④항의 경우는 재해가 일어나지 않은 경우를 나타낸 것이다.

99
건강장해의 근원적 예방대책이 아닌 것은?

① 생산공정 또는 작업방법을 무해화(無害化)한다.
② 보호구의 사용, 작업시간의 단축 등을 강구한다.
③ 환경을 개선하고 유해요인을 배제한다.
④ 작업방법을 개선하고 노동부담을 경감한다.

해설
②항, 보호구를 사용하고 작업시간의 단축 등을 강구하는 것은 소극적인 예방대책으로 근본적인 건강장해의 예방대책은 될 수 없다.

100
사업장에 보호구의 사용 또는 지급을 기피하거나 무관심하게 취급되는 이유가 아닌 것은?

① 인시덴트(incident)의 영역확대
② 이해부족 및 경비절감
③ 사용방법 미숙
④ 불량품

해설
인시덴트(incident) : 강도가 높은 재해를 불휴재해(不休災害)로 피해를 축소(피해완화)하는 의미를 갖는다.

101
다음 중 안전의식 고취방법으로서 적당하지 못한 것은?

① 안전경쟁
② 안전제안제도
③ 위험예지훈련
④ 작업위험분석

102
작업장에서 가장 높은 비율을 차지하는 사고원인은?

① 작업방법
② 작업환경

Answer ➡ 95. ① 96. ④ 97. ④ 98. ③ 99. ② 100. ① 101. ① 102. ④

③ 시설장비의 결함
④ 근로자의 불안전한 행동

103
다음은 사람에 대한 인적(人的)안전대책이다. 이에 해당되지 않는 것은 어느 것인가?

① 안전관리 체제를 확립한다.
② 안전작업 표준을 작성한다.
③ 설계단계에서부터 안전화 한다.
④ 안전교육에 훈련을 실시한다.

104
다음 중 안전관리의 기본적 대책으로서 잘못된 것은?

① 불안전 상태를 제거하는 것이 이상적이다.
② 인간의 주의력은 능력한계를 벗어나기 쉽다.
③ 물적, 인적 측면에서 일단은 안전한 것이라고 보는 것이 현상을 이해하는 방법이다.
④ 안전관리 방향은 불안전 상태를 개선할 수 있는 장기계획과 불안전 행위를 합리적으로 배제할 수 있는 시책을 병행해야 한다.

105
어느 사업장에서 당해연도에 660명의 재해자가 발생하였다. 하인리히(Heinrich)의 1 : 29 : 300의 법칙에 의한 경상해는 몇 명인가?

① 53명 ② 58명
③ 600명 ④ 602명

해설

$660 \times \dfrac{29}{330} = 58$명

106
산업재해의 발생으로 인한 작업능력의 손실을 나타내는 척도로서 상해 사고의 질적 정도를 표시하고 상이한 직종간의 손실정도의 비교가 가능한 재해발생율은?

① 빈도율 ② 천인율
③ 만인율 ④ 강도율

해설

강도율은 재해의 질을, 도수율은 재해의 양적 정도를 나타낸다.

107
작업자의 인적 결함내역 중 안전기능 결함에 해당되는 것은?

① 안전작업에 무관심하다.
② 안전작업을 할 줄 모른다.
③ 안전한 작업방법을 모른다.
④ 시설의 위험성을 모른다.

해설

안전작업을 할 줄 모르는 것은 안전기능이 부족하기 때문이다.
①은 안전태도 결함, ③, ④는 안전지식 부족에 기인한 결과이다.

108
다음 중 불안전한 상태가 아닌 것은 어느 것인가?

① 위험물질의 방치 ② 난폭한 성격
③ 기계의 상태 불량 ④ 환기불량

해설

난폭한 성격은 불안전한 행동에 해당한다.

109
안전사고방지의 5단계에 속하지 않는 것은 다음 중 어느 것인가?

① 안전조직
② 위험소재의 발견
③ 시정방법의 선정
④ 사고관련자의 색출조치

110
100명이 있는 사업장에서 3개월간 불안전 행동 발견조치건수가 10건, 안전홍보가 5건, 불안전상태 지적 20건, 안전회의가 3건이 있었을 때 이 사업장의 안전활동율은 얼마인가?(단, 1일 8시간 월 25일 근무)

① 0.63 ② 6.33
③ 6.63 ④ 633.33

Answer ● 103. ③ 104. ③ 105. ② 106. ④ 107. ② 108. ② 109. ④ 110. ④

해설

안전활동율 = $\dfrac{\text{안전활동건수}}{\text{근로시간수} \times \text{평균근로자수}} \times 10^6$

= $\dfrac{10+5+20+3}{8 \times 25 \times 3 \times 100} \times 10^6 = 633.33$

111
다음은 재해 사례의 주된 목적에 관한 설명이다. 틀린 것은?

① 재해요인을 체계적으로 규명하여 이에 대한 대책을 세운다.
② 재해요인을 체계적이고 합리적으로 분석하여 책임소재를 명확히 하기 위해서이다.
③ 피해방지의 원칙을 습득해서 이것을 일상 안전보건활동에 실천한다.
④ 참가자의 안전보건활동에 관한 견해나 생각을 깊게 하고 태도를 바꾸게 한다.

해설

재해사례연구나 사고조사는 책임 소재를 가리기 위해 하는 것이 아니다.

112
다음 보호구 중 고소작업에 맞지 않는 것은?

① 안전모   ② 안전화
③ 안전벨트   ④ 핫스틱(hot stick)

해설

2m 이상의 고소작업에 필요한 보호구
① 안전모 ② 안전대 ③ 안전화

113
재해발생의 직접원인에는 물적원인과 인적원인이 있다. 인적원인인 불안전 행동이 아닌 것은?

① 안전장치의 기능제거
② 작업 방법, 장소에 결함이 있다.
③ 위험한 장소에 접근한다.
④ 운전 중의 기계장치에 급유, 수리 점검을 실시한다.

해설

②항은 물적원인인 불안전한 상태에 해당된다.

114
재해코스트에서 직접비는 다음 중 어느 것인가?

① 회사내의 직접적인 손실비
② 보험에서 지급되는 비용
③ 재해자의 재해발생시 인건비
④ 행정손실에 따른 발생비용

해설

하인리히에 의한 재해cost에서 직접비는 치료비를 포함한 법정보상비(보험에서 지급되는 비용)이다.

115
A현장의 '17년도 재해건수는 24건, 의사진단에 의한 휴업 총일수는 3,650일이었다. 도수율과 강도율을 각각 구하면?(단, 평균 근로자 수는 500명이었음)

① 도수율 20.00, 강도율 2.50
② 도수율 2.20, 강도율 0.25
③ 도수율 20.00, 도수율 3.40
④ 도수율 2.20, 도수율 0.34

해설

도수율 = $\dfrac{24}{500 \times 2,400} \times 10^6 = 20$

강도율 = $\dfrac{3,650 \times 300/365}{500 \times 2,400} \times 1,000 = 2.5$

116
사업장내의 물적, 인적 재해의 잠재 위험성을 사전에 발견하여 그 예방대책을 세우기 위한 안전관리 행위는?

① 안전관리 조직
② 안전진단
③ 페일 세이프(fail safe)
④ 안전장치

117
방진안경의 빛의 투과율은 얼마가 적당한가?

① 60% 이상   ② 70% 이상
③ 80% 이상   ④ 90% 이상

Answer ➡ 111. ② 112. ④ 113. ② 114. ② 115. ① 116. ② 117. ④

해설
방진안경의 투과율은 약 90%를 투과하는 것으로 보통 70%를 내려 서서는 안된다.

118
불안전한 상태 및 행동의 주원인은 관리상의 결함이며, 관리 및 운영이 중요하다고 주장한 사람은?

① 하아베이(Harvey)
② 버드(Bird)
③ 하인리히(heinrich)
④ 버크호프(Berckhofs)

해설
버드의 관리모델이론 : 버드의 이론에 의하면 「상해, 손실, 손해」가 일어나기 전에 「사고, 접촉」이 있었고 그 이전에는 직접원인이 되는 「징후」가 나타났으며 그 앞에서는 통제부족으로 인한 「관리소홀」이 있었던 탓이라고 하였다.

119
안전관리의 중요성에 대한 설명으로 틀린 것은?

① 기업의 대외여론과 활동에 도움 – 빈번한 사고 발생은 대외적으로 공신력을 잃는다.
② 생산능률 향상 – 근로자의 사기와 의욕을 증진시키고 생산 수단이 능률적으로 된다.
③ 기업의 경비절감 – 사고방지대책에 투자되는 비용은 사고 처리비용보다 많이 든다.
④ 근로자와 기업의 발전 – 기업의 인적, 물적 손실 방지

해설
사고방지를 위한 예방경비는 사고처리비용보다 적게 든다.

120
작업관리에서 작업연구나 시간연구를 도입하여 인간 및 기계의 능률을 크게 향상시키는데 연구한 사람은?

① 제임즈   ② 테일러
③ 켈리   ④ 하인리히

해설
테일러(Taylor)의 과학적 관리방식 : 생산능률향상을 위해 능률의 논리를 경영관리의 방법으로 체계화 한 관리방식

121
산성가스용으로 사용되는 방독마스크의 흡수제로 옳은 것은?

① 소다라임(soda lime)
② 호프카라이트(hopcalite)
③ 큐프라마이트(kuperamite)
④ 실리카겔(silica gel)

해설
산성가스(염산, 할로겐화수소, 산, 탄산가스, 이산화질소, 산화질소)의 흡수제 : 소다라임, 알카리 제제

122
이전(ear plug)을 사용할 때는 회화의 방해가 적고 최소한 다음의 차음효과를 가져야 하는데 옳은 것은?

① 25dB 이상   ② 30dB 이상
③ 50dB 이상   ④ 90dB 이상

해설
이전(귀마개)은 4,000Hz에서 25dB 이상, 2,000Hz에서 20dB 이상의 차음 효과가 있어야 한다.

123
작업연구 또는 작업개선을 위한 4단계에 해당되지 않는 것은?

① 작업분해   ② 세부내용검토
③ 새로운 방법의 적용   ④ 작업원 배치

해설
작업개선단계
1) 1단계 : 작업분해   2) 2단계 : 세부내용검토
3) 3단계 : 작업분석   4) 4단계 : 새로운 방법의 적용

124
안전제일에 대한 설명 중 그 뜻이 옳지 않은 것은?

① 미국 US철강회사의 게리(Gary) 회장이 최초로 제창하였다.
② 생산능률의 향상과 안전사고의 감소현상을 가져왔다.

Answer ● 118. ② 119. ③ 120. ② 121. ① 122. ① 123. ④ 124. ④

③ 근로안전을 위하여 작업환경 및 기계설비를 개선하였다.
④ 기본방침은 생산 제1, 안전 제2, 품질 제3이다.

해설
Gary 회장의 경영방침 : 안전 제1, 품질 제2, 생산 제3이다.

125
TBM 5단계의 진행순서로 올바른 것은?
① 도입 - 정비점검 - 작업지시 - 위험예지 - 확인
② 정비점검 - 장비지시 - 도입 - 위험예지 - 확인
③ 도입 - 위험예지 - 작업지시 - 정비점검 - 확인
④ 작업지시 - 도입 - 정비점검 - 위험예지 - 확인

126
평균 근로자수 500명인 어떤 사업장에서 연간 평균 48건의 재해가 발생하였다면 만약 이 사업장에서 한 작업자가 평생 작업한다면 몇 건의 재해를 당하겠는가? (단, 한 근로자의 근로가능연수는 40년, 잔업시간은 100시간으로 한다.)
① 1.8건 ② 6.1건
③ 2.9건 ④ 4.0건

해설
도수율 = $\dfrac{48}{500 \times 2,400} \times 10^6 = 40$

∴ 환산 도수율 = $\dfrac{40}{10} = 4$건

127
안전모 착용대상 사업장이 아닌 것은?
① 차량계 하역 운반기계의 하역작업
② 비계의 조립, 해체 작업
③ 2m 이상의 고소작업
④ 아세틸렌 용접, 용단 작업

해설
안전모 착용 대상 사업장
1) 2m 이상의 고소작업
2) 비계의 조립, 해체작업
3) 차량계 하역 운반기계의 하역작업
4) 낙하위험 작업
5) 동력으로 작동되는 기계작업

128
하인리히의 사고발생 5단계 중 3단계에 맞는 것은?
① 능동적 재해 + 수동적 재해
② 물리적 재해 + 생화학적 재해
③ 불안전 상태 + 불안전행동
④ 설비적 결함 + 관리적 결함 + 잠재재해

해설
하인리히의 사고발생 5단계
1) 1단계 : 사회적 환경 및 유전적 요소
2) 2단계 : 개인적 결함
3) 3단계 : 불안전한 행동 및 상태
4) 4단계 : 사고
5) 5단계 : 재해

129
색채조절의 원칙을 설명한 것으로 틀린 것은?
① 물체의 정확한 식별을 위해서는 황, 황적, 황록의 빛이 든 광원이 좋다.
② 작업면과 주변 전체와의 밝기가 조화되어야 한다.
③ 벽의 색을 부드럽게 하면 주의력이 외향적이 된다.
④ 광원을 밝게 할수록 보는 속도가 빨라진다.

해설
③항 벽의 색을 부드럽게 하면 주의력은 내향적이 된다.

130
재해발생비율이 작은 것에서 큰 것으로 표시한 것 중 옳은 것은?
① 천재지변 → 시설미비 및 물적요인 → 감독 불충분 및 인적요인 → 근로자의 불안전한 자세
② 시설미비 및 물적요인 → 천재지변 → 근로자의 불안전한 자세 → 감독 불충분 및 인적요인
③ 천재지변 → 근로자의 불안전한 자세 → 감독 불충분 및 인적요인 → 시설미비 및 물적요인
④ 근로자의 불안전한 자세 → 감독 불충분 및 인적요인 → 시설미비 및 물적요인 → 천재지변

Answer ➡ 125. ① 126. ④ 127. ④ 128. ③ 129. ③ 130. ①

131
방진마스크의 특급 또는 1급을 사용해서는 안되는 작업은?

① 금속을 전기나 아크로 용접 또는 용단하는 작업
② 동력을 이용하여 토석, 암석 또는 광석을 분쇄하는 작업
③ 염소 탱크내의 작업
④ 갱내 또는 암석이나 광물을 뚫는 작업

해설
③항은 방독마스크나 송기마스크를 착용하여야 한다.

Answer ➡ 131. ③

2편

안전보건교육

1장 산업심리학

1 산업심리학의 정의 및 목적

(1) **정의** : 산업심리학은 심리학의 방법과 식견을 가지고 인간의 산업에 있어서의 행동을 연구하는 실천과학이며 응용심리학의 한 분야이다.

(2) **목적** : 생산능률과 성과의 증대, 인간의 복지 증진

2 산업심리학과 관련이 있는 학문

(1) **직접관련이 있는 학문**

  1) 인사관리학   2) 인간공학   3) 사회심리학
  4) 응용심리학   5) 심리학   6) 안전관리학
  7) 노동과학   8) 행동과학   9) 신뢰성공학

(2) **간접관련이 있는 학문**

  1) 자연과학(물리학, 화학 등)   2) 사회학   3) 교육학
  4) 생리학   5) 위생학   6) 병리학
  7) 정신병학   8) 체질학   9) 해부학

3 호오도온(Hawthorne) 실험

(1) **실험연구자** : 메이오(Mayo)와 레슬리스버거(Roethlisberger)

(2) **실험결론** : 작업자의 작업능률(생산성향상)은 물리적인 작업조건보다는 인간의 심리적인 태도, 감정을 규제하고 있는 인간관계의 요인에 의해서 좌우된다.

4 개성 및 욕구와 사회행동의 기본형태

(1) 개성(personality)

1) 개성은 인간의 성격, 능력, 기질의 3가지 요인이 결합되어서 이루어진다.
2) 개성의 형성조건 : 습관(습관행동, 규칙적 행동), 환경조건 및 교육, 습성(행동경향 : 중심적 습성, 주변적 습성, 지배적 습성)

(2) 욕구(desire) : 생리적 욕구를 의식적 통제가 힘든 순서로 나열하면 다음과 같다.

1) 호흡욕구
2) 안전욕구
3) 해갈욕구
4) 배설욕구
5) 수면욕구
6) 식욕

(3) 사회행동의 기본형태

1) 협력(cooperation) : 조력, 분업
2) 대립(opposition) : 공격, 경쟁
3) 도피(escape) : 고립, 정신병, 자살

5 인간관계의 메커니즘 및 관리방식

(1) 인간관계의 메커니즘(mechanism)

1) 동일화(identification) : 다른 사람의 행동 양식이나 태도를 투입시키거나, 다른 사람 가운데서 자기와 비슷한 것을 발견하는 것을 말한다.
2) 투사(投射 : projection) : 자기 속의 억압된 것을 다른 사람의 것으로 생각하는 것을 투사(또는 투출)라고 한다.
3) 커뮤니케이션(communication) : 갖가지 행동 양식이나 기호를 매개로 하여 어떤 사람으로부터 다른 사람에게 전달되는 과정을 말한다.
4) 모방(imitation) : 남의 행동이나 판단을 표본으로 하여 그것과 같거나 또는 그것에 가까운 행동 또는 판단을 취하려는 것이다.
5) 암시(suggestion) : 다른 사람으로부터의 판단이나 행동을 무비판적으로 논리적, 사실적 근거 없이 받아들이는 것을 말한다.

(2) 인간관계 관리방식

1) 전제적(專制的)방식 : 권력이나 폭력에 의하여 생산성을 높이는 방식
2) 온정적 방식 : 은혜를 사용하는 가족주의적 사고방식.
3) 과학적 관리방식 : 생산능률을 향상시키기 위해 능률의 논리를 경영관리의 방법으로 체계화한 관리 방식(Taylor. F. W)

(3) 테크니컬 스킬즈와 소시얼 스킬즈

1) 테크니컬 스킬즈(technical skills) : 사물을 인간의 목적에 유익하도록 처리하는 능력을 말함
2) 소시얼 스킬즈(social skills) : 사람과 사람사이의 커뮤니케이션을 양호하게 하고, 사람들의 요구를 충족케 하고 모랄을 양양시키는 능력을 말함.
3) 근대산업에 있어서는 흔히 테크니컬 스킬즈가 중시되고 소시얼 스킬즈를 경시하기가 쉽기 때문에 이것은 종업원을 기계 시, 도구 시하는 것으로 인간관계 관리와 본질적으로 거리가 먼 것이라고 할 수 있다.

6 집단관리

(1) 집단의 기능

1) 응집력
2) 행동의 규범
3) 집단목표

> **주**
> 파슨즈(Parsons)의 집단의 기능
> ① 적응기능 ② 목표달성기능 ③ 통합기능 ④ 내면화

(2) 집단목표를 수용하기 위한 결정요소

1) 목표의 명확성
2) 참여성
3) 응집성
4) 성취에 대한 욕구 충족도

(3) 집단의 효과

1) 동조효과(응집력)
2) synergy(system+energy : +α 상승효과)
3) 견물(見物)효과(자랑스럽게 생각)

(4) 집단관리 시 유의해야 할 사항

1) 집단규범(group norm)
2) 집단 참가감(participation)
3) 지도성(leader ship)

※ 작업방법이나 규범(노움 ; norm) 변경 등에 대한 저항현상 : 사보타아지(sabotage)나 소울저 링(soldiering ; 게으름 피우는 것)

(5) 집단내의 인간관계나 비공식 집단에서 집단의 구조 및 지도자를 알아내는 방법

1) 소시오메트리(sociometry) : 집단의 구조를 밝혀내어 집단 내에서 개인간의 인기의 정도,

지위, 좋아하고 싫어하는 정도, 하위집단의 구성여부와 형태, 집단에 충성도, 집단의 응집력을 연구조사하여 행동지도의 자료로 삶는 것을 말한다.

2) 소시오그램(sociogram) : 교우도식 또는 집단의 구조도를 말하며, 이 소시오그램에 의하면 시각적으로 집단의 구조나 구성원의 위치, 직위에 대한 이해가 쉽게 된다.

7 직장에서의 적응과 부적응

(1) 적응과 역할(super의 역할이론)

1) **역할연기**(role playing) : 자아탐색(self-exploration)인 동시에 자아실현(self realization)의 수단이다.
2) **역할기대**(role expectation) : 자기의 역할을 기대하고 감수하는 사람은 그 작업에 충실한 것이다.
3) **역할조성**(role shaping) : 개인에게 여러 개의 역할기대가 있을 경우 그 중의 어떤 역할기대는 불응, 거부하는 수도 있으며, 혹은 다른 역할을 해내기 위해 다른 일을 구할 때도 있다.
4) **역할갈등**(role conflict) : 작업 중에는 상반된 역할이 기대되는 경우가 있으며 그럴 때 갈등이 생기게 된다.

(2) 부적응의 유형(인격 이상자의 유형)

1) **망상인격**(편집성 인격) : 자기주장이 강하고 빈약한 대인관계를 가지고 있는 성격의 소유자(냉혹성, 과민성, 완고, 질투, 시기심이 강함)
2) **순환인격** : 외적자극과는 관계없이 울적상태(우울한 시기)에서 조적상태(명랑한 시기)로 상당한 장기간에 걸쳐 기분이 변동하는 특징이 있다.
3) **분열인격** : 극단적으로 수줍어하고, 말이 없고, 자폐적이고, 사교를 싫어하고, 친밀한 인간관계를 피하려고 하는 특징이 있다.
4) **폭발인격** : 사소한 일로 갑자기 노여움을 폭발시키거나, 폭언 및 폭력적인 공격성을 나타내는 특징이 있다.
5) **강박인격** : 엄격하고 지나치게 양심적이고, 우유부단, 욕망을 제지하고, 기준에 적합하도록 지나치게 신경을 쓰는 특징이 있다(완전주의 지향)
6) **반사회적인격** : 정서 불안정, 윤리 도덕성의 규범 결여, 무감각, 쾌락주의, 자기애적임
7) **부적합인격** : 정상적인 정신적, 신체적 능력을 가지고 있으면서도 일상생활의 요구에 적응 못함.
8) **무력인격** : 활력이 결여되고, 감정이 둔하고, 만성적 비관론자임.
9) **소극적 공격적 인격** : 적의(敵意)를 처리하는데 온갖 음흉한 방법으로 교묘히 활용함.

8 모랄 서어베이

(1) 일반적인 사기조사의 방법

1) 질문지법이나 2) 면접에 의한 태도(또는 의견)조사가 중심을 이룬다.

(2) 모랄 서어베이(morale survey : 사기조사)의 주요방법

1) 통계에 의한 방법 : 사고 상해율, 생산고, 결근, 지각, 조퇴, 이직 등을 분석하여 파악하는 방법
2) 사례 연구법 : 경영 관리상의 여러 가지 제도에 나타나는 사례에 대해 케이스 스터디(case study)로서 현상을 파악하는 방법
3) 관찰법 : 종업원의 근무 실태를 계속 관찰함으로써 문제점을 찾아내는 방법
4) 실험연구법 : 실험 그룹과 통제 그룹으로 나누고 정황, 자극을 주어 태도 변화 여부를 조사하는 방법
5) 태도조사법(의견조사) : 질문지법, 면접법, 집단토의법, 투사법(projective technique) 등에 의해 의견을 조사하는 방법

9 카운셀링(counseling)

(1) 개인적인 카운셀링 방법

1) 직접충고 : 안전수칙 불이행시 적합, 지시적 방법
2) 설득적 방법 : 비지시적 방법
3) 설명적 방법 : 비지시적 방법

(2) 카운셀링의 순서

장면구성 → 내담자 대화 → 의견 재분석 → 감정표출 → 감정의 명확화

(3) Rogers. C · R의 카운셀링 방법 : 지시적 카운셀링과 비지식적 카셀슬링 병용

1) 지시적(指示的)방법
    ① 직접충고 방법
    ② 상담자의 우월한 지위와 종업원의 종속적 지위

2) 비지시적(非指示的)방법
    ① 설득, 설명적 방법
    ② 상담자와 종업원의 역할은 거의 동등하다.

(4) 카운셀링의 효과

1) 정신적 스트레스 해소   2) 안전 태도 형성   3) 동기 부여

10 리더십

(1) 리더십(leadership)의 유형

1) 선출방식에 따른 리더십의 분류
① head ship : 집단 구성원이 아닌 외부에 의해 선출(임명)된 지도자로 명목상의 리더십이라고도 한다.
② leadership : 집단 구성원에 의해 내부적으로 선출된 지도자로 사실상의 리더십을 말한다.

2) 업무추진 방법에 의한 리더십의 분류
① 권위형 : 지도자가 집단의 모든 권한 행사를 단독적으로 처리한다.
② 민주형 : 집단의 토론, 회의 등에 의해 정책을 결정한다.
③ 자유 방임형 : 집단에 대하여 전혀 리더십을 발휘하지 않고 명목상의 리더 자리만을 지키는 유형으로 지도자가 집단 구성원에게 완전히 자유를 주는 경우이다.

(2) leadership의 기법(Haire. M의 방법론)

1) 지식의 부여
2) 관대한 분위기
3) 일관된 규율
4) 향상의 기회
5) 참가의 기회
6) 호소하는 권리

(3) 리더십의 권한

1) 조직이 지도자에게 부여한 권한
① 보상적 권한 : 지도자가 부하들에게 보상할 수 있는 능력으로 인해 부하직원들을 통제할 수 있으며 부하들의 행동에 대해 영향을 끼칠 수 있는 권한이다.
② 강압적 권한 : 부하직원들을 처벌할 수 있는 권한이다.
③ 합법적 권한 : 조직의 규정에 의해 지도자의 권한이 공식화된 것을 말한다.

2) 지도자 자신이 자신에게 부여한 권한 : 부하직원들이 지도자의 성격이나 능력을 인정하고 지도자를 존경하며 자진해서 따르는 것이다.

① 전문성의 권한 : 지도자가 목표수행에 필요한 전문적인 지식을 갖고 업무수행을 하므로 부하직원들이 자발적으로 지도자를 따르게 된다.
② 위임된 권한 : 집단의 목표를 성취하기 위해 부하직원들이 지도자가 정한 목표를 자진해서 자신의 것으로 받아들여 지도자와 함께 일하는 것이다.

(4) 성실한 지도자가 공통적으로 갖는 속성

1) 업무수행능력 및 판단능력
2) 강력한 조직능력 및 강한 출세욕구
3) 자신에 대한 긍정적 태도
4) 상사에 대한 긍정적 태도

5) 조직의 목표에 대한 충성심　　　6) 실패에 대한 두려움
7) 원만한 사교성　　　　　　　　　8) 매우 활동적이며 공격적인 도전
9) 자신의 건강과 체력 단련　　　　10) 부모로부터의 정서적 독립

(5) 리더의 제특성(諸特性)

1) 대인적 숙련　　　　　　　　　　2) 혁신적 능력
3) 기술적 능력　　　　　　　　　　4) 협상적 능력
5) 표현 능력　　　　　　　　　　　6) 교육훈련 능력

(6) 리더십의 결정요소

1) 조직의 성격　　　　　　　　　　2) 집단성원의 인적사항
3) 기술의 발달　　　　　　　　　　4) 환경의 상태

(7) 리더십의 3가지 기술

1) 인간 기술　　　　2) 전문 기술　　　　3) 경영 기술

11 적성의 요인 및 적성발견의 방법

(1) 적성의 요인(적성의 분류)

1) 직업적성(기계적 적성과 사무적 적성)　　2) 지능
3) 흥미　　　　　　　　　　　　　　　　　　4) 인간성(personality)

※ 연령이나 개인차 등은 적성의 요인이 아니다.

(2) 기계적 적성

1) **손과 팔의 솜씨** : 빨리 그리고 정확히 잔일이나 큰일을 해내는 능력
2) **공간 시각화** : 형상이나 크기의 관계를 확실히 판단하여 각 부분을 뜯어서 다시 맞추어 통일된 형태가 되도록 손으로 조작하는 과정
3) **기계적 이해** : 공간 시각화, 지각 속도, 추리, 기술적 지식, 기술적 경험 등의 복합적 인자가 합쳐져서 만들어진 적성

(3) 사무적 적성

1) 지능　　　　　　　2) 손과 팔의 솜씨　　　　3) 지각의 속도 및 정확성

(4) **지능의 척도** : 지능지수(intelligence quotient : IQ)로 표시하며 그 식은 다음과 같다.

$$\therefore IQ = \frac{지능지수}{생활연령} \times 100$$

(5) 적성 발견의 방법
1) 자기이해   2) 계발적 경험   3) 적성 검사

12 성격검사

(1) Y - G 성격검사

성격유형	성격내용
① A형(평균형)	조화적, 적응적
② B형(우편형)	정서불안정, 활동적, 외향적(불안정, 부적응, 적극형)
③ C형(좌편형)	안정, 소극형(소극적, 온순, 안정, 내향적, 비활동)
④ D형(우하형)	안정, 적응, 적극형(정서안정, 활동적, 대인관계양호, 사회적응)
⑤ E형(좌하형)	불안정, 부적응, 수동형(D형과 반대)

(2) Y - K(Yutaka - Kohata)성격검사

성격유형	작업 성격 인자	적성 직종의 일반적 경향
① C, C'형(담즙질) 진공성형	1. 운동, 결단, 기민하고 빠르다 2. 적응 빠르다 3. 세심하지 않다 4. 내구성, 집념부족 5. 진공 자신감 강함	1. 대인적 작업 2. 창조적, 관리자적 직업 3. 변화 있는 기술적, 가공작업 4. 변화 있는 물품을 대상으로 하는 불연속작업
② M, M'형(흡담즙질) 신경질형	1. 운동성 느리고 지속성 풍부 2. 적응 느리다 3. 세심, 억제, 정확하다 4. 내구성, 집념, 지속성 5. 담력, 자신감 강하다	1. 연속적, 신중적, 인내적 작업 2. 연구 개발적, 과학적 작업 3. 정밀 복잡성 작업
③ S, S'형(다혈질) 운동성형	1, 2, 3, 4 : C, C'형과 동일 5. 담력, 자신감 약하다	1. 변화하는 불연속적 작업 2. 사람상대 상업적 작업 3. 기민한 동작을 요하는 작업
④ P, P'형(점액질) 평범수동성형	1, 2, 3, 4 : M, M'형과 동일 5. 담력, 자신감 약함	1. 경리사무, 흐름작업 2. 계기관리, 연속작업 3. 지속적 단순작업
⑤ Am형(이상질)	1. 극도로 나쁨 2. 극도로 느림 3. 극도로 결핍 4. 극도로 강하거나 약함	1. 위험을 수반하지 않는 단순한 기술적 작업 2. 작업상 부적응성 성격자는 정신 위생 적 치료 요함

(3) 성격검사의 종류 : 작용검사법, 목록법, 투영법에 의한 성격진단법 등

13 심리검사

(1) 심리검사의 범위

1) 기초인간 능력
2) 기계적 능력
3) 정신운동 능력
4) 시각 기능적 능력
5) 특수직무 능력

(2) 심리검사의 구비조건 : 심리검사는 표준화되고 객관적이며 충분한 규준을 기초로 하여 신뢰성과 타당성이 있어야 한다.

1) 표준화 : 검사관리를 위한 조건과 검사절차의 일관성과 통일성을 표준화라 한다.
2) 객관성 : 검사결과의 채점에 관한 것으로, 채점하는 과정에서 채점자의 편견이나 주관성이 배제되어야 하며 어떤 사람이 채점하여도 동일한 결과를 얻어야 한다.
3) 규준(norms) : 검사의 결과를 해석하기 위해서는 비교할 수 있는 참조 또는 비교의 어떤 틀이 있어야 하는데, 이 틀은 검사 규준이 제공하는 것이다.
4) 신뢰성 : 검사응답의 일관성, 즉 반복성을 말하는 것이다.
5) 타당성 : 측정하고자 하는 것을 실제로 측정하는 것을 타당성이라 한다.

> **길잡이**
>
> 인사심리검사의 구비조건
> ① 타당성   ② 신뢰성   ③ 실용성

14 적성배치와 인사관리

(1) 적재적소의 배치

1) 적성배치와 인사관리는 적재적소의 배치라는 근본적 이념에서는 일치한다.
2) 다만, 관리적 개념에 한계가 있는 것으로 적성배치는 능력위주이고, 인사관리는 조직(기능) 우선에 따라 부수적으로 적성배치를 고려하게 된다.

(2) 인사관리의 중요한 기능

1) 조직과 리더십(leadership)
2) 선발(적성검사 및 시험)
3) 배치
4) 작업분석
5) 업무평가
6) 상담 및 노사간의 이해

15 안전사고의 요인

(1) 안전사고의 경향성 : Greenwood는 대부분의 사고는 소수의 근로자에 의해서 발생된다. 즉 사고를 자주 내는 사람이 항상 사고를 낸다고 지적하였다.

(2) 소질적인 사고 요인 : 지능, 성격, 감각운동기능(시각기능)

　1) 지능 : Chislli와 Brown은 지능단계가 낮을수록 또는 높을수록 이직률 및 사고 발생률이 높다고 지적하고 있다.

　2) 성격 : 결함 있는 성격은 사고를 발생시킨다.

　3) 시각기능

　　① 재해와 시각관계를 조사한 결과 Tiffin. J는 시각기능에 결함이 있는 자에게 재해가 많았고, Fletdher. E. D는 두 눈의 시력이 불균형인 자에게 재해가 많음을 지적하였다.

　　② 시각기능과 재해발생에 있어서는 반응 속도 그 자체보다 반응의 정확도에 더 관계가 깊다.

16 산업안전 심리의 요소

(1) 안전심리의 5요소

　1) 습관　　　　2) 동기　　　　3) 기질
　4) 감정　　　　5) 습성

(2) 개성과 사고력 : 인간의 개성과 사고력은 안전심리에서 고려되는 중요한 요소이다.

(3) 사고 요인이 되는 정신적 요소(정신상태 불량으로 일어나는 안전사고 요인)

　1) 안전의식의 부족
　2) 판단력의 부족 또는 잘못된 판단
　3) 주의력의 부족
　4) 방심 및 공상
　5) 개성적 결함요소

　　① 지나친 자존심과 자만심　　② 다혈질 및 인내력의 부족
　　③ 약한 마음　　　　　　　　④ 도전적 성격
　　⑤ 감정의 장기 지속성　　　　⑥ 경솔성
　　⑦ 과도한 집착성 또는 고집　　⑧ 배타성
　　⑨ 태만(나태)　　　　　　　　⑩ 사치성과 허영심

6) 정신력과 관계되는 생리적 현상
① 시력 및 청각의 이상
② 신경계통의 이상
③ 육체적 능력의 초과
④ 근육운동의 부적합
⑤ 극도의 피로

(4) 안전사고를 유발하는 원인을 분석하는데 필요한 요건 : 인간의 발전, 성장, 성숙과정 및 연령 등

17 재해 빈발설

(1) 암시설 : 재해의 경험으로 겁쟁이가 되거나 신경과민이 되어 그 사람이 갖는 대응 능력이 열화되기 때문에 재해가 빈발하게 된다는 설이다.

(2) 재해빈발 경향자설 : 소질적인 결함을 가지고 있기 때문에 재해가 빈발하게 된다는 설이다.

(3) 기회설 : 개인의 영향 때문이 아니라 작업에 위험성이 많고, 위험한 작업을 담당하고 있기 때문에 재해가 빈발한다는 설이다(대책 : 작업환경개선, 교육훈련실시).

18 사고경향성자 (재해 누발자, 재해 다발자)의 유형

(1) 상황성 누발자 : 작업의 어려움, 기계설비의 결함, 환경상 주의력의 집중 곤란, 심신의 근심 등 때문에 재해를 누발하는 자이다.

(2) 습관성 누발자 : 재해의 경험으로 겁쟁이가 되거나 신경과민이 되어 재해를 누발하는 자와 일종의 슬럼프(slump)상태에 빠져서 재해를 누발하는 자이다.

(3) 소질성 누발자 : 재해의 소질적 요인을 가지고 있기 때문에 재해를 누발하는 자이다.

(4) 미숙성 누발자 : 기능 미숙이나 환경에 익숙하지 못하기 때문에 재해를 누발하는 자이다.

19 Lewin. K의 법칙

Lewin은 인간의 행동(B)은 그 사람이 가진 자질 즉, 개체(P)와 심리학적 환경(E)과의 상호 함수관계에 있다고 하였다.

∴ B=f(P · E)
- B : Behavior(인간의 행동)
- f : function(함수관계 : 적성 기타 P와 E에 영향을 미칠 수 있는 조건)
- P : Person(개체 : 연령, 경험, 심신상태, 성격, 지능 등)
- E : Environment(심리적 환경 : 인간관계, 작업환경 등)

20 인간변화의 4단계(인간 변용의 메커니즘)

(1) 인간변용의 4단계
1) 1단계 : 지식의 변용
2) 2단계 : 태도의 변용
3) 3단계 : 행동의 변용
4) 4단계 : 집단 또는 조직에 대한 성과 변용

(2) 인간변용에 요하는 시간과 곤란도
용이한 순서대로 나열하면 ① 지식의 변용 – ② 태도의 변용 – ③ 행동의 변용 – ④ 집단 또는 조직에 대한 성과의 변용 순이다.

21 동기부여이론

(1) Davis의 이론

∴ 인간의 성과×물적인 성과=경영의 성과

1) 지식(Knowledge)×기능(Skill)=능력(ability)
2) 상황(situation)×태도(attitude)=동기유발(motivation)
3) 능력× 동기유발=인간의 성과(human performance)

(2) Maslow의 욕구 5단계
1) 1단계 : 생리적 욕구(기아, 갈증, 호흡, 배설, 성욕 등)
2) 2단계 : 안전의 욕구(안전을 기하려는 욕구)
3) 3단계 : 사회적 욕구(애정, 소속에 대한 욕구)
4) 4단계 : 인정받으려는 욕구(자존심, 명예, 성취, 지위에 대한 욕구 : 자기존경의 욕구)
5) 5단계 : 자아실현의 욕구(잠재적인 능력을 실현하고자 하는 욕구 : 성취욕구)

(3) Alderfer의 ERG이론

1) 생존(Existence)욕구 : 신체적 차원에서 유기체 생존과 유지에 관련된 욕구
2) 관계(Relatedness)욕구 : 타인과의 상호작용을 통해 만족되는 대인 욕구
3) 성장(Growth) : 개인적인 발전과 증진에 관한 욕구

[표] Maslow와 Alderfer의 욕구이론 비교

Maslow의 욕구 5단계		Alderfer의 ERG이론
1. 생리적 욕구	신체적	1. 생존(E)
2. 안전의 욕구		
3. 사회적 욕구	대인적	2. 관계(R)
4. 인정받으려는 욕구		3. 성장(G)
5. 자아실현의 욕구		

(4) McGreger의 X이론과 Y이론

1) X 이론 : X이론의 관리자는 종업원에 대하여 다음과 같은 것을 신봉함
   ① 종업원은 상사로부터 통제를 받지 않으면 안된다.
   ② 종업원을 회사의 목적에 헌신시키기 위해 강제성을 띄어야 한다.
   ③ 종업원은 본래 회사의 목적에 반하여 개인적인 목표를 가지고 있다.

2) Y 이론 : Y이론의 관리자는 종업원에 대하여 다음과 같은 것을 신봉함
   ① 종업원은 일하기를 원하고 또 자기 자신의 동기유발자가 되도록 한다.
   ② 종업원을 회사의 목적을 위한 수단으로서 자발적으로 받아들인다.
   ③ 목표설정에 참가함으로써 회사목표에 적합한 개인의 목표를 설정함

3) X 이론과 Y 이론의 비교

X 이론	Y 이론
① 인간 불신감	① 상호신뢰감
② 성악설	② 성선설
③ 인간은 본래 게으르고 태만하여 남의 지배받기를 즐긴다.	③ 인간은 부지런하고 근면, 적극적이며 자주적이다.
④ 물질욕구(저차적 욕구)	④ 정신욕구(고차적 욕구)
⑤ 명령통제에 의한 관리	⑤ 목표통합과 자기통제에 의한 자율관리
⑥ 저개발국형	⑥ 선진국형

(5) Herzberg의 2요인 이론

1) 위생요인과 동기요인
   ① 위생요인 : 인간의 동물적 욕구를 반영하는 것으로서 안전, 친교, 봉급, 감독형태, 기업의 정책, 작업조건 등이 해당되며 Maslow의 생리적, 안전, 사회적 욕구와 비슷하다.

② **동기요인** : 자아실현을 하려는 인간의 독특한 경향(성취, 인정, 작업자체, 책임감 등)을 반영한 것으로 Maslow의 자아실현 욕구와 비슷한 개념이다.

2) 직무확대방법
① 규제를 제거하여 일에 대한 개인적 책임감이나 책무를 증가시킨다.
② 완전하고 자연스러운 작업단위를 제공한다.
(한 단위의 한 요소만을 만들게 하지 말고 단위전체를 생산하도록 한다.)
③ 직무에 부가되는 자유와 권한을 주어야 한다.
④ 직접 상품 생산에 대한 보고를 정기적으로 하게 한다.
⑤ 더욱 새롭고 어려운 임무를 수행하도록 격려한다.
⑥ 특정한 직무에 대해 전문가가 될 수 있도록 전문화된 임무를 배당한다.

동기요소의 상호관계

위생요인과 동기요인 (Herzberg)	욕구의 5단계 (Maslow)	X 이론과 Y 이론 (McGreger)
위생요인	1단계 : 생리적 욕구(종족보존) 2단계 : 안전욕구	X 이론
동기부여요인	3단계 : 사회적 욕구(친화욕구) 4단계 : 인정욕구(승인의 욕구) 5단계 : 자아실현욕구(성취욕구)	Y 이론

(6) Korman의 일관성 이론

1) **균형 개념** : 인간은 누구나 자신의 인지적 균형감 및 일치감을 극대화하려는 방향으로 행동하게 되며 그 행동에서 만족감을 갖게 될 것이라는 견해를 말한다.
2) **일관성의 개념** : 높은 자기-존중의 사람들은 일관성을 유지하고 만족상태를 계속 유지하기 위해 더 높은 성과를 올리려고 할 것이며, 반대로 낮은 자기-존중의 사람들은 낮은 자기-이미지와 일치하는 방식으로 행동하려고 한다는 것을 일관성의 개념이라 한다.

(7) Vroom의 기대이론 : 의사결정을 하는 인지적 요소와 사람이 의사결정을 위해 이 요소들을 처리해가는 방법들을 나타내주는 것으로, 공식은 다음과 같다.

∴ 동기적인 힘(motivational force) = 유인가 × 기대

1) 힘은 동기와 같은 의미로 쓰이며 행동을 결정하는 역할을 한다.
2) **유인가**(valence) : 여러 행동대안의 결과에 대해서 개인이 갖고 있는 매력의 강도를 의미한다.
3) **기대**(expectancy) : 어떤 행동적인 대안을 선택했을 때 성공할 확률이 얼마인가를 예측하는 것을 말한다.

(8) **McClelland의 성취 동기이론** : 성취동기가 높은 사람의 특징은 다음과 같다.

    1) 적절한 모험을 즐긴다.

    2) 즉각적인 복원조치를 강구할 줄 안다. 또한 자신이 하고 있는 일의 구체적인 진행상황을 알고 싶어 한다.

    3) 성공함으로써 얻어 지는 댓가보다는 성취 그 자체에 기쁨을 느낀다.

    4) 과업에 전념하여 그 목표가 달성될 때까지 자신의 노력을 경주한다.

(9) **안전 동기의 유발방법**

    1) 안전의 기본이념(참 가치)을 인식시킬 것.

    2) 안전 목표를 명확히 설정할 것

    3) 결과를 알려줄 것(K.R법 : Knowledge Results).

    4) 상과 벌을 줄 것.

    5) 경쟁과 협동을 유도할 것.

    6) 동기유발 수준을 유지할 것

22 동기유발요인

(1) **Heinrich의 동기유발요인**

    1) 분위기   2) 직무 그 자체

    3) 작업자 자신   4) 노동조합

    5) 동료그룹

(2) **Ross의 동기유발요인**

    1) 안정   2) 기회   3) 참여

    4) 인정   5) 경제   6) 성과

    7) 부여권한   8) 적응도   9) 독자성

    10) 의사소통

23 착오의 메커니즘 및 착오요인

(1) **착오의 메커니즘(mechanism)**

    1) 위치의 착오   2) 패턴의 착오   3) 형(形)의 착오

    4) 순서의 착오   5) 잘못 기억

(2) 착오요인(대뇌의 Human error)

1) 인지과정의 착오
   ① 생리, 심리적 능력의 한계
   ② 정보량 저장능력의 한계
   ③ 감각차단 현상 : 단조로운 업무, 반복 작업
   ④ 정서 불안정 : 공포, 불안, 불만

2) 판단과정 착오
   ① 능력부족   ② 정보부족
   ③ 자기 합리화   ④ 환경조건의 불비

3) 조치과정 착오

24 착시(Optical Illusion)

(1) 운동의 시지각(착각현상)

1) **자동운동** : 암실 내에서 정지된 소광점을 응시하고 있으면 그 광점이 움직이는 것을 볼 수 있는데 이것을 자동운동이라 한다. 자동운동이 생기기 쉬운 조건은 다음과 같다.
   ① 광점이 작을 것.   ② 시야의 다른 부분이 어두울 것.
   ③ 광의 강도가 작을 것.   ④ 대상이 단순할 것.

2) **유도운동** : 실제로는 움직이지 않는 것이 어느 기준의 이동에 유도되어 움직이는 것처럼 느껴지는 현상을 말한다.

3) **가현운동** : 객관적으로 정지하고 있는 대상물이 급속히 나타나든가 소멸하는 것으로 인하여 일어나는 운동으로 마치 대상물이 운동하는 것처럼 인식되는 현상을 말한다(β 운동 : 영화 영상의 방법).

(2) 착시현상(시각의 착각현상)

1) Müler · Lyer의 착시

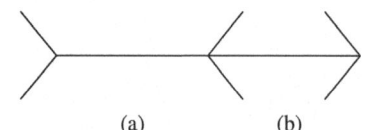   (a)가 (b)보다 길게 보인다(실제 a=b)

2) Helmholz의 착시

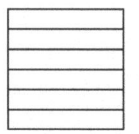 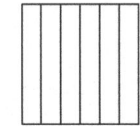

∴ (a)는 세로 길어 보이고
(b)는 가로로 길어 보인다.

3) Herling의 착시

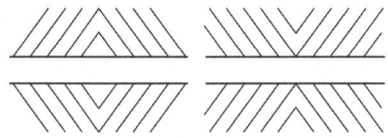

∴ (a)는 양단이 벌어져 보이고
(b)는 중앙이 벌어져 보인다.

4) Poggendorf의 착시

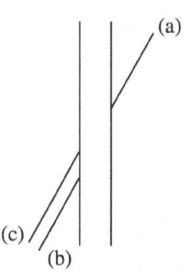

∴ (a)와 (c)가 일직선으로 보인다.
(실제 a와 b가 일직선)

25 인간의 동작 특성 및 동작실패의 원인이 되는 조건

(1) 인간의 동작 특성

1) 외적 조건
   ① 동적조건 : 대상물의 동적 성질 → 최대원인
   ② 정적조건 : 높이, 크기, 깊이 등
   ③ 환경조건 : 기온, 습도, 소음 등

2) 내적 조건
   ① 경력(Career)
   ② 개인차
   ③ 생리적 조건 : 피로, 긴장 등

(2) 동작 실패의 원인이 되는 조건

1) 자세의 불균형 : 행동의 습관
2) 피로도 : 신체조건, 질병, 스트레스 등
3) 작업강도 : 작업량, 작업속도, 작업시간 등
4) 기상조건 : 온도, 습도, 기타 기상조건 등
5) 환경조건 : 작업환경, 심리적 환경

26 간결성의 원리

(1) 간결성의 원리

1) 물적 세계에 서두름이나 생략행위가 존재하고 있는 것처럼 심리활동에 있어서도 최고에너지에 의해 어느 목적에 달성하도록 하려는 경향이 있는데, 이것을 간결성의 원리라 한다.
2) 간결성의 원리에 기인하여 착각, 착오, 생략, 단락 등의 사고에 관계되는 심리적 요인을 만들어 내게 된다.

(2) 군화의 법칙(물건의 정리)

구 분	내 용
근접의 요인	근접된 물건끼리 정리된다.
동류의 원인	매우 비슷한 물건끼리 정리한다.
폐합의 원인	밀폐형을 가지런히 정리한다.
연속의 요인	연속을 가지런히 정리한다.
좋은 형태의 요인	좋은 형체(규칙성, 상징성, 단순성)로 정리한다.

1) **근접의 요인** : 그림에서와 같이 동그라미가 전체로서 한군데 모여져 있지 않고 가까이 있는 두개의 동그라미가 각각 1조로 한군데 모여 있는 것처럼 보이는데 이것은 가까이 있는 물건끼리를 하나의 군으로 정리한다고 하는 지각이 있기 때문이다.

∥ 근접의 요인 ∥

2) **동류의 요인** : 6개의 동그라미가 정리되어 있지 않고 흰 동그라미와 검은 동그라미가 각각 정리된 것처럼 보이는데 이것은 비슷한 물건끼리가 하나의 군으로서 인지되기 쉽기 때문이다.

∥ 동류의 요인 ∥

3) **폐합의 요인** : 3개 원형이 각각 있다 할 경우, 큰 바깥 측의 것이 작은 2개의 것을 폐합해 있는 것처럼 보이는데, 이것은 근접, 동류의 요인의 경향 쪽이 강한 것을 나타내고 있기 때문이다.

∥ 폐합의 요인 ∥

4) 연속의 요인 : 그림에서와 같이 직선과 곡선이 교차하고 있는 것처럼 보이고, 변형된 2개의 것이 조합된 것은 그렇지 않게 보인다.

① 직선과 곡선의 교차   ② 변형된 2개의 조합

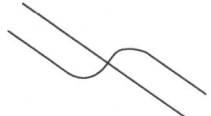

(3) 항상현상

1) **시각의 법칙** : 물체의 대소는 거리에 반비례해서 작게 되고 또한 대상에 대한 시각이 같게 되면 거리가 달라도 망막상의 크기는 변하지 않는다는 현상을 나타내는 것을 시각의 법칙이라 한다.
2) **항상의 현상** : 실제로 보이는 물체의 크기는 시각의 법칙대로는 작게 보이지 않고 같은 크기의 대상은 거리를 변하여도 같은 크기로 유지되려는 경향을 갖고 있는데 이 현상을 항상현상이라 한다.

27 주의력과 부주의

(1) 주의의 특징

1) **선택성** : 여러 종류의 자극을 자각할 때 소수의 특정한 것에 한하여 선택하는 기능
2) **방향성** : 주시점만 인지하는 기능
3) **변동성** : 주의에는 주기적으로 부주의의 리듬이 존재

(2) 주의의 특성

1) **주의력의 중복집중의 곤란** : 주의는 동시에 2개 방향에 집중하지 못한다(선택성).
2) **주의력의 단속성** : 고도의 주의는 장시간 지속할 수 없다(변동성).
3) 한 지점에 주의를 집중하면 다른데 주의는 약해진다(방향성).

(3) 부주의 현상

1) **의식의 단절** : 지속적인 의식의 흐름에 단절이 생기고 공백의 상태가 나타나는 것으로서 특수한 질병이 있는 경우에 나타난다(의식수준 : phase 0 상태).
2) **의식의 우회** : 의식의 흐름이 옆으로 빗나가 발생하는 경우로서 작업도중의 걱정, 고뇌, 욕구 불만 등에 의해 다른 것을 주의하는 것이 이에 속한다(의식수준 : phase 0 상태).
3) **의식수준의 저하** : 혼미한 정신상태에서 심신이 피로할 경우나 단조로운 작업 등의 경우에 일어나기 쉽다(의식수준 : phase Ⅰ이하 상태).

4) 의식의 과잉 : 지나친 의욕에 의해서 생기는 부주의 현상으로서 돌발사태 및 긴급이상 사태 시 순간적으로 긴장되고 의식이 한 방향으로만 쏠리게 되는 경우가 이에 해당한다(의식수준 : phase Ⅳ 이하 상태).

(4) 부주의 발생원인 및 대책

1) 외적 원인 및 대책
① 작업, 환경조건 불량 : 환경 정비
② 작업 순서의 부적당 : 작업순서 변경

2) 내적 조건 및 대책
① 소질적 조건 : 적성 배치
② 의식의 우회 : 상담
③ 경험, 미경험 : 교육

28 의식 수준의 단계

단계	의식의 상태	주의 작용	생리적 상태	신뢰성	뇌파형태
Phase 0	무의식, 실신	없음(zero)	수면, 뇌 발작	0	δ파
Phase Ⅰ	정상이하(subnormal) 의식 몽롱함	부주의(inactive)	피로, 단조, 졸음, 술 취함	0.9 이하	θ파
Phase Ⅱ	정상, 이완상태 (normal, relaxed)	수동적(passive) 마음이 안쪽으로 향함	안정기거, 휴식시, 정례작업시	0.99 ~0.99999	α파
Phase Ⅲ	정상, 상쾌한 상태 (normal, clear)	능동적(active) 앞으로 향하는 주의시야도 넓다.	적극 활동시	0.999999 이상	β파
Phase Ⅳ	초정상, 과긴장 상태 (hypernormal, excited)	일점으로 응집, 판단정지	긴급 방위반응, 당황해서 panic	0.9 이하	β파 또는 전자파

29 피로

(1) **피로의 본체** : 피로란 작업경과에 따라 생리적 또는 심리적 요인으로 나타나는 현상이다.

(2) **피로의 3표지**(피로의 종류)

1) 주관적 피로 : 이것은 스스로 느끼는「피곤하다」는 자각증상으로 대개의 경우 권태감이나 단조감 또는 포화감이 뒤따른다.

2) 객관적 피로 : 객관적 피로는 생산된 제품의 양과 질의 저하를 지표로 한다.

3) 생리적(기능적)피로 : 인체의 생리상태를 검사해 봄으로서 생체의 각 기능이나 물질의 변화 등에 의해 피로를 알 수 있는 방법

(3) 피로에 영향을 주는 기계측 인자 및 인간측의 인자

1) 기계측의 인자
   ① 기계의 종류
   ② 기계의 색채
   ③ 조작부분의 배치
   ④ 조작부분의 감촉
   ⑤ 기계의 이해 용이도

2) 인간측의 인자 : 정신상태, 신체적 상태, 생리적 리듬, 작업시간 및 작업내용, 사회환경, 작업환경 등

(4) 피로의 측정법

1) 생리학적 방법
   ① 근전도(EMG : electromyogram) : 근육활동 전위차의 기록
   ② 뇌전도(ENG : electroneurogram) : 신경활동 전의차의 기록
   ③ 심전도(ECG : electrocardiogram) : 심장근 활동 전위차의 기록
   ④ 안전도(EOG : electrooculogram) : 안구(眼球)운동 전위차의 기록
   ⑤ 산소소비량 및 에너지대사율(RMR : relative metabolic rate)

   $$\therefore RMR = \frac{작업 대사량}{기초 대사량} = \frac{작업시 소비에너지 - 안정시 소비에너지}{기초 대사량}$$

   ⑥ 피부전기반사(GSR : galvanic skin reflex) : 작업부하의 정신적 부담이 피로와 함께 증대하는 양상을 손바닥 안쪽의 전기저항의 변화를 이용해 측정하는 것으로 피부전기저항 또는 정신전류현상이라고도 한다.
   ⑦ 프릿가 값(융합점멸주파수) : 정신적 부담이 대뇌피질의 피로수준에 미치고 있는 영향을 측정하는 방법이다.

2) 화학적 방법 : 혈색소농도, 혈액수준, 혈단백, 응혈시간, 혈액, 요전해질, 요단백, 요교질 배설량 등

3) 심리학적 방법 : 피부(전위)저장, 동작분석, 연속반응시간, 행동기록, 정신작업, 전신자각증상, 집중유지기능 등

(5) 휴식시간 산출

$$\therefore R = \frac{60(E-4)}{E-1.5}$$

R : 휴식시간(분),
E : 작업 시 평균 에너지 소비량(kcal/분)
총 작업시간 : 60분, 휴식시간 중의 에너지 소비량 : 1.5(kcal/분)

30 바이오리듬(biorhythm : 생체리듬)

(1) 바이오리듬의 종류

1) 육체적 리듬(physical cycle) : 주기 23일(식욕, 소화력, 활동력, 지구력), 청색표시
2) 지성적 리듬(intellectual cycle) : 주기 33일(상상력, 사고력, 기억력 인지, 판단), 녹색표시
3) 감성적 리듬(sensitivity cycle) : 주기 28일(감정, 주의심, 창조력, 예감 및 통찰력), 적색표시

(2) 위험일(critical day) : 한 달에 6일 정도 일어나며, 평소보다 뇌졸중이 5.4배, 심장질환 발작이 5.1배, 자살은 6.8배 정도 더 많이 발생된다.

(3) 생체리듬과 피로

1) 혈액의 수분, 염분량 : 주간은 감소하고, 야간에는 증가한다.
2) 체온, 혈압, 맥박 수 : 주간은 상승하고, 야간에는 저하한다.
3) 야간에는 소화분비액 불량, 체중이 감소한다.
4) 야간에는 말초운동 기능저하, 피로의 자각증상이 증대한다.

31 스트레스의 주요원인

(1) 외부로부터의 자극요인

1) 경제적인 어려움
2) 직장에서의 대인관계상의 갈등과 대립
3) 가정에서의 가족관계의 갈등
4) 가족의 죽음이나 질병
5) 자신의 건강 문제
6) 상대적인 박탈감 등

(2) 마음속에서 일어나는 내적자극 요인

1) 자존심의 손상과 공격방어 심리
2) 출세욕의 좌절감과 자만심의 상충
3) 지나친 과거에의 집착과 허탈
4) 업무상의 죄책감
5) 지나친 경쟁심과 재물에 대한 욕심
6) 남에게 의지하고자 하는 심리
7) 가족간의 대화단절 의견의 불일치

실 / 전 / 문 / 제

01
산업심리학이 섬겨야 할 두 주인공은?
① 사회와 기업 ② 종업원과 기업
③ 종업원과 사회 ④ 종업원과 국가

02
호오돈의 실증적 연구결과는 다음 중 어느 것인가?
① 인간관계가 일할 의욕을 높이고 생산성이 향상된다는 것
② 감독자가 부하를 엄격하게 관리해서 능률을 올린다는 것
③ 인간관계와 생산성과는 아무 관계가 없다는 것
④ 인간관계 보다는 제도적인 측면이 중요하다는 것

해설
호오돈(Hawthorne)실험 : 메이오(G.E.Mayo)에 의한 실험으로, 작업자의 작업능률(생산성 향상)은 물리적인 작업조건보다는 사람의 심리적인 태도, 감정을 규제하고 있는 인간관계에 의하여 결정됨을 밝혔다.
1) 인간관계는 상담, 조언에 의해서 이루어진다.
2) 종업원의 인간성을 경영자와 대등하게 본 인간관계의 기초 위에서 관리를 추진한다.

03
호오돈 실험 (Hawthorne Experiment)의 결과는?
① 생산성 향상에 영향을 주는 주요인은 안전관리이다.
② 생산성 향상에 영향을 주는 주요인은 작업조건이다.
③ 생산성 향상에 영향을 주는 주요인은 커뮤니케이션이다.
④ 생산성 향상에 영향을 주는 주요인은 인간관계이다.

04
다음 인간의 생리적 욕구 중에서 의식적 통제가 가장 힘드는 것은 어느 것인가?
① 안전욕구 ② 식욕
③ 수면욕구 ④ 배설욕구

해설
생리적 욕구에서 의식적 통제가 어려운 순서대로 나열하면
1) 호흡욕구   2) 안전욕구
3) 해갈욕구   4) 배설욕구
5) 수면욕구   6) 식욕 순으로 된다.

05
다음 중 사회행동의 기본 형태가 아닌 것은?
① 협력 ② 대립
③ 고립 ④ 도피

해설
사회행동의 기본형태
1) 협력(coorperation) : 조력, 분업
2) 대립(opposition) : 공격, 경쟁
3) 도피(escape) : 고립, 정신병, 자살
4) 융합(accomodation) : 강제, 타협, 통합

06
인간 관계의 메커니즘과 관련이 없는 것은?
① 투사 ② 모방
③ 동기 ④ 동일화

해설
인간관계의 매커니즘(mechanism)
1) **동일화**(identification) : 다른 사람의 행동양식이나 태도를 투입시키거나, 다른 사람 가운데서 자기와 비슷한 것을 발견하는 것을 말한다.
2) **투사**(投射 : projection) : 자기 속의 억압된 것을 다른 사람의 것으로 생각하는 것을 투사(또는 투출)라고 한다.

Answer ● 01. ② 02. ① 03. ④ 04. ① 05. ③ 06. ③

3) **커뮤니케이션**(communication) : 갖가지 행동양식이나 기호를 매개로 하여 어떤 사람으로부터 다른 사람에게 전달되는 과정을 말한다.
4) **모방**(imitation) : 남의 행동이나 판단을 표본으로 하여 그것과 같거나 또는 그것에 가까운 행동 또는 판단을 취하려는 것이다. 모방에는 단순모방(기계적 기억)과 창조모방(논리적 기억)이 있다.
5) **암시**(suggestion) : 다른 사람으로부터의 판단이나 행동을 무비판적으로 논리적, 사실적 근거없이 받아들이는 것을 말한다.

07
다음 사회행동의 기본형태를 연결지은 것이다. 잘못 연결한 것은?

① 대립 – 공격, 경쟁 ② 도피 – 정신병, 자살
③ 협력 – 분업 ④ 조직 – 경쟁, 다툼

08
다음 중 집단의 기능이 아닌 것은?

① 응집력 ② 집단목표
③ 집단의 이해 ④ 행동의 규범

해설

집단의 기능
1) 응집력 : 집단의 내부로부터 생기는 힘
2) 행동의 규범(집단규범) : 집단을 유지하고 집단의 목표를 달성하기 위한 것으로 집단에 의해 지지되며 통제가 행하여진다.
3) 집단목표 : 집단의 역할을 위해 집단의 목표가 있어야 한다.

09
다음 중 집단효과가 아닌 것은?

① 동조효과
② 시너지효과(synergy 효과)
③ 경쟁효과
④ 견물효과(見物效果)

해설

집단효과
1) 동조효과(응집력)
2) synergy(system+energy)효과
3) 견물효과

10
소시오그램(Sociogram)이란?

① 집단내의 각 성원의 결합 상태를 나타낸 교우도식을 뜻한다.
② 인간관계론에 있어 비공식조직의 특성을 뜻한다.
③ 사회생활의 역학적 구조를 뜻한다.
④ 공식조직 내의 각 성원간의 구조도식을 뜻한다.

11
개인의 행동요인을 설명할 경우 개성이란 한 인간의 특징과 그 인간이 겪은 경험과 총화를 무엇으로 표현한 특성인가?

① 시각적 ② 정서적
③ 습관적 ④ 전인격적

12
비공식집단의 활동 및 특성을 나타내는 것은?

① 직접적이고 빈번한 개인간의 접촉을 필요로 한다.
② 관리자에 의해 주도된다.
③ 항상 태업이나 생산저하를 조장시킨다.
④ 대체로 규모가 크다.

해설

비공식집단의 특성
1) 경영통제권이나 관리 영역밖에 존재한다.
2) 규모가 과히 크지 않기 때문에 개인적 접촉기회가 많다.
3) 동료애의 욕구가 있다.
4) 응집력이 크다.

13
소시얼 스킬즈(Social Skills)란?

① 모랄을 양양시키는 능력
② 인간을 사물에 적응시키는 능력
③ 사물을 인간에 적응시키는 능력
④ 인간을 구속하는 능력

해설

근대 산업에 있어서는 흔히 테크니컬 스킬즈가 중시되고 소시얼 스킬즈를 경시하기가 쉽다.

Answer ◐ 07. ④ 08. ③ 09. ③ 10. ① 11. ④ 12. ① 13. ①

1) 소시얼 스킬즈(social skills) : 사람과 사람사이의 커뮤니케이션을 양호하게 하고, 사람들의 요구를 충족케하고 모랄을 양양시키는 능력
3) 테크니컬 스킬즈(technical skills) : 사물을 인간의 목적에 유익하도록 처리하는 능력

14
Lippitt 와 White 이론 중 리더쉽(leadership)의 유형에 가장 거리가 먼것은?

① 독재형　　　② 민주형
③ 자유방임형　④ 솔직형

해설

리더쉽의 유형
1) 권위형 : 지도자가 모든 정책을 단독적으로 결정하기 때문에 부하직원은 오로지 따르기만 하면 된다.
2) 민주형 : 혼자 정책을 결정하려 하지 않고 집단토론이나 집단 결정을 통해서 정책을 결정한다.
3) 자유방임형 : 지도자가 집단구성원에게 완전히 자유를 주는 경우로서 그는 전혀 리더쉽을 행사하지 않고 단지 명목적인 리더의 자리만 지킨다.

15
리더쉽에 따른 집단성원의 반응 중 자유방임형 리더쉽의 특징과 관계가 적은 것은?

① 리더를 타인으로 간주함
② 낭비, 파손품이 많음
③ 작업의 양과 질이 우수함
④ 개성이 강하고 연대감이 없음

해설

③항 작업의 양과 질이 우수한 것은 민주형 리더쉽의 특징이다.

16
집단에서 리더의 구비요건과 관계가 먼 것은?

① 화합성
② 단순성
③ 통찰력
④ 정서적 안정성 및 활발성

해설

리더의 구비요건
1) 화합성 : 리더는 구성원들의 정서적 요구에 대한 호응력을 가져야 하며, 부하직원으로부터 집단의 한 구성원으로 수용될 수 있어야 한다.
2) 통찰력 : 리더 자신과 조직이 처해 있는 현재의 입장과 장래의 전망을 살펴볼 수 있어야 한다.
3) 정서적 안정성 및 활발성 : 정서적으로 안정되어 항상 마음의 균형과 침착성을 잃지 않아야 하며, 그에게로 향하는 공격, 노기, 냉담 등의 문제를 처리할 수 있는 역량을 갖추어야 하고, 명랑하고 열의가 있으며 표현능력이 있어야 한다.

17
부하직원들이 상사를 존경하여 스스로 따른다고 할 때의 상사의 권한은?

① 합법적 권한　　② 강압적 권한
③ 보상적 권한　　④ 위임된 권한

해설

리더쉽에 있어서 권한의 역할
(1) 조직이 지도자들에게 부여하는 권한
   1) 보상적 권한 : 조직의 지도자들이 그들의 부하에게 보상을 할 수 있는 권한(봉급의 인상이나 승진 등)
   2) 강압적 권한 : 부하들을 처벌할 수 있는 권한
   3) 합법적 권한 : 조직의 규정에 의해 권력구조가 공식화한 권한
(2) 지도자 자신이 자신에게 부여한 권한(부하직원들이 상사를 존경하여 자진해서 따른다)
   1) 위임된 권한 : 부하직원들이 지도자의 생각과 목표를 얼마나 잘 따르는지와 관련된 것이다.
   2) 전문성의 권한 : 지도자가 집단의 목표수행에 필요한 분야에 얼마나 많은 전문적인 지식을 갖고 있는가와 관련된 권한이다.

18
다음 지도자의 속성 중 성실한 지도자들이 공통적으로 소유한 속성이 아닌 것은?

① 업무수행능력　　② 강한 출세욕구
③ 강력한 조직능력　④ 실패란 없다는 자부심

해설

성실한 지도자들이 공통적으로 소유한 속성
1) 업무수행능력
2) 강한 출세욕구
3) 상사에 대한 긍정적 태도
4) 강력한 조직능력
5) 원만한 사교성
6) 판단능력
7) 자신에 대한 긍정적인 태도

Answer ➡ 14. ④　15. ③　16. ②　17. ④　18. ④

8) 매우 활동적이며 공격적인 도전
9) 실패에 대한 두려움
10) 부모로부터의 정서적 독립
11) 조직의 목표에 대한 충성심
12) 자신의 건강에 체력단련

19
리더쉽의 특성 조건에 속하지 않는 것은?

① 기계적 성숙 ② 혁신적 능력
③ 표현 능력   ④ 대인적 숙련

해설

리더쉽의 제특성
1) 기술적 숙련   2) 대인적 숙련
3) 혁신적 능력   4) 교육훈련능력
5) 협상적 능력   6) 표현능력

20
역할연기(role playing)를 바르게 설명한 것은?

① 자아탐구의 수단이다.
② 자아실현의 수단이다.
③ 자아탐구의 수단인 동시에 자아실현의 수단이다.
④ 자아탐구의 수단도 아니고 자아실현의 수단도 아니다.

해설

슈퍼(Super)의 역할이론
1) 역할연기(role playing) : 자아탐색(self-exploration)인 동시에 자아실현(selfrealization)의 수단이다.
2) 역할기대(role expection) : 자기의 역할을 기대하고 감수하는 사람은 그 직업에 충실한 것이다.
3) 역할조성(role shaping) : 개인에게 여러 개의 역할 기대가 있을 경우 그 중의 어떤 역할기대는 불응 거부하는 수도 있으며, 혹은 다른 역할을 해내기 위해 다른 일을 구할 때도 있다.
4) 역할갈등(role confict) : 직업 중에는 상반된 역할이 기대되는 경우가 있으며, 그럴 때 갈등이 생기게 된다.

21
모랄 서베이(morale survey)의 방법 중 주로 사용하는 것은?

① 질문지법   ② 통계에 의한 방법
③ 사례연구법 ④ 관찰법

해설

일반적인 사기조사(morale survey) 방법은 주로 질문지나 면접에 의한 태도조사가 중심을 이룬다.

22
안전수칙을 지키지 않은 사람에게 필요한 심리적인 카운셀링 방법은 다음 중 어느 것이 가장 좋은가?

① 간접적인 설득방법 ② 직접적인 충고방법
③ 설명적인 방법   ④ 지식적인 전달방법

해설

안전수칙 불이행시 적합한 카운셀링 방법은 직접충고방법, 즉 지시적(指示的)방법이다.

23
테크니컬 스킬즈(technical skills)란?

① 모랄을 앙양시키는 능력
② 인간을 사물에 적응시키는 능력
③ 사물을 인간에 적응시키는 능력
④ 인간을 구속하는 능력

해설

근대산업에 있어서는 흔히 테크니컬 스킬즈가 중시되고 소시얼 스킬즈를 경시하기가 쉽다.
1) 소시얼 스킬즈(social skills) : 사람과 사람 사이의 커뮤니케이션을 양호하게 하고, 사람들의 요구를 충족케 하며 모랄을 앙양시키는 능력
2) 테크니컬 스킬즈(technical skills) : 사물을 인간의 목적에 유익하도록 처리하는 능력

24
소울저링(soldiering)이란?

① 규칙을 잘 지키는 것
② 욕구불만에 빠져 있음
③ 게으름을 피우는 것
④ 조직에서 소외되어 있는 것

해설

작업방법이나 규범(norm)의 변경 등에 대한 저항현상으로 사보타지(sabotage)나 소울저링(soldiering : 게으름을 피우는 것)이 있다.

Answer ◐ 19. ① 20. ③ 21. ① 22. ② 23. ③ 24. ③

25
상대적 의사전달방법(two way process communication)이 일방적 의사전달방법(one way process communication)보다 기능적으로 우수한 것이 아닌 것은?

① 정확도(正確度)　② 신뢰도(信賴度)
③ 이해도(利害度)　④ 속도(速度)

해설
상대적 의사전달방법은 신뢰성, 정확도와 자신감이 높고, 수의자의 불안감이 전혀 없는 장점이 있는 반면에 진행속도가 느려서 시간이 오래 걸린다는 결점이 있다.

26
적성의 요인이 아닌 것은?

① 개인차　② 인간성
③ 지능　④ 흥미

해설
적성의 요인
① 직업적성 ② 지능 ③ 흥미 ④ 인간성

27
인간의 적성을 발견하는 방법에 속하지 않는 것은?

① 자기이해　② 적성검사
③ 직업경험　④ 지능검사

해설
적성 발견의 방법 : ① 자기이해 ② 계발적경험(직업경험) ③ 적성검사

28
적정배치에 작업자의 특성과 관계가 적은 것은?

① 연령　② 지적능력
③ 작업조건　④ 기능

해설
적정배치시 고려해야 할 작업의 특성과 작업자의 특성
1) 작업의 특성 : 환경조건, 작업조건, 작업내용, 작업형태, 법적 자격 및 제한
2) 작업자의 특성 : 지적능력, 기능, 연령적 특성(경험의 다소, 숙련의 정도 등), 성격, 신체적 특성, 업무수행력

29
인간의 적성검사 중 시각적 판단검사에 해당되지 않는 것은?

① 공구판단검사　② 명칭판단검사
③ 조립분해검사　④ 형태비교검사

해설
적성검사의 종류

구 분	세부 검사 내용
시각적 판단 검사	① 언어의 판단검사(vocabulary) ② 형태 비교검사(form matching) ③ 평면도 판단검사(two dimension space) ④ 입체도 판단검사(three dimension space) ⑤ 공구 판단검사(tool matching) ⑥ 명칭 판단검사(name comparison)
정확도 및 기민성검사 (정밀성 검사)	① 교환검사(place) ② 회전검사(turn) ③ 조립검사(assemble) ④ 분해검사(disassemble)
계산에 의한 검사	① 계산검사(computation) ② 수학 응용검사(arthmatic reason) ③ 기록검사(기호 또는 선의 기입)
속도검사	타점 속도검사(speed test)
직무적성도 판단검사	설문지법, 색채법, 설문지에 의한 컴퓨터방식

30
인사관리의 목적을 옳게 설명한 것은 다음 중 어느 것인가?

① 사람과 일과의 관계
② 사람과 기계와의 관계
③ 기계와 적성과의 관계
④ 사람과 시간과의 관계

해설
인사관리는 "사람과 일과의 관계"를 합리적으로 조정하여 양호한 관계를 유지토록 하는데 목적이 있다.

31
산업심리학 측면에서 인사관리의 중요한 기능에 속하지 않는 것은?

① 업무평가　② 작업 분석
③ 작업계획　④ 조직과 리더쉽

Answer 25. ④　26. ①　27. ④　28. ③　29. ③　30. ①　31. ③

해설

인사관리의 기능에는 다음의 6가지가 있다.
1) 조직과 리더쉽
2) 선발(적성검사 및 시험)
3) 배치
4) 작업분석
5) 업무평가
6) 상담 및 노사간의 이해

32
Y-K 성격검사 결과에서 C, C'형인 성격에 대한 설명 중 잘못된 것은?

① 운동성과 결단력이 빠르다
② 정밀하고 복잡한 작업도 잘 수행한다.
③ 적응력은 빠르나 세심하지 않다.
④ 집념이 부족하나 담력이 크며 자신감이 강하다.

해설

Y-K 성격검사

작업적 성격유형	작업성격인자	적성 직종의 일반적 경향
C,C'형	① 운동, 결단, 기민, 빠름 ② 적응이 빠름 ③ 세심하지 않음 ④ 내구(耐久), 집념부족 ⑤ 담력, 자신감 강함	① 대인적 직업 ② 창조적, 관리자적 직업 ③ 변화있는 기술적 가공 작업 ④ 변화있는 물품을 대상으로 하는 불연속 작업
M,M'형 (신경질형)	① 운동성은 느리나 지속성풍부 ② 적응이 느림 ③ 세심, 억제, 정확함 ④ 내구성, 집념, 지속성 ⑤ 담력, 자신감 강함	① 연속적, 집중적, 인내적 작업 ② 연구 개발적, 과학적 작업 ③ 정밀, 복잡성 작업
S,S'형 다혈질 (운동성형)	①,②,③,④ → C,C'형 과 같음 ⑤ 담력, 자신감 약함	① 변화하는 불연속작업 ② 사람 상대 상업적 작업 ③ 기민한 동작을 요하는 작업
P,P'형 점액질 (평범 수동성형)	①,②,③,④ → M,M'형과 같음 ⑤ 담력, 자신감 약함	① 경리사무, 흐름작업 ② 계기관리, 연속작업 ③ 지속적 단순작업
Am형	① 극도로 나쁨 ② 극도로 느림 ③ 극도로 결핍 ④ 극도로 강하거나 약함	① 위험을 수반하지 않은 단순한 기술적 작업 ② 작업상 부적응적 성격자는 정신위생적 치료 요함

33
Y-G 성격검사의 프로필 유형(類型) 중 B형(右偏型)인 경우의 사회적응성으로 맞는 것은?

① 평균
② 부(不)적응
③ 적응
④ 적응 또는 평균

해설

Y-G 성격검사
1) A형(평균형) : 조화적, 적응적
2) B형(우편형) : 정서불안정, 활동적, 외향적(불안정, 부적응, 적극형)
3) C형(좌편형) : 안정, 소극형(온순, 소극적, 안정, 비활동, 내향적)
4) D형(우하형) : 안정, 적응, 적극형(정서안정, 사회적응, 활동적, 대인관계 양호)
5) E형(좌하형) : 불안정, 부적응, 수동형(D형과 반대)

34
심리검사로 갖추어야 할 요건에 해당하지 않는 것은?

① 표준화
② 타당성
③ 규준
④ 융통성

해설

적당한 심리검사는 「표준화」된 것이고 「객관적」이고 충분한 「규준」을 기초로 하고 「신뢰성」과 「타당성」이 있어야 한다.

35
심리검사의 특징 중 측정하고자 하는 것을 실제로 측정하는 것을 기술용어로 무엇이라 하는가?

① 타당성
② 신뢰성
③ 무오염성
④ 적절성

해설

심리검사의 요건에 관한 특징
1) 표준화 : 표준화는 검사의 관리를 위한 조건과 절차의 일관성과 통일성을 말한다.
2) 객관성 : 심리검사의 한 특징으로서 원칙적으로 채점에 관한 것으로 채점자의 편견이나 주관성이 배제되어야 한다.
3) 규준(norms) : 심리검사의 결과를 해석하기 위해서는 개인의 성적을 다른 사람들의 성적과 비교할 수 있는 참조 또는 비교의 어떤 틀이 있어야 한다.
4) 신뢰성 : 검사 응답이 일관성을 말한다.
5) 타당성 : 심리검사에서 가장 중요한 것 중의 하나는 측정하고자 하는 것을 실제로 측정하는 것인데 이것을 기술적 용어로 타당성이라 한다.

Answer ◐ 32. ② 33. ② 34. ④ 35. ①

36
기계적 이해는 단일의 심리학적 인자가 아니고 복합적 인자로 되어 있는 적성이다. 다음 중 기계적 이해를 구성하는 인자가 아닌 것은?

① 추리 ② 지각 속도
③ 공간 시각화 ④ 손과 팔의 솜씨

해설
기계작업에서의 성공에 관계되는 요인으로서는 '손과 팔의 솜씨', '공간 시각화', '기계적 이해'를 들 수 있으며, 「기계적 이해」는 복합적 인자로 되어 있는 적성으로 ① 공간시각화, ② 지각 속도, ③ 추리, ④ 기술적 지식 또는 기술적 경험 같은 여러 가지가 합쳐져서 된 것이다.

37
슈퍼(Super.D.E)에 의한 직업생활의 단계내용에 해당되지 않는 것은?

① 탐색 ② 확립
③ 성장 ④ 유지

해설
인간의 직업생활의 단계 : 탐색(exploration), 확립(establishment), 유지(maintenance), 하강(decline)

38
그린우드(Greenwood)의 실험이론으로 옳은 것은?

① 사고의 특성은 인간의 불완전성에 있다.
② 지능이 높거나 낮을수록 사고 발생률이 높아진다.
③ 사고의 대부분은 우연성에 의하여 작업조건이 관건이 된다.
④ 사고의 대부분은 소수의 근무자에 의해서 발생한다.

해설
사고를 내기 쉬운 성격을 가진 사람은 반복하여 사고를 발생시킨다.

39
다음 중 설명이 틀린 것은?

① 티핀이나 프렛쳐에 의하면 시각기능에 이상이 있는 자에 재해가 많았고, 두 눈의 시력이 불균형인 자에 재해가 많았다.
② 기셀리와 브라운 등에 의하면 지능과 사고는 높은 관련성을 가지며, 특히 지능이 낮은 사람이 사고를 많이 일으키고 있다.
③ 고다마(兒玉)의 조사에 의하면 허영적, 쾌락추구적 성격 등의 특성을 가진 자 중에 사고자가 많았다. 즉, 안전에 있어 성격 특성의 적성적 문제가 존재하고 있다.
④ 그린우드에 의하면 사고의 대부분은 소수의 근로자에 의해 발생한다.

해설
지능이 낮거나, 지능이 높은 사람일수록 사고를 많이 일으킨다.

40
권태에 대한 와이어트(Wyatt.S)의 실험조사 결과로 옳은 것은?

① 지능이 낮은 사람은 단순작업에 약하다.
② 지능이 높은 사람은 권태를 느끼기 쉽다.
③ 지능이 낮은 사람은 권태를 느끼기 쉽다.
④ 지능이 높은 사람은 단순작업에 강하다.

해설
지능이 비교적 낮은 사람은 단순작업을 잘 이겨내지만 지능이 높은 사람은 권태를 느끼기 쉽다.

41
안전사고와 관련있는 인간의 심리적인 5대요소가 아닌 것은?

① 지능 ② 동기
③ 감정 ④ 습성

해설
안전심리의 5요소
① 습관 ② 동기 ③ 기질 ④ 감정 ⑤ 습성

42
안전심리에서 중요시하는 인간요소는?

① 대상자의 기능
② 대상자의 개성과 사고력
③ 대상자의 지능 정도

Answer ➡ 36. ④ 37. ③ 38. ④ 39. ② 40. ② 41. ① 42. ②

④ 대상자의 습관

해설
인간의 개성과 사고력은 안전심리에서 고려되는 중요한 요소이다.

43
Tiffin 의 동기유발요인 중 공식적 자극에 해당되지 않는 것은

① 특권박탈 ② 칭찬
③ 승진 ④ 작업계획의 선택

해설
Tiffin의 동기유발요인
(1) 공식적 자극
  1) 적극적 : 상여금, 돈, 특권, 승진, 작업계획의 선택 등
  2) 소극적 : 견책, 해고, 임시고용, 특권박탈 등
(2) 비공식적 자극
  1) 적극적 : 격려 및 칭찬, 친절한 태도, 직장동료에 의한 존경 등
  2) 소극적 : 악평, 비난, 배척, 동료 간의 비협조 등

44
안전사고를 유발시키는 심리적 요인 중에 해당되지 않는 것은?

① 인간의 발전 ② 인간의 성장
③ 인간의 환경 ④ 인간의 성숙

해설
안전사고 유발의 심리적 요인
1) 인간의 발전 2) 인간의 성장 및 성숙과정 3) 연령

45
안전사고를 일으키는 요인 중 인간의 개성적 요소가 아닌 것은 다음 중 어느 것인가?

① 근육운동의 부적합
② 과도한 자존심 및 자만심
③ 과도한 집착성
④ 인내력 부족

해설
개성적 결함요인(사고의 요인)
1) 과도한 자존심과 자만심 2) 사치와 허영심
3) 고집 및 과도한 집착성 4) 인내력 부족

5) 감정의 장기지속성 6) 도전적 성격 및 다혈질
7) 나약한 마음 8) 태만(나태)
9) 경솔성(성급함)

46
다음 정신력과 관련있는 생리적 현상과 거리가 먼 것은?

① 인내력 부족 ② 과로
③ 육체 능력 ④ 근육운동의 부적합

해설
정신력에 영향을 주는 생리적 현상
1) 시력 및 청각의 이상 2) 신경계통의 이상
3) 육체적 능력의 초과 4) 근육운동의 부적합
5) 극도의 피로(과로)

47
한 번 재해를 당하면 겁쟁이가 되거나 신경과민이 되어 그 사람이 갖는 대응능력이 열화하기 때문에 재해를 빈발하게 된다는 설은?

① 기회설 ② 암시설
③ 경향설 ④ 미숙설

해설
재해 빈발설
1) 기회설 : 재해가 다발하는 것은 개인의 영향이 아니라 작업조건 자체에 위험성이 많기 때문이라는 설이다.
2) 암시설 : 한 번 재해를 당하면 겁쟁이가 되거나 신경과민이 되어 그 사람이 갖는 대응능력이 열화되기 때문에 재해가 빈발한다는 설이다.
3) 재해빈발경향자설 : 근로자 가운데에 재해를 빈발하는 소질적 결함자가 있다는 설이다.

48
환경에 익숙하지 못하기 때문에 재해를 일으키는 사람은?

① 미숙성 누발자 ② 소질성 누발자
③ 상황성 누발자 ④ 습관성 누발자

해설
재해 누발자의 유형
1) 미숙성 누발자 : 환경에 익숙치 못하거나 기능 미숙으로 인한 재해누발자를 말한다.
2) 소질성 누발자 : 지능, 성격, 감각운동에 의한 소질적 요소에

Answer ▶ 43. ② 44. ③ 45. ① 46. ① 47. ② 48. ①

3) 상황성 누발자 : 작업의 어려움, 기계설비의 결함, 환경상 주의집중의 곤란, 심신의 근심 등에 의한 것이다.
4) 습관성 누발자 : 재해의 경험으로 신경과민이 되거나 슬럼프(slump)에 빠지기 때문이다.

49
사고유발요인이 되는 정신적 요소에 해당되지 않는 것은?

① 책임감 및 창의력
② 개성적 결함요소
③ 주의력의 부족
④ 안전의식의 부족

해설

사고요인이 되는 정신적 요소 : 정신상태 불량에 의한 사고의 요인으로 다음과 같은 사항이 있다.
1) 방심 및 공상
2) 판단력의 부족 또는 잘못된 판단
3) 주의력의 부족
4) 안전의식의 부족
5) 개성적 결함요인
6) 정신력과 관계되는 생리적 현상

50
다음 중 레빈(Kurt Lewin)의 행동방정식인 B = f(P · E)에서 E가 나타내는 것은?

① Education
② Environment
③ Engineering
④ Energy

해설

Lewin.K의 법칙 : Lewin은 인간의 행동(B)은 그 사람이 가진 자질 즉, 개성(P)과 심리학적 환경(E)과의 상호 함수관계에 있다고 하였다.
∴ B = f(P · E)
여기서,
- B : Behavior(인간의 행동)
- f : function(함수관계 : 적성 기타 P와 E에 영향을 미칠 수 있는 조건)
- P : Person(개성 : 연령, 경험, 심신상태, 성격, 지능 등)
- E : Environment(심리적 환경 : 인간관계, 작업환경 등)

51
인간의 행동은 사람의 개성과 환경에 영향을 미친다. 다음 환경적 요인이 아닌 것은?

① 작업조건
② 직무의 안정
③ 감독
④ 책임

해설

작업조건, 직무의 안정, 감독 등은 환경적 요인이며, 책임은 개성에 관계되는 요인이다.

52
인간의 안전심리는 행동의 변화를 가져온다. 시간에 따라 행동변화의 4단계가 옳은 것은?

① 지식변화 – 태도변화 – 개인적행동변화 – 집단성취변화
② 태도변화 – 지식변화 – 개인적행동변화 – 집단성취변화
③ 개인적행동변화 – 지식변화 – 태도변화 – 집단성취변화
④ 개인적행동변화 – 태도변화 – 지식변화 – 집단성취변화

해설

인간변화의 4단계
1) 1단계 : 지식의 변화
2) 2단계 : 태도의 변화
3) 3단계 : 행동의 변화
4) 4단계 : 집단 또는 조직에 대한 성과의 변화

53
인간에 대한 변화 중에 가장 쉽게 변화를 가져오는 것은 어느 것인가?

① 태도의 변화
② 지식의 변화
③ 행동의 변화
④ 조직의 성과변화

54
안전을 위한 동기부여로 옳지 않은 것은?

① 안전목표를 명확히 설정하여 주지시킨다.
② 상벌제도를 합리적으로 시행한다.
③ 경쟁과 협동을 유도한다.
④ 기능을 숙달시킨다.

해설

안전동기유발방법
1) 안전의 근본이념을 인식시킬 것
2) 안전목표를 명확히 설정할 것
3) 상과 벌을 줄 것

Answer ➡ 49. ① 50. ② 51. ④ 52. ① 53. ② 54. ④

4) 결과를 알려줄 것
5) 경쟁과 협동을 유도할 것
6) 동기유발수준을 유지할 것

55
데이비스(K.Davis)의 동기부여이론에서 인간의 성과는?

① 지식×기능　　② 상황×태도
③ 인간조건×환경조건　④ 능력×동기유발

해설

Davis의 이론
∴ 인간의 성과×물적인 성과 = 경영의 성과
1) 능력×동기유발 = 인간의 성과
2) 지식×기능 = 능력
3) 상황×태도 = 동기유발

56
동기유발(motivation)방법이 아닌 것은?

① 안전의 참가치를 인식시킨다.
② 결과의 지식을 알려준다.
③ 상벌제도를 효과적으로 활용한다.
④ 동기유발의 수준을 최대로 높인다.

해설

동기유발 수준을 최대로 높이면 동기가 과잉유발되므로 동기유발의 수준은 최적의 상태로 유지하여야 한다.

57
마슬로우(A. H. Maslow)의 인간욕구의 5단계 중 해당되지 않는 것은?

① 1단계 : 생리적 욕구
② 2단계 : 자아실현의 욕구
③ 3단계 : 사회적 욕구
④ 4단계 : 인정을 받으려는 욕구

해설

Maslow의 욕구 5단계
1) 1단계 : 생리적 욕구
2) 2단계 : 안전의 욕구
3) 3단계 : 사회적 욕구
4) 4단계 : 인정을 받으려는 욕구
5) 5단계 : 자아실현의 욕구

58
동기유발의 방법 중 외적요소에 해당되는 것은?

① 학습결과의 진전 정도의 확인
② 학습 흥미의 환기
③ 학습목적의 명시
④ 호기심의 제고

해설

동기 유발 방법의 요소
(1) 내적요소
　1) 학습흥미의 환기
　2) 학습 목적의 명시
　3) 호기심의 제고
(2) 외적요소
　1) 학습결과와 진전정도의 확인
　2) 성공감과 실패감
　3) 상과 벌
　4) 경쟁심과 협동심의 이용
　5) 성적 충돌
　6) 좋은 학습환경 구성

59
Alderfer의 ERG 이론 중 신체적 차원에서 생존에 관련된 욕구는?

① 성장욕구　　② 관계욕구
③ 사회적 욕구　④ 존재욕구

해설

Alderfer의 ERG 이론
1) 생존 또는 존재(existence) 욕구 : 신체적인 차원에서 유기체의 생존과 유지에 관련된 욕구
2) 관계(relatedness)욕구 : 타인과의 상호작용을 통해 만족되는 대인욕구
3) 성장(growth)욕구 : 개인적인 발전과 증진에 관한 욕구

60
다음 맥그레거(McGreger)의 인간분석 중 X이론의 관리처방은?

① 경제적 보상체제의 강화
② 직무확장
③ 민주적 리더쉽 확립
④ 분권화와 권한의 위임

해설

Answer ● 55. ④ 56. ④ 57. ② 58. ① 59. ④ 60. ①

McGreger XY이론의 관리처방
(1) X이론의 관리처방
   1) 경제적 보상체제의 강화
   2) 권위주의적 리더쉽의 확보
   3) 면밀한 감독과 엄격한 통제
   4) 상부책임제도의 강화
(2) Y이론의 관리처방
   1) 민주적 리더쉽의 확립
   2) 분권화의 권한과 위임
   3) 목표에 의한 관리
   4) 직무확장
   5) 비공식적 조직의 활용
   6) 자체 평가제도의 활성화

61
마슬로우의 욕구단계를 기초욕구로부터 잘 연결한 것은?

① 신체적 욕구 – 자기실현충족 – 존경지위 – 귀속의 욕구 – 안정의 욕구
② 안정의 욕구 – 자기실현 욕구 – 존경의 욕구 – 귀속의 욕구 – 신체적 욕구
③ 신체적 욕구 – 안정의 욕구 – 사회욕구 – 존경의 욕구 – 자기실현의 욕구
④ 신체적 욕구 – 사회욕구 – 안정의 욕구 – 존경의 욕구 – 자기실현 욕구

62
김부장(部長)은 종업원들이 원래 일하기 싫어하고 게으르기 때문에 직원들을 엄격히 통제하고 목표달성을 위하여는 강제성을 띠고 종업원을 감독해야 된다고 평소에 믿고 있다. 김부장은 다음 중 어떤 이론적 관리방법을 신봉하고 있다고 보는가?

① McGregor의 X이론
② McGregor의 Y이론
③ Herzberg의 동기이론
④ Maslow의 욕구단계이론

해설
김부장은 인간 불신감을 전제로 명령 통제에 의한 관리를 최상으로 믿고 있으므로 멕그레거의 X이론과 같은 관리방법을 신봉하고 있다.

63
콜만(Korman)의 일관성 이론에 해당되는 것은?

① 균형개념과 자기존중
② 위생요인과 동기부여요인
③ X이론과 Y이론
④ 기대이론

해설
콜만의 일관성 이론
1) 균형개념 : 사람은 누구나 자신에 대한 인지적 균형감 및 일치감을 극대화하는 방향으로 행동하게 되며 그 행동에서 만족감을 갖는다.
2) 자기존중 : 자기 이미지 개념으로 기본적으로 이것은 자기 가치에 대한 인식이다. 높은 자기존중의 사람들은 일관성을 유지하고 따라서 만족상태를 유지하기 위해 더 높은 성과를 올리려고 한다.

64
Herzberg의 일을 통한 동기부여 원칙 중 틀린 것은?

① 개인적인 책임이나 책무를 증가시킴
② 직무에 따라 자유의 권한
③ 더욱 새롭고 어려운 업무 수행토록 과업 부여
④ 교육을 통한 간접적 정보제공

해설
④항, 교육을 통한 직접적인 정보를 제공한다.

65
직무만족도를 높이기 위한 방법이 아닌 것은?

① 고도로 산업화된 직무를 맡긴다.
② 새롭고 어려운 직무를 맡긴다.
③ 고도로 전문화된 직무를 맡긴다.
④ 일에 대한 개인적 책임감을 높인다.

해설
직무만족도(직무확대)를 높이는 방법
1) 일에 대한 개인적인 책임감이나 책무를 증가시킨다.
2) 완전하고 자연스러운 작업단위를 제공한다.
3) 새롭고 어려운 임무를 수행하도록 한다.
4) 특정의 직무에 전문가가 될 수 있도록 고도로 전문화된 임무를 배당한다.
5) 직무에 부과되는 자유와 권한을 준다.

Answer 61. ③ 62. ① 63. ① 64. ④ 65. ① 66. ③

66
Maslow의 욕구 5단계 중에 직장의 일에 대한 성취감은 다음 중 어느 단계에 속하는가?

① 생리적인 욕구
② 존경에 대한 욕구
③ 자아실현에 대한 욕구
④ 사회에 대한 욕구

해설
일에 대한 성취감은 마슬로우의 욕구단계 중 가장 고차적 욕구인 제5단계 자아실현의 욕구(성취욕구)에 속한다.

67
Alderfer의 ERG 이론에 의한 욕구의 분류에 해당되지 않는 것은?

① 생존욕구　　② 관계욕구
③ 성장욕구　　④ 안전욕구

해설
Alderfer의 ERG 이론
1) 생존(Existence) 욕구 : 신체적인 차원에서 유기체의 생존과 유지에 관련된 욕구
2) 관계(Relatedness)욕구 : 타인과의 상호작용을 통해 만족되는 대인 욕구
3) 성장(Growth) 욕구 : 개인적인 발전과 증진에 관한 욕구

68
허즈버그는 직무 만족을 산출해 내는 요인을 동기요인이라 부른다. 다음 중 동기요인이 아닌 것은?

① 일의 내용　　② 책임의 수준
③ 대인관계　　④ 개인적 발전

해설
허즈버그의 위생요인과 동기요인
1) 위생요인 : 직무환경에 관련된 것으로 기업정책, 개인 상호간의 관계(친교), 감독형태, 임금(급료), 보수지위, 안전, 작업조건 등이 있다.
2) 동기요인 : 직무내용에 관한 것으로 목표달성에 대한 성취감, 안정감, 책임감, 도전감, 성장과 발전, 작업자체 등이 있다.

69
매슬로우의 5단계 욕구성장과정을 관리감독자의 능력과 연결시켰다. 틀리는 것은?

① 종합적 능력 – 자기실현의 욕구
② 인간적 능력 – 생리적 욕구
③ 기술적 능력 – 안전의 욕구
④ 포괄적 능력 – 존경의 욕구

해설
관리감독자의 능력과 매슬로우 욕구 단계와의 관계
1) 기술적 능력 – 안전의 욕구
2) 인간적 능력 – 사회적 욕구
3) 포괄적 능력 – 존경욕구
4) 종합적 능력 – 자기실현의 욕구

70
"허즈버그"는 직무만족을 산출해 내는 요인을 동기요인이라 부른다. 다음 중 동기요인이 아닌 것은?

① 일의 내용　　② 책임감
③ 개인상호간의 관계　　④ 개인의 성장과 발전

해설
개인상호간의 관계는 대인관계를 나타내는 것으로 허즈버그의 위생요인에 해당된다.

71
다음 중 판단과정의 착오와 원인이 아닌 것은?

① 합리화　　② 능력부족
③ 정보부족　　④ 정보처리량의 한계

해설
착오요인
(1) 인지과정착오
　1) 생리, 심리적 능력의 한계
　2) 정보수용능력의 한계
　3) 감각차단현상
　4) 정서불안정 등 심리적 요인
(2) 판단과정착오
　1) 합리화
　2) 능력부족
　3) 정보부족
　4) 자신과잉(과신)
(3) 조작과정착오 : 판단한 내용에 따라 실제 동작하는 과정에서의 착오

Answer ● 67.④ 68.③ 69.② 70.③ 71.④

72
다음은 의식하여 행하는 동작 또는 무의식으로 행하는 동작 때문에 실패를 일으키지 않도록 하기 위한 일반적인 조건을 열거한 것이다. 틀리는 것은?

① 착각을 일으킬 수 있는 의무조건이 없을 것
② 감각기의 기능이 정상일 것
③ 대뇌의 명령에서 근육의 활동이 일어나기까지의 신경계의 저항이 많은 것
④ 시간적, 수량적으로 능력을 발휘할 수 있는 체력이 있을 것

해설
③항, 대뇌의 명령에서 근육의 활동이 일어나기까지의 신경계의 저항이 적을 것

73
실수 및 과오의 요인이 아닌 것은?

① 능력부족　　② 관리 부적당
③ 주의부족　　④ 환경조건 부적당

해설
실수 및 과오의 요인
1) 능력부족 : 적성, 지시, 기술, 인간관계
2) 주의부족 : 개성, 감정의 불안정, 습관성
3) 환경조건 부적당 : 표준불량, 규칙불충분, 작업조건불량, 연락 및 의사소통 불량

74
다음 중 운동의 시지각이 아닌 것은?

① 자동운동(自動運動)　② 항상운동(恒常運動)
③ 유도운동(誘導運動)　④ 가현운동(仮現運動)

해설
운동의 시지각(착각현상)
(1) 자동운동 : 암실내에서 정지된 소광점을 응시하고 있으면 그 광점이 움직이는 것을 볼 수 있는데 이것을 자동운동이라 한다. 자동운동이 생기기 쉬운 조건은 다음과 같다.
　1) 광점이 작을 것
　2) 시야의 다른 부분이 어두울 것
　3) 광의 강도가 작을 것
　4) 대상이 단순할 것
(2) 유도운동 : 실제로 움직이지 않는 것이 어느 기준의 이동에 유도되어 움직이는 것처럼 느껴지는 현상을 말한다.
(3) 가현운동 : 객관적으로 정지하고 있는 대상물이 급속히 나타나든가 소멸하는 것으로 인하여 일어나는 운동으로 마치 대상물이 운동하는 것처럼 인식되는 현상을 말한다(β 운동 : 영화영상의 방법).

75
암실 내에서 정지된 소광점을 응시하고 있으면 그 광점이 움직이는 것처럼 보인다. 이러한 현상을 자동운동이라 한다. 다음 중 자동운동이 생기기 쉬운 조건이 아닌 것은?

① 광점이 작을 것
② 시야의 다른 부분이 어두울 것
③ 광의 강도가 클 것
④ 대상이 단순할 것

76
현의 유무에 따라 원의 크기가 달라져 보이는 현상은?

① 인 착시　　② 대비 착시
③ 윤곽선 착시　④ 반전 착시

77
다음 중 가현운동과 관계없는 것은?

① α 운동　　② β 운동
③ γ 운동　　④ θ 운동

해설
가현운동의 종류에는 α, β, γ, δ, ε 운동이 있다.

78
인간의 동작을 좌우하는 인자 중에서 영향이 가장 큰 것은?

① 환경조건　　② 동적조건
③ 정적조건　　④ 생리적 조건

해설
인간의 동작 특성
(1) 외적조건
　1) 동적조건 : 대상물의 동적 성질(최대요인)
　2) 정적조건 : 높이, 크기, 깊이 등
　3) 환경조건 : 기온, 습도, 소음 등
(2) 내적조건 : 경력, 개인차, 생리적 조건(피로, 긴장 등)

Answer ➡ 72. ③　73. ②　74. ②　75. ③　76. ③　77. ④　78. ②

79
다음 중 최소의 에너지에 의해 어떤 목적에 쉽게 이르고자 하는 경향은?

① 단순화의 원리 ② 간결성의 원리
③ 사고심리의 원리 ④ 최소에너지의 원리

해설
간결성의 원리
1) 물적 세계에 서두름이나 생략행위가 존재하고 있는 것처럼 심리활동에 있어서도 최소 에너지에 의해 어느 목적에 달성하도록 하려는 경향이 있는데 이것을 간결성의 원리라 한다.
2) 간결성의 원리에 기인하여 착각, 착오, 생략, 단락 등의 사고에 관계되는 심리적 요인이 발생하게 된다.

80
다음은 군화의 법칙(群化의 法則)을 그림으로 나타낸 것이다. 동류의 요인에 해당되는 것은?

① ● ○ ● ○ ● ○ ● ○
② ○ ○ ○ ○ ○ ○ ○
③
④

해설
①항 : 동류의 요인 ②항 : 근접의 요인
③항 : 연속의 요인 ④항 : 폐합의 요인

81
다음은 물건의 정리를 나타낸 그림이다. 관계없는 것은?

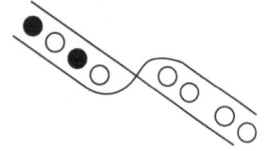

① 근접의 요인 ② 동류의 요인
③ 폐합의 요인 ④ 연속의 요인

해설
물건의 정리(군화의 법칙)
1) 근접된 물건끼리 정리한다(근접의 요인).
　○○　　○○　　○○　　○○
2) 매우 비슷한 물건끼리 정리한다(동류의 요인).
　● ○ ● ○ ● ○ ● ○
3) 밀폐형을 가지런히 정리한다(폐합의 요인).

4) 연속을 가지런히 정리한다(연속의 요인).

(직선과 곡선의 교차)　　(변형된 2개의 조합)

82
다음 중 주의의 특징이 아닌 것은?

① 습관성 ② 변동성
③ 선택성 ④ 방향성

해설
주의의 특징
1) 선택성 : 여러 종류의 자극을 자각할 때 소수의 특정한 것에 한하여 선택하는 기능
2) 방향성 : 주시점만 인지하는 기능
3) 변동성 : 주의에는 주기적으로 부주의의 리듬이 존재

83
다음 중 주의의 특성이 아닌 것은 어느 것인가?

① 주의력을 강화하면 기능은 저하한다.
② 주의는 동시에 두개 방향으로 집중하지 못한다.
③ 한지점에 주의를 집중하면 다른 지점에 주의력은 약해진다.
④ 고도의 주의는 장시간 지속될 수 없다.

해설
②항은 주의의 선택성(중복집중의 곤란), ③항은 주의의 방향성, ④항은 주의력의 단속성(변동성)을 나타낸 것이다.

84
다음은 부주의를 정의한 것이다. 잘못 설명한 것은?

① 부주의는 불안전한 행위와 불안전한 상태에도 적용된다.
② 부주의는 결과적으로 실패한 동작이다.
③ 부주의는 유사한 착각이나 본질적인 지식의 부족에 기인한다.

Answer ● 79. ② 80. ① 81. ③ 82. ① 83. ① 84. ③

③ 부주의는 인간 능력한계가 넘는 범위로 행위한 동작의 실패원인을 말한다.

85
다음은 부주의의 발생현상이다. 혼미한 정신상태에서 심신의 피로나 단조로운 반복 작업시에 일어나는 현상은 어떤 것인가?

① 의식의 과잉　② 의식의 단절
③ 의식의 우회　④ 의식 수준의 저하

해설

부주의 현상
1) 의식의 과잉 : 지나친 의욕에 의해서 생기는 부주의 현상으로서 돌발사태 및 긴급이상 사태시 순간적으로 긴장되고 의식이 한 방향으로만 쏠리게 되는 경우가 이에 해당된다.
2) 의식의 단절 : 지속적인 의식의 흐름에 단절이 생기고 공백의 상태가 나타나는 것으로서 특수한 질병이 있는 경우에 나타낸다.
3) 의식의 우회 : 의식의 흐름이 옆으로 빗나가 발생하는 경우이다.
4) 의식수준의 저하 : 혼미한 정신상태에서 심신이 피로할 경우나 단조로운 반복작업 등의 경우에 일어나기 쉽다.

86
다음의 부주의 발생현상 중 질병의 경우에 주로 나타나는 것은?

① 의식의 단절　② 의식의 우회
③ 의식 수준의 저하　④ 의식의 과잉

해설

부주의(inattention)는 의식을 어떤 일이나 물체에 집중하지 않는 것 또는 그와 같이 하는 심리적 능력을 갖고 있는 상태를 말하는 것으로 질병에 의해서는 의식의 단절 현상에 의해 부주의가 발생한다.

87
다음의 부주의 현상 중 phase I의 의식수준에 기인한 것은?

① 의식의 과잉　② 의식의 단절
③ 의식의 우회　④ 의식수준의 저하

해설

부주의 현상의 의식수준 상태
1) 의식의 단절 : phase O 상태
2) 의식의 우회 : phase O 상태
3) 의식수준의 저하 : phase I 이하
4) 의식의 과잉 : phase IV 상태

88
부주의 발생에 관한 외적조건에 속하지 않는 것은?

① 작업순서 부적당　② 작업강도
③ 의식의 우회　④ 기상조건

해설

부주의 발생원인
1) 외적조건 : 작업순서의 부적당, 작업 및 환경조건불량
2) 내적조건 : 소질적 조건, 의식의 우회, 경험 및 미경험

89
의식의 우회에서 오는 부주의를 극소화하기 위한 최적의 방법은?

① 적성배치　② 안전교육 훈련
③ 카운셀링　④ 피로대책

해설

의식의 우회를 극소화하기 위한 대책 : 카운셀링

90
의식의 레벨(Phase)로서 다음의 4단계가 있다. 이 중 일상적인 정상작업은 일반적으로 몇 단계의 의식으로 처리하는가?

① Phase I　② Phase II
③ Phase III　④ Phase IV

해설

의식 level의 단계별 생리적 상태
1) Phase O : 수면, 뇌발작
2) Phase I : 피로, 단조, 졸음, 술취함
3) Phase II : 안정기거, 휴식시, 정례작업시
4) Phase III : 적극활동시
5) Phase IV : 긴급방위반응, 당황해서 panic

Answer ➡ 85. ④　86. ①　87. ④　88. ③　89. ③　90. ②

91
Phase Ⅲ의 의식수준은 의식이 명석하고 사물을 적극적으로 받아들이려고 하는 상태인데 이 상태는 몇 분 정도 지속되는가?

① 5분 정도 ② 15분 정도
③ 40분 정도 ④ 1시간 정도

해설

Phase Ⅲ의 의식수준은 주의력이 강한 주의집중상태를 뜻하며 가장 좋은 상태인데 이 상태는 15분정도 지속시키는 것이 최적이지만 경우에 따라 30분까지는 지속시킬 수도 있으나 그 이상으로 지속시킬 때는 오히려 의식수준이 급속히 저하되는 현상이 따른다.

92
의식의 레벨(Phase)로서 다음의 4단계가 있다. 이들중 신뢰성이 가장 높은 단계는?

① Phase Ⅰ ② Phase Ⅱ
③ Phase Ⅲ ④ Phase Ⅳ

해설

의식 level의 단계별 신뢰성

단계(Phase)	신뢰성
Phase 0	0
Phase Ⅰ	0.9 이하
Phase Ⅱ	0.99~0.99999
Phase Ⅲ	0.999999
Phase Ⅳ	0.9 이하

93
피로가 작업능률의 저하를 가져온다고 볼 때 이것은 어떤 피로에 해당되는가?

① 생리적 피로 ② 주관적 피로
③ 정신적 피로 ④ 객관적 피로

해설

피로의 3표지(피로의 종류)
1) 주관적 피로 : 이것은 스스로 느끼는「피곤하다」는 자각증상으로 대개의 경우 권태감이나 단조감 또는 포화감이 뒤따른다.
2) 객관적 피로 : 객관적 피로는 생산된 제품의 양과 질의 저하를 지표로 한다.
3) 생리적(기능적) 피로 : 인체의 생리상태를 검사해 봄으로서 생체의 각 기능이나 물질의 변화 등에 의해 피로를 알 수 있는 방법이다.

94
Phase Ⅲ의 의식수준은 정보처리의 5가지 채널 중 몇 단계의 채널까지 대응되는가?

① ①, ②의 채널까지
② ①, ②, ③의 채널까지
③ ①, ②, ③, ④의 채널까지
④ ①, ②, ③, ④, ⑤의 채널까지

해설

(1) 정보처리의 5가지 채널
  1) 반사(대뇌를 통하지 않는 정보처리) : ①의 채널
  2) 주시하지 않아도 되는 조작 : ②의 채널
  3) 루틴작업의 동작(처리할 정보의 순서를 미리 알고 있는 경우) : ③의 채널
  4) 동적의지 결정을 필요로 하는 조작 : ④의 채널
  5) 문제해결적인 조작 : ⑤의 채널
(2) 의식수준과 대체 채널과의 관계
  1) Phase Ⅱ의 경우는 ①~③의 채널까지는 대응되나 그 이상 채널에 대한 정보처리는 무리가 생겨서 실수를 하게 된다.
  2) Phase Ⅲ는 가장 좋은 의식수준의 상태로 이때는 ①~⑤의 모든 채널에 대응된다.

95
다음 중 심리적이면서도 생리적인 요소를 모두 갖고 있는 요인은?

① 피로 ② 동기저하
③ 단조로움 ④ 근육긴장

해설

피로란 작업경과에 따라 생리적 또는 심리적 요인으로 나타나는 현상이다.

96
피로의 요인 중 외부인자에 속하지 않은 것은?

① 작업조건 ② 환경조건
③ 생활조건 ④ 책임감 및 경험조건

해설

피로의 발생요인
1) 내적요인 : 적성, 책임감, 경험 및 숙련도
2) 외적요인 : 인간관계, 생활조건, 작업 및 환경조건

Answer ➲ 91. ② 92. ③ 93. ④ 94. ④ 95. ① 96. ④

97
피로의 측정방법이 아닌 것은?

① 생리학적 방법 ② 심리학적 방법
③ 생화학적 방법 ④ 물리학적 방법

해설
피로의 측정방법
1) 생리학적 방법 2) 생화학적 방법 3) 심리학적 방법

98
다음 생체리듬 설명 중 맞지 않는 것은?

① 혈액의 염분량은 주간에 증가, 야간에 감소한다.
② 피로의 자각증상은 주간에 감소, 야간에 증가한다.
③ 체온은 주간에 상승, 야간에 감소한다.
④ 체중은 주간에 증가, 야간에 감소한다.

해설
혈액의 염분량은 주간에는 감소하고 야간에는 증가한다.

99
바이오리듬에서 육체적 리듬을 표시하는 색채는?

① 청색 ② 황색
③ 적색 ④ 녹색

해설
바이오리듬의 색채
1) 육체적 리듬 : 청색 2) 감성적 리듬 : 적색
3) 지성적 리듬 : 녹색

100
바이오리듬에 대한 설명 중 잘못된 것은?

① 체온, 혈압, 맥박수는 주간에 상승하고 야간에는 하강한다.
② 혈액의 수분, 염분량은 주간에 증가하고 야간에 감소한다.
③ 지성적 리듬은 표시하는 색채는 녹색이다.
④ 감성적 리듬을 표시하는 색채는 적색이다.

해설
혈액의 수분, 염분량은 주간에 감소하고 야간에는 증가한다.

101
바이오리듬상 위험일(critical day)에는 평소보다 심장질환의 발작이 몇 배가 발생되는가?

① 4.5배 ② 5.1배
③ 5.4배 ④ 6.8배

해설
바이오리듬상 위험일에는 평소보다 뇌졸중이 5.4, 심장질환이 발작이 5.1배, 자살은 6.8배가 더 많이 발생된다고 한다.

102
A작업에 대한 평균에너지 값은 4.5kcal/분일 경우 1시간의 총작업시간 내에 포함시켜야만 하는 휴식시간은? (단, 작업에 대한 평균에너지가의 상한은 4kcal/분이다)

① 5분 ② 10분
③ 15분 ④ 20분

해설
$$R = \frac{60(E-4)}{E-1.5} = \frac{60(4.5-4)}{4.5-1.5} = 10분$$

103
피로의 3가지 지표에 해당되지 않는 것은?

① 주관적 피로 ② 객관적 피로
③ 생리적 피로 ④ 정신적 피로

해설
피로의 지표
1) 주관적 피로 : 피로감
2) 객관적 피로 : 생산, 작업성적의 양적, 질적 저하
3) 생리적 피로 : 생리기능의 저하

104
다음 스트레스의 영향요소 중 내적 자극요소가 아닌 것은?

① 자존심 손상
② 허탈
③ 죄책감
④ 갈등과 대립

Answer 97. ④ 98. ① 99. ① 100. ② 101. ② 102. ② 103. ④ 104. ④

해설

스트레스의 영향요소
(1) 내적 자극요인(마음속에서 일어남)
   1) 자존심의 손상과 공격방어 심리
   2) 업무상의 죄책감
   3) 출세욕의 좌절감과 자만심의 상충
   4) 지나친 경쟁심과 재물에 대한 욕심
   5) 지나친 과거에의 집착과 허탈
   6) 가족간의 대화단절 및 의견의 불일치
   7) 남에게 의지하고자 하는 심리
(2) 외적 자극요인(외부로부터 오는 요인)
   1) 경제적인 어려움
   2) 가정에서의 가족관계의 갈등
   3) 가족의 죽음이나 질병
   4) 직장에서 대인관계상의 갈등과 대립
   5) 자신의 건강문제

105
다음 중 자기주장이 강하고 빈약한 대인관계를 가지는 인격은?

① 강박인격
② 순환인격
③ 망상인격
④ 반사회적 인격

해설

인격 이상자의 유형
1) 망상인격 : 편집성 인격이라고도 하며, 자기주장이 강하고 빈약한 대인관계를 가지고 있는 성격의 소유자이다.
2) 순환인격 : 외부로부터의 자극과는 관계없이 울적 상태(우울한 시기)에서 조적상태(명랑한 시기)로 상당히 장기간에 걸쳐 기분이 변동하는 것을 특징으로 한다.
3) 분열인격 : 극단적으로 수줍어하고 말이 없으며 자폐적이다. 사교를 싫어하고 될 수 있는 한 친밀한 인간관계를 피하려고 한다.
4) 폭발인격 : 사소한 일에 갑자기 예고없이 노여움을 폭발시키거나, 폭언을 쏟아 놓거나, 폭력적인 공격성을 나타낸다.
5) 강박인격 : 엄격하고 지나치게 양심적이고, 우유부단, 욕망을 제지하고, 기준에 적합하도록 지나치게 신경을 쓴다(완전주의로 노력을 함).
6) 반사회적 인격 : 정서불안정, 윤리도덕상의 규범결여, 무감각, 쾌락주의적이다.
7) 무력인격 : 활력이 결여되고 감정이 둔하고 만성적 비관론자이다.

106
다음 중 욕구저지(欲求沮止)를 일으키게 하는 장해에 대한 반응으로 분류할 수 없는 것은?

① 장해우위형
② 자아방위형
③ 욕구고집형
④ 반동형성형

해설

욕구저지를 일으키게 하는 장해에 대한 반응으로는 장해우위형, 자아방위형, 욕구고집형이 있다.
1) 장해우위형 : 장해 그 자체에 대하여 강조점을 둔다.
2) 자아방위형 : 저지당해 불만에 빠진 자아의 방위를 강조한다.
3) 욕구고집형 : 저지권 욕구를 포기하지 않고 욕구충족을 강조한다.

107
데이비스의 동기부여 이론에서 인간의 능력에 적합한 것은?

① 지식 × 기능
② 지식 × 태도
③ 기능 × 상황
④ 상황 × 태도

해설

Davis의 동기부여이론
1) 인간의 성과 × 물적인 성과 = 경영의 성과
2) 인간의 성과 = 능력 × 동기유발
3) 능력 = 지식 × 기능
4) 동기유발 = 상황 × 태도

108
심리학적으로 인사관리의 중요한 기능에 해당되지 않는다고 보는 것은?

① 목표
② 조직과 리더쉽
③ 작업분석
④ 업무평가

해설

인사관리의 중요한 기능
1) 조직과 리더쉽
2) 선발(적성검사 및 시험)
3) 배치
4) 작업분석
5) 업무평가
6) 상담 및 노사간의 이해

Answer ● 105. ③ 106. ④ 107. ① 108. ①

109
개인적 카운셀링의 진행순서로 맞는 것은?

㉠ 사실의 새진술	㉡ 장면의 구성
㉢ 대담자와의 대화	㉣ 감정의 반사
㉤ 감정의 명확화	

① ㉡ – ㉠ – ㉢ – ㉤ – ㉣
② ㉡ – ㉢ – ㉠ – ㉣ – ㉤
③ ㉢ – ㉣ – ㉤ – ㉠ – ㉡
④ ㉠ – ㉢ – ㉡ – ㉤ – ㉣

해설

카운셀링의 순서 : 장면구성 – 내담자와의 대화 – 의견재분석(사실의 진술) – 감정표출 – 감정의 명확화

110
자기의 행동이 정당하며 실제의 행위나 상태보다도 훌륭하게 평가되기 위하여 사회적으로 인정되는 구실을 부쳐 증명하고자 하는 행위를 무엇이라고 하는가?

① 보상
② 합리화
③ 동일시
④ 승화

Answer ● 109. ② 110. ②

2장 안전보건교육

1 교육의 3요소

교육 활동은 교육의 3요소가 상호 실천적으로 교섭할 때 성립되며 그 가치가 피교육자의 성장과 발달로 나타난다.

(1) **교육의 주체** : 교도자, 강사, 교사

(2) **교육의 객체** : 학생, 수강자, 피교육자

(3) **교육의 매개체** : 교재

2 학습지도의 정의 및 원리

(1) **학습지도의 정의** : 학습자가 교육목적을 효과적으로 달성할 수 있도록 자극하고 도와주는 교육활동을 말한다. 즉, 모든 기술지도의 총체로 교육방법을 말한다.

  1) **핀케빗치(pinkevich)** : 지도란 「교사가 방향을 지시하며 조직적으로 계도하는 영향 하에 새로운 학생으로 하여금 지식, 기술, 습관에 정통하게 만드는 일」이라고 하였다.
  2) **로크(Locke)** : 교육론에서 「경험을 통한 학습」과 「감각에 의한 학습」을 강조하였다.

(2) **학습지도의 원리**

  1) **자기활동의 원리(자발성의 원리)** : 학습자 자신이 스스로 자발적으로 학습에 참여 하는데 중점을 둔 원리이다.
  2) **개별화의 원리** : 학습자가 지니고 있는 각자의 요구와 능력 등에 알맞은 학습활동의 기회를 마련해 주어야 한다는 원리이다.
  3) **사회화의 원리** : 학습내용을 현실사회의 사상과 문제를 기반으로 하여 학교에서 경험한 것과 사회에서 경험한 것을 교류시키고 공동학습을 통해서 협력적이고 우호적인 학습을 진행하는 원리이다.
  4) **통합의 원리** : 학습을 종합적인 전체로서 지도하자는 원리로, 동시학습 원리와 같다.
  5) **직관의 원리** : 구체적인 사물을 직접 제시하거나 경험시킴으로서 큰 효과를 볼 수 있다는 원리이다.

3 교육지도(학습지도)의 8원칙

(1) 피 교육자 중심교육(상대방 입장에서 교육)

(2) 동기부여

(3) 쉬운 부분에서 어려운 부분으로 진행

(4) 반복

(5) 한번에 하나씩 교육

(6) 인상의 강화(오래기억)

   1) 보조재의 활용
   2) 견학, 현장사진 제시
   3) 사고사례의 제시
   4) 중요사항의 재 강조
   5) 속담, 격언과의 연결 및 암시 등의 방법 선택
   6) 토의과제 제시 및 의견 청취

(7) 5관의 활용

   1) 5관의 효과치
      ① 시각효과 60%(미국 75%)   ② 청각효과 20%(미국 13%)
      ③ 촉각효과 15%(미국 6%)   ④ 미각효과 3%(미국 3%)
      ⑤ 후각효과 2%(미국 3%)
   2) 이해도 교육효과
      ① 귀 : 20%   ② 눈 : 40%
      ③ 귀+눈 : 60%   ④ 입 : 80%
      ⑤ 머리+손+발 : 90%

(8) 기능적인 이해 : 근거 있는 기능적 이해는

   1) 기억을 강하게 심어주고
   2) 경솔하게 멋대로 하지 않으며
   3) 생략행위를 하지 않으며
   4) 독자적이고 자기 자기만족을 억제하며
   5) 이상발견 시 응급조치가 용이하여야 한다.

4 교육법의 4단계 및 교육시간

(1) 교육법의 4단계

1) 제1단계 – 도입(준비) : 배우고자 하는 마음가짐을 일으키도록 도입한다.
2) 제2단계 – 제시(설명) : 상대의 능력에 따라 교육하고 내용을 확실하게 이해시키고 납득시켜 다시 기능으로서 습득시킨다.
3) 제3단계 – 적용(응용) : 이해시킨 내용을 구체적인 문제 또는 실제 문제로 활용시키거나 응용시킨다.
4) 제4단계 – 확인(총괄) : 교육내용을 정확하게 이해하고 습득하였는지의 여부를 확인한다.

(2) 단계별 교육시간 : 단계별 교육의 시간 배분은 단위 시간을 1시간(60분)으로 했을 때 대략 다음과 같이 된다.

교육법의 4단계	강의식	토의식
제1단계 — 도입(준비)	5분	5분
제2단계 — 제시(설명)	40분	10분
제3단계 — 적용(응용)	10분	40분
제4단계 — 확인(총괄)	5분	5분

(3) 작업지도 기법의 4단계

1) 제1단계 – 학습할 준비를 시킨다(학습준비).
   ① 마음을 안정시킨다.
   ② 무슨 작업을 할 것인가를 말해준다.
   ③ 작업에 대해 알고 있는 정도를 확인한다.
   ④ 작업을 배우고 싶은 의욕을 갖게 한다.
   ⑤ 정확한 위치에 자리 잡게 한다.

2) 제2단계 – 작업을 설명한다(작업설명).
   ① 주요단계를 하나씩 설명해주고 시범해 보이고 그려 보인다.
   ② 급소를 강조한다.
   ③ 확실하게, 빠짐없이, 끈기 있게 지도한다.
   ④ 이해할 수 있는 능력 이상으로 강요하지 않는다.

3) 제3단계 – 작업을 시켜본다(실습).
4) 제4단계 – 가르친 뒤를 살펴본다(결과시찰).

5 학습의 이론

(1) **S-R 이론** : 학습을 자극(Stimulus)에 의한 반응(Response)으로 보는 이론으로, 다음의 이론이 여기에 속한다.

   1) 돈다이크(Thorndike)의 시행착오설
   2) 파브로브(Pavlov)의 조건반사설
   3) 스키너(Skinner)의 작동적(도구적) 조건화설
   4) 구드리(Guthrie)의 접근적 조건화설

(2) **시행착오에 있어서의 학습법칙**

   1) **연습의 법칙**(law of exercise) : 모든 학습과정은 많은 연습과 반복을 통해서 바람직한 행동의 변화를 가져오게 된다는 법칙으로, 빈도의 법칙(law of frequency)이라고도 한다.
   2) **효과의 법칙**(law of effect) : 학습의 결과가 학습자에게 쾌감을 주면 줄수록 반응은 강화되고 반대로 고통이나 불쾌감을 주면 약화된다는 법칙으로 결과의 법칙이라고도 한다.
   3) **준비성의 법칙**(law of readiness) : 특정한 학습을 행하는 데에 필요한 기초적인 능력을 충분히 갖춘 뒤에 학습을 행함으로써 효과적인 학습을 이룩할 수 있다는 법칙이다.

(3) **조건 반사설에 의한 학습이론의 원리**

   1) **시간의 원리** : 조건자극(종소리)이 무조건자극(음식물)보다 시간적으로 동시 또는 조금 앞서서 주어야만 조건화, 즉 강화가 잘 된다는 원리이다.
   2) **강도의 원리** : 조건 반사적인 행동이 이루어지려면 먼저 준 자극의 정도에 비해 적어도 같거나 그보다 강한 자극을 주어야 바람직한 결과를 낳게 된다.
   3) **일관성의 원리** : 조건자극은 일관된 자극물을 사용하여야 한다는 원리이다
   4) **계속성의 원리** : 자극과 반응과의 관계를 반복하여 횟수를 거듭할수록 조건화가 잘 형성된다는 원리이다.

6 기억 및 망각

(1) **기억의 과정** : 기억은 기명(記銘), 파지(把持), 재생(再生), 재인(再認)의 단계를 거친다.

   1) **기억** : 과거의 경험이 어떠한 형태로 미래의 행동에 영향을 주는 작용이라고 할 수 있다.
   2) **기명** : 사물의 인상을 마음속에 간직하는 것을 말한다.
   3) **파지** : 간직, 인상이 보존되는 것을 말한다.
   4) **재생** : 보존된 인상을 다시 의식으로 떠오르는 것을 말한다.
   5) **재인** : 과거에 경험했던 것과 같은 비슷한 상태에 부딪쳤을 때 떠오르는 것을 말한다.

(2) 망각

1) 기억의 단계 중 재생이나 재인이 안될 경우에는 곧 망각이 되었다는 것을 의미한다.
2) 파지란 획득된 행동이나 내용이 지속되는 것이며, 망각은 지속되지 않고 소실되는 현상을 말한다.

7 연습

(1) 연습의 3단계 : 연습의 효과란 모든 행동을 쉽고 빠르고 정확하게 익숙하는데 있으며 그 단계는 다음과 같다.

1) 1단계 – **의식적 연습** : 모든 것을 하나하나 세밀하게 의식하고 모든 힘과 정성을 다하여 연습한다.
2) 2단계 – **기계적 연습** : 연습을 반복함으로써 신속하고 정확성이 높아 가는 단계.
3) 3단계 – **응용적 연습** : 1, 2단계의 종합적인 결과에서 하나의 완성된 결과를 가져오는 단계.

(2) 고 원(plateau)

1) 일반적으로 연습을 시작하면 처음에는 미숙해서 능률이 오르지 않다가 시간이 경과함에 따라 점차적으로 능률이 오르게 되는데, 어느 정도 시간이 경과하면 오히려 능률이 오르지 않고 한동안 정체상태에 들어간다. 이 때를 연습의 고원이라고 한다.
2) 고원현상은 모티베이션(motivation)의 감퇴, 포화, 피로, 행동의 고정화 및 단조성, 곤란한 문제에 대한 봉착 등의 여러 가지 원인에 의해서 생기게 된다.

(3) 연습의 방법 : 전습법과 분습법

1) **전습법**(whole method) : 학습재료를 하나의 전체로 묶어서 학습하는 방법이다.
2) **분습법**(part method) : 학습재료를 작게 나누어서 조금씩 학습하는 방법으로 순수 분습법, 점진적 분습법, 반복적 분습법이 있다.

[표] 전습법 및 분습법의 장점

전습법의 이점	분습법의 이점
1. 망각이 적다. 2. 학습에 필요한 반복이 적다. 3. 연합이 생긴다. 4. 시간과 노력이 적다.	1. 어린이는 분습법을 좋아한다. 2. 학습효과가 빨리 나타난다. 3. 주의와 집중력의 범위를 좁히는데 적합하고 유리하다. 4. 길고 복잡한 학습에 적당하다.

8 학습의 전이

(1) 전이(transference) : 학습의 전이란 어떤 내용을 학습한 결과가 다른 학습이나 반응에 영향을 주는 현상을 말한다.

(2) 학습전이의 조건

1) 학습정도의 요인 : 선행학습의 정도에 따라 전이의 가능정도가 다르다.
2) 유사성의 요인 : 선행학습과 후행학습에 유사성이 있어야 한다는 것으로 자극의 유사성, 반응의 유사성, 원리의 유사성이 있다.
3) 시간적 간격의 요인 : 선행학습과 후행학습의 시간간격에 따라 전이의 효과가 다르다.
4) 학습자의 지능요인 : 학습자의 지능정도에 따라 전이 효과가 달라진다.
5) 학습자의 태도요인 : 학습자의 주의력 및 능력, 특히 태도에 따라 전이의 정도가 다르다.

(3) 연습의 방법

1) 동일 요소설 : 선행 학습경험과 새로운 학습경험 사이에 같은 요소가 있을 때에는 서로의 사이에 연합 또는 연결의 현상이 일어난다는 설이다(E. L. Thorndike).
2) 일반화설 : 학습자가 하나의 경험을 하면 그것으로 그치는 것이 아니고 다른 비슷한 상황에서 같은 방법이나 태도로 대하려는 경향이 있어서 이것이 효과를 가져와 전이가 이루어진다는 설이다(C. H. Judd).
3) 형태 이조설(移調說) : 형태 심리학자들이 입증한 학설로 이것은 경험할 때의 심리학적 사태가 대체로 비슷한 경우라면 먼저 학습할 때 머릿속에 형성되었던 구조가 그대로 옮겨가기 때문에 전이가 이루어진다는 설이다.

9 적응기제(適應機制)

(1) 방어적 기제 : 자신의 약점이나 무능력, 열등감을 위장하여 유리하게 보호함으로써 안정감을 찾으려는 기제

1) 보상 : 자신의 무능에 의해서 생긴 열등감이나 긴장을 해소시키기 위해 자신의 장점 같은 것으로 그 결함을 보충하려는 행동기제
2) 합리화 : 자신의 실패나 약점을 그럴듯한 이유를 들어 남의 비난을 받지 않도록 하여 자위도 하는 행동기제
3) 동일시 : 자신의 것이 아님에도 불구하고 자기의 것이나 된 듯이 행동을 하여 승인을 얻고자 하는 기제
4) 승화 : 정신적인 역량의 전환을 의미하는 기제

(2) **도피적 기제** : 욕구불만에 의한 긴장이나 압박감으로부터 벗어나기 위해서 비합리적인 행동으로 공상에 도피하고, 현실세계에서 벗어나 마음의 안정을 얻으려는 기제

　1) **고립** : 현실을 피하고 자신의 내부로 도피하려는 행동기제
　2) **퇴행** : 발전 단계를 역행함으로써 욕구를 충족하려는 행동기제
　3) **억압** : 현실적인 필요(욕망, 감정등)를 묵살함으로써 오히려 자신의 안정을 유지하려는 기제
　4) **백일몽** : 현실적으로 도저히 만족시킬 수 없는 욕구나 소원을 공상의 세계에서 이룩하려고 하는 도피의 한 형식

(3) **공격적 기제**

　1) **직접적 공격기제** : 폭행, 싸움, 기물 파손 등
　2) **간접적 공격기제** : 조소, 비난, 중상모략, 폭언, 욕설 등

10 안전교육의 기본방향 및 목적

(1) **안전교육의 기본방향**

　1) 사고사례 중심의 안전교육
　2) 안전작업(표준작업)을 위한 안전교육
　3) 안전의식 향상을 위한 안전교육

(2) **안전교육의 목적**

　1) 안전정신의 안전화　　　　　　2) 행동의 안전화
　3) 환경의 안전화　　　　　　　　4) 설비와 물자의 안전화

11 안전교육의 3단계

(1) **지식교육(제1단계)** : 강의, 시청각교육을 통한 지식의 전달과 이해
(2) **기능교육(제2단계)** : 시범, 견학, 실습, 현장실습교육을 통한 경험체득과 이해
(3) **태도교육(제3단계)** : 작업동작지도, 생활지도 등을 통한 안전의 습관화

12 안전교육의 단계별 교육과정

(1) 지식교육의 특성 : 주로 강의식 전달교육으로서 다음과 같은 특성이 있다.

1) 이해도 측정 곤란
2) 단편적인 교육 치중 우려
3) 교사 학습방법에 따라 차이
4) 광범한 지식의 전달 가능
5) 많은 인원에 대한 교육가능
6) 안전의식 제고가 용이하다.

(2) 기능교육의 3원칙

1) readiness(준비)
2) 위험작업의 규제(수칙)
3) 안전작업 표준화(방법)

[표] 지식 및 기능교육의 4단계 지도 방법

단계	지식교육	기능교육
1단계	도입	학습준비
2단계	제시(설명)	작업설명
3단계	적용(응용)	실습
4단계	확인(종합)	결과시찰

(3) 안전태도 교육의 원칙(기본과정)

1) 청취(hearing)한다.
2) 이해(understand)하고 납득한다.
3) 항상모범(example)을 보여준다.
4) 권장한다.
5) 처벌한다.
6) 좋은 지도자를 얻도록 힘쓴다.
7) 적정배치한다.
8) 평가(evaluation)한다.

13 안전교육 계획

(1) 안전교육 계획에 포함할 사항

1) 교육목표(첫째 과제)
   ① 교육 및 훈련의 범위
   ② 교육 보조자료의 준비 및 사용지침
   ③ 교육훈련의 의무와 책임관계 명시
2) 교육의 종류 및 교육대상
3) 교육의 과목 및 교육내용
4) 교육기간 및 시간

5) 교육장소
   6) 교육방법
   7) 교육담당자 및 강사

(2) 준비계획에 포함되어야 할 사항

   1) 교육목표의 설정
   2) 교육대상자 범위 결정
   3) 교육과정의 결정
   4) 교육방법의 결정(교육방법과 형태)
   5) 교육보조재료 및 강사 조교의 편성
   6) 교육의 진행사항
   7) 소요예산의 산정

(3) 실시계획의 내용

   1) 소요인원(학급편성 및 강사, 지도원 등)
   2) 교육장소
   3) 소요기자재(교육보조재료, 교안 등)
   4) 견학계획
   5) 시범 및 실습계획
   6) 협조부서 및 협동사항
   7) 토의 진행계획
   9) 소요 예산 책정
   9) 평가계획
   10) 일정표

14 기능(기술)교육의 진행방법

(1) 하버드 학파의 5단계 교수법

   1) 1단계 : 준비시킨다(preparation).
   2) 2단계 : 교시한다(presentation).
   3) 3단계 : 연합한다(association).
   4) 4단계 : 총괄시킨다(generalization).
   5) 5단계 : 응용시킨다(application).

(2) 듀이(J.Dewey)의 사고과정의 5단계

   1) 시사를 받는다.
   2) 머리로 생각한다.
   3) 가설을 설정한다.
   4) 추론한다.
   5) 행동에 의하여 가설을 검토한다.

(3) 교시법의 4단계

1) 준비단계(preparation)
2) 일을 하여 보이는 단계(presentation)
3) 일을 시켜 보이는 단계(performance)
4) 보습지도의 단계(follow-up : 추가지도)

15 안전교육 방법

(1) 강의 방식 : 강의법, 문답식, 문답제기식 등의 방법이 있다.

1) 강의법 : 많은 인원의 수강자(최적인원 40~50명)를 단기간의 교육시간에 비교적 많은 내용의 교육내용을 전수하기 위한 방법
2) 문답식 : 일문일답식으로 강의식에 의한 학습효과를 테스트하거나 확실하게 하기위해 사용
3) 문제 제기식 : 과제에 대처시키는 문제 해결적인 방법과 재생시키기 위한 방법의 2가지가 있다.

(2) 토의(회의)방식 : 쌍방적 의사전달에 의한 교육방식이다(최적인원 10~20명).

1) forum(공개토론회) : 새로운 자료나 교재를 제시하고 거기서의 문제점을 피교육자로 하여금 제기케 하거나 의견을 여러 가지 방법으로 발표하게 하여 다시 깊이 파고들어 토의를 행하는 방법
2) symposium : 몇 사람의 전문가에 의하여 과제에 관한 견해를 발표한 뒤 참가자로 하여금 의견이나 질문을 하게 하여 토의하는 방법.
3) panel discussion : 패널멤버(교육과제에 정통한 전문가 4~5명)가 피교육자 앞에서 자유로이 토의를 하고 뒤에 피교육자 전원이 참가하여 사회자의 사회에 따라 토의하는 방법.
4) colloquy(대화) : panel discussion의 변형으로 패널멤버 외에 참석자의 대표를 선출하여 질의응답의 형태로 실시되는 것이다.
5) 버즈 세션(buzz session) : 6-6회의라고도 하며, 먼저 사회자와 기록계를 선출한 후 나머지 사람은 6명씩의 소집단으로 구분하고, 소집단별로 각각 사회자를 선발하여 6분간씩 자유토의를 행하여 의견을 종합하는 방법.

(3) 구안법(project method) : 학생이 마음속에 생각하고 있는 것을 외부에 구체적으로 실현하고 형상화하기 위해서 자기 스스로가 계획을 세워서 수행하는 학습활동으로 이루어지는 형태다.

1) Collings는 구안법을 탐험(exploration), 구성(construction), 의사소통(communication), 유희(play), 기술(skill)의 5가지로 지적하고 산업시찰견학, 현장실습 등도 이에 해당된다고 하였다.

2) 구안법의 단계는 목적, 계획, 수행, 평가의 4단계를 거친다.

(4) 문제해결법 : 학생 앞에 현실적인 문제를 제시하여 해결해 나가는 과정에서 지식, 기능, 태도, 기술 등을 종합적으로 획득하는 학습과정으로 다음의 5단계 과정을 거친다.

  1) 1단계 : 문제의 제시(인식)
  2) 2단계 : 문제의 해결계획의 수립
  3) 3단계 : 자료수집 및 검토
  4) 4단계 : 해결방법의 실시(학습활동의 전개)
  5) 5단계 : 정리와 결과의 검토

(5) 사례연구법(case study) : 먼저 사례를 제시하고 문제가 되는 사실들과 그의 상호관계에 대해서 검토하며, 대책을 토의하는 방식으로 토의법을 응용한 교육기법

  1) 장점
    ① 흥미가 있고 학습동기를 유발할 수 있다.
    ② 현실적인 문제의 학습이 가능하다.
    ③ 관찰, 분석력을 높이고 판단력, 응용력의 향상이 가능하다.
    ④ 토의과정에서 각자가 자기의 사고 방향에 대하여 태도의 변형이 생긴다.

  2) 단점
    ① 적절한 사례의 확보가 곤란하다.
    ② 원칙과 규정(rule)의 체계적 습득이 곤란하다.
    ③ 학습의 진보를 측정하기가 어렵다.

(6) 역할연기법(role playing) : 참석자에게 어떤 역할을 주어서 실제로 시켜 봄으로써 훈련이나 평가에 사용하는 교육기법으로, 절충능력이나 협조성을 높여서 태도의 변용에도 도움을 준다.

  1) 장점
    ① 흥미를 갖고 문제에 적극적으로 참가한다.
    ② 자기태도의 반성과 창조성이 생기고 발표력이 향상된다.
    ③ 문제의 배경에 대하여 통찰하는 능력을 높임으로써 감수성이 향상된다.
    ④ 각자의 장점과 약점을 알 수 있다.

  2) 단점
    ① 높은 수준의 의사 결정에 대한 훈련에는 효과를 기대할 수 없다.
    ② 목적이 명확하지 않고 다른 방법과 병용하지 않으면 의미가 없다.
    ③ 훈련 장소의 확보가 어렵다.

16 기업 내 정형교육

(1) TWI(training within industry)

1) 교육대상 : 감독자
2) 교육내용
   ① JI(job instruction) : 작업지도 기법
   ② JM(job method) : 작업개선 기법
   ③ JR(job relation) : 인간관계 관리기법(부하통솔기법)
   ④ JS(job safety) : 작업안전 기법
3) 한 클래스는 10명 정도, 교육방법은 토의법, 1일 2시간씩 5일에 걸쳐 10시간 정도 행한다.

(2) MTP(management training program) : FEAF(far east air force)라고도 함

1) 교육대상 : TWI 보다 약간 높은 관리자 계층
2) 교육내용 : 관리의 기능, 조직원 원칙, 조직의 운영, 시간관리 학습의 원칙과 부하 지도법, 훈련의 관리, 신인을 맞이하는 방법과 대행자를 육성하는 요령, 회의의 주관, 직업의 개선 안전한 작업, 과업관리, 사기양양 등
3) 한 클래스는 10~15명, 2시간 씩 20회에 걸쳐 40시간 훈련하도록 되어 있다.

(3) ATT(american telephone & telegram co.)

1) 교육대상 : 대상계층이 한정되어 있지 않고, 또 한번 훈련을 받은 관리자는 그 부하인 감독자에 대해 지도원이 될 수 있다.
2) 교육내용 : 계획적 감독, 작업의 계획 및 인원배치, 작업의 감독, 공구와 자료보고 및 기록, 개인작업의 개선, 종업원의 향상, 인사 관계, 훈련, 고객관계, 안전부대 군인의 복무조정 등
3) 코스는 1차 훈련(1일 8시간씩 2주간), 2차 과정에서는 문제가 발생할 때마다 하도록 되어 있으며, 진행방법은 통상 토의식에 의하여 지도자의 유도로 과제에 대한 의견을 제시하게 하여 결론을 내려가는 방식을 취한다.

(4) CCS(civil communication section) : ATP(administration training program)라고도 함

1) 교육대상 : 당초에는 일부회사의 톱 매니지먼트에 대해서만 행하여졌던 것이 널리 보급된 것이라고 한다.
2) 교육내용 : 정책의 수립, 조직(경영부분, 조직형태, 구조 등), 통제(조직통제의 적용, 품질관리, 원가통제의 적용 등) 및 운영(운영조직, 협조에 의한 회사운영) 등
3) 교육방법은 주로 강의법에 토의법이 가미된 것으로 매주 4일, 4시간씩으로 8주간(합계 128시간)에 걸쳐 실시하도록 되어있다.

17 O·J·T와 off·J·T

(1) O·J·T(on the Job training : 현장중심 교육) : 직속 상사가 현장에서 업무상의 개별교육이나 지도훈련을 하는 교육형태.

(2) off·J·T(off the Job training : 현장외 중심교육) : 계층별 또는 직능별 등과 같이 공통된 교육대상자를 현장 외의 한 장소에 모아 집체 교육 훈련을 실시하는 교육 형태

[표] O·J·T와 off·J·T의 특징

O·J·T	off·J·T
① 개개인에게 적합한 지도훈련이 가능	① 다수의 근로자에게 조직적 훈련이 가능
② 직장의 실정에 맞는 실체적 훈련을 할 수 있다.	② 훈련에만 전념하게 된다.
③ 훈련에 필요한 업무의 계속성이 끊어지지 않음	③ 특별 설비 기구를 이용할 수 있음
④ 즉시 업무에 연결되는 관계로 신체와 관련 있음	④ 전문가를 강사로 초청할 수 있음
⑤ 효과가 곧 업무에 나타나며 훈련의 좋고 나쁨에 따라 개선이 용이함	⑤ 각 직장의 근로자가 많은 지식이나 경험을 교류할 수 있음
⑥ 교육을 통한 훈련 효과에 의해 상호 신뢰 이해도가 높아짐	⑥ 교육훈련 목표에 대해서 집단적 노력이 흐트러질 수도 있음

18 교육방법의 선택

(1) 수업단계별 최적의 수업방법

수업단계	적합한 수업방법
도 입	강의법, 시범
전 개	반복법, 토의법, 실연법
정 리	반복법, 토의법, 실연법, 자율학습법

※ 수업의 모든 단계(도입 — 전개 — 정리)에 적합한 수업방법 : 프로그램 학습법, 학생상호 학습법, 모의 학습법

(2) **프로그램 학습법** : 수업 프로그램이 프로그램 학습의 원리에 의해서 만들어지고 학생의 자기학습 속도에 따른 학습이 허용되어 있는 상태에서, 학습자가 프로그램 자료를 가지고 단독으로 학습토록 하는 교육방법이다.

[표] 프로그램 학습법의 특징

적용의 경우	제약 조건(단점)
① 수업의 모든 단계 ② 학교수업, 방송수업, 직업훈련의 경우 ③ 학생들의 개인차가 최대한으로 조절되어야 할 경우 ④ 학생들이 자기에게 허용된 어느 시간에나 학습이 가능할 경우 ⑤ 보충학습의 경우	① 한번 개발한 프로그램 자료를 개조하기가 어렵다. ② 학생들의 사회성이 결여되기 쉽다. ③ 개발비가 높다.

(3) **모의법** : 실제의 장면이나 상태와 극히 유사한 사태를 인위적으로 만들어 그 속에서 학습토록 하는 교육방법이다.

[표] 모의법의 특징

적용의 경우	제약 조건(단점)
① 수업의 모든 단계 ② 학교 수업 및 직업훈련 등 ③ 실제사태는 위험성이 따를 경우 ④ 직접조작을 중요시 하는 경우	① 단위 교육비가 비싸고 시간의 소비가 많다. ② 시설의 유지비가 높다. ③ 학생 대 교사의 비율이 높다.

19 시청각 교육

(1) 시청각 교육의 필요성

1) 교수의 **효율성**을 높여 줄 수 있다.
2) 지식 팽창에 따른 **교재의 구조화**를 기할 수 있다.
3) 인구 증가에 따른 **대량 수업체제**가 확립될 수 있다.
4) 교수의 개인차에서 오는 **교수의 평준화**를 기할 수 있다.
5) 피 교육자가 어떤 사물에 대하여 완전히 이해하려면 현실적이고 구체적인 지각 경험을 기초로 해야 한다.
6) 사물의 정확한 이해는 건전한 사고력을 유발하고 태도에 영향을 주어 바람직한 인격 형성을 시킬 수 있다.

(2) 시청각 교육의 기능

1) 구체적인 경험을 충분히 줌으로써 상징화, 일반화의 과정을 도와주며 의미나 원리를 파악하는 능력을 길러준다.
2) 학습동기를 유발시켜 자발적인 학습활동이 되게 자극한다.
   (학습효과의 지속성을 기할 수 없다.)
3) 학습자에게 공통경험을 형성시켜 줄 수 있다.
4) 학습의 다양성과 능률화를 기할 수 있다.
5) 개별 진로 수업을 가능케 한다.

20 강의 계획

(1) 강의 계획의 4단계

1) 1단계 : 학습목적과 학습성과의 설정
2) 2단계 : 학습자료 수집 및 체계화
3) 3단계 : 교수방법의 선정
4) 4단계 : 강의안 작성

(2) 학습목적의 3요소

1) 목표(goal) : 학습을 통하여 달성하려는 지표
2) 주제(subject) : 목표 달성을 위한 테마(thema)
3) 학습정도(level of learning) : 학습범위와 내용의 정도를 말하며 다음단계에 의해 이루어진다.
   ① 인지 : ~을 인지하여야 한다.
   ② 지각 : ~을 알아야 한다.
   ③ 이해 : ~을 이해하여야 한다.
   ④ 적용 : ~을 ~에 적용할 줄 알아야 한다.

길잡이

> **학습목적** : 「안전의식을 높이기 위해 하인리히의 사고방지원리 5단계를 이해한다.」
> ① 목표 : 안전의식의 고양
> ② 주제 : 하인리히의 사고방지원리 5단계
> ③ 학습정도 : 이해한다.

21 교육훈련 평가의 기준

(1) 요더(D. Yoder)의 기준

1) 훈련 전후의 비교 (before and after comparisons) : 이는 경영자보다 감독자 훈련에서 더욱 유효하다.
2) 통제 그룹 (control groups) : 피 훈련자, 또한 비 훈련자도 포함하여 그룹으로서 비교 평가한다.
3) 평가기준의 설정 (yardsticks and criteria) : 작업훈련의 평가에서는 생산량 및 속도가 중요한 기준이 된다.

(2) 로쉬(C. H. Lawshe)의 기준

1) 생산량
2) 단위 생산 소요시간
3) 훈련 실시기간
4) 불량 및 파손자재 소모
5) 품질
6) 사기
7) 결근, 고정, 퇴직, 재해율
8) 일반관리 및 관리자 부담

22 교육훈련 평가의 4단계

(1) **반응 단계(1단계)** : 훈련을 어떻게 생각하고 있는가?

(2) **학습 단계(2단계)** : 어떠한 원칙과 사실 및 기술 등을 배웠는가?

(3) **행동 단계(3단계)** : 직무수행상 어떠한 행동의 변화를 가져왔는가?

(4) **결과 단계(4단계)** : 코스트절감, 품질개선, 안전관리, 생산증대 등에 어떠한 결과를 가져왔는가?

23 교육과목에 따른 학습평가 방법

(1) **지식교육** : 평가시험, 테스트

(2) **기능교육** : 노트, 테스트

(3) **태도교육** : 관찰, 면접

24 산업안전보건법관련 교육과정별 교육대상 및 교육내용

(1) 안전보건교육 교육과정별 교육시간(2023.11 개정)

교육과정	교육대상	교육시간
1. 정기교육	1) 사무직 · 판매직 근로자	매분기 6시간 이상
	2) 사무직 · 판매직 근로자 외의 근로자	매분기 12시간 이상
2. 채용시 교육	1) 일용직근로자 및 근로계약기간이 1주일 이하인 기간제 근로자	1시간 이상
	2) 근로계약기간이 1주일 초과 1개월 이하인 기간제 근로자	4시간 이상
	3) 그밖에 근로자	8시간 이상
3. 작업내용 변경시 교육	1) 일용근로자 및 근로계약기간이 1주일 이하인 기간제 근로자	1시간 이상
	2) 그밖에 근로자	2시간 이상

	1) 특별교육대상 작업에 종사하는 일용근로자 및 근로계약기간이 1주일 이하인 기간제근로자	2시간 이상
4. 특별교육	2) 특별교육대상 작업 중 타워크레인 신호작업에 종사하는 일용근로자 및 근로계약기간이 1주일 이하인 기간제 근로자	8시간 이상
	3) 특별교육대상 작업에 종사하는 일용근로자 및 근로계약기간이 1주일 이하인 기간제 근로자를 제외한 근로자	• 16시간 이상(최초 작업에 종사하기 전 4시간 이상 실시하고 12시간은 3개월 이내에서 분할하여 실시 가능 • 단기간 작업, 간헐적 작업인 경우 2시간 이상
5. 건설업 기초 안전보건교육	건설일용근로자	4시간 이상

(2) 관리감독자 교육과정별 교육시간

교육과정	교육시간
1. 정기교육	연간 16시간 이상
2. 채용시 교육	8시간 이상
3. 작업내용 변경시 교육	2시간 이상
4. 특별교육	• 16시간 이상(최초 작업에 종사하기 전 4시간 이상 실시하고 12시간은 3개월 이내에서 분할하여 실시 가능
	• 단기간 작업, 간헐적 작업인 경우 2시간 이상

(3) 근로자 안전·보건교육내용(시행규칙 별표 5)

1) 근로자 정기안전·보건교육

교육내용
① 산업안전 및 사고예방에 관한 사항 ② 산업보건 및 직업병 예방에 관한 사항 ③ 위험성 평가에 관한 사항 ④ 건강증진 및 질병 예방에 관한 사항 ⑤ 유해·위험 작업환경 관리에 관한 사항 ⑥ 산업안전보건법령 및 산업재해보상보험 제도에 관한 사항 ⑦ 직무스트레스 예방 및 관리에 관한 사항 ⑧ 직장 내 괴롭힘, 고객의 폭언 등으로 인한 건강장해 예방 및 관리에 관한 사항

2) 관리감독자 정기안전·보건교육

교육내용
① 산업안전 및 사고예방에 관한 사항
② 산업보건 및 직업병 예방에 관한 사항
③ 위험성 평가에 관한 사항
④ 유해·위험 작업환경 관리에 관한 사항
⑤ 산업안전보건법령 및 산업재해보상보험 제도에 관한 사항
⑥ 직무스트레스 예방 및 관리에 관한 사항
⑦ 직장 내 괴롭힘, 고객의 폭언 등으로 인한 건강장해 예방 및 관리에 관한 사항
⑧ 작업공정의 유해·위험과 재해예방대책에 관한 사항
⑨ 사업장 내 안전보건관리체제 및 안전보건조치 현황에 관한 사항
⑩ 표준안전 작업방법 결정 및 지도·감독 요령에 관한 사항
⑪ 현장 근로자와의 의사소통 능력 및 강의능력 등 안전보건교육 능력 배양에 관한 사항
⑫ 비상시 또는 재해발생시 긴급조치에 관한 사항
⑬ 그밖의 관리감독자의 직무에 관한 사항

3) 채용시 및 작업내용 변경시 교육

교육내용
① 기계·기구의 위험성과 작업의 순서 및 동선에 관한 사항
② 작업 개시 전 점검에 관한 사항
③ 정리정돈 및 청소에 관한 사항
④ 사고 발생 시 긴급조치에 관한 사항
⑤ 산업안전 및 사고예방에 관한 사항
⑥ 산업보건 및 직업병 예방에 관한 사항
⑦ 위험성 평가에 관한 사항
⑧ 물질안전보건자료에 관한 사항
⑨ 산업안전보건법령 및 산업재해보상보험 제도에 관한 사항
⑩ 직무스트레스 예방 및 관리에 관한 사항
⑪ 직장 내 괴롭힘, 고객의 폭언 등으로 인한 건강장해 예방 및 관리에 관한 사항

(4) 특별안전보건교육 대상작업(제1호~제39호까지의 작업)별 교육내용(시행규칙 별표 5)

1) 아세틸렌 용접장치 또는 가스집합용접장치를 사용하는 금속의 용접·용단 또는 가열작업(발생기·도관 등에 의하여 구성되는 용접장치만 해당)
   ① 용접 흄, 분진 및 유해광선 등의 유해성에 관한 사항
   ② 가스용접기, 압력조정기, 호스 및 취관두 등의 기기점검에 관한 사항
   ③ 작업방법·순서 및 응급처치에 관한 사항
   ④ 안전기 및 보호구 취급에 관한 사항
   ⑤ 화재예방 및 초기대응에 관한 사항
   ⑥ 그 밖에 안전·보건관리에 필요한 사항

2) 로봇 작업
　　① 로봇의 기본원리·구조 및 작업방법에 관한 사항
　　② 이상 발생시 응급조치에 관한 사항
　　③ 안전시설 및 안전기준에 관한 사항
　　④ 조작방법 및 작업순서에 관한 사항

3) 밀폐공간에서의 작업
　　① 산소농도 측정 및 작업환경에 관한 사항
　　② 사고 시의 응급처치 및 비상 시 구출에 관한 사항
　　③ 보호구 착용 및 사용방법에 관한 사항
　　④ 밀폐공간작업의 안전작업방법에 관한 사항
　　⑤ 그 밖에 안전·보건관리에 필요한 사항

4) 석면의 해체·제거 작업
　　① 석면의 특성과 위험성
　　② 석면 해체·제거의 작업방법에 관한 사항
　　③ 장비 및 보호구 사용에 관한 사항
　　④ 그 밖에 안전·보건관리에 필요한 사항

5) 전압이 75볼트 이상인 정전 및 활선 작업
　　① 전기의 위험성 및 전격 방지에 관한 사항
　　② 해당 설비의 보수 및 점검에 관한 사항
　　③ 정전작업·활선작업 시의 안전작업방법 및 순서에 관한 사항
　　④ 절연용 보호구, 절연용 보호구 및 활선작업용 기구 등의 사용에 관한 사항
　　⑤ 그 밖에 안전·보건관리에 필요한 사항

6) 굴착면의 높이가 2m 이상이 되는 지반굴착작업(터널 및 수직갱 외의 갱굴착은 제외)
　　① 지반의 형태구조 및 굴착요령에 관한 사항
　　② 지반의 붕괴재해 예방에 관한 사항
　　③ 붕괴방지용 구조물 설치 및 작업방법에 관한 사항
　　④ 보호구의 종류 및 사용에 관한 사항

7) 굴착면의 높이가 2m 이상이 되는 암석의 굴착작업
　　① 폭발물 취급요령과 대피요령에 관한 사항
　　② 안전거리 및 안전기준에 관한 사항
　　③ 방호물의 설치 및 기준에 관한 사항
　　④ 보호구 및 신호방법 등에 관한 사항

8) 거푸집 동바리의 조립 또는 해체작업
    ① 동바리의 조립작업 및 작업절차에 관한 사항
    ② 조립재료의 취급방법 및 설치기준에 관한 사항
    ③ 조립해체 시의 사고방지에 관한 사항
    ④ 보호구 착용 및 점검에 관한 사항

9) 비계의 조립 · 해체 또는 변경 작업
    ① 비계의 조립순서 및 방법에 관한 사항
    ② 비계작업의 재료취급 및 설치에 관한 사항
    ③ 추락재해방지에 관한 사항
    ④ 보호구 착용에 관한 사항
    ⑤ 비계상부 작업 시 최대적재하중에 관한 사항

실 / 전 / 문 / 제

01
교육의 3요소 중에서 교육의 주체는?

① 교육방법   ② 교재
③ 수강자   ④ 강사

해설
1) 교육의 주체 : 강사, 교도자, 교사
2) 교육의 객체 : 수강자, 학생
2) 교육의 매개체 : 교재

02
다음 중 교육의 3요소가 바르게 나열된 것은?

① 교사 – 학생 – 교육재료
② 교사 – 학생 – 부모
③ 학생 – 환경 – 교육재료
④ 학생 – 부모 – 사회지식인

해설
교육의 3요소 : 교사, 학생, 교육 재료

03
인간의 감각기관을 최대한 활용한다는 것은 교육의 효과를 높이는 지름길이다. 다음 중 가장 효과가 높은 감각기관은?

① 시각   ② 청각
③ 촉각   ④ 후각

해설
5관의 효과치 : 시각(60%) → 청각(20%) → 촉각(15%) → 미각(3%) → 후각(2%)

04
다음 중 안전교육의 원칙과 거리가 먼 항목은?

① 피교육자 입장에서 교육한다.
② 동기부여를 위주로한 교육을 실시한다.
③ 어려운 것부터 쉬운 것을 중심으로 실시하여 이해를 돕는다.
④ 오감을 통한 기능적인 이해를 돕도록 한다.

해설
교육지도의 8원칙
(1) 상대방 입장에서 교육(학습자중심 교육)
(2) 동기부여
(3) 쉬운 부분에서 어려운 부분으로 진행
(4) 반복 교육
(5) 한 번에 하나씩 교육
(6) 인상의 강화(강조하고 싶은 사항)
   1) 보조재의 활용
   2) 견학 및 현장사진 제시
   3) 사고사례의 제시
   4) 중요사항의 재강조
   5) 토의과제 제시 및 의견 청취
   6) 속담 · 격언과의 연결 및 암시 등의 방법 선택
(7) 5감의 활용
(8) 기능적인 이해

05
교육방법 중 기능적인 이해(functional understand)를 돕기 위한 내용에 맞지 않는 것은?

① 기억의 강화
② 생략행위의 금지
③ 경솔한 임의행동의 억제
④ 안전의식 향상

해설
기능적인 이해
1) 기억의 강화
2) 경솔한 임의 행동 억제
3) 생략행위의 금지
4) 독자적인 자기 만족 억제
5) 이상 발견시 응급조치 용이

Answer ● 01. ④ 02. ① 03. ① 04. ③ 05. ④

06
다음 방법 중 교육효과(이해도)가 가장 높은 것은?

① 눈으로 보고 쓰게 한다.
② 눈으로 보고 귀로 듣게 한다.
③ 질문을 하여 대답하게 한다.
④ 머리로 생각하게 하고 손, 발로 동작시킨다.

해설

이해도 교육효과
1) 귀 : 20%   2) 눈 : 40%
3) 귀+눈 : 60%   4) 입 : 80%
5) 머리+손, 발 : 90%

07
학과교육의 4단계법이 순서대로 나열된 것은?

① 도입 – 제시 – 적용 – 확인
② 제시 – 도입 – 확인 – 적용
③ 도입 – 적용 – 확인 – 제시
④ 제시 – 적용 – 확인 – 도입

해설

학과교육의 4단계
1) 1단계 : 도입   2) 2단계 : 제시
3) 3단계 : 적용   4) 4단계 : 확인

08
안전교육방법 중 강의식 교육을 1시간하려고 한다. 가장 시간이 많이 소비되는 단계는?

① 도입   ② 적용
③ 제시   ④ 확인

해설

단계식 교육의 시간배분은 단위시간을 1시간(60분)으로 했을 때 대략 다음과 같이 된다.

교육법의 4단계	강의식	토의식
1단계 : 도입	5분	5분
2단계 : 제시	40분	10분
3단계 : 적용	10분	40분
4단계 : 확인	5분	5분

09
교육법의 4단계 중 학과와 실습에 따른 4단계를 연결한 것이다. 틀린 단계는?

① 도입 – 학습준비   ② 제시 – 작업설명
③ 적용 – 실습   ④ 확인 – 실습

해설

교육법의 4단계
1) 1단계 : 도입 – 학습준비
2) 2단계 : 제시 – 작업설명
3) 3단계 : 적용 – 실습 및 응용
4) 4단계 : 확인 – 총괄

10
S–R 이론이란?

① 학습을 자극에 의한 반응으로 보이는 이론
② 학습은 자극에 의한 무반응의 정도
③ 학습은 유전과 환경 사이의 반응
④ 학습과 학습자료에 관한 이론

해설

S–R이론 : 학습을 자극(stimulus)에 의한 반응(response)으로 보는 이론으로 시행착오설과 조건반사설이 있다.

11
안전교육훈련 지도방법을 설명한 것 중 지식교육의 4단계를 옳게 설명한 것은?

① 도입 – 제시 – 학습반응 – 성과확인
② 도입 – 학습반응 – 제시 – 성과확인
③ 학습방법 – 제시 – 도입 – 성과확인
④ 도입 – 학습방법 – 성과확인 – 제시

해설

지식교육의 4단계
(1) 도입(1단계) : 피교육자의 동기부여
(2) 제시(2단계)
  1) 교재를 보인다. 이야기를 한다.
  2) 어느 정도 암기하였는가 질문한다.
  3) 학습을 위한 과제와 자료를 준다.
(3) 학습반응(3단계)
  1) 자습시킨다.
  2) 상호학습
(4) 성과확인(4단계)
  1) 어느 정도 이해하였는가를 본다.
  2) 어떠한 잘못을 하였는가를 본다.

Answer ➡ 06. ④ 07. ① 08. ③ 09. ④ 10. ① 11. ①

12
교육작업 지도기법 중 「이해할 수 있는 능력이상으로 강요하지 않는다」는 몇 단계에 속하는가?

① 1단계   ② 2단계
③ 3단계   ④ 4단계

해설

작업지도기법의 4단계
(1) 제1단계 : 학습할 준비를 시킨다.
   1) 마음을 안정시킨다.
   2) 무슨 작업을 할 것인가를 말해준다.
   3) 작업에 대해 알고 있는 정도를 확인한다.
   4) 작업을 배우고 싶은 의욕을 갖게 한다.
   5) 정확한 위치에 자리잡게 한다.
(2) 제2단계 : 작업을 설명한다.
   1) 주요단계를 하나씩 설명해주고 시범해 보이고 그려보인다.
   2) 급소를 강조한다.
   3) 확실하게, 빠짐없이, 끈기있게 지도한다.
   4) 이해할 수 있는 능력이상으로 강요하지 않는다.
(3) 제3단계 : 작업을 시켜본다.
(4) 제4단계 : 가르친 뒤를 살펴본다.

13
시행착오설(trial and error theory)에 의하면, 학습이란 맹목적인 시행을 되풀이 하는 가운데 자극과 반응의 결합의 과정이다. 다음 중 시행착오설에 있어서 학습의 원칙이 아닌 것은?

① 연습의 법칙   ② 동일성의 법칙
③ 효과의 법칙   ④ 준비성의 법칙

해설

시행착오설에 의한 학습법칙
1) 연습의 법칙 : 모든 학습은 연습을 통하여 진보향상되고 바람직한 행동의 변화를 가져오게 된다.
2) 효과의 법칙 : 「결과의 법칙」이라고도 한다. 어떤 일을 계획하고 실천해서 그 결과가 자기에게 만족스러운 상태에 이르면 더욱 그 일을 계속하려는 의욕이 생긴다.
3) 준비성의 법칙 : 준비성이란 학습을 하려고 하는 모든 행동의 준비적 상태를 말한다. 준비성이 사전에 충분히 갖추어진 학습활동은 학습이 만족스럽게 잘되지만, 준비성이 되어 있지 않을 때에는 실패하기 쉽다.

14
조건반사설에 의한 학습이론의 원리가 아닌 것은?

① 준비성의 원리   ② 일관성의 원리
③ 계속성의 원리   ④ 강도의 원리

해설

조건반사설에 의한 학습원리 : 조건반사과정에 있어서 조건화가 잘 이루어지기 위해서는 다음과 같은 기본적 학습원리가 따라야 한다.
1) 시간의 원리   2) 강도의 원리
3) 일관성의 원리   4) 계속성의 원리

15
성적 욕구나 공격적 경향 등 사회적으로 승인되지 않는 욕구가 사회, 문화적으로 가치가 있는 것으로 형태를 바꾸어서 나타나는 것은?

① 보상(compensation)
② 승화(sublimation)
③ 투사(projection)
④ 반동형성(reaction formation)

해설

적응기제
1) 보상 : 욕구가 저지되면 그것을 대신할 목표로서 만족을 얻고자 하는 유형이다.
2) 투사 : 자기의 실패와 결함을 다른 대상에게 책임을 전가시키는 유형이다.
3) 반동형성 : 억압을 강화할 수 있고 어떠한 욕구가 그대로 행동화되어서 표현되는 것을 방지하는 유형이다.

16
학습 과정상에 있어서 동기가 가지는 기능이 아닌 것은?

① 시발적 기능   ② 협동적 기능
③ 지향적 기능   ④ 강화적 기능

해설

동기의 기능
1) 시발적(initiative)기능 : 동기가 행동을 촉발시키는 힘을 주어 행동을 하도록 하는 기능을 말한다.
2) 지향적(directive)기능 : 일정한 목표를 향한 행동을 일으키게 하는 어떤 내적인 기능을 말한다.
3) 강화적(reinforcement)기능 : 학습자로 하여금 어떤 학습목표에 대한 결과가 주는 만족의 여부 및 행동의 적부성을 선택짓는 기능을 말한다.

Answer ➡ 12. ② 13. ② 14. ① 15. ② 16. ②

17
다음 중 적응의 기제(機制)에 포함되지 않는 것은?

① 갈등(conflict)
② 억압(repression)
③ 공격(aggression)
④ 합리화(rationalization)

해설
적응기제의 분야
1) 방어적 기제 : 보상, 합리화, 동일시, 승화 등
2) 도피적 기제 : 고립, 퇴행, 억압, 백일몽 등
3) 공격적 기제 : 직접적 공격기제(폭행, 싸움 등), 간접적 공격기제(조소, 비난, 욕설 등)

18
앞의 학습이 뒤의 학습에 미치는 영향을 무엇이라 하는가?

① 반사(reflex)
② 반응(reaction)
③ 전이(transfer)
④ 효과(effect)

19
학습 전이의 조건에 해당되지 않는 것은?

① 유사성의 요인
② 학습정도의 요인
③ 시간간격의 요인
④ 학습자의 행동요인

해설
학습 전이의 조건
1) 유사성의 요인
2) 시간간격의 요인
3) 학습정도의 요인
4) 지능적인 요인
5) 학습자의 태도 요인

20
어떤 자극을 받았을 때 그것에 의하여 과거에 기억했던 것들 중에서 어떤 이미지가 환기되어 오는 현상을 무엇이라 하는가?

① 기명
② 재생
③ 연상
④ 추상

해설
기억의 과정
1) 기억 : 과거의 경험이 어떠한 형태로 미래의 행동에 영향을 주는 작용이라 할 수 있다.
2) 기명 : 사물의 인상이 보존되는 것을 말한다.
3) 파지 : 간직, 인상을 마음속에 간직하는 것을 말한다.
4) 재생 : 보존된 인상을 다시 의식으로 떠오르는 것을 말한다.
5) 재인 : 과거에 경험했던 것과 같은 비슷한 상태에 부딪쳤을 때 떠오르는 것을 말한다.

21
안전보건교육의 목적으로 적합하지 않는 것은?

① 행동의 안전화
② 환경의 안전화
③ 의식의 안전화
④ 노무관리의 안전화

해설
안전교육의 목적
1) 인간정신의식의 안전화
2) 행동의 안전화
3) 환경의 안전화
4) 설비와 물자의 안전화

22
다음 중 안전교육의 단계가 순서대로 바르게 된 것은?

① 안전태도교육 – 안전지식교육 – 안전기능교육
② 안전지식교육 – 안전기능교육 – 안전태도교육
③ 안전기능교육 – 안전지식교육 – 안전태도교육
④ 안전자세교육 – 안전지식교육 – 안전기능교육

해설
안전교육의 3단계
1) 1단계 : 지식교육
2) 2단계 : 기능교육
3) 3단계 : 태도교육

23
안전보건교육의 효율화를 위한 3단계 지도원칙 중 단계별 지도원칙에 맞지 않는 것은 어느 것인가?

① 지식교육(제1단계)
② 태도교육(제3단계)
③ 기능교육(제2단계)
④ 습관화교육(제3단계)

Answer ➡ 17. ① 18. ③ 19. ④ 20. ② 21. ④ 22. ② 23. ④

24
재해가 발생했을 때 심리상태를 조사하면 알고 있었기 때문에 그렇게 하려고 하였으나 제대로 되지 않았다고 대답하는 자에게는 어떤 교육이 필요한가?

① 자질교육　　② 지식교육
③ 기능교육　　④ 태도교육

해설
알고는 있었으나 제대로 시행하지 않음으로써 재해가 발생한 것은 안전태도에 문제가 있는 것이다.

25
다음 교육 중 안전한 마음가짐을 몸에 익히는 교육방법은 어느 것인가?

① 태도교육　　② 기능교육
③ 지식교육　　④ 안전교육

해설
태도교육은 생활지도, 작업동작지도 등을 통한 안전의 습관화 교육으로 안전한 마음가짐을 몸에 익히는 교육이다.

26
작업방법, 기계장치, 계기류의 조작행위를 몸으로 습득시키는 교육방법은?

① 지식교육　　② 기능교육
③ 태도교육　　④ 해결교육

해설
기능교육은 작업능력 및 기술 능력을 몸으로 익히는 교육방법이다.

27
안전교육의 일반적인 내용은 다음 사항들이다. 이 중 알맞지 않는 것은 어느 것인가?

① 기능에 관한 훈련　　② 지식에 관한 훈련
③ 태도에 관한 훈련　　④ 경영에 관한 훈련

해설
안전교육의 종류
1) 지식교육　2) 기능교육　3) 태도교육

28
다음 안전교육방법 중 강의식 교육방법의 장점이 아닌 것은?

① 강사가 비교적 단시간 내에 여러 가지 구상을 제시할 수 있다.
② 강사가 강의동안 피교육자의 주장을 집중시키고 유지하는 일이 쉽다.
③ 대집단을 육성하는데 유익하고 편리한 교육방법이다.
④ 논제를 소개하는데 특히 적합하다.

해설
②항은 강의식 교육의 단점으로 강의식 교육은 피교육자의 참여가 제한되는 것이 특징이다.

29
작업의 종류나 내용에 따라 교육범위나 정도가 달라지는 이론교육 방법은?

① 지식교육　　② 정신교육
③ 태도교육　　④ 기능교육

해설
지식교육은 취급하는 기계, 설비의 구조, 기능, 성능의 개념을 형성시키며, 재해발생의 원리를 이해시키고, 안전관리작업에 필요한 법규, 규정, 기준 등을 알도록 하는 이론교육으로서 작업의 종류나 내용에 따라 교육의 범위나 정도가 달라진다.

30
안전교육을 실시하는 방법을 설명한 것이다. 가장 효과 있는 방법은 어느 것인가?

① 강의 중심으로 집합교육
② 집단토의 방식으로 이론 교육
③ 연설식으로 이론위주 교육
④ 이론, 실습과 사례연구를 분임 토의식으로 교육

31
안전교육 계획에 포함시킬 기본사항이 아닌 것은?

① 교육평가　　② 교육목표
③ 교육시기　　④ 교육장소

Answer ▶ 24. ④　25. ①　26. ②　27. ④　28. ②　29. ①　30. ④　31. ①

해설

안전교육계획에 포함시켜야 할 사항
1) 교육목표
2) 교육의 종류 및 교육대상
3) 교육의 과목 및 교육내용
4) 교육기간(교육시기)
5) 교육방법
6) 교육장소
7) 교육 담당자 및 강사

32
교육목표에 포함해야 할 사항이 아닌 것은?

① 교육 및 훈련의 범위
② 교육과정의 소개
③ 교육 보조자료의 준비 및 사용지침
④ 교육훈련의 의무와 책임한계의 명시

해설

교육목표에 포함되어야 할 사항
1) 교육 및 훈련의 범위
2) 교육보조 자료의 준비 및 사용지침
3) 교육훈련의 의무와 책임한계의 명시

33
안전교육계획을 수립할 때 가장 먼저 하여야 할 일은?

① 교육목표의 설정
② 교육내용의 구성
③ 교육대상과 장소설정
④ 성취도 평가방법

해설

안전교육계획을 수립할 때는 교육목표를 설정하는 것이 첫째 과제이다.

34
안전에 대한 교육훈련 계획 수립시 최우선적으로 고려해야할 사항은?

① 교육과목   ② 교육사항
③ 교육대상   ④ 교육범위

해설

안전교육은 교육대상을 고려하여 교육계획을 수립하여야 한다.

35
다음 중 안전교육의 기본과정을 옳게 나열한 것은?

① 시범을 보인다 – 이해 납득시킨다 – 들어본다 – 평가한다.
② 들어본다 – 시범을 보인다 – 이해 납득시킨다 – 평가한다
③ 이해 납득시킨다 – 들어본다 – 시범을 보인다 – 평가한다
④ 들어본다 – 이해 납득시킨다 – 시범을 보인다 – 평가한다

해설

안전교육의 기본과정
청취 – 이해 – 시범(모범) – 평가

36
안전교육의 기본 방향이 아닌 것은?

① 기술능력 향상을 위한 안전교육
② 사고사례 중심의 안전교육
③ 안전의식 향상을 위한 안전교육
④ 안전표준작업을 위한 안전교육

해설

기업의 규모나 특성에 따라 안전교육 방향을 설정하는데 차이가 있으나 원칙적으로 다음 3가지를 기본 방향으로 정하고 있다.
1) 사고사례중심의 안전교육
2) 안전표준작업을 위한 안전교육
3) 안전의식향상을 위한 안전교육

37
안전기능 교육의 3원칙이 아닌 것은?

① 안전작업표준화   ② 안전의식고취
③ 준비상태   ④ 위험작업의 규제

해설

기능교육의 3원칙
1) 준비상태(readiness)
2) 위험 작업의 규제
3) 안전 작업 표준화

Answer ● 32. ② 33. ① 34. ③ 35. ④ 36. ① 37. ②

38
신규채용시 실시하여야 할 교육목적이 아닌 것은?

① 기계기구의 위험성 및 취급방법
② 안전장치, 보호구의 취급방법
③ 자체검사방법
④ 작업절차

39
사업주가 당해 사업장의 근로자에게 매월 2시간 이상 안전과 보건에 대하여 실시하는 교육은?

① 정기교육　　② 채용시 교육
③ 작업내용 변경교육　④ 특별안전 보건교육

해설
정기교육대상자 및 교육시간
1) 근로자 정기교육 : 생산직은 매월 2시간 이상, 사무직은 매월 1시간 이상
2) 관리감독자 정기교육 : 반기 8시간 이상 또는 연간 16시간 이상

40
작업내용 변경시 실시하여야 할 안전교육과목이 아닌 것은?

① 작업 개시 전 점검에 관한 사항
② 정리정돈 및 청소에 관한 사항
③ 작업안전지도 요령에 관한 사항
④ 사고 발생 시 긴급조치에 관한 사항

해설
채용 시의 교육 및 작업내용 변경 시의 교육
1) 기계 · 기구의 위험성과 작업의 순서 및 동선에 관한 사항
2) 작업 개시 전 점검에 관한 사항
3) 정리정돈 및 청소에 관한 사항
4) 사고 발생 시 긴급조치에 관한 사항
5) 산업보건 및 직업병 예방에 관한 사항
6) 물질안전보건자료에 관한 사항
7) 「산업안전보건법」 및 일반관리에 관한 사항

41
특별안전보건교육 중 밀폐공간에서 작업을 할 경우 교육내용이 아닌 것은?

① 방호물의 설치 및 기준에 관한 사항
② 산소농도 측정 및 작업환경에 관한 사항
③ 사고 시의 응급처치 및 비상 시 구출에 관한 사항
④ 보호구 착용 및 사용방법에 관한 사항

해설
밀폐공간에서 작업을 할 경우 교육내용
1) 산소농도 측정 및 작업환경에 관한 사항
2) 사고 시의 응급처치 및 비상 시 구출에 관한 사항
3) 보호구 착용 및 사용방법에 관한 사항
4) 밀폐공간작업의 안전작업방법에 관한 사항
5) 그 밖에 안전 · 보건관리에 관한 사항

42
특별안전보건 교육 중 로봇작업의 교육내용이 아닌 것은?

① 조립해체시의 사고예방에 관한 사항
② 이상발생 시 응급조치에 관한 사항
③ 안전시설 및 안전기준에 관한 사항
④ 조작방법 및 작업순서에 관한 사항

해설
로봇작업의 교육 내용
1) 로봇의 기본원리 · 구조 및 작업방법에 관한 사항
2) 이상발생 시 응급조치에 관한 사항
3) 안전시설 및 안전기준에 관한 사항
4) 조작방법 및 작업순서에 관한 사항

43
관리대상유해물질을 취급하는 종사자에 대한 특별교육시의 교육내용이 아닌 것은?

① 취급물질의 성상 및 성질에 관한 사항
② 유해물질의 인체에 미치는 영향
③ 국소배기장치 및 안전설비에 관한 사항
④ 산소농도측정 및 작업환경에 관한 사항

해설
관리대상유해물질의 제조 또는 취급작업의 교육내용
1) 취급물질의 성상 및 성질에 관한 사항
2) 유해물질의 인체에 미치는 영향
3) 국소배기장치 및 안전설비에 관한 사항
4) 안전작업방법 및 보호구 사용에 관한 사항
5) 기타 안전보건 관리에 필요한 사항

Answer ➡ 38. ③　39. ①　40. ③　41. ①　42. ①　43. ④

44

하버드 학파(Havard school)의 학습지도법의 4단계를 바르게 나열한 것은?

① 준비시킨다 – 연합시킨다 – 교시한다 – 총괄한다 – 응용시킨다.
② 준비시킨다 – 연합시킨다 – 총괄시킨다 – 교시한다 – 응용시킨다.
③ 준비시킨다 – 교시한다 – 연합시킨다 – 총괄한다 – 응용시킨다.
④ 준비시킨다 – 교시한다 – 응용시킨다 – 연합시킨다 – 총괄한다.

해설

하버드학파의 5단계 교수법
1) 1단계 : 준비한다.
2) 2단계 : 교시한다.
3) 3단계 : 연합시킨다.
4) 4단계 : 총괄시킨다.
5) 5단계 : 응용시킨다.

45

듀이의 사고과정의 단계에 해당되지 않는 것은?

① 가설을 설정한다.
② 연합을 시킨다.
③ 시사를 받는다.
④ 머리를 생각한다.

해설

듀이의 사고과정의 5단계
1) 시사를 받는다.
2) 머리로 생각한다.
3) 가설을 설정한다.
4) 추론한다
5) 행동에 의하여 가설을 검토한다.

46

project method의 장점과 관계가 적은 것은?

① 동기부여가 충분하다.
② 현실적인 학습방법이다.
③ 작업에 대하여 창조력이 생긴다.
④ 시간과 에너지가 많이 소비된다.

해설

④항은 project method(구안법)의 단점에 해당된다.

47

어떤 상황의 판단능력과 사실의 분석 및 문제의 해결능력을 키우기 위하여 먼저 사례를 제시하고, 문제적 사실들과 그의 상호 관계에 대하여 검토하고 대책을 입안케 하는 교육기법을 무엇인가?

① 패널 디스커션(Panel discssion)
② 심포지엄(Symposium)
③ 케이스 메소드(Case method)
④ 로울 플레잉(Role playing)

해설

Case method(Case study : 사례연구법) : 단기간의 실무에서 발생하는 제문제에 접하여 그 해결을 위하여 고도의 판단력을 양성할 수 있는데 유효한 방법이다.

48

주로 일선 감독자를 대상으로 하는 교육방법은?

① TWI   ② CCS
③ ATT   ④ MTP

해설

TWI(training within industry) : 현장 제일선 감독자를 위한 교육방법으로 교육내용 및 교육방법은 다음과 같다.
1) TWI의 교육내용
① JI(job instruction) : 작업을 가르치는 기법(작업지도기법)
② JM(job method) : 작업의 개선방법(작업개선기법)
③ JR(job relation) : 사람을 다루는 법(인간관계 관리기법)
2) 전체의 교육시간 : 10시간으로 1일 2시간씩 5일에 걸쳐 행하며 한 클라스는 10명. 교육방법은 토의법을 의식적으로 취한다.

49

전문가 4~5명이 피교육자 앞에서 자유로이 토의를 하고, 뒤에 피교육자 전원이 사회자의 사회에 따라 토의하는 방법은 무엇인가?

① 패널 디스커션(Panel discssion)
② 심포지엄(Symposium)
③ 버즈세션(Buzz session)
④ 로울 플레잉(Role playing)

Answer ◯ 44. ③ 45. ② 46. ④ 47. ③ 48. ① 49. ①

50
안전교육방법으로 사례를 제시하고 사실을 검토하여 대책을 세우며 사실의 분석 및 문제해결의 능력을 키울 수 있는 방법은 어느 것인가?

① 케이스 메소드(Case method)
② 패널 디스커션(Panel discssion)
③ 심포지엄(Symposium)
④ 로울 플레잉(Role playing)

51
안전교육 방법 중 몇 사람의 전문가의 의견을 청취한 뒤 참가자의 의견이나 질문으로 토의하는 방법은 다음 어느 것인가?

① 케이스 메소드(Case method)
② 패널 디스커션(Panel discssion)
③ 심포지엄(Symposium)
④ 로울 플레잉(Role playing)

52
교육내용이 관리의 기능, 조직의 원칙, 조직의 운영 등으로 되어 있으며 한 클래스에 10~15명, 2시간씩 20회에 걸쳐 40시간 훈련하도록 되어 있는 교육방법은?

① ATT
② ATP
③ TWI
④ MTP

해설
MTP(management training program)
1) FEAF(far east air force)라고도 하며, 대상은 TWI보다 약간 높은 계층을 목표로 하고, TWI와는 달리 관리문제에 보다 더 치중하고 있다.
2) 교육내용 : 관리의 기능, 조직원 원칙, 조직의 운영, 시간관리학습의 원칙과 부하지도법, 훈련의 관리, 신인을 맞이하는 방법과 대행자를 육성하는 요령, 회의의 주관, 작업의 개선, 안전한 작업, 과업관리, 사기 양양 등
3) 교육방법 : 한 클래스는 10~15명, 2시간씩 20회에 걸쳐 40시간 훈련하도록 되어 있다.

53
정책수립, 조직 통제 및 운영에 관한 사항을 교육내용으로 하고 강의법과 토의법이 가미되어 매주 4일, 4시간씩 8주(128시간)간 실시하는 교육방법은 무엇이라 하는가?

① TWI(Training Within Industry)
② ATT(American Telephone & Telegraph Co.)
③ MTP(Management Training Program)
④ ATP(Administration Training Program)

해설
CCS(Civil Communication Section)
1) ATP(Administration Training Program)라고도 하며, 당초에는 일부 회사의 톱매니지먼트에 대해서만 행하여졌던 것이 널리 보급된 것이라고 한다.
2) 교육내용 : 정책의 수립, 조직(경영부분, 조직형태, 구조 등), 통제(조직통제의 적용, 품질관리, 원가통제의 적용 등) 및 운영(운영조직, 협조에 의한 회사 운영) 등
3) 교육방법 : 주로 강의법에 토의법이 가미된 것으로 매주 4일, 4시간씩으로 8주간 (합계 128시간)에 걸쳐 실시하도록 되어 있다.

54
교육내용이 계획적 감독, 작업의 계획 및 인원배치, 인사관계, 개인작업의 개선 등 12가지로 되어 있으며 교육대상계층이 한정되어 있지 않는 교육방법은?

① TWI
② ATT
③ CCS
④ MTP

해설
ATT(American Telephone & Telegraph Co.)
1) 중요 특징 : 대상 계층이 한정되어 있지 않고, 또 한 번 훈련을 받은 관리자는 그 부하인 감독자에 대해 지도원이 될 수 있다.
2) 교육내용 : 계획적 감독, 작업의 계획 및 인원배치, 작업의 감독, 공구와 자료보고 및 기록, 개인작업의 개선, 종업원의 향상, 인사관계, 훈련, 고객관계, 안전부대 군인의 복무조정 등 12가지로 되어 있다.
3) 코스 : 1차 훈련(1일 8시간씩 2주간), 2차과정에서는 문제가 발생할 때마다 하도록 되어 있으며, 진행방법은 통상 토의식에 의하여 지도자의 유도로 과제에 대한 의견을 제시하게 하여 결론을 내려가는 방식을 취한다.

Answer ➡ 50. ① 51. ③ 52. ④ 53. ④ 54. ②

55
종업원의 안전에 관한 O.J.T 교육에 있어서 가장 중요한 역할을 담당하는 사람은 누구인가?

① 사장
② 부장
③ 안전관리자
④ 일선감독자

해설
O.J.T(직장 내 훈련) : O.J.T는 직장에서 직속상사가 작업표준을 가지고 업무상의 개별교육이나 지도를 하는 경우에 활용하는 교육방법이다.

56
다음의 안전교육 지도방법 중에서 OJT의 장점이 아닌 것은?

① 직장의 실태에 맞춘 구체적이고 실제적인 지도교육이 가능하다.
② 교육효과가 업무에 신속히 반영된다.
③ 동기부여가 쉽다.
④ 다수의 대상자를 일괄적, 조직적으로 교육할 수 있다.

해설
O.J.T와 off.J.T의 특징

O. J. T	off. J. T
① 개개인에게 적합한 지도훈련을 할 수 있다.	① 다수의 근로자에게 조직훈련이 가능하다.
② 직장의 실정에 맞는 실제적 훈련을 할 수 있다.	② 훈련에만 전념하게 된다.
③ 훈련에 필요한 업무의 계속성이 끊어지지 않는다.	③ 특별 설비 기구를 이용할 수 있다.
④ 즉시 업무에 연결되는 관계로 신체와 관련이 있다.	④ 전문가를 강사로 초청할 수 있다.
⑤ 효과가 곧 업무에 나타나며 훈련의 좋고 나쁨에 따라 개선이 용이하다.	⑤ 각 직장의 근로자가 많은 지식이나 경험을 교류할 수 있다.
⑥ 교육을 통한 훈련 효과에 의해 상호신뢰 이해도가 높아진다.	⑥ 교육 훈련 목표에 대해서 집단적 노력이 흐트러질 수 있다.

57
다음의 교육지도방법 중 off. J. T.의 장점이 아닌 것은?

① 다수의 대상자를 일괄적, 조직적으로 교육 할 수 있다.
② 교육목표에 대하여 집단적인 협조와 협력이 가능하다.
③ 특별교재, 교구, 시설을 유효하게 활용할 수 있다.
④ 교육으로 인해 업무가 중단되는 손실이 적다.

해설
④항은 OJT의 장점이다.

58
역할연기(role playing)에 의한 교육의 장점이 아닌 것은?

① 의사발표에 자신이 생기고 관찰력이 풍부해진다.
② 정도가 높은 의사결정의 훈련으로서 적합하다.
③ 관찰력을 높이고 감수성이 향상된다.
④ 자기태도의 반성과 창조성이 싹튼다.

59
역할연기법의 장점이 아닌 것은?

① 하나의 문제에 대해 관찰능력을 높인다.
② 자기반성과 창조성이 개발된다.
③ 높은 의지 결정의 훈련으로 기대할 수 없다.
④ 의견 발표에 자신이 생긴다.

해설
역할연기법의 장점 및 단점
1) 장점
  ① 하나의 문제에 대해 관찰 능력을 높인다.
  ② 자기 반성과 창조성이 개발된다.
  ③ 의견발표에 자신이 생긴다.
  ④ 문제에 적극적으로 참가하여 흥미를 갖게 하여, 타인의 장점과 단점이 잘 나타난다.
  ⑤ 사람을 보는 눈이 신중하게 되고 관대하게 되며 자신의 능력을 알게 된다.
2) 단점
  ① 목적이 명확하지 않고 계획적으로 실시하지 않으면 학습에 연계되지 않는다.
  ② 높은 의지결정의 훈련으로는 기대할 수 없다.

Answer ● 55. ④ 56. ④ 57. ④ 58. ② 59. ③

60
다음 중 모의법(simulation method) 교육의 특징은?

① 단위시간당 교육비가 많이 든다.
② 시설의 유지비가 저렴하다.
③ 시간의 소비가 거의 없다.
④ 학생대 교사의 비율이 낮다.

해설

모의법 : 실제의 장면이나 상태와 극히 유사한 사태를 인위적으로 만들어 그 속에서 학습토록 하는 교육방법으로 그 제약조건은 다음과 같다.
1) 단위교육비가 비싸고 시간의 소비가 많다.
2) 시설의 유지비가 높다
3) 다른 방법에 비하여 학생 대 교사의 비가 높다.

61
강의계획의 4단계 중 2단계에 해당되는 것은?

① 학습목적과 학습성과의 설정
② 학습자료수집 및 체계화
③ 교수방법의 선정
④ 강의안 작성

해설

강의계획의 4단계
1) 1단계 : 학습목적과 학습성과의 설정
2) 2단계 : 학습자료수집 및 체계화
3) 3단계 : 교수방법의 선정
4) 4단계 : 강의안 작성

62
시청각적 학습방법의 장점이 아닌 것은?

① 교수의 평준화   ② 교재의 구조화
③ 개인차의 고려   ④ 대량 수업체제확립

해설

시청각교육의 필요성
1) 교수의 효율성을 높여줄 수 있다.
2) 지식팽창에 따른 교재의 구조화를 기할 수 있다.
3) 인구증가에 따른 대량 수업체제가 확립될 수 있다.
4) 교수의 개인차에서 오는 교수의 평준화를 기할 수 있다.
5) 어떤 사물에 대하여 완전히 이해하려면 현실적이고 구체적인 지각경험을 기초로 해야 한다.
6) 사물의 정확한 이해는 건전한 사고력을 유발하고 태도에 영향을 주어 바람직한 인격형성을 시킬 수 있다.

63
다음 중 학습의 목적에 포함되는 내용이 아닌 것은?

① 목표   ② 주제
③ 학습정도   ④ 학습성과

해설

학습목적의 3요소 : 학습목적은 반드시 명확 간결하여야 하며, 수강자들의 지식, 경험, 능력, 배경, 요구, 태도 등에 유의하여야 하고, 한정된 시간 내에 강의를 끝낼 수 있도록 작성해야 한다. 학습목적의 3요소는 다음과 같다.
① 목표(goal) : 학습목적의 핵심으로 학습을 통하여 달성하려는 지표를 말한다.
② 주제(subject) : 목적달성을 위한 테마(thema)를 의미한다.
③ 학습정도(level of learning) : 학습범위와 내용의 정도를 말한다.

64
다음 중 학습 정도의 4단계가 아닌 것은?

① 지각한다.   ② 적용한다.
③ 인지한다.   ④ 정리한다.

해설

학습정도의 4단계
1) 인지(to aquaint) : ~을 인지하여야 한다.
2) 지각(to know) : ~을 알아야 한다.
3) 이해(to understand) : ~을 이해하여야 한다.
4) 적용(to apply) : ~을 ~에 적용할 줄 알아야 한다.

65
다음 안전교육의 방법 중 도입단계에서 가장 효과적인 수업방법은?

① 토의
② 자율학습법
③ 프로그램 학습법
④ 반복법

해설

수업단계별 최적의 수업방법
1) 도입 : 강의법, 시범
2) 전개 : 반복법, 토의법, 실연법
3) 정리 : 반복법, 토의법, 실연법, 자율학습법
4) 프로그램 학습법, 학생상호학습법, 모의학습법은 수업의 모든 단계에 적합하다.

Answer ➔ 60. ① 61. ② 62. ③ 63. ④ 64. ④ 65. ③

66
학습목적을 세분하여 구체적으로 결정한 것을 학습성과(desired learning outcomes)라 한다. 다음 중 학습성과의 설정 시에 유의해야 할 사항이 아닌 것은?

① 주관적 입장에서 구체적으로 서술해야 한다.
② 학습목적에 적합하고 타당해야 한다.
③ 주제가 포함되어야 한다.
④ 학습정도가 포함되어야 한다.

해설
①항은 객관적 입장(수강자의 입장)에서 구체적으로 서술해야 한다.

67
다음 안전교육의 방법 중 전개단계에서 가장 효과적인 수업 방법은?

① 시범   ② 강의법
③ 토의법   ④ 자율학습법

해설
전개단계에 적합한 수업방법은 ① 토의법 ② 반복법 ③ 실연법 ④ 프로그램 학습법 ⑤ 학생상호학습법 ⑥ 모의법 등이 있다.

68
훈련의 평가라 함은 그 훈련의 목적을 달성하였는가를 분석하는 것이다. 그런데 교육훈련평가의 중심 대상인 실적평가에 있어서 직접효과와 간접효과를 측정하는 4단계의 방법을 채택하게 되는데 이 훈련평가의 4단계 중 틀린 것은 어느 것인가?

① 제1단계 : 반응단계
② 제2단계 : 작업단계
③ 제3단계 : 행동단계
④ 제4단계 : 결과단계

해설
교육훈련 평가의 4단계
① 제1단계 : 반응단계
② 제2단계 : 학습단계
③ 제3단계 : 행동단계
④ 제4단계 : 결과단계

69
학습평가의 기본적인 기준으로 합당치 못한 것은?

① 타당도   ② 실용도
③ 주관도   ④ 신뢰도

해설
학습평가도구의 기본적인 기준
1) 타당도 : 측정하고자 하는 본래 목적과 일치하느냐의 정도를 나타내는 기준이다.
2) 신뢰도 : 신용도로서 측정의 오차가 얼마나 적으냐를 나타내는 것이다.
3) 객관도 : 측정의 결과에 대해 누가 보아도 일치된 의견이 나올 수 있는 성질이다.
4) 실용도 : 사용에 편리하고 쉽게 적용시킬 수 있는 기준이 실용도가 높은 것이다.

70
프로그램 학습법 교육의 특징으로 맞는 것은?

① 한 번 개발한 프로그램 자료는 개조하기가 쉽다.
② 수업의 모든 단계에 적합하다.
③ 개발비가 저렴하다
④ 학생들의 사회성이 높아진다.

해설
프로그램 학습법의 특징
1) 한 번 개발한 프로그램 자료를 개조하기가 어렵다.
2) 개발비가 높다
3) 학생들의 사회성이 결여되기 쉽다.

71
새로운 자료나 교재를 제시하며, 피교육자로 하여금 문제점이나 의견을 발표케 하고, 토의하는 교육방법은 무엇인가?

① 심포지엄   ② 포럼
③ 로울 플레잉   ④ 패널 디스커션

72
Follow-up의 뜻으로 옳은 것은?

① 교육평가   ② 추가지도
③ 실습방식   ④ 카운셀링식 방식

Answer 66.① 67.③ 68.② 69.③ 70.② 71.② 72.②

해설
follow-up은 추가지도 즉, 보습지도를 의미한다.

73
프로그램 자료(program instructional material)의 장점이 아닌 것은?
① 대량의 학습자를 한 강사가 지도할 수 있다.
② 지능, 학습적성, 학습속도 등 개인차를 충분히 고려할 수 있다.
③ 문제 해결력, 적용력, 평가력 등 고등정신을 기르는데 유리하다
④ 매 반응마다 피드백이 주어지기 때문에 학습자가 흥미를 갖는다.

해설
프로그램 자료의 장·단점
1) 장점
 ① 기본개념 학습이나 논리적인 학습에 유리하다.
 ② 지능, 학습적성, 학습속도 등 개인차를 충분히 고려할 수 있다.
 ③ 대량의 학습자를 한 교사가 지도할 수 있다.
 ④ 매 반응마다 피드백이 주어지기 때문에 학습자가 흥미를 갖는다.
 ⑤ 학습자의 학습과정을 쉽게 할 수 있다.
2) 단점
 ① 최소한의 독서력이 요구된다.
 ② 개발, 제작과정이 어렵다
 ③ 문제해결력, 적용력, 감상력, 평가력 등 고등정신을 기르는데 불리하다.
 ④ 교과서보다 분량이 많아 경비가 많이 든다.

74
다음 교육평가 중 태도교육 평가방법으로 가장 부적당한 것은?
① 관찰   ② 면접
③ 질문   ④ 테스트

해설
태도교육 평가방법
1) 우수한 것 : 관찰, 면접
2) 보통 : 질문, 평가시험
3) 부적당한 것 : 노트, 테스트

75
교육훈련평가의 단계를 순서대로 나열한 것은?
① 반응 → 행동 → 학습 → 결과
② 반응 → 학습 → 행동 → 결과
③ 행동 → 반응 → 학습 → 결과
④ 학습 → 반응 → 행동 → 결과

해설
교육훈련 평가의 4단계
1) 1단계 : 반응단계
2) 2단계 : 학습단계
3) 3단계 : 행동단계
4) 4단계 : 결과단계

76
안전교육의 목적을 설명한 것 중 잘못 말한 것은?
① 재해발생에 필요한 요소들을 교육하여 재해방지하기 위함
② 생산성이나 품질의 향상에 기여하는데 필요하기 때문
③ 작업자에게 안정감을 부여하고 기업에 대한 신뢰감을 부여키 위함
④ 외부에 안전교육 실시 PR하기 위하여

77
안전보건교육은 안전관리 3E 중의 하나이다. 이 교육의 기본방향이 아닌 것은?
① 사고사례중심의 안전보건교육
② 안전표준작업을 위한 교육
③ 안전의식 고취를 위한 교육
④ 적성능력 향상을 위한 교육

Answer ● 73. ③ 74. ④ 75. ② 76. ④ 77. ④

2편 종합예상문제
[안전보건교육]

종 / 합 / 예 / 상 / 문 / 제

01
산업심리학에 대한 설명으로 옳은 것은?
① 산업심리학이란 기업을 경영하는 데 있어서는 기본 이념이 되는 학문이다.
② 산업심리학이란 인간의 심리적 측면을 연구하여 사회생활에 기여하려는 학문이다.
③ 산업심리학이란 사회심리학의 기초학문이다.
④ 산업심리학이란 인간공학의 기본이 되는 학문으로 산업사회에서의 인간의 산업적 적응화의 기초적 학문이다.

해설
산업심리학은 심리학의 방법과 식견을 가지고 인간의 산업에 있어서의 행동을 연구하는 실천과학이며 응용심리학의 한 분야이다.

02
산업심리학과 직접 관련이 없는 학문은?
① 경영학   ② 노동과학
③ 인사관리학   ④ 인간공학

해설
산업심리학과 직접 관련이 있는 학문
① 인사관리학   ② 인간공학
③ 사회심리학   ④ 심리학
⑤ 응용심리학   ⑥ 안전관리학
⑦ 노동과학   ⑧ 행동과학
⑨ 신뢰성공학

03
자생적 조직의 중요성 및 종업원의 심리적 태도가 작업조건보다 더 중요하다는 Hawthorne 실험을 한 사람은?
① Herzberg   ② McClelland
③ Maslow   ④ Mayo

04
다음 중 개성을 형성하는 요소가 아닌 것은?
① 교육   ② 사회제도
③ 습성   ④ 환경조건

해설
개성의 형성조건
1) 습관 : 습관 행동, 규칙적 행동
2) 환경조건 및 교육
3) 습성(행동경향) : 중심적 습성, 주변적 습성, 지배적 습성

길잡이 개성의 요인 : 성격, 능력, 기질

05
그림은 18명의 종업원으로 구성된 작업부서의 교우관계를 나타낸 소시오그램(sociogram)이다. 리이더격의 인물은 누구인가?

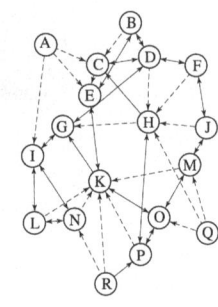

① A   ② K
③ H   ④ B

06
다음의 인간관계 메커니즘 중에서 남의 행동이나 판단을 표본으로 하여 그것과 같거나 그것에 가까운 행동 또는 판단을 취하려는 것은?
① 투사   ② 암시
③ 모방   ④ 동일화

Answer ● 01.④ 02.① 03.④ 04.② 05.② 06.③

해설
모방(imitation)에는 단순모방(기계적 기억)과 창조모방(논리적 기억)이 있다.

07
다음 중 비공식집단의 특성이 아닌 것은?

① 동료애의 욕구
② 규모가 크다.
③ 개인적 접촉기회가 많다.
④ 관리영역밖에 존재

해설
비공식집단은 규모가 작다

08
다음 중 리더쉽(leader ship)의 특성이 아닌 것은?

① 밑으로 부터의 동의에 의한 권한부여
② 개인적 영향에 의한 부하와의 관계유지
③ 넓은 부하와의 사회적 간격
④ 민주주의적 지휘형태

09
리더쉽에 따른 집단성원의 반응에서 권위형 리더쉽의 특징과 관계가 먼 것은?

① 수동적이다. 주의환기를 요한다.
② 응집력이 크고 안정적이다.
③ 리더 부재시 좌절감을 갖는다.
④ 노동이동이 많고, 냉담·공격적이 된다.

해설
②항은 민주형 리더쉽의 집단행위의 특성이다.

10
Haire.M의 leadership의 기법이 아닌 것은?

① 엄숙한 분위기   ② 향상의 기회
③ 지식의 부여   ④ 일관된 규율

해설
Haire에 의한 리더쉽의 기법
1) 지식의 부여   2) 관대한 분위기
3) 일관된 규율   4) 향상의 기회
5) 참가의 기회   6) 호소하는 권리

11
다음은 리더의 의사결정 과정을 연결시킨 것이다. 알맞은 것은?

① 권위주의적 리더 – 집단중심
② 민주주의적 리더 – 종업원 중심
③ 방임주의적 리더 – 집단중심
④ 민주주의적 리더 – 집단중심

해설
리더의 의사결정
1) 권위주의적 리더 : 리더 중심
2) 민주주의적 리더 : 집단 중심
3) 방임주의적 리더 : 종업원 중심

12
집단역학(group dynamics)에서 사용되는 개념 중 집단효과(group effect)와 관계없는 것은?

① 집단의 결정   ② 집단의 형성
③ 집단목표   ④ 집단표준

해설
집단역학에서 사용되는 개념
1) 집단규범 또는 집단표준   2) 집단목표
3) 집단의 응집력   4) 집단결정

13
다음 중 지도자 자신이 자신에게 부여한 권한은?

① 강압적 권한   ② 보상적 권한
③ 합법적 권한   ④ 전문성의 권한

14
리더쉽과 헤드쉽의 차이 설명이다. 맞는 것은?

① 헤드쉽에서의 책임은 상사에 있지 않고 부하에 있다.
② 헤드쉽은 부하와의 사회적 간격이 좁다.
③ 권한행사 측면에서 보면 리더쉽은 선출된 리더인 반면, 헤드쉽은 임명에 의하여 권한을 행사할 수 있다.
④ 리더쉽의 지휘형태는 권위주의적인 반면, 헤드쉽의 지휘형태는 민주적이다.

Answer ● 07. ② 08. ③ 09. ② 10. ① 11. ④ 12. ② 13. ④ 14. ③

15
슈퍼(Super)의 역할이론에 포함되지 않는 것은?
① 역할갈등　② 역할기대
③ 역할형성　④ 역할유지

16
카운셀링의 방법으로서 비지시적 카운셀링(non-directive counseling)과 지시적 카운셀링(directive counseling)을 병용하도록 권장한 사람은?
① 로저즈(Rogers.C.R)
② 레만(Lehman.H.C)
③ 플란티(Planty.C.H)
④ 멕코드(McCord.W.S)

해설
① 지시적 방법 : 직접 충고방법
② 비지시적 방법 : 설득, 성명적 방법

17
테크니컬 스킬즈(technical skills)를 설명한 것으로 맞는 것은?
① 모랄을 앙양시키는 능력
② 인간을 사물에 적응시키는 능력
③ 사물을 인간에 적응시키는 능력
④ 인간을 구속하는 능력

해설
테크니컬 스킬즈는 사물을 인간의 목적에 유익하도록 처리하는 능력을 말한다.

18
다음에서 인간의 사회적 행동의 기본형태가 아닌 것은 어느 것인가?
① 도피(고립)　② 습관(습성)
③ 협력(조력)　④ 대립(경쟁)

19
사람이 새로운 문제 상황에 처했을 때 그 문제를 효과적으로 해결할 수 있는 종합적인 능력은?

① 지능　② 정신연령
③ 개인차　④ 적성

해설
지능은 새로운 문제 같은 것을 효과적으로 처리해가는 능력을 말하는 것으로 학습능력, 추상적 사고능력, 환경적응 능력 등으로 간주된다.

20
작업자에게 적성검사를 실시하는 이유는?
① 품질 향상을 위해
② 작업 능률을 최대화하기 위해
③ 효율적 인사관리를 위해
④ 안전태도의 변용을 위해

21
합리적인 적정배치시 고려되어야 할 기본 사항이 아닌 것은?
① 인사관리의 기준에 원칙을 고수한다.
② 주관적인 감정요소에 의해 배치한다.
③ 직무평가를 통하여 자격수준을 정한다.
④ 적성검사를 실시하여 개인의 능력을 파악한다.

22
적재적소 배치에 있어 고려하는 작업특성에 해당하지 않은 사항은?
① 시설　② 기계
③ 환경　④ 체력

해설
체력은 작업자 개인의 특성에 해당된다.

23
Y-G 성격검사 프로필의 유형 중 C형(左偏型)인 경우의 정서 안정성은?
① 평균　② 불안정
③ 안정　④ 평균 및 불안정

해설
C형(좌편형) : 안전소극형(온순, 소극적, 안정, 비활동, 내향적)

Answer ▶ 15. ④　16. ①　17. ③　18. ②　19. ①　20. ②　21. ②　22. ④　23. ③

24
성격검사방법에 해당되는 것은?

① 실험법　② 기능검사법
③ 투사기법　④ 지능검사법

해설

성격검사방법 : ① 투사기법 ② 질문지항목법

25
지능지수(IQ)의 산출공식으로 맞는 것은?

① $IQ = \dfrac{정신연령}{생활연령} \times 100$

② $IQ = \dfrac{생활연령}{정신연령} \times 100$

③ $IQ = \dfrac{정신연령}{생활연령 - 정신연령} \times 100$

④ $IQ = \dfrac{생활연령}{정신연령 - 생활연령} \times 100$

26
다음 심리검사 특징 중, 검사의 관리를 위한 조건과 절차의 일관성과 통일성을 의미하는 것은?

① 표준화　② 객관성
③ 규준　　④ 신뢰성

27
사람의 성격과 안전사고와의 관계에서 사고자가 지니지 않는 생리적 성격은 다음 중 어느 것인가?

① 가정생활에의 불만
② 허영심의 부족
③ 교양부족
④ 쾌락적 성격 소유

해설

사고경향성자는 허영심이 크고 사치가 심하다.

28
일반적으로 재해빈발성을 가진 사람으로 주목되는 성격은 다음과 같은 것이라고 하는데 이중에서 잘못된 것은 어느 것인가?

① 고집이 없고 이해력이 있는 사람
② 희비에 대해서 극도로 예민한 성격의 사람
③ 경솔히 생각하고 꺼리낌없이 행동하는 사람
④ 운동신경이 우둔하고 민첩하지 못한 사람

해설

고집이 없고 이해력이 있는 사람은 융통성이 있는 사람으로 재해빈발 경향성자가 되지 않는다.

29
다음은 사고 비유발자의 특성에 관한 설명이다. 틀린 것은?

① 의욕과 집착력이 강하다.
② 자기의 감정을 통제할 수 있고 온건하다
③ 주의력 범위가 좁고 편중되어 있다.
④ 상황판단이 정확하고 추진력이 강하다.

해설

③는 사고 유발자의 특성에 해당된다.

30
일반적으로 사고를 일으키기 쉬운 성격에 해당되지 않는 것은?

① 쾌락주의적 성격
② 허영심이 강한 성격
③ 결벽성이 강한 성격
④ 도덕성이 약한 성격

해설

결벽성이 강한 성격은 사고를 일으키기 쉬운 성격이 아니다.

31
다음 중 정신력과 관련 있는 생리적 현상에 속하지 않는 것은?

① 극도의 피로
② 시력 및 청각의 이상
③ 약한 마음
④ 근육운동의 부적합

해설

③ 약한 마음은 정신력과 관계되는 개성적 결함요소이다.

Answer 24. ③　25. ①　26. ①　27. ②　28. ①　29. ③　30. ③　31. ③

32
시각기능운동의 재해 적성요인은?

① 반응속도 ② 반응의 정확도
③ 반응의 방향 ④ 반응의 지속성

해설
시각기능과 재해발생에 있어서는 반응속도 그 자체보다 반응의 정확도에 더 관계가 깊다.

33
재해가 다발하는 이유는 작업조건 자체에 위험성이 많기 때문이라는 설은?

① 기회설 ② 암시설
③ 경향설 ④ 미숙설

34
인간의 행동(B)은 인간의 조건(P)과 환경조건(E)과의 함수관계를 갖는다. 즉 B = f(P · E)이다. 다음 중 환경조건(E)을 가장 잘 설명한 것은 어느 것인가?

① 사회적 환경 ② 심리적 환경
③ 물리적 환경 ④ 작업환경

35
인간의 산업심리작용과 직접 관계가 적은 것은?

① 작업환경 ② 표창
③ 휴식 ④ 지식과 기능

해설
지식과 기능은 인간이 교육을 통해 갖추어야 할 인간의 능력에 관한 사항으로 인간의 심리에 영향을 끼치는 요소와는 관계가 없다.

36
안전사고가 발생하는 요인 중 심리적인 요인에 해당하는 것은?

① 신경계통의 이상 ② 감정
③ 육체적 능력의 초과 ④ 극도의 피로감

해설
①, ③, ④항은 사고의 요인 중 정신력에 영향을 주는 생리적 현상에 해당한다.

37
지루함과 단조로움에 관한 연구결과 중 맞는 것은?

① 지루함은 작업이 끝날 때 쯤에 극대화된다.
② 지루함의 정도에는 개인적인 차이가 없다.
③ 지능이 높을수록 반복적인 일을 잘 참지 못한다.
④ 내성적인 사람이 외향적인 사람보다 덜 지루해 한다.

해설
지능이 비교적 낮은 사람은 단순한 반복작업 등을 잘 이겨내지만 지능이 높은 사람은 권태를 느끼기 쉽다.

38
재해가 발생하는 심리적 요인에 해당되는 것은?

① 작업공간이 적어서 압박감을 갖는다.
② 자기 능력을 다할 수 있는 책임있는 일을 주지 않는다.
③ 작업중에 졸려서 주의력이 없다.
④ 불안전한 조명으로 강한 정신집중이 요구된다.

39
다음은 행동과학자의 제이론을 전개시키고 있다. 관계가 다른 것은?

① 맥그레거(P. McGregor) – XY이론
② 맥클레랜드(McClelland) – 성취동기이론
③ 허즈버어그(Herzberg) – 성숙미성숙론
④ 리커트(R. Likert) – 상호작용 영향력

해설
허즈버그(Herzberg) : 동기 – 위생이론

40
마슬로우(A. H. Maslow)의 욕구 5단계 중 인간의 기본적인 욕구 다음 단계의 욕구는?

① 생리적 욕구 ② 사회적 소속의 욕구
③ 안전, 안정 욕구 ④ 자존심의 욕구

Answer ▶ 32. ② 33. ① 34. ② 35. ④ 36. ② 37. ③ 38. ② 39. ③ 40. ③

41
동기조사(motivation research)의 방법 중 가장 우수한 연구방법은?

① 종업원의 요구 연구
② 관심의 표명 연구
③ 작업태도 연구
④ 사의표명의 이유 연구

해설
동기조사의 방법은 다음과 같으며, 이 중에서 작업태도를 통한 조사 방법이 가장 우수한 연구방법으로 인정되고 있다.
1) 작업자의 불평불만을 통한 연구
2) 관심의 표명을 통한 연구
3) 사의표명의 이유를 통한 연구
4) 작업자의 요구를 통한 연구
5) 작업태도를 통한 연구

42
인간의 동기부여에 관한 맥그레거의 X, Y 이론 중 X 이론이 아닌 항목은 어느 것인가?

① 인간은 스스로 자기목표에 대하여 자기 통제를 한다.
② 인간은 본래 일을 싫어하며, 피하려고 한다.
③ 인간은 명령받는 것을 좋아하며, 책임회피를 좋아한다.
④ 동기는 생리적 수준 및 안정의 수준에서 나타난다.

해설
①항은 Y이론에 속하는 고차적 욕구이다.

43
McGregor의 이론 중 Y이론에 해당되지 않는 것은?

① 분권화와 권한의 위임
② 목표에 의한 관리
③ 상부책임제도의 강화
④ 민주적 리더쉽의 확립

해설
③항의 상부책임제도의 강화는 X이론의 관리처방에 해당된다.

44
일을 통한 동기부여 원칙에 해당되지 않는 것은?

① 근로자에게 정기보고서를 통하여 간접적인 정보를 제공한다.
② 자기 과업을 위한 근로자의 책임감을 증대시킨다.
③ 특정과업을 수행할 기회를 부여한다.
④ 근로자에게 단위의 분배작업을 부여하도록 조정한다.

해설
①항, 근로자에게 정기보고서를 통하여 직접적인 정보를 제공한다.

45
다음 중 Maslow의 욕구단계이론과 Alderfer의 ERG 이론 중에서 생존(existence) 욕구, 관계(relatedness)욕구, 성장(growth) 욕구를 제안한 Alderfer의 생존 욕구에 해당되는 Maslow의 욕구는 무엇인가?

① 자아실현의 욕구
② 존경의 욕구
③ 사회적 욕구
④ 생리적 욕구

46
다음 중 맥그리거(Mcgregor)의 인간해석 중 Y이론의 관리방식은?

① 권위주의적 리더쉽의 확립
② 분권화와 권한의 위임
③ 경제적 보상체제의 강화
④ 조직구조의 고충성

47
다음 중 Herzberg가 말한 동기요인에 해당되는 것은?

① 일의 내용
② 복지제도
③ 관리내용
④ 급료

해설
Herzberg의 동기요인 : 작업 자체(일의 내용), 성취, 책임감 등

Answer ➡ 41. ③ 42. ① 43. ③ 44. ① 45. ④ 46. ② 47. ①

48
하인리히의 동기유발요인에 해당되지 않는 것은?

① 분위기 ② 작업자 자신
③ 직무 그 자체 ④ 부여권한

해설
하인리히의 동기유발요인
1) 분위기 2) 작업자 자신
3) 직무 그 자체 4) 동료그룹
5) 노동조합

49
다음 중 외적 동기유발에 해당되는 것은?

① 성취의욕의 고취
② 지적 호기심의 제고
③ 학습자의 요구수준에 맞는 적절한 교재의 제시
④ 학습의 결과를 알게 하고 만족감, 성공감을 갖게 할 것

해설
①, ②, ③항은 내적 동기유발(자연적 동기유발)에 해당된다.

50
인간은 이성적이며 의식적으로 행동한다는 가정에 근거한 로크(Locke)의 이론은?

① 동기위생이론
② 일관성이론
③ 목표설정이론
④ 기대이론

해설
로크의 목표설정이론의 요점은 의식적인 목표, 혹은 의도와 업무 수행간의 관계성에 두고 있다. 목표와 의도란 특별히 미래의 목적과 관련시켜서 개인이 의식적으로 무엇인가를 하려는 것이다.

> **길잡이** 브룸(Vroom)의 기대이론
> 동기의 힘(motivational)은 유인가(valence)와 기대(expec-tancy)의 곱에 의한 총화로 나타낸다.
> ∴ 동기적인 힘 = 유인가 × 기대
> 여기서 유인가란 여러 행동대안의 결과에 대해서 개인이 갖고 있는 매력의 강도를 말한다.

51
다음 동기유발요인에 속하지 않는 것은 어느 것인가?

① 목적달성 ② 책임
③ 작업자체 ④ 작업조건

해설
작업조건은 허즈버그의 위생요인에 해당된다.

52
인간착오의 메카니즘이 아닌 것은?

① 위치의 착오 ② 패턴의 착오
③ 형의 착오 ④ 크기의 착오

해설
인간착오 또는 오인의 메카니즘
1) 위치의 오인 2) 순서의 오인
3) 패턴의 오인 4) 형태의 오인
5) 기억의 틀림

53
착각을 일으키기 쉬운 조건을 잘못 설명한 것은?

① 착각은 인간노력으로 고칠 수 있다.
② 정보의 결함이 있으면 착각이 일어난다.
③ 착각은 인간측의 결함에 의해서 발생한다.
④ 환경조건이 나쁘면 착각이 일어난다.

54
실제로는 움직이지 않는 것이 어느 기준의 이동에 유도되어 움직이는 것처럼 느껴지는 현상을 무엇이라 하는가?

① 유도운동 ② 자동운동
③ 반사운동 ④ 가현운동

55
실제로 정지하고 있는 대상물을 나타냈다가 지웠다가 자주 반복하면 그 물체가 마치 운동하는 것처럼 인식되는데 이와 같은 현상을 무엇이라 하는가?

① 착오현상 ② 자동운동
③ 가현운동 ④ 착시현상

Answer ▶ 48. ④ 49. ④ 50. ③ 51. ④ 52. ④ 53. ① 54. ① 55. ③

56
다음의 착시(錯視)현상 중에서 Herling의 착시 현상은 어느 것인가?

① a가 b보다 길게 보인다.

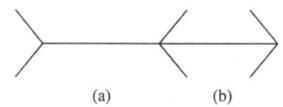

② a는 세로로 길어 보이고, b는 가로로 길어 보인다.

 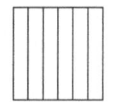

③ a는 양단이 벌어져 보이고, b는 중앙이 벌어져 보인다.

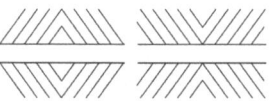

④ a와 c가 일직선으로 보인다.

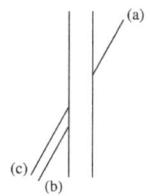

해설
①는 Muler.Lyer의 착시, ②는 Helmholz의 착시, ③는 Herling의 착시, ④는 Poggendorff의 착시

57
다음 중 생략행위를 유발하는 심리적 요인은?

① 간결성의 원리
② risk taking 원리
③ 주의의 일점집중 현상
④ 폐합의 요인

58
다음 중 기하학적 착시가 아닌 것은?

① 방향착시   ② 반전착시
③ 동화착시   ④ 원근법 착시

해설
착시에는 기하학적 착시(방향착시, 동화착시, 원근법착시, 분할거리의 착시), 반전착시, 월의 착시, 대비착시 등이 있다.

59
다음은 부주의를 정의한 것이다. 잘못 설명한 것은?

① 부주의는 불안전한 행위와 불안전한 상태에도 적용된다.
② 부주의는 결과적으로 실패한 동작이다.
③ 부주의는 유사한 착각이나 본질적인 지식의 부족에 기인한다.
④ 부주의는 인간 능력한계가 넘는 범위로 행위한 동작의 실패원인을 말한다.

60
부주의에 대한 설명으로 틀린 것은?

① 부주의는 거의 모든 사고의 직접원인이 된다
② 부주의라는 말은 불안전한 행위뿐만 아니라 불안전한 상태에도 응용된다.
③ 부주의라는 말은 결과를 표현한다.
④ 부주의는 무의식적 행위나 의식의 주변에서 행해지는 행위에 나타난다.

해설
부주의는 사고의 직접원인(불안전한 행동)을 유발시키는 사고의 간접원인이 된다.

61
다음은 사고와 연결되는 인간의 행동특성을 설명한 것이다. 틀리는 것은?

① 안전태도가 불량한 사람은 리스크테이킹(risk taking)의 빈도가 높다.
② 돌발적 사태하에서는 인간의 주의력이 분산된다.
③ 자아의식이 약하거나 스트레스에 저항력이 약한 자는 동조경향을 나타내기 쉽다.
④ 순간적으로 대피하는 경우에 우측보다 좌측으로 몸을 피하는 경향이 높다.

Answer 56. ③ 57. ① 58. ② 59. ④ 60. ① 61. ②

62
인간의 의식의 공통적인 경향이 아닌 것은?
① 의식은 그초점에서 멀어질수록 희미해진다.
② 당면한 사태에 의식의 초점이 합치되지 않고 있을 때는 대응력이 떨어진다.
③ 의식에는 현상 대응력에 한계가 있다.
④ 의식은 연속되는 경향이 있다.

63
다음 중 의식의 통제책에 관계없는 것은?
① 의식은 초점에서 멀어질수록 밝아진다.
② 의식은 초점에서 가장 명확하다.
③ 의식은 장기간 집중할 수 없으므로 적당한 휴식이 필요하다.
④ 의식의 우회는 카운셀링을 통해 해소할 수 있다.

해설
①항, 의식은 초점에서 멀어질수록 희미해진다.

64
다음 부주의형 중 의식의 우회를 나타낸 것은?

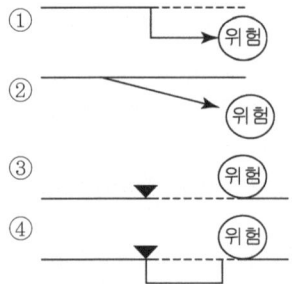

해설
①은 의식수준의 저하, ②는 의식의 혼란 ③은 의식의 단절(중단) ④는 의식의 우회를 나타낸다. 그림에서 실선은 의식이 정상적으로 활동하고 있는 상태이다.

65
다음의 피로에 관한 내용 중 피로의 특징은?
① 피로는 노동의 결과로 생기며, 노동을 중지하면 원상태로 돌아간다.
② 피로는 정신적 피로와 육체적 피로로 구분되며, 그 결과 피로감을 느낀다.
③ 피로는 노동의 양적, 질적 저하를 가져온다.
④ 피로는 정신적 또는 육체적 노동의 산물로써 작업능력 또는 생리적 기능의 저하를 가져온다.

66
부주의를 발생시키는 내적조건 중 소질적 조건에 관한 대책으로 맞는 것은?
① 적성배치   ② 교육
③ 카운슬링   ④ 작업조건 개선

67
피로를 발생시키는 내(內)적인 요인으로 적당하지 않은 것은?
① 인간관계(상급자, 동료, 하급자)
② 경험과 숙련도
③ 적성(지능, 성격, 기질, 기능)
④ 작업태도와 의욕

해설
①항의 인간관계는 피로발생의 외적인 요인이다.

68
피로를 발생시키는 외적인 요인으로 적당하지 않은 것은?
① 작업의 강도   ② 작업환경조건
③ 경제적조건   ④ 작업의 경험

해설
④항의 작업경험은 피로 발생의 내적요인에 속한다.

69
피로가 겹치게 됨으로써 차츰 생산성은 저하되기 시작하며, 따라서 작업자들의 재해발생빈도도 잦아지는데 동시에 다음 중 어느 것도 저하되는가?
① 작업관리   ② 동작밀도
③ 공정진행   ④ 생산관리

해설
피로가 겹치게 되면 동작밀도가 저하되기 때문에 작업시간에 비하여 실제로 일하는 시간의 비율인 실동률(實動率)이 떨어지게 된다.

70
피로대책의 원칙 중 단조로움이나 권태감에 의한 대책은?

① 용의주도한 작업계획의 수립이행
② 불필요한 마찰의 배제
③ 작업교대제 실시, 습도 및 통풍의 조절
④ 일의 가치를 가르침

71
피로의 예방과 회복대책을 설명한 것 중 틀린 것은?

① 작업부하를 크게 할 것
② 정적 동작을 피할 것
③ 작업속도를 적절하게 할 것
④ 근로시간과 휴식을 적정하게 할 것

해설
① 작업부하를 작게 할 것

72
바이오리듬(Biorhythm)에서 위험일(critical day)과 관계가 깊은 것은 다음 중 어느 것인가?

① 생활습관상 기분이 좋지 않은 날이다.
② 컨디션이 가장 나쁜 날이며 (−)주기의 피크를 말한다.
③ 의지의 생략일을 말하는 것이다.
④ 위험일에는 혼자하는 일을 삼가는 것이 좋다.

73
다음의 생체리듬에 관한 설명 중 틀린 것은?

① 혈액의 수분과 염분량은 주간에 증가하고 야간에 감소한다.
② 체온과 혈압은 주간에 상승하고 야간에 저하한다.
③ 야간 작업에서는 주간 작업보다 체중의 감소가 크다
④ 야간 작업에서는 주간 작업보다 말초 운동 기능이 저하된다.

74
정신적 또는 육체적 활동의 부산물로 체내에 누적되어 활동 능력을 둔화시킴으로서 사고원인이 되기 쉬운 것은?

① 근심걱정　　② 피로
③ 주의 집중력　④ 공상

75
피로측정방법 중 생리적 변화를 이용한 측정방법이 아닌 것은?

① 반사기능　　② 대사기능
③ 감각기능　　④ 사고활동의 변화

해설
피로측정방법
① 생리적 변화를 이용한 방법 : 감각기능, 반사기능, 대사기능, 순환기능, 대사물의 질량변화
② 정신적 변화를 이용한 방법 : 작업동작경로, 작업태도, 사고활동의 변화, 자세의 변화, 기억의 변화

76
다음 재해원인 중 생리적인 원인으로 생각되는 것은?

① 작업자의 무지　② 안전장치의 무시
③ 작업자의 피로　④ 작업자의 기능

해설
피로감(feelings of tiredness)이란 생리적인 기능의 변조(變調)에 따르는 주관적 체험이다.

77
스트레스의 영향요인 중 외부로부터의 자극요인이 아닌 것은?

① 가족관계의 갈등
② 업무상의 죄책감
③ 경제적인 어려움
④ 자신의 건강문제

해설
업무상의 죄책감은 마음속에서 일어나는 내적 자극요인이다.

78
산업재해 발생 원인 중에는 안전의식 레벨이 좌우된다. 의식작용을 적극적 대응이 가능한 상태는?

① 당황한 몸짓
② 판단을 동반한 행동
③ 느긋한 행동
④ 단조로움이 많아 졸음이 온 행동

해설
판단을 동반한 행동은 안전의식 레벨이 높은 것으로 적극적 대응이 가능한 상태이다.

79
작업태도 분석에 의한 동기파악방법의 연구 과정은?

① 요인 – 태도 – 결과
② 태도 – 결과 – 요인
③ 결과 – 요인 – 태도
④ 태도 – 요인 – 결과

해설
작업태도 분석에 의한 동기파악 방법은 그 연구과정인 요인(factors) → 태도(attitude) → 결과(effects)를 동시에 파악하는 것이다.

80
단조로운 업무가 장시간 지속될 때 작업자의 감각기능 및 판단능력이 둔화 또는 마비되는 현상을 무엇이라고 하는가?

① 감각차단현상   ② 망각현상
③ 피로현상   ④ 착각현상

81
인간의 지각판단 응답에 가장 큰 영향을 주는 인자는?

① 온도   ② 조명
③ 소음   ④ 진동

해설
인간의 중추신경에서 처리되는 정보의 지각 판단응답에 가장 큰 영향을 미치는 인자는 소음이다.

82
에너지대사율(R. M. R)이 높은 작업의 경우 사고예방대책은 어느 것인가?

① 작업시간 연장   ② 휴식시간 증가
③ 임금의 증액   ④ 작업의 전환

해설
RMR이 높은 작업은 작업강도가 큰 작업이므로 쉽게 피로해진다. 따라서 휴식시간도 그만큼 길어져야 한다.

83
다음 인간관계 개선기법을 활용할 교육방법이 아닌 것은?

① 알지 못한다.
② 할 생각이 없다.
③ 하지 않는다.
④ 화목하지 않다

해설
①항 알지 못한다는 것은 인간관계 개선기법이 아닌 지식교육을 통해 알게 하여야 한다.

84
직무시사회(job preview)란 무엇인가?

① 직무확대의 한 방법
② 인사선발의 한 방법
③ 직무분석의 한 방법
④ 인사관리의 한 방법

85
다음 중 교육의 3요소는?

① 강사, 수강자, 교육방법
② 강사, 수강자, 교육내용
③ 수강자, 교육내용, 교육방법
④ 교육내용, 교육방법, 교육장소

해설
교육의 3요소 : 강사, 수강자, 교육내용

Answer ● 78. ② 79. ① 80. ① 81. ③ 82. ② 83. ① 84. ③ 85. ②

86
학습지도의 원리에서 구체적인 사물을 직접 제시하거나 경험시킴으로서 큰 효과를 볼 수 있다는 원리는?

① 사회화의 원리　② 자기활동의 원리
③ 직관의 원리　　④ 통합의 원리

87
학과교육의 4단계법 중 제3단계는?

① 확인　② 제시
③ 도입　④ 적용

해설

교육방법의 4단계
1) 1단계 : 도입(준비)　　2) 2단계 : 제시(설명)
3) 3단계 : 적용(응용)　　4) 4단계 : 확인(총괄)

88
다음의 교육 4단계 중 적용에 해당되는 설명은 어느 것인가?

① 관심과 흥미를 가지고 심신의 여유를 주는 단계
② 내용을 확실하게 이해시키고 납득시키는 단계
③ 과제를 주어 문제 해결을 시키거나 습득시키는 단계
④ 연수 내용을 정확하게 이해하였는가를 테스트 하는 단계

해설

①항은 1단계 : 도입(준비),　②항은 2단계 : 제시(설명),
③항은 3단계 : 적용(응용),　④항은 4단계 : 확인(총괄)

89
토의식 교육지도에 있어서 가장 시간이 많이 소요되는 단계는?

① 도입　② 제시
③ 적용　④ 확인

해설

토의식 교육
도입(5분) – 제시(10분) – 적용(40분) – 확인(5분)

90
다음 교육을 시킬 때 학습에 영향을 주는 요인들과 거리가 멀게 설명된 것은?

① 보상이 수반되는 행위는 지속화되지 않고 소거된다.
② 반복적인 자극은 안정된 반응양식으로 발전한다.
③ 보상의 크기는 학습영향에 비례한다.
④ 학습은 반응하는데 소요되는 노력의 영향을 받는다.

91
작업지도 4단계 기법 중 확실하게 빠짐없이 끈기있게 지도하는 단계는?

① 제1단계 학습할 준비를 시킨다.
② 제2단계 작업을 설명한다.
③ 제3단계 작업을 시켜본다.
④ 제4단계 가르킨 것을 살펴본다.

92
Pavolv의 조건반사설은 행동주의 학습이론에 큰 영향을 미쳤다. 다음 중 조건반사설에 의거한 학습이론의 원리가 아닌 것은?

① 강도의 원리　② 일관성의 원리
③ 계속성의 원리　④ 시행착오의 원리

해설

조건반사설에 의한 학습이론의 원리
1) 시간의 원리　　2) 강도의 원리
3) 일관성의 원리　4) 계속성의 원리

93
다음 중 학습의 이론이 아닌 것은?

① 통찰설(insight theory)
② 전이설(transfer theory)
③ 조건반사설(conditioned reflex theory)
④ 시행착오설(trial and error theory)

해설

학습이론
1) S-R이론 : ① 시행학오설 ② 조건반사설
2) 형태설 : ① 동찰설 ② 장설 ③ 기호형태설

Answer ▶ 86. ③　87. ④　88. ③　89. ③　90. ①　91. ②　92. ④　93. ②　94. ①

94
다음 중 전이(transfer)의 조건이 아닌 것은?
① 학습방법　② 학습정도
③ 학습시간　④ 학습내용

95
전이의 이론에서 선행학습경험과 새로운 학습 경험 사이에 같은 요소가 있을 때는 서로의 사이에 연합 또는 연결의 현상이 일어난다는 설로 맞는 것은?
① 일반화설　② 동일요소설
③ 형태이조설　④ 도구적 조건화설

96
다음의 적응기제 중 방어적 기제에 해당되지 않는 것은?
① 합리화　② 동일시
③ 보상　④ 퇴행

해설
④ 퇴행은 도피적 기제에 속한다.

97
전습법과 분습법에 대한 설명으로 틀린 것은?
① 지적으로 우수한 학생과 연령과 경험이 많은 학생은 분습법이 유리하다.
② 통일성이 있는 종합적인 학습재료는 전습법이 유리하다.
③ 집중 학습인 경우는 분습법이 유리하다.
④ 상호관련성이 적고 분과적인 것은 분습법이 유리하다.

해설
①항의 경우는 전습법이 유리한 경우이다.

98
연습의 방법 중 전습법의 이점이 아닌 것은?
① 학습효과가 빨리 나타난다.
② 망각이 적다.
③ 학습에 필요한 반복이 적다.
④ 연합이 생긴다.

해설
①는 분습법의 이점에 속한다.

99
앞의 학습이 뒤의 학습을 방해하는 조건이 아닌 것은?
① 앞의 학습이 불완전한 경우
② 앞과 뒤의 학습내용이 다른 경우
③ 뒤의 학습을 앞의 학습 직후에 실시하는 경우
④ 앞의 학습내용을 재생하기 직전에 실시하는 경우

100
인간의 안전한 행동을 유지시키기 위한 교육은?
① 기능교육　② 지식교육
③ 태도교육　④ 정신교육

101
태도교육의 효과가 가장 높은 교육방법은 다음 중 어느 것인가?
① 토의식 방법　② 강의식 방법
③ 프로그램 학습법　④ 강연식 방법

102
교육·훈련방법 중 강의법의 장점은?
① 흥미를 갖고 적극적으로 참가한다.
② 시간의 계획과 통제가 용이하다.
③ 민주적, 협력적이다.
④ 현실적인 문제의 학습이 가능하다.

103
짧은 교육기간에 많은 내용을 전달하기 위해서는 다음 어느 교육방법이 적당한가?
① 강의식　② 문답식
③ 토의식　④ 질문식

Answer ➡ 95.② 96.④ 97.① 98.① 99.② 100.③ 101.① 102.② 103.①

해설
강의식 교육의 특징은 짧은 교육기간에 광범위한 지식의 전달이 가능한 것이다.

104
안전교육계획 수립에 필요한 사항이 아닌 것은?

① 교육의 과목 및 교육내용
② 작업설비의 안전화
③ 교육의 종류 및 교육대상
④ 교육담당자 및 강사

해설
안전교육계획 수립에 필요한 사항
1) 교육목표   2) 교육기간 및 시간
3) 교육의 종류 및 교육대상 4) 교육장소
5) 교육의 과목 및 교육내용 6) 교육방법
7) 교육담당자 및 강사

105
안전교육목표에 포함시켜야 할 사항은 어느 것인가?

① 강의순서   ② 과정소개
③ 강의개요   ④ 교육 및 훈련범위

106
안전교육의 준비계획에 속하지 않는 사항은?

① 교육목표 설정   ② 교육대상자 결정
③ 교육과정 결정   ④ 교육소요 기자재

해설
준비계획에 포함하여야 할 사항
1) 교육목표 설정   2) 교육대상자범위 결정
3) 교육과정의 결정   4) 교육방법 및 형태 결정
5) 교육보조재료 및 강사, 조교의 편성
6) 교육진행사항   7) 필요 예산의 산정

107
안전교육계획을 수립하는 작업순서이다. 필요한 순서가 아닌 것은?

① 교육의 필요점을 발견한다.
② 교육대상을 결정한다.
③ 교육을 실시한다.
④ 교육담당자를 정한다.

해설
교육계획의 수립 및 추진에 있어서는 다음의 순서에 따라 실시한다.
1) 교육의 필요점을 발견한다.
2) 교육대상을 결정하고 그것에 따라 교육내용 및 교육방법을 결정한다.
3) 교육의 준비를 한다.
4) 교육을 실시한다.
5) 교육의 성과를 평가한다.

108
학습 지도의 방법 중 구안법(project method)의 단계에 해당되지 않는 것은?

① 수행   ② 구성
③ 목적   ④ 계획

해설
구안법의 단계는 목적, 계획, 수행, 평가의 4단계를 거친다.

109
신규채용자에 대한 안전교육 내용이 아닌 것은?

① 관리감독자의 역할과 임무에 관한 사항
② 안전장치 및 보호구 사용에 관한 사항
③ 기계기구의 위험성과 안전작업 방법에 관한 사항
④ 당해설비, 기계 및 기구의 작업안전 점검에 관한 사항

해설
①항은 관리감독자의 정기안전보건교육 내용에 해당된다.

110
다음 중 주제의 논리적 전개방법이 아닌 것은?

① 부분적인 것에서 전체적인 것으로
② 간단한 것에서 복잡한 것으로
③ 기지(既知)의 것에서 미지의 것으로
④ 많이 사용하는 것에서 적게 사용하는 것으로

해설
④항, 적게 사용하는 것에서 많이 사용하는 것으로

Answer ➡ 104. ② 105. ④ 106. ④ 107. ④ 108. ② 109. ① 110. ④

111
흙막이 지보공의 보강 또는 동바리 설치 또는 해체 작업에 대한 특별안전보건교육의 교육내용과 관계없는 것은?

① 작업안전점검 요령과 방법에 관한 사항
② 붕괴방지용 구조물설치 및 안전작업방법에 관한 사항
③ 해체작업 순서와 안전기준에 관한사항
④ 보호구 취급 및 사용에 관한 사항

해설
흙막이 지보공의 보강 또는 동바리의 설치 또는 해체작업의 특별안전보건교육의 내용
1) 작업안전점검 요령과 방법에 관한 사항
2) 동바리의 운반 · 취급 및 설치시 안전작업에 관한 사항
3) 해체작업 순서와 안전기준에 관한사항
4) 보호구 취급 및 사용에 관한 사항
5) 그 밖에 안전 · 보건관리에 필요한 사항

112
특별안전보건교육 중 건설용 리프트, 곤돌라를 이용한 작업의 교육내용이 아닌 것은?

① 걸고리, 와이로프트 및 비상정지장치 등의 기계 · 기구 점검에 관한 사항
② 방호장치의 종류 기능 및 취급에 관한 사항
③ 기계기구의 특성 및 동작원리에 관한 사항
④ 화물의 권상, 권하작업방법 및 안전작업지도에 관한 사항

해설
건설용 리프트, 곤돌라를 이용한 작업의 특별안전보건교육 내용
1) 방호장치의 기능 및 사용에 관한 사항
2) 기계, 기구, 달기체인 및 와이어 등의 점검에 관한 사항
3) 화물의 권상 · 권하 작업방법 및 안전작업 지도에 관한 사항
4) 기계 · 기구의 특성 및 동작원리에 관한 사항
5) 그 밖에 안전 · 보건관리에 필요한 사항

113
게이지압력을 1kg/cm² 이상으로 사용하는 압력용기의 설치 및 취급작업에 대한 특별안전보건교육의 교육내용이 아닌 것은?

① 열관리 및 방호장치에 관한 사항
② 안전시설 및 안전기준에 관한 사항
③ 압력용기의 위험성에 관한 사항
④ 용기취급 및 설치기준에 관한 사항

해설
①항은 보일러의 설치 및 취급작업시의 특별안전보건교육의 교육내용이다.

114
특별안전보건교육 중 비계의 조립,해체 또는 변경 작업의 교육내용이 아닌 것은?

① 비계의 조립순서 방법에 관한 사항
② 지보공의 조립방법 작업절차에 관한 사항
③ 추락재해방지에 관한사항
④ 보호구 착용에 관한 사항

해설
비계의 조립 · 해체 또는 변경작업의 교육내용
① 비계의 조립순서 방법에 관한 사항
② 비계작업의 재료 취급 및 설치에 관한 사항
③ 추락재해 방지에 관한사항
④ 보호구 착용에 관한 사항
⑤ 그 밖에 안전 · 보건관리에 필요한 사항

115
교시법의 4단계가 아닌 것은?

① 일은 시켜 보이는 단계(performance)
② 응용시키는 단계(application)
③ 일을 하여 보이는 단계(presentation)
④ 준비단계(preparation)

해설
교시법의 4단계
1) 준비단계(1단계)
2) 일을 하여 보이는 단계(2단계)
3) 일을 시켜 보이는 단계(3단계)
4) 보습지도의 단계(4단계)

116
학습 지도의 방법 중 구안법(project method)의 단계에 해당되지 않는 것은?

① 수행
② 토의
③ 목적
④ 계획

Answer ● 111. ② 112. ① 113. ① 114. ② 115. ② 116. ②

해설
구안법(project method) : 학생이 마음속에 생각하고 있는 것을 외부에 구체적으로 실현하고 형상화하기 위해서 자기 스스로가 계획을 세워 수행하는 학습 활동으로 이루어지는 형태이다. Collings는 구안법을 탐험(exploration), 구성(construction), 의사 소통(communication), 유희(play), 기술(skill)의 5가지로 지적하고 산업시찰, 견학, 현장실습 등이 이에 해당된다고 하였다. 구안법의 단계는 목적, 계획, 수행, 평가의 4단계를 거친다.

117
다음 중 필립스(Phillips)가 고안한 교육방법은?

① panel discussion
② buzz session
③ symposium
④ forum

해설
6-6회의라고 하며, 참가자가 특히 많은 경우 전원을 토의에 참가시키기 위하여 행하는 방법이다.

118
문제해결법(problem method)의 단계 중 2단계에 해당되는 것은?

① 해결방법의 연구계획
② 문제의 인식
③ 자료의 수집
④ 해결방법의 실시

해설
문제해결법의 단계
1) 1단계 : 문제의 인식   2) 2단계 : 해결방법의 연구계획
3) 3단계 : 자료의 수집   4) 4단계 : 해결방법의 실시
5) 5단계 : 정리와 결과의 검토

119
관리감독의 교육에 알맞은 안전교육방법은?

① T. B. M
② symposium
③ O. J. T
④ off. J. T

120
다음 중 개인안전교육방법으로 부적당한 것은?

① follow-up
② 카운셀링
③ O. J. T
④ off. J. T

해설
off.J.T는 현장 외 또는 직장 외 교육훈련방법으로 다수의 근로자들에게 교육을 시킬 경우 적합한 방법이다.

121
토의식 교육방식으로 부적당한 것은?

① TBM
② role playing
③ case study
④ problem method

해설
role playing(역할연기법)은 어떤 역할을 규정하여 이것을 실제로 시켜봄으로 이것을 훈련이나 평가에 사용하는 것이다.

122
강의법에 의한 교육시 최적 수강자 수는?

① 30~50인
② 50~70인
③ 70~90인
④ 90~110인

해설
1) 강의법 : 30~50명 정도
2) 토의법 : 10~20명 정도

123
O.J.T(on th job training)의 효과가 아닌 것은?

① 다수의 근로자들에게 조직적 훈련을 행하는 것이 가능하다.
② 작업요령을 보다 효율적으로 이해하게 된다.
③ 작업요령이 몸에 배게 되어 작업능률이 향상된다.
④ 추지도(推知導) 교육을 효율적으로 추진할 수 있다.

해설
O.J.T(현장중심교육)는 집단교육으로 적합지 않다.

124
집단토의방식의 안전교육을 효과적으로 이끌기 위한 조건이다. 틀린 것은?

① 중지를 모을 수 있는 문제를 구체적으로 발굴한다.
② 태도와 행동의 변용이 어렵다.

Answer ● 117. ② 118. ① 119. ④ 120. ④ 121. ② 122. ① 123. ① 124. ②

③ 스스로 참여하여 학습의욕을 높인다.
④ 상호평가로 자기반성을 촉구한다.

125
수업방법 중 도입, 전개, 정리의 각 단계에서 가장 효과적인 수업방법은?

① 반복법 ② 프로그램 학습법
③ 실연법 ④ 토의법

126
주제를 학습시킬 범위와 내용의 정도를 무엇이라 하는가?

① 학습목적 ② 학습목표
③ 학습정도 ④ 학습성과

해설
학습정도(level of learning) : 주제를 학습시킬 학습범위와 내용의 정도를 말하며 인지, 지각, 이해, 적용의 단계에 의해 이루어진다.

127
안전교육훈련은 인간행동 변용을 안전하게 유지하기 위함이므로 행동 변용의 전개과정의 순서가 알맞은 것은?

① 자극 – 욕구 – 판단 – 행동
② 욕구 – 자극 – 판단 – 행동
③ 판단 – 자극 – 욕구 – 행동
④ 행동 – 요구 – 자극 – 판단

128
학습지도의 다섯 단계를 순서에 맞게 나열한 것은 어느 것인가?

① 총괄 – 연합 – 준비 – 교시 – 응용
② 준비 – 교시 – 연합 – 총괄 – 응용
③ 교시 – 준비 – 연합 – 응용 – 총괄
④ 응용 – 연합 – 교시 – 준비 – 총괄

해설
하버드학파의 5단계 교수법
1) 준비시킨다.   2) 교시한다.
3) 연합한다.   4) 총괄시킨다.
5) 응용시킨다.

129
다음 중 TBM의 진행방법에 해당되지 않는 것은?

① 의견을 내도록 한다.
② 정리한다.
③ 도입한다.
④ 관찰한다.

해설
TBM은 직장에서 개최하는 안전을 위한 집단회의방식으로 진행방법은 다음과 같다.
1) 1단계 : 도입한다.
2) 2단계 : 의견을 내도록 한다.
3) 3단계 : 정리한다.

130
안전교육의 실시계획의 내용에 포함되지 않아도 되는 사항은?

① 교육장소
② 기자재 및 견학계획
③ 교육목표 설정사항
④ 협조부서 및 협동사항

해설
실시계획의 내용
1) 필요인원(강사, 지도원 등)
2) 교육장소
3) 기자재(교육보조재료, 교안 등)
4) 견학 계획
5) 시범 및 실습계획
6) 협조부서 및 협동조합
7) 토의진행계획
8) 소요예산책정
9) 평가계획
10) 일정표

131
안전교육 훈련기법에서 지식형성을 위한 가장 적절한 방식은?

① 제시방식 ② 응용방식
③ 실습방식 ④ 참가방식

Answer ⊙ 125. ② 126. ③ 127. ① 128. ② 129. ④ 130. ③ 131. ①

해설

안전교육 훈련방식
1) 지식형성 – 제시방식
2) 기능숙련 – 실습방식
3) 태도개발 – 참가방식

132
교육을 시킬 때 학습에 영향을 주는 요인들과 거리가 멀게 설명된 것은?

① 보상이 수반되는 행위는 지속화 되지 않고 소거(消去)된다.
② 반복적인 자극은 안정된 반응양식으로 발전한다.
③ 보상의 크기는 학습영향에 비례한다.
④ 학습은 반응하는데 소요되는 노력이 영향을 받는다.

133
교육계획을 수립할 때의 첫째 과제는?

① 교육방법 ② 강사
③ 교육내용 ④ 교육목표

134
안전교육을 실시하는 목적에 대하여 틀린 설명은?

① 안전작업동작과 방법을 알려주기 위해서
② 조업 중 발생한 사고의 원인을 분석하고 통계를 내기 위해서
③ 재해를 방지하고 안전을 확보하기 위해서
④ 생산능률의 향상과 조업시간의 단축을 기하기 위해서

135
안전교육방법에 부적합한 것은?

① 강의식 ② 카운셀링
③ 토의식 ④ 프로그램 학습법

해설

카운셀링(counseling)은 주로 학생생활지도의 방법으로 이용한다.

136
다음 중 안전교육의 기본과정을 옳게 나열한 것은?

① 청취 – 이해 – 시범 – 평가
② 청취 – 시범 – 이해 – 평가
③ 이해 – 청취 – 시범 – 평가
④ 시범 – 이해 – 청취 – 평가

137
하버드 학파의 5단계 학습지도법을 포함하는 구체적인 것으로 다음 중 강의방식에 속하지 않는 것은?

① 문제 제시식 ② 심포지엄
③ 강의식 ④ 문답식

해설

심포지엄(symposium)은 회의방식의 일종이다.

138
안전교육상 카운셀링의 효과로 옳은 것은?

① 기억효과
② 정서, 스트레스 해소효과
③ 강습효과
④ 전달효과

해설

카운셀링은 개인적 결함과 고민을 해소시키고 일체감을 갖도록 하여 정서, 스트레스 해소 등에 효과가 있다.

139
학습의 정도란 학습의 범위와 내용의 정도를 뜻한다. 다음 중 학습의 정도의 단계에 포함되지 않은 것은?

① 인지(to aquaint) ② 이해(to understand)
③ 회상(to recall) ④ 적용(to apply)

해설

학습정도의 단계
1) 인지 : ~을 인지하여야 한다.
2) 지각 : ~을 알아야 한다.
3) 이해 : ~을 이해하여야 한다.
4) 적용 : ~을 ~에 적용할 줄 알아야 한다.

Answer ▶ 132. ① 133. ④ 134. ② 135. ② 136. ① 137. ② 138. ② 139. ③

CONTENTS

PART 01 | 인간공학
PART 02 | 위험성 평가관리

2 과목

인간공학 및 위험성 평가관리

1편

인간공학

1장 안전과 인간공학

1 안전과 인간공학

(1) 인간공학의 목표(차피니스)

1) 첫째 목표 : 안전성 향상과 사고 방지
2) 둘째 목표 : 기계조작의 능률성과 생산성 향상
3) 셋째 목표 : 쾌적성

(2) 인간이 만든 물건, 기구 또는 환경의 설계과정에서의 인간공학의 목표

1) 첫째 목표
   ① 실용적 효능을 높인다.
   ② 건강, 안전, 만족 등의 특정한 인생의 가치 기준을 유지하거나 높인다.
2) 둘째 목표 : 인간복지

(3) 인간공학 용어의 분류

1) human engineering : 인간공학
2) human-factors engineering : 인간요소공학
3) man machine system engineering : 인간 기계체계공학
4) ergonomics : 작업경제학

2 체계의 특성 및 인간기계 체계

(1) 체계의 특성 : 대부분의 체계가 공통적으로 갖는 일반적인 특성은 다음의 5가지이다.

1) 체계의 목적
2) 임무 및 기본기능
3) 입력 및 출력 : 입력은 원하는 결과를 얻기 위한 필요한 재료(재목, 원유, 회계기록, 전보 통신문 등)이고, 출력은 체계의 성과나 결과(제품의 변화, 전달된 통신, 제공된 서비스 등)이다.
4) 통신 유대 : 어떤 체계에서는 최종 행동이 통신이다(컴퓨터).
5) 절차 : 일하는 요령

(2) 인간 – 기계 체계와 기능(임무 및 기본기능)

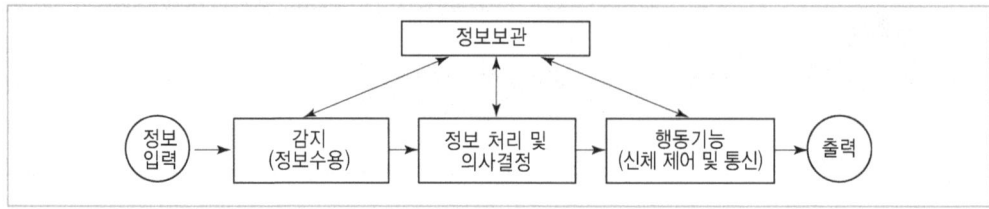

| 인간 또는 기계에 의해서 수행되는 기본기능 |

1) 감지(sensing)
   ① 인체의 감지 기능 : 시각, 청각, 후각 등의 감각기관
   ② 기계적인 감지 기능 : 전자, 사진, 기계적인 감지장치

2) 정보 보관(information storage)
   ① 인간의 정보 보관 : 기억된 학습 내용
   ② 기계적 정보 보관 : 펀치 카드(punch card), 자기 테이프, 형판(template), 기록, 자료표 등과 같은 물리적 기구에 보관

3) 정보처리 및 의사 결정(information processing and decision)
   ① 심리적 정보처리 단계 : 회상(recall), 인식(recognition), 정리(retention : 집적)
   ② 인간의 정보처리 시간 : 0.5초(인간의 정보처리능력 한계)

4) 행동기능(acting function)
   ① 물리적인 조종 행위나 과정 : 조종장치 작동, 물체나 물건을 취급, 이동, 변경, 개조하는 것 등이 있다.
   ② 통신행위 : 음성(사람의 경우) 신호, 기록 등의 방법이 사용된다.

(3) 인간 기계 통합체계의 유형

1) 수동 체계(인간의 신체적인 힘을 동력원으로 사용)
2) 기계화 체계(반 자동 체계)
3) 자동 체계(인간의 역할 : 감시, 프로그램, 정비유지)

(4) 인간과 기계의 상대적 재능

인간이 우수한 기능	기계가 우수한 기능
① 저 에너지 자극(시각, 청각, 후각 등) 감지 ② 복잡 다양한 자극 형태 식별 ③ 예기치 못한 사건 감지(예감, 느낌) ④ 다량 정보를 오래 보관 ⑤ 귀납적 추리 ⑥ 과부하 상황에서는 중요한 일에만 전념 ⑦ 임기응변, 융통성, 원칙 적용, 주관적 추산, 독창력 발휘 등의 기능	① 인간 감지 범위 밖의 자극(X선, 초음파 등)도 감지 ② 인간 및 기계에 대한 모니터 기능 ③ 드물게 발생하는 사상감지 ④ 암호화된 정보를 신속하게 대량 보관 ⑤ 연역적 추리 ⑥ 과부하 시 효율적으로 작동 ⑦ 정량적 정보처리, 장시간 중량작업, 반복작업, 동시에 여러 가지 작업수행

3 작업설계에 있어서의 인간의 가치기준

(1) **작업 설계시 철학적으로 고려할 사항** : 작업 확대, 작업 윤택화, 작업 만족도, 작업 순환
(2) **인간요소적 접근 방법** : 작업 능률이나 생산성 강조
(3) **작업 설계시 딜레마(Dilemma)** : 작업 능률과 작업 만족도의 관계
(4) **설계 단계에서의 직무분석 목적**

    1) 첫째 : 설계를 좀 더 개선시키기 위해서다.
    2) 둘째 : 최종설계에 필요한 작업의 명세(description)를 마련하기 위한 것이며, 이러한 명세는 요원명세, 인력수요, 훈련계획 등의 개발 등 다양한 목적에 사용된다.

(5) **작업 만족도(job satisfaction)를 가져오는 방법**

    1) 수행되어야 할 활동의 수를 증가시킨다.
    2) 작업자 자신의 작업물에 대한 검사 책임을 준다.
    3) 어떤 특정한 부품보다는 완전한 한단위에 대한 책임을 부여한다.
    4) 작업자 자신이 사용할 작업 방법을 선택할 수 있는 기회를 준다.
    5) 작업 순환 또는 생산 공정의 작업조들에게 더 큰 책임을 지운다.

4 인간 요소적 평가 과정

(1) **실험 절차** : 체계나 부품의 실험이란 본질적인 실험이며 적절한 절차를 사용해야 하며 어떤 성능 척도(기준)가 있어야 한다.
(2) **실험조건** : 체계가 궁극적으로 사용될 때의 조건을 가능한 가깝게 모의하여야 한다.
(3) **피 실험자(subject)** : 적성 및 훈련 상황을 고려하여 체계를 사용하게 될 사람과 같은 유형의 사람이어야 한다.
(4) **충분한 반복 횟수** : 믿을 만한 결과를 얻기 위해서 반복적인 관찰 및 시행이 필요하다.

5 인간공학의 연구 방법 및 인간공학의 기여도

(1) **인간공학의 연구방법(인간 - 기계 체계 측정법)**

    1) 순간 조작 분석
    2) 지각 운동 정보 분석
    3) 연속 컨트롤(control) 부담 분석
    4) 사용 빈도 분석

5) 전 작업 부담 분석
6) 기계의 사고 연관성 분석

(2) 인간공학 연구에 사용되는 변수의 유형

1) 독립변수 : 조사, 연구되어야할 인자(factor)로서 조명, 기기의 설계형(design), 정보경로(channel), 중력 등과 같은 것이 있다.
2) 종속변수 : 보통 기준이라고 하며, 독립변수의 가능한 효과의 척도(반응시간과 같은 성능의 척도의 경우가 많다)이다.

(3) 실험실 및 현장연구 환경의 선택

1) 실험실 환경 : 변수의 관리(control), 모의실험(simulation)
2) 현장 환경 : 사실성

(4) 체계 설계과정에서의 인간공학의 기여도

1) 성능의 향상
2) 인력의 이용률의 향상
3) 사용자의 수용도 향상
4) 생산 및 정비유지의 경제성 증대
5) 훈련 비용의 절감
6) 사고 및 오용(誤用)으로부터의 손실감소

6 체계개발에 있어서의 기준 및 기준의 요건

(1) 체계 기준(system criteria)
체계의 성능이나 산출물(output)에 관련되는 기준이다. 즉 체계가 원래 의도한 바를 얼마나 달성하는가를 반영하는 기준이다(예 : 체계의 예상수명, 운용이나 사용상의 용이도, 정비 유지도, 신뢰도, 운용비, 인력소요 등).

(2) 인간기준(human criteria)

1) 인간 성능 척도 : 여러 가지 감각활동, 정신활동, 근육활동 등에 의해서 판단된다.
2) 생리학적 지표 : 혈압, 맥박수, 분당 호흡수, 뇌파, 혈당량, 혈액의 성분, 피부온도, 전기피부반응(galvanic skin response) 등의 척도가 있다.
3) 주관적인 반응 : 개인성능의 평점(rating), 체계 설계면에 대한 대안들의 평점, 체계에 사용되는 여러 가지 다른 유형에 정보의 판단된 중요도 평점, 의자의 안락도 평점 등이 있다.
4) 사고 빈도 : 어떤 목적을 위해서는 사고나 상해 발생 빈도가 적절한 기준이 될 수가 있다.

(3) 기준의 요건

1) 적절성(relevance) : 기준이 의도된 목적에 적당하다고 판단되는 정도를 말한다.
2) 무오염성 : 기준 척도는 측정하고자 하는 변수 외의 다른 변수들의 영향을 받아서는 안된다는 것을 무오염성이라고 한다.
3) 기준 척도의 신뢰성 : 척도의 신뢰성은 반복성(repeatability)을 의미한다.

7 휴먼에러(human error)

(1) 시스템 성능(S·P)과 인간과오(H·E)관계

$$\therefore S \cdot P = f(H \cdot E) = K(H \cdot E)$$

- S·P : 시스템의 성능(system performance)
- H·E : 인간과오(human error)
- f : 함수
- K : 상수

1) K ≒ 1 : H·E가 S·P에 중대한 영향을 끼친다.
2) 0 < K < 1 : H·E가 S·P에 리스크(risk)를 준다.
3) K ≒ 0 : H·E가 S·P에 아무런 영향을 주지 않는다.

(2) 심리적인 분류(Swain) : Error의 원인을 불확정, 시간지연, 순서착오의 세 가지로 나누어 분류한다.

1) Omission error : 필요한 task 또는 절차를 수행하지 않는데 기인한 error
2) Time error : 필요한 task 또는 절차의 수행지연으로 인한 error
3) Commission error : 필요한 task 또는 절차의 불확실한 수행으로 인한 error
4) Sequential error : 필요한 task 또는 절차의 순서 착오로 인한 error
5) Extraneous error : 불필요한 task 또는 절차를 수행함으로써 기인한 error

(3) 원인의 Level적 분류

1) primary error : 작업자 자신으로부터의 error
2) secondary error : 작업형태나 작업조건 중에서 다른 문제가 생겨 그 때문에 필요한 사항을 실행할 수 없는 error. 어떤 결함으로부터 파생하여 발생하는 error
3) command error : 요구된 것을 실행하고자 하여도 필요한 물건, 정보, 에너지 등의 공급이 없는 것처럼 작업자가 움직이려 해도 움직일 수 없으므로 발생하는 error

(4) 인간의 행동 과정을 통한 분류

1) In put error : 감지 결함
2) Information processing error : 정보처리 절차과오(착각)
3) Decison making error : 의사 결정 과오
4) Out put error : 출력과오
5) Feed back error : 제어과오

(5) 대뇌정보처리 Error

1) 인지 Miss : 작업정보의 입수에서 감각중추에서 하는 인지까지 일어난 것으로 확인 Miss도 이에 포함한다.
2) 판단 Miss : 중추과정에서 일으키는 것으로 의지 결정의 Miss나 기억에 관한 실패도 이에 포함된다.
3) 동작 또는 조작의 Miss : 운동 중추에서 올바른 지령은 주어졌으나 동작 도중에 Miss를 일으키는 것으로 좁은 의미의 조작 Miss를 말한다.

(6) 인간 과오의 배후요인 4요소(4M)

1) 맨(man) : 본인 이외의 사람
2) 머신(machine) : 장치나 기기 등의 물적 요인
3) 메디어(media) : 인간과 기계를 잇는 매체란 뜻으로 작업이 방법이나 순서, 작업정보의 실태나 환경과의 관계, 정리정돈 등이 포함된다.
4) 매니지먼트(management) : 안전법규의 준수 방법, 단속, 점검 관리 외에 지휘감독, 교육훈련 등이 여기에 속한다.

8 미확인 경우 및 착오의 메커니즘

(1) 미확인의 경우

1) 단락(短絡)에 의하는 경우
2) 별도의 아웃 풋(out put) 영역에서 지령이 나가 버리는 경우
3) 피드백(feed back)이 행해지지 않고 통제되지 않는 경우
4) 「… 을 하지 않으면 안된다.」고 생각했을 뿐 실제는 그것을 한 것으로 착각하는 경우(생각대로 행동을 해버리는 경우)

(2) 착오 또는 오인의 메커니즘

　　1) 위치의 오인

　　2) 순서의 오인

　　3) 패턴(pattern)의 오인

　　4) 형태의 오인

　　5) 기억의 틀림

(3) 주의력의 집중과 확장

　1) 주의의 집중과 주의의 확장을 잘 조화시키는 것은 인간과오를 없애는데 있어 매우 중요하다.

　2) 주의가 내향일 때 : 사고의 상태를 나타낸다.

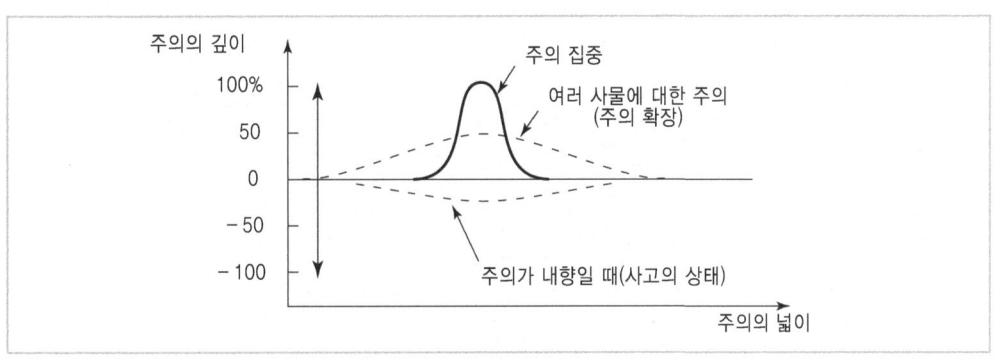

| 주의의 도시 |

9 인간 및 기계의 신뢰성 요인

(1) 인간의 신뢰성 요인

　　1) 주의력

　　2) 긴장수준

　　3) 의식수준(경험연수, 지식수준, 기술수준)

(2) 기계의 신뢰성 요인

　　1) 재질

　　2) 기능

　　3) 작동방법

10 신뢰도

(1) 인간-기계체계의 신뢰도(r_1 : 인간, r_2 : 기계)

    1) 직렬(Series system) ∴ R_s(신뢰도) $= r_1 \times r_2$ ($r_1 < r_2$로 보면 $R_s \leqq r_1$)

    2) 병렬(Parallel system) ∴ R_p(신뢰도) $= r_1 + r_2(1-r_1)$ ($r_1 < r_2$로 보면 $R_p \geqq r_2$)

(2) 설비의 신뢰도

    1) 직렬연결 : 자동차 운전

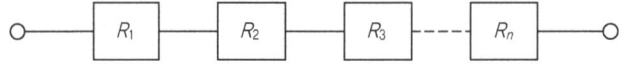

$$\therefore R_s = R_1 \cdot R_2 \cdot R_3 \cdots R_n = \prod_{i=1}^{n} R_i$$

    2) 병렬연결 : 열차나 항공기의 제어장치

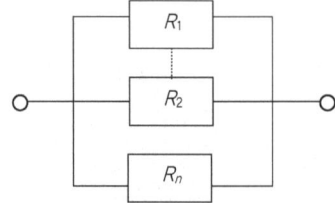

$$\therefore R_p = 1 - \{(1-R_1)(1-R_2)\cdots(1-R_n)\} = 1 - \prod_{i=1}^{n}(1-R_i)$$

(3) 리던던시(Redundancy)

    1) 병렬 리던던시

    2) 대기 리던던시

    3) M out of N 리던던시(N개 중 M개 동작시 계는 정상)

    4) 스페어에 의한 교환

    5) 페일 세이프(fail safe)

11 고장 및 System의 수명

(1) 고장률의 유형

1) 초기고장 : 점검작업이나 시운전 등에 의해 사전에 방지할 수 있는 고장
   ① 디버깅(debugging)기간 : 결함을 찾아내 고장률을 안정시키는 기간
   ② 번인(burn in)기간 : 실제로 장시간 움직여 보고 그동안 고장난 것을 제거하는 공정기간
2) 우발고장 : 예측할 수 없을 때 생기는 고장으로 시운전이나 점검작업으로는 방지할 수 없는 고장
3) 마모고장 : 수명이 다해 생기는 고장으로, 안전진단 및 적당한 보수(정비)에 의해서 방지할 수 있는 고장

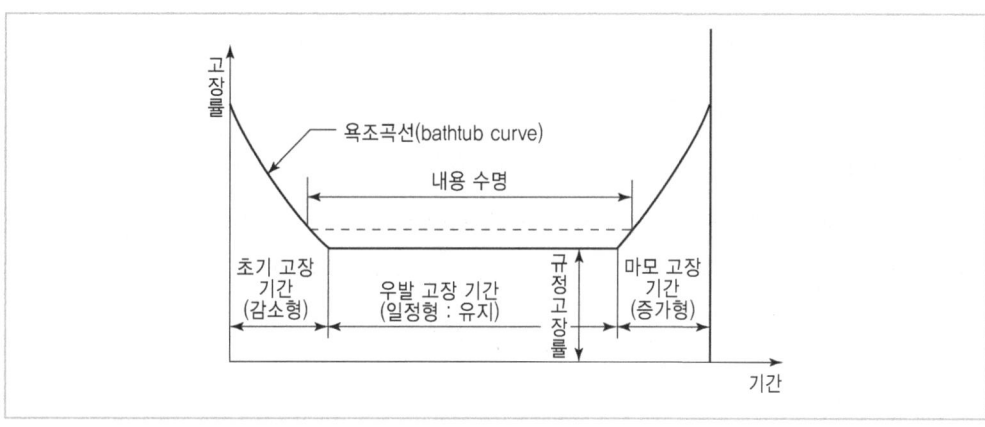

| 고장의 발생상황 |

(2) MTTF와 MTBF 및 가용도

1) MTTF(mean time to failure) : 평균 수명 또는 고장발생까지의 동작시간 평균이라고도 하며, 하나의 고장에서부터 다음 고장까지의 평균동작시간을 말한다.

$$\therefore \text{MTTF} = \frac{1}{\lambda(\text{고장률})}$$

2) MTTR(mean time to repair) : 평균수리시간(총수리시간을 그 기간의 수리회수로 나눈시간)

3) MTBF(mean time between failure) : 평균고장간격

$$\therefore \text{MTBF} = \text{MTTF} + \text{MTTR}$$

4) 가용도(availability : 이용률) : 설정된 시간에 시스템이 가동할 확률

$$\therefore \text{가용도}(A) = \frac{\text{MTTF}}{\text{MTTF} + \text{MTTR}} = \frac{\text{MTTF}}{\text{MTBF}}$$

12 인간에 대한 monitoring 방식

(1) self monitoring 방법 : 자기 감지법
(2) 생리학적 monitoring 방법 : 맥박수, 체온, 호흡속도, 혈압, 뇌파 등에 의한 생리학적 감지법
(3) visual monitoring 방법 : 작업자의 태도를 보고 상태를 파악하는 방법
(4) 반응에 의한 monitoring 방법 : 자극(시각 또는 청각)에 의한 반응을 보고 판단하는 방법
(5) 환경의 monitoring 방법 : 간접적 monitoring 방법

13 fail - safety 및 lock system

(1) fail – safety : 인간 또는 기계에 과오나 동작상의 실수가 있어도 안전사고를 발생시키지 않도록 2중 또는 3중으로 통제를 가하도록 한 체제를 말한다.

(2) lock system
　① 인간과 기계 사이에 두는 lock system : interlock system
　② interlock system과 intralock system 사이에는 translock system을 둔다.

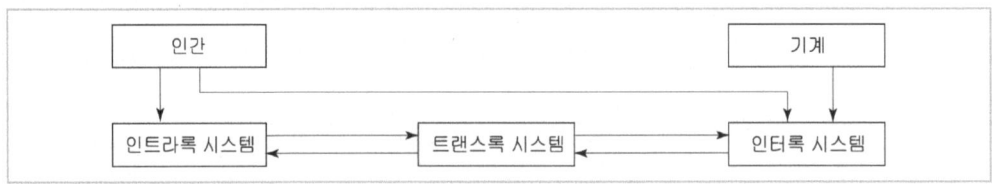

| 록 시스템 |

14 체계의 제어

(1) 시퀀스 제어(sequence control : 순차제어) : 미리 정하여진 순서에 따라 제어의 각 단계를 차례로 진행시키는 제어를 말한다.
(2) 서보 기구(servo mechanism) : 물체의 위치, 방향, 힘, 속도 등의 역학적인 물리량을 제어하는 기구이다(레이더의 방향제어, 선박, 항공기 등의 속도조절기구, 공작기계의 제어 등).
(3) 공정제어(process control) : 제조공업에서 공정(process)의 상태량(온도, 압력, 유량, 정도 등)을 제어량으로 하는 제어이다.
(4) 자동조정(automatic regulation) : 자동조작으로 항상 일정한 값을 유지 하도록 해주는 방식이다. 전압, 전류, 전력, 주파수, 전동기나 공작기계의 속도 등의 제어에 사용된다.

(5) 개방루프 및 피드백 제어방식

1) **개방루프 제어(open loop control)방식** : 항공기의 방향 조정의 경우, 항공기의 진로를 유지하기 위하여 기체의 역학적 특성, 진로상의 공기의 밀도와 바람 등을 사전에 충분히 알고 조정 방향을 시간적으로 프로그램 함으로써 항공기가 소정의 비행로를 따라 비행하게 되는데 이와 같은 제어 방식을 말한다.

2) **피드백 제어(feedback control)방식** : 제어결과를 측정하여 목표로 하는 동작이나 상태와 비교하여 잘못된 점을 수정해 나가는 제어방식으로 피드백 제어에서는 제어의 결과를 목표와 비교하기 위하여 출력이 피드백 측으로 피드백 되어 전체가 하나의 폐쇄 루프를 구성하기 때문에 일명 폐쇄루프제어(closed control)라고도 한다.

(6) 인간공학적 제어예방 프로그램의 4가지 주요 구성요소

1) 존재하거나 잠재적인 문제규정
2) 문제를 야기시키는 위험요소의 규명과 평가
3) 공학적이면서 경영적인 교정방법의 설계와 수행
4) 도입된 교정방법의 효율성 감시와 평가

15 인체계측

(1) 인체계측자료의 응용원칙

1) **최대치수와 최소치수** : 최대치수 또는 최소치수를 기준으로 하여 설계한다.
2) **조절범위(조절식)** : 체격이 다른 여러 사람에 맞도록 만드는 것이다.
3) **평균치를 기준으로 한 설계** : 최대치수나 최소치수, 조절식으로 하기가 곤란할 때 평균치를 기준으로 하여 설계한다.

(2) 인체계측치 활용상의 유의사항

1) 최소표본수는 50~100명이 좋다
2) 인체계측치는 어떤 기준에 의해 측정된 것인가를 확인할 필요가 있다.
3) 인체계측치는 일반적으로 나체치수로서 나타내며 설계대상에 그대로 적용되지 않는 경우가 많다.

16 생리학적 측정법 및 작업의 종류에 따른 생리학적 측정법

(1) 생리학적 측정법

1) 근전도(EMG : electromyogram) : 근육활동의 전위차를 기록한 것으로, 심장근의 근전도를 특히 심전도(ECG : electrocardiogram)라고 하며, 신경활동전위차의 기록은 ENG(electroneuro-gram)라고 한다.

2) 피부전기반사(GSR : galvanic skin reflex) : 작업 부하의 정신적 부담도가 피로와 함께 증대하는 양상을 수장(手掌) 내측의 전기저항의 변화에서 측정하는 것으로, 피부전기저항 또는 정신전류현상이라고도 한다.

3) 프릿가 값 : 정신적 부담이 대뇌피질의 활동수준에 미치고 있는 영향을 측정한 값이다.

(2) 작업의 종류에 따른 생리학적 측정법

1) 정적근력작업 : 에너지대사량과 맥박수(심작수)와의 상관관계 및 시간적 경과, 근전도(EMG) 등
2) 동적근력작업 : 에너지대사량, 산소소비량 및 CO_2 배출량 등과 호흡량, 맥박수, 근전도 등
3) 신경적작업 : 맥박수, 피부전기반사(GSR), 매회 평균호흡진폭 등
4) 심적작업 : 프릿가 값
5) 작업부하, 피로 등의 측정 : 호흡량, 근전도, 프릿가 값
6) 긴장감 측정 : 맥박수, 피부전기반사

17 에너지 소모량의 산출

(1) 에너지 대사율(R. M. R : relative metabolic rate) : 작업강도 단위로서 산소호흡량을 측정하여 에너지의 소모량을 결정하는 방식이다.

$$\therefore R.M.R = \frac{작업대사량}{기초대사량} = \frac{작업시소비에너지 - 안정시소비에너지}{기초대사량}$$

1) 작업시 소비에너지와 안정시의 소비에너지 : 더그라스백 법
2) 기초대사량 = $A \times x$

여기서, A : 체표면적(cm^2)
$A = H^{0.725} \times W^{0.425} \times 72.46$ [H : 신장(cm), W : 체중(kg)]
x : 체표면적당 시간당 소비에너지

(2) 산소소비량 및 기초대사량

1) 1LO2 소비 : 5kcal 열량 소비
2) 보통 사람의 산소소모량 : 50(ml/분)

3) 기초대사량 : 1,500~1,800(kcal/day)

4) 기초대사와 여가(leisure)에 필요한 대사량 : 2,300kcal/day

(3) 작업강도 구분

1) 0~2 RMR(輕작업)　　　　　　　2) 2~4 RMR(中작업)

3) 4~7 RMR(重작업)　　　　　　　4) 7 RMR 이상(超重작업)

18 작업공간 및 작업대

(1) **작업공간 포락면(envelope)** : 한 장소에 앉아서 수행하는 작업 활동에서 사람이 작업하는 데 사용하는 공간을 말한다.

(2) **작업역**

1) 정상작업역 : 34~45cm

2) 최대작업역 : 55~65cm

(3) **작업대**

1) 어깨 중심선과 작업대 간격 : 19cm

2) 입식 작업대 높이 : 팔꿈치 높이보다 5~10cm 정도 낮으면 좋다.

(4) **의자 설계원칙**

1) 체중분포 : 체중이 좌골 결절에 실려야 편안하다.

2) 의자 좌판의 높이 : 좌판 앞부분이 오금의 높이 보다 높지 않아야 한다.

3) 의자 좌판의 깊이와 폭 : 폭은 큰 사람에게, 깊이는 작은 사람에게 맞도록 해야 한다.

4) 몸통의 안정 : 의자의 좌판 각도는 3°, 좌판 등판 간의 등판 각도는 100°가 몸통 안정에 효과적이다.

(5) **부품 배치의 4원칙**

1) 중요성의 원칙　　　　　　　　　2) 사용빈도의 원칙

3) 기능별 배치의 원칙　　　　　　　4) 사용순서의 원칙

(6) **작업장(표시장치와 조정장치를 포함하는) 설계시 배치 우선순위**

1) 1순위 : 주된 시각적 임무

2) 2순위 : 주 시각 임무와 상호 교환하는 주조종장치

3) 3순위 : 조정장치와 표시장치 간의 관계

4) 4순위 : 사용 순서에 따른 부품의 배치

5) 5순위 : 자주 사용되는 부품은 편리한 위치에 배치

6) 6순위 : 체계 내 또는 다른 체계의 배치와 일관성 있게 배치

19 기계 통제장치의 유형

(1) 양의 조절에 의한 통제 : 연속 조절(knob, crank, handle, lever, pedall 등)

(2) 개폐에 의한 통제 : 불연속 조절(수동식 푸시버튼, 발 푸시버튼, 토글스위치, 로터리 스위치 등)

(3) 반응에 의한 통제 : 자동경보 시스템

20 통제기기의 설정조건

(1) 통제기기의 조작력이 적게 소요되는 경우의 설정조건

1) 2개소의 불연속 세팅의 경우 : 수동식 푸시버튼, 발 푸시버튼, 토글스위치의 사용
2) 3개소의 불연속 세팅의 경우 : 토글스위치, 로터리 스위치의 사용
3) 4~24개소의 세팅이 소요되는 경우 : 로터리 스위치 사용
4) 적은 범위의 연속 세팅의 경우 : 노브(knob)와 레버(lever)의 사용
5) 큰 범위의 연속 세팅의 경우 : 크랭크(crank)의 사용

(2) 통제기기의 조작력을 크게 요하는 경우의 설정조건

1) 2개소의 불연속 세팅의 경우 : 정지장치가 있는 레버, 수동식 대형 푸시버튼, 대형 발 푸시버튼 사용
2) 3~24개소의 불연속 세팅의 경우 : 정지장치가 있는 레버의 사용
3) 적은 범위의 연속 세팅을 사용하는 경우 : 핸들, 로터리 페달 또는 레버를 사용
4) 넓은 경우의 연속 세팅을 사용하는 경우 : 대형 크랭크를 사용

21 통제 표시비(통제비)

(1) 통제표시비 : 통제기기와 표시장치의 관계를 나타낸 비율을 말하며, C/D비라고도 한다.

$$\therefore \frac{C}{D} = \frac{X}{Y}$$

X : 통제기기의 변위량(cm)
Y : 표시계기의 지침의 변위량(cm)

(2) 조종구(ball control)에서의 C/D

$$\therefore \frac{C}{D}비 = \frac{\frac{a}{360} \times 2\pi L}{표시계기의 이동거리}$$

a : 조정장치가 움직인 각도,
L : 반경(지레의 길이)

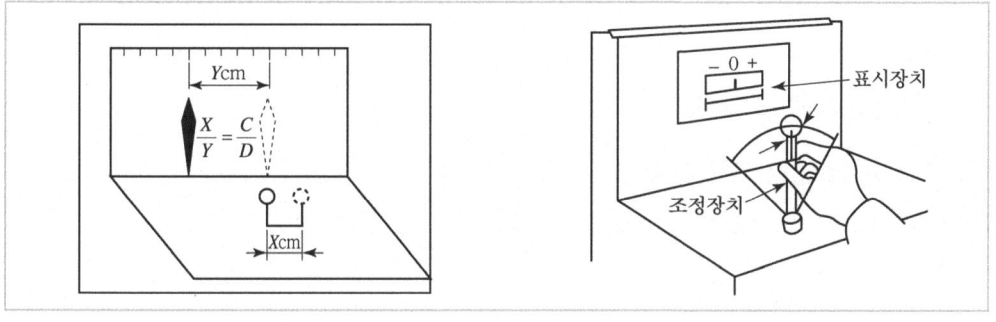

| 통제 표시비 | | 선형 표시장치를 움직이는 조종구에서의 C/D비 |

(3) 통제비 설계시에 고려해야 할 사항

1) 계기의 크기　　2) 공차　　3) 방향성
4) 조작시간　　5) 목측거리

(4) 최적의 C/D비

1) 통제표시비(C/D)가 감소함에 따라 이동시간은 급격히 감소하다가 안정되며, 조정시간은 이와 반대의 형태를 갖는다.
2) 최적의 C/D비 : 1.18~2.42

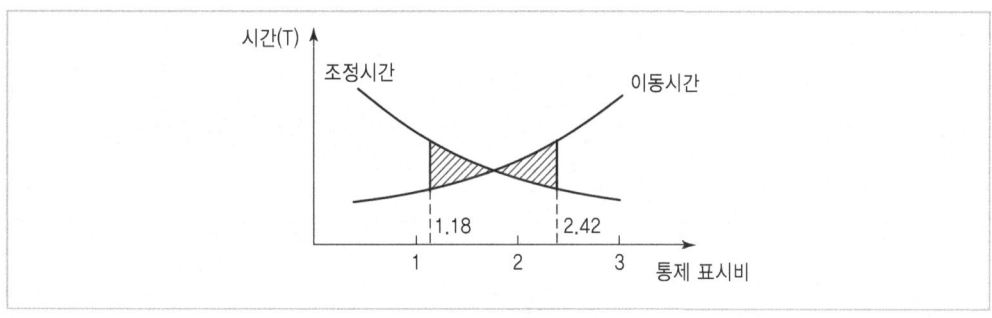

| 통제 표시비와 조작시간 |

22 인간의 특정감각(sensory modality)을 통하여 환경으로부터 받아들이는 자극차원

(1) **시각적 식별** : 형태 구성, 크기, 위치, 색 등
(2) **청각적 식별** : 진동수나 강도

23 인간기억의 정보량

(1) **단위시간당 영구 보관(기억)할 수 있는 정보량** : 0.7bit/sec
(2) **인간의 기억 속에 보관할 수 있는 총 용량**
 ∴ 약 1억(10^8, 100mega)~1,000조(10^{15})bit
(3) **신체 반응의 정보량** : 인간이 신체적 반응을 통해 전송할 수 있는 정보량은, 그 상한치가 약 10bit/sec 정도이다.
(4) **경로 용량 및 전달된 정보량**
 1) channel capacity(경로용량) : 절대식별에 근거하여 자극에 대해서 우리에게 줄 수 있는 최대 정보량
 2) 전달된 정보량 : 자극의 불확실성과 반응의 불확실성의 중복부분을 나타낸다.

24 표시장치로 나타내는 정보의 유형 및 표시장치의 종류

(1) **표시장치에 의한 정보의 유형**
 1) 정량적(quantitative)정보 : 변수의 정량적인 값
 2) 정성적(qualitative) 정보 : 가변 변수의 대략적인 값, 경향, 변화율 변화방향 등
 3) 상태(status)정보 : 체계의 상황이나 상태
 4) 묘사적(representational)정보 : 사물, 지역, 구성 등을 사진 및 그림 또는 그래프로 묘사
 5) 경계 및 신호 정보 : 비상 또는 위험 상황 또는 물체나 상황의 존재 유무
 6) 식별(identification)정보 : 어떤 정적 상태, 상황 또는 사물의 식별용
 7) 시차적(time phased) : 펄스(pulse)화 되었거나 또는 시차적 신호, 즉 신호의 지속 시간, 간격 및 이들의 조합에 의해 결정되는 신호
 8) 문자나 숫자의 부호(symbolic) 정보 : 구두, 문자, 숫자 및 관련된 여러 형태의 암호화 정보

(2) 표시장치의 유형

1) 정적 표시장치 : 시간에 따라 변하지 않는 것(간판, 도표, 그래프, 인쇄물, 필기물 등)
2) 동적 표시장치 : 시간에 따라 끊임없이 변하는 것(기압계, 온도계, 레이다, 음파탐지기, TV, 영화, 온도조절기) 등

25 청각장치와 시각장치의 선택(특정 감각의 선택)

청각장치 사용	시각장치 사용
① 전언이 간단하고 짧다.	① 전언이 복잡하고 길다.
② 전언이 후에 재 참조되지 않는다.	② 전언이 후에 재 참조된다.
③ 전언이 즉각적인 사상(event)을 이룬다.	③ 전언이 공간적인 위치를 다룬다.
④ 전언이 즉각적인 행동을 요구한다.	④ 전언이 즉각적인 행동을 요구하지 않는다.
⑤ 수신자의 시각계통이 과부하 상태일 때	⑤ 수신자의 청각계통이 과부하 상태일 때
⑥ 수신 장소가 너무 밝거나 암조응 유지가 필요할 때	⑥ 수신 장소가 너무 시끄러울 때
⑦ 직무상 수신자가 자주 움직이는 경우	⑦ 직무상 수신자가 한 곳에 머무르는 경우

26 암호체계 사용상의 일반적인 지침

(1) **암호의 검출성** : 검출이 가능해야 한다.
(2) **암호의 변별성** : 다른 암호표시와 구별되어야 한다.
(3) **부호의 양립성** : 양립성이란 자극들 간의, 반응들 간의, 자극-반응 조합의 관계가 인간의 기대와 모순되지 않는다.
(4) **부호의 의미** : 사용자가 그 뜻을 분명히 알아야 한다.
(5) **암호의 표준화** : 암호를 표준화하여야 한다.
(6) **다차원 암호의 사용** : 2가지 이상의 암호차원을 조합해서 사용하면 정보전달이 촉진된다.

27 속도압박과 부하압박

(1) **속도압박** : 본질적으로 어떤 임무를 수행하는 작업자 편에서의 반응으로서, 속도 압박은 표시장치의 물리적 특성으로부터 우리가 기대할 수 있는 그런 성능 이하로 작업성능을 저하시킨다.
(2) **부하(負荷)압박** : 작업의 특성을 변화시킨다.

(3) 신호들 간의 시간차(time phasing)

   1) 자극들이 짧게 촘촘한 시간 순으로 제시되면, 속도압박이나 부하압박 때문에 제대로 인식하지 못하는 수가 있다.

   2) 신호 간 간격이 약 0.5초보다도 더 짧으면 자극들을 혼동하기 쉬우며, 2개의 자극이 마치 1개인 것처럼 반응하게 된다.

28 다중감각입력 및 신호검출이론

(1) 다중감각입력

   1) 시배분(time sharing) : 정보가 여러 근원(根源)으로부터 동일한 감각경로나 둘 이상의 감각경로를 통해 들어온다.

   2) 감각경로의 중복사용 : 둘 이상의 감각을 사용하여 동일한 정보 또는 보조정보를 동시에, 또는 최소간격의 시간 순으로 전송한다.

   3) 잡음(noise) : 바람직하지 않고 필요 없는 자극을 말한다.

(2) 신호검출이론(TSD : theory of signal detection)

   1) 시각, 청각 및 기타 잡음이 자극 검출에 끼치는 영향은, 신호검출이론을 따르도록 하였다.

   2) 신호검출이론(TSD)의 의의

     ① (시각, 청각 및 기타)잡음에 실린 신호의 분포는, 잡음만의 분포와는 뚜렷이 구분되어야 한다.

     ② 어느 정도의 중첩이 불가피한 경우에는, 허위정보와 신호를 검출하지 못하는 과오 중 어떤 과오를 좀 더 묵인할 수 있는가를 결정하여 관측자의 판정기준설정에 도움을 주어야 한다.

29 인간의 기술

(1) **전신적(gross bodily) 기술** : 보행, 균형유지 등

(2) **조작적(manipulative) 기술** : 연속적, 수차적(遂次的), 이산적(離散的) 형태를 포함

(3) **인식적(perceptual) 기술**

(4) **언어(language) 기술** : 의사소통, 수학, 은유 또는 컴퓨터언어같이 사람들이 사고할 때나 문제해결에 사용하는 여러 가지 표현방식

30 양립성(compatibility)

정보입력 및 처리와 관련한 양립성은 인간의 기대와 모순되지 않는 자극들 간의, 반응들 간의 또는 자극반응 조합의 관계를 말하는 것으로, 다음의 3가지가 있다.

(1) **공간적 양립성** : 표시장치나 조종장치에서 물리적 형태나 공간적인 배치의 양립성
(2) **운동 양립성** : 표시 및 조종장치, 체계반응에 대한 운동방향의 양립성
(3) **개념적 양립성** : 사람들이 가지고 있는 개념적 연상(어떤 암호체계에서 청색이 정상을 나타내듯이)의 양립성

31 디스플레이(display)가 형성하는 목시각

(1) **수평** : 최적 조건(15° 좌우), 제한조건(95° 좌우)
(2) **수직** : 최적 조건(0~30° 좌우), 제한조건(75° 상한, 85° 하한)
(3) 정상작업 위치에서 모든 디스플레이를 보기 위한 조업자 시계 : 60~90°

32 시각적 표시장치

(1) **정량적 동적 표시장치의 기본형**

  1) 정목동침(moving pointer)형 : 눈금이 고정되고 지침이 움직이는 형
  2) 정침동목(moving scale)형 : 지침이 고정되고 눈금이 움직이는 형
  3) 계수(digital)형 : 전력계나 택시요금 계기와 같이 기계, 전자적으로 숫자가 표시 되는 형

(2) **지침의 설계요령**

  1) 선각(先角)이 약 20° 정도가 되는 뾰족한 지침을 사용한다.
  2) 지침의 끝은 작은 눈금과 맞닿되, 겹쳐지지 않게 한다.
  3) 원형 눈금의 경우, 지침의 색은 선단에서 눈금의 중심까지 칠한다.
  4) 시차(視差)를 없애기 위해 지침은 눈금 면과 밀착시킨다.

(3) **신호 및 경보 등의 빛의 검출성에 영향을 끼치는 인자**

  1) 광원의 크기
  2) 광속 발산도 및 노출시간
  3) 색광(효과 척도가 빠른 순서 : 적색 – 녹색 – 황색 – 백색)
  4) 점멸 속도
  5) 배경광

(4) 신호 및 경보 등의 점멸속도 : 점멸 속도는 점멸 융합주파수 약 30Hz보다 훨씬 적어야 하며, 주의를 끌기 위해서는 초당 3~10회의 점멸속도, 지속시간은 0.05초 이상이 적당하다.

(5) VFF(시각적 점멸융합주파수)에 영향을 주는 변수

1) VFF는 조명강도의 대수치에 선형적으로 비례한다.
2) 시표(視標)와 주변의 휘도가 같을 때에 VFF는 최대로 된다.
3) 휘도만 같으면 색은 VFF에 영향을 주지 않는다.
4) 암조응 때는 VFF에 영향을 주지 않는다.
5) VFF는 사람들 간에는 큰 차이가 있으나, 개인의 경우 일관성이 있다.
6) 연습의 효과는 아주 적다.

> 주
> 점멸융합 주파수란 계속되는 자극들이 점멸하는 것 같이 보이지 않고, 연속적으로 느껴지는 주파수이다.

(6) 비행자세 표시장치 설계의 제 원칙(표시장치 설계의 6원칙)

1) 표시장치 통합의 원칙 : 관련된 제반정보는 상호 관계를 직접 인식할 수 있도록 공동표시 장치계에 나타낸다.
2) 회화적 사실성의 원칙 : 도시적으로 관계를 나타낼 경우, 암호표시가 나타내는 바를 쉽게 알 수 있어야 한다.
3) 이동 부분의 원칙 : 이동부분(이동물체를 나타내는 부호)의 영상은 고정된 눈금이나 좌표계에 나타내는 것이 좋다.
4) 추종 추적의 원칙 : 추종 추적에서는 원하는 성능의 지표(목표)와 실제 성능의 지표가 공통 눈금이나 좌표계 상에서 이동한다.
5) 빈도 분리의 원칙 : 장치에 나타나는 표시의 상대적 이동 속도에 관한 것으로, 높은 빈도의 정보를 제공할 경우, 이동요소는 기대되는 방향으로 반응해야 한다(이동의 양립성의 중요).
6) 최적 축척의 원칙 : 정확도를 고려하여 최적 축척을 결정해야 한다.

(7) 문자-숫자 및 관련 표시장치

1) 획폭비 : 문자나 숫자의 높이에 대한 획 굵기의 비로서 나타내며, 최적 독해성(최대 명시거리)을 주는 획폭비는 흰 숫자(검은 바탕)의 경우에 1 : 13.3이고, 검은 숫자(흰 바탕)의 경우는 1 : 8 정도이다.
2) 광삼(光渗 : irradiation)현상 : 흰 모양이 주위의 검은 배경으로 번지어 보이는 현상이다.
3) 종횡비(문자 숫자의 폭 : 높이) : 1 : 1의 비가 적당하며, 3 : 5까지는 독해성에 영향이 없고, 숫자의 경우는 3 : 5를 표준으로 한다.

(8) 시각적 암호, 부호 및 기호의 유형

1) 묘사적 부호 : 사물의 행동을 단순하고 정확하게 묘사한 것(예 : 위험표지판의 해골과 뼈, 도보 표지판의 걷는 사람)
2) 추상적 부호 : 전언(傳言)의 기본요소를 도시적으로 압축한 부호로써, 원 개념과는 약간의 유사성이 있을 뿐이다.
3) 임의적 부호 : 부호가 이미 고안되어 있으므로 이를 배워야 하는 부호(예 : 교통 표지판의 삼각형 – 주의, 원형 – 규제, 사각형 – 안내표시)

33 청각적 표시장치

(1) 청각적 표시장치가 시각적인 것보다 효과가 있는 경우

1) 신호원 자체가 음일 때
2) 무선기의 신호, 항로 정보 등과 같이 연속적으로 변하는 정보를 제시할 때
3) 음성 통신 경로가 전부 사용되고 있을 때(청각적 신호는 음성과는 확실히 구별되어야 함)

(2) 청각적 신호를 받는 경우 신호의 성질에 따라 수반되는 3가지 기능

1) 검출(detection) : 신호의 존재 여부를 결정
2) 상대식별 : 2가지 이상의 신호가 근접하여 제시되었을 때 이를 구별
3) 절대식별 : 어떤 부류에 속하는 특정한 신호가 단독으로 제시되었을 때 이를 구별

> **주**
> 상대 및 절대 식별은 강도, 진동수, 지속시간, 방향 등 여러 자극 차원에서 이루어질 수 있다.

(3) 경계 및 경보신호의 선택 또는 설계시의 설계지침

1) 500~3,000Hz(또는 2,000~5,000Hz)의 진동수 사용(귀는 중음역에 민감)
2) 장거리(300m 이상)용은 1,000Hz 이하의 진동수 사용
3) 장애물 및 칸막이 통과 시 500Hz 이하의 진동수 사용
4) 주의를 끌기 위해서는 변조된 신호(초당 1~8 번 나는 소리, 초당 1~3 번 오르내리는 소리 등)사용
5) 배경소음의 진동수와 구별되는 신호사용
6) 경보효과를 높이기 위해서 개시 시간이 짧은 고강도 신호를 사용
7) 수화기를 사용하는 경우에는 좌우로 교번하는 신호를 사용
8) 가능하면 확성기, 경적 등과 같은 별도의 통신계통을 사용

(4) 첨두삭제(peak clipping) : 신호가 비선형 회로를 통과할 때 생기는 변형을 진폭왜곡이라고 하며, 첨두삭제는 진폭왜곡의 한 형태로서 음파의 첨두치들을 제거하고 중간부분만을 남기는 것을 말한다.

1) 상당한 (20dB 정도) 첨두삭제를 하여도 음성이해도는 거의 영향 받지 않는다.
2) 삭제된 신호를 원 신호 수준으로 재 증폭하면, 음성의 최고 수준을 증가시키지 않아도 약한 자음이 강화된다.
3) 조용한 경우, 첨두삭제된 음성은 거칠고 불쾌하게 들린다.
4) 첨두삭제 단계 이후에 들어온 잡음이 있는 경우, 왜곡효과는 잡음에 의해서 은폐되어 음성은 삭제되지 않은 것 같이 들리며, 잡음 속의 통화의 이해도는 오히려 증가한다.

(5) 인간의 vigilance(주의하는 상태, 긴장상태, 경계상태)현상에 영향을 끼치는 조건

1) 검출능력은 작업시작 후 빠른 속도로 저하된다(30~40분 후, 검출능력은 50% 로 저하).
2) 발생빈도가 높은 신호일수록 검출률이 높다.
3) 기계 자체 또는 관계되는 인간과 다른 물체에 미치는 영향을 최소한도로 감소시킬 수 있어야 한다.
4) 경고를 받고 나서부터 행동에 이르기까지 시간적인 여유가 있어야 한다.

34 동적인 촉각적 표시장치

(1) 촉각적 통신에서 기계적 자극을 사용하는 방법

1) 피부에 진동기를 부착하는 방법
2) 증폭된 음성을 하나의 진동기를 사용하여 피부에 전달하는 방법

(2) 전기적 자극 : 통증을 주지 않을 정도의 진동전류 자극을 이용한다.

35 신체 활동 및 생리적 배경

(1) 지구력(endurance) : 사람은 자기의 최대근력을 잠시 동안만 낼 수 있으며, 근력의 15% 이하의 힘은 상당히 오래 유지할 수 있다.

(2) 동작의 속도와 정확성

1) 반응시간(reaction time) : 동작을 개시할 때까지의 총 시간을 말한다.
2) 단순반응시간(simple reaction time) : 하나의 특정한 자극만이 발생할 수 있을 때 반응에 걸리는 시간으로 자극을 예상하고 있을 때, 반응시간은 0.15~0.2초 정도이다(특정감관, 강도, 지속시간 등의 자극의 특성, 연령, 개인차 등에 따라 차이가 있음).

3) 자극이 가끔 일어나거나 예상하고 있지 않을 때, 반응시간은 약 0.1초가 증가 된다.
4) 동작시간 : 신호에 따라서 동작을 실행하는데 걸리는 시간 약 0.3초(조종 활동에서의 최소치)이다.

∴ 총 반응시간 = 단순반응 시간 + 동작시간 = 0.2 + 0.3 = 0.5초

(3) 사정효과(range effect) : 눈으로 보지 않고 손을 수평면 위에서 움직이는 경우에 짧은 거리는 지나치고 긴 거리는 못 미치는 경향을 말하며, 조작자가 작은 오차에는 과잉반응, 큰 오차에는 과소반응을 한다.

(4) 진전(tremor : 잔잔한 떨림)을 감소시키는 방법

1) 시각적 참조
2) 몸과 작업에 관계되는 부위를 잘 받친다.
3) 손이 심장 높이에 있을 때가 손떨림이 적다.
4) 작업 대상물에 기계적 마찰이 있을 때

36 조정장치의 저항력

(1) 탄성저항 : 조종장치의 변위에 따라 변한다.
(2) 점성저항 : 출력과 반대방향으로 그 속도에 비례해서 작용하는 힘 때문에 생기는 저항력이다.
(3) 관성(inertia) : 기계장치의 질량(중량)으로 인한 운동에 대한 저항으로 가속도에 따라 변한다.
(4) 정지 및 미끄럼마찰 : 처음의 움직임에 대한 저항력인 정지마찰은 급속히 감소하나, 미끄럼마찰은 계속하여 운동에 저항하여 변위나 속도와는 무관하다.

37 이력현상 및 사공간

(1) 이력현상(또는 반발) : 제어동작이 멈추면 체계반응의 거꾸로 돌아오는 것을 말한다, C/D 비가 낮은(민감) 경우에 반발의 악영향이 커진다.
(2) 제어장치의 사공간(死空間) : 조종장치를 움직여도 피 제어요소에 변화가 없는 공간을 말한다.

38 운동관계의 양립성

(1) **조종장치로 원형 또는 수평표시장치의 지침을 움직이는 경우** : 조종장치의 시계방향 회전에 따라 지시치가 증가해야 한다.

(2) **동침형 수직눈금의 경우** : 지침에 가까운 부분과 같은 방향으로 움직이는 것이 가장 양립성이 크다.

(3) **정침 동목형 표시장치** : 다음과 같은 점이 바람직하다.
  ① 직접구동(直接驅動, direct drive) : 눈금과 손잡이가 같은 방향으로 회전
  ② 눈금 숫자는 우측으로 증가
  ③ 손잡이는 시계방향 회전이 지시치의 증가

39 온도와 열 압박

(1) **열 교환**

  1) S(열축적)=M(대사열)−E(증발)−W(한일)±R(복사)±C(대류)
  2) 증발에 의한 열 손실률 : 37℃ 물 1g의 증발열은 2,410joule/g(575.7cal/g)이다.
  $$\therefore \text{열 손실률(Watt)} = \frac{2{,}410 J/g \times \text{증발량}(g)}{\text{증발시간}(\sec)}$$
  3) 열교환에 영향을 주는 요소 : 기온, 습도, 복사온도, 공기의 유동
  4) 보온율(clo 단위)$= 0.18 \dfrac{℃}{kcal/m^2 \cdot hr}$
  5) 열 유동률(R/A)$= \dfrac{\Delta T}{clo}$

(2) **환경요소의 복합지수**

  1) 실효온도(ET)
    ① 실효온도(체감온도 또는 감각온도)에 영향을 주는 요인 : 온도, 습도, 기류(공기유동)
    ② 허용한계 : 정신(사무작업)(60~64°F), 경작업(55~60°F), 중작업(50~55°F)

  2) Oxford 지수 : WD(습건) 지수라고도 하며 습구, 건구 온도의 가중(加重) 평균치로서 다음과 같이 나타낸다.
    ∴ WD=0.85W(습구온도)+0.15D(건구온도)

(3) **온도의 영향**

  1) 안전활동에 알맞은 최적온도 : 18~21℃
  2) 갱내 작업장의 기온상황 : 37℃ 이하

3) 체온의 안전한계와 최고한계온도 : 38℃와 41℃

4) 손가락에 영향을 주는 한계온도 : 13~15.5℃

(4) 피로지수 : 직장온도는 가장 우수한 피로지수로서 38.8℃만 되면 기진하게 된다.

(5) 불쾌지수

1) 70 이하 : 모든 사람이 불쾌를 느끼지 않음

2) 70~75 : 10명 중 2~3명이 불쾌감지

3) 76~80 : 10명 중 5명 이상이 불쾌감지

4) 80 이상 : 모든 사람이 불쾌를 느낌

40 조 명

(1) 시식별에 영향을 주는 조건

1) 조도

2) 대비

3) 시간 : 노출시간이 클수록 식별력이 커진다.

4) 광속발산비

5) 이동(movement) : 이동률이 60°/초 이상이 되면 시력이 급격히 저하된다.

6) 휘광(glare)

(2) 조도 : 물체의 표면에 도달하는 빛의 밀도

1) foot-candle(fc) : 1촉광의 점광원으로부터 1foot 떨어진 곡면에 비추는 광의 밀도($1\ lumen/ft^2$)

$$1\ fc = 1\ lumen/ft^2 = 10\ lumen/m^2 = 10\ lux$$

2) lux(meter-candle) : 1촉광의 점광원으로부터 1m 떨어진 곡면에 비추는 광의 밀도($1\ lumen/m^2$)

(3) 광속발산도(luminance) : 단위면적당 표면에서 반사 또는 방출되는 빛의 양을 말하며, 이 척도를 때로는 휘도(輝度, brightness)라고도 한다.

1) Lambert(L) : 완전발산 및 반사하는 표면이 표준촛불로 1cm 거리에서 조명될 때의 조도와 같은 광속발산도이다.

2) millilambert(mL) : 1L의 1/1,000로 거의 1foot-Lampert에 가깝다(0.929fL).

3) foot-Lambert(fL) : 완전발산 및 반사하는 표면이 1fc로 조명될 때의 조도와 같은 광속발산도이다.

(4) 반사율(reflectance)

1) 반사율(%) = $\dfrac{\text{광속발산도}(fL)}{\text{조명}(fc)} \times 100$

2) 옥내 최적 반사율
   ① 천정 : 80~90%
   ② 벽, 창문 발(blind) : 40~60%
   ③ 가구, 사무용기기, 책상 : 25~45%
   ④ 바닥 : 20~40%

(5) 광속 발산비
주어진 장소와 주위의 광속발산도의 비이며, 사무실 및 산업 상황에서의 추천 광속발산비는 보통 3 : 1이다.

(6) 대비(對比)
표적의 광속발산도(L_t)와 배경의 광속발산도(L_b)의 차를 나타내는 척도

∴ 대비 = $\dfrac{L_b - L_t}{L_b} \times 100$

1) 표적이 배경보다 어두울 경우 : 대비는 +100%에서 0 사이
2) 표적이 배경보다 밝을 경우 : 대비는 0에서 $-\infty$ 사이

41 휘광(glare)의 처리

(1) 광원으로부터의 직사휘광 처리
1) 광원의 휘도를 줄이고 수를 증가시킨다.
2) 광원을 시선에서 멀리 위치시킨다.
3) 휘광원 주위를 밝게 하여 광속발산비(휘도)를 줄인다.
4) 가리개(shield), 갓(hood), 혹은 차양(visor)을 사용한다.

(2) 창문으로부터 직사휘광 처리
1) 창문을 높이 단다.
2) 창위(실외)에 드리우개(overhang)를 설치한다.
3) 창문(안쪽)에 수직날개(fin)들을 달아서 직시선을 제한한다.
4) 차양(shade) 혹은 발(blind)을 사용한다.

(3) 반사휘광의 처리
1) 발광체의 휘도를 줄인다.
2) 일반(간접)조명의 수준을 높인다.

3) 산란광, 간접광, 조절판(baffle), 창문에 차양(shade) 등을 사용한다.
4) 무광택도료, 빛을 산란시키는 표면색을 한 사무용 기기, 윤기를 없앤 종이 등을 사용한다.

42 시각 및 색각

(1) **시각** : 노화에 따라 가장 먼저 기능이 저하되는 감각기관이며, 진동의 영향도 가장먼저 받는다.

　　1) 시각의 최소감지 범위 : 10^{-6}mL
　　2) 시각의 최대허용강도 : 10^{-4}mL

(2) **시계의 범위**

　　1) 정상적인 인간의 시계범위 : 200°
　　2) 색채를 식별할 수 있는 시계의 범위 : 70°

(3) **완전 암조응에 걸리는 시간** : 30~40분

(4) **C · A · S** : 색채조절(color conditioning), 공기조절(air conditioning), 음향조절(sound conditioning)의 3가지를 말하며, 재해방지나 능률향상의 기본이 된다.

(5) **색광(色光)의 3가지 특성**

　　1) **주파장**(dominant wavelength) : 혼합광의 색상을 결정하는 주요 파장
　　2) **포화도**(saturation) : 여러 파장의 혼합광에 비해 어떤 좁은 범위의 파장이 우세한 정도
　　3) **광속발산도**(luminance) : 단위 면적당 표면에서 반사 또는 방출되는 빛의 양

(6) **색의 3속성** : 색상, 채도, 명도

(7) **색채심리**

　　1) 색감(색채의 느낌)
　　　① 적색 : 열정, 활기, 용기, 애정, 공포
　　　② 황색 : 희망, 광명, 주의, 경계, 조심
　　　③ 녹색 : 안심, 평화, 안전, 위안, 편안
　　　④ 청색 : 진정, 침착, 소원, 냉담, 소극

　　2) 색채의 생물학적 작용
　　　① 적색은 신경에 대한 흥분작용을 가지고 조직호흡면에서 환원작용을 촉진한다.
　　　② 청색은 진정작용을 가지고 있고 조직호흡면에서 산화작용을 촉진한다.

3) 색채의 속도 : 명도가 높은 색채는 빠르고 경쾌하게 느껴지고, 낮은 색채는 둔하고 느리게 느껴진다. 가볍고 경쾌한 색에서 느리고 둔한 색의 순서를 나타내면 다음과 같다.

∴ 백색 → 황색 → 녹색 → 등색 → 자색 → 적색 → 청색 → 흑색

43 소음

(1) 음의 기본요소 : 음의 강도(또는 크기)와 진동수(또는 음조)의 2가지로 구분하거나, 다음의 3요소로 구분하기도 한다.

① 음의 고저　　　　　② 음의 강약　　　　　③ 음조

(2) 음의 측정단위

1) dB 수준과 음의 강도와의 관계식

$$\therefore \text{dB 수준} = 10\log\left(\frac{I_1}{I_0}\right)$$

　　I_1 : 측정음의 강도
　　I_0 : 기준음의 강도 (10^{-12} watt/m² 최소가청치)

2) dB 수준과 음압과의 관계식 : 음의 강도는 음압의 제곱에 비례하므로 dB 수준은 다음과 같다.

$$\therefore \text{dB 수준} = 20\log\left(\frac{P_1}{P_0}\right)$$

　　P_1 : 측정하려는 음압
　　P_0 : 기준음의 음압 (2×10^{-5}N/m² : 1,000Hz에서의 최소가청치)

3) P_1과 P_2의 음압을 갖는 두음의 강도차

$$\therefore \text{dB}_2 - \text{dB}_1 = 20\log\left(\frac{P_2}{P_1}\right)$$

4) 거리에 따른 음의 강도 변화

① 음의 강도와 거리 : 음의 강도(I)는 거리의 자승에 반비례한다.

$$\therefore I_2 = I_1 \times \left(\frac{d_1}{d_2}\right)^2$$

② 음압의 거리 : 음압(P)은 거리에 반비례한다.

$$\therefore P_2 = P_1 \times \left(\frac{d_1}{d_2}\right)$$

$$\therefore \text{dB2} = \text{dB1} + 20\log\left(\frac{d_1}{d_2}\right) = \text{dB1} - 20\log\left(\frac{d_2}{d_1}\right)$$

(3) 음의 크기의 수준

1) phon : 1,000Hz 순음의 음압수준(dB)을 나타낸다.
2) sone : 1,000Hz, 40dB의 음압수준을 가진 순음의 크기(=40phon)를 1sone이라 한다.
3) sone와 phon의 관계식

   ∴ sone치 $= 2^{(Phon-40)/10}$

4) 인식소음 수준

   ① PNdB(perceived noise level) : 910~1,090Hz대의 소음 음압수준
   ② PLdB(perceived level of noise) : 3,150Hz에 중심을 둔 1/3 옥타브(octave)대음을 기준으로 사용한다.

(4) 은폐와 복합소음

① masking(은폐)현상 : dB이 높은 음과 낮은 음이 공존할 때, 낮은 음이 강한 음에 가로막혀 숨겨져 들리지 않게 되는 현상을 말한다.(90dB+80dB → 90dB)
② 복합소음 : 소음수준이 같은 2대 기계의 음이 합쳐지면 3dB이 증가한다.
   (90dB+90dB → 93dB)
③ 합성소음도(L)

$$L = 10 \log (10^{\frac{L_1}{10}} + 10^{\frac{L_2}{10}} + \cdots + 10^{\frac{L_n}{10}})$$ 여기서, $L_1 \sim L_n$: 각각 소음원의 소음(dB)

(5) 소음의 허용한계

1) 가청주파수 : 20~2,0000Hz(CPS)

   ① 20~50Hz : 저진동범위
   ② 500~2,000Hz : 회화범위
   ③ 2,000~20,000Hz : 가청범위(audible range)
   ④ 20,000Hz 이상 : 불가청범위

2) 가청한계 : $2 \times 10^{-4} dyne/cm^2 \sim 10^3 dyne/cm^2$(134dB)
3) 심리적 불쾌감 : 40dB 이상
4) 생리적 현상 : 60dB(안락한계 45~65dB, 불쾌한계 65~120dB)
5) 난청(C5 dip) : 90dB(8시간)
6) 유해주파수(공장소음) : 4,000Hz(난청현상이 오는 주파수)
7) 음압과 허용노출한계

dB	90	95	100	105	110	115	120
허용노출시간	8시간	4시간	2시간	1시간	30분	15분	5~8분

∴ 120dB 이상 : 격리 또는 격벽설치

(6) 소음대책

1) 소음원의 통제 : 기계의 적절한 설계, 적절한 정비 및 주유, 기계에 고무 받침대 부착, 차량에는 소음기 사용
2) 소음의 격리 : 씌우개 방, 장벽을 사용(집의 창문을 닫으면 약 10dB 감음 됨)
3) 차폐장치 및 흡음재료 사용
4) 음향처리재 사용
5) 적절한 배치(layout)
6) 방음보호구 사용 : 귀마개(이전) (2,000Hz에서 20dB, 4,000Hz에서 25dB 차음효과)
7) BGM(back ground music) : 배경음악(60±3dB)

(7) 청력손실

1) 진동수가 높아짐에 따라 심해진다.
2) **청력손실의 2요소** : 나이를 먹는 것과 현대문명의 정상적인 압박(stress)이나 비직업적인 소음
3) 청력손실의 정도는 노출소음 수준에 따라 증가한다.
4) 청력손실은 4,000Hz에서 크게 나타난다.
5) 강한 소음에 대해서는 노출기간에 따라 청력손실이 증가하지만, 약한 소음은 관계가 없다.

44 진동 및 기동중의 착각

(1) 전신 진동이 인간성능에 끼치는 영향

1) 진동은 진폭에 비례하여 시력을 손상하며, 10~25Hz의 경우에 가장 심하다.
2) 진동은 진폭에 비례하여 추적능력을 손상하며, 5Hz 이하의 낮은 진동수에서 가장 심하다.
3) 안정되고 정확한 근육조절을 요하는 작업은, 진동에 의해서 저하된다.
4) 반응시간, 감시, 형태식별 등 주로 중앙신경처리에 달린 임무는 진동의 영향을 덜 받는다.

(2) coriolis 현상 : 비행기와 함께 선회하던 조종사가 머리를 선회면 밖으로 움직일 때에 평형감각을 상실하는 현상

(3) 현기증(방향감각 혼란)의 변형

1) 선회 시의 상승감
2) 급강하 후 수평 비행시나 선회 후의 강하감
3) coriolis 현상
4) 회전 후의 역 회전감

2장 근골격계 질환 예방관리

1 근골격계 질환의 정의 · 종류

(1) 근골격계 질환
1) 반복적인 동작, 부적절한 작업자세, 무리한 힘의 사용, 날카로운 면과의 신체접촉, 진동 및 온도 등의 요인에 의하여 발생하는 건강장해로서
2) 목, 어깨, 허리, 팔, 다리의 신경 · 근육 및 그 주변 신체조직 등에 나타나는 질환을 말한다.

(2) 근골격계 질환의 종류
1) 수근관 증후군(기용 터널 증후군) : 손의 손목 뼈 부분의 압박이나 과도한 힘을 준 상태에서 발생한다(손목이 꺾인 상태나 과도한 힘을 준 상태에서 반복적 손운동을 할 때 발생).
2) 결정종 : 얇은 섬유성 피막내에 약간 노랗고 끈적이는 액체를 함유하고 있는 낭포(물혹) 종양으로 손목의 등 쪽에 발생한다.
3) 외상과염(테니스 엘보) : 손목을 굽히거나 펴는 근육이 시작되는 팔꿈치 부위의 일대에 염증이 생김으로서 발생하는 증상이다.
4) 백색수지증 : 손가락의 혈액순환장애로 발생하는 증상이다.
5) 건염 : 반복하여 움직이거나, 구부리거나, 딱딱한 표면에 부딪히거나, 진동 등에 의하여 힘줄(건)의 섬유질이 손상되거나 찢어지는 등의 건에 염증이 생기는 질환이다.
6) 건초염(건막염) : 손가락의 활액성 건초 안쪽의 건에 발생한다.

2 근골격계 질환의 발생원인

구분	내용
1. 작업관련 요인	1) 부자연스런 자세 및 취하기 어려운 자세 2) 과도한 힘 3) 동작의 반복성 4) 접촉 스트레스 5) 진동, 온도 6) 정적부하, 휴식시간 부족 등

2. 개인적 요인	1) 작업경력 2) 성별, 연령 3) 작업습관 4) 신체조건 5) 생활습관 및 취미 6) 과거병력 등
3. 사회 심리적 요인	1) 작업 만족도 2) 업무 스트레스 3) 근무조건 만족도 4) 인간관계 5) 정산 · 심리상태

(1) 근골격계질환 발생의 작업요인 중 직접적 위험요인

    1) 부자연스러운 작업자세

    2) 과도한 힘의 사용

    3) 높은 빈도의 반복성

    4) 부적절한 작업/휴식 비율

(2) 신체부위별 위험 요인

    1) 팔, 손, 손목부위 : 동작반복, 힘 작업자세 등

    2) 목, 어깨부위 : 작업자세 등

    3) 요추부 : 돌기작업/중량물 취급, 힘든 육체작업, 정신질환 등

3 근골격계 부담작업

(1) 근골격계 부담작업의 범위(단기간작업 또는 간헐적인 작업은 제외)

    1) 하루에 4시간 이상 집중적으로 자료입력 등을 위해 키보드 또는 마우스를 조작하는 작업

    2) 하루에 총 2시간 이상 목, 어깨, 팔꿈치, 손목 또는 손을 사용하여 같은 동작을 반복하는 작업

    3) 하루에 총 2시간 이상 머리 위에 손이 있거나, 팔꿈치가 어깨위에 있거나, 팔꿈치를 몸통으로 들거나, 팔꿈치를 몸통뒤쪽에 위치하도록 하는 상태에서 이루어지는 작업

    4) 지지되지 않은 상태이거나 임의로 자세를 바꿀 수 없는 조건에서, 하루에 총 2시간 이상 목이나 허리를 구부리거나 트는 상태에서 이루어지는 작업

    5) 하루에 총 2시간 이상 쪼그리고 앉거나 무릎을 굽힌 자세에서 이루어지는 작업

    6) 하루에 총 2시간 이상 지지되지 않은 상태에서 1kg 이상의 물건을 한 손의 손가락으로 집어 올리거나, 2kg 이상에 상응하는 힘을 가하여 한손의 손가락으로 물건을 쥐는 작업

    7) 하루에 총 2시간 이상 지지되지 않은 상태에서 4.5kg 이상의 물건을 드는 작업

    8) 하루에 10회 이상 25kg 이상의 물체를 드는 작업

    9) 하루에 25회 이상 10kg 이상의 물체를 무릎 아래에서 들거나, 어깨 위에서 들거나, 팔을 뻗은 상태에서 드는 작업

10) 하루에 총 2시간 이상, 분당 2회 이상 4.5kg 이상의 물체를 드는 작업
11) 하루에 총 2시간 이상 시간당 10회 이상 손 또는 무릎을 사용하여 반복적으로 충격을 가하는 작업

(2) 근골격계부담 작업을 하는 경우 근로자에게 알려주어야 할 사항(안전보건규칙 제 661조)

1) 근골격계 부담작업의 유해요인
2) 근골격계질환의 징후와 증상
3) 근골격계질환 발생 시의 대처요령
4) 올바른 작업자세와 작업도구, 작업시설의 올바른 사용방법
5) 그 밖에 근골격계질환 예방에 필요한 사항

4 근골격계 질환의 관리방안

(1) 근골격계질환의 공학적, 관리적 개선 방법

공학적 개선	관리적 개선
1. 작업공구의 개선 2. 작업대 높이의 조절 3. 자재운반시 동력기계장치의 사용 4. 작업장 개선	1. 작업속도 조절 2. 작업자 순환 3. 안전의식 교육(작업자 교육 · 훈련) 4. 작업자 선발

(2) 근골격계질환의 예방원리 및 대책

1) 근골격계질환의 예방원리
 ① 작업자의 신체적 특징 등을 고려하여 작업장을 설계한다.
 ② 예방이 최선의 정책이다.

2) 근골격계질환의 예방대책
 ① 단순 반복 작업의 기계화
 ② 작업방법과 작업공간 재설계
 ③ 작업순환 실시
 ④ 작업속도와 작업강도의 적성화

5 근골격계질환 예방관리 프로그램

(1) 근골격계질환 예방관리 프로그램 : 유해요인의 조사, 작업환경 개선, 의학적 관리, 교육·훈련 평가에 관한 사항 등이 포함된 근골격계질환을 예방하기 위한 종합적인 계획을 말한다.

(2) 적용대상

다음 각호의 경우는 근골격계질환 예방관리 프로그램을 수립하여 시행하여야 한다.
1) 근골격계질환으로 「산업재해보상보험법 시행령」에 따라 업무상 질병으로 인정받은 근로자가 연간 10명 이상 발생한 사업장 또는 5명 이상 발생한 사업장으로서 발생 비율이 그 사업장 근로자 수의 10% 이상인 경우
2) 근골격계질환 예방과 관련하여 노사간 이견(異見)이 지속되는 사업장으로서 고용노동부장관이 필요하다고 인정하여 근골격계질환 예방관리 프로그램을 수립하여 시행할 것을 명령한 경우

6 근골격계질환 예방관리 프로그램의 기본 진행순서, 기본원칙, 기본방향 등

(1) 기본진행순서(주요 구성요서)

1) 예방관리 정책수립 → 2) 교육·훈련실시(근로자 교육, 예방관리 추진 팀 교육) → 3) 초기증상자 및 유해요인 관리 → 4) 의학적 관리 및 작업환경 개선 → 5) 프로그램 평가

(2) 근골격계 질환 예방관리프로그램의 기본원칙

1) 인식의 원칙
2) 시스템 접근의 원칙
3) 사업장내 자율적 해결원칙
4) 지속성 및 사후평가의 원칙
5) 전사적 지원원칙
6) 노·사 공동 참여의 원칙
7) 문서화의 원칙

(3) 기본방향

1) 사업주와 근로자는 근골격계질환의 조기 발견과 조기 치료 및 조속한 직장 복귀를 위하여 가능한 한 사업장 내에서 재활프로그램 등의 의학적 관리를 받을 수 있도록 한다.
2) 사업주와 근로자는 초기 관리가 늦어지게 되면 영구적인 장애를 초래하고 이에 대한 치료 등 관리비용이 더 커짐을 인식한다.

7 근골격계질환 예방·관리 추진팀 및 보건관리자의 역할

(1) 근골격계질환 예방·관리추진팀의 역할

1) 예방·관리프로그램의 수립 및 수정에 관한 사항을 결정한다.
2) 예방·관리프로그램의 실행 및 운영에 관한 사항을 결정한다.
3) 교육 및 훈련에 관한 사항을 결정하고 실행한다.
4) 유해요인 평가 및 개선계획의 수립과 시행에 관한 사항을 결정하고 실행한다.
5) 근골격계질환자에 대한 사후조치 및 작업자 건강보호에 관한 사항 등을 결정하고 실행한다.

(2) 보건관리자의 역할

1) 주기적으로 작업장을 순회하여 근골격계질환을 유발하는 작업공정 및 작업유해 요인을 파악한다.
2) 주기적인 작업자 면담 등을 통하여 근골격계질환 증상호소자를 조기에 발견하는 일을 한다.
3) 7일 이상 지속되는 증상을 가진 작업자가 있을 경우 지속적인 관찰, 전문의 진단의뢰 등의 필요한 조치를 한다.
4) 근골격계질환자를 주기적으로 면담하여 가능한 한 조기에 작업장에 복귀할 수 있도록 도움을 준다.
5) 예방·관리프로그램 운영을 위한 정책결정에 참여한다.

3장 유해요인 조사

1 근골격계부담작업 유해요인조사 지침(한국 산업안전보건공단 기술지침)

(1) 유해요인조사 목적 : 근골격계질환 발생을 예방하기 위해 근골격계 부담 작업이 있는 부서의 유해요인을 제거하거나 감소시키는데 있다.

(2) 유해요인조사 시기

  1) 정기적 유해요인조사 실시: 유해요인조사가 완료된 날로부터 매 3년마다

  2) 수시로 유해요인을 실시해야 하는 경우
      ① 법에 따른 임시건강진단 등에서 근골격계 질환자가 발생하였거나 산업재해보상법에 따라 업무상 질병으로 인정받는 경우
      ② 근골격계부담작업에 해당하는 새로운 작업·설비를 도입한 경우
      ③ 근골격계부담작업에 해당하는 업무의 양과 작업공정 작업환경을 변경한 경우

(3) 유해요인조사 내용

  1) 유해요인 기본조사의 내용 : 작업장 상황 및 작업조건 조사로 구성된다.

작업장 상황, 조사항목	작업조건 조사항목(직접적 유해요인)
1. 작업공정 2. 작업설비 3. 작업량 4. 작업속도 및 최근 업무의 변화 등	1. 반복성 2. 부자연스러운 자세 또는 취하기 어려운 자세 3. 과도한 힘 4. 접촉스트레스 5. 진동 등

  2) 근골격계질환 증상 조사항목
      ① 증상과 징후
      ② 직업력(근무력)
      ③ 근무형태(교대제 예부 등)
      ④ 취미생활
      ⑤ 과거질병력 등

2 유해요인조사도욱 중 JSI(jop strain index)의 평가항목

1) 힘을 발휘하는 강도(힘의 강도)
2) 힘을 발휘하는 지속시간(힘의 지속정도)
3) 분당 힘의 빈도
4) 손/손목의 자세
5) 작업속도
6) 1일 작업시간

3 유해요인의 개선방법

공학적 개선	다음의 재배열, 수정, 재설계, 교체 1) 공구, 장비 2) 작업장 3) 부품, 제품 4) 포장
관리적 개선	1) 작업일정 및 작업속도조절 2) 작업습관 변화 3) 작업의 다양성 제공 4) 작업자 적정배치 5) 작업공간, 공구 및 장비의 유지, 보수, 청소 6) 회복시간 제공, 직장체조 강화 등

4 유해요인의 공학적, 관리적 개선사례

(1) 유해요인의 공학적 개선사례

1) 중량물 작업개선을 위하여 호이스트 도입
2) 작업 피로 감소를 위하여 바닥을 부드러운 재질로 교체
3) 로봇을 도입하여 수작업의 자동화
4) 작업자의 신체에 맞는 작업장 개선

(2) 유해요인의 관리적 개선사례

1) 작업량 조정을 위하여 컨베이어의 속도 재설정
2) 적절한 작업자의 선발과 교육 및 훈련

4장 인간공학적 유해요인 평가 (작업부하 평가)

1 들기작업공식(NLE; NIOSH Lifting Equation)

(1) 들기작업공식 : 들기작업의 위험성을 정량적으로 평가할 수 있는 평가기법으로 들기작업에 대한 권장무게한계(RWL)를 산출하여 작업의 위험성을 예측한다.

(2) 권장중량한계(RWL; recommended weight limit)

1) RWL의 정의 : 건강한 작업자가 요통의 위험없이 최대 8시간 작업시간동안 들기 작업을 할 수 있는 취급물 중량의 한계값을 말한다(RWL은 신체의 비틀림 정도, 손잡이 상태, 취급중량과 중량물의 취급위치 등 여러 요인을 반영함)

2) RWL의 공식

$$RWL(kg) = LC \times HM \times VM \times DM \times AM \times FM \times CM$$

[표] 공식의 개수

계수 기호	계수 내용	계수 구하는 법[상수범위]
LC	중량상수(부하상수)	23kg : 최적작업상태 권장최대무게
HM	수평계수	25/H, H<63cm [25~63cm]
VM	수직계수	1−(0.003×⎮V−75⎮)[0~175cm]
DM	(물체이동)거리계수	0.82+(4.5/D)[25~175cm]
AM	비대칭각도계수	1−(0.0032A)[0°~135°]
FM	(작업)빈도계수	표 이용
CM	커플링계수(결합계수)	표 이용

(3) 들기지수(LI) : 실제 작업물의 무게(물체무게; L)와 권장중량한계(RWL)의 비이다(들기지수는 요추의 디스크 압력에 대한 기준치이다)

$$LI = \frac{L}{RWL}$$

1) LI가 1이하 : 들기 작업이 안전한 것으로 판정
2) LI가 1초과 : 요통발생이 위험수준이 증가함(추천무게를 넘는 것으로 간주)
3) LI가 3초과 : 요통발생의 위험수준이 매우 높음

2 OWAS(ovako working - posture analysing system)

(1) OWAS 정의 등

1) 육체작업을 할 경우에 부적절한 작업자세를 구별해낼 목적으로 개발한 평가기법이다(필란드 Karhu개발).
2) 현장에서 기록 및 해석의 용이함 때문에 많은 작업자세를 평가한다.
3) 관찰에 의해서 작업자세를 평가한다.
4) 작업대상물의 무게를 분석요인에 포함하며 상지와 하지의 작업분석을 할 수 있다.
5) 작업자세를 허리, 팔, 다리, 외부부하(하중)로 나누어 구분하여 각 부위의 자세를 코드로 표현한다.

(2) 장점 · 단점

장점	작업자들의 작업자세를 쉽고 빠르게 평가할 수 있다(현장성 강함).
단점	① 작업자세를 단순화하여 세밀한 분석에 어려움이 있다. ② 신체일부(상자하지등)의 움직임이 적고 반복하여 사용하는 작업 등에서는 차이를 파악하기 어렵다. ③ 지속시간을 검토할 수 없기 때문에 유지자세의 평가는 곤란하다.

(3) OWAS 자세평가에 의한 조치수준(행동범주; action category)

1) 행동범주1 : 특별한 경우를 제외하고는 개선이 불필요한 정상적 자세
2) 행동범주2 : 가까운 시기에 자세의 고정이 필요
3) 행동범주3 : 가능한 빠른 시일내에 개선이 요구되는 부하가 큰 자세
4) 행동범주4 : 즉시 자세의 교정이 필요한 부하가 매우 큰 자세

3 RULA(rapid upper limb assessment)

(1) RULA : 어깨, 팔목, 손목, 목등 상지에 초점을 맞추어 작업자세로 인한 작업부하를 빠르고 상세하게 분석할 수 있는 근골격계질환의 평가기법이다.

(2) 신체부위별 평가대상

1) A그룹 평가대상: 윗팔(상완), 아래팔(전완), 손목, 손목 비틀림 등
2) B그룹 평가대상: 목, 몸통(상체), 다리 등

(3) 평가되는 유해요인(작업부하인자)

1) 반복성(동작의 횟수)
2) 과도한 힘

3) 불편한 자세(부자연스럽고 취하기 어려운 자세)

4) 정적인 근육작업

(4) 작업에 대한 평가 : 1점에서 7점 사이의 총점으로 나타내며 점수에 따라 4개의 조치 단계로 분류한다.

조치단계	최종점수	결과에 대한 해석
조치수준1	1~2점	수용가능한 안전한 작업으로 평가된다.
조치수준2	3~4점	계속적 추적관찰을 요하는 작업으로 평가된다.
조치수준3	5~6점	빠른 작업개선과 작업위험요인의 분석이 요구된다.
조치수준4	7점 이상	즉각적인 개선과 작업위험요인의 정밀조사가 요구된다.

4 REBA(rapid entire body assessment)

(1) REBA : 다양한 작업자세의 신체전반에 대한 부담정도를 분석하는데 적합한 기법이다.

(2) 평가되는 유해요인

1) 반복성 힘
2) 과도한 힘
3) 불편한 자세(부자연스러운 자세 취하기 어려운 자세)

(3) 관련된 신체부위 : 손목, 팔, 어깨, 목, 상체, 허리, 다리 등

(4) 적용대상 작업종류

1) 간호사 또는 간호조무사
2) 수의사
3) 청소부
4) 주부
5) 기타 작업이 비고정적인 형태의 서비스업 계통

실 / 전 / 문 / 제

01
인간공학의 직접적인 목적이 아닌 것은?

① 기계조작의 능률성   ② 기술개발
③ 사고방지   ④ 작업환경의 쾌적성

해설
인간공학의 목표
① 안전성 향상과 사고방지(첫째 목표)
② 기계조작의 능률성과 생산성 향상
③ 작업환경의 쾌적성

02
다음 중 인간과 기계와의 관계를 측정하는 방법과 관계가 먼 것은?

① 순간조작 분석   ② 사용빈도 분석
③ 지각운동정보 분석   ④ 욕구분석

해설
인간·기계체계 관계의 측정방법(인간공학의 연구방법)
① 순간조작분석
② 사용빈도분석
③ 지각운동 정보분석
④ 전작업 부담분석
⑤ 기계의 사고연관성 분석
⑥ 연속 컨트롤(control) 부담 분석

03
인간과 기계는 상호보완적인 기능을 담당하며 하나의 체계로서 업무를 수행한다. 다음 중 인간기계체계에 의해서 수행되는 기본기능이 아닌 것은?

① 감지   ② 의사결정
③ 행동   ④ 감시

해설
인간기계체계의 기본기능
① 감지   ② 정보저장
③ 정보처리 및 결심   ④ 행동기능

04
정보처리기능에서 감지는 정보저장의 첫 단계이다. 다음 중 기계의 정보저장에 해당되는 것은?

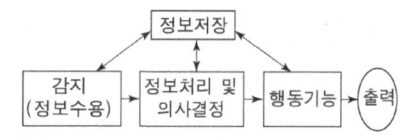

① 펀치   ② 펀치카드
③ 오실로 스코프   ④ 프로그래머

해설
기계적 정보보관 : 펀치카드(punch card), 자기테이프, 형판(template), 기록, 자료표 등과 같은 물리적 기구에 여러 가지 방법으로 보관될 수 있다.

05
인간과 기계의 기능분담은 여러 가지 형태로 분류된다. 인간이 동력원으로 기능하는 체계형태는?

① 기계화체계
② 수동체계
③ 자동체계
④ 반자동체계

해설
수동체계는 수공구나 기타 보조물로 이루어지며 자신의 신체적인 힘을 동력원으로 사용하여 작업을 통제하는 인간 사용자와 결합된다.

06
기계의 정보저장 형태에 속하지 않는 것은 다음 중 어느 것인가?

① 펀치카드   ② 자석테이프
③ 녹음테이프   ④ 위치카드

Answer ● 01. ② 02. ④ 03. ④ 04. ② 05. ② 06. ④

07
다음 인간·기계체계에서 기계의 이점에 해당되는 것은?

① 신속하면서 대량정보를 기억할 수 있다.
② 소음 중의 변화한 자극을 감지한다.
③ 귀납적으로 추리한다.
④ 주관적 평가를 한다.

해설
②, ③, ④항은 인간의 이점

08
기계가 현존하는 인간을 능가하는 조건이 아닌 것은?

① 여러 개의 프로그램 된 활동을 동시에 수행한다.
② 주위가 소란하여도 효율적으로 작동한다.
③ 명시된 프로그램에 따라 정성적(定性的)인 정보처리를 한다.
④ 물리적인 양(量)을 계수하거나 처리한다.

09
인간이 현존하는 기계를 능가하는 조건이 아닌 것은?

① 어떤 응용방법이 실패할 경우 다른 방법을 선택한다.
② 관찰을 통해서 일반화되고 연역적으로 추리한다.
③ 원칙을 적용하여 다양한 문제를 해결한다.
④ 주위의 이상하거나 예기치 못한 사건들을 감지한다.

해설
연역적으로 추리하는 기능은 기계가 인간보다 우수하고, 인간은 관찰을 통해서 일반화하고 귀납적으로 추리하는 기능이 우수하다.

10
기계의 정보처리 기능에 알맞은 것은?

① 임기응변적 기능   ② 응용 능력적 기능
③ 연역적 처리기능   ④ 귀납적 처리기능

해설
①, ②, ④ 항은 인간이 기계를 능가하는 기능이다.

11
작업설계를 함에 있어 철학적 접근방법은 무엇을 강조하는가?

① 작업에 대한 책임   ② 작업만족도
③ 적성배치   ④ 작업능률

12
인간공학에 사용되는 인간기준(human criteria)의 4가지 유형에 포함되지 않는 것은?

① 사고빈도   ② 주관적 반응
③ 생리학적 지표   ④ 심리적 지표

해설
인간기준의 4가지 유형
① 인간성능척도   ② 생리학적 지표
③ 사고발생 빈도   ④ 주관적 반응

13
작업만족도(job satisfaction)를 상승시키는 방법이 아닌 것은?

① 수행되어야 할 활동의 수를 증가시킨다.
② 작업에 대한 더 큰 책임을 지운다.
③ 작업자 자신이 사용할 작업방법을 선택할 수 있는 기회를 부여한다.
④ 작업을 세분화 시켜서 숙련을 덜 요하는 작업을 지향한다.

해설
작업만족도를 높이는 방법은 ①, ②, ③항 이외에도 다음과 같은 사항이 있다.
① 작업자 자신의 작업물에 대한 검사책임을 준다.
② 어떤 특정한 부품보다는 완전한 한 단위에 대한 책임을 부여한다.
③ 작업순환, 즉 몇 종류의 다른 작업에 순환 배치한다.

14
인간공학에 사용되는 인간기준(human criteria)의 기본유형이 아닌 것은?

① 주관적 반응   ② 생리학적 지표
③ 인간성능 척도   ④ 환경적응 척도

해설
인간기준의 유형에는 ①, ②, ③항 외에「사고빈도」가 있다.

Answer ➡ 07.① 08.③ 09.② 10.③ 11.② 12.④ 13.④ 14.④

15
가치척도의 신뢰성이란?
① 보편성 ② 정확성
③ 객관성 ④ 반복성

해설
가치척도의 신뢰성은 반복성을 의미하는 것이다.

16
인간·기계체계의 분석 및 설계(체계설계)에 있어서의 인간공학의 가치에 해당되지 않는 것은?
① 인력이용률의 향상
② 사고 및 미스로 인한 손실방지
③ 생산 및 정비유지의 경제성 증대
④ 적정배치

해설
체계설계과정에서의 인간공학의 기여도
① 성능의 향상
② 훈련비용의 절감
③ 인력이용률의 향상
④ 사고 및 오용으로부터의 손실감소
⑤ 생산 및 경비유지의 경제성 증대
⑥ 사용자의 수용도 향상

17
인간공학적 제어예방 프로그램의 4개 주요 구성요소에 속하지 않는 것은?
① 문제를 야기시키는 위험요소 규명과 평가
② 도입된 교정방법 효율성 감시와 평가
③ 관리적이면서 경영적인 교정방법의 설계와 수행
④ 존재하거나 잠재적인 문제규명

해설
인간공학적 제어예방(control prevention) 프로그램에는 4개의 주요 구성요소가 있다.
① 존재하거나 잠재적인 문제규정
② 문제를 야기시키는 위험요소(risk factor)의 규명과 평가
③ 공학적이면서 경영적인 교정방법의 설계와 수행
④ 도입된 교정방법의 효율성 감시와 평가

18
일반적으로 연구조사에 사용되는 기준은 3가지 요건을 갖추어야 한다. 다음 중 기준의 3요건에 포함되지 않는 것은?
① 적절성 ② 무오염성
③ 신뢰성 ④ 객관성

해설
일반적으로 연구조사에 사용되는 기준은 3가지 요건, 즉 ① 적절성 ② 무오염성 ③ 신뢰성을 갖추어야 한다.

19
작업설계를 함에 있어 인간요소적 접근방법은?
① 작업만족도를 강조
② 능률과 생산성을 강조
③ 작업순환과 배치를 강조
④ 작업에 대한 책임을 강조

해설
작업설계시 인간요소적 접근방법은 주로 능률이나 생산성을 강조한다. 따라서 확대된 작업보다는 좀더 분화되고 숙련을 덜 요하는 작업을 지향한다.

20
작업설계 시에 딜레마(dilemma)란 무엇을 의미하는가?
① 작업 확대와 작업 윤택화간의 딜레마
② 작업 능률과 작업 만족도간의 딜레마
③ 작업 확대와 작업 만족도간의 딜레마
④ 작업 능률과 작업 윤택화간의 딜레마

21
작업만족도(job satisfaction)는 작업설계(job design)를 함에 있어 철학적으로 고려해야 할 사항이다. 다음 중 작업만족도를 얻기 위한 수단이 아닌 것은?
① 작업 확대(job enlargement)
② 작업 윤택화(job enrichment)
③ 작업 분석(job analysis)
④ 작업 순환(job rotation)

해설
작업설계시 철학적으로 고려할 사항
① 작업확대(job enlargement)
② 작업윤택화(job enrichment)
③ 작업만족도(job satisfaction)
④ 작업순환(job rotation)

Answer ▶ 15. ④ 16. ④ 17. ③ 18. ④ 19. ② 20. ② 21. ③

22
인간과 기계의 기능을 비교하여 볼 때 다음은 인간이 기계에 비하여 우수한 면을 나열한 것이다. 이들 중 적절하지 않은 것은?

① 융통성 있는 방법의 적용
② 문제해결의 독창성 발휘
③ 경험을 활용하여 행동방향 개선
④ 단시간에 많은 양의 정보기억과 재생

해설
④항은 기계의 우수한 면을 나타낸 것이다.

23
시스템 분석 및 설계에 있어서 인간공학의 가치와 거리가 먼 것은?

① 작업 숙련도의 감소
② 사용자의 수용도 향상
③ 성능의 향상
④ 사고 및 오용의 감소

해설
인간공학의 가치에는 ②, ③, ④항 이외에도 다음 사항 등이 있다.
① 훈련비용의 절감
② 인력이용률의 향상
③ 생산 및 정비유지의 경제성 증대

24
인간 – 기계관계 측정법 중 틀린 것은?

① 순간조작 분석
② 지각운동 정보 분석
③ 연속컨트롤 부담분석
④ 총계적 통계분석

해설
인간 – 기계관계 측정법(인간공학 연구방법)은 ①, ②, ③항 이외에도 ① 전작업 부담분석 ② 사용빈도분석 ③ 기계의 사고 연관성 분석 등이 있다.

25
위험발생 가능한 여러 주어진 상태가 있고 각 상태의 발생확률을 의사결정자가 알고 있을 때 행하는 의사결정을 무엇이라고 하는가?

① 확실한 상황 하에서 의사결정
② 위험한 상황 하에서 의사결정
③ 불확실한 상황 하에서 의사결정
④ 대립상태 하에서 의사결정

해설
① 확실한 상황 하에서의 의사결정 : 의사결정자가 완전한 정보를 가지고 있어서 각 대안의 결과를 완전히 알고 있을 때 의사결정을 하는 것으로 이러한 상황은 그 기간이 짧다.
② 불확실한 상황 하에서의 의사결정 : 의사결정자가 각 대안에 대해 어떤 결과가 발생할 것인가를 알고 있으나 주어진 상태에 대한 확률을 모를 때 행하는 의사결정이다.
③ 대립상태 하에서의 의사결정 : 다른 의사결정에 의해 그 이득(주어진 상황에서 나타날 사상으로 대안별로 실현될 효과 또는 결과)이 달라짐을 말한다.

26
사고의 외적 요인으로서의 4M에 해당되지 않는 것은?

① Man
② Machine
③ Material
④ Media

해설
인간과오의 배후요인 4요소(4M)
① Man
② Machine
③ Media
④ Management

27
인간에러(Human Error)를 일으킬 수 있는 정신적 요소가 아닌 것은?

① 방심과 공상
② 개성적 결함 요소
③ 판단력의 부족
④ 기능정도

해설
정신상태 불량에 의한 사고의 요인
① 방심 및 공상
② 판단력의 부족
③ 안전의식의 부족
④ 주의력의 부족
⑤ 개성적 결함요소

28
인간 정보처리과정에서 실패가 일어나는 것이 잘못 연결된 것은?

① 입력에러 – 확인미스
② 매개에러 – 결정미스
③ 출력에러 – 동작미스

Answer 22. ④ 23. ① 24. ④ 25. ① 26. ③ 27. ④ 28. ②

④ 판단에러 – 반응미스

해설
의지결정의 미스(miss)나 기억에 관한 실패 등은 중추과정에서 일으키는 것으로 판단 에러(error)에 해당된다.

29
어떤 장치의 이상을 알려 주는 경보기가 있어 그것이 울리면 일정시간 이내에 장치를 정지하고 상태를 점검하여 필요한 조치를 하게 된다. 그런데 담당 작업자가 정지조작을 잘못하여 장치에 고장이 발생하였다. 이 때 정지조작을 잘못 한 실수를 무엇이라고 하는가?

① primary error
② secondary error
③ command error
④ omission error

해설
인간과오 원인의 수준(level)적 분류
① 1차 에러(primary error) : 작업자 자신으로부터 발생한 과오
② 2차 에러(secondary error) : 작업형태나 작업조건 중에서 다른 문제가 생겨 그 때문에 필요한 사항을 실행할 수 없는 과오나 어떤 결함으로부터 파생하여 발생하는 과오
③ 컴맨드 에러(command error) : 요구된 것을 실행하고자 하여도 필요한 물건, 정보, 에너지 등의 공급이 없는 것처럼 작업자가 움직이려 해도 움직일 수 없으므로 발생하는 과오

30
System performance(SP)와 Human Error(HE)와의 관계는 SP = f(HE) = k · (HE)로 나타낸다 (단, f : 관수, k : 상수). 다음 중 Human Error가 System performance에 대하여 중대한 영향을 일으키는 것은 어느 것인가?

① k≒1
② k<1
③ k>1
④ k≒0

해설
SP = k(HE)에서
① k≒1 : HE가 SP에 중대한 영향을 끼침
② 0<k<1 : HE가 SP에 risk를 줌
③ k≒0 : HE가 SP에 아무런 영향을 주지 않음

31
인간 에러(error) 원인의 분류 중 작업자가 움직이려고 해도 움직일 수 없으므로 발생하는 에러는 무엇인가?

① Primary error
② Secondary Error
③ Third error
④ Command error

해설
① Primary error(1차 과오) : 작업자 자신으로부터 발생한 과오
② Secondary Error(2차 과오) : 작업형태나 작업조건 중에서 다른 문제가 생겨 그 때문에 필요한 사항을 실행할 수 없는 과오나 어떤 결함으로부터 파생하여 발생하는 과오

32
다음의 human error중 심리적 분류에 해당되지 않는 것은?

① Omission Error
② Sequential Error
③ Time Error
④ Input Error

해설
Human Error의 심리적 분류
① Omission Error : 필요한 task(작업) 또는 절차를 수행하지 않는데 기인한 과오
② Time Error : 필요한 task 또는 절차의 수행지연으로 인한 과오
③ Commission error : 필요한 task나 절차의 불확실한 수행으로 인한 과오
④ Sequential error : 필요한 task나 절차의 순서착오로 인한 과오
⑤ Extraneous error : 불필요한 task 또는 절차를 수행함으로서 기인한 과오

33
다음 중 감지미숙으로 인한 human error는?

① input error
② output error
③ feedback error
④ information processing error

해설
인간의 행동과정을 통한 과오의 분류
① input error : 감지결함
② output error : 출력과오
③ feedback error : 제어과오
④ information processing error : 정보처리절차과오

Answer ➡ 29. ① 30. ① 31. ④ 32. ④ 33. ①

34
미확인은 사고로 이어지는 경우가 종종 있다. 다음 행동과정에서 일어나는 미확인의 메커니즘에 해당되지 않는 것은?

① 단락에 의한 경우
② 다른 output 영역에서 지시가 빠져버리는 경우
③ feed back이 이루어지지 않고 통제되지 않는 경우
④ 생각대로 행동을 해버리지 못하는 경우

해설

④항은 생각대로 행동을 해버리는 경우, 즉 「…을 하지 않으면 안 된다」고 생각했을 뿐 실제는 그것을 한 것으로 착각하는 경우이다.

35
인간-기계 시스템(man-machine system)에서 조작상 인간에러의 발생 빈도수의 순서로 맞는 것은?

① 지식관련	② 정보관련
③ 표시장치	④ 시간관련

① ①—②—③—④ ② ①—②—④—③
③ ①—④—③—② ④ ②—①—③—④

해설

인간, 기계 체계에서의 인간의 에러는 조작미스, 운전미스, 접촉미스 등이 있으며 그 원인에는 신체적 기능의 부조화, 계기의 식별미스, 습관, 심리적 요인 등이 있다.

- 조작상 미스의 발생빈도수의 순서
① 1순위 : 지식관련(자극의 과대, 과소)
② 2순위 : 정보관련(완전하지 못한 정보전달)
③ 3순위 : 표시장치(표시방법, 위치의 부적절)
④ 4순위 : 제어장치(배치, 식별성, 접촉성의 부적절)
⑤ 5순위 : 조작환경(작업공간, 환경조건의 부적절)
⑥ 6순위 : 시간관련(작업시간의 부적절)

36
인간이 과오를 범하기 쉬운 작업성격이 아닌 것은?

① 단독작업 ② 공동작업
③ 장시간 감시 ④ 다경로 의사결정

해설

인간이 과오를 범하기 쉬운 작업특성
(1) 공동작업
  ① 2인 이상의 작업자에 의한 작업 step 사이
  ② 고속에서의 수동제어 사이
  ③ 분산 배치되어 있는 조작반(操作盤)의 수동 제어 사이
(2) 속도와 정확성을 요하는 작업
  ① 고속을 요하는 작업이나 극도로 정확한 timing을 요하는 작업
  ② 의사결정시간이 짧은 작업
(3) 변별(辯別)을 요하는 작업
  ① 다수의 입력원에 기초한 의사결정(다경로 의사결정)
  ② 장시간에 걸친 표시장치의 감시(장시간 감시)
  ③ 2개 이상의 표시장치에 따른 빠른 변화의 비교
(4) 부적당한 입력 특성을 갖는 경우
  ① 자극입력의 성질과 timing을 모두 또는 어느 한쪽을 예측할 수 없는 경우
  ② 변별해야 할 표시장치가 공통적인 특성을 많이 갖고 있거나 표시장치가 빠르게 변화하는 경우
  ③ 부적당한 시각, 청각 feedback에 따라서 행동해야 하는 경우
  ④ 과오의 해소책이 작업수행을 방해하는 경우

37
Man machine system 설계에 있어서 신뢰도 계산상 병렬공식에 맞는 것은?

① $R = \dfrac{1-(1-r)}{1}$
② $R = 1-(1-m)$
③ $R = 1-(1-r)^m$
④ $R = 1-(1-r_m)$

해설

병렬연결의 신뢰도 공식

∴ $R = 1-(1-r)^m$

여기서, m : 병렬연결된 동일부품의 수
r : 단위부품의 신뢰도

Answer ● 34. ④ 35. ① 36. ① 37. ③

38
다음 중 병렬계의 특성이 아닌 것은?

① 요소의 수가 많을수록 고장의 기회가 줄어든다.
② 요소의 어느 하나가 정상이면 계는 정상이다.
③ 요소의 중복도가 늘수록 계의 수명은 짧아진다.
④ 계의 수명은 요소 중 수명이 가장 긴 것으로 정해진다.

해설
요소의 중복도가 늘수록 계의 수명은 길어진다.

39
다음과 같은 시스템의 신뢰도를 구하면? (단, 기계의 신뢰도는 0.99이다.)

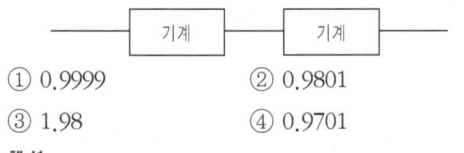

① 0.9999 ② 0.9801
③ 1.98   ④ 0.9701

해설
기계와 기계가 직렬로 연결되어 있으므로
시스템의 신뢰도 = 0.99 × 0.99 = 0.9801

40
다음 시스템의 신뢰도는? (단, ① : 85%, ②, ③ : 75%)

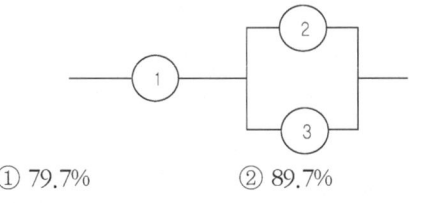

① 79.7%   ② 89.7%
③ 69.7%   ④ 99.7%

해설
$R = 0.85 \times [1-(1-0.75)(1-0.75)]$
$= 0.797 ≒ 79.7\%$

41
다음은 고압 액체탱크를 조절하는 밸브들로 이루어진 배관계이다. 각 밸브의 신뢰도를 r이라고 할 때 시스템의 신뢰도를 구하면?

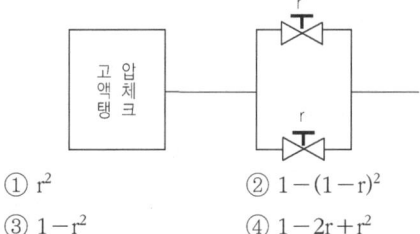

① r^2 ② $1-(1-r)^2$
③ $1-r^2$ ④ $1-2r+r^2$

해설
$R = 1-(1-r)(1-r) = 1-(1-r)^2$

42
다음 그림과 같은 block diagram을 갖는 시스템의 신뢰도는 얼마인가? (단, r_1, r_2는 부품의 신뢰도를 나타낸다.)

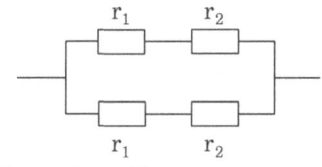

① $1-[(1-r_1)(1-r_2)]^2$
② $1-(r_1 \cdot r_2)^2$
③ $[1-(1-r_1)(1-r_2)]^2$
④ $1-(1-r_1 \cdot r_2)^2$

해설
시스템 신뢰도 $= 1-(1-r_1 \cdot r_2)(1-r_1 \cdot r_2)$
$= 1-(1-r_1 \cdot r_2)^2$

43
다음 시스템의 신뢰도를 구하시오.

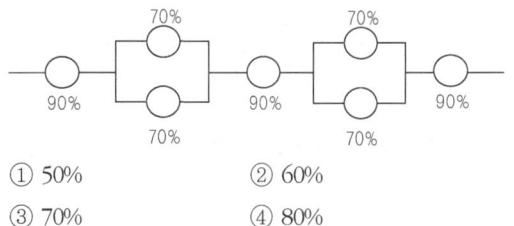

① 50%   ② 60%
③ 70%   ④ 80%

Answer ➡ 38. ③ 39. ② 40. ① 41. ② 42. ④ 43. ②

해설

R = 0.9 × [1−(1−0.7)(1−0.7)] × 0.9
　　× [1−(1−0.7)(1−0.7)] × 0.9
　= 0.603 ≒ 60%

44
인간의 신뢰성 관계와 거리가 먼 것은?
① 주의력　② 의식수준
③ 관찰력　④ 긴장수준

해설

인간의 신뢰성 요인
① 주의력　② 긴장수준
③ 의식수준(경험연수, 지식수준, 기술수준)

45
다음 그림과 같은 man machine system에서의 신뢰도를 구하면? (단, man의 신뢰도는 70%이고 machine의 신뢰도는 90%이다.)

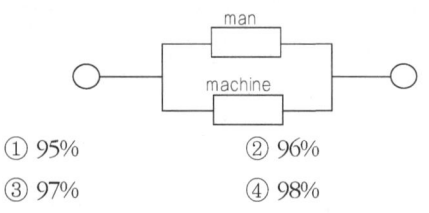

① 95%　② 96%
③ 97%　④ 98%

해설

R(신뢰도) = 1−(1−0.7)(1−0.9) = 0.97 = 97%

46
수리하면서 사용하는 체계에서 고장과 고장 사이 시간의 평균치는?
① MTBF　② MTTF
③ MTTFF　④ MTBHE

해설

① MTBF(평균고장간격 : mean time between failures) : 체계의 고장발생 순간부터 수리가 완료되어 정상작동하다가 다시 고장이 발생하기까지의 평균시간
② MTTR(평균수리시간 : mean time to repair) : 체계의 고장 발생순간부터 수리가 완료되어 정상작동하기까지의 평균시간
③ MTTF(평균고장시간) : 체계가 작동하기 시작한 후 고장이 발생하기까지의 평균시간

47
고장형태 중 일정형은 다음 중 어떤 고장기간 중에 나타나는가?
① 초기고장기간　② 우발고장기간
③ 마모고장기간　④ 피로고장기간

해설

고장형태
① 초기고장 : 감소형　② 우발고장 : 일정형
③ 마모고장 : 증가형

48
디버깅(debugging)이란?
① 초기고장기간의 고장원인 도출과정
② 우발고장기간의 고장원인 도출과정
③ 마모고장기간의 고장원인 도출과정
④ 고장원인 도출과는 상관이 없다.

해설

디버깅(debugging)기간 : 초기고장의 결함을 찾아내 고장률을 안정시키는 기간

49
인간의 손에 의하여 기계를 조작할 때 가장 중요한 사항은 다음 중 어느 것인가?
① 신뢰성　② 견고성
③ 기민성　④ 안전성

해설

인간이 물체와 제일 먼저 접촉하는 것은 손으로서 가장 중요한 것은 안전성이다.

50
인간이 기계를 조종하여 임무를 수행하여야 하는 인간-기계체계가 있다. 만일 이 인간-기계 통합체계의 신뢰도가 0.8 이상이어야 하며, 인간의 신뢰도는 0.9라 한다면, 기계의 신뢰도는 얼마 이상이어야 하는가?
① 0.6 이상　② 0.7 이상
③ 0.8 이상　④ 0.9 이상

해설

인간의 신뢰도 × 기계의 신뢰도 = 통합체계의 신뢰도

Answer ● 44. ③　45. ③　46. ①　47. ②　48. ①　49. ④　50. ④

51
n개의 요소를 가진 병렬계에 있어 요소의 수명(MTTF)이 지수분포에 따를 경우 계의 수명은?

① $MTTF \times n$
② $MTTF \times \dfrac{1}{n}$
③ $MTTF \times \left(1 + \dfrac{1}{2} + ... + \dfrac{1}{n}\right)$
④ $MTTF \times \left(1 \times \dfrac{1}{2} \times ... \times \dfrac{1}{n}\right)$

해설

계의 수명(MTTF : mean time to failure)
(1) 병렬계에서는 구성요소가 모두 고장난 시점, 즉 가장 긴 수명이고 가장 늦게 고장난 요소가 계의 수명을 결정하는 최대수명계로 되어 있다. 요소가 지수분포에 따를 경우 계의 수명 MTTF는 $\left(1 + \dfrac{1}{2} + ... + \dfrac{1}{n}\right)$배로 늘어난다.

∴ **병렬계의 수명** = $MTTF\left(1 + \dfrac{1}{2} + ... + \dfrac{1}{n}\right)$

(2) 직렬계에서는 직렬계를 구성하는 요소 중에서 어느 하나가 맨 먼저 고장나는 것이 계의 수명을 결정한다. 특히 구성요소의 수명이 모두 같은 MTTF = $1/\lambda$ 을 갖는 지수분포에 따를 경우 계의 고장률은 요소의 고장률의 n배, 즉 고장의 찬스는 n배로 늘고 따라서 계의 수명 MTTF는 요소 MTTF의 $\dfrac{1}{n}$이 된다.

∴ **직렬계의 수명** = $\dfrac{MTTF}{n}$

52
평균고장시간(MTTF)이 6×10^5시간인 요소 3개가 병렬계를 이루었을 때 계(system)의 수명은?

① 2×10^5
② 6×10^5
③ 11×10^5
④ 18×10^5

해설

병렬계의 수명 = $MTTF\left(1 + \dfrac{1}{2} + \dfrac{1}{3}\right)$
= $6 \times 10^5 \times \left(1 + \dfrac{1}{2} + \dfrac{1}{3}\right)$
= 11×10^5시간

53
다음은 초기고장과 마모고장의 고장형태와 그 예방대책에 관한 내용이다. 연결이 잘못된 것은?

① 초기고장 – 감소형
② 마모고장 – 증가형
③ 초기고장 – 디버깅
④ 마모고장 – 스크리닝

해설

고장률의 유형
① 초기고장 : 감소형(debugging 기간, burnin 기간)
② 우발고장 : 일정형
③ 마모고장 : 증가형

54
페일 세이프(fail safe)란 무엇인가?

① 안전사고를 예방할 수 없는 불완전한 조건과 불안전한 상태
② 기계장비의 성능이 생산에는 지장이 없으나 안전 상 위험한 상태
③ 인간 또는 기계가 동작상의 실패가 있어도 사고를 발생시키지 않도록 하는 통제
④ 안전장치가 고장이 나 있는 상태

해설

페일 세이프(fail safe)는 인간 또는 기계에 과오나 동작상의 실패가 있어도 안전사고를 발생시키지 않도록 2중 또는 3중으로 통제를 가하도록 한 체계를 말한다.

55
물체의 위치, 방위, 자세 등의 기계적 변위를 제어량으로 하는 피드백 제어계는?

① 프로세스 제어(process control)
② 자동조정(automatic regulation)
③ 장치제어(constant value control)
④ 서보 기구(servo mechanism)

해설

서보기구 : 레이더의 방향제어, 선박 및 항공기 등의 속도조절 기구, 공작기계의 제어 등과 같이 물체의 위치, 방향, 힘, 속도 등의 역학적인 물리량을 제어하는 기구이다.

56
다음 중 fail safe의 원리가 아닌 것은?

① 다경로하중구조
② 사건구조
③ 교대구조
④ 하중경감구조

해설

fail safe의 구조 : 다경로하중구조, 하중경감구조, 교대구조, 중복구조

Answer ▶ 51. ③ 52. ③ 53. ④ 54. ③ 55. ④ 56. ②

57
동작자의 태도를 보고 동작자의 상태를 파악하는 감시방법은?

① Self monitoring
② Visual monitoring
③ 생리학적 monitoring
④ 반응에 의한 monitoring

해설

인간에 대한 모니터링 방식
① self monitoring 방법 : 자극, 고통, 피로, 권태, 이상감각 등의 지각에 의해서 자신의 상태를 알고 행동하는 감시 방법이다.
② 생리학적 monitoring 방법 : 맥박수, 체온, 호흡속도, 혈압, 뇌파 등으로 인간 자체의 상태를 생리학적으로 모니터링하는 방법이다.
③ visual monitoring 방법 : 작업자의 태도를 보고 작업자의 상태를 파악하는 방법이다(졸리는 상태는 생리학적으로 분석하는 것보다 태도를 보고 상태를 파악하는 것이 쉽고 정확하다).
④ 반응에 의한 monitoring 방법 : 자극(청각 또는 시각의 자극)을 가하여 이에 대한 반응을 보고 정상 또는 비정상을 판단하는 방법이다.
⑤ 환경의 monitoring 방법 : 간접적인 감시방법으로서 환경조건의 개선으로 인체의 안락과 기분을 좋게 하는 정상작업을 할 수 있도록 만드는 방법이다.

58
제어결과를 측정하여 목표로 하는 동작이나 상태와 비교하여 잘못된 점을 수정해 나가는 제어방식은 다음 중 어느 것인가?

① Open loop control
② Closed loop control
③ Fail safety control
④ Manual control

해설

제어방식에는 크게 개방루프 제어(open loop control)와 피드백 제어(feedback control) 방식이 있다.
① 개방루프제어 방식 : 항공기 방향조정의 경우, 항공기의 진로를 유지하기 위하여 기체의 역학적 특성, 진로상 공기의 밀도와 바람 등을 사전에 충분히 알고 조정방향을 시간적으로 프로그램 함으로서 항공기가 소정의 비행로를 따라 비행하게 되는데 이와 같은 제어방식을 말한다.
② 피드백제어 방식 : 제어결과를 측정하여 목표로 하는 동작이나 상태와 비교하여 잘못된 점을 수정해 나가는 제어방식으로 피드백 제어에서는 제어의 결과를 목표와 비교하기 위하여 출력이 피드백 측으로 피드백되어 전체가 하나의 폐루프를 구성하기 때문에 일명 폐쇄루프 제어(closed loop control)라고도 한다.

59
기계로부터의 정보(information)는 가령 시그널 램프(Signal lamp) 등과 같은 표시기에 의해서 이루어지게 되며, 기계의 조작은 다음 어느 것에 의해서 이루어지는가?

① 감각기
② 운동기
③ 제어기
④ 표현기

해설

기계로부터의 정보는 각종의 표시기에 의해 이루어지게 되며, 기계의 조작은 조절기(제어기)에 의해서 이루어진다.

60
설비의 안전효율을 높이기 위한 시간가동률에 해당되는 사항이 아닌 것은?

① 고장로스
② 작업조정로스
③ 설비교환로스
④ 속도로스

해설

설비교환 로스는 장비가동률이다.

61
Fool-proof를 하는 직접적인 목적은 다음 중 어느 것인가?

① 실수방지
② 정확성 증대
③ 품질향상
④ 수율증대

해설

Fool-proof : 근로자가 기계 등의 취급을 잘못해도 그것이 바로 사고나 재해로 연결되는 일이 없도록 하는 안전 기구를 말한다. 즉, 인간의 착오·실수 등 이른바 인간과오를 방지하기 위한 것이다.

62

고상모드의 예측설정시 Item으로 전기계통에 속하지 않는 것은?

① 개방
② 잡음
③ 입출력 불량
④ 탈락

해설

Item은 기계계, 전기계, 유체계로 구분한다.
① 기계계 : 변형, 마모, 파손, 탈락, 기열 등
② 전기계 : 개방, 단락, 잡음, Drift, 입출력 불량, 절연불량
③ 유체계 : 누설, 부식, 폐쇄 등

63

다음 중 다른 것으로 착각하여 실행한 error는?

① extraneous error
② time error
③ omission error
④ commission error

해설

작업자의 error는 본래 완수해야 할 기능으로부터의 상위라고 생각하고 그 상위한 상태를 대략 분류하면 omission error와 commission error로 구분된다. 전자는 생략한 형태의 error이고, 후자는 다른 것으로 착각하여 실행한 error이다. 좀더 상세히 분류하면 **인간 error의 형태**는 다음 5가지로 된다.
① omission error : 해야 할 것을 하지 않는다.
② commission error : 해야 할 것을 불충분하게 한다.
③ sequential error : 해야 할 것과 상위한 것을 한다.
④ extraneous error : 필요 없는 것을 한다.
⑤ time error : 시간적으로 부당한 것을 한다.

64

인간 error 원인의 레벨(level)을 분류한 경우 요구된 것을 실행하고자 하여도 필요한 물건이나 정보 에너지(energy) 등의 공급이 없다고 하는 것처럼 작업자가 움직이려 해도 움직일 수 없으므로 발생하는 에러(error)를 무엇이라고 하는가?

① primary error
② secondary error
③ third error
④ command error

해설

인간 error의 원인적 level 분류는 1차 에러(primary error : 작업자 자신으로부터 발생한 error), 2차 에러(secondary error : 작업형태나 작업조건 중에서 다른 문제가 생겨 그 때문에 필요한 사항을 실행할 수 없는 과오나 어떤 결함으로부터 파생하여 발생하는 과오), 컴맨드 에러(command error)가 있다.

65

장비나 설비의 설계에 응용하기 위한 인체측정 대상 자료를 선택하는 3가지 원칙이 아닌 것은?

① 기능적 인체치수
② 최대치수와 최소치수
③ 조절범위
④ 평균치를 기준으로 한 설계

해설

인체계측자료의 응용원칙
① 최대치수와 최소치수 : 최대치수 또는 최소치수를 기준으로 하여 설계한다.
② 조절범위(조절식) : 체격이 다른 여러 사람에 맞도록 만든 것이다.
③ 평균치를 기준으로 한 설계 : 최대치수나 최소치수, 조절식으로 하기가 곤란할 때 평균치를 기준으로 설계한다.

66

인체계측에 맞는 것은?

① 정적 인체계측과 동적 인체계측
② 공간 인체계측과 작업조건
③ 동적 인체계측과 공간계측
④ 정적 인체계측과 설비계측

해설

인체계측 방법에는 정적 인체계측(구조적 인체치수)과 동적 인체계측(기능적 인체치수)이 있다.

67

인간의 생리적 부담 척도 중 국소적 근육 활동의 척도로 이용되는 것은?

① 혈압
② 맥박수
③ 근전도
④ 점멸융합 주파수

해설

국소적인 근육활동의 척도에는 근전도(electromyogram : EMG)가 있으며, 이는 근육활동 전위차의 기록으로서 수의근(隨意筋)의 활동 정도를 나타낸다.

Answer 62. ④ 63. ④ 64. ④ 65. ① 66. ① 67. ③

68
플리커법(flicker test)란?

① 혈중 알코올 농도를 측정하는 방법이다.
② 체내 산소량을 측정하는 방법이다.
③ 작업강도를 측정하는 방법이다.
④ 피로의 정도를 측정하는 방법이다.

해설

플리커법(flicker test)은 정신적부담이 대뇌피질의 활동수준에 미치고 있는 영향을 측정하는 방법으로 심적 작업이나 피로의 정도를 측정하는데 쓰인다.

69
인체계측의 생리학적 측정법에서 에너지대사량과 심박수의 상관관계 또는 시간적 경과에 따라 측정되는 것은?

① 동적근력작업 ② 정적근력작업
③ 신경적 작업   ④ 심적 작업

해설

작업의 종류에 대한 생리적인 측정법
① 정적 근력작업 : 에너지대사량과 맥박수(심박수)와의 상관관계 및 시간적 경과, 근전도(EMG) 등을 측정
② 동적 근력작업 : 에너지대사량, 산소소비량 및 CO_2 배출량 등과 호흡량, 맥박수, 근전도 등을 측정
③ 신경적 작업 : 매회 평균호흡진폭, 맥박수, 피부전기반사(GSR) 등을 측정
④ 심적 작업 : 프릿가값 등을 측정

70
작업강도는 에너지대사율(RMR)로서 측정될 수 있다. 사무작업이나 감시작업의 에너지대사율은?

① 0~1RMR   ② 2~4RMR
③ 4~7RMR   ④ 7~9RMR

해설

RMR에 따른 작업강도의 구분
① 0~2RMR(輕작업)
② 2~4RMR(中작업)
③ 4~7RMR(重작업)
④ 7RMR 이상(超重작업)

71
에너지의 대사율(Relative Metabolic Rate)은 무엇을 뜻하는가?

① 인체의 영양분을 측정하여 건강상태를 확인하는 것
② $RMR = \dfrac{\text{작업시의 소비에너지} - \text{안정시의 소비에너지}}{\text{기초대사량}}$
③ 탄산가스의 소비량 측정
④ $A = H \times W \times 72.46$

해설

1) 에너지대사율(R.M.R : relative metabolic rate) : 작업강도 단위로서 산소호흡량을 측정하여 에너지의 소모량을 결정하는 방식이다.

$$\therefore R.M.R = \dfrac{\text{작업대사량}}{\text{기초대사량}} = \dfrac{\text{작업시소비에너지} - \text{안정시소비에너지}}{\text{기초대사량}}$$

2) 작업시 소비에너지와 안정시 소비에너지 : 더그라스 · 백 법

기초대사량 $= A \times x$
A : 체표면적(cm^2)

$A = H^{0.725} \times W^{0.425} \times 72.46$
H : 신장(cm)
W : 체중(kg)
x : 체표면적당 시간당 소비에너지

72
EMG(electromyogram)를 바르게 설명한 것은 어느 것인가?

① 정신활동의 척도
② 근육활동의 척도
③ 신체활동의 측정기준
④ 신체기능의 계량

해설

EMG : 근육활동의 전위차를 기록한 것으로 근전도라고 한다.

Answer 68. ④ 69. ② 70. ② 71. ② 72. ②

73
작업이나 운동이 격렬해져서 근육에 생성이 되는 젖산이 적시에 제거되지 못하면 작업이 끝난 후에도 남아 있는 젖산을 제거하기 위해 여분의 산소가 필요하게 되므로, 이를 보충하기 위해 맥박과 호흡도 서서히 감소한다. 이 여분의 산소필요량을 무엇이라 하는가?

① 호기산소 ② 혐기산소
③ 산소잉여 ④ 산소빚

해설
산소빚(산소부채) : 젖산은 신체활동에서 산소가 부족할 때에 생성되는 것으로 젖산의 제거속도가 생성속도에 못 미치면 신체활동이 끝난 후에도 남아 있는 젖산을 제거하기 위해서 산소가 더 필요하며 이를 산소빚(oxygen debt)이라 한다. 이 빚을 보충하기 위하여 맥박과 호흡수도 작업개시 이전 수준으로 즉시 돌아오지 않고 서서히 감소한다.

74
보통 사람의 매 분당 산소소모량은 얼마인가?

① 30ml ② 50ml
③ 70ml ④ 90ml

해설
인간의 산소소모량 : 50ml/min

75
성인이 하루에 섭취하는 음식물의 열량 중 일부는 생명을 유지하기 위한 신체기능에 소비되고, 나머지는 일을 한다거나 여가를 즐기는데 사용될 수 있다. 이 중 생명을 유지하기 위한 최소한의 대사량을 무엇이라 하는가?

① BMR ② RMR
③ CSR ④ EMG

해설
기초대사량(BMR : basal metabolic rate) : 활동하지 않는 상태에서 생명 및 신체기능을 유지하는데 필요한 대사량으로 성인의 경우 1,500~1,800kcal/day 정도이며, 기초대사와 여가(leisure)에 필요한 대사량은 약 2,300kcal/day이다.

76
작업 공간 포락면이란 사람이 작업하는데 사용하는 공간을 말하는데 다음의 어떤 경우에서 인가?

① 한 장소에 엎드려서 수행하는 작업 활동에서
② 한 장소에 누워서 수행하는 작업 활동에서
③ 한 장소에 앉아서 수행하는 작업 활동에서
④ 한 장소에 서서 수행하는 작업 활동에서

해설
작업공간포락면(work space envelope) : 한 장소에 앉아서 수행하는 작업활동에서 사람이 작업하는데 사용되는 공간을 말한다.

77
작업자가 앉아서 수작업을 하는 경우 기능을 편히 할 수 있는 공간의 외곽한계를 무엇이라 하는가?

① 파악한계 ② 최대작업역
③ 정상작업역 ④ 감축한계

해설
파악한계 : 앉은 작업자가 특정한 수작업 기능을 편히 수행할 수 있는 공간의 외곽한계를 말한다.

78
선 자세 작업이 앉은 자세 작업보다 좋은 점이 아닌 것은?

① 가동성이 증대 ② 수동력의 증대
③ 작업공간의 감소 ④ 신체의 안정성

해설
④항 신체의 안정성은 앉은 자세 작업의 이점에 해당된다.

79
Relative metabolic rate를 가장 적절하게 설명한 것은?

① 작업에 필요한 힘을 말한다.
② 작업강도에 따라 소비되는 에너지 대사율을 말한다.
③ 동적 에너지 소모량을 말한다.
④ 동적, 정적 작업행동에 필요한 칼로리를 말한다.

Answer ◯ 73. ④ 74. ② 75. ① 76. ③ 77. ① 78. ④ 79. ②

해설

R·M·R(에너지 대사율)
$$= \frac{작업시소비에너지 - 안정시소비에너지}{기초대사량}$$

80
작업의 강도를 에너지 대사율로 구분할 때 중정도 작업에 필요한 수치는?

① 0~2 ② 2~4
③ 4~6 ④ 8 이상

해설

에너지대사율에 따른 작업강도구분
① 0~2 RMR(輕작업)   ② 2~4 RMR(中작업)
③ 4~7 RMR(重작업)   ④ 7 RMR 이상(超重작업)

81
작업종류별 중 산소소비량이 중(Heavy)에 해당되는 것은?

① 2.5 l/분   ② 1.5~2.0 l/분
③ 1.0~1.5 l/분   ④ 0.5~1.0 l/분

해설

노동급에 따른 산소소비량

노동급	산소소비량(l/분)
극초중(unduly heavy)	2.5 이상
초중(very heavy)	2.0~2.5
중(重 : heavy)	1.5~2.0
중간(moderate)	1.0~1.5
경(light)	0.5~1.0
초경(very light)	0.5 이하

82
인간이 앉아서 작업대 위에 손을 움직여 나타나는 평면작업 중 팔을 굽히고도 편하게 작업을 하면서 좌우의 손을 움직여 생기는 작은 원호형의 영역을 무엇이라 하는가?

① 최대작업역   ② 평면작업역
③ 작업공간포락면   ④ 정상작업역

해설

정상작업역 : 상완을 자연스럽게 수직으로 늘어뜨린 채 전완만으로 편하게 뻗어 파악할 수 있는 구역(34~45cm)

83
의자의 설계원칙에 맞지 않는 것은?

① 체중분포
② 의자좌판의 높이
③ 의자좌판의 깊이와 폭
④ 의자의 안정도

해설

의자의 설계원칙 사항
① 체중분포
② 의자좌판의 높이
③ 의자좌판의 깊이와 폭
④ 몸통의 안정도

84
다음은 부품 배치의 4원칙이다. 이들 중 부품의 일반적인 위치를 정하기 위한 기준이 되는 것은?

| ① 중요성의 원칙 | ② 사용빈도의 원칙 |
| ③ 기능배치의 원칙 | ④ 사용순서의 원칙 |

① ①과 ②   ② ②와 ③
③ ③과 ④   ④ ①과 ④

해설

일반적으로 중요성과 사용빈도에 따라서 부품의 일반적인 위치를 정하고, 기능 및 사용순서에 따라서 부품의(일반적인 위치 내에서의) 배치를 결정할 수 있다.

85
인간의 모든 신체 부위의 동작은 기본적인 몇 가지로 분류된다. 몸을 중심선으로부터 밖으로 이동하는 동작을 지칭하는 용어는?

① 외전   ② 외선
③ 내전   ④ 내선

해설

신체부위의 동작
① 굴곡(flexion) : 부위 간의 각도 감소
   신전(extension) : 부위 간의 각도 증가
② 외전(abduction) : 몸의 중심선으로부터의 이동
   내전(adduction) : 몸의 중심선으로의 이동
③ 외선(lateral rotation) : 몸의 중심선으로부터의 회전
   내선(medial rotation) : 몸의 중심선으로의 회전

Answer ➡ 80. ② 81. ② 82. ④ 83. ④ 84. ① 85. ①

86
모든 기계는 능률과 안전을 위하여 통제장치가 되어있다. 통제기능을 옳게 말한 것은?

① 개폐에 의한 통제, 방향조절에 의한 통제, ON-OFF SW
② 개폐에 의한 통제, 양의 조절에 의한 통제, 반응에 의한 통제
③ 개폐에 의한 통제, 긴급차단에 의한 통제, Open-Loop 통제
④ 개폐에 의한 통제, 피드백 통제, 맨머신 시스템에 의한 통제

해설

통제장치의 유형
① 개폐에 의한 통제 ② 양의 조절에 의한 통제
③ 반응에 의한 통제

87
통제기기의 레버를 3cm 이동시켰더니 표시기의 지침이 15cm 이동하였다. 이 계기의 통제표시비는 얼마인가?

① 5 ② 1/5
③ 4 ④ 12/15

해설

C/D = X/Y = 3/15 = 1/5

88
그림에 있는 조종구(ball control)와 같이 상당한 회전운동을 하는 조종장치가 선형표시장치를 움직일 때는 L을 반경(지레의 길이), a를 조정장치가 움직인 각도라 할 때 조종 표시장치의 이동비율(control display)을 나타낸 것은?

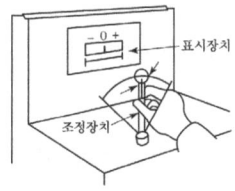

① $\dfrac{(a/360) \times 2\pi L}{표시장치이동거리}$

② $\dfrac{표시장치이동거리}{(a/360) \times 4\pi L}$

③ $\dfrac{(a/360) \times 4\pi L}{표시장치이동거리}$

④ $\dfrac{표시장치이동거리}{(a/360) \times 2\pi L}$

89
원형표시장치를 움직이는 크랭크를 회전시켰을 때 지침이 10° 움직였다면 C/D비는 얼마인가?

① 1/5 ② 1/10
③ 5 ④ 10

해설

통제표시비(C/D)는 조종-표시장치의 이동비율로서 조정장치의 움직이는 거리(또는 회전수)와 표시장치상의 지침, 활자(滑子) 등과 같은 이동요소의 움직이는 거리(또는 각도)의 비이다.

∴ C/D = $\dfrac{조정장치의 회전수}{지침의 움직임각도}$ = $\dfrac{1}{10}$

90
통제비(C/D비) 설계시 고려하지 않아도 되는 사항은?

① 계기의 크기 ② 공차
③ 목측거리 ④ 기계의 규모

해설

통제비 설계시 고려해야 할 사항
① 계기의 크기 ② 공차
③ 방향성 ④ 조작시간
⑤ 목측거리

91
통제기기 중에서 연속적인 조절이 필요한 형태는 다음 중 어느 것인가?

① 토글 스위치(toggle switch)
② 푸시버튼(push button)
③ 로터리 스위치(rotary switch)
④ 레버(lever)

해설

① **연속조절 통제기기** : 레버(lever), 나브(Knob), 크랭크(crank), 핸들(handle), 페달(pedal) 등
② **불연속 조절 통제기기** : 푸시버튼, 토글 스위치, 로터리 스위치 등

Answer ○ 86.② 87.② 88.① 89.② 90.④ 91.④

92
통제장치의 형태 중 그 성격이 다른 것은?

① 푸시버튼 ② 토글 스위치
③ 놉(knob) ④ 로터리 스위치

해설
푸시버튼, 토글 스위치, 로터리 스위치는 불연속조절형태의 통제장치이고, Knob(손잡이)은 연속조절이 가능한 통제장치이다.

93
Display에 사용되는 정보의 유형에 맞지 않는 것은?

① Quantitative = 정량적 정보
② Qualitative = 정성적 정보
③ Representational = 묘사적 정보
④ Functional = 기능적 정보

해설
표시장치로 나타내는 정보의 유형
① 정량적(quantitative)정보 : 변수의 정량적인 값
② 정성적(qualitative) 정보 : 가변 변수의 대략적인 값, 경향, 변화율, 변화방향 등
③ 상태(status)정보 : 체계의 상황이나 상태
④ 묘사적(representational)정보 : 사물, 지역, 구성 등을 사진 및 그림 또는 그래프로 묘사
⑤ 경계 및 신호 정보 : 비상 또는 위험 상황 또는 물체나 상황의 존재 유무
⑥ 식별(identification) 정보 : 어떤 정적 상태, 상황 또는 사물의 식별용
⑦ 문자나 숫자의 부호(symbolic) 정보 : 구두, 문자, 숫자 및 관련된 여러 형태의 암호화 정보
⑧ 시차적(time-phased) 정보 : 펄스(pulse)화 되었거나 또는 시차적인 신호, 즉 신호의 지속적인 간격 및 이들의 조합에 의해 결정되는 신호

94
다음 표시장치 중 정적 표시장치는?

① 온도계 ② 속도계
③ 고도계 ④ 그래프

해설
온도계, 속도계, 고도계, 기압계 등은 시간에 따라 끊임없이 변하는 것으로 동적표시장치이다.

95
control display에는 청각적 표시장치와 시각적 표시장치가 있다. 이 중 청각적 표시장치를 사용하는 경우가 아닌 것은?

① 정보수신자의 시각계통이 과부하일 때
② 정보전달이 즉각적인 행동을 요구할 때
③ 정보가 간단할 때
④ 수신자의 청각계통이 과부하일 때

해설
표시장치의 선택

청각장치의 사용	시각장치의 사용
1. 전언이 간단하고 짧다.	1. 전언이 복잡하고 길다.
2. 전언이 후에 재참조되지 않는다.	2. 전언이 후에 재참조 된다.
3. 전언이 시간적인 사상(event)를 다룬다.	3. 전언이 공간적인 위치를 다룬다.
4. 전언이 즉각적인 행동을 요구한다.	4. 전언이 즉각적인 행동을 요구하지 않는다.
5. 수신자의 시각계통이 과부하 상태일 때	5. 수신자의 청각계통이 과부하 상태일 때
6. 수신 장소가 너무 밝거나 암조응 유지가 필요할 때	6. 수신장소가 너무 시끄러울 때
7. 직무상 수신자가 자주 움직이는 경우	7. 직무상 수신자가 한 곳에 머무르는 경우

96
인간의 청각적 식별이 가능한 자극차원은?

① 강도 ② 형태
③ 구성 ④ 위치

해설
자극의 차원
① 청각적 식별 : 진동수나 강도
② 시각적 식별 : 형태, 구성(configuration), 크기, 위치, 색 등

97
인간의 시각적 식별이 가능한 자극차원이 아닌 것은?

① 형태 ② 강도
③ 구성 ④ 위치

해설
시각적 식별이 가능한 자극의 차원
형태, 구성(configuration), 크기, 위치, 색 등

Answer ➡ 92.③ 93.④ 94.④ 95.④ 96.① 97.②

98
정보를 전송하기 위한 표시장치 중 시각장치를 사용하여야 하는 것이 더 좋은 경우는?

① 수신장소가 너무 밝거나 암조응 유지가 필요할 때
② 전언이 즉각적인 행동을 요구한다.
③ 전언이 짧고 간단하다.
④ 직무상 수신자가 한 곳에 머무르는 경우

99
계기판(計器坂) panel의 형 중 주로 대략의 값과 시간적 변화를 필요로 하는 경우에 쓰이는 형은?

① 지침이동형 ② 지침고정형
③ 계수형   ④ 원형눈금형

해설

지침이동형(정목동침형), 지침고정형(정침동목형), 계수형 등은 정량적표시장치이며, 원형눈금형은 변수의 대략적인 값이나, 변화추세, 비율 등을 알고자 할 때 쓰이는 정성적 표시장치이다.

100
정량적인 동적 표시장치에 해당되지 않는 것은?

① 정목동침형 ② 정침동목형
③ 계수형   ④ 상태표시기

해설

정량적 동적 표시장치의 기본형
① 정목동침(moving pointer)형 : 눈금이 고정되고 지침이 움직이는 형(지침 이동형)
② 정침동목(moving scale)형 : 지침이 고정되고 눈금이 움직이는 형(지침 고정형)
③ 계수(digital)형 : 전력계나 택시요금 계기와 같이 기계, 전자적으로 숫자가 표시되는 형

101
아래 그림에서 A는 자극의 불확실성, B는 반응의 불확실성을 나타낸다. C부분은 무엇을 나타낸 것인가?

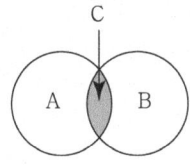

① 전달된 정보량
② 불안전한 행동의 향
③ 자극과 반응의 확실성
④ 자극과 반응의 불확실성

해설

자극의 불확실성과 반응의 불확실성의 중복부분(C부분)은 전달된 정보량을 나타낸다. 전달된 정보량을 구하기 위해서는 자극의 불확실성과 반응의 불확실성의 합에서 전체 불확실성을 빼주면 이것은 자극과 반응의 합집합(union)을 나타낸다. 이렇게 하여 남는 것이 전달된 정보이다.

102
신호검출이론의 적용대상이 아닌 것은?

① 성역화   ② 검사
③ 의학처방   ④ 법정에서의 판정

해설

신호검출이론 : 시각, 청각 및 기타 잡음이 자극검출에 끼치는 영향에 의해 신호검출이론(TSD : theory of signal detection)을 낳도록 하였으며 신호검출이론의 의의는 다음과 같다.
① 가능한 한 잡음이 실린 신호의 분포는 잡음만의 분포와는 뚜렷이 구분 되어야 한다.
② 어느 정도의 중첩이 불가피한 경우에는 어떤 과오를 좀 더 묵인할 수 있는가를 결정하여 관측자의 판정 기준 설정에 도움을 주어야 한다.

103
다음 중 리스크 처리기술을 4가지로 분류한 것에 속하지 않는 것은?

① 회피   ② 경감
③ 보유   ④ 계속

해설

리스크(risk : 위험) 처리기술
① 회피(avoidance)   ② 경감, 감축(reduction)
③ 보유, 보류(retention) ④ 전가(transfer)

104
자극－반응조합의 공간, 운동, 혹은 개념적 관계가 인간의 기대와 모순 되지 않는 성질을 무엇이라 하는가?

① 적용성   ② 변별성
③ 양립성   ④ 신뢰성

Answer ➡ 98. ④ 99. ④ 100. ④ 101. ① 102. ① 103. ④ 104. ③

해설

양립성의 분류
① 공간적 양립성 : 어떤 사물들, 특히 묘사장치나 조종장치에서 물리적 형태나 공간적인 배치의 양립성
② 운동 양립성 : 표시장치, 조정장치, 체계반응의 운동방향의 양립성
③ 개념적 양립성 : 어떤 암호체계에서 청색이 "정상"을 나타내듯이, 사람이 가지고 있는 개념적 연상(association)의 양립성

105
중추신경계의 피로 즉, 정신피로의 척도로 사용되는 것으로서 점멸률을 점차 증가시키면서 피 실험자가 불빛이 계속 켜져 있는 식으로 느끼는 주파수를 측정하는 방법은?

① EMG
② MTM
③ VFF
④ cardiac arrhythmia

해설

VFF(시각적 점멸융합 주파수)는 중추신경계의 피로, 즉 정신피로의 척도로 사용되는 측정법이다.

106
사람의 기술 분류에 포함되지 않는 것은?

① 전신적 기술 ② 정신적 기술
③ 언어적 기술 ④ 인식적 기술

해설

사람의 기술분류
① 전신적(gross bodily) 기술 : 보행, 균형유지 등
② 조작적(manipulative) 기술 : 연속적, 수차적(遂次的), 이산적(離散的), 형태포함
③ 인식적(perceptual) 기술
④ 언어적(language) 기술 : 의사소통, 수학, 온유 또는 컴퓨터 언어 같이 사람들이 사고할 때나 문제 해결에 사용하는 여러 가지 표현방식

107
산업안전표지로서 경고표지는 삼각형, 안내표지는 사각형, 지시표지는 원형 등으로 부호가 고안되어 있다. 이처럼 부호가 이미 고안되어 있으므로 이를 배워야 하는 부호는?

① 묘사적 부호 ② 추상적 부호
③ 임의적 부호 ④ 사실적 부호

해설

부호의 3가지 유형
① 묘사적 부호 : 사물이나 행동을 단순하고 정확하게 묘사한 것(예 : 위험표지판의 해골과 뼈, 보도표지판의 걷는 사람)
② 추상적 부호 : 신호의 기본요소를 도식적으로 압축한 부호인데 원개념과는 약간의 유사성이 있을 뿐이다.
③ 임의적(arbitrary) 부호 : 부호가 이미 고안되어 있으므로 이를 배워야 하는 부호(예 : 교통표지판의 삼각형 – 주의, 원형 – 규제, 사각형 – 안내표지)

108
힘과 위치이동을 중복된 양식으로 결합하여 효율적 귀환을 줄 수 있는 저항의 형태는?

① 탄성력에 의한 저항
② 정적 마찰력에 의한 저항
③ 점성에 의한 저항
④ 관성에 의한 저항

해설

탄성저항(elastic resistance) : 용수철이 장치된 조정장치에서와 같이 탄성저항은 조종장치의 변위(displacement)에 따라 변한다. 탄성저항의 가장 큰 이점은 변위에 대한 귀환이 항력(抗力)과 체계적인 관계를 가지고 있기 때문에 유용한 귀환원으로 작용한다는 점이다.

109
다음 중 진동의 영향을 가장 많이 받는 인간성능은?

① 감시(monitoring)작업
② 반응시간(reaction time)
③ 추적(tracking)능력
④ 형태식별(pattern recognition)

해설

감시, 반응시간, 형태식별 등 주로 중앙신경처리에 달린 임무는 진동의 영향을 덜 받는다. 추적능력은 5Hz 이하의 낮은 진동수에서 가장 심하게 손상을 받는다.

Answer 105. ③ 106. ② 107. ③ 108. ① 109. ③

110
이동하는 동안에 계속 저항함으로써 존재하지만 속도나 변위와는 무관한 저항형태는?

① 쿨롱마찰력에 의한 저항
② 점성에 의한 감폭저항
③ 관성에 의한 저항
④ 탄성에 의한 저항

해설
조종장치의 저항력
① 탄성저항 : 조종장치의 변위에 따라 변한다.
② 점성저항 : 출력과 반대방향으로, 그 속도에 비례해서 작용하는 힘 때문에 생기는 저항력이다.
③ 관성저항 : 관계된 기계장치의 중량으로 인한 운동(또는 운동방향의 변화)에 대한 저항으로 가속도에 따라 변한다.
④ 정지 및 미끄럼(coulomb) 마찰저항 : 처음 움직임에 대한 저항력인 정지마찰은 급격히 감소하나, 미끄럼마찰은 계속하여 운동에 저항하며 변위나 속도(또는 가속도)와는 무관하다.

111
인간의 공학적 연구에서 작업 동작이 많으면 피로도가 켜져 사고를 일으킬 수 있는데 동작경제원칙을 잘 설명한 것과 거리가 먼 것은?

① 동작범위를 최소로 할 것
② 양손 동작은 가급적 동시에 할 것
③ 급격한 방향전환운동을 할 것
④ 중심의 이동은 가급적 적게 할 것

해설
③항은 동작경제의 원칙(동작능력활용의 원칙, 작업량 절약의 원칙, 동작개선의 원칙)사항에 위배된다.

112
다음의 감각기관 중 자극반응시간(reaction time)이 가장 빠른 것은?

① 시각
② 청각
③ 촉각
④ 통각

해설
감각기관의 자극에 대한 반응시간 : 청각 0.17초, 촉각 0.18초, 시각 0.20초, 미각 0.29초, 통각 0.70초

113
인간반응에는 일정기간의 저항기간(refractory period)이 있어 이 기간 중에는 이미 시작된 반응은 조작자가 수정하지 못한다. 이 저항기간은?

① 0.5초
② 1초
③ 1.5초
④ 2초

해설
인간반응에서 0.5초 정도의 저항기간이 있기 때문에 이 기간 중에는 이미 시작될 반응은 조작자가 수정하지 못한다.

114
인간의 단순반응에 걸리는 시간은?

① 0.05~0.10(초)
② 0.10~0.15(초)
③ 0.15~0.20(초)
④ 0.20~0.25(초)

해설
단순반응시간(simple reaction time)이란 하나의 특정한 자극만이 발생할 수 있을 때 반응에 걸리는 시간이며 흔히 실험에서와 같이 자극을 예상하고 있을 때이다. 이런 경우의 반응시간이 가장 짧으며 전형적으로 0.15~0.2초이고, 특정감각(강도, 지속시간 등) 자극의 특성, 연령, 개인차 등에 따라 약간의 차이는 있다.

115
단순반응시간(simple reaction time)이란 하나의 특정한 자극만이 발생할 수 있을 때 반응에 걸리는 시간으로서 흔히 실험에서와 같이 자극을 예상하고 있을 때이다. 자극을 예상하지 못할 경우의 반응시간은 얼마나 추가로 소요되는가?

① 0.1초
② 0.2초
③ 0.3초
④ 0.4초

해설
자극을 예상하고 있을 때의 단순반응시간은 0.15~0.2초이고, 자극이 이따금씩 일어나거나, 예상하고 있지 않을 때에는 반응시간은 약 0.1초 정도 증가한다.

116
다음 중 진전(tremor)이 가장 적게 일어나는 경우는?

① 손이 어깨높이에 있을 때
② 손이 심장높이에 있을 때

Answer 110. ① 111. ③ 112. ② 113. ① 114. ③ 115. ① 116. ②

③ 손이 배꼽높이에 있을 때
④ 손이 무릎높이에 있을 때

해설
손이 심장높이에 있을 때가 손떨림(hand tremor)이 적다.

117
정지조정(static reaction)에서 문제가 되는 것은?
① 진전   ② 전도
③ 동요   ④ 요통

해설
진전(tremor : 잔잔한 떨림)은 (납땜질에서 전극을 잡고 있을 때와 같이) 신체부위를 정확하게 한 자리에 유지해야 하는 작업활동에서 문제가 된다.

118
인간이 낼 수 있는 최대의 힘을 최대근력이라고 한다. 그러나 이는 잠시 동안만 가능할 뿐 8시간 작업 등의 기준으로는 곤란하다. 8시간 작업기준으로는 최대근력의 몇 %가 적당한가?
① 10%   ② 15%
③ 20%   ④ 25%

해설
사람은 자기의 최대근력을 잠시 동안만 낼 수 있으며 최대근력의 15% 이하의 힘은 상당히 오래 유지할 수 있다.

119
인체에는 23일 내지 28일 주기의 바이오리듬이 있는 반면, 대뇌의 활동수준에도 1일 주기의 조석리듬이 존재한다. 다음 중 조석리듬 수준이 가장 낮아 재해사고의 가능성이 높은 시간은?
① 오전 6시   ② 오전 10시
③ 오후 4시   ④ 오후 10시

해설
저녁 이후 아침까지는 대뇌활동이 저하하고, 아침부터 낮 12시경이 최고조에 달한다. 재해사고는 대뇌활동이 저하한 오후 야간 쪽에 많기 때문에 주간보다 오후 야간작업에 대한 환경 및 안전관리활동을 강화하거나 인간공학적인 배려가 필요하다.

120
인간공학적으로 조작구를 설계할 때 고려하여야 할 사항이 아닌 것은?
① 중량감   ② 탄력성
③ 마찰력   ④ 관성력

해설
조작구의 저항력
① 탄성저항   ② 점성저항
③ 관성   ④ 정지 및 미끄럼마찰

121
피로에 영향을 주는 기계측의 인자가 아닌 것은?
① 기계의 종류   ② 기계의 크기
③ 조작부분의 감촉 ④ 기계의 색

해설
피로에 영향을 주는 인자
1) 기계측 인자
  ① 기계의 종류
  ② 조작부분의 감촉
  ③ 기계의 색
  ④ 조작부분의 배치
  ⑤ 기계의 이해 용이도
2) 인간측 인자 : 정신상태, 신체적 상태, 생리적 리듬, 작업시간 및 작업 내용, 사회환경 및 작업환경 등

122
인체는 눈에 띌 만한 발한 없이도 인체의 피부와 허파로부터 하루에 600g 정도의 수분이 무감증발된다. 이 무감증발로 인한 열손실률을 얼마인가? (단, 37℃의 물 1g을 증발시키는데 필요한 에너지는 2410J/g (575.7cal/g임))
① 17watt   ② 19watt
③ 21watt   ④ 23watt

해설
$$\text{열손실율} = \frac{2410(\text{J/g}) \times 600(\text{g})}{24 \times 3600(\text{sec})} = 16.75(\text{J/sec})$$
$$\approx 17\text{watt}$$

Answer ➡ 117. ① 118. ② 119. ④ 120. ① 121. ② 122. ①

123
다음과 같은 작업환경에서의 인체 열 축적률은 얼마인가? (단 작업대사(M) = 1,000Btu/hr, 땀증발(E) = 2,000 Btu/hr, 열복사(R) = 1,500Btu/hr이다.)

① 4,500Btu/hr   ② 2,500Btu/hr
③ 1,500Btu/hr   ④ 500Btu/hr

해설
S(열축적) = M(대사열) − E(증발열) ± R(복사열)
= 1,000 − 2,000 + 1,500
= 500Btu/hr

124
고온 환경에서 인간이 견딜 수 있는 안전한계온도는 몇 ℃인가?

① 32℃~36℃   ② 36℃~38℃
③ 38℃~41℃   ④ 40℃~42℃

125
손가락에 영향을 주는 한계온도는?

① 13~15.5℃   ② 15~20℃
③ 38~41℃   ④ 0~10℃

126
감각온도(effective temperature)는 실제로 감각되는 온도로서 무엇을 가리키는가?

① 체온   ② 실효온도
③ 실내온도   ④ 동작온도

해설
실효온도(effective temperature) : 온도, 습도 및 공기유동이 인체에 미치는 열효과를 하나의 수치로 통합한 경험적 감각지수로 상대습도 100%일 때의(건구)온도에서 느끼는 것과 동일한 온감이다(예 : 습도 50%에서 21℃의 실효온도는 19℃).
① 실효온도(체감온도 또는 감각온도)에 영향을 주는 요인 : 온도, 습도, 기류(공기유동)
② 허용한계 : 정신(사무작업) (60~64°F), 경작업(55~60°F), 중작업(50~55°F)

127
일반적으로 인체에 가해지는 온·습도 및 기류 등의 외적변수를 종합적으로 평가하는 데에는 불쾌지수라는 지표가 이용된다. 그 식은 다음과 같다.

불쾌지수 = 0.72 × (건구온도 + 습구온도) + 40.6

이 때 건구온도 및 습구온도의 단위는?

① 섭씨온도   ② 화씨온도
③ 절대온도   ④ 실효온도

해설
불쾌지수 = 섭씨(건구온도 + 습구온도) × 0.72 + 40.6
불쾌지수 = 화씨(건구온도 + 습구온도) × 0.4 + 15

128
조도에 관한 설명 중 틀린 것은?

① 조도란 어떤 물체의 표면에 도달하는 광의 밀도를 말한다.
② 1fc란 1촉광의 점광으로부터 1foot 떨어진 곡면에 비추는 광의 밀도를 말한다.
③ 1lux란 1촉광의 점광으로부터 1m 떨어진 곡면에 비추는 광의 밀도를 말한다.
④ 조도는 광도에 비례하고 거리에 반비례한다.

해설
조도는 광도에 비례하고 거리의 자승에 반비례한다.
∴ 조도 = $\dfrac{광도}{(거리)^2}$

129
사무실 설계시 반사율이 낮은 것부터 순서대로 나열한 것은?

| 1. 바닥 | 2. 벽 |
| 3. 천정 | 4. 사용기기 |

① 1−2−3−4   ② 3−4−1−2
③ 1−4−2−3   ④ 1−3−4−2

해설
추천반사율
① 천장 : 80~90%   ② 벽 : 40~60%
③ 가구 : 25~45%   ④ 바닥 : 20~40%

Answer ➡ 123. ④ 124. ③ 125. ① 126. ② 127. ① 128. ④ 129. ③

130
A작업자 주위의 기계장치류들의 반사율이 30%이고 재공품들의 반사율은 40%이다. 재공품과 기계장치류들의 대비(luminance-contrast)는 얼마나 되는가? (단, 재공품=배경, 기계장치류=표적이다.)

① -25% ② +25%
③ -33% ④ +33%

해설

$$대비 = \frac{L_b - L_t}{L_b} = \frac{40-30}{40} \times 100 = +25\%$$

131
사무실에서의 추천 광속발산비는?

① 2:1 ② 3:1
③ 4:1 ④ 5:1

해설

광속발산비란 주어진 장소와 주위의 광속발산도의 비를 말하며, 사무실 및 산업상황에서의 추천광속발산비는 보통 3:1이다.

132
휘광은 눈에 적응된 휘도보다 훨씬 밝은 광원 혹은 반사광이 시계 내에 있으므로 발생하는데 작업성능 저하는 물론 심한 경우 시력 자체에도 손상을 가져온다. 다음 중 휘광에 대한 대책이 아닌 것은?

① 광원의 수를 늘리고, 휘도는 줄인다.
② 광원을 시계에서 멀리 위치시킨다.
③ 휘광원 주위를 어둡게 한다.
④ 가리개, 갓, 차양 등을 사용한다.

해설

③항, 휘광원 주위를 밝게 하여 광속발산비(휘도)를 줄인다.

133
광원으로부터의 직사 휘광 처리 방법이 아닌 것은?

① 광원의 수를 줄인다.
② 광원을 시선에서 멀리 위치시킨다.
③ 휘광원 주위를 밝게 하여 광속발산비를 줄인다.
④ 가리개, 갓 또는 차양을 사용한다.

해설

①항, 광원의 휘도를 줄이고 수를 증가시킨다.

134
다음의 색채 중 조직호흡면에서 환원작용을 촉진하는 것은?

① 적색 ② 황색
③ 청색 ④ 녹색

해설

색채의 생물학적 작용
① 적색은 신경에 대한 흥분작용을 가지고 조직호흡면에서 환원작용을 촉진한다.
② 청색은 진정작용을 갖고 있고 조직호흡면에서 산화작용을 촉진한다.

135
다음 중 만셀의 Color System에서 규정한 색의 3속성에 해당되지 않는 것은?

① 색상 ② 명도
③ 조도 ④ 채도

해설

만셀(Munsell)표색계 : HV/C
여기서, H(hue) : 색상
V(value) : 명도
C(Chroma) : 채도

136
반사 그레이어(glare)의 처리방법이 아닌 것은?

① 발광체의 그레이어를 줄인다.
② 간접조명 수준을 높인다.
③ 간접조명 수준을 낮춘다.
④ 무광택 도료를 사용한다.

해설

반사휘광의 처리
① 발광체의 휘도를 줄인다.
② 일반(간접)조명 수준을 높인다.
③ 산란광, 간접광, 조절판(baffle), 창문에 차양(shade) 등을 사용한다.
④ 반사광이 눈에 비치지 않게 광원을 위치시킨다.
⑤ 무광택 도료, 빛을 산란시키는 표면색을 한 사무용 기기, 윤을 없앤 종이 등을 사용한다.

Answer ◑ 130. ② 131. ② 132. ③ 133. ① 134. ① 135. ③ 136. ③

137
난색이나 밝은 색은 부풀어 보이고 한색이나 어두운 색은 쪼그라져 보인다. 다음 중 팽창색에서 수축색으로 향하는 순서가 옳은 것은 어느 것인가?

① 황색 – 적색 – 녹색 – 청색
② 적색 – 황색 – 청색 – 녹색
③ 적색 – 청색 – 녹색 – 황색
④ 청색 – 적색 – 황색 – 녹색

해설
팽창색에서 수축색으로 향하는 색의 순서를 나타내면 다음과 같다.
∴ 황 → 등 → 적 → 자 → 녹 → 청

138
다음과 같은 실내 표면에서 반사율이 가장 낮아야 하는 것은?

① 바닥   ② 천장
③ 가구   ④ 벽

해설
바닥의 반사율이 높으면 눈이 부셔서 위험하고 눈의 피로가 빨리 오므로 낮아야 한다. 추천반사율은 천장 : 80~90 %, 벽 : 40~60%, 가구 : 25~45%, 바닥 : 20~40%

139
다음 중 색채가 빠르고 경쾌함을 나타낸 색의 순서를 맞게 말한 것은 어느 것인가?

① 백색 – 녹색 – 적색 – 흑색
② 녹색 – 흑색 – 적색 – 백색
③ 적색 – 백색 – 흑색 – 녹색
④ 흑색 – 백색 – 녹색 – 적색

해설
명도가 높은 색채는 빠르고 경쾌하게 느껴지고 낮은 색채는 둔하고 느리게 느껴진다. 느리고 둔한 색에서 가볍고 경쾌한 느낌을 주는 색의 순서를 들어보면 다음과 같다.
∴ 흑 → 청 → 적 → 자 → 등 → 녹 → 황 → 백

140
음의 크기의 단위를 나타낸 것은?

① 폰(phon), 데시벨(dB), 럭스(Lux)
② 폰(phon), 파운드(lb), 쥬트
③ 폰(phon), 데시벨(dB), ASA(American Standard Association)
④ 폰(phon), 데시벨(dB), PSI

141
사람에게 심리적으로 나쁜 영향을 주는 소음의 최적수준은?

① 20dB   ② 40dB
③ 60dB   ④ 90dB

해설
심리적 불쾌감을 주는 소음의 수준은 40dB 이상이다.

142
소음노출로 인한 청력손실에 관한 내용 중 관계가 먼 것은?

① 청력손실의 정도는 노출 소음 수준에 따라 증가한다.
② 청력손실은 1,000 Hz에서 크게 나타난다.
③ 강한 소음에 대해서는 노출기간에 따라 청력손실도 증가한다.
④ 약한 소음에 대해서는 노출기간과 청력손실의 관계가 없다.

해설
청력손실은 4,000Hz에서 크게 나타난다.

143
음량 수준을 측정할 수 있는 세 가지 척도에 해당되지 않는 것은?

① Phone에 의한 음량수준
② 지수에 의한 음량 수준
③ 인식소음수준
④ Sone에 의한 음량수준

144
90dB과 65dB의 소음을 내는 2대의 방적기가 발생하는 복합소음은?

① 77.5dB   ② 90dB
③ 105dB   ④ 155dB

Answer 137.① 138.① 139.① 140.③ 141.② 142.② 143.② 144.②

해설
masking(은폐)현상 : dB이 높은음과 낮은음이 공존할 때 낮은음이 강한 음에 가로막혀 숨겨져 들리지 않게 되는 현상을 말한다.(90dB+65dB→ 90dB)

145
시각적 표시장치의 바람직한 위치, 즉 가장 편한 주시(注視)구역은 정상시선 주의의 몇 도의 반경을 갖는 원인가?

① 5~10° ② 10~15°
③ 10~20° ④ 15~20°

해설
정상시선은 수평하(水平下) 15° 정도이며, 가장 편한 주시구역은 정상시선 주의의 10°~15° 반경을 갖는 원(정확하는 아래, 위로 납작한 타원)이다.

146
작업장 내에서 반사경이 없는 점광원(點光源)에서 3m 떨어진 곳의 조도가 50Lux 라면 5m 떨어진 곳의 조도는 얼마인가?

① 18Lux ② 20.35Lux
③ 36Lux ④ 44.44Lux

해설
$50 \times \left(\dfrac{3}{5}\right)^2 = 18\text{Lux}$

147
위험을 알려서 사람으로 하여금 사전에 대비토록 하는 목적의 안전장치로 사용되는 것이 경고신호이다. 다음 중 경고신호의 구비조건으로 적절치 않은 것은?

① 모든 방향으로부터 보이는 장소에 위치하여야 한다.
② 경고신호의 뜻과 절차를 제시하여야 한다.
③ 경고를 받고나서 행동하기까지 시간적 여유를 줄 수 있어야 한다.
④ 기계의 조작자나 주위사람의 주의를 끌 수 있어야 한다.

해설
경고신호의 구비조건
① 기계의 조작자나 주위사람의 주의를 끌 수 있어야 한다.
② 경고신호의 뜻과 행동 절차를 제시할 것
③ 기계의 자체 및 관계되는 인간과 타 물체에 미치는 영향을 최소한으로 감소시킬 수 있어야 한다.
④ 경고를 받고 나서 행동까지에 시간적 여유가 있어야 한다.

148
인간의 정보처리 능력의 한계를 시간적으로 표시하는 경우 어느 정도인가? (단, 계속 발생하는 신호의 뒷부분을 검출할 수 없는 경우가 가끔 발생할 때의 시간)

① 0.1초 이내 ② 0.2초 이내
③ 0.3초 이내 ④ 0.5초 이내

해설
인간의 정보처리 능력의 한계 : 0.5초

149
감각온도(effective temperature)란 인간의 생리와 심리의 양면을 조화시킨 척도로서 다음과 같은 요소들이 관계된다. 다음에서 이들 요소를 망라한 것은?

① 습도, 온도 및 감정
② 습도, 온도 및 생리
③ 습도, 온도 및 기류
④ 습도, 온도 및 불쾌지수

해설
감각온도(ET)에 영향을 주는 요인 : 온도, 습도, 기류(공기유동)

150
온·습도의 관리는 근로자의 건강관리뿐만 아니라 생산작업에 지대한 영향을 끼친다. 그 중 oxford 지수에 맞는 것은? (단, WD는 습건지수라고 부른다.)

① WD=0.8+0.3
② WD=습구온도+건조온도
③ WD=0.85W(습구온도)+0.25d(건조온도)
④ WD=0.85W(습구온도)+0.15d(건조온도)

Answer ● 145. ② 146. ① 147. ① 148. ④ 149. ③ 150. ④

해설

습건지수(WD)는 습구, 건구온도의 가중(加重) 평균치로서, 내구(耐久)한계가 같은 기후를 비교하기에 편리하다.

151

고음은 멀리가지 못한다. 300m 이상의 장거리 신호는 몇 Hz 이하의 진동수를 사용해야 하는가? 상한 주파수를 고르면?

① 500Hz　　② 1,000Hz
③ 2,000Hz　④ 3,000Hz

해설

고음은 멀리가지 못하므로 300m 이상의 장거리용으로는 1,000Hz 이하의 진동수를 사용한다.

152

인간은 계속되는 소음에 장시간 노출되는 경우 청력을 손실하며 소음의 강도와 노출 허용시간은 반비례 하는 것이 일반적이다. 예를 들어 130dB 의 소음은 약 10초가 한계인데 8시간 작업시의 허용 소음 기준치는?

① 80dB　　② 90dB
③ 100dB　④ 110dB

해설

음압과 허용노출한계

dB	90	95	100	105	110	115	120
허용 노출시간	8시간	4시간	2시간	1시간	30분	15분	5~8분

∴ 120dB 이상 : 격리 또는 격벽설치

153

작업환경 초기에 있어서 온도와 습도는 인체의 건강과 직접적인 관계를 갖고 있다. 불쾌감을 느끼기 시작하는 불쾌지수는?

① 40~45　② 50~60
③ 70~75　④ 80~90

해설

불쾌지수
① 70 이하 : 불쾌감이 없이 쾌적한 상태
② 70~75 이하 : 불쾌감을 느끼기 시작
③ 76~80 이하 : 절반정도가 불쾌감을 느낌
④ 80 이상 : 모든 사람이 불쾌감을 가짐

154

어느 부품이 1만개를 1만 시간 가동 중에 5개의 불량품이 발생하였다. 평균 고장시간(MTBF)은?

① 1×10^6시간　② 2×10^7시간
③ 1×10^8시간　④ 2×10^9시간

해설

$$MTBF = \frac{총작동시간}{고장갯수} = \frac{10^4 \times 10^4}{5} = 2 \times 10^7$$

Answer ➡ 151. ② 152. ② 153. ③ 154. ②

2편 위험성 평가관리

1장 위험성 파악 결정

1 시스템의 구성요소 및 기능

(1) 시스템의 구성요소 : 재료, 부품, 기계설비, 일하는 사람 등

(2) 시스템의 목적하는 기능

    1) 정보의 전달
    2) 물질 또는 에너지의 생산
    3) 사람, 물건, 에너지의 이송

2 시스템 안전관리

(1) 시스템 안전 : 시스템 안전을 달성하기 위해서는 시스템의 1) 계획 2) 설계 3) 제조 4) 운용 등의 모든 단계를 통해 시스템 안전관리와 시스템 안전공학을 정확히 적용시켜야 한다.

(2) 시스템 안전관리

    1) 시스템 안전에 필요한 사항의 동일성의 식별(identification)
    2) 안전활동의 계획, 조직과 관리
    3) 다른 시스템 프로그램 영역과 조정
    4) 시스템 안전에 대한 목표를 유효하게 적시에 실현시키기 위한 프로그램의 해석, 검토 및 평가 등의 시스템 안전업무

(3) 시스템 안전공학 : 시스템 안전공학은 과학적, 공학적 원리를 적용해서 시스템내의 위험성을 적시에 식별하고 그 예방 또는 제어에 필요한 조치를 도모하기 위한 시스템 공학의 한 분야이다.

(4) 시스템 안전 프로그램 : 시스템 안전을 확보하기 위한 기본지침으로 프로그램의 작성계획에 포함되어야 할 내용은 다음과 같다.

    1) 계획의 개요   2) 안전조직
    3) 계약조건   4) 관련부문과의 조정
    5) 안전기준   6) 안전해석

7) 안전성의 평가　　　　　　　　8) 안전데이터의 수집 및 분석
9) 경과 및 결과의 분석

3 시스템 안전의 달성

(1) 시스템 안전을 달성하기 위한 시스템 안전설계 원칙

1) 1 순위 : 위험상태 존재의 최소화(페일 세이프나 용장성 등 도입)
2) 2 순위 : 안전장치의 채용
3) 3 순위 : 경보장치의 채용
4) 4 순위 : 특수한 수단 개발

(2) 시스템 안전을 달성하기 위한 안전수단

재해의 예방	피해의 최소화 및 억제
1. 위험의 소멸 2. 위험 레벨의 제한 3. 잠금, 조임, 인터록 4. 페일 세이프 설계 5. 고장의 최소화 6. 중지 및 회복	1. 격리 2. 개인설비 보호구 3. 적은 손실의 용인 4. 탈출 및 생존 5. 구조

4 위험성의 분류 및 FAFR

(1) 위험성의 분류

1) Category(범주)Ⅰ—파국적(Catastrophic) : 인원의 사망 또는 중상 또는 시스템의 손상을 일으킨다.
2) Category(범주)Ⅱ—위험(Critical) : 인원의 상해 또는 주요 시스템의 손해가 생겼을 때, 또는 인원이나 시스템 생존을 위해 즉시 시정조치를 필요로 한다.
3) Category(범주)Ⅲ—한계적(mariginal) : 인원의 상해 또는 주요시스템의 손해가 생기는 일이 없이 배제 또는 제어할 수 있다.
4) Category(범주)Ⅳ—무시(negligible) : 인원의 상해 또는 시스템의 손상에는 이르지 않는다.

(2) FAFR(fatality accdient frequency rate) : 위험도를 표시하는 단위로서 10^8(1억)근로시간당 사망자수를 나타낸다.

1) Kletz는 FAFR이 0.35~0.4를 넘지 않을 것을 권고함.
2) Gibson은 위험이 동정되어 있는 경우에는 2FAFR, 그 이외의 경우에는 0.4FAFR를 위험성 수준으로 정할 것을 권장함.

5 설비도입 및 제품 개발 단계의 안전성 평가

(1) 구상단계 : 다음의 4가지의 주요한 시스템 안전성 부분의 작업이 이루어져야 한다.

   1) 시스템안전계획(SSP : system safety plan)의 작성 : SSP의 내용은 다음과 같다.
      ① 안전성 관리 조직 및 다른 프로그램 기능과의 관계
      ② 시스템에 발생하는 모든 사고의 식별 및 평가를 위한 분석법의 양식
      ③ 허용수준까지 최소화 또는 제거되어야 할 사고의 종류
      ④ 작성되고 보존되어야 할 기록의 종류
   2) 예비위험분석(PHA : preliminary hazard analysis)의 작성
   3) 안전성에 관한 정보 및 문서 파일의 작성 : 시스템 안전부분에서 이루어지는 모든 분석과 조치의 정확한 설명이 반드시 포함되어야 한다.
   4) 구상단계 정식화 회의에의 참가 : 포함되는 사고가 방침 결정과정에서 고려되기 위해 구상 정식화 회의에 참가한다.

(2) 설계단계 : 설계단계에서 이루어져야 할 시스템 안전부분의 작업은 다음과 같다.

   1) 구상 단계에서 작성된 시스템 안전 프로그램계획을 실시할 것.
   2) 시스템의 설계에 반영할 안전성 설계기준을 결정하여 발표할 것.
   3) 예비위험분석(PHA)을 시스템안전 위험분석(SSHA : system safety hazard analysis)으로 바꾸어 완료시킬 것.
   4) 하청업자나 대리점에 대한 사양서 중에 시스템 안전성 필요사항을 정의하여 포함시킬 것
   5) 시스템 안전성이 손상되지 않게 하기 위해 설계 트레이드 오프 회의에 참가할 것.
   6) 안전성 부분의 모든 결정 사항을 문서로 하여 현행의 정확한 시스템 안전에 관한 파일로 하여 보존할 것.

(3) 제조, 조립 및 시험단계

   1) 사고를 최소화하고, 제어하기 위해 시스템안전 위험분석(SSHA)에서 지정된 전 조치의 실시를 보증하는 계통적인 감시 및 확인 프로그램을 확립하여 실시할 것.
   2) 운영 안전성 분석(OSA : operational safety analysis)을 실시할 것.
   3) 요소 및 서브시스템(sub system)의 설계에 있어서 달성된 안전성이 손상되는 일이 없도록 제조, 조립 및 시험방법과 과정을 검토하고 평가할 것.
   4) 제조 환경이 제품의 안전설계를 손상하지 않도록 산업 안전성과 협력할 것.
   5) 위험한 상태를 유발할 수 있는 모든 결함에 대해서는 정보의 피드백 시스템을 확립할 것.
   6) 품질보증요원이 이용할 수 있는 안전성의 검사 및 확인에 관한 시험법을 정할 것.
   7) 안전성을 보증하기 위하여 일어날 수 있는 변화를 예측하고, 그것에 수반되는 재설계나 변경을 개시할 것.

(4) 운용단계 : 시스템 안전성 공학의 실증과 감시의 단계로 다음 사항이 이루어져야 한다.

1) 모든 운용, 보전 및 위급 시에 절차를 평가하여, 그들이 설계 때에 고려된 바와 같은 타당성이 있느냐의 여부를 식별할 것.
2) 안전성에 손상이 일어나지 않도록 조작 장치, 사용설명서의 변경과 수정을 평가할 것.
3) 제조, 조립 및 시험단계에서 확립된 고장의 정보 피드백 시스템을 유지할 것.
4) 바람직한 운용 안전성 레벨의 유지를 보증하기 위하여 안전성 검사를 할 것.
5) 사고와 그 유발 사고를 조사하고 분석할 것.
6) 위험상태의 재발방지를 위해 적절한 개량조치를 강구할 것.

6 PHA(예비사고분석)

(1) PHA(preliminary hazards analysis) : 대부분 시스템 안전 프로그램에 있어서 최초단계의 분석으로, 시스템 내의 위험한 요소가 얼마나 위험한 상태에 있는가를 정성적으로 평가하는 것이다.

(2) PHA의 목적 : 시스템의 개발 단계에 있어서 시스템 고유의 위험상태를 식별하고 예상되는 재해의 위험수준을 결정하는데 있다.

(3) PHA의 4가지 주요목표

1) 시스템에 대한 모든 주요한 사고를 식별하고, 대충의 말로 표시할 것(사고 발생 확률은 식별 초기에는 고려되지 않음).
2) 사고를 유발하는 요인을 식별할 것.
3) 사고가 발생한다고 가정하고, 시스템에 생기는 결과를 식별하고 평가할 것.
4) 식별된 사고를 다음의 범주(category)로 분류할 것.
   ① 파국적(catastrophic)   ② 중대(critical)
   ③ 한계적(marginal)   ④ 무시가능(negligible)

7 FHA(결함사고분석)

복잡한 시스템에서는 한 계약자만으로 모든 시스템의 설계를 담당하지 않고, 몇 개의 공동 계약자가 각각의 서브시스템(sub system)을 분담하고, 통합계약업자가 그것을 통합하는데, FHA(fault hazards analysis ; 결함사고분석)는 이런 경우의 서브시스템 해석 등에 사용되는 해석법이다.

8 FMEA(고장형태와 영향분석)

(1) **FMEA(failure modes and effects analysis)** : 시스템 안전 분석에 이용되는 전형적인 정성적 및 귀납적 분석방법으로 시스템에 영향을 미치는 전체요소의 고장을 형별로 분석하여 그 영향을 검토하는 것이다(각 요소의 1형식 고장이 시스템의 1영향에 대응한다).

(2) **FMEA의 장점 및 단점**

1) 장점 : 서식이 간단하고 비교적 적은 노력으로 특별한 훈련 없이 분석을 할 수 있다.
2) 단점 : 논리성이 부족하고, 특히 각 요소 간의 영향을 분석하기 어렵기 때문에 동시에 두 가지 이상의 요소가 고장날 경우에 분석이 곤란하며, 또한 요소가 물체로 한정되어 있기 때문에 인적 원인을 분석하는 데는 곤란하다.

(2) **고장의 영향**

영 향	발생확률(β)
① 실제의 손실	$\beta = 1.00$
② 예상되는 손실	$0.10 \leq \beta < 1.00$
③ 가능한 손실	$0 \leq \beta < 0.10$
④ 영향 없음	$\beta = 0$

(3) **위험성 분류의 표시**

1) category 1 : 생명 또는 가옥의 상실
2) category 2 : 사명(작업) 수행의 실패
3) category 3 : 활동의 지연
4) category 4 : 영향 없음

(4) **FMEA의 표준적 실시절차**

1) 대상 시스템의 분석
   ① 기기, 시스템의 구성 및 기능의 전반적 파악
   ② FMEA 실시를 위한 기본방침의 결정
   ③ 기능 Block과 신뢰성 Block도의 작성

2) 고장형과 그 영향의 분석(FMEA)
   ① 고장 mode의 예측과 설정
   ② 고장 원인의 상정
   ③ 상위 item에 대한 고장 영향의 검토
   ④ 고장 검지법의 검토
   ⑤ 고장에 대한 보상법이나 대응법의 검토

⑥ FMEA work sheet에 관한 기입
⑦ 고장등급의 평가

3) 치명도 해석과 개선책의 검토
① 치명도 해석
② 해석결과의 정리와 설계 개선의 제언

9 CA(위험도 분석)

(1) CA(criticality analysis) : 고장이 직접 시스템의 손실과 사상에 연결되는 높은 위험도 (criticality)를 가진 요소나 고장의 형태에 따른 분석법을 말한다.

(2) **고장형의 위험도의 분류**(SEA : 미국자동차협회)

category I	생명의 상실로 이어질 염려가 있는 고장
category II	작업의 실패로 이어질 염려가 있는 고장
category III	운용의 지연 또는 손실로 이어질 고장
category IV	극단적인 계획 외의 관리로 이어질 고장

10 DT(디시젼 트리)와 ETA(사상수분석법)

(1) **디시젼 트리(decision tree)** : 요소의 신뢰도를 이용하여 시스템의 신뢰도를 나타내는 시스템 모델의 하나로, 귀납적이고 정량적인 분석 방법이다.

(2) **ETA(event tree analysis)** : 사상(事象)의 안전도를 사용한 시스템의 안전도를 나타내는 시스템 모델의 하나로서 귀납적이고, 정량적인 분석방법으로 재해의 확대요인을 분석하는 데 적합한 방법이다. 디시젼 트리를 재해사고의 분석에 이용할 경우의 분석법을 ETA라 한다.

(3) **ETA의 작성방법**

1) 통상 좌로부터 우로 진행되며
2) 각 요소를 나타내는 시점에서 통상 성공사상은 윗쪽에 실패사상은 아래쪽으로 분기된다.
3) 분기마다 안전도와 불안전도의 발생확률이 표시되고,(분기된 각 사상의 확률의 합은 항상 1)
4) 최후의 각각의 곱의 합으로서 시스템의 안전도가 계산된다.

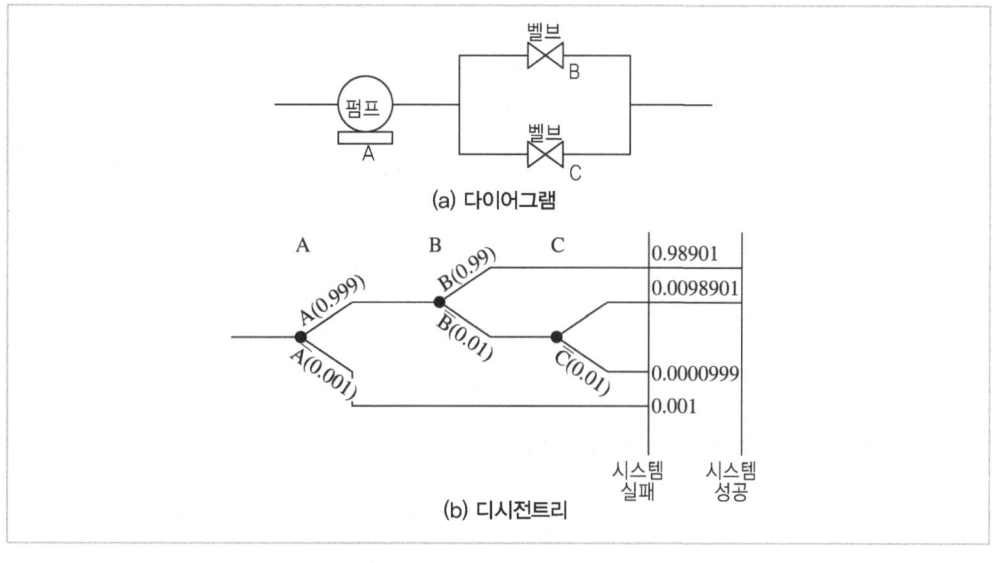

| 펌프와 밸브시스템의 디시전트리(DT) |

11 THERP(인간과오율예측기법)

THERP(technique of human error rate prediction)는 인간의 과오(human error)를 정량적으로 평가하기 위하여 개발된 기법이다.

12 MORT(경영소홀과 위험수분석)

MORT(management oversight and risk tree) 프로그램은 tree를 중심으로 FTA와 같은 논리기법을 이용하여 관리, 설계, 생산, 보존 등으로 광범위하게 안전을 도모하는 것으로서, 고도의 안전을 달성하는 것을 목적으로 한다(원자력 산업에 이용).

13 O & SHA(운용 및 지원 위험분석)

(1) O & SHA(operating and support hazard analysis) : 지정된 시스템의 모든 사용단계에서 생산, 보전, 시험, 운반, 저장, 운전, 비상탈출, 구조, 훈련 및 폐기 등에 사용되는 인원, 순서, 설비에 관하여 위험을 동정하고 제어하며, 그것들의 안전 요건을 결정하기 위해 실시하는 분석법을 말한다.

(2) O & SHA의 분석 결과 : 다음 사항의 기초가 된다.

1) 위험성의 염려가 있는 시기와 그 기간 중의 위험을 최소화하기 위해 필요한 행동의 동정(同定)
2) 위험을 배제해고 제어하기 위한 설계의 변경
3) 안전설비, 안전장치에 대한 필요요건과 그들의 고장을 검출하기 위해 필요한 보전순서의 결정
4) 운전 및 보전을 위한 경보, 주의 특별한 순서 및 비상용 순서 결정
5) 취급, 저장, 운반, 보전 및 개수(改修)를 위한 특정 순서 결정

14 HAZOP(위험 및 운전성 검토)

(1) **위험 및 운전성 검토(hazard and operability study)** : 각각의 장비에 대해 잠재된 위험이나 기능저하, 운전 잘못 등과 전체로서의 시설에 결과적으로 미칠 수 있는 영향 등을 평가하기 위해서 공정이나 설계도 등에 체계적이고 비판적인 검토를 행하는 것을 말한다.

(2) **용어의 정의**

1) 의도(intention) : 어떤 부분이 어떻게 작동되리라고 기대된 것을 의미하는 것으로 서술적일 수도 있고 도면화될 수도 있다.
2) 이상(deviations) : 의도에서 벗어난 것을 말하며, 유인어를 체계적으로 적용하여 얻어진다.
3) 원인(causes) : 이상이 발생한 원인을 의미한다.
4) 결과(consequences) : 이상이 발생할 경우 그것에 대한 결과이다
5) 위험(hazard) : 손실, 손상, 부상 등을 초래할 수 있는 결과를 의미한다.
6) 유인어(guidewords) : 간단한 용어(말)로서 창조적 사고를 유도하고 자극하여 이상을 발견하고, 의도를 한정하기 위해 사용된다. 즉, 다음과 같은 의미를 나타낸다.
   ① No 또는 Not : 설계의도의 완전한 부정
   ② More 또는 Less : 양(압력, 반응, flow rate, 온도 등)의 증가 또는 감소
   ③ As well as : 성질상의 증가(설계의도와 운전조건이 어떤 부가적인 행위와 함께 일어남)
   ④ Part of : 일부변경, 성질상의 감소(어떤 의도는 성취되나 어떤 의도는 성취되지 않음)
   ⑤ Reverse : 설계의도의 논리적인 역
   ⑥ Other than : 완전한 대체(통상 운전과 다르게 되는 상태)

(3) **위험 및 운전성 검토의 성패를 좌우하는 중요요인**

1) 팀의 기술능력과 통찰력
2) 사용된 도면, 자료 등의 정확성
3) 발견된 위험의 심각성을 평가할 때 팀의 균형감각 유지 능력

4) 이상(deviation), 원인(cause), 결과(consequence)들을 발견하기 위해 상상력을 동원하는 데에 보조수단으로 사용할 수 있는 팀의 능력

(4) 검토 절차

1) 1단계 : 목적과 범위 결정
2) 2단계 : 검토 팀의 선정
3) 3단계 : 검토 준비
4) 4단계 : 검토 실시
5) 5단계 : 후속 조치 후의 결과기록

(5) 검토 목적

1) 기존시설(기계설비 등)의 안전도 향상
2) 설비 구입여부 결정
3) 설계의 검사
4) 작업 수칙의 검토
5) 공장 건설 여부와 건설장소 결정
6) 공급자에게 문의사항 획득

(6) 검토 시 고려할 위험의 형태

1) 공장 및 기계설비에 대한 위험
2) 작업 중인 인원 및 일반 대중에 대한 위험
3) 제품 품질에 대한 위험
4) 환경에 대한 위험

(7) 검토 준비 작업의 4단계

1) 1단계 : 자료의 수집
2) 2단계 : 수집된 자료를 적당한 형태로 수정
3) 3단계 : 검토 순서 계획의 수립
4) 4단계 : 필요한 회의 소집

(8) 위험을 억제하기 위한 일반적인 조치사항

1) 공정의 변경(원료, 방법 등)
2) 공정 조건의 변경(압력, 온도 등)
3) 설계 외형의 변경
4) 작업방법의 변경

(9) 위험 및 운전성 검토를 수행하기에 가장 좋은 시점 : 설계완료(design freeze) 단계로서 설계가 상당히 구체화된 시점이다.

15 멀티플체크

시스템의 안전점검을 할 때 멀티플체크(multiple check : 복합체크 또는 다중점검)를 이용하여 다음 단계와 같이 시스템의 안정성을 평가한다.

(1) 1단계 – 시스템 어프로치(system approach) : 대상에 대한 시스템에 문제점이 있는가 없는가를 명확히 한다(관계자료의 정비검토, 관계법규기준 검토).

(2) 2단계 – 체크리스트, 안전진단 : 체크리스트에 의한 안전진단을 실시한다.

(3) 3단계 – FMEA(failure modes and effects analysis)에 의한 평가 : 주요원인에 대해 잠재 위험성을 정량적으로 평가하여 중요도를 결정한다.

(4) 4단계 – 안전대책 시행 : FMEA의 결과에 의하여 안전대책을 시행한다.

(5) 5단계 – what if(또는 operability study) : 재해 상정에 의한 4단계까지의 경과를 평가하여, 「만약에 ~라면」 등으로 관찰한다.

(6) 6단계 – FTA와 ETA에 의한 종합판단 : 대책 실패 시에는 피해가 점차 커진다는 발생확률을 중점적으로 진단한다.

16 위험(risk) 처리(조정)기술

(1) 회피(avoidance)　　　　(2) 경감, 감축(reduction)
(3) 보류(retention)　　　　(4) 전가(transfer)

17 F.T.A(결함수 분석법)

(1) FTA의 특징 : 연역적, 정량적 해석이 가능한 기법이다.

(2) FTA 도표에 사용하는 논리 기호

명 칭	기 호	해 설
① 결함사상		FT도표의 정상에 선정되는 사상, 즉 이제부터 해석하고자 하는 사상인 정상사상(top 사상)과 중간사상에 사용한다.
② 기본 사상		「원」기호로 표시하여, 더 이상 해석을 할 필요가 없는 기본적인 기계의 결함 또는 작업자의 오동작을 나타낸다(말단 사상).

명 칭	기 호	해 설
③ 이하 생략의 결함사상(추적 불가능한 최후 사상)	◇	사상과 원인과의 관계를 충분히 알 수 없거나 또는 필요한 정보를 얻을 수 없기 때문에 이것 이상 전개할 수 없는 최후적 사상을 나타낼 때 사용한다(말단사상).
④ 통상사상(家形事象)	⌂	결함사상이 아닌 발생이 예상되는 사상을 나타낸다(말단사상).
⑤ 전이기호(이행기호)	△(in) △(out)	FT 도상에서 다른 부분에의 이행 또는 연결을 나타내는 기호로 사용한다. 좌측은 전입, 우측은 전출을 뜻한다.
⑥ AND gate	출력/입력	출력 X의 사상이 일어나기 위해서는 모든 입력 A, B, C의 사상이 일어나지 않으면 안된다는 논리 조작을 나타낸다. 즉, 모든 입력 사상이 공존할 때만이 출력 사상이 발생한다.
⑦ OR gate	출력/입력	입력 사상 A, B 중 어느 하나가 일어나도 출력 X의 사상이 일어난다고 하는 논리 조작을 나타낸다. 즉, 입력사상 중 어느 것이나 하나가 존재할 때 출력사상이 발생한다.
⑧ 수정기호	출력/조건/입력	제약 gate 또는 제지 gate라고도 하며, 이 gate는 입력 사상이 생김과 동시에 어떤 조건을 나타내는 사상이 발생할 때만이 출력 사상이 생기는 것을 나타내고 또한 AND gate와 OR gate에 여러 가지 조건부 gate를 나타낼 경우 이 수정기호를 사용한다.

(3) 수정기호 (—⟨조건⟩)

1) **우선적 AND Gate** : 입력사상 가운데 어느 사상이 다른 사상보다 먼저 일어났을 때에 출력사상이 생긴다. 예를 들면 「A는 B보다 먼저」와 같이 기입한다.
2) **짜 맞춤 AND Gate** : 3개 이상의 입력사상 가운데 어느 것이든 2개가 일어나면 출력사상이 생긴다. 예를 들면 「어느 것이든 2개」라고 기입한다.
3) **위험지속기호** : 입력사상이 생겨서 어느 일정시간 지속하였을 때에 출력사상이 생긴다. 예를 들면 「위험지속시간」과 같이 기입한다.
4) **배타적 OR Gate** : OR Gate로 2개 이상의 입력이 동시에 존재할 때에는 출력사상이 생기지 않는다. 예를 들면 「동시에 발생하지 않는다.」라고 기입한다.

(4) D.R Cherition의 FTA에 의한 제해사례 연구순서

1) 1단계 : 톱(TOP) 사상의 선정
2) 2단계 : 사상의 재해 원인의 규명
3) 3단계 : FT의 작성
4) 4단계 : 개선 계획의 작성

(5) 확률사상의 곱과 합(n개의 독립사상에 관해서)

1) 논리곱의 확률

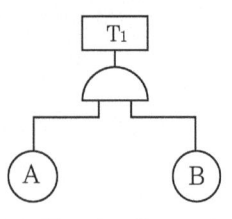

$$\therefore T_1 = A \times B$$

2) 논리합의 확률

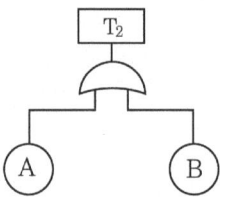

$$\therefore T_2 = 1 - (1-A)(1-B)$$

(6) 컷과 패스

1) 컷(cut) : 컷이란 그 속에 포함되어 있는 모든 기본사상(여기서는 통상사상, 생략 결함사상 등을 포함한 기본사상)이 일어났을 때, 정상사상을 일으키는 기본사상의 집합을 말한다.

2) 미니멀 컷(minimal cut sets) : 컷 중 그 부분 집합만으로는 정상사상을 일으키는 일이 없는 것, 특히 정상사상을 일으키기 위한 필요 최소한의 컷을 미니멀 컷이라 한다.

3) 패스(path)와 미니멀 패스(minimal path sets) : 패스란 그 속에 포함되는 기본사상이 일어나지 않을 때, 처음으로 정상사상이 일어나지 않는 기본사상의 집합으로서, 미니컬 패스는 그 필요 최소한의 것이다.

4) 컷(또는 미니멀 컷)과 패스(또는 미니멀 패스)를 구하는 법

① 컷과 미니멀 컷 : AND 게이트는 가로로 나열시키고 OR게이트는 세로로 나열시켜서 말단사상까지 진행시켜 나간다.

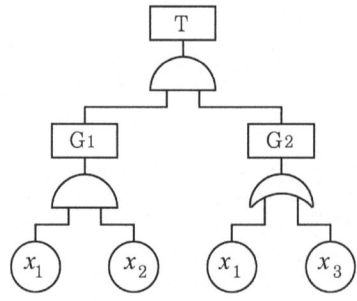

$$\therefore T \rightarrow A_1 A_2 \rightarrow X_1 \; X_2 A_2 \rightarrow \begin{matrix} X_1 X_2 X_3 \\ X_1 X_2 X_4 \end{matrix} \text{(미니멀 컷=2개)}$$

② 패스와 미니멀 패스 : 쌍대 FT(AND게이트를 OR게이트, OR게이트를 AND 게이트로 치환시킨 FT도)를 구하여 쌍대 FT의 미니멀 컷을 구하면 원하는 FT의 미니멀 패스가 되는 것이다.

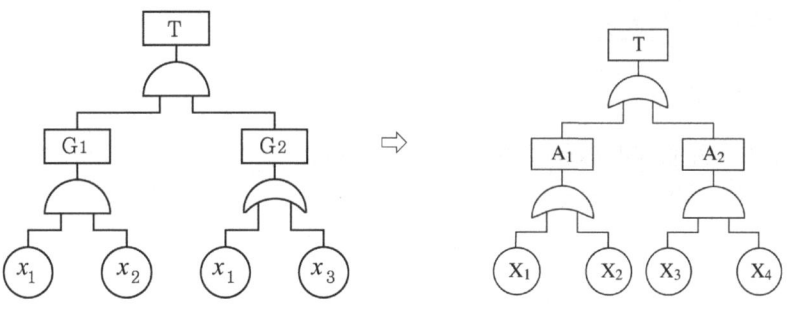

$$\therefore T \to \begin{matrix} A_1 \\ A_2 \end{matrix} \to \begin{matrix} X_1 \\ X_2 \\ A_2 \end{matrix} \to \begin{matrix} X_1 \\ X_2 \\ X_3 X_4 \end{matrix} \quad (\text{미니멀 패스}=3\text{개})$$

(7) 인간의 실수 및 조작자의 간과에 대한 기본사상 및 생략 사상

명 칭	기 호	명 칭	기 호
기본사상	○	생략사상	◇
기본사상 (인간의 실수)	(점선 원)	생략사상 (인간의 실수)	(점선 다이아몬드)
기본사상 (조작자의 간과)	(빗금 친 이중원)	생략사상 (조작자의 간과)	(빗금 친 다이아몬드)

(8) 억제게이트와 부정게이트

1) **억제게이트(inhibit gate)** : 수정기호(modifier)의 일종으로서 억제 모디파이어(inhibit modifier)라고 하며, 실질적으로 수정기호를 병용해서 게이트의 역할을 한다.
   ① 입력사상이 일어난 조건이 만족되어야 출력사상이 생긴다(조건이 만족되지 않으면 출력은 생기지 않는다)
   ② 조건은 수정기호 안에 쓴다.

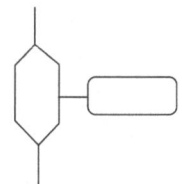

▮ 억제 게이트 ▮

2) **부정게이트(not gate)** : 부정 모디파이어(not modifier)라고 하며, 입력사상의 반대사상이 출력된다.

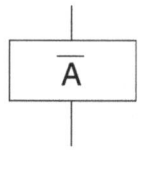

▮ 부정게이트 ▮

18 공장설비의 안전성 평가

(1) 안전성 평가와 종류

1) 세이프티 어세스먼트(safety assessment) : 안전성 평가
2) 테크놀로지 어세스먼트(technology assessment) : 기술개발의 종합평가
3) 리스크 어세스먼트 (risk assessment) : 위험성 평가
4) 휴먼 어세스먼트 (human assessment) : 인간과 사고 상의 평가

(2) 안전성 평가의 기본원칙(6단계)

1) 제1단계 : 관계자료의 정비검토
2) 제2단계 : 정성적 평가
3) 제3단계 : 정량적 평가
4) 제4단계 : 안전대책
5) 제5단계 : 재해정보에 의한 재평가
6) 제6단계 : F.T.A에 의한 재평가

(3) 안전성 평가의 4가지 기법

1) 체크리스트에 의한 평가(check list)
2) 위험의 예측평가 (lay out의 검토)
3) 고장형 영향분석(FMEA 법)
4) 결함수 분석법(FTA 법)

(4) 기술개발의 종합평가 5단계

1) 제1단계 : 사회적 복리기여도
2) 제2단계 : 실현 가능성
3) 제3단계 : 안전성과 위험성
4) 제4단계 : 경제성
5) 제5단계 : 종합평가(조정)

(5) 위험성 평가의 순서

1) 리스크의 검출과 확인
2) 리스크의 측정과 분석
3) 리스크의 처리
4) 리스크의 처리방법과 선택
5) 계속적인 리스크의 감시

19 화학설비의 안전성 평가

[1] 안전성 평가의 5단계

(1) **제1단계** : 관계자료의 작성준비

(2) **제2단계** : 정성적 평가

(3) **제3단계** : 정량적 평가

(4) **제4단계** : 안전대책

(5) **제5단계** : 재평가(재해정보 및 FTA에 의한 재평가)

[2] 평가의 진행방법

(1) **제1단계 : 관계자료의 작성준비**

1) 안전성의 사전평가를 위해 필요한 자료의 작성준비를 실시한다.

2) 관계자료의 조사항목

① 입지조건과 관련된 지질도, 풍배도(風配圖) 등의 입지에 관한 도표

② 화학설비 배치도 : 설비 내의 기기, 건조물, 기타 시설의 배치도를 말한다.

③ 건조물의 평면도, 입면도 및 단면도

④ 기계실 및 전기실의 평면도, 단면도 및 입면도

⑤ 원재료, 중간체, 제품 등의 물리적, 화학적 성질 및 인체에 미치는 영향 : 물질 각종의 측정치에 관해서는 법령 및 관계 부처에 나타난 수치에 따른다.

⑥ 제조공정의 개요 : Process flow sheet에 따라 제조공정의 개요를 정리한다.

⑦ 제조공정상 일어나는 화학반응 : 운전조건 상태에서 정상인 반응, 이상반응의 가능성, 특히 문제되는 폭주반응 또는 불안전한 물질에 의한 폭발, 화재 등의 발생에 관해서 검토하고 자료를 정리한다.

⑧ 공정계통도

⑨ 공정기기목록

⑩ 배관, 계장계통도

⑪ 안전설비의 종류와 설치장소

⑫ 운전요령, 요원배치계획, 안전보건교육 훈련계획

(2) **제2단계 : 정성적 평가**

1 설계 관계	2. 운전 관계
① 입지 조건	① 원재료, 중간체제품
② 공장 내 배치	② 공 정
③ 건 조 물	③ 수송, 저장
④ 소방 설비	④ 공정기기

(3) 제3단계 : 정량적 평가

1) 해당 화학설비의 취급물질, 용량, 온도, 압력 및 조작의 5항목에 대해 A, B, C, D 급으로 분류하고, A급은 10점, B급은 5점, C급은 2점, D급은 0점으로 점수를 부여한 후, 5항목에 관한 점수들의 합을 구한다.
2) 합산 결과에 의한 위험도의 등급은 다음과 같다.

등급	점수	내용
등급 Ⅰ	16점 이상	위험도가 높다.
등급 Ⅱ	11~15점 이하	주위상황, 다른 설비와 관련해서 평가
등급 Ⅲ	10점 이하	위험도가 낮다.

(4) 제4단계 : 안전 대책

1) 설비 대책 : 안전장치 및 방재장치에 관해서 배려한다.

2) 관리적 대책 : 인원 배치, 교육훈련 및 보전에 관해서 배려한다.
   ① 적정인원 배치

구분	위험등급 Ⅰ	위험등급 Ⅱ	위험등급 Ⅲ
인원	긴급 시, 동시에 다른 장소에서 작업을 행할 수 있는 충분한 인원 배치	긴급 시, 동시에 다른 장소에서 작업이 가능한 인원 배치	긴급 시, 주 작업을 하고 바로 지원이 확보될 수 있는 체제의 인원배치
자격	법정 자격자를 복수로 배치, 관리밀도가 높은 인원배치	법정 자격자가 복수로 배치되어 있는 인원 배치	법정 자격자가 충분한 인원 배치

   ② 교육 훈련 과목

학 과	실 기
① 위험물 및 화학반응에 관한 지식 ② 화학설비 등의 구조 및 취급방법에 관한지식 ③ 화학설비 등의 운전 및 보전의 방법에 관한 지식 ④ 작업규정 ⑤ 재해사례 ⑥ 관계법령	① 운전 ② 경보 및 보전의 방법 ③ 긴급 시의 조작방법

(5) 제5단계 : 재평가

제4단계에서 안전대책을 강구한 후, 그 설계 내용에 동종설비 또는 동종장치의 재해정보를 적용하여 안전대책의 재평가를 실시한다.

2장 위험성 감소 대책 수립·실행

1 위험성 평가의 개요

(1) 위험성 평가의 목적 및 정의

1) 위험성 평가의 목적 : 사업주가 스스로 사업장의 유해·위험요인에 대한 실태를 파악하고 이를 평가하여 관리·개선하는 등 필요한 조치를 통해 산업재해를 예방할 수 있도록 지원하기 위하여 위험성 평가 방법, 절차, 시기 등에 대한 기준을 제시하고, 위험성 평가 활성화를 위한 시책의 운영 및 지원사업 등 그밖에 필요한 사항을 규정함을 목적으로 한다.

2) 위험성 평가의 정의 등
   ① 유해 위험요인 : 유해·위험을 일으킬 잠재적 가능성이 있는 것의 고유한 특징이나 속성을 말한다.
   ② 위험성 : 유해·위험요인이 사망, 부상 또는 질병으로 이어질 수 있는 가능성과 중대성 등을 고려한 위험의 정도를 말한다.
   ③ 위험성 평가 : 사업주가 스스로 유해·위험요인을 파악하고 해당 유해·위험요인의 위험성 수준을 결정하여, 위험성 수준을 낮추기 위한 적절한 조치를 마련하고 실행하는 과정을 말한다.

(2) 위험성 평가의 대상

1) 위험성 평가의 대상이 되는 유해·위험요인
   ① 업무중 근로자에게 노출된 것이 확인되었거나 노출될 것이 합리적으로 예견 가능한 모든 유해·위험 요인이다.
   ② 다만, 경미한 부상 및 질병만을 초래할 것이 명백히 예상되는 유해·위험요인은 평가 대상에서 제외할 수 있다.
2) 사업장 내 부상 또는 질병으로 이어질 가능성이 있었던 상황(이하 "아차사고"라 함)을 확인한 경우에는 해당 사고를 일으킨 유해·위험요인을 위험성 평가의 대상에 포함시켜야 한다.
3) 사업주는 사업장내에서 중대재해가 발생한 때에는 지체 없이 중대재해의 원인이 되는 유해·위험요인에 대해 위험성 평가를 실시하고, 그 밖의 사업장 내 유해·위험요인에 대해서는 위험성 평가 재검토를 실시하여야 한다.

(3) **근로자의 참여** : 위험성 평가를 실시할 때 다음 각호에 해당되는 경우 해당 작업에 종사하는 근로자를 참여 시켜야 한다.

　1) 유해·위험요인의 위험성 수준을 판단하는 기준을 마련하고, 유해·위험요인별로 허용 가능한 위험성 수준을 정하거나 변경하는 경우
　2) 해당 사업장의 유해·위험요인을 파악하는 경우
　3) 유해·위험요인의 위험성이 허용 가능한 수준인지 여부를 결정하는 경우
　4) 위험성 감소 대책을 수립하여 실행하는 경우
　5) 위험성 감소대책 실행 여부를 확인하는 경우

2 위험성 평가의 방법

(1) **위험성 평가의 실시 방법**

　1) 안전보건관리책임자 등 해당 사업장에서 사업의 실시를 총괄 관리하는 사람에게 위험성 평가의 실시를 총괄 관리하게 할 것
　2) 사업장의 안전관리자, 보건관리자 등이 위험성 평가의 실시에 관하여 안전·보건관리자를 보좌하고 지도·조언하게 할 것
　3) 유해·위험요인을 파악하고 그 결과에 따른 개선조치를 시행할 것
　4) 기계·기구, 설비 등과 관련된 위험성 평가에는 해당 기계·기구, 설비 등에 전문 지식을 갖춘 사람을 참여하게 할 것
　5) 안전·보건관리지아의 선임의무가 없는 경우에는 제2호에 따른 업무를 수행할 사람을 지정하는 등 그 밖에 위험성 평가를 위한 체제를 구축할 것

(2) **위험성 평가를 실시한 것으로 보는 제도** : 다음 각 호에 해당하는 제도를 이행한 경우에는 위험성 평가를 실시한 것으로 본다.

　1) 위험성 평가 방법을 적용한 안전·보건진단
　2) 공정안전보고서, 다만, 공정안전보고서의 내용중 공정성 위험 평가서가 최대 4년 범위 이내에서 정기적으로 작성된 경우에 한한다.
　3) 근골격계부담작업 유해요인 조사
　4) 그밖에 법과 이 법에 따른 명령에서 정하는 위험성 평가 관련 제도

(3) **위험성 평가 방법**

　1) 위험 가능성과 중대성을 조합한 빈도·강도법
　2) 체크리스트(checklist)법
　3) 위험성 수준 3단계(저·중·고) 판단법

4) 핵심요인 기술(One point sheet)
5) 그 외 규칙(제50조제1항제2호) 각 목의 방법

3 위험성 평가의 절차

(1) 위험성 평가의 실시 절차 : 다음의 절차에 따라 실시한다. 다만, 상시근로자수 5인 미만 사업장(건설공사 1억원 미만) 의 경우 제1호의 절차를 생략할 수 있다.

1) 사전준비
2) 유해·위험요인의 파악
3) 위험성 결정
4) 위험성 감소대책 수립 및 실행
5) 위험성 평가 실시내용 및 결과에 관한 기록 및 보존

(2) 사전준비

1) 위험성 평가 실시 규정에 포함되는 사항 : 최초 위험성 평가시 다음 각 호의 사항에 포함된 위험성 평가 실시 규정을 작성하여 지속적으로 관리하여야 한다.
   ① 평가의 목적 및 방법
   ② 평가 담당자 및 책임자의 역할
   ③ 평가시기 및 절차
   ④ 근로자에 대한 참여·공유방법 및 유의사항
   ⑤ 결과의 기록·보존

2) 위험성 평가 실시 전 확정사항
   ① 위험성 수준과 그 수준을 판단하는 기준
   ② 위험 가능한 위험성의 수준(이 경우 법에서 정한 기준 이상으로 위험성의 수준을 정하여야 한다)

3) 위험성 평가 시 활용할 수 있는 사전에 조사해야 할 안전·보건정보
   ① 작업표준, 작업절차 등에 관한 정보
   ② 기계·기구, 설비 등의 사양서, 물질안전보건자료(MSDS) 등의 유해·위험요인에 관한 정보
   ③ 기계·기구, 설비 등의 공정 흐름과 작업 주변의 환경에 대한 정보
   ④ 같은 장소에서 사업의 일부 또는 전부를 도급을 주어 행하는 작업이 있는 경우 혼재 작업의 위험성 및 작업 상황 등에 관한 정보
   ⑤ 재해사례, 재해통계 등에 관한 정보

⑥ 작업환경 측정 결과, 근로자건강진단에 관한 정보
⑦ 그밖에 위험성 평가에 참고가 되는 자료 등

(3) 유해 · 위험요인의 파악 : 다음 각 호의 방법 중 어느 하나 이상의 방법을 사용하되 특별한 사정이 없으면 제1)호의 방법을 포함 시켜야 한다.

1) 사업장 순회점검에 의한 방법
2) 근로자들의 상시적 제안에 의한 방법
3) 설문조사 · 인터뷰 등 청취조사에 의한 방법
4) 물질안전보건자료, 작업환경측정결과, 특수건강진단결과 등 안전보건자료에 의한 방법
5) 안전보건 체크리스트에 의한 방법
6) 그밖에 사업장의 특성에 적합한 방법

(4) 위험성의 결정

1) 위험성의 판단 : 파악된 유해 · 위험요인이 근로자에게 노출되었을 때의 위험성을 위험성의 수준과 그 수준을 판단하는 기준에 의해 판단되어야 한다.
2) 위험성 결정 : 판단된 위험성의 수준이 허용 가능한 위험성의 수준인지 결정하여야 한다.

(5) 위험성 감소대책 수립 및 실행 : 허용 가능한 위험성이 아닌 경우 위험성 감소를 위한 대책을 수립하여 실행하여야 한다.

1) 위험한 작업의 폐지, 변경, 유해 · 위험물질 대체 등의 조치 또는 설계나 계획 단계에서 위험성을 제거 또는 저감하는 조치
2) 연동장치, 환기장치 설치 등의 공학적 대책
3) 사업장 작업절차서 정비 등의 관리적 대책
4) 개인용 보호구의 사용

(6) 위험성평가 실시 결과 중 근로자에게 게시주지 하여야 할 사항

1) 근로자가 종사하는 작업과 관련된 유해 · 위험요인
2) 유해 · 위험요인의 위험성 결정 결과
3) 유해 · 위험요인의 위험성 감소대책과 그 실행 계획 및 실행 여부
4) 위험성 감소대책에 따라 근로자가 준수하거나 주의하여야 할 사항

(7) 위험성평가 실시 내용 및 결과의 기록 보존

1) 위험성평가 시 기록 보존해야 할 사항(시행 규칙 제37조①항)
   ① 위험성 평가 대상의 유해 · 위험요인
   ② 위험성 결정의 내용
   ③ 위험성 결정에 따른 조치의 내용

④ 그밖에 고용노동부장관이 정하여 고시하는 사항
㉠ 위험성 평가를 위해 사전 조사한 안전보건정보
㉡ 그밖에 사업장에서 필요하다고 정한 사항

2) 기록 보존기간 : 3년간

4 위험성 평가의 실시시기

(1) 최초 위험성 평가 : 사업장 성립된 날(사업 개시일, 건설업은 실착공일)로부터 1개월 이내에 실시(다만, 1개월 미만의 기간동안 이루어지는 작업 또는 공사의 경우에는 특별한 사정이 없는 한 지체없이 최초 위험성 평가 실시)

(2) 수시 위험성 평가 실시 : 다음 각호에 해당되는 추가적인 유해·위험요인이 생기는 경우 수시 위험성 평가를 실시하여야 한다(다만, 제⑤호는 재해발생 작업을 대상으로 작업재개전에 실시 할 것)

  1) 사업장 건설물의 설치·이전·변경 또는 해체
  2) 기계·기구, 설비, 원재료 등의 신규 도입 또는 변경
  3) 건설물, 기계·기구, 설비 등의 정비 또는 보수(주기적반복적 작업으로서 이미 위험성 평가를 실시한 경우에는 제외)
  4) 작업방법 또는 작업절차의 신규 도입 또는 변경
  5) 중대산업사고 또는 산업재해(휴업 이상의 요양을 요하는 경우에 한정한다) 발생
  6) 그밖에 사업주가 필요하다고 판단한 경우

(3) 정기적 재검토 : 다음 각호의 사항을 고려하여 위험성 평가의 결과에 대한 적정성을 1년마다 정기적으로 재검토하여야 한다. 재검토 결과 허용 가능한 위험성수준이 아닌 유해·위험요인에 대해서는 위험성 감소대책을 수립·실행하여야 한다.

  1) 기계·기구, 설비 등의 기간 경과에 의한 성능저하
  2) 근로자의 교체등에 수반하는 안전보건과 관련되는 지식 또는 경험의 변화
  3) 안전·보건과 관련되는 새로운 지식의 습득
  4) 현재 수립되어 있는 위험성 감소대책의 유효성 등

(4) 수시평가와 정기평가 실시 : 다음 각호의 사항을 이해하는 경우 수시평가와 정기 평가를 실시한 것으로 본다.

  1) 매월 1회 이상 근로자 제안제도 활용, 아차사고 확인, 작업과 관련된 근로자를 포함한 사업장 순회점검 등을 통해 사업장 내 유해·위험요인을 발굴하여 위험성결정 및 위험성 감소

대책 수립실행을 할 것
2) 매주 안전보건관리책임자, 안전관리자, 보건관리자, 관리감독자 등(도급사업주의 경우 수급사업장의 안전보건 관련 관리자 등을 포함한다)을 중심으로 제1호의 결과 등을 논의 공유하고 이행 상황을 점검할 것
3) 매 작업일마다 제1호와 제2호의 실시 결과에 따라 근로자가 준수하여야 할 사항 및 주의할 것

실 / 전 / 문 / 제

01
시스템안전(system safety)이란?
① 과학적, 공학적 원리를 적용하여 시스템의 생산성을 극대화
② 시스템 구성의 각 요인을 어떻게 활용하면 시스템 전체가 시간, 경제적으로 운영가능
③ 특히 사고나 질병으로부터 자기 자신 또는 타인을 안전하게 호신하는 것
④ 어떤 시스템에서 기능, 시간, 코스트 등의 제약 조건하에서 인원, 설비의 상해, 손상 극소화

해설
시스템안전은 시스템 전체에 대하여 종합적이고 균형이 잡힌 안전성을 확보하는 것이다.

02
시스템안전관리에 해당되지 않는 것은?
① 시스템안전에 필요한 사항에 대한 동일성의 식별
② 안전활동의 계획, 조직과 관리 철저
③ 다른 시스템 프로그램 영역과 분리
④ 시스템안전 목표를 적시에 유효하게 실현하기 위한 프로그램의 해석, 검토 및 평가를 실시

해설
시스템안전관리
① 시스템안전에 필요한 사항의 동일성의 식별(identification)
② 안전활동의 계획, 조직과 관리
③ 다른 시스템 프로그램 영역과 조정
④ 시스템안전에 대한 목표를 유효하게 적시에 실현시키기 위한 프로그램의 해석, 검토 및 평가 등의 시스템안전업무

03
기계나 장비의 위험을 통제하는데 있어 취해야 할 첫 단계는?
① 작업원을 선발하여 훈련한다.
② 덮개나 격리 등으로 위험을 방호한다.
③ 안전점검 및 안전보호구를 사용하도록 한다.
④ 설계 및 공정 계획시 위험을 제거한다.

해설
시스템안전의 첫째 단계는 재해예방차원의 공정계획시에 위험을 제거(위험의 소멸)하는 것이고 다음 단계는 피해의 최소화 및 억제를 위한 ①, ②, ③항 등의 방법을 채용한다.

04
시스템안전 달성을 위한 시스템 안전설계 단계 중 위험상태의 최소화 단계에 해당하는 것은?
① 경보장치 ② 페일세이프
③ 안전장치 ④ 특수수단강구

해설
시스템 안전설계의 원칙
① 1단계 : 위험상태의 존재를 최소화(페일세이프 도입)
② 2단계 : 안전장치의 채용
③ 3단계 : 경보장치의 채용
④ 4단계 : 특수한 수단의 강구

05
위험도를 표시하는 단위로서 10^8 근로시간당 사망자 수를 나타내는 것으로 맞는 것은?
① FAFR ② FTA
③ FMEA ④ PAH

해설
① FAFR(fatality accident frequency rate)은 인간의 1년 근로시간을 2,500(잔업시간 100시간 포함)시간으로 하여 일생 동안 40년간 작업하는 것으로 했을 때 1,000명당 1명이 사망하는 비율에 상당한다.
② Kletz는 화학공업에서 FAFR이 0.35~0.4를 넘지 않을 것을 권고했고, Gibson은 위험이 동정되어 있는 경우는 2FAFR, 그 이외의 경우는 0.4 FAFR을 위험성의 수준으로 정할 것을 권장하고 있다.

Answer ● 01. ④ 02. ③ 03. ④ 04. ② 05. ①

06
위험분석상의 강도를 분류할 시에 환경, 인원의 과오, 절차의 결함, 요소의 고장 또는 기능불량이 시스템의 성능을 저하시키지만 인적, 물적의 중대한 손해를 초래하지 않고 대처 또는 제어할 수 있는 상태는?

① 파국적(catastrophic)
② 중대(critical)
③ 한계적(marginal)
④ 무시가능(negligible)

해설

위험성의 분류
1) Category(범주) - Ⅰ 파국적 : 인원의 사망 또는 중상 또는 시스템손상을 일으킨다.
2) Category(범주) - Ⅱ 위험 : 인원의 상해 또는 주요시스템의 손해가 생겼을 때, 또는 인원이나 시스템 생존을 위해 즉시 시정조치를 필요로 한다.
3) Category(범주) - Ⅲ 한계적 : 인원의 상해 또는 주요시스템의 손해가 생기는 일이 없이 배제 또는 제어할 수 있다.
4) Category(범주) - Ⅳ 무시 : 인원의 손상 또는 시스템의 손상에는 이르지 않는다.

07
System 안전관리를 위한 System의 위험성의 분류 중 Category에 맞지 않는 것은?

① Category Ⅰ - 무시
② Category Ⅱ - 한계적
③ Category Ⅲ - 경고
④ Category Ⅳ - 파국적

해설

Category Ⅲ는 '위험' : 인원의 상해 또는 주요 시스템의 손해가 생겨, 또는 인원이나 시스템 생존을 위해 즉시 시정조치를 필요로 한다.

08
1965년, 미국 안전공학자협회지에 시스템안전기법을 최초로 소개하여 산업안전 분야에의 적용 가능성을 제시한 사람은?

① Kolodner   ② Taylor
③ Rasussen   ④ Swain

09
복잡한 시스템을 설계, 가동하기 전의 구상단계에서 시스템의 근본적인 위험성을 평가하는 가장 기초적인 위험도 분석기법은 무엇인가?

① 결함수분석법(FTA)
② 예비위험분석(PHA)
③ 고장의 형과 영향분석(FMEA)
④ 운용안전성 분석(OSA)

해설

예비위험분석(PHA)은 시스템안전 프로그램에 있어서 최초 단계의 분석법이다.

10
시스템 안전프로그램에 있어 제일 첫 번째 단계의 분석으로 시스템 내의 위험요소가 어떤 상태에 있는가를 정성적으로 분석, 평가하는 것을 무엇이라 하는가?

① 예비위험분석
② 결함위험분석
③ 고장형태와 영향분석
④ 결함수 분석

해설

예비위험분석(PHA) : 최초단계(설계단계, 개발단계)분석

11
시스템안전분석법 중 예비위험분석의 식별된 4가지 사고 카테고리에 해당되지 않는 것은?

① 파국적 상태
② 중대 상태
③ 무시가능 상태
④ 선별적 상태

해설

예비위험분석(PHA)에 의해 식별된 사고(위험)의 분류
① 파국적(catastrophic)
② 중대(critical)
③ 한계적(marginal)
④ 무시가능(negligible)

Answer ◐ 06. ③ 07. ③ 08. ① 09. ② 10. ① 11. ④

12
식별된 사고가 인원이나 시스템에 중대한 손해를 초래하지 않고, 대처 또는 제어할 수 있는 상태가 되면 어떤 위험분류에 해당하는가?

① Category Ⅰ - 파국적
② Category Ⅱ - 위험
③ Category Ⅲ - 한계적
④ Category Ⅳ - 무시

해설
Category Ⅲ : 한계적은 인원의 상해 또는 주요 시스템의 손해가 생기는 일이 없이 배제 또는 제어할 수 있는 상태이다.

13
생산, 보존, 시험, 운반, 저장, 운전, 비상탈출 등에 사용되는 인원설비에 관하여 위험을 동정하고 제어하며 그들의 안전요건을 결정하기 위하여 실시하는 분석기법은?

① 운용 및 지원 위험분석(O & SHA)
② 사상수 분석(ETA)
③ 결함수 분석(FTA)
④ 고장형태 및 영향분석(FMEA)

14
인간의 과오를 평가하기 위한 안전 해석방법은?

① THERP   ② MORT
③ CA   ④ Decision tree

해설
THERP : 인간의 과오를 정량적으로 평가하기 위하여 개발된 안전 해석기법이다.

15
다음 중 처음으로 산업안전을 목적으로 개발된 시스템 안전프로그램으로 ERDA(미에너지연구개발청)에서 개발된 것은 어느 것인가?

① FTA   ② MORT
③ FMEA   ④ PHA

해설
MORT(management oversight and risk tree)
① 미국에너지연구개발청(ERDA)의 Johnson에 의해 개발된 시스템안전 프로그램이다.
② MORT 프로그램은 tree를 중심으로 FTA와 같은 논리기법을 이용하여 관리, 설계, 생산, 보존 등의 광범위하게 안전을 도모하는 것으로서 고도의 안전을 달성하는 것을 목적으로 한 것이다(원자력산업에 이용).

16
시스템에 영향을 미칠 우려가 있는 모든 요소의 고장을 형태별로 해석하여 그 영향을 검토하는 분석방법은?

① FTA   ② ETA
③ MORT   ④ FMEA

해설
FMEA(고장형태와 영향분석)는 전형적인 정성적, 귀납적 분석방법이다.

17
다음은 시스템이나 기기의 개발·설계단계에서 FMEA의 표준적인 실시절차에 관한 방법이다. 해당되지 않는 것은?

① 신뢰도 블록 다이어그램 작성
② 상위체계에의 고장영향 분석
③ 시스템 구성의 기본적 파악
④ 비용효과 절충 분석

해설
FMEA 표준적 실시절차
(1) 대상 시스템의 분석
 ① 기기·시스템의 구성 및 기능의 전반적 파악
 ② FMEA 실시를 위한 기본방침의 결정
 ③ 기능 Block과 신뢰성 Block도의 작성
(2) 고장 Mode와 그 영향의 해석(FMEA)
 ① 고장 Mode의 예측과 설정
 ② 고장 원인의 상정
 ③ 상위 item에의 고장 영향의 검토
 ④ 고장 검지법의 검토
 ⑤ 고장에 대한 보상법이나 대응법의 검토
 ⑥ FMEA work sheet에의 기입
 ⑦ 고장 등급의 평가
(3) 치명도 해석과 개선책의 검토
 ① 치명도 해석
 ② 해석결과의 정리와 설계개선으로 제언

Answer 12. ③ 13. ① 14. ① 15. ② 16. ④ 17. ④

18
FMEA의 위험성 분류 중 카테고리 – 2에 해당되는 것은?

① 사명 수행의 실패
② 영향 없음
③ 생명 또는 가옥의 상실
④ 활동의 지연

해설
FMEA에 의한 위험성의 분류
① category 1 : 생명 또는 가옥의 상실
② category 2 : 사명(작업) 수행의 실패
③ category 3 : 활동의 지연
④ category 4 : 영향 없음

19
고장영향의 β값을 정량화한 것 중 보통 일어날 수 있는 손실을 표시한 것은?

① $\beta = 1.00$
② $0.1 < \beta < 1.00$
③ $0 < \beta < 0.1$
④ $\beta = 0$

해설
①항 : 대단히 자주 일어나는 손실
②항 : 보통 일어날 수 있는 손실
③항 : 드물게 일어날 수 있는 손실
④항 : 영향 없음

20
인간의 과오를 시스템안전의 측면에서 이해하려면 인간의 과오율에 관한 자료수집과 분석에 필수적이다. tree구조와 비슷한 그림을 이용해 인간의 과오율을 추정하는 기법의 명칭은?

① Decision tree
② FTA
③ THERP
④ MORT

해설
THERP는 인간과오의 분류시스템과 그 확률을 계산함으로써 원래 제품의 결함을 감소시키고 사고의 원인 가운데 인간의 과오에 기인한 근원에 대한 분석 및 안전공학적 대책수립에 사용된다.

21
다음 중 FMEA에서 고장의 발생확률을 β라 하고, $0 < \beta < 0.10$일 때의 고장의 영향은?

① 영향 없음
② 가능한 손실
③ 예상되는 손실
④ 실제의 손실

해설
고장의 영향
① 실제의 손실 : $\beta = 1.00$
② 예상되는 손실 : $0.10 \leq \beta < 1.00$
③ 가능한 손실 : $0 < \beta < 0.10$
④ 영향 없음 : $\beta = 0$

22
다음의 Decision Tree에서 (ㄱ), (ㄴ), (ㄷ)에 들어갈 숫자는?

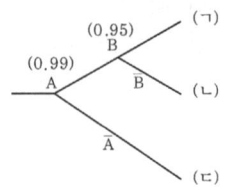

① 0.9405, 0.0495, 0.01
② 0.9999, 0.0495, 0.05
③ 0.9995, 0.9905, 0.05
④ 1.94, 1.04, 0.01

해설
DT에서 분기된 각 사상의 확률의 합은 항상 1이며 최후의 확률은 각각의 제곱의 합으로서 나타낸다.
① (ㄱ) : $0.99 \times 0.95 = 0.9405$
② (ㄴ) : $0.99 \times (1 - 0.95) = 0.0495$
③ (ㄷ) : $1 - 0.99 = 0.01$

23
FMEA의 장점 중에 해당하지 않는 것은?

① 서식이 간단
② 각 요소간의 해석이 용이
③ 특별한 훈련이 불필요
④ 비교적 적은 노력의 필요

해설
FMEA의 장점 및 단점
① 장점 : 서식이 간단하고 비교적 적은 노력으로 특별한 훈련 없이 분석을 할 수 있다.
② 단점 : 논리성이 부족하고 각 요소간의 영향을 분석하기 어렵기 때문에 동시에 두 가지 이상의 요소가 고장날 경우 분석이 곤란하며 또한 요소가 물체로 한정되어 있기 때문에 인적원인을 분석하는 데는 곤란하다.

24
항공기의 안전성 평가에 널리 사용되는 기법으로서 각 중요부품의 고장률, 운용형태, 보정계수 사용시간비율 등을 고려하여 정량적, 귀납적으로 부품의 위험도를 평가하는 분석기법은?

① FMEA　　② CA
③ FTA　　④ ETA

25
다음은 시스템 안전해석 방법이다. 틀린 것은?

① THERP : 정량적 해석방법
② ETA : 귀납적, 정량적 해석방법
③ PHA : 정성적 해석방법
④ FMECA : 귀납적, 정성적 해석방법

해설
FMECA : 귀납적, 정성적, 정량적 해석방법

26
시스템 안전관리에 관한 설명으로 옳지 않은 것은?

① 시스템 안전에 필요한 사항에 대해 동일성을 식별하여야 한다.
② 타 시스템의 프로그램 영역과 분리시켜야 한다.
③ 안전 활동의 계획, 안전조직과 관리를 철저히 하여야 한다.
④ 시스템 안전 목표를 적시에 유효하게 실현하기 위해 프로그램 해석, 검토 및 평가를 실시하여야 한다.

27
예비위험분석을 달성하기 위하여 노력해야 하는 4가지 주요사항이 아닌 것은?

① 시스템에 관한 주요사고를 식별하고, 개략적인 말로 표시할 것.
② 사고를 초래하는 요인을 식별할 것
③ 사고발생 확률을 계산할 것
④ 식별된 위험을 4가지 범주로 분류할 것

해설
PHA의 4가지 주요목표
(1) 시스템에 대한 모든 주요한 사고를 식별하고 대충의 말로 표시할 것(사고 발생의 확률은 식별 초기에는 고려되지 않음)
(2) 사고를 유발하는 요인을 식별할 것
(3) 사고가 발생한다고 가정하고 시스템에 생기는 결과를 식별하고 평가할 것
(4) 식별된 사고를 다음의 범주로 분류할 것
　① 파국적　② 중대　③ 한계적　④ 무시가능

28
시스템이나 서브시스템의 위험분석을 위하여 일반적으로 사용되는 전형적인 정성적, 귀납적 분석기법으로 시스템에 영향을 미치는 모든 요소의 고장을 형태별로 분석하여 그 영향을 검토하는 분석기법은?

① 예비위험 분석　　② 고장의 형과 영향분석
③ 운용안전성 분석　　④ 결함수 해석법

29
FMEA 실시를 위한 기본방침의 결정에 있어서 분명하게 해 둘 필요가 없는 것은?

① 시스템 운용단계
② 환경 stress나 동작 stress의 한계부여
③ 시스템의 software 구성요소의 고장원인
④ 시스템 업무의 기본적 목적

해설
FMEA 실시를 위한 기본방침의 결정
① 시스템·기기의 임무의 기본적 및 이차적인 목적을 명시한다.
② 시스템·기기의 운용단계를 분명하게 한다.
③ 환경 stress나 동작 stress의 한계를 부여한다.
④ 시스템의 hard ware 구성요소의 고장원인을 분명하게 한다.

Answer ➔ 24. ④ 25. ④ 26. ② 27. ③ 28. ② 29. ③

30
FTA의 활용 및 기대효과를 설명한 것이다. 틀린 것은?

① 사고원인 규명의 복잡화
② 사고원인 분석의 일반화
③ 사고원인 분석의 정량화
④ 노력시간의 절감

해설
FTA(결함수 분석법)의 활용 및 기대효과
① 사고원인 규명의 간편화
② 사고원인 분석의 일반화
③ 사고원인 분석의 정량화
④ 노력시간의 절감
⑤ 시스템의 결함진단
⑥ 안전점검표 작성

31
결함수분석법(F.T.A)에 해당되지 않는 사항은?

① 새로운 시스템의 개발과 설계 및 생산시 안전관리 측면에서 작용되는 방법
② 결함의 원인과 요인을 추적하지만 상이한 조직의 결함을 지적 발견할 수 없는 점
③ 조직의 기능역할 중에서 주요도가 높은 구성적 요소의 결함으로 인해 발생하는 경로요인 분석
④ 원하지 않는 결과를 연구할 수 있도록 모든 사건을 처리하는 논리적 도표

32
FTA의 특징과 관계 없는 것은?

① 재해의 정량적 예측가능
② 간단한 FT도의 작성으로 정성적 해석가능
③ 컴퓨터 처리가능
④ 귀납적 해석가능

해설
FTA는 정상사상인 재해현상으로부터 기본사상인 재해원인을 향해 연역적 분석을 행하는 것이 특징이다.

33
다음은 결함수 분석법의 절차를 나타낸 것이다. 맞는 것은?

① 제일 먼저 FT(fault tree)를 작성한다.
② 제일 먼저 cut set, minimal cut set을 구한다.
③ 재해의 위험도를 검토하여 해석할 재해를 결정하는 것이 최우선이다.
④ 해석하는 재해 발생확률을 제일 먼저 계산한다.

해설
결함수 분석법(FTA)의 절차에서 최우선으로 결정할 사항은 정상(top)사항, 즉 해석할 재해를 결정하는 것이다.

34
System 안전해석기법의 종류로서 거리가 먼 것은?

① Fault Tree Analysis(F.T.A법)
② Decision Tree(DT법)
③ Management Oversight And Risk Tree(MORT법)
④ Industriai Engeneering(IE법)

35
FTA의 수준 중 정성적 FT의 작성단계에 해당되지 않는 것은?

① 공정 또는 작업내용 파악
② 재해사례나 재해통계 조사
③ 해석대상이 되는 재해결정
④ 재해발생확률 계산

해설
FTA의 순서 3단계
① 정성적 FT의 작성단계 : 공정 또는 작업내용파악, 예상재해 조사, 해석대상이 되는 재해결정, 예비해석, FT의 작성
② FT의 정량화 단계 : 재해발생확률 목표치 설정, 실패대수표시, 고장발생확률과 인간에러확률, 재해발생확률계산
③ 재해방지대책의 수립 : 중요도해석, FT의 수정 및 재해석, 최적 안전대책 수립

Answer ◐ 30. ① 31. ② 32. ④ 33. ③ 34. ④ 35. ④

36
FTA(Fault Tree Analysis) 기호 중 통상 상태를 나타내는 기호는?

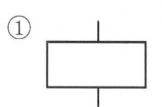 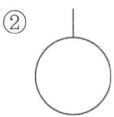
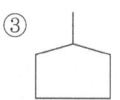 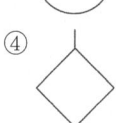

해설
① 결함사상 ② 기본사상
③ 통상사상 ④ 이하 생략의 결함사상

37
FT도에 사용되는 기호 중 더 이상의 세부적인 분류가 필요없는 고장을 의미하는 기호는?

 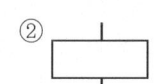

해설
① 전이기호 ② 결함사상
③ OR게이트 ④ 생략사상

38
FTA에 의한 "재해사례연구의 순서" 4단계가 아닌 것은?

① 톱사상의 선정
② 사고, 재해 모델화
③ FT도의 작성
④ 개선계획의 작성

해설
FTA에 의한 재해사례연구순서
① 1단계 : 톱사상의 선정
② 2단계 : 사상의 재해원인의 규명
③ 3단계 : FT도의 작성
④ 4단계 : 개선계획의 작성

39
FT를 작성하기 위해서는 몇 가지 기본기호를 사용하여야 한다. 그림의 삼각형 기호는 다음 중 어느 것을 나타내는가?

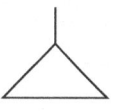

① 결함사상 ② 기본사상
③ 조건기호 ④ 전이기호

해설
전이기호(이행기호)는 FT도상에서 다른 부분에의 이행 또는 연결을 나타내는 기호로 사용된다.

40
FTA에 사용되는 기호 중 비전개 사항을 나타낸 기호는?

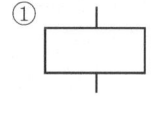 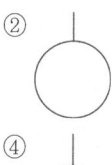
 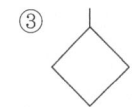

41
출력(out put)의 사상(event)이 일어나기 위해서는 모든 입력(in put)이 일어나지 않으면 안 된다는 논리 조작을 무엇이라고 하는가?

① 억제 게이트 ② AND 게이트
③ OR 게이트   ④ 조건부 게이트

42
F.T.A(Fault Tree Analysis)란 무엇인가?

① 재해발생을 귀납적, 정성적으로 해석, 예측할 수 있다.
② 재해발생을 연역적, 정성적으로 해석, 예측할 수 있다.
③ 재해발생을 연역적, 정량적으로 해석, 예측할 수 있다.

Answer ▶ 36. ③ 37. ④ 38. ② 39. ④ 40. ③ 41. ② 42. ③

④ 재해발생을 귀납적, 정량적으로 해석, 예측할 수 있다.

해설
FTA의 특징은 연역적이고, 정량적 해석이 가능하며, 필요에 따라서는 정성적 해석에만 머물게 하거나 재해의 직접원인에 대해서만 집중분석을 할 수도 있으며, 역으로 복잡한 시스템을 상세하게 해석할 수 있는 등 융통성이 풍부하다.

43
재해예방 측면에서 FT의 상부측 정상사상에 가까운쪽의 OR게이트를 어떠한 인터록이나 안전장치 등에 의해 AND게이트로 바꿔주면 어떠한 현상이 나타나는가?

① 재해율의 급격한 증가
② 재해율의 점진적인 증가
③ 재해율에 별영향을 안줌
④ 재해율의 급격한 감소

44
그림과 같은 논리기호의 명칭은?

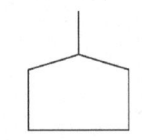

① 이하생략 사상   ② 통상사상
③ 결함사상   ④ 기본사상

45
결함수상의 다음 그림의 기호는 무슨 게이트를 나타내는가?

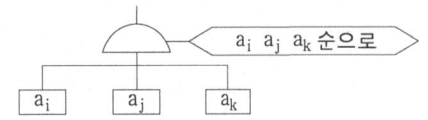

① 우선적 AND 게이트
② 조합 AND 게이트
③ 배타적 AND 게이트
④ AND 게이트

해설
수정 기호 ( ) 내에는 다음에 나타나는 조건을 기입한다.
① 우선적 AND Gate : 입력사상 가운데 어느 사상이 다른 사상보다 먼저 일어났을 때에 출력사상이 생긴다. 예를 들면 「A는 B보다 먼저」와 같이 기입한다.
② 짜 맞춤 AND Gate : 3개 이상의 입력사상 가운데 어느 것이든 2개가 일어나면 출력사상이 생긴다. 예를 들면 「어느 것이든 2개」라고 기입한다.
③ 위험지속기호 : 입력사상이 생겨서 어느 일정시간 지속하였을 때에 출력사상이 생긴다. 예를 들면 「위험지속시간」과 같이 기입한다.
④ 배타적 OR Gate : OR Gate로 2개 이상의 입력이 동시에 존재할 때에는 출력사상이 생기지 않는다. 예를 들면 「동시에 발생하지 않는다」라고 기입한다.

46
Boole 대수를 이용하여 FT를 수식화할 때 논리곱의 관계로 표시되는 게이트는?

① AND 게이트   ② OR 게이트
③ 억제 게이트   ④ 부정 게이트

해설
AND 게이트는 논리적(곱)의 확률을 나타내고, OR게이트는 논리화(합)의 확률을 나타낸다.

47
결함수 분석법에서 일정 조합 안에 포함되어 있는 기본사상들이 모두 발생하지 않으면 틀림없이 정상사상이 발생되지 않는 조합을 무엇이라고 하는가?

① 컷셋(cut set)
② 패스셋(path set)
③ 부울대수
④ 결함수셋(fault tree set)

해설
패스셋 : 정상사상이 일어나지 않는 기본사상의 집합

48
FT도 중에서 특정한 집합중의 기본사상들이 동시에 발생하는 조합을 무엇이라고 부르는가?

① 컷셋   ② 패스 셋
③ 최소 패스 셋   ④ 억제 게이트

49
다음 그림에서 G_1의 발생확률은? (단, G_2는 0.1, G_3은 0.2, G_4는 0.3의 발생확률을 갖는다)

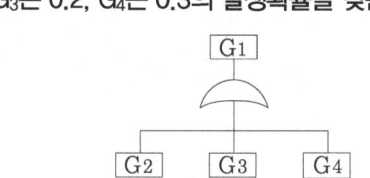

① 0.6 ② 0.496
③ 0.006 ④ 0.3

해설

$G_1 = 1-(1-G_2)(1-G_3)(1-G_4)$
$= 1-(1-0.1)(1-0.2)(1-0.3)$
$= 0.496$

50
다음의 결함수에서 정상사상의 재해발생 확률을 구하면?(단, 기본사상 1, 2의 발생확률은 2×10^{-3}/h, 3×10^{-2}이다)

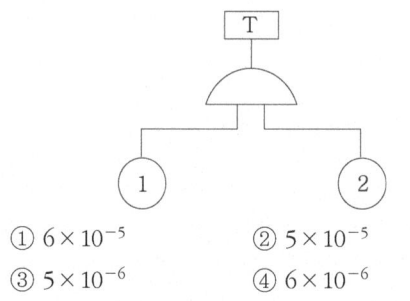

① 6×10^{-5} ② 5×10^{-5}
③ 5×10^{-6} ④ 6×10^{-6}

해설

$T = 2\times10^{-3} \times 3\times10^{-2} = 6\times10^{-5}$/h

51
입력 B_1과 B_2의 어느 쪽 한쪽이 일어나면 출력 A가 생기는 경우를 "논리합"의 관계라 한다. 이때 입력과 출력 사이에는 무슨 게이트로 연결되는가?

① AND 게이트 ② 억제 게이트
③ OR 게이트 ④ 부정 게이트

해설

1) AND : 논리적(논리곱)
2) OR : 논리합

52
다음 그림에서 G_1의 발생확률은? (단, G_2, 0.1, G_3 0.2, G_4 0.3의 발생확률을 갖는다)

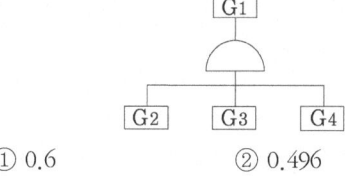

① 0.6 ② 0.496
③ 0.006 ④ 0.3

해설

$G_1 = G_2 \times G_3 \times G_4 = 0.1 \times 0.2 \times 0.3 = 0.006$

53
결함수분석법에 의한 재해사례 연구의 순서로 맞는 것은?

① 정상사상의 선정
② FT도 작성 및 분석
③ 개선계획의 작성
④ 사상마다 재해원인, 요인의 규명

① ① → ③ → ② → ④
② ① → ④ → ② → ③
③ ① → ② → ③ → ④
④ ① → ④ → ③ → ②

해설

FTA에 의한 재해사례 연구의 순서
① 1단계 : 정상(top)사상의 선정
② 2단계 : 사상의 재해원인의 규명
③ 3단계 : FT도의 작성
④ 4단계 : 개선계획의 작성

54
그림의 G_3 Tree를 짜맞춤 수식으로 나타낸 것은?

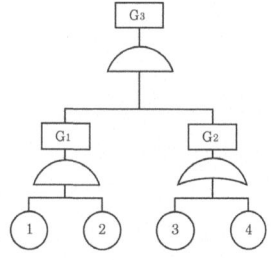

Answer 49. ② 50. ① 51. ③ 52. ③ 53. ② 54. ②

① ①×②×③×④
② (①×②)×(③+④)
③ (①+②)×(③×④)
④ (①+②)×(③+④)

해설

그림에서 G_3는 G_1, G_2와 AND기호로 연결되어 있으므로 $G_3 = G_1 \times G_2$이며, G_1은 ①, ②와 AND기호로 연결 $G_1 =$ ①×②, G_2는 ③, ④와 OR기호로 연결 $G_2 = ③+④$가 되므로 G_3의 짜맞춤 수식은 다음과 같이 정리된다.
∴ $G_3 = G_1 \times G_2 = (①×②) \times (③+④)$

55
다음 FT도에서 minimal cut set를 구하면? (단, ①~④는 기본사상)

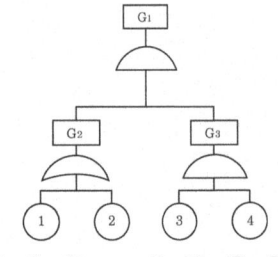

① (①, ②, ③, ④) ② (①, ③, ④)
③ (①, ②) ④ (③, ④)

해설

$G_1 \to G_2 \, G_3 \to \begin{matrix}① \\ ②\end{matrix} \begin{matrix}G_3 \\ G_3\end{matrix} \to \begin{matrix}① \\ ②\end{matrix} \begin{matrix}③ \\ ③\end{matrix} \begin{matrix}④ \\ ④\end{matrix}$

56
다음 그림의 결함수에서 컷셋을 구한 것이다. 맞는 것은?

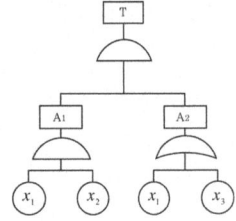

① (X₁, X₂), (X₁, X₂, X₃)
② (X₁, X₂, X₁), (X₂, X₃)
③ (X₁, X₂), (X₂, X₃)
④ (X₂, X₃, X₄), (X₁, X₂)

해설

$T \to A_1 \, A_2 \to \begin{matrix}X_1 X_2 X_1 \\ X_1 X_2 X_3\end{matrix} \to \begin{matrix}X_1 X_2 \\ X_1 X_2 X_3\end{matrix}$

57
다음 그림의 결함수에서 컷셋을 구한 것이다. 맞는 것은?

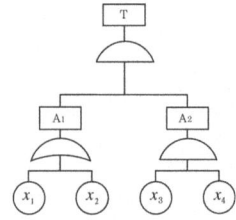

① (X₁, X₂, X₃), (X₂, X₃, X₄)
② (X₁, X₃, X₄), (X₂, X₃, X₄)
③ (X₁, X₂, X₃), (X₁, X₃, X₄)
④ (X₁, X₃, X₄), (X₁, X₂)

해설

$T \to A_1 \, A_2 \to \begin{matrix}X_1 A_2 \\ X_2 A_2\end{matrix} \to \begin{matrix}X_1 X_3 X_4 \\ X_2 X_3 X_4\end{matrix}$

58
FTA에 의한 재해사례연구의 순서는?

① TOP사상의 선정 – FT도 작성 – 사상마다 재해원인규명 – 개선계획의 작성
② TOP사상의 선정 – 사상마다 재해원인규명 – FT도 작성 – 개선계획의 작성
③ FT도 작성 – TOP사상의 선정 – 사상마다 재해원인규명 – 개선계획의 작성
④ FT도 작성 – 사상마다 재해원인규명 – TOP사상의 선정 – 개선계획의 작성

59
다음 그림의 결함수를 간략히 한 것은?

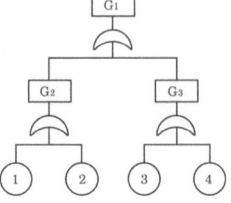

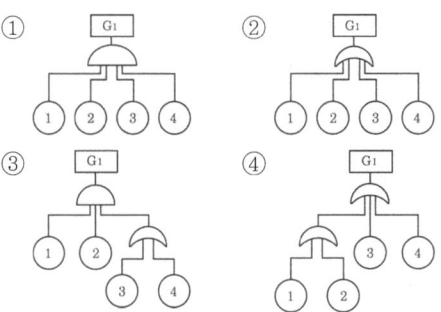

60
다음의 그림인 FT도에서 사상 A를 예방하는 방법이 아닌 것은 어느 것인가?

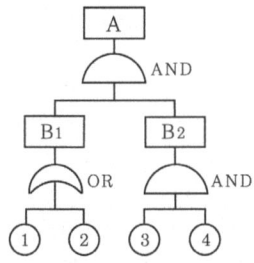

① ①번이나 ②번 원인 중 어느 하나라도 제거하면 된다.
② ③번이나 ④번 원인 중 어느 하나라도 제거하면 된다.
③ ①번과 ③번 원인을 동시에 제거하면 된다.
④ ②번과 ④번 원인을 동시에 제거하면 된다.

해설
①과 ②는 OR gate에 연결되어 있기 때문에 B₁은 ①과 ②중에 하나만 일어나도 발생한다. 따라서 B₁, 즉 A를 예방하기 위해서는 ①과 ②의 원인을 동시에 제거하여야 한다.

61
FTA에 의한 재해사례 연구순서 중 제1단계는?

① 사상의 재해 원인의 규명
② FT도의 작성
③ 톱 사상 선정
④ 개선 계획의 작성

해설
FTA에 의한 재해사례 연구의 순서
① top 사상의 선정(1단계)
② 사상마다 재해원인의 규명(2단계)
③ FT도의 작성(3단계)
④ 개선계획의 작성(4단계)

62
FMEA의 실시단계 중 고장형태와 그 영향해석은 몇 단계에 속하는가?

① 제 1단계   ② 제 2단계
③ 제 3단계   ④ 제 4단계

해설
FMEA의 표준적 실시 단계
① 제 1단계 : 대상 시스템의 분석
② 제 2단계 : 고장형태와 그 영향의 해석
③ 제 3단계 : 치명도 해석과 개선책의 검토

63
FMEA의 특징으로 틀린 것은?

① 서식이 복잡하여 특별한 훈련을 하여야 분석을 할 수 있다.
② 논리성이 부족하다.
③ 두 가지 이상의 요소가 고장날 경우 분석이 곤란하다.
④ 인적 원인을 분석하기가 곤란하다.

해설
FMEA는 서식이 간단하여 비교적 적은 노력으로 특별한 훈련 없이 분석을 할 수 있다.

64
중요도 결함수분석을 하는 경우 지수에는 여러 가지가 있다. 감각의 기본사항을 개선하는 난이도를 반영한 중요도 지수는?

① 구조 중요도   ② 확률 중요도
③ 치명 중요도   ④ 비용 중요도

해설
중요도 : 어떤 기본사항의 발생이 정상사상의 발생에 어느 정도의 영향을 미치는가를 정량적으로 나타낸 것을 그 기본사상의 중요도라 한다.
① 구조 중요도 : 기본사상의 발생확률을 문제로 하지 않고 결함수의 구조상, 각 기본사상이 갖는 치명성을 말한다.
② 확률 중요도 : 각 기본사상의 발생확률의 증감이 정상사상

Answer ▶ 60. ① 61. ③ 62. ② 63. ① 64. ②

발생확률의 증감에 어느 정도나 기여하고 있는가를 나타내는 척도이다.
③ 치명 중요도 : 기본사상 발생확률의 변화율에 대한 정상사상발생확률의 변화의 비로서, 특히 시스템 설계라고 하는 면에서 이해하기에 편리하다.

65
다음의 FT 도에서 몇 개의 미니멀 패스 셋(minimal path sets)이 존재하는가?

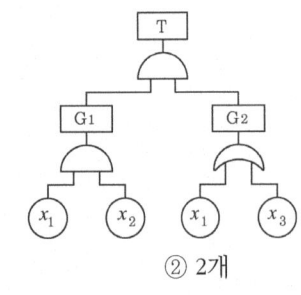

① 1개　　② 2개
③ 3개　　④ 4개

해설

$T \to \begin{matrix} G_1 \\ G_2 \end{matrix} \to \begin{matrix} x_1 \\ x_2 \end{matrix} \to \begin{matrix} x_1 \\ x_2 \\ G_2 \end{matrix} \begin{matrix} \\ \\ x_1 x_3 \end{matrix}$

66
다음 중 화학설비의 안전성 평가(safety assessment)절차에 해당되지 않는 것은?

① 정성적 평가
② 정량적 평가
③ 재해정보에 의한 재평가
④ ETA에 의한 평가

해설

안전성 평가의 6단계
① 1단계 : 관계자료의 정비검토
② 2단계 : 정성적 평가
③ 3단계 : 정량적 평가
④ 4단계 : 안전대책
⑤ 5단계 : 재해정보에 의한 재평가
⑥ 6단계 : FTA에 의한 재평가

67
다음 중 안전성 평가의 단계로 맞는 것은?

① 정성적평가 – 정량적평가 – 안전대책 – 적성준비 – 재평가
② 정량적평가 – 정성적평가 – 작성준비 – 안전대책 – 재평가
③ 작성준비 – 정성적평가 – 정량적평가 – 안전대책 – 재평가
④ 작성준비 – 정량적평가 – 정성적평가 – 안전대책 – 재평가

68
안전성 평가의 기법에 해당되지 않는 것은?

① 작업조건의 평가　② 위험의 예측 평가
③ 고장형 영향분석　④ F·T·A 기법

해설

안전성 평가의 4가지 기법
① 체크리스트에 의한 평가　② 위험의 예측평가
③ 고장형과 영향분석　④ FTA법

69
화학설비의 안전성 평가중 3단계에 해당하는 것은?

① 정성적 평가　② 정량적 평가
③ 안전대책　　④ 재평가

해설

화학설비의 안전성 평가 5단계
① 1단계 : 관계자료의 작성준비
② 2단계 : 정성적 평가
③ 3단계 : 정량적 평가
④ 4단계 : 안전대책
⑤ 5단계 : 재평가

70
안전성 평가를 구체적으로 진행시키기 위한 관계자료의 작성 준비단계에 필요한 조사항목이 아닌 것은?

① 화학설비의 배치도
② 평가팀의 기술수준

Answer ▶ 65. ③　66. ④　67. ③　68. ①　69. ②　70. ②

③ 건조물의 평면도, 입면도 및 단면도
④ 제조공정의 개요

해설

관계자료의 조사항목
① 입지조건
② 화학설비 배치도
③ 건조물의 평면도, 입면도 및 단면도
④ 기계실 및 전기실의 평면도, 단면도 및 입면도
⑤ 원재료, 중간체, 제품 등의 물리적, 화학적 성질 및 인체에 미치는 영향
⑥ 제조공정의 개요
⑦ 제조공정상 일어나는 화학반응
⑧ 공정 계통도
⑨ 공정기기 목록
⑩ 배관, 계장계통도
⑪ 안전설비의 종류와 설치장소
⑫ 운전요령, 요원배치계획, 안전보건교육 훈련계획
⑬ 기타 관계자료

71
다음 리스크 처리기술을 4가지로 분류한다. 이에 속하지 않는 것은 어느 것인가?

① 회피
② 경감
③ 보유
④ 계속

해설

리스크(risk : 위험) 처리기술
① 회피(avoidance)
② 경감, 감축(reduction)
③ 보유, 보류(retention)
④ 전가(transfer)

72
안전성 평가에서 정량적 평가의 항목이 아닌 것은?

① 취급물질
② 온도
③ 공정
④ 용량

해설

정량적 평가의 5항목
① 해당 화학설비의 취급물질
② 용량 ③ 온도 ④ 압력 ⑤ 조작

73
정량적 평가방법에서 위험도의 등급구분을 점수 별로 맞게 연결된 것은?

① 1등급 : 11~15점 이하
② 2등급 : 16점 이상
③ 3등급 : 5~3점 이하
④ 3등급 : 10점 이하

해설

위험도 등급
① 1등급(16점 이상) : 위험도가 높다.
② 2등급(11~15점 이하) : 주위 상황, 다른 설비와 관련해서 평가
③ 3등급(10점 이하) : 위험도가 낮다.

74
시스템 구성단계에서 이루어져야 할 4가지 주요한 시스템 안전부분의 작업이 아닌 것은?

① 시스템 안전계획
② 예비위험 분석
③ 안전성에 관한 정보 및 문서 파일의 작성
④ 시스템 안전 위험분석

해설

시스템의 구상단계에서 이루어져야 할 시스템 안전부분의 작업
① 시스템안전계획(SSP)의 작성
② 예비위험분석(PHA)의 작성
③ 안전성에 관한 정보 및 문서 파일의 작성
④ 포함되는 사고가 방침 결정과정에서 고려되기 위한 구상정식화 회의에의 참가

75
시스템 안전계획의 작성시 꼭 기술하여야 하는 것 중 틀린 것은?

① 안전성 관리조직
② 시스템 사고의 식별 및 평가를 위한 분석법
③ 작성되고 보존하여야 할 기록의 종류
④ 시스템의 신뢰성 분석내용

해설

설비도입 및 제품개발단계의 안정성 평가의 구상단계에서 시스템 안전계획(SSP : system safety plan)의 작성내용
① 안전성 관리조직 및 다른 프로그램 기능과의 문제
② 시스템에 발생하는 모든 사고의 식별 및 평가를 위한 분석법의 양식
③ 허용수준까지 최소화 또는 제거되어야 할 사고의 종류
④ 작성되고 보존되어야 할 기록의 종류

Answer ➡ 71. ④ 72. ③ 73. ④ 74. ④ 75. ④

76
시스템의 설계단계에서 이루어져야 할 시스템안전부분의 작업이 아닌 것은?

① 구상단계에서 작성된 시스템안전 프로그램 계획을 실시한다.
② 장치 설계에 반영할 안전성 설계기준을 결정하여 발표한다.
③ 예비위험분석을 완전한 시스템안전 위험분석으로 경신 발전시킨다.
④ 운용안전성 분석을 실시한다.

해설

설계단계 : 설계단계에서 이루어져야 할 시스템 안전부분의 작업은 다음과 같다.
① 구상단계에서 작성된 시스템안전 프로그램계획을 실시할 것
② 시스템의 설계에 반영할 안전성 설계기준을 결정하여 발표할 것
③ 예비위험분석(PHA)을 시스템안전 위험분석(SSHA : system safety hazard and analysis)으로 바꾸어 완료 시킬 것
④ 하청업자나 대리점에 대한 사양서중에 시스템 안전성 필요사항을 정의하여 포함시킬 것
⑤ 시스템 안전성이 손상되지 않게 하기 위해 설계 트레이드오프 회의에 참가할 것
⑥ 안전성 부분의 모든 결정 사항을 문서로 하여 현행의 정확한 시스템안전에 관한 파일로 하여 보존할 것

77
운영안전성분석(OSA)은 제품개발사이클의 무슨 단계에서 실시하는가?

① 구상단계
② 설계단계
③ 제조, 조립 및 시험단계
④ 운영단계

해설

제조, 조립 및 시험단계
① 사고를 최소화하고 제어하기 위하여 시스템 안전성 사고 분석(SSHA)에서 지정된 전 조치의 실시를 보증하는 계통적인 감시, 확인 프로그램을 확립하여 실시할 것
② 운영 안전성 분석(OSA : operational safety analysis)을 실시할 것
③ 요소 및 서브시스템의 설계에 있어서 달성된 안전성이 손상되는 일이 없도록 제조, 조립 및 시험방법과 과정을 검토하여 평가할 것
④ 제조 환경이 제품의 안전설계를 손상하지 않도록 산업 안전성과 협력할 것
⑤ 위험한 상태를 유발할 수 있는 모든 결함에 대해서는 정보의 피드백 시스템을 확립할 것
⑥ 품질보증요원이 이용할 수 있는 안전성의 검사 및 확인에 관한 시험법을 정할 것
⑦ 안전성을 보증하기 위하여 일어날 수 있는 변화를 예측하고 그것에 수반되는 재설계나 변경을 개시할 것

78
제품개발사이클의 제단계에서 시스템안전공학의 실증과 검사를 하는 단계는?

① 구상단계
② 설계단계
③ 제조, 조립 및 시험단계
④ 운용단계

해설

설비도입 및 제품개발 사이클의 제단계
(1) 구상단계 : 시스템안전계획의 작성, 예비위험분석의 작성, 안전성에 관한 정보 및 문서 파일의 작성, 포함되는 사고가 방침결정과정에서 고려되기 위한 구상정식화 회의에의 참가
(2) 설계 및 발주성 작성단계 : 시스템안전의 실제의 유용성은 이 단계에서 결정된다.
(3) 제조 또는 설치조립 및 시험단계 : 이 단계에서는 식별되고 이어 시스템의 운용보존설명서 속에 구체화하여 포함시킬 안전성 필요사항이 작성된다.
(4) 운용단계 : 시스템안전공학의 실증과 감시의 단계로 다음 사항이 이루어져야 한다.
  ① 모든 운용, 보전 및 위급시의 절차를 평가하여 그들이 설계시에 고려된 바와 같은 타당성이 있느냐의 여부를 식별할 것
  ② 안전성이 손상되는 일이 없도록 조작장치, 사용설명서의 변경과 수정을 평가할 것
  ③ 제조, 조립 및 시험단계에서 확립된 고장의 정보 피드백 시스템을 유지할 것
  ④ 바람직한 운용 안전성 레벨의 유지를 보증하기 위하여 안전성 검사를 할 것
  ⑤ 사고와 그 유발 사고를 조사하고 분석할 것
  ⑥ 위험상태의 재발방지를 위해 적절한 개량조치를 강구할 것

79
위험 및 운전성 검토(HAZOP)에서 사용되는 용어 중에서 어떤 부분이 어떻게 작동될 것으로 기대된 것을 뜻하는 용어로 바른 것은 다음 중 어느 것인가? (단, 이것은 서술적일 수도 있고 도면화 될 수도 있다.)

① 의도(Intention) ② 이상(Deviations)
③ 원인(Causes) ④ 결과(Consequences)

해설
위험 및 운전성 검토에서 사용되는 중요 용어
① 의도(intention) : 의도는 어떤 부분이 어떻게 작동될 것으로 기대된 것을 뜻한다. 이것은 서술적일 수도 있고 도면화 될 수도 있다.
② 이상(異狀 ; deviation) : 이상은 의도에서 벗어난 것을 뜻하며 guide words(유인어 : 창조적 사고를 유도하고 자극하여 이상을 한정하기 위해 사용된다)를 체계적으로 적용하여 얻어진다.
③ 원인(causes) : 이상이 발생한 원인을 뜻한다.
④ 결과(consequences) : 이상이 발생한 경우 그의 결과이다.
⑤ 위험(hazard) : 손상, 부상 또는 손실을 초래할 수 있는 결과를 뜻한다.

80
위험 및 운전성 검토에서 검토목적에 타당하지 않은 것은?

① 설계 검사
② 설비의 정량적인 위험성 평가
③ 설비구매 여부의 결정
④ 기존 설비의 안전도 개선

해설
위험 및 운전성 검토의 검토목적
① 기존시설의 안전도 향상
② 설비구입 여부결정
③ 설계의 검사
④ 작업수칙의 검토
⑤ 공장건설 여부와 건설장소 결정
⑥ 공급자에게 문의사항 획득

81
위험 및 운전성 검토(HAZOP)에서 실질상의 증가를 나타내는 유인어는?

① MORE LESS ② AS WELL AS
③ AS MORE AS ④ MUCH LESS

해설
유인어(guide words) : 간단한 용어(말)로서 창조적 사고를 유도하고 자극하여 이상을 발견하고 의도를 한정하기 위하여 사용되는 것으로 다음과 같은 의미를 나타낸다.
① No 또는 Not : 설계의도의 완전한 부정
② More 또는 Less : 양(압력, 반응, flow rate, 온도 등)의 증가 또는 감소
③ As well as : 성질상의 증가(설계의도와 운전조건이 어떤 부가적인 행위와 함께 일어남)
④ Part of : 일부변경, 성질상의 감소(어떤 의도는 성취되나 어떤 의도는 성취되지 않음)
⑤ Reverse : 설계의도의 논리적인 역
⑥ Other than : 완전한 대체(통상 운전과 다르게 되는 상태)

82
위험 및 운전성 검토를 위한 검토팀을 구성할 경우 팀원으로서 적당치 않은 사람은?

① 기계기술자 ② 현장근로자 대표
③ 연구개발 담당자 ④ 프로젝트 관리자

해설
팀의 구성
① 기술적인 팀 구성원 : 기계기술자, 화공기술자, 계량 및 전기기술자, 토목기술자, 연구개발 담당자, 생산부장, 프로젝트 관리자, 공장설계 책임자 등
② 지원팀 구성원 : 검토담당자, 서기(검토를 통하여 발견된 위험요인을 기록하는 자)

83
위험 및 운전성 검토를 수행하기 위하여 필요한 4단계 준비작업에 적합하지 않은 것은?

① 자료의 수집
② 안전수칙의 작성
③ 검토순서 계획의 수립
④ 필요한 회의 소집

해설
검토준비작업의 4단계
① 1단계 : 자료의 수집
② 2단계 : 수집된 자료를 적당한 형태로 수정
③ 3단계 : 검토순서 계획의 수립
④ 4단계 : 필요한 회의 소집

Answer ▶ 79. ① 80. ② 81. ② 82. ② 83. ②

84
설계단계의 위험 및 운용성 검토에서 일반적으로 위험을 억제하기 위한 조치와 거리가 먼 것은?

① 공정의 변경(방법 및 원료 등)
② 생산 목표의 변경
③ 인간존중
④ 재산보호

해설

위험 및 운전성 검토에서 위험을 억제하기 위한 조치사항
① 공정의 변경(원료, 방법 등)
② 공정조건의 변경(압력, 온도 등)
③ 설계외형의 변경
④ 작업방법의 변경

85
위험 및 운전성 검토를 수행하기에 가장 좋은 시점은 어느 단계인가?

① 설계준비단계   ② 설계초기단계
③ 설계완료단계   ④ 설계중간단계

해설

위험 및 운전성 검토를 수행하기 가장 좋은 시점은 설계완료(design freeze)단계로서 설계가 상당히 구체화된 시점이다.

86
위험 및 운전성 검토의 절차에서 제 4단계에 해당하는 것은?

① 목적과 범위결정   ② 검토 준비
③ 검토 실시   ④ 후속조치 후 결과기록

해설

검토 절차
① 1단계 : 목적과 범위 결정 ② 2단계 : 검토팀의 선정
③ 3단계 : 검토 준비   ④ 4단계 : 검토 실시
⑤ 5단계 : 후속조치 후 결과기록

87
위험 및 운전성 검토에서의 검토절차를 다음 보기를 가지고 옳게 나타낸 것은?

| 1. 검토팀 선정 | 2. 검토준비 및 실시 |
| 3. 목적과 범위 결정 | 4. 후속조치 후 결과기록 |

① 1-2-3-4   ② 3-1-2-4
③ 4-2-1-3   ④ 4-3-2-1

88
기계설비의 배치에 대한 안전성 평가에서 검토해야 할 사항이 아닌 것은?

① 작업의 흐름에 따라 기계를 배치한다.
② 기계설비를 통로측에 설치할 수 없을 경우에는 작업자가 통로쪽으로 등을 향하여 일하도록 배치하여야 한다.
③ 비상시에 쉽게 대비할 수 있는 통로를 마련하고 사고 진압을 위한 활동통로가 반드시 마련되어야 한다.
④ 공장내외는 안전한 통로를 두어야 하며, 통로는 선을 그어 작업장과 명확히 구별하도록 한다.

해설

시설배치에 따른 안전성 평가시 검토해야 할 사항
① 작업의 흐름에 따라 기계를 배치한다.
② 기계설비 주위에 충분한 운전공간, 보수점검 공간을 확보한다.
③ 공장 내외는 안전한 통로를 두어야 하며, 통로는 선을 그어 작업장과 명확히 구별하도록 한다.
④ 기계설비를 통로측에 설치할 수 없을 경우에는 작업자가 통로쪽으로 등을 향하여 일하지 않도록 배치한다.
⑤ 원재료나 제품을 놓을 장소는 충분히 확보한다.
⑥ 기계설비의 설치에 있어서 기계설비의 사용중 필요한 보수, 점검이 용이하도록 배치한다.
⑦ 비상시 쉽게 대피할 수 있는 통로를 마련하고 사고 진압을 위한 활동 통로가 반드시 마련되어야 한다.
⑧ 장래의 확장을 고려하여 배치한다.

89
어떤 개인이 주어진 업종에 1년간 종사하다가 사망할 확률을 개인연간사망률 또는 1인당 연간사망률이라고 할 때 일반적으로 산업재해의 위험률 수준이 어느 정도 이상이 되어야 재해감소의 노력을 하는가?

① 10^{-3} ② 10^{-2}
③ 10^{-5} ④ 10^{-8}

해설

위험률 수준이 10^{-3} 정도 되었을 때 인간은 위험률 수준을 줄이기 위한 방어적인 수단을 요구하게 되며, 위험률 수준이 10^{-5} 정도가 되면 위험을 줄이기 위한 노력을 하지 않아도 된다(위험성 분석에서 사용되는 위험률 수준의 일반적 목표 : 10^{-5} 정도).

2 과목

종합예상문제
[인간공학 및 위험성 평가관리]

종 / 합 / 예 / 상 / 문 / 제

01
인간-기계 체계의 주목적은 다음 중 어느 것인가?

① 안전의 최대화와 능률의 극대화
② 경제성과 보전성
③ 신뢰성 향상과 사용도 확보
④ 피로의 경감

해설
인간공학의 목적은 안전성과 능률의 향상을 위해서이다.

02
인간기계 체계 설계 시 인간공학적 해석방법이 아닌 것은?

① 링크해석법 ② 웨이트식 중요빈도법
③ 공간지수법 ④ 워크샘플링법

해설
워크샘플링은 작업상태분석방법이다.

03
인간 · 기계체계에서 의사결정을 실행에 옮기는 과정에 해당되는 사항은?

① 기억 ② 입력
③ 출력 ④ 감지

해설
의사결정을 실행에 옮기는 단계는 출력(out put)이다.

04
인간-기계체계의 link 분석에서 link란 무엇을 의미하는가?

① 인간과 인간사이의 의사소통
② 인간과 기계사이의 정보처리
③ 기계와 기계사이의 원재료의 전달
④ 인간-기계체계 구성요소간의 기능적 상호작용

05
인간의 작업 활동상태를 조사하는 경우에 통계학의 확률론에 의거하여 작업 활동상태를 조사하는 방법은?

① 워크샘플링 ② 시간연구
③ 동작연구   ④ 사례연구

해설
워크샘플링은 관측회수를 이용하여 작업상태를 분석하는 방법이다.

06
기계보다 인간이 우수한 면은 무엇인가?

① 위험한 환경에서도 업무수행
② 의외의 부조화에도 일을 진행
③ 관계없는 외부요인에도 둔감
④ 각기 다른 과업을 동시에 수행

해설
②는 인간의 우수한 면, ①, ③, ④는 기계의 우수한 면이다.

07
인간 - 기계 시스템(man-machine system)의 설계단계에 중요하게 고려되어야 할 사항 중 틀린 것은?

① 인간과 기계와의 작업분담 한계
② 인간 기계의 융합
③ 전체시스템의 신뢰도 및 수행도 평가
④ 기계의 수명

Answer ● 01. ① 02. ④ 03. ③ 04. ④ 05. ① 06. ② 07. ④

08
인간과 기계관계에서 인간이 사용한 기능이 기계보다 유리하지 못한 것은?

① 대량 DATA 정리기능 요구시
② 패턴의 판별 요구시
③ 귀납적 추리력 요구시
④ 정보의 판별

해설
① 대량 DATA 정리기능 : 인간보다 기계가 유리하다.

09
직무분석(job analysis)기법으로 적당하지 않은 것은?

① 관찰조사에 의한 방법
② 자기진술서에 의한 방법
③ 면접에 의한 방법
④ 질문표에 의한 방법

해설
직무분석 방법
① 면접법
② 질문지법
③ 직접관찰법
④ 일지작성법
⑤ 결정사건기법(직무를 수행하는데 결정적인 행동들을 기록하는 방법)
⑥ 혼합방식

10
인간공학은 인간의 지각, 감각, 사고, 욕구 및 그리고 무엇의 안전을 유지하는 것인가?

① 성숙
② 감정
③ 매개체
④ 사회성

11
기계의 기능 체계에 속하지 않는 것은 어느 것인가?

① 경고 신호
② 정보저장
③ 행동기능
④ 정보의 처리

해설
인간-기계 기능계에서 기능은 ① 감지(sensing) ② 정보저장(information storage) ③ 정보처리 및 결심(information processing and decision) ④ 행동기능(action function)의 4가지 형태로 분류한다.

12
인간이 기계보다 우수한 기능은?

① 드물게 발생하는 사상의 감지
② 모니터 기능
③ 의외의 부조화에도 유효한 행동
④ 연역적 추리 기능

해설
인간은 상황적 요구에 따라 적응적인 결정을 하며, 비상사태에 대처하여 임기응변할 수 있는 능력을 가지고 있다.

13
다음 중 인간의 외적 정보에 대한 반응시간과의 관계가 가장 먼 것은 어느 것인가?

① 인지
② 식별
③ 판단
④ 예민성

해설
인간의 외적 정보에 대한 반응시간에 영향을 끼치는 것은 인지, 식별, 판단, 의지(will)이다.

14
기계의 단점이나 제한점에 속하지 않는 것은?

① 융통적이지 못하다.
② 과거의 경험이나 실수로부터 아무런 도움을 얻지 못한다.
③ 임기응변을 하지 못한다.
④ 쉽게 피로해진다.

해설
④는 인간의 단점에 해당된다.

15
대부분의 체계가 공통적으로 갖는 일반적인 특성에 해당되지 않는 것은?

① 체계의 가치
② 임무 및 기본기능
③ 입력 및 출력
④ 통신유대

해설
체계가 공통적으로 갖는 일반적 특성
① 체계의 목적
② 임무 및 기본기능
③ 입력 및 출력
④ 통신유대
⑤ 절차

Answer 08. ① 09. ② 10. ② 11. ① 12. ③ 13. ④ 14. ④ 15. ①

16
시스템 퍼포먼스(SP)와 휴먼에러(HE)와의 관계는 SP = f(HE) = k · HE로 나타낸다. 다음 중 휴먼에러가 시스템 퍼포먼스(System performance)에 대하여 아무런 영향(effect)을 주지 않는 것은?

① k≒1　　② k < 1
③ k > 1　　④ k≒0

17
인간에러 원인의 수준적 분류 중 작업자 자신으로부터 발생한 에러를 무엇이라 하는가?

① Primary error　　② Secondary error
③ Third error　　④ Command error

18
어떤 장치에서 이상을 알려주는 경보기가 있어서 그것이 울리면 일정시간 이내에 장치의 운전을 정지하고, 상태를 점검하여 필요한 조치를 하여야 한다. 장치에 고장이 발생된 상황을 조사한 즉, 이 작업자는 두 개의 장치에 대해서 같은 일을 담당하고 있고, 그 장치는 장소적으로 떨어져 있기 때문에 한쪽에 가까이 있을 때에 다른 쪽의 경보가 울리면 시간 내 조정을 할 수 없었다면 이때의 error는?

① primary error　　② secondary error
③ command error　　④ omission error

19
Human error에 해당되지 않는 것은?

① 필요한 task 혹은 절차 등을 수행하지 않으므로 인한 error
② 불필요한 task 혹은 절차 등을 개선하지 않으므로 인한 error
③ 필요한 task 혹은 절차의 순서를 잘못 이해하므로 인한 error
④ 불필요한 task 혹은 절차를 수행하므로 인한 error

해설
인간과오의 심리적인 분류(Swain)
① 오미션 에러(omission error) : 필요한 작업(task) 또는 절차를 수행하지 않는데 기인한 과오(error)
② 타임 에러(time error) : 필요한 작업 또는 절차의 수행지연으로 인한 과오
③ 커미션 에러(commission error) : 필요한 작업 또는 절차의 불확실한 수행으로 인한 과오
④ 시퀀셜 에러(sequential error) : 필요한 작업, 절차의 순서착오로 인한 과오
⑤ 엑스트레니어스 에러(extraneous error) : 불필요한 작업 또는 절차를 수행함으로서 기인한 과오

20
Tension level을 적절하게 설명한 것은?

① 긴장과 주의력의 기준
② 주의력의 지속수준
③ 주의수준
④ 긴장수준

해설
Tension level은 긴장수준을 나타내는 것으로 긴장수준이 저하하면 인간의 기능도 저하하고 주관적으로도 여러 가지 불쾌증상을 일으킴과 동시에 사고경향이 커진다.

21
현실적으로 시스템을 사용하는 때에는 정비나 보수가 필수불가결한 작업이다. 이러한 작업들로 인해 시스템의 신뢰도함수가 가장 크게 영향을 받는 구조는?

① 대기구조　　② n중 K구조
③ 병렬구조　　④ 직렬구조

해설
시스템을 구성하는 여러 개의 요소가 직렬로 연결되었을 경우에는 한 요소의 고장으로 인해 정비 또는 보수를 하게 되면 그 요소는 기능을 잃은 상태가 되기 때문에 시스템의 신뢰도는 큰 영향을 받게 된다.

22
신뢰도 r인 요소 n개가 직렬로 구성된 시스템의 신뢰도는?

① $\prod_{i=1}^{n} R_i$　　② $1 - \prod_{i=1}^{n} R_i$

Answer ● 16. ④　17. ①　18. ③　19. ②　20. ④　21. ④　22. ①

③ $1-\prod_{i=1}^{n}(1-R_i)$ ④ $\prod_{i=1}^{n}(1-R_i)$

해설

① 직렬연결 : $R_S = \prod_{i=1}^{n} R_i$

② 병렬연결 : $P_p = 1 - \prod_{i=1}^{n} R_i(1-R_i)$

23
그림과 같은 압력탱크 용기에 연결된 두 개의 안전밸브의 신뢰도를 구하고자 한다. 안전밸브 하나의 신뢰도를 r이라 할 때 안전밸브 전체의 신뢰도는?

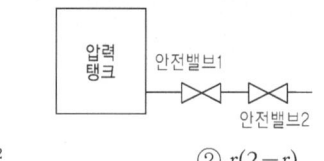

① r^2 ② $r(2-r)$
③ $r(1-r)$ ④ $(1-r)^2$

해설

안전밸브 1과 2가 직렬로 연결되어 있으므로 안전밸브 전체의 신뢰도 = r×r = r^2

24
다음의 그림은 어떤 시스템의 흐름도를 그린 것이다. 전 시스템의 신뢰도는 얼마인가? (단, O속에 있는 수치는 각 구성요소의 신뢰도임)

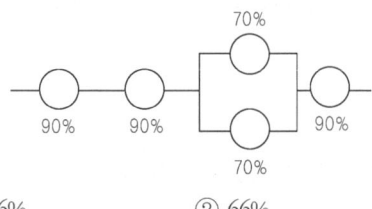

① 56%   ② 66%
③ 76%   ④ 86%

해설

R = 0.9×0.9×[1-(1-0.7)(1-0.7)]×0.9 = 0.66 ≒ 66%

25
인간과 기계계에서 병렬로 연결된 작업의 신뢰도를 구하시오. (단, 인간은 80%, 기계는 98%의 신뢰도를 갖고 있다.)

① 99.6%   ② 98.6%
③ 97.6%   ④ 95.6%

해설

R(신뢰도) = 1-(1-0.8)(1-0.98) = 0.996 = 99.6%

26
직장의 안전점검 중 설비의 안전상태 유지 확보를 위한 가장 적합한 점검방법은?

① 설계 사전검사   ② 수입검사
③ 시업검사(始業檢査)   ④ 기본 동작검사

해설

시업검사는 설비의 안전상태 유지확보를 위해 작업을 시작하기 전에 설비에 대한 안전점검을 말한다.

27
고장형태 중 감소형은 어느 고장기간에 나타나는가?

① 초기고장기간   ② 우발고장기간
③ 마모고장기간   ④ 피로고장기간

해설

고장형태
1) 초기고장 : 감소형   2) 우발고장 : 일정형
3) 마모고장 : 증가형

28
일정한 고장률을 가진 어떤 기계의 고장률이 0.004일 때 10시간 이내에 고장을 일으키는 확률은 얼마인가?

① $e^{-0.004}$ ② $e^{-0.04}$
③ $1-e^{-0.004}$ ④ $1-e^{-0.04}$

해설

$F_{(t=10)} = 1-R_{(t=10)}$
$= 1-e^{-\lambda t} = 1-e^{-0.004\times10} = 1-e^{-0.04}$

29
어떤 설비의 시간당 고장률이 일정하다고 한다. 이 설비의 고장간격은 다음 중 어떤 확률분포를 따르는가?

① t분포   ② Erlang분포
③ 와이블분포   ④ 지수분포

Answer ➡ 23. ① 24. ② 25. ① 26. ③ 27. ① 28. ④ 29. ④

30
실사용에 앞서서 최대허용정격조건 등의 가혹한 조건으로 수시간 내지 수일간 동작시켜 초기고장의 원인으로 되어 있는 고장원을 되도록 짧은 시간 내에 토해 내도록 하는 과정을 무엇이라고 하는가?

① 설계검사(design review)
② 예방보전(preventive maintenance)
③ 디버깅(debugging)
④ 스크리닝(screening)

해설
디버깅(debugging)기간 : 초기고장의 결함을 찾아내 고장률을 안정시키는 기간

31
다음 설명은 어떤 설비보전방식인가?

> 설비를 항상 정상, 양호한 상태로 유지하기 위한 정기검사와 초기의 단계에서 성능의 저하나 고장을 제거하여 조정 또는 수복하기 위한 설비의 보수 활동을 뜻한다.

① 예방보전(preventive maintenance)
② 일상보전(routine maintenance)
③ 개량보전(corrective maintenance)
④ 예지보전(predictive maintenance)

32
fool-proof라는 것은 인간이 실수를 범하지 못하도록 고안한 설계이다. 다음 중 fool-proof에 해당되지 않는 것은?

① 병렬구조   ② 격리
③ 기계화   ④ lock

해설
병렬구조는 중복구조라고도 하며 fail safe에 해당된다. fail safe에는 다경로하중구조(병렬구조), 분할구조(조합구조), 교대구조(대기병렬구조, 지원구조), 하중경감구조 등이 있다.

33
설비열화형 기계 설비를 전체적으로 대수리, 점검하는 것을 무엇이라 하는가?

① 오버홀(over haul)   ② 월례점검
③ 일상점검   ④ 정기검사

해설
오버홀(over haul) : 기계류를 완전히 분해하여 점검, 수리, 조정하는 일

34
어떤 전자기기의 수명은 지수분포를 따르며, 그 평균수명은 1,000시간이라고 할 때 500시간 동안 고장 없이 작동할 확률은 얼마인가?

① $1-e^{0.5}$ ② $e^{0.5}$
③ $1/2$ ④ $e^{-500/1000}$

해설
$R(t=1,000) = e^{-\lambda \cdot t} = e^{-500/1000}$

35
자동제어 중 feed back 제어에 대한 설명으로 틀린 것은?

① 순서에 의하여 실행한다.
② 폐회로(closed-loop)제어라 한다.
③ 제어의 목표치와 결과치를 항상 밝힌다.
④ 자동화 기기와 같이 연속적인 조정을 필요로 한다.

36
기초대사율은 활동하지 않은 상태에서 신체기능을 유지하는데 필요한 대사량이다. 성인의 경우 기초대사량은?

① 1,200~1,500 kcal/일
② 1,500~1,800 kcal/일
③ 1,800~2,100 kcal/일
④ 2,100~2,400 kcal/일

Answer ● 30. ③ 31. ① 32. ① 33. ① 34. ④ 35. ① 36. ②

37
작업 공간 설계에 있어 수평작업대의 설계기준에 맞는 것은?

① 상체활동범위와 손작업 범위
② 수작업 범위와 작업대의 넓이
③ 정상작업역과 최대작업역
④ 작업자의 체격과 작업조건

해설
① **정상작업역** : 상완을 자연스럽게 수직으로 늘어뜨린 채, 전완만으로 편하게 뻗어 파악할 수 있는 구역(34~45cm)
② **최대작업역** : 전완과 상완을 곧게펴서 파악할 수 있는 구역(55~65cm)

38
신체의 안정성을 증대시키는 조건이 아닌 것은?

① 기저(基底)를 작게 한다.
② 몸의 무게중심을 낮춘다.
③ 몸의 무게중심을 기저(基底) 내에 들게 한다.
④ 모멘트의 균형을 생각한다.

39
정신 신경기능을 중심으로 피로도를 측정하는 경우의 측정대상이 아닌 것은?

① 지각역치   ② 반응시간
③ 에너지 대사 ④ 안구운동

해설
피로도 측정방법 중 정신·신경기능검사의 측정대상 : 프릿커치, 반응시간(단순반응, 선택반응), 안구운동, 뇌파, 시각(정지시력, 동체시력), 청각(청력, 변별력), 촉각(지각역치), 주의력 및 집중력

40
아래 그림은 앉은 자세로 수리작업을 하는 특수작업역을 나타내고 있다. 다음 중 맞는 것은?

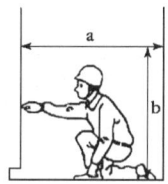

① a=80cm, b=90cm
② a=90cm, b=100cm
③ a=100cm, b=110cm
④ a=110cm, b=120cm

해설
특수작업역

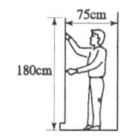 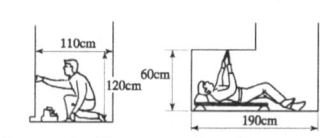
① 선 자세   ② 쪼그려 앉은 자세   ③ 누운 자세

④ 의자에 앉은 자세 ⑤ 구부린 자세 ⑥ 엎드린 자세

41
서서하는 작업에서 사용하는 작업대의 적절한 높이는?

① 팔꿈치 높이
② 팔꿈치 높이 보다 5~10cm 높게
③ 팔꿈치 높이 보다 5~10cm 낮게
④ 섬세한 작업일수록 더 낮게

42
수평작업대에서의 작업 시 작업자의 어깨중심선과 작업대와의 최적거리는?

① 15cm   ② 19cm
③ 23cm   ④ 25cm

해설
어깨중심선과 작업대 간격 : 19cm

43
여자가 서서 작업을 하는 경우 작업 점의 위치가 신체의 전방 20cm일 때 가장 적당한 작업 점의 높이는?

① 75cm   ② 80cm
③ 85cm   ④ 90cm

Answer ▶ 37. ③ 38. ① 39. ③ 40. ④ 41. ③ 42. ② 43. ③

해설
서서 작업을 하는 경우 가장 적당한 작업점의 높이는, 남자는 90cm, 여자는 85cm로 되어 있다.

44
회전운동을 하는 조종구와 같은 조종장치의 반경이 5cm이고 60° 움직였을 때, 선형 표시장치의 눈금이 6.28cm 움직였다. 이때의 통제표시비는?

① 30 ② 60
③ 1.256 ④ 0.833

해설
$$C/D = \frac{a/360 \times 2\pi L}{\text{표시 계기 의 이동 거 리}}$$
$$= \frac{60/360 \times 2 \times 3.14 \times 5}{6.28}$$
$$= 0.833$$

45
통제기기에서 통제기기의 변위를 2cm 움직였을 때 표시계의 지침이 8cm 움직였다면 이 기기의 통제/표시비(C/D)는 얼마인가?

① 0.6 ② 0.20
③ 0.25 ④ 0.80

해설
C/D = 2/8 = 0.25

46
기계는 안전과 능률을 위한 통제기능을 갖고 있다. 이 기능에 속하지 않는 것은 어느 것인가?

① 반응에 의한 통제
② 진행과정에 의한 통제
③ 개폐에 의한 통제
④ 양의 조절에 의한 통제

해설
통제장치의 유형
① 양의 조절에 의한 통제 : 투입되는 원료, 연료량, 전기량(저항, 전류, 전압), 음량, 회전량 등의 양을 조절하여 통제하는 장치
② 개폐에 의한 통제 : S/W on-off로 동작자체를 개시하거나 중단하도록 통제하는 장치
③ 반응에 의한 통제 : 계기, 신호 또는 감각에 의하여 행하는 통제장치(자동경보시스템)

47
기계의 통제장치 형태 중 개폐에 의한 통제장치는 어느 것인가?

① 놉(Knob)
② 토글스위치(Toggle switch)
③ 레버(lever)
④ 크랭크(Crank)

해설
기계 통제장치의 유형
① 양의 조절에 의한 통제 : 연속조절(Knob, crank, handle, lever, pedal 등)
② 개폐에 의한 통제 : 불연속조절(수동푸시버튼, 발푸시버튼, 토글스위치, 로타리스위치 등)
③ 반응에 의한 통제 : 자동경보시스템

48
조종–표시장치 이동비율(C/D)에 따른 이동시간과 조종시간의 관계를 가장 잘 나타낸 그림은?

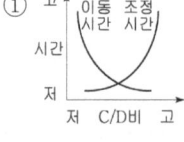 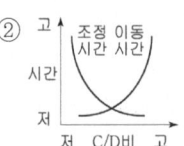
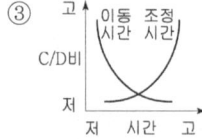 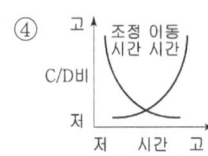

해설
C/D비가 감소함에 따라 이동시간을 급격히 감소하다가 안정되며, 조정시간은 이와 반대의 형태를 갖는다.

49
다음 중 연속조절통제기가 아닌 것은?

① 토글(Toggle) 스위치
② 놉(Knob)
③ 페달(Pedal)
④ 핸들(Handle)

Answer ▶ 44. ④ 45. ③ 46. ② 47. ② 48. ① 49. ①

해설

연속조절통제기기 : 놉(knob), 페달(Pedal), 핸들(Handle), 크랭크(Crank), 레버(Lever) 등

50
주어진 자극에 대하여 인간이 반응할 수 있는 최대 정보량은?

① channel capacity
② chunk
③ bottle
④ sensory motor system

해설

channel capacity : 경로용량이라 하며, 이것은 주어진 자극에 대하여 인간이 반응할 수 있는 최대정보량을 나타내는 것이다.

51
디스플레이가 형성하는 수평 최적목시각(目視覺)은 몇 도인가?

① 좌우 15° ② 좌우 25°
③ 좌우 35° ④ 좌우 45°

해설

디스플레이(display)가 형성하는 목시각
① 수평 : 최적조건(15° 좌우), 제한조건(95° 좌우)
② 수직 : 최적조건(0~30° 하한), 제한조건(75° 상한, 85° 하한)
③ 정상작업 위치에서 모든 디스플레이를 보기 위한 조업자 시계 : 60°~90°

52
인간이 원하는 정보를 검출함에 있어, 주변소음(noise)의 영향을 파악하려는 경우 다음 중 어떤 분야의 이론에 가장 관계가 있는가?

① 정보처리이론 ② 신호검출이론
③ 웨버의 법칙   ④ 상대식별

해설

신호검출이론(TSD)의 의의 : 잡음(noise)에 실린 신호분포는 잡음만의 분포와 뚜렷이 구분되어야 하고, 또한 어느 정도의 중첩이 불가피한 경우에는(허위경보와 신호를 검출하지 못하는 과오 중) 어떤 과오를 좀더 묵인할 수 있는가를 결정하여 관측자의 판정기준설정에 도움을 주어야 한다.

53
양립성이란 인간의 기대가 자극들, 반응들, 혹은 자극-반응조합에 모순되지 않는 관계를 말한다. 다음 중 양립성의 분류에 속하지 않는 것은?

① 공간적 양립성   ② 형태적 양립성
③ 개념적 양립성   ④ 운동 양립성

해설

양립성의 종류 : 공간적 양립성, 개념적 양립성, 운동 양립성, 양식 양립성

54
정보를 음성적으로 의사소통하는 것이 효과적일 때는 어느 경우인가?

① 정보가 어렵고 추상적일 때
② 여러 종류의 정보를 동시에 제시해야 할 때
③ 정보가 긴급할 때(빨리 제시)
④ 정보의 영구적인 기록이 필요할 때

해설

①, ②, ④의 경우는 시각적 표시장치를 사용하는 것이 효과적이다.

55
산업안전 표지 중 보행금지는 걷는 사람을, 독극물 경고는 해골과 뼈로 나타내고 있다. 이처럼 사물이나 행동을 단순하고 정확하게 나타낸 부호는?

① 묘사적 부호   ② 추상적 부호
③ 사실적 부호   ④ 임의적 부호

해설

사물이나 행동을 단순하고 정확하게 묘사한 부호는 묘사적 부호이다.

56
글자 B의 높이가 9cm일 때 글자의 폭 x를 얼마로 하여야 글자 식별에 있어 오독률이 가장 적은가?

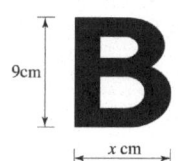

Answer 50. ① 51. ① 52. ② 53. ② 54. ③ 55. ① 56. ②

① 3cm   ② 6cm
③ 9cm   ④ 12cm

해설

1) 글자의 굵기 : 글자의 폭 : 글자의 높이
   = 1 : 4 : 6에서 오독률이 가장 적어진다.
2) 4 : 6 = x : 9

$$x = \frac{4 \times 9}{6} = 6\text{cm}$$

57
인간이 전화기 등의 전자기기를 통해 의사전달을 하는 경우 원래의 육성음과는 상당히 차이가 있는 소리가 청취자에게 전달된다. 이런 경우를 '첨두삭제'라 하는데 다음 중 첨두삭제의 효과는?

① 약한 자음이 강화된다.
② 약한 모음이 강화된다.
③ 강한 자음이 약화된다.
④ 강한 모음이 약화된다.

해설

첨두삭제(peak clipping)는 음파의 첨두치들을 제거하고 중간부분만을 남기는 것을 말하며 상당한 첨두삭제(20dB 정도)를 하더라도 음성이해도는 거의 영향을 받지 않는다. 진폭은 균일하게 되며, 모음의 진폭은 자음과 같아지고, 삭제된 신호를 원신호 수준으로 재증폭하면, 음성의 최고수준(따라서 증폭기, 송신기 등의 소요출력)을 증가시키지 않더라도 약한 자음이 강화된다.

58
진전(tremor)을 감소시킬 수 있는 손의 높이는?

① 입 높이   ② 심장높이
③ 배꼽높이 ④ 무릎높이

해설

손이 심장높이에 있을 때가 손떨림(hand tremor)이 적다.

59
발로 조작하는 족동조종장치는 발판의 각도가 수직으로부터 몇 도인 경우가 답력이 가장 큰가?

① 0~15°   ② 12~35°
③ 35~50° ④ 50~75°

해설

족동조종장치(foot control)는 발판각도가 수직으로부터 15~35°인 경우에 답력이 가장 크다.

60
균형 잡힌 동전 2개를 던져서 나타나는 앞면의 수를 자극정보라 하자. 이 자극의 불확실성은 얼마인가?

① 0.5bit   ② 1.0bit
③ 1.5bit   ④ 2.0bit

해설

자극의 불확실성 : $\log_2 N = \log_2 2 = 1.0\text{bit}$

61
진전(tremor)과 표동(drift)이 문제가 되는 동작은?

① 정지조정(static reaction)
② 계열동작(serial movement)
③ 연속동작(continuous movement)
④ 반복동작(repetitive movement)

62
다음 중 사정효과(range effect)를 바르게 설명한 것은?

① 조작자가 움직일 수 있는 속도나 조종장치에 가할 수 있는 힘에는 상한이 있다.
② 조작자는 작은 오차에는 과잉 반응, 큰 오차에는 과소 반응한다.
③ 조작자는 비 우발적인 입력신호는 미리 알 수 있다.
④ 조작자는 오차가 인식의 한계를 넘을 때까지는 반응하지 못한다.

해설

사정효과 : 작은 오차에는 과잉반응, 큰 오차에는 과소반응을 하는 것

Answer ➡ 57. ① 58. ② 59. ② 60. ② 61. ① 62. ②

63
물체의 안전성을 유지하는 조건을 설명한 것 중 거리가 먼 것은?

① 중심위치를 가급적 지점 아래 오도록 한다.
② 마찰력을 크게 한다.
③ 접촉면적을 적게 한다.
④ 물체중심의 흔적이 기저 안에 떨어지도록 한다.

해설
②항 : 마찰력을 작게 한다.

64
조사연구자가 특정한 연구 목적을 생각하고 있을 때 어떤 상황에서 실시할 것인가를 선택하여야 한다. 즉, 실험실 환경에서도 가능하고 실제 현장 연구도 가능하다. 이중 현장 연구를 수행했을 경우 장점은?

① 비용절감
② 실험조건 조절용이
③ 자료의 정확성
④ 적절한 작업변수 설정가능

해설
①, ②, ④항 : 실험실 연구의 장점

65
다음 중 lay out의 원칙인 것은?

① 인간이나 기계의 흐름을 라인화한다.
② 사람이나 물건의 이동거리를 단축하기 위해 기계배치를 분산화한다.
③ 운반작업을 수작업화한다.
④ 중간중간에 중복부분을 만든다.

해설
②항 : 사람이나 물건의 이동거리를 단축하기 위해 기계배치를 집중화한다.
③항 : 운반작업을 기계화한다.
④항 : 중복부분을 없앤다.

66
인체의 피부감각 중 민감한 순서대로 나열된 것은?

① 압각 – 온각 – 냉각 – 통각
② 냉각 – 통각 – 온각 – 압각
③ 온각 – 냉각 – 통각 – 압각
④ 통각 – 압각 – 냉각 – 온각

67
흰 바탕에 검은 문자나 숫자의 경우 최적 독해성을 주는 획폭비(stroke width ratio)로 적당한 것은?

① 1 : 5
② 1 : 8
③ 1 : 10
④ 1 : 13.3

해설
1) 문자나 숫자의 획폭은 보통 문자나 숫자의 높이에 대한 획 굵기의 비로써 나타낸다.
2) 최적 획폭비는 흰 바탕에 검은 숫자의 경우는 1 : 8, 검은 바탕에 흰 숫자의 경우는 1 : 13.3이다.

68
열대기후에 순화된 사람은 시간당 최고 4kg까지의 땀을 흘릴 수 있다. 땀 4kg의 증발로 잃을 수 있는 열은? (단, 증발열은 2,410joule/g이다.)

① 116 watt
② 161 watt
③ 2,678 watt
④ 9,640 watt

해설
$$열손실율 = \frac{2,410(J/g) \times 증발량(g)}{증발시간(\sec)}$$
$$= \frac{2,410 \times 4,000}{3,600} = 2,678 \text{watt}$$

69
열 스트레스(heat stress)가 인간 성능에 끼치는 영향 중 틀린 것은?

① 체심온도는 가장 우수한 피로지수이다.
② 피부온도 38.8℃만 되면 기진하게 된다.
③ 실효율 온도가 증가할수록 육체작업의 성능은 저하된다.
④ 열압박은 정신활동에도 악영향을 미친다.

Answer ➔ 64. ② 64. ③ 65. ① 66. ③ 67. ② 68. ③ 69. ②

해설
체심온도(직장온도)가 38.8℃가 될 때 기진하게 된다.

70
열압박지수(heat stress index)를 바르게 설명한 것은?
① 열평형을 유지하기 위한 온도지수
② 열평형을 유지하기 위하여 증발하는 발한량(열부하)
③ 열평형을 유지하기 위한 작업 강도와의 관계 함수
④ 작업으로 소모되는 체열이 생리적으로 압박하는 기준치

해설
열압박지수는 열평형을 유지하기 위하여 증발해야 하는 발한량으로 열부하를 나타낸다.

71
추정 4시간 발한율(P 4 SR)을 추정하는데 고려해야 할 요소가 아닌 것은?
① 건습구 온도 ② 공기유동 속도
③ 피복 ④ 대기의 압력

해설
P 4 SR 지수 : 주어진 일을 수행하는 순환된 젊은 남자의 4시간 동안의 발한량을 건습구온도, 공기유동 속도, 에너지 소비, 피복을 고려하여 추정한 것이다.

72
온도, 습도 및 공기의 유동이 인체에 미치는 열효과를 하나의 수치로 통합한 감각지수를 무엇이라 하는가?
① 보온율 ② 열압박지수
③ oxford지수 ④ 실효온도

해설
실효온도 : 체감온도, 감각온도

73
다음은 조명방법을 설명한 것이다. 잘못된 것은?

① 실내전체를 조명할 때는 전반조명이 좋다.
② 작업에 필요한 곳이나 시각적으로 강한 빛을 필요로 하는 조명은 투명조명이 좋다.
③ 유리나 플라스틱 모서리조명은 투명조명이 좋다.
④ 긴 터널의 경우는 완화조명이 필요하다.

해설
②항은 국부조명을 사용하여야 한다. 국부조명은 작업면을 고조도로 조명하는 방법으로서 광원을 작업면에 근접시키든가, 반사용갓을 붙인 조명기구 등을 사용하여 고조도로 작업하기 쉽게 한다.

74
실내 전체를 일률적으로 밝히는 조명방법으로 실내전체가 밝아짐으로 기분이 명랑해지고 눈에 피로가 적어져서 사고나 재해가 적어지는 조명 방식은?
① 직접조명 ② 간접조명
③ 병행조명 ④ 전반조명

해설
전반조명은 작업장 전반에 걸쳐 대체로 일정한 조도로 조명하는 방식으로 광원을 상당히 높은 곳에 규칙적이면서 같은 간격으로 배치한다.

75
직사휘광을 제거하는 방법이 아닌 것은?
① 광원의 휘도를 줄이고 수를 늘인다.
② 휘광원 주위를 어둡게 하여 광속 발산도를 줄인다.
③ 가리개, 갓 또는 차양을 사용한다.
④ 광원을 시선에서 멀리 위치시킨다.

해설
휘광(glare)의 처리
(1) 광원으로부터의 직사휘광처리
  ① 광원의 휘도를 줄이고 수를 높인다.
  ② 광원을 시선에서 멀리 위치시킨다.
  ③ 휘광원 주위를 밝게하여 광속발산비(휘도)를 줄인다.
  ④ 가리개(shield), 갓(hood), 혹은 차양(visor)을 사용한다.
(2) 창문으로부터 직사휘광처리
  ① 창문을 높이 단다.
  ② 창 위(실내)에 드리우게(overhang)를 설치한다.
  ③ 창문(안쪽)에 수직날개(fin)들을 달아 직시선을 제외한다.

Answer 70.② 71.④ 72.④ 73.② 74.④ 75.②

④ 차양(shade) 혹은 발(blind)을 사용한다.
(3) 반사 휘광의 처리
① 발광체의 휘도를 줄인다.
② 일반(간접) 조명 수준을 높인다.
③ 산란광, 간접광, 조절판(baffle), 창문에 차양(shade) 등을 사용한다.
④ 반사광이 눈에 비치지 않게 광원을 위치시킨다.
⑤ 무광택도료, 빛을 산란시키는 표면색을 한 사무용기기, 윤을 없앤 종이 등을 사용한다.

76
다음 각 작업별로 조명수준이 높은 작업에서 낮은 작업 순으로 나열한 것은?

① 세밀한 조립작업 ② 아주 힘든 검사작업
③ 보통 기계 작업   ④ 드릴 또는 리벳작업

① ① – ② – ③ – ④
② ② – ① – ④ – ③
③ ② – ① – ③ – ④
④ ① – ② – ④ – ③

해설
추천 조명수준
① 세밀한 조립작업 : 300fc (foot-candle)
② 아주 힘든 검사작업 : 500fc
③ 보통 기계작업 : 100fc
④ 드릴 또는 리벳작업 : 30fc

77
다음 색채 중 경쾌하고 가벼운 느낌을 주는 배열이 잘된 순서는?

① 흑색 – 자색 – 적색 – 회색
② 백색 – 흑색 – 적색 – 청색
③ 자색 – 녹색 – 황색 – 백색
④ 검정 – 청색 – 회색 – 백색

해설
명도가 높은 색채는 빠르고 경쾌하게 느껴지고 낮은 색채는 둔하고 느리게 느껴진다. 느리고 둔한 색에서 가볍고 경쾌한 느낌을 주는 색의 순서를 들어보면 다음과 같다.
∴ 흑 → 청 → 적 → 자 → 등 → 녹 → 황 → 백

78
차분하고 진정된 분위기를 갖게 하는 색채는?

① 노랑   ② 녹색
③ 청색   ④ 청자

해설
녹색은 안심, 위안, 평화, 평정 등의 차분하고 진정된 분위기를 갖게 한다.

79
1촉광의 광원으로부터 1m 떨어진 곡면의 1m²을 받는 광량은 1ft 떨어진 곡면의 1ft²이 받는 광량의 몇 배인가?

① 약 3배   ② 약 9배
③ 약 27배 ④ 같다.

해설
$1fc = 1lumen/ft^2$, $1lux = 1lumen/m^2$

$1lumen/ft^2 \times \dfrac{1\ ft^2}{0.3048^2 m^2} ≒ 10.76 lumen/m^2$

80
인간의 감각기능에 대한 설명 중 잘못된 것은?

① 눈으로 직접 빛을 느낄 수 있는 것은 가시광선의 범위이다.
② 눈은 밝기의 변화에 따라서 순응하며, 명조응은 암조응보다 시간이 오래 걸린다.
③ 눈은 수직방향보다 수평방향에 대한 판별력이 예민하다.
④ 귀는 소음 속에서 필요한 음을 구별할 수가 있다.

해설
암조응은 밝은 곳에서 어두운 곳으로 들어갈 때의 눈의 순응성을 나타낸 것으로 명조응보다 시간이 오래 걸린다(30~40분).

81
다음은 색채의 느낌을 나타낸 것이다. 옳은 것은?

① 황색 – 경계   ② 녹색 – 안전
③ 빨강 – 자극   ④ 청색 – 활동

해설
① 황색 : 희망, 광명   ② 녹색 : 안심, 평화
③ 빨강 : 열정, 활동   ④ 청색 : 진정, 침착

Answer → 76. ③ 77. ③ 78. ② 79. ② 80. ② 81. ②

82
인간 행동에 색채 조절의 효과로 기대되는 것이 아닌 것은?

① 밝기의 증가   ② 생산의 증진
③ 피로의 증진   ④ 작업능력 향상

해설
색채조절의 효과로 기대되는 것은 피로의 증진이 아니라 피로의 감소이다.

83
주어진 작업에 대하여 필요한 조명을 구하는 식은?

① 조명(fc) = $\dfrac{\text{소요광속발산도}(f_L)}{\text{반사율}(\%)} \times 100$

② 조명(fc) = $\dfrac{\text{반사율}(\%)}{\text{소요광속발산도}(f_L)} \times 100$

③ 조명(fc) = $\dfrac{\text{소요광속발산도}(f_L)}{(\text{거리})^2}$

④ 조명(fc) = $\dfrac{(\text{거리})^2}{\text{소요광속발산도}(f_L)}$

해설
반사율(%) = $\dfrac{\text{광속발산도}(f_L)}{\text{조명}(fc)} \times 100$

84
Weber Fechner의 법칙을 바르게 설명한 것은?

① 감각의 강도는 자극의 강도의 대수에 비례한다.
② 강도율은 $Rs = r_1 + r_2(r_1 - 1)$에 구할 수 있다.
③ 감각의 강도는 강도율에 비례한다.
④ 웨버와 훼시너의 법칙은 정신건강법칙이다.

해설
특정감관의 변화감지역(ΔL)은 사용되는 표준자극(I)에 비례($\Delta I/I =$ 상수)한다는 관계를 Weber 법칙이라 하며, 어떤 한정된 범위 내에서 동일한 양의 인식(감각)의 증가를 얻기 위해서는 자극은 지수적으로 증가해야 한다는 법칙을 Fechner법칙이라 한다. 예를 들면, 음높이의 변화감지역은 진동수의 대수치에 비례하고, 시력은 조명강도의 대수치에 비례하며, 음의 강도를 측정하는 dB 눈금은 대수적이라는 등이다.

85
작업자의 감시능력을 유지하는 것은 Vigilance의 문제이다. 이 경우 검출능력은 시간이 경과할수록 저하된다. 신호출현율이 낮게 발생한다면 검출능력은 어떤 변화를 보이는가?

① 서서히 저하된다.
② 빨리(급속히) 저하된다.
③ 서서히 향상된다.
④ 빨리(급속히) 향상된다.

86
인간의 의식동작을 올바르게 전달하는 순서는 다음 중 어느 것인가?

① 5관 – 운동신경 – 지각 – 두뇌 – 정보수집 – 근육운동
② 근육운동 – 5관 – 운동신경 – 두뇌 – 정보수집 – 근육운동
③ 5관 – 정보수집 – 지각 – 두뇌 – 운동신경 – 근육운동 – 판단
④ 5관 – 정보수집 – 지각 – 두뇌 – 판단 – 운동신경 – 근육운동

87
높은 소음으로 생긴 생리적 변화가 아닌 것은?

① 근육 이완   ② 혈압 상승
③ 동공 팽창   ④ 심장 박동수 증가

해설
높은 소음 : 근육 수축

88
다음 중 진동의 영향을 비교적 많이 받는 것은?

① 반응시간   ② 감시(monitoring)
③ 형태식별   ④ 추적능력

해설
반응시간, 감시, 형태식별 등 주로 중앙신경처리에 달린 임무는 진동의 영향을 덜 받으며, 시력 및 추적능력 등은 진동의 영향을 많이 받는다.

Answer ◐ 82. ③ 83. ① 84. ① 85. ② 86. ④ 87. ① 88. ④

89
정적인 자세에서 벗어나는 것을 진전(tremor : 잔잔한 떨림)이라 하며, 진전은 신체 부위를 정확하게 한 자리에 유지해야 하는 작업활동에서 아주 중요하다. 다음 중 진전을 감소시킬 수 있는 방법으로 맞지 않은 것은?

① 시각적 참조(reference)
② 몸과 작업에 관계되는 부위를 잘 받친다.
③ 작업대상물에 기계적인 마찰(friction)이 있을 때
④ 손이 심장 높이보다 낮게 있을 때가 손 떨림이 적다.

해설
④항, 손이 심장 높이에 있을 때가 손 떨림이 적다.

90
제어계통에서 제어동작이 멈추면 체계반응이 거꾸로 돌아오는 현상은?

① 이력현상(hysteresis)
② 사공간(dead space)
③ 관성(inertia)
④ 사정효과(range effect)

해설
이력현상은 반발(backlash)을 말하며, 특히 C/D비가 낮은(민감) 경우에 반발의 악영향이 두드러지므로, C/D비가 낮은 체계에서는 체계오차를 줄이기 위해 이력현상을 최소화시켜야 하고, 이것이 비현실적인 경우에는 C/D비를 높여주어야 한다.

91
시각표시장치를 사용하는 목적에 적합치 않은 것은?

① 정량적 판독
② 정성적 판독
③ 이분적 판독
④ 귀납적 판독

해설
시각적 표시장치의 사용목적
① 정량적 판독 : 눈금을 사용하는 경우와 같이 정확한 정량적 값을 얻으려 하는 경우에 사용
② 정성적 판독 : 기계가 작동되는 상태나 조건 등을 결정하기 위한 것으로, 보통 허용범위 이상, 이내, 미만 등과 같이 3가지 조건에 대하여 사용
③ 이분적 판독 : on – off와 같이 작업을 확인하거나 상태를 규정하기 위해 사용

92
작업시 정보회로를 옳게 나열한 순서는?

① 표시(정보원) – 감각 – 지각 – 판단 – 응답 – 출력 – 조작
② 표시 – 판단 – 응답 – 감각 – 지각 – 출력 – 조작
③ 표시 – 지각 – 판단 – 응답 – 감각 – 조작 – 출력
④ 지각 – 표시 – 감각 – 판단 – 조작 – 응답 – 출력

해설
정보회로의 순서
표시(정보원) – 감각 – 지각 – 판단 – 응답 – 출력 – 조작

93
인간이 영구보관할 수 있는 정보량으로 맞는 것은?

① 0.1bit/sec
② 0.7bit/sec
③ 10bit/sec
④ 17bit/sec

해설
인간이 기억 속에 보관할 수 있는 총용량은 약 1억(10^8)에서 100조(10^{15})bit 정도로 추산되며, 영구보관(장기기억)할 수 있는 정보량은 0.7 bit/sec 정도이다.

94
다음의 소음예방 방법 중 가장 바람직한 방법은?

① 기계 장치 등의 구조를 바꾸거나 다른 기계로 대체한다.
② 소음원을 제거 감소시킨다.
③ 소음이 작업자에게 전달되지 않도록 음원을 음폐하고 소음흡수장치를 한다.
④ 귀마개나 귀덮개를 사용하여 음의 강도를 줄인다.

해설
소음 예방의 근본적인 방법은 소음원을 없애는 것이고, 다음에 환경개선기술을 활용하여 소음레벨을 감소시키거나 귀마개, 귀덮개 등의 보호구를 사용케하는 것이다.

95
인간이 들을 수 있는 가장 낮은 소리는?

① 0dB
② 1dB
③ 40dB
④ 60dB

Answer ▶ 89. ④ 90. ① 91. ④ 92. ① 93. ② 94. ② 95. ①

해설

가청한계
0dB(2×10^{-4}dyne/cm^2)~134dB(10^3dyne/cm^2)

96
신호가 장애물을 돌아가거나 칸막이를 통과해야 할 때에 사용하여야하는 진동수의 상한은?

① 500Hz ② 1,000Hz
③ 1,500Hz ④ 3,000Hz

해설

신호가 장애물을 돌아가거나 칸막이를 통과해야 할 경우에는 500Hz 이하의 낮은 진동수를 사용해야 한다.

97
1sone을 올바르게 정의한 것은?

① 1dB의 1,000Hz 순음의 크기
② 1dB의 4,000Hz 순음의 크기
③ 40dB의 1,000Hz 순음의 크기
④ 40dB의 4,000Hz 순음의 크기

해설

음량척도로서 1,000Hz, 40dB의 음압수준을 가진 순음의 크기 즉, 40phon을 1sone이라 한다.

98
평균고장시간이 10,000시간인 지수분포를 다루는 요소 10개가 직렬계로 구성되어 있는 경우 계의 기대수명은?

① 1,000시간 ② 5,000시간
③ 10,000시간 ④ 100,000시간

해설

계의 수명(직렬) = $\dfrac{MTTF}{n} = \dfrac{10,000}{10} = 1,000$시간

99
시스템의 신뢰도를 높이기 위해서는 여러 가지 중복 구조가 이용된다. 다음의 중복구조 중 일반적으로 가장 신뢰도가 높은 구조는?

① 체계중복 ② 부품중복
③ 부분중복 ④ 절충중복

해설

중복구조
① 체계중복
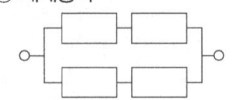

② 부품중복
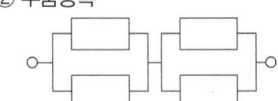

③ 절충중복
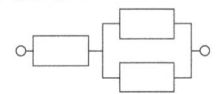

100
시스템안전에서 사용되는 용어의 정의이다. 틀린 것은?

① 시스템안전이란 어떤 시스템에서 기능, 시간, 코스트 등의 제약조건하에서 인원이나 설비가 받는 상해, 손상을 가장 적게 하는 것을 말한다.
② 시스템이란 2개 이상의 다른 기능의 요인이 짝을 짓고 하나의 목적을 위하여 그 기능을 발휘하는 것을 말한다.
③ 시스템공학이란 특정한 목적을 가지고 이를 성취하기 위해 여러 구성인자가 각 인자의 목적을 위해 노력하는 것을 말한다.
④ 시스템안전공학이란 과학적, 공학적, 원리를 적용해서 시스템 내 위험성을 적출하여 그 예방에 필요한 조치를 도모하기 위한 것을 말한다.

101
시스템 또는 제품에 관한 모든 사고를 식별하고 설계 및 제조과정을 통하여 이들의 사고를 최소화 하고 제어하는 것을 보증하는 시스템 공학의 일부분인 학문은?

① 시스템공학
② 신뢰성공학
③ 운용안전성공학
④ 시스템안전공학

102
시스템안전을 달성하기 위한 안전수단 중 재해의 예방에 해당되지 않는 것은?

① 위험의 소멸
② 위험 레벨의 제한
③ 페일세이프 설계
④ 격리

해설
시스템안전을 달성하기 위한 안전수단
① 재해의 예방 : 위험의 소멸, 위험 레벨의 제한, 잠금과 조임 및 인터록, 페일세이프 설계, 고장의 최소화, 중지 및 회복
② 피해의 최소화 및 억제 : 격리, 개인보호구, 적은 손실의 용인, 탈출 및 생존, 구조

103
시스템안전프로그램의 내용이 아닌 것은?

① 안전데이터의 수집 및 분석
② 작업조건의 측정
③ 안전성의 평가
④ 관련 부분과의 조정

해설
시스템안전프로그램 : 시스템안전을 확보하기 위한 기본지침으로 그 내용은 다음과 같다.
① 계획의 개요
② 안전조직
③ 계약조건
④ 관련부분과의 조정
⑤ 안전기준
⑥ 안전해석
⑦ 안전성의 평가
⑧ 안전데이터의 수집 및 분석
⑨ 경과 및 결과의 분석

104
위험통제의 제1단계는?

① 안전보호구를 제공
② 위험부위에 대한 방호장치
③ 요원에 대한 안전교육
④ 설계 및 시공시 위험제거

105
시스템안전설계의 원칙이 아닌 것은?

① 위험상태의 최소화
② 안전장치의 채용
③ 경보장치의 채용
④ 개인보호구의 착용

해설
시스템안전설계 원칙사항
① 1순위 : 위험상태의 존재의 최소화
② 2순위 : 안전장치의 채용
③ 3순위 : 경보장치의 채용
④ 4순위 : 특수한 수단 개발

106
FAFR(Fatality Accident Frequency Rate)은 일정한 업무 또는 행위에 직접 노출된 몇 시간당 사망확률을 나타내는가?

① 10^6시간
② 10^7시간
③ 10^8시간
④ 10^9시간

해설
FAFR : 10^8(1억) 근로시간당 사망자 수

107
다음 중 시스템안전 해석에 가장 필요한 사항은?

① 시스템의 개념적 모델
② 각 단계별 비용대 효과분석
③ 모든 과정에서의 정밀한 통계방법
④ 계획을 수행하기 위한 특수기술

해설
시스템의 개념적 모델이 있어야 평가분석이 이루어질 수 있다.

108
MIL-SID-882의 위험성 분류 중 범주 Ⅰ에 해당하는 것은?

① 무시
② 한계적
③ 위기적
④ 파국적

해설
MIL-SID-882는 미국군 안전물자 조달을 위한 군용규격을 나타내는 것으로 위험성분류방법은 다음과 같다.
① 범주 Ⅰ : 파국적
② 범주 Ⅱ : 위험
③ 범주 Ⅲ : 관계적
④ 범주 Ⅳ : 무시

Answer ➡ 102. ④ 103. ② 104. ④ 105. ④ 106. ③ 107. ① 108. ④

109
예비위험분석(PHA)의 목적으로 알맞은 것은?

① 시스템의 구상단계에서 시스템 고유의 위험상태를 식별하여 예상되는 위험수준을 결정하기 위한 것이다.
② 시스템에서 사고위험성이 정해진 수준이하에 있는 것을 확인하기 위한 것이다.
③ 시스템내의 사고의 발생을 허용레벨까지 줄이고, 어떠한 안전상에 필요사항을 결정하기 위한 것이다.
④ 시스템의 모든 사용단계에서 모든 작업에 사용되는 인원 및 설비 등에 관한 위험을 분석하기 위한 것이다.

110
모든 시스템안전 프로그램 중 최초 단계의 해석으로 정성적인 평가방법은?

① FHA
② FMEA
③ FTA
④ PHA

해설
PHA : 예비사고(위험) 분석

111
다음 신뢰성 해석에 사용되고 있는 FMEA실시 절차 중 대상 시스템분석 사항에 해당되지 않는 설명은?

① 기기의 성능 및 구성 파악
② 기본방침의 설정
③ 기능 Block과 신뢰성 Block도 작성
④ 고장원인 상정

해설
④항 고장원인 상정은 고장 Mode와 그 영향의 해석(FMEA)에 해당된다.

112
고장의 형과 영향해석은 본래 정성적 분석방법이나 이를 정량적으로 보완하기 위하여 개발된 위험분석은?

① 결함분석법(FTA)
② 의사결정수(decision tree)
③ 운용안전성 분석(OSA)
④ 고장의 형과 영향 및 치명도 분석

해설
FMECA(고장의 형과 영향 및 치명도 분석) : 정성적 및 정량적 분석법

113
FTA와 같이 이미 상당한 안전이 확보되어 있는 장소에서 설계, 생산, 보전 등 광범위하고 고도의 안전달성을 목적으로 하는 시스템 해석법은?

① ETA
② FMECA
③ MORT
④ FHA

114
시스템 위험분석을 위한 정성적, 귀납적 분석법으로 시스템에 영향을 미치는 모든 요소 고장을 형태별로 분석, 검토하는 기법은?

① PHA
② FHA
③ FMEA
④ MORT

해설
FMEA : 고장의 형태와 영향 분석

115
FMEA에 관한 설명 중 틀린 것은?

① 정성적 방법
② 귀납적 방법
③ CA와 병용함
④ 정량적 방법

해설
FMEA(고장의 형과 영향분석법)는 고장의 형태별로 시스템에 미치는 영향을 정성적, 귀납적 방법으로 분석하는 기법으로서 CA(치명도 분석법)와 병용하여 사용하기도 한다.

116
FMEA 표준적 실시절차 중 2단계에 해당하는 것은?

① 치명도해석
② 상위체계에의 고장 영향 검토
③ 기능 block과 신뢰성 block도의 작성
④ 기기 및 시스템의 구성 기능의 전반적 파악

Answer 109.① 110.④ 111.④ 112.④ 113.③ 114.③ 115.④ 116.②

117
PHA의 기법에서 위험한 요소가 어느 서브 시스템(sub system)에 존재하는가를 조사하는 방법이 아닌 것은?

① 위험성의 판단에 의한 방법
② 체크리스트의 사용
③ 경험에 의한 방법
④ 기술적 판단에 기초하는 방법

118
시스템안전관리에 관한 설명 중 옳지 않은 것은?

① 시스템안전에 필요한 사항의 식별
② 안전활동의 계획 조직 및 관리
③ 시스템안전관리의 목표는 생산성 향상
④ 다른 시스템 프로그램 영역과 조정

119
시스템이 복잡해지면 확률론적인 분석기법만으로 분석이 곤란하여 computer simulation을 이용한다. 이것은 어떤 기법에 근거를 두고 있는가?

① 미분방정식 기법
② 적분방정식 기법
③ 차분방정식 기법
④ Monte carlo 기법

해설
④는 simulation 방법 중 가장 많이 사용하는 방법이다.

120
모든 시스템은 가락구조와 비가락구조로 구분될 수 있다. 다음 중 비가락구조의 신뢰도 분석기법이 아닌 것은?

① 경로추적법   ② 사상공간법
③ 분해법   ④ 모듈분할법

해설
비가락구조의 신뢰도 구하는 방법 : 사상공간법, 경로추적법, 분해법, minimum cut-set, minimum tie-set

121
예비위험 분석을 한 결과에 따라 안전대책을 수립하여 시스템 전체의 위험성이 허용범위 내에 오도록 안전대책을 강구하는 위험도 분석은?

① 운용안전성 분석
② 의사 결정수
③ 시스템 위험분석
④ 운용 및 지원 위험성 분석

122
다음의 시스템안전분석기법 중 정성적(定性的) 분석방법과 정량적(定量的) 분석방법을 동시에 사용하는 기법은?

① O.S   ② F.T.A
③ E.T.A   ④ FMECA

123
FTA의 절차에서 FT도를 작성하기 전에 실시할 내용과 관계없는 것은?

① FT 작성전에 필요하다면 PHA 또는 FMEA를 실시
② 예상되는 재해를 과거의 재해사례나 재해통계를 기초로 가급적 폭넓게 조사
③ 재해 위험도를 검토하여 해석할 재해 결정
④ 해석하는 재해의 발생확률의 계산

해설
④항은 FT도를 작성한 후에 실시하는 것이다.

124
결함수분석법의 활용 및 기대효과와 거리가 먼 것은?

① 사고원인 규명의 간편화
② 사고원인 규명의 이중화
③ 사고원인 분석의 정량화
④ 사고원인 분석의 일반화

해설
FTA의 활용 및 기대효과
1) 사고원인 규명의 간편화
2) 사고원인 분석의 일반화

Answer ▶ 117.① 118.③ 119.④ 120.④ 121.③ 122.② 123.④ 124.②

3) 사고원인 분석의 정량화
4) 시스템의 결함 진단
5) 노력, 시간의 절감
6) 안전점검 체크리스트 작성

125
다음은 FTA(Fault Tree Analysis)에 사용되는 논리기호 중 기본사상을 나타내는 것은?

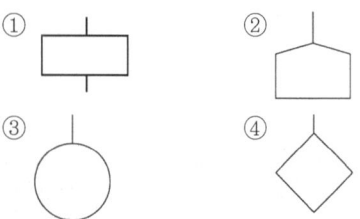

해설
「기본사상」은 더 이상 해석을 할 필요가 없는 기본적인 기계의 결함 또는 작업자의 오동작을 나타낸다.

126
FT도에 사용되는 기호 중 AND 게이트를 나타낸 것은?

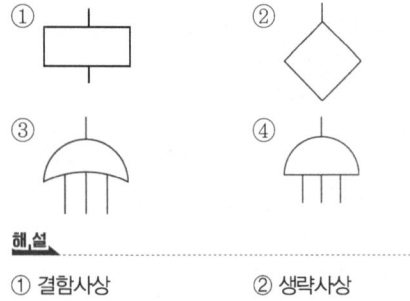

해설
① 결함사상 ② 생략사상
③ OR게이트 ④ AND게이트

127
FTA를 실행함에 있어 계산과 분석이 용이하려면 결함수가 "Coherent"라는 수학적 성질을 가져야 한다. 이 성질을 만족하지 못하는 논리연산 기호는?

① IF   ② OR
③ AND   ④ NOT

해설
FTA의 논리 gate는 AND gate, OR gate, NOT(부정)gate 등이 있다.

128
FT를 작성했을 때 그 최하단에 통상적으로 사용되지 않는 사상은?

① 결함사상   ② 통상사상
③ 기본사상   ④ 생략사상

해설
결함사상은 최상단(정상사상)이나 중간(중간사상)에 사용한다.

129
최소 컷셋(Minimal cut sets)에 대한 설명으로 가장 타당한 것은?

① 컷 중에 타 컷셋을 포함하고 있는 것을 배제하고 남은 컷셋들을 의미한다.
② 어느 고장이나 에러를 일으키지 않으면 재해가 일어나지 않는 시스템의 신뢰성이다.
③ 기본사상이 일어났을 때 정상사상을 일으키는 기본사상의 집합이다.
④ 기본사상이 일어나지 않을 때 정상사상이 일어나지 않는 기본사상의 집합이다.

130
사상 B_1과 B_2가 OR게이트로 연결되어 있고, B_1, B_2의 발생확률이 0.2이다. 이때 출력사상 A의 발생확률은?

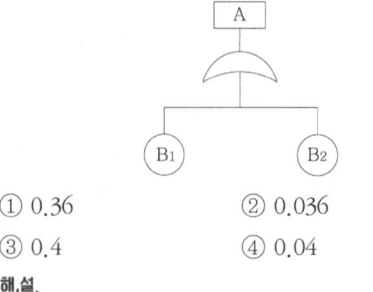

① 0.36   ② 0.036
③ 0.4   ④ 0.04

해설
$A = 1 - (1-0.2)(1-0.2) = 0.36 = 36\%$

131
FT의 해석방법에 이용되지 않는 것은?

① 부울리언 앨저브러(Boolean algebra)

② 컷셋(Cut set)
③ 미니멀 컷셋(Minimal cut set)
④ 미니맥스 이론(Minimax theory)

132
다음은 FTA(Fault Tree Analysis)에 사용되는 논리 기호이다. 맞지 않는 것은?

①  : 결함사상

②  : 기본사상

③ 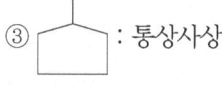 : 통상사상

④  : 생략사상

해설
②는 전이기호를 나타낸 것이다.

133
결함수상 다음 그림의 기호는?

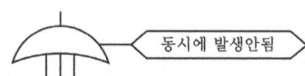

① OR 게이트
② 배타적 OR게이트
③ 조합 OR 게이트
④ 우선적 OR 게이트

134
다음 FT도에서 정상사상의 발생확률은? (단, X_1, X_2, X_3의 발생확률은 각각 0.1이다)

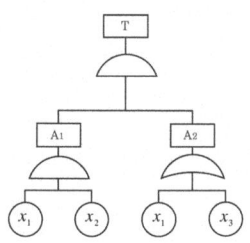

① 0.0019
② 0.019
③ 0.02
④ 0.2

해설
$T = A_1 \times A_2 = (x_1 \times x_2) \times [1-(1-x_1)(1-x_3)]$
$= (0.1 \times 0.1) \times [1-(1-0.1)(1-0.1)]$
$= 0.0019$

135
다음은 FT도에서 제시된 T의 재해발생 확률을 구한 것이다. 옳은 것은? (단, 1, 2, 3의 발생확률은 각각 10^{-1}/h이다.)

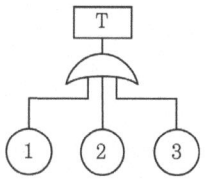

① 0.171
② 0.192
③ 0.242
④ 0.271

해설
$T = 1-(1-10^{-1})(1-10^{-1})(1-10^{-1}) = 0.271$

136
다음 그림의 결함수에서 최소 컷셋을 올바르게 구한 것은?

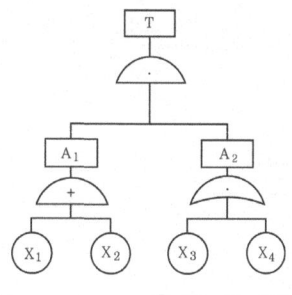

① (X_1, X_2)
② (X_1, X_2, X_3)
③ (X_1, X_3)
④ (X_3, X_3)

해설
$T \to A_1 A_2 \to X_1 X_2 A_2 \to \begin{matrix} X_1 X_2 X_3 \\ X_1 X_2 X_4 \end{matrix}$

Answer ➜ 132. ② 133. ② 134. ① 135. ④ 136. ②

137
다음의 컷셋 중에서 최소 컷셋을 구한 것으로 맞는 것은?(단, 컷셋 : (X_1, X_2), (X_1, X_2, X_3), (X_1, X_2, X_4))

① (X_1, X_2) ② (X_1, X_2, X_3)
③ (X_1, X_2, X_4) ④ (X_1, X_2) (X_1, X_2, X_3)

138
다음에 패스셋 중 최소 패스셋을 구하면 어떤 것이 적합한가? (단, 패스셋 : (X_2, X_3 X_4) (X_1 X_3 X_4) (X_3 X_4))

① (X_2, X_3 X_4) ② (X_1 X_3 X_4)
③ (X_3 X_4) ④ (X_2, X_3 X_4 (X_3 X_4)

139
아래의 FT도에 있어 A의 사상(事狀)이 발생할 수 있는 확률을 구하시오 (단, 사상 ①,②,③의 발생확률은 각각 0.1, 0.2, 0.15이다.)

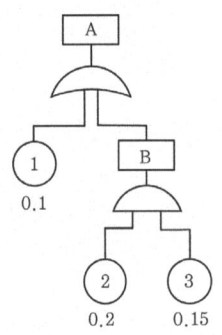

① 1.27×10^{-1} ② 3.5×10^{-1}
③ 3.25×10^{-2} ④ 7.3×10^{-2}

해설
$B = 0.2 \times 0.15 = 0.03$
$\therefore A = 1 - (1-0.1)(1-0.03) = 0.127$

140
다음 그림에서 G_1의 발생확률은?(단, G_2 0.1, G_3 0.2, G_4 0.3의 발생확률을 갖는다.)

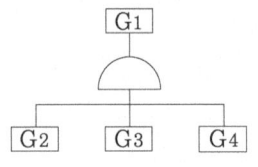

① 0.6 ② 0.496
③ 0.006 ④ 0.3

해설
$G_1 = G_2 \times G_3 \times G_4 = 0.1 \times 0.2 \times 0.3 = 0.006$

141
다음 중 부정 게이트는 무엇인가?

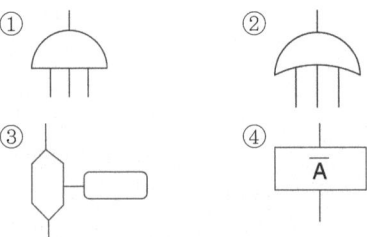

해설
①항은 AND 게이트, ②항은 OR 게이트, ③항은 억제 게이트(수정기호의 일종으로 입력사상이 일어난 조건이 만족되어야 출력사상이 생긴다), ④항은 부정 또는 부족 게이트(not gate : 입력사상의 반대사상이 출력된다.)

142
FTA의 기호 중 그림은 무슨 뜻인가?

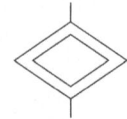

① 생략사상으로서 인간의 에러를 나타낸다.
② 기본사상으로서 조작자의 간과를 나타낸다.
③ 생략사상으로서 간소화를 나타낸다.
④ 생략사상으로서 조작자의 간과를 나타낸다.

해설
생략사상을 나타내는 기호
① 생략사상 ② 생략사상(인간의 에러)

③ 생략사상(간소화)　　④ 생략사상(조작자의 간과)

해설
AND 기호는 $R_A = R_B \cdot R_C$의 논리적(곱)을 나타낸다.

143
FTA 기호 중 조작자의 간과를 나타내는 기본사상의 기호는?

해설
①항은 기본사상, ②항은 기본사상 중 인간의 에러(인간동작의 생략 또는 오류를 표시), ③항은 기본사상 중 조작자의 간과(조작자에 의한 결함의 누락이나 시정누락을 표시)

144
다음 중 치명도 해석과 관계있는 위험해석기법은?
① FMECA　　② MORT
③ ETA　　　④ O&S

해설
FMECA(고장 형태와 영향 및 치명도 해석)는 FMEA(고장형태와 영향해석)와 CA(치명도해석)가 병용된 해석기법이다.

145
다음 그림의 설명 중 틀린 것은?

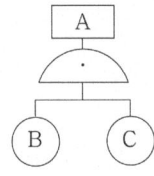

① $R_A = R_B \cdot R_C$
② B와 C가 동시에 발생하지 않으면 A는 발생하지 않는다.
③ 논리기호는 AND를 나타낸다.
④ 논리합의 경우이다.

146
AND 게이트 또는 OR 게이트는 수정기호를 병용함으로써 각종 조건부 게이트를 구성한다. 3개 이상의 입력사상 중 어느 것인가 2개가 일어나면 출력사상이 생기는 조건부 게이트에 해당되는 것은?
① 우선적 AND 게이트
② 조합(짜맞춤) AND 게이트
③ 위험지속기호
④ 배타적 OR 게이트

해설
수정기호(제약 gate) : 수정기호 조건 내에는 다음에 나타나는 조건을 기입한다.
① 우선적 AND gate : 입력사상 가운데 어느 사상이 다른 사상보다 먼저 일어났을 때에 출력사상이 생긴다. 예를 들면 [A는 B보다 먼저]와 같이 기입한다.
② 짜맞춤 AND gate : 3개 이상의 입력사상 가운데 어느 것이던 2개가 일어나면 출력사상이 생긴다. 예를 들면 [어느 것이든 2개]라고 기입한다.
③ 위험지속기호 : 입력사상이 생기어 어느 일정시간 지속하였을 때에 출력사상이 생긴다. 예를 들면 [위험지속시간]과 같이 기입한다.
④ 베타적 OR gate : OR gate로 2개 이상의 입력이 동시에 존재한 때에는 출력사상이 생기지 않는다. 예를 들면 [동시에 발생하지 않는다]라고 기입한다.

147
ETA의 7단계에 해당되지 않는 것은?
① 설계　　② 심사
③ 제작　　④ 확인

해설
ETA의 7단계
① 설계　　② 심사
③ 제작　　④ 검사
⑤ 보전　　⑥ 운전
⑦ 안전대책

Answer ▶ 143. ③　144. ①　145. ④　146. ②　147. ④

148
단일부품의 고장이 시스템에 어떠한 영향을 미치는가를 파악하는데는 FMEA 등의 귀납적 기법이 대표적이다. 고장부품이 두 개인 사상을 분석대상으로 하는 기법의 대표적인 것은?

① 체계 분해법 ② 경로 추적법
③ 고장 행렬법 ④ 사상 공간법

해설
①, ②, ④는 신뢰도를 구하는 방법이다.

149
위험분석 기법 중 가장 기본적인 방법은 PHA, FHA, FTA 인데, 이 세가지 방법 중 (①)는 원인을 강조하며, (②)는 위험 그 자체와 영향을 강조한다. 또 (③)는 귀납적이고, (④)는 연역적인 방법이다. (⑤)는 양쪽 모두의 요소를 사용하고 있다. ( )안에 알맞은 기법을 순서대로 옮겨 나열한 것은?

　　　①　 ②　 ③　 ④　 ⑤
① FTA – PHA – FHA – FTA – PHA
② FTA – FHA – FTA – PHA – FHA
③ FTA – FHA – PHA – FTA – PHA
④ FTA – PHA – FHA – PHA – FTA

150
안전성 평가의 순서를 바르게 기술한 것은 다음 중 어느 것인가?

① 자료의 정리 – 정량적 평가 – 정성적 평가 – 대책수립 – 재평가
② 자료의 정리 – 정성적 평가 – 정량적 평가 – 재평가 – 대책수립
③ 자료의 정리 – 정량적 평가 – 정성적 평가 – 재평가 – 대책수립
④ 자료의 정리 – 정성적 평가 – 정량적 평가 – 대책수립 – 재평가

151
설계관계에 관하여 정성적 평가를 해야 될 대상이 아닌 것은?

① 입지조건 ② 공장내 배치
③ 소방설비 ④ 공정기기

해설
정성적 평가항목
1) 설계관계 항목 : 입지조건, 공장내 배치, 건조물, 소방설비
2) 운전관계 항목 : 원재료·중간체 제품, 공정, 수송·저장, 공정기기

152
재해의 예방에 관계되는 페일세이프 설계에서 고장시 대책이 마련될 때까지 안전상태로 유지시키는 것으로 맞는 것은?

① 페일·액티브
② 인터록크
③ 페일·패시브
④ 페일·오퍼레이셔널

해설
페일세이프 설계
① 페일·패시브(자동감지) : 고장시에 에너지를 최저화(정지)시킨다.
② 페일·액티브(자동제어) : 고장시에 대책을 취할 때까지 안전상태로 유지시킨다.
③ 페일·오퍼레이셔널(차단 및 조정) : 고장시에 시정조치를 취할 때까지 안전하게 기능을 유지시킨다.

153
위험 및 운전성 검토의 성패를 좌우하는 중요요인으로 적합하지 않은 것은?

① 팀의 기술능력과 통찰력
② 발견될 위험의 심각성을 평가할 때 팀의 균형감각 유지능력
③ 사용된 도면, 자료 등의 정확성
④ 검토팀의 무재해운동 추진 능력

해설
위험 및 운전성 검토의 성패를 좌우하는 중요요인
① 팀의 기술능력과 통찰력
② 사용된 도면, 자료 등의 정확성
③ 발견된 위험의 심각성을 평가할 때 팀의 균형감각 유지 능력
④ 이상(deviation), 원인(cause), 결과(consequence) 등을 발견하기 위해 상상력을 동원하는데 보조 수단으로 사용할 수 있는 팀의 능력

Answer ● 148. ③ 149. ③ 150. ④ 151. ④ 152. ① 153. ④

154
위험 및 운전성 검토시에 고려해야 할 위험의 형태가 아닌 것은?

① 지역기간산업의 위험
② 작업중인 인원 및 일반대중에 대한 위험
③ 제품 품질에 대한 위험
④ 환경에 대한 위험

해설
검토시 고려할 위험의 형태
① 공장 및 기계설비에 대한 위험
② 작업중인 인원 및 일반대중에 대한 위험
③ 제품 품질에 대한 위험
④ 환경에 대한 위험

155
기계설비의 안전성 평가시 본질적인 안전화를 진전시키기 위하여 검토해야 할 사항과 거리가 먼 것은?

① 작업자측에 실수나 잘못이 있어도 기계설비측에서 커버하여 안전을 확보할 것
② 기계설비의 유압회로나 전기회로에 고장이 발생해 정전 등 이상상태 발생시 안전쪽으로 이행
③ 작업방법, 작업속도, 작업자세 등을 작업자가 안전하게 작업할 수 있는 상태로 강구함
④ 재해를 분석하여 근로자의 안전작업 방법에 대한 강화

해설
기계설비의 본질안전화를 진전시키기 위해 검토해야 할 사항
① 작업자측에 실수나 잘못이 있어도 기계설비측에서 커버하여 안전을 확보할 것
② 기계설비의 유압회로나 전기회로에 고장이 발생해 정전 등 이상상태가 발생한 경우에는 안전쪽으로 이행하도록 할 것
③ 작업방법, 작업속도, 작업자세 등을 작업자가 안전하게 작업할 수 있는 상태로 강구할 것

156
위험성 분석에 사용되는 일반적 목표의 위험레벨은?

① 1×10^{-3}의 위험레벨
② 1×10^{-4}의 위험레벨
③ 1×10^{-5}의 위험레벨
④ 1×10^{-6}의 위험레벨

157
단위 운전시간 내에 결함 발생 1건일 때를 기준으로 한 결함발생의 빈도구분으로 틀린 것은?

① 개연성 – 10,000시간 내에 결함발생 1건
② 추정적 개연성 – 100,000시간 내에 결함발생 1건
③ 희박 – 100,000~10,000,000시간 내에 결함발생 1건
④ 무관 – 10,000,000 이상 시간 내에 결함발생 1건

해설
추정적 개연성 : 10,000~100,000시간 내에 결함 발생 1건일 때 추정적 개연성이 있다고 한다.

158
다음 중 서브시스템 해석에 주로 사용되는 시스템 해석기법은?

① FMEA   ② PHA
③ ETA   ④ FHA

해설
FHA(fault hazard analysis : 결함 위험 분석)는 서브시스템 해석 등에 사용되는 해석법이다.

159
시스템안전분석에 대한 설명 중 틀린 것은?

① 해석의 논리적 견지에 따라 귀납적, 연역적 해석방법이 있다.
② PHA(예비사고 분석)는 운용사고분석이라고 할 수 있다.
③ 해석의 수리적 방법에 따라 정성적, 정량적 해석방법이 있다.
④ FTA는 정성적, 정량적 해석이 가능한 방법이다.

해설
PHA는 시스템안전 프로그램에 있어서 최초 단계의 분석, 즉 개발단계의 분석방법으로 운용단계에서 사고분석을 하는 것이라고 할 수 없다.

Answer ◉ 154. ① 155. ④ 156. ③ 157. ② 158. ④ 159. ②

160
다음 중 MORT의 해석기법은?

① 연역적, 정성적
② 연역적, 정량적
③ 귀납적, 정량적
④ 귀납적, 정성적

해설
MORT 프로그램은 tree를 중심으로 FTA와 같은 논리기법(연역적, 정량적 해석기법)을 이용하여 관리, 설계, 생산, 보존 등의 광범위하게 안전을 도모하는 것으로서 고도의 안전을 달성하는 것을 목적으로 한 것이다(원자력 산업에 이용).

161
FMECA(failure mode effects and criticality analysis)를 실시하는 목적으로 틀린 것은?

① 안전운용의 확률이 높은 설계를 선택하는 수법을 준다.
② 초기단계에서 시스템의 경계에 있는 문제를 명확히 한다.
③ 시스템의 안전상에 치명적인 여러 개의 모드(mode)를 결정한다.
④ 초기단계에서 시험계획을 세우는 기준을 준다.

해설
FMECA(고장의 형태와 영향 및 치명도분석)는 시스템의 안전성에 치명적인 단일한 고장개소를 특정한다.

Answer ➡ 160. ② 161. ③

memo

CONTENTS

CHAPTER 01 | 기계안전의 개념
CHAPTER 02 | 공작기계의 안전
CHAPTER 03 | 산업용 기계안전기술

3 과목

기계·기구 및 설비 안전관리

1장 기계안전의 개념

1 기계의 위험 및 안전조건

[1] 기계설비의 안전조건

(1) 외형의 안전화   (2) 작업의 안전화
(3) 작업점의 안전화   (4) 기능의 안전화
(5) 구조의 안전화   (6) 보전작업의 안전화
(7) 표준화를 통한 안전화   (8) 법 규제를 통한 안전화

[2] 외형(외관)의 안전화

(1) 덮개 및 방호 장치(guard)설치

   1) 기계의 회전 부(회전체 돌출부분) : 덮개 설치
   2) 기계 외형 부분 : 덮개 및 방호장치 설치

(2) 별실 또는 구획된 장소에 격리 : 원동기 및 동력전도장치(벨트, 기어, 샤프트, 체인 등)

(3) 안전색채조절 : 기계장비 및 부수되는 배관

   1) 스위치
      ① 시동 단추식 스위치 : 녹색
      ② 급정지 단추식 스위치 : 적색

   2) 배관
      ① 공기 배관 : 백색
      ② 가스배관 : 황색
      ③ 물 배관 : 청색

[3] 작업의 안전화

(1) 작업 안전화에 대한 기본이념 : 인간공학에 바탕을 두고 실천

(2) 작업의 안전화

1) 작업의 표준화
2) 안전한 기동장치(동력 차단 장치, 시건장치)의 배치
3) 급정지장치, 급정지 버튼 등의 배치
4) 조작 장치의 적당한 위치 고려
5) 작업에 필요한 적당한 공구 사용
6) 인칭(inching : 촌동), 기능의 활용

[4] 작업점의 안전화

(1) 작업점(위험점) : 기계 설비에서 특히 위험을 발생케 할 우려가 있는 부분으로서 일(작업)이 물체에 행해지는 점 또는 가공물이 가공되는 부분.

(2) 기계 설비의 작업점의 분류

1) 협착점(Squeeze point) : 고정부와 왕복운동을 하는 운동부 사이에 형성되는 위험점으로 덮개, 울 등의 방호조치가 필요하다.
   예 프레스, 성형기, 절곡기 등
2) 끼임점(Shear point) : 고정부와 회전 또는 직선운동과 함께 형성하는 부분 사이에 형성되는 위험점
   예 연삭숫돌과 작업대, 반복 동작되는 링크기구, 교반기의 교반날개와 몸체사이
3) 절단점(Cutting point) : 회전하는 운동부분 자체와 운동하는 기계자체와의 위험이 형성되는 점.
   예 둥근톱날, 띠톱기계의 날, 밀링커터 등
4) 물림점(Nip point) : 회전하는 두 개의 회전체에 물려들어갈 위험성이 형성되는 점(중심점 + 회전운동)
   예 롤러, 기어와 피니언 등
5) 접선물림점(Tangential nip point) : 회전하는 부분이 접선방향에서 만들어지는 점.(접선점 + 회전운동)
   예 벨트와 풀리, 체인과 스프라켓, 랙과 피니언 등
6) 회전말림점(Trapping point) : 크기, 길이, 속도가 다른 회전운동에 의한 위험점으로 회전하는 부분에 돌기 등이 돌출되어 작업복 등이 말리는 위험점.
   예 회전축, 드릴축, 커플링 등
7) 비산점(Scattering point) : 가공재, 부품, 칩 등의 비산에 의한 위험점
   예 연삭기숫돌, 선반, 밀링 등의 칩

8) 접촉점(Touch point) : 날카롭거나 뜨겁거나 차가운 부위의 접촉에 따른 위험점
   예 연속칩, 열처리된 금속재료, 냉매 등

(3) 작업점의 방호 방법

1) 작업점에는 작업자가 절대로 가까이 가지 않도록 할 것.
2) 기계를 조작할 때는 작업점에서 떨어지도록 할 것.
3) 작업점에서 작업자가 떨어지지 않는 한 기계를 작동하지 못하도록 할 것.
4) 손을 작업점에 넣지 않도록 할 것.

[5] 기능의 안전화

(1) 소극적 대책 : 이상 시 기계 설비의 급정지로 안전화 도모

(2) 적극적 대책 : 페일 세이프, 회로의 개선으로 오동작 방지

1) 페일 세이프(fail safe) : 인간이나 기계 등에 과오나 동작상의 실수가 있더라도 사고·재해를 발생시키지 않도록 철저하게 2중, 3중으로 통제를 가하는 것

2) 페일 세이프 구조의 기능면에서의 분류
   ① fail passive : 일반적인 산업기계방식의 구조이며, 성분의 고장 시 기계·장치는 정지상태로 옮겨간다.
   ② fail operational : 병렬 여분계의 성분을 구성한 경우이며, 성분의 고장이 있어도 다음 정기 점검 시까지는 운전이 가능하다.
   ③ fail active : 성분의 고장 시 기계·장치는 경보를 나타내며 단시간에 역전이 된다.

3) 구조적 페일 세이프(항공기의 엔진, 압력용기의 안전밸브)
   ① 저균열속도 구조 : 기계·장치 등에 균열이 발생하더라도 그 진전속도가 늦어 정지를 일으키는 구조
   ② 조합 구조 : 다층재 등에서와 같이 여러 개의 재료를 조합시켜 하나의 재료에서 균열이 생겨도 다른 재료가 하중을 받아주는 구조
   ③ 다경로하중 구조 : 하중을 받아주는 부재가 몇 개로 나뉘어져 있어 일부 부재가 파열되어도 다른 부재로 인해 하중을 받아 줄 수 있는 구조
   ④ 하중해방 구조 : 안전파열판 등과 같이 어딘가가 파열되면 그 이상의 하중이 걸리지 않는 구조

4) 회로적 페일 세이프(철도신호, 개폐기의 용장회로)
   ① 철도신호 : 신호기가 고장이 생긴 때에는 항상 적을 나타내어 중대재해를 막아주는 신호
   ② 개폐기의 용장회로 : 병렬회로와 직렬회로가 있고, 각각 ON 또는 OFF에 대한 안전

회로를 구성하고 있는 회로
③ **대기 용장회로** : 용장회로 중 평상시에는 예비회로가 작동하지 않고 주회로가 고장이 생긴 경우에만 작동하는 방식

[6] 구조의 안전화

(1) 설계상 결함

1) 기계설계상 가장 큰 과오의 요인은 강도 계산상의 잘못이다.
2) 최대하중 예측의 부정확성과 강도저하를 생각하여 안전율을 충분히 고려해 주어야 한다.
3) 안전율(안전계수)

$$\therefore 안전율 = \frac{파괴하중}{최대사용하중} = \frac{극한강도(파단하중)}{최대설계하중(안전하중)}$$

① unwin의 안전율 : 강철은 3, 나무는 7, 흙 및 벽돌은 20
② cardullo의 안전율

$$\therefore F = a \times b \times c \times d$$

- a : $\frac{극한강도}{사용재료의 탄성강도}$
- b : 하중의 종류(정하중에서 b=1, 조반하중에서는 b=극한강도/피로한도)
- c : 하중속도(정하중에서 c=1, 충격하중에서는 c=2)
- d : 재료의 조건

③ 안전여유 산정식

$$\therefore 안전여유 = 극한강도 - 허용응력(정격하중)$$

④ 안전율을 크게 취하여야 할 힘의 순서

충격하중 > 교번하중 > 반복하중 > 정하중

4) 하중의 종류
① **정하중** : 시간이 경과하여도 크기와 방향이 변화하지 않는 하중
② **동하중** : 시간의 경과와 더불어 크기와 방향이 변화하는 하중

5) 동하중의 종류
① **반복하중** : 일정한 방향으로 연속하여 반복하는 하중
② **교번하중** : 크기와 방향이 동시에 변화하면서 인장과 압축이 교대로 반복하여 작용하는 하중
③ **충격하중** : 순간적인 짧은 시간에 갑자기 작용하는 하중

6) 안전율(허용응력) 결정 시 고려할 사항
① 재료의 품질   ② 하중과 응력의 정확성
③ 하중의 종류에 따른 응력의 성질   ④ 부재의 형상 및 사용 장소

⑤ 공작 방법 및 정밀도

(2) 재료의 결함 및 가공 결함

1) 재료의 결함 : 균열, 부식, 강도 저하 등
2) 가공 결함 : 가공 도중에 생기는 가공경화

(3) 재료의 성질

1) 기계적 성질 : 기계적 성질 : 강도, 경도, 충격, 피로, 마모, 고온의 기계적 성질, 전성, 연성, 인성, 탄성 등
2) 물리적 성질 : 비중, 열전도도, 비열, 용해 온도, 용해 잠열, 자성, 열팽창 계수, 전기전도도 등
3) 제작상 성질 : 가공성, 주조성, 단조성, 용접성, 열처리 적응성 등 공작성 또는 절삭성
4) 화학적 성질 : 내열성, 부식

(4) 재료 시험

1) 기계적 시험(파괴시험)
   ① 정적시험 : 인장, 굽힘, 경도, 비틀림, 압축, 크리이프 시험 등
   ② 동적 시험 : 충격, 피로 시험
   ③ 특수재료시험 : 연성, 마멸, 스프링시험
2) 비파괴시험(Non-Destructive Test) : 육안검사, 음향검사, 방사선 투과 검사, 초음파 검사, 자분탐상검사, 형광탐상검사 등
3) 인장시험 : 재료의 기계적 성질인 비례한도, 탄성한도, 항복점, 인장강도, 파단점, 연신율 등을 측정

[7] 보전작업의 안전화

(1) 고장예방을 위한 정기점검 (2) 부품교환의 철저화
(3) 주유방법의 개선 (4) 보전용 통로나 작업장 확보
(5) 구성부품의 신뢰도 향상

[8] 기계설비의 본질 안전화

(1) **기계설비 안전화의 기본이념** : 기계설비에 이상이 생겨도 안전성이 확보되어 사고나 재해가 발생하지 않도록 설계하는 것.

(2) **기계설비의 본질 안전화**

1) 안전 기능이 기계설비에 내장되어 있을 것.

2) 조작상 위험이 없도록 설계할 것.
3) 페일 세이프(fail safe)의 기능을 가질 것(safety valve, interlock 등)
4) **풀푸르프(fool proof)** : 기계 장치 설계 단계에서 안전화를 도모하는 것으로 근로자가 기계 등의 취급을 잘못해도 사고로 연결되는 일이 없도록 하는 안전기구를 풀푸르프라 한다. 즉, 인간과오(human error)를 방지하기 위한 것이다.

2 기계의 방호

[1] 기계의 방호 목적 및 방호장치 설치 시 고려할 사항

(1) 기계의 방호 목적 : 작업점으로부터 작업자가 접촉되는 것을 막아주는데 그 목적이 있다.

(2) 방호장치 설치 시 고려할 사항

1) 적용의 범위 2) 방호의 정도 3) 신뢰도
4) 보수의 난이도 5) 작업성 6) 경제성

[2] 동력기계의 표준 방호덮개

(1) 방호덮개의 구비조건(ILO 기준)

1) 확실한 방호기능을 가질 것.
2) 사용이 간편하고 작동에 노력을 적게 들일 수 있을 것.
3) 작동자의 작업행동과 기계의 특성에 맞을 것.
4) 운전중(작동중)에는 위험한 부분에 인체의 접촉을 막을 수 있을 것
5) 작동자에게 불편 또는 불쾌감을 주지 않을 것.
6) 생산에 방해를 주지 않을 것.
7) 최소한 손질로 장기간 사용할 수 있고 가능한 자동화되어 있을 것.
8) 통상적인 마모 또는 충격에 견딜 수 있을 것.
9) 기계장치와 조화를 이루도록 설치할 것.
10) 기계의 주유, 검사 및 조정, 수리에 지장을 주지 않을 것.

(2) 방호덮개의 재질 및 두께

재 질	두 께
금속판	0.8mm 이상
구멍 뚫린 금속판	1mm 이상
엑스밴드메탈	1.25mm 이상
쇠줄금망	1.5mm 이상(직경)

[3] 기계의 방호장치

(1) 방호장치(안전장치)의 기본목적
1) 작업자의 보호(부상 및 사상 방지)
2) 기계위험 부위의 접촉방지
3) 인적·물적 손실 방지

(2) 방호장치의 종류
1) 격리형 방호장치
2) 위치제한형 방호장치
3) 접근거부형 방호장치
4) 접근반응형 방호장치
5) 포집형 방호장치

(3) 격리형 방호장치 : 작업자가 작업점에 접촉되지 않도록 기계설비 외부에 차단벽이나 방호망을 설치하는 것.

1) 격리형 방호장치의 종류
 ① 완전차단형 : 어떤 방향에서도 작업점까지 신체가 접근할 수 없도록 하는 것.
 ② 덮개형 : 작업자가 말려들거나 끼일 위험이 있는 곳을 덮어씌우는 것.
 ③ 안전방책(방호망) : 울타리를 설치하는 것.

2) 안전 덮개가 필요한 기계요소 : 기어(치차), 풀리, 체인, 회전축, 플라이휠, 벨트 등의 동력전달장치의 회전운동부위
 ① 덮개를 씌운 샤프트(shaft)가 바닥 위를 지날 경우 바닥면과 샤프트까지의 거리 : 최소 150mm 정도
 ② 덮개를 씌운 샤프트가 천정 밑을 지날 경우 샤프트의 덮개 하단부와 샤프트까지의 거리 : 최소 50mm 정도

3) 방책의 설치

방책의 설치높이	위험 부분으로부터 방책까지의 거리
150cm 이상	12cm 미만
120cm 이상	12~24cm
90cm 이상	24cm 이상

4) 방호울 설치시 방벽의 높이 : 최소 1.6m~1.8m 정도

5) 동력 전도 장치(기계장치 중 재해가 가장 많이 발생)의 위험 방지 조치사항
   ① 기계의 원동기, 회전축, 기어, 풀리, 플라이휠 및 벨트 등 근로자에게 위험을 미칠 우려가 있는 부위에는 「덮개, 울, 슬리브 및 건널다리」 등을 설치 할 것.
   ② 회전축, 기어, 풀리 및 플라이휠 등에 부속하는 키이 및 핀 등의 고정구는 「묻힘형」으로 하거나 해당 부위에 「덮개」를 설치할 것.
   ③ 벨트의 이음부분에는 돌출된 고정구를 사용하지 않을 것.
   ④ 건널다리에는 안전난간 및 미끄러지지 않는 구조의 발판을 설치할 것

6) 기계의 동력차단장치
   ① 동력으로 작동되는 기계에는 스위치·클러치 및 벨트이동장치 등 동력차단장치를 설치할 것.
   ② 동력으로 작동되는 기계 중 절단·인발·압축·꼬임·타발 또는 굽힘 등의 가공을 하는 기계를 설치할 때에는 그 동력차단장치를 근로자가 작업위치를 이동하지 않고 조작할 수 있는 위치에 설치할 것.
   ③ 동력차단장치는 조작이 쉽고 접촉, 또는 진동 등에 의하여 불시에 기계가 움직일 우려가 없는 것일 것.

(4) 위치 제한형 방호장치 : 작업자의 신체부위가 위험한계 밖에 있도록 기계의 조작장치를 위험한 작업점에서 안전거리 이상 떨어지게 하거나 조작장치를 양손으로 동시 조작하게 함으로써 위험한계에 접근하는 것을 제한하는 것.

  예 프레스기의 양수 조작식 방호장치

(5) 접근거부형 및 접근반응형 방호장치

  1) **접근거부형 방호장치** : 작업자의 신체부위가 위험한계로 접근하였을 때 기계적인 작용에 의하여 접근을 못하도록 제지하는 것.
     예 수인식, 손쳐내기식 방호장치 등
  2) **접근반응형 방호장치** : 작업자의 신체부위가 위험한계 또는 그 인접한 거리 내로 들어오면 이를 감지하여 그 즉시 기계의 동작을 정지시키고 경보 등을 발하는 것
     예 프레스기의 감응식 방호장치 등

(6) 포집형 방호장치 : 위험장소에 설치하여 위험원이 비산하거나 튀는 것을 포집하여 작업자로부터 위험원을 차단하는 것

  예 연삭기의 덮개나 발발예방장치 등

[4] 인터록 및 리미트 스위치

(1) 인터록 장치(interlock system)

1) 일종의 연동 기구로 걸림 장치라고도 한다.
2) 기본적으로 어떤 목적을 달성하기 위해 한 동작 또는 수개 동작을 행하는 경우도 있으며, 동작 종료 시에는 자동적으로 안전상태를 확보하도록 한 장치이다.

(2) 록 시스템(lock system)

1) 기계 특수성과 인간의 생리적 관습에 의하여 사고를 일으킬 수 있는 불안전 요소에 대하여 통제를 가하는 체계를 말한다.
2) 기계에 인터록(interlock system), 인간의 심중에는 인트라록(intra lock system), 그 중간에 트랜스록(trans lock system)을 두어 불안전 요소에 대하여 통제를 가한다.

(3) 리미트 스위치(limit switch)

1) 기계장치 등에서 동작이 일정한 한계를 벗어나지 않도록 제한하는 장치를 말한다.
2) 리미트 스위치를 활용한 방호장치 : 권과방지장치, 과부하방지장치, 과전류 차단장치, 압력제한장치, 이동식 덮개, 게이트 가드(gate guard) 등

[5] 방호조치

(1) 방호조치에 대한 근로자의 준수사항

1) 방호조치 해체 시는 사업주의 허가를 받을 것.
2) 방호조치 해체 후 그 사유가 소멸 시에는 지체 없이 원상으로 회복시킬 것.
3) 방호조치의 기능이 상실된 것을 발견한 때에는 지체 없이 사업주에게 신고할 것.

(2) 방호장치의 해체금지 : 방호장치의 수리, 조정 및 교체 등의 작업을 하는 경우 이외에는 방호장치를 해체하거나 사용을 정지하지 않을 것.

실 / 전 / 문 / 제

01
기계의 안전조건 중 외관적 안전화에 관계없는 것은?
① 케이스로 내장 ② 덮개
③ 안전장치 ④ 색채조절

해설
(1) 기계설비의 안전조건
　① 외형의 안전화 ② 작업의 안전화
　③ 작업점의 안전화 ④ 기능의 안전화
　⑤ 구조의 안전화 ⑥ 보전작업의 안전화
　⑦ 표준화를 통한 안전화 ⑧ 법규제를 통한 안전화
(2) 외관적 안전화의 방법 : 기계의 외부로 나타나는 위험부분을 제거하는 것
　① 덮개 또는 guard의 설치
　② 별실 또는 구획된 장소에 격리하거나 케이스로 내장
　③ 안전색채조절
(3) 안전장치설치는 기능의 안전화에 해당된다.

02
기계시설의 기능적 안전화를 위한 대책은?
① fool proof ② fail safe
③ 예방정비 ④ 진단

해설
기능적 안전화를 위한 대책으로는 fail safe, 회로의 개선으로 오동작 방지가 있다.

03
다음 중 비파괴검사가 아닌 것은?
① 방사선투과시험 ② 자분검사
③ 압축시험 ④ 수압시험

해설
재료시험의 종류
(1) 기계적 시험(파괴시험)
　① 정적시험 : 인장, 굽힘, 경도, 비틀림, 압축, 크리이프 시험 등
　② 동적시험 : 충격, 피로시험
　③ 특수재료시험 : 연성, 마멸, 스프링시험
(2) 비파괴시험(Non-Destructive Test) : 육안검사, 음향검사, 방사선투과검사, 초음파검사, 자분탐상검사, 형광탐상검사 등

04
재료 강도시험 중 항복점을 알 수 있는 시험은?
① 압축시험 ② 충격시험
③ 마모시험 ④ 인장시험

해설
인장시험이란 인장시험기에 시험편을 끼워 인장하중을 작용시켜 절단될 때까지의 하중과 이에 대한 변형을 측정하여 응력·변형률 정도를 기록하여 재료의 기계적 성질인 비례한도, 탄성한도, 항복점, 인장강도, 파단점, 연신율 등을 측정한다.

05
다음은 안전율을 구하는 식이다. 틀린 것은?
① $\dfrac{극한강도}{최대설계응력}$ ② $\dfrac{파괴하중}{안전하중}$
③ $\dfrac{파괴하중}{최대사용하중}$ ④ $\dfrac{사용하중}{안전하중}$

06
반복응력을 받게 되는 기계구조 부분의 설계에서 허용응력을 결정하기 위한 기초강도로 삼는 것은?
① 허용응력=50kg, 안전여유=100kg
② 허용응력=100kg, 안전여유=500kg
③ 허용응력=3,600kg, 안전여유=100kg
④ 허용응력=50kg, 안전여유=500kg

해설
안전율(안전계수) = $\dfrac{극한강도}{허용응력}$

허용응력 = $\dfrac{극한강도}{안전계수} = \dfrac{600}{6} = 100$kg

안전여유 = 극한강도 − 허용응력 = 600 − 100 = 500kg

Answer ● 01. ③ 02. ② 03. ③ 04. ④ 05. ④ 06. ②

07
안전계수가 5인 체인의 정격하중이 100kg이라면 이 체인의 극한강도는 얼마인가?

① 500kg ② 20kg
③ 0.5kg ④ 0.05kg

해설

안전계수 = $\dfrac{\text{극한강도}}{\text{정격하중}}$

∴ 극한강도 = 안전계수 × 정격하중 = 5 × 100 = 500kg

08
크랭크축의 극한강도는 600kg이고 정격하중이 100kg인 경우에 안전계수는 얼마인가?

① 6 ② 8
③ 4 ④ 9

해설

안전계수 = $\dfrac{\text{극한강도}}{\text{정격하중}} = \dfrac{600}{100} = 6$

09
안전계수가 6인 체인의 정격하중이 100kg이라면 이 체인의 극한강도(kg)는?

① 300kg ② 400kg
③ 500kg ④ 600kg

해설

극한강도 = 정격하중 × 안전계수 = 100 × 6 = 600kg

10
기계의 안전을 확보하기 위해서는 안전율을 감안하게 되는데 다음 중 적합하지 않은 것은?

① 탄성률, 충격률, 여유율의 곱으로 안전율을 계산하기도 한다.
② 재료의 균질성, 응력계산의 정확성, 응력의 분포 등 각종인자를 고려한 경험적 안전율도 쓴다.
③ 안전율 계산에 사용되는 여유율은 연성재에 비하여 취성재를 크게 잡는다.
④ 안전율은 크면 클수록 안전하므로 안전율이 높은 기계는 우수한 기계라 할 수 있다.

해설

안전율 계산에 사용되는 여유율은 취성재에 비하여 연성재를 크게 잡아야 안전이 확보된다.

11
안전율을 결정하는데 고려할 사항이 아닌 것은?

① 하중의 종류 ② 응력집중의 영향
③ 구조물의 종류 ④ 사용시 상태

해설

안전율(허용응력)결정시 고려할 사항
① 재료의 품질
② 하중과 응력의 정확성
③ 하중의 종류에 따른 응력의 성질
④ 부재의 형상 및 사용장소
⑤ 공작방법 및 정밀도

12
기계설비의 본질적안전화를 위한 방식 중 성격이 다른 하나는?

① guard
② safety valve
③ interlock
④ twohand control unit

해설

기계설비의 본질안전화 추구방법
① 조작상 위험이 가능한 없도록 설계할 것
② 안전기능이 기계설비에 내장되어 있을 것
③ 페일 세이프의 기능을 가질 것(safety valve, interlock 등)
④ 풀푸르프의 기능을 가질 것(안전블록, 카메라의 이중촬영 방지기구 등)

13
다음 중 기계 시설의 안전조건으로 고려해야 될 기본적인 개념이 아닌 것은?

① 외관적 안전화 ② 구조부분의 안전화
③ 표준화 ④ 조작방법의 안전화

해설

기계시설의 안전조건으로 ①, ②, ③ 이외에 작업점의 안전화, 기능의 안전화, 보전작업의 안전화 등이 있다.

Answer ➡ 07. ① 08. ① 09. ④ 10. ③ 11. ④ 12. ④ 13. ④

14
풀푸르프(fool-proof)의 설명 중 맞지 않는 것은?

① 동력전달장치의 덮개를 벗기면 운전이 정지된다.
② 권과방지장치는 풀푸르프가 아니다.
③ 카메라의 이중촬영 방지기구
④ 기계의 안전장치(가드, 안전블록 등)

해설
풀푸르프(fool proof)란 : 기계 등에서 작업자가 기계조작을 잘 못하거나 또는 이상이 발생하거나 고장이 발생하더라도 위험한 상태가 되지 않도록 기계설계 단계에서 안전화를 도모하려는 기본적 개념으로 권과방지장치도 이에 해당된다.

15
안전장치의 기본목적이 아닌 것은?

① 작업자의 보호
② 인적·물적 손실의 방지
③ 기계기능의 향상
④ 기계위험 부위의 접촉방지

해설
안전장치의 설치목적은 작업자가 회전부, 전단부 등의 작업점이나 기타 기계 위험부위의 접촉 또는 접근을 방지하여 작업자를 보호하고 인적·물적 손실을 방지하는 데 있다.

16
안전장치의 기본 목적에 가장 알맞은 것은?

① 부상 및 사상에 대한 방지
② 인명 및 기자재에 대한 손상방지
③ 기계조업자나 기타 주위 사람의 기계의 위험 부분에의 접근 방지
④ 인적 및 물적 손실의 방지

해설
안전장치의 기본목적은 기계의 위험부위로부터 작업자를 보호(인체의 접촉을 방지)하는데 있다.

17
작업점이란?

① 공장의 공구들이 정리되어 있는 장소
② 일이 물체에서 행해지는 점
③ 공장 내에서 협력이 이루어지는 지역
④ 두 복도의 만나는 점

해설
작업점(point of operation)이란 가공물이 직접 가동되는 부분으로 롤러기의 맞물림점, 프레스기의 슬라이드 하사점과 다이부분 등이 이에 해당되며 작업점의 사고는 작업중에 가장 많다. 또한 기계설비의 작업점은 특히 위험성이 크므로 자동제어 및 원격제어 장치 또는 방호장치를 설치해야 한다.

18
작업점(point of operation)에 대한 방호방침이 아닌 것은?

① 일반작업, 특히 점검 및 조정작업이나 주유작업에 방해가 되는 일이 없도록 함
② 작업점에 작업자가 접근할 수 없게 함
③ 조작을 할 때 작업장에 접근할 수 없게 함
④ 작업자가 위험지대를 벗어나면 기계가 움직이게 함

해설
일반적인 작업점의 방호방법
① 작업점에는 작업자가 절대로 가까이 가지 않도록 할 것
② 기계를 조작할 때는 작업점에서 떨어지게 할 것
③ 작업점에서 작업자가 떨어지지 않는 한 기계를 작동하지 못하게 할 것
④ 손을 작업점에 넣지 않도록 하게 할 것

19
동력전달부분은 원동기의 에너지를 부속장치 또는 다음의 어느 것에 전달하기 위해서 무슨 기계에 부착되고 있는가?

① 작업점
② 위험점
③ 동력점
④ 정지점

해설
기계설비의 4대 구성요소로서 동력의 전달방법은 다음과 같다.
① 원동기 → ② 동력전도장치 → ③ 작업점 또는 ④ 부속장치

Answer ● 14. ② 15. ③ 16. ③ 17. ② 18. ① 19. ①

20
다음 중 방호덮개의 설치목적과 관계가 먼 것은?

① 가공물 등의 낙하비래 위험이 있다.
② 위험점과 신체의 접촉방지
③ 방음이나 집진목적
④ 주유나 검사의 편리성

21
기계나 동력공구 등의 고온부에는 단열재 등으로 차폐하며, 특히 작업자의 접촉을 막기 위하여 다음의 어느 것에 복개를 하여야 하는가?

① 섭동부　　② 진동부
③ 활동부　　④ 회전부

해설

기계의 최전부 : 덮개 설치

22
이동식 Cover의 기능이 정상적으로 가동되도록 하기위하여는 Cover를 열고 손이 들어갈 수 있는 상태로 부터(이 때까지의 시간을 Tmo라 한다) 손이 위험점에 이르기까지의 시간 T, 기계나 Cover를 개방한 후에 정지하기까지의 시간 Tm이라 할 때 다음 조건이 충족되어야 한다. 틀린 것을 고르시오.

① Tm은 회전부분의 관성과 브레이크의 효과에 의해 정해진다.
② Tm은 큰 기계에서는 작업자의 조작 위치에 따라 T의 크기가 결정된다.
③ Tmo를 극소화하여야 한다.
④ T≧Tm－Tmo의 관계가 성립되어야 한다.

해설

커버를 연후 기계가 정지할 때까지의 시간(Tm)보다 손이 들어가서 위험점에 이르는 시간(Tmo＋T)이 길어야 안전하므로 Tmo＋T≧Tm의 관계식이 성립되고 Tmo와 T는 클수록 안전하게 된다.

23
회전 중인 치차(Gear)로서 통행 또는 작업시에 접촉할 위험이 있는 것에 대한 안전 관리상 가장 옳은 것은?

① 견고하게 복개장치를 한다.
② 작업을 중지한다.
③ 위험표시를 황색으로 표시한다.
④ 통행을 금지시킨다.

해설

회전중인 치차에 신체의 접촉을 방지하기 위하여 견고하게 덮개(복개장치)를 설치하며 덮개의 설치방법으로는 ①부분덮개 ②전체덮개가 있다.

24
동력전도장치의 치차를 통행 또는 작업시 접촉할 위험이 있는 것 중 가장 부적절한 것은?

① 조심해서 통행한다.
② 에너지와 인체의 접촉을 막는 구조
③ 에너지가 구속을 이탈하지 않는 조치 강구
④ 에너지가 이탈한 경우 인체에 충돌, 혹은 화재 등 재해요소가 되지 않는 조치 강구

25
바닥위를 지나는 샤프트(shaft)에 덮개를 하고자 한다. 바닥면과 샤프트(shaft)까지 확보하여야 할 거리(s)로 적합한 것은?

① Min 120mm　　② Min 150mm
③ Min 160mm　　④ Min 130mm

해설

바닥으로부터 150mm 정도가 안전성확보를 위하여 좋다

26
안전율의 재료를 사용하여 가이드를 설치하고자 한다. 개구부 Tmm를 정하면?(단, 개구면에서 위험점까지의 최단거리(x) = 200mm)

① 20　　② 24
③ 30　　④ 36

Answer ➡ 20.④　21.④　22.③　23.①　24.①　25.②　26.④　27.④

해설

Y = 6 + 0.15X = 6 + 0.15 × 200 = 36mm

27
사출성형기, 주형조형기, 형단조기 등에 가장 적합한 안전장치는?

① 손쳐내기식 및 수인식
② 덮개 또는 울
③ 광전자식
④ 게이트 가드 또는 양수조작식

해설

사출성형기 등의 방호장치(안전보건규칙 제121조) : 사출성형기·주형조형기 및 형단조기(프레스 등을 제외한다)등에 근로자의 신체의 일부가 말려들어갈 우려가 있는 때에는 게이트 가이드 또는 양수조작식 등에 의한 방호장치를 한다.

28
다음 중 사고로 재해가 가장 많이 일어나는 기계장치는?

① 제동장치   ② 동력전달장치
③ 전기배선장치   ④ 기동장치

해설

동력전달장치로는 기어, 풀리, 축, 벨트, 체인 등이 있는데 말려들어가는 등의 재해가 가장 많이 발생한다.

29
원동기, 회전축, 치차, 풀리, 벨트 등 근로자에게 위험을 미칠 우려가 있는 부분에 설치하여야 할 방호조치가 아닌 것은?

① 덮개   ② 울
③ 방화벽   ④ 슬리이브

해설

원동기, 회전축 등의 위험방지(안전보건규칙 제87조)
① 기계의 원동기, 회전축, 기어, 풀리, 플라이휠 및 벨트 및 체인 등 근로자에게 위험을 미칠 우려가 있는 부위에는 덮개, 울, 슬리이브 및 건널다리 등을 설치한다.
② 회전축, 기어, 풀리 및 플라이휠 등에 부속하는 키 및 핀 등의 기계요소는 묻힘형으로 하거나 해당부의에 덮개를 설치한다.
③ 벨트의 이음부분에는 돌출된 고정구를 사용하지 않는다.
④ 건널다리에는 안전난간 및 미끄러지지 아니하는 구조의 발판을 설치한다.

30
기계의 위험을 예방할 수 있는 일반적인 안전기준을 열거하였다. 잘못 기술된 것은?

① 회전축 등 동력전달장치에는 덮개나 건널다리 등을 설치한다.
② 회전축, 풀리 등에 부속되는 키이 등 고정구는 해당 부위에 덮개를 설치할 수 있다.
③ 벨트의 이음부분에는 돌출된 고정구를 사용하여서는 아니 된다.
④ 건널다리에는 높이 75cm 이상의 손잡이를 설치하여야 한다.

해설

건널다리에는 높이 90cm 정도의 손잡이를 설치하여야 한다.

31
기계의 동력차단장치에 해당되지 않는 것은?

① 핀   ② 클러치
③ 스위치   ④ 벨트이동장치

해설

기계의 동력차단장치(안전보건규칙 제88조)
① 동력으로 작동되는 기계에는 스위치, 클러치 및 벨트 이동장치 등 동력차단장치를 설치한다.
② 동력차단장치를 설치하여야 하는 기계 중 절단, 인발, 압축, 꼬임, 타발 또는 굽힘 등의 가공을 하는 기계를 설치할 때에는 그 동력차단장치를 근로자가 작업위치를 이동하지 아니하고 조작할 수 있는 위치에 설치한다.
③ 동력차단 장치는 조작이 쉽고 접촉, 또는 진동 등에 의하여 갑자기 기계가 움직일 우려가 없는 것이어야 한다.

32
동력으로 작동되는 기계로서 절단, 인발, 압축, 타발 등의 가공기계에 제일 먼저 설치해야 할 장치는 어느 것인가?

① 기계보호장치   ② 시건장치
③ 조명장치   ④ 동력차단장치

Answer ▶ 28. ② 29. ③ 30. ④ 31. ① 32. ④

33
위험한 기계에는 구동 에너지를 피해자 자신이 작업 위치에서 조작 차단할 수 있는 다음의 어느 것을 설치하여야 하는가?

① 방호설비　　② 위험방지장치
③ 급정지장치　④ 감속장치

해설

급정지장치 : 작업자의 작업위치에서 조작 차단할 수 있을 것

34
벨트를 기계에 걸 때 사용되는 장치 중 맞는 것은?

① 동력전도장치　② 클러치
③ 천대장치　　　④ 벨트이동장치

해설

천대장치란 과거벨트전동식 선반에서 이용되던 동력차단장치의 일종이다.

35
와이어 로프의 신장률은 사용함에 따라 점점 저하된다. 이때 신장률의 저하에 대하여 가장 위험한 하중은?

① 충격하중　② 굴곡하중
③ 정하중　　④ 비틀림하중

해설

와이어로프에 가해지는 하중의 정도가 비록 탄성한계이내의 하중이라도 장시간 작용하게 되면 재료에는 가공경화현상이 생겨 신장률이 저하되며 결국 인성이 저하하여 충격하중에 약하게 된다.

36
엘리베이터 각부의 안전계수 중 가장 크게 잡아야 되는 부분은 다음 중 어느 것인가?

① 카
② 로프
③ 지지걸이(강재 부분)
④ 콘크리트 부분

37
기계의 고장 중 설계, 제조 과정에서의 결함으로 인하여 발생되는 것은?

① 초기고장　② 피로고장
③ 마모고장　④ 우발고장

해설

기계고장률의 기본모형
① 초기고장 : 감소형(DFR), 설계상의 과오, 불량제조 및 품질관리 미비 등으로 생기는 고장으로서 점검작업이나 시운전 등으로 사전에 방지할 수 있다. 즉, 예방대책으로 위험분석을 하여 결함을 찾아내며 이 기간 동안을 디버깅(debugging) 기간 또는 번인(burnin)기간이라 한다.
② 우발고장 : 일정형(CFR), 사용조건상의 고장을 말하며 예측할 수 없을 때 생기는 고장으로서 고장률이 가장 낮다. 점검작업이나 시운전 등으로 방지하지 못하며 특히 CFR기간을 내용수명이라 한다.
③ 마모고장 : 증가형(IFR), 설비의 피로에 의해 생기는 고장을 말하며 정기적인 안전진단(검사) 및 적정한 보수에 의해 방지가 가능하다.

38
기계를 시동하기에 앞서서 방호장치가 다시 제자리에 붙어 있는지를 가장 확인하기 쉬운 방법은?

① 고정식 방호장치　② 자동식 방호장치
③ 야수 제어장치　　④ 인터록 방호장치

해설

인터록 방호장치는 일종의 연동기구로 걸림장치라고도 하며, 어떤 목적을 달성하기 위하여 한 동작 또는 수개 동작을 행하는 경우도 있으며, 동작 종료시에는 자동적으로 안전 상태를 확보하도록 한 기구로 기계적, 전기적 구조 등으로 되어 있다.

39
일종의 연동기구로서 안전한 상태를 확보하도록 한 기구로 기계적, 전기적 구조로 되어 있는 장치는?

① 자동식 방호장치　② 가변식 방호장치
③ 고정식 방호장치　④ 인터록 방호장치

해설

lock system : 기계와 인간은 각각 기계특수성과 생리적 관습에 의하여 사고를 일으킬 수 있는 불안전한 요소를 지니고 있기 때문에 기계에 interlock system, 인간의 심중에 intralock system, intralock과 interlock system의 중간에 translock system을 두어 불안전요소에 대하여 통제를 가한다.

Answer ➡ 33. ③　34. ③　35. ①　36. ②　37. ①　38. ④　39. ④

40
기계설비의 안전장치에서 과도하게 한계를 벗어나 계속적으로 감아 올리거나 하는 일이 없도록 제한하는 장치를 리미트스위치(limit switch)라 하는데 이에 해당되지 않는 것은?

① 권과방지장치　② 과부하방지장치
③ 안전밸브　　　④ 압력제한장치

해설
리미트스위치를 활용한 방호장치에는 ①, ②, ④ 이외에 과전류차단장치 등이 있으며, 안전밸브는 보일러 및 압력용기에 쓰이는 일종의 안전장치이다.

41
다음 조작안전 스위치에 해당하는 것은?

① 푸시보턴 스위치　② 리미트 스위치
③ 토클 스위치　　　④ 로터리 스위치

해설
조작 안전 스위치 : 리미트 스위치

42
다음 중 리미트 스위치(limit switch)에 의한 안전장치가 아닌 것은?

① 권과방지장치
② 게이트 가이드(gate guard)
③ 벨트 이동장치(velt shifter)
④ 이동식 덮개

해설
리미트 스위치는 ①, ②, ④ 이외에 과부하방지장치, 과전류차단장치, 압력제한장치 등에 사용되고 있다.

43
기계의 날 부분의 청소, 대체, 조정을 위하여 기계 운전을 중지시켜야 할 때 취해야 할 방호조치는?

① 기동장치에 시건장치 또는 표시판 부착
② 표시판 설치 및 울 설치
③ 신호등 설치 및 고정판 설치
④ 덮개설치 또는 표지판 부착

해설
기계의 날부분 청소 등의 작업시 운전정지등
① 기계의 날부분에 대하여 청소 등의 작업을 하는 때에는 기계의 운전을 정지하여야 한다.
② 기계의 운전을 정지한 때에는 해당 기계의 기동장치에 시건장치를 하고 그 열쇠를 별도 관리하거나 표지판을 부착한다.

> **길잡이** 운전을 정지해야 할 작업의 종류
> 1) 공작기계 등의 정비 등의 작업
> 2) 기계의 날부분 청소 등의 작업
> 3) 원심기로부터 내용물을 꺼낼 때
> 4) 분쇄기 등으로부터 내용물을 꺼내거나 청소작업을 하는 때

44
통행 중 전락하여 화상, 질식 등의 위험이 있는 케틀, 호퍼, 핏트 등에는 무엇을 설치하여야 하는가?

① 사다리　② 울
③ 손잡이　④ 발판

해설
캐틀, 호퍼, 핏트 등의 일종의 웅덩이로 추락, 전락 등의 위험이 있으므로 높이 90cm이상의 울을 설치해야 한다.

45
기계의 회전운동하는 부분과 고정부 사이에 위험이 형성되는 점인 것은?

① 접선 물림점　② 물림점
③ 끼임점　　　④ 절단점

해설
끼임점 : 기계의 회전부와 고정부 사이에 생기는 위험점

46
위험방지를 위해 기계기구에 설치한 방호조치에 관하여 근로자가 준수해야 할 의무사항이 아닌 것은?

① 방호조치를 임의로 해체하지 말 것
② 사업주의 허가를 받아 방호조치를 해체수리하고 그 사유가 소멸되면 그대로 둘 것
③ 방호장치가 그 기능을 상실한 것을 발견한 때에는 지체없이 사업주에게 신고한 것

Answer ● 40. ③　41. ②　42. ③　43. ①　44. ②　45. ③　46. ②

④ 방호조치를 한 후 기계, 기구의 작업방법을 철저히 이행

해설

(1) **방호조치에 대한 근로자의 준수사항**(시행규칙 제48조)
   ① 방호조치를 해체하고자 할 경우에는 사업주의 허가를 받아 해체할 것
   ② 방호조치를 해체한 후 그 사유가 소멸된 때에는 지체없이 원상으로 회복시킬 것
   ③ 방호조치의 기능이 상실된 것을 발견한 때에는 지체없이 사업주에게 신고할 것
(2) **방호조치에 대한 사업주의 조치** : 근로자가 방호조치의 기능이 상실된 것을 발견하여 신고가 있는 때에는 즉시 수리, 보수 및 작업중지 등 적절한 조치를 한다.

47

기계구조부분의 위험개소로서 링크와 고정 프레임과의 사이에 손가락을 넣었을 때 일어날 수 있는 재해에 해당되는 것은?

① 협착　　② 전도
③ 추락　　④ 비래

해설

재해발생형태별 분류

분류항목	세부항목
① 추락	사람이 건축물, 비계, 기계, 사다리, 계단, 경사면, 나무 등에서 떨어지는 것
② 전도·전복	사람이 평면상으로 넘어졌을 때를 말함(과속, 미끄러짐 포함)
③ 충돌	사람이 정지물에 부딪친 경우
④ 낙하·비래	물건이 주체가 되어 사람이 맞는 경우
⑤ 붕괴·도괴	적재물, 비계, 건축물이 무너진 경우
⑥ 협착·감김	물건에 끼워진 상태, 말려든 상태
⑦ 감전(전류접촉)	전기 접촉이나 방전에 의해 사람이 충격을 받은 경우
⑧ 폭발	압력의 급격한 발생 또는 개방으로 폭음을 수반한 팽창이 일어난 경우
⑨ 파열	용기 또는 장치가 물리적인 압력에 의해 파열한 경우
⑩ 화재	화재로 인한 경우를 말하며 관련 물체는 발화물을 기재
⑪ 무리한 동작	무거운 물건을 들다 허리를 삐거나 부자연한 자세 또는 동작의 반동으로 상해를 입은 경우
⑫ 이상온도접촉	고온이나 저온에 접촉한 경우
⑬ 유해물 접촉	유해물 접촉으로 중독되거나 질식된 경우
⑭ 기타	①~⑬항으로 구분 불능시 발생 형태를 기재할 것

48

공구 또는 공작물이 회전하는 기계 가공작업에서 절대로 금하여야 할 사항은 다음 중 어느 것인가?

① 작업모의 착용　　② 손장갑의 착용
③ 보호 안경의 착용　　④ 고무장화의 착용

49

다음 중 작업유체의 누출방지에 사용되는 것은?

① 밸브　　② 가스켓
③ 플렌지　　④ 파열판

해설

덮개 등의 접합부(안전보건규칙) : 화학설비 또는 그 배관의 덮개, 플렌지, 밸브 및 콕의 접합부에 대하여 해당 접합부에서의 위험물질 등의 누출로 인한 폭발, 화재 또는 위험물의 누출을 방지하기 위한 조치를 하여야 한다.

50

기계설비의 손조작에 가장 중요한 조건은?

① 예민성　　② 견고성
③ 안전성　　④ 웅장성

해설

손조작에 있어서 가장 중요한 조건은 안전성에 역점을 두어야 되는 것이다.

51

위험성이 있는 기계를 설치할 때 공장의 지붕 형태는?

① 가벼운 재료로 지붕을 설치한다.
② 저장벽은 가벼운 보를 설치한다.
③ 무거운 재료로 지붕을 설치한다.
④ 저장벽은 무거운 보를 설치한다.

해설

만약의 폭발 등 이상사태를 고려하여 벽은 철근콘크리트 구조물 등 견고한 재료로 하되 가벼운 재료로 지붕을 설치하는 것이 좋다.

Answer ➔ 47. ①　48. ②　49. ②　50. ③　51. ①

52
다음 중 장갑을 사용해도 좋은 작업은?

① 판금작업   ② 선반작업
③ 드릴작업   ④ 밀링작업

해설

장갑을 착용할 수 있는 작업의 종류
① 판금작업   ② 용접작업
③ 줄작업   ④ 도금작업 등

Answer ➡ 52. ①

2장 공작기계의 안전

1 기계설비의 안전조건

[1] 선반(lathe)

(1) **선반** : 공작물에 회전운동을 주고 바이트에 직선운동, 즉 회전축에 평행한 운동(좌우이송)과 수직운동(전후이송)을 시켜 공작물을 가공하는 공작기계

(2) **선반의 크기(선반의 규격표시 방법)**

  1) 최대 가공물의 크기
  2) 양센터 사이의 거리(심압대를 주축에서 가장 멀리했을 때 양센터에 설치할 수 있는 공작물의 길이)
  3) 본체 위의 스윙(가공할 수 있는 공작물의 최대지름)의 크기

(3) **선반의 안전장치**

  1) 칩 브레이크 : 바이트에 설치된 칩을 짧게 끊어내는 장치
  2) 쉴드(Shield) : 칩 비산 방지 투명판
  3) 덮개 또는 울 : 돌출가공물에 설치한 안전장치
  4) 브레이크 : 급정지장치
  5) 기타 척의 인터록 덮개, 고정브리지(bridge) 등

(4) **선반기의 절삭속도**

$$\therefore V = \frac{\pi DN}{1{,}000}$$

- V : 절삭속도(m/min)
- D : 강의 지름(mm)
- N : 회전수(rpm)

(5) **선반 작업 시 안전작업수칙**

  1) 공작물의 길이가 직경의 12배 이상으로 가늘고 길 때는 방진구(공작물의 고정에 사용)를 사용하여 진동을 막을 것
  2) 보링작업 중 구멍 속에 손가락을 넣지 않을 것
  3) 칩이나 부스러기를 제거할 때는 반드시 브러시를 사용할 것

4) 작업 중 장갑을 끼지 않을 것

5) 시동 전에 심압대가 잘 죄어져 있는가를 확인할 것

6) 선반기계를 정지시켜야 할 경우
　① 치수를 측정할 경우
　② 백기어(back gear)를 넣거나 풀 경우
　③ 주축을 변속할 경우
　④ 기계에 주유 및 청소를 할 경우

7) 바이트는 가급적 짧게 설치하여 진동이나 휨을 막을 것

8) 회전부분에 손을 대지 말 것

9) 선반의 베드 위에 공구를 놓지 말 것

10) 일감의 센터구멍과 센터는 반드시 일치시킬 것

[2] 드릴링머신(drilling machine)

(1) 드릴링머신 : 드릴을 사용하여 일감에 구멍을 뚫는 공작기계

(2) 드릴링머신의 작업

1) 일반작업에 사용되는 표준형 드릴 날의 각도 : 118°

2) 공작물의 고정
　① 바이스에 의한 고정 : 작은 일감(공작물)을 가공하는 경우
　② 클램프(clamp)나 조임 볼트에 의한 고정 : 일감이 크고 복잡할 경우
　③ 지그(jig)사용 : 대량생산과 정밀도를 요구할 경우

3) 얇은 금속판(철판, 동판 등)에 구멍을 뚫을 경우 : 나무판(각목 등)을 밑에 깔고 기구로 고정할 것

4) 드릴 작업 시 칩의 안전한 제거방법 : 회전을 중지시킨 후 솔로 제거

(3) 드릴링머신의 안전작업수칙

1) 장갑을 끼고 작업하지 말 것

2) 쇳가루가 날리기 쉬운 작업은 보안경을 착용할 것

3) 드릴을 끼운 뒤 척 핸들은 반드시 빼놓을 것

4) 뚫린 것을 확인하기 위해 손을 집어넣지 말 것

5) 공작물을 견고하게 고정하고, 손으로 잡고 구멍을 뚫지 말 것

6) 작은 구멍을 먼저 뚫은 뒤 큰 구멍을 뚫을 것

7) 가공중에 구멍이 관통되면 기계를 멈추고 손으로 돌려서 드릴을 뺄 것

[3] 밀링머신(milling machine)

(1) 밀링머신 : 여러 개의 날을 가진 밀링커터를 회전시켜 테이블 위에 고정된 공작물을 절삭 가공하는 공작기계

(2) 밀링커터의 절삭 방향

1) 상향 절삭(올려 깎기) : 밀링커터의 회전방향과 공작물의 이송 방향이 서로반대인 때의 절삭 방식
2) 하향 절삭(내려 깎기) : 밀링커터의 회전방향과 같은 방향으로 공작물에 이송을 주는 절삭 방식

[표] 상향 절삭과 하향 절삭의 비교

	상 향 절 삭		하 향 절 삭
장점	• 칩이 커터에 의해 가공된 면에 떨어지므로 절삭을 방해하지 않는다. • 이송기구의 백래시(back lash)가 자연히 제거된다.	장점	• 공작물의 고정이 간편하다. • 날의 마멸이 적고 수명이 길다. • 동력 낭비가 적다. • 가공 면이 깨끗하다.
단점	• 공작물을 고정하여야 한다. • 날의 마멸이 심하고 수명이 짧다. • 동력낭비가 많다 • 가공 면이 깨끗하지 못하다.	단점	• 칩이 커터와 공작물 사이에 끼어 절삭을 방해한다. • 백래시가 커지고 공작물이 이송 방향으로 당겨지게 되어 진동을 일으켜 절삭 불능이 된다(백래시 제거장치가 필요).

(3) 밀링의 안전 작업 수칙

1) 테이블 위에 공구나 기타 물건 등을 올려놓지 않을 것.
2) 상하 좌우 이송 장치의 핸들(손잡이)은 사용 후 반드시 풀어 둘 것.
3) 장갑의 사용을 금할 것.
4) 칩의 제거는 반드시 브러시를 사용할 것(걸레 사용 금지).
5) 일감을 풀거나 고정할 때와 측정 시에는 반드시 운전을 정지시킬 것.
6) 가공중에 손으로 가공면을 점검하지 않을 것
7) 강력 절삭을 할 때는 일감을 바이스에 깊게 물릴 것
8) 가동중에 기계를 변속시키지 않을 것
9) 밀링 칩은 공작기계 중 가장 가늘고 예리하므로 비산에 의한 부상을 방지하기 위해 보안경을 착용할 것.
10) 아버 너트(arber nut : 고정 너트의 압력으로 축심에 정확히 직각으로 고정해주는 역할을 함)는 너무 힘껏 조이지 않도록 할 것.

[4] 평삭가공

(1) 세이퍼(shaper)

1) 세이퍼 : 바이트를 직선왕복운동을 시켜 테이블에 고정된 공작물을 직선이송운동을 하게하여 주로 평면을 절삭하는 기계
2) 세이퍼는 일명 형삭기라 하며 소형공작물의 평면이나 홈 등을 가공하는 기계
3) 세이퍼의 안전장치 : 칩 받이, 방책, 칸막이
4) 세이퍼 작업시 위험요인 : 공작물 이탈, 가공칩의 비산, 램(ram)말단부 충돌

5) 세이퍼의 안전작업 수칙
   ① 시동 전에 행정 조절용 핸들을 빼놓을 것.
   ② 바이트는 잘 갈아서 사용할 것이며, 가급적 짧게 물릴 것
   ③ 반드시 재질에 따라서 절삭 속도를 정할 것.
   ④ 램은 필요이상 긴 행정으로 하지 말고 일감에 알맞은 행정으로 조정할 것.
   ⑤ 일감을 견고하게 물릴 것.
   ⑥ 시동 전에 기계의 점검 및 주유를 할 것(운전 중 급유 금지).
   ⑦ 작업 중에는 바이트의 운동 방향에 서지 말 것.

(2) 플레이너(planer)

1) 플레이너 : 공작물은 테이블 위에 고정되어 수평왕복운동을 하고, 바이트는 공작물의 운동방향과 직각방향으로 이송시켜 평면을 가공하는 공작기계
2) 플레이너는 일명 평삭기라 하며 공작물의 수평면, 수직면, 경사면, 홈 곡면 등을 절삭하는 기계로 대형 공작물을 가공하는데 이용한다.
3) 탑승의 금지 : 운전 중인 평삭기 테이블 또는 수직선반 등의 테이블에는 근로자를 탑승시키지 않을 것. 다만 탑승한 근로자 또는 배치된 근로자가 즉시 기계를 정지 시킬 수 있을 경우는 제외

4) 플레이너의 안전 작업수칙
   ① 바이트는 되도록 짧게 설치할 것.
   ② 이동 테이블에는 방호울을 설치할 것.
   ③ 프레임 내의 피트(pit)에는 뚜껑을 설치할 것.
   ④ 반드시 스위치를 끄고 일감의 고정작업을 할 것
   ⑤ 압판이 수평이 되도록 고정시킬 것
   ⑥ 압판은 죄는 힘에 의해 휘어지지 않도록 충분히 두꺼운 것을 사용할 것

[5] 연삭기(grinder)

(1) 연삭기 : 연삭숫돌을 고속회전시켜 공작물의 표면을 깎아 내는 작업을 하는 공작 기계

(2) 연삭숫돌 표시법

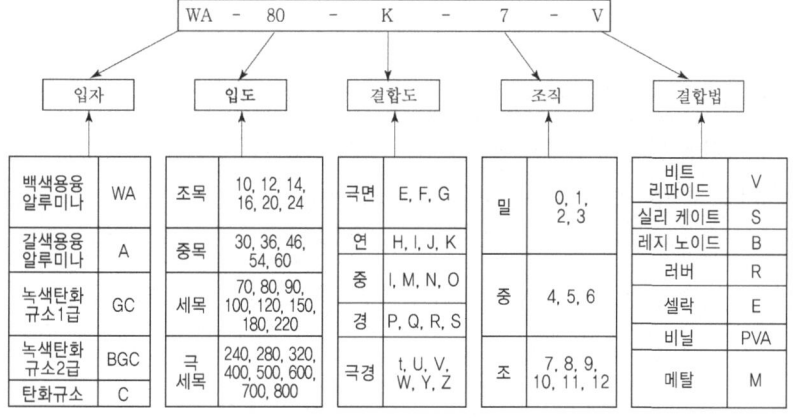

(3) 연삭숫돌의 원주 속도(회전속도)

$$\therefore V = \pi DN(\text{mm/min}) = \frac{\pi DN}{1,000}(\text{m/min})$$

- V : 회전속도(m/min)
- D : 숫돌의 지름(mm)
- N : 회전수(rpm)

(4) 연삭기숫돌의 파괴원인

1) 숫돌의 회전 속도가 너무 빠를 때
2) 숫돌 자체에 균열이 있을 때
3) 숫돌의 측면을 사용하여 작업을 할 때
4) 숫돌에 과대한 충격을 가할 때
5) 숫돌의 불균형이나 베어링 마모에 의한 진동이 있을 때
6) 숫돌의 치수가 부적당할 때
7) 숫돌 반경 방향의 온도변화가 심할 때
8) 작업에 부적당한 숫돌을 사용할 때
9) 플랜지가 숫돌에 비해 현저히 작을 때(플랜지 직경 = 숫돌직경 × 1/3 이상)

(5) 연삭기 구조면에 있어서의 안전대책

1) 연삭숫돌의 덮개 : 회전중인 연삭숫돌(직경 5cm 이상일 것)에는 덮개를 설치할 것.
2) 칩 비산 방지 투명판(shield), 국소배기장치를 설치할 것

3) 탁상용 연삭기는 작업받침대와 조정편을 설치할 것
  ① 작업받침대와 숫돌과의 간격 : 3mm 이내
  ② 덮개의 조정편과 숫돌과의 간격 : 5~10mm 이내
  ③ 작업받침대의 높이 : 숫돌의 중심과 거의 같은 높이로 고정
4) 숫돌의 구멍지름은 연삭기 주축의 지름보다 0.05~0.15mm 정도 큰 것을 사용할 것

(6) 연삭기 덮개방호장치의 설치방법

1) 탁상용 연삭기의 덮개
  ① 덮개의 최대노출각도 : 90° 이내(원주의 1/4 이내)

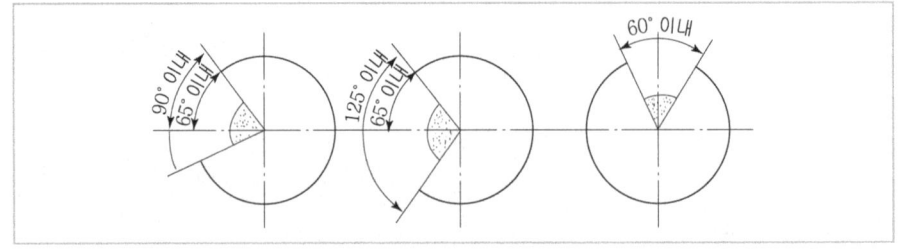

| 탁상용 연삭기의 덮개노출각도 |

  ② 숫돌 주축에서 수평면 위로 이루는 원주각도 : 65° 이내
  ③ 수평면 이하의 부문에서 연삭할 경우 : 125°까지 증가
  ④ 숫돌의 상부사용을 목적으로 할 경우 : 60° 이내

2) 원통 연삭기, 만능 연삭기의 덮개 : 덮개의 노출 각은 180° 이내
3) 휴대용 연삭기, 스윙 연삭기의 덮개 : 덮개의 노출 각은 180° 이내
4) 평면 연삭기, 절단 연삭기의 덮개 : 덮개의 노출 각은 150° 이내

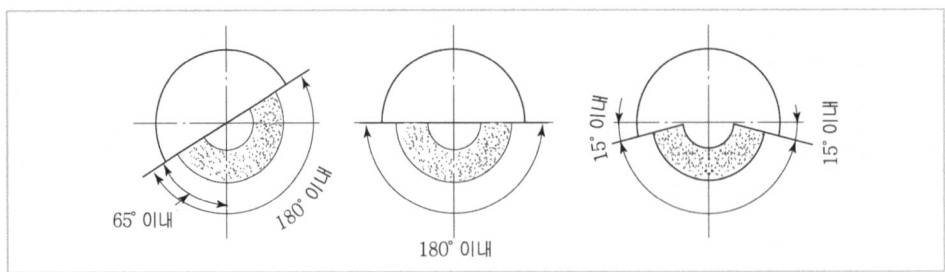

| 연삭기 종류에 따른 덮개의 노출 각도 |

(7) 연삭기 작업시의 안전작업수칙

1) 작업시작 전에 1분 이상 시운전하고, 숫돌 교체 시는 3분 이상 시운전할 것
2) 연삭숫돌의 최고사용 원주 속도(회전속도)를 초과하여 사용하지 말 것
3) 숫돌차의 정면에 서지 말고 측면으로 비켜서서 작업할 것

4) 연삭숫돌은 제조 후 사용속도의 1.5배로 안전시험을 할 것
5) 손으로 쥘 수 있는 부분이 30mm 이하인 것은 연삭기로 작업하기 위험하므로 주의할 것
6) 연삭기의 숫돌차가 가장 많이 파열되는 순간은 스위치를 넣는 순간이므로 주의를 요할 것
7) 숫돌차의 파열은 과대한 회전수가 주요원인이므로 월 1회 정도 정기점검을 할 것

(8) 새 숫돌차의 교체방법(고정시키는 방법)

1) 외관검사(균열, 플랜지 접촉면의 이물질, 변형, 습기, 접착부의 이상유무)를 할 것
2) 타음검사(목재망치사용, 타음점은 숫돌 수직부로부터 45°의 위치)를 할 것
3) 숫돌차에 붙은 종이는 떼지 않을 것(패킹역할)
4) 고정 후 편심을 수정할 것
5) 사용 중 풀리지 않도록 규정된 힘으로 조일 것
6) 교체 후 3분 이상 시운전하여 기계의 이상여부를 확인할 것

(9) 연삭기 시운전시 점검할 사항

1) 가공물은 확실히 세트(set)되어 있는가
2) 조임부에 헐거움은 없는가
3) 연삭숫돌의 종류, 최고사용속도는 적절한가
4) 클러치, 브레이크의 작동은 양호한가
5) 전동기의 규정전압은 적당한가
6) 접지는 적절한가

(10) 연삭기의 진동원인

1) 전동기 베어링이 마모되어 있을 경우
2) 숫돌차의 구멍이 축 지름보다 너무 클 경우
3) 숫돌차의 외주와 구멍이 동심이 아닐 경우

[6] 목재가공용 둥근톱기계

(1) 둥근톱기계의 위험성

1) 목재가공용기계(둥근톱기계, 동력식수동대패기계, 띠톱기계, 모떼기기계 등)중 둥근톱기계가 가장 위험성이 높다.
2) 재해의 대부분은 가공재 이송 시 발생한다.

(2) 둥근톱기계의 방호장치

1) 톱날접촉예방장치(보호덮개)
2) 반발예방장치 : 분할날, 반발방지기구(finger), 반발방지롤(roll) 등

(3) 톱날접촉예방장치

1) 고정식 접촉예방장치
   ① 덮개 하단과 테이블 사이의 높이 : 25mm 이내로 할 것
   ② 덮개 하단과 가공재 상면의 간격 : 조절나사를 통하여 항상 8mm 이하로 해둘 것.
   ③ 고정식 접촉예방장치는 박판으로 동일폭 다량 절삭용으로 적합

2) 가동식 접촉 예방장치
   ① 가공재의 절단에 필요한 날 부분 이외의 날은 항상 자동적으로 덮을 수 있는 구조
   ② 가동식은 후판으로 소량 다품종 생산용에 적합

(4) 반발예방장치

1) 분할날
   ① 분할날은 표준 테이블 상의 톱날 후면 날(톱날 전체 길이의 1/4)의 2/3 이상을 덮고, 톱날과의 간격은 12mm 이내가 되도록 설치할 것.

   $$\therefore \text{분할날의 최소길이}(l) = \pi D \times \frac{1}{4} \times \frac{2}{3}$$

   ② 분할날의 두께 : 톱날 두께의 1.1배 이상이고 톱날의 치진폭 이하로 할 것.

   $$\therefore 1.1\, t_1 \leqq t_2 < b$$

   t_1 : 톱의 두께
   t_2 : 분할날의 두께
   b : 치진폭

   ③ 톱의 직경이 610mm를 넘는 둥근톱에 사용하는 분할 날 : 양단 고정식의 현수식 분할날 사용

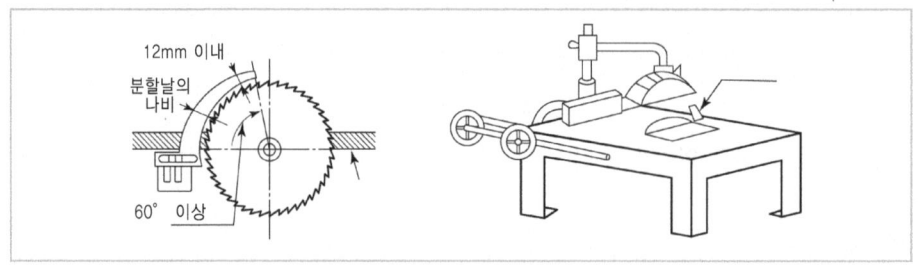

| 둥근톱기계의 반발예방장치 |

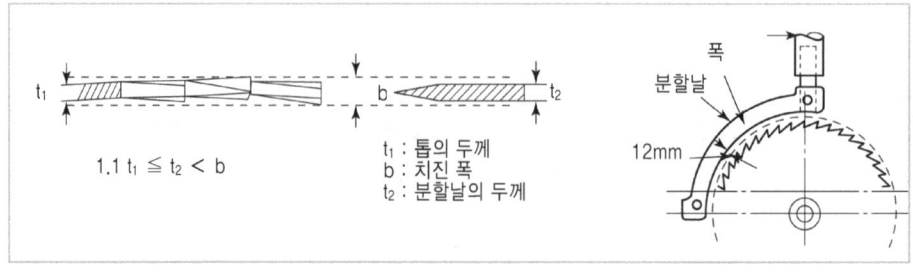

| 톱두께 및 치진폭과 분할날 두께의 관계 | | 현수식 분할날 |

2) 반발방지기구(finger) : 일명 반발방지 발톱이라고도 하며, 목재 송급 쪽에 설치하여 가공재의 반발을 방지하는 방호장치.
3) 반발방지 롤러 : 가공재가 톱의 후면 날 쪽에서 떠오르는 것을 방지하는 방호장치
4) 반발방지기구 및 반발방지 롤러는 항상 가공재의 상면에 밀착시 효과가 있으며 톱의 직경이 405mm를 넘는 둥근 톱에는 사용하지 않음

(5) 둥근톱기계의 안전작업수칙
1) 공회전을 시켜 이상 유무를 확인할 것.
2) 작업 중에 톱날 회전 방향의 정면에 서지 말 것.
3) 보안경, 안전모, 안전화를 착용할 것.
4) 장갑을 끼지 않을 것.
5) 두께가 얇은 물건의 가공은 압목이나 기타 적당한 도구를 사용할 것.

[7] 동력식 수동 대패기계 및 기타 목재가공용 기계의 안전

(1) 동력식 수동 대패기계의 방호장치 : 날접촉예방장치(덮개)

(2) 동력식 수동대패기계의 날접촉예방장치
1) 고정식
  ① 덮개와 가공 재 송급 쪽 테이블 면과의 사이는 손이 끼지 않도록 8mm 이하의 틈새를 유지하도록 할 것.
  ② 동일 폭의 가공재를 다량 절삭하는 경우에 적당
2) 가동식
  ① 가공재의 절삭에 필요하지 않은 부분을 항상 자동적으로 덮을 수 있는 구조의 방호장치
  ② 소량 다품종 생산의 경우에 적당

(3) 목재 가공용기계의 안전
1) 목공 작업시 목공 날의 방향 : 작업자와 반대 방향이 안전
2) 기계대패 작업시 가장 위험한 경우 : 작업이 거의 끝날 때
3) 띠톱기계의 방호장치
  ① 목재가공용 띠톱기계 : 스파이크가 부착되어 있는 이송 롤러기 또는 요철형 이송롤러기에는 날접촉예방장치 또는 덮개를 설치할 것(급정지장치 설치 시 제외).
  ② 목재가공용 이외의 띠톱기계 : 톱날 부의에 덮개 또는 울을 설치할 것.
4) 모떼기 기계의 방호장치 : 날접촉예방장치
5) 금속절단용 원형 톱 기계의 방호장치 : 톱날접촉예방장치

6) 목재가공용 기계를 취급하는 작업을 하는 때의 관리감독자의 직무
① 목재 가공용 기계를 취급하는 작업을 지휘하는 일
② 목재 가공용 기계 및 그 방호장치를 점검하는 일
③ 목재 가공용 기계 및 그 방호장치에 이상 발견 시 즉시 보고 및 필요한 조치를 하는 일.
④ 작업 중 지그 및 공구 등의 사용 상황을 감독하는 일.

[8] 수공구의 안전작업수칙

(1) 해머(hammer)의 안전작업수칙

1) 장갑을 끼지 않을 것
2) 작업 중 해머 상태를 확인할 것.
3) 해머는 처음부터 힘을 주어 치지 말 것.
4) 보안경을 착용할 것.
5) 공동 작업 시는 호흡을 맞출 것.

(2) 정의 안전작업수칙

1) 보안경을 착용할 것
2) 정으로 담금질 된 재료를 가공하지 말 것
3) 자르기 시작할 때와 끝날 무렵에는 세게 치지 말 것.
4) 철강재를 정으로 절단할 때에는 철편이 날아 튀는 것에 주의할 것.

2 소성 가공기계의 안전

[1] 소성가공

(1) 소성변형 및 소성가공

1) **소성변형** : 재료에 외력을 가하면 변형을 일으키게 되고 힘을 제거하여도 원형으로 완전히 복귀하지 않고 변형이 남게 되는데 이런 상태의 변형을 소성변형이라 한다.
2) **소성가공** : 재료에 소성변형을 발생시켜 목적하는 형상치수로 성형 또는 절단하는 것을 소성가공이라 한다.

(2) 가공경화 및 재결정

1) **가공경화** : 재료에 외력을 가하여 변형시켰을 때 굳어지는 현상
2) **풀림** : 가공경화된 재료를 적당한 온도로 가열하여 냉각하면 경도가 가공경화 전의 상태로 돌아가는 것.

3) 재결정 : 풀림으로 가공 전의 상태로 되돌아가는 것은 재료 내부에 새로운 결정이 발생하고, 성장하여 전체가 새 결정으로 바뀌기 때문이며, 이런 현상을 재결정이라 한다.

(3) 냉간가공 및 열간가공
1) 냉간가공 : 재결정온도 이하에서 작업하는 가공
2) 열간가공 : 재결정온도 이상의 높은 온도에서 작업하는 가공

(4) 소성가공의 종류
1) 단조가공 : 보통 가열시킨 상태에서 재료를 단조기계나 해머로 두들겨 성형하는 가공 (자유단조와 형단조)
2) 압연가공 : 열간 또는 냉간으로 재료를 회전하는 두개의 롤러 사이에 통과시키면서 소정의 제품을 만드는 가공
3) 인발가공 : 봉이나 파이프(관)을 다이(die)에 넣고 축 방향으로 통과시켜 일감을 잡아당겨 바깥지름을 줄이고 길이 방향으로 늘리는 가공
4) 기타 압축가공, 판금가공, 제관가공, 전조가공 등이 있다.

[2] 프레스 및 전단기 안전

(1) 프레스 가공
1) 프레스 : 플라이휠의 회전 운동을 슬라이드의 직선운동으로 바꾸어 펀치(punch)와 다이(die) 사이에서 가공물을 압축하는 기계(동력기계 중 재해가 가장 많이 발생)
2) 프레스 가공 : 주로 냉간가공에 의한 작업으로 판재를 성형 가공하는데 많이 이용된다.

(2) 동력프레스기에 대한 안전대책
1) no-hand in die 방식 : 작업자의 손을 금형 사이에 집어넣을 필요가 없는 방식(본질 안전화 대책)
   ① 안전울을 부착한 프레스 : 작업을 위한 개구부를 제외하고 다른 틈새는 8mm 이하
   ② 안전금형을 부착한 프레스 : 상형과 하형의 틈새 및 가이드 포스트와 부시와의 틈새는 8mm 이하
   ③ 전용 프레스의 도입 : 작업자의 손을 금형 사이에 넣을 필요가 없도록 한 프레스
   ④ 자동 프레스의 도입 : 자동 송급장치 및 배출장치를 부착한 프레스
2) hand-in die 방식 : 작업자의 손이 금형사이로 들어가야만 되는 방식으로 방호장치를 설치하여야 한다.
   ① 프레스기의 종류, 압력능력, 매분 행정수, 행정의 길이 및 작업 방법에 상응하는 방호장치 : 가드식 방호장치, 손쳐내기식 방호장치, 수인식 방호장치

② 프레스기의 정지 성능에 상응하는 방호장치 : 양수조작식 방호장치, 감응식 방호장치

(3) 프레스 기의 방호장치

[표] 프레스 기계 및 행정 길이에 따른 방호장치

구 분	방 호 장 치
• 1행정1정지식(크랭크 프래스)	양수조작식, 게이트 가드식
• 행정길이(stroke)가 40mm 이상인 프레스	손쳐내기, 수인식
• 슬라이드 작동 중 정지 가능한 구조(마찰 프레스)	감응식(광전자식)

(4) 양수조작식 방호장치

1) **작동 개요** : 누름단추를 양손으로 동시에 조작하지 않으면 슬라이드가 작동하지 않는 구조의 방호장치(기동 스위치를 활용한 안전장치)

2) **설치방법**

① 반드시 양손을 사용하여 작동하도록 설치할 것

② 누름 버튼 또는 조작레버의 간격을 300mm 이상으로 할 것.

③ 안전거리(설치거리 : cm)

∴ 안전거리(cm) = 160 × 프레스 작동 후 작업점까지의 도달 시간(S)

④ 양수기동식의 안전거리

∴ $D_m = 1.6 T_m$

D_m : 안전거리(mm)
T_m : 누름단추를 누르기 시작할 때부터 슬라이드가 하사점에 도달할 때까지의 소요시간(ms)

∴ $T_m \left(\dfrac{1}{\text{클러치물림개소수}} + \dfrac{1}{2} \right) \times \dfrac{60{,}000}{\text{매분행정수}}$ (ms)

3) 장점 및 단점

장 점	단 점
1. 행정수가 빠른 기계에 사용할 수 있다 2. 다른 안전장치와 병행하는 것이 좋다. 3. 반드시 양손을 사용하므로 완전 방호가 가능하다.	1. 행정수가 느린 기계에는 사용이 불가능하다 (90spm). 2. 일행정일정지 기구에만 사용할 수 있다. 3. 기계적 고장에 의한 2차 낙하에는 효과가 없다.

(5) 게이트 가드식 방호장치

1) **작동 개요** : 슬라이드의 작동 중에 열 수 없는 구조의 방호장치로 핸드인 다이(hand in die)방식 중 가장 안전한 방호장치

2) 설치 방법

① 게이트가 위험 부위를 차단하지 않으면 작동되지 않도록 확실하게 인터록(interlock : 연동) 되어 있을 것
② 게이트는 5mm 이상의 두께를 갖는 투명 플라스틱판을 사용할 것

3) 장점 및 단점

장 점	단 점
1. 완전방호가 가능하다. 2. 금형파손에 의한 파편으로부터 작업자를 보호한다.	1. 금형의 크기에 따라 가드를 선택하여야 한다. 2. 금형교환 빈도수가 적은 기계에 사용이 가능하다.

(6) 수인식 방호장치

1) 작동 개요 : 작업자의 손과 수인기구가 슬라이드와 직결되어 프레스기의 작동에 따라 작업자의 손을 위험 구역 밖으로 끌어내는 작용을 하는 방호장치(확동식 클러치 방식에 적합)

2) 설치 방법

① 손을 당겨내는 수인줄을 작업자에 따라 조정할 것.
② 행정수를 보통 120spm 이하, 행정 길이는 40mm 이상일 경우에 사용할 것
③ 수인줄의 재질은 합성 섬유로 하고 절단 하중 150kg에 견디는 직경 4mm 이상의 로프를 사용할 것.
④ 수인줄의 끄는 양은 정반 안 길이의 1/2 이상일 것
⑤ 수인줄과 연결부는 50kg 이상의 정하중에 견딜 것.

3) 장점 및 단점

장 점	단 점
1. 슬라이드의 2차 낙하에도 재해방지가 가능하다. 2. 끈의 길이를 적절히 조절하게 되면 수공구를 사용할 필요가 없다. 3. 설치가 용이하다. 4. 경제적이다.	1. 작업 반경 제한으로 행동의 제약을 받는다. 2. 작업자를 구속하여 사용을 기피한다. 3. 작업의 변경시 마다 조정이 필요하다. 4. 스트로크가 짧은 프레스는 되돌리기가 불충분하다(40mm 미만).

(7) 손쳐내기식(제수형)방호장치

1) 작동 개요 : 손쳐내는 기구(제수봉)가 슬라이드와 직결되어 슬라이드 하강에 의해 위험 구역 내에 있는 작업자의 손을 우에서 좌로 또는 좌에서 우로 쳐내어 방호하는 장치(소형 프레스기에 적합)

2) 설치 방법
   ① 손쳐내기 판의 폭은 금형 크기의 1/2 이상일 것(단, 행정이 300mm 이상의 프레스는 손쳐내기 판의 폭을 300mm로 할 것).
   ② 슬라이드 하행정거리의 3/4 위치에서 손을 완전히 밀어낼 것.

3) 장점 및 단점

장 점	단 점
1. 기계적인 고장에 의한 슬라이드의 2차 낙하에도 재해방지가 가능하다. 2. 설치 및 수리 · 보수가 용이하다. 3. 경제적이다.	1. 측면 방호가 불가능하고, 스트로크의 끝에서 방호가 불충분하다. 2. 작업자의 정신 집중에 혼란이 생긴다. 3. 행정수가 빠른 기계에 사용이 곤란하다(120spm).

(8) 감응식 방호장치

1) **작동 개요** : 검출 기구(센서)에 의해 작업자의 손이나 신체의 접촉을 검출하여 제어회로를 통해서 안전 작동하는 방호장치
   ① 광선식, 초음파식, 용량식이 있다.
   ② 슬라이드가 작동중 정지 가능한 구조의 마찰 프레스 등에 적합
   ③ 광선식은 확동식 클러치(positive clutch) 부착의 크랭크 프레스에는 부적합

2) 설치 방법
   ① 광축의 설치거리
      $\therefore$ 설치거리(mm) = 1.6 (Ti + Ts)
         여기서, Ti + Ts : 최대정지시간(급정지시간)
   ② 광축의 수는 2개 이상으로 하고, 광축 간의 간격은 50mm 이하일 것
   ③ 투 · 수광기의 사이에 연속차광을 할 수 있는 차광폭은 30mm 이하일 것.
   ④ 지동 시간은 30ms 이하, 급정지시간은 300ms 이하일 것.

3) 장점 및 단점

장 점	단 점
1. 시계를 차단하지 않아서 작업에 지장을 주지 않는다. 2. 연속 운전작업에 사용할 수 있다.	1. 작업 중에 진동에 의해 위치 변동이 생길 우려가 있다. 2. 기계적 고장에 의한 2차 낙하에는 효과가 없다 3. 설치가 어렵고, 핀 클러치 방식에는 사용할 수 없다.

(9) 프레스 및 전단기의 안전 대책

1) 프레스 및 전단기의 안전 조치 사항(법규정)
   ① 제작기준과 안전기준에 적합하지 아니한 것을 사용하지 않을 것.
   ② 덮개, 방호장치의 설치 등 필요한 방호조치를 할 것.

③ 금형의 부착, 해체, 조정 작업 시 슬라이드 불시하강의 위험방지를 위하여 안전 블록을 사용할 것.
④ 클러치 등의 기능을 항상 유효한 상태로 유지할 것.
⑤ 관리감독자를 지정할 것
⑥ 작업시작 전 점검을 할 것

2) 프레스 및 전단기의 작업 시작 전 점검사항
① 클러치 및 브레이크의 기능
② 크랭크축, 플라이휠, 슬라이드, 연결봉 및 연결 나사의 볼트의 풀림 유무
③ 1행정 1정지 기구·급정지 장치 및 비상정지 장치의 기능
④ 슬라이드 또는 칼날에 의한 위험방지기구의 기능
⑤ 프레스의 금형 및 고정 볼트 상태
⑥ 해당 방호장치의 기능점검
⑦ 전단기의 칼날 및 테이블의 상태

3) 프레스기의 안전작업수칙
① 장갑을 끼고 작업하지 말 것.
② 금형(金型)의 설치나 조정을 할 때는 반드시 동력을 끊고 페달의 방호장치를 해 놓은 다음 설치할 것.
③ 정지시에는 스위치를 반드시 끌것
④ 손질 및 급유를 할 때는 반드시 기계를 멈출 것.
⑤ 작업 시작 전에 한번 공회전시켜 클러치의 상태, 스프링 및 브레이크의 안전도를 점검할 것.
⑥ 형틀 주위의 방책망이나 페달에 씌워진 안전장치를 함부로 제거하지 말 것
⑦ 공동작업을 할 때는 페달을 밟는 사람을 정해 놓고 서로 신호를 정확하게 지킬 것.
⑧ 페달은 U자형의 이중상자로 덮고 연속작업 외에는 1회전마다 페달을 빼서 상자위에 놓을 것

4) 프레스기와 관련된 기타 안전 사항
① 100ton 이하의 프레스 재해 다발 요인 : 클러치(clutch) 이상
② 프레스기에서 가장 중요한 점검 부분 : 클러치의 이상유무
③ 슬라이드 불시 하강방지 조치 사항 : 안전블록 설치
④ 크랭크축 등의 회전수가 300rpm 이하의 크랭크 프레스 : 오버런 감시장치를 부착할 것.
⑤ 가공물과 스크랩(scrap)이 금형에 부착되는 것을 방지하기 위한 기구 : 스트리퍼, 노크아웃(Knock out)
⑥ 프레스기 페달에 U자형 덮개를 씌우는 이유 : 페달의 불시 작동으로 인한 사고 예방

⑦ 프레스 본체에 가드식, 양수조작식, 광선식 방호장치를 내장한 프레스 : 안전 프레스

5) 동력 프레스기의 위험방지기구
① 1행정 1정지기구
② 급정지기구
③ 비상정지장치
④ 안전블록
⑤ 전환스위치
⑥ 덮개

[3] 금형의 안전화

(1) 금형의 위험방지 조치사항

1) 금형 사이에 신체 일부가 들어가지 않도록 할 것
① 금형에 안전울 설치
② 상하간의 틈새를 8mm 이하로 하여 손가락이 들어가지 않도록 할 것(펀치와 다이틈새, 스트리퍼와 다이틈새, 가이드 포스트와 가이드 부시틈새)

2) 금형사이에 손을 집어넣을 필요가 없도록 할 것
① 슬라이드 다이 사용
② 자동 송급·배출장치 사용

(2) 금형파손에 의한 위험방지 조치사항

1) 맞춤 핀 등은 낙하 방지 대책을 세울 것
2) 인서트 부품은 이탈방지대책을 세울 것
3) 캠 기타 충격이 반복해서 가해지는 부분에는 완충장치를 할 것.
4) 볼트 및 너트는 풀리지 않도록 록 너트, 키이, 용접 등의 방법으로 조치할 것.

(3) 금형 작업시 많이 쓰이는 수공구

1) 집게류
2) 핀센트류
3) 밀대, 갈고리류
4) 진공컵류
5) 자석 공구류

[4] 롤러기(roller)

(1) 롤러기 : 두개 이상의 롤러가 근접하여 상호 반대 방향으로 회전하면서 압축, 성형, 분쇄, 인쇄 또는 압연 작업을 하는 기계 기구

(2) 방호장치의 종류

1) 맞물림점에 가드 설치
2) 급정지장치 설치
3) 합판, 종이, 천 및 금속박 등을 통과시키는 롤러기의 위험부위에 울 또는 안내 롤러 설치

(3) 급정지 장치의 종류 및 성능

1) 급정지 장치의 종류

급정지 장치 조작부의 종류	설치 위치
손조작 로프식	밑면에서 1.8m 이내
복부 조작식	밑면에서 0.8m 이상 1.1m 이내
무릎 조작식	밑면에서 0.6m 이내

2) 급정지 장치 설치

앞면 롤러의 표면속도(m/min)	급정지 거리
30 미만	앞면 롤러 원주의 1/3 이내
30 이상	앞면 롤러 원주의 1/2.5 이내

3) 롤러기의 표면속도(V)

$$\therefore V = \frac{\pi DN}{1,000} \text{ (m/min)}$$

- V : 표면속도(m/min)
- D : 롤러 원통직경(mm)
- N : 회전수(rpm)

(4) 가드의 개구부 간격

1) 롤러 가드의 개구부 간격($X < 160\text{mm}$, 단, $X \geq 160\text{mm}$이면 $Y = 30$)

$$\therefore Y = 6 + 0.15X$$

- X : 가드와 위험점 간의 거리(mm : 안전거리)
- Y : 가드 개구부의 간격(mm : 안전간극)

※ 위험점이 전동체인 경우 개구부 간격

$$\therefore Y = 6 + 1/10X \text{ (단, } X < 760\text{mm에서 유효)}$$

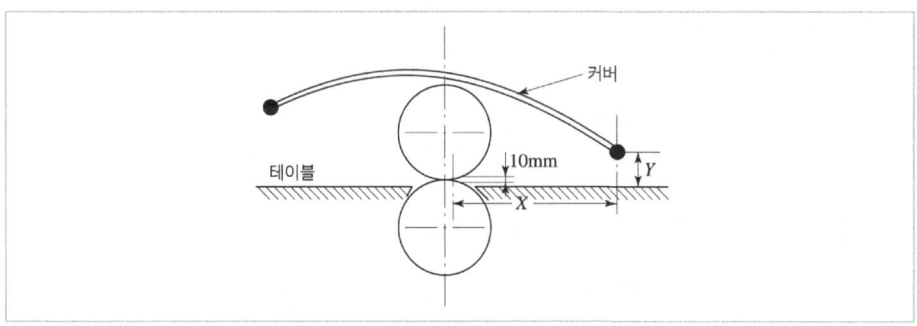

| 롤러기의 가드 |

2) 절단기 가드의 개구부 간격
∴ $Y = 6 + 1/8X$

3) 방적기 및 제면기 가드의 개구부 간격
∴ $Y = 6 + 1/10X$

(5) 작업점 가드의 설계원칙

1) 허용개구부(안전간극) : 손가락 끝이 위험부위(작업점)에 닿지 않도록 설계된 간극
   ① 설계상 최대 안전간극 : 1/4inch
   ② 경험치(실험치)에 의한 가드 안전 간극 : 3/8inch

2) 위험 부위로부터 가드까지 거리 : 1/8inch

(6) 롤러기의 안전작업 수칙

1) 청소, 주유, 수리 시는 정지 후 작업할 것
2) 가공물이 유해물인 경우 덮개를 설치할 것
3) 작업 시 장갑을 끼지 않을 것
4) 바닥에는 기름 등으로 인한 미끄럼이 없도록 할 것.

[5] 원심기와 방적기 및 제면기

(1) 원심기

1) 원심기 : 원심력을 이용하여 물질을 분리하거나 추출하는 일련의 작업을 행하는 기기
2) 원심기의 방호장치 : 덮개설치
3) 운전의 정지 : 원심기로부터 내용물을 꺼내거나 원심기의 정비·청소·검사·수리 그 밖에 유사한 작업을 할 때는 그 기계의 운전을 정지하도록 할 것.

(2) 방적기 및 제면기의 방호장치 : 시건장치, 연동장치, 덮개 등.

3 용접장치의 안전

[1] 아세틸렌 용접장치 및 가스집합 용접장치의 방호장치

(1) 방호장치종류 : 안전기(가스의 역류 및 역화 방지 장치)

1) 수봉식 안전기와 건식 안전기
2) 사용압력에 따른 구분
   ① 저압용안전기 : $0.07kg/cm^2$ 미만
   ② 중압용안전기 : $0.07 \sim 1.3kg/cm^2$ 미만

(2) 방호장치의 설치 기준 및 설치 방법

1) 저압용 수봉식 안전기
① 안전기의 주요 부분은 두께 2mm 이상의 강판 또는 강관을 사용할 것
② 도입부(수봉식) 및 수봉배기관은 가스가 역류하고 또는 역화 폭발할 때에 위험을 확실히 막을 수 있는 구조일 것.
③ 유효수주는 25mm 이상으로 할 것
④ 수위를 쉽게 점검할 수 있고 물의 보급이 용이한 구조로 할 것
⑤ 아세틸렌과 접촉할 염려가 있는 부분(주요 부분은 제외)은 동(또는 동을 70%이상 함유한 합금)을 사용하지 않을 것.

> **길잡이**
> 아세틸렌은 동(Cu), 수은(Hg), 은(Ag)과 화학반응을 하여 아세틸리드의 폭발성 물질을 생성한다.

2) 중압용 수봉식 안전기
① 도입관에 밸브 또는 콕크가 비치되어 있을 것(수봉 배기관 사용 대신 도입관에 역지밸브를 비치하여도 됨)
② 유효수주는 50mm 이상으로 할 것
③ $5.5kg/cm^2$의 압력에 견디는 강도를 가지는 수면계, 들여다보는 창, 시험용 코크를 비치하고 있을 것.

3) 건식 안전기
① 우회로식 건식 안전기 : 가스 역화시 연소파가 우회로를 통과 하고 있는 사이에 가스 통로를 폐쇄시켜 역화를 방지하는 방식
② 소결 금속식 안전기 : 소결 금속에 의해 역화 된 불꽃을 소화시키고, 역화 압력에 의해 폐쇄밸브가 스스로 가스 통로를 폐쇄시키는 방식

4) 안전기 설치방법
① 안전기 설치장소 : 흡입관에 설치
② 아세틸렌 용접 장치의 안전기 : 취관마다 설치(단, 주관 및 취관에 근접한 분기관 마다 안전기 부착 시는 제외)
③ 가스집합 용접 장치의 안전기 : 주관 및 취관(분기관)에 설치(취관에는 2개 이상의 안전기 설치)
④ 가스용기가 발생기와 분리되어 있는 아세틸렌 용접 장치는 발생기와 가스 용기 사이에 안전기 설치

(3) 방호장치의 성능 검정 규격 기준(법상 안전기준)

1) 외관검사
   ① 역화방지기의 구조는 소염소자, 역화방지장치 및 방출장치 등을 구비하도록 할 것
   ② 역화방지기는 그 다듬질 면이 매끈하고 사용상 지장이 있는 부식, 흠, 균열 등이 없을 것
   ③ 가스의 흐름 방향을 지워지지 않도록 돌출 또는 각인하여 표시할 것
   ④ 가스가 역화방지기내의 소염자 등을 통과할 때 가스압력손실은 유량이 13 l/min일 때 900mmH$_2$O 이하, 유량이 30 l/min일 때는 2000 mmH$_2$O이하 일 것.
   ⑤ 방출장치는 작동압력이 3kg/cm^2 이상 4kg/cm^2 이하에서 작동되도록 할 것
   ⑥ 소염소자는 금망, 소결금속, 스틸 울(steel wool), 다공성금속물 또는 이와 동등 이상의 소염성능을 갖는 것일 것.
   ⑦ 역화방지기는 역화를 방지한 후 복원이 되어 계속 사용할 수 있는 구조 일 것.

2) 시험 종류 및 방법
   ① **내압시험** : 수압시험기에 역화방지기를 부착하여 밀폐시키고, 50kg/cm^2 이상의 수압을 가했을 때, 균열 변형 등이 없을 것.
   ② **기밀시험** : 최고 사용압력의 1.5배의 공기를 밀폐역화방지기에 연결한 후 물속에서 공기누설상태를 검사할 것
   ③ **역류방지시험** : 가스의 흐름반대방향으로 시험품을 부착한 후 0.1kg/cm^2 이하의 공기를 보냈을 시 공기의 역류현상이 없을 것
   ④ **역화방지시험** : 역화방지시험은 산소아세틸렌 불꽃이 정상상태를 유지할 수 있는 조성의 혼합가스를 시험품에 보낸 다음 강제 점화시켜 역화방지 상태를 검사하고, 연속 3회 이상 실험하여 역화현상이 없을 것

3) 표시사항
   ① 제조회사명   ② 제조 연월
   ③ 제품명 및 모델   ④ 가스의 흐름 방향

[2] 용접장치의 안전

(1) 아세틸렌 용접장치의 발생기 실 설치기준

1) 발생기실 설치장소
   ① 발생기는 전용의 발생기실에 설치할 것.
   ② 발생기실은 건물 최상층에 위치하여야 하며 화기사용 설비로부터 3m를 초과하는 장소에 설치할 것
   ③ 발생기실의 옥외 설치시는 개구부를 다른 건축물로부터 1.5m 이상 떨어지도록 할 것.

2) 발생기실의 구조
   ① 벽은 불연성의 재료로 하고 철근콘크리트 또는 그 밖에 이와 동등 이상의 강도를 가진 구조로 할 것
   ② 지붕 천정에는 얇은 철판이나 가벼운 불연성 재료를 사용할 것
   ③ 바닥면적의 1/16 이상의 단면적을 가진 배기통을 옥상으로 돌출시키고 그 개구부를 창 또는 출입구로부터 1.5m 이상 떨어지도록 할 것
   ④ 출입구의 문은 불연성 재료로 하고 두께 1.5mm 이상의 철판 기타 이와 동등 이상의 강도를 가진 구조로 할 것
   ⑤ 벽과 발생기 사이에는 발생기의 조정 또는 카바이트 공급 등의 작업을 방해하지 아니하도록 간격을 확보할 것.

(2) 용접장치의 안전조치사항

1) 아세틸렌 용접장치 관리기준 : 금속의 용접, 용단, 가열 작업을 하는 경우 다음 사항을 준수할 것
   ① 발생기의 종류, 형식, 제작업체명, 매시 평균가스 발생량 및 1회의 카바이트 송급량을 발생기실 내의 보기 쉬운 장소에 게시할 것
   ② 발생기실에는 관계근로자 외에 자가 출입하는 것을 금지할 것.
   ③ 발생기에서 5m 이내 또는 발생기실에서 3m 이내의 장소에서 흡연, 화기의 사용 또는 불꽃이 발생할 위험한 행위를 금지시킬 것.
   ④ 도관에는 산소용과 아세틸렌용과의 혼동을 방지하기 위한 조치를 할 것.
   ⑤ 아세틸렌 용접장치의 설치장소에는 적당한 소화설비를 갖출 것
   ⑥ 이동식 아세틸렌 용접장치의 발생기는 고온의 장소, 통풍이나 환기가 불충분한 장소 또는 진동이 많은 장소 등에 설치하지 아니하도록 할 것.

2) 가스집합 용접장치의 관리기준 : 다음 사항을 준수할 것
   ① 사용하는 가스의 명칭 및 최대가스 저장량을 가스 장치실의 보기 쉬운 장소에 게시할 것.
   ② 가스용기를 교환하는 때에는 관리감독자의 참여하에 할 것.
   ③ 밸브·코크 등의 조작 및 점검요령을 가스장치실의 보기 쉬운 장소에 게시할 것.
   ④ 가스장치실에는 관계근로자외의 자의 출입을 금지시킬 것.
   ⑤ 가스집합장치로부터 5m이내의 장소에서는 흡연, 화기의 사용 또는 불꽃의 발할 우려가 있는 행위를 금지시킬 것.
   ⑥ 도관에는 산소용과의 혼동을 방지하기 위한 조치를 할 것
   ⑦ 가스집합장치의 설치장소에는 적당한 소화설비를 설치할 것
   ⑧ 이동식 가스집합 용접장치의 가스집합장치는 고온의 장소, 통풍이나 환기가 불충분

한 장소 또는 진동이 많은 장소에 설치하지 아니하도록 할 것
⑨ 당해 작업을 행하는 근로자에게 보안경 및 안전장갑을 착용시킬 것

3) 가스집합장치의 위험방지조치사항
① 가스집합장치에 대하여는 화기를 사용하는 설비로부터 5m 떨어진 장소에 설치할 것.
② 가스집합장치를 설치할 때에는 전용의 방(가스 장치실)에 설치할 것.
③ 가스장치실의 벽과 가스집합장치 사이에는 당해장치의 취급가스 용기의 교환작업에 필요한 충분한 간격을 확보하도록 할 것.

(3) 용접 작업시 안전작업수칙

1) 작업전에 안전기와 산소조정기의 상태를 점검할 것.
2) 토오치의 점화는 조정기의 압력을 조정하고, 먼저 아세틸렌 밸브를 연 다음 산소밸브를 열어 점화 시키고, 작업 후에는 산소밸브를 먼저 닫고 아세틸렌 밸브를 닫을 것.
3) 산소용 호스는 흑색, 아세틸렌용 호스는 적색 등, 색으로 구별된 것을 사용할 것(용기 색깔 : 아세틸렌용은 황색, 산소용은 녹색).
4) 용접시 사용되는 가스용기와 가연성 가스 탱크와의 거리는 30m 이상, 가스용기와 화기와의 거리는 5m 이상을 유지할 것.
5) 용기 저장소의 온도는 40℃ 이하를 유지할 것.
6) 안전밸브의 개폐는 조심스럽게 하고 밸브를 $1\frac{1}{2}$ 회전 이상 돌리지 말 것.
7) 아세틸렌은 127kPa(1.3kg/cm²) 이상의 압력으로 사용하지 말 것.
   참 1 kg/cm² = 9.8×10⁴ Pa(파스칼), 1 kPa(킬로파스칼) = 1,000 Pa
8) 아세틸렌용 배관은 상용압력 1.5배의 수압 테스트와 1.1배의 압력에서 기밀시험을 할 것.
9) 토오치 팁의 청소용구는 줄이나 팁 클리이너를 사용할 것.
10) 아세틸렌 호스 내 먼지를 제거하기 위한 용기 출구의 밸브는 1/3회전하여 개도할 것.

(4) 용접 장치의 역화원인 및 역화시 조치사항

1) 아세틸렌 용접장치의 역화원인
   ① 과열 되었을 경우
   ② 산소공급이 과다할 경우
   ③ 입력조정기 고장
   ④ 토오치의 성능이 좋지 않을 경우
   ⑤ 토오치 팁에 이물질이 묻었을 경우

2) 아세틸렌 용접장치의 역화 시 조치사항 : 산소밸브를 먼저 잠그고 아세틸렌 밸브를 나중에 잠글 것.

(5) 금속의 용접, 용단 또는 가열에 사용되는 가스 등의 용기 취급 시 준수사항

1) 다음 장소에서 사용하거나 당해 장소에 설치·저장 또는 방치하지 아니하도록 할 것
   ① 통풍 또는 환기가 불충분한 장소
   ② 화기를 사용하는 장소 및 그 부근
   ③ 위험물, 화약류 또는 가연성 물질을 취급하는 장소 및 그 부근
2) 용기의 온도를 40℃ 이하로 유지할 것
3) 전도의 위험이 없도록 할 것
4) 충격을 가하지 아니하도록 할 것
5) 운반할 때에는 캡을 씌울 것
6) 사용할 때에는 용기와 마개에 부착되어 있는 유류 및 먼지를 제거할 것
7) 밸브의 개폐는 서서히 할 것
8) 사용 전 또는 사용 중인 용기와 그 외의 용기를 명확히 구별하여 보관할 것
9) 용해 아세틸렌의 용기를 세워 둘 것
10) 용기의 부식·마모 또는 변형 상태를 점검한 후 사용할 것.

실 / 전 / 문 / 제

01
선반의 안전장치에 속하는 것은?

① 방진구 ② 베드
③ 칩브레이크 ④ 심압대

해설

칩브레이크는 바이트에 설치된 칩을 짧게 끊어내는 장치로 가장 많이 사용되는 선반의 안전장치의 일종이다. 이를 설치하면 길어진 칩의 신체접촉을 방지하고 칩을 처리하기 쉽고, 절삭유도 바이트 끝으로 자를러 바이트로의 열전도를 적게 한다.
[참고] Chip breaker의 종류 : 각턱형, 45도 턱형, 평행턱형, 홈형

02
칩을 절단하는 안전장치는?

① 풀아웃(pull out)
② 쉴드(shield)
③ 칩브레이커(chip breaker)
④ 고정브리지(brige)

해설

선반의 방호장치의 종류
① 쉴드(shield) ② 칩브레이커(chip breaker)
③ 고정 브리지(bridge) ④ 척 커버(chuck cover)
⑤ 천대장치 ⑥ 브레이크

03
선반작업시 사용되는 방호장치는?

① 풀아우트(pull out)
② 게이트가드(gate guard)
③ 스위프가드(sweep guard)
④ 쉴드(shield)

해설

선반의 방호장치로는 칩브레이커, 브레이크, 쉴드(칩비산방지 투명판), 척커버 등이 있다.

04
수직 선반, 터릿트 선반 등으로부터 돌출 가공물에 설치한 방호장치는?

① 슬리이브 ② 건널다리
③ 방책 ④ 덮개 또는 울

해설

돌출가공물의 덮개등(안전규칙 제47조) : 선반으로부터 돌출하여 회전하고있는 가공물이 근로자에게 위험을 미칠 우려가 있는 때에는 덮개 또는 울 등을 설치하여야 한다.

05
선반의 안전작업 조건속에 포함되지 않는 것은?

① 칩비산방지 쉴드(shield)
② 척의 인터록 덮개
③ 가공물 덮개
④ 용접바이트 팁

해설

선반의 안전장치로는 칩비산방지 쉴드, 덮개(커버), 칩브레이커, 브레이크 등이 있다.

06
선반에서 주축변속은 언제 하는 것이 좋은가?

① 정지시켜놓고 변속한다.
② 저속회전일 때 변속한다.
③ 고속회전일 때 변속한다.
④ 작업에 따라 절삭가공 중에 한다.

07
다음 중 선반작업시 안전대책으로 맞지 않는 것은?

① 칩브레이커 부착용 선반을 사용한다.
② 공작물이 길 경우에는 심압대를 사용하여야 한다.

Answer ◯ 01. ③ 02. ③ 03. ④ 04. ④ 05. ④ 06. ① 07. ④

③ 긴 물건의 가공시 주축대쪽으로 돌출된 회전 가공물에는 덮개를 설치한다.
④ 선반작업시 장갑을 끼고 작업한다.

해설
선반은 회전기계이므로 장갑을 끼고 작업하는 것은 절대금물이다.

08
선반가공 작업에서 위험점으로 볼 수 없는 것은?

① 기어와 피니언
② 기어와 랙
③ 롤러와 평벨트
④ 돌출하여 회전하고 있는 가공물

해설
롤러와 평벨트는 롤러기나 프레스작업의 위험점으로 볼 수 있다.

09
선반기(Lathe)로서 100mm의 연강을 500rpm으로 절삭할 때 절삭속도는 얼마인가?

① 97m/min
② 117m/min
③ 137m/min
④ 157m/min

해설
$$V = \frac{\pi DN}{1,000} = \frac{3.14 \times 100 \times 500}{1,000} = 157 \text{m/min}$$

10
다음 중 선반 작업에서 위반되는 것은?

① 편심물을 가공할 때는 무게 균형을 맞춘다.
② 일감의 길이가 지름의 6배 이상일 때는 방진구를 쓴다.
③ 보오링 작업 중 칩을 제거하려 들지 않는다.
④ 작업 중 바지는 리이드 스크류우에 감기기 쉽다.

해설
선반작업시 일감의 길이가 지름의 12배 이상일 때 방진구를 사용하여 흔들림을 막는다.

11
선반 작업시에 신체의 하체 부분에 발생할 수 있는 재해의 위험성이 있는 선반의 부위는?

① 주축대부분
② 절삭부분
③ 변속부분
④ 리이드 스크루우부분

12
안전검사대상 유해·위험기계·설비가 아닌 것은?

① 프레스
② 리프트
③ 산업용 원심기
④ 밀폐형구조의 롤러기

해설
안전검사대상 유해·위험기계·설비(시행령 제28조의 6)
1) 프레스
2) 전단기
3) 크레인(정격하중 2톤 미만인 것은 제외)
4) 리프트
5) 압력용기
6) 곤돌라
7) 국소배기장치(이동식은 제외)
8) 롤러기(밀폐형구조는 제외)
9) 원심기(산업용에 한정)
10) 사출성형기(형 체결력 294kN 미만은 제외)
11) 고소작업대(화물자동차 또는 특수자동차에 탑재한 고소작업대로 한정)
12) 컨베이어
13) 산업용 로봇

13
다음의 밀링 작업에 대한 설명 중 안전 사항에 위배된 것은?

① 밀링 작업 중에는 보호 안경을 착용해야 한다.
② 상하 좌우의 이송 장치의 핸들은 사용 후 풀어 놓는다.
③ 아버 너트는 조임 공구로 힘껏 조인다.
④ 잘삭유 노즐이 커터에 부딪치지 않도록 한다.

해설
아버 너트(Arber Nut)는 고정너트의 압력으로 축심에 정확히 직각으로 고정해주는 역할을 하는 것으로 너무 힘껏 조이지 않도록 한다.

Answer ● 08. ③ 09. ④ 10. ② 11. ④ 12. ④ 13. ③

14
밀링작업의 안전사항으로서 잘못된 것은?

① 측정시에는 반드시 기계를 정지시킨다.
② 절삭중의 칩제거는 칩브레이커로 한다.
③ 일감을 풀어내거나 고정할 때에는 기계를 정지시킨다.
④ 상, 하, 좌, 우의 이송장치의 핸들은 사용 후 풀어놓는다.

해설
밀링작업시 칩제거는 반드시 브러시(솔)를 사용한다.

15
공작기계 중 칩이 가장 가늘고 예리한 공작기계는?

① 밀링
② 세이퍼
③ 프레스
④ 연삭기

해설
공작기계 중 특히 밀링 칩은 가늘고 예리하므로 작업시 반드시 보안경을 착용해야 한다.

16
다음 중 밀링작업에 있어서의 안전대책이 아닌 것은?

① 장갑의 사용을 금한다.
② 급속이송은 백레시 제거장치를 작동한 후 실시한다.
③ 상하, 좌우 이송 손잡이는 사용 후 반드시 빼둔다.
④ 밀링커터는 걸레 등으로 감싸쥐고 다루도록 한다.

해설
백레시(backlash : 뒤틈)제거장치는 하향식절삭시 반드시 작동시키며, 급속이송시에는 작동하지 아니한다.

17
밀링작업에 대한 안전대책 중 틀린 것은?

① 장갑을 착용하지 않는다.
② 칩받이를 한다.
③ 절삭속도를 재료에 따라 정한다.
④ 급속 이송은 백레시 제거장치가 작동하고 있을 때 한다.

18
다음 중 세이퍼의 안전장치가 아닌 것은?

① 방책
② 칩받이
③ 칸막이
④ 시정장치

해설
세이퍼는 일명 형삭기라하며 비교적 소형공작물의 평면이나 홈 등을 가공하는 기계이다. 절삭할 때 바이트에 직선왕복운동을 주고, 태이블에 가로방향의 이송을 주어 일감을 깎아내는 가공기계로서 안전장치로 방책, 칩받이, 칸막이가 있다
• **시정장치**는 방적기 및 제면기 그리고 전기기계기구의 외함에 사용되는 방호장치이다.

19
세이퍼 작업의 안전사항 중 틀린 것은?

① 램은 가급적 행정을 길게 하는 편이 안전상 좋다.
② 시동하기 전에 행정조정용 핸들을 빼놓는다.
③ 바이트는 잘 갈아서 사용할 것이며 가급적 짧게 물린다.
④ 반드시 재질에 따라 절삭속도를 정한다.

해설
램은 필요 이상 긴 행정으로 하지말고 일감보다 20~30mm 큰 정도로 일감에 알맞은 행정으로 조정하여야 한다. 즉 행정길이는 가급적 짧게 하는 것이 좋다

20
세이퍼 작업의 안전수칙이 틀리는 것은?

① 시동하기 전에 램의 운동범위에 충돌하는 물건이 없는가를 확인한 후에 운전한다.
② 바이트는 될수록 길게 붙인다.
③ 다듬질 면을 조사할 때 치수를 측정할 때는 반드시 운전을 멈춘다.
④ 램(ram)에는 필요 이상의 긴 스트로우크를 주지 않는다.

해설
바이트는 잘 갈아서 가급적 짧게 부착해야만 안전작업을 할 수 있다.

Answer ◐ 14. ② 15. ① 16. ② 17. ④ 18. ④ 19. ① 20. ②

21
세이퍼(shaping-machine) 작업에서 위험요인이 아닌 것은?

① 척핸들 탈락　② 공작물 이탈
③ 램의 말단부 충돌　④ 가공칩의 비산

해설
척핸들의 탈락은 드릴작업시의 위험요인이다.

22
세이퍼(shaper)작업의 안전사항으로써 옳지 못한 것은?

① 운전중에는 절대 급유를 하지 말 것
② 램(ram) 조정 핸들은 조정후 빼놓도록 할 것
③ 절삭중에 바이트 호울더에 손을 대지 말 것
④ 정면에 서서 작업을 할 것

해설
세이퍼 작업시에는 측면에 서서 작업을 해야만 램 및 바이트에 충돌 및 접촉을 방지할 수 있다.

23
다음 중 방호울을 설치하여야 할 공작기계는?

① 선반　② 밀링
③ 드릴　④ 세이퍼

해설
세이퍼나 플레이너는 방호울(방책)을 설치해야만 된다.

24
운전중인 평삭기 테이블에 근로자가 탑승할 수 있는 경우는?

① 테이블의 행정끝에 덮개 또는 울 등을 설치할 때
② 돌출하여 위험한 부위에 덮개 또는 울 등을 설치할 때
③ 탑승한 근로자 또는 배치된 근로자가 즉시 기계를 정지시킬 수 있을 때
④ 탑승석이 지정되어 재해위험이 없을 때

해설
탑승의 금지(안전보건규칙) : 운전중인 평삭기 테이블 또는 수직선반 등의 테이블에 근로자를 탑승시켜서는 아니된다. 다만, 테이블에 탑승한 근로자 또는 배치된 근로자가 즉시 기계를 정지할 수 있는 때에는 그러하지 아니하다.
• **승차석 외의 탑승금지(안전보건규칙)** : 차량계 건설기계의 승차석 외의 위치에 근로자를 탑승시켜서는 아니된다.

25
플레이너(planer)작업시 안전상 맞지 않는 것은?

① 비산하는 공구 파편으로부터 작업자를 지키기 위해 가드를 마련한다.
② 이동테이블에 방호울을 설치한다.
③ 테이블과 고정벽이나 다른 기계와의 최소거리가 70cm 이하시는 그 사이를 통행할 수 없게 한다.
④ 플레이너의 프레임 중앙부에 있는 비트(bit)에 덮개를 씌운다.

해설
기계설비와 기계설비의 안전통로거리는 80cm 이상이어야 하므로 80cm 이하시 통행할 수 없도록 하는 것이 옳은 사항이다.

26
드릴작업의 안전사항이 아닌 것은?

① 회전하는 드릴에 걸레 등을 가까이 하지 않는다.
② 옷소매가 길거나 찢어진 옷은 입지 않는다.
③ 스핀들에서 드릴을 뽑아낼 때에는 드릴아래에 손을 내밀지 않는다.
④ 작고 길이가 긴 물건은 플라이어로 잡고 뚫는다.

해설
작고 길이가 긴 물건은 바이스 등에 고정시켜 구멍을 뚫어야 하며 어떠한 경우에도 손으로 쥐고 구멍을 뚫지 말 것

27
공작기계에서 일감을 고정할 때 적당하지 않은 방법은?

① 볼트-너트로 고정한다.
② 손으로 잡는다.
③ 지그로 고정한다.
④ 바이스로 고정한다.

Answer ▶ 21. ① 22. ④ 23. ④ 24. ③ 25. ③ 26. ④ 27. ②

해설

일감의 고정방법
① 일감이 작을 때 : 바이스로 고정한다.
② 일감이 크고 복잡할 때 : 볼트·너트나 고정구(클램프)를 사용하여 고정한다.
③ 대량생산과 정밀도를 요구할 때 : 지그로 고정한다.
[참고] 구멍뚫기 지그(jig) : 지그는 일반적으로 절삭 공구를 제어 및 안내하는 장치로 제품의 개수가 많은 대량 생산에 주로 이용된다. 지그사용시의 장점은 다음과 같다.
① 제품의 정밀도가 향상되고 호환성을 준다.
② 기계 가공의 비용을 낮추어 준다.
③ 숙련이 필요없다.
④ 구멍을 뚫기 위한 금긋기가 필요없다.

28
드릴머신에서 구멍을 뚫을 때 일감이 드릴과 함께 회전하기 쉬운 때는?

① 처음과 끝
② 처음구멍을 뚫었을 때
③ 중간구멍을 뚫었을 때
④ 거의 구멍을 뚫었을 때

해설

드릴작업시 거의 구멍을 뚫었을 때 마찰 저항이 최대가 되어 일감이 드릴날과 함께 회전하기 쉬워지므로 힘을 약간 빼어 이송속도를 늦추어야 한다.

29
드릴머신에서 얇은 철판이나 동판에 구멍을 뚫을 때에는 다음 어떤 방법이 좋은가?

① 각목을 밑에 깔고 기구로 고정한다.
② 테이블에 고정한다.
③ 클램프로 고정한다.
④ 드릴 바이스에 고정한다.

해설

얇은 철판이나 동판에 드릴머신으로 구멍을 뚫을 때 얇은 판밑에 나무판을 받치는 이유는 드릴의 날에 물려 판이 돌아가는 것을 방지하고 올바른 구멍을 뚫을 수 있도록 하여 드릴날의 부러짐과 재해를 방지하기 위함이다.

30
드릴작업에서 칩의 제거방법으로서 가장 안전한 방법은?

① 회전을 중지시킨 후 손으로 제거
② 회전을 중시시킨 후 솔로 제거
③ 회전시키면서 막대로 제거
④ 회전시키면서 솔로 제거

해설

드릴, 밀링, 선반작업 등의 칩제거 방법은 회전을 중지시킨 후 솔로 제거한다.

31
공작물 재질이 탄소강, 주강, 주철 등 일반 작업에 사용되는 표준형 드릴날의 각도는?

① 60~90도
② 118도
③ 130~150도
④ 150도

해설

드릴의 날끝각 : 드릴의 날끝각은 굳은 재료에는 크게, 연한 재료에는 작게 하는 것이 원칙이나, 조건에 따라 다르다.

재 질	날끝각
① 경강	150도
② 알루미늄합금	140도
③ 스테인리스강	125~135도
④ 연강	125도
⑤ 표준(일반재료)	118도
⑥ 황동 및 동 합금	100~118도
⑦ 구리	100도
⑧ 주철	90~100도
⑨ 경질고무	60~90도
⑩ 목재	60도

32
회전중인 숫돌차(grinding wheel)에 설치하여야 하는 법정안전장치는?

① 작업대
② 덮개
③ 조정편
④ 안전쉴드

해설

연삭숫돌의 덮개등(안전보건규칙 제122조) : 회전중인 연삭숫돌(직경 5cm 이상인 것)이 근로자에게 위험을 미칠 우려가 있는 경우에는 그 부위에 덮개를 설치하여야 한다.

Answer ● 28. ④ 29. ① 30. ② 31. ② 32. ②

33
지름이 D mm인 연삭기 숫돌의 회전수가 N rpm 일 때 숫돌의 원주속도를 옳게 표시한 식은?

① $V = \dfrac{\pi DN}{1000}$ (m/min)

② $V = \pi DN$ (m/min)

③ $V = \pi DN \times 1,000$ (m/min)

④ $V = \dfrac{\pi DN}{100}$ (m/min)

34
지름이 20cm인 연삭숫돌이 1,000rpm으로 회전할 때 숫돌의 원주속도는 몇 m/s인가?

① 10.47 ② 6.67
③ 20.93 ④ 2.09

해설
$V(m/s) = \dfrac{\pi \times 200 \times 1,000}{1,000} \times \dfrac{1}{60} = 10.47 (m/s)$

35
연삭기의 진동 원인이 되지 않은 것은?

① 전동기 베어링이 마모되어 있다.
② 숫돌차의 지름이 규정보다 크다.
③ 숫돌차의 구멍이 축지름보다 너무 크다.
④ 숫돌차의 외주와 구멍이 동심이 아니다.

해설
②항. 숫돌차의 지름이 규정보다 작을 때 진동의 원인이 된다.

36
탁상용 연삭기의 숫돌차의 바깥지름이 330mm이라면 플랜지의 바깥지름은 최소 몇 mm 이상이어야 하는가?

① 165mm 이상 ② 82.5mm 이상
③ 110mm 이상 ④ 100mm 이상

해설
플랜지의 직경은 숫돌차의 바깥지름의 1/3 이상이어야 한다.
∴ $330 \times \dfrac{1}{3} = 110$mm 이상

37
연삭숫돌의 둘레면과 받침대의 간격은?

① 5mm 이내 ② 3mm 이내
③ 8mm 이내 ④ 7mm 이내

해설
작업받침대(Work rest)는 작업의 안전과 숫돌차 파괴시 완전 보강을 목적으로 설치하는 것으로 받침대와 숫돌과의 간격은 3mm 이내로 한다.
덮개의 조정편과 숫돌과의 간격 : 5~10mm 이내

38
다음 중 연삭기 노출각도와 측정요령에 맞는 것은?

① 스핀들 중심의 정점에서 측정하여 덮개없이 노출된 각도
② 연삭기 중심부에서 측정하며 덮개의 개구부의 각도
③ 주축 수평면에서 측정하며 수평면 중심으로 한 상하 개방 각도
④ 노출된 숫돌의 각도로서 숫돌 중심에서 측정

39
연삭기의 받침대와 숫돌차의 중심과의 높이는?

① 상관 없다.
② 받침대를 높게 한다.
③ 서로 같게 한다.
④ 받침대를 낮게 한다.

해설
연삭기 작업받침대 높이 : 숫돌차의 중심과 거의 같은 높이로 한다.

40
보통 탁상용 연삭기에 사용되는 안전덮개의 양끝과 연삭숫돌 원주의 노출각도는 몇도 이하여야 하는가?

① 70° ② 80°
③ 90° ④ 100°

Answer ➡ 33.① 34.① 35.② 36.③ 37.② 38.① 39.③ 40.③

해설

탁상용 연삭기의 덮개 노출각도
① 덮개의 최대 노출각도 : 90° 이내(원주의 1/4이내)
② 숫돌주축에서 수평면 위로 이루는 원주각도 : 65° 이내
③ 수평면 이하의 부문에서 연삭할 경우 : 125°까지 증가
④ 숫돌의 상부사용을 목적으로 할 경우 : 60° 이내

41
탁상공구 연삭기의 안전커버의 최대 노출 각도는 얼마인가?

① 180° ② 90°
③ 120° ④ 60°

해설

탁상용 연삭기 덮개 최대 노출각도 : 90°

42
일반 탁상용 연삭기의 숫돌주축(grind spindle)에서 수평 위로 이루는 원주각도는 몇도 이하여야 하는가?

① 55° ② 65°
③ 75° ④ 85°

해설

숫돌 주축에서 수평면 위로 이루는 원주각도 : 65° 이하

43
상부를 사용하는 연삭기의 덮개의 노출각도는?

① 45° ② 60°
③ 90° ④ 120°

해설

상부 사용시 덮개 노출각도 : 60° 이내

44
휴대용 연삭기의 덮개의 최대 노출각도는?

① 60° ② 90°
③ 180° ④ 45°

해설

탁상용 외의 연삭기의 덮개 최대노출각도
① 휴대용, 스윙, 원통, 만능연삭기 : 180°
② 평면, 절단 연삭기 : 150° 이하

45
연삭숫돌 작업시 시운전 시간에 대하여 맞는 것은?

① 작업시작 하기 전 2분 이상
② 작업시작 하기 전 3분 이상
③ 연삭숫돌 교체시 3분 이상
④ 연삭숫돌 교체시 5분 이상

해설

연삭숫돌의 덮개 등(안전보건규칙 제122조) : 연삭숫돌을 사용하는 작업의 경우 작업을 시작하기전에 1분 이상, 연삭숫돌을 교체한 후에는 3분 이상 시운전을 하고 해당 기계에 이상이 있는지를 확인하여야 한다.

46
다음은 연삭기 작업시의 안전상의 유의사항들이 다 해당되지 않는 것은?

① 연삭숫돌을 교체한 때는 1분 이상 시운전하고 이상 여부를 확인한다.
② 연삭숫돌의 최고사용회전속도를 초과해서 사용하지 않는다.
③ 위험이 미칠 우려가 있을 때는 덮개를 설치해야 한다.
④ 탁상용 연삭기의 경우 덮개의 노출각도는 90도를 넘지 않아야 한다.

해설

연삭숫돌 교체시 3분 이상 시운전하고 이상여부를 확인한다.

47
새 숫돌차를 고정하는 방법으로서 틀린 것은?

① 고정후 편심을 수정한다.
② 고정하기 전에 음향검사를 한다.
③ 숫돌차에 붙은 종이를 그대로 고정한다.
④ 사용중 풀리지 않도록 강하게 죈다.

해설

새 숫돌차를 너무 강하게 죄게 되면 균열 등 파손의 우려가 있다.
(1) 새숫돌차의 교체방법
　① 외관검사 : 균열, 플랜지 접촉면의 이물질, 변형, 습기, 접착부의 이상유무
　② 타음검사 : 목재 망치를 사용하며 타음점은 숫돌 수직부로부터 45°의 위치

Answer ➡ 41. ② 42. ② 43. ② 44. ③ 45. ③ 46. ① 47. ④

③ 숫돌차에 붙은 종이는 떼지 않는다(패킹역할).
④ 사용 중 풀리지 않게 규정된 힘으로 조인다.
⑤ 고정 후 편심을 수정한다.

48
엔진으로 구동되는 그라인더에 있어서는 가바나 고장에 의하여 숫돌차가 파열되는 경우가 있으므로 사용 현장에서는 적어도 월 1회 정도는 다음의 어느 것을 측정, 점검하여야 하는가?

① 진동수 ② 회전수
③ 사용시간수 ④ 원주속도

해설
그라인더에서의 숫돌차 파열은 과대한 회전수가 주요 원인으로 월 1회 정도의 정기점검이 필요하다.

49
위험방지를 위한 방호조치를 하지 아니한 경우 양도 등이 제한되는 기계기구가 아닌 것은?

① 예초기 ② 드릴기
③ 원심기 ④ 공기압축기

해설
유해·위험방지를 위하여 방호조치가 필요한 기계기구 등 (시행령 별표 7)
1) 예초기 2) 원심기
3) 공기압축기 4) 금속절단기
5) 지게차
6) 포장기계(진공포장기, 랩핑기로 한정)

50
목재가공기계 중 위험이 가장 높은 것은 어느 것인가?

① 띠톱 기계 ② 둥근톱 기계
③ 수동 대패기 ④ 모떼기 기계

해설
둥근톱 기계는 목재절단용 기계로 톱날의 회전이 매우 빠르고 가장 많이 사용하는 기계로 위험성이 가장 높다.

51
목공용 둥근 톱날의 위험방지에 가장 필요한 사항은?

① 복개장치를 한다.
② 회전장치를 한다.
③ 반발 예방장치를 한다.
④ 누전에만 주의해서 사용한다.

해설
목재가공용 둥근톱기계의 방호장치(안전보건규칙 제105조, 제106조) : 목재가공용 둥근톱기계에는 반발예방장치와 톱날접촉예방장치를 설치해야 한다. 톱날접촉예방장치란 일종의 보호덮개(복개장치)를 의미하고 반발 예방장치란 분할날, 반발방지기구, 반발방지로울이 해당된다.

52
반발예방장치가 설치되는 기계는?

① 가스용접기 ② 아크용접기
③ 동력식수동대패기 ④ 둥근톱기계

해설
목재가공용 둥근톱기계에는 톱날접촉예방장치 및 반발예방장치를 설치하여 위험을 방지해야 된다.

53
톱의 뒷(back)날 바로 가까이에 설치되고 절삭된 가공재의 홈사이로 들어가면서 가공재의 모든 두께에 걸쳐 쐐기작용을 하여 가공재가 톱자체를 조이지않게 하는 안전장치는?

① 반발방지장치 ② 분할날
③ 날접촉예방장치 ④ 가동식 접촉예방장치

해설
분할날은 톱날두께의 1.1배 이상이고 톱날의 치진폭 이하로 하여야 하며 재료는 탄소공구강 5종(SK5)에 상당하는 재질로 한다.

54
목재가공용 둥근톱의 분할날 설치거리는 톱날에서 몇 mm 이내인가?

① 11 ② 12
③ 13 ④ 14

해설
분할날은 표준테이블면 상의 톱날 후면날의 2/3 이상을 덮고, 톱날과의 간격은 12mm 이내가 되도록 설치한다.

Answer ➡ 48. ② 49. ② 50. ② 51. ① 52. ④ 53. ② 54. ②

55
둥근톱의 톱날직경이 600mm일 경우 분할날의 최소길이는 얼마인가?

① 400mm ② 314mm
③ 410mm ④ 300mm

해설
분할날의 최소길이는 톱날의 후면날 2/3 이상을 덮도록 규정하고 있다. 여기서 톱날의 후면날의 길이는 톱날 전체길이의 1/4이므로

$$\therefore \text{분할날의 최소길이}(l) = \pi D \times \frac{1}{4} \times \frac{2}{3}$$
$$= 3.14 \times 600 \times \frac{1}{4} \times \frac{2}{3}$$
$$= 314mm$$

56
둥근톱의 직경이 405mm를 넘는 둥근톱 기계(자동이송장치부착은 제외)에 설치하는 방호장치는?

① 급정지장치 ② 반발예방장치
③ 시건장치   ④ 톱날접촉예방장치

해설
둥근톱기계의 톱날접촉예방장치(안전보건규칙 제106조) : 목재가공용 둥근톱기계에는 톱날접촉예방장치(덮개)를 설치하여야 한다.

57
목공기계 대패의 작업 중 틀리게 설명한 것은?

① 테이블의 끝과 날의 간격은 1cm정도로 한다.
② 쥐는 판과 가압판은 길이 45cm 미만의 재료로 기계를 걸 때 사용한다.
③ 얇은 판자 등을 깎을 경우에는 받침목을 사용한다
④ 절단 절삭작업이 끝날 무렵에는 손으로 밀지 말고 밀대로 밀도록 한다.

해설
테이블 끝과 날과의 간격을 8mm 이하로 하고 덮개의 하단과 가공재를 송급하는 측의 테이블면과의 틈새도 8mm 이하로 되어야만 작업자의 손이 끼지 않게 된다.

58
목공 작업시 목공날은 어느 방향으로 해야 안전한가?

① 작업자 방향   ② 작업자와 45° 방향
③ 작업자와 90° 방향 ④ 작업자와 반대방향

해설
목공날은 작업자와 반대 방향으로 되어 있을 때 가장 안전하다.

59
목재 가공용 기계를 취급하는 관리감독자의 이행사항이 아닌 것은?

① 기계 및 그 방호장치를 점검
② 방호장치에 이상이 있을 시 그 기능을 정지
③ 기계를 취급하는 작업을 지휘
④ 작업 중 지그 및 공구 등의 사용상황을 감독

해설
목재가공용 기계를 취급하는 작업을 하는 때의 관리감독자의 직무(안전보건규칙 별표 2)
① 목재가공용 기계를 취급하는 작업을 지휘하는 일
② 목재가공용 기계 및 그 방호장치를 점검하는 일
③ 목재가공용 기계 및 그 방호장치에 이상이 발견된 즉시 보고 및 필요한 조치를 하는 일

60
원형톱기계의 위험을 방지하기 위한 방호장치에 해당되는 것은?

① 방호덮개   ② 반발예방조치
③ 날접촉예방조치 ④ 방호판

해설
원형톱기계의 톱날접촉예방장치(안전보건규칙 제101조) : 원형톱기계(목재가공용 통근톱기계는 제외)에는 톱날접촉예방장치를 설치한다.

61
공작기계에서 덮개, 울 등을 설치하지 않는 것은?

① 연삭기 또는 평삭기의 테이블, 형삭기 램 등의 행정 끝
② 선반으로부터 돌출하여 회전하고 있는 가공물 부근

Answer ➡ 55. ② 56. ④ 57. ① 58. ④ 59. ② 60. ③ 61. ③

③ 톱날접촉예방장치가 설치된 원형톱기계의 위험부위
④ 띠톱기계의 위험한 톱날(전단부분 제외)부위

해설

산업안전보건법상 유해·위험기계기구별 방호방법 중 덮개가 필요한 경우
(1) 덮개 또는 울을 설치하는 경우
① 가공물 등의 비래 등에 위한 위험방지
② 감김통 등의 위험방지
③ 연삭기 또는 평삭기의 테이블, 형삭기 램 등의 행정끝
④ 선반 등으로부터 돌출하여 회전하고 있는 가공물
⑤ 띠톱기계의 위험한 톱날부위
⑥ 목재가공용 띠톱기계의 위험한 톱날부위
⑦ 분쇄기의 개구부 및 개구부로부터 가동부분에 접촉할 우려가 있는 때
⑧ 압력용기 등의 회전부위 등
⑨ 신선기의 인발블럭 또는 꼬는 기계의 케이지
(2) 덮개만을 설치하는 경우
① 원심기
② 분쇄기 등
③ 연삭기의 회전중인 연삭숫돌
④ 버프연마기
⑤ 포장기 또는 충전기 등
(3) 덮개 및 기타 방호장치를 설치하는 경우
① 기계의 원동기등에는 덮개, 울, 슬라이브 및 건널다리를 설치
② 회전축 등의 고정구에는 묻힘형으로 하거나 덮개를 설치
③ 프레스등에는 위험방지를 위하여 덮개 또는 방호장치를 설치
④ 목재가공용 띠톱기계에는 날접촉예방장치 또는 덮개를 설치

62
다음 공작기계 중 안전장치로서 덮개 또는 울을 설치하여야 할 기계가 아닌 것은?

① 띠톱기계의 위험한 톱날부위
② 형삭기 램의 행정 끝
③ 티릿트 선반으로부터의 돌출가공물
④ 모떼기계

해설

모떼기계에는 날접촉예방장치를 설치하여야 한다(안전보건규칙 제101조).

63
띠톱기계의 이송 로울기에 부착해야 하는 방호장치는?

① 쐐기 ② 브레이크
③ 덮개 ④ 반발예방조치

해설

띠톱기계의 날접촉예방장치 등(안전보건규칙 제108조) : 목재가공용 띠톱기계에 있어서 스파이크가 붙어있는 이송롤러 또는 요철형 이송롤러에 날접촉예방장치 또는 덮개를 설치하여야 한다(급정지장치 설치시 제외).

• 띠톱기계의 덮개 등(안전보건규칙) : 띠톱기계(목재가공용 띠톱기계제외)의 절단에 필요한 톱날부위와의 위험한 톱날부위에는 덮개 또는 울을 설치하여야 한다.

64
사출성형기, 주형조형기, 형단조기 등(프레스 및 절단기 제외)에 설치해야 할 안전장치에 해당되는 것은?

① 게이트 가드식 또는 양수조작식 안전장치
② 방호덮개
③ 급정지장치
④ 접촉예방장치

해설

사출성형기 등의 방호장치 : 사출성형기, 주형조형기 및 형단조기 등에 근로자의 신체일부가 말려들어갈 우려가 있는 때에는 게이트가드 또는 양수조작식 등의 방호장치를 설치한다.

65
덮개를 설치해야 할 기계가 아닌 것은?

① 연삭기 ② 띠톱기계
③ 사출성형기 ④ 신선기

66
프레스(press)의 설명 중 가장 적당한 것은?

① 절삭가공기계 중 가장사고 위험이 적은 기계
② 두께를 늘리는 작업을 하는 기계
③ 소성변형에 의한 판재의 성형가공기계
④ 탄성변형에 의한 판재의 성형가공기계

Answer ➡ 62. ④ 63. ③ 64. ① 65. ③ 66. ③

해설
프레스란 플라이휠의 회전운동을 슬라이드의 직선운동으로 바꾸어 펀치와 다이 사이에서 소성변형에 의한 판재를 성형가공하는 기계로 동력기계 중 재해가 가장 많이 발생한다.

67
동력프레스기의 no-hand in die 방식의 안전대책이 아닌 것은?

① 안전울을 부착한 프레스
② 전용프레스의 도입
③ 가드식 안전장치
④ 자동프레스의 도입

해설
동력 프레스기에 대한 안전대책
(1) no-hand in die 방식 : 작업자의 손을 금형 사이에 집어 넣을 필요가 없도록 하는 본질적 안전화 추진대책으로 손을 집어 넣을 수 없는 방식과 손을 집어 넣으면 들어가지만 집어 넣을 필요가 없는 방식이 있으며 hand in die 방식과 비교하여 근본적으로 위험을 제거할 수 있다.
(2) hand in die 방식 : 작업자의 손이 금형 사이에 들어가야만 되는 방식으로 이 때에는 방호장치를 부착시켜야 한다.

no-hand in die 방식	hand in die 방식
① 안전울을 부착한 프레스(작업을 위한 개구부를 제외하고 다른 틈새는 8mm 이하)	① 프레스기의 종류, 압력 능력, 매분 행정수, 행정의 길이 및 작업방법에 상응하는 방호장치 ㉠ 가드식 방호장치 ㉡ 손쳐내기식 방호장치 ㉢ 수인식 방호 장치
② 안전금형을 부착한 프레스(상형과 하형과의 틈새 및 가이드 포스트와 부시와의 틈새는 8mm 이하)	② 프레스기의 정지성능에 상응하는 방호장치 ㉠ 양수조작식 방호장치 ㉡ 감응식 방호장치
③ 전용 프레스의 도입(작업자의 손을 금형에 넣을 필요가 없도록 부착한 프레스)	
④ 자동 프레스의 도입(자동 송급, 배출 장치를 부착한 프레스)	

68
프레스작업에서 작업자의 손을 위험으로부터 보호하기 위해 권장하는 방법 중 가장 근본적으로 위험을 제거할 수 있는 방법은?

① 양수조작식 안전장치
② 손쳐내기식 안전장치
③ 감응식 안전장치
④ 자동송급 및 인출장치

해설
No-hand in die 방식인 자동송급 및 인출장치를 설치함으로써 작업자의 손이 위험점에 들어갈 필요가 없으므로 가장 근본적인 위험제거방법이 되는 것이다.

69
프레스의 이송장치는?

① 수동푸셔피이드
② 스트리퍼
③ 어래스터
④ 스토퍼

해설
프레스의 이송장치
(1) 자동송급 장치 : 재료를 자동적으로 금형 사이에 이송시키는 장치이다.
  ① 1차 가공용 : 로울피이더, 그리퍼 피이더
  ② 2차 가공용 : 호퍼 피이더, 푸셔 피이더, 다이얼 피이더, 슬라이딩 다이, 슈우트
(2) 자동배출 장치 : 재료를 가공한 후 가공물을 자동적으로 꺼내는 장치이다.
  ① 셔플이젝터
  ② 산업용 로봇
  ③ 공기분사나 스프링 탄력을 이용하는 방법
  ④ 슬라이드에 연동시켜 각종 기계장치를 이용하는 방법

70
다음의 프레스 방호장치 중에서 프레스 등의 정지성능에 상응하는 성능을 갖추어야 하는 방호장치는?

① 수인식
② 게이트 가드식
③ 손쳐내기식
④ 양수조작식

71
안전장치를 설치할 때 중요한 것은 기계의 위험점으로부터 안전장치까지의 거리이다. 위험한 기계의 동작을 작동시키는데 필요한 총 소요시간을 t(초)라고 할 때 안전거리S(m) 의 산출식은 다음 중 어느 것인가?

① $S = 1.0t$ mm/s
② $S = 1.6t$ m/s
③ $S = 2.0t$ mm/s
④ $S = 2.0t$ m/s

해설
$S = 1.6t$ m/s의 산출식은 인간의 손의 기준 속도를 감안하여 정한 것이다.

72

작업자의 신체움직임을 감지하여 프레스의 동작을 급정지시키는 광전자식 안정장치를 부착한 프레스가 있다. 급정지에 소요되는 시간이 0.1초이면 안전거리는 얼마로 하여야 하는가?

① 15cm ② 16cm
③ 16mm ④ 16m

해설

안전거리(설치거리) = 160cm/s × 급정지시간 = 160cm/s × 0.1s = 16cm이다.
안전거리는 정하는 거리 이상에 설치해야 하므로 16cm 이상의 값중 가장 근사치로 정한다.

73

클러치 맞물림개수 4개, 200spm(stroke per minute)의 동력프레스기 양수조작식 안전장치의 안전거리는?

① 360mm ② 325mm
③ 260mm ④ 210mm

해설

안전거리(Dm) = 1.6Tm
여기서 Tm = 양손으로 누름단추를 누르기 시작할 때부터 슬라이드가 하사점에 도달하기까지의 시간(ms)

$$Tm = \left(\frac{1}{클러치 물림 개소수} + \frac{1}{2}\right) \times \frac{60,000}{매분행정수}$$

$$Dm = 1.6 \times \left(\frac{1}{4} + \frac{1}{2}\right) \times \frac{60,000}{200} = 360mm$$

74

프레스 등의 방호장치에 사용하는 와이어로프의 지름으로 다음 중 가장 적당한 것은?

① 2.8mm 이상인 것 ② 3.9mm 이상인 것
③ 5.1mm 이상인 것 ④ 6.3mm 이상인 것

해설

(1) 프레스 절단기의 안전기준에 관한 기술지침(고용노동부고시)중에서 「프레스 등의 방호장치에 사용하는 와이어로프의 설치기준」
  ① 기기조작용 와이어로프에 정하는 규격에 적합한 것 또는 이것과 동등이상의 기계적 성질을 보유하며 직경은 6.3mm이상일 것.
  ② 크립, 크램프 등의 체결구를 사용해서 슬라이드, 레바 등에 확실하게 설치되어 있을 것.

(2) 프레스 제작기준 안전기준 및 검사기준(고용노동부고시) 중에서
  ① KDS 7013(기기조작용 와이어로프)에 정하는 규격에 적합한 것 또는 이것과 동등 이상의 기계적 성질을 보유하며 직경은 0.6mm 이상일 것.
  ② 「프레스 방호장치 부착용 부속품」 재료는 KSD 3752(기계구조용 탄소강재) SM45C의 규격에 적합하고 열처리 해야 할 부품의 표면은 담금질, 뜨임이 이루어지고 "로크웰 C경도"의 값으로 45~55 일 것.

75

다음의 프레스(press) 안전장치 중 SPM (stroke per minute)이 120 이하이며 행정길이가 40mm 이상의 프레스에 설치해야 하는 것은?

① 양수조작식 ② 수인식
③ 게이트가이드식 ④ 광선식

해설

수인식 또는 손쳐내기식 안전장치의 설치시 SPM 120 이하, 행정길이 40mm 이상으로 제한하는 것은 손이 충격적으로 끌리거나 강타하는 것은 방지하기 위함이다.

76

다음은 프레스의 수인식 안전장치의 수인끈의 유효성능에 관한 내용이다. 맞는 것은?

① 수인끈의 끄는 양은 정반의 안 길이의 1/3 이상이어야 한다.
② 수인끈의 직경은 3mm 이상이어야 한다.
③ 수인끈의 절단 하중은 조절부를 설치한 상태에서 100kg이상이어야 한다.
④ 수인끈과의 연결부는 50kg 이상의 정하중에서 견딜 수 있는 것이어야 한다.

해설

(1) 외관검사 : 제작자와 제출도면에 의하여 검사하고 다음 조건에 만족하여야 한다.
  ① Wrist band의 재료는 유연한 내유성 피혁 또는 이와 동등 이상의 재료를 사용해야한다.
  ② Wrist band의 착용감이 좋으며 쉽게 착용할 수 있는 구조이어야 한다.
  ③ 수인끈의 재료는 합성섬유로 직경이 4mm 이상이어야 한다.
  ④ 수인끈은 작업자 및 작업공정에 따라 그 길이를 조정할 수 있어야 한다.

Answer ▶ 72. ② 73. ① 74. ④ 75. ② 76. ④

⑤ 수인끈의 안내통은 끈의 마모 및 손상을 방지할 수 있는 조치를 하여야 한다.
⑥ 각종 레바는 경량이면서 충분한 강도를 가져야 한다.

(2) 시험방법 및 종류
① 수인량시험 : 수인량은 링크에 의하여 조정될 수 있도록 되어야 하며 금형으로부터 위험한계 밖으로 당길수 있는 구조 이어야 한다.
② 수인끈의 강도시험 : 박클에 붙여 150kgf의 인장력을 가하여 끈표면과 내부에 이상유무를 검사한다.
③ 무부하 동작시험 : 프레스 방호장치를 부착한 후 연속 반복동작을 하면서 이상유무를 검사한다.
④ Wrist band 강도시험 : 50kgf의 인장력을 가하여 band 의 이상유무를 검사한다.

77
크랭크 프레스에는 사용상의 제한이 있으나 시계(視界)가 차단되지 않는 방호장치는?

① 게이트가드
② 양손조작장치
③ 벨트컨베이어식 배출장치
④ 광전자식 안전장치

해설
감응식 방호장치는 검출기구(센서)에 의해서 작업자의 손이나 신체의 존재를 검출하여 제어 회로를 통해서 작동하는 것으로, 초음파식, 용량식, 광선식(광전자식)이 있다. 이 중에서 광선식을 가장 널리 사용하며 이는 시계를 차단하지 않으나 확동식 클러치(positive clutch)부착의 크랭크프레스에는 사용하지 못하고 마찰클러치 부착 프레스에만 사용할 수 있다.

78
마찰프레스에 가장 적합한 안전장치는 다음 중 어느 것인가?

① 감응식(광선식) ② 게이트가드식
③ 양수조작식   ④ 손쳐내기식

79
다음 프레스 중 광선식 안전장치를 사용할 수 없는 것은?

① positive clutch 부착의 crank press
② 마찰프레스
③ crankless press
④ 액압프레스

해설
광선식은 positive clutch(확동식 클러치)부착의 crank press에는 사용하지 못하며 fricton clutch(마찰식 클러치)부착의 press에는 사용할 수 있다.

80
프레스작업의 안전기준에 맞는 것은?

① 방호장치를 사용하기 위해서라도 푸트스위치는 제거하면 안된다.
② 프레스는 제작기준과 안전기준에 적합지 않은 것을 사용하면 안된다.
③ 안전블록은 클러치, 기능 유지를 위해 필요하다.
④ 동력프레스는 6개월에 1회 이상 안전검사를 실시한다.

해설
프레스 및 전단기의 안전조치사항
① 제작기준과 안전기준에 적합하지 아니한 것을 사용하지 아니한다.
② 덮개, 방호장치의 설치등 필요한 방호조치를 한다.
③ 금형의 부착, 해체, 조정 작업시 슬라이드 불시하강의 위험 방지를 위하여 안전블록을 사용한다.
④ 클러치 등의 기능을 항상 유효한 상태로 유지한다.
⑤ 작업시작전 점검을 한다.

81
프레스 작업시작 전 점검사항으로 가장 중요한 것은?

① 기계의 고장유무 확인
② 클러치 상태 점검
③ 상하 형틀의 간극 점검
④ 펀치 점검

82
100톤 이하의 프레스기에서 고장이 발생하면 재해와 직결되는 부분 중 가장 위험한 것은?

① 메탈 부분
② 롯드 부분
③ 슬라이드 부분
④ 클러치 부분

Answer ▶ 77. ④ 78. ① 79. ① 80. ② 81. ② 82. ④

83
프레스 작업에서 제품을 꺼낼 경우 파쇠철을 제거하기 위하여 사용하는데 가장 알맞는 것은?

① 걸레　　② 브러시
③ 압축 공기　　④ 칩 브레이커

해설
압축공기 이외에 pick out도 같이 사용된다.

84
동력프레스기의 금형부착 · 해체시 안전조치사항으로 맞는 것은? (단, 슬라이드 하강에 의한 방호장치일 때)

① 접촉예방장치　　② 전환스위치
③ 과부하방지장치　　④ 안전블록

해설
안전블록은 일종의 쐐기장치로 슬라이드 불시하강에 의한 금형의 낙하를 방지해 준다.

85
프레스 금형을 부착, 해제 또는 조정작업을 하는 때에 사용할 수 있는 안전조치는?

① 광전자식 안전장치
② 양수조작식 안전장치
③ 키이록
④ 안전블록

해설
금형 조정작업의 위험방지(안전보건규칙 제 104조) : 프레스 등의 금형을 부착·해체 또는 조정작업을 하는 때에 슬라이드의 불시하강을 방지하기 위하여 안전블록을 설치한다.

86
프레스 등에서 금형의 안전작업을 위하여 안전블록을 사용하는 경우에 해당되지 않는 것은?

① 수리　　② 조정
③ 부착　　④ 해체

해설
프레스기에서 금형의 부착, 해체, 조정시에는 슬라이드의 불시하강을 방지하기 위하여 안전블록을 설치해야 된다.

87
부주의로 프레스의 페달을 밟는 것에 대비하여 설치하는 것은?

① 커버　　② 울
③ 잠금장치　　④ 볼트

해설
프레스기 페달의 불시 작동으로 인한 사고방지 대책 : U자형 덮개 설치

88
프레스작업을 하는데 해당 작업시간 전 점검항목이 아닌 것은?

① 금형 및 고정볼트의 상태
② 칼날 및 테이블의 상태
③ 클러치 및 브레이크의 기능
④ 급정지 및 비상정지장치의 기능

해설
프레스등(프레스 또는 전단기)의 작업시작전 점검항목
① 클러치 및 브레이크의 기능
② 크랭크축, 플라이휠, 슬라이드, 연결봉 및 연결나사의 풀림 여부
③ 1행정 1정지기구·급정지장치 및 비상정지장치의 기능
④ 슬라이드 또는 칼날에 의한 위험방지기구의 기능
⑤ 프레스의 금형 및 고정볼트 상태
⑥ 방호장치의 기능
⑦ 전단기의 칼날 및 테이블의 상태
[참고] 여기서 ⑤호는 프레스만의 작업시작 전 점검항목이고, ⑦호는 전단기만의 작업시작 전 점검항목이다.

89
프레스기 등에서 작업 전 점검사항이 아닌 것은?

① 전자밸브, 압력조정밸브, 기타 유압계통의 이상유무
② 슬라이드 또는 칼날에 의한 위험방지기구의 기능
③ 프레스기의 금형 및 고정볼트 상태
④ 전단기의 칼날 및 테이블의 상태

해설
①항의 전자밸브, 압력조정밸브, 기타 유압제품의 이상유무는 동력프레스기의 자체검사항목이다.

Answer ● 83. ③　84. ④　85. ④　86. ①　87. ①　88. ②　89. ①

90
동력프레스에 대한 안전대책 중 no-hand in die 방식에 해당되지 않는 것은?

① 안전울을 부착한 프레스
② 안전금형을 부착한 프레스
③ 자동 프레스 도입
④ 감응식 방호장치 설치

91
프레스 금형에 고정가드(guard)를 설치하고자 할 때 상사점 위치에서 가드의 상하겹침이 적합한 설치조정 거리인 것은?

① 최소 12mm   ② 최소 8mm
③ 최대 6mm   ④ 최대 5mm

해설

프레스에 커버를 설치한 예로서 상·하형에 커버가 각기 고정되어 있으며 램이 상사점에 있을 때 즉 상부커버가 제일 위에 있을 때 양쪽 커버가 몇 mm정도는 있게 하고 어떠한 경우에도 손가락이 끼지 않도록 하기 위함이다.

92
다음 재료 중 정작업을 하여서는 안되는 것은?

① 연강   ② 황동
③ 알루미늄   ④ 열처리된 강

해설

열처리된 강은 경도가 매우 높기 때문에 정작업에 잘 되지도 않고 반발하거나 손을 강타하는 등 위험성이 따른다.

93
정작업 시 재료폭보다 정의 폭이 큰 경우 절단된 쇠조각이 떨어져 나가는 방향은?

① 정의 정면   ② 정의 측면
③ 정과 180도인 방향 ④ 정과 직각인 방향

해설

정작업 시 재료에 비하여 정의 나비가 넓을 때(재료폭보다 정의 폭이 큰 경우)는 정과 직각방향으로, 좁을 때는 정작업을 하고 남아 있는 방향으로 철편이 튀어 재해를 입는 경우가 있다.

94
프레스 능력에서 슬라이드의 스피드-드롭현상이 일어나는 안전작업의 체크하여야 할 능력은?

① 토오크 능력   ② 일 능력
③ 압력 능력   ④ 가공 능력

해설

슬라이드의 스피드-드롭현상은 가공능력의 과부하 때문에 발생한다.

1) 프레스기의 방호장치의 종류별 장·단점

구분	장 점	단 점
양수조작식	1. 행정수가 빠른 기계에 사용할 수 있다. 2. 다른 안전장치와 병행하는 것이 좋다. 3. 반드시 양손을 사용하여야 하므로 정상적인 사용에서는 완전한 방호가 가능하다.	1. 행전수가 느린 기계에는 사용이 불가능하다(90SPM) 2. 기계적 고장에 의한 2차 낙하에는 효과가 없다. 3. 일행정 일정지 기구에만 사용할 수 있다.
게이트가드식	1. 완전한 방호를 할 수 있다. 2. 금형 파손에 의한 파편으로부터 작업자를 보호한다.	1. 금형의 크기에 따라 가이드를 선택하여야 한다. 2. 금형 교환 빈도수가 적은 기계에 사용 가능하다.
수인식	1. 슬라이드의 2차 낙하에도 재해방지가 가능하다. 2. 끈의 길이를 조절하게 되면 수공수를 사용할 필요가 없다. 3. 가격이 저렴하다. 4. 설치가 용이하다.	1. 작업반경의 제한으로 행동의 제약을 받는다. 2. 작업자를 구속하여 사용을 기피한다. 3. 작업의 변경시마다 조정이 필요하다. 4. 스트로크가 짧은 프레스는 되돌리기가 불충분하다(40mm 미만).
손쳐내기식	1. 가격이 저렴하다. 2. 설치가 용이하다. 3. 수리·보수가 쉽다. 4. 기계적인 고장에 의한 슬라이드의 2차 낙하에도 재해방지가 가능하다.	1. 측면방호가 불가능하다. 2. 작업자의 정신 집중에 혼란이 생긴다. 3. 스트로크의 끝에서 방호가 불충분하다. 4. 작업자의 손을 가격하였을 때 아프다. 5. 행정수가 빠른 기계에 사용이 곤란하다(120SPM).
광선식	1. 시계를 차단하지 않아서 작업에 지장을 주지 않는다. 2. 연속 운전작업에 사용할 수 있다.	1. 핀 클러치방식에는 사용할 수 없다. 2. 작업중에 진동에 의해 위치 변동이 생길 우려가 있다. 3. 설치가 어렵다. 4. 기계적 고장에 의한 2차 낙하에는 효과가 없다.

95
다음 중 보안경이 필요 없는 작업은?

① 밀링작업 ② 선반작업
③ 드릴링작업 ④ 판금작업

96
다음 중 장갑을 사용해도 좋은 작업은?

① 판금작업 ② 선반작업
③ 드릴작업 ④ 밀링작업

97
종이, 천, 금속박 등을 통과시키는 롤러기에 설치해야 할 방호장치에 해당되지 않는 것은?

① 방호판 ② 안내롤러
③ 울 ④ 급정지장치

해설

롤러기의 방호장치
① 롤러기에는 급정지 장치를 설치한다.
② 합판, 종이, 천 및 금속박 등을 통과시키는 롤러기의 위험부위에는 울 또는 안내롤러 등을 설치한다.

98
롤러기에 급정지장치를 설치하여 안전사고를 예방해야 한다. 급정지장치의 종류가 아닌 것은?

① 손으로 조작하는 로프식
② 복부로 조작하는 것
③ 무릎을 조작하는 것
④ 발로 조작하는 것

해설

급정지장치의 조작부는 그 종류에 따라 다음의 위치에 작업자가 긴급시에 쉽게 조작할 수 있도록 설치하여야 한다(방호장치 자율안전기준고시).

급정지장치 조작부의 종류	위 치	비 고
손으로 조작하는 것	밑면에서 1.8m 이내	위치는 급정지장치 조작부의 중심점을 기준으로 함
복부로 조작하는 것	밑면에서 0.8m 이상 1.1m이내	
무릎으로 조작하는 것	밑면에서 0.6m 이내	

99
롤러기에 설치하여야 할 방호장치는?

① 반발예방장치 ② 급정지장치
③ 접촉예방장치 ④ 과부하방지장치

해설

기계 · 기구의 방호장치

기계 · 기구	방호조치
프레스 또는 전단기	방호장치
아세틸렌 용접장치 또는 가스집합용접장치	안전기
방폭용 전기기계 · 기구	방폭구조 전기기계 · 기구
교류아아크 용접기	자동전격방지기
크레인, 승강기, 곤돌라, 리프트	과부하방지장치 및 노동부장관이 고시하는 방호장치
압력용기	압력방출장치
보일러	압력방출장치, 압력제한스위치 및 고저수위조절장치
롤러기	급정지장치
연삭기	덮개
목재가공용 둥근톱	반발예방장치 및 날접촉예방장치
동력식 수동대패	칼날접촉예방장치
복합동작을 할 수 있는 산업용 로봇	안전매트 또는 방호울
정전 및 활선작업에 필요한 절연용 기구	절연용 방호구 및 활선작업용 기구
추락 및 붕괴 등의 위험 방호에 필요한 가설 기자재	비계, 파이프서포트 등 노동부장관이 고시하는 가설기자재

100
롤러를 무부하로 회전시킨 상태에서 앞면 표면속도가 35m/min 이었다면 이 롤러기에 설치할 급정지장치의 성능은?

① 앞면 롤러 원주의 1/2 거리에서 급정지
② 앞면 롤러 원주의 1/2.5 거리에서 급정지
③ 앞면 롤러 원주의 1/3 거리에서 급정지
④ 앞면 롤러 원주의 1/3.5 거리에서 급정지

해설

롤러기의 급정지장치는 로울을 무부하로 회전시킨 상태에서도 다음과 같이 앞면 로울의 표면속도에 따라 규정된 정지거리 내에서 해당 로울을 정지시킬 수 있는 성능을 보유한 것이어야 한다.

Answer ➔ 95. ④ 96. ① 97. ① 98. ④ 99. ② 100. ②

앞면 로울의 표면속도(m/min)	급정지거리
30 미만	앞면 롤러의 원주 1/3 이내
30 이상	앞면 롤러의 원주 1/2.5 이내

101
롤러기의 급정지를 위한 방호장치를 설치하고자 한다. 앞면 롤러의 직경 30cm, 분당회전속도가 40 이라면 어떤 성능의 급정지 장치를 부착해야 하는가?

① 급정지 거리가 앞면 롤러 원주의 1/3 이내인 것
② 급정지 거리가 앞면 롤러 원주의 1/3 이상인 것
③ 급정지 거리가 앞면 롤러 원주의 1/2.5 이내인 것
④ 급정지 거리가 앞면 롤러 원주의 1/3 이상인 것

해설
롤러기의 앞면 로울의 표면속도는
$V = \dfrac{\pi DN}{1000} = \dfrac{3.14 \times 300 \times 40}{1000} = 37.68 \text{m/min}$
∴ 37.68 > 30이므로 급정지거리는 앞면 로울 원주의 1/2.5 이내이어야 한다.

102
롤러의 Nip point 전방 25mm에 가드(guard)를 설치하고자 한다. 가드의 개구간격은 얼마 이하로 하여야 하는가?

① 9.75mm
② 10.25mm
③ 11.50mm
④ 12.65mm

해설
Y : 허용개구부(안전간극 : 작업자가 손가락 등을 가드사이로 넣어서 재료를 송급할 필요가 있는 때에 손가락 끝이 작업점에 닿지 않도록 설계된 간극)
X : 안전거리(위험점으로부터 가드까지의 거리)
∴ Y = 6 + 0.15X = 6 + 0.15 × 25 = 9.75mm

103
롤러의 맞물림점의 전방에 개구간격 25mm의 가드(guard)를 설치하고자 한다. 가드의 설치 위치는 맞물림점에서 얼마의 간격을 유지하여야 하는가? 최대유지 간격을 구하시오. (단, ILO 기준에 의해 계산하시오)

① 190mm
② 105.58mm
③ 126.67mm
④ 152mm

해설
$Y = 6 + 0.15X$에서
$X = \dfrac{Y-6}{0.15} = \dfrac{25-6}{0.15} = 126.67\text{mm}$

104
개구면에서 위험점까지의 거리가 80mm 위치에 풀리(pully)가 회전하고 있다. 안전울의 개구부 허용한계가 적합한 것은?

① 개구부 크기 6.0mm
② 개구부 크기 7.5mm
③ 개구부 크기 12mm
④ 개구부 크기 18mm

해설
Y = 6 + 0.15X = 6 + 0.15 × 80 = 18mm

105
롤러기의 고정덮개(fixed guard)의 허용개구부(allowable opening)에 있어 그 간극은 몇 inch로 해야 하는가?

① 1/8 inch 이하
② 2/8 inch 이하
③ 3/8 inch 이하
④ 4/8 inch 이하

해설
롤러기 고정덮개의 설계상 허용개구부는 2/8(1/4)inch 이하로 해야 한다. 반면에 경험치에 의한 허용개구부는 3/8inch 이하로 한다.

106
롤러의 일반적 안전대책이 아닌 것은?

① 청소, 주유, 수리시는 정지 후 작업할 것
② 가공물이 유해물인 경우 덮개를 설치한다.
③ 장갑을 착용하고 작업한다.
④ 바닥에는 기름 등으로 인한 미끄럼이 없도록 한다.

해설
롤러는 회전기계이므로 장갑착용시 말려들어갈 위험이 매우 높다.

Answer ▶ 101. ③ 102. ① 103. ③ 104. ④ 105. ② 106. ③

107
원심기에 가장 필요한 보호장치는?

① 덮개
② 회전수 조정기
③ 회전수 표시장치
④ 급정지장치

해,설
원심기에 필요한 방호장치는 회전체 접촉예방장치(덮개)이다.

108
아세틸렌 용접장치에서 역화 및 역류를 방지하기 위하여 무엇을 설치하여야 하는가?

① 압력조정기
② 안전기
③ 압력기
④ 유량기

해,설
아세틸렌 용접장치 및 가스집합 용접장치에는 가스의 역류 및 역화를 방지할 수 있는 수봉식 또는 건식안전기를 설치하여야 한다.

109
용기와 아세틸렌 발생기 사이에 설치해야 하는 것에 맞는 것은?

① 유수분리장치
② 역화방지기
③ 자동발생 확인장치
④ 분기장치

해,설
안전기는 역화 및 역류를 방지하여 폭발재해를 방지하므로 아세틸렌 용접장치의 역화방지기 또는 역류방지기라 불리운다.

110
압축하면 폭발할 위험성이 높아서 아세톤 등의 용제로 용해시켜 고압가스로 이용하는 것은?

① 염소
② 에탄
③ 아세틸렌
④ 수소

해,설
아세틸렌가스 일반제조의 기술기준
① 아세틸렌 가스를 온도에 불구하고 $25kg/cm^2$의 압력으로 압축하는 때에는 질소·메탄·일산화탄소 또는 에틸렌 등의 희석제를 첨가할 것
② 습식 아세틸렌 가스발생기의 표면은 70℃ 이하의 온도로 유지하여야하며, 그 부근에서는 불꽃이 튀는 작업을 하지 아니할 것
③ 아세틸렌을 용기에 충전하는 때에는 미리 용기에 다공질물을 고루 채우되, 그 용기에 고루 채울 때의 다공도가 75% 이상 92% 미만이 되도록 한 후 아세톤 또는 디메틸포름아미드를 고루 침윤시키고 충전할 것
④ 아세틸렌을 용기에 충전하는 때에는 충전중의 압력은 온도에 불구하고 $25kg.cm^2$ 이하로 하고, 충전후의 압력은 15℃에서 $15.5kg/cm^2$ 이하로 될 때까지 정치하여 둘 것
⑤ 상하통으로 구성된 아세틸렌 제조설비로 고압가스를 제조하는 때에는 사용후 고압가스 발생장치의 상하통을 분리하거나 잔류가스가 없도록 조치할 것

111
롤러기에 급정지장치를 설치하여 안전사고를 예방해야 한다. 급정지장치의 종류가 아닌 것은?

① 손으로 조작하는 로프식
② 복부로 조작하는 것
③ 무릎을 조작하는 것
④ 발로 조작하는 것

해,설
급정지장치의 조작부는 그 종류에 따라 다음의 위치에 작업자가 긴급시에 쉽게 조작할 수 있도록 설치하여야 한다(표준안전작업지침).

급정지장치 조작부의 종류	위치	비고
손으로 조작하는 것	밑면으로부터 1.8m 이내	위치는 급정지장치 조작부의 중심점을 기준으로 함
복부로 조작하는 것	밑면으로부터 0.8m 이내	
무릎으로 조작하는 것	밑면으로부터 0.4m 이상 0.6m 이내	

112
아세틸렌 가스를 사용하는 용접에서는 안전상 몇 kg/cm^2으로 사용해야 하는가?

① $2kg/cm^2$ 이상
② $1.5kg/cm^2$ 이상
③ $1.2kg/cm^2$ 이상
④ $1.3kg/cm^2$ 이하

해,설
압력의 제한(안전보건규칙 제285조) : 아세틸렌 용접장치를 사용하여 금속의 용접·용단 또는 가열작업을 하는 경우에는 게이지압력이 127kPa를 초과하는 압력의 아세틸렌을 발생시켜 사용해서는 아니된다.

Answer 107. ① 108. ② 109. ② 110. ③ 111. ④ 112. ④

113
가스발생기의 안전기 설치 방법인 것은?

① 취관마다 1EA 설치
② 주관에 1EA, 취관에 1EA 설치
③ 주관에 1EA, 분기관에 1EA 설치
④ 주관에만 1EA

해설
아세틸렌 용접장치의 안전기의 설치(안전보건규칙 제289조)
① 아세틸렌 용접장치의 취관마다 안전기를 설치하여야 한다. 다만, 주관 및 취관에 가장 가까운 분기관마다 안전기를 부착할 경우에는 그러하지 아니하다.
② 사업주는 가스용기가 발생기와 분리되어 있는 아세틸렌 용접장치에 대하여 발생기와 가스용기 사이에 안전기를 설치하여야 한다.

114
가스 집합용접장치에 설치하여야 할 안전기는 하나의 취관에 몇 개 이상인가?

① 1개 이상   ② 2개 이상
③ 3개 이상   ④ 5개 이상

해설
가스집합 용접장치는 주관 및 분기관에 안전기를 설치해야 되는데 이 경우 하나의 취관에 대하여 2개 이상의 안전기를 설치하여야 한다.

115
가스용접시 안전기 설치장소는?

① 조정밸브   ② 흡입관
③ 메인밸브   ④ 배출관

해설
안전기를 흡입관에 설치해야만 역화 및 역류현상을 방지할 수 있다.

116
가스용접의 수봉식 안전장치의 목적으로 옳은 것은?

① 역화, 역류방지
② 산소 및 아세틸렌의 적합한 혼합으로 폭발방지
③ 고압파열의 방지
④ 과열에 의한 파열방지

해설
수봉식 안전장치는 가스의 역화, 역류를 방지하기 위한 것은 저압용은 25mm 이상, 중압용은 50mm 이상의 유효수주를 유지해야 한다.

117
아세틸렌 용접장치의 안전기에 사용되는 강판 또는 강관의 최소 두께(mm)는?

① 0.5   ② 1.0
③ 1.5   ④ 2.0

해설
저압용 수봉식 안전기의 설치기준
① 주요 부분의 두께 2mm 이상의 강판을 사용하고 또한 내부의 가스폭발에 견디어 낼 수 있는 구조일 것
② 도입부는 수봉식으로 할 것
③ 수봉배기관을 비치하고 있을 것
④ 도입부 및 수봉배기관은 가스가 역류하고 또는 역화 폭발할 때에 위험을 확실히 막을 수 있는 구조일 것
⑤ 유효수주는 25mm 이상으로 할 것(중압용은 50mm 이상)
⑥ 수위를 용이하게 점검할 수 있는 구조로 할 것
⑦ 물의 보급 및 교환이 용이한 구조로 할 것
⑧ 아세틸렌과 접촉할 염려가 있는 부분(주요 부분은 제외)은 동(70% 이상)을 사용하지 않을 것

118
아세틸렌 용접시 역화가 일어날 때 가장 먼저 취해야 할 행동은?

① 산소밸브를 즉시 잠그고 아세틸렌 밸브를 잠금
② 아세틸렌 밸브를 즉시 잠그고 산소밸브를 잠금
③ 토치 아세틸렌 밸브를 닫아야 한다.
④ 아세틸렌 사용압력을 1kg/cm2 이하로 즉시 낮춘다.

해설
역화시의 조치와 소화시의 조치는 동일하며 반면에 토치에 점화시킬 때에는 아세틸렌 밸브를 먼저 연 다음 산소밸브를 열어 점화시킨다.

119
다음 중 산소, 아세틸렌 용접장치에 사용되는 산소호스와 아세틸렌호스의 색깔로 맞는 것은?

① 적색-흑색   ② 적색-녹색
③ 흑색-적색   ④ 녹색-흑색

Answer ➡ 113.① 114.② 115.② 116.① 117.④ 118.① 119.③

120

다음 사항 중 아세틸렌 용접장치의 안전조치로서 알맞은 것은?

① 아세틸렌 발생기로부터 3m 이내, 발생기실로부터 5m 이내에는 흡연, 화기 사용금지
② 아세틸렌 발생기로부터 3m 이내, 발생기실로부터 4m 이내에는 흡연, 화기 사용금지
③ 아세틸렌 발생기로부터 3m 이내, 발생기실로부터 3m 이내에는 흡연, 화기 사용금지
④ 아세틸렌 발생기로부터 5m 이내, 발생기실로부터 3m 이내에는 흡연, 화기 사용금지

해설

아세틸렌 용접장치의 관리기준(안전보건규칙 제290조) : 아세틸렌 용접장치를 사용하여 금속의 용접, 용단 또는 가열작업을 하는 경우 준수할 사항
① 발생기의 종류, 형식, 제작업체명, 매시 평균가스 발생량 및 1회의 카바이트 공급량을 발생기실 내의 보기 쉬운 장소에 게시할 것
② 발생기에는 관계근로자 아닌 사람이 출입하는 것을 금지할 것
③ 발생기에서 5m 이내 또는 발생기실에서 3m 이내의 장소에서는 흡연, 화기의 사용 또는 불꽃이 발생할 위험한 행위를 금지시킬 것
④ 도관에는 산소용과 아세틸렌용의 혼동을 방지하기 위한 조치를 할 것
⑤ 아세틸렌 용접장치의 설치장소에는 적당한 소화설비를 갖출 것
⑥ 이동식 아세틸렌 용접장치의 발생기는 고온의 장소, 통풍이나 환기가 불충분한 장소 또는 진동이 많은 장소 등에 설치하지 않도록 할 것

• **가스집합 용접장치의 관리기준(안전보건규칙 제295조)** : 가스집합 용접장치를 사용하여 금속의 용접·용단 및 가열작업을 하는 경우 준수할 사항
① 사용하는 가스의 명칭 및 최대가스저장량을 가스장치실의 보기 쉬운 장소에 게시할 것
② 가스용기를 교환하는 경우에는 관리감독자의 참여한 가운데에 할 것
③ 밸브·코크 등의 조작 및 점검요령을 가스장치실의 보기 쉬운 장소에 게시할 것
④ 가스장치실에는 관계근로자 아닌 사람의 출입을 금할 것
⑤ 가스집합정치로부터 5m 이내의 장소에서는 흡연, 화기의 사용 또는 불꽃을 발생할 우려가 있는 행위를 금지할 것
⑥ 도관에는 산소용과의 혼동을 방지하기 위한 조치를 할 것
⑦ 가스집합장치의 설치장소에는 적당한 소화설비를 설치할 것
⑧ 이동식 가스집합용접장치의 가스집합장치는 고온의 장소, 통풍이나 환기가 불충분한 장소 또는 진동이 많은 장소에 설치하지 아니하도록 할 것
⑨ 해당 작업을 행하는 근로자에게 보안경과 안전장갑을 착용시킬 것

121

가스 집합장치의 위험방지를 위하여 사업주는 화기를 사용하는 설비로부터 몇 m 이상 떨어진 장소에 장치를 설치하여야 하는가?

① 20 ② 10
③ 7   ④ 5

해설

가스집합장치의 위험방지(안전보건규칙 제291조)
① 가스집합장치에 대해서 화기를 사용하는 설비로부터 5m 이상 떨어진 장소에 설치하여야 한다.
② 가스집합장치를 설치하는 경우에는 전용의 방(가스 장치실)에 설치하여야 한다(단, 이동식은 제외).
③ 가스장치실에서 가스집합장치의 가스용기를 교환하는 작업을 할 때 가스장치실의 부속설비 또는 다른 가스 용기에 충격을 줄 우려가 있는 경우에는 고무판 등을 설치하는 등 충격방지조치를 하여야 한다.

122

아세틸렌 용접장치의 발생기는 전용의 발생기실 내에 설치하도록 되어 있다 발생기실을 옥외에 설치할 때에는 그 개구부는 다른 건축물로부터 최소 몇 m 이상 떨어지게 하여야 하는가?

① 10m 이상   ② 5m 이상
③ 3m 이상   ④ 1.5m 이상

해설

아세틸렌 용접장치의 발생기실의 설치장소등(안전보건규칙 제286조)
① 아세틸렌 발생기를 설치하는 때에는 전용의 발생기실내에 이를 설치하여야 한다.
② 발생기실은 건물의 최상층에 위치하여야 하며, 화기를 사용하는 설비로부터 3m를 초과하는 장소에 설치하여야 한다.
③ 발생기실은 옥외에 설치한 경우에는 그 개구부를 다른 건축물로부터 1.5m 이상 떨어지도록 하여야 한다.

123

용접시에 사용하는 가스용기와 가연성 가스탱크의 저장위치는 최소한 얼마 이상의 거리를 유지하여야 하는가?

① 30m 이상   ② 20m 이상
③ 12m 이상   ④ 5m 이상

Answer ➡ 120. ④ 121. ④ 122. ④ 123. ①

해설

가스용기와 가연성 탱크와의 거리는 30m 이상, 가스용기와 화기와의 거리는 5m 이상을 유지해야 한다.

124
아세틸렌 발생기실의 구조에 적합하지 않는 것은?

① 벽은 불연성의 재료를 사용한다.
② 출입구의 문은 두께 1mm의 철판 또는 불연성의 재료를 사용한다.
③ 바닥면적의 16분의 1 이상의 단면적을 가지는 배기통을 옥상으로 돌출시킨다.
④ 지붕 및 천장에는 얇은 철판 또는 가벼운 불연성의 재료를 사용한다.

해설

아세틸렌 발생기실의 구조등(안전보건규칙 제287조)
① 벽은 불연성 재료로 하고 철근콘크리트 또는 그 밖의 이와 동등하거나 그 이상의 강도를 가진 구조로 할 것
② 지붕 천장에는 얇은 철판이나 가벼운 불연성 재료를 사용할 것
③ 바닥면적의 16분의 1 이상의 단면적을 가진 배기통을 옥상으로 돌출시키고 그 개구부를 창 또는 출입구로부터 1.5m 이상 떨어지도록 할 것
④ 출입구의 문은 불연성 재료로 하고 두께 1.5mm 이상의 철판 기타이나 그 밖에 그 이상의 강도를 가진 구조로 할 것
⑤ 벽과 발생기 사이에는 발생기의 조정 또는 카바이트 공급 등의 작업을 방해하지 않도록 간격을 확보할 것

125
용접장치의 산업안전기준에 맞는 것은?

① 가스 집합장치로부터 4m 이내의 장소에서는 흡연을 금지시킨다.
② 가스집합 용접장치의 자체검사 주기는 2년에 1회 이상이다.
③ 아세틸렌 용접장치에는 그 취관마다 안전기를 설치하여야 한다(단, 근접한 분기관마다 안전기를 부착했음).
④ 아세틸렌 발생기실은 건물의 최상층에 위치하게 한다.

해설

• ①항, 가스집합장치로부터 5m 이내의 장소에서는 흡연, 화기의 사용 또는 불꽃을 발할 우려가 있는 행위를 금지시킬 것
• ②항, 가스집합 용접장치는 매년 1회 이상 정기적으로 손상·변형·부식의 유무, 그 성능 및 방호장치의 이상 유무에 대한 자체검사를 실시하여야 한다.
• ③항, 아세틸렌 용접장치에는 그 취관마다 안전기를 설치하여야 한다(단, 주관 및 취관에 가장 근접한 분기관마다 안전기를 부착한 때는 제외).

126
가스통의 용기를 저장할 때의 안전기준에 해당되지 않는 것은?

① 통풍, 환기가 충분한 곳
② 저장소의 온도가 50도 이하일 것
③ 전도의 우려가 없을 것
④ 운반시 캡을 씌울 것

해설

가스 등의 용기(안전보건규칙 제234조) : 금속의 용접·용단 또는 가열에 사용되는 가스 등의 용기를 취급하는 경우 준수할 사항
(1) 다음 장소에서 사용하거나 해당 장소에 설치·저장 또는 방치하지 않도록 할 것
  ① 통풍이나 환기가 불충분한 장소
  ② 화기를 사용하는 장소 및 그 부근
  ③ 위험물, 화약류 또는 가연성 물질을 취급하는 장소 및 그 부근
(2) 용기의 온도를 40℃ 이하로 유지할 것
(3) 전도의 위험이 없도록 할 것
(4) 충격을 가하지 않도록 할 것
(5) 운반하는 경우에는 캡을 씌울 것
(6) 사용하는 경우에는 용기의 마개에 부착되어 있는 유류 및 먼지를 제거할 것
(7) 밸브의 개폐는 서서히 할 것
(8) 사용전 또는 사용 중인 용기와 그 밖의 용기를 명확히 구별하여 보관할 것
(9) 용해아세틸렌의 용기는 세워 둘 것
(10) 용기의 부식·마모 또는 변형상태를 점검한 후 사용할 것

127
고압가스설비는 상용압력의 몇 배 이상의 압력에서 항복을 일으키지 아니하는 두께를 가져야 하는가?

① 2배   ② 2.5배
③ 1.5배   ④ 1.8배

해설

고압가스 설비두께(고압가스 안전관리법 시행규칙 별표 3) : 고압가스 설비는 사용압력의 2배 이상의 압력에서 항복을 일으키지 아니하는 두께를 가지는 것이어야 하며 상용의 압력에 견디는 충분한 강도를 갖는 것일 것

Answer ▶ 124. ② 125. ④ 126. ② 127. ①

3장 산업용 기계안전기술

1 보일러 안전

[1] 보일러 취급시 이상현상

(1) 이상 연소

1) 이상연소의 발생원인
   ① 연료와 공기의 혼합비가 부적합할 때
   ② 수분이 많이 함유된 연료를 사용할 때
   ③ 연료에 굴곡부와 같은 포켓이 있을 때
   ④ 통풍량이 불량할 때

2) 이상 연소 시 조치사항
   ① 수분이 적은 연료 사용
   ② 연소실과 연도의 개선
   ③ 연소실내의 급격연소
   ④ 2차 공기량 및 통풍량 조절

(2) 프라이밍(priming) 및 포오밍(foaming)

1) 프라이밍(비수공발) : 보일러의 급격한 부하, 급격한 압력강하, 고수위 등에 의해 물방울 혹은 물거품이 수면위로 튀어 올라 관 밖으로 운반되는 현상
2) 포오밍(거품의 발생) : 보일러 관수 중의 용존 고형물, 유지분에 의하여 수면위에 거품이 발생하고 심하면 보일러 밖으로 흘러넘치는 현상

3) 프라이밍과 포오밍의 발생원인
   ① 고수위인 경우
   ② 부유물, 유지분이 많이 함유되었을 경우나 보일러 수가 농축된 경우
   ③ 증기 부하가 과대한 경우
   ④ 증기 밸브를 급격히 개방한 경우
   ⑤ 증기부보다 수부가 큰 경우
   ⑥ 기수 분리 장치가 불완전한 경우

4) 프라이밍과 포오밍 발생시 조치사항
  ① 보일러 수의 일부를 취출하여 새로운 물을 넣을 것
  ② 안전밸브, 수면계의 시험과 압력계 연락 관을 취출하여 볼 것
  ③ 증기밸브를 닫고 수면계의 수위의 안정을 기다릴 것.
  ④ 연소량을 가볍게 할 것
  ⑤ 보일러 수의 수질검사를 할 것

(3) 수격작용

1) 수격작용(water hammering) : 관내의 유동, 밸브의 급격한 개폐 등에 의해 압력파가 생겨 불규칙한 유체 흐름이 생성되어 관벽을 치는 현상

2) 수격작용의 방지법
  ① 관내의 유속을 낮출 것(관의 직경을 크게 할 것)
  ② 펌프에 플라이휠(fly wheel)을 설치하여 정전시에 속도가 급격히 변화하는 것을 막을 것
  ③ 완폐 체크 밸브를 토출구에 설치할 것.
  ④ 자동 수압 조정밸브를 설치할 것

[2] 보일러의 사고원인 및 대책

(1) 보일러의 부식 원인

1) 급수에 유해한 불순물이 혼입되었을 경우
2) 급수처리를 하지 않은 물을 사용하였을 경우
3) 불순물을 사용하여 수관이 부식되었을 경우

(2) 보일러의 과열 원인 및 대책

1) 과열원인
  ① 수관 및 몸체의 청소 불량
  ② 관수를 감소시키고 빈 통에 불을 땔 때
  ③ 수면계의 고장으로 드럼내의 물의 감소

2) 보일러에 스케일 및 슬러지 부착시 악영향 : 국부과열 현상 발생

3) 과열 방지 대책
  ① 보일러수의 순환을 좋게 할 것
  ② 보일러 수위를 너무 낮게 유지하지 말 것
  ③ 열이 축적되는 곳을 내화재 피복에 의하여 방호할 것

④ 화력을 국부적으로 집중시키지 말 것
⑤ 유지 혼입 및 보일러수의 과도 농축을 방지할 것

(3) 보일러의 파열 및 폭발 원인

1) 규정 압력 이상 상승에 의한 파열원인
   ① 안전장치의 미부착
   ② 안전장치의 불확실한 작동(안전장치의 능력 부족)

2) 최고 사용 압력 이하에서 파열하는 원인
   ① 구조상의 결함(설계착오, 능력부족)
   ② 보일러 부품의 부식
   ③ 과열

3) 보일러의 압력 상승원인
   ① 압력계의 고장(압력계의 기능 불완전)
   ② 안전밸브 기능의 부정확
   ③ 압력계의 눈금을 잘못 읽거나 감시 소홀

4) 보일러 폭발
   ① 보일러 폭발의 주요원인 : 급수 불량에 의한 저수위
   ② 과잉 증기압력에 의한 보일러 폭발의 주원인 : 안전장치 결함
   ③ 저수위 보일러 속에 급속하게 급수할 경우의 폭발 원인 : 급격 수축 때문
   ④ 보일러 수의 저수위 방지 대책 : 자동 급수 제어장치 점검철저

(4) 보일러의 이상감수(저수위) 원인 및 대책

1) 이상감수의 발생원인
   ① 급수 장치 및 수면계 (액면계)의 고장
   ② 급수관의 스케일 및 이물질 축적
   ③ 분출 밸브 등에 의한 누수

2) 이상감수 시 대책(응급조치)
   ① 수위 및 과열면의 이상유무 확인
   ② 연료 및 공기의 공기공급 중지와 댐퍼 폐쇄
   ③ 보일러의 압력 방출

[3] 보일러의 방호장치 및 안전작업수칙

(1) 방호장치의 종류

1) 압력방출장치
2) 압력제한스위치
3) 고저수위 조절장치
4) 기타 도피밸브, 가용전, 방폭문, 화염 검출기 등

(2) 압력방출장치(안전밸브)

1) 압력방출장치 : 최고사용압력(증기압력) 이하에서 자동적으로 밸브가 열려서 증기를 외부로 분출시켜 증기 상승압력을 방지하는 장치

2) 압력방출장치의 설치기준(안전보건규칙 제116조)
   ① 보일러의 안전한 가동을 위하여 보일러 규격에 적합한 압력방출장치를 1개 또는 2개 이상 설치하고 최고사용압력(설계압력 또는 최고허용압력) 이하에서 작동 되도록 할 것. 다만, 압력 방출장치가 2개 이상 설치된 경우에는 최고사용압력 이하에서 1개가 작동되고, 다른 압력방출장치는 최고사용압력 1.05배 이하에서 작동되도록 부착할 것
   ② 압력방출장치는 1년에 1회 이상씩 표준 압력계를 이용하여 토출압력을 검사한 후 납으로 봉인하여 사용하도록 할 것(단, 공정안전보고서 이행상태 평가결과가 우수한 사업장은 4년에 1회 이상 검사)

(3) 압력제한스위치

1) 압력제한스위치 : 상용압력 이상으로 압력 상승 시 보일러의 과열 방지를 위해 버너의 연소차단 등 열원을 제거하여 정상 압력으로 유도하는 장치
2) 고압용은 브르돈관식, 저압용은 벨로우즈식 사용

(4) 고저수위 조절장치 : 보일러 내의 수위가 최저 또는 최고한계에 도달하였을 경우, 자동적으로 경보를 발하는 동시에 단수 또는 급수에 의해 수위를 조절하는 장치

(5) 보일러의 안전작업수칙

1) 가동 중인 보일러에는 작업자가 항상 정위치할 것
2) 압력방출장치는 봉인된 상태에서 정상 작동 되도록 1일 1회 이상 작동시험을 할 것.
3) 고저수위 조절장치와 상호 기능 상태를 점검할 것
4) 노 내의 환기 및 통풍장치를 점검할 것
5) 보일러의 각 종 부속장치의 누설 상태를 점검할 것

2 압력용기 및 공기압축기 안전

[1] 압력용기안전

(1) **압력용기** : 대기압보다 높은 압력에서 운전 또는 사용되는 용기

　1) 제1종 압력용기 : 최고사용압력(kg/cm²)과 내용적(m³)을 곱한 수치가 0.04를 초과하는 용기

　2) 제2종 압력용기 : 최고사용압력이 2kg/cm²를 초과하는 기체를 내부에 보유하고 내용적이 0.04m³ 이상인 용기

(2) **압력용기의 방호장치**

　1) 회전부위에 덮개 또는 울 설치
　2) 압력방출장치 설치

(3) **압력용기에 설치하는 압력방출장치의 설치기준**

　1) 압력용기 등에 과압으로 인한 폭발을 방지하기 위하여 압력방출장치를 설치할 것.
　2) 다단형 압축기 또는 직렬로 접속된 공기압축기에는 과압방지 압력방출장치를 각단마다 설치하도록 할 것.
　3) 압력방출장치는 압력용기의 최고사용압력 이전에 작동되도록 설정할 것
　4) 압력방출장치 등을 설치한 후에는 1일 1회 이상 작동시험을 하는 등 성능이 유지될 수 있도록 항상 점검·보수하도록 할 것.
　5) 압력방출장치는 1년에 1회 이상 표준 압력계를 이용하여 토출압력을 시험한 후 납으로 봉인하여 사용하도록 할 것
　6) 운전자가 토출압력을 임의로 조정하기 위하여 납으로 봉인된 압력방출장치를 해체하거나 조정할 수 없도록 조치할 것.

[2] 공기압축기의 안전

(1) **공기압축기** : 토출공기압력 1kg/cm² 이상인 기계(1kg/cm² 미만의 것은 송풍기라 함)

(2) **공기압축기의 표시사항** : 공기 압축기의 공기저장압력용기의 식별이 가능하도록 하기 위하여 다음 사항 등이 각인 표시된 것을 사용하도록 할 것

　1) 최고사용압력
　2) 제조 연월일
　3) 제조 회사명

(3) 공기압축기의 일반적 주의사항

1) 무 급유 밸브를 사용할 것
2) 실린더의 급유에는 양질의 광유를 사용하도록 할 것
3) 시동시에는 무부하 기동을 위하여 토출지변을 연 후 흡인지변을 약간 열었다 닫고 기동한 다음 정상회전 속도에 달하면 흡입지변을 서서히 열 것.
4) 에어탱크 최저부에는 배유장치를 할 것

(4) 공기압축기의 방호장치

1) 안전밸브 : 공기탱크의 파손, 전동기의 과부하 방지를 위한 방호장치
2) 역지밸브 : 공기탱크 내의 압축공기의 역류를 방지하는 방호장치
3) 언로우드 밸브 : 일정한 조건하에서 공기 압축기를 무부하로 하여 압력 상승을 방지하기 위해 사용되는 밸브

(5) 공기압축기를 가동하는 경우의 작업 시작 전 점검사항

1) 공기저장 압력용기의 외관상태
2) 드레인밸브의 조작 및 배수
3) 압력방출장치의 기능
4) 언로드밸브의 기능
5) 윤활유의 상태
6) 회전부의 덮개 또는 울
7) 그 밖의 연결부위의 이상 유무

(6) 공기압축기(압력용기) 취급 시 안전대책

1) 공기압축기 운전 시 최대 공기압력을 초과하여 사용하지 않을 것
2) 공기압축기를 정지시킬 때는 언로드밸브를 조작한 후 정지시킬 것.
3) 공기압축기 분해 시는 압축공기를 완전히 제거한 후 실시할 것
4) 공기압축기의 점검, 청소 시는 반드시 전원 스위치를 끌 것

3 산업용 로봇의 안전

[1] 산업용 로봇

(1) 산업용 로봇 : 인간의 팔에 해당하는 암(arm)인 매니플레이터(manipulator)에 의해 제조 과정의 조립, 용접, 검사 기능 등을 수행하는 자동기계장치

1) **작동범위(가동범위)** : 매니플레이터가 움직이는 영역

2) 위험범위 : 매니플레이터가 동작하여 사람과 접촉할 수 있는 범위

(2) 동작 형태에 의한 분류

1) **극좌표** : 팔의 자유도가 극좌표 형식인 매니플레이터
2) **직각좌표** : 팔의 자유도가 직각좌표 형식인 매니플레이터
3) **다관절** : 팔의 자유도가 주로 다관절인 매니플레이터(운동 방향이 넓고 용접, 도장, 조립 등 용도범위도 매우 넓다.)
4) **원통좌표** : 팔의 자유도가 주로 원통좌표 형식인 매니플레이터

[2] 로봇의 교시 등의 작업을 하는 경우 로봇의 불의의 작동 또는 오 조작에 의한 위험방지 조치 사항

(1) 로봇의 작업지침 : 다음의 지침에 따라 작업을 시킬 것.

1) 로봇의 조작 방법 및 순서
2) 작업 중의 매니플레이터의 속도
3) 2명 이상의 근로자에게 작업을 시킬 때의 신호방법
4) 이상 발견 시 조치
5) 이상 발견 시 로봇의 운전을 정지시킨 후 이를 재가동시킬 때의 조치
6) 그 밖에 로봇의 불의의 작동, 오 조작에 의한 위험방지 조치

(2) 로봇의 정지 및 작업 중 표시(로봇 구동원을 차단하고 행하는 것은 제외)

1) 이상 발견 시는 즉시 로봇의 운전을 정지시키는 조치를 할 것
2) 작업 중에는 기동 스위치 등에 「작업 중」이라는 표시를 하여 작업근로자 외의 자가 스위치 등을 조작할 수 없도록 할 것.

(3) 입력 정보교시의 의한 분류

종 류	기 능
1. 매뉴얼 매니퓰레이션	인간이 조작하는 매니퓰레이터
2. 지능 로봇	감각기능 및 인식기능에 의해 행동결정을 할 수 있는 로봇
3. 감각제어 로봇	감각 정보를 가지고 동작의 제어를 행하는 로봇
4. 플레이백 로봇	인간이 매니퓰레이터를 움직여서 미리 작업을 실시함으로써 그 작업의 순서, 위치 및 기타의 정보를 기억시켜 이를 재생함으로써 작업을 되풀이할 수 있는 매니퓰레이터
5. 수치제어 로봇	순서, 위치 기타의 정보를 수치에 의해 지령받은 작업을 할 수 있는 매니퓰레이터
6. 적응제어 로봇	환경의 변화 등에 따라 제어 등의 특성을 필요로 하는 조건을 충족시키기 위하여 변화되는 적응 제어기능을 가지는 로봇
7. 학습제어 로봇	학습제어기능을 갖는 로봇으로 작업경험 등을 반영시켜 적절한 작업할 수 있는 로봇
8. 고정시퀀스 로봇	미리 설정된 순서와 조건 및 위치에 따라 동작의 각 단계를 차례로 거쳐나가는 매니퓰레이터이며 설정정보의 변경을 쉽게 할 수 있는 로봇

> **길잡이**
>
> 로봇의 교시 등 : 매니플레이터의 작동순서, 위치 및 속도의 설정·변경 또는 그 결과를 확인하는 것

[3] 로봇의 운전 중 수리 등 작업 시의 위험방지 조치와 작업 시작전 점검사항

(1) 로봇의 운전 중 위험방지 조치사항 : 로봇의 접촉 우려가 있을 때는 안전매트 및 높이 1.8m 이상의 방책을 설치할 것

(2) 수리 등 작업 시의 위험방지 조치사항

1) 로봇의 작동 범위 내에서 로봇의 수리, 검사, 조정(교시 등에 해당하는 것 제외), 청소, 급유(이하 수리 등) 등의 작업 시에는 로봇의 운전을 정지할 것
2) 기동 스위치를 열쇠로 잠그고 열쇠를 별도로 관리할 것
3) 기동 스위치에 작업 중이라는 표지판을 부착할 것

(3) 로봇의 교시 등의 작업을 하는 경우 작업 시작 전 점검사항

1) 외부 전선의 피복 또는 외장 손상의 유무
2) 매니플레이터 작동의 이상유무
3) 제동장치 및 비상정지 장치의 기능

4 운반기계 및 양중기의 안전

[1] 지게차(fork lift)의 안전

(1) 지게차의 특징

1) 하역, 운반 작업시 작업자는 운전자 1명으로도 가능하다.
2) 50m 이내의 운반거리에서는 하역량을 극대화시킬 수 있다.
3) 다른 운송기계에 비해 하역, 운반 시의 안전성이 우수하다.
4) 하역을 위한 마스트(mast)가 주행 시 전방시야를 방해한다(단점).

(2) 지게차에 의한 재해비율 : 접촉 사고 37 %, 하물의 낙하 27 %, 지게차의 전도 및 전락 16%, 추락 14% 등

(3) 지게차가 갖추어야 할 사항

1) 전조등 및 후미등(안전 작업 수행을 위해 필요한 조명이 확보되어 있는 장소에서는 제외)
2) 헤드가드(지게차의 방호장치)

3) 백 레스트(후방에서 화물의 낙하함으로서 위험의 우려가 없을 때는 제외)

(4) 지게차의 안전성 : 지게차가 안정하려면 다음의 관계식을 유지하여야 한다.

∴ W·a < G·b

여기서, W : 화물중량(kg)
G : 차량의 중량(kg)
a : 전차륜에서 화물의 중심까지의 최단거리(m)
b : 전차륜에서 차량의 중심까지의 최단거리(m)

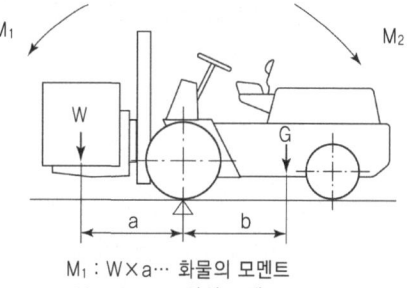

$M_1 : W \times a \cdots$ 화물의 모멘트
$M_2 : G \times b \cdots$ 차의 모멘트

| 지게차의 안전성 |

(5) 지게차의 헤드가드

1) 강도는 지게차의 최대하중의 2배의 값(그 값이 4톤을 넘는 것에 대하여서는 4톤으로 함)의 등분포정하중에 견딜 수 있는 것일 것
2) 상부틀의 각 개구의 폭 또는 길이가 16cm 미만일 것
3) 운전자가 앉아서 조작하는 방식의 지게차에 있어서는 운전자의 좌석의 상면에서 헤드가드의 상부 틀의 하면까지의 높이가 1m 이상일 것
4) 운전자가 서서 조작하는 방식의 지게차에 있어서는 운전석의 바닥 면에서 헤드가드의 상부 틀의 하면까지의 높이가 2m 이상일 것.

(6) 지게차의 안정도

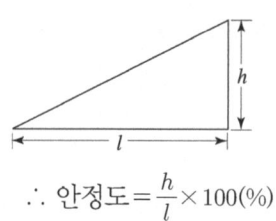

$$\therefore 안정도 = \frac{h}{l} \times 100(\%)$$

1) 하역 작업 시
   ① 전후 안정도 : 4%(5톤 이상의 것은 3.5%)
   ② 좌우 안정도 : 6%

2) 주행시
   ① 전후 안정도 : 18%
   ② 좌우 안정도 : (15+1.1 V)%, V는 최고속도(km/hr)

(7) 지게차(운반차량)의 구내 운행속도 : 8km/hr

(8) 지게차에 의한 운반안전작업수칙

　1) 숙련된 담당자만 운전할 것
　2) 급격한 후퇴, 전진은 피할 것
　3) 정해진 하중이나 높이를 초과하는 적재를 하지 말 것
　4) 견인 시는 반드시 견인봉을 사용할 것

[2] 컨베이어(conveyer)의 안전

(1) 컨베이어의 종류

1) 벨트 컨베이어 : 프레임의 양끝에 설치한 풀리에 벨트를 엔드리스(endless)로 감아 걸고 그 위에 화물을 싣고 운반하는 컨베이어로 특징은 다음과 같다
　① 컨베이어 중 가장 널리 쓰인다.
　② 연속적으로 물건을 운반할 수 있다.
　③ 운반과 동시에 물건을 올리기도 내리기도 할 수 있다.
　④ 무인화 작업이 가능하다.
　⑤ 대용량의 운반수단에 이용된다.
　⑥ 경사 각도가 30° 이하인 경우에 이용된다.

2) 체인 컨베이어 : 엔드리스로 감아 걸은 체인에 의하거나 체인에 슬래트(slat), 버킷(bucket) 등을 부착하여 화물을 운반하는 컨베이어

3) 나사(스크류 : screw) 컨베이어 : 도랑 속에 화물을 스크류에 의하여 운반하는 컨베이어

4) 기타 롤러 컨베이어, 버킷 컨베이어 등이 있다.

(2) 컨베이어의 방호장치

1) 이탈 및 역주행 방지장치 : 컨베이어·이송용 롤러 등(이하 "컨베이어 등"이라 한다.)을 사용하는 경우에는 정전·전압강하 등에 따른 화물 또는 운반구의 이탈 및 역주행을 방지하는 장치를 갖출 것. 단, 무동력 상태 또는 수평상태로만 사용하여 근로자에게 위험을 미칠 우려가 없는 경우에는 제외

2) 비상정지장치 : 근로자의 신체가 말려드는 등 근로자가 위험해질 우려가 있는 경우 및 비상시에는 즉시 컨베이어 등의 운전을 정지시킬 수 있는 장치를 설치할 것.

3) 덮개 또는 울 : 컨베이어 등으로부터 화물이 떨어져 근로자가 위험해질 우려가 있는 경우에는 해당 컨베이어 등에 덮개 또는 울을 설치하는 등 낙하방지를 위한 조치를 할 것.

(3) 컨베이어의 안전작업수칙

1) 컨베이어를 시동할 때는 마지막 쪽의 컨베이어부터 시동하고, 정지 시는 처음 쪽 4-3의 컨베이어부터 시작할 것.
2) 운전 중인 컨베이어에 근로자의 탑승을 금지시킬 것.
3) 스위치를 넣을 때는 미리 신고를 할 것.
4) 지면에서 2개 이상 높이에 설치된 컨베이어에는 승강계단을 설치할 것.

(4) 컨베이어 벨트의 손상원인

1) 속도가 빠를 경우
2) 캐리어에 기름이 떨어질 경우
3) 장력이 너무 클 경우
4) 운반물을 적재한 채 시동할 경우

(5) 컨베이어의 작업 시작 전 점검사항

1) 원동기 및 풀리기능의 이상유무
2) 이탈 등의 방지장치 기능의 이상유무
3) 비상정지장치 기능의 이상유무
4) 원동기 · 회전축 · 치차 및 풀리 등의 덮개 또는 울 등의 이상유무

[3] 양중기의 안전

(1) 양중기의 종류

1) **크레인** : 동력을 사용하여 중량물을 매달아 상하 및 좌우(수평 또는 선회)로 운반하는 기계장치
2) **이동식 크레인** : 원동기를 내장하고 있는 것으로서 불특정장소에 스스로 이동할 수 있는 크레인
3) **리프트** : 동력을 사용하여 사람이나 화물을 운반하는 기계설비
   ① **건설작업용 리프트** : 건설 현장에서 사용하는 리프트
   ② **일반작업용 리프트** : 건설 현장이 아닌 장소에서 사용하는 리프트
   ③ **간이 리프트** : 소형화물 운반용으로 바닥 면적이 $1m^2$ 이하, 천정 높이가 1.2m 이하인 리프트
   ④ **이삿짐운반용 리프트** : 연장 및 축소가 가능하고 끝단을 건축물 등에 지지하는 구조의 사다리형 붐에 따라 동력을 사용하여 움직이는 운반구를 매달아 화물을 운반하는 설비로서 화물자동차 등 차량 위에 탑재하여 이삿짐 운반 등에 사용하는 리프트
4) **곤돌라** : 와이어로프 또는 달기강선에 의하여 달기발판 또는 운반구가 전용의 승강장치에 의하여 상승 또는 하강하는 설비

5) **승강기**(최대하중이 0.25ton 이상인 것) : 가이드레일을 따라 승강하는 운반구 또는 카에 사람이나 화물을 상하 또는 좌우로 이동, 운반하기 위한 기계설비
① **승용승강기** : 사람의 수직수송
② **인화공용승강기** : 사람과 화물이 수직수송
③ **화물용승강기** : 화물의 수송(인원탑승금지)
④ **에스컬레이터** : 사람을 운반하는 연속계단이나 보도상태의 승강기

(2) 양중기의 방호장치
1) 과부하방지장치
2) 권과방지장치
3) 비상정지장치
4) 제동장치(브레이크 등)

(3) 승강기의 방호장치
1) 과부하방지장치
2) 파이널 리미트 스위치(final limit switch)
3) 비상정지장치
4) 속도조절기
5) 출입문 인터록(interlock)

(4) 양중기의 안전기준
1) **정격하중 등의 표시**(승강기는 제외) : 운전자 또는 작업자가 보기 쉬운 곳에 다음 사항을 표시하여 부착할 것(단, 달기구는 정격하중만 표시)
① 정격하중
② 운전속도
③ 경고표시
2) 양중기 작업 시는 일정한 신호방법을 정하여 사용하도록 할 것
3) 양중기 운전자는 운전위치를 이탈하지 않도록 할 것

[4] 크레인 안전

(1) 크레인의 종류
1) **크레인(기중기)** : 동력을 이용하여 화물을 올리거나 내리고 주행, 선회, 부양 운동을 하는 단거리 운반기계(화물의 상하 · 수평으로 운반하는 기계)

2) 크레인의 종류
① 육상운송이 가능한 크레인 : 휠크레인, 크롤러 크레인, 트럭크레인 등
② 공장내부에 설치한 크레인 : 천장크레인
③ 건축공사에 많이 사용되는 크레인 : 탑형 크레인, 지브 크레인
④ 기타, 교형크레인, 해머형 크레인 등

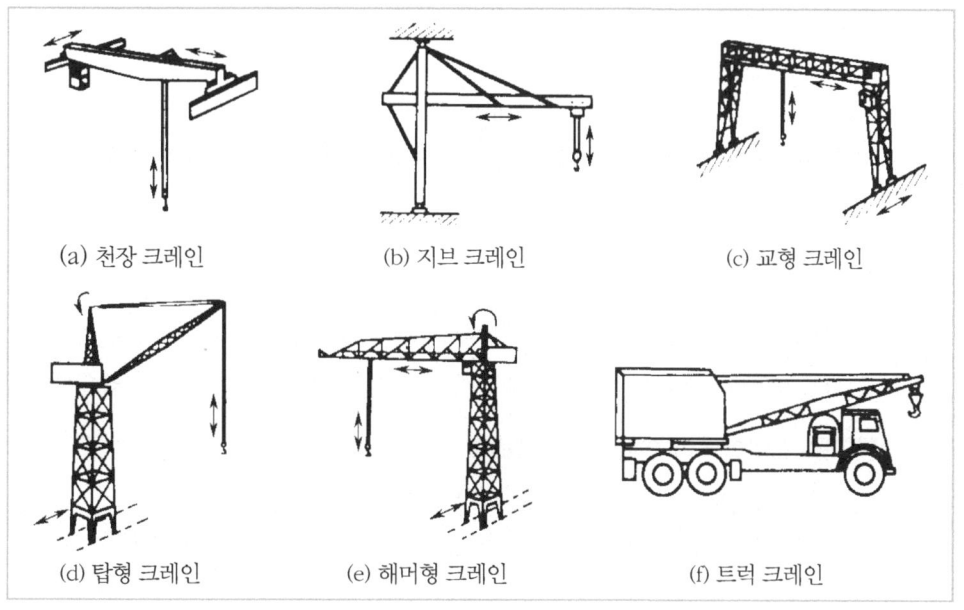

| 크레인의 종류 |

(2) 크레인의 제작기준에서 사용되는 용어의 정의

1) **크레인** : 원동기 및 달기기구를 사용하여 화물을 권상, 횡행 및 주행(또는 선회)동작을 행하는 것.
2) **호이스트** : 원동기 및 달기기구를 사용하여 화물을 권상 및 횡행 또는 권상 동작만을 행하는 것.
3) **정격하중** : 크레인의 권상(호이스팅) 하중에서 훅크, 그래브 또는 버켓 등 달기기구의 중량에 상당하는 하중을 뺀 하중. 단, 지브가 있는 크레인 등으로서 경사각의 위치에 따라 권상능력이 달라지는 것은 그 위치에서의 권상하중으로부터 달기기구의 중량을 뺀 하중.
4) **권상하중** : 크레인의 구조 및 재료에 따라 들어 올릴 수 있는 최대의 하중
5) **정격속도** : 크레인에 정격하중에 상당하는 하중을 매달고 권상, 주행, 선회 또는 트롤리의 수평 이동시의 최고속도

(3) 크레인의 방호장치

1) 방호장치의 종류
   ① **과부하방지장치** : 하중 초과 시 리미트 스위치에 의해 권상을 정지시키는 장치
   ② **권과방지장치** : 지정거리에서 권상을 정지시키는 장치
   ③ **비상정지장치** : 비상시 운행을 정지시키는 장치
   ④ **제동장치** : 크레인의 주행을 제동시키는 장치
   ⑤ **훅의 해지장치** : 와이어로프가 훅을 이탈하는 것을 방지하는 장치

2) 과부하방지장치의 성능 기준
   ① 정격하중 초과 시 권상기동이 정지되는 기능일 것
   ② 초기부하감지기능이 3초 이내일 것
   ③ 물, 분진, 충격 등의 영향을 받지 않는 것일 것
   ④ 점검이 용이할 것.

(4) 크레인의 안전기준

1) **과부하의 제한** : 정격하중을 초과하는 하중을 걸어서 사용하지 않을 것.
2) **탑승의 제한** : 크레인의 달기구에 전용 탑승설비를 설치하여 근로자를 탑승시킬 것
3) 탑승 설비의 추락 위험방지 조치사항
   ① 탑승설비가 뒤집히거나 떨어지지 않도록 필요한 조치를 할 것
   ② 안전대나 구명줄을 설치하고 안전난간을 설치할 수 있는 구조인 경우에는 안전난간을 설치할 것
   ③ 탑승 설비를 하강시킬 때는 동력 하강 방법에 의할 것
4) **폭풍에 의한 이탈방지** : 순간 풍속이 30(m/sec)를 초과하는 바람이 불어올 우려가 있을 때는 옥외 설치 주행 크레인에 대하여 이탈 방지장치의 작동 등 이탈 방지 조치를 할 것.
5) 크레인의 조립 또는 해체 작업 시 조치사항
   ① 작업순서에 의하여 작업을 실시할 것
   ② 관계 근로자 외의 출입금지 및 보기 쉬운 곳에 표시할 것
   ③ 비, 눈, 그 밖에 기상상태 불안정으로 날씨가 몹시 나쁜 경우에는 작업을 중지시킬 것
   ④ 작업장소는 충분한 공간 확보 및 장애물이 없도록 할 것.
   ⑤ 들어 올리거나 내리는 기자재는 균형을 유지하면서 작업을 실시하도록 할 것.
   ⑥ 크레인의 성능, 사용조건 등에 따라 충분한 응력을 갖는 구조로 기초를 설치하고 침하 등이 일어나지 않도록 할 것.
   ⑦ 규격품인 조립용 볼트를 사용하고 대칭되는 곳을 순차적으로 결합하고 분해할 것.
6) 크레인의 작업시작 전 점검사항
   ① 권과방지장치 · 브레이크 · 클러치 및 운전장치의 기능
   ② 주행로의 상측 및 트롤리가 횡행하는 레일의 상태
   ③ 와이어로프가 통하고 있는 곳의 상태

(5) 이동식 크레인의 안전기준

1) **해지장치의 사용** : 이동식 크레인을 사용하여 화물을 달아 올릴 때는 해지장치를 사용할 것

2) 이동식 크레인의 작업시작 전 점검사항
   ① 권과방지장치나 그 밖의 경보장치의 기능
   ② 브레이크·클러치 및 조정장치의 기능
   ③ 와이어로프가 통하고 있는 곳 및 작업장소의 지반상태

[5] 리프트 및 곤돌라 안전

(1) 리프트의 안전기준

1) 탑승, 무인작동의 제한 : 내부에 비상정지장치, 조작스위치 등 탑승조작 장치가 설치되어 있지 아니한 리프트의 운반구에 근로자를 탑승시키지 않을 것. 단, 리프트의 수리, 조정 및 점검 등의 작업 시 위험 조치를 한 경우는 제외.

2) 출입금지 장소
   ① 리프트 운반구의 승강에 의하여 근로자에게 위험을 미칠 우려가 있는 장소
   ② 리프트의 권상용 와이어로프의 내각 측에 그 와이어로프가 통하고 있는 시브나 부착구의 비래에 의하여 근로자에게 위험을 미칠 우려가 있는 장소

3) 붕괴 등의 방지
   ① 지반 침하, 불량 자재사용, 헐거운 결선 등으로 인한 리프트의 전도 및 붕괴 또는 도괴되지 않도록 필요한 조치를 할 것.
   ② 순간 풍속이 35(m/sec) 초과 시는 건설용 리프트에 대하여 받침수를 증가시키는 등 도괴방지를 위한 조치를 할 것.

4) 이상유무 점검 : 순간풍속이 30(m/sec) 바람이 불어온 후, 중진 이상의 진도의 지진 후에는 리프트의 각 부위에 대하여 이상유무를 점검할 것.

5) 리프트의 작업 시작 전 점검사항
   ① 방호장치·브레이크 및 클러치의 기능
   ② 와이어로프가 통하고 있는 곳의 상태

(2) 곤돌라의 안전기준

1) 탑승의 제한 : 곤돌라의 운반구에 근로자를 탑승시키지 않을 것.

2) 곤돌라의 작업 시작 전 점검사항
   ① 방호장치·브레이크의 기능
   ② 와이어로프·슬링와이어(sling wire) 등의 상태

[6] 양중기의 와이어로프의 안전기준

(1) 와이어로프의 구성 및 명명법

1) 와이어로프의 구성 : 여러 개의 와이어(소선)로, 가닥(꼬임 : strand)을 만들어서, 이것을 보통 6개 이상 꼬아서 만든 것으로 심에는 기름을 칠한 대와 심선을 삽입시킨다.

2) 와이어로프의 명명법

∴ 꼬임(가닥)의 수량×소선의 수량

예 6×9 (6 : 꼬임의 수량, 9 : 소선의 수량)

(2) 와이어로프에 걸리는 하중

1) 화물을 달아올릴 때, 로프에 걸리는 하중은 슬링와이어의 각도가 작을수록 작게 걸린다.

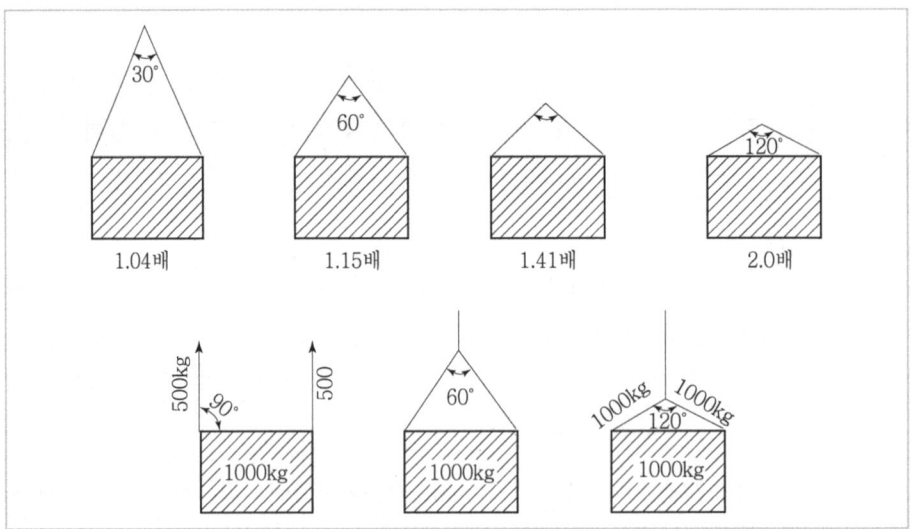

2) 와이어로프에 걸리는 총 하중

∴ 총 하중(W) = 정하중 (W_1) + 동하중 (W_2)

$$동하중(W_2) = \frac{W_1}{g} \times \alpha$$

여기서, g : 중력가속도(9.8 m/sec²)
α : 가속도(m/sec²)

3) 줄 걸이 로프에 걸리는 장력(하중)

∴ 로프에 작용하는 장력 = $\frac{짐의무게}{로프의수} \div \cos\left(\frac{로프의\ 각도}{2}\right)$

4) 줄 걸이 로프에 발생하는 압축력

∴ 짐에 발생하는 압축력 = 로프에 작용하는 장력 × $\cos\left(\frac{로프의\ 각도}{2}\right)$

(3) 와이어로프의 안전계수

∴ 와이어로프 또는 달기체인의 안전계수 = $\dfrac{\text{절단하중}}{\text{최대사용하중}}$

∴ S(와이어로프의 안전율) = $\dfrac{NP}{Q}$

여기서, N : 로프가닥수
P : 로프의 파단강도(kg)
Q : 안전하중(kg)

(4) 와이어로프의 사용금지사항

1) 이음매가 있는 것
2) 와이어로프의 한 꼬임[(스트랜드(strand)를 말함)]에서 끊어진 소선(素線)[필러(pillar)선은 제외]의 수가 10% 이상(비자전로프의 경우에는 끊어진 소선의 수가 와이어로프 호칭지름의 6배 길이 이내에서 4개 이상이거나 호칭지름 30배 길이 이내에서 8개 이상)인 것.
3) 지름의 감소가 공칭지름의 7%를 초과한 것.
4) 꼬인 것.
5) 심하게 변형되거나 부식된 것.
6) 열과 전기충격에 의해 손상된 것.

(5) 달기체인의 사용금지사항

1) 달기체인의 길이가 달기체인이 제조된 때의 길이의 5%를 초과한 것.
2) 링의 단면지름이 달기체인이 제조된 때의 해당 링의 지름의 10%를 초과하여 감소한 것.
3) 균열이 있거나 심하게 변형된 것.

실 / 전 / 문 / 제

01
보일러의 제어장치가 아닌 것은?
① 압력방출장치 ② 압력제한스위치
③ 언로드밸브 ④ 고저수위조절장치

해설

보일러의 위험방지(안전보건규칙) : 보일러의 폭발사고 예방을 위하여 **압력방출장치, 압력제한 스위치, 고저수위 조절장치** 등의 기능이 정상적으로 작동될 수 있도록 유지·관리하여야 한다.

02
보일러의 안전장치에 속하지 않는 것은?
① 압력방출장치 ② 압력제한스위치
③ 비상정지장치 ④ 고·저 수위조절장치

03
보일러의 안전한 가동을 위하여 압력방출장치를 2개 설치한 경우에 올바른 작동 방법은?
① 최고사용압력 이상에서 2개 동시 작동
② 최고사용압력 이하에서 2개 동시 작동
③ 최고사용압력 이하에서 1개 작동, 다른 것은 최고사용압력 1.05배 이하 작동
④ 최고사용압력 이상에서 1개 작동, 다른 것은 최고사용압력 1.06배 이하 작동

해설

보일러의 압력방출장치(안전보건규칙)
① 보일러의 안전한 가동을 위하여 보일러 규격에 적합한 압력방출장치를 1개 또는 2개 이상 설치하고 최고사용압력 이하에서 작동되도록 하여야 한다. 다만, 압력방출장치가 2개 이상 설치된 경우에는 최고사용압력 이하에서 1개가 작동되고, 다른 압력방출장치는 최고사용압력 1.05배 이하에서 작동되도록 부착하여야 한다.
② 압력방출장치는 1년에 1회 이상 표준압력계를 이용하여 토출압력을 시험한 후 납으로 봉인하여 사용하여야 한다.

04
보일러에서 압력제한스위치의 역할은?
① 최고사용압력과 사용압력 사이에서 보일러의 버너연소를 차단
② 최고사용압력과 상용압력 사이에서 급수펌프 작동을 제한
③ 최고사용압력 도달시 과열된 공기를 대기에 방출하여 압력조절
④ 위험압력시 버너, 급수펌프 및 고저수위조절장치 등을 통제하여 일정압력 유지

해설

1) 보일러의 압력제한스위치(안전보건규칙) : 보일러의 과열을 방지하기 위하여 최고사용압력과 상용압력사이에서 보일러의 버너연소를 차단할 수 있도록 압력제한스위치를 부착하여 사용하여야 한다.
2) 보일러의 고저수위 조절장치(안전보건규칙) : 고저수위 조절장치의 동작상태를 작업자가 쉽게 감시하도록 하기 위하여 고저수위 지점을 알리는 경보등·경보음장치 등을 설치하여야 하며, 자동으로 급수 또는 단수되도록 설치하여야 한다.

05
보일러에 유지류, 고형물 등에 의해 거품이 생겨 수위를 판단하지 못하는 현상인 것은?
① 프라이밍(priming)
② 캐리오버(carryover)
③ 포밍(foaming)
④ 기수

해설

①항의 프라이밍(비수공발)현상이란 보일러의 급격한 부하의 변동, 급격한 압력강하, 고수위 등에 의해 물방울 혹은 물거품이 수면 위로 튀어올라 관 밖으로 운반되는 현상으로 오일포밍과 잘 구분해야 한다.

Answer ➡ 01. ③ 02. ③ 03. ③ 04. ① 05. ③

06
수격작용과 관련이 없는 것은?

① 관내외 유동 ② 밸브의 개폐
③ 압력파 ④ 과열

해설
수격작용(water hammering)은 관내의 유동, 밸브의 급격한 개폐 등에 의해 압력파가 생겨 불규칙한 유체흐름이 생성되어 관벽을 치는 현상이다.

07
다음 중 보일러에서 과열되는 원인은?

① 안전밸브의 불량
② 압력계를 주의깊게 관찰하지 않았을 때
③ 댐퍼의 개폐조정 불량
④ 수관 내의 청소 불량

08
보일러에서 스케일(scale)의 악영향으로 가장 적합한 것은?

① 국부과열 ② 비수작용
③ 물망치 작용 ④ 파이프 누설

해설
보일러에 스케일(scale) 및 슬러지가 부착되면 국부과열현상이 발생한다.

09
보일러가 부식되는 원인이 아닌 것은?

① 급수에 불순물이 포함되었을 때
② 급수처리가 잘되지 않을 때
③ 증기발생이 많을 때
④ 폐수나 오염된 물을 사용했을 때

해설
보일러에서 증기발생이 많고 적음은 부식과는 관계가 없다.

10
다음 중 보일러의 부식원인으로 맞지 않는 것은?

① 급수에 해로운 불순물이 혼입되었을 때
② 불순물을 사용하여 수관이 부식되었을 때
③ 급수처리를 하지 않은 물을 사용할 때
④ 증기발생이 과다할 때

11
보일러수의 과감소 원인은 무엇인가?

① 구조상의 결함
② 자동급수제어장치의 이상
③ 관체의 부식
④ 안전장치(밸브)의 고장

해설
보일러수의 과감소 원인으로는 ②항 이외에 수면계의 고장, 분출밸브 등의 누수, 급수관의 이물질 축적, 급수내관의 스케일 축적 등이 있다.

12
보일러에서 수면계로 확인할 때 사용중에 유의해야 할 안전수위 체크 항목인 것은?

① 안전수위 ② 상용수위
③ 사용수위 ④ 압력수위

해설
상용수위란 항상 쓰이고 있는 물의 높이란 뜻으로 보일러의 사용중에는 상용수위를 일정하게 유지하여야 한다.

13
원통형 보일러의 상용수위가 안전 저수위보다 더 유지하여야 할 수위범위는?

① 50~80mm ② 80~150mm
③ 150~180mm ④ 180mm 이상

해설
원통형 보일러에서 수위를 나타내는 수면계의 길이는 보통 약 300mm 정도이다. 안전저수위는 수면계 길이의 1/3~2/3 정도로 약 150~200mm이므로 안전저수위 이상 유지하여야 할 상용수위 범위는 약 80~150mm 정도가 된다.

14
보일러 속에 물이 부족할 때 급속하게 급수하면 보일러가 폭발하게 쉽다. 그 원인은?

① 급격수축 ② 급격팽창
③ 급격 압력상승 ④ 급격 온도상승

Answer ➡ 06. ④ 07. ④ 08. ① 09. ③ 10. ④ 11. ② 12. ② 13. ② 14. ①

해설
보일러 속에 물이 부족하여 파열된 부분에 급속하게 급수하면 물에 접촉된 부분만 급격 수축하여 균열형상과 함께 폭발사고를 일으키게 된다.

15
압력용기내의 압력이 제한압력을 넘었을 때 열려서 파손을 방지하는 밸브는?

① 안전밸브　② 체크밸브
③ 스톱밸브　④ 게이트밸브

해설
압력용기의 방호장치 : 안전밸브(압력방출장치)

16
압력용기 등을 식별할 수 있도록 하기 위하여 표시하는 내용이 아닌 것은?

① 최고사용압력　② 최고사용온도
③ 제조연월일　④ 제조회사명

해설
최고사용압력의 표시 등(안전보건규칙 제120조)
압력용기 등을 식별할 수 있도록 하기 위하여 그 압력용기 등의 ① 최고사용압력, ② 제조연월일, ③ 제조회사명 등이 지워지지 않도록 각인 표시된 것을 사용하여야 한다.

17
공기압축기에 대한 설명 중 잘못된 것은?

① 밸브에는 급유하지 말 것
② 실린더에는 급유할 것
③ 시동시에는 공기가 통할 수 있도록 문을 열어 놓을 것
④ 에어탱크 최저부에는 배유장치를 할 것

해설
공기압축기는 무급유밸브를 사용하고 실린더의 급유에는 양질의 광유를 사용하도록 하며, 시동시에는 무부하기동을 위하여 토출지변을 연후 흡입지변을 약간 열었다 닫고 기동한 다음 정상회전속도에 달하면 흡입지변을 서서히 연다.

18
사업주는 공기압축기의 공기저장 압력용기의 식별이 가능하도록 하기 위하여 표시를 해야 할 사항으로 맞는 것은?

① 최고사용압력, 제조년월일, 내용물 명칭
② 최고사용압력, 제조년월일, 제조회사
③ 최고사용압력, 제조년월일, 사용방법
④ 저장온도, 명칭, 제조회사

해설
공기압축기의 최고사용압력의 표시 등(안전보건규칙)
공기압축기의 공기저장 압력용기의 식별이 가능하도록 하기 위하여 해당 공기저항 압력용기의 최고사용압력, 제조년월일, 제조회사명 등이 지워지지 아니하도록 각인 표시된 것을 사용하여야 한다.

19
동일한 조건의 경우 다음 로봇의 동작형태로 보아 운동방향이 넓어 방호조치에 특히 주의를 요하는 것은?

① 직각좌표 로봇　② 다관절 로봇
③ 원통좌표 로봇　④ 극좌표 로봇

해설
다관절 로봇은 운동방향이 넓고 사용용도 또한 용접, 도장, 조립 등 범위가 매우 넓다.

20
산업용 로봇의 작동범위 내에서 교시 등의 작업을 하는 때에 작업시작전에 어떤 사항을 점검하는가?

① 과부하방지장치의 이상유무
② 자동제어장치(압력제한스위치 등) 기능의 이상유무
③ 외부전선의 피복 또는 외장의 손상 유무
④ 권과방지장치의 이상유무

해설
산업용 로봇의 작업시작전 점검사항(안전보건규칙 별표 3)
① 외부전선의 피복 또는 외장의 손상 유무
② 매니플레이터 작동의 이상유무
③ 제동장치 및 비상정지장치의 기능

Answer ➡ 15. ①　16. ②　17. ③　18. ②　19. ②　20. ③

21
공기압구동식 산업용로봇의 경우 이상시 조치사항이 아닌 것은?

① 공기누설의 유무
② 물방울의 혼입유무
③ 압력저하 유무
④ 불순물의 혼입유무

해설
산업용 로봇은 동력원에 따라 분류할 때 전기구동식, 유압구동식, 공기압구동식이 있는데 공기압구동식 로봇의 특징은 다음과 같다.
① 크기가 작고 가격이 싸다.
② 수명이 짧다.
③ 고속응답이 곤란하다.
④ 과부하에 강하고 발열이 없으며 인체에 대한 위험도가 작다. 또한 공기누설, 압력저하, 공기의 물방울 혼입 등에 대하여 안전조치를 취해야 한다.

22
다음은 운송기계 중 지게차의 장점을 열거하고 있다 해당되지 않는 것은?

① 하역, 운반작업시 작업자는 운전자 1명으로도 가능하다.
② 하역을 위한 마스트(mast)가 주행시 시야를 넓게 한다.
③ 50m 이내의 운반거리에서는 하역량을 극대화 시킬 수 있다.
④ 하역, 운반시의 안전성은 다른 운송기계에 비해 우수하다.

해설
지게차의 마스트는 직진운행시 운전자의 전방시야를 방해한다.

23
포크리프트(fork lift : 지게차)의 운반작업 도중 가장 많이 발생하는 재해는?

① 하물의 낙하
② 포크리프트의 전도
③ 추락
④ 접촉사고

해설
지게차에 의한 재해를 살펴보면 지게차와의 접촉사고(37%), 하물의 낙하(27%), 지게차의 전도(16%), 추락(14%), 기타(6%) 정도로 집계되고 있다.

24
지게차 헤드가드의 강도는 지게차의 최대하중의 2배의 값의 등분포정하중에 견딜 수 있어야 한다. 최대하중의 2배의 값이 8톤일 경우에 헤드가드의 강도는? (단, 단위는 톤이다)

① 2
② 4
③ 8
④ 16

해설
지게차의 헤드가드(안전보건규칙 제180조)
① 강도는 지게차의 최대하중의 2배의 값(그 값이 4톤을 넘는 것에 대하여서는 4톤으로 한다)의 등분포정하중에 결딜 수 잇는 것일 것
② 상부틀의 각 개구의 폭 또는 길이가 16cm 미만일 것
③ 운전자가 앉아서 조작하는 방식의 지게차의 경우에는 운전자의 좌석의 윗면에서 헤드가드의 상부틀의 아랫면까지의 높이가 1m 이상일 것
④ 운전자가 서서 조작하는 방식의 지게차의 경우에는 운전석의 바닥면에서 헤드가드의 상부틀의 하면까지의 높이가 2m 이상일 것

25
작업중인 운반차량의 구내 운행속도로 가장 적당한 것은?

① 5km/h
② 6km/h
③ 8km/h
④ 10km/h

해설
작업장에서의 운반차량(포크 리프트 등) 구내 운행속도는 8km/h가 적당하다.

26
지게차로 20 km/h의 속력으로 주행할 경우 좌우 안정도는 얼마이어야 하는가?

① 37%
② 39%
③ 40%
④ 42%

해설
지게차의 주행시 좌우안전도 = 15 + 1.1 × 20 = 37%
- 지게차의 안정도
(1) 하역작업시
　① 전후안정도 : 4%(5ton 이상은 3.5%)
　② 좌우안정도 : 6%

Answer ● 21. ④ 22. ② 23. ④ 24. ② 25. ③ 26. ①

(2) 주행시
① 전후안정도 : 18%
② 좌우안정도 : (15 + 1.1V)%
V는 최고속도(km/h)

27
컨베이어(conveyor)에 부착해야 되는 방호장치는 다음 중 어느 것이 가장 적당한가?

① 시건장치 　　② 권과방지장치
③ 과부하방지장치 ④ 비상정지장치

해설
컨베이어의 비상정지장치(안전보건규칙) : 해당 근로자의 신체의 일부가 말려드는 등 근로자에게 위험을 미칠 우려가 있는 때 및 비상시에는 즉시 컨베이어의 운전을 정지시킬 수 있는 장치를 설치하여야 한다. 다만, 무동력 상태로만 사용하여 근로자에게 위험해질 우려가 없는 경우에는 그러하지 아니하다.

28
컨베이어에 부착시켜야 할 안전장치로서 적합하지 않은 것은?

① 급정지장치
② 이탈 및 역류 방지장치
③ 과부하방지장치
④ 덮개 또는 울

해설
컨베이어의 안전장치(안전보건규칙)
① **이탈 및 역주행 방지장치** : 컨베이어 등을 사용할 때에는 정전·전압 강하 등에 의한 화물 또는 운반구의 이탈 및 역주행을 방지하는 장치를 갖추어야 한다.
② **비상정지장치**
③ **덮개 또는 울** : 컨베이어 등으로부터 화물의 낙하로 인하여 근로자에게 위험을 미칠 우려가 있는 때에는 해당 컨베이어 등에 덮개 또는 울을 설치하는 등 낙하방지를 위한 조치를 하여야 한다.

29
다음 중 컨베이어의 안전기준으로 부적합한 것은?

① 정전이나 전압강하에 의한 화물, 운반구 및 역주행이 방지될 수 있어야 한다.
② 컨베이어에 근로자의 신체일부가 말려들 위험이 있을 때 운전을 즉시 정지시킬 수 있어야 한다.
③ 컨베이어에서 화물이 낙하할 수 있을 때 컨베이어에 덮개 또는 울을 설치하여야 한다.
④ 컨베이어에는 벨트부위에 근로자가 접근할 때의 위험을 방지하기 위하여 급정지장치를 부착하여야 한다.

30
다음 중 벨트 컨베이어의 특징에 해당되지 않는 것은?

① 연속적으로 물건을 운반할 수 있다.
② 무인화(無人化) 작업이 가능하다.
③ 운반과 동시에 물건을 올리기도, 내리기도 할 수 있다.
④ 경사각이 큰 경우에도 쉽게 물건을 운반할 수 있다.

해설
①, ②, ③항 이외에 대용량의 운반수단으로 이용되는 것도 벨트 컨베이어의 특징에 해당되며 벨트 컨베이어의 경사각도는 30도 이하로 하여야 한다.

31
컨베이어용 벨트의 손상원인과 관계가 없는 것은?

① 속도가 너무 느릴 때
② 캐리어의 기름이 떨어질 때
③ 운반물을 적재한 채 가끔 시동할 때
④ 장력이 너무 클 때

해설
벨트의 속도가 너무 빠를 때가 벨트의 손상원인이 된다.

32
컨베이어의 종류가 아닌 것은?

① 버킷 컨베이어 　② 롤 컨베이어
③ 스크류 컨베이어 ④ 그리도 컨베이어

해설
컨베이어에는 ①, ②, ③항 이외에 벨트컨베이어, 체인컨베이어 등이 있고 이중 가장 널리 쓰이는 것은 벨트컨베이어이다.

Answer ▶ 27. ④ 28. ③ 29. ④ 30. ④ 31. ① 32. ④

33
다음의 운반장치 작업에 대한 설명 중 틀린 것은?

① 컨베이어를 시동할 때에는 처음 쪽의 컨베이어부터 시동하고 정지할 때에는 마지막 컨베이어부터 정지시킨다.
② 관을 통한 유체의 운반에서 발생되는 정전기의 양을 억제하기 위하여는 관내유속을 느리게 한다.
③ 소형운반차를 사람이 미는 경우의 자세는 지상 750~850mm 정도의 높이가 적당하다.
④ 양중기계인 와이어로프의 안전성을 위해서는 시이브 및 드럼의 직경은 가능한 한 큰 것을 사용한다.

해설
컨베이어를 시동할 때에는 마지막 쪽의 컨베이어부터 시동하고, 정지할 때에는 처음 쪽의 컨베이어부터 정지시켜야 한다.

34
컨베이어 작업을 시작하기 전 이상 유무를 점검할 사항이 아닌 것은?

① 급정지장치　② 원동기와 풀리
③ 이탈방지장치　④ 원동기의 급유

해설
컨베이어의 작업 시작전 점검사항(안전보건규칙)
① 원동기 및 풀리기능의 이상유무
② 이탈 등의 방지장치 기능의 이상유무
③ 비상정지장치 기능의 이상유무
④ 원동기·회전축·기어 및 풀리 등의 덮개 또는 울 등의 이상유무

35
리프트의 안전장치는?

① 그리드(grid)
② 아이들러(idler)
③ 리미트 스위치(limit switch)
④ 스크레이퍼(scraper)

해설
리프트의 안전장치는 권과방지장치와 과부하방지장치가 있는데 이들은 모두 리미트 스위치를 활용한 방호장치들이다.

36
리프트의 제작기준 등을 규정함에 있어 정격속도라 함은?

① 하물을 싣고 상승할 때의 평균속도
② 하물을 싣고 상승할 때의 최고속도
③ 하물을 싣고 하강할 때의 최고속도
④ 하물을 싣고 상승할 때와 하강할 때의 평균속도

해설
"정격속도"라 함은 운반구에 적재하중으로 상승할 때의 최고속도를 말한다.

37
크레인(crane) 안전장치 중 맞지 않는 것은?

① 권과방지장치　② 비상정지장치
③ 화이날리밋스위치　④ 과부하방지장치

해설
크레인의 방호장치
① 과부하방지장치　② 권과방지장치
③ 비상정지장치　④ 브레이크장치

38
지브가 있는 크레인에서 정격하중에 대한 정의는?

① 부하할 수 있는 최대하중
② 부하할 수 있는 최대하중에서 달기구의 중량에 상당하는 하중을 공제한 하중
③ 짐을 싣고 상승할 수 있는 최대하중
④ 가장 위험한 상태에서 부여할 수 있는 최대하중

해설
크레인의 제작기준 등에서 용어정의[위험 기계·기구 안전인증고시(고용노동부 고시)]
① "정격하중"이라 함은 크레인의 권상(호이스팅) 하중에서 훅, 그래브 또는 버켓 등 달기구의 중량에 상당하는 하중을 뺀 하중을 말한다. 다만, 지브가 있는 크레인 등으로서 경사각의 위치에 따라 들어 올릴 수 있는 최대의 하중을 말한다.
② "권상하중"이라 함은 크레인의 구조 및 재료에 따라 들어올릴 수 있는 최대의 하중을 말한다.
③ "정격속도"라 함은 크레인에 정격하중에 상당하는 하중을 매달고 권상, 주행, 선회 또는 트롤리의 수평 이동시의 최고속도를 말한다.

Answer ● 33. ① 34. ④ 35. ③ 36. ② 37. ③ 38. ②

39
크레인의 과부하방지장치에 적합하지 아니한 것은?

① 정격하중 초과시 권상기동이 정지함
② 초기부하 감지기능이 2초임
③ 물, 분진, 충격의 영향을 받음
④ 점검이 용이함

해설
이동식 크레인의 과부하방지장치의 성능기준(노동부 고시)
① 정격하중 초과시 권상기동이 정지되는 가능일 것
② 초기부하감지기능이 3초 이내일 것
③ 물, 분진, 충격 등의 영향을 받지 않는 것일 것
④ 점검이 용이할 것

40
크레인 작동 안전상 해당되지 않는 것은?

① 정격하중 이상 사용치 않을 것
② 작업상 부득이 할 경우 사람을 승차시켜 용이하게 할 수 있다.
③ 작업지휘자를 선정한다.
④ 관계근로자 이외의 출입을 금하고 표지설치를 한다.

해설
크레인의 안전기준
(1) **과부하의 제한** : 크레인에 그 정격하중을 초과하는 하중을 걸어서 사용하도록 하여서는 아니된다.
(2) **탑승의 제한**
 ① 크레인에 의하여 근로자를 운반하거나 근로자를 달아 올린 상태에서 작업에 종사시켜서는 아니된다. 다만, 작업의 성질상 부득이한 경우 또는 안전한 작업수행상 필요한 경우로서 크레인의 달기구에 전용탑승설비를 설치하여 그 탑승설비에 근로자를 탑승시키는 때에는 그러하지 아니한다.
 ② 사업주는 제1항 단서의 규정에 의한 탑승설비에 대하여는 추락에 의한 근로자의 위험을 방지하기 위하여 다음 각호의 조치를 하여야 한다.
  ㉠ 탑승설비의 전위 및 탈락을 방지하는 조치를 할 것
  ㉡ 근로자로 하여금 안전대 또는 구명대를 사용하도록 할 것
  ㉢ 탑승설비를 하강시키는 때에는 동력하강방법에 의할 것

(3) **조립 등의 작업**
 ① 작업을 할 구역에 관계근로자외의 자의 출입을 금지시키고 그 취지를 보기쉬운 곳에 표시할 것
 ② 폭풍·폭우 및 폭설 등의 악천후 작업에 있어서 위험을 미칠 우려가 있는 때에는 당해 작업을 중지시킬 것

41
기계의 운전을 시작할 경우 근로자에게 위험을 미칠우려가 있을 때는 일정한 신호 방법과 신호하는 자를 정하여 당해 신호를 사용하도록 하고 있다 크레인 등의 손에 의한 공통적인 표준신호방법 중 서로 틀린 것은?

① 주권사용   ② 보권사용

③ 천천이 이동   ④ 기중기의 이상발생

해설
크레인 등 작업표준신호(노동부예규 제95호)에서 ④항의 그림은 비상정지(양손을 들어올려 크게 2~3회 좌우로 흔든다) 신호방법이다.

42
와이어로프 "6×9"라는 표기에서 숫자의 "6"은 무엇을 나타내는 뜻인가?

① 소선의 직경(mm)
② 소선의 수량(wire수)
③ 자선의 수량(strand수)
④ 로프의 인장강도(kg/cm2)

해설
와이어로프의 명명법
자선(가닥)의 수량(strand수)×소선의 수량

43
로프의 사용한계(안전하중)는 로프의 파단력의 얼마인가?

① 1/5 ② 1/15
③ 1/30 ④ 1/50

해설
와이어로프의 안전계수 = 절단하중/최대사용하중 = 파단력/안전하중이다. 여기서 법상의 와이어로프의 안전계수는 5 이상이어야 하므로, 안전하중 = 1/5 × 파단력
즉, 안전하중은 파단하중의 1/5 이하이어야 한다.

44
크레인 훅의 안전율(계수)은?

① 3 이상 ② 5 이상
③ 7 이상 ④ 10 이상

해설
고리걸이 훅 등의 안전계수(안전보건규칙) : 크레인 또는 이동식 크레인의 고리걸이용구인 훅크 등의 안전계수는 5 이상인 것을 사용한다.

45
양중기계에서 해지장치의 설명으로 가장 적당한 것은?

① 와이어로프가 훅을 이탈하는 것을 방지하는 장치
② 과부하시 자동적으로 전류를 차단하는 방지장치
③ 크레인 충격을 완화시키는 방지장치
④ 권과방지장치의 2중 방지장치

해설
해지장치의 사용(안전보건규칙) : 훅걸이용 와이어로프 등이 훅으로부터 벗겨지는 것을 방지하기 위한 장치(이하 "해지장치"라 함)를 구비한 크레인을 사용하여야 하며, 그 크레인을 사용하여 짐을 운반하는 경우에는 당해 해지장치를 사용하여야 한다.

46
이동식 크레인에 탑승설비를 설치하고 근로자를 탑승시킬 때 추락에 의한 근로자의 위험을 방지하기 위하여 실시하는 조치 중 틀린 것은?

① 승차석외의 탑승제한
② 안전대 또는 구명대 사용
③ 탑승설비의 전위 또는 탈락방지
④ 크레인의 정격하중 범위

해설
이동식 크레인의 탑승설비 등(안전보건규칙)
(1) 작업의 성질상 부득이한 때 또는 안전한 작업수행상 필요한 때에는 이동식 크레인의 달기구에 전용 탑승설비를 설치하여 그 탑승설비에 근로자를 탑승시킬 수 있다.
(2) 탑승설비에 대하여는 추락에 의한 근로자의 위험을 방지하기 위하여 다음 각호의 조치를 하여야 한다.
① 탑승설비의 전위 또는 탈락을 방지하는 조치를 할 것
② 근로자로 하여금 안전대 또는 구명대를 사용하도록 할 것
③ 탑승설비와 탑승자의 총중량이 1.3배에 상당하는 중량에 500kg을 가산한 수치가 이동식 크레인의 정격하중을 초과하지 아니하도록 할 것

47
와이어로프를 절단하여 고리걸이 용구를 제작할 때 절단방법 중 옳은 것은?

① 가스용단 ② 전기용단
③ 기계적 ④ 부식

해설
와이어로프의 절단방법
와이어로프를 재단하여 고리걸이용구를 제작하는 때에는 반드시 기계적인 방법에 의하여 절단하여야 하며 가스용단 등의 방법에 의하여 절단된 것을 사용하여서는 아니된다.

48
그림은 클립형의 U-bolt 고정방법에서 D가 22mm인 경우 간격 d에 적합한 거리는?

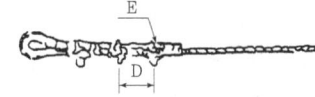

① 110mm ② 130mm
③ 180mm ④ 200mm

해설
와이어로프의 클립형 U-Bolt의 고정방법

로프의 직경	클립의 수	클립의 간격
16	4	80mm
18	5	110
22	5	130
24	5	150
28	5	180
32	6	200
36	7	230
38	8	250

Answer ➡ 43.① 44.② 45.① 46.① 47.③ 48.②

[참고]
① 클립간의 간격은 로프직경의 6배 이상으로 하는 것이 좋으며 와이어로프의 체결용 클립으로 u-bolt를 사용할 때 새들은 긴쪽에서 나란히 설치하도록 한다.
② 클립에 의한 와이어로프 단말고정

로프직경(mm)	클립수
16 이하	4개
16~28	5개
28 초과	6개 이상

49
와이어로프의 파단강도 P[kg], 로프가닥수 N, 안전하중 Q[kg]일 때 안전율[S]은 얼마인가?

① S=NP
② S=QP/S
③ S=NQ/P
④ S=NP/Q

해설

안전율(s) = $\frac{NP}{Q}$

50
고리걸이용 와이어로프의 절단하중이 4ton일 때 이 로프에 걸리는 하중의 최대값은?

① 400kg
② 500kg
③ 600kg
④ 800kg

해설

고리걸이용 와이어로프의 안전계수는 5 이상이어야 한다. 따라서,
$5 = \frac{4000}{X}$ ∴ $X = \frac{4000}{5} = 800kg$

51
하중 1000kg, 로프의 거는 각도 60도의 경우, 로프 한 가닥에 걸린 하중은?

① 577kg
② 617g
③ 977kg
④ 1.157kg

해설

로프에 작용하는 하중 = $\frac{1000}{2} \div \cos\left(\frac{60}{2}\right) = 577.35$

52
와이어로프로 중량물을 달아올릴 때 로프에 가장 힘이 적게 걸리는 로프의 각도는?

① 30도
② 60도
③ 90도
④ 120도

해설

슬링와이어의 각도가 작으면 작을수록 힘이 적게 걸린다.

53
다음 중 달기 와이어로프 및 달기체인의 사용 금지에 대한 설명 중 틀리는 것은?

① 부식된 것
② 고리의 단면 직경이 10% 감소된 것
③ 체인의 길이가 7% 이상 늘어난 것
④ 지름의 감소가 공칭지름의 7%를 넘는 것

해설

③항. 체인의 길이가 5% 이상 늘어난 것

54
Chain Block의 안전 검사 결과 다음과 같다. 사용하여도 좋은 것은?

① 링크의 지름이 1/4 이상 마모되어 있다.
② 접속부에 심한 균열이 있었다.
③ 부식 및 변형이 심하였다.
④ 체인의 안전율이 5 이상이었고 1/6 이하로 마모되어 있었다.

해설

chain block : 수동으로 조작되는 chain hoist를 말하며, 달기체인의 안전율은 5 이상이고 양중기에 부적절한 달기체인의 사용금지사항은 다음과 같다.
① 전장이 달기체인이 제조된 때의 길이의 5%를 초과한 때
② 링의 단면지름의 감소가 그 달기체인이 제조된 때의 링의 지름의 10%를 초과한 때

55
사용중인 체인(chain)의 신장유무를 체크하고자 한다. 올바른 체크(check)방법인 것은? (단, D_0 및 L_0는 제조당시 길이)

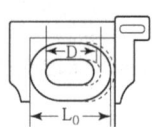

Answer ➡ 49. ④ 50. ④ 51. ① 52. ① 53. ③ 54. ④ 55. ④

① L0 = 5% 신장 ② D0 + 3% 신장
③ D0 + 10% 신장 ④ D0 + 5% 신장

해설
달기체인의 사용제한조건은 전장이 달기체인이 제조된 때의 길이의 5%를 초과한 때이다.

56
운반작업에서 인력운반의 하중은 보통체중의 몇 %중량을 운반하는 것이 안전한가?

① 80% ② 60%
③ 40% ④ 120%

해설
보통 체중의 40% 정도를 한도로 운반물을 60~80 m/min의 속도로 하여 운반하는 것이 바람직하다.

57
운반작업을 하는 통로에서 우선 통과순위로 가장 적당한 것은?

① 기중기 - 짐차 - 빈차 - 사람
② 기중기 - 사람 - 짐차 - 빈차
③ 사람 - 기중기 - 짐차 - 빈차
④ 사람 - 짐차 - 빈차 - 기중기

58
공장 내의 교통계획 중 가장 이상적인 것은?

① 일방통행 ② 교차통행
③ 양방통행 ④ 고속통행

59
기계구조부분의 위험개소로서 성크와 고정프레임 사이에 손가락을 넣었을 때의 재해는?

① 격돌 ② 충돌
③ 협압(협착) ④ 압궤

Answer ➔ 56. ③ 57. ① 58. ① 59. ③

3 과목

종합예상문제
[기계 · 기구 및 설비 안전관리]

종 / 합 / 예 / 상 / 문 / 제

01
기계설비의 안전조건 중 외관의 안전화에 해당되는 조건은 어느 것인가?

① 전압강하, 정전시의 오동작을 방지하기 위하여 자동제어장치를 하였다.
② 고장 발생을 최소화하기 위해 정기점검을 실시하였다.
③ 강도의 열화를 생각하여 안전율을 최대로 고려하여 설계하였다.
④ 작업자가 접촉할 우려가 있는 기계의 회전부를 덮개로 씌우고 안전색채를 사용하였다.

해설
외관의 안전화
1) 덮개 및 방호장치 설치
2) 구획된 장소에 격리
3) 안전색채 조절

02
동력공구는 많은 위험성을 내포하고 있으므로 각 부의 구성설계에 있어서 다음의 어느 것을 충분히 검토하지 않으면 안 되는가?

① 인간공학 ② 기계공학
③ 유체공학 ④ 안전관리공학

해설
동력공구를 비롯한 기계설비의 작업의 안전화에 대한 기본이념은 인간공학에 바탕을 두어야 한다.

03
다음 중 재료의 기계적 성질이 아닌 것은?

① 충격치 ② 경도
③ 강도 ④ 열전도도

해설
금속을 공업적으로 이용할 때 성질
① 기계적 성질 : 강도, 경도, 충격, 피로, 마모, 고온의 기계적 성질, 전성, 연성, 인성, 탄성 등
② 물리적 성질 : 비중, 열전도도, 비열, 용해온도, 용해잠열, 자성, 열팽창계수, 전기전도도 등
③ 제작상 성질 : 가공성, 주조성, 단조성, 용접성, 열처리, 적응성 등 공작성 또는 절삭성
④ 화학적 성질 : 내열성, 부식

04
비파괴 검사시 투과, 반사 및 공진법을 사용하는 검사방법은?

① 방사선투과 검사 ② 자기 검사
③ 초음파 검사 ④ 육안 검사

05
다음 식에서 안전율을 올바르게 표시한 것은?

① 허용응력 ÷ 안전율
② 극한강도 ÷ 허용응력
③ 탄성한계 ÷ 사용응력
④ 비례한도 ÷ 허용응력

해설

안전율 = $\dfrac{\text{극한강도}}{\text{허용응력}}$

06
반복응력을 받게 되는 기계구조 부분의 설계에서 허용응력을 결정하기 위한 기초강도로 삼는 것은?

① 항복점(yield point)
② 극한강도(ultimate strength)
③ 크리프강도(creep limit)
④ 피로한도(fatigue limit)

Answer ● 01. ④ 02. ① 03. ④ 04. ③ 05. ② 06. ④

07
어떤 로프의 안전하중이 200kg이고, 파단하중이 600kg일 때 이 로프의 안전율은?

① 400　　② 0.3
③ 3　　④ 300

해설

안전율 = $\dfrac{\text{파단하중}}{\text{안전하중}} = \dfrac{600}{200} = 3$

08
파단하중(절단하중)이 350kg이고, 안전계수가 6인 와이어로프의 안전하중은?

① 29.2kg　　② 2,100kg
③ 116.7kg　　④ 58.3kg

해설

안전계수 = $\dfrac{\text{파단하중}}{\text{안전하중}}$

∴ 안전하중 = $\dfrac{\text{파단하중}}{\text{안전계수}} = \dfrac{350}{6} = 58.3$kg

09
인장강도가 25kg/mm²인 강판의 안전율이 4라면 허용응력은?

① 100kg/mm²　　② 6.25kg/mm²
③ 25kg/mm²　　④ 12.5kg/mm²

해설

안전율 = $\dfrac{\text{인장강도}}{\text{허용응력}}$

∴ 허용응력 = $\dfrac{\text{인장강도}}{\text{안전율}} = \dfrac{25}{4} = 6.25$kg/mm²

10
기계부품에 작용하는 힘 중에서 안전율을 가장 크게 취하여야 할 힘의 종류는?

① 교번하중　　② 반복하중
③ 정하중　　④ 충격하중

해설

(1) cardullo의 안전율 산정방법
　F = a × b × c × d
　여기서 a = $\dfrac{\text{극한강도}}{\text{사용재료의 탄성한도}}$
　b = 하중의 종류(정하중 = 1, 조반하중 = 극한강도/피로한도)
　c = 하중의 속도(정하중 = 1, 충격하중 = 2)
　d = 재료의 조건(응력추정의 정도, 기타 ≥ 2)

(2) 안전율을 크게 취하여야 할 힘의 순서 : 충격하중 > 교번하중 > 반복하중 > 정하중

(3) 하중의 종류별 정의
　① 정하중 : 시간이 경과하여도 크기와 방향이 변화하지 않는 하중
　② 동하중 : 시간의 경과와 더불어 크기와 방향이 변화하는 하중
　　㉠ 반복하중 : 일정한 방향으로 연속하여 반복하는 하중
　　㉡ 교번하중 : 크기와 방향이 동시에 변화하면서 인장과 압축이 교대로 반복하여 작용하는 하중
　　㉢ 충격하중 : 순간적인 짧은 시간에 갑자기 작용하는 하중

11
일반적으로 기계재료에서 취성이 큰 것은 안전율을 크게 하지 않으면 충격하중 등에 의하여 쉽게 파괴된다. 다음 재료 중 취성이 가장 큰 재료는?

① 주철　　② 구리
③ 강철　　④ 알루미늄

해설

주철은 탄소함유량이 많아 경도가 높으므로 잘 부서지는 성질이 있다.

12
기계로 인한 위험을 방지하기 위해 가장 중요한 사항은?

① 기계구조의 안전　　② 안전장치의 설치
③ 안전수칙의 이행　　④ 철저한 정비점검

해설

기계장치는 설계당시부터 안전율 등을 충분히 고려하여 구조의 안전화를 시키는 것이 가장 중요하다.

13
기기파괴사고 중 나사의 기준치수 불량으로 발생한 요인은?

① 사용상의 요인　　② 제조상의 요인
③ 설계상의 요인　　④ 구조상의 요인

Answer ▶ 07. ③　08. ④　09. ②　10. ④　11. ①　12. ①　13. ③

해설
기준치수 불량은 설계당시 산정상의 오산으로 인한 요인이다.

14
프레스에서 클러치나 브레이크가 고장이 나면 슬라이드가 정지되는 구조의 안전장치 방식은?

① 풀푸르프(fool proof)방식
② 인터록(interlock)방식
③ 페일세이프(fail-safe)방식
④ 릴레이 방식

해설
페일세이프(Fail safe) : 인간이나 기계 등에 과오나 동작상의 실수가 있더라도 사고나 재해를 발생시키지 않도록 철저하게 2중, 3중으로 통제를 가하는 것이다.
(1) 페일세이프 구조의 기능면에서의 분류
 ① Fail passive : 성분의 고장시 기계장치 정지
 ② Fail operational : 성분의 고장시 다음점검시까지 운전 가능
 ③ Fail active : 성분 고장시 기계장치는 경보를 발하며 단시간내 역전
(2) 페일세이프의 대별
 ① 구조적 페일세이프
  ㉠ 저균열 속도 구조   ㉡ 조합 구조
  ㉢ 다경로하중 구조   ㉣ 이중 구조
  ㉤ 하중해방 구조
 ② 회로적 페일세이프
  ㉠ 철도신호   ㉡ 개폐기의 용장회로

15
근로자가 기계 등의 취급을 잘못해도 사고로 연결되는 일이 없도록 하는 안전기구에 해당되는 것은?

① 릴레이 방식
② 페일세이프(fail-safe)방식
③ 인터록(interlock)방식
④ 풀푸르프(fool proof)방식

16
작업점(point of operation)에 대한 방호방침이 아닌 것은?

① 손을 작업점에 넣을 필요가 없게 함
② 자동장치를 사용함
③ 조작시 작업점에 접근할 수 없게 함
④ 작업자가 위험지대를 벗어나야만 기계가 작동됨

17
가공기계의 방호조치에서 반드시 방호장치를 설치하지 않아도 되는 것은?

① 동력 전달부분   ② 주유구
③ 직접목적의 작업점   ④ 이송장치

해설
기계설비에 의하여 제품이 직접 가공되는 작업점이나 동력전달부분, 이송장치 등은 특히 위험성이 크므로 자동제어 및 원격제어장치 또는 방호장치를 설치해야 한다.

18
다음 중 안전덮개가 필요하지 않는 기계요소는?

① 치차   ② 풀리
③ 클러치   ④ 체인

해설
치차, 풀리, 체인, 회전축, 플라이휠 및 벨트 등의 동력전달장치의 회전운동부위에는 근로자의 신체 등이 말려 들어갈 우려가 있어 덮개의 설치 등 방호조치가 필요하다.

19
치차는 많은 기계에서 동력전달의 수단으로 쓰여지고 있다. 치차의 위험형태로 그 비중이 가장 작은 것은?

① 파손   ② 마모
③ 치면피로(pitting)   ④ 열적손상(scoring)

20
다음 장치들은 회전 중에는 열 수 없도록 시건장치를 하여야 하는 것인데, 이중에 장치를 하지 않아도 되는 것은?

① 제면기의 실린더 커버
② 면사 방직기계에 있어서 혼타면기의 실린더 커버의 손잡이와 타면기의 비타커버
③ 선반의 변환기어 커버
④ 견사 방직기계에 있어서 타면기의 실린더 커버

Answer ● 14. ③ 15. ④ 16. ② 17. ② 18. ③ 19. ① 20. ③

해설

방적기 및 제면기에 설치하여야 할 방호장치
① 덮개 ② 시건장치 ③ 연동장치

21
기계의 위험부분에 접촉을 막기 위하여 방책을 설치 하려고 한다. 방책의 높이를 150cm 이상으로 하였을 때 위험부분으로부터 방책까지의 거리의 기준은?

① 12cm 미만   ② 12~24cm
③ 24cm 미만   ④ 30cm 이상

해설

방책의 설치 : 기계의 위험부분이나 위험물과의 접근 또는 접촉을 막기 위하여 설치한다.

방책의 설치 높이	위험부분으로부터 방책까지의 거리
150cm 이상	12cm 미만
120cm 이상	12~24cm
90cm 이상	24cm 이상

22
방호울을 설치할 경우 일반적으로 방벽의 높이는 몇 mm 정도가 되어야 하는가?

① 160   ② 1600
③ 250   ④ 2500

해설

방벽의 높이는 최소 1.6m 또는 1.8m 이상 정도의 높이가 필요하다.

23
위험을 초래할 가능성이 있는 기계조작시 신체부위가 의도적으로 위험밖에 있도록 하는 방호장치인 것은?

① 덮개형 방호장치
② 차단형 방호장치
③ 위치제한형 방호방치
④ 접근반응형 방호장치

해설

방호조치와 방호장치
(1) **방호조치** : 위험 기계·기구의 위험장소 또는 부위에 근로자가 통상적인 방법으로는 접근하지 못하도록 하는 제한 조치를 말하며 방호망, 방책, 덮개 또는 각종방호장치설치 등이 있다.
(2) **방호장치** : 위험·기계의 위험한계 내에서는 안전성을 확보하기 위한 장치를 말한다.
① **위치제한형 방호장치** : 작업자의 신체부위가 위험한계 밖에 있도록 기계의 조작장치를 위험한 작업점에서 안전거리 이상 떨어지게 하거나 조작장치를 양손으로 동시 조작하게 함으로써 위험한계에 접근하는 것을 제한하는 것(양수조작식 방호장치 등)
② **접근거부형 방호장치** : 작업자의 신체부위가 위험한계 내로 접근하였을 때 기계적인 작용에 의하여 접근을 못하도록 저지하는 것(수인식, 손쳐내기식 방호장치 등)
③ **접근반응형 방호장치** : 작업자의 신체부위가 위험한계 또는 그 인접한 거리내로 들어오면 이를 감지하여 그 즉시 기계의 동작을 정지시키고 경보 등을 발하는 것(감응식 방호장치 등)
④ **포집형 방호장치** : 위험장소에 설치하여 위험원이 비산하거나 튀는 것을 포집하여 작업자로부터 위험원을 차단하는 것(연삭기의 덮개나 반발예방장치 등)
⑤ **감지형 방호장치** : 이상온도, 이상기압, 과부하 등 기계의 부하가 안전 한계치를 초과하는 경우에 이를 감지하고 자동으로 안전상태가 되도록 조정하거나 기계의 작동을 중지시키는 것
⑥ **기타** : 안전전압으로 강하시키거나, 충분한 절연내력을 갖추거나 점화원의 방폭적 격리, 안전도 증가, 점화능력의 본질적 억제, 또는 충분한 인장강도를 갖추는 등 본질적으로 일정한 작업상의 위험으로부터 방호하기 위한 구조, 규격으로 된 것.

24
회전축, 치차, 풀리, 플라이휠 등에는 어떤 고정구를 설치해야 하는가 아래 사항 중 맞는 것은?

① 개방형 고정구
② 돌출형 고정구
③ 묻힘형 고정구
④ 디긋형 고정구

25
원동기, 회전축, 치차 등 근로자에게 위험을 미칠 우려가 있는 부위에 설치하여야 할 건널다리의 손잡이 높이는?

① 75cm   ② 90cm
③ 100cm ④ 60cm

Answer ➡ 21. ① 22. ② 23. ③ 24. ③ 25. ②

26
동력으로 작동되는 기계에 설치해야 할 방호장치 중 동력에 대한 장치가 아닌 것은?

① 동력차단장치　② 클러치
③ 벨트이동장치　④ 울

해설
울 : 울타리, 방책 등을 의미한다.

27
동력으로 작동하는 기계중 절단, 인발, 압축, 타발, 휨 등의 가공하는 기계의 동력차단장치의 설치 기준중 가장 적합한 것은?

① 동력부분에 차단장치 설치
② 기계 본체 좌우에 차단장치 설치
③ 작업위치에서 조작할 수 있는 차단장치
④ 신호장치

28
동력차단장치를 근로자가 작업위치를 이탈하지 아니하고 조작할 수 있는 위치에 설치하여야 하는 가공작업이 아닌 것은?

① 절단　　　　② 충격파쇄
③ 인발　　　　④ 굽힘

해설
①, ③, ④ 이외에 압축, 꼬임, 타발 등의 작업시에도 동력차단장치를 설치해야 된다.

29
기계의 안전장치 중 과도하게 한계를 벗어나 계속적으로 감아올리는 일이 없도록 제한해주는 장치는?

① 일렉트릭 아이　② 리미트 스위치
③ 과부하방지장치　④ 급정지장치

30
계속 감아올라가 일어나는 사고를 방지하기 위한 안전장치는?

① 일렉트로닉 아이　② 라체트 휠
③ 전자클러치　　　④ 리미트 스위치

31
기중기, 호이스트 등의 감아올리기 장치에서 일정한 한계를 벗어나 감아올리는 일이 없도록 자동적으로 동력을 차단시켜 주는 전기식 안전장치는?

① 리미트스위치(limit switch)
② 래칫(ratchet)장치
③ 모멘트리미트(moment limit)
④ 전격방지장치

32
다음 기계 정지 상태에서 점검할 사항이 아닌 것은?

① 슬라이드면의 온도상승 상태
② 볼트, 너트의 헐거움이나 풀림 상태
③ 급유상태
④ 스위치의 어스 상태

해설
①항, 운전 중 점검사항

33
기계의 방호장치를 해체하거나 사용을 정지할 수 없는 작업의 경우는?

① 검사　　　② 조정
③ 수리　　　④ 교체

해설
방호장치의 해체 금지(안전규칙 제93조) : 기계·기구 또는 설비에 설치한 방호장치를 해체하거나 사용을 정지하여서는 아니된다. 다만, 방호장치의 수리·조정 및 교체 등의 작업을 하는 때에는 그러하지 아니하다.

34
기계로 인한 위험을 방지하기 위한 가장 중요한 사항은?

① 기계구조의 안전　② 안전장치의 설치
③ 안전수칙의 이행　④ 철저한 정비점검

Answer ● 26. ④　27. ③　28. ②　29. ②　30. ④　31. ①　32. ③　33. ①　34. ①

해설
인간의 불안전한 행동으로 인한 위험의 방지가 아니라 기계설비 자체로 인한 위험방지로 가장 중요한 것은 안전율의 고려 등 구조의 안전화이다.

35
기계의 왕복운동을 하는 운동부와 고정부 사이에 위험이 형성되는 기계의 위험점에 적합한 것은?

① 끼임점 ② 절단점
③ 물림점 ④ 협착점

해설
기계설비의 위험점의 분류
① 협착점(Squeeze point) : 고정부와 왕복운동을 하는 운동부 사이에 형성되는 위험점으로 덮개, 울 등의 방호조치가 필요하다. [예] 프레스, 성형기, 절곡기 등
② 끼임점(Shear point) : 고정부와 회전 또는 직선운동이 함께 형성하는 부분 사이에 형성되는 위험점 [예] 연삭숫돌과 작업대, 반복동작되는 링크기구, 교반기의 교반날개와 몸체사이
③ 절단점(Cutting point) : 회전하는 운동부분자체와 운동하는 기계자체와의 위험이 형성되는 점 [예] 둥근톱날, 띠톱기계의 날, 밀링커터 등
④ 물림점(Nip point) : 회전하는 두 개의 회전체에 물려 들어갈 위험성이 형성되는점. (중심점 + 회전운동) [예] 로울러, 기어와 피니언 등
⑤ 접선물림점(Tangential Nip point) : 회전하는 부분이 접선방향에서 만들어지는 점. (접선점 + 회전운동) [예] 벨트와 풀리, 체인과 스프라켓, 랙과 피니언 등
⑥ 회전말림점(Trapping point) : 크기, 길이, 속도가 다른 회전운동에 의한 위험점으로 회전하는 부분에 돌기등이 돌출되어 작업복 등이 말리는 위험점. [예] 회전축, 드릴축, 커플링 등
⑦ 비산점(Scattering point) : 가공재, 부품, 칩 등의 비산에 의한 위험점. [예] 연삭기숫돌, 선반, 밀링 등의 칩
⑧ 접촉점(Touch point) : 날카롭거나 뜨겁거나 차가운 부위에 접촉에 따른 위험점 [예] 연속칩, 열처리된 금속재료, 냉매 등

36
자동화된 기계설비가 재해측면에서 불리한 조건에 포함되지 않는 것은?

① 방호장치의 오동작
② 사용압력 변동시의 오동작
③ 밸브계통의 고장
④ 정전시의 기계 오동작

해설
②, ③, ④항 이외에 전압강하시 오동작, 단락 또는 스위치와 릴레이의 고장도 불리한 조건에 포함된다.

37
사고요인을 분석하기 위한 위험분류체크(check) 요인이 아닌 것은?

① 함정 ② 회전
③ 충격 ④ 접촉

해설
위험분류체크요인에는 트랩(회전), 충격, 접촉, 얽힘(말림), 튀어나옴의 5가지가 있다.

38
기계를 구성하는 요소에서 피로현상은 안전과 밀접한 관련이 있다. 다음 중 피로파괴현상과 가장 관련이 적은 것은?

① vibration ② notch
③ size effect ④ corrosion

해설
피로파괴현상과 관련이 되는 사항으로는 notch(흠), size effect(치수효과), corrosion(부식), 표면거칠기, 온도, 하중의 반복속도 등이 있다.

39
기계는 능률과 안전을 위해 통제장치가 필요하다. 통제기능이 아닌 것은?

① 개폐에 의한 통제 ② 반응에 의한 통제
③ 작업수준의 통제 ④ 양의 조절에 의한 통제

40
프레스기계의 위험을 방지하기 위한 본질 안전화가 아닌 것은?

① 금형에 안전울 설치 ② 광선식 안전장치
③ 안전금형의 사용 ④ 전용 프레스 사용

해설
광선식 안전장치 : 감응식 방호장치

Answer ➡ 35. ④ 36. ① 37. ① 38. ① 39. ③ 40. ②

41
프레스의 안전장치가 아닌 것은?
① 수인식 ② 피드백식
③ 손쳐내기식 ④ 게이트가드식

해설
①, ③, ④항 이외에 감응식(광선식), 양수조작식이 있다.

42
프레스작업에서 안전거리의 산출식으로 맞는 것은?(단, 안전거리 : D(cm), 급정지에 소요되는 시간 : T(sec))
① D=1.6t ② D=160t
③ D=0.016t ④ D=1.6t×60

43
프레스기 작동 후 작업점까지 도달시간이 0.5초 걸렸다면 양수조작식 안전장치의 조작부의 설치거리는?
① 60cm ② 70cm
③ 80cm ④ 90cm

해설
안전거리(설치거리)
=160×프레스작동 후 작업전까지의 도달시간
=160×0.5=80cm

44
다음 중 프레스의 손쳐내기식 안전장치에 적합하지 않은 것은?
① 행정길이가 40mm 이상의 것에 사용
② SPM이 120 이상의 것에 사용
③ 손쳐내기 막대는 그 길이 및 진폭을 조정할 수 있는 구조이어야 한다.
④ 금형 크기의 절반 이상의 크기를 가진 손쳐내기 막대에 부착하여야 한다.

해설
손쳐내기식 안전장치의 행정수가 120SPM 이하, 행정길이 40mm 이상으로 제한되고 있는 것은 손쳐내기판이 작업자의 손을 강타하는 것을 방지하기 위함이다.

45
프레스기의 방호장치 중 수인식 또는 손쳐내기식은 행정길이(stroke)가 몇 mm 이상이 되어야 하는가?
① 20 ② 30
③ 40 ④ 50

해설
수인식 또는 손쳐내기식 방호장치는 행정길이 40mm 이상, 행정수 120SPM 이하로 제한하고 있다.

46
프레스의 방호장치로서 수인식 또는 손쳐내기식을 사용할 수 있는 것은?
① 행정길이가 40mm 이상인 것
② 행정길이가 40mm 이하인 것
③ 일행정 일정지식
④ 자동송급장치가 구비되어 있는 것

47
시계가 차단되지 않으나 크랭크프레스에는 사용상의 제한을 주는 방호장치는?
① 게이트가드
② 양손 조작장치
③ 프리션 다이얼피이드
④ 광전자식 안전장치

48
마찰 프레스에 적합한 안전장치는 어느 것인가?
① 양수조작식 ② 손쳐내기식
③ 게이트가드식 ④ 광전자식

49
프레스 작업에서 가장 중요한 점검부분은?
① 클러치의 정상적 작동상태
② 동력 부분
③ 받침대
④ 전원장치

Answer ◆ 41. ② 42. ② 43. ③ 44. ② 45. ③ 46. ① 47. ④ 48. ④ 49. ①

해설
클러치의 불시작동으로 인한 손의 절단 위험이 가장 높으므로 클러치의 점검이 가장 중요하다.

50
프레스 작업 중 금형의 부착, 교환작업 중 슬라이드 불시 하강으로 인한 근로자의 위험방지를 위하여 설치해야 하는 안전장치는?

① 안전블록 ② 방호울
③ 시건장치 ④ 게이트 가드

해설
안전블록(Safety block)은 일종의 쐐기형 안전장치이다.

51
프레스기 등의 금형의 부착, 해체 또는 조정작업시 설치 사용해야 할 안전장치는?

① 덮개 ② 안전블록
③ 방망 ④ 해체

52
프레스기 또는 절단기에서 작업을 완료하였을 때 페달에 U자형의 커버를 씌워야 하는 가장 중요한 이유는?

① 페달의 안전을 위하여
② 깨끗한 보관을 위하여
③ 고장의 방지를 위하여
④ 외관상 보기 좋게 하기 위하여

해설
프레스에는 근로자의 부주의로 페달을 밟거나 낙하물의 불시 낙하 등으로 인한 페달의 불시작동을 막기 위하여 U자형 커버를 페달에 끼워 놓아야 한다.

53
프레스작업시 작업시작전 점검항목으로 볼 수 없는 것은?

① 클러치 및 브레이크의 기능
② 급정지장치 및 비상정지장치의 이상 유무
③ 금형 및 테이블의 상태
④ 해당 방호장치의 기능 검정

54
프레스의 작업시작전 점검사항은?

① 전자밸브, 압력조정밸브, 기타 공압제품의 이상유무
② 리미트 스위치, 릴레이 기타 전자부품의 이상 유무
③ 클러치 및 브레이크 기능의 이상유무
④ 배선 및 개폐기의 이상유무

55
프레스에서 재료의 공급 및 가공품의 인출시 안전율의 틈새의 허용 최대치수(Y)는 얼마인가? (단, 위험점에서 틈새까지의 거리(x)는 160mm이다)

① 24mm ② 26mm
③ 28mm ④ 30mm

해설
$Y = 6 + 0.15 \times 160 = 30mm$

56
PRESS작업에서 손이 금형안으로 들어가는 작업이다. 그림과 같이 용기의 가장자리를 잘라내는 작업명에 적합한 것은?

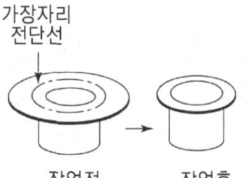

① 스웨징(swazing) ② 업셋팅(upsetting)
③ 트리밍(trimming) ④ 슬리팅(slitting)

해설
프레스공정
① 스웨징(swazing) : 재료를 상하방향으로 압축하여 직경이나 두께를 줄여서 길이나 폭을 넓히는 가공
② 업셋팅(upsetting) : 재료를 상하방향으로 눌러 붙여서 높이를 줄이고 단면을 넓히는 가공
③ 슬리팅(slitting) : 전단기계를 사용하여 장척의 판재를 일정한 폭으로 잘라내는 가공

Answer ➡ 50.① 51.② 52.① 53.③ 54.③ 55.④ 56.③

57
다음 중 선반의 바이트에 설치된 안전장치는?
① 커버 ② 브레이크
③ 보안경 ④ 칩브레이크

해설
선반의 방호장치 : 칩브레이크(칩을 짧게 끊어내는 방식)

58
선반 등으로부터의 돌출가공물에 설치할 방호 장치는?
① 클러치 ② 덮개 또는 울
③ 슬리브 ④ 베드

59
선반보링작업 중 안전상 주의할 점으로 옳은 것은?
① 공작물 회전 중 버어니어켈리퍼스로 측정한다.
② 보오링 중 구멍 속에 손가락을 넣지 않는다.
③ 보오링 바이트는 될 수 있는 한 길게 한다.
④ 회전 중에 칩은 장갑을 끼고 깨끗하게 청소한다.

해설
보링바이트는 될 수 있는 한 짧게 하고, 회전중에 칩 제거는 금물이다.

60
선반기(Lathe)로서 8.7cm의 연강을 500rpm을 절삭할 때 절삭 속도는 몇 m/min인가?
① 97 ② 117
③ 137 ④ 157

해설
$$V = \frac{\pi DN}{100} = \frac{3.14 \times 8.7 \times 500}{100} = 136.59 ≒ 137 [m/min]$$

61
밀링작업 후 커터의 취급방법으로 옳지 않은 것은?
① 칩을 손으로 제거한다.
② 커터에 남은 칩을 솔로 제거한다.
③ 기름을 칠해둔다.
④ 목재상자에 넣어 보관한다.

62
다음 작업시 칩이 가장 가늘고 예리한 것은?
① 세이퍼 ② 선반
③ 밀링 ④ 프레이너

63
밀링기계로서 하향절삭 작업을 할 때에 공구나 기계를 손상시킬 위험요소는?
① 컷터의 마멸이 빨라짐
② 이송장치의 진동
③ 절삭속도의 증감
④ 공작물의 밀리는 형상

해설
밀링머신
(1) 상향밀링(올려깎기 : up milling)과 하향밀링(내려깎기 : down milling)
 ① 상향밀링 : 밀링커터의 회전방향과 공작물(테이블)의 이송방향이 반대이며, 공작물을 테이블에서 들어올리려는 힘이 작용하고, 커터는 공작물로 끌려 들어가는 경향을 갖는다.
 ② 하향밀링 : 밀링커터의 회전방향과 공작물(테이블)의 이송방향이 같으며 바이트는 공작물에서 위쪽으로 밀리나 공작물을 지지면으로 내려 누르는 경향을 갖는다.

(2) 상향밀링과 하향밀링의 비교

상향밀링	하향밀링
장점	단점
① 칩이 커터에 의해 가공된 면에 떨어지므로 절삭을 방해하지 않는다. ② 밀링커터의 날이 진행방향과 공작물의 이송방향이 반대이며 서로 밀고 있으므로 이송기구의 백래시는 자연히 제거된다.	① 칩이 커터와 공작물 사이에 끼어 절삭을 방해한다. ② 밀링커터의 날과 공작물의 진행이 같은 방향이므로 백래시가 증대하고 공작물이 날에 끌려오는 경향이 있다. 따라서 떨림이 나타나고 공작물과 커터를 손상시킨다. 또 아버를 굽힐 때가 있으므로 백래시제거장치가 있으므로 백래시제거장치가 없으면 하향절삭을 할 수 없다.

Answer ➡ 57. ④ 58. ② 59. ② 60. ③ 61. ① 62. ③ 63. ②

상향밀링	하향밀링
단점	장점
① 공작물을 견고히 고정하여야 한다. ② 날의 마멸이 심하고 수명이 짧다. ③ 동력의 손실이 많다. ④ 가공면이 깨끗하지 못하고 가공면의 확인이 어렵다.	① 공작물의 고정이 간편하다. ② 날의 마멸이 적고 수명이 길다. ③ 동력의 손실이 적다. ④ 가공면이 깨끗하고 가공면의 확인이 쉽다.

64
밀링작업시 안전한 사항이 아닌 것은?

① 반드시 보안경을 착용한다.
② 하향절삭 작업시는 백래시 제거장치가 작동하고 있을 때 한다.
③ 급속이송은 한 방향으로만 한다.
④ 급송이송은 백래시 제거장치가 작동하고 있을 때 한다.

65
밀링(milling)의 안전작업방법 중에서 잘못된 것은?

① 손으로 가공면을 점검하면서 가공한다.
② 칩(chip)제거는 반드시 브러시를 사용한다.
③ 테이블(table) 위에 공구 등을 두지 않는다.
④ 장갑을 끼고 작업하지 않는다.

해설
가공 중에는 손으로 가공면을 점검하지 않는 것이 밀링작업의 안전수칙이다.

66
세이퍼작업시의 안전작업이 아닌 것은?

① 바이트를 되도록 길게 고정한다.
② 테이블을 깨끗이 닦는다.
③ 일감은 단단히 고정한다.
④ 바이트 조정 볼트는 단단히 고정한다.

67
공작기계인 세이퍼(shaping machine)작업에서 위험요인이 아닌 것은?

① 가공칩(chip)비산
② 척-핸들(chuck-handle)이탈
③ 바이트(bite)
④ 램(ram)말단부 충돌

68
세이퍼작업에서 안전상 옳지 않은 것은?

① 공작물을 견고하게 고정한다.
② 보안경을 쓴다.
③ 운전자가 바이트의 이동방향에 선다.
④ 바이트를 짧게 고정한다.

해설
세이퍼작업시 운전자는 바이트 이동방향의 측면에 서야 된다.

69
다음 설명 중 플레이너 작업시의 안전대책이라고 생각할 수 없는 것은?

① 프레임 내의 피트(pit)에는 뚜껑을 설치한다.
② 바이트는 되도록 짧게 나오도록 설치한다.
③ 칩브레이크 부착용 바이트를 사용하여 칩이 짧게 되도록 한다.
④ 베드 위에 다른 물건을 올려놓지 않는다.

해설
칩브레이크의 사용은 선반작업시 안전대책이다.

70
방호울을 설치하여야 하는 공작기계는?

① 플레이너   ② 선반
③ 밀링   ④ 드릴

해설
플레이너는 일명 평삭기라 하며 공작물을 테이블에 설치하여 왕복시키고, 바이트를 이송시켜 공작물의 수평면, 수직면, 경사면, 홈곡면 등을 절삭하는 공작기계로, 세이퍼에서는 가공할 수 없는 대형 공작물을 가공하는데 이용된다.

Answer ➡ 64. ④ 65. ① 66. ① 67. ② 68. ③ 69. ③ 70. ①

71
다음 재해사례 중 드릴작업에 대한 사례가 아닌 것은?

① 테이블 위에 스패너와 해머를 올려놓고 작업하던 중 그것이 떨어져 발 등을 다쳤다.
② 두께가 얇고 긴 물건을 손으로 잡고 구멍을 막 뚫기 시작하려는 순간 일감이 드릴과 함께 돌면서 왼손을 다쳤다.
③ 보안경을 쓰지 않고 작업하던중 칩이 날아들어 눈을 다쳤다.
④ 장갑을 끼고 작업하던 중 드릴에 말려 손을 크게 다쳤다.

해설
①항은 세이퍼나 플레이너 등의 작업시 재해사례라고 볼 수 있다.

72
얇은 금속판에 드릴머신으로 구멍을 뚫을 때 좋은 방법은?

① 바이스로 고정한다.
② 나무위에 올려놓고 고정한다.
③ 경도가 높은 금속판 위에 놓는다.
④ 작업대 위에 직접 고정한다.

해설
일반드릴로 얇은 금속판에 구멍을 뚫게 되면 드릴의 외주부가 공작물의 윗면에 도달하기 전에 날끝을 뚫게 되므로 드릴이 좌우의 진동을 일으켜 불규칙한 다각형의 구멍이 된다.

73
드릴 머어신에서 얇은 철판이나 동판에 구멍을 뚫을 때 다음 어떤 방법이 좋은가?

① 각목을 밑에 깔고 기구로 고정한다.
② 테이블에 고정한다.
③ 클램프로 고정한다.
④ 드릴 바이스로 고정한다.

74
드릴 작업시 곤란한 조치사항은?

① 드릴링작업에 렌치(wrench)를 끼우고 작업한다.
② 다축 드릴링의 드릴커버로 플라스틱제의 평판을 사용한다.
③ 마이크로스위치를 이용한 자동급유장치를 구성한다.
④ 재료의 회전장치 지그를 갖춘다.

해설
드릴링작업시에는 반드시 렌치를 뽑아내고 작업을 해야만 안전하다.

75
회전 중의 숫돌(연마시의 숫돌)에 안전상 설치하는 장치는 다음 중 어느 것인가?

① 주수장치　　② 복개장치
③ 제동장치　　④ 소화장치

해설
복개장치(覆蓋裝置)란 덮개를 말하는 것으로 연삭숫돌 지름 5cm 이상인 것에는 설치하도록 규정하고 있다.

76
회전 중인 연삭숫돌이 근로자에게 위험을 미칠 우려가 있을 때 덮개를 설치하여 할 최소의 단위의 직경은?

① 직경이 10cm 이상인 것
② 직경이 20cm 이상인 것 연삭
③ 직경이 5cm 이상인 것
④ 직경이 15cm 이상인 것

77
다음 중 숫돌의 지름이 200[mm], 회전수가 4,000[rpm]일 때, 연삭숫돌의 원주속도[V]는?

① 2.5[m/min]　　② 0.8[m/min]
③ 25.00[m/min]　　④ 800[m/min]

해설
$$V = \frac{\pi \times 200 \times 4,000}{1,000} = 25.15 (m/min)$$

Answer ● 71. ① 72. ② 73. ① 74. ① 75. ② 76. ③ 77. ③

78
초당회전수가 29인 탁상용 연삭기의 연삭숫돌 지름은 280mm에서 마모되어 현재는 원주길이가 260mm로 되었다. 현재의 원주속도는 얼마인가?

① 236.7[m/min] ② 452.4[m/min]
③ 1,420[m/min] ④ 1,530[m/min]

해설

$$\therefore V = \frac{l \times N}{1,000} = \frac{260 \times 29 \times 60}{1,000} = 452.4(m/min)$$

여기서 V : 원주속도(m/min)
  D : 숫돌의 지름(mm)
  l : 원주길이(mm)
  N : 분당 회전수(rpm)

79
연삭숫돌의 직경이 1000mm, 매분회전수가 200이라면 숫돌의 회전수는? (단, π는 원주율)

① 200π[m/min]
② $200/\pi$[m/min]
③ $200,000/\pi$[m/min]
④ $200,000\pi$[m/min]

해설

$$V = \frac{\pi DN}{1,000}$$

$$\therefore N = \frac{V \times 1,000}{\pi D}$$

$$= \frac{200 \times 1,000}{\pi \times 1,000} = 200/\pi(m/min)$$

80
회전 중인 연삭숫돌이 근로자에게 위험을 미칠 우려가 있을 때는 덮개를 설치하고 연삭숫돌의 최고 사용 회전 속도를 초과하여 사용하게 하여서는 아니 된다. 연삭숫돌에 덮개를 설치해야 할 대상은? (단, 산업 안전보건법에 준한다.)

① 직경이 3cm 이상인 것
② 직경이 4cm 이상인 것
③ 직경이 5cm 이상인 것
④ 직경이 9cm 이상인 것

81
숫돌차의 바깥지름이 300mm라면 플랜지의 바깥지름은 최소 몇 mm이면 안전한가?

① 100
② 150
③ 200
④ 250

해설

플랜지의 바깥지름은 숫돌차 바깥지름의 1/3 이상으로 하는 것이 안전하다.

$$\therefore 300 \times \frac{1}{3} = 100mm \text{ 이상}$$

82
연삭작업 중 숫돌차가 파괴되는 원인 중에서 거리가 먼 것은?

① 회전수가 규정이상 초과할 때
② 내외면의 플랜지 직경이 같을 때
③ 충격을 받았을 때
④ 고정시 플랜지를 너무 죄었을 때

해설

②항의 경우 플랜지의 직경이 현저히 작을 때와 양쪽의 지름이 서로 다를 때는 숫돌차의 파괴원인이 된다.

83
탁상용 연삭기에서 워크 레스트와 연삭숫돌과의 간격이 조정되었다. 적합한 조정량에 해당되는 것은? (단, 단위는 mm이다)

① 1
② 2
③ 3
④ 4

해설

탁상용 연삭기의 작업받침대(워크 레스트)는 작업의 안전과 숫돌차파괴시 안전을 보강하기 위하여 설치한 것으로 연삿숫돌과의 간격은 3mm 이내로 조정되어야 한다.

Answer ◆ 78. ② 79. ② 80. ③ 81. ① 82. ② 83. ③

84
다음 중 연삭기의 연삭숫돌에 대한 방호장치로써 적당하지 않은 것은?

① 수평면 이하의 부분에서 연삭해야 할 경우에는 노출각도가 180° 이내로 한다.
② 연삭숫돌의 상부를 사용하는 연삭기는 노출각도를 60° 이내로 한다.
③ 휴대용 연삭기의 노출각도는 180° 이내로 한다.
④ 절단 및 평면연삭기는 노출각도를 150° 이내로 한다.

해설
①항의 경우 노출각도를 125°까지 증가할 수 있다.

85
연삭작업의 안전대책으로 옳은 것은?

① 무부하 시운전은 작업시작전 1분, 숫돌교체 후 5분 이상 실시한다.
② 플랜지는 숫돌지름 1/2이상의 것을 숫돌바퀴에 완전하게 밀착시킨다.
③ 숫돌은 연삭기 주축지름보다 1mm정도 큰 것을 사용한다.
④ 공구 연삭시에는 받침대와 숫돌바퀴 틈새는 3mm 이하로 한다.

해설
①항의 경우 숫돌교체 후 3분 이상 시운전한다.
②항의 경우 플랜지는 숫돌지름의 1/3 이상으로 한다.
③항의 경우 숫돌의 구멍지름은 연삭기 주축의 지름보다 0.05~0.15mm 정도 큰 것을 사용한다.

86
숫돌차가 파열되는 경우가 제일 많은 경우는?

① 스위치를 넣는 순간
② 스위치를 끄는 순간
③ 정전이 되는 순간
④ 드레싱을 하는 순간

해설
연삭기를 사용할 때 정지상태에서 갑자기 스위치를 넣으면 충격부하, 원심력, 무게의 unbalance, 좁상태 불량, 균열 등의 결함에 의해 파열사고가 일어나므로 연삭기를 가동시킬 때에는 3번 정도 켰다 껐다하여 시동 후 1분 이상 공회전시켜 점검하여야 한다.

87
방호장치를 설치해야 하는 목재가공용 둥근톱의 방호장치에 맞는 것은?

① 반발예방장치
② 띠 톱날 예방장치
③ 브레이크 및 덮개
④ 급정지 장치

88
목재가공용 기계톱의 방호조치로써 알맞은 것은?

① 급정지창지   ② 반발예방장치
③ 시건장치   ④ 과부하방장치

해설
목재가공용 기계톱의 방호조치로는 반발예방장치와 톱날접촉 예방장치가 있다.

89
목재가공용 둥근톱기계의 분할날의 두께는 둥근톱 두께의 몇 배 이상이 되어야 하는가?

① 0.8   ② 0.9
③ 1.0   ④ 1.1

해설
분할날의 두께 : 톱의 두께×1.1

90
기계 대패의 작업시 가장 위험한 때는?

① 가공을 시작할 때
② 중간쯤 가공했을 때
③ 거의 끝날 때
④ 전부에 걸쳐서

해설
대패기계의 가공물의 공급은 작업자의 손으로 이루어지므로 작업이 거의 끝날 때 작업자의 신체가 작업점에 근접하여 접촉할 위험성이 가장 높아진다.

Answer ● 84.① 85.④ 86.① 87.① 88.② 89.④ 90.③

91
둥근톱기계의 안전작업으로 옳지 않은 것은?

① 작업자는 톱날의 회전방향의 정면에 선다.
② 톱날이 재료보다 너무 높지 않게 한다.
③ 작은 재료의 절단에는 적당한 도구를 사용한다.
④ 작업전에 공회전시켜 점검한다.

해설
톱작업시 작업자는 톱날의 회전방향의 측면에 서서 작업해야만 안전하다.

92
목공 작업시 목공날은 어느 방향으로 해야 안전한가?

① 작업자 방향
② 작업자와 45° 방향
③ 작업자와 90° 방향
④ 작업자와 반대방향

해설
목공날은 작업자와 반대방향으로 되어 있을 때 가장 안전하다.

93
기계대패로 나무가공을 하고 있을 때 대패날은 작업자에 대하여 어느 방향이 좋은가?

① 30° 방향
② 45° 방향
③ 같은방향
④ 반대방향

해설
대패날은 작업자에 대하여 반대방향을 유지해야만 안전작업이 안전하다.

94
목재가공용 띠톱기계의 이송 로울러기에는 다음 중 어떤 장치를 하여야 하는가?

① 덮개
② 브레이크
③ 반발예방장치
④ 쐐기

95
가공재에 반발위험성이 가장 적은 목재의 물리적 성질이 아닌 것은?

① 과도한 수축
② 협업현상
③ 나이테
④ 옹이

해설
목재의 옹이 부분의 가공재에 반발위험성이 매우 높은 부분이다.

96
분쇄기 및 혼합기의 안전기준으로 틀린 것은?

① 안전대를 사용하였을 때는 덮개나 울을 설치하지 않아도 됨
② 내용물을 꺼낼 때는 해당기계의 운전을 정지
③ 안전검사를 반드시 실시
④ 개구부에는 덮개를 설치

해설
분쇄기 및 혼합기 등의 안전조치
① 분쇄기 등에는 덮개를 설치한다.
② 분쇄기 등의 개구부로부터 전락의 우려가 있는 때에는 덮개 또는 울을 설치한다. 다만, 덮개 또는 울의 설치가 곤란한 때에는 안전대를 사용하도록 한다(개구부로부터 가동부분에 접촉할 우려가 있는 때에는 덮개 또는 울을 설치한다).
③ 분쇄기 등으로 폭발성 물질을 취급하거나 분진을 발생할 우려가 있는 작업을 하는 때에는 화기 기타 점화원이 될 우려가 있는 것에 접근시키거나 가열하거나 마찰시키거나 충격을 가하는 행위를 제한한다.
④ 분쇄기 등으로부터 내용물을 꺼내거나 청소작업을 할 때에는 해당 기계의 운전을 정지한다.

97
해머작업시 안전규칙에 위배되는 사항은?

① 장갑을 끼고 작업금지
② 작업 중에 해머상태 확인
③ 공동작업시 호흡을 맞춤
④ 열처리된 것은 강하게 때림

해설
열처리된 것은 경도가 높으므로 반발의 우려가 있어 해머작업을 금한다.

Answer ▶ 91.① 92.④ 93.④ 94.① 95.④ 96.③ 97.④

98
다음 안전수칙을 적용해야 하는 수공구는?

> 1. 칩이 튀는 작업에는 보호안경 착용
> 2. 처음에는 가볍게 점차 힘을 가함
> 3. 절단된 철재끝이 튕길 위험 발생

① 해머 ② 정
③ 쇠톱 ④ 줄

해설
정작업의 안전수칙으로 보기 항목이외에 담금질된 재료는 가공을 절대로 하지 않아야 한다.

99
다음의 정작업에 관한 설명으로 틀린 것은 어느 것인가?

① 정작업할 때 반드시 보안경을 착용한다.
② 정으로 담금질된 재료를 가공하지 말 것
③ 자르기 시작할 때와 끝날 무렵에는 세게 친다.
④ 철강제를 정으로 절단할 때에는 철편이 날아 튀는 것에 주의한다.

해설
정작업시 끝날 무렵에 세게 치게 되면 제품이 튀어 올라 상해를 입을 우려가 있다.

100
정(chisel)작업에서 그림A의 현상을 방지하기 위하여 기본적으로 B의 모서리(round)크기에 적합한 것은?

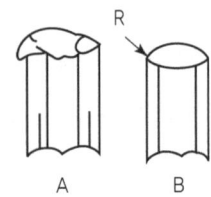

① 6R ② 2R
③ 5R ④ 3R

해설
정작업에서 마모현상을 방지하기 위해서는 모서리 크기를 5R 정도로 해야 한다.

101
로울러기에 설치하여야 할 방호장치는?

① 안전기 ② 급정지장치
③ 반발예방장치 ④ 날접촉예방장치

102
종이, 베, 금속박 등을 통과시키는 로울러기에 설치해야 할 방호장치에 해당되지 않는 것은?

① 방호판 ② 가이드 롤
③ 울 ④ 동력차단장치

103
로울러기의 손으로 조작하는 급정지장치의 설치거리는?

① 밑면에서 0.8m 이내
② 밑면에서 1.8m 이내
③ 밑면에서 0.8m 이상 1.1m 이내
④ 밑면에서 0.4m 이상 0.6m 이내

104
가드와 위험부분 사이의 거리가 25mm일 때 가드 보호망 구멍의 지름은 얼마로 하는 것이 적합한가?

① 6mm ② 9mm
③ 13mm ④ 19mm

해설
Y = 6 + 0.15X = 6 + 0.15 × 25 = 9.75mm
∴ 가장 적합한 보호망 구멍의 지름은 9mm이다.

105
로울러 맞물림점의 전방 80mm의 거리에 가드를 설치하고자 할 때 가드 개구분의 간격은?

① 16mm ② 17mm
③ 18mm ④ 19mm

해설
Y = 6 + 0.15X = 6 + (0.15 × 80) = 18mm

Answer ➔ 98. ② 99. ③ 100. ③ 101. ② 102. ① 103. ② 104. ② 105. ③

106
동력전도부분의 전방 30cm 위치에 일방 평행보호망을 설치하고자 한다. 보호망의 최대 개구간격은 얼마로 하여야 하는가?

① 36mm 이하   ② 37.6mm 이하
③ 51mm 이하   ④ 56mm 이하

해설
Y = 6 + 0.15X = 6 + 0.15 × 300 = 51mm

107
로울러의 맞물림 전방에 개구간격 30mm의 가드를 설치하고자 한다. 개구면에서 위험점까지의 최단거리는 몇 mm 인가? (단, ILO 기준에 의해 계산한다.)

① 80mm   ② 100mm
③ 120mm   ④ 160mm

해설
$Y = 6 + 0.15X$
$X = \dfrac{Y-6}{0.15} = \dfrac{30-6}{0.15} = 160mm$

108
절단기의 가드의 설치요령은? (단, Y_{max} = 최대안전개구, X = 가드와 위험점간의 거리)

① Ymax = 6 + 1/8X   ② Ymax = 8 + 1/8X
③ Ymax = 8 + 1/6X   ④ Ymax = 6 + 1/6X

해설
① 절단기 Guard 개구부의 크기 : Y = 6 + 1/8X
② 방적기 및 제면기 Guard 개구부의 크기 : Y = 6 + 1/10X

109
방적기 또는 제면기의 비터, 실린더에 설치하는 방호장치가 아닌 것은?

① 시건장치   ② 연동장치
③ 덮개   ④ 슬리이브

해설
방적기 및 제면기의 방호장치 : 시건장치, 연동장치, 덮개 등

110
다음 중 역류방지용 밸브는?

① 체크밸브(check valve)
② 글로브밸브(globe valve)
③ 슬루스밸브(sluice vale)
④ 앵글밸브(angle valve)

해설
역류방지용 체크밸브(check valve)의 종류에는 수평의 배관에만 사용할 수 있는 리프트식과 수직 및 수평의 배관 모두에 사용할 수 있는 스윙식이 있다.

111
가스용접작업에서 일어나기 쉬운 재해가 아닌 것은?

① 가스폭발   ② 전격
③ 화재   ④ 화상

해설
전격은 전기설비 작업이나 교류 아아크 용접 작업시 발생하기 쉬운 재해이다.

112
아세틸렌 가스를 사용하는 곳에 사용할 수 있는 재료는?

① 수은   ② 구리
③ 주석   ④ 철

해설
C_2H_2의 폭발성
① 산화폭발 : $C_2H_2 + 2.5O_2 \rightarrow 2CO_2 + H_2O$
② 분해폭발 : $C_2H_2 \rightarrow 2C + H_2 + 54.2kcal$
③ 화합폭발 : $C_2H_2 + 2Cu(또는 Hg, Ag) \rightarrow Cu_2C_2 + H_2$

113
용접장치의 산업안전기준에 맞는 것은?

① 가스 집합장치로부터 4m 이내의 장소에서는 흡연을 중지시킨다.
② 가스 집합용접장치의 가스장치실의 벽에는 난연성 재료를 사용할 것
③ 아세틸렌 용접장치에는 그 취관마다 안전기를 설치한다.

Answer ➡ 106. ③ 107. ④ 108. ① 109. ④ 110. ① 111. ② 112. ④ 113. ③

④ 아세틸렌 발생기실은 건물의 최하층에 위치하게 한다.

해설
①항은 5m 이내, ②항은 불연성 재료, ④항은 건물의 최상층이 맞는 사항이다.

114
가스용접작업을 하는 중에 고무호스에 역화현상이 일어나면 제일 먼저 어떻게 하여야 하는가?

① 산소밸브를 닫는다.
② 아세틸렌 밸브를 닫는다.
③ 토오치에 물을 넣는다.
④ 조금 지나면 정상으로 된다.

115
아세틸렌 용기에 화재가 발생하였을 때 제일 먼저 취해야 할 일은?

① 용기를 옥외로 끌어낸다.
② 소화기로 소화한다.
③ 젖은 거적으로 용기를 덮는다.
④ 메인 밸브를 잠근다.

116
산소 아세틸렌 용접기에 사용하는 아세틸렌 고무호스의 색은?

① 녹색   ② 백색
③ 황색   ④ 적색

해설
산소호스의 색깔은 흑색 또는 녹색으로 하고 아세틸렌호스의 색깔은 적색으로 한다.

117
옥외에 아세틸렌 발생기실을 설치할 경우 다른 건물로부터 몇 m 이상 떨어지게 하는가?

① 1.5m   ② 1m
③ 2m   ④ 3m

118
용접팁의 청소는 다음 중 무엇으로 해야 좋은가?

① 동선이나 놋쇠선   ② 동선이나 철선
③ 전선케이블   ④ 줄이나 팁클리이너

해설
용접팁의 청소는 반드시 줄이나 팁클리이너를 사용한다.

119
아세틸렌 용접장치의 발생기실에 관한 설명중 틀린 것은?

① 건축물은 독립된 단층 건물로 하여야 한다.
② 출입구의 문은 두께 1.5mm 이상의 철판을 사용하여야 한다.
③ 벽은 불연성 재료로 하여야 한다.
④ 배기통의 개구부는 창 또는 출입구로부터 1.5m 이상 떨어지게 할 것

해설
①항은 건조설비를 설치하는 건축물의 구조이며 아세틸렌 용접장치의 발생기실은 건물의 최상층에 위치하여야 한다(안전보건규칙 제286조).

120
가스 용접용 충전가스 용기의 보관온도로 맞는 것은?

① 40℃ 이하   ② 20℃ 이하
③ 50℃ 이하   ④ 55℃ 이하

해설
충전가스 용기 보관온도 : 40℃ 이하

121
아세틸렌 용기의 사용상 주의사항이다 틀린 것은?

① 아세틸렌 용기를 뉘어 놓고 사용한다.
② 화기나 열기를 멀리한다.
③ 사용후 약간의 잔압을 남겨둔다.
④ 충격을 가하지 않는다.

해설
①항, 아세틸렌 용기는 세워서 사용한다.

Answer ● 114. ① 115. ④ 116. ④ 117. ① 118. ④ 119. ① 120. ① 121. ①

122
다음 중 용접의 단점으로 맞지 않은 것은?

① 잔류응력의 발생
② 작업공수의 감소
③ 재질의 변화
④ 재료 및 시공에 관한 지식의 필요

해설
작업공수의 감소는 용접의 장점에 해당되며, 그 외의 단점으로는 검사방법의 불완전, 유해광선발생, 폭발의 위험 등이 있다.

123
가스용접작업 중 불꽃에 산소의 양이 많게 되면 어떤 결과를 가져오는가?

① 용접부에 기공이 생긴다.
② 아세틸렌의 소비가 많아진다.
③ 용접봉의 소비가 많아진다.
④ 용제의 사용이 필요없게 된다.

해설
산소의 양이 많을 경우 산화작용이 발생하여 기공(blow hole)이 생기기 쉽다.

124
다음 작업 중에서 장갑을 끼고 작업을 해도 좋은 작업은?

① 드릴작업   ② 선반작업
③ 용접작업   ④ 밀링작업

125
온도변화에 따른 파손을 방지하기 위한 이음은?

① 플랜지이음   ② 나사이음
③ 신축이음   ④ 용접이음

해설
신축이음은 온도변화에 따른 수축, 팽창 등으로 인한 파손을 방지하기 위한 것으로 벨로우즈형, 슬라이드형, 루프형, 스위블형 등이 있다.

126
다음 중 보일러의 폭발사고예방을 위한 안전장치와 관계가 없는 것은?

① 언로드밸브   ② 압력방출장치
③ 압력제한스위치   ④ 고저수위조절장치

해설
언로드 밸브(unload valve) : 공기압축기의 방호장치

127
보일러에 설치하야야 할 방호장치는?

① 안전기   ② 압력방출장치
③ 반발예방장치   ④ 접촉예방장치

해설
보일러에는 압력방출장치, 압력제한 스위치, 고저수위조절장치 등의 방호장치를 설치한다.

128
보일러 버너에 방폭문을 설치하는 이유는 다음 중 어느 것인가?

① 화염의 검출
② 역화로 인한 폭발의 방지
③ 연소의 촉진
④ 연료절약

129
다음 중 보일러에 관한 설명으로 옳지 않은 것은?

① 안전밸브의 작동 불량은 압력상승의 원인이 된다.
② 수면계의 고장은 과압의 원인이 된다.
③ 안전장치가 불량할 때에는 최고사용압력 이하에 파열하는 원인이 된다.
④ 부적당한 급수처리는 부식의 원인이 된다.

해설
보일러의 구조상의 결점이 있을 경우 최고 사용압력 이하에서 파열하는 주된 원인이 되며, 안전장치의 불량은 압력초과시 파열하는 원인이 된다.

Answer ⊃ 122. ② 123. ① 124. ③ 125. ③ 126. ① 127. ② 128. ② 129. ③

130
보일러에 많이 사용되는 안전밸브 종류는?
① 지렛대식 ② 중추식
③ 전자식   ④ 스프링식

131
보일러의 제어장치가 아닌 것은?
① 압력제한스위치 ② 언로드밸브
③ 압력배출장치   ④ 고저수위조절장치

해설
언로드 밸브는 고속다기통 압축기에 부착시키는 용량제어장치의 일종이다.

132
압력용기의 압력방출장치 봉인에 사용되는 재료는 어느 것인가?
① 동   ② 주석
③ 납   ④ 알루미늄

해설
압력용기의 압력방출장치: 압력방출장치는 1년에 1회 이상 표준압력계를 이용하여 토출압력을 시험한 후 납으로 봉인하여 사용하여야 한다.

133
다음 밸브 중 일정한 조건하에서 무부하로 하기 위하여 사용하는 밸브는?
① 감압밸브   ② 언로우드밸브
③ 릴리이프밸브 ④ 시이퀀스밸브

해설
언로우드 밸브는 공기압축기로 사용되는 고속다기통 압축기 등에 쓰이는 것으로 일정한 조건하에서 무부하 또는 용량제어를 하기위하여 흡입변을 강제 개방하여 일부의 실린더를 늘리는 방법의 용량제어 장치의 일종이다.

134
산업용 로봇의 작업시작 전 점검사항이 아닌 것은?
① 외부전선 피복 또는 외장
② 매니플레이터 작동
③ 제동장치 및 비상정지장치
④ 안전매트 및 방책

해설
안전매트 및 방책은 로봇을 운전하는 경우 해당 로봇의 접촉의 위험을 방지하기 위하여 설치하는 방호조치이다.

135
지게차의 방호장치에 해당되는 것은?
① 광선식 ② 인터록
③ 마스트 ④ 헤드가드

해설
지게차의 방호장치: 헤드가드, 전조등 및 후미등, 백레스트, 경광등 등

136
포크리프트 운전중의 주의사항에서 틀린 것은?
① 정해진 하중이나 높이를 초과하는 적재는 하지 말 것
② 운전자 외에 한사람은 탑승할 수 있다.
③ 급격한 후퇴는 피할 것
④ 견인시는 반드시 견인봉을 사용할 것

137
컨베이어 작업을 하는 근로자의 신체 일부가 말려들 위험이 있는 때에 설치하여야 할 안전장치는?
① 급정지장치
② 비상정지장치
③ 이탈을 방지하는 장치
④ 역주행을 방지하는 장치

138
다음의 안전장치 중 컨베이어에 사용하지 않는 것은?
① 급정지장치 ② 덮개
③ 시건장치   ④ 울

해설
시건장치는 방적기 및 제면기 등에 설치하는 안전장치이다.

Answer ▶ 130. ④ 131. ② 132. ③ 133. ② 134. ④ 135. ④ 136. ② 137. ② 138. ③

139
컨베이어의 종류가 아닌 것은?

① 벨트컨베이어 ② 체인컨베이어
③ 로울컨베이어 ④ 풀리컨베이어

140
컨베이어용 벨트의 손상원인과 관계가 없는 것은?

① 장력이 너무 클 때
② 운반물을 적재한 채 가끔 시동할 때
③ 캐리어의 기름이 떨어질 때
④ 속도가 너무 느릴 때

141
벨트 컨베이어의 풀리와 벨트의 맞물림점에는 작업자의 손이 말려들 위험이 있는 부분에 아래 그림과 같이 블록을 설치한다. 블록과 풀리간의 최대 간격은 얼마로 하는가?

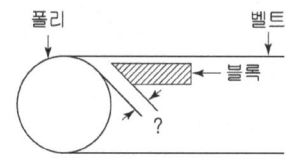

① 4mm ② 6mm
③ 8mm ④ 10mm

142
방호장치 중 과도한계를 벗어나 계속적으로 작동하지 않도록 제한하는 장치는?

① 크레인 ② 호이스트
③ 윈치 ④ 리미트 스위치

해설
리미트 스위치를 활용한 종류로는 권과방지장치, 과부하방지장치, 과전류차단장치, 압력제한장치 등이 있다.

143
크레인의 방호장치 중 과부하방지장치는?

① 권과방지장치 ② 리미트스위치
③ 브레이크장치 ④ 비상스위치

144
다음은 크레인 매달기 작업에 관한 사항이다. 이치에 맞지 않는 사항은?

① 크레인은 반드시 지정된 면허자가 운전하여야 한다.
② 크레인 운전사와의 신호는 지정된 사람만이 한다.
③ 달아올리는 물건은 반드시 수직으로 달아올린다.
④ 달아올리기를 하는 밑에서 작업하지 않는다.

해설
달아올리는 물건은 수직이나 수평으로 하여 달아올린다.

145
와이어로프의 꼬임에 허용될 수 있는 손상률은?

① 10% 이하 ② 10~15%
③ 15~20% ④ 25~30%

146
와이어로프의 지름 d와 시브나 드럼의 지름 D가 수명에 주는 영향은 어떠한가?

① d가 클수록 수명이 길어진다.
② D가 클수록 수명이 길어진다.
③ D/d가 클수록 수명이 길어진다.
④ D/d가 아무런 영향을 주지 않는다.

해설

와이어로프를 드럼에 감는 방법
① rope를 감고 풀 때에는 Kink가 생기지 않게 주의할 것(너무 느슨하면 kink의 원인이 된다.).
② rope를 반대방향으로 감으면 교차하거나 겹쳐져서 마모, 변형, 단선의 원인이 되어 위험하다.
③ 시브 및 드럼의 직경 D와 와이어로프의 직경 d와의 비 D/d가 클수록 로프의 수명이 길어지므로 조건이 허용하는 한 시브 및 드럼이 큰 것을 사용하는 것이 바람직하다.
④ 시브홈의 직경은 공칭직경의 1.07배가 적당하다.
⑤ rope의 길이를 조금 여유있게 감아 두바퀴(2wrap)정도 남도록 한다.

Answer 139. ④ 140. ④ 141. ② 142. ④ 143. ② 144. ③ 145. ① 146. ③

147
크레인의 운전반경이란?

① 상부회전체의 최대 높이에서 화물의 밑부분까지 이르는 수직거리를 말함
② 상부회전체의 최대 높이에서 화물의 윗부분까지 이르는 수직거리를 말함
③ 상부회전체의 회전 중심에서 화물의 중심까지 이르는 수평거리를 말함
④ 하부회전체의 회전중심에서 화물의 중심까지 이르는 수평거리를 말함

148
마찰은 어떤 함수(function)인가?

① 접촉력, 표면과 물체의 상태
② 중량, 표면의 접촉
③ 운동력, 표면상태, 물체의 강도
④ 표면적과 하중

149
다음의 섬유로 된 밧줄 중에서 인장강도가 가장 높은 것은?

① 사이잘(sisal)   ② 마닐라(manila)
③ 헴프(hemp)   ④ 레이온(rayon)

해설
일반적으로 마닐라 섬유로 된 로프가 인장강도가 가장 높다.

150
다음 중 크레인 로프에 4ton의 중량을 걸어 20m/sec²의 가속도로 감아 올릴 때 로프에 걸리는 하중은?

① 12,063kg   ② 12,093kg
③ 12,143kg   ④ 12,163kg

해설
$$W = W_1 + W_2$$
$$= W_1 + \left(\frac{W_1}{g} \times \alpha\right)$$
$$= 4,000 + \left(\frac{4,000}{9.8} \times 20\right) = 12,163 kg$$

(W_1 : 정하중, W_2 : 동하중, g : 중력가속도, α : 가속도)

151
Governer란?

① 과부하방지장치   ② 속도조절기
③ 완충기   ④ 권과방지장치

해설
Governer(가버너)란 승강기에 부착시키는 안전장치로 속도를 조절하는 속도조절기를 뜻한다.

152
취급운반의 5원칙 중 관계가 먼 것은?

① 연속운반으로 할 것
② 직선운반으로 할 것
③ 운반작업을 집중화할 것
④ 손이 닿는 운반방식으로 할 것

해설
①, ②, ③항 이외에 생산을 최고로 하는 운반을 생각할 것, 최대한 시간과 경비를 절약할 수 있는 운반방법을 고려할 것 등이 있다.

153
물건을 적재할 때 무거운 물체의 적합한 위치는?

① 아래쪽   ② 위 쪽
③ 중간   ④ 상관없음

해설
중량물은 아래쪽에 적재해야만 중심을 잡아 적재된 화물의 전도를 방지할 수 있다.

154
나사의 풀림을 방지하기 위하여 사용하는 것 중 해당되지 않는 것은?

① 록너트   ② 분할핀
③ 스프링와셔 ④ 코터

해설
코터(cotter) : 평형 쐐기의 일종

Answer ● 147. ③ 148. ① 149. ② 150. ④ 151. ② 152. ④ 153. ① 154. ④

155
기계공장에서 지켜야 할 안전수칙이다. 잘못된 것은?

① 위험한 일을 할 때는 반드시 보안경을 쓸 것
② 기계를 돌리기 전에 반드시 안전장치를 검사할 것
③ 예리한 물건을 다룰 때는 미끄러지기 쉬우므로 장갑을 낄 것
④ 작업 중에는 시계나 반지를 끼지 말 것

해설
예리한 물건을 다룰 때는 걸레 등으로 감싸고 다루어야 한다.

156
기중기 등 큰 하중을 취급하는 기계에서는 속도의 조절과 화물을 임의의 위치에 정지시킬 수 있는 브레이크로 자동하중 브레이크를 사용한다. 다음 중 자동하중 브레이크로 사용하기 힘든 브레이크는?

① 워엄 브레이크(worm brake)
② 나사 브레이크(screw brake)
③ 로프 브레이크(rope brake)
④ 밴드 브레이크(band brake)

해설
밴드 브레이크는 마찰력에 의하여 제동하는 장치로 자동하중 브레이크로 사용하기는 힘들다.

157
기기 파괴 사고 중 나사의 기준 치수불량으로 발생한 요인은?

① 사용상의 요인　② 제조상의 요인
③ 설계상의 요인　④ 구조상의 요인

Answer 155. ③　156. ④　157. ③

CONTENTS

PART 01 | 전기설비 안전관리
PART 02 | 화학설비 안전관리

4 과목

전기 및 화학설비 안전관리

1편

전기설비 안전관리

1장 전격재해 및 방지대책

1 전기재해의 종류 및 특성

(1) 전기재해의 종류 : 전격(감전), 과열, 전기스파크, 정전기사고, 화재, 폭발, 화상 등

(2) 전기재해의 특성

    1) 전기재해는 보통 저압일 때 발생하는 경우가 많다.

    2) 사망률이 매우 높아 전체 평균 사망률이 약 10배에 이르나 발생빈도는 낮다.

2 전격현상의 메커니즘 및 위험도 결정조건

(1) 전격현상의 메커니즘

    1) 심실세동에 의한 혈액순환기능의 상실

    2) 뇌의 호흡중추신경 마비에 따른 호흡중지

    3) 흉부수축에 의한 질식

(2) 전격 위험도 결정조건

    1) 1차적 감전위험요소

        ① 통전전류의 크기(감전에 의한 사망위험성은 통전전류의 크기에 의해서 결정됨)

        ② 전원의 종류(교류, 직류별)

        ③ 통전경로

        ④ 통전시간

    2) 2차적 감전위험요소

        ① 인체의 조건(저항)

        ② 전압

        ③ 주파수

        ④ 계절

3 통전전류에 의한 인체의 영향

(1) 통전전류의 크기와 인체에 미치는 영향(상용주파수 60Hz의 교류에서 건강한 성인 남자의 경우)

1) 최소감지전류(1mA 정도) : 통전되는 전류를 느낄 수 있는 정도의 전류치
2) 고통한계전류(7~8mA 정도) : 고통을 참을 수 있는 한계의 전류치
3) 마비한계전류(10~15mA 정도) : 인체 각부의 근육이 수축현상을 일으키고 신경이 마비되어 신체를 자유로이 움직일 수 없게 되는 경우의 전류치
4) 심실세동전류(치사전류) : 전류의 일부가 심장부분을 흐르게 되면 심장은 정상적인 맥동을 하지 못하고 불규칙한 세동을 일으키며 혈액순환이 곤란하게 되고 심장이 마비되는 현상을 초래하는데 이러한 경우를 심실세동이라 한다.

① 심실세동전류와 통전시간과의 관계

$$\therefore I = \frac{165}{\sqrt{T}} \text{ (mA)}$$

여기서, I : 심실세동전류(mA)
T : 통전시간(sec)

② 심실세동을 일으키는 전기에너지 값

$$\therefore W = I^2 RT$$

여기서, W : 전기에너지
R : 전기저항(Ω)
T : 통전시간(sec)

$$W = I^2 RT = \left(\frac{165}{\sqrt{T}} \times 10^{-3}\right)^2 \times 500 \times T$$

$$= 13.6 \text{W} \cdot \text{sec} = 13.6 \text{Joule} = 3.3 \text{cal}$$

(2) 저압전기기기의 전류의 크기에 따른 감전의 영향

① 1mA : 전기를 느낄 정도
② 5mA : 상당한 고통을 느낌
③ 10mA : 견디기 어려운 정도의 고통
④ 20mA : 근육의 수축이 심해 의사대로 행동불능
⑤ 50mA : 상당히 위험한 상태
⑥ 100mA : 치명적인 결과 초래

(3) 통전 경로별 위험도

통전경로	위험도	통전경로	위험도
왼손-가슴	1.5	왼손-등	0.7
오른손-가슴	1.3	한손 또는 양손-앉아있는 자리	0.7
왼손-한발 또는 양발	1.0	왼손-오른손	0.4
양손-양발	1.0	오른손-등	0.3
오른손-한발 또는 양발	0.8		

(4) 가수전류 및 불수전류

1) 가수전류(let-go current) : 인체가 자력으로 이탈할 수 있는 전류를 말하며 전원이 교류인 경우는 이탈전류, 직류인 경우는 해방전류라고도 한다.
   ① 60Hz 정현파 교류에 의한 가수전류(이탈전류 또는 마비한계전류) : 10~15mA
   ② 직류에 의한 가수전류 : 남자는 73.7mA, 여자의 경우는 50mA

2) 불수전류(freezing current) : 자력으로 이탈할 수 없는 전류로서 교착전류라고도 한다.

(5) 전류, 전압, 저항의 관계식

1) 전류값 산정식

$$\therefore I = \frac{E}{R}$$

여기서, I : 전류(A)
E : 전압(V)
R : 저항(Ω)

2) 인체통전전류(I_m)

$$\therefore I_m = \frac{E}{R_m(1 + R_2/R_3)}$$

여기서, I_m : 인체에 흐르는 전류
E : 대지 전압
R_2 : 제2종 접지 저항식
R_2 : 제3종 접지 저항식
R_m : 인체저항

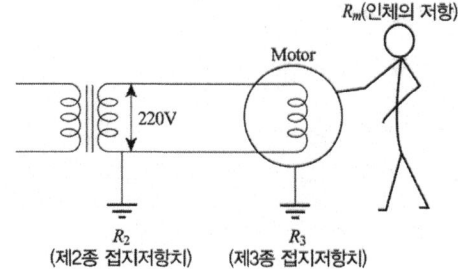

4 인체의 전기저항 및 안전전압

(1) 인체 각부의 전기저항

　1) 건조한 피부의 전기저항 : 약 2,500Ω
　　① 피부에 땀이 났을 경우 : 1/12~1/20 정도로 감소
　　② 피부가 물에 젖어 있을 경우 : 1/25 정도로 감소

　2) 내부조직저항 : 300Ω

　3) 발과 신발, 신발과 대지사이의 저항
　　㉠ 발과 신발사이의 저항 : 1,500Ω
　　㉡ 신발과 대지사이의 저항 : 700Ω

　4) 전체 저항 값 : 5,000Ω

(2) 인체피부의 전기저항에 영향을 주는 요인

　1) 인가전압의 크기와 전류의 세기
　2) 접촉 면적
　3) 인가 시간

(3) 안전전압 및 허용 접촉전압

　1) 안전전압
　　① 한국 : 30V
　　② 일본 : 24~30V
　　③ 독일 : 24V
　　④ 영국 : 24V
　　⑤ 네덜란드 : 50V

　2) 허용 접촉전압

종 별	접 촉 상 태	허용접촉전압
제 1종	• 인체의 대부분이 수중에 있는 상태	2.5V
제 2종	• 인체가 현저히 젖어있는 상태 • 금속성의 전기기계장치나 구조물에 인체의 일부가 상시 접촉되어 있는 상태	25V 이하
제 3종	• 제1종 및 제2종 이외의 경우로써 통상의 인체상태에 있어서 접촉전압이 가해지면 위험성이 높은 상태	50V 이하
제 4종	• 제3종의 경우로써 위험성이 낮은 상태 • 접촉전압이 가해질 위험이 없는 경우	제한 없음

5 감전사고 발생 후의 처리 및 응급조치

(1) 감전사고 발생 후의 처리 순서

1) 스위치를 끄고 구출자 본인의 방호조치 후 신속하게 상해자를 구출할 것
2) 즉시 인공호흡을 실시할 것
3) 생명 소생 후 병원에 후송할 것

(2) 전격시 응급조치

1) 감전재해자의 관찰사항
   ① 호흡, 맥박, 의식의 상태
   ② 출혈, 골절유무(고소 추락시)
   ③ 입술과 피부의 색깔, 체온의 상태

2) 인공호흡
   ① 인공호흡은 분당 12~15회(4초 간격)의 속도로 30분 이상 반복 실시한다.
   ② 인체의 호흡이 멎고 심장이 정지되었다 하더라도 인공호흡을 계속 실시하는 것이 좋다.
   ③ 인공호흡에 의한 소생률

호흡정지에서 인공호흡개시까지의 경과시간	소생률(%)
1분	95
2분	90
3분	75
4분	50
5분	25
6분	10

6 감전사고 방지

(1) 감전사고의 방지대책

1) 전기기기 및 설비의 위험부에 위험표시
2) 보호접지의 실시
3) 전기설비의 점검철저
4) 전기기기 및 설비의 정비 철저
5) 고전압 선로 및 충전부에 근접하여 작업하는 경우 보호구 착용
6) 충전부가 노출된 부분에는 절연 방호구 사용
7) 유자격자이외는 전기기계 및 기구에 접촉금지
8) 안전관리자는 작업에 대한 안전교육 실시
9) 사고발생시의 처리순서를 미리 작성하여 둘 것

(2) 전기기계・기구에 의한 감전방지대책

1) 직접 접촉에 의한 감전방지
   ① 충전부 전체를 절연할 것
   ② 노출형 배전설비 등은 폐쇄 배전반형으로 하고 전동기 등은 적절한 방호구조의 형식을 사용할 것
   ③ 설치장소의 제한, 별도의 실내 또는 울타리 등을 설치하고 시건장치를 할 것
2) 보호접지
3) 교류 아크용접기의 감전방지 : 자동전격방지장치를 설치하여 2차측의 무부하 전압을 30V 이하로 유지시킬 것
4) 누전에 의한 감전방지
   ① 전기적 절연
   ② 누전차단기의 설치
   ③ 이중 절연기기의 사용
5) 비접지식 전로 및 절연 변압기의 사용
6) 안전전압 전원의 사용

7 전자파의 종류 및 전자파 장해의 방지대책

(1) 전자파의 종류

1) 자외선 및 적외선・가시광선 등
2) 감마(gamma)선 및 X선
3) 마이크로파, 라디오파, 극저주파
4) 레이저광선 등

(2) 전자파 장해(EMI)의 방지대책

1) 전자경로의 차폐・흡수, 대책 실시
2) 저지필터 설치
3) 접지 실시

실 / 전 / 문 / 제

01
전기재해의 특성과 거리가 먼 것은?
① 발생빈도와 사망률이 높다.
② 일반 작업자와 공중의 재해가 많다.
③ 저압의 전기재해가 많다.
④ 송배전 선로에 의한 재해가 많다.

해설
일반적으로 전기재해는 사망률은 매우 높아 전체 사고 평균 사망률의 약 10배에 이르나 발생빈도는 낮다.

02
다음은 인체통전으로 인한 전기재해의 정도에 영향을 미치는 3가지 요소들이다. 이중 가장 거리가 먼 것은?
① 전압의 크기   ② 전류의 크기
③ 신체 통전경로   ④ 통전시간

해설
전압의 크기 : 2차적 감전 위험 요소

03
전격재해의 위험도를 결정하는 요인 중 가장 근본적인 것은?
① 통전전류   ② 통전전압
③ 통전경로   ④ 통전시간

해설
감전에 의한 사망의 직접적인 위험성은 보통 통전전류의 크기(세기)에 의하여 결정된다.

04
전압이 동일한 경유 교류가 직류보다 위험한 이유는?
① 교류의 경우에 감전되면 접촉부위에서 떨어지지 않는다.
② 교류는 감전시 화상을 입히기 때문이다.
③ 교류는 감전시 경련과 수축을 일으킨다.
④ 직류는 교류보다 약할 뿐이다.

해설
일반적으로 직류감전은 화상위험이 있고 교류감전은 근육마비현상이 일어나므로 접촉부위에서 잘 떨어지지 않아 통전시간이 길어지기 때문에 교류가 직류보다 위험하게 된다.

05
다음 중 전격현상의 메카니즘이 아닌 경우는 어느 것인가?
① 흉부수축에 의한 질식
② 심실세동에 의한 혈액순환기능의 상실
③ 호흡중추신경 마비에 따른 호흡중지
④ 내장파열에 의한 소화기계통의 기능상실

06
60사이클의 가정용 교류일 때 인체가 전격의 고통을 이겨 낼 수 있는 전류량은?
① 7~8[mA]   ② 9~10[mA]
③ 11~12[mA]   ④ 14~15[mA]

해설
통전전류의 크기와 인체에 미치는 영향(전기설비 기술기준에 관한 고시) : 상용주파수 60Hz의 교류에서 건강한 성인 남자의 경우
① **최소감지전류** (1[mA]) : 통전되는 것을 느낄 수 있는 정도의 전류
② **고통한계전류**(7~8[mA]) : 고통을 참을 수 있는 한계의 전류치
③ **마비한계전류**(freezing current)(10~15[mA]) : 인체 각부의 근육이 수축현상을 일으키고 신경이 마비되어 신체를 자유로이 움직일 수 없게 되는 경우의 전류치

Answer ➡ 01. ① 02. ① 03. ① 04. ① 05. ④ 06. ①

④ **심실세동전류**(치사전류)($165/\sqrt{T}$[mA]) : 인체에 흐르는 통전전류의 크기를 더욱 증가하게 되면 전류의 일부가 심장 부분을 흐르게 되며, 심장은 정상적인 맥동을 하지 못하고 불규칙적인 세동을 일으키며 혈액의 순환이 곤란하게 되고 심장이 마비되는 현상을 초래하는 전류

[참고] 저압전기기기의 전류의 크기에 따른 감전의 영향(고용노동부고시)
① 1[mA] : 전기를 느낄 정도
② 5[mA] : 상당한 고통을 느낌
③ 10[mA] : 견디기 어려운 정도의 고통
④ 20[mA] : 근육의 수축이 심해 의사대로 행동불능
⑤ 50[mA] : 상당히 위험한 상태
⑥ 100[mA] : 치명적인 결과 초래

07
사용주파수[60Hz]의 교류에 건강한 성인 남자가 감전할 경우 마비현상을 일으키는 마비한계 전류[mA]는?
① 1~2
② 7~8
③ 10~15
④ 18~20

해설

마비 한계 전류 : 10~15mA

08
다음 중 이탈전류에 대한 설명으로 맞는 것은?
① 충전부에 접촉했을 때 근육이 수축을 일으켜 자연히 이탈되는 전류의 크기
② 충전부에 사람이 접촉했을 때 누전차단기가 작동하여 사람이 감전되지 않고 이탈할 수 있도록 정한 차단기의 작동전류
③ 누전에 의해 전류가 선로로부터 이탈되는 전류로서 측정기를 통해 측정 가능한 전류
④ 손발을 움직여 충전부로부터 스스로 이탈할 수 있는 전류

해설

이탈전류(15mA)
① 감전이탈 가능전류(8~15mA) : 안전하게 스스로 전원으로부터 떨어질 수 있는 최대전류
② 감전이탈 불능전류(15~50mA) : 전격을 받았음을 느끼면서도 그 전원으로부터 떨어질 수 없는 전류

09
감전시 인체에 미치는 영향을 나타내는 전류 중 심실세동전류는?
① $I = 75/\sqrt{T}$ [mA]
② $I = 85/\sqrt{T}$ [mA]
③ $I = 165/\sqrt{T}$ [mA]
④ $I = 215/\sqrt{T}$ [mA]

해설

심실세동전류치는 달지엘(Dalziel)씨의 값으로 $I = 165/\sqrt{T}$ [mA]로 하여 사용한다.

10
전격시에 발생되는 심실세동에 대한 설명 중 부적절한 것은?
① 심실세동 전류의 크기는 시간의 제곱근에 반비례하고 전류의 크기에 비례한다.
② 심실세동이란 통전전류가 심장제어계통에 이상을 주어 심장의 불규칙적인 박동을 일으키게 하는 것을 말한다.
③ 통전시간이 아주 적을 경우에는 큰 전류라 해도 심실세동이 일어나지 않을 수 있다.
④ 심실세동은 심장 또는 심장주변에 흐르는 전류에 의해 심장이 미세한 진동을 일으키는 현상으로 전류가 차단되면 대부분 정상으로 회복된다.

해설

심실세동현상은 통전전류가 차단되어도 자연적으로 회복되지 못하고 그대로 방치하면 수분이내에 사망하게 된다.

11
인체에 전격을 당하였을 경우, 만약 통전시간이 1초간 걸렸다면, 심실세동을 일으키는 전류치는 얼마인가?
① 115[mA]
② 165[mA]
③ 180[mA]
④ 255[mA]

해설

$$\therefore I = \frac{165}{\sqrt{T}} (\text{mA})$$

여기서, I : 심실세동전류 값(mA), T : 통전시간(초)이다.

$$\therefore I = \frac{165}{\sqrt{1}} = 165(\text{mA})$$

Answer ● 07. ③ 08. ④ 09. ③ 10. ④ 11. ②

12

인체의 전기저항을 500[Ω]이라 한다면, 통전시간 1초 동안 심실세동을 일으키는 위험 한계에너지는 얼마인가?

① 8.5[J] ② 9.7[J]
③ 11.5[J] ④ 13.6[J]

해설

줄의 법칙(Joule's law)에서
$$W = I^2 RT$$
$$= \left(\frac{165}{\sqrt{T}} \times 10^{-3}\right)^2 \times 500 \times T$$
$$= 13.6 \text{W·sec} = 13.6 \text{Joule}$$

여기서, W : 위험한계에너지[J]
I : 심실세동전류 값[mA]
R : 전기저항[Ω]
T : 통전시간[S]

13

다음은 인체 내에 흐르는 전류의 크기에 대한 영향을 기술한 것이다. 틀린 것은?

① 1~8[mA]는 쇼크를 느끼나 인체의 기동에는 영향이 없다.
② 15~20[mA]는 쇼크를 느끼고 감전물의 가까운 쪽의 근육이 마비된다.
③ 20~50[mA]는 고통을 느끼고 강한 근육의 수축이 일어나 호흡이 곤란하다.
④ 50~100[mA]는 순간적으로 확실하게 사망한다.

해설

통전시간을 1초로 할 때 심실세동전류($I = 165/\sqrt{T}$ [mA])는 165[mA]로 1,000명중 5명 정도가 심실세동을 일으킬 수 있는 정도의 값이며, 저압전기기기의 감전의 영향을 보면 50[mA]에서 상당히 위험한 상태가 되고, 100[mA]에서 치명적인 결과를 초래할 수 있다고 하였다. 즉, 50~100[mA]에서 순간적으로 확실하게 사망하는 것은 아니고 순간적으로 사망할 위험이 있는 생리반응이 일어나는 전류의 크기인 것이다.

14

인체 전기적 조건은 그 장소의 피부 건습정도에 따라 다르나 습한 경우의 고유저항은?

① 500[Ω cm²] ② 700[Ω cm²]
③ 100[Ω cm²] ④ 1,800[Ω cm²]

해설

건조한 피부의 전기저항은 2,500[Ω cm²]인데 습한 경우(물에 젖어 있는 경우)에는 1/25정도로 감소하므로 2,500×1/25 = 100[Ω cm²]이 된다.

15

인체의 일부가 금속성의 기계기구나 구조물에 상시접촉하는 상태의 작업에서의 제2종 허용접촉전압은 얼마인가?

① 2.5[V] 이하 ② 25[V] 이하
③ 50[V] 이하 ④ 제한없음

해설

접촉상태별 허용접촉전압

종별	접 촉 상 태	허용 접촉 전압
제1종	• 인체의 대부분이 수중에 있는 상태	2.5V
제2종	• 인체가 현저하게 젖어 있는 상태 • 금속성의 전기기계장치나 구조물에 인체의 일부가 상시 접촉되어 있는 상태	25V 이하
제3종	• 제1종, 제2종 이외의 경우로서 통상의 인체상태에 있어서 접촉전압이 가해지면 위험성이 높은 상태	50V 이하
제4종	• 제1종, 제2종 이외의 경우로서 통상 인체상태에 있어서 접촉전압이 가해지더라도 위험성이 낮은 상태 • 접촉전압이 가해질 우려가 없는 경우	제한 없음

16

우리나라의 일반 작업장에서 전기 위험방지조치를 하지 않아도 되는 전압의 한계치는?

① 60[V] ② 50[V]
③ 30[V] ④ 20[V]

해설

각국의 안전전압 한계치
① 독일, 영국 : 24[V]
② 일본 : 24~30[V]
③ 네덜란드 : 50[V]
④ 벨기에 : 35[V]
⑤ 한국 : 30[V]

Answer 12. ④ 13. ④ 14. ③ 15. ② 16. ③

17
50[mA] 정도로 감전된 환자의 응급조치에 적합하지 못한 것은?

① 우선 인공호흡
② 위험지역에서 우선 구출
③ 긴급구출시 구출자의 안전대책
④ 우선 병원으로

해설
50[mA] 정도면 비교적 높은 전류 값으로 상당히 위험한 상태를 초래할 수 있으므로 응급처치를 하는 것이 급선무이다.

18
감전자에 대한 중요한 관찰 사항 중 옳지 않은 것은?

① 인체를 통과한 전류의 크기가 50[mA]를 넘었는지 알아본다.
② 골절된 곳이 있는지 살펴본다.
③ 출혈이 있는지 살펴본다.
④ 입술과 피부의 색깔, 체온의 상태, 전기출입부위 상태 등을 알아본다.

해설
감전재해자의 관찰사항
① 호흡, 맥박, 의식의 상태
② 출혈, 골절유무(고소추락시)

19
호흡정지에서 인공호흡 개시까지의 시간이 3분이었다면 인공호흡에 의한 소생률은?

① 90%   ② 85%
③ 75%   ④ 70%

20
의학적으로 전격화상의 증상이 화상부위가 넓고 피하에까지 미쳐서 피부의 외피가 벗겨졌다면 몇도 화상인가?

① 1도   ② 2도
③ 3도   ④ 4도

해설
전기분야에서의 화상의 분류
① 1도 : 피부가 붉어지는 정도
(식용유, 바세린, 아연화연고 등을 엷게 도포하고 냉각한다.)
② 2도 : 붉어진 피부위에 물집이 생김
(수포가 터지지 않도록 하고 붕산연고를 바른 가제를 붙이고 의사의 치료를 받는다.)
③ 3도 : 표피 및 피하조직까지 장해가 미침
(붕산연고나 유류를 바르고 즉시 의사의 치료를 받는다.)
④ 4도 : 탄화된다.
(화상부위가 넓고 피부만이 아니라 근육, 심줄, 뼈까지 변화가 미친다.)

21
전기에 의한 감전사고를 방지하기 위한 대책이 아닌 것은?

① 전기설비에 대한 보호접지
② 전기설비에 대한 누전차단기 설치
③ 충전부가 노출된 부분은 절연방호구 사용
④ 전기기기에 대한 정격표시

해설
①, ②, ③항 이외에 감전재해의 방지대책으로 전기설비에 대한 위험표시, 전기설비에 대한 안전점검 철저, 작업자에 대한 보호구 착용 철저, 안전교육 실시 등이 있다.

22
일반적으로 전기기기의 누전으로 인한 감전재해의 방지대책으로서 해당 없는 것은?

① 보호접지법
② 이중절연기기의 사용
③ 감전방지용 누전차단기의 사용
④ 전로의 채용

해설
④항은 비접지방식의 전로의 채용이 옳다.

23
저압전기기기의 누전으로 인한 감전재해의 방지대책 중 잘못된 것은?

① 보호접지
② 비접지식 전로의 채용

Answer ⊃ 17. ④ 18. ① 19. ③ 20. ③ 21. ④ 22. ④ 23. ④

③ 노퓨즈브레이크(No Fuse Breaker)의 사용
④ 안전전압의 사용

해설

감전재해의 방지대책으로는 ①, ②, ③항 이외에 2중 절연구조 전기기계, 기구의 사용, 절연변압기사용 등도 있다.

24

전기로 인한 위험방지조치로서 감전사고 방지 대책에 해당되지 않는 것은?

① 전로의 절연
② 이중절연구조의 전동기구사용
③ 충전부의 접지
④ 고장시 전로의 신속차단

해설

직접 접촉에 의한 감전사고 방지대책
① 충전부 전체를 절연할 것.
② 노출배전설비는 폐쇄 배전반형으로 할 것.
③ 설치장소의 제한, 울타리 등을 설치하고 시건장치를 할 것.
④ 덮개 또는 방호울 등을 사용하여 충전부를 방호할 것.
⑤ 안전전압 이하의 기기를 사용할 것.
[길잡이] 감전사고 방지대책으로는 평상시 충전되지 않는 전도성부분(금속체외함 등)을 접지극에 연결하는데 이것을 보호접지 또는 기기접지라고 하며 충전부에는 접지하지 않는다.

25

누전 중인 기기외함에 접촉시 인체의 대지저항은 10,000[Ω]이었고, 접지선에 흐르는 전류는 0.5[A], 접지저항은 100[Ω]이었다. 이때 인체를 통하여 흐르는 전류는 몇[mA]인가?

① 2[mA] ② 3[mA]
③ 4[mA] ④ 5[mA]

해설

오옴의 법칙(ohm's law)에서
$I = \dfrac{E}{R} = \dfrac{0.5 \times 100}{10,000} \times 1,000 = 5[mA]$

Answer ● 24. ③ 25. ④

2장 전기설비기기 및 전기작업안전

1 전기설비 및 기기

[1] 배전반 및 분전반

(1) 배전반(switch board) : 송배전계통과 전력기기의 상태를 상시 감시하고 차단기 등의 개폐상태를 한눈에 볼 수 있으며 변전소내의 기기를 원격제어할 수 있도록 계기, 계전기, 제어스위치 등을 한곳에 집중시켜 놓은 것을 말한다.

(2) 분전반(캐비넷 : cabinet)

1) 분기회로용의 배전반으로 과전류차단기, 주개폐기, 분기개폐기 등을 수납한 것이다.
2) 건물 등에서 배전반으로부터 각층으로 분기한 분기간선에서 부하로 분기하는 곳에 설치한다.
3) 분전반의 종류 : 텀블러식 분전반, 브레이커식 분전반, 나이프식 분전반
4) 과전류, 단락사고 등을 최소범위로 방지한다.

[2] 개폐기(switch)

(1) 개폐기 : 전기회로의 개폐 혹은 접속의 전환을 하는 장치

(2) 개폐기의 분류

1) 주상유입개폐기(POS)
   ① 고압개폐기로서 반드시 「개폐」의 표시를 하여야 한다.
   ② 배전선로의 개폐 및 타 계통으로 변환, 고장구간의 구분, 부하전류의 차단 및 콘덴서의 개폐, 접지사고의 차단 등에 사용된다.

2) 부하개폐기 : 부하상태에서 개폐할 수 있는 것으로 리클로우저, 차단기 등이 있다.
   ① 리클로우저(recloser) : 자동차단, 자동재투입의 능력을 가진 개폐기
   ② 차단기(OLB) : 부하상태에서 개폐할 수 있는 개폐기

3) 단로기(DS)
   ① 무부하 회로에서 개폐하는 것이다.
   ② 차단기의 전후 또는 차단기의 측로회로 및 회로접속의 변환에 사용된다.

4) 자동 개폐기
   ① 시한 개폐기 : 옥외의 신호회로 등에 사용
   ② 전자 개폐기 : 단추를 눌러서 개폐, 과부하보호용으로 적합, 전동기의 기동과 정지에 많이 사용
   ③ 스냅 개폐기 : 전열기, 전등점열, 소형 전동기의 기동과 정지에 사용
   ④ 압력 개폐기 : 압력 변화에 의해 작동, 옥내 급수용, 배수용 등의 전동기 회로에 사용

5) 저압 개폐기(스위치 내부에 퓨즈를 삽입한 개폐기) : 안전 개폐기, 박스 개폐기, 칼날형 개폐기, 커버 개폐기 등이 있다.

[3] 과전류 보호기

(1) 퓨즈(fuse)
전기회로가 단락되었을 때 순간적으로 전원을 차단시켜 전기기계기구나 배선을 보호하는 역할을 한다.

1) 퓨즈의 재료 : 납, 주석, 아연, 알루미늄 및 이들의 합금

2) 퓨즈의 정격용량
   ① 저압용 포장 퓨즈 : 정격전류의 1.1배
   ② 고압용 포장 퓨즈 : 정격전류의 1.3배
   ③ 고압용 비포장 퓨즈 : 정격전류의 1.25배

(2) 과전류 차단기

1) 차단기 : 평상시의 전류 및 고장시의 전류를 보호계전기와의 조합에 의하여 안전하게 차단하고 전로 및 기구를 보호하는 것

2) 차단기의 종류
   ① 공기차단기(ABB) : 압축공기로 아크를 소호하는 차단기
   ② 애자형차단기(PCB) : 탱크형 유입차단기를 개량한 차단기
   ③ 가스차단기 : 아크의 소호 매질로 가스를 사용한 차단기
   ④ 진공차단기(VCB) : 진공 속에서 전극을 개폐하여 소호하는 방식
   ⑤ 자기차단기(MBB) : 대기 중에서 전자력을 사용하여 아크를 소호실내로 유도하여 냉각 차단하는 것
   ⑥ 배선용차단기(NFB ; no fuse breaker) : 평상시에는 수동으로 개폐하고, 과부하전류나 단락시에는 자동적으로 과전류를 차단하는 것
   ⑦ 유입차단기(OCB) : 탱크 속에 절연유를 넣어 유중 개폐하는 차단기

3) 배선용차단기의 특성
   ① 정격전류의 1배에 견디어야 한다.

② 정격전류에 따른 자동작동시간

정격전류의 구분	자 동 작 동 시 간	
	정격전류의 1.25배의 전류가 흐를때(분)	정격전류의 2배의 전류가 흐를때(분)
30A 이하	60	2
30~50A 이하	60	4
50~100A 이하	120	6
100~225A 이하	120	8

4) 유입차단기의 작동 순서
   ① 절연유 온도는 90℃ 이하, 자연소호식이며, 절연유 속에서 과전류를 차단
   ② 유입차단기의 작동순서

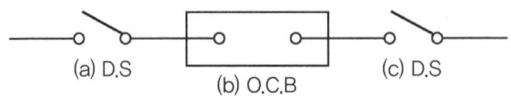

   • 투입순서 : (c) – (a) – (b)
   • 차단순서 : (b) – (c) – (a)
   ③ 바이패스 회로 설치시 유입차단기의 작동순서

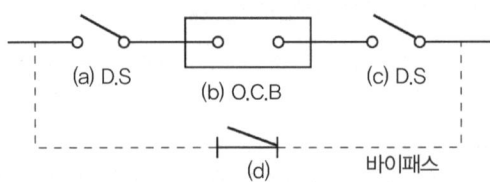

   • 작동순서 : (d)투입, (b), (c), (a) 차단

(3) 누전차단기(earth leakage breaker)

1) 누전차단기의 종류에 따른 동작시간

종 류	동 작 시 간	정격감도전류(mA)	비 고
고속형	정격감도전류에서 0.1초 이내	5, 10, 15, 30	전압동작형
보통형	정격감도전류에서 0.2초 이내		전류동작형
시연형(지연형)	정격감도전류에서 0.1초 초과 2초 이내		대계통의 모선보호용

2) 누전차단기를 접속하는 경우 준수사항
   ① 전기기계·기구에 설치되어 있는 누전차단기는 「정격감도전류가 30mA 이하」이고 「작동시간은 0.03초 이내」일 것. 다만, 정격전부하전류가 50A 이상인 전기기계·기구에 접속되는 누전차단기는 오작동을 방지하기 위하여 정격감도전류는 200mA 이하로, 작동시간은 0.1초 이내로 할 수 있다.

② 분기회로 또는 전기기계·기구마다 누전차단기를 접속할 것. 다만, 평상시 누설전류가 매우 적은 소용량부하의 전로에는 분기회로에 일괄하여 접속할 수 있다.
③ 누전차단기는 배전반 또는 분전반 내에 접속하거나 꽂음접속기형 누전차단기를 콘센트에 접속하는 등 파손이나 감전사고를 방지할 수 있는 장소에 접속할 것.
④ 지락보호전용 기능만 있는 누전차단기는 과전류를 차단하는 퓨즈나 차단기 등과 조합하여 접속할 것.

3) 누전차단기를 설치해야 할 전기 기계·기구
① 대지전압이 150볼트를 초과하는 이동형 또는 휴대형 전기기계·기구
② 물 등 도전성이 높은 액체가 있는 습윤장소에서 사용하는 저압(750볼트 이하 직류전압이나 600볼트 이하의 교류전압을 말한다)용 전기기계·기구
③ 철판·철골 위 등 도전성이 높은 장소에서 사용하는 이동형 또는 휴대형 전기기계·기구
④ 임시배선의 전로가 설치되는 장소에서 사용하는 이동형 또는 휴대형 전기기계·기구

4) 누전차단기의 설치 및 접지의 적용 제외대상
① 이중절연구조일 것
② 비접지방식의 전로
③ 절연대 위에서 사용하는 것

5) 누전차단기 설치 제외대상
① 기계·기구를 취급자 이외의 사람이 출입할 수 없도록 시설하는 경우
② 기계·기구를 건조한 곳에 시설하는 경우
③ 대지전압 300[V] 이하인 기계·기구를 건조한 곳에 시설하는 경우
④ 기계·기구에 설치한 접지 저항 값이 3[Ω] 이하인 경우

6) 누전차단기의 선정시 주의사항
① 누전차단기는 동작시간이 0.1초 이하의 가능한 한 짧은 시간의 것을 사용해야 한다.
② 절연저항이 5MΩ 이상이 되어야 한다.
③ 누전차단기는 접속된 각각의 휴대용, 이동용 전동기기에 대해 정격감도전류가 30mA 이하의 것을 사용해야 한다.
④ 정격부 동작전류가 정격감도전류의 50% 이상이고 또한 이들의 차가 가능한 한 작은 값을 사용해야 한다.

7) 누전차단기의 설치시 환경 조건
① 주위온도(-10~-40℃ 범위 내에서 성능이 발휘할 수 있도록 구조 및 기능의 설계)에 유의할 것
② 표고 1,000m 이하의 장소에 설치할 것

③ 습도가 적은 장소(상대습도 45~80% 사이에서 사용)에 설치할 것
④ 전원전압의 변동(전원전압이 정격전압의 85~110% 사이에서 성능을 만족)에 유의할 것

(4) 보호계전기

1) 보호계전기 : 전로에 이상현상이 발생하면 곧 이것을 검출하여 고장구간을 신속하게 차단하는 등 확실한 조치를 취하는 기구

2) 용도에 의한 분류
① **과전류계전기**(OCR) : 전류가 일정한 값 이상으로 흘렀을 때 동작하는 것으로 발전기, 변압기, 전선로 등의 단락 보호용으로 사용
② **과전압계전기**(OVR) : 전압이 일정한 값 이상으로 흘렀을 때 동작하는 것으로 배선계 또는 리액터(reactor)계에서 접지사고의 검출 등에 사용
③ **차동계전기**(DFR) : 두 점에서 전류가 같을 때는 동작하지 않으나 고장시 전류의 차가 생기면 동작하는 계전기로 전압차동계전기와 전류차동계전기 등이 있다.
④ **선택단락계전기**(SSR) : 평행 2회선의 단락, 고장회선의 선택에 사용되는 것으로 차동원리를 이용한 것이며 평형 계전기라고도 한다.
⑤ **비율차동계전기**(RDFR) : 고장시의 불균형 차전류가 평형전류의 어떤 비율 이상이 되었을 때 작동하는 것으로 변압기의 내부고장 보호용으로 사용

3) 변압기의 보호계전방식
① **과전류계전방식** : 지속적 과부하에 의한 과열
② **차동계전방식** : 부싱사고, 내부고장
③ **부흐홀쯔계전기 및 압력계전기** : 내부고장

4) 변압기 절연유의 구비조건
① 절연내력이 클 것(120[kV/cm])
② 점도가 낮고 냉각효과가 클 것
③ 인화점이 높고, 응고점이 낮을 것
④ 고온에서도 산화하지 않을 것
⑤ 절연재료와 화학작용을 일으키지 않을 것

[4] 피뢰장치

(1) 피뢰기의 설치장소

1) 고압 또는 특별고압의 전로 중에서 다음의 장소에 설치할 것
   ① 발전소, 변전소의 가공 전선의 인입구 및 인출구
   ② 가공 전선로에 접속하는 특고압 옥외배전용 변압기의 고압측 및 특고압측
   ③ 고압가공 전선로에서 수전하는 500[kW] 이상의 수용장소의 인입구
   ④ 특고압 가공 전선로에서 수전하는 수용장소의 인입구
2) 배전선로 차단기, 개폐기의 전원측 및 부하측
3) 콘덴서의 전원측

(2) 피뢰기의 성능

1) 반복동작이 가능할 것
2) 구조가 견고하며 특성이 변화하지 않을 것
3) 점검, 보수가 간단할 것
4) 충격방전 개시전압과 제한전압이 낮을 것
   (피뢰기의 충격방전개시전압 = 공칭전압 × 4.5배)
5) 뇌전류의 방전능력이 크고, 속류의 차단이 확실하게 될 것

(3) 피뢰기 설치시 안전조치사항

1) 화약류 또는 위험물을 저장하거나 취급하는 시설물에는 피뢰침을 설치할 것

2) 피뢰침 설치시 준수할 사항
   ① 피뢰침의 보호각은 45° 이하로 할 것
   ② 피뢰침을 접지하기 위한 접지극과 대지간의 접지저항은 10[Ω] 이하로 할 것
   ③ 피뢰침의 접지극을 연결하는 피뢰도선은 단면적이 30[mm^2] 이상인 동선을 사용하여 확실하게 접속할 것
   ④ 피뢰침은 가연성 가스등이 누설될 우려가 있는 밸브 게이지 및 배기구 등은 시설물로부터 1.5[m] 이상 떨어진 장소에 설치할 것

(4) 피뢰기의 종류

1) **방출형 피뢰기** : 배전선로에 주로 많이 설치한다.
2) **저항형 피뢰기** : 밴드만피뢰기, 멀티캡피뢰기 등이 있다.
3) **밸브형 피뢰기** : 벨트형산화막피뢰기(구조가 간단하고 가격이 저렴하여 배전선로용으로 사용), 알루미늄셀피뢰기, 오토밸브피뢰기 등이 있다.

4) 밸브저항형 피뢰기 : 드라이밸브피뢰기, 래지스트밸브피뢰기, 사이라이트피뢰기 등이 있다.

5) 종이 피뢰기 : P-밸브피뢰기로 비밀폐형이다.

(5) 피뢰침의 보호범위 및 보호여유도

1) 피뢰침의 보호범위(보호각도)
   ① 위험물, 폭발물 등의 저장소 : 45° 이하
   ② 일반건축물 : 60° 이하
   ③ 폭이 큰 건축물에 두개 설치시 : 외각 45° 이하, 내각 60° 이하

2) 피뢰침의 보호여유도

$$\therefore 여유도(\%) = \frac{충격절연강도 - 제한전압}{제한전압} \times 100$$

(6) 피뢰침의 접지공사

1) 피뢰침의 종합접지 저항치는 10Ω 이하, 단독접지 저항치는 20Ω 이하일 것
2) 타접지극과의 이격거리 : 2m 이상
3) 접지극을 병렬로 하는 경우의 간격 : 2m 이상
4) 지하 50m 이상의 곳에서는 30mm² 이상의 나동선으로 접속할 것
5) 각 인하도선마다 1개 이상의 접지극을 접속할 것

(7) 피뢰침의 점검(검사)사항

1) 접지저항측정(가장 중요한 사항)
2) 지상의 각 접속부의 검사
3) 지상에서 단선, 용융, 기타 손상개소의 유무검사

2 전기작업안전

[1] 전기작업안전대책의 3가지 기본적 조건

(1) **전기설비의 품질향상** : 전기설비의 품질이 기술기준에 적합하고 신뢰성 및 안전성이 높을 것

(2) **전기시설의 안전관리확립** : 시설의 운용 및 보수의 적정화를 꾀한다.

(3) **취급자의 자세** : 취급자의 관심도를 높이고 안전작업을 위한 작업지침을 확립한다.

[2] 정전작업

(1) 전로차단의 절차(정전작업시의 안전조치사항)

1) 전기기기 등에 공급되는 모든 전원을 관련 도면, 배선도 등으로 확인할 것.
2) 전원을 차단한 후 각 단로기 등을 개방하고 확인할 것.
3) 차단장치나 단로기 등에 **잠금장치 및 꼬리표**를 부착할 것.
4) 개로된 전로에서 유도전압 또는 전기에너지가 축적되어 근로자에게 전기위험을 끼칠 수 있는 전기기기 등은 접촉하기 전에 **잔류전하**를 완전히 방전시킬 것.
5) 검전기를 이용하여 작업 대상 기기가 **충전**되었는지를 확인할 것.(검전기를 이용하여 충전 여부확인)
6) 전기기기 등이 다른 노출 충전부와의 접촉, 유도 또는 예비동력원의 역송전 등으로 전압이 발생할 우려가 있는 경우에는 충분한 용량을 가진 단락 **접지기구**를 이용하여 접지할 것.

(2) 정전작업 후 재통전시 안전조치사항

1) 작업기구, 단락 접지기구 등을 제거하고 전기기기 등이 안전하게 통전될 수 있는지를 확인할 것.
2) 모든 작업자가 작업이 완료된 전기기기 등에서 떨어져 있는지를 확인할 것.
3) 잠금장치와 꼬리표는 설치한 근로자가 직접 철거할 것.
4) 모든 이상 유무를 확인한 후 전기기기 등의 전원을 투입할 것.

(3) 정전작업시의 정전작업요령의 내용

1) 작업책임자의 임명, 정전범위 및 절연용보호구 작업시작 전 점검 등 작업시작 전에 필요한 사항
2) 전로 또는 설비의 정전순서에 관한 사항
3) 개폐기관리 및 표지판 부착에 관한 사항
4) 정전확인순서에 관한 사항
5) 단락접지실시에 관한 사항
6) 전원재투입 순서에 관한 사항
7) 점검 또는 시운전을 위한 일시운전에 관한 사항
8) 교대 근무시 근무인계에 필요한 사항

: 길잡이

• 정전작업시 안전조치사항

단계조치	실무사항(조치사항)
작업전	1. 작업지휘자에 의한 작업내용의 주지 철저 2. 개로개폐기의 시건 또는 표시(잠금장치 및 꼬리표 부착) 3. 잔류전하의 방전 4. 검전기에 의한 정전확인 5. 단락접지 6. 일부 정전작업시 정전선로 및 활선선로의 표시 7. 근접활선에 대한 방호
작업중	1. 작업지휘자에 의한 지휘 2. 개폐기의 관리 3. 단락접지의 수시확인 4. 근접활선에 대한 방호상태의 관리
작업종료시	1. 단락접지기구의 철거 2. 표지의 철거 3. 작업자에 대한 위험이 없는 것을 확인 4. 개폐기를 투입해서 송전재개

• 정전작업의 순서

1) 정전작업시의 작업순서
  ∴ 개폐기시건장치 – 잔류전하방전 – 전로검진 – 단락접지설치 – 작업
2) 정전작업종료시 통전을 위한 순서
  ∴ 단락접지기구철거 – 위험표시철거 – 작업자에 대한 위험성여부 확인 – 개폐기 투입

[3] 전기의 압력분류 및 방호조치

(1) 전기의 압력분류

압력분류	직류	교류
저압	1,500V 이하	1,000V 이하
고압	1,500~7,000V 이하	1,000~7,000V 이하
특별고압	7,000V 초과	7,000V 초과

(2) 방호조치

1) 고압 충전로 작업시 이격거리

전로의 전압	이격거리
특별고압 (7,000V 초과)	2m
고압 (600~7,000V 이하)	1.2m
저압 (600V 이하)	1m

2) 특고압 가공전선과의 이격거리

구 분	전압의 범위	이격 거리
건조물, 도로등과 접촉, 교차	35[kV] 이하	3[m]
	35[kV] 초과	3[m]+A*
삭도 및 식물과의 이격거리	35[kV] 이하	2[m]
	35[kV] 초과 60[kV] 이하	2[m]
	60[kV] 초과	2[m]+B**
가공약전선 및 특고압 상호간	60[kV] 이하	2[m]
	60[kV] 초과	2[m]+C***

* A : 35[kV]를 초과하는 매 10[kV]마다 또는 그 단수마다 15[cm]씩 가산한 값
** B : 60[kV]를 초과하는 매 10[kV]마다 또는 그 단수마다 12[cm]씩 가산한 값
*** C : 60[kV]를 초과하는 매 10[kV]마다 또는 그 단수마다 12[cm]씩 가산한 값

[4] 충전전로에서의 전기작업(활선작업 및 활선근접작업)

(1) 충전전로를 취급하거나 그 인근에서 작업시 조치사항

1) **충전전로의 정전** : 충전전로를 정전시키는 경우에는 정전전로에서의 전기작업(전로차단 절차 및 정전작업후 조치사항 등)에 따른 조치를 할 것.

2) **충전전로의 방호 · 차폐 및 절연 등의 조치를 하는 경우** : 근로자의 신체가 전로와 직접 접촉하거나 도전재료, 공구 또는 기기를 통하여 간접접촉되지 않도록 할 것.

3) **충전전로 취급작업** : 작업에 적합한 절연용 보호구를 착용시킬 것.

4) **충전전로에 근접한 장소에서 전기작업**
   ① 해당 전압에 적합한 절연용 방호구를 설치할 것.
   ② 다만, 저압인 경우 절연용 보호구를 착용하되, 충전전로에 접촉할 우려가 없는 경우에는 절연용 방호구 설치제외

5) **고압 및 특별고압의 전로에서 전기작업** : 활선작업용 기구 및 장치를 사용하도록 할 것.

6) **절연용 방호구의 설치 · 해체작업** : 절연용 보호구를 착용하거나 활선작업용 기구 및 장치를 사용하도록 할 것.

7) **유자격자가 아닌 근로자가 충전전로 인근의 높은 곳에서 작업할 때에 조치사항** : 근로자의 몸 또는 긴 도전성 물체가 방호되지 않은 충전전로에서,
   ① 대지전압이 50kV 이하인 경우 : 300cm 이내로, 접근할 수 없도록 할 것.
   ② 대지전압이 50kV를 넘는 경우 : 10kV당 10cm씩 더한 거리 이내로 접근할 수 없도록 할 것.

8) **유자격자가 충전전로 인근에서 작업하는 경우** : 다음 항목의 경우를 제외하고는 노출 충전부에 다음 표에 제시된 접근한계거리 이내로 접근하거나 절연 손잡이가 없는 도전체에

접근할 수 없도록 할 것.

① 근로자가 노출 충전부로부터 절연된 경우 또는 해당 전압에 적합한 절연장갑을 착용한 경우
② 노출 충전부가 다른 전위를 갖는 도전체 또는 근로자와 절연된 경우
③ 근로자가 다른 전위를 갖는 모든 도전체로부터 절연된 경우

[표] 접근한계거리

충전전로의 선간전압(단위 : kV)	충전전로에 대한 접근 한계거리(단위 : cm)
0.3 이하	접촉금지
0.3 초과 0.75 이하	30
0.75 초과 2 이하	45
2 초과 15 이하	60
15 초과 37 이하	90
37 초과 88 이하	110
88 초과 121 이하	130
121 초과 145 이하	150
145 초과 169 이하	170
169 초과 242 이하	230
242 초과 362 이하	380
362 초과 550 이하	550
550 초과 800 이하	790

(2) 절연되지 않은 충전부나 그 인근에 근로자가 접근하는 것을 막거나 제한할 필요가 있는 경우

1) 방책을 설치하고 근로자가 쉽게 알아볼 수 있도록 할 것.
2) 다만, 전기와 접촉할 위험이 있는 경우에는 도전성이 있는 금속제 방책을 사용하거나, 접근 한계거리 이내에 설치하지 않을 것.

(3) 방책 설치가 곤란한 경우 : 근로자를 감전위험에서 보호하기 위하여 사전에 위험을 경고하는 감시인을 배치할 것.

[5] 충전전로 인근에서의 차량 · 기계장치 작업

(1) 충전전로 인근에서 차량, 기계장치 등의 작업이 있는 경우

1) 차량 등을 충전전로의 충전부로부터 300cm 이상 이격시켜 유지시키되, 대지전압이 50kV를 넘는 경우는 10kV 증가할 때마다 10cm씩 증가시켜 이격시키도록 할 것.
2) 차량 등의 높이를 낮춘 상태에서 이동하는 경우 : 이격거리를 120cm 이상(대지전압이 50kV를 넘는 경우에는 10kV 증가할 때마다 이격거리를 10cm씩 증가)으로 할 수 있음.

(2) 충전전로의 전압에 적합한 절연용 방호구 등을 설치한 경우

1) 이격거리를 절연용 방호구 앞면까지로 할 수 있으며,
2) 차량 등의 가공 붐대의 버킷이나 끝부분 등이 충전전로의 전압에 적합하게 절연되어 있고 유자격자가 작업을 수행하는 경우에는 붐대의 절연되지 않은 부분과 충전전로 간의 이격거리는 접근 한계거리까지로 할 수 있음.

(3) 방책 설치 및 감시인 배치 : 다음 각 호의 경우를 제외하고는 근로자가 차량 등의 그 어느 부분과도 접촉하지 않도록 방책을 설치하거나 감시인 배치 등의 조치를 할 것.

1) 근로자가 해당 전압에 적합한 절연용 보호구 등을 착용하거나 사용하는 경우
2) 차량 등의 절연되지 않은 부분이 접근 한계거리 이내로 접근하지 않도록 하는 경우

(4) 충전전로 인근에서 접지된 차량 등이 충전전로와 접촉할 우려가 있을 경우 : 지상의 근로자가 접지점에 접촉하지 않도록 조치할 것.

※ 시설물 건설 등의 작업시의 감전방지 조치사항
① 차량, 기계장치 등을 고압선으로부터 300cm 이상 이격시킬 것(50kV 초과시 10kV 증가할 때보다 이격거리를 10cm씩 증가시킬 것)
② 감전의 위험을 방지하기위한 방책을 설치할 것
③ 충전전로에 절연용 방호구를 설치할 것
④ 감시인을 배치할 것

[6] 안전작업공간

(1) 한쪽에만 통전부분이 있을 경우 : 75cm 이상의 작업공간 유지
(2) 양쪽에 모두 충전부분이 있을 경우 : 135cm 이상의 작업공간 유지

[7] 전기 작업용 안전장구

(1) 절연용 보호구

1) 절연안전모
① 안전모의 종류 : AB(낙하 및 비래, 추락방지용), AE(낙하 및 비래, 감전방지용), ABE(낙하 및 비래, 추락, 감전방지용)
② 감전방지용 안전모(AE, ABE)의 내전압성 : 7,000V 이하의 전압에 견딜 것

2) 절연고무장갑
① 전기용 고무장갑 : 300V 초과~7,000V 이하의 작업에 사용
② 전기용 고무장갑은 유연성 및 탄력성이 있는 양질의 고무를 사용할 것
③ 전기용 고무장갑은 다듬질이 양호하며 흠, 기포, 안구멍, 기타 사용상 유해한 결점이 없고 이은 자국이 없는 고른 것일 것
④ 3,000~6,000V 정도의 고압충전전로에 사용시는 고무장갑의 바깥쪽에 가죽장갑을

착용할 것

3) 절연고무장화

① 절연화 : 저압(교류 600V, 직류 750V 이하의 전압)의 전기에 의한 감전을 방지하기 위한 것

② 절연장화 : 저압 및 고압(7,000V 이하의 전압)의 전기에 의한 감전을 방지하기 위한 것

4) 절연복 : 상반신의 감전방지용으로 사용되는 것으로 내전압은 1,500V, 1분이다.

(2) 절연용 방호용구

1) 완금 커버
2) 방호관
3) 고무블랭킷
4) 점퍼호스
5) 애자후드
6) 커트아웃스위치 커버
7) 건축 지장용 방호판

(3) 활선 작업용 장구(공구)

1) 활선 시메라 : 충전중인 고·저압전선을 장선하는 작업에 사용
2) 활선카터 : 충전된 고전전선을 절단하는데 사용
3) 커트아웃스위치 조작봉(배전용 후크봉) : 충전중인 고압 커트아웃스위치를 개폐할 때에 섬광에 의한 화상 등의 재해 방지를 위해 사용
4) 디스콘 스위치 조작봉 : 충전부와의 절연거리를 유지하기 위하여 사용
5) 점퍼선 : 부하전류를 일시적으로 측로로 통과시키기 위해 사용
6) 기타 활선 스틱공구, 가완목, 활선작업대, 주상작업대, 활선애자청소기, 활선사다리 등이 있다.

3 전기설비안전

[1] 전 압

(1) 전압의 종류

[표] 전압의 종별

전압종류	직류	교류
저 압	750V 이하	600V 이하
고 압	750V 초과 7,000V 이하	600V 초과 7,000V 이하
특고압	7,000V 초과	7,000V 초과

(2) **옥내전로의 대지전압의 제한** : 주택의 옥내전로의 대지전압은 150V 이하로 할 것(단, 백열전등, 방전등 및 이에 부속하는 전선에 사람이 접촉할 우려가 없을 경우는 대지전압이 300V 이하)

(3) **전압강하**

1) 저압 배선중의 전압강하는 간선 및 분기회로에서 각각 표준전압의 2% 이하로 할 것. 단, 변압기에 의하여 공급되는 경우 간선의 전압강하는 3% 이하로 할 수 있다.

2) 전압강하율 : 전압강하와 송전단 전압의 비

$$\therefore 전압강하율 = \frac{V_s - V_r}{V_s} \times 100(\%)$$

여기서, V_s : 송전단 전압
V_r : 수전단 전압

[2] 전선 및 케이블

(1) **전선 종류**

1) 절연전선 : 고무절연전선, 비닐절연전선, 면절연전선 등
2) 나전선 : 특별고압가공전선, 전차선 등으로 사용되는 절연 피복이 없는 전선

(2) **전선 굵기의 결정**

1) 허용전류치
2) 선로의 전압강하
3) 기계적 강도(인장강도)

(3) **케이블의 종류**

1) 전력 케이블 : 폴리에틸렌 절연 비닐시드케이블, 비닐절연시드케이블 등
2) 제어 케이블 : 일반 빌딩, 공장, 발수변전소, 기타 600V 이하인 제어회로에 사용되는 케이블
3) 캡타이어 케이블 : 이동용 전기기구 또는 배선 등에 사용되는 케이블
4) 코드 : 옥내에서 적하식 전등 및 기타 소형전기기구에 사용

(4) **케이블 공사**

1) 매설 깊이 : 차도 및 중량물의 압력을 받을 우려가 있는 장소의 매설깊이는 1.2m 이상, 그 밖의 장소는 0.6m 이상
2) 매입할 때는 케이블 외경의 1.5배 정도의 관에 넣어서 시공
3) 바닥이나 벽을 관통할 때는 두께 4mm 이상의 절연관 사용

4) 지지점과의 거리는 최고 2m이다.

(5) 저압옥내배선의 굵기

1) 전구선, 이동용 전선 : $0.75mm^2$ 이상
2) 쇼윈도, 쇼케이스 내 : $0.75mm^2$ 이상의 캡타이어 케이블 또는 코드
3) 전광표시, 출퇴표시 등 기타 유사한 것으로 다수의 전선을 금속관 등에 넣어 시설할 경우 : $1.2mm^2$ 이상
4) 일반장소에서는 지름 1.6mm 이상의 연동선 또는 미네럴 인슐레이션 케이블(MI케이블)일 경우 : $1.25mm^2$ 이상

(6) 옥내 배선 공사

1) 애자사용공사
   ① 전선은 절연 전선(옥외용 및 인입용 비닐 절연 전선은 제외) 일 것
   ② 전선 상호간의 간격은 6[cm] 이상일 것(점검할 수 없는 은폐 장소에서 400[V]를 넘는 경우는 12[cm] 이상)
   ③ 전선과 조영재와의 이격거리는 400[V] 이하는 2.5[cm] 이상 400[V]를 넘는 경우는 4.5[cm] (건조된 장소는 2.5[cm] 이상일 것)
   ④ 전개된 장소 또는 점검할 수 있는 은폐 장소로서 전선을 조영재의 상면 또는 측면에 따라 붙일 경우에는 전선의 지점간의 거리를 2[m] 이하로 할 것.

2) 합성 수지관 공사
   ① 전선은 절연 전선(옥외용 비닐 절연 전선 제외) 일 것
   ② 전선은 연선이어야 하나, 단선의 경우 지름 3.2mm (Al선은 지름 4[mm])이하까지 사용이 가능함
   ③ 관의 지지점간의 거리는 1.5[m] 이하로 할 것

3) 금속관 공사
   ① 전선에 관한 내용은 합성수지관의 경우와 같음
   ② 금속관의 두께는 콘크리트에 매설하는 것은 1.2[mm] 이상, 그 외의 경우는 1[mm] 이상일 것
   ③ 400[V] 이하의 관은 3종 접지, 400[V] 초과의 경우는 특별 3종접지(사람의 접촉 우려가 없는 경우는 3종 접지)를 할 것.

(7) 가공전선의 높이

[표] 가공전선의 지면상 높이

전압의 구분		높 이
저압	1,000V 이하	① 5m 이상 ② 도로의 횡단부 : 6m 이상 ③ 철도, 궤도의 횡단부 : 궤도면상 6.5m 이상 ④ 횡단보도교 : 노면상 3.5m 이상
고압	1,0000V 초과 7,000V 이하	① 5m 이상 ② 전선의 밑에 보호망설치 및 위험표시를 할 경우 : 3.5m 이상
특고압	7,000V 초과 35,000V 이하	① 5m 이상 ② 도로의 횡단부 : 6m 이상
	35,000V 초과 160kV이하	① 6m 이상 ② 산지(사람의 출입이 없는 곳) : 5m 이상

[3] 전로의 절연저항 및 절연내력

(1) 저압전로의 절연저항치(절연전선의 전기저항)

[표] 저압전로의 절연성능 [KEC(전기설비규정) 2021.1 개정]

전로의 사용전압[V]	DC 시험전압[V]	절연저항[MΩ]
1) SELV 및 PELV	250	0.5
2) FELV, 500(V) 이하	500	1.0
3) 500(V) 초과	1,000	10

※ 특별저압(extra low voltage : 2차 전압이 AC 50V, DC 120V 이하)으로 SELV(비접지회로구성) 및 PELV(접지회로구성)은 1차와 2차가 전기적으로 절연된 회로, FELV는 1차와 2차가 전기적으로 절연되지 않은 회로

(2) 저압의 전선로의 누설전류는 최대공급전류의 1/2,000을 넘지 않도록 한다.

(3) 고압·특별고압 전로 및 기기의 절연내력시험은 전로와 대지간의 다음의 전압에 10분을 가하여 견딜 수 있을 것

전로의 종류	시 험 전 압
7kV 이하	최대사용전압의 1.5배
	중성점 접지식 전로로서 다중접지식 중성선을 가지는 것은 0.92배의 전압
7kV 초과 60kV 이하	최대사용전압의 1.25배의 전압
60kV 초과	중성점 비접지식전로 : 최대사용전압×1.25배의 전압
	중성점 접지식전로 : 최대사용전압×1.1배의 전압
60kV초과 170kV 이하	중성점 직접접지식전로 : 최대사용전압×0.72배의 전압
170kV 초과	중성점 직접접지식전로 : 최대사용전압×0.64배의 전압

(4) 누설 전류 및 절연저항

1) 저압전선로의 누설전류 = 최대공급전류 $\times \dfrac{1}{2,000}$ 이하

2) 절연저항(Ω) = $\dfrac{전압}{누설전류}$ = $\dfrac{전압}{최대공급전류 \times 1/2,000}$

3) 3상변압기의 절연저항(Ω) = $\sqrt{3} \times$ 절연저항

[4] 접지설비

(1) 접지목적에 따른 종류

1) **계통접지** : 고압전류와 저압전로가 혼촉되었을 때의 감전이나 화재방지
2) **기기접지** : 누전되고 있는 기기에 접촉되었을 때의 감전방지
3) **피뢰기접지** : 낙뢰로부터 전기기기의 손상을 방지
4) **정전기접지** : 정전기의 축적에 의한 폭발재해방지
5) **지락검출용접지** : 누전차단기의 동작을 확실하게 하기 위한 접지
6) **등전위접지** : 병원에 있어서의 의료기기 사용시의 안전도모

(2) 접지방식의 종류별 특징

1) **비접지방식** : 중성점을 접지하지 않는 방법으로 1선지락 사고시 건전한 두선의 대지전압은 성형전압에서 선간전압으로 상승하고 대지 충전전류는 사고점을 흐른다.
2) **직접접지방식** : Y결선 변압기의 중성점을 도선으로 직접 접지하는 방식
3) **저항접지방식** : 변압기의 중성점을 저항을 통하여 접지하는 방식으로 접지전류는 100~300[A] 정도이다.
4) **소호 리액터접지** : 중성점을 소호 리액터를 통하여 접지하는 방식으로 1선 지락 전류가 0이 되도록 하는 접지방식

(3) 접지공사시 사람이 접지선에 닿을 우려가 있는 장소에서의 유의사항

1) 접지극(접지판, 접지관)의 지중 매설깊이는 75cm 이상으로 할 것
2) 접지선을 철주 등의 금속체에 연하여 시공할 때에는 접지극 부근의 전위상승 억제를 위하여 접지극을 철주 등에서 1m 이상 떼어서 매설할 것
3) 지중에 매설된 금속제 수도관로와 대지간의 전기저항치가 3Ω 이하인 값을 유지시는 금속제 수도관을 접지극으로 대용
4) 접지선의 외상방지를 위해 지하 75cm에서 지상 2m까지의 부분에는 합성수지관이나 모울드로 덮을 것

(4) 접지저항 저감법

1) 접지극의 매설깊이를 깊게 할 것
2) 접지극의 수를 증가하여 이들을 병렬로 연결시킬 것
3) 접지극의 크기를 크게 할 것
4) 토양이 불량한 경우는 토질에 적합한 시공법을 택하거나, 접지저항저감제를 사용 토양을 개선할 것

(5) 접지공사가 생략되는 장소

1) 건조한 장소에 설치한 직류 300V 또는 교류 대지전압이 150V 이하인 전기기계기구
2) 목재 마루 등 건조한 장소에서 전기기기를 취급하는 곳
3) 철대와 외함주위에 절연대를 설치한 전기기계기구
4) 사람이 쉽게 접촉되지 않게 목주 등에 높이 설치한 저압, 고압용 전기기계기구(단, 절연성이 없는 철주상 등에 설치시는 접지공사를 해야 함)
5) 전기용품 안전관리법의 적용을 받는 이중절연의 전기기계기구
6) 누전차단기(정격감도전류 30mA 이하, 동작시간 0.03sec 이하의 전류동작형의 것에 한함)로 보호된 저압전로의 기계기구

> **참고** 접지대상 제외 전기 기계 · 기구
> 1) 이중절연구조의 전기 기계 · 기구
> 2) 절연대 위에서 사용하는 전기 기계 · 기구
> 3) 비접지방식의 전로에 접속 · 사용하는 전기 기계 · 기구

4 교류 아크용접작업의 안전

[1] 아크용접시의 광선에 의한 장해 및 전격위험도

(1) 아크광선에 의한 장해

1) 자외선 : 아크용접시 가장 많이 발생하여 전기성 안염을 일으킨다(응급조치 : 냉찜질 후 전문의의 치료)
2) 적외선 : 백내장을 일으킨다(응급조치 : 2%의 붕산수용액으로 씻음)

(2) 아크용접시의 전격위험
작업자가 홀더(holder)의 충전부분이나 용접봉 등에 접촉되어 감전된 경우 통전전류는 다음 식에 의해서 구해진다.

$$\therefore I = \frac{E}{R_1 + R_2 + R_3} \text{ [A]}$$

여기서,
- I : 인체의 통전전류[A]
- E : 용접기의 출력측 무부하 전압 [V]
- R_1 : 손, 홀더 용접봉 등의 접촉저항 [Ω]
- R_2 : 인체의 내부저항 [Ω]
- R_3 : 발과 대지의 접촉저항 [Ω]

(3) 아크전압과 전류

1) 일반적으로 아크전압은 낮으며 전류는 대전류이다.
2) **아크전압전류의 특성** : 수하특성이라고 하며 이는 부하전류가 증가하면 단자전압이 저하하는 특성으로 아크를 안정시키는데 필요하다.
3) **무부하전압** : 용접기에 전원이 들어와 있으나 용접봉에서 아직 아크를 발생시키지 않은 상태의 전압으로 교류아크용접기는 70~100V(400A 이하는 85V, 500A이상은 95V 이하로 규정), 직류아크용접기는 50~60V 정도이다.
4) 정격사용률 및 허용사용률
   ① **정격사용률** : 아크용접기는 연속적으로 아크를 발생시켜 사용하는 것이 아니므로 정격사용률이 규정되어 있다.

   $$\therefore 정격사용률 = \frac{아크발생시간}{아크발생시간 + 무부하시간}$$

   ② 허용사용률 산정식

   $$\therefore 허용사용률(\%) = 정격사용률 \times \frac{(정격2차전류)^2}{(실제용접전류)^2}$$

[2] 교류아크용접기의 방호장치 및 감전방지대책

(1) 방호장치 : 자동전격방지장치

(2) 방호장치의 성능

1) 아크발생을 정지시킬 때 주접점이 개로될 때까지의 시간(지동시간)은 1초 이내일 것
2) 2차 무부하전압은 25V 이내일 것

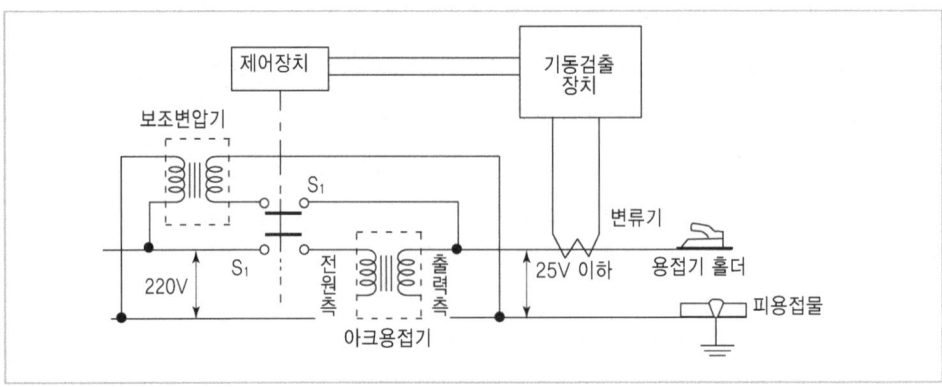

│ 자동전격방지장치의 원리 │

(3) 시동시간 및 지동시간

1) **시동시간** : 용접봉을 피용접물에 접촉시켜 전격방지기의 주접점이 폐로될 때까지의 시간 (시동시간은 0.06초 이내, 용접봉의 접촉소요시간은 0.03초 이내일 것)
2) **지동시간** : 용접봉 홀더에 용접기 출력측의 무부하전압이 발생한 후 주접점이 개방될 때까지의 시간

(4) 전격방지기의 기능 : 용접작업중단 직후부터 다음 아크 발생시까지 유지할 것

(5) 아크용접작업시 감전방지대책

1) 자동전격방지장치를 사용할 것
2) 절연 용접봉 홀더를 사용할 것
3) 적정한 케이블(용접봉 케이블 또는 캡타이어케이블)을 사용할 것
4) 절연장갑을 사용할 것
5) 용접기 외함 및 피용접 모재에는 제3종 접지공사를 실시할 것

실 / 전 / 문 / 제

01
고압개폐기로서 배전선의 개폐, 예비선의 절환, 접지사고의 차단, 콘덴서의 개폐 등에 사용되며, 반드시 "개폐"의 표시가 있어야 하는 개폐기는 어느 것인가?
① 단로기(D.S)
② 부하개폐기
③ 자동개폐기
④ 주상유입개폐기(P.O.S)

해설
① **단로기(D.S)** : 차단기의 전후 또는 차단기의 측로회로 및 회로접속의 변환에 사용하는 것으로 무부하 회로에서 개폐하는 것이다.
② **부하개폐기** : 부하상태에서 개폐할 수 있는 것으로 리클로우저, 차단기 등이 있다.
③ **자동개폐기** : 시한개폐기, 전자개폐기, 압력개폐기 등이 있다.

02
다음 기기 성능 중 부하에서 차단이 가능한 개폐기는?
① OLB
② PF
③ DS
④ LS

해설
부하상태에서 개폐할 수 있는 부하개폐기로는 리클로우저(Recloser), 차단기(OLB) 등이 있다.

03
다음 중 반드시 무부하에서만 차단이 가능한 개폐기는?
① DS
② OLB
③ VLB
④ OS

해설
단로기(DS)는 차단기의 전후 또는 차단기의 측로회로 및 회로접속의 변환에 사용되는 것으로 무부하상태에서만 차단이 가능하며 부하상태에서 개폐하면 위험하다.

04
폭발성 물질과 가스가 있는 창고 내에 전등 스위치로서 가장 적합한 것은?
① 밀폐형 스위치
② 퓨즈가 있는 스위치
③ 퓨즈가 없는 스위치
④ 탐푸라스위치

해설
창고와 같은 밀폐된 공간 내의 전등 스위치는 폭발성 물질과 가스가 존재시 점화원이 되므로 방폭구조의 밀폐형스위치가 적합하다.

05
다음 중 안전스위치에 해당되는 것은?
① 푸시버튼 스위치
② 리미트 스위치
③ 토클 스위치
④ 로터리 스위치

해설
리미트 스위치(limit switch)는 제한된 범위를 벗어나지 못하도록 하는 안전스위치의 일종이다.

06
전기스위치의 오조작 위험방지조치로서 부적합한 것은?
① 감시인 배치
② 2중개폐스위치의 사용
③ 방호용구 사용
④ 잠금장치 설치

해설
방호용구의 사용은 활선작업시 취해야 될 안전조치 사항이다.

Answer ➡ 01. ④ 02. ① 03. ① 04. ① 05. ② 06. ③

07
전동기용 퓨즈의 사용 목적이 알맞은 것은?

① 회로에 흐르는 과전류 차단
② 과전압 차단
③ 누설전류 차단
④ 역전시 과전류 차단

해설
퓨즈(Fuse)는 전기회로가 단락 등의 위험상태가 되었을 때 순간적으로 전원을 차단시켜 전기기계, 기구나 배선을 보호하는 역할을 하는 기구이다.

08
과부하의 방지에 쓰이는 Fuse에 관한 사항 중 틀린 것은?

① 주석의 융점 232[℃]보다 낮은 합금을 사용한다.
② 주석, 납 등을 사용한다.
③ Cadmium을 첨가한 합금으로 되어 있다.
④ Plug fuse는 300[V] 이하 30[A] 이상의 조건에서 사용된다.

해설
Fuse의 합금 조성성분과 용융점
① 납(Pb) : 327[℃]   ② 주석(Sn) : 232[℃]
③ 아연(Zn) : 419[℃]   ④ 알루미늄(Al) : 660[℃]

09
저압선로에 사용하는 퓨즈는 정격전류의 몇 배에 견디어야 하는가?

① 1.1   ② 1.6
③ 2.0   ④ 2.5

해설
퓨즈의 정격용량 및 용단특성

퓨즈의 종류	정격 용량	용단 시간 (2배의 전류)
저압용 포장 퓨즈	정격전류의 1.1배	30A 이하 : 2분~20분 30~60A 이하 : 4분 60~100A 이하 : 6분
고압용 포장 퓨즈	정격 전류의 1.3배	120분
고압용 비포장 퓨즈	정격 전류의 1.25배	2분

10
다음 중 공기차단기를 의미하는 것은?

① ABB   ② PCB
③ OCB   ④ VCB

해설
차단기의 종류별 특징
① 배선용 차단기 : 평상시에는 수동으로 개폐하고, 과부하 전류나 단락시에는 자동으로 작동하여 과전류를 차단하는 것
② 공기차단기(ABB) : 압축공기로 아크를 소호하는 차단기
③ 기중차단기(ACB) : 대지중에서 아크를 길게하여 소호실에 의하여 냉각 차단한다.
④ 유입차단기(OCB) : 탱크속에 절연유를 넣어 유중 개폐하는 차단기
⑤ 애자형 차단기(PCB) : 탱크형 유입차단기를 개량한 차단기
⑥ 가스차단기(GCB) : 아크의 소호매질로 가스를 사용한 차단기
⑦ 자기차단기(MBB) : 대기중에서 전자력을 사용하여 아크를 소호실내로 유도하여 냉각차단된다.
⑧ 진공차단기(VCB) : 진공속에서 전극을 개폐하여 소호하는 방식의 차단기

11
개폐조작의 순서에 있어서 그림의 기구 번호의 경우 차단순서와 투입순서가 안전수칙에 적합한 것은?

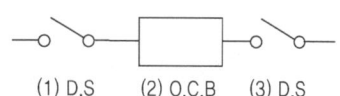

(1) D.S   (2) O.C.B   (3) D.S

① 차단 (1)(2)(3) 투입 (1)(2)(3)
② 차단 (2)(3)(1) 투입 (2)(3)(1)
③ 차단 (3)(2)(1) 투입 (3)(2)(1)
④ 차단 (2)(3)(1) 투입 (3)(1)(2)

해설
유입차단기(OCB)의 절연온도는 90° 이하로 하고 자연소호식이며, 절연유 속에서 전류를 차단하는 것으로 OCB는 부하상태에서 개폐할 수 있으므로 전원의 차단시에는 OCB 먼저 조작하며, 단로기는 부하쪽에서 전원쪽으로 조작하는 것이 안전하다. 반대로 전원의 투입시에는 단로기를 먼저 조작하고, OCB를 투입하여야 한다.

Answer 07. ① 08. ③ 09. ① 10. ① 11. ④

12
그림에서 O.C.B를 차단하고 바이패스를 사용하고자 할 때 옳은 방법은?

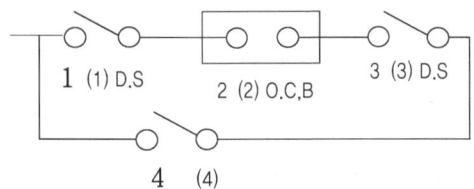

① (1)(2)(3)(4) 투입
② (2)(3)(1)(4) 투입
③ (4) 투입, (2)(3)(1) 차단
④ (4) 투입, (1)(2)(3) 차단

13
배선용 차단기의 정격전류가 30[A]인 배전선로에 60[A]의 과전류가 흐르고 있다면 이 회로는 몇 분 이내에 차단되어야 하는가?

① 2분   ② 4분
③ 6분   ④ 8분

해설
배선용 차단기의 특성

정격전류의 구분	자 동 작 동 시 간	
	정격전류의 1.25배의 전류가 흐를때(분)	정격전류의 2배의 전류가 흐를때(분)
30A 이하	60	2
30~50A 이하	60	4
50~100A 이하	120	6
100~225A 이하	150	8

14
다음의 각 경우에 대해서 반드시 누전차단기를 설치해야 하는 경우는 어느 것인가?

① 전기기기를 건조한 곳에 시설하는 경우
② 전기기기에 설치한 제3종 접지공사 또는 특별 제3종 접지공사의 접지저항값이 3[Ω] 이하인 경우
③ 전기기기가 유도전동기의 2차측 전로에 접속한 경우
④ 금속제 외함을 가지는 사용전압이 150[V]를 넘는 이동형 가반형 전기기계 기구인 경우

해설
(1) 누전차단기를 설치해야 할 전기기계·기구
  ① 대지전압이 150[V]를 초과하는 이동형 또는 휴대형 전기기계·기구
  ② 물 등 도전성이 높은 액체에 의한 습윤장소에서 사용하는 저압용 전기기계·기구
  ③ 철판, 철골 위 등 도전성이 높은 장소에서 사용하는 전기기계·기구
  ④ 임시배선의 전로가 설치되는 장소에서 사용하는 전기기계·기구
(2) 누전차단기의 설치 및 접지의 적용제외대상
  ① 이중절연구조일 것
  ② 비접지방식의 전로에 접속하여 사용하는 것
  ③ 절연대 위에서 사용하는 것

> **길잡이** 누전차단기 설치 제외대상
> ① 기계, 기구를 취급자 이외의 사람이 출입할 수 없도록 시설하는 경우
> ② 기계, 기구를 건조한 곳에 시설하는 경우
> ③ 대지전압 300[V] 이하인 기계, 기구를 건조한 곳에 시설하는 경우
> ④ 기계, 기구에 설치한 접지저항값이 3[Ω] 이하인 경우

15
100[V] 단상 2선식 회로에서 누전차단기를 설치해야 하는 곳은?

① 사람이 들어가지 않는 장소
② 물기가 있는 장소
③ 2중 절연구조의 기계구조를 시설하는 장소
④ 건조한 장소

해설
물기가 있는 장소는 누전에 의한 감전의 위험성이 높으므로 반드시 누전차단기를 설치해야 한다.

16
누전 차단기가 고속형인 경우 그 동작시간은 몇 초 이내인가?

① 0.1   ② 0.2
③ 0.3   ④ 0.4

Answer ◐ 12. ③ 13. ① 14. ④ 17. ② 18. ①

해설

누전차단기의 동작시간

종 류	동작시간	형 태
고 속 형	0.1초 이내	전압동작형
보 통 형	0.2초 이내	전류동작형
시연형(지연형)	0.1~2초 이내	대계통의 모선보호용

17

전기용품기술기준에 관한 규칙에서 정하고 있는 감전보호용 누전차단기의 정격감도전류, 동작시간은 얼마 이하로 되어 있는가?

① 5[mA] 이하, 0.1초 이내
② 30[mA] 이하, 0.03초 이내
③ 15[mA] 이하, 0.03초 이내
④ 30[mA] 이하, 0.1초 이내

해설

감전보호형 누전차단기는 고감도 고속형으로 정격감도전류는 30[mA] 이하이고, 동작시간은 0.03[S] 이내이어야 한다.

18

누전차단기를 설치하지 않아도 되는 전기기계·기구에 해당되지 않는 것은?

① 이중절연 구조의 전동 기계기구
② 비접지 방식의 전로에 접속하여 사용하는 전동 기계기구
③ 절연대 위에서 사용하는 전동 기계기구
④ 임시배선의 전로가 설치되는 장소에서 사용하는 전기기계·기구

해설

누전차단기를 설치해야 할 전기기계·기구
① 대지전압이 150V를 초과하는 이동형 또는 휴대형 전기기계·기구
② 물 등 도전성이 높은 액체가 있는 습윤장소에서 사용하는 저압용 전기기계·기구
③ 철판·철골 위 등 도전성이 높은 장소에서 사용하는 전기기계·기구
④ 임시배선의 전로가 설치되는 장소에서 사용하는 전기기계·기구

19

주변압기나 발전기의 보호용으로 적합한 계전기는?

① 차동계전기
② 온도계전기
③ 비율차동계전기
④ 과전류계전기

해설

보호계전기
(1) 정의 : 전로에 이상현상이 나타나면 곧 이것을 검출하여 고장구간을 신속하게 차단하는 등 확실한 조치를 취하는 등의 구실을 하는 것
(2) 구비조건
① 고장상태를 식별하여 정도를 판단할 수 있을 것
② 고장개소를 정확히 선택할 수 있을 것
③ 동작이 예민하고 오동작을 하지 않을 것
(3) 사용조건
① 주위온도가 −10°C~40°C 이하일 것
② 주파수의 변동은 ±5% 이내일 것
③ 이상진동의 위험이 없는 상태일 것
(4) 용도에 의한 분류
① 과전류계전기(OCR) : 전류가 일정한 값 이상으로 흘렀을 때 동작하는 것으로 발전기, 변압기, 전선로 등의 단락보호용으로 사용
② 과전압계전기(OVR) : 전압이 일정한 값 이상으로 흘렀을 때 동작하는 것으로 배선계 또는 리액터(reactor)계에서 접지사고의 검출 등에 사용
③ 차동계전기(DFR) : 두점에서 전류가 같을 때는 동작하지 않으나 고장시 전류의 차가 생기면 동작하는 계전기로 전압차동계전기와 전류차동계전기 등이 있다.
④ 선택단락계전기(SSR) : 평행 2회선의 단락, 고장회선의 선택에 사용되는 것으로 차동원리를 이용한 것이며 평형계전기라고도 한다.
⑤ 비율차동계전기(RDFR) : 고장시의 불균형 차전류가 평형전류의 어떤 비율 이상이 되었을 때 작동하는 것으로 변압기의 내부고장 보호용으로 사용
⑥ 방향단락계전기(DSR) : 일정한 방향으로 일정한 전류가 흘렀을 때 동작하는 것으로 변전소에서 선로의 고장을 검출하기 위해 사용되며, 지향성계전기라고도 함.
⑦ 거리계전기(ZR) : 동작시한이 계전기의 설치점에서 고장점까지의 전기적 거리에 비례하는 것으로 여기에 방향성을 가지도록 한 것을 방향거리계전기라 한다.
⑧ 온도계전기(TR) : 어떤 일정한 온도 이상으로 되었을 때 동작하는 것으로 기기의 과부하 보호용으로 사용된다.
⑨ 접기계전기(GR) : 접지사고의 보호에 쓰이는 것으로 종류에는 과전류접지계전기, 방향접지계전기, 선택접지계전기 등이 있다.
(5) 동작시한에 의한 분류
① 순한시계전기 : 동작시한이 0.3초 이내의 계전기를 말하며, 0.5초 이하의 계전기를 고속도계전기라 함.

Answer ● 17. ② 18. ④ 19. ③

② 정한시계전기 : 최소동작값 이상의 구동전기량이 주어지면 일정시한으로 동작하는 계전기
③ 반한시계전기 : 동작시한이 구동전기량으로 동작전류의 값이 커질수록 짧아지고 동작전류가 작을수록 시한이 길어지는 계전기이다.

(6) 변압기의 보호계전방식
① 과전류계전방식 : 지속적 과부하에 의한 과열
② 차동계전방식 : 부싱사고, 내부고장
③ 부흐홈쯔계전기 및 압력계전기 : 내부고장

20
변압기 절연유에 요구되는 조건 중 옳지 않은 것은?

① 절연내력이 클 것
② 인화점이 높을 것
③ 열전도가 클 것
④ 점도가 클 것

해설

절연유의 구비조건
① 절연내력이 클 것(120[kV/cm])
② 점도가 낮고 냉각효과가 클 것
③ 인화점이 높고, 응고점이 낮을 것
④ 고온에서도 산화하지 않을 것
⑤ 절연재료와 화학작용을 일으키지 않을 것

21
공칭전압 10[kV]의 발전소용 피뢰기의 충격방전 개시전압[kV]은?

① 17
② 30
③ 45
④ 90

해설

피뢰기의 충격방전개시전압은 공칭전압의 4.5배이다.
∴ 충격방전개시전압 = 10[kV] × 4.5 = 45[kV]

22
변압기의 안전한 절연유 산정기준 중 양호한 판정 기준치는?

① 0.6mg KOH/g 미만
② 0.4mg KOH/g 미만
③ 0.3mg KOH/g 미만
④ 0.2mg KOH/g 미만

해설

유압변압기의 절연유열화의 판정기준

항목 \ 판정	양 호	요 주 의	불 량
절연파괴전압	30[kV] 이상	25[kV] 이상, 30[kV] 미만	25[kV] 미만
산가도 저항률 처치	0.2 미만 1×10^{12} 초과 계속 사용가능	0.2~0.5 1×10^{11}~1×10^{12} 형편에 따라 재생, 교체	0.5 초과 1×10^{11} 미만 조급히 재생, 교체

23
고압 또는 특별고압의 전로 중 발전소, 변전소의 가공전선 인입구 및 인출구에 설치하여야 할 시설은?

① 퓨즈
② 과전류 차단기
③ 저항기
④ 피뢰기

해설

피뢰기의 시설
(1) 고압 또는 특별고압의 전로중에서 다음의 장소
① 발전소, 변전소의 가공 전선의 인입구 및 인출구
② 가공 전선로에 접속하는 특고압 옥외배전용 변압기의 고압측 및 특고압측
③ 고압가공 전선로에서 수전하는 500[kW] 이상의 수용장소의 인입구
④ 특고압 가공 전선로에서 수전하는 수용장소의 인입구
(2) 배전선로 차단기, 개폐기의 전원측 및 부하측
(3) 콘덴서의 전원측

> **길잡이** 피뢰기 설치시의 안전조치
> (1) 사업주는 화약류 또는 위험물을 저장하거나 취급하는 시설물에는 낙뢰에 의한 산업재해를 예방하기 위하여 피뢰침을 설치하여야 한다.
> (2) 피뢰침을 설치하는 때에는 다음 각호의 사항을 준수하여야 한다.
> ① 피뢰침의 보호각은 45° 이하로 할 것.
> ② 피뢰침을 접지하기 위한 접지극과 대지간의 접지저항은 10[Ω] 이하로 할 것.
> ③ 피뢰침의 접지극을 연결하는 피뢰도선은 단면적이 30mm² 이상인 동선을 사용하여 확실하게 접속할 것
> ④ 피뢰침은 가연성 가스 등이 누설될 우려가 있는 밸브 게이지 및 배기구 등은 시설물로부터 1.5[m] 이상 떨어진 장소에 설치할 것.

Answer ◐ 20. ④ 21. ③ 22. ④ 23. ④

24
배선전로에 주로 많이 쓰이는 피뢰기는?

① 방출형 피뢰기   ② 각형 피뢰기
③ 드라이변 피뢰기 ④ 오우토변 피뢰기

해설
방출형 피뢰기는 가격이 싸므로 배전선로에 주로 많이 설치하며, 애자의 섬락방지용으로도 적합하다.

25
피뢰침에 대한 기술 중 잘못된 것은?

① 피뢰침의 보호범위는 위험물 저장고인 경우 30° 이내이다.
② 제1종 접지공사를 한다.
③ 돌침은 지름이 12mm 이상의 동막대 사용
④ 뇌우기(雷雨期)전에 접지사항, 접지선, 단선 등을 점검한다.

해설
피뢰침의 보호범위는 위험물 저장소의 경우에는 40° 이하, 일반건축물의 경우에는 60° 이하이다.

26
LPG 용기를 보관하고 있는 어떤 회사의 창고에 피뢰침을 설치하고자 할 때 보호범위는 몇도 이내인가?

① 30°   ② 45°
③ 60°   ④ 80°

해설
피뢰침의 보호범위
(1) 위험물, 폭발물(LPG) 등의 저장소 : 45° 이하
(2) 일반건축물 : 60° 이하
(3) 폭이 큰 건물에 두 개 설치시 : 외각 45° 이하, 내각 60° 이하

27
특별 고압전로에 시설하는 피뢰기의 접지 공사는?

① 제2종 접지공사
② 제1종 접지공사
③ 제3종 접지공사
④ 특별 제3종 접지공사

28
피뢰기의 접지시 접지극과이 이격거리는?

① 1[m]   ② 1.5[m]
③ 2[m]   ④ 3[m]

해설
피뢰기의 접지시 타접지극과의 이격거리는 2[m] 이상으로 한다. 인하도선은 단면적 30[mm^2] 이상의 나동연선이 많이 쓰이고 전화선, 가스관 등으로부터 1.5[m] 이상 이격시켜 매설한다.

29
피뢰침을 단독으로 접지할 경우 접지 저항[Ω]은?

① 10   ② 20
③ 50   ④ 100

30
피뢰기의 제한전압이 735[kV]이고 변압기의 기준충격절연강도가 1,050[kV]이라면, 보호여유도는 몇 %인가?

① 30   ② 34
③ 38   ④ 43

해설
보호여유도(%)
$$= \frac{충격절연강도 - 제한전압}{제한전압} \times 100$$
$= (1{,}050 - 735)/735 \times 100$
$\fallingdotseq 43\%$

31
피뢰침 검사사항 중 관계가 먼 것은?

① 접지저항의 측정
② 지상의 각 접속부의 검사
③ 피뢰침 각도 검사
④ 지상에서 단선, 용융, 기타 손상부분의 유무

해설
피뢰침 점검사항 중 가장 중요한 것은 접지저항 측정이다.

Answer ● 24. ① 25. ① 26. ② 27. ② 28. ③ 29. ② 30. ④ 31. ③

32
전기안전의 기본이 아닌 것은?

① 전기설비의 품질향상
② 전기시설 안전관리
③ 취급자의 자세
④ 잔류전하 방전

해설
전기작업안전의 기본대책
① 전기설비의 품질향상 : 전기설비의 품질이 기술기준에 적합하고 신뢰성 및 안전성이 높을 것
② 전기시설의 안전관리확립 : 시설의 운용 및 보수의 적정화를 꾀한다.
③ 취급자의 자세 : 취급자의 관심도를 높이고 안전작업을 위한 작업지원을 확립한다.

33
정전작업시 조치사항으로 부적합한 것은?

① 개로된 전로의 충전여부를 검전기구에 의하여 확인한다.
② 개폐기에 시건장치를 하고 통전금지에 관한 표지판은 제거한다.
③ 예비 동력원의 역송전에 의한 감전의 위험을 방지하기 위한 단락접지 기구를 사용하여 단락접지할 것
④ 잔류 전하를 확실히 방전한다.

해설
②항, 통전금지에 관한 표지판을 부착한다.

34
정전작업시 무부하 상태의 확보보증방법이 아닌 것은?

① 개폐기에 시건장치 ② 잔류전하 방전
③ 통전금지 표찰부착 ④ 감시인 배치

해설
정전작업시 전로의 개로에 사용된 개폐기의 개로를 보증하기 위한 방법, 즉 무부하상태의 확보보증방법은 ②항을 제외한 ①, ③, ④항의 3가지로 한다.

35
감전의 위험이 있는 장소에서 정전수선 작업을 할 경우 전기를 차단한 스위치가 있는 장소의 위험방지조치로서 부적당한 것은?

① 감시인 배치
② 통전금지시간 표찰부착
③ 자물쇠 장치
④ 복개장치

해설
복개장치는 덮개로 회전기계에 부착시키는 방호장치이다.

36
전선로를 개로한 후에도 잔류전하에 의한 위해를 방지하기 위하여 방전을 요하는 것은?

① 나선의 가공 송배전선로
② 전열회로
③ 전동기에 연결된 전선로
④ 개로한 전선로가 전력케이블로 된 것

해설
개로한 전로가 전력케이블, 전력콘덴서 등을 가진 것은 잔류전하의 방전조치를 취해야 한다.

37
전선로의 정전작업시는 접지를 한다. 이 접지목적이 잘못 설명된 것은?

① 인접 전선로의 유도전압에 의한 유도쇼크의 방지를 위한 것이다.
② 현장에 검전기가 없으므로 정전 확인용으로 접지하는 것이다.
③ 정전을 확인하였으나 역송전으로 인한 감전방지를 위하여 접지한다.
④ 정전되었다 하여도 통전으로 인한 감전방지를 위하여 접지한다.

해설
단락접지기구의 사용목적 : 다음에 의한 감전의 위험을 방지하기 위하여 사용한다.
① 오통전   ② 다른 전로와의 혼촉
③ 다른 전로부터의 유도 ④ 예비동력원의 역송전

38
전로를 개로하여 시행하는 정전작업과 가장 거리가 먼 것은?

① 절연용 보호구의 손질
② 정전의 확인과 단락접지
③ 정전작업 절차수립
④ 작업책임자의 임명

39
정전작업시의 작업요령에 포함되지 않아도 되는 내용은?

① 절연용 방호구 등의 점검 및 설치에 관한 사항
② 작업책임자의 임명, 정전범위 등 작업시작 전의 필요한 사항
③ 전로 또는 설비의 정전순서에 관한 사항
④ 교대근무시 근무인계에 필요한 사항

해설

정전작업요령의 작성
(1) 사업주는 감전을 방지하기 위하여 정전작업요령을 작성하여 관계근로자에게 주지시켜야 한다.
(2) 정전작업요령에는 다음 각호의 사항이 포함되어야 한다.
　① 작업책임자의 임명, 정전범위 및 절연용보호구 작업시 작전 점검 등 작업시작전에 필요한 사항
　② 전로 또는 설비의 정전순서에 관한 사항
　③ 개폐기관리 및 표지판 부착에 관한 사항
　④ 정전확인순서에 관한 사항
　⑤ 단락접지실시에 관한 사항
　⑥ 전원재투입 순서에 관한 사항
　⑦ 점검 또는 시운전을 위한 일시운전에 관한 사항
　⑧ 교대근무시 근무인계에 필요한 사항

40
사용전압 77[kV]의 가공전선이 가공 약전류 전선과 교차할 때 상호 이격거리의 최소값[m]은?

① 1.8[m]
② 2.0[m]
③ 2.24[m]
④ 2.4[m]

해설

특고압 가공전선과의 이격거리[m]

구 분	전압의 범위	이격 거리
건조물, 도로 등과 접촉, 교차	35[kV] 이하	3[m]
	35[kV] 초과	3[m]+A*
삭도 및 식물과의 이격거리	35[kV] 이하	2[m]
	35[kV] 초과 60[kV] 이하	2[m]
	60[kV] 초과	2[m]+B**
가공약전선 및 특고압 상호간	60[kV] 이하	2[m]
	60[kV] 초과	2[m]+C***

* A : 35[kV]를 초과하는 매 10[kV]마다 또는 그 단수마다 15[cm]씩 가산한 값
** B : 60[kV]를 초과하는 매 10[kV]마다 또는 그 단수마다 12[cm]씩 가산한 값
*** C : 60[kV]를 초과하는 매 10[kV]마다 또는 그 단수마다 12[cm]씩 가산한 값

∴ 사용전압 77[kV]이므로 이격거리 = 2 + 2C = 2 + 2×0.12
　= 2 + 0.24 = 2.24[m]

41
고압충전로 근접작업시 최소 이격 거리는?

① 0.8m
② 1.0m
③ 1.2m
④ 1.5m

해설

고압충전로 근접작업시 이격거리

전로의 전압	이격거리
① 특별고압(7,000V 초과)	2m
② 고압(600 초과 7,000V 이하)	1.2m
③ 저압(600V 이하)	1m

42
저압활선근접작업시 절연용 방호구를 설치할 필요가 없는 것은?

① 절연용 보호구를 착용시키고 해당 절연용 보호구를 착용하는 신체와의 접촉부분이 충전로에 접촉할 우려가 없을 경우
② 충전로에 접근하는 장소에서 지지물의 설치 점검 등 작업
③ 충전로에 접촉하여 감전위험이 있을 때
④ 충전로에 접근하여 절연용 방호구 설치 또는 해체작업시

Answer ◎ 38. ① 39. ① 40. ③ 41. ③ 42. ①

해설
저압인 경우 절연용 보호구를 착용하되 충전전로에 접촉할 우려가 없는 경우에는 절연용 방호구 설치를 제외한다.

43
고압활선 작업시의 조치사항 중 잘못된 것은?
① 접근한계거리 유지
② 절연용 보호구 사용
③ 활선작업용기구 사용
④ 활선작업용장치 사용

44
활선작업시 가죽 및 고무장갑의 안전한 사용법은?
① 가죽장갑만 사용한다.
② 고무장갑만 사용한다.
③ 고무장갑을 외부에 낀다.
④ 가죽장갑을 외부에 낀다.

해설
활선작업시에는 고무장갑은 내부에 끼고 고무장갑의 손상을 방지하기 위하여 가죽장갑을 외부에 끼고 작업을 하도록 한다.

45
특별고압활선 작업시의 조치사항 중 가장 적합한 것은?
① 활선작업용 장치의 사용
② 절연용 보호구의 착용
③ 절연용 방호구의 설치
④ 접근한계거리 유지

46
충전전로에 접근하는 장소에서 시설물 건설작업시 감전방지 조치 사항이 아닌 것은?
① 당해 충전전로에 가급적 가까이 접근하여 작업할 것
② 감전위험을 방지하기 위한 방책설치
③ 당해 충전전로에 절연용 방호구 설치
④ 당해 감전방지 조치가 곤란할 경우 감시인을 배치하고 감시할 것

47
전기기계 및 기구주위에 식별공간으로서 양쪽에 모두 충전부분이 있을 때 얼마 이상의 작업공간을 두어야 하는가?
① 1m 35cm
② 1m 20cm
③ 1m 10cm
④ 1m 5cm

해설
안전작업공간 : 한쪽에만 통전부분이 있을 경우에는 75cm 이상의 작업공간을 유지해야 하며, 양쪽에 모두 충전부분이 있을 때 135cm 이상의 작업공간을 두어야 한다.

48
345[kV] 계통에서 안전거리를 유지하고 점검 및 보수 작업을 하고자 할 경우에도 정전 유도에 의한 안전대책을 강구하는 방안의 하나로 착용해야 할 것은 다음 중 어느것이 적당한가?
① 절연성 작업복
② 면질 작업복
③ 도전성 작업복
④ 섬유질 작업복

49
절연용 보호구 중 가죽장갑을 사용하는 목적은?
① 저압충전부의 접속, 절단 등의 작업시 안전을 위해 사용
② 고압고무장갑 사용시 고무장갑의 손상방지를 위해 덮어서 사용
③ 고무장갑 사용시 미끄럼방지를 위해 고무장갑 위에 사용
④ 고압전기의 조작, 단락절차 등의 작업시 사용

Answer ➡ 43. ① 44. ④ 45. ① 46. ① 47. ① 48. ① 49. ③

50
한국공업규격 KS E 6805(안전모)에 의하면 물체의 낙하 및 날아옴에 의한 위험을 방지 또는 경감하고 또한 머리부위의 감전에 대한 위험을 방지하기 위한 안전모는?

① A
② ABE
③ AB
④ AE

해설

안전모의 종류별 용도
① AB : 물체의 낙하, 비래 및 추락 방지 또는 경감용
② AE : 물체의 낙하, 비래방지 또는 경감 및 감전방지용
③ ABE : 물체의 낙하, 비래, 추락방지 또는 경감 및 감전방지용

51
활선작업시 필요한 보호구가 아닌 것은?

① 내전압 고무장갑
② 어깨받이 또는 절연복
③ 대전방지용 구두
④ 안전모

해설

대전방지용구두는 정전기에 의한 화재, 폭발 등의 위험을 방지하기 위해 착용하는 보호구이다.

52
방호용구의 종류 중 맞지 않는 것은?

① 고무소매
② 완금커버
③ 방호관
④ 고무블랭킷

해설

(1) 절연용 방호용구의 종류
  ① 완금커버
  ② 방호관
  ③ 고무블랭킷
  ④ 점퍼호스
  ⑤ 애자후드
  ⑥ 컷아웃 스위치커버
  ⑦ 건축지장용 방호판
(2) 고무소매 : 감전방지용 보호구

53
저압충전 옥내배선의 접지측과 비접지측을 알아볼 수 있는 기구는?

① Megger
② 전압계
③ Neon 검전기
④ Earth Tester

해설

옥내배선의 접지측과 비접지측을 알아볼 수 있는 저·고압용 검전기는 네온검전기가 있다.
[참고] Megger는 절연측정용기기이고, Earth는 접지저항측정용이다.

54
저압 및 고압선을 직접 매설식으로 매설할 때 중량물의 압력을 받지 않는 장소의 매설 깊이는?

① 100[cm] 이상
② 90[cm] 이상
③ 70[cm] 이상
④ 60[cm] 이상

해설

저압 및 고압선을 직접 매설식으로 매설할 때 중량물의 압력을 받지않는 장소의 매설깊이는 60[cm] 이상, 중량물의 압력을 받는 장소의 매설깊이는 120[cm] 이상으로 한다.

55
옥내배선에서 전등용 단선의 최대굵기는?

① 1.6[mm]
② 2.0[mm]
③ 2.6[mm]
④ 3.2[mm]

해설

옥내배선에서 전등용 단선은 1.6[mm] 굵기의 연동선을 사용한다.

56
다음 중 옥내에 사용하는 전구선의 최소굵기는 얼마인가?

① $0.5mm^2$
② $0.75mm^2$
③ $1.00mm^2$
④ $1.25mm^2$

해설

옥내에 사용하는 전구선 또는 이동용 전선의 굵기는 $0.75mm^2$ 이상이어야 한다.

Answer ➡ 50. ④ 51. ③ 52. ① 53. ③ 54. ④ 55. ① 56. ②

57
고압 가공전선이 도로를 횡단할 때 지표상 최저높이는 몇 m인가?

① 5 ② 5.5
③ 6 ④ 6.5

해설

저·고압 가공전선의 높이

구 분	높 이
① 도로횡단시	지표상 6[m] 이상
② 철도, 궤도의 횡단시	궤도면상 6.5[m] 이상
③ 횡단 보도교 위에 시설 — 저압 가공전선	노면상 3.5[m] 이상(저압 절연 이상이면 3[m] 이상)
③ 횡단 보도교 위에 시설 — 고압 가공전선	노면상 4[m] 이상(고압절연 이상이면 3.5[m] 이상)
④ 기타	지표상 5[m] 이상

[참고] 특고압 가공전선의 높이

구 분	시가지 내의 시설	시가지 외의 시설
35[kV] 이하	10[m] (특고압 절연전선일 경우 8[m]) 이상	• 5[m] 이상 • 철도 또는 궤도 횡단시 : 6.5[m] • 도로 횡단시 : 6[m] • 횡단 보도교 위에 시설 : 특고압 절연전선 이상이면 4[m]
35[kV]를 넘고 160[kV] 이하	10[m] + 가산값 가산값 : 35[kV]를 넘는 매 1만[V] 또는 그 단수마다 12[cm]씩 가산함	• 6[m] 이상 • 철도 또는 궤도 횡단시 : 6.5[m] • 산지 등의 경우 : 5[m](사람의 출입이 없는 곳)
160[kV]를 넘는 경우		• 6[m]+가산값 • 철도, 횡단 등의 경우 : 6.5[m]+가산값 • 산지 : 5[m]+가산값 (가산값 : 160[kV]를 넘는 매 1만[V]마다 또는 그 단수마다 12[cm]씩 가산함)

58
600[V] 내외의 전선로 가설높이는 통행로면에서 몇[m] 이상되어야 하는가?

① 6[m] ② 5[m]
③ 4.5[m] ④ 3[m]

해설

600[V] 내외의 전선로 가설높이
① 통행로면 : 5[m] 이상
② 도로의 횡단부 : 6[m] 이상
③ 철도, 궤도의 횡단부 : 6.5[m] 이상

59
애자사용 공사에서 전선과 조영재와의 이격거리로 옳은 것은?(사용전압이 400[V] 이하인 경우)

① 1.5[cm] 이상 ② 2.0[cm] 이상
③ 2.5[cm] 이상 ④ 3.0[cm] 이상

해설

옥내배선 공사
(1) 애자사용공사
  ① 전선은 절연 전선(옥외용 및 인입용 비닐 절연 전선은 제외)일 것
  ② 전선 상호간의 간격은 6[cm] 이상일 것(점검할 수 없는 은폐장소에서 400[V]를 넘을 경우는 12[cm] 이상)
  ③ 전선과 조영재와의 이격거리는 400[V] 이하는 2.5[cm] 이상, 400[V]를 넘는 경우는 4.5[cm](건조된 장소는 2.5[cm]) 이상일 것
  ④ 전개된 장소 또는 점검할 수 있는 은폐장소로서 전선을 조영재의 상면 또는 측면에 따라 붙일 경우에는 전선의 지점간의 거리를 2[m] 이하로 한다.
(2) 합성수지관 공사
  ① 전선은 절연 전선(옥외용 비닐 절연 전선 제외)일 것
  ② 전선은 연선이어야 하나, 단선의 경우 지름 3.2[mm](A1선은 지름 4[mm]) 이하까지 사용이 가능함.
  ③ 관의 지지점간의 거리는 1.5[m] 이하로 한다.
(3) 금속관 공사
  ① 전선에 관한 내용은 합성 수지관의 경우와 같다.
  ② 금속관의 두께는 콘크리트에 매설하는 것은 1.2[mm] 이상, 그 이외의 경우는 1[mm] 이상이다.
  ③ 400[V] 이하의 관은 3종 접지, 400[V] 초과의 경우는 특별 3종 접지(사람의 접촉 우려가 없는 경우는 3종 접지)를 한다.

60
고압 또는 특별고압에 행하는 접지공사는 다음 중 어느 것인가?

① 제2종 접지공사 ② 제1종 접지공사
③ 제3종 접지공사 ④ 특별 제3종 접지공사

Answer ➡ 57. ③ 58. ② 59. ③ 60. ②

해설

제1종 접지공사는 고압 또는 특별고압용의 철대 및 금속제의 외함, 피뢰기, 주상에 설치하는 3상 4선식 접지계통의 변압기 및 기기외함 등에 행해야 된다.

61
지중에 매설된 금속제의 수도관에 접지할 수 있는 경우의 접지 저항값은?

① 1[Ω] 이하 ② 2[Ω] 이하
③ 3[Ω] 이하 ④ 4[Ω] 이하

해설

접지극의 종류
① 접지판   ② 접지관
③ 수도관접지(접지저항의 최대값 : 3[Ω])

62
이상전압 발생의 우려가 가장 적은 접지방식은?

① 비접지   ② 직접접지
③ 저항접지   ④ 소호리액터접지

해설

접지방식의 종류별 특징
① 비접지방식 : 중성점을 접지하지 않는 방법으로 1선지락 사고시 건전한 두선의 대지전압은 성형전압에서 선간접압으로 상승하고 대지 충전전류는 사고점을 흐른다.
② 직접접지방식 : Y결선 변압기의 중성점을 도선으로 직접 접지하는 방식
③ 저항접지방식 : 변압기의 중성점을 저항을 통하여 접지하는 방식으로 접지전류는 100~300[A] 정도이다.
④ 소호리액터접지 : 중성점을 소호리액터를 통하여 접지하는 방식으로 1선 지락전류가 0이 되도록 하는 접지방식

63
이동식 전기기계는 사고를 막기 위하여 무엇이 필요한가?

① 접지설비   ② 대지전위 상승장치
③ 방폭등   ④ 고압계

해설

누전차단기 등에 의한 감전방지 : 이동식 또는 가반식의 전동기계, 기구에 대하여는 누전에 의한 감전의 위험을 방지하기 위하여 해당 전로에 정격에 적합하고 감도가 양호하며 확실하게 작동하는 누전차단기를 접속하여 사용하거나 전동기계, 기

구의 금속제외함 또는 금속제 외피 등의 금속부분에 대하여 접지극에 접속하여 사용하여야 한다.

64
다음의 기계, 기구 중 접지공사를 생략할 수 있는 것은?

① 전동기의 철대 또는 외함의 주위에 절연대를 설치한 것
② 440[V] 전동기를 설치한 곳
③ 변압기의 2차측 전로
④ 저압용의 기계기구

해설

①항의 절연대 위에서 사용하는 전동기계, 기구 이외에 이중절연구조의 전동기계기구, 비접지방식의 전로에 접속하여 사용하는 전동기계기구도 접지공사를 생략할 수 있다.

65
접지용구의 설치 및 철거에 대한 설명 중 잘못된 것은?

① 접지용구 설치전에 개폐기의 개방확인 및 검전기 등으로 충전 여부 확인
② 접지설치 요령은 먼저 접지측 금구에 접지선을 접속하고 금구를 기기나 전선에 확실히 부착한다.
③ 접지용구의 철거는 설치 순서에 따른다.
④ 접지용구 검사는 6월에 1회 이상 실시한다.

해설

접지용구의 철거는 설치의 역순으로 하는 것이 안전하다.

66
다음 중 계통접지를 바르게 설명한 것은?

① 누전되고 있는 기기에 접촉되었을 때의 감전방지
② 고압전로와 저압전로가 혼촉되었을 때 감전이나 화재방지
③ 누전차단기의 동작을 확실하게 하며, 고주파에 의한 계통의 잡음 및 오동작 방지
④ 낙뢰로부터 전기기기의 손상을 방지

Answer ➡ 61. ③ 62. ④ 63. ① 64. ① 65. ③ 66. ②

해설

접지는 크게 기기접지와 계통접지로 대별된다. **기기접지**란 인명의 보호를 주목적으로 실시하는 것으로 제1종, 제2종, 제3종, 특별 제3종접지로 나뉠 수 있다. 반면에 **계통접지**란 발전기 또는 변압기의 중성점(고압과 저압전로의 혼촉점) 등을 접지시키는 것으로 비접지, 직접접지, 저항접지, 소호리액터접지 등으로 구분된다.

67
다음의 각 경우 중 접지공사를 반드시 해야 하는 곳은?

① 건조한 장소에 설치한 직류 300[V] 이하의 전기기계기구
② 정격감도전류 30[mA] 이하, 동작시간 2[sec] 이하의 전류동작형 누전차단기를 설치한 저압의 전기기계기구
③ 철대와 외함주위에 절연대를 설치한 전기기계기구
④ 전기용품에 관한 법률의 적용을 받는 2중 절연의 전기기계기구

해설

정격감도전류 30[mA] 이하에서 작동되는 전류동작형의 보통형 누전차단기는 간선 또는 대용량의 전동기보호용으로 사용되며 동작시간은 정격감도전류에서 0.2초 이내에 동작할 수 있어야 한다.
전기장치나 주택 등의 감전보호용으로 사용되는 고속형 0.1초 이내에 동작되며 누전차단기 설치시 접지공사를 생략할 수 있다.

68
아크 용접시 적외선에 의한 시력 감퇴시의 응급치료방법 중 가장 효과적인 항목은?

① 청수에 씻는다.
② 소금물에 씻는다.
③ 붕산수 약수 용액에 씻는다.
④ 비눗물로 씻는다.

해설

아크 용접시 유해광선에 의한 장해
① 자외선 : 눈의 각막부분에 전기성 안염을 일으키며 응급조치방법으로 냉찜질 후 전문의의 치료를 받도록 한다.
② 적외선 : 눈의 수정체부분에 백내장을 일으키며 이로 인하여 시력이 감퇴된다. 응급조치방법으로 2%의 붕산수용액으로 씻는다.
③ 적외선과 가시광선 : 눈의 망막염을 일으킨다.

69
아크 용접시 가장 많이 발생되는 광선의 종류는?

① 적외선
② 자외선
③ γ선
④ α선

해설

아크 용접시 가장 많이 발생되는 유해광선은 전기성안염의 발생원인이 되는 320[mμ]보다 짧은 파장의 자외선이다.

70
교류 아크 용접작업시에 감전방지를 위한 안전대책에 해당되지 않는 것은?

① 전원측에 누전차단기 설치
② 용접기의 외함 접지실시
③ 자동전격방지장치 부착
④ 절연용 방호구 사용

해설

④항은 고압활선작업시 취해야 할 안전조치사항이다.

71
교류 아크 용접기의 자동전격방지장치는 아크발생이 중단된 후 몇 초 이내에, 출력후 무부하 전압은 몇 [V]이하로 강하시켜야 하는가?

① 약 1초 이내, 25~30[V]
② 약 1.5초 이내, 25~30[V]
③ 약 2초 이내, 25~30[V]
④ 약 3초 이내, 25~30[V]

해설

교류 아크 용접기의 방호장치인 자동전격방지기의 성능은 아크발생을 정지시킬 때 주접점이 개로될 때까지의 시간(지동시간)은 1초 이내이고, 2차 무부하 전압은 25[V] 이내이어야 한다.

Answer ➡ 67. ② 68. ③ 69. ② 70. ④ 71. ①

72
교류 아크 용접에서 지동시간이란?

① 홀더 용접기 출력측의 무부하 전압이 발생한 후 주접점이 개방될 때까지 시간
② 용접봉을 피용접물에 접촉시켜 전격방지장치의 주접점이 폐로될 때까지의 시간
③ 홀더에 용접기 출력측의 무부하 전압이 발생한 후 주접점이 닫힐 때까지의 시간
④ 용접봉을 피용접물에 접촉시켜 전격방지장치의 주접점이 개로될 때까지의 시간

해설
①항은 지동시간에 대한 설명이며 1초 이내로 한다.

73
다음 아크 전압과 아크 전류에 대한 기술 중 틀린 것은?

① 일반적으로 아크전압은 크며, 전류는 소전류이다.
② 전류가 비교적 적을 때는 전압전류 특성은 부특성을 나타낸다.
③ 대전류일 때는 아크전압은 아크의 길이로 정해진다.
④ 아크전류를 안정하게 유지하려면 수하특성을 가진 전압이 필요하다.

해설
일반적으로 아크 전압은 낮으며 전류는 대전류이다.

74
교류 아크 용접기의 무부하 전압[V]은?

① 50 이하   ② 50~100
③ 70~100   ④ 150 이상

해설
무부하 전압이란 용접기에 전원은 들어와 있으나 용접봉에서 아직 아크 발생을 하고 있지 않는 상태의 전압으로 교류 아크 용접기는 70~100[V] 정도, 직류 아크 용접기는 50~60[V] 정도이다.

75
아크 전압전류의 특성은?

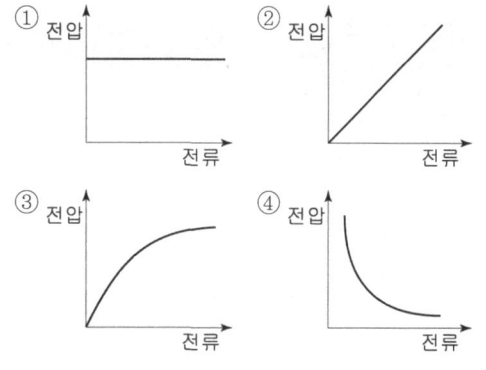

해설
아크 전압전류의 특성은 수하특성이라고 하는데 이는 부하전류가 증가하면 단자전압이 저하하는 특성으로 아크를 안정시키는 데 필요하다.

Answer ● 72. ① 73. ① 74. ③ 75. ④

3장 전기화재 예방대책

1 전기화재의 원인 분류

[1] 전기화재의 원인

(1) 출화의 경과(발화형태)
(2) 발화원
(3) 착화원

[2] 전기화재의 분류

(1) 출화의 경과(발화형태)에 의한 분류

1) 단락(25%) : 2개 이상의 전선이 어떤 원인에 의해 서로 접촉되어, 즉 합선에 의하여 발화하는 것 (단락된 순간의 단락전류는 정격전류보다 크다)
2) 스파크(24%) : 개폐기나 콘센트를 조작할 때 발생하는 전기불꽃
3) 누전 및 지락
   ① 누전(15%) : 전류가 설계된 부분 이외의 곳으로 흐르는 현상으로 발화에 이를 수 있는 누전전류의 최소치는 300~500mA이다
   ② 지락 : 누전전류의 일부가 대지로 흐르는 것
4) 접촉부의 과열(12%) : 전선과 전선, 전선과 단자 또는 접촉편 등의 접속부에서 특별한 접촉저항을 나타내어 발열하는 것
5) 절연열화, 절연파괴(11%) : 전기적으로 절연된 물질 상호간에 전기저항이 감소하여 많은 전류가 흐르게 되는 현상
6) 과전류(8%) : 전기기기, 배선 등이 설계된 정상동작상태의 온도 이상으로 온도상승을 일으키는 것으로 과전류에 의해서 발생되는 열은 줄(Joule)의 법칙에 의하여 구한다.

$$\therefore Q = I^2RT$$

여기서, Q : 발생열량 (J), I : 전류 (A)
R : 전기저항 (Ω), T : 통전시간 (sec)

(2) 발생원에 의한 분류

   1) 이동 가능한 전열기(35%)
   2) 전등, 전화 등의 배선(27%)
   3) 전기기기 및 전기장치(23%)
   4) 배선기구(5%)
   5) 고정된 전열기(5%)

2 발화단계 및 착화에너지

(1) 과전류에 의한 전선의 발화단계

   1) 인화단계(허용전류의 3배 정도 흐를 경우) : 전류밀도 40~43A/mm²
   2) 착화단계(허용전류의 3배 정도 흐를 경우) : 전류밀도 43~60A/mm²
   3) 발화단계 : 전류밀도 60~120A/mm²
      ① 발화 후 용융되는 단계 : 전류밀도 60~75A/mm²
      ② 용융되면서 스스로 발화하는 단계 : 전류밀도 75~120A/mm²
   4) 용단단계(전선이 용단되며 폭발하는 단계) : 전류밀도 120A/mm² 이상

(2) 착화에너지 산정식

$$E = \frac{1}{2}CV^2$$

$$V = \sqrt{\frac{2E}{C}}$$

여기서, E : 착화에너지(J : 줄)
C : 정전용량(F : 패럿, 1F=$10^6 \mu$F=10^{12}pF)
V : 착화한계전압(V : 볼트)

3 전기화재의 방지대책 및 발화원의 관리

[1] 전기화재의 방지대책

(1) 단락 및 혼촉 방지책

   1) 단락방지 : 퓨즈(fuse) 및 누전차단기 설치
   2) 혼촉방지 : 제2종 접지공사

(2) 누전방지책

1) 누전전류는 최대공급전류의 1/2,000을 넘지 않도록 할 것
2) 접지 및 누전차단기를 설치할 것
3) 누전화재라는 것을 입증하기 위한 요건
   ① 누전점 : 전류의 유입점
   ② 발화점 : 발화된 장소
   ③ 접지점 : 확실한 접지점의 소재 및 적당한 접지저항치
4) 발화까지에 이르는 누전전류의 최소한계 : 300~500mA
5) 전기화재방지기(누전경보기) : 50mA 정도의 누전에서 경보를 발할 수 있을 것

(3) 스파크(전기불꽃) 화재의 방지책

1) 개폐기를 불연성의 외함 내에 내장시키거나 통형퓨즈를 사용할 것
2) 가연성 증기, 분진 등의 위험성 물질이 있는 곳은 방폭형 개폐기를 사용할 것
3) 유입개폐기는 절연유의 열화정도, 유량에 유의하고 주위에는 내화벽을 설치할 것
4) 접촉부분의 산화, 변형, 퓨즈의 나사풀림 등으로 인하여 접촉저항이 증가되는 것을 방지할 것

[2] 발화원의 관리

(1) 전기기기 및 전기장치

1) 변압기의 발화방지상 유의할 사항
   ① 변압기는 독립된 내화구조의 변전실 또는 다른 건물에서 충분히 떨어진 장소에 설치할 것
   ② 방화적인 격리를 할 것
   ③ 대용량의 변압기 상호간의 사이 및 차단기, 배전판 등의 사이에는 콘크리트 칸막이 벽을 설치할 것
   ④ 불연성 절연유를 사용한 변압기나 건식 변압기를 사용할 것
   ⑤ 바닥을 경사지게 하고 배유구 설치 및 변압기 주위에 방유재를 설치할 것

2) 전동기
   ① 전동기는 운전중 슬립링이나 정류자와 브러시 사이에서 스파크 발생
   ② 전동기로 인한 사고 방지 : 설비장소에 맞는 전동기를 선정하거나 과부하가 되지 않도록 할 것

(2) 이동 가능한 전열기의 화재방지책

1) 열판의 밑에는 차열판을 설치할 것
2) 인조석, 석면, 벽돌 등의 단열성 불연재의 깔판(받침대)을 사용할 것
3) 주위 30~50cm, 위쪽 1~1.5m 내에는 가연물을 두지 않을 것
4) 배선, 코드의 과열방지를 위해 충분한 용량의 굵기를 사용할 것
5) 점멸을 확실히 할 것(통전유무를 표시하는 파일럿램프 사용)

[3] 전기누전 화재경보기

(1) 화재경보기의 구성

1) 변류기 : 누설전류의 검출
2) 수신기 : 누설전류의 증폭
3) 차단릴레이 : 주전원에 누설전류가 흐르는 경우 전원 차단
4) 음향장치 및 표시등 : 경보음 발생 및 점등

(2) 화재경보기의 검출누설 전류치 : 최소 200mA 이하에서 최대 1A 이하

(3) 전기화재경보기의 수신기의 설치방법

1) 수신기는 옥내의 점검에 편리한 장소에 설치할 것(단, 가연성의 증기·먼지 등이 체류할 우려가 있는 장소의 전기회로에는 해당 부분의 전기회로를 차단할 수 있는 차단 기구를 가진 수신기를 설치할 것)

2) 수신기는 다음 장소 외의 곳에 설치할 것
    ① 가연성의 증기·먼지·가스 등이나 부식성의 증기·가스 등이 다량으로 체류하는 장소
    ② 화약류를 제조·저장 또는 취급하는 장소
    ③ 습도가 높은 장소
    ④ 온도의 변화가 급격한 장소
    ⑤ 대전류회로·고주파발생회로 등에 의한 영향을 받을 우려가 있는 장소

실 / 전 / 문 / 제

01
전기화재의 원인으로서 직접 관계되지 않은 것은?

① 과전류, 단락
② 누전, 접속불량
③ 절연열화, 스파크(spark), 정전기
④ 애자의 오손

해설
전기화재의 경로별 비율
① 단락(25%)　　② 스파크(24%)
③ 누전(15%)　　④ 접촉부의 과열(12%)
⑤ 절연열화에 의한 발열(11%)
⑥ 과전류(8%)
⑦ 기타 지락, 낙뢰, 정전기, 접속불량 등이 있다.

02
점화원이 아닌 것은?

① 전기불꽃
② 정전기
③ 기화열
④ 철물이 부딪쳐 튀는 불꽃

해설
기화열은 물질의 상태변화중 액체가 기체로 변화하는데 필요한 잠열로 흡열반응이므로 점화원으로 될 수 없다.

03
다음 전기화재의 원인으로 거리가 먼 것은?

① 누전　　　　② 단락
③ 과전류　　　④ 접지

해설
④항의 접지는 전기화재 발생 방지를 위한 안전대책중 하나이지 전기화재의 발생원인이 아니다. 또한 접지는 본래가 감전방지대책이므로 화재방지를 위하여는 누전차단기로 전원을 차단하는 것이 가장 유효하다.

04
전기화재 방지를 위한 안전조치와 관련이 없는 것은?

① Fuse사용　　　② 누전차단기 설치
③ 배선용차단기　④ 누전화재경보기 설치

해설
(1) 전기화재의 방지대책
　① 누전방지 : 접지 및 누전차단기를 설치한다.
　② 단락 및 혼촉방지 : 단락을 방지하기 위해 퓨즈 및 누전차단기를 설치하고, 혼촉을 방지하기위해 제2종 접지공사를 한다.
　③ 전기로 및 전기건조장치 등 전열설비에 대한 안전점검 및 화재예방조치
　④ 개폐기 등의 안전점검 : 스파크에 대한 안전대책으로 가연물로부터 안전거리유지 및 통형퓨즈, 방폭형개폐기, 유입개폐기 등의 사용과 접촉저항의 증가를 방지하는 등의 조치를 한다.
　⑤ 전기화재경보기(누전경보기)설치
　⑥ 퓨즈의 정상작동상태 점검과 접촉과열방지
(2) 배선용차단기는 평상시의 전류 및 고장시의 전류를 보호계전기와의 조합에 의하여 안전하게 차단하고, 전로 및 기구를 보호하는 것으로 전기화재방지를 위한 안전조치와는 거리가 멀다.

05
200[A]의 전류가 흐르는 단상전로의 한선에서 누전 되는 최소 전류[A]는?

① 0.1　　　　② 0.2
③ 1　　　　　④ 2

해설
전기설비기술 기준령에서 누전전류는 최대공급전류의 1/2000을 넘지 아니하도록 규정되어 있다.

$$\therefore 200 \times \frac{1}{2,000} = 0.1[A]$$

Answer ● 01. ④　02. ③　03. ④　04. ③　05. ①

06
스파크 화재의 방지책이 아닌 것은?

① 개폐기를 불연성의 외함 내에 내장시키거나 통형퓨즈를 사용할 것
② 접지부분의 산화, 변형, 퓨즈의 나사풀림 등으로 인한 접촉저항이 증가되는 것을 방지할 것
③ 가연성 증기, 분진 등 위험한 물질이 있는 곳에는 방폭형 개폐기를 사용할 것
④ 유입 개폐기는 절연유의 비중의 정도, 배선에 주의하고 주변에는 내화벽을 설치할 것

해설
스파크에 의한 화재의 방지대책으로 ④항의 유입개폐기는 절연유의 열화정도, 유량에 유의하고 주위에는 내화벽을 설치하여야 한다.

07
다음은 전열기로 인한 화재를 방지하기 위한 조치사항이다. 잘못된 것은?

① 열판의 밑부분에 차열판 설치
② 받침대는 철, 스텐레스 등 금속성 불연재료로 사용
③ 주위 0.3~0.5[m], 상방으로 1.0~1.5[m] 이내로 가연성 물질 접근방지
④ 배선, 코드의 과열 방지를 위해 충분한 용량의 굵기 사용

해설
받침대는 석면, 벽돌, 인조석 등 단열성 불연재료로 받침대를 만드는 것이 좋다.

08
전기화재의 원인에 관한 사항이다. 틀린 것은?

① 과전류에 의해 발생되는 열은 전류세기[I]의 자승에 비례하고 저항[Ω]에 반비례한다.
② 단락된 순간의 단락전류는 정격전류보다 크다.
③ 발화에까지 이르는 누전전류의 최소치는 일반적으로 300~500[mA] 정도이다.
④ 전기 스파크(spark)가 발생되면 공기 중에 오존(O_3)이 생성된다.

해설
줄의 발열량의 법칙에 의하여 $Q = I^2RT$이다. 따라서 열은 전류세기의 자승, 전기저항, 통전시간에 비례한다.

09
전류는 발열, 방전 등의 현상을 수반하는데, 전력량 1[kwh]를 열량으로 환산하면 약 몇 [kcal]인가?

① 430 ② 600
③ 860 ④ 950

해설
동력의 단위
① 1[HP](영국마력) = 632[kcal/h] = 75[kg·m/s]
② 1[PS](미터마력) = 641[kcal/h] = 76[kg·m/s]
③ 1[KW](국제마력) = 860[kcal/h] = 102[kg·m/s]

10
다음 단상 110[V] 선로에 5[kW] 전기히터를 설치하려고 할 때 이에 흐르는 전류는 얼마로 상정하면 되는가?

① 40[A] ② 45[A]
③ 50[A] ④ 60[A]

해설
$P = VI$ (P : 전력, V : 전압, I = 전류)
$\therefore I = \dfrac{P}{V} = \dfrac{5,000}{110} = 45.4A$

11
전기누전으로 인한 화재조사시에 착안해야 할 입증 흔적에 관계없는 것은?

① 접지점 ② 누전점
③ 혼촉점 ④ 발화점

해설
전기누전화재라는 것을 입증하기 위한 요건
① 누전점 : 전류의 유입점
② 발화점 : 발화된 장소
③ 접지점 : 확실한 접지점의 소재 및 적당한 접지저항치

Answer ○ 06. ④ 07. ② 08. ① 09. ③ 10. ② 11. ③

12
전기누전화재경보기의 구성요소가 아닌 것은?

① 변류기　　② 단로기
③ 수신기　　④ 차단기

해설
(1) 전기화재 경보기(누전경보기)의 구성요소
　① 변류기　② 수신기　③ 음향장치
　④ 차단기(주전원에 누설전류가 흐를 경우)
(2) 전기화재경보기의 작동전류 : 50[mA]
(3) 발화에 이르는 누전전류의 최소한계 : 300~500[mA]

13
차동식 분포형 열전기식 감지기의 작동원리는 2종의 금속을 양단에 결합하여 양단에 온도차를 주었을 때 기전력이 발생하는 원리를 이용한 것이다. 이 원리를 무엇이라고 하는가?

① 톰슨효과(Thomson effect)
② 제백효과(Seebeck effect)
③ 홀효과(Hall effect)
④ 핀치효과(Pinch effect)

14
전기에너지로 인한 화재는 다음 중 몇 급 화재에 속하는가?

① A급　　② B급
③ C급　　④ D급

해설
화재의 종류별 적응 소화방법
① A급(일반화재) : 물소화기, 산·알카리소화기, 강화액소화기
② B급(유류 가스화재) : 포말소화기, 분말소화기, CO_2 소화기, 증발성액체소화기
③ C급(전기화재) : CO_2 소화기, 분말소화기, 유기성소화액, 사염화탄소소화기
④ D급(금속화재) : 건조사, 팽창질석, 팽창진주암 등

15
전기설비의 화재에 사용되는 소화기의 소화재로 알맞은 것은?

① 산 및 알칼리　　② 물거품
③ 염화칼슘　　　　④ 탄산가스

해설
전기설비 소화기의 소화제로는 탄산가스가 가장 적합하다.

16
가스, 유류 등의 화재에 적합하지 않은 것은?

① 수주인 상태로 주수
② 낙하 등에서 퍼지는 상태로 주수
③ 방출과 동시에 퍼지는 상태로 주수
④ 계면활성제를 혼합한 물이 방출과 동시에 퍼지는 상태로 주수

해설
가스, 유류 화재시 수주인 상태로 주수시 화재가 더욱 확산된다.

17
누전으로 인해 목재 등이 탄화되어 화재가 발생하는 것은 어떤 현상에 의한 것인가?

① 가네하라현상　　② 브리킹현상
③ 절연열화현상　　④ 흡습현상

해설
목재 등은 절연열화작용에 의해 탄화현상이 촉진되어 전기화재를 일으키게 된다.

18
다음 중 전등스위치가 옥내에 있으면 안 되는 경우는?

① 절삭유 저장소
② 산소 저장소
③ 기계류 저장소
④ 카바이드 저장소

해설
카바이드저장소에서는 완전밀봉되지 않은 카바이트가 공기중의 수분과 화합하여 폭발성가스인 아세틸렌을 만들어 전기기구로 인한 폭발의 위험이 있으므로 모든 실내등은 방폭형으로 하고 스위치도 옥외에 설치하도록 한다.

Answer ◐　12. ②　13. ②　14. ③　15. ④　16. ①　17. ③　18. ④

19
누전에 의하여 발화하기 쉬운 부분이 아닌 것은?

① 고압선과 접촉한 목재
② 함석판의 이은 곳
③ 금속관 또는 파이프의 접속부
④ 애자사용 전선

해설
누전발화하기 쉬운 부분은 보통 접속부분이 된다.

20
전기도금실에서 지켜야 할 사항 중 틀린 것은 어느 것인가?

① 취식 또는 음식물 보관을 금한다.
② 전기장치는 방폭형으로 한다.
③ 화학용 보호구를 사용한다.
④ 시안화물과 산탱크의 배수는 동일계통으로 한다.

Answer ● 19. ④ 20. ④

4장 정전기 재해 방지대책

1 정전기 이론

[1] 정전기의 발생

(1) 정전기 : 부도체상의 전하와 같이 거의 이동하지 않는 전하 즉, 공간의 모든 장소에서 전하의 이동이 전혀 없는 전기를 말한다.

(2) 정전기 발생에 영향을 주는 요인

1) 물체의 특성
   ① 대전량은 접촉이나 분리하는 두 가지 물체가 대전서열 내에서 가까운 위치에 있으면 대전량이 적고 먼 위치에 있을수록 대전량이 커진다.
   ② 물체가 불순물을 포함하고 있으면 정전기 발생량은 커진다.

2) 물체의 표면상태
   ① 물체의 표면이 원활하면 정전기 발생량이 적어진다.
   ② 물체표면이 수분이나 기름 등에 오염되었을 때에는 산화, 부식에 의해 정전기가 크게 발생된다.

3) 물체의 분리력 : 처음접촉, 분리가 일어날 때 정전기 발생은 최대가 되며 이후 접촉, 분리가 반복됨에 따라 발생량은 점차 감소한다.

4) 접촉면적 및 압력
   ① 접촉면적이 클수록 발생량은 커진다.
   ② 접촉압력이 증가하면 접촉면적이 커지므로 발생량도 증가하게 된다.

5) 분리속도
   ① 전하완화시간이 길면 전원분리에 주는 에너지가 커져서 발생량이 증가한다.
   ② 물체의 분리속도가 빠를수록 정전기 발생량은 커진다.

[2] 정전기 대전 및 방전에너지

(1) 정전기 대전 : 물체에 발생한 전하를 일부는 소멸하지 않고 물체에 축적되는데 이 축적된 전하를 대전전하(정전기)라 한다.

$$\therefore Q = Q_1 - Q_2$$

여기서, Q : 대전전하(정전기)
Q_1 : 발생된 전하량(발생전하량)
Q_2 : 소실된 전하량(완화량)

(2) 방전에너지 : 정전기가 방전될 때의 방전에너지는 다음식에 의해서 구한다.

$$\therefore E = \frac{1}{2}(CV^2) = \frac{1}{2}(QV)$$

여기서, E : 정전에너지(J)
C : 도체의 정전용량(F)
V : 대전전위(전압 ; V)
Q : 대전 전하량(C)

[3] 정전기 발생의 종류

(1) 마찰대전

1) 물체가 마찰을 일으킬 때 마찰에 의해서 접촉위치가 이동하며 전하 분리 및 재배열이 일어나서 정전기가 발생하는 현상이다.
2) 고체, 액체, 분체류의 정전기발생은 마찰대전에 기인한다.

(2) 유동대전

1) 액체류가 파이프 등을 통해서 유동할 때 관벽과 액체사이에서 정전기가 발생하는 현상이다.
2) 액체유동에 의한 정전기발생은 액체의 유속에 큰 영향을 받는다.
   ① 배관내 유체의 대전량(정전하량) : 유속의 1.5~2배에 비례
   ② 배관내 유체의 제한유속 : 1m/sec 이하

(3) 박리대전

1) 서로 밀착해 있던 물체가 박리되었을 때 전하분리가 일어나서 정전기가 발생하는 현상이다.
2) 박리대전은 접촉면적, 접촉면의 밀착력, 박리속도 등에 영향을 받는다.

(4) 분출대전 : 기체, 액체, 분체류 등이 단면적이 작은 분출구를 통과할 때 마찰에 의해서 정전기가 발생하는 현상이다.

(5) **충돌대전** : 분체류와 같은 입자끼리 또는 입자와 고체와의 충돌에 의해서 급속한 분리, 접촉이 행해지기 때문에 정전기가 발생하는 현상이다.

(6) **파괴대전** : 물체가 파괴될 때 정전기가 발생하는 현상이다.

(7) **비말대전** : 공간에 분출한 액체류가 가늘게 비산해서 분리되는 과정에 정전기가 발생하는 현상이다.

(8) **진동대전(교반대전)** : 액체를 교반할 때 정전기가 발생하는 현상이다.

[4] 방전의 종류

(1) 스파크(spark) 방전(불꽃방전)

1) 전위차가 있는 2개의 대전체가 특정거리에 근접하게 되면 등전위가 되기 위하여 전하가 절연공간을 깨고 순간적으로 흘러가면서 빛과 열을 발생하는 현상이다.
2) 스파크 방전시 공기 중에 오존(O_3)이 생성되어 인화성 물질에 인화되거나 분진폭발을 일으킬 수 있다.

(2) 코로나(corona) 방전

1) 스파크 방전을 억제시킨 접지 돌기상 도체 표면에서 발생하여 공기 중으로 방전하거나 고체 유도체 표면을 흐르는 경우가 있다.
2) 돌기부(뾰족한 부분)에서 발생되기 쉬우나 방전에너지가 적기 때문에 재해원인이 될 확률은 비교적 적다.

(3) 연면방전

1) 액체 또는 고체 절연체와 기체사이의 경계에 따른 방전이다.
2) 정전기가 대전되어 있는 부도체에 접지체가 접근한 경우 대전물체와 접지체 사이에서 발생하는 것으로 나뭇가지 형태(별표마크)의 발광을 수반하는 방전을 말한다.
3) 연면방전의 방전조건
　① 부도체의 대전량이 극히 큰 경우
　② 대전된 부도체의 표면 가까이에 접지체가 있는 경우
4) 방전에너지가 커서 불꽃방전과 더불어 착화 및 전격을 일으킨 위험성이 크다.

(4) 스트리머(streamer) 방전

1) 대전량이 큰 부도체와 평편한 형상을 갖는 금속과의 기상공간에서 발생하기 쉬운 방전이다.
2) 코로나 방전보다 전격을 일으킬 확률이 높다.

(5) 뇌상방전 : 공기 중에 뇌상으로 부유하는 대전입자가 커졌을 때 대전운에서 번개형의 발광을 수반하는 방전이다.

[5] 정전기 유도 및 대책

(1) **정전기의 유도** : 절연된 물체에 대전체가 접근하면 절연체에도 정전기가 유도되며, 대전체와 가까운 곳에 대전체와 반대극성의 전하가 유도되고 먼 곳에는 동일 극성의 전하가 유도된다.

(2) **정전기의 축적**

1) 생성된 정전기는 지면이나 다른 물체로부터 절연되어 있을 경우 축적된다.
2) 절연저항이 1MΩ 이상이면 정전기가 축적되며, 전기전도도가 10,000(piscosiemens/m) 이하일 때 정전기가 축적된다.

(3) **정전기의 완화**

1) 영전위 소요시간 : 액체에 생성된 정전기는 주위에 반대극성이 있을 경우 상호 상태작용에 의해 소멸되며, 전하가 완전 소멸될 때까지의 소요시간(T)은 다음식에 의해 구한다.

$$\therefore T = \frac{18}{액체전도도}$$

2) 완화시간
   ① 절연체에 발생한 정전기는 축적, 소멸과정에 의해 처음값의 36.8% 감소하는 시간을 시정수 또는 완화시간이라 한다.
   ② 완화시간은 영전위 소요시간의 1/4~1/5 정도이다.

2 정전기 재해 방지대책

[1] 정전기에 의한 재해형태

(1) **재해형태의 종류**

1) 정전기가 착화원이 된 화재폭발
2) 전격
3) 분체의 부착, 필름 등의 벗겨짐으로 인한 생산 장해
4) 정전기 쇼크(컴퓨터 오작동, 전자부품파손 등)

(2) **정전기에 의한 재해** : 물리적 현상(역학적 현상, 방전현상, 유도현상 등)에 기인한다.

1) 역학적 현상 : 대전된 물체의 정전기는 대전 전하간의 전기력(쿨롱 힘 : Coulomb's force)

에 의해 부근에 있는 다른 물체를 흡수하거나 반발하며, 이러한 현상은 물체의 무게에 비해 표면이 크거나 가볍고 작은 물체에 많이 나타난다.

2) 방전현상
① 절연내력의 세기 : 3MV/m
② 표면전하밀도 : 2.7×10^{-2} C/m²
③ 정전기 방전의 대전체 표면의 전하밀도 : 10^{-6} C/m²

3) 정전유도현상 : 정전기 유도현상에 의한 재해형태는 전격, 폭발 등이 있다.

(3) 정전유도현상

1) 전격
① 인체에서의 방전에 의한 전격의 발생한계 : 인체의 방전전하량이 $2\sim3\times10^{-7}$C 이상의 방전은 대전전위가 3kV 이상일 경우 발생한다.
② 대전물체에서의 방전에 의한 전격의 발생한계 : 대전체가 도체인 경우 방전전하량은 $2\sim3\times10^{-7}$C, 부도체인 경우는 대전전위가 10kV, 대전전하밀도(방전전하량)는 10^{-5}C/m²에서 전격이 발생한다.

2) 폭발 : 정전기방전이 착화원이 되어 가연성물질과 폭발을 일으킨다.

[2] 정전기 재해 방지대책

(1) 정전기 발생 방지책

1) 접지(부도체물질은 부적합)
2) 가습
3) 보호구착용
4) 대전방지제 사용
5) 배관내 액체의 유속제한 및 정치시간의 확보
6) 도전성 재료 사용
7) 제전장치 사용

(2) 정전기로 인한 화재·폭발 방지 대책(안전보건규칙)

1) 정전기로 인한 화재·폭발 등의 위험이 발생할 우려가 있는 설비 사용시 정전기의 제거
① 확실한 방법으로 접지
② 도전성재료를 사용
③ 가습(상대습도 70% 이상)
④ 제전장치 사용

2) 인체에 대전된 정전기의 제거
① 정전기 대전방지용 안전화 및 제전복의 착용(그 밖에 제전용 손목띠, 장갑, 토시 등도 활용되고 있음)
② 정전기 제전용구의 사용
③ 작업장 바닥에 도전성을 갖추도록 하는 방법

3) 기타 정전기로 인한 화재·폭발방지 대책
   ① 정전기 발생방지 도장을 하는 방법
   ② 배관 내의 유속을 조절하는 방법
   ③ 정전기의 발생을 억제하는 방법(대전방지)
   ④ 대전방지제의 사용으로 누설에 의한 방법(도전성의 타이어, 벨트, 정전화, 매트 등이 있다)
   ⑤ 도전성 향상에 의한 방법(대전방지제를 첨가하거나 탄소와 금속분 및 반도체를 첨가, 도포, 종착 등의 방법으로 플라스틱 및 석유제품의 표면저항을 $10^{10} \sim 10^{14}[\Omega]$ 이하로 낮추는 방법

4) 정전기에 의한 화재·폭발방지를 위한 조치가 필요한 설비
   ① 위험물을 탱크로리·탱크차 및 드럼 등에 주입하는 설비
   ② 탱크로리·탱크차 및 드럼 등 위험물저장설비
   ③ 인화성 액체를 함유하는 도료 및 접착제 등을 제조·저장·취급 또는 도포하는 설비
   ④ 위험물 건조설비 또는 그 부속설비
   ⑤ 인화성 고체를 저장하거나 취급하는 설비
   ⑥ 드라이클리닝설비, 염색가공설비 또는 모피류 등을 씻는 설비 등 인화성 유기용제를 사용하는 설비
   ⑦ 유압, 압축공기 또는 고전위정전기 등을 이용하여 인화성 액체나 인화성 고체를 분무하거나 이송하는 설비
   ⑧ 고압가스를 이송하거나 저장·취급하는 설비
   ⑨ 화약류 제조설비
   ⑩ 발파공에 장전된 화약류를 점화시키는 경우에 사용하는 발파기(발파공을 막는 재료로 물을 사용하거나 갱도발파를 하는 경우는 제외)

(3) 도체의 대전방지대책

1) 접지에 의한 대전방지 : 정전기 대책만을 목적으로 하는 접지저항은 $1 \times 10^{-6} \Omega$ 이하인 고체의 표면은 금속도체를 밀착시켜서 간접접지에 의해 대전을 방지한다.

2) 접지에 의한 대전방지효과
   ① 고체(금속은 제외)의 대전방지효과 : 도전율이 10^{-6}s/m 이상인 도체(필름, 시트포장)나 표면고유저항이 $10^9 \Omega$ 이하인 고체의 표면은 금속도체를 밀착시켜서 간접접지에 의해 대전을 방지한다.
   ② 분체류의 대전방지효과 : 도전율이 $10^{-10} \sim 10^{-12}$s/m인 분체류가 퇴적되어 있을 경우에는 금속제의 관이나 용기를 접지하면 분체류의 대전을 방지할 수 있다.

3) 화학설비에 접지를 실시하는 1차적 목적 : 정전기 대전방지

4) 배관 내 액체의 유속제한
① 저항율이 $10^{10}\,\Omega\,cm$ 미만의 도전성 위험물 : 7m/sec 이하
② 유동대전이 심하고 폭발위험성이 높은 물질(에테르, 이황화탄소 등) : 1m/sec 이하
③ 물이나 기체를 포함한 비수용성 위험물 : 1m/sec 이하

(4) 부도체의 대전방지대책
1) 습기를 가하거나 주위환경의 습도를 높일 것
2) 대전방지제를 사용할 것
3) 제전기를 사용할 것

[3] 제전기

(1) 제전원리
1) 제전기를 대전체 가까이 설치하면 제전기에서 생성된 정·부 이온중 대전물체와 역극성의 이온이 대전물체의 방향으로 이동하여, 그 이온과 대전물체의 전하와 재결합에 의해 중화가 이루어져 대전물체의 정전기가 제거된다.
2) 제전기에 의한 정전기의 제거는 제전기와 대전물체 사이에 이온전류의 흐름에 의한 것으로 이온전류가 클수록 단시간에 제전 된다.

(2) 제전기의 종류

1) 전압인가식 제전기(코로나 방전식 제전기)
① 제전전극에 7,000V 정도의 고전압이 인가되어 코로나 방전발생, 인가된 고전압의 에너지에 의해 제전에 필요한 이온이 생성된다.
② 제전능력이 뛰어나며(거의 0에 가까운 효과를 봄) 단시간에 제전이 가능하다.

2) 자기방전식 제전기
① 코로나 방전을 일으켜 공기를 이온화하는 방식이다.
② 50kV 내외의 높은 대전을 제거하는 장점이 있으나 2kV 내외의 대전이 남는 결점이 있다.
③ 인화위험이 거의 없으며 제전기 중 설치비가 가장 경제적이다.
④ 플라스틱, 섬유, 고무, 필름 공장 등에서 정전기 제거에 효과적이다.

3) 방사선식 제전기
① 방사선의 공기전리작용을 이용하여 제전에 필요한 이온을 만드는 방식이다.
② 방사선물질은 반감기가 길고 전리능력이 큰 α선, β선 등이 사용된다.

③ 제전능력이 작으며 제전에 시간을 필요로 하므로 이동하는 대전물체의 제전에는 효과가 적다.

4) 이온식 제전기(라디오 – 아이소토프 : radio – isotope식 제전기)
① 방사선의 전리작용으로 공기를 이온화하는 방식이다.
② 제전효율이 낮으나 폭발위험이 있는 곳에 적당하다.

[4] 대전방지제의 종류

(1) 외부용 일시성 대전방지제

1) 음이온계 활성계
① 값이 싸고 무독성이다.
② 섬유의 균일 부착성과 열안전성이 양호하다.
③ 섬유의 원사 등에 사용된다.

2) 양이온계 활성계
① 대전방지 성능이 뛰어나다.
② 비교적 고가이고 피부에 장해를 주며, 섬유에 사용할 때에는 염색이 곤란한 경우가 발생한다.
③ 내열성은 떨어지나 유연성이 뛰어나며 아크릴(Acryl)섬유용으로 널리 쓰인다.

3) 비이온계 활성계 : 단독사용으로는 효과가 적지만 열안전성이 우수하며 음이온계나 양이온계 또는 무기염과 병용해서 사용할 때에는 대전방지 효과가 뛰어나다.

4) 양성이온계 활성제
① 대전방지성능은 양이온계와 비슷한 것으로 매우 우수한 성능을 보유하고 있다.
② 베타인계는 그 효과가 매우 높다.
③ 다른 이온계 활성제와 병용도 가능하다.

(2) 외부용 내구성 대전방지제

1) 일시성 대전방지제의 단점을 보완한 대전방지제이다.
2) 아크릴(acryl)산 유도체, 폴리알킬렌(poly alkylene), 폴리아민(polyamin)유도체, 폴리에틸렌글리콜(ployethylenglycol) 등이 있다.

실 / 전 / 문 / 제

01
정전기의 발생에 영향을 주는 요인이 아닌 것은?
① 접촉면적 및 압력   ② 분리속도
③ 물체의 표면상태   ④ 외부공기의 풍속

해설
정전기 발생에 영향을 주는 조건
① 물체의 표면상태   ② 물체의 특성
③ 물체의 분리력   ④ 분리속도
⑤ 접촉면적 및 압력

02
정전기의 발생에 영향을 주는 요인이 아닌 것은?
① 물체의 특성   ② 물체의 표면상태
③ 물체의 분리력   ④ 접촉시간

해설
정전기 발생에 영향을 주는 요인 중 접촉면적 및 접촉압력은 해당되나 접촉시간은 해당되지 않는다.

03
각종 물질을 마찰할 때 대전서열이 (+)쪽에 가까운 순서로 나열한 것은?
① 유리 - 나일론 - 양모 - 셀로판
② 유리 - 셀로판 - 나일론 - 양모
③ 양모 - 유리 - 셀로판 - 나일론
④ 나일론 - 양모 - 유리 - 셀로판

해설
각종물질의 대전서열
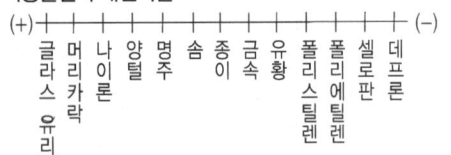

04
대전이란 무엇인가?
① 전하보존법칙에 의한 전하의 존재
② 물질이 가지고 있는 양자
③ 물질이 가지고 있는 전자
④ 전자를 주고 받으므로써 전자의 과부족이 생기는 현상

해설
전자를 주고 받으므로써 전자의 과부족이 생기는 현상을 대전이라 한다.

05
정전기방지대책 중 틀린 것은?
① 대전서열이 가급적 먼 것으로 구성한다.
② 카본 블랙을 도포하여 도전성을 부여한다.
③ 유속을 저감시킨다.
④ 도전성 도료를 도포하여 대전을 감소시킨다.

해설
대전서열이 서로 먼 위치에 있으면 정전기의 발생량이 많게 되므로 대전서열이 가급적 가까운 것으로 구성하여 방지대책을 수립한다.

06
정전기 발생현상이 아닌 것은?
① 마찰현상   ② 유동현상
③ 박리현상   ④ 가열현상

해설
정전기의 발생현상
① 마찰대전   ② 유동대전
③ 박리대전   ④ 충돌대전
⑤ 분출대전   ⑥ 파괴대전
⑦ 비말대전

Answer ➡ 01. ④ 02. ④ 03. ① 04. ④ 05. ① 06. ④

07
정전기가 가장 많이 발생하는 공정은?

① 기체, 액체의 송류공정
② 기체, 액체의 분출공정
③ 액체의 여과공정
④ 고체의 분쇄공정

해설
정전기의 발생공정
① 기체, 액체의 송류(유송)공정 : 25.5%
② 분출공정 : 11.6%
③ 액체의 혼합, 교반, 여과공정 : 14.9%
④ 고체의 분쇄, 혼합공정 : 17.4%

08
물체에 정전기가 대전하면 정전에너지를 갖게 되는데 이 정전에너지를 나타내는 식은?

① $E=1/2CV(J)$
② $E=1/2C^2V(J)$
③ $E=1/2CV^2(J)$
④ $E=1/2C^2V^2(J)$

해설
(1) $E = \frac{1}{2}CV^2$

여기서 $C = \frac{Q}{V}, V = \frac{Q}{C}$ 이므로

(2) $E = \frac{1}{2}QV = \frac{1}{2}\frac{Q^2}{C}$

여기서, E : 정전에너지[J]
C : 도체의 정전용량[F]
V : 대전전위[V]
Q : 대전전하량[C]

09
최소착화에너지가 0.25[mJ]인 부탄가스 버너의 극간정전용량이 10[PF]일 경우에 이 버너를 점화시키기 위한 최소한 얼마 이상의 전압을 인가해야 하는가?

① 0.5×10^2[V]
② 0.7×10^2[V]
③ 7.1×10^3[V]
④ 5.0×10^7[V]

해설
$E = \frac{1}{2}CV^2$ 식에서

$\therefore V = \sqrt{\frac{2E}{C}}$

$= \sqrt{\frac{2 \times 0.25 \times 10^{-3}}{10 \times 10^{-12}}} = 7,071 = 7.1 \times 10^3 (V)$

참 1 (PF ; 피크패럿) = 1×10^{-12}(F)

10
대전에 기인하여 발생하는 전격의 발생한계전위는 얼마[kV]인가?

① 1
② 3
③ 5
④ 10

해설
인체에 대전되어 있는 전하량이 $2 \sim 3 \times 10^7$[C] 이상이 되면 이 전하가 방전하는 경우에 통증을 느끼게 되는데 이것은 인체의 정전용량을 보통 100[PF]로 할 경우 약 3[kV] 정도가 된다.

11
다음의 방전종류 중 해당되지 않는 것은?

① 불꽃 방전
② 코로나 방전
③ 망광 방전
④ 자외선 방전

해설
정전기 방전의 종류별 특징
① **스파크 방전** : 전위차가 있는 2개의 대전체가 특정거리에 근접하게 되면 등전위가 되기 위하여 전하가 절연공간을 깨고 순간적으로 흘러가면서 빛과 열을 발생하는 현상이다.
② **코로나 방전** : 스파크 방전을 억제시킨 접지 돌기상 도체표면에서 발생하여 공기중으로 방전하는 경우와 고체 유도체 표면을 흐르는 경우의 방전이다.
③ **연면 방전** : 액체 또는 고체 절연체와 기체사이의 경계에 따른 방전으로 큰 출력의 도전용 벨트 등 주로 기계적 마찰에 의하여 큰 표면에 높은 전하밀도를 조성시킬 때 발생하다.
④ **불꽃 방전** : 도체가 대전되었을 때 접지된 도체와의 사이에서 발생하는 강한 발광과 파괴음을 수반하는 방전이다.
⑤ **뇌상 방전** : 공기중에 뇌상으로 부유하는 대전입자와 규모가 커졌을 때 대전운에서 번개형의 발광을 수반하는 방전의 형태로 뇌상방전은 불꽃방전, 연면방전과 마찬가지로 재해나 장해의 원인이 된다.
⑥ **스트리머 방전** : 대전이 큰 부도체와 비교적 곡률반경이 큰 선단을 가진 도체와의 사이에서 발생하는 수지상의 발광과 펄스상의 파괴음을 수반하는 방전으로 코로나 방전보다 방전에너지가 크고 재해나 장해의 원인이 될 가능성이 크다
⑦ 기타 **망광 방전** 등이 있다.

Answer ➡ 07. ① 08. ③ 09. ③ 10. ② 11. ④

12
공기 중에서 방전하면 무엇이 가장 많이 발생하는가?

① CO_2
② O_2
③ H_2
④ O_3

해설
스파크방전시 공기중에 O_3이 생성되어 전도성을 띠어 주위의 인화물질에 인화되거나 분진폭발을 일으킬 위험성이 높아지게 된다.

13
코로나(corona) 방전이란?

① 액체 혹은 고체 절연체와 기체 사이의 경계에 따른 방전
② 나이프 스위치의 충전부 노출에 의한 방전
③ 스파크로 기기의 파괴 또는 주위 인화성 가스 혹은 물질에 의한 방전
④ 스파크 방전을 억제시킨 접지 돌기상 도체표면에서 발생, 공기중으로 방전하는 경우와 고체유도체 표면을 흐르는 경우가 있다.

해설
①항은 연면방전 ④항은 코로나 방전에 대한 설명이다.

14
대전된 정전기의 제거방법으로 옳지 못한 것은?

① 설비주위의 공기를 가습한다.
② 설비에 정전기발생 방지도장을 한다.
③ 설비의 금속부분을 접지한다.
④ 설비의 주변에 자외선을 조사한다.

해설
정전기로 인한 화재, 폭발방지
(1) 화재폭발의 위험이 있는 설비 사용시 정전기의 제거
　① 확실한 방법으로 접지한다.
　② 도전성재료를 사용한다.
　③ 가습한다(상대습도 70% 이상).
　④ 제전장치를 사용하다.
(2) 인체에 대전된 정전기의 제거
　① 정전기 대전방지용 안전화 및 제진복의 착용(그 밖에 제전용 손목띠, 장갑, 토시 등도 활용되고 있다.)
　② 정전기 제전용구의 사용
　③ 작업장 바닥에 도전성을 갖추도록 하는 방법
(3) 기타
　① 정전기 발생방지 도장을 하는 방법
　② 배관내의 유속을 조절하는 방법
　③ 정전기의 발생을 억제하는 방법(대전방지)
　④ 대전방지제의 사용으로 누설에 의한 방법(도전성의 타이어, 벨트, 정전화, 매트 등이 있다.)
　⑤ 도전성 향상에 의한 방법(대전방지제를 첨가하거나 탄소와 금속분 및 반도체를 첨가, 도포, 종착 등의 방법으로 프라스틱 및 석유제품의 표면저항을 $10^{10} \sim 10^{14}[\Omega]$ 이하로 낮추는 방법이다.)

15
다음 중 정전기 방지대책이 아닌 것은?

① 억제
② 접지
③ 도전성 부여
④ 제습

해설
공기중의 습도를 70% 이상으로 하면 대전체의 표면저항이 감소로 대전이 급격히 감소하게 된다.

16
정전기 제거의 방법 중 옳지 않은 것은?

① 바닥은 도전성을 갖게 한다.
② 작업복은 도전성을 부여한다.
③ 작업자는 합성섬유 작업복을 착용한다.
④ 설비에 정전기 발생방지 도장을 한다.

해설
합성섬유 작업복은 정전기 발생을 촉진시킨다.

17
정전기 안전사고의 예방대책은?

① 작업장 내의 온도를 낮게 해서 방전시킨다.
② 공기를 이온화하여 (+)대전은 (−)전하를 주어 중화시킨다.
③ 대전하기 쉬운 금속은 접지를 해야 한다.
④ 절연도가 높은 플라스틱을 사용한다.

해설
교류방전식 제전기나 이온식 제전기 등은 방전침의 약 7,000[V]의 전압을 걸어 코로나 방전으로 발생되니 이온으로 대전체의 전하와 결합하여 제거하는 방식이다.

Answer ● 12. ④ 13. ④ 14. ④ 15. ④ 16. ③ 17. ②

18

정전기가 발생되어도 즉시 이를 방전하고 전하의 축적을 방지하면 위험성이 제거된다. 다음 중 정전기에 대하여 적합하지 않은 것은 어느 것인가?

① 대전키 쉬운 금속부분에 접지를 한다.
② 작업장 내 습도를 높여 방전을 촉진시킨다.
③ 절연도가 높은 플라스틱류는 전하의 방전을 촉진시킨다.
④ 공기를 이온화하여 (+)는 (-)로 중화시킨다.

해설
절연도가 높은 프라스틱류는 전하의 축적을 촉진시킨다. 즉 정전기는 프라스틱류와 같은 부도체에 의하여 주로 발생(축적)된다.

19

정전기로 인한 재해방지대책으로서 부적절한 것은?

① 플라스틱의 대전방지조치로서는 금속분 등을 첨가하여 표면저항을 $10^3 \sim 10^8[\Omega]$ 정도로 낮추는 것이다.
② 인체 대전된 정전기를 대지로 효과적으로 방출시키기 위해서 구두의 바닥저항을 $10^3 \sim 10^8[\Omega]$ 정도로 유지한다.
③ 도전성 물질의 정전기를 방지하기 위해서 저항 $10^3 \sim 10^8[\Omega]$ 정도의 접지를 실시한다.
④ 부도체의 정전기 대책으로는 도전성 향상, 제전기 설치 등의 방법이 있다.

해설
프라스틱류와 같은 절연도가 높은 부도체에는 대전방지를 위한 조치로 대전방지제를 첨가하거나 탄소와 금속분 및 반도체를 첨가하거나 도포하고 또는 금속과 반도체를 종착하는 방법 등을 통하여 도전성을 부여함으로써 물체의 표면저항 $10^3 \sim 10^8$으로 낮추어 대전된 전하를 누설시키도록하는 방법과 도전성재료를 대체 사용하여 정전기를 누설시킴으로써 축적을 방지하는 방법 등이 있다. 그러나 이미 그 설비 자체가 도전성재료를 사용하는 설비는 그 자체의 표면저항이 낮아 쉽게 방전이 이루어지므로 접지를 실시할 필요가 없게 된다.

20

작업장내의 정전기로 인한 폭발방지를 위해 점검해야 할 사항 중 옳지 않은 것은?

① 작업장 내의 습도는 60~70%를 유지하고 있는가
② 도전성 마루이며 분체의 퇴적은 없는가
③ 누설저항은 100[Ω] 이하인가
④ 작업자가 대전방지복 및 구두를 착용하고 있는가

해설
누설저항은 10[Ω] 이하를 유지하고 있는가를 점검해야 한다.

21

정전기의 제거만을 목적으로 하는 접지에 있어서의 접지저항 값은 몇 [Ω] 이하로 해도 좋은가?

① 10^6
② 10^7
③ 10^8
④ 10^9

해설
정전기의 제거만을 목적으로 하는 접지에 있어서는 $10^6[\Omega]$ 이하의 접지저항치를 유지해도 무방하다. 일반적으로 대전한 물체에서 전하를 누출시키는 경우 특별한 경우를 제외하고는 정전기 대전에 의해 접지용 도선에 흐르는 최대전류는 수 μA 정도로 대단히 작으므로 순수하게 정전기의 제거만을 목적으로 접지하게 되면 접지저항의 값은 $10^6[\Omega]$ 이하이면 가능하나 안전을 고려하여 보통 $10^3[\Omega]$ 이하로 하고 있다.

22

절연체의 정전기는 일정장소에 축적되었다가 점차 소멸되는데 처음 값의 몇 %로 감소되는 시간을 그 물체의 시정수 혹은 완화시간이라고 하는가?

① 25.8%
② 36.8%
③ 45.8%
④ 56.8%

해설
완화시간 : 정전기가 처음값의 36.8%로 감소되는 시간을 말하며, 정전완화시간은 영전위소용시간의 1/4~1/5 정도이다. 또는 영전위소용시간이란 액체에 생성된 정전기가 주위에 반대극성의 전하가 있을 경우 상호상쇄작용에 의하여 완전히 소멸될 때까지의 시간을 말하는 것으로 구하는 식은 다음과 같다.
T = 18/액체전도도

Answer ● 18. ③ 19. ③ 20. ③ 21. ① 22. ②

23
제전기는 공기 중 이온을 생성해서 제전을 하는데 다음 중 제전능력이 뛰어난 제전기는?

① 이온제어식 ② 전압인가식
③ 방사선식 ④ 자기방전식

해설

제전기의 종류별 특징
(1) **전압인가식 제전기** : 가전압식 또는 교류방전식 제전기라고도 하며 방전침에 약 7,000[V] 정도의 전압을 걸어 코로나 방전을 일으켜 발생한 이온을 대전체의 전하를 중화시키는 방법으로 약간의 전위는 남지만 제전능력이 뛰어나 거의 0에 가까운 효과를 얻는다.
(2) **이온스프레이식 제전기** : 7,000[V]의 교류전압이 인가된 침을 배치하고 코로나 방전에 의해 발생한 이온을 송풍기에 의해 대전체에 뿜어내는 방식으로 분체의 제전에 효과가 있으며 라디오 아이소토프방식과 비슷하지만 전리방사성 장해가 없는 것이 특징이다.
(3) **방사선식 제전기** : 방사선 동이원소의 전리작용에 의해 제전에 필요한 이온을 만드는 제전기로서 α 및 β선원이 사용되고 있다. 이 방식은 방사선 장해로 취급에 주의를 요하며 제전능력이 작아서 충분한 제전시간이 필요하며 특히 이동하는 물체의 제전에는 부적합하다.
(4) **이온식 제전기**(라디오 아이소토프식 제전기) : 이온스프레이식 제전기의 작동원리와 비슷하며 방사선의 전리작용으로 공기를 이온화하는 방식으로 제전효율은 낮으나 폭발의 위험이 있는 곳에 적당하다.
(5) **자기방전식 제전기** : 도전성섬유(50μm), 스테인레스(5μm), 카본(7μm) 등에 의해 작은 코로나 방전을 일으켜 제전하는 방식으로 50[kV] 내외의 높은 대전을 제거하는 것이 특징이나 2[kV] 내외의 대전이 남은 것이 결점이며 필름의 권취공정, 셀로판 제조공정, 섬유공장 등의 정전기 제거에 유효하다.

24
코로나 방전을 일으켜 공기를 이온화 하는 방식으로 제전기 중 설치비가 가장 적게 드는 제전기는 무엇인가?

① 전압인가식 제전기
② 자기방전식 제전기
③ 방사선식 제전기
④ 이온스프레이식 제전기

25
화학설비에 접지를 실시하는 1차적 목적은?

① 감전방지 ② 정전기대전방지
③ 누전방지 ④ 화재, 폭발방지

해설
화학설비에 접지를 실시하는 것은 정전기대전방지로 인한 정전기발생 억제에 있다.

26
이동식 전기기계는 사고를 막기 위하여 무엇이 필요한가?

① 접지설비 ② 고압계
③ 방폭등 ④ 대지전위 상승장치

27
정전기로 인한 화재폭발을 방지하기 위한 조치가 필요한 설비가 아닌 것은?

① 위험물을 탱크로리에 주입하는 설비
② 탱크로리, 탱크차 및 드럼 등 위험물 저장설비
③ 위험물 제조설비 및 그 부속설비
④ 인화물질을 함유하는 도료 및 접착제 등을 도포하는 설비

해설

정전기로 인한 화재, 폭발장치를 위한 조치가 필요한 설비
① 위험물을 탱크로리, 탱크차 및 드럼 등에 주입하는 설비
② 탱크로리, 탱크차 및 드럼 등 위험물저장설비
③ 인화성물질을 함유하는 도료 및 접착제 등을 도포하는 설비
④ 위험물 건조설비 또는 그 부속설비
⑤ 가연성 폭연성물질을 취급하는 설비
⑥ 기타 고용노동부장관이 정하는 설비

28
다음은 정전기로 인한 재해를 방지하기 위한 조치이다. 부도체물질에 적합하지 않은 조치는?

① 도전율 향상
② 가습조치
③ 접지실시
④ 자기방전식 제전기 설치

Answer ◐ 23. ② 24. ② 25. ② 26. ① 27. ③ 28. ③

해설

(1) 정전기 재해방지를 위한 접지의 시행은 대전하기 쉬운 금속부분에 시공하여야 하므로 절연도가 높은 부도체물질에는 적합하지 아니하다.
(2) 전기 재해방지를 위한 접지
   ① 고정용 설비, 기기 등의 접지
   ② 이동식기기 및 가동부품의 접지
   ③ 액체 취급시의 접지
   ④ 인체의 접지

29
정전기의 방전에 의한 화재, 폭발에 대한 설명 중 적합하지 않은 것은?

① 도체에서의 정전에너지가 어떤 물질의 최소착화에너지보다 크게 되면 화재, 폭발이 일어날 수 있다.
② 부도체가 대전되었을 경우에는 정전에너지보다는 대전전류 크기에 의해서 화재, 폭발이 결정된다.
③ 대전된 물체에 인체가 접근했을 때 전격을 느낄 정도이면 화재, 폭발의 가능성이 있다.
④ 작업복에 대전된 정전에너지가 가연성 물질의 최소착화에너지보다 클 때는 화재, 폭발의 위험성이 있다.

해설
부도체가 대전되었을 경우에는 단 한번의 방전으로 모든 전하가 방전되지 않기 때문에 정전에너지보다는 대전전압이나 저항의 크기에 의해서 화재, 폭발의 가능성이 있다.

30
전자·통신기기의 전자파장해(EMI)를 일으키는 노이즈와 이를 방지하기 위한 조치로서 부적절하게 연결된 것은?

① 전도노이즈 – 접지대책실시
② 전도노이즈 – 차폐대책실시
③ 방사노이즈 – 차폐대책실시
④ 방사노이즈 – 접지대책실시

해설
방사노이즈는 차폐(Shield)만 가능하다.

Answer ● 29. ② 30. ④

5장 전기설비의 방폭

1 폭발성가스의 위험특성

[1] 방폭구조와 관계있는 위험특성

(1) 발화온도(발화점) : 가연성물질이 공기중에서 점화원이 없이 스스로 연소를 개시할 수 있는 최저온도

(2) 화염일주한계 : 폭발성 분위기내에 방치된 표준용기의 접합면 틈새를 통하여 화염이 내부에서 외부로 전파되는 것을 저지할 수 있는 틈새의 최대간격치를 말한다(내압 방폭구조와 관련).

(3) 최소점화전류 : 폭발성 분위기가 전기불꽃에 의하여 폭발을 일으킬 수 있는 최소의 회로를 말한다(본질안전 방폭구조와 관련).

[2] 폭발성 분위기의 생성조건에 관계되는 위험특성

(1) 폭발한계(폭발범위)

1) 점화원에 의하여 폭발을 일으킬 수 있는 폭발성가스와 공기와의 혼합가스 농도범위를 말하며, 폭발이 일어날 수 있는 낮은 농도값을 폭발하한계, 가장 높은 농도값을 폭발상한계라 한다.
2) 일반적으로 폭발범위가 넓고, 하한계가 낮을수록 폭발성 분위기를 생성하기 쉽다.

(2) 인화점 : 가연성물질을 가열할 때 가연성 증기가 연소범위 하한에 달하는 최저온도 즉, 가연성 증기에 점화원을 주었을 때 연소가 시작되는 최저온도로 인화점이 낮을수록 폭발성 분위기가 생성되기 쉽다.

(3) 증기밀도

1) 표준상태(0℃, 1기압) 또는 15℃, 1기압에서 증기 $1m^3$의 질량의 비를 말하며, 공기의 밀도를 1로 하는 경우 기체비중을 증기밀도로 사용한다.
2) 증기밀도가 1보다 작은 것은 공기보다 가볍고, 1보다 큰 것을 공기보다 무거워 바닥부근에서 폭발성 분위기를 생성하기 쉽다.

2 방폭대책의 기본사항

[1] 위험분위기 생성방지
(1) 폭발성 가스의 누설 및 방출방지
(2) 폭발성 가스의 체류방지
(3) 폭발성 분진의 생성방지

[2] 전기기기의 방폭
(1) **점화원의 방폭적 격리** : 압력방폭구조, 유입방폭구조, 내압방폭구조
(2) **전기기기의 안전도 증강** : 안전증 방폭구조
(3) **점화능력의 본질적 억제** : 본질 안전 방폭구조

3 폭발성가스 및 분진

[1] 폭발성가스

(1) 폭연 및 폭굉
1) 폭연 : 300m/sec 이하의 연소속도를 가진 가연성 물질
2) 폭굉 : 1,000~3,500m/sec 정도의 연소속도(폭굉속도)를 가진 폭발성 가스

(2) 폭발의 성립조건
1) 가연성 가스(증기 또는 분진)가 폭발범위 내에 있어야 한다.
2) 밀폐된 공간이 존재하여야 한다.
3) 점화원(에너지)이 있어야 한다.

(3) 발화도 : 폭발성 가스의 폭발위험성은 발화점에 따라서 다르기 때문에 발화도에 따라 구분하고 있다.

[표] 발화도의 구분(KS C 0906)

발 화 도	발 화 점 의 범 위
G_1	450℃ 초과
G_2	300℃ 초과~450℃ 이하
G_3	200℃ 초과~300℃ 이하
G_4	135℃ 초과~200℃ 이하
G_5	100℃ 초과~135℃ 이하

(4) 폭발등급 : 표준용기(내용적 8L, 틈의 안 길이 25mm)의 내부에서 폭발이 발생했을 때 외부에 화염이 미치지 않는 틈의 치수에 따라 등급을 정한 것이다.

[표] 폭발등급

폭발등급	틈새의 폭 치수(안전간격)
1등급	0.6mm 초과
2등급	0.4mm 초과 0.6m 이하
3등급	0.4mm 이하

(5) 폭발성가스의 분류

폭발등급 \ 발화도	G1 (450°C 초과)	G2 (300~450°C)	G3 (200~300°C)	G4 (135~200°C)	G5 (100~135°C)
1등급	아세톤 암모니아 일산화탄소 에탄 초산 초산에틸 톨루엔 프로판 벤젠 메타놀 메탄	에타놀 초산인펜틸 1-부타놀 부탄 무수초산	기솔린 핵산 가솔린	아세트알데히드 에틸에테르	
2등급	석탄가스	에틸렌 에틸렌옥시드			
3등급	수성가스 수소				이황화탄소

[2] 폭발성 분진

(1) 분진의 정의

1) 분체 및 분진 : 지름이 1,000μm보다 작은 고체입자를 분체라 하며 그 중 75μm 이하의 고체입자로서 공기 중에 떠 있는 분체를 분진이라 한다.
2) 폭발에 관계되는 분체의 직경은 대체로 500μm 이하이다.

(2) 분진의 종류

1) 가연성분진 : 공기 중 산소와 발열반응을 일으키며 폭발하는 분진 (소맥분, 전분, 합성수지, 코크스, 철 등)

2) **폭연성 분진** : 공기 중 산소가 희박하거나 이산화탄소(CO_2) 중에서도 심한 폭발을 발생하는 금속분진(마그네슘, 알루미늄 등)

[표] 분진의 분류

발화도 \ 종류	폭연성 분진	가연성 분진	
		도전성	비도전성
11(270°C초과)	마그네슘, 알루미늄, 알루미늄 브론즈	티탄, 아연, 코크스, 카본블랙	소맥, 고무, 염료, 페놀수지, 폴리에틸렌
12(200°C~270°C)	알루미늄	철, 석탄	리그닌, 쌀겨, 코코아
13(150°C~200°C)	–	–	유황

4 위험장소

[1] 가스위험장소의 분류

(1) 0종 장소 : 폭발성 분위기가 연속적 또는 장시간 발생할 염려가 있는 장소로서 다음의 장소를 말한다.

1) 폭발성 농도가 연속적 또는 장시간 계속해서 폭발하한치 이상이 되는 인화성 액체의 용기
2) 탱크내 액면 상부의 공간부
3) 가연성 가스의 용기, 탱크의 내부
4) 가연성 액체내의 액중펌프

(2) 1종 장소 : 폭발성 분위기가 주기적 또는 간헐적으로 발생할 염려가 있는 장소(보통상태에서 위험분위기를 발생할 염려가 있는 장소)로서 다음의 장소를 말한다.

1) 탱크로리, 드럼관 등 인화성 액체를 충전하는 경우 개구부의 부근
2) 릴리프 밸브가 가끔 작동하여 가연성 가스, 증기를 방출하는 경우
3) 탱크류의 벤트의 개구부 부근

(3) 2종 장소 : 이상상태에서 위험분위기를 발생할 염려가 있는 장소

[2] 분진위험장소의 분류

(1) 가연성 분진 위험장소
(2) 폭연성 분진 위험장소

[3] 위험장소의 판정기준

(1) 위험증기의 양
(2) 위험가스의 현존 가능성
(3) 가스의 특성(공기와의 비중차)
(4) 통풍의 정도
(5) 작업자에 의한 영향

5 방폭구조

[1] 방폭구조의 구비조건 및 방폭기기 선정요건

(1) 방폭구조의 구비조건

1) 시건장치를 할 것
2) 접지를 할 것
3) 퓨즈를 사용할 것
4) 도선의 인입방식을 정확히 채택할 것

(2) 방폭기기 선정요건

1) 위험장소의 종류
2) 폭발성가스의 폭발등급
3) 발화도

(3) 위험장소의 방폭구조선정

위험장소	해당방폭구조 선정
0종장소	본질안전 방폭구조(ia)
1종장소	본질안전(ia 또는 ib), 내압, 압력, 유입, 충전, 몰드, 안전증 방폭구조
2종장소	0종장소 및 1종장소에서 사용가능한 방폭구조, 비점화방폭구조

[2] 방폭구조의 종류 및 특징

(1) 압력(내부압)방폭구조

1) 용기내부에 보호기체(공기 또는 불활성기체)를 주입하여 용기의 내부압력을 외기압보다 높게 유지함으로써 폭발성 가스·증기가 침입하는 것을 방지하는 구조(전폐형 구조)
2) 내부압력 유지방식 : 통풍식, 봉입식, 밀폐식
3) 용기내부압력 : 외기압보다 5mm 수주 이상

(2) 유입방폭구조

1) 전기기기의 불꽃, 아크 또는 고온이 발생하는 부분을 기름 속(유중)에 담궈 주위의 폭발성 가스로부터 격리해서 인화를 방지하려는 구조(전폐형구조)
2) 유입방폭구조의 유면에서 위험부분까지는 10mm 이상으로 유지하고, 온도가 60℃ 이상일 때는 사용을 금지한다.

(3) 내압방폭구조

1) 용기내부에서 가스가 폭발하였을 때 용기가 그 압력에 견디고 또한 용기내에 폭발성 가스가 침입할 수 없도록 되어 있는 구조(전폐형구조)
2) 내압방폭구조의 내압한도는 $10kg/cm^2$ 이상이어야 한다.
3) 내압방폭구조의 조건
   ① 내부에서 폭발할 경우 그 압력에 견딜 것
   ② 외함 표면온도가 주위의 가연성 가스에 점화되지 않을 것
   ③ 폭발화염이 외부로 유출되지 않을 것

(4) 안전증방폭구조

1) 폭발성가스·증기의 점화원이 될 전기불꽃, 아크 또는 고온이 되어서는 안되는 부분에 기계적, 전기적 구조상 또는 온도상승을 억제할 수 있도록 안전도를 증가시킬 구조
2) 연면거리(절연된 두 도체간에 절연물의 표면을 따라 측정한 최단거리)를 크게 한다.
3) 과부하 및 과열로 인한 소손 및 절연 열화를 주의하여야 한다.

(5) 본질 안전 방폭구조 : 정상시 및 사고시(단선, 단락, 지락 등)에 발생하는 전기불꽃 아크 또는 고온에 의하여 폭발성 가스 또는 증기에 점화되지 않는 것이 점화시험, 기타에 의해서 확인된 구조

(6) 특수 방폭구조 : 폭발성가스 또는 증기에 점화 또는 위험분위기로 인화를 방지할 수 있는 것이 시험, 기타에 의하여 확인된 구조

(7) 분진방폭구조의 종류

1) 특수 방진 방폭구조
2) 보통 방진 방폭구조
3) 방진 특수 방폭구조

[4] 방폭구조의 기호 및 표시

(1) 방폭구조의 기호

표시항목	기 호	기호의 의미
방폭구조	Ex	방폭구조의 상징(심벌)
방폭구조의 종류	d p e ia 또는 ib o s q m n	내압 방폭구조 압력 방폭구조 안전증 방폭구조 본질 안전 방폭구조 유입 방폭구조 특수 방폭구조 충전 방폭구조 몰드 방폭구조 비점화 방폭구조

(2) 분진방폭구조 및 발화도의 기호

구 분		기 호
방폭구조의 종류	특수방진 방폭구조	SDR
	보통방진 방폭구조	DP
	방진특수 방폭구조	XDP
발화도	발화도 11(270℃ 초과)	11
	발화도 12(200℃ 초과 270℃ 이하)	12
	발화도 13(150℃ 초과 200℃ 이하)	13

(3) 방폭구조의 표시

1) 방폭구조의 종류를 나타내는 「기호 - 폭발등급 - 발화도」의 기호순으로 표시한다.
2) 안전증, 내압, 유입, 특수방진 방폭구조는 폭발등급을 표시하지 않는다.
   예 d2G3 : d - 내압 방폭구조, 2 - 폭발등급, G3 - 발화도

[5] 방폭전기설비의 전기적 보호

(1) 지락보호

1) 접지식 저압전로 : 지락차단장치설치(감도전류는 30mA 이하)
2) 비접지식 저압전로 : 지락자동경보장치, 지락차단장치 설치
3) 고압전로 : 지락자동차단장치 설치

(2) 과전류보호

1) 단락전류보호
2) 과부하전류보호

(3) 노출도전성 부분의 보호접지

1) **보호접지의 대상** : 전기기기 및 배선의 노출도전성 부분(전기기기의 금속외함, 전선관, 전선관용부속품, 케이블의 금속재 sheath 등)
2) **접지저항치** : 최고치 10Ω, 300V 이하의 저압전로에 접지된 노출도전성 부분은 최고치 100Ω
3) **접지선** : 600V 이상의 비닐절연전선 이상의 성능을 갖는 전선 사용

실 / 전 / 문 / 제

01
전기설비를 방폭구조로 하는 이유 중 가장 타당한 것은?

① 산업안전보건법에 화재, 폭발의 위험성이 있는 곳에는 전기설비를 방폭화하도록 되어 있으므로
② 사업장에서 발생하는 화재, 폭발의 점화원으로서 전기설비에 의한 것이 대단히 많으므로
③ 전기설비를 방폭화하면 접지설비를 생략해도 되므로
④ 사업장에 있어서 전기설비에 드는 비용이 가장 크므로 화재, 폭발에 의한 어떤 사고에서도 전기설비만은 보호하기 위해

해설
전기설비에서 발생하는 스파크 등으로 화재, 폭발이 일어나므로 이것을 방지하기 위하여 전기설비에 방폭구조를 사용하도록 한다.

02
폭굉이란 연소속도가 1초당 몇 m 이상인 경우인가?

① 200   ② 500
③ 1,000 ④ 1,500

해설
폭연이란 300[m/s] 이하의 연소속도를 가진 것으로 어느 정도의 파괴력이 있는 경우이며, 폭굉이란 1,000~3,500[m/s] 정도의 연소속도를 가진 것으로 매우 큰 폭발음을 내며 파괴력이 대단히 큰 경우이다.

03
전기설비사용장소의 폭발위험성에 대한 위험장소 판정시의 기준과 가장 관계가 먼 것은?

① 위험가스의 현존가능성
② 통풍의 정도
③ 위험물질의 온도
④ 작업자의 영향

해설
위험장소의 판정기준
① 위험증기의 양   ② 위험가스의 현존 가능성
③ 가스의 특성(공기와의 비중차)
④ 통풍의 정도   ⑤ 작업자에 의한 영향

04
폭발방지를 위해 전기설비의 점화원을 차단하기 위해 쓰이는 대책 중 옳지 못한 것은?

① 방진구조   ② 내압구조
③ 유입구조   ④ 압력구조

해설
방폭구조의 유형 : 내압구조, 압력구조, 유입구조, 안전증 구조, 본질 안전 구조 등

05
다음 전기기기의 방폭구조에 해당되지 않은 것은?

① 내압 방폭구조   ② 유입 방폭구조
③ 안전증 방폭구조 ④ 차도 방폭구조

해설
전기기기의 방폭구조의 종류는 ①, ②, ③ 이외에 압력 방폭구조, 본질안전 방폭구조, 특수 방폭구조가 있다.

06
방폭전기기기의 등급에서 위험장소의 등급분류에 해당하지 않는 것은?

① 0종 장소   ② 3종 장소
③ 2종 장소   ④ 1종 장소

해설
위험장소의 등급으로는 0종, 1종, 2종 위험장소가 있다.

Answer ● 01. ② 02. ③ 03. ③ 04. ① 05. ④ 06. ②

길잡이

방폭구조 전기기계, 기구를 설치하여야 할 장소

위험 장소의 종류	내 용	보 기
0종 장소	보통상태에서 위험분위기(폭발성 가스와 공기가 혼합되어 폭발한계 내에 있는 상태의 분위기)가 계속해서 발생하거나 또는 발생할 염려가 있는 장소로서 폭발농도가 연속적 또는 장시간 계속해서 폭발한치 이상이 되는 장소	① 인화성 액체의 용기 또는 탱크내 액면 상부의 공간부 ② 가연성 가스의 용기, 탱크의 내부 ③ 가연성 액체내의 액중펌프
1종 장소	보통상태에서 위험분위기를 발생할 염려가 있는 장소로서 폭발성 가스가 보통상태에서 집적해서 위험한 농도가 될 염려가 있는 장소와 수선, 보수 또는 누설로 인하여 자주 폭발성가스가 집적해서 위험한 농도가 될 염려가 있는 장소	① 탱크로리, 드럼관 등 인화성 액체를 충전하는 경우 개구부 부근 ② 릴리프밸브가 가끔 작동하여 가연성 가스 또는 증기를 방출하는 경우 릴리프밸브 부근 ③ 탱크류의 벤트 개구부 부근 수리 작업에서 가연성 가스나 증기가 방출하는 경우
2종 장소	이상상태에서 위험분위기를 발생할 염려가 있는 장소를 말하며, 지지 등 기타 예상을 초월하는 빈도가 극히 작고 폭발성가스누출이 대량인 경우는 제외한다.	이상상태의 예는 가연성가스 또는 인화성액체의 용기류가 부식, 열화 등으로 파손되거나 또는 액체가 누출될 염려가 있는 경우, 장치 조작원의 오조작으로 가스 또는 액체가 분출하거나 이상반응으로 고온, 고압이 되어 장치를 파손케해서 가스 또는 액체를 분출할 염려가 있는 경우, 강제환기장치의 고장으로 가스 또는 증기가 외부로부터 침입해서 폭발분위기를 만들 염려가 있는 경우

07
방폭전기기기의 구조별 표시방법으로 틀린 것은?

① 내압방폭구조의 표시방법 : d
② 유입방폭구조의 표시방법 : m
③ 압력방폭구조의 표시방법 : p
④ 안전증방폭구조의 표시방법 : e

해설
주요국가 방폭구조의 종류별 기호

방폭구조\나라명	내압	유입	압력	안전증	본질안전	특수	사입
한국	d	o	p(f)	e	i	s	–
영국	FLP				FLP		
독일	Exd	Exo	Exf	Exe	Exi	Exs	Exq
오스트리아	Exd	Exo	Exi	Exs	Exq		
프랑스	–	–	–	–	–	–	
이태리	Exd	Exo	Exp	Exe	Exi		Exq
스위스	Exd	Exo	Exf	Exe		Exs	
스웨덴	Xt	Xo	Xy	Xh	Xi	Xs	

08
전기설비에 의한 인화방지를 위한 방폭구조를 설명한 것이다. 잘못된 것은?

① 내압 방폭구조는 용기내부의 폭발을 방지하기 위한 구조이다.
② 내부압 방폭구조는 밀폐된 용기에 외부로부터 가스가 들어가지 않도록 하기 위한 구조이다.
③ 유입 방폭구조는 과열을 막기 위해 차단벽을 사용한 구조이다.
④ 안전증 방폭구조는 불꽃 또는 과열을 막기 위한 구조이다.

해설
유입방폭구조(기호 : 0)는 전기기기의 불꽃이나 고온이 발생하는 부분을 기름 속에 넣고 기름면위에 존재하는 폭발성 가스 또는 증기에 인화될 우려가 없도록 한 구조이다.

09
다음은 내압방폭구조의 기본적 성능에 관한 사항이다. 해당되지 않는 것은?

① 내부에서 폭발한 경우 그 압력에 견딜 것
② 습기침투에 대한 보호가 될 것
③ 폭발이 외부로 유출되지 않을 것
④ 표면온도가 주위의 가연성가스를 점화시키지 않을 것

해설
①, ③, ④항 이외에 폭발후에는 협격을 통해서 고온의 가스를 서서히 방출시킴으로써 냉각되는 구조로 될 것도 기본성능이다.

Answer ➡ 07. ② 08. ③ 09. ②

10
안전간격에 대하여 가장 옳게 설명한 것은?
① 폭발이 발생했을 때 외부에 화염이 미치지 않는 간격
② 유류저장 탱크 등의 안전구멍
③ 안전한 간극 즉 안전한 구멍
④ 외부에 화염이 미치는 간격

해설
내압방폭구조의 시험방법 : 내용적이 8ℓ 이고 틈의 안길이가 25mm인 표준용기의 내부에서 폭발이 발생하였을 때 외부에 화염이 미치지 않는 틈새의 간격을 안전간격이라 하며 그 틈의 치수에 따라 등급을 정한 것을 폭발등급이라 한다.

11
방폭구조에 용기 내부에 공기, 질소, 탄산가스 등을 넣어 제작하는 구조로서는 다음 중 어느 것에 해당하는가?
① 내압 (耐壓)방폭 구조
② 내압 (內壓)방폭 구조
③ 안전증진 방폭 구조
④ 유입 방폭 구조

해설
압력(壓力)방폭구조(기호 : p)는 일명 내부압(內部壓)방폭구조라고도 하며, 용기내부에 보호기체를 압입하여 내부압력을 유지하므로써 폭발성가스 또는 증기가 침입하는 것을 방지하는 구조다.

12
압력방폭 구조의 종류가 아닌 것은?
① 통풍식
② 봉입식
③ 밀봉식
④ 접속식

해설
압력방폭 구조의 종류에는 통풍식, 봉입식, 밀봉식의 세 종류가 있다.

13
탱크로리, 드럼관 등에 인화성 액체를 충진하고 있는 경우의 개구부 주위에 전기설비를 하고자 할 경우 가능한한 시설해서는 안되는 방폭구조는?

① 본질안전방폭구조
② 비점화방폭구조
③ 내압방폭구조
④ 유입방폭구조

해설
① 탱크로리, 드럼관 등에 인화성 액체를 충진하고 있는 경우의 개구부 주위는 1종 위험장소이다.
② 1종 위험장소는 비점화방폭구조(2종 장소에만 사용)를 제외하고 모든 방폭구조를 선정할 수 있다.

14
폭발위험장소에서의 본질안전방폭구조에 대한 설명이다. 부적절한 것은?
① 본질안전방폭구조의 기본적 개념은 점화 능력의 본질적억제이다.
② 본질안전방폭구조이 Exib는 Fault에 대한 2중 안전보장으로 0종~2종 장소에 사용할 수 있다.
③ 본질안전방폭구조를 적용할 경우에는 에너지가 1.3[W], 30[V] 및 250[mA]이하인 개소에 가능하다.
④ 온도, 압력, 액면, 유량 등의 검출용 측정기는 대표적인 본질안전방폭구조의 예이다.

해설
Exib는 제0종 위험장소에는 사용할 수 없다.

[참고] 위험장소의 방폭구조 선정

위험장소	해당방폭구조 선정
0종 장소	본질안전 방폭구조(ia)
1종 장소	본질안전(ia 또는 ib), 내압, 압력, 유입, 안전증, 충전, 몰드 방폭구조
2종 장소	0종 및 1종 장소에 사용가능한 방폭구조, 비점화 방폭구조

15
전기불꽃 및 아크와 같은 발화원을 갖는 전기기기를 가연성 기체나 인화성 액체의 증기와 격리시키는 방폭구조는?
① 내압 방폭구조
② 유입 방폭구조
③ 특수 방폭구조
④ 안전증 방폭구조

Answer ➡ 10. ① 11. ② 12. ④ 13. ② 14. ② 15. ③

해설

방폭구조의 종류별 특징
① **내압방폭구조** : 아크 또는 고열이 발생하여 폭발성가스에 점화할 우려가 있는 부분을 전폐된 용기에 넣어 폭발에 견디도록 한 구조
② **유입방폭구조** : 전폐용기에 기름을 채워서 외부의 폭발성 가스와 점화원이 접촉하여 인화될 위험이 없도록 한 구조
③ **안전증방폭구조** : 안전성을 더욱 보강하기 위하여 코일의 절연보강, 공극을 크게 하여 구조상 또는 온도상승에 대하여 금속망 같은 물질로 차폐시킨 구조로 전기불꽃이나 과열에 대하여 회로특성상 폭발의 위험을 방지할 수 있는 구조
④ **압력방폭구조** : 용기내부에 불연성 가스인 공기나 질소 등을 압입시켜 외부의 폭발성 가스가 용기내부로 침투하지 못하도록 한 구조

16
전기기기의 방폭구조에 관한 다음의 설명 중에 틀린 것은?

① 내압방폭구조의 내압한도는 10[kg/cm²] 이상이어야 한다.
② 유입방폭구조의 유면에서 위험부분까지는 10[mm] 이하로 유지하고, 40℃ 이상이 되면 사용을 금한다.
③ 내부압방폭구조는 전폐구조로 한 내부에 청정한 공기나 불활성가스를 넣고 내부의 압력을 약간 높이게 한 구조이다.
④ 안전증방폭구조는 과부하 및 과열로 인한 소손 및 절연열화를 주의하여야 한다.

해설
유면에서 위험부분까지는 10[mm] 이상으로 유지하고, 60℃ 이상이 되면 사용을 금한다.

17
다음 방폭구조 중 전폐형의 구조로 된 것이 아닌 것은?

① 내압(耐壓)방폭구조 ② 유입방폭구조
③ 내압(內壓)방폭구조 ④ 안전증방폭구조

해설
방폭구조의 종류 중 전폐형 구조인 3종은 점화원의 방폭적 격리방법으로 가연성가스가 존재하는 장소의 저압배선에 대한 방폭성능으로 하여 사용된다.

18
방폭구조 중 가장 취약점인 부분은?

① 단자함   ② 방폭구조체
③ 도선의 인입부 ④ 접지단자함

19
방폭전기설비의 전기적 보호조치에 속하지 않는 것은?

① 지락보호   ② 단락전류보호
③ 과전류보호   ④ 파손보호

해설
파손보호는 안전조치로 보호조치의 개념으로 볼 수 없다.

20
분진으로 인한 폭발물질 중 폭연성 분진은?

① 합성수지
② 전분
③ 비전도성 카본블랙(carbon black)
④ 알루미늄

해설

분진의 분류

분진 발화도	폭연성 분진	가연성 분진	
		도전성	비전도성
I 1	마그네슘, 알루미늄, 알루미늄 브론즈	아연, 코크스, 카본블랙	소맥, 고무, 염료, 페놀수지, 폴리에틸렌
I 2	알루미늄 (수지)	철, 석탄	코코아, 리그닌, 쌀겨
I 3			유황

[참고] 분진방폭구조의 기호

구 분		기 호
방폭구조의 종류	특수방진 방폭구조	SDR
	보통방진 방폭구조	DP
	방진특수 방폭구조	XDP
발 화 도	발화도 I1(270℃ 초과)	I1
	발화도 I2 (200초과 270℃이하)	I2
	발화도 I3 (150초과 200℃이하)	I3

Answer ▶ 16. ② 17. ④ 18. ③ 19. ④ 20. ④

21
전기설비가 점화원이 되어 폭발가능한 분진에 속하지 않는 것은?

① 마그네슘 ② 알루미늄
③ 티탄 ④ 유황

해설
마그네슘, 알루미늄, 알라미늄브론즈는 폭연성분진(금속분진)에 속하며 유황, 코코아, 소맥, 페놀수지, 폴리에틸렌, 철, 석탄, 아연, 코크스, 카본블랙 등은 가연성 분진에 속한다.

22
방폭전기설비를 선정할 경우 고려할 사항이 아닌 것은?

① 발화도
② 위험장소의 종류
③ 폭발성 가스의 폭발등급
④ 접지공사의 종류

23
Group E의 폭발성 분진이란?

① 곡물분진, 저항률이 105[Ω cm] 이상인 분진
② 곡물분진, 저항률이 105[Ω cm] 이하인 분진
③ 금속성 분진, 저항률이 105[Ω cm] 이하인 분진
④ 금속성 분진, 저항률이 105[Ω cm] 이상인 분진

해설
미국(NEC.UL)에서는 가연성물질의 폭발압력과 인화온도 즉 가연특성을 기본으로 하여 다음과 같이 분류하고 있다.
① 1급지역(class I)은 가연성가스 혹은 증발기체의 존재장소로 Group A, B, C, D로 구분
② 2급지역(class II)은 폭발성 분진(Dust)의 존재장소로 Group E, F, G로 구분
③ 3급지역(class III)은 인화성 섬유분진(Fiber)의 존재장소로 Group 미규정이 등급에 따라 적합한 전기기기가 선택되고 시험, 적용되어야 한다.

[참고] 가연성물질의 그룹별 분류

class	Group	대기환경조건	적용
I (Gases, Vapors)	A	아세틸렌	• 정유공장 • 석유화학설비 • 세탁소 • 도장공장 • 가스설비
	B	부타디엔, 에틸렌 산화물, 프로필렌 산화물, 아크릴로니트릴, 수소 등	
	C	싸이크로 프로판, 에틸렌, 디에틸에테르, 하이드로겐 썰파이드 등	
	D	아세톤, 알콜, 암모니아, 벤젠, 부탄, 가솔린, 헥산, 라카, 나프타 솔벤트증기, 천연가스, 프로판 및 이와 동등 위험정도의 가스와 증기가 함유된 대기환경조건	
II (Combustible dusts)	E	금속분진(알루미늄 분진, 마그네슘 및 이와 동등 위험정도의 금속분진으로 저항률이 105[Ωcm] 이하인 분진	• 곡물창고 • 전분취급장소 • 방앗간 • 석탄제조품 • 제과공장
	F	카본블랙, 석탄분진, 코크분진(휘발분이 8%인 것)	
	G	밀가루, 전분가루, 곡물분진 등 비전도성 분진으로 저항률이 105[Ωcm] 이상인 분진	
III (Easily ignitible fibers and flyings)	–	인조견사, 솜, 황마, 가연성 함유 솜, 톱밥, 작은 나무조각 및 이와동 등 이상이 가연성이고 비산성물질	• 목재가공공장 • 직물공장 • 조면기 • 방적공장 • 아마제품

24
가연성 가스를 사용하는 시설에는 방폭구조의 전기기기를 사용하여야 한다. 전기기기의 방폭구조 선택은 가연성가스의 무엇에 의해서 좌우되는가?

① 폭발한계, 폭발등급
② 발화도, 최소발화에너지
③ 화염일주한계, 발화온도
④ 인화점, 폭굉 한계

해설
폭발한계, 폭발등급에 따라 IIA, IIB, IIC(IEC 기준)로 나누어 방폭구조를 선택한다.

25
한국산업안전공단에서 실시하는 방폭구조의 검정을 반드시 받지 않아도 되는 전기기계 기구는?

① 전동기 ② 제어기
③ 차단기 ④ 발전기

Answer ● 21. ③ 22. ④ 23. ③ 24. ① 25. ④

해설

검정대상 방폭구조의 전기기계, 기구
① 전동기   ② 제어기
③ 차단기 및 개폐기류   ④ 조명기구류
⑤ 계측기류   ⑥ 전열기
⑦ 접속기류   ⑧ 배선용기구 및 부속품
⑨ 전자별용 전자식   ⑩ 차량용 축전지
⑪ 신호기
⑫ 불꽃 또는 높은 열을 수반하는 전기기계, 기구

26

방폭전기기기의 방폭성능을 나타내는 기호표시로 'd1G4'를 나타내었을 때 관계가 없는 표시내용은?

① 폭발등급   ② 전압크기
③ 발화도   ④ 방폭구조

해설

d1G4와 관계되는 기호표시는 다음과 같다.
d : 내압방폭구조   1 : 폭발1등급   G4 : 발화도

27

발화도가 G4, 폭발등급이 2등급인 폭발성 가스를 저장하는 탱크의 가스밴트 개구부 부근에 시설해야 할 전기방폭기기의 구조와 기호에 대하여 맞게 표시한 것은?

① 2eC4   ② e2G4
③ d2G4   ④ 2dG4

해설

d2G4라는 것은 발화도가 G4, 폭발등급이 2등급인 내압방폭구조라는 의미이며 우리나라의 방폭구조 기호는 다음과 같다.
① 내압 : d   ② 유입 : o
③ 압력(내부압) : p(f)   ④ 안전증 : e
⑤ 본질안전 : ia 또는 ib ⑥ 특수 : s

Answer ➡ 26. ② 27. ③

1편 종합예상문제
[전기설비 안전관리]

종 / 합 / 예 / 상 / 문 / 제

01
감전의 위험을 결정하는 요소에 해당되지 않는 것은?

① 통전경로
② 통전시간
③ 통전전류의 세기
④ 전기설비 품질

해설
전격위험도 결정조건
(1) 1차적 감전위험요소
　① 통전전류의 세기(크기)
　② 통전경로
　③ 통전시간
　④ 전원의 종류
(2) 2차적 감전위험요소
　① 인체의 조건(저항)
　② 전압
　③ 계절
　④ 주파수

02
감전의 위험성 정도와 거리가 먼 것은?

① 통전전류의 크기
② 통전경로
③ 전류의 종류
④ 통전시간

해설
③항은 전원의 종류가 옳은 내용이다.

03
다음의 통전경로 중 가장 위험도가 높은 것은 어느 것인가?

① 왼손-오른손
② 오른손-등
③ 왼손-발
④ 오른손-가슴

해설
통전경로별 위험도

통 전 경 로	위 험 도
오른손-등	0.3
왼손-오른손	0.4
왼손-등	0.7
한손 또는 양손-앉아 있는 자리	0.7
오른손-한발 또는 양발	0.8
양손-양발	1.0
왼손-한발 또는 양발	1.0
오른손-가슴	1.3
왼손-가슴	1.5

04
전격의 위험도에 대한 설명 중 잘못된 것은?

① 같은 조건이면 교류가 직류보다 더 위험하다.
② 몸이 땀에 젖어 있으면 더 위험하다.
③ 전격시간이 길수록 더욱 위험하다.
④ 전압의 크기는 1차적 요인이다.

05
인체에 감전되었을 때 견디기 어려울 정도의 마비 한계전류의 크기는?

① 7~8[mA]
② 10~15[mA]
③ 30~35[mA]
④ 100[mA] 이상

해설
마비한계 전류 : 10~15mA

06
인체에 감전되었을 때 고통을 참을 수 있는 한계의 전류치는?

① 5[mA]
② 7~8[mA]
③ 20[mA]
④ 100[mA] 이상

해설
고통한계전류 : 7~8mA

Answer ● 01. ④ 02. ③ 03. ④ 04. ④ 05. ② 06. ②

07
인체에 감전되었을 때 근육의 수축이 심해 의사대로 행동이 불가능한 상태의 전류치는?

① 100[mA] 이상　　② 50[mA]
③ 20[mA]　　　　　④ 7~8[mA]

08
인체운동의 자유를 잃지 않는 최대한도의 전류를 이탈전류(마비한계전류)라 하는데 이 전류는?

① 10~15[mA]　　② 15~20[mA]
③ 20~25[mA]　　④ 25~30[mA]

09
심실세동에 의한 설명 중 가장 옳은 것은?

① 통전전류에 의한 심장제어계의 이상으로 심장이 불규칙하게 박동되는 것
② 심장에 전류가 흘러 심장근육에 이상을 주는 심근경색현상
③ 심장 또는 그 주의에 흐르는 전류에 의해 심장이 떨리게 되는 현상으로 전류가 차단되면 심장은 정상으로 회복하는 현상
④ 심장에 60Hz의 교류가 흘러 심장이 1초에 60회 정도의 불규칙적인 박동에 의해 정지되는 현상

10
인체의 1초 동안 전류가 흘렀을 때 정상적인 심장의 기능을 상실할 수 있는 심실세동 전류치는?

① 50[mA]　　　　② 125[mA]
③ 165[mA]　　　　④ 200[mA]

해설

$$I = \frac{165}{\sqrt{T}} = \frac{165}{\sqrt{1}} = 165[mA]$$

11
심실세동을 일으키는 위험한 전기에너지는 인체의 전기저항을 500[Ω]으로 보았을 때 몇 줄인가?

① 9.6[J]　　　　② 11.6[J]
③ 13.6[J]　　　　④ 15.6[J]

해설

$$W = I^2RT = \left(\frac{165}{\sqrt{T}} \times 10^{-3}\right)^2 \times 500 \times T$$
$$= 13.6(WS) = 13.6(J)$$

12
인체의 전기저항을 5,000[Ω]이라 한다면, 심실세동을 일으키는 위험한계에너지는 몇 줄[J]인가?(단, 통전시간은 1초로 한다.)

① 약 130[J]　　② 약 132[J]
③ 약 134[J]　　④ 약 136[J]

해설

$$W = I^2RT = (165/\sqrt{T} \times 10^{-3})^2 \times 5,000 \times 1 = 136[J]$$

13
인체의 저항을 500[Ω]이라 하면, 심실세동을 일으키는 정현파 교류의 안전한계는 몇 Joule인가?

① 6.5~17.0　　② 15~25
③ 20~30　　　④ 31.5~38.5

해설

$$W = I^2RT = (165/\sqrt{T} \times 10^{-3})^2 \times 500 \times T = 13.6[J]$$

따라서, 6.5~17[J]이 안전한계범위가 된다.

14
일반적으로 인체 내에 전류가 흘러서 순간적으로 사망할 위험이 있는 생리반응이 일어나는 전류의 크기로 옳은 것은?

① 7~8[mA]　　　② 10~15[mA]
③ 30~80[mA]　　④ 50~100[mA]

Answer ● 07. ③　08. ①　09. ①　10. ③　11. ③　12. ④　13. ①　14. ④

15
감전사고시 전기가 인체에 미치는 생리적 영향을 기술한 것 중 맞는 것은?

① 직류나 고주파전류는 교류에 비하여 더 위험하다.
② 피부의 저항은 건조할 때를 1이라 한다면 땀이 나 있을 때는 1/10 정도 물에 젖어 있을 때는 1/25로 감소한다.
③ 인체가 충전부분에 접촉된 경우 처음으로 자극을 느끼는 것은 약 5[mA] 정도이다.
④ 피부에 상처가 있으면 그 부분의 저항은 일반적으로 증가한다.

해설

인체 각부의 전기저항
(1) 피부의 전기저항
　① 건조한 피부 : 2,500[Ω]
　② 피부에 땀이 나 있을 경우 : 1/12 정도로 감소
　③ 피부가 물에 젖어 있을 경우 : 1/25 정도로 감소
(2) 내부조직저항 : 300[Ω]
(3) 발과 신발사이의 저항 : 1,500[Ω]
(4) 신발과 대지 사이의 저항 : 700[Ω]

[참고] 피부가 건조한 상태에서 인체를 통한 통전경로상의 저항값은 5,000[Ω]이다.

16
인체가 충전전로 등에 접촉할 경우 전기저항은 여러 가지 조건에 따라 다르나, 일반적으로 최악의 경우 인체저항은 몇[Ω]으로 설정하여야 하는가?

① 300　　② 500
③ 700　　④ 900

해설
인체의 전기저항치는 최악의 경우 우리나라에서는 500[Ω], 미국에서는 1,000[Ω]으로 설정한다.

17
접촉상태별 허용접촉전압을 나타내는 것 중 잘못된 것은?

① 제1종 : 2.5[V] 이하　② 제2종 : 25[V] 이하
③ 제3종 : 50[V] 이하　④ 제4종 : 100[V] 이하

해설
제4종의 허용접촉전압은 제한이 없다.

18
감전사고시의 응급조치 요령에 대한 설명 중 잘못된 것은?

① 전원차단 후 재해자를 위험지역에서 신속 대피
② 재해자의 상태를 신속, 정확히 관찰
③ 신속한 현장조치후 즉시 재해조사 실시
④ 호흡 또는 심장정지시에는 즉각 응급조치 시행

해설
재해조사는 재해자의 응급조치 후 해야 된다.

19
다음은 감전사고시의 긴급조치에 관한 설명이다. 가장 부적절한 것은?

① 감전자의 구출은 시간이 다소 지연되더라도 2차 재해를 예방하기 위하여 전원을 필히 차단하고 행해야 한다.
② 구출자는 보호용구 또는 방호용구 등을 사용하여 재해확대가 일어나지 않도록 주의해야 한다.
③ 호흡정지시의 인공호흡은 1분에 15~20회, 30분 이상을 실시해야 한다.
④ 인공호흡과 심장마사지를 2인이 동시에 실시할 경우에는 약 1 : 5의 비율로 각각 실시해야 한다.

해설
인공호흡은 1분에 12~15회의 속도를 30분 이상 실시해야 된다.

20
감전으로 인한 부상자의 인공호흡에 있어서 어느 것이 가장 옳은 응급치료인가?

① 심장은 일시정상이고 호흡이 정지하였을 때에 한하여 인공호흡을 한다.
② 호흡이 정상이고 심장이 정지하였을 때에 한하여 인공호흡을 한다.

Answer ➡ 15. ②　16. ②　17. ④　18. ③　19. ③　20. ④

③ 인공호흡을 하면 안된다.
④ 심장이 정지되고 호흡도 멈추었다 하더라도 인공호흡을 계속하는 것이 좋다.

21
감전으로 인한 부상자의 인공호흡방법으로 가장 옳은 응급치료는?

① 인공호흡을 1분간에 30~40회 실시한다.
② 심장이 정지되고 호흡도 멈추었다 하더라도 인공호흡을 계속해야 한다.
③ 호흡이 정상이고 심장이 정지하였을 때에 한하여 인공 호흡을 한다.
④ 심장은 일시정상이고 호흡이 정지하였을 때에 한하여 인공호흡을 한다.

22
감전에 의해 호흡이 정지한 후에 인공호흡을 즉시 실시하면 소생할 수 있는데, 감전에 의한 호흡 정지 후 1분 이내에 올바른 방법으로 인공호흡을 실시하였을 경우의 소생률은 몇 %인가?

① 10%   ② 30%
③ 70%   ④ 95%

해설
인공호흡에 의한 소생률

호흡정지에서 인공호흡개시까지의 경과시간(분)	소생률(%)
1	95
2	90
3	75
4	50
5	25
6	10

23
전기기기의 누전으로 인한 감전재해의 방지대책이 아닌 것은?

① 감전방지용 누전차단기의 사용
② 보호접지법
③ 전기안전관리자 외의 사용금지
④ 안전전압의 사용

24
인체가 직접 전로에 접촉되었을 경우 접촉저항이 500[Ω]이라면 100[V]전압에서 인체에 통과하는 전류는?

① 300[mA]   ② 250[mA]
③ 200[mA]   ④ 150[mA]

해설
$I = \dfrac{E}{R} = \dfrac{100}{500} = 0.2(A) = 200[mA]$

25
전원의 대지전압 E[V], 누전시의 전기기기의 대지전압 V[V], 제2종 접지저항 R_2[Ω], 제3종 접지저항 R_3[Ω], 인체저항 R_m[Ω]이라 하면, 완전 누전되고 있는 전기기기의 외압에 사람이 접촉했을 때의 전류는?

① $E/R_m(1 + R_2/R_3)$ ② $E/R_3(1 + R_2/R_m)$
③ $E/R_m(1 + R_3/R_2)$ ④ $E/R_3(1 + R_m/R_2)$

해설
인체 통전 전류(L_m)

$L_m = \dfrac{E}{R_m(1 + R_2/R_3)}$

26
감전사고의 발생형태가 아닌 것은?

① 노출충전 부분에의 접촉
② 사면형의 배전반에 접촉
③ 누전에 의한 충전부분에의 접촉
④ 고압 및 특별고압의 전기설비에 접근

해설
송, 배전계통과 전력기기의 상태를 감시하고 제어할 수 있도록 계전기, 계기, 제어스위치 등을 한곳에 집중시켜 놓은 것을 배전반이라고 하며, 배전반 및 분전반은 외함 내에 설치하고 출입구에는 시건장치를 하여 이의 접촉에 따른 감전사고는 거의 발생하지 않는다.

Answer ● 21. ② 22. ④ 23. ④ 24. ③ 25. ① 26. ②

27
전동기를 운전하고자 할 때 개폐기의 조작순서가 맞는 것은?

① 메인 스위치 - 분전반 스위치 - 전동기용 개폐기
② 분전반 스위치 - 메인 스위치 - 전동기용 개폐기
③ 전동기용 개폐기 - 분전반 스위치 - 메인 스위치
④ 분전반 스위치 - 전동기용 스위치 - 메인 스위치

28
나이프스위치의 충전부가 노출되면 어떤 현상이 일어나는가?

① 감전우려 ② 누전우려
③ 과부하우려 ④ 과열적화우려

해설

칼날형 개폐기(Knife switch) : 저압회로의 배전반 등에 사용되는 것으로 정격전압은 250V 이며, 칼날받이 재료로 많이 쓰이는 것은 인청동이다. 커버(cover)를 사용치 않아 충전부의 노출에 의해 감전의 우려가 있다.

29
전동기 100개 중 30개가 가동시간 300,000시간 동안에 결함발생율은?

① 10-5 1/회수 ② 10-7 1/회수
③ 10-6 1/회수 ④ 10-9 1/회수

해설

결함발생율 = 결함건수/총가동시간
= 30/100×300,000 = 1×10⁻⁶[1/시간]

30
차단기의 설치에 있어서 다음 사항에 주의하지 않으면 안된다. 틀린 것은?

① 차단기는 설치의 기능을 고려하여 전기취급자가 행할 것
② 차단기를 설치했어도 피보호 기기에는 접지를 행할 것
③ 차단기를 설치하려고 하는 전로의 전압과 같은 정격전압의 차단기를 설치할 것
④ 전로의 전압이 정격전압의 -5%에서 +5%의 범위에 있는 것은 확인할 것

31
다음 중 접지로 누설되는 저전류를 검지할 수 있고 일단 검지되면 전류를 차단하는 설비는?

① 전류계 ② 회로차단기
③ 접지보호기 ④ 퓨즈

32
누전차단기의 설정시 주의사항 중 옳지 않은 것은?

① 동작시간이 0.1초 이하의 가능한 한 짧은 시간의 것을 사용해야 한다.
② 절연저항이 5[MΩ] 이상이 되어야 한다.
③ 정격부동작전류가 정격감도전류의 50% 이상이고, 또한 이들의 차가 가능한 한 작은 값을 사용해야 한다.
④ 휴대용, 이동용 전기기기에 대해 정격감도전류가 50[mA] 이상의 것을 사용해야 한다.

해설

④항, 정격감도전류가 30mA이하의 것 사용

33
인체의 저항을 500[Ω]이라 할 때 단상 440[V]의 회로에서 누전으로 인한 감전재해를 방지할 목적으로 설치하는 누전차단기의 규격은?

① 30[mA], 0.1sec ② 30[mA], 0.03sec
③ 50[mA], 0.1sec ④ 50[mA], 0.03sec

해설

누전차단기의 규격 : 정격 감도 전류가 30mA 이하이고 작동시간은 0.03초 이내

34
발전기에서 부하전류의 증가를 고려하여 보호용으로 설치되는 적합한 계전기는?

① 온도계전기 ② 과전류계전기
③ 차동계전기 ④ 비율차동계전기

Answer ● 27. ① 28. ① 29. ③ 30. ② 31. ② 32. ④ 33. ② 34. ④

35
감전의 위험성을 감소시키기 위하여 비접지 방식을 채용하고자 할 때 사용할 수 있는 변압기는?

① 단권선 변압기　② 3권선 변압기
③ 절연 변압기　　④ 감압 변압기

36
피뢰기의 시설에 대하여 잘못 설명한 것은?

① 방전 캡과 특성요소로 구성된다.
② 제1종 접지공사를 한다.
③ 충격방전 개시전압과 제한전압이 높을 것
④ 뇌전류 방전능력이 크고 속류 차단이 확실할 것

해설
피뢰기의 성능
① 반복동작이 가능할 것
② 구조가 견고하며 특성이 변화하지 않을 것
③ 점검, 보수가 간단할 것
④ 충격방전 개시전압과 제한전압이 낮을 것
⑤ 뇌전류의 방전능력이 크고, 속류의 차단이 확실하게 될 것

37
피뢰기가 반드시 가져야 할 성능 중 틀린 것은?

① 방전개시 전압이 높은 것
② 뇌전류 방전능력이 클 것
③ 속류차단을 확실하게 할 수 있는 것
④ 반복동작이 가능할 것

해설
피뢰기는 충격방전개시전압과 제한전압이 낮아야 한다.

38
일반 건축물에서 낙뢰방지를 위한 피뢰침을 시설하고자 할 때 보호범위는 얼마로 해야 하는가?

① 30°　② 45°
③ 60°　④ 90°

해설
일반건축물에 설치하는 피뢰침의 보호범위 : 60°

39
피뢰침의 제한전압이 800[kV]이고 충격절연강도를 1,260[kV]라고 할 때 보호여유도(%)는 얼마인가?

① 33.33%　② 47.33%
③ 57.5%　　④ 22.5%

해설
보호 여유도(%)
= [(충격절연강도 - 제한전압)/제한전압] × 100
= [(1,260 - 800)/800] × 100 = 57.5%

40
전기안전대책에 있어서 기본적인 3가지 조건이라고 할 수 없는 것은?

① 취급자의 자세
② 전기시설의 안전관리 확립
③ 감전안전한계
④ 전기설비의 품질향상

41
정전작업시 조치사항으로 거리가 먼 것은?

① 전로의 차단에 사용한 개폐기에 시건장치 확인 후 통전금지 표지판을 제거할 것
② 전력케이블 등의 잔류전하를 확실히 방전시킬 것
③ 충전여부를 검전기구로 확인하고 감전위험 방지를 위해 단락접지기로 확실히 단락접지
④ 작업종료후 통전시 감전위험이 없도록 사전 통지후 단락접지 기구를 제거할 것

해설
정전작업시의 안전조치사항으로 전로에 개로에 사용한 개폐기에 시건장치를 하고 통전금지에 관한 내용이 포함된 표지판을 설치하도록 한다.

42
정전작업이 끝난 후 필요한 조치 사항은?

① 감전위험요인 제거
② 개로 개폐기의 시건 혹은 표시
③ 단락접지
④ 감독자 선임

Answer ▶ 35. ③　36. ③　37. ①　38. ③　39. ③　40. ①　41. ①　42. ①

해설

(1) 정전작업시의 준수사항
   1) 작업전 준수사항
      ① 작업 지휘자 임명
      ② 개로 개폐기의 시건 또는 표시
      ③ 잔류전하방전
      ④ 검전기로 확인
      ⑤ 단락접지
   2) 작업중 준수사항
      ① 작업 지휘자에 의한 지휘
      ② 개폐기의 관리
      ③ 근접접지 상태관리
      ④ 단락접지 상태관리
   3) 작업후 준수사항
      ① 표지의 철거
      ② 단락접지기구의 철거
      ③ 작업자에 대한 감전위험이 없음을 확인
      ④ 개폐기 투입하여 송전재개
(2) 정전작업이 끝난 후 가장 중요한 조치사항은 감전위험요인을 제거하는 것이다.

43
정전작업시의 안전조치라 할 수 없는 것은?

① 개방된 개폐기의 표시나 시건을 한다.
② 검전기로 정전유무를 확인한다.
③ 잔류전하는 그대로 보존한다.
④ 단락접지를 실시한다.

해설

정전작업시의 안전조치로 개로된 전로가 잔류전하에 의해 위험이 발생할 우려가 있는 것에 대하여는 해당 잔류전하를 확실히 방전시켜야 하며 잔류전하의 방전조치가 필요한 전로로는 다음과 같은 것이다.
① 전력 케이블을 가진 것
② 전력 콘덴서를 가진 것

44
배전선로에서 정전작업 중 단락 접지 기구를 사용하는 목적에 적합한 것은 어느 것인가?

① 배전용 기계 기구 보호
② 배전선 고장시 전위 경도 저감
③ 작업자의 감전 방지
④ 통신선 유도 장해 방지

45
정전작업에 있어서 안전수칙에 위배되는 것은?

① 작업원이 판단하여 이상이 있으면 즉시 단독 작업을 하여도 좋다.
② 정전을 확인하고 접지를 한 후 작업에 임한다.
③ 필요한 보호구를 착용하고 서두르지 않는다.
④ 복수작업일 때는 지휘, 명령, 계통에 따라 작업한다.

해설

전압이 75V 이상의 정전 및 활선작업시에는 관리감독자를 지정하여야 하며 단독작업을 하지 아니한다.

46
정전작업시 안전기준에 맞지 않는 것은?

① 개로된 전로의 충전여부 확인
② 전용의 개폐장치 사용
③ 잔류전하의 방전조치
④ 방호구의 설치

해설

④항, 절연용 방호구는 활선 작업시 설치한다.

47
감전을 방지하기 위하여 정전작업 요령을 관계 근로자에게 주지시킬 필요가 없는 것은?

① 작업책임자의 임명, 정전범위 및 절연용 보호구, 절연시작전 등 필요한 사항
② 단락접지 실시에 관한 사항
③ 송전선 관리 및 시건장치에 관한 사항
④ 전원 재투입 순서에 관한 사항

48
기계작업시 정전이 되었을 때 어떻게 하여야 하는가?

① 스위치를 그냥 놓아둔다.
② 스위치를 끈다.
③ 스위치를 갈아 끼운다.
④ 전기가 올 때까지 기다린다.

Answer ➡ 43. ③ 44. ③ 45. ① 46. ④ 47. ③ 48. ②

49
절연용 방호용구(絕緣用 防護用具)를 노출충전부분에 장착하거나 제거할 경우에 취해야 할 조치로서 맞지 않는 것은?

① 작업자에게 보호용구를 착용시킬 것
② 작업자에게 활선작업용기구를 사용시킬 것
③ 전선로의 노출충전부분에 대한 절연효력이 있는 용구를 사용할 것
④ 작업자가 다른 전선로에 근접하도록 할 것

해설
작업자가 다른 전선로에 근접하지 않도록 조치를 취해야 한다.

50
고압활선작업에 필요한 보호구가 아닌 것은?

① 절연대
② 고압고무장갑
③ 전기용 안전모
④ 안전화(고무절연화)

해설
절연대는 보호구가 아니라 활선작업용 기구에 해당된다.

51
충전로의 사용전압이 37[kV] 초과 88[kV] 이하일 때 접근 한계거리가 적합한 것은?

① 60[cm]
② 90[cm]
③ 110[cm]
④ 130[cm]

52
산업안전보건법상 충전전로의 사용전압이 220[kV] 초과인 경우 접근 한계거리는 얼마인가?

① 140[cm]
② 160[cm]
③ 230[cm]
④ 380[cm]

해설
사용전압 169kV 초과 242kV 이하인 경우 접근한계거리 : 230cm

53
충전전로를 휴전시키지 않고 작업할 수 있는 조치 중에 해당되지 않는 것은?

① 근접된 충전부분에 방호구를 설치하게 할 것
② 감시인을 정하여 감시하게 할 것
③ 근로자에게 장갑 등 보호구를 착용하게 할 것
④ 감전위험을 방지하기 위한 보호망을 설치할 것

해설
①, ②, ④ 이외에 근로자에게 활선작업용 보호구를 착용시키고, 활선작업용 기구를 사용하게 해야 된다.

54
충전전로의 정전이 곤란한 경우 조치해야 할 사항으로 맞지 않는 것은?

① 근로자에게 안전작업 방법에 대한 교육실시
② 감시인 배치
③ 감전위험방지를 위한 방호망 설치
④ 근접된 충전부분에 방호구 설치

해설
①항은 정기교육시나 신규채용교육시 해야될 내용이지 활선작업 시작전 조치사항이라 할 수 없다.

55
충전전로에 접근된 장소에서 시설물 시설 등의 작업시 접촉 또는 접근으로 인한 감전 위험방지조치 중 부적당한 것은?

① 당해 충전전로 이전
② 절연용보호구 착용
③ 절연용 방호구 설치
④ 감시인 배치

해설
①, ③, ④항 이외에 감전의 위험을 방지하기 위한 방책을 설치할 것도 해당된다.

56
활선작업 중 다른 공사를 하는 것에 대한 안전조치는?

① 동일장주에서는 다른 작업이 가능하다.
② 인접주위에서는 다른 작업이 가능하다.
③ 동일 배전선에서는 관계가 없다.
④ 동일장주 및 인접주위에서의 다른 작업은 금한다.

해설
활선작업을 행함에 있어서 동일장주 및 인접주위에서의 다른 작업을 금하는 것이 올바른 안전조치이다.

Answer ➡ 49. ④ 50. ① 51. ③ 52. ③ 53. ③ 54. ① 55. ② 56. ④

57
활선작업과 관련없는 것은?

① 절연용 보호구의 착용
② 절연방호구의 사용
③ 잔류전하의 방전 및 단락방지
④ 작업지휘자의 임명

해설
잔류전하의 방전 및 단락접지기구의 사용은 정전작업시의 안전조치사항이다.

58
용접용 가죽제 보호장갑에 대한 설명이 아닌 것은?

① 불꽃 용융금속으로부터 손의 상해를 방지하는 데 사용하며 1종은 아크용접에 사용
② 탄력성이 있고 일정한 인장력을 갖출 것
③ 손바닥이나 손가락 부분은 두께가 균일할 것
④ 천연 또는 합성고무제로 바늘구멍, 이물, 피부 자극성 등 결점이 없을 것

해설
용접용 보호장갑으로 합성고무제는 부적당하며, 2종은 가스용접, 용단용으로 쓰인다.

59
345[kV] 계통에서 안전거리를 유지하고 점검 및 보수작업을 하고자 할 경우에도 정전유도에 의한 의한 안전대책을 강구하는 방안의 하나로 착용해야 할 것은 다음 중 어느 것이 적당한가?

① 섬유질 작업복
② 도전성 작업복
③ 면질 작업복
④ 절연성 작업복

60
안전모의 내전압성이란 몇 볼트에 견딜 수 있는가?

① 4,000볼트
② 5,000볼트
③ 6,000볼트
④ 7,000볼트

해설
안전모의 내전압성이란 7,000[V] 이하의 전압에 견디는 것으로 특히 AE, ABE 안전모에 요구되는 성질이다.

61
저압으로 전류가 흐르고 있는 옥내의 배선에 있어 접지측과 비접지측을 간단히 파악할 수 있는 기구는?

① Neon 검전기
② Earth tester
③ Megger
④ Voltage meter

62
다음은 전기의 일반적 안전에 관한 사항을 기술한 것이다. 맞게 기술된 것은?

① 220V 동력용 전동기의 외함에 특별제3종 접지공사를 하였다.
② 배선에 사용할 전선의 굵기를 허용전류, 기계적강도, 전압강하 등을 고려하여 결정하였다.
③ 누전을 방지하기 위해 피뢰침을 설비를 설치하였다.
④ 전선접속시 세기가 30% 이상 감소되었다.

해설
②항을 제외한 나머지 부분의 옳은 내용은 다음과 같다.
①항 : 특별제3종 → 제3종
③항 : 피뢰침설비 → 누전차단기
④항 : 30% 이상 → 20% 이상 감소시키지 않는다.

63
전선 또는 케이블의 굵기를 선정할 때 고려하지 않아도 되는 사항은?

① 허용전류
② 전압강하
③ 기계적강도
④ 누전전류

64
대지전압을 150[V]를 넘고 300[V] 이하인 저압전로에서 전선상호간에 유지해야 할 절연저항의 최소값은 몇[MΩ]인가?

① 2.0[MΩ]
② 1.0[MΩ]
③ 0.4[MΩ]
④ 0.2[MΩ]

해설
대지전압 150[V]초과 300[V]이하일 때 전선로의 절연저항의 최소치는 0.2[MΩ]이다.

65
110[V]용 60[W] 전구 5개를 사용하는 분기회로의 절연저항 최소값은?

① 0.1[MΩ] ② 0.2[MΩ]
③ 0.3[MΩ] ④ 0.5[MΩ]

해설
전압의 크기가 150[V] 이하일 경우 절연저항치는 0.1[MΩ] 이상이다.

66
화약고에 형광등을 설치코자 할 때 설치기준에 적합하지 않은 것은 어떤 것인가?

① 전로의 대지 전압은 600[V] 이하로 할 것
② 전폐형의 것을 사용할 것
③ 금속관 배선에 의하는 경우는 후광 전선관 또는 이와 동등 이상의 강도를 갖는 것을 사용할 것
④ 옥내 배선은 금속관 배선 또는 케이블 배선에 의할 것

해설
화약류 저장소 저압배선전로의 대지전압은 300[V] 이하로 한다.

67
흥행장의 무대에 다음과 같이 시설하였다. 잘못된 사항은 어느 것인가?

① 전등선 또는 이동 전선은 600[V]로 공급되었다.
② 전등 기타 부하에 공급하는 전로에는 전용개폐기 및 과전류 보호기를 시설하였다.
③ 아크 등에 접근하여 과열될 우려가 있는 전선은 내열성피복의 것을 사용하였다.
④ 저압 옥내 배선은 외상을 받을 우려가 없도록 방호시설을 했다.

해설
흥행장 무대 등에서 사용하는 전등선 또는 이동전선 및 쇼윈도우, 쇼케이스 안의 배선공사는 대지전압 400[V] 이하로 공급한다.

68
사우나실에 시설해서는 안되는 전선은?

① 규소고무절연전선 ② MI 케이블
③ 불소수지절연전선 ④ 알루미늄선

해설
알루미늄선은 습기에 약해 부식의 우려가 있으므로 사우나실에 시설해서는 안된다.

69
보폭전압에 관련되는 2점의 근접된 지점간 거리는?

① 0.5[m] ② 1.0[m]
③ 1.5[m] ④ 2.0[m]

해설
보폭전압이란 양발사이에 인가되는 전압을 말한다.

70
현수애자의 특징이 아닌 것은?

① 크기가 표준화되므로 양산에 적합하다.
② 플래시오버 전압이 비교적 복잡하다.
③ 사용상태에서는 인장력만 받는다.
④ 애자련 중의 불량애자를 검출하던가 그것을 교환할 수 있다.

71
사용전압이 400[V] 이하의 전선을 조영재에 시공하는 경우, 전선 지지점간의 거리로서 노브 애자 또는 이보다 큰 형의 애자를 사용하여 서까래에서 서까래로 건널 때의 경우에는 애자간의 거리는 몇 m 이하로 하는가?

① 2[m] ② 3[m]
③ 4[m] ④ 5[m]

72
근로자에 접촉될 위험이 있는 전기기계 및 기구에 부속한 코드는 어떤 것을 사용하여야 하는가?

① 물에 대하여 안전한 것을 사용한다.
② 온도에 대하여 안전한 것을 사용한다.

Answer ⊙ 65. ① 66. ① 67. ① 68. ④ 69. ② 70. ② 71. ① 72. ①

③ 오일에 대하여 안전한 것을 사용한다.
④ 나무의 접촉에 대하여 안전한 것을 사용한다.

73
이동식 전기기기의 감전사고를 방지하기 위해 필요한 것은?

① 접지설비　　② 폭발방지설비
③ 시건장치　　④ 피뢰기설비

74
대지를 접지로 이용하는 이유는?

① 대지는 토양의 주성분이 규소(SiO_2)이므로 저항이 영에 가깝다.
② 대지는 토양의 주성분이 산화알루미늄(Al_2O_3)이므로 저항이 작다.
③ 대지는 철분을 많이 포함하고 있기 때문에 저항이 작다.
④ 대지는 넓어서 무수한 전류통로가 있기 때문에 저항이 작다.

해설
④항의 이유로 대지를 접지로 많이 이용하며, 접지저항 저감법은 다음과 같다.
① 접지봉의 지름 및 접지판의 면적을 크게 한다.
② 접지봉, 접지판의 매설을 깊게 한다.
③ 흙의 화학적 처리를 한다.
④ 목탄, 코우크스를 사용한다.

75
작업용 접지기구의 취급주의사항 중 옳지 못한 것은?

① 접지선은 충분히 굵은 것을 사용한다.
② 접지시행은 선로측을 먼저 접속하고 대지에 접속한다.
③ 접지물은 충전부분에 접근시키지 않는다.
④ 3상 3선식에서는 3상을 단락하여 접지하여도 좋다.

해설
작업용 접지기구의 접지시행은 대지측에 먼저 접속한 후 선로측에 접속시킨다.

76
100[V] 전로에 R_2 = 10[Ω], R_3 = [Ω]일 때 지락 전류는 몇 [A]인가?

① 5　　② 10
③ 15　　④ 20

해설
$$I_0 = \frac{V}{R_2 + R_3} = \frac{100}{(10+10)} = 5[A]$$

77
아크 용접 작업 중 주의해야 할 점으로 틀린 것은?

① 눈 및 피부를 노출시키지 않는다.
② 슬래그를 뗄 때는 보호 안경을 쓴다.
③ 우천시 옥외작업을 금한다.
④ 용접 중 가열된 용접봉 홀더는 물에 넣어 냉각시킨다.

해설
용접홀더는 아크용접기에서 특히 감전되기 쉬운곳으로 물에 접촉시키지 않는다.

78
레이저광이 백내장 및 결막손상의 장애를 일으키는 파장은 얼마인가?

① 280~315[mμ]　　② 315~400[mμ]
③ 400~750[mμ]　　④ 780~1,400[mμ]

79
자동전격방지장치에 있어 아크 발생을 정지시킬 때 주접점이 개로될 때까지의 시간은?

① 0.5초 이내　　② 1.5초 이내
③ 1초 이내　　④ 2초 이내

80
교류 아크 용접기의 자동전격방지장치란 용접기의 2차전압을 25[V] 이하로 자동조절하여 안전을 도모하려는 것이다. 아래 사항 어떤 시점에서 그 기능이 발휘되는가?

Answer ➔　73. ①　74. ④　75. ②　76. ①　77. ④　78. ②　79. ③　80. ②

① 용접작업을 진행하고 있는 동안만
② 용접작업중단 직후부터 다음 아크발생시까지
③ 전체작업시간동안
④ 아크를 발생시킬때만

81
방호면의 착색유리 앞에 보통유리를 넣은 이유는?
① 자외선을 완전히 흡수하기 위하여
② 착색유리를 보호하기 위하여
③ 착색유리가 한 장이면 위험하므로
④ 작업상황을 보기 쉽게 하기 위하여

해설
착색유리의 흠집 및 훼손 등을 방지하기 위하여 보통유리를 앞에 놓게 되는 것이다.

82
굵기가 규격미달인 전선을 사용하여 전기화재가 발생하였다면 이것의 직접적인 원인은?
① 과전류에 의한 발화
② 누전에 의한 발화
③ 지락에 의한 발화
④ 단락에 의한 발화

83
다음 중 점화원이 될 수 없는 것은?
① 전기불꽃   ② 기화열
③ 정전기   ④ 아크

해설
기화열은 열을 흡수하기 때문에 점화원이 될 수 없다.

84
전기설비의 경로별 재해 중 가장 높은 것은?
① 단락   ② 누전
③ 과전류   ④ 접촉부과열

해설
전기설비의 경로별 재해(화재)의 비율
① 단락(25%)   ② 스파크(24%)
③ 누전(15%)   ④ 접촉부의 과열(12%)
⑤ 과전류(8%)

85
정상적으로 운전 중에 항상 전기스파크를 발생시키는 전기 설비는 다음 중 어느 것인가?
① 개폐기류
② 제어기류의 개폐점검
③ 전동기의 슬립링
④ 보호계전기의 전기점검

86
기기의 열화, 손상 등에 의하여 절연이 파괴되어 장시간 전류가 누설될 때 발열에 필요한 최소 전류치는?
① 200[mA]   ② 300[mA]
③ 600[mA]   ④ 800[mA]

87
화재가 발생하였을 때 조사해야 하는 내용과 관계가 없는 것은?
① 발화원   ② 착화물
③ 출하의 경과 ④ 응고물

해설
응고물과 화재발생시 조사해야 하는 내용과는 관계가 없다.

88
정전기에 의한 화재이었는지를 감식하려 할 때 해당되지 않는 것은?
① 출화당시의 작업내용, 행동 혹은 상태등 정전기발생의 가능성
② 착화물인 가연성 가스, 증기 또는 분진이 정전기스파크로 착화할 만한 상태(농도)
③ 지속적인 화원으로 될만한 것의 존재 유무
④ 스파크가 발생했다고 추정되는 금속제 등의 스파크에 의한 전기적 용흔

Answer ➡ 81. ② 82. ① 83. ② 84. ① 85. ③ 86. ② 87. ④ 88. ③

89
전기화재시 부적합한 소화기는?
① 사염화탄소 소화기 ② 분말 소화기
③ 산알칼리 소화기   ④ CO_2 소화기

해설
①, ②, ④항의 소화기에 비하여 산알칼리 소화기는 전기화재시 사용하지 않으며, 일반화재에 적합하다.

90
다음 옥내 배선공사중 나선을 사용할 수 없는 것은?
① 버스 덕트 공사   ② 전기로용 배선공사
③ 금속 덕트 공사   ④ 접촉전선

91
사용전압의 220[V]인 전로를 가연성 가스가 있는 장소에 시설할 수 있는 공사는?
① 애자사용공사   ② 금속관공사
③ 목재모울드공사   ④ 금속덕트공사

92
정전기의 발생에 영향을 주는 요인 중에서 가장 관계가 먼 것은?
① 물질의 표면상태   ② 물질의 분리속도
③ 물질의 특성   ④ 물질의 온도

93
정전기의 발생에 관련되는 대전서열에 대한 설명 중 부적절한 것은?
① 대전서열상 두물질이 서로 가깝게 있으면 정전기의 발생량이 적고 반대로 먼 위치에 있으면 정전기의 발생량이 많게 된다.
② 대전서열상 위에 있는 물질은 ⊕, 아래에 있는 물질은 ⊖로 대전된다.
③ 정전기의 대전서열은 부도체 뿐만 아니라 도체에서도 성립된다.
④ 각 물질의 대전서열은 고유한 것이므로 어떤 물질하고 접촉해도 그 극성은 언제나 일정하다.

해설
정전기의 발생은 접촉·분리하는 두가지 물체의 상호특성에 의하여 지배된다.

94
전하의 발생과 축적이 동시에 일어나며 다음의 요인에 의해 정전기가 축적되게 되는데 이 요인과 가장 관련이 먼 것은?
① 저도전율 액체   ② 절연격리된 도전체
③ 절연물질   ④ 금속파이프 내의 분전

해설
정전기의 축적은 발생속도가 소실속도(완화속도)보다 클 때 생기며 금속파이프는 전기전도도가 높아 소실속도가 크므로 정전기의 축적이 어렵게 된다.

95
정전기로 인하여 화재로 진전되는 조건중 관계가 없는 것은?
① 대전하기 쉬운 금속부분에 접지를 한 상태일 때
② 가연성가스 및 증기가 폭발한계내에 있을 때
③ 정전기의 스파크 에너지가 가연성가스 및 증기의 최소점화 에너지 이상일 때
④ 방전하기에 충분한 전위차가 있을 때

해설
①항은 정전기 발생 억제대책에 해당된다.

96
폭발한계에 도달한 프로판가스가 공기에 혼합되었을 경우 착화한계 전압[V]은?(단, 프로판의 착화 최소에너지는 0.2[mJ]이고, 극간 용량은 10 [$\mu\mu F$]이다.)
① 5,000   ② 6,000
③ 7,000   ④ 10,000

해설
$E = \frac{1}{2}CV^2$ 식에서

$\therefore V = \sqrt{\frac{2E}{C}} = \sqrt{\frac{2 \times 0.2 \times 10^{-3}}{10 \times 10^{-6} \times 10^{-6}}} = 6,325\,V$

따라서 프로판가스와 착화하려면 6325[V] 이상이어야 하므로 그 값 이상으로 가장 가까운 7,000[V]로 한다.

Answer 89. ③ 90. ③ 91. ① 92. ④ 93. ④ 94. ④ 95. ① 96. ③

97
정전기 방전은 대전체 표면의 전하밀도가 어느 정도 이상이면 발생하는가?

① $10^{-5} \sim 10^{-6}$[c/m] ② $10^{-4} \sim 10^{-5}$[c/m]
③ $10^{-2} \sim 10^{-3}$[c/m] ④ $10^{-2} \sim 100$[c/m]

해설
정전기 방전은 대전체 표면의 전하밀도가 10^{-6}[c/m] 정도 이상이면 발생한다.

98
침 대평판 전극간에 직류고전압을 인가한 경우 간격내에서 정 corona가 진전해 가는 순서가 맞는 것은?

① 글로우코로나(glow corona) – 스트리머코로나(streamer corona) – 브러시코로나(brush corona)
② 스트리머코로나(streamer corona) – 글로우코로나(glow corona) – 브러시코로나(brush corona)
③ 글로우코로나(glow corona) – 브러시코로나(brush corona) – 스트리머코로나(streamer corona)
④ 브러시코로나(brush corona) – 스트리머코로나(streamer corona) – 글로우코로나(glow corona)

99
정전기 제거의 방법으로 옳지 않은 것은?

① 설비 주변의 공기를 가습한다.
② 설비의 금속부분을 접지한다.
③ 설비에 정전기 발생방지 도장을 한다.
④ 설비의 주변에 자외선을 쪼인다.

100
사업장의 정전기 발생에 대한 재해방지 대책으로 적합하지 못한 것은?

① 모든 정전기 발생가능 부분의 접지
② 실내온도를 높임
③ 공기습도를 높임
④ 적정 도전성 재료의 사용

101
정전기의 방지방법이 아닌 것은?

① 접지 ② 온도조절
③ 습기부여 ④ 제전제 사용

102
정전기 재해방지대책 중 작업자에게 실시하기 부적합한 것은 어느 것인가?

① 대전방지 작업복 착용
② 손목띠 착용
③ 정전화착용
④ 폴리에틸렌 작업복 착용

103
정전기 발생에 대한 구체적인 방지대책의 설명으로 옳지 않은 것은?

① 가스용기, 탱크 등의 도체부는 전부 접지한다.
② 작업장의 바닥은 도전율이 높은 재료를 선택한다.
③ 화학섬유의 작업복 착용을 피할 것
④ 탱크내면의 방전을 억제하기 위해 돌출부의 곡률반경을 5mm 이상으로 한다.

104
제전기의 종류를 설명한 것이다. 다음 중 틀린 것은?

① 전압인가식 제전기
② 방사선식 제전기
③ 축전지식 제전기
④ 자기방전식 제전기

105
이온생성 방법에 따라 제전기는 현재 3종류로 분류되는데 이 중 아닌 것은?

① 전압인가식 ② 방사선식
③ 이온제어식 ④ 자기방전식

Answer 97.① 98.② 99.④ 100.② 101.② 102.④ 103.④ 104.③ 105.③

106
자기방전식 제전기의 특징으로 틀린 것은?

① 방전식 제전기 중 설치비가 가장 경제적이다.
② 코로나 방전을 일으켜 공기를 이온화하는 것이다.
③ 인화위험이 거의 없어 안전하다.
④ 대전전위가 낮아도 효과적이다.

해설
자기 방전식 제전기는 50kV 내외의 높은 대전을 제거하는데 효과적이다.

107
화학장치를 접지(Earth)하는 것은 다음의 목적중 주로 어느 것을 위한 조치인가?

① 감전을 방지하는 것이 주목적이다.
② 장치의 과열을 막기 위한 것이다.
③ 정전기 발생을 방지하는 것이 주목적이다.
④ 벼락을 맞기 위한 것이다.

108
부도체의 대전은 도체의 대전과는 달리 복잡해서 폭발, 화재의 발생한계를 추정하는데 충분한 유의가 필요하다. 다음 중 유의가 필요한 경우가 아닌 것은?

① 대전상태가 매우 불균일한 경우
② 대전량 또는 대전의 극성이 매우 변화하는 경우
③ 부도체 중에 국부적으로 도전율이 높은 곳이 있고, 이것이 대전할 경우
④ 대전하여 있는 부도체의 뒷면 또는 근방에 접지되지 않는 도체가 있는 경우

109
물질 중 화재폭발의 예민성이 가장 높은 것은?

① 사염화탄소
② 지방산
③ 이황화탄소
④ 암모니아

해설
폭발성가스의 분류

발화도 폭발등급	G1 (450℃ 초과)	G2 (300~450℃)	G3 (200~300℃)	G4 (135~200℃)	G5 (100~135℃ 이하)
1	아세톤 암모니아 일산화탄소 에탄 초산 초산에틸 톨루엔 프로판 벨젠 메타놀 메탄	에탄올 초산인펜틸 1-부타놀 부탄 무수초산	가솔린 헥산	아세트알데히드 에틸에테르	
2	석탄가스	에틸렌 에틸렌옥시드			
3	수성가스 수소				이황화탄소

110
전기설비로 인한 화재폭발의 위험분위기를 생성하지 않도록 하기 위해 필요한 대책 중 옳지 않은 것은?

① 폭발성 가스 누설 및 방출방지
② 폭발성 가스의 체류방지
③ 폭발성 분진의 생성방지
④ 폭발성 가스의 사용방지

111
다음 중 전기기기의 방폭구조의 형태가 아닌 것은?

① 본질안전 방폭구조
② 내압(耐壓)방폭구조
③ 내압(內壓)방폭구조
④ 외압차동방폭구조

해설
전기설비의 방폭화 방법구분
① 점화원의 방폭적 격리(전폐형 방폭구조) : 내압, 압력, 유입 방폭구조
② 전기설비의 안전도 증가 : 안전증 방폭구조
③ 점화능력의 본질적 억제 : 본질안전 방폭구조

Answer ➡ 106. ④ 107. ③ 108. ③ 109. ③ 110. ④ 111. ④

112
내압 방폭 능력을 가장 옳게 설명한 것은?

① 전기적 아크를 수용할 수 있는 능력
② 가연성 혼합기를 배제할 수 있는 능력
③ 인화성 증기를 떠오르게 하는 능력
④ 내부폭발에 견딜 수 있는 능력

113
안전간극(Safe Gap)이란?

① 화염이 전파되지 않는 한계치(限界値)
② 화염방지기의 철망의 눈금크기
③ 유류저장탱크 등의 아레스터(arrester)눈금
④ 안전한 간극, 즉 안전한 구멍

114
전기설비에 의한 인화방지를 위한 방폭구조를 설명한 것이다. 잘못된 것은?

① 안전증대(安全增大) 방폭구조는 불꽃 또는 과열을 막기 위한 구조이다.
② 유입(油入) 방폭구조는 과열을 막기위한 차단벽을 사용한 구조이다.
③ 내부압(內部壓) 방폭구조는 밀폐된 용기에 외부로부터 가스가 들어가지 않도록 하기 위한 구조이다(內壓).
④ 내압(耐壓) 방폭구조는 용기내부의 폭발을 방지하기 위한 것이다.

115
전기불꽃이나 과열에 대해서 회로특성상 폭발의 위험을 방지할 수 있는 방폭구조는?

① 내압 방폭구조
② 안전증 방폭구조
③ 유입 방폭구조
④ 압력 방폭구조

해설

안전증 방폭구조(기호 : e)는 조명기구, 단자 및 접속함. 농형유도전동기 등에 많이 쓰이는 구조로 점화원이 될 전기불꽃, 아크 또는 고온이 되어서는 안되는 부분에 이의 방지를 위하여 기계적, 전기적 구조상 또는 온도상승에 대하여 특히 안전도를 증가시킨 구조를 말한다.

116
전기기계기구의 방폭구조에 적합하지 않은 것은?

① 용기는 전폐구조로 전기가 통하는 부분이 외부로부터 손상받지 않을 것
② 용기의 전부 또는 일부에 유리, 합성수지 등을 사용할 때 보호하는 장치를 할 것
③ 조작측과 용기와의 접합면은 들어가는 깊이를 5mm 이상할 것
④ 회전기측과 용기와의 접합면은 패킹을 2단 이상 붙일 것

해설

③의 경우 조작측과 용기와의 접합면은 나사부로 하고 나사를 5산 이상으로 하여 접합시킨다.

117
전기설비의 안전을 유지하기 위해서는 체계적인 점검, 보수가 아주 중요하다. 방폭전기설비의 유지보수에 대한 서술 중 가장 거리가 먼 것은?

① 점검원은 해당 전기설비에 대해 필요한 지식과 기능을 가져야 한다.
② 정전의 필요성 유무와 정전범위 결정 및 확인 여부
③ 본질안전방폭구조의 경우에도 통전 중에는 기기의 외함을 열어서는 안된다.
④ 위험분위기에서 작업시에는 수공구 등의 충격에 의한 불꽃이 생기지 않도록 주의해야 한다.

해설

②항은 정전작업시 취해야 될 사항이다.

118
금속관의 방폭형 기술로 틀린 것은?

① 아연도금을 한 위에 투명한 도료를 칠하거나 녹스는 것을 방지한 강 또는 가단주철일 것
② 내면 및 단구는 전선의 피복을 손상하지 않도록 매끈한 것일 것
③ 전선간격의 접속부분의 나사는 5산 이상 완전히 나사결합이 될 수 있는 길이일 것

Answer ● 112. ④ 113. ① 114. ② 115. ② 116. ③ 117. ② 118. ①

④ 도체지지물은 절연성, 난연성 및 내수성이 있는 견고한 것일 것

119
본질안전 배관공사시 케이블 트레이 또는 배관 등을 사용하지 않는 노출배관공사에는 안전을 고려하여 비본질 안전배선으로부터 몇 cm 이상 이격하여야 하는가?

① 5cm
② 10cm
③ 15cm
④ 20cm

120
분진폭발 방지대책 중 옳지 않은 것은?

① 본체 프로세스의 장치는 밀폐화하고 누설이 없도록 할 것
② 작업장 등은 분진의 퇴적하지 않는 형상으로 할 것
③ 분진취급장치에는 유효한 집진장치를 설치할 것
④ 분진폭발의 우려가 있는 작업장에는 안전기사를 상주시킬 것

해설
④항의 경우, 안전기사의 상주보다는 안전순찰의 강화, 시건조치, 감시인 배치 등의 조치가 옳은 내용이다.

121
방폭전기기기를 선정할 경우 중요하지 않은 것은?

① 위험장소의 종류
② 폭발성가스의 폭발등급
③ 발화도
④ 기계제작자

Answer ◑ 119. ② 120. ④ 121. ④

memo

2편

화학설비 안전관리

1장 위험물의 화학 이론

1 위험물의 기초 화학

(1) 물질의 정의 및 분류

1) 물질 : 물체를 이루는 기본성분을 말한다.
2) 물질의 분류

물질	순물질	단체 : 한가지 원소로 된 순물질. 수소(H), 산소(O), 철(Fe) 등
		화합물 : 두가지 이상의 원소로 된 순물질. 물(H_2O), 소금(NaCl) 등
	혼합물	두가지 이상의 단체 또는 화합물이 혼합하여 이루어진 물질. (소금물, 공기, 합금 등)

(2) 원자와 분자 및 몰(mol)의 개념

1) 원자 : 물질을 구성하고 있는 가장 작은 입자이다.
2) 분자 : 순물질(단체, 화합물)의 성질을 띠고 있는 가장 작은 입자이다(Avogadro 제창).
3) 몰(mol)의 개념 : 원자, 분자의 1mol 속에는 원자, 분자가 각각 6.02×10^{23}개가 들어 있다. 이것을 아보가드로수라 한다.
4) 아보가드로의 법칙 : 온도와 압력이 일정하면 모든 기체는 같은 부피 속에 같은 분자가 들어 있다. 즉 표준상태(0℃, 1기압)에서 모든 기체 1mol의 부피는 22.4l이며 22.4l 속에는 6.02×10^{23}개의 분자가 들어 있다.
5) 몰(mol)을 구하는 방법

$$\text{기체 } 1mol = 22.4\ l = \text{분자 } 6.02 \times 10^{23}\text{개} : \text{표준상태}(0℃, 1\text{기압})$$

2 화학반응

(1) 화학반응과 에너지

1) 화학적 변화 : 물질의 본질 자체가 변하여 성분물질과 전혀 다른 물질로 변화되는 현상으로 화합, 분해, 치환, 복분해 등이 있다.

2) 반응열 : 화학반응시 반드시 발생하는 출입을 반응열이라 하며 발열반응과 흡열반응이 있다. 종류에는 생성열, 분해열, 연소열, 중화열 용해열 등이 있다.

> **길잡이**
>
> 물리적 변화 : 물질의 본질은 변하지 않고 상태만이 변화되는 현상으로 기화, 액화, 융해, 응고, 승화 등이 있다.

(2) 산화반응 및 산화성 물질

1) 산화반응 : 물질이 산소와 화합하는 반응을 말한다.
2) 산화성 물질 : 다른 물질을 산화시켜 주는 물질을 말하며 산화성 물질은 산소를 함유하고 있는 위험 물질에 속한다.

(3) 할로겐화 반응 : 할로겐원소($F_2 \cdot Cl_2 \cdot Br_2 \cdot I_2$)를 반응시키는 것을 말하며 다음과 같은 특징이 있다.

1) 발열반응을 한다.
2) 폭발의 위험성이 있다.
3) 부식을 일으킨다.

(4) 니트로화 반응 : 유기화합물에 질산(HNO_3)을 반응시켜 니트로기($-NO_2$)를 도입 시키는 반응으로 다음과 같은 특징이 있다.

1) 발열반응을 한다.
2) 니트로 화합물을 폭발성이 있다.

3 연소 이론

(1) 연소의 정의

1) 연소의 정의 : 빛과 열의 발생을 동반하는 급격한 산화 현상

2) 연소의 3요소
   ① 가연물(연소되는 물질)
   ② 산소공급원(공기)
   ③ 점화원(열원)

3) 가연물이 될 수 있는 조건
   ① 산소와 화합시 연소열(발열량)이 클 것.
   ② 산소와 화합시 열전도율이 작을 것.(열축적이 많아야 잘 연소함)

③ 산소와 화합시 필요한 활성화 에너지가 작을 것.

4) **산소공급원** : 산화성 물질 또는 조연성 물질(연소를 계속 시키는 물질)
① 공기 중의 산소(최적 배분율로 약 21% 존재)
② 산화제로부터 부생되는 산소(염소산염류, 과산화물, 질산염류 등의 강산화제)
③ 자기연소성 물질 : 가연물인 동시에 자체 내부에 산소를 함유하고 있기 때문에 공기 중에 산소를 필요로 하지 않고 점화원만으로 연소를 하는 물질(니트로셀룰로즈, 피크린산, 니트로글린세린, 니트로톨루엔 등)

5) **점화원**
① 전기불꽃 ② 정전기 불꽃 ③ 마찰 및 충격의 불꽃
④ 고열물 ⑤ 단열압축 ⑥ 산화열 등

6) **연소의 조건(연소되기 쉬운 조건)**
① 산화되기 쉽고, 산소와 접촉면이 클수록
② 발열량이 큰 것일수록
③ 열전도율이 작고, 건조도가 좋은 것일수록

(2) 연소형태

1) **확산연소** : 가연성가스와 공기가 확산에 의해 혼합되면서 연소하는 것(수소, 아세틸렌 등의 기체 연소)
2) **증발연소** : 액체표면에서 발생된 증기가 연소하는 것(알코올, 에테르, 등유, 경유 등의 액체 연소)
3) **분해연소** : 열분해에 의해 가연성가스를 방출시켜서 연소하는 것(중유, 석탄, 목재, 고체파라핀 등의 고체연소)
4) **표면연소** : 고체표면에서 연소가 일어나는 것(숯, 알루미늄박, 마그네슘 리본 등의 고체연소)

(3) 기체, 액체, 고체의 연소형태

1) **기체의 연소** : 확산연소(발염연소, 불꽃연소)
2) **액체의 연소** : 증발연소
3) **고체의 연소** : 분해연소(목재, 종이, 석탄, 플라스틱 등), 표면연소(코크스 목탄, 금속분 등), 증발연소(황, 나프탈렌, 파라핀 등), 자기연소(질산에스테르류, 셀룰로이드류, 니트로화합물 등의 폭발성물질)

(4) 연소의 특성

1) 인화점 : 가연성 증기에 점화원을 주었을 때 연소가 시작되는 최저온도
2) 발화점 : 가연물을 가열할 때 점화원이 없이 스스로 연소가 시작되는 최저온도.
3) 연소범위(폭발범위) : 가연성가스(또는 증기)와 공기(또는 산소)와의 혼합가스에 점화원을 주었을 때 연소(폭발)가 일어나는 혼합가스의 농도범위(부피%)
   ① 낮은 쪽을 폭발 하한계, 높은 쪽을 폭발 상한계라 한다.
   ② 온도와 압력이 높을수록 폭발범위는 넓어진다.

(4) 폭발의 종류

1) 화학적 폭발
   ① 폭발성 물질의 폭발 : 화약의 폭발 등
   ② 산화 폭발 : 가연성가스나 인화성 액체 증기의 연소 폭발
2) 분진 폭발 : 석탄, 플라스틱, 알루미늄 등의 금속분, 소맥분 등의 분말이나 가연성 미스트의 폭발
3) 분해 폭발 : 아세틸렌, 에틸렌, 산화에틸렌, 히드라진 등의 분해물질의 폭발
4) 증기 폭발(물리적 폭발) : 수증기를 많이 발생하여 일어나는 폭발

(5) 취급상 유의해야 할 물성

1) 증기 및 가스 밀도 : 표준 상태 (0℃, 1기압)에서 단위 부피당 질량의 비

   ① 표준상태에서의 가스의 밀도 $= \dfrac{M(분자량)}{22.4}$ (g/ l)

   ② 가스비중 $= \dfrac{가스의\ 밀도}{공기의\ 밀도} = \dfrac{M/22.4}{29/22.4} = \dfrac{M}{29}$

2) 비점(끓는 점) : 액체의 증기압이 대기압과 같아질 때의 온도를 말하며, 비점이 낮은 물질은 증기발생이 쉽기 때문에 위험성이 크다.

3) 최소 발화 에너지 : 물질을 발화시키는데 필요한 최저 에너지(단위 : mJ)

4) 최소 발화 에너지가 낮은 물질
   ① 에틸렌(C_2H_4) : 0.096×10^{-3}J(줄)
   ② 메탄(CH_4) : 0.28×10^{-3}
   ③ 프로판(C_3H_8) : 0.31×10^{-3}J
   ④ 벤젠(C_6H_6) : 0.55×10^{-3}J

4 위험물의 종류 및 성상

[1] 폭발성물질 및 유기과산화물

(1) 폭발성물질 및 유기과산화물 : 가열, 마찰, 충격 또는 다른 화학물질과의 접촉에 의해 산소나 산화제의 공급이 없더라도 폭발 등 격렬한 반응을 일으킬 수 있는 고체나 액체

(2) 종 류

1) **질산에스테르류** : 니트로셀룰로오스, 니트로글리세린, 질산메틸, 질산에틸 등
2) **니트로화합물** : 피크린산(트리니트로페놀), 트리니트로톨루엔(TNT) 등
3) **니트로소화합물** : 파라니트로소벤젠, 디니트로소레조르
4) 아조화합물 및 디아조 화합물
5) 하이드라진 및 그 유도체
6) **유기과산화물** : 메틸에틸케톤 과산화물, 과산화벤조일, 과산화아세틸 등

(3) 성질 및 위험성

1) 자연연소를 일으키기 쉽다.
2) 연소속도가 대단히 빨라서 폭발적이다.
3) 자연발화를 일으킨다.

[2] 물반응성 물질 및 인화성 고체(발화성 물질)

(1) 물반응성 물질 및 인화성 고체 : 스스로 발화하거나 발화가 용이하거나, 물과 접촉하여 발화하고 가연성가스를 발생할 수 있는 물질

(2) 인화성 고체의 종류

1) 황화인
2) 황
3) 적린
4) 철분
5) 금속분
6) 마그네슘
7) 인화성 고체

(3) 자연발화성 및 물반응성 물질(금수성 물질)의 종류

1) 칼륨
2) 나트륨
3) 알킬알미늄
4) 알킬리튬
5) 황인
6) 알카리금속(칼륨 및 나트륨 제외)
7) 유기 금속화합물(알킬알미늄 및 알킬리튬 제외)
8) 금속의 수소화물
9) 금속의 인화물
10) 칼슘 또는 알미늄의 탄화물

(4) 성질 및 위험성

1) 인화성 고체
   ① 비교적 저온에서 발화하기 쉬운 가연성 물질이다.
   ② 연소속도가 빠르고, 연소시 유독가스를 발생한다.

2) 물반응성 물질
   ① 물과 접촉시 발열반응을 일으키고 가연성가스와 유독가스를 발생시킨다.
   ② 불연성이다(칼륨, 나트륨 등은 공기중에서 산화).

[3] 산화성 액체 및 산화성 고체(산화성 물질)

(1) 산화성 물질
산화력이 강하고 가열, 충격 및 다른 화학물질과의 접촉 등으로 인해 격렬히 분해되거나 반응하는 고체 및 액체

(2) 종 류

1) 염소산 및 그 염류 : 염소산칼륨, 염소산나트륨, 염소산암모늄, 기타 중금속 염소산염(염소산은, 염소산납, 염소산바륨, 염소산아연 등)
2) 과염소산 및 그 염류 : 과염소산나트륨, 과염소산암모늄, 기타 과염소산 염류(과염소산마그네슘, 과염소산리튬, 과염소산바륨, 과염소산루비듐 등)
3) 과산화수소 및 무기과산화물 : 과산화수소, 과산화칼륨, 과산화나트륨, 과산화마그네슘, 과산화칼슘, 과산화바륨 등
4) 아염소산 및 그 염류 : 아염소산나트륨
5) 불소산 염류
6) 질산 및 그 염류 : 질산칼륨, 질산나트륨, 질산암모늄, 기타 질산 염류(질산바륨, 질산마그네슘 등)
7) 요오드산염류 : 요오드산칼륨, 요오드산칼슘
8) 과망간산염류 : 과망간산칼륨, 과망간산나트륨, 과망간산칼슘, 기타 과망간산암모늄 등
9) 중크롬산 및 그 염류 : 중크롬산칼륨, 중크롬산나트륨, 중크롬산암모늄, 기타 중크롬산 염류(중크롬산아연, 중크롬산칼슘, 중크롬산제이철 등)

(3) 성질 및 위험성

1) 불연성이며 산소를 많이 함유하고 있는 강 산화제이다.
2) 가열, 타격, 충격, 마찰 등에 의해 분해해서 산소를 방출하기 쉽다.

[4] 인화성 액체

(1) 인화성 액체 : 표준압력(101.3kPa) 하에서 인화점이 60℃ 이하이거나 고온·고압의 공정운전조건으로 인하여 화재·폭발위험이 있는 상태에서 취급되는 가연성 물질

(2) 종류

1) 에틸에테르, 가솔린, 아세트알데히드, 산화프로필렌, 그 밖에 인화점이 23℃ 미만이고 초기 끓는점이 35℃ 이하인 물질
2) 노르말헥산, 아세톤, 메틸에틸케톤, 메틸알코올, 에틸알코올, 이황화탄소, 그 밖에 인화점이 23℃ 미만이고 초기 끓는점이 35℃를 초과하는 물질
3) 크실렌, 아세트산아밀, 등유, 경유, 테레핀유, 이소아밀알코올, 아세트산, 하이드라진, 그 밖에 인화점이 23℃ 이상 60℃ 이하인 물질

(3) 성질 및 위험성

1) 상온에서 액체이며, 대단히 인화되기 쉽다.
2) 대부분 물보다 가볍고, 물에 녹기 어렵다(알코올, 아세톤 등은 예외)
3) 증기는 공기보다 무겁고, 공기와 혼합시 연소의 우려가 있다.

[5] 인화성 가스

(1) 인화성 가스 : 인화한계 농도의 최저한도가 13% 이하 또는 최고한도와 최저한도의 차가 12% 이상인 것으로 표준압력(101.3kPa) 하의 20℃에서 가스상태인 물질

(2) 종류

1) 수소
2) 아세틸렌
3) 에틸렌
4) 메탄
5) 에탄
6) 프로판
7) 부탄

(3) 성질 및 위험성

1) 대부분의 가스가 무색, 무취이다.
2) 공기보다 가벼운 가스는 확산하기 쉽고, 공기보다 무거운 가스는 체류하기 쉽다.

[6] 독성물질

(1) 독성물질

사람의 건강 또는 환경에 위해를 미칠 독성이 있는 화학물질

(2) 종류

1) 쥐에 대한 경구투입실험 : 실험동물의 50%를 사망시킬 수 있는 물질의 양, 즉 LD_{50}(경구, 쥐)이 (체중)kg당 300mg 이하인 화학물질

2) 쥐 또는 토끼에 대한 경피흡수실험 : 실험동물의 50%를 사망시킬 수 있는 물질의 양, 즉 LD_{50}(경피, 쥐 또는 토끼)이 (체중)kg당 1,000mg 이하인 화학물질

3) 쥐에 대한 4시간 동안의 흡입실험 : 실험동물의 50%를 사망시킬 수 있는 물질의 농도, 즉 가스 LC_{50}(쥐, 4시간 흡입)이 2,500ppm 이하인 화학물질, 증기 LC_{50}(쥐, 4시간 흡입)이 10mg/l 이하인 화학물질, 분진 또는 미스트 1mg/l 이하인 화학물질

[7] 부식성물질

(1) 부식성물질 : 금속 등을 쉽게 부식시키고 인체에 접촉하면 심한 상해(화상)을 입히는 물질

(2) 종류

1) 부식성 산류
   ① 농도가 20% 이상인 염산, 황산, 질산, 기타 이와 동등 이상의 부식성을 지니는 물질
   ② 농도가 60% 이상인 인산, 아세트산, 불산, 기타 이와 동등 이상의 부식성을 가지는 물질

2) 부식성 염기류 : 농도가 40% 이상인 수산화나트륨, 수산화칼륨, 이와 동등 이상의 부식성을 가지는 염기류

5 위험물질의 특성 등

(1) 위험물질의 위험분석에 필요한 물리적, 화학적 특성

1) 물리적 특성 : 광도, 중량, 어는점 및 끓는점(빙점 및 비점), 저항도, 연성 및 전성 등
2) 화학적 특성 : 연소성, 부식성, 반응 및 폭발특성, 내약품성

(2) 위험물질의 성상

1) 자연발화의 형태별 분류
   ① 산화열에 의한 발열
   ② 분해열에 의한 발열
   ③ 흡착열에 의한 발열
   ④ 미생물에 의한 발열 (발효열)
   ⑤ 중합열에 의한 발열

2) 자연발화에 영향을 주는 인자 : 열의 축적, 발열량, 열전도율, 퇴적방법, 공기의 유동, 수분, 온도

3) 자연발화 방지법
　① 통풍을 잘 시킬 것　　　　　　② 습기가 높은 것을 피할 것
　③ 연소성 가스의 발생에 주의할 것　④ 저장실의 온도 상승을 피할 것

길잡이

(1) 산업안전보건법과 소방법에서의 위험물의 비교

산업안전보건법	소방법	
1. 폭발성물질 및 유기과산화물	제5류	자기반응성 물질
2. 물반응성물질 및 인화성고체	제2류	가연성 고체
	제3류	자기발화성 물질 및 금수성 물질
3. 산화성 액체, 산화성 고체	제1류	산화성 고체
	제6류	산화성 액체
4. 인화성 액체	제4류	인화성 액체
5. 인화성 가스		
6. 부식성 물질		
7. 급성독성물질		

(2) 산업안전보건법과 소방법의 위험물의 분류에서 공통으로 포함되지 않는 것
　① 인화성 가스　② 부식성 물질　③ 급성독성물질

길잡이

위험물질의 기준량(안전보건규칙)

(1) 위험물질의 기준량 : 제조 또는 취급하는 설비에서 하루동안 최대로 제조 또는 취급할 수 있는 수량
　① 과염소산, 염소산, 아염소산, 차아염소산 등 산화성물질 : 300kg
　② 에틸에테르, 가솔린, 아세트알데히드, 산화프로필렌, 이황화탄소 등 인화점이 30℃ 미만인 인화성 물질 : 50l
　③ 부식성 염기류 및 부식성 산류 : 300kg
　④ 시안화수소, 플루오르아세트산 및 소디움염, 디옥신 등 LD_{50}(경구, 쥐)이 kg당 5mg 이하인 독성물질 : 5kg

(2) 2종 이상의 위험물질을 제조 또는 취급하는 경우 : 다음 공식에 의하여 산출한 R값이 1인 이상의 경우 기준량을 초과한 것으로 함

$$R = \frac{C_1}{T_1} + \frac{C_2}{T_2} + \cdots + \frac{C_n}{T_n}$$

여기서, C_n : 위험물질 각각의 제조 또는 취급량
　　　　T_n : 위험물질 각각의 기준량

6 고압가스

(1) 고압가스의 상태에 따른 분류

1) 압축가스 : 수소, 산소, 질소, 메탄 등과 같이 비점이 낮은 가스로서 상온에서 압축하여도 액화하지 않는 가스를 그대로 압축하여 용기에 충전한 가스
2) 액화가스 : 프로판, 부탄, 염소, 탄산가스, 시안화수소, 암모니아, 프레온 등과 같이 상온에서 비교적 낮은 압력으로 쉽게 액화할 수 있는 가스.
3) 용해가스 : 용제에 용해시켜 취급되는 가스(아세틸렌)

(2) 고압가스 용기의 파열사고 원인

1) 용기의 내압력(耐壓力)부족
2) 용기 내압(內壓)의 이상 상승
3) 용기 내에서의 폭발성 혼합가스의 발화

(3) 용기의 분출 또는 누설사고의 원인

1) 용기 밸브의 용기에서의 이탈
2) 용기밸브에서의 가스의 누설
3) 안전밸브의 작동
4) 용기에 부속된 압력계의 파열

(4) 고압가스 용기의 도색

1) 액화탄산가스 : 청색
2) 산소 : 녹색
3) 수소 : 주황색
4) 아세틸렌 : 황색
5) 액화 암모니아 : 백색
6) 액화염소 : 갈색
7) 액화 석유 가스(LPG) 및 기타 가스 : 회색

(5) 기체에 관한 법칙

1) 보일의 법칙(Boyle's law) : 일정한 온도에서 기체의 부피는 압력에 반비례한다.

$$\therefore P_1 V_1 = P_2 V_2 = C \text{ (일정)}$$

2) 샤를의 법칙(Charles's law) : 일정한 압력에서 기체 부피는 온도가 1℃ 상승할 때마다 0℃일 때 부피의 약 1/273만큼씩 증가한다. 즉 기체의 부피는 절대온도에 비례한다(절대온도 $T = t\,℃ + 273$)

$$\therefore \frac{V_1}{T_1} = \frac{V_2}{T_2} = C \text{ (일정)}$$

3) 보일-샤를의 법칙(Boyle's Charles's law) : 일정량의 기체의 부피는 압력에 반비례하고, 절대온도에 비례한다.

$$\therefore \frac{P_1 V_1}{T_1} = \frac{P_2 V_2}{T_2} = C \text{ (일정)}$$

4) 기체상태 방정식 : 보일-샤를법칙에다 아보가드로의 법칙을 대입시킨 것이다.

① 기체 1mol의 상태 방정식 : 표준상태에서 1mol은 22.4l 이므로

$$\therefore \frac{PV}{T} = \frac{1 \times 22.4}{273} = 0.082(\frac{l \cdot 기압}{몰 \cdot °K}) = R$$

② 기체 n 몰의 상태 방정식

$$\therefore PV = nRT$$

7 유해물질관리

(1) 유해물질의 유해 요인

1) 유해물질의 농도와 접촉시간(Haber의 법칙)

∴ 유해지수 (K) = 유해물질의 농도 × 노출시간

2) 근로자의 감수성
3) 작업강도
4) 기상조건

(2) 유해물질의 허용 농도

1) 시간가중 평균 농도(TWA) : 1일 8시간 작업을 기준으로 하여 유해요인의 측정농도에 발생시간을 곱하여 8시간으로 나눈 농도

$$\therefore \text{TWA} = \frac{C_1 T_1 + C_2 T_2 + C_3 T_3 + \ldots + C_n T_n}{8}$$

여기서, C : 유해요인의 측정농도(단위 : ppm 또는 mg/m³)
T : 유해요인의 발생시간(단위 : 시간)

2) 단시간 노출한계(STEL) : 근로자의 1회 15분간 유해요인에 노출되는 경우의 허용농도
3) 최고 허용농도 (Ceilling농도) : 근로자가 1일 작업시간동안 잠시라도 노출되어서는 아니 되는 최고 허용온도 (허용온도 앞에 "C"를 붙여 표시)
4) 혼합물질의 허용농도 : 화학물질이 2종 이상 혼재하는 경우 혼합물의 허용농도

$$\therefore 혼합물의 허용농도 = \frac{C_1}{T_1} + \frac{C_2}{T_2} + \cdots + \frac{C_n}{T_n}$$

여기서, C : 화학물질 각각의 측정농도
T : 화학물질 각각의 허용농도

5) TLV(threshold limit value) : 미국정부 산업위생전문가협의회(ACGIH)에서 채택한 허용농도기준
6) ppm을 mg/m3으로 바꾸는 공식

$$\therefore \text{mg/m}^3 = \frac{\text{ppm} \times \text{분자량(g)}}{24.45(25°C \cdot 1기압)}$$

(3) 분진의 침착률과 유해조건

1) 분진의 침착률 : 분진의 크기가 0.3~0.4μm부터 5μm까지의 분진이 침착률이 높아서 유해하며, 1.2μm 정도의 분진이 가장 유해한 것으로 침착률 60%를 상회한다.
2) 분진의 유해성을 결정하는 조건 : 작업강도가 클수록 호흡량이 많아져서 분진의 흡입량이 많아진다.

(4) 분진대책

1) 작업공정에서 분진발생 억제 및 감소화
2) 분진 비상 방지 조치
3) 개인 보호구 착용으로 분진 흡입방지
4) 환기
5) 기타 공정을 습식으로 하거나 밀폐 등의 조치

(5) 방사선 위험성

1) 외부위험 방사능 물질 : X선, γ선, 중성자
2) 내부 위험 방사능 물질 : α선 β선 (가장 심각한 내적 위험 물질 : α선)
3) 방사선 조사량 : 거리의 자승에 반비례한다.
4) 200~300rem 조사시 : 탈모증상
5) 450~500rem 이상 조사시 : 사망
6) 투과력 : α선 < β선 < X선 < γ선
7) 방사선 오염의 가장 실제적인 제거 방법 : 물로 씻어 낸다.

(6) 배기 및 환기

1) 국소배기장치의 후드 형식
   ① 리시버형 후드(receiver hood)
   ② 밀폐형 후드(포위식 후드)
   ③ 부스형 후드(booth hood)
   ④ 부착형 후드(외부식 후드)

2) 후드의 설치 요령(후드에 의한 흡인 요령)
① 후드의 개구면적을 작게 할 것.
② 에어 커텐(air curtain)을 이용할 것.
③ 충분한 포집속도를 유지할 것.
④ 배풍기 혹은 송풍기 소요동력에는 충분한 여유를 둘 것
⑤ 후드를 되도록 발생원에 접근시킬 것.
⑥ 국부적인 흡인방식을 선택할 것.
⑦ 후드로부터 연결된 덕트는 직선화할 것.

3) 전체환기장치의 성능 : 단일성분의 유기화합물이 발생되는 작업장에 전체환기장치를 설치하고자 할 때는 다음 식에 따라 계산한 환기량 이상으로 설치하여야 한다.

∴ 작업시간 1시간당 필요환기량

$$= \frac{24.1 \times 비중 \times 유해물질의\ 시간당\ 사용량 \times K}{분자량 \times 유해물질의\ 노출기준} \times 10^6$$

여기서, ┌ 시간당 필요환기량 단위 : m^3/hr
       └ 유해물질의 시간당 사용량 단위 : l/hr
       K : 안전계수로서 ┌ $K=1$: 작업장 내의 공기혼합이 원활한 경우
                        ├ $K=2$: 작업장 내의 공기혼합이 보통인 경우
                        └ $K=3$: 작업장 내의 공기혼합이 불완전한 경우

(7) 유해물질에 대한 대책

1) 유해물질의 제조 및 사용의 중지, 유해성이 적은 물질로의 전환
2) 생산 공정 및 작업방법의 개선
3) 설비의 밀폐화와 자동화
4) 유해한 생산 공정의 격리와 원격조작의 채용
5) 국소배기에 의한 오염물질의 확산 방지
6) 전체 환기에 의한 오염물질의 희석배출

(8) 유독성 물질관리와 관련된 중요사항

1) 과산화수소가 분해되어 생성되는 물질 : 물과 산소
   $2H_2O_2 \rightarrow 2H_2 + O_2$
2) 붉은 인 + 염소산칼륨 : 혼합 폭발 우려가 있다.
3) N2O(아산화질소) : 가연성 마취제
4) 황린은 공기나 산소와 접촉 : 발화하는 위험이 있다.
5) 유리를 부식시킬 때 발생하는 유독성 기체 : 불화수소(HF)
6) 고기압 작업 시에 발생하기 쉬운 잠수병, 잠함병의 원인이 되는 물질 : 질소(N_2)
7) 액체의 비점 : 액체의 증기압이 대기압과 같아지는 점

8) 어떤 물질의 잠재 위험도 결정요인 : 독성과 사용조건

9) 발화성 물질의 저장법
① 나트륨, 칼륨 : 석유 속에 저장
② 황인 : 물 속에 저장
③ 적린, 마그네슘 : 격리 저장
④ 질산은($AgNO_3$) 용액 : 햇빛을 피하여 저장

10) 환원성 물질 : 황린, 적린, 황화린, 황, 금속
11) 금수성(禁水性)물질 : 탄화칼슘(카바이드), 금속나트륨, 금속칼륨
12) 피부에 침투하면 암을 유발하는 발암성 물질 : 베타나프틸아민, 타르, 크롬 등
13) 아스베스트(석면)분진 흡입으로 인한 직업병 : 진폐증을 유발
14) 진동이 심한 작업장에서 발생하는 직업병 : 레이노씨병을 유발
15) 안티몬 화합물 : 인체내 혈색소를 용해하여 결합력이 강한 헤모글로브린 결합체를 만들어 산소의 공급을 방해하는 중금속

8 소화이론 및 소화약제

(1) 소화 방법

1) 냉각소화(화점의 냉각)
① 액체의 증발잠열을 이용하는 방법, 열용량이 큰 고체를 이용하는 방법이다.
② 냉각소화는 증발열이 크고 값이 싼 물을 가장 많이 사용한다.

2) 희석소화
① 연소반응의 계 내의 가연물이나 산화제의 농도를 낮추어서 반응을 억제 시키는 것을 이용하는 방법이다.
② $V = k[O_2]^m \cdot [\text{combustible vapor}]^n$
여기서, V : 연소의 반응속도
$n \neq 1$
$m < 1$

3) 화염의 불안정화에 의한 소화 : 혼합기체(가연물+산소 공급원)의 유속을 증가하면 연소 속도가 일정하게 되고 화염의 길이는 점차 길어지면서 불이 꺼지게 되는 것을 이용한 방법이다.

4) 연소의 억제소화 : 연소억제제를 사용하여 소화하는 방법이다.

　① 연소억제제 : 할로겐, 알칼리금속 등

　② 할로겐원소의 억제 효과 : $I_2 > Br_2 > Cl_2 > F_2$

　③ 알칼리금속의 억제 효과

　　Ce(세시움) > Lu(루비디움) > K(칼륨) > Na(나트륨) > Li(리튬)

(2) 포말 소화제 : 질식 및 냉각 효과

1) 기계포 : 공기포(에어졸)라고도 하며 포제의 수용액을 공기와 혼합하여 포를 만든 것.

구 분	기계포의 소화약제
원액	가수분해단백질, 계면활성제, 일정량의 물
포핵(거품속의 가스)	공기

2) 화학포 : 포제는 중조(A제)와 황산알루미늄(B제)의 반응에 의하여 만들어지고, 여기에 기포안정제인 가수분해 단백질, 사포닝, 계면활성제를 포함시킨다.

3) 포 소화제의 구비조건

　① 부착성이 있을 것.
　② 열에 대한 센 막을 가지고 유동성이 있을 것.
　③ 바람 등에 견디고 응집성과 안전성이 있을 것.
　④ 가연물 표면을 짧은 시간 내에 덮을 것.
　⑤ 기름 또는 물보다 가벼운 것일 것.

(3) 분말소화기(드라이 케미컬) : 질식 및 냉각 효과

1) 소화약제 : 중탄산나트륨(중조 : $NaHCO_3$), 중탄산칼륨($KHCO_3$), 인산암모늄($NH_4H_2PO_4$)

2) 특징 : 전기화재와 유류화재에 효력이 뛰어나다.

(4) 증발성액체 소화기(할로겐화물 소화기) : 희석효과, 억제작용, 기화열에 의한 냉각효과

1) 사염화탄소(CCl_4) : CTC소화기라고 하며 포스겐 가스($COCl_2$)를 발생하는 경우가 있기 때문에 밀폐된 장소에서는 사용이 곤란하다.

2) 사염화탄소는 건조한 공기 중, 습도가 높은 곳, 산화철(Fe_2O_3)이 있는 곳, 탄산가스(CO_2)가 있는 곳에서 포스겐 가스를 발생할 수 있다.

3) 일염화일취화메탄(CH_2ClBr) : C · B 소화기

　① 부식성이 크다.
　② 사염화탄소보다 소화 효과가 크다.

4) 이취화사불화에탄($CBrF_2CBrF_2$) : F · B 소화기

　① 증발성 액체 중 소화 효과가 가장 크다.

② 독성 및 부식성이 적어 보관 중 안전성도 좋다.

5) 증발성 액체 소화기의 구비 조건
① 비점이 낮을 것.
② 증기(기화)가 되기 쉬울 것.
③ 공기 보다 무겁고 불연성일 것.

[표] Halon(할론) 명명법

명명법	보기
Halon 0 0 0 0 ↑ ↑ ↑ ↑ C F Cl Br 의 의 의 의 수 수 수 수	㉠ CH_2ClBr : Halon 1011 ㉡ $CBrF_2CBrF_2$: Halon 2402 ㉢ CF_3Br : Halon 1301 ㉣ $CBrClF_2$: Halon 1211

(5) 탄산가스 소화기 : 질식 및 냉각효과로 유류화재에 많이 사용

(6) 강화액소화기 : 물에 탄산칼륨(K_2CO_3) 등을 녹인 수용액

1) 빙점이 0°C인 물을 탄산칼륨으로 강화하여 빙점을 -17~-30°C까지 낮추어 한냉지역이나 겨울철의 소화에 많이 이용
2) 일반화재, 전기화재에 이용

(7) 산 알칼리 소화기

1) 황산과 중탄산나트륨(중조)의 화학반응으로 생긴 탄산가스(CO_2)의 압력으로 물을 방출시키는 소화기
2) 일반화재, 분무노즐의 경우에는 전기화재에도 적합

(8) 간이 소화제

1) 건조사
2) 중조톱밥
3) 수증기
4) 소화탄
5) 팽창질석, 팽창진주암(알킬알루미늄 소화에 효과)

(9) 소화이론과 관련된 중요사항

1) 물을 소화제로 사용하는 이유
① 공기차단(질식 효과)
② 기화 잠열이 크다(냉각 효과)

2) 소화기 사용 최적용도

　　① 분말 소화기 : 0~40℃

　　② 포말 소화기 : 5~40℃

3) 포말 소화기가 발생시킬 수 있는 거품의 양 : 소화기 용량의 7~8배

4) 소화제로 사염화탄소(CCl_4)를 사용시 : 포스겐($COCl_2$) 가스발생 우려가 있다.

5) 금속 나트륨 화재 시 쓰이는 소화제 : 마른 모래 및 소다회

6) 가연용 가스 소화 시 가장 많이 쓰이는 것 : 분말(중탄산소다) 소화기

(10) 자동화재 탐지설비

1) 자동화재 탐지 설비의 구성요소

　　① 감지기 : 화원에서 상승하는 열 또는 연기에 의해서 작동한다.

　　② 발신기 : 감지기에 의해 주어지는 신호를 수신기에 보내는 역할을 한다.

　　③ 수신기 : 화재의 발생을 알린다.

2) 감지기의 종류 : 정온식, 차동식, 보상식, 기타 복사검지기 및 연기검지기

3) 정온식 검지기

　　① 주위의 온도가 일정하게 정해둔 온도에 도달하였을 때에 작동되는 감지기

　　② 작동온도 범위 : 60~150℃

4) 차동식 검지기

　　① 외계와의 변화가 일정치를 넘었을 때(주위의 온도가 정해진 비율 이상으로 크게 되었을 경우) 작동되는 검지기

　　② 사계절을 통해 일정한 감도를 유지하는 장점이 있으나 온도상승이 완만한 훈소화재에는 효과가 적다.

5) 보상식 검지기

　　① 차동식의 단점인 온도의 완만한 상승에 의한 작동 불능을 해소하기 위해 정온식과 차동식을 조합한 형식의 검지기

　　② 외기 온도의 영향을 거의 받지 않는다.

6) 복사 검지기

　　① 일정량의 복사열량을 받았을 때나 화염의 불꽃을 포착하였을 때 작동되는 검지기

　　② 터널화재, 항공기 엔진의 감시용으로 사용된다.

7) 연기 검지기

　　① 화재에 의해서 생성되는 연기 입자에 의해 빛의 흡수에 산란을 일으키는 것을 이용하여 검출하는 광전식과 α선에 의해 이온화되어 있는 공기 중에 연기가 들어가면 이온전류가 감소하는 성질을 이용한 이온화식이다.

　　② 연기 검지기의 방사원 : 라듐(Ra), 아메리듐(Am)

실 / 전 / 문 / 제

01
다음 중 할로겐화 반응의 특징이 아닌 것은?

① 부반응이 일어나는 경우 대량의 열이 발생되어 위험하다.
② 강한 발열반응이다.
③ 연쇄반응에 의해 진행되어 반응속도가 빠르다.
④ 수분이 존재하면 부식성이 있는 물질을 생성시킨다.

해설
유기화합물에 할로겐원소(F_2, Cl_2, Br_2, I_2)를 반응시키는 것을 할로겐화 반응이라 하며, 할로겐화 반응은 발열반응이고, 폭발의 위험성이 있으며, 수분존재시 부식을 일으키기 쉽다.

02
연소조건 중 틀린 것은?

① 산화되기 쉬운 것일수록 쉽게 탄다.
② 열전도율이 클수록 타기 쉽다.
③ 산소와 접촉면적이 클수록 타기 쉽다.
④ 발열량이 클수록 쉽게 탄다.

해설
연소의 조건
① 열전도율이 작은 것일수록
② 건조도가 좋은 것일수록
③ 산소와의 접촉면이 클수록
④ 발열량이 큰 것일수록
⑤ 산화되기 쉬운 것일수록

03
다음 중 점화원이 아닌 것은?

① 정전기
② 전기불꽃
③ 철물이 부딪혀 튀는 불꽃
④ 기화열

해설
점화원 : 전기불꽃, 정전기, 마찰 및 충격의 불꽃, 고열물, 단열압축, 산화열 등

04
연소의 3요소에 해당하지 않는 것은?

① 점화원
② 온도
③ 공기 또는 산소
④ 가연물질

해설
물질이 연소하려면 가연물, 산소 공급원, 점화원의 3요소가 필요하다.

05
연소이론 중 옳지 않은 것은?

① 인화점이 낮은 물질은 착화점도 낮다.
② 인화점이 낮을수록 연소위험이 크다.
③ 착화 온도가 낮을수록 연소위험이 크다.
④ 연소범위가 넓을수록 연소위험이 크다.

해설
인화점이 낮은 물질이 반드시 착화온도가 낮지는 않다.

06
가연물을 공기 중에서 가열했을 때 불이 일어나서 폭발을 일으키는 최저 온도에 맞는 용어는?

① 발화점
② 연소점
③ 용융점
④ 인화점

해설
발화점(착화점) : 가연성가스가 발화하는데 필요한 최저온도를 발화온도라 하며, 가연물을 가열할 때 점화원이 없이 스스로 연소가 시작되는 최저온도를 말한다.

Answer ● 01. ① 02. ② 03. ④ 04. ② 05. ① 06. ①

07
다음 중 가연물이 될 수 있는 조건으로 옳지 않은 것은?

① 연소열이 많을 것
② 열전도율이 작을 것
③ 활성에너지가 작을 것
④ 흡입열량이 클 것

해설
가연물의 구비조건
① 산소와 화합시 연소열(발열량)이 클 것
② 산소와 화합시 열전도율이 작을 것(열축적이 많아야 잘 연소함)
③ 산소와 화합시 필요한 활성화에너지가 작을 것

08
인화점을 설명한 것으로 맞는 것은?

① 포화상태에 달하는 최고온도
② 포화상태에 달하는 최저온도
③ 물체가 발화하는 최저온도
④ 가연성 증기를 발생할 수 있는 최저온도

해설
가연물(액체, 고체)을 가열할 때 공기 중에서 그 표면 부근에 인화하는 데에 필요한 충분한 농도의 증기를 발생하는 최저온도를 인화점이라 한다.

09
다음 점화원인 중 물리적인 현상의 것은?

① 혼합   ② 화합
③ 정전기   ④ 분해

해설
① 물리적 원인 : 마찰, 충격, 단열압축, 전기, 정전기 등
② 화학적 원인 : 화합, 분해, 혼합, 부가(附加) 등

10
다음 중에서 균일계 연소인 것은?

① 프로판가스의 연소   ② 휘발유의 연소
③ 석탄의 연소   ④ 나무의 연소

해설
가스의 연소는 균일계 연소에 해당된다.

11
다음 중 발화점이 낮아지는 경우가 아닌 것은?

① 발열량이 클 때
② 가스압력 및 습도가 낮을 때
③ 분자구조가 복잡할 때
④ 화학적 활성도가 작을 때

해설
발화점이 낮아지는 경우
① 발열량이 클 때   ② 압력이 클 때
③ 화학적 활성도가 클 때
④ 접촉금속의 열전도율이 좋을 때
⑤ 분자구조가 복잡할 때
⑥ 가스압력 및 습도가 낮을 때
⑦ 산소농도가 높을 때

12
물체의 연소하는 형태에 대한 설명 중 틀린 것은?

① 자기 연소 – 화약, 폭약
② 표면 연소 – 나프탈렌의 연소
③ 증발 연소 – 황의 연소
④ 분해 연소 – 목재, 목탄의 연소

해설
나프탈렌의 연소형태는 증발 연소이다.

13
다음 중 불균일계 연소에 속하는 것은?

① 수소와 산소의 폭발반응연소
② 도시가스의 연소
③ 휘발유의 연소
④ 부탄가스의 연소

해설
액체 및 고체연소는 불균일계 연소에 해당된다.

14
다음 중 폭발성 물질이 아닌 것은?

① 질산에스테르류   ② 아조화합물
③ 유기과산화물   ④ 황화인

Answer ➡ 07. ④ 08. ④ 09. ③ 10. ① 11. ④ 12. ② 13. ③ 14. ④

해설

폭발성 물질의 종류
① 질산에스테르류 : 니트로셀룰로오스, 니트로글리세린, 질산메틸, 질산에틸 등
② 니트로화합물 : 피크린산(트리니트로페놀), 트리니트로톨루엔(TNT) 등
③ 니트로소화합물 : 파라디니트로소 벤젠디니트로소레조르신 등
④ 아조화합물 및 디아조화합물
⑤ 하이드라진 및 그 유도체
⑥ 유기과산화물 : 메틸에틸케톤 과산화물, 과산화벤조일, 과산화아세틸 등

15
다음 중 폭발성 물질은?

① 테트릴　　　② 탄화칼슘
③ 셀룰로이드　　④ 염소산칼륨

해설
질산에스테르류, 유기과산화물, 니트로화합물, 테트릴 등의 폭발성물질은 산소공급이 없어도 가열, 충격, 마찰 등에 의해 심한 폭발을 일으킬 위험성을 가진 가연성 물질이다.

16
공기중의 습기를 흡수하든가 또는 분해 접촉했을 때 발화 또는 폭발을 일으킬 위험성이 있는 금속나트륨을 무엇이라 하는가?

① 금수성 물질(禁水性 物質)
② 가수성 물질(可水性 物質)
③ 친수성 물질(親水性 物質)
④ 용수성 물질(溶水性 物質)

해설
금속나트륨(Na)은 금수성 물질(물반응성 물질)이기 때문에 석유속에 저장한다.

17
발화성 약품을 저장하는 방법 중에 틀린 것은?

① 황린은 물속에 저장
② 나트륨은 석유 속에 저장
③ 칼륨은 석유 속에 저장
④ 적린은 물 속에 저장

해설
적린은 황린에 비하여 대단히 안정하며 독성이 없고 또한 자연발화의 위험이 없다(단, 산화물과 접촉시는 제외). **적린의 저장 및 취급방법**은 다음과 같다.
① 냉소에 저장하며, 화기접근을 금지한다.
② 산화제 특히 염소산 염류의 혼합을 금지한다.
③ 인화성, 발화성, 폭발성 물질 등과는 멀리하여 저장한다.

18
알킬알루미늄이 물과 격렬하게 반응하여 생성하는 기체는?

① 산소　　　② 탄산가수
③ 수소　　　④ 프로판

해설
알킬알루미늄은 물반응성 물질(금수성 물질)로 물과 반응시 수소가스(H_2)를 발생시킨다.

19
다음 중 자연발화 방지방법에 관련이 없는 것은?

① 통풍이나 저장법을 고려하여 열의 축적을 방지한다.
② 저장소의 주위온도를 낮게 한다.
③ 습기가 많은 곳에는 저장하지 않는다.
④ 점화원을 제거한다.

해설
자연발화는 점화원이 없어도 온도상승에 의해 연소가 일어날 수 있는 것을 말한다.

20
다음 물질 중 산화성물질이 아닌 것은?

① 질산 및 그 염류　　② 유기과산화물
③ 염소산 및 그 염류　④ 과망간산염

해설
유기과산화물은 폭발성 물질이다.

21
산화성 물질에 해당되지 않는 것은?

① 아염소산염류　　② 염소산염류
③ 무기과산화물　　④ 유기과산화물

Answer ▶ 15. ①　16. ①　17. ④　18. ③　19. ④　20. ②　21. ④

해설

산화성 물질 : 산화력이 강하고 가열, 충격 및 다른 화학물질과의 접촉 등으로 인하여 격렬히 분해되거나 반응하는 고체 및 액체를 말한다.
① **염소산 및 그 염류** : 염소산칼륨, 염소산나트륨, 염소산암모늄, 기타 중금속 염소산염(염소산은, 염소산납, 염소산바륨, 염소산아연 등)
② **과염소산 및 그 염류** : 과염소산칼륨, 과염소산나트륨, 과염소산암모늄, 기타 과염소산염류(과염소산마그네슘, 과염소산리튬, 과염소산바륨, 과염소산루비듐 등)
③ **과산화수소 및 무기과산화물** : 과산화수소, 과산화칼륨, 과산화나트륨, 과산화마그네슘, 과산화칼슘, 과산화바륨 등
④ **아염소산 및 그 염류** : 아염소산나트륨
⑤ **불소산염류**
⑥ **질산 및 그 염류** : 질산칼륨, 질산나트륨, 질산암모늄, 기타 질산염류(질산바륨, 질산마그네슘 등)
⑦ **요오드산염류** : 요오드산칼륨, 요오드산칼슘 등
⑧ **과망간산염류** : 과망간산칼륨, 과망간산나트륨, 과망간산칼슘, 기타 과망간산암모늄 등
⑨ **중크롬산 및 그 염류** : 중크롬산칼륨, 중크롬산나트륨, 중크롬산암모늄, 기타 중크롬산염류(중크롬산아연, 중크롬산칼슘, 중크롬산제이철 등)

22
다음 위험물 중 산화성 물질이 아닌 것은?

① 질산 및 그 염류
② 염소산 및 그 염류
③ 과염소산 및 그 염류
④ 유기금속화합물

해설

유기금속화합물은 자연발화성 및 금수성 물질이다.

23
다음 중 인화성 물질이 아닌 것은?

① 벤젠
② 아세톤
③ 이황화탄소
④ 과염소산칼륨

해설

과염소산칼륨($KClO_4$)은 산화성 물질이다.

24
다음 중 물보다 가볍고 물에 잘 녹으며 인화점이 가장 낮은 것은?

① 아세트알데히드
② 가솔린
③ 에테르
④ 아세톤

해설

물질의 성상

물질명	화학식	인화점(℃)	비중(물=1)	수용성
아세트알데히드	CH_3CHO	-37.5	0.78	물에 잘 녹음(용)
가솔린	C_5H_{12}~C_9H_{20}	-42~-20	0.7~0.8	물에 녹지 않음(불)
에테르	$C_2H_5OC_2H_5$	-45	0.71	물에 잘 녹지 않음(난)
아세톤	CH_3COCH_3	-18	0.79	물에 잘 녹음(용)

25
다음 물질 중 인화점이 가장 낮은 것은?

① 벤젠
② 에틸에테르
③ 메틸알코올
④ 휘발유

해설

물질의 인화점
① 벤젠 : -11℃
② 에틸에테르 : -45℃
③ 에틸알코올 : 11℃
④ 휘발유(가솔린) : -45℃~-20℃

26
다음 위험물의 종류 중 제1류에 속하는 물질의 화학적 성질을 가진 것은?

① 산화성 물질
② 환원성 물질
③ 폭발성 물질
④ 가연성 물질

해설

위험물안전관리법상의 위험물의 분류
① 제1류 : 산화성 고체
② 제2류 : 가연성 고체
③ 제3류 : 자연발화성 물질 및 금수성 물질
④ 제4류 : 인화성 액체
⑤ 제5류 : 자기반응성 물질
⑥ 제6류 : 산화성 액체

Answer ➡ 22. ④ 23. ④ 24. ① 25. ② 26. ①

27
위험물을 취급, 저장하는 장소에 설치하는 대상물로 고용노동부장관이 정하는 내화구조로 하여야 하는 것이 아닌 것은?

① 건축물의 기둥 및 보
② 위험물 저장 취급용기의 지지대
③ 배관 및 전선관 등의 지지대
④ 위험물 저장 용기의 본체

해설
가스폭발위험장소·분진폭발위험장소에 설치되는 건축물 등의 내화구조
① 건축물의 기둥 및 보
② 위험물 저장 취급용기의 지지대
③ 배관 및 전선관 등의 지지대

28
다음 중 두 물질이 혼합하면 위험성이 커져서 상호 혼합 금지 위험물이 아닌 것으로 짝지워진 것은?

① 아세틸렌 – 아세톤
② 탄화칼슘 – 물
③ 시안화물 – 산류
④ 인화성액체 – 과산화나트륨

해설
아세톤은 아세틸렌을 저장하는 용제이다.

29
위험물안전관리법상 위험물의 분류 중 제1류 위험물에 속하는 것은?

① 염소산염류   ② 황인
③ 금속칼슘   ④ 질산에스테르

해설
제1류 위험물 : 산화성 고체

30
위험성 물질에 대한 다음의 설명 중 틀린 것은?

① 폭발성 물질은 가연성 물질인 동시에 산소공급 물질로서 폭발하기 쉬우며 가열, 마찰에 의해 심한 폭발을 일으킨다.
② 자연발화성 물질은 외부 착화열에 의해 발열하고 그 열이 축적되어 발화가 된다.
③ 금수성 물질은 습기를 흡수하거나 수분에 접촉할 때에 발화 또는 발열의 위험이 있다.
④ 혼합 위험성 물질은 두 종류 이상의 물질이 혼합 또는 접촉시 발화의 위험이 있다.

해설
자연발화는 외부 착화원도 없는데 어떤 물질이 상온의 공기 중에서 자연히 발열하여 그 열이 장기간 축적되어 발화점에 달함으로써 연소 또는 폭발을 일으키는 현상이다.

31
다음의 짝 지워진 물질들 중에서 혼합위험이 가장 없는 것을 고르시오.

① 고체산화성 물질 – 고체환원성 물질
② 고체환원성 물질 – 가연성 물질
③ 금수성 물질 – 고체환원성 물질
④ 폭발성 물질 – 금수성 물질

32
다음 위험물 중 산화성 물질과 거리가 먼 것은?

① 염소산칼륨
② 질산나트륨
③ 탄화칼슘
④ 과산화바륨

해설
탄화칼슘(CaC_2 : 카바이드)은 금수성 물질로서 수분과 접촉시 아세틸렌가스(C_2H_2)를 발생한다.
$CaC_2 + 2H_2O \rightarrow CaH_2 + Ca(OH)_2$

33
다음 위험물 중 수분과 접촉하여 발열하는 것이 아닌 것은?

① 가성소다   ② 생석회
③ 발연황산   ④ 파라핀

Answer ➡ 27. ④ 28. ① 29. ① 30. ② 31. ② 32. ③ 33. ④

34
산업안전보건법상 위험한 물질이 아닌 것은?

① 표준압력에서 인화점이 60도 이하인 가연성 액체
② 40% 인산 수용액
③ LD50(경구, 쥐)이 체중 kg당 300mg 이하인 화학물질
④ 중크롬산 및 그 염류

해설
②항은 농도가 60% 이상인 인산 수용액인 경우에 위험물질에 해당된다.

35
수용성(水溶性)이 강하여 목구멍에 매우 강한 자극작용을 주므로 거부작용을 촉진시켜 폐포(肺胞)로의 영향을 저하시키는 중독현상을 일으키는 유해가스는?

① 황화수소 ② 일산화탄소
③ 이산화질소 ④ 암모니아

36
위험물질의 예를 열거한 것 중 잘못 연결된 것은?

① 폭발성물질 – 아조화합물
② 금수성물질 – 나트륨
③ 가연성가스 – LPG
④ 산화성물질 – 니트로화합물

37
다음 부식성 물질인 황산(H_2SO_4)의 특성이 아닌 것은?

① 물과 급격하게 접촉하면 다량의 열을 발생
② 희석된 황산은 금속을 부식하여 수소가스를 발생
③ 무색, 무취
④ 가연물, 유기물과 격렬히 반응

38
다음은 제4류 위험물의 예이다. 위험물에 대한 예 중 잘못된 것은?

① 특수인화물 – 에테르
② 제2석유류 – 휘발유
③ 제3석유류 – 중유
④ 제4석유류 – 기계유

해설
인화성 액체(제4류위험물)
① 특수인화물류 : 디에틸에테르, 이황화탄소, 콜로디온 및 1기압에서 발화점이 100℃ 이하의 것 또는 인화점이 –20℃ 이하로서 비점이 40℃ 이하인 것
② 알코올류
③ 제1석유류 : 아세톤 및 휘발유 기타 인화점이 21℃ 미만인 것
④ 제2석유류 : 등유, 경유 기타 인화점이 21℃ 이상 70℃ 미만인 것
⑤ 제3석유류 : 중유, 클로오소오트유 기타 인화점이 70℃ 이상 200℃ 미만의 것
⑥ 제4석유류 : 기계유, 실린더유 기타 인화점이 200℃ 이상의 것
⑦ 동식물유류 : 1기압, 20℃에서 액체인 동식물유

39
소방법상 특수가연물에 해당되는 것은?

① 목재류 ② 합성수지류
③ 고무품 ④ 동식물류

해설
특수가연물 : 면화류, 목모 및 대팻밥, 넝마 및 종이조각, 사류(실과 누에고치, 볏짚류, 고무류, 석탄 및 목탄, 목재가공품 및 톱밥, 합성 수지류 등)

40
다음 중 부식성의 물질이 아닌 것은?

① 초산 ② 가성소다
③ 불화수소산 ④ 산소산

해설
부식성 물질 : 금속 등을 쉽게 부식시키고 인체에 접촉하면 심한 상해(화상)를 입히는 물질로서 그 종류는 다음과 같다.
(1) 부식성 산류
① 농도가 20% 이상인 염산, 황산, 질산 기타 이와 동등 이상의 부식성을 지니는 물질

Answer 34. ② 35. ④ 36. ④ 37. ③ 38. ② 39. ② 40. ④

② 농도가 60% 이상인 인산, 아세트산, 불산, 기타 이와 동등 이상의 부식성을 가지는 물질
(2) 부식성 염기류 : 농도가 40% 이상인 수산화나트륨, 수산화칼륨, 이와 동등 이상의 부식성을 가지는 염기류

41
다음 중 기체와 증기의 농도는 어떻게 표시하는가?

① 무게단위로 100만 분의 얼마로(ppm)
② 부피단위로 100만 분의 몇 입자로
③ 부피단위로 ppm으로
④ 무게단위로 100만 분의 몇 입자로

해설
기체나 증기의 농도는 부피단위의 백만분율(1/10^6), ppm으로 나타내고, 먼지 등은 mg/m^{3}으로 단위를 나타낸다.

42
다음 중 유해 작용을 좌우하는 인자가 아닌 것은?

① 기상조건   ② 개인의 감수성
③ 작업강도   ④ 반응속도

해설
유해물질의 유해요인으로는 ①, ②, ③항 이외에 유해물질의 농도와 접촉시간이 있다.

43
다음 중 25℃, 1기압에서 아세트알데히드(CH$_3$CHO)의 허용농도가 100ppm일 때 mg/m^{3}의 단위로 허용농도를 나타내면?

① 180   ② 200
③ 150   ④ 130

해설
ppm과 mg/m^{3}간의 상호농도 변환은 다음 식에 의해서 구한다.
$$TLV(mg/m^3) = \frac{ppm \times 그램분자량}{24.45(25℃, 기압)}$$
$$= \frac{100 \times 44}{24.45} = 179.96(mg/m^3)$$

44
벤젠의 허용 농도는?

① 0.25ppm   ② 0.5ppm
③ 1.25ppm   ④ 2.5ppm

해설
벤젠(C6H6)의 허용농도
1) 시간가중 평균농도(TWA) : 0.5ppm
2) 단시간 노출값(STEL) : 2.5ppm

45
위험물에 관한 아래의 내용 중 틀린 것은?

① C$_2$H$_2$와 동이 접촉하면 폭발의 위험이 있다.
② 질산칼륨과 마그네슘을 혼합하면 발화의 위험이 있다.
③ 시멘트분은 분진 폭발을 일으킬 위험이 있다.
④ 알킬알루미늄은 물과 격렬하게 반응한다.

해설
시멘트분은 가연성 물질이 아니므로 분진폭발을 하지 않는다.

46
다음의 유독성을 나타내는 지표 중에서 만성 중독과 관계가 가장 큰 것은?

① MLD(Minlmum lethal dose)
② TLV(Threshold limit value)
③ LD50(Median lethal dose)
④ LC50(Median lethal concentration)

해설
TLV는 미국정부산업위생전문가협의회(ACGIH)에서 채택하는 허용농도기준으로 우리나라에서는 유해물질의 허용농도를 TWA(시간가중평균농도)로 표시하여 사용한다.(고용노동부 고시에 규정)

47
방사성 물질은 내적 위험 및 외적 위험으로 구분된다. 가장 심각한 내적 위험물질은?

① X선   ② 중성자
③ 감마선   ④ 알파선

해설
내부위험 방사능물질은 α선과 β선이 있으며, α선은 가장 심각한 내적 위험물질이다.

Answer ➡ 41. ③ 42. ④ 43. ① 44. ② 45. ③ 46. ② 47. ④

48
전리방사선(電離放射線)이 인체에 조사(照射)되었을 때 신체 외부에 제1도의 장해인 탈모, 경도발작(硬度發作) 등을 나타내는 방사선의 조사량(照射量)은?

① 50~100rem ② 200~300rem
③ 350~500rem ④ 10~50rem

해설
200~300rem 조사시 탈모 증상이 생기고, 450~500rem 이상 조사시 사망에 이르게 된다.

49
γ선에 대한 설명 중 맞는 것은?

① 인체에 대하여 강력한 투과력을 갖는다.
② 투과력은 약하나 흡수되기 쉽다.
③ 에너지 소멸이 잘 일어난다.
④ 전리작용이 거의 일어나지 않는다.

해설
α, β, γ선의 성질
(1) α선
　① 투과력은 약하나 흡수되기 쉽다.
　② 광범위하게 강력한 전리작용을 하기 때문에 에너지 소멸을 잘 일으킨다.
　③ 인체에 유해하며, 피부, 각질층에서 전부 흡수된다.
(2) β선
　① 체내 조사(照射)의 위험성이 있다.
　② 전리작용은 거의 일어나지 않는다.
　③ α선보다 가벼워 물질에 부딪히면 진로는 바뀌지만 먼 거리까지 나간다.
(3) γ선 : 인체에 대해 강력한 투과력을 가진다.

50
유기용제 사용 사업장의 국소배기장치의 후드 설치상의 유의할 점 중 틀린 것은?

① 유기용제 증기의 발산원마다 따로 설치할 것
② 외부식 후드는 유기용제 증기 발산원에서 가장 먼 곳에 설치할 것
③ 작업방법과 증기발생 상황에 따라 해당 유기용제의 증기를 흡인하기에 적당한 형식과 크기로 할 것
④ 가능한 한 국소배기장치의 덕트길이는 짧게 하고 굴곡부의 수는 적게 한다.

해설
외부식 후드는 유기용제 증기발산원에서 가장 가까운 위치에 설치하여야 한다.

51
국소배기시설의 후드(hood)에 의한 흡인요령 중 잘못된 것은?

① 후드 발생원에 되도록 접근시킨다.
② 국부적인 흡인방식을 선택한다.
③ 후드의 개구부 면적을 크게 한다.
④ 배풍기 혹은 송풍기의 소요동력에는 충분한 여유를 둔다.

해설
후드의 설치요령
① 후드의 개구 면적을 작게 할 것
② 에어 커텐(air curtain)을 이용할 것
③ 충분한 포집속도를 유지할 것
④ 배풍기 혹은 송풍기의 소요동력에는 충분한 여유를 둘 것
⑤ 후드를 되도록 발생원에 접근시킬 것
⑥ 국부적인 흡인방식을 선택할 것
⑦ 후드로부터 연결된 덕트는 직선화할 것

52
후드에 의한 흡인요령에 해당되지 않는 것은?

① 후드의 개구면적을 작게할 것
② 후드를 되도록 접근시킬 것
③ 충분한 포집속도를 유지할 것
④ 후드로부터 연결된 덕트의 곡선화

해설
후드로부터 연결된 덕트는 직선화할 것, 에어 커텐(air curtain)을 이용할 것, 국부적인 흡인방식을 선택할 것 등도 해당된다.

53
국소배기장치의 후드의 설치방법으로 틀린 것은?

① 유기용제 증기 발산원마다 설치할 것
② 외부식 후드는 유기용제 증기발산원에서 가장 가까운 위치에 설치할 것

Answer 48. ② 49. ① 50. ② 51. ③ 52. ④ 53. ④

③ 작업방법, 증기발산상황, 증기비중 등에 따라 유기용제의 증기를 흡인하기에 적당한 형식과 크기로 할 것
④ 국소배기장치의 덕트길이는 가능한 한 길게하고 굴곡부의 수는 적게 할 것

해설
덕트길이는 가능한한 짧게 하여야 한다.

54
작업환경개선의 기본원칙에 해당되지 않는 것은?
① 대치
② 교육
③ 격리
④ 치료

해설
작업환경개선의 기본원칙
① 대치(공정 및 시설의 변경, 물질의 대치 등)
② 격리(저장, 시설 및 공정의 격리)
③ 환기(국소배기 및 전체환기장치 등)
④ 교육(정기적인 교육)

55
유해 위험물 처리를 위한 국소배기장치에 사용되는 송풍기 또는 배풍기의 소요동력은 어느 정도 여유를 두는가?
① 5%
② 10%
③ 20%
④ 30%

해설
배풍기 또는 송풍기의 소요동력은 덕트 내의 먼지침적, 배관부식 등에 의한 압력손실 또는 덕트로부터의 공기의 누설을 고려하여 일반적으로 30% 정도의 여유를 둔다.

56
다음 제조금지된 유해물질이 아닌 것은?
① 황린성냥
② 백연을 함유한 페인트(함유용량 비율 1.5%)
③ 벤젠을 함유한 고무풀
④ 청석면 및 갈석면

해설
제조 사용이 금지되는 유해물질
① 황린성냥

② 백연을 함유한 페인트(함유용량 비율 2% 이하인 것은 제외)
③ 폴리클로리네이티드터페닐(PCT)
④ 4-니트로디페닐과 그 염
⑤ 악티노라이트 석면, 안소필라이트 석면 및 트레모라이트 석면
⑥ 베타-나프틸아민과 그 염
⑦ 백석면, 청석면 및 갈석면
⑧ 벤젠을 함유하는 고무풀(함유용량 5% 이하는 제외)
⑨ 상기 ③~⑦호의 물질을 함유한 제제(함유중량 1% 이하는 제외)
⑩ 화학물질관리법에 따른 금지물질

57
관리대상유해물질을 취급하는 작업장에 게시하여야 할 내용이 아닌 것은?
① 관리대상유해물질의 취급량
② 사용해야 할 보호구
③ 인체에 미치는 영향
④ 명칭

해설
관리대상유해물질을 취급하는 작업장에 게시할 사항
① 명칭
② 인체에 미치는 영향
③ 취급상 주의사항
④ 착용하여야 할 보호구
⑤ 응급조치 및 긴급방재요령

58
다음 유독성 물질 중에서 강한 마취작용이 있으며, 두통, 뇌신경에 증상을 유발시키는 것은?
① 케톤류
② 알콜
③ 카드뮴
④ 글리콜 유도체

59
고기압 작업시 발생하는 잠수병, 잠함병의 원인이 되는 것은?
① 아황산가스
② 황하수소
③ 일산화탄소
④ 질소

해설
잠함병은 체내에 질소가스 증가로 생기며, 체내 지방속에 질소가스가 용해되어 기포를 형성하고 혈액 중에 유리되어 모세혈관을 차단, 혼수상태를 동반한다.

Answer ● 54. ④ 55. ④ 56. ② 57. ① 58. ① 59. ④

60
황산의 성질에 해당되지 않는 것은?

① 산화력이 강하다.
② 가연성 물질이다.
③ 부식성 물질이다.
④ 가열하면 유독가스를 발생한다.

해설
황산(H_2SO_4)은 흡수성, 탈수성, 산화력이 크고, 강산성으로 부식성이 크며, 가열시 SO_2(아황산가스) 등의 유독가스를 발생하나 가연성 물질은 아니다.

61
다음 중 진한 질산이 공기 중에서 발생하는 갈색증기는?

① N_2
② NO_2
③ NO_3
④ NO

해설
진한 질산(HNO_3)은 가열을 하면 유독성이 있는 적갈색의 NO_2 가스를 발생시킨다.
$2HNO_3 \rightarrow 2NO_2 + H_2O + [O]$

62
압축가스의 압력을 이용하여 부식성액체를 압송할 때 적합한 압축가스는?

① 공기
② 질소
③ 이산화탄소
④ 산소

63
다음의 고압가스 중 압축가스에 해당되는 것은?

① 질소
② LPG
③ 탄산가스
④ 염소

해설
취급상태에 따른 고압가스의 종류
① 압축가스 : 질소(N_2), 산소(O_2), 수소(H_2) 등
② 액화가스 : LPG(액화석유가스), 염소(Cl_2), 탄산가스(CO_2), 암모니아(NH_3) 등
③ 용해가스 : 아세틸렌(C_2H_2)

64
아래 사항 등은 고온, 고압가스에 의한 고온, 고압장치의 재료의 부식이 일어나는 경우들을 설명한 것이다. 이 중에서 장치에 크래크나 취성파괴를 나타내는 매우 큰 사고를 일으키는 것은?

① 질소 또는 암모니아에 의한 질화작용에 의한 부식
② 일산화탄소에 의한 금속의 카아보닐화작용에 의한 부식
③ 황화합물에 의한 황화작용에 의한 부식
④ 수소에 의한 노후작용에 의한 부식

해설
수소는 고온, 고압에서 강 속에 탄소와 작용하여 탈탄작용을 일으킨다.
$Fe_3C + 2H_2 \rightarrow 3Fe + CH_4$

65
수분이 존재하면 강재를 부식시키는 가스가 아닌 것은?

① 염소
② 아황산가스
③ 탄산가스
④ 일산화탄소

해설
수분존재시 염소(Cl_2)는 염산(HCl), 아황산가스(SO_2)는 황산(H_2SO_4), 탄산가스(CO_2)는 탄산(H_2CO_3)을 만들어 강재를 부식시킨다.

66
다음의 고압가스용 기기재료로 구리를 사용해도 안전한 것은?

① C_2H_2
② O_2
③ NH_3
④ H_2S

해설
C_2H_2(아세틸렌), NH_3(암모니아), H_2S(황화수소)는 구리(Cu)와 화학반응을 일으켜 장치를 부식시키거나 폭발성 물질을 발생하므로 사용해서는 안된다.
$2Cu + C_2H_2 \rightarrow Cu_2C_2 + H_2$
$4NH_3 + Cu^{2+} \rightarrow Cu(NH_3)_4^{2+}$
$4Cu + 2H_2S + O_2 \rightarrow 2Cu_2S + 2H_2O$

Answer ➡ 60. ② 61. ② 62. ② 63. ① 64. ④ 65. ④ 66. ②

67
다음 가스 중 독성이 강한 순서로 나열된 것은 어느 것인가?

① NH₃ ② HCN ③ COCl₂ ④ Cl₂

① ④-③-②-① ② ③-④-②-①
③ ②-①-③-④ ④ ②-④-③-①

해설
허용농도 : COCl₂ 0.1ppm, Cl₂ 1ppm, HCl 10ppm, NH₃ 25ppm

68
인체에 흡수된 방사선으로 1(rad)의 X선이 흡수할 때 주는 생물학 효과와 같은 효과를 주는 선량을 무엇이라고 하는가?

① RBE   ② REM
③ Rad   ④ MPD

해설
1Rad란 피조사 1g에 대하여 100erg의 방사선에너지가 흡수되는 것을 말하며, REM은 인체에 흡수된 방사선이 1 Rad의 X선이 흡수할 때 주는 생물학 효과와 같은 효과를 주는 선량을 말한다. 또한 RBE(relative biologiacal effectiveness)는 생물학적 효과의 상대비율을 나타낸 것으로 보통 200~3,000kV의 에너지를 갖는 X선을 가벼운 필터를 통하여 생물체에 조사했을 때의 작용도를 표준으로 한 값이며, REM평가에 중요한 요소이다.
∴ REM = Rad × RBE

69
소화의 3방법이 아닌 것은?

① 연소온도의 강하   ② 연소물의 제거
③ 산소공급원의 차단 ④ 연소범위의 축소

해설
연소온도의 강하는 냉각소화, 연소물의 제거는 제거소화, 산소공급원의 차단은 질식소화이다.

70
다음 소화(消火)방법 중에서 액체의 증발잠열을 이용하여 소화시키는 것으로 물을 이용하는 방법은?

① 냉각소화
② 희석소화
③ 화염의 불안정에 의한 소화
④ 연소억제에 의한 소화

해설
냉각소화는 가연물에 기화잠열이 큰 물(539 Kcal/kg)을 뿌려 열을 빼앗아 발화점 이하로 온도를 낮추어 소화하는 방법이다.

71
다음 중 포말소화기에 대한 설명으로 맞는 것은?

① 모든 종류의 화재에 사용할 수 있고, 특히 전기화재나 유류화재에 그 효력이 크다.
② 기계류, 자동차 등의 소화에 사용된다.
③ 소규모의 유류화재 및 목재 섬유류 등의 일반화재에 적합하다.
④ 가축이나 인체에 해가 없으며, 기물 손상이 거의 없는 소화기이다.

해설
①, ④항은 분말소화기, ②항은 탄산가스소화기의 특징이다.

72
소화효과에 대한 다음의 설명 중에서 맞는 것은?

① 물을 수증기의 형태로 사용하는 경우 주요 소화효과는 산소의 공급차단에 의한 질식효과이다.
② 불활성 기체를 사용하는 경우 주로 소화효과는 산소의 공급 차단에 의한 질식효과이다.
③ 할로겐화 탄화수소를 사용하는 경우 주요 소화효과는 산소의 공급 차단에 의한 질식효과이다.
④ 소화분말을 사용하는 경우 주요 소화효과는 연소의 억제, 냉각, 질식효과와 가열에 의해 발생하는 탄산가스에 의한 질식효과이다.

해설
이산화탄소(CO_2)와 같은 불활성 기체는 산소의 공급을 차단하여 소화하는 질식효과가 있다.

Answer ▶ 67. ② 68. ② 69. ④ 70. ① 71. ③ 72. ②

73
다음 중 물분무 소화설비의 소화효과가 아닌 것은?

① 연전달차단효과 ② 소화효과
③ 질식효과 ④ 연쇄반응의 중단효과

해설
물분무 소화설비의 소화효과
① 연소물의 온도를 인화점 이하로 냉각시키는 효과
② 방사열차폐에 의해 미연소물질의 표면으로부터 열전달을 저하시키는 효과
③ 발생된 수증기에 의한 질식효과
④ 연소물의 물에 의한 희석효과

74
질산이 연소원으로 된 화재시, 적절한 소화재라고 할 수 있는 것은?

① 화학분말재 ② 마른모래
③ 이산화탄소 ④ 물

해설
질산(HNO_3)은 강산성물질(산화제)로 제6류 위험물에 해당되며 화재시 소화방법은 주로 건조사를 사용한다.(소량일 때는 주수소화 및 각종 질식 소화기를 사용하기도 한다.)

75
다음 Halon 2402의 화학식으로 맞는 표현은?

① $C_2I_4Br_2$ ② $C_2F_4Br_2$
③ $C_2Cl_4Br_2$ ④ $C_2I_4Cl_2$

해설
할론(Halon)의 표시방법
Halon ○ ○ ○ ○
         ↑ ↑ ↑ ↑
         C F Cl Br 의 수
(Halon 1301 : $CBrF_3$, Halon 1211 : $CBrClF_2$)

76
소화효과의 설명으로 옳지 않은 것은 어느 것인가?

① 산소 공급차단 – 제거효과
② 물 – 냉각효과
③ 불활성 가스 – 질식효과
④ 부촉매제 사용 – 억제효과

해설
산소공급차단 – 질식효과

77
가연성 가스 화재시 소화기로 가장 많이 쓰이는 것은?

① 수용액 소화기 ② 탄산가스 소화기
③ 분말 소화기 ④ 건조사

해설
분말소화기의 주성분은 중탄산나트륨이다.

78
다음 중 이산화탄소 및 할로겐화물 소화약제의 특징이 아닌 것은?

① 소화속도가 빠르다.
② 전기절연성이 커서 전기기기류의 화재에 사용된다.
③ 소화할 때 대상 물질을 할로겐화물에 의하여 부식시킨다.
④ 소화설비의 보수관리가 용이하다.

해설
이산화탄소 및 할로겐화합물 소화약제 : 액체 상태로 압력용기에 저장되기 때문에 소화약제 자신의 증기압 또는 가압가스에 의해 방출될 수 있으므로 주의해야 하며, 일반적 특징은 다음과 같다.
① 소화속도가 빠르다.
② 전기절연성이 크기 때문에 전기기기류의 화재에 사용된다.
③ 저장에 따른 변질이 없어 장기간 저장이 가능하다.
④ 소화시 대상물 또는 주위 기물에 대해 오염을 주지 않아 부식성이 없다.
⑤ 소화설비의 보수관리가 용이하다.

79
사염화탄소(CCl_4) 소화기를 사용할 때 발생할 우려가 있는 유독가스는?

① 탄산가스 ② 포스겐
③ 아황산가스 ④ 황화가스

해설
사염화탄소기는 고온에서 포스겐($COCl_2$)이라는 유독가스를 발생시킨다.

Answer ● 73. ④ 74. ② 75. ② 76. ① 77. ③ 78. ③ 79. ②

80
사염화탄소 소화약제로 소화하였을 때 포스겐 가스와 염소가스가 발생하는 것은?

① 건조된 공기 중에서
② 습한 공기 중에서
③ 탄산가스가 있을 때
④ 철분이 있을 때

해설

사염화탄소는 고온이 되면 조건에 따라 포스겐 가스($COCl_2$)를 발생하므로 밀폐된 장소에서는 사용이 곤란하다.
① 건조한 공기 중 : $2CCl_4 + O_2 \rightarrow 2COCl_2 + 2Cl_2$
② 수분 또는 습도가 높은 곳 : $CCl_4 + H_2O \rightarrow COCl_2 + 2HCl$
③ 산화철이 있는 곳 : $3CCl_4 + Fe_2O_3 \rightarrow COCl_2 + 2FeCl_3$
④ 탄산가스가 있는 곳 : $CCl_4 + CO_2 \rightarrow 2COCl_2$

81
다음 화재의 기호와 설명이 잘못된 것은 어느 것인가?

① A급 - (백색) 일반화재
② B급 - (황색) 유류화재
③ C급 - (청색) 전기화재
④ K급 - (무색) 가스화재

해설

K급 화재는 동식물류를 취급하는 조리기구에서 일어나는 주방화재를 말한다.

82
A급 화재의 적절한 소화방법은?

① 화학소화액   ② 물 또는 수용액
③ 건조사   ④ 유기성 소화액

해설

화재의 등급별 소화방법

구 분	소화효과	적응소화기
A급 화재(백색) 일반 화재	냉각	1. 물소화기 2. 강화액소화기 3. 산알칼리소화기
B급 화재(황색) 유류 화재	질식	1. 포말소화기 2. 분말소화기 3. 증발성 액체 소화기 4. CO_2 소화기
C급 화재(청색) 전기 화재	질식, 냉각	1. 포말소화기 2. 유기성소화기 3. CO_2 소화기
D급 화재(무색) 금속 화재	질식	1. 건조사 2. 팽창 질석 및 팽창 진주암

83
화재별 소화액의 연결이 잘못된 것은?

① A급 - 수용액
② B급 - 화학소화액
③ C급 - 유기성 소화액
④ K급 - 수용액

해설

K급 화재시는 헬론 및 분말소화기를 사용하여 질식소화를 해야 한다.

84
A B C 급 화재에 사용할 수 있는 소화약제는?

① 중탄산나트륨   ② 할로겐화물
③ 인산암모늄   ④ 이산화탄소

해설

인산암모늄($NH_4H_2PO_4$)은 A B C 급 소화제라 하며, 부착성이 좋은 메타인산(HPO_3)을 만들어 다른 소화분말보다 30% 이상 소화능력이 좋다.

85
피부에 화상을 입었을 때 물집이 생겼을 정도의 화상은 몇 도 화상인가?

① 1도   ② 2도
③ 3도   ④ 4도

해설

① 제1도 화상 : 피부가 빨갛게 되어 쓰릴 정도의 화상
② 제2도 화상 : 피부에 수포가 생길 정도의 화상
③ 제3도 화상 : 피부에 검게 탄 화상

86
화상의 정도가 전신의 몇 % 이상이면 위험한가?

① 20   ② 30
③ 40   ④ 50

Answer ▶ 80. ① 81. ④ 82. ② 83. ④ 84. ③ 85. ② 86. ②

해설
1도 화상이라도 화상의 정도가 전신의 30% 이상일 때는 위험하다.

87
소화기는 바닥으로부터 어느 정도의 높이에 설치하는 것이 좋은가?

① 0.5m 이상 ② 1.0m 이상
③ 1.5m 이내 ④ 2.0m 이하

해설
소화기는 반출이 용이해야 하며, 바닥으로부터 1.5m 이내에 설치한다.

88
화재시 검지기 중에서 연기감지기에 해당하지 않은 것은?

① 광전식 ② 감광식
③ 이온식 ④ 정온식

해설
자동화재 탐지 설비
(1) 열 감지기
  ① 정온식 감지기 : 주위의 온도가 일정한 온도에 도달하였을 때 작동하는 것으로 spot형(바이메탈식, 열반도체식)과 감지형(가용절연물식)이 있다. (작동온도 : 60~150℃의 범위)
  ② 차동식 감지기 : 주위의 온도가 정하여진 비율 이상으로 커질 때 즉, 외계와의 변위차가 일정값을 가질 때 작동하는 것으로 특정 위치의 온도변화를 감지하는 spot형(공기식)과 실전체의 온도변화를 감지하는 분포형(공기관식, 열전대식, 열반도체식)이 있다.
  ③ 보상식 감지기 : 차동식 감지기의 결점인 완만한 온도 상승에 의한 작동불능을 보호하기 위하여 차동식과 정온식을 조합한 형식의 감지기이다.
(2) 연기 감지기
  ① 광전식 : 화재에 의해 생긴 연기입자가 빛의 흡수에 따라 산란을 일으키는 것을 이용하여 검출하는 방식이다.
  ② 이온화식 : 연기에 의한 이온화전류가 변화되는 것을 이용하는 방식이다.
  ③ 초음파식 : 화재발생시의 저열도의 열기류를 초음파의 반사에 의하여 포착하는 방식이다.

89
소화제의 종류 중 질식소화작용에 해당되는 것은?

① 스프링 쿨러 ② 에어 폼(air foam)
③ 탄산가스 ④ 호스방수

해설
소화제에 따른 주요소화 작용
① 호스방수, 스프링클러 : 냉각작용
② 강화액(물+염류) : 연소억제 작용
③ 화학기포 : 질식(희석)작용
④ air foam(계면활성제) : 질식작용
⑤ 불연성 기체(탄산가스, 질소 등) : 희석작용
⑥ 증발성 액체 : 연소억제(희석)작용
⑦ 분말 : 질식(냉각)작용

90
물 분무 헤드의 성능으로서 방수 각도(deg)의 범위는?

① 30~120° ② 30~180°
③ 30~150° ④ 60~180°

해설
물 분무 헤드의 성능
① 방수압력 : 소화용은 2.5~7.0kg/cm², 방화용은 1.5~5.00kg/cm²
② 방수량 : 30~180 l/min
③ 방수각도 : 30~120deg
④ 유효사정 : 0.5~6.0m

Answer ➡ 87. ③ 88. ④ 89. ② 90. ①

2장 폭발방지 안전대책 및 방호

1 화 재

(1) 화재의 종류 및 적응 소화기

구분	A급 화재(백색) 일반화재	B급 화재(황색) 유류화재	C급 화재(청색) 전기화재	D급 화재 주방화재
소화 효과	냉각	질식	질식, 냉각	질식
적응 소화기	① 물소화기 ② 강화액 소화기 ③ 산알칼리소화기	① 포말소화기 ② 분말소화기 ③ 증발성액체 소화기 ④ CO_2 소화기	① 분말소화기 ② 유기성 소화기 ③ CO_2 소화기	① 건조사 ② 팽창질석 및 팽창진 주앞

> **길잡이**
>
> 화재의 종류(소방청 고시)
> 1) 일반화재(A급 화재) : 나무, 섬유 종이, 고무, 플라스틱류와 같은 일반가연물이라고 해서 재가 남는 화재를 말한다.
> 2) 유류화재(B급 화재) : 인화성 액체, 가연성 액체, 석유 그리스, 파일, 오일, 유성도료, 솔벤트, 래커, 알코올 및 인화성 가스와 같은 유류가라고 해서 재가 남지 않는 화재를 말한다.
> 3) 전기화재(C급 화재) : 전류가 흐르고 있는 전기기기, 배설과 관련된 화재를 말한다.
> 4) 금속화재(D급 화재) : Mg분, Al분 등의 금속분의 화재를 말한다.

(2) 화재에 관련된 중요사항

1) 플래쉬 오버(flash over) : 플라스틱 가구가 많은 실내와 가연재에 화재가 발생할 경우, 실내 전체가 단숨에 타오르고 온도가 급격히 상승하는 현상으로 연기에 의한 위험 상태가 증가해 진다.
2) 화재 사망의 주요 원인 : 일산화탄소(CO)
3) 공기 중 탄산가스 농도에 따른 현상 : 3~4%(호흡 곤란), 15% 이상(심한 두통), 30% 이상(질식 사망)
4) 갱내 작업장 CO_2 농도 : 1.5% 이하 유지

5) 피부에 화상을 입었을 때의 화상정도 분류
   ㉠ 1도 : 피부가 빨갛다.
   ㉡ 2도 : 물집이 생긴다.
   ㉢ 3도 : 검게 탄다.

2 폭발 및 폭굉

(1) 폭 발

1) 폭발의 본질 : 급격한 압력의 상승

2) 폭발의 원인
   ① 폭발의 원인이 되는 화학반응 : 연소반응, 분해반응, 중합반응, 폭굉반응, 폭연반응 등
   ② 물리화학적 변화 : 고체 또는 액체의 응상체(凝相體)에서 기상체(氣相體)로의 이상 변화(가스폭발, 분진폭발, 액적폭발)

(2) 폭 굉

1) 폭발 중에서도 특히, 격렬한 경우를 폭굉이라 하며, 폭굉이라 함은 가스 중의 음속보다도 화염전파 속도가 큰 경우로 이때는 파면선단에 충격파라 하는 솟구치는 압력파가 발생하여 격렬한 파괴작용을 일으키는 원인이 된다.

2) 폭굉속도(폭속) 및 정상연소속도
   ① 폭굉시 : 1,000~3,500m/sec(폭굉파)
   ② 정상연소시 : 0.03~10m/sec(연소파)

3) 폭굉유도거리가 짧은 경우 : 최초의 완만한 연소가 격렬한 폭굉으로 발전할 때까지의 거리를 폭굉거리라 하며, 그 거리가 짧은 경우는 다음과 같다.
   ① 정상 연소속도가 큰 혼합가스일수록
   ② 관속에 방해물이 있거나 관경이 가늘수록
   ③ 압력이 높을수록
   ④ 점화원의 에너지가 강할수록

3 폭발의 분류

(1) 기상폭발

1) 혼합가스의 폭발 : 가연성가스의 연소에 의한 폭발(산화 폭발)
2) 가스의 분해폭발 : 아세틸렌, 산화에틸렌, 에틸렌, 히드라진 등의 폭발
3) 분진 폭발 : 가연성 고체의 미분이나 가연성 액체의 무적(mist)에 의한 폭발

(2) 액상폭발

1) 혼합 위험성에 의한 폭발 : 산화성 물질과 환원성 물질을 혼합하였을 때 폭발
2) 폭발성 화합물의 폭발 : 반응성 물질의 분자내 연소에 의한 폭발과 흡열화합물의 분해반응에 의한 폭발(유기과산화물, 니트로화합물, 질산에스테르 등)
3) 증기 폭발 : 물, 유기액체 또는 액화가스 등의 과열시 순간적인 급속한 증발기에 의한 폭발

(3) 응상폭발(액상 및 고상폭발)

1) 수증기폭발 또는 증기폭발
2) 고상간의 전이에 의한 폭발
3) 전선 폭발
4) 화학류 및 유기과산화물 등의 폭발

(4) 증기운폭발 : 대량의 가연성가스 및 기화하기 쉬운 액체가 사고에 의해 누출, 누설하여 발화원에 의해 폭발, 화재가 발생하는 경우

(5) 분진폭발

1) 분진폭발의 특성
   ① 연소속도나 폭발압력은 가스폭발보다는 작지만 가해지는 힘(파괴력)은 매우 크다.
   ② 2차 폭발을 한다.
   ③ CO(일산화탄소)의 중독피해의 우려가 있다.

2) 분진폭발을 일으키는 조건
   ① 가연성이고
   ③ 분진상태이고
   ③ 조연성가스(공기)중에서 잘 교반되고
   ④ 발화원이 존재하여야 한다.

3) 분진의 폭발성에 영향을 주는 요인
   ① 분진입도 및 입도분포 : 입도가 작을수록 비표면적이 커지고, 표면적이 크면 반응속도가 커져서 폭발성을 크게 한다.

② 입자의 형상과 표면 상태 : 구형이 될수록 폭발성이 약하며, 입자표면이 산소에 대해 활성일수록 폭발성이 높다.
③ 분진의 부유성 : 부유성이 큰 것일수록 공기 중에 체류하는 시간이 길고 위험성도 커진다.
④ 분진의 화학적 성질과 조성 : 산화반응에 의해서 발생되는 기체량이나 연소열의 대소, 반응 전후에 용적의 변화가 큰 것 등이 분진폭발의 격렬도에 영향을 준다.

4 가연성가스의 폭발한계

(1) 폭발의 성립 조건

1) 가연성가스(증기 또는 분진)가 폭발범위 내에 있어야 한다.
2) 밀폐된 공간이 존재하여야 한다.
3) 점화원(에너지)이 있어야 한다.

(2) 폭발범위(폭발한계) 정의 및 영향요인

1) 폭발범위 : 폭발에 필요한 혼합가스(가연성가스와 공기 또는 산소) 중의 가연성가스의 농도 범위를 폭발범위(폭발한계 또는 연소범위라고도 함)라 하며, 낮은 쪽을 폭발하한계, 높은 쪽을 폭발상한계라 한다.

2) 폭발한계에 영향을 주는 요인
  ① 온도 : 폭발하한은 100℃ 증가할 때마다 25℃에서의 값이 8%가 감소하며, 폭발상한은 8%가 증가한다.
  ② 압력 : 가스압력이 높아질수록 폭발범위는 넓어진다.(상한값이 증가함)
  ③ 산소 : 공기 중에서보다 산소 중에서 폭발범위가 넓어진다.(상한값이 증가함)

(3) 양론농도(C_{st}) : 가연성 물질 1몰이 완전연소할 수 있는 공기와의 혼합기체 중 가연성 물질의 부피[%]

1) 양론농도(C_{st})구하는 식 : $C_nH_mO_\lambda Cl_f$ 분자식에서 다음과 같은 식으로도 계산된다.

$$C_{st} = \frac{100}{1 + 4.773\left(n + \frac{m - f - 2\lambda}{4}\right)} \ (\%)$$

여기서, n : 탄소
m : 수소
f : 할로겐 원소
λ : 산소의 원자수

2) 양론농도와 폭발한계의 관계
    ① 유기화합물의 폭발하한 값(L)은 양론농도(C_{st})의 약 55%로 추정한다.
    ② 폭발상한값(u)은 양론농도의 약 3.5배 정도가 된다.

(4) 르-샤틀리에(Le-chatelier)의 법칙 : 혼합가스의 폭발한계를 구하는 식

$$\frac{100}{L} = \frac{V_1}{L_1} + \frac{V_2}{L_2} + \frac{V_3}{L_3} + \cdots + \frac{V_n}{L_n} \quad (\text{vol}\%)$$

여기서, L : 혼합가스의 폭발한계(%)
$L_1, L_2, L_3 \cdots L_n$: 성분가스의 폭발한계(%)
$V_1, V_2, V_3 \cdots V_n$: 성분가스의 용량(%)

(5) 위험도 : 폭발범위를 하한계로 제(除)한 값을 말하며, H로 표시한다.

$$H = \frac{U - L}{L}$$

여기서, H : 위험도
U : 폭발상한
L : 폭발하한

(6) 안전간격에 따른 폭발등급

폭발등급	안전간격(mm)	해 당 물 질
1등급	0.6 초과	메탄, 에탄, 프로판, n-부탄, 가솔린, 일산화탄소, 암모니아, 아세톤, 벤젠, 에틸에테르
2등급	0.4mm 초과 0.6mm 이하	에틸렌, 석탄가스
3등급	0.4 이하	수소, 아세틸렌, 이황화탄소, 수성가스

5 발화원

(1) 인화점에 영향을 주는 요인

1) 압력이 증가하면 인화점은 높아지고 압력이 낮아지면 인화점도 낮아진다.
2) 유기물의 수용액은 증기압이 낮아지는 관계로 인화점은 높아진다.

(2) 발화온도에 영향을 주는 요인

1) 발화 지연시간 : 어느 온도에서 가열하기 시작하여 발화에 이르기까지의 시간을 말하며, 발화지연시간이 짧아지는 경우는 다음과 같다.
    ① 고온, 고압일수록
    ② 가연성가스와 산소의 혼합비가 완전 산화에 가까울수록

2) 증기의 농도와 발화온도의 관계
    ① 동족열(유기화합물)에서 분자량이 증가할수록 발화온도가 감소한다.
    ② 가지 달린 화합물이 직쇄상 화합물보다 높은 발화온도를 갖는다.

3) 환경적 영향에 의해 발화온도가 낮아지는 경우
    ① 용기가 클수록
    ② 압력이 증가할수록
    ③ 산소농도가 증가할수록

4) 촉매 : 산화철 파우더는 모든 물질의 발화온도를 낮게 한다.

(3) 발화점에 영향을 주는 인자

1) 가연성가스와 혼합비
2) 발화가 생기는 공간의 형태와 크기
3) 가열속도와 지속시간
4) 기벽의 재질과 촉매 효과
5) 점화원의 종류와 에너지 투여법

(4) 발화원(점화원)의 종류

1) 화기 및 고열물 : 담배불, 난방기구, 굴뚝, 증기배관 등
2) 충격 및 마찰 : 철제공구의 낙하, 그라인더의 불꽃 등
3) 자연 산화(자동 발화) : 중합열 등
4) 기타 단열 압축, 광선 및 방사선, 전기적 발화원(전기 기구), 정전기 방전 불꽃 및 벼락 등

6 폭발압력

(1) 밀폐된 용기 내에서 최대 폭발압력

1) 기체 몰수 및 온도와의 관계 : 최대 폭발압력(P_m)은 처음 압력(P_1), 기체 몰수의 변화량($n_1 \to n_2$), 온도변화($T_1 \to T_2$)에 비례하여 높아진다.

$$\therefore P_m = P_1 \times \frac{n_2}{n_1} \times \frac{T_2}{T_1}$$

2) 폭발압력과 가연성가스의 농도와의 관계
    ① 가연성가스의 농도가 너무 희박하거나 진하여도 폭발압력(P_m)은 낮아진다.
    ② 폭발압력은 양론농도보다 약간 높은 농도에서 가장 높아져 최대폭발이 된다.
    ③ 최대 폭발압력의 크기는 공기보다 산소의 농도가 큰 혼합기체에서 더 높아 진다.

3) 폭발압력 상승속도(r_m)

① r_m은 폭발의 종점 가까이에서 존재한다.

② 가연성 물질의 농도는 양론농도보다 약간 높은 농도에서 r_m이 된다.

(2) 밀폐된 용기 내에서 폭발압력에 영향을 주는 요인

1) 온도

① 온도의 증가에 따라 P_m(최대 폭발압력)은 감소하는데, 이유는 높은 온도에서는 같은 조건에서 물질의 양이 감소하기 때문이다.

② 처음 온도 상승에 따라 r_m(최대폭발압력 상승속도)은 증가한다.

2) 최초압력(초기압력)

① P_m은 최초압력에 영향을 받으며, 피크폭발압력은 최초 압력의 8배가 된다.

② 최초압력이 증가하면 r_m도 증가한다.

3) 용기의 형태

① 용기의 지름에 대한 길이의 비가 큰 용기는 P_m이 낮아진다(용기 부피나 모양에는 영향을 받지 않음).

② r_m은 용기의 부피(V)에 큰 영향을 받으며, 그 관계식은 다음과 같다.

$$\therefore r_m V^{1/3} = \text{const}$$

4) 발화원의 강도

① 발화원의 강도가 클수록 P_m은 약간 증가된다.

② 발화원의 강도가 클수록 r_m은 크게 높아진다.

7 화재 및 폭발 방호

(1) 화재의 예방대책

1) **예방대책** : 화재가 발생하기 전에 발화자체를 방지하는 대책

2) **국한대책** : 화재가 확대되지 않도록 하는 대책

① 가연성 물질의 집적방지

② 건물 및 설비의 불연성화

③ 위험물 시설 등의 지하매설

④ 방화벽 및 물, 방유제, 방액제 등의 정비

⑤ 일정한 공지의 확보

3) 소화대책 : 초기소화, 본격적인 소화활동
4) 피난대책 : 비상구 등을 통하여 대피하는 대책

(2) 폭발 재해의 대책

1) 예방대책 : 페일 세이프(fail safe)의 원칙을 적용하여 대책수립
2) 국한대책 : 안전장치 설치, 방폭벽설치 등 피해를 최소화하는 대책

(3) 폭발의 방호

1) 폭발봉쇄 : 유독성물질이나 공기 중에서 방출되어서는 안되는 물질의 폭발시 안전밸브나 파열판을 통하여 다른 탱크나 저장소 등으로 보내어 압력을 완화시켜서 파열을 방지하는 방법
2) 폭발억제 : 압력이 상승하였을 때 폭발억제장치가 작동하여 고압불활성가스가 담겨 있는 소화기가 터져서 증기, 가스, 분진폭발 등의 폭발을 진압하여 큰 파괴적인 폭발압력이 되지 않도록 하는 방법
3) 폭발방산 : 안전밸브나 파열판 등에 의해 탱크 내의 기체를 밖으로 방출시켜 압력을 정상화시키는 방법

(4) 분진폭발의 방호

1) 분진물의 생성 방지
2) 발화원의 제거
3) 불활성물질의 첨가

실 / 전 / 문 / 제

01
가연성 물질의 연소반응의 속도에 관한 설명 중 틀린 것은?

① 반응물질의 표면적이 넓을수록 반응속도가 빨라진다.
② 주위온도가 높을수록 반응속도는 빨라진다.
③ 정촉매는 반응속도를 빠르게 한다.
④ 기체물질의 반응 중 부피가 증가하는 반응은 압력을 높게 하면 반응속도가 빨라진다.

해설
연소반응(화학반응) 속도에 영향을 주는 인자로서는 농도, 온도, 촉매, 에너지의 공급, 반응물질의 형상(반응물의 표면적 등) 등이 있다.

02
가스의 최대 연소속도를 결정하는 함수는?

① 공기 구멍에서 빨아들인 공기량
② 화염 주위에서 확산에 의해 취하는 공기량
③ 급격한 압력상승
④ 이론 공기량

해설
공기구멍에서 빨아들인 공기를 1차 공기라 하며, 화염의 주위에서 확산에 의해 취하는 공기를 2차 공기라 한다. 연소속도는 1차 공기율에 의하여 변하며 어떠한 가스라도 1차 공기율에 의해서 최대로 된다. 이 값을 「최대 연소속도」라 하고, 일반적으로 단순하게 연소속도라고도 한다.

03
다음 중 자연발화성 물질의 자연발화를 촉진시키는데 영향을 주지 않는 것은?

① 표면적이 넓고 발열량이 클 것
② 열전도율이 클 것
③ 주위온도가 높은 것
④ 열전도율이 낮을 것

해설
열전도율이 낮을수록 연소성이 높아지고 자연발화를 촉진시킨다.

04
화염속도와 연소속도와의 관계를 옳게 표시한 것은?

① 연소속도=화염속도−연소가스속도
② 화염속도=연소속도−연소가스속도
③ 화염속도=연소속도−미연소가스속도
④ 연소속도=화염속도−미연소가스속도

해설
연소속도는 화염이 화염주위에서 수직방향으로 미연소혼합가스 쪽으로 이동하는 속도를 말한다.
∴ 연소속도 = 화염속도 + 미연소가스속도

05
가연성기체를 공기 중에 분출시켜 산소의 공급을 주위에서 받아 연소되는 형태를 무엇이라고 부르는가?

① 혼합연소(混合燃燒) ② 확산연소(擴散燃燒)
③ 예혼연소(豫混燃燒) ④ 혼기연소(潛氣燃燒)

해설
확산연소와 혼합연소
① **확산연소** : 가연성가스 분자와 공기분자가 서로 확산에 의해 혼합되면서 연소범위 농도에 이르게 되어 화염을 형성하면서 연소되는 형태로 이 경우에는 산소가 반응대에 들어간 부분만으로 반응이 진행되어 불완전연소에 기인하는 그을음(soot)이 자주 발생한다.
② **혼합연소(혼기연소)** : 가연성기체가 미리 산소와 혼합된 상태에서 연소하는 것으로 반응이 빨리 진행되고 온도가 높으며 화염전파속도도 빠르다.

Answer ● 01. ④ 02. ① 03. ② 04. ③ 05. ②

06
분진폭발의 폭발압력에 대한 설명중 틀린 것은?

① 분진의 최대폭발압력은 화학양론 농도보다 약간 큰 농도에서 발생된다.
② 분진의 최대폭발압력은 초기압력의 8배이다.
③ 분진의 최대폭발압력은 분진입자의 크기에 영향이 없다.
④ 최대폭발압력 상승속도는 입자의 크기가 작을수록 증가한다.

해설
폭발압력과 압력상승속도는 분진의 종류, 입도, 농도, 착화원의 종류, 시험용기의 크기, 송입압력, 공기흐름의 교란, 산소농도, 휘발이나 가연성가스의 농도 등에 영향을 받는다.

07
다음 중 화학적 폭발에 해당되지 않는 것은?

① 분진폭발   ② 증기폭발
③ 가스의 분해폭발   ④ 산화폭발

해설
증기폭발 : 물리적 폭발

08
다음 중 자연발화온도에 대한 영향을 설명한 것 중 잘못된 것은?

① 발화지연은 온도가 높을수록 짧아진다.
② 가연성가스와 공기의 비율이 연료과잉인 경우 자연발화온도는 높아진다.
③ 용기가 클수록 자연발화온도는 낮아진다.
④ 유기화합물의 동족계열에서 분자량이 클수록 자연발화온도는 높아진다.

해설
유기화합물인 경우 동족계열에서는 분자량이 증가할수록 발화온도는 감소하고, 가지달린 화합물이 직쇄상 화합물보다 높은 발화온도를 갖는다.

09
벤젠(C_6H_6)이 공기 중에서 연소될 때의 이론혼합비(화학양론조성)는 몇 Vol%인가?

① 1.72   ② 2.22
③ 2.72   ④ 3.22

해설
Cst(양론농도)는 가연성물질 1몰이 완전히 연소할 수 있는 공기와 혼합기체 중 가연성물질의 부피(%)를 말한다.

$$Cst = \frac{1}{1+4.773\left(n+\frac{m-f-2\lambda}{4}\right)} \times 100$$

$$= \frac{1}{1+4.773\left(6+\frac{6}{4}\right)} \times 100 = 2.72(\%)$$

10
부유분진의 발생방지를 위한 방진대책으로 알맞지 않은 것은?

① 장치의 밀폐화   ② 집진장치의 설치
③ 작업의 건식화   ④ 작업장의 환기

해설
분진발생을 억제하기 위해 작업을 습식으로 하여야 한다.

11
분진폭발과 가장 관계가 깊은 것은?

① 마그네슘   ② 탄산가스
③ 아세틸렌   ④ 암모니아

해설
분진폭발을 일으키는 물질은 가연성 고체의 미립자로서 마그네슘, 알루미늄, 티탄 등의 금속가루, 탄진, 목분, 각종 플라스틱 가루, 소맥분 등이 있다.

12
메탄 50%, 에탄 30%, 프로판 20%의 혼합가스의 공기 중의 폭발한계는 얼마인가?(단, 메탄, 에탄, 프로판의 폭발하한계는 각각 5.0vol%, 3.0vol%, 2..1vol%이다.)

① 2.6vol%   ② 3.0vol%
③ 3.4vol%   ④ 3.8vol%

해설
혼합가스의 폭발한계를 구하는 식

$$\frac{100}{L} = \frac{V_1}{L_1} + \frac{V_2}{L_2} + \frac{V_3}{L_3}$$

$$\therefore L = \frac{100}{\frac{50}{5.0}+\frac{30}{3.0}+\frac{20}{2.1}} ≒ 3.39\%$$

Answer ➡ 06. ③ 07. ② 08. ④ 09. ③ 10. ③ 11. ① 12. ③

13
프로판 및 메탄의 폭발하한계는 각각 2.5, 5.0 (Vol.%)이다. 프로판과 메탄이 3 : 1의 체적비로 있는 혼합가스의 폭발한계는 몇(vol.%)인가?

① 약 2.9
② 약 3.3
③ 약 3.8
④ 약 4.0

해설
프로판과 메탄의 조성을 구하면
프로판 : 3/(3+1)×100=75%, 메탄 : 25%

$$\therefore L = \frac{100}{\frac{75}{2.5} + \frac{25}{5.0}} \approx 2.9\%$$

14
다음 중 폭발한계에 대한 설명으로 틀린 것은?

① 일반적으로 폭발한계범위는 온도상승에 의하여 넓어지게 된다.
② 공기 중에서 연소하한계는 온도가 100℃ 증가함에 따라 약 8% 증가한다.
③ 압력이 상승되면 연소상한계는 크게 증가한다.
④ 산소 중에서의 연소하한계는 공기 중에서와 같다.

해설
폭발하한계(연소하한계)는 온도가 100℃ 증가함에 따라 25℃에서의 값의 8%가 감소한다.

15
가연성가스 혼합물이 다음과 같은 조성을 가지고 있다. 이때 혼합가스의 연소 상한값을 구하시오.

성 분	조성(VOL%)	연소상한값(VOL%)
황화수소	0.5	45.5
에 탄	2.7	12.5
아세틸렌	0.3	80.0
공 기	96.5	

① 46.0Vol%
② 15.2Vol%
③ 23.1Vol%
④ 24.3Vol%

해설
혼합가스의 폭발한계를 구하는 식
$$\frac{100}{L} = \frac{V_1}{L_1} + \frac{V_2}{L_2} + \frac{V_3}{L_3}$$

$$\therefore L = \frac{100 - 96.5}{\frac{0.5}{45.5} + \frac{2.7}{12.5} + \frac{0.3}{80}} \approx 15.2\%$$

16
다음 연소 한계의 설명 중 맞는 것은?

① 연소하한값은 온도의 증가와 함께 증가한다.
② 연소상한값은 온도의 증가와 함께 증가한다.
③ 연소하한값은 저온에서는 약간 증가하나 고온에서는 일정하다.
④ 연소 한계는 온도에 관계없이 일정하다.

해설
폭발한계에 영향을 주는 요인
① 온도 : 폭발하한은 100℃ 증가할 때마다, 25℃에서의 값의 8%가 감소하며, 폭발상한은 8%가 증가한다. 따라서, t℃에 대해서는,
폭발하한 Lt = L₂₅℃ − (0.8L₂₅℃×10³)(t−25)
폭발상한 Ut = L₂₅℃ + (0.8U₂₅℃×10³)(t−25)
② 압력 : 폭발하한값에는 아주 경미한 영향을 미치나 폭발상한값은 크게 영향을 받는다. 일반적으로 가스압력이 높아질수록 폭발범위는 넓어진다.
③ 산소 : 폭발하한값은 공기 중에서나 산소 중에서나 변함이 없으나 상한값은 산소의 농도가 증가하면 현저히 상승한다.

17
다음 폭발압력에 대한 설명 중 잘못된 것은?

① 화학양론 농도일 때 최대폭발압력은 난류일 때가 층류일 때 보다 크게 증가한다.
② 폭발하한 농도일 때 최대폭발압력은 난류현상에 의해 약 30% 증가한다.
③ 난류현상이 있을 때 최대폭발압력 상승속도는 크게 증가한다.
④ 폭발상한 농도일 때 최대폭발압력은 난류현상에 의해 크게 증가한다.

해설
최대폭발압력(Pmax)은 공기하의 화학양론에서 초기난류(Initial turbulence)에 의해 약간(약 6%)증가된다.

Answer ➡ 13. ① 14. ② 15. ② 16. ② 17. ①

18
벤젠(C_6H_6)이 공기 중에서 연소될 때 폭발하한계 L은 몇 vol%인가?

① 1.0 ② 1.5
③ 2.0 ④ 2.5

해설

양론농도(C_{st})를 구하면
$$C_{st} = \frac{1}{1+4.773\left(6+\frac{6}{4}\right)} \times 100 = 2.72(\%)$$
∴ 폭발하한계는 양론농도의 약 55%정도이므로 2.72×0.55 ≒ 1.5%

19
폭발강도에 영향을 미치는 요인을 설명한 것 중 틀린 것은?

① 용기의 부피 또는 형상은 최대폭발압력에 큰 영향을 미친다.
② 온도가 상승하면 최대폭발압력은 감소하게 된다.
③ 최대폭발압력과 폭발압력최대상승속도는 $1m^3$ 이하의 용기에서 폭발이 발생하는 경우 일반적으로 점화원의 에너지가 증가함에 따라 증가한다.
④ 난류현상이 있을 때 최대폭발압력 상승속도는 크게 증가한다.

해설

용기의 부피 또는 형상은 최대폭발압력에 큰 영향을 미치지 않는다. 그러나 길이/직경의 비가 큰 장치에서와 같이 열손실이 큰 경우에는 최대폭발압력은 낮아지게 된다.

[참고] 폭발강도에 영향을 미치는 요인
① 초기온도   ② 초기압력
③ 용기의 형상 ④ 난류
⑤ 착화에너지 ⑥ 산소농도

20
가연성 기체의 폭발범위에 대한 설명 중 맞는 것은?

① 온도가 높아지면 폭발범위는 보다 좁아진다.
② 산소 중에서 보다 공기 중에서 폭발범위가 넓어진다.
③ 압력이 증가할수록 폭발범위는 보다 좁아진다.
④ 포화탄화수소 화합물에 있어서 탄소수가 많을수록 폭발상한계는 보다 커진다.

해설

온도가 높아질수록, 압력이 증가할수록, 공기 중에서 보다 산소 중에서 폭발범위는 넓어진다.

21
폭발의 본질을 정의한 것은?

① 압력의 급상승현상
② 체적의 급팽창현상
③ 폭음과 섬광을 일으키는 현상
④ 파열과 파괴현상

해설

폭발의 본질은 부피팽창에 의한 압력의 급상승이다.

22
다음은 용기 내에서 가스나 증기가 폭발할 때 최대폭발압력 상승속도(r_m)에 관한 사항이다. 옳지 않은 것은?

① r_m은 처음온도가 증가할수록 증가한다.
② r_m은 처음압력가 증가할수록 증가한다.
③ r_m은 용기의 부피에 반비례하여 감소한다.
④ r_m은 발화원의 강도가 클수록 증가한다.

해설

최대폭발 압력 상승속도(r_m)는 용기의 부피(V)에 큰 영향을 받는다. 주어진 화합물, 같은 용기 형태, 주어진 난류와 발화원 강도일 경우 부피 V와 r_m은 다음 관계식이 성립된다.
∴ $r_m V^{1/3}$ = const

23
다음 폭발압력에 대한 설명 중 틀린 것은?

① 최대폭발압력은 공기하의 화학양론 농도에서 초기 난류에 의해 약간 증가된다.
② 초기난류가 최대폭발압력에 미치는 영향은 연소하한과 상한에서 현저하다.
③ 초기난류는 폭발압력 상승속도를 약간 감소시킨다.

Answer 18.② 19.① 20.④ 21.① 22.③ 23.③

④ 연소하한에 있는 메탄-공기 혼합기에 초기 난류가 가해진 경우 최대폭발압력은 난류를 부여하지 않을 경우보다도 약 30% 더 높았다.

해설
초기난류는 폭발압력 상승속도를 현저하게 증가시킨다.

24
다음 중 폭발압력에 대한 환경의 영향 중 잘못된 것은?
① 온도가 고온일수록 최대폭발압력은 증가한다.
② 온도가 고온일수록 최대폭발압력 상승속도는 증가한다.
③ 최대폭발압력은 초기압력에 정비례한다.
④ 최대폭발압력 상승속도는 초기압력에 정비례한다.

해설
높은 온도에서는 같은 조건에서 물질의 양이 감소하기 때문에 온도의 증가에 따라 최대폭발압력은 감소한다.

25
다음은 가스나 증기가 용기 내에서 폭발할 때 최대폭발압력(Pm)에 영향을 주는 요인에 관한 사항이다. 옳지 않은 것은?
① Pm은 다른 조건이 일정하고 처음 온도가 높을수록 증가한다.
② Pm은 다른 조건이 일정할 때 처음 압력이 상승할수록 증가한다.
③ Pm은 용기의 크기에 큰 영향을 받지 않는다.
④ Pm은 압력중첩(pressure piling)에 영향을 받는다.

해설
최대폭발압력(Pm)은 높은 온도에서는 같은 조건에서 물질의 양이 감소하기 때문에 온도의 증가에 따라 Pm은 감소한다.

26
다음 중 폭발방호(Explosion Protection)대책과 관계가 가장 적은 것은?
① 불활성화(Inerting)
② 폭발억제(Explosion Suppression)
③ 폭발방산(Explosion Venting)
④ 폭발봉쇄(Containment)

해설
폭발의 방호
① 폭발봉쇄 ② 폭발억제 ③ 폭발방산

27
다음은 가연성 기체의 공기 중에서의 연소형태인 혼합연소와 확산연소에 대하여 설명한 것이다. 틀린 사항은?
① 혼합연소는 확산연소에 비하여 반응이 빨라 화염의 전파속도가 빠르다
② 혼합연소는 가연성 기체를 공기 중에 분출시켜 산소의 공급을 주위에서 받아 연소하는 것이다.
③ 확산연소는 불완전 연소로 인해 경우에 따라 그을음이 생성되기도 한다.
④ 폭발반응은 확산연소보다는 혼합연소에서 일어나는 것이 보통이다.

해설
혼합연소(혼기연소)는 가연성 기체가 미리 산소와 혼합된 상태에서 연소하는 것으로 반응이 빨리 진행되고 온도가 높으며 화염전파속도도 빠르다.

28
다음 중 폭발한계를 가장 바르게 설명한 내용은?
① 폭발성 혼합가스를 형성하는 농도범위
② 연소물에 점화되는 한계
③ 폭발물에 점화되는 한계
④ 화재상태에서 폭발로 변하는 한계

해설
폭발한계란 가연성 물질이 공기나 산소와 혼합시 폭발할 수 있는 용량%를 말한다.

Answer ◐ 24. ① 25. ① 26. ① 27. ② 28. ①

29
발화지연이 짧아지는 요인에 해당되지 않는 것은 어느 것인가?

① 압력이 높아질수록
② 주위온도보다 발화점이 낮아질수록
③ 단독물이 경우보다 혼합물일수록
④ 혼합물의 경우보다 단독물일수록

해설
발화지연시간 : 어느 온도에서 가열하기 시작하여 발화에 이르기까지의 시간을 말하며, 이는 온도나 활성화에너지에 따라 영향을 받는다.
① 고온, 고압일수록 발화지연이 짧아진다.
② 가연성 가스와 산소의 혼합비가 완전산화에 가까울수록 발화지연이 짧아진다.

30
본질적으로 가스폭발로 취급되지만, 일반적으로 가스폭발과 화약폭발의 중간상태인 것은?

① 분해폭발   ② 분진폭발
③ 고압가스폭발   ④ 증기폭발

해설
분진폭발은 가스폭발과 화약폭발의 중간형태이다.

31
지연성의 산소 또는 공기의 존재를 필요로 하지 않는 폭발은?

① 분해폭발   ② 응상폭발
③ 기상폭발   ④ 분진폭발

해설
아세틸렌(C_2H_2), 산화에틸렌(C_2H_4O), 히드라진(N_2H_4) 등은 공기나 산소의 조성이 없이 단독으로 분해폭발을 일으키는 물질들이다.

32
고체연소에 대한 분류 중 맞지 않는 것은 어느 것인가?

① 자기연소   ② 분해연소
③ 증발연소   ④ 혼합연소

해설
고체의 연소형태
① 분해연소 : 목재, 종이, 석탄, 플라스틱 등은 분해연소를 한다.
② 표면연소 : 코크스, 목탄, 금속분 등은 열분해에 의해서 가연성가스를 발생하지 않고 물질 자체가 연소한다.
③ 증발연소 : 황, 나프탈렌, 파라핀 등은 가열시 액체가 되어 증발연소를 한다.
④ 자기연소 : 가연성이면서 자체 내에 산소를 함유하고 있는 가연물(질산에스테르류, 셀룰로이드류, 니트로화합물 등)은 공기 중에서 산소없이 연소를 한다.

33
폭발한계가 범위가 가장 넓은 가스는?

① LNG   ② 프로판
③ 가솔린   ④ 아세틸렌

해설
LNG는 하한의 5% 내외, 상한은 20~30% 내외, 프로판은 2.1~9.5%, 가솔린은 1.4~7.6%, 아세틸렌은 2.5~81%

34
다음 중 탱크내부에 폭발성 혼합가스가 형성되는 조건이 아닌 것은 어느 것인가?

① 탱크의 온도가 내부에 저장하는 액체의 상부 인화점 이상인 경우
② 탱크 내에 인화점이 낮은 액체와 높은 액체의 혼합물의 증기압이 폭발범위에 들어간 경우
③ 탱크의 온도가 액체의 위험온도 범위 내인 경우
④ 탱크를 비웠을 때 남아있는 인화성 액체의 증기에 의해 폭발성 혼합기가 형성된 경우

해설
탱크내부에 폭발성 혼합가스가 형성되는 조건은 ②, ③, ④항 이외에도 다음과 같은 사항이 있다.
① 탱크의 온도가 내부에 저장하는 액체의 인화점 이상이고 동시에 상부 인화점 이하인 온도범위 내의 경우
② 탱크의 온도가 액체의 상부 인화점을 넘는 경우라도 액체를 탱크에서 펌프로 퍼내는 작업 중에는 통기공에서 유입된 공기에 의하여 증기가 희석되어 폭발범위 내에 들어가게 되는 경우

Answer 29. ④ 30. ② 31. ① 32. ④ 33. ④ 34. ①

35
다음 폭발의 종류 중 응상(凝相)폭발이 아닌 것은?

① 도선(導線)폭발
② 혼합위험성 물질의 폭발
③ 가스분해 폭발
④ 고상(高尙) 전이에 의한 폭발

해설
① **응상폭발** : 폭발성 화합물의 폭발, 증기폭발, 도선폭발, 고상전이에 의한 폭발, 혼합위험성물질의 폭발 등이 있다.
② **기상폭발** : 분무폭발, 분진폭발, 가스의 분해폭발, 혼합가스 폭발 등이 있다.

36
다음 가스들 중 위험도가 가장 큰 것은?

x_1 = 폭발하한선(Vol%)
x_2 = 폭발상한선(Vol%)

① $CS_2 (x_1 = 1.25, x_2 = 44)$
② $C_2H_2 (x_1 = 2.5, x_2 = 81)$
③ $H_2 (x_1 = 4.0, x_2 = 75)$
④ 산화에틸렌 $(x_1 = 3.0, x_2 = 80)$

해설
위험도(H) = (U−L)/L (L : 폭발하한치, U : 폭발상한치)
① CS_2의 H = (44−1.25)/1.25 = 34.2
② C_2H_2의 H = (81−2.5)/2.5 = 31.4
③ H_2의 H = (75−4.0)/4.0 = 17.75
④ 산화에틸렌의 H = (80−3.0)/3.0 = 25.7

37
프로판가스 1m³를 완전 연소시키는 데 필요한 이론 공기량은? (단, 공기 중의 산소농도는 20Vol%이다.)

① 20m3
② 25m3
③ 30m3
④ 35m3

해설
$C_3H_8 + 5O_2 \rightarrow 3CO_2 + 4H_2O$
연소반응식에서 프로판(C_3H_8) 1m³에 대해 산소(O_2)는 5m³가 필요하므로
∴ 필요한 공기량 = 5m³ × 100/20 = 25m³

38
다음 가스 중 공기 폭발범위가 넓은 순서로 된 것은?

① 아세틸렌−수소−프로판−일산화탄소
② 수소−아세틸렌−프로판−일산화탄소
③ 아세틸렌−수소−일산화탄소−프로판
④ 일산화탄소−프로판−수소−아세틸렌

해설
① 아세틸렌 : 2.5~81%
② 수소 : 4.0~75%
③ 일산화탄소 : 12.5~74%
④ 프로판 : 2.1~9.5%

39
폭발등급 1등급에 해당되는 가스가 아닌 것은?

① 암모니아
② 일산화탄소
③ 에탄
④ 수소

해설
폭발 1등급의 안전간격은 0.6mm 초과이며, 해당물질은 메탄, 에탄, 프로판, n−부탄, 가솔린, 일산화탄소, 암모니아, 벤젠, 에틸에테르 등이 있다.

40
폭발등급 2등급에 해당되는 가스가 아닌 것은?

① 가솔린
② 석탄가스
③ 에틸렌
④ 이소프렌

해설
폭발 2등급(안전간격 : 0.4mm 초과 0.6mm 이하) : 에틸렌, 석탄가스, 이소프렌, 산화에틸렌 등

41
수소 및 아세틸렌이 누출되는 작업장에 내압 방폭구조를 설치하는 경우에 안전간격이 얼마인 것을 사용해야 하는가?

① 0.1mm 이하
② 0.2mm 이하
③ 0.3mm 이하
④ 0.4mm 이하

해설
수소, 아세틸렌, 이황화탄소, 수성가스 등은 폭발 3등급으로 안전간격은 0.4mm 이하이다.

Answer ● 35. ③ 36. ① 37. ② 38. ③ 39. ④ 40. ① 41. ④

42
고압가스 사용상의 장점이 아닌 것은?

① 압축가스의 팽창력을 동력으로 이용한다.
② 액화가스의 증발잠열을 냉매로 이용한다.
③ 가스의 액체에 대한 용해도를 감소시켜 반응물질의 기화를 증가시킨다.
④ 가스를 압축 상태로 하여 부피를 줄여서 저장이나 수송 등이 편리하다.

해설

고압가스 사용상의 이점
① 액화가스의 증발잠열을 이용하여 냉매로 사용한다(Freon, NH_3).
② 압축가스의 팽창력을 동력으로 이용할 수 있다.
③ 고압가스를 원료로 하는 합성공정에서는 반응속도를 촉진시키거나 화학평형을 유리한 방향으로 진행시킨다.
④ 고압상태를 이용하여 기화를 억제하여 반응물질을 액체상태로 유지하거나 액체에 용해되는 것을 촉진시킨다.
⑤ 고압하에서 액화하면 부피가 감소되어 수송, 저장 등이 편리하다.

43
고압가스 용기의 도색이 잘못된 것은?

① 암모니아 - 백색
② 산소 - 녹색
③ 수소 - 회색
④ 아세틸렌 - 황색

해설

용기표시 방법 : 용기제조자는 합격한 용기에 다음 표에 의한 색을 용기의 외면에 칠하고 충전가스의 명칭을 표시할 것

(1) 가연성가스 및 독성가스 용기

가스의 종류	도색의 구분
액화석유가스	회 색
수 소	주황색
아 세 틸 렌	황 색
액화암모니아	백 색
액 화 염 소	갈 색
그 밖의 가스	회 색

1. 가연성가스(액화석유가스 제외)는 "연"자, 독성가스는 "독"자를 표시하여야 한다.
2. 내용적 2ℓ 미만의 용기는 제조자가 정하는 바에 의한다.
3. 액화석유가스 용기 중 부탄가스를 충전하는 용기는 부탄가스임을 표시하여야 한다.
4. 선박용 액화석유가스 용기의 표시방법
   ㉠ 용기의 상단부에 폭 2cm의 백색띠를 두 줄로 표시한다.
   ㉡ 백색띠의 하단과 가스명칭 사이에 가로, 세로 5cm 크기의 백색글자로 "선박용"이라고 표시한다.

(2) 의료용가스의 용기

가스의 종류	도색의 구분
산 소	백 색
액 화 탄 산 가 스	회 색
질 소	흑 색
아 산 화 질 소	청 색
헬 륨	갈 색
에 틸 렌	자 색
싸 이 클 로 프 로 판	주황색

비고 1. 용기의 상단부에 2cm의 백색(산소는 녹색)의 띠를 두 줄로 표시하여야 한다.
2. 용도의 표시 : 의료용
각 글자마다 백색(산소는 녹색)으로 가로, 세로 5cm로 띠와 가스명칭 사이에 표시하여야 한다.

(3) 그 밖의 가스용기

가스의 종류	도색의 구분
산 소	녹 색
액화탄산가스	청 색
질 소	회 색
소방용 용기 그 밖의 가스	소화방법에 의한 도색

44
용접작업시 아세틸렌 용접장치의 게이지 압력이 몇 kg/cm² 이상 초과해서는 안되는가?

① 127 킬로파스칼
② 167 킬로파스칼
③ 237 킬로파스칼
④ 257 킬로파스칼

해설

아세틸렌 용접장치를 사용하여 금속의 용접, 용단 또는 가열작업을 하는 때에는 게이지 압력이 127kPa(킬로파스칼)를 초과하는 압력의 아세틸렌을 발생시켜 사용하여서는 아니된다.

45
카바이드와 물이 결합하면 어떤 가스가 생성되는가?

① 아세틸렌 가스
② 아황산가스
③ 수성가스
④ 염소가스

해설

카바이드(CaC_2 : 탄화칼슘)와 물(H_2O)의 반응하면 아세틸렌 가스(C_2H_2)와 소석회[$Ca(OH)_2$]가 생성된다.
∴ $CaC_2 + 2H_2O \rightarrow C_2H_2 + Ca(OH)_2$

Answer ● 42. ③ 43. ③ 44. ① 45. ①

46
다음 폭발형태 중 물질의 물리적 형태에 의하여 폭발하는 것이 아닌 것은?

① 가스폭발　　② 분진폭발
③ 액적폭발　　④ 분해폭발

해설
분해폭발은 화학반응에 의한 폭발이다.

47
다음 화재예방대책 중 점화원 관리는 어디에 해당되는가?

① 소화대책　　② 예방대책
③ 피난대책　　④ 국한대책

해설
화재예방대책
① 예방대책 : 점화원관리(발화자체 방지)
② 국한대책 : 피해경감, 안전장치 설치
③ 소화대책 : 소화기사용, 신속한 소화
④ 피난대책 : 인명이나 재산의 손실보호

48
가연성 기체의 폭발범위에 대한 다음 설명 중 옳은 것은?

① 온도가 높아지면 폭발범위가 보다 좁아진다.
② 산소 중에소보다 공기 중에서 폭발범위가 보다 넓어진다.
③ 압력이 증가할수록 폭발범위는 보다 좁아진다.
④ 포화탄화수소화합물에 있어 탄소수가 많을수록 폭발상한계는 보다 커진다.

해설
온도 및 압력이 높아지면 폭발범위가 넓어지며, 공기 중에서 보다 산소 중에서 폭발범위가 넓어진다. 또한 포화탄화수소화합물은 탄소수가 많을수록 폭발하한계는 낮아지고 폭발상한계는 보다 커진다.

49
폭발을 방지하기 위한 3요소에 해당되지 않는 것은?

① 가연성 물질의 불연화
② 폭발압력 방산구의 설치
③ 조연성 물질의 혼입차단
④ 발화원의 제거

해설
폭발방지를 위한 3요소
① 가연성 물질의 불연화 또는 제거
② 조연성 물질의 혼합차단
③ 발화원의 제거 또는 억제

50
폭발방지를 위한 본질안전장치에 해당되지 않는 것은?

① 조성 억제장치　　② 압력방출장치
③ 온도 제어장치　　④ 착화원 차단장치

해설
폭발방지를 위한 안전장치
① 본질안전장치 : 조성 억제장치, 온도 제어장치, 착화원 차단장치 등이 있다.
② 이상 억제장치 : 종합분해 제어장치, 반응폭주 제어장치, 인화예방장치가 있다.
③ 재해국소화장치 : 압력방출장치, 긴급차단밸브, 경보장치, 피난시설 등이 있다.

51
압축하면 폭발할 위험성이 높아서 아세톤 등의 용제로 용해시켜 고압가스로 이용하는 것은?

① 염소　　② 에탄
③ 아세틸렌　　④ 수소

해설
아세틸렌(C_2H_2)은 1기압 이상의 압력에서는 분해 폭발의 위험성이 높은 가연성가스이므로 아세톤이나 D.M.F 등의 용제에 용해시켜 고압가스로 이용하는 용해가스이다.

52
압축가스의 저장탱크 및 용기의 저장 능력 산정식으로 맞는 것은?(단, Q는 저장설비의 저장능력, P는 35℃에서 최고 충전압력, V는 저장설비의 내용적)

① $Q=(P+1)V$　　② $Q=(1-P)V$
③ $Q=0.9PV$　　④ $Q=(P+1)÷V$

Answer ▸ 46. ④　47. ②　48. ④　49. ②　50. ②　51. ③　52. ①

해설

저장능력의 산정기준
① 압축가스의 저장탱크 및 용기
∴ $Q=(P+1)V_1$
여기서, Q : 저장능력(m^3), P : 35℃에서 최고충전 압력
(kg/cm^2), V_1 : 내용적(m^3)
② 액화가스의 저장탱크
∴ $W=0.9dV_2$
여기서, W : 저장능력(kg), d : 비중(kg/l),
V_2 : 내용적(l)
③ 액화가스의 용기 및 차량에 고정된 탱크
∴ $W=V_2/C$
여기서 W : 저장능력(kg), V_2 : 내용적,
C : 가스정수

53
다음 중 액화조건으로 맞는 것은?

① 임계온도 이상으로 가열해주고 압력은 내려준다.
② 임계압력 이하로 압축 후 냉각제를 사용한다.
③ 임계온도 이상이라도 고압이면 가스는 액화된다.
④ 임계온도 이하로 해주고 임계압력 이상으로 압축한다.

해설

일반가스의 액화조건
① 상압(1atm)에서 비점 이하의 온도로 냉각시킨다.
② 상온(20℃)에서 증기압 이상의 압력을 가한다.
③ 임계온도 이하에서 임계압력 이상으로 압축한다.

54
관내의 혼합가스의 한 점에서 착화했을 때 연소파가 어떤 거리를 진행한 후 돌연히 연소 전파 속도가 증가하고 마침내 그의 속도가 1,000~3,500m/sec에 도달할 때가 있다. 이때의 전파속도는 음속을 초과하므로 그의 진행전면에 다음의 어느 것이 형성되는가?

① 폭굉파(detonation wave)
② 연소파(combustion wave)
③ 충격파(shock wave)
④ 폭굉현상(detonation phenomenon)

55
액화가스의 저장능력 산정기준으로 올바른 식은?

① 저장능력＝액화가스의 비중(kg/l)×저장시설의 내용적(l)
② 저장능력＝0.9×액화가스의 비중(kg/l)×저장시설의 내용적(l)
③ 저장능력＝액화가스의 무게(kg)×저장시설의 내용적(l)
④ 저장능력＝0.9×액화가스의 무게(kg)×저장시설의 내용적(l)

Answer ● 53. ④ 54. ③ 55. ②

3장 화학설비 등의 안전

1 반응기

(1) 반응기 : 화학반응을 최적조건에서 효율이 좋도록 행하는 기구

(2) 반응기의 구비조건

   1) 고온, 고압에 견딜 것
   2) 원료물질의 균일한 혼합이 가능할 것
   3) 촉매의 활성에 영향을 주지 않을 것
   4) 적당한 체류시간이 있을 것
   5) 냉각장치(발열반응인 경우 발생열 제거) 및 가열장치(흡열반응에서 반응 온도 유지)를 가질 것

(3) 반응기의 분류 및 설계시 고려요인

   1) 조작방식에 의한 분류
      ① 회분식 반응기(batch reactor)
      ② 반회분식 반응기(semi batch reactor)
      ③ 연속기 반응기(plug flow reactor)

   2) 구조방식에 의한 분류
      ① 교반조형 반응기
      ② 관형 반응기
      ③ 탑형 반응기
      ④ 유동층형 반응기

   3) 반응기 설계시 고려해야 할 요인(반응기 안전설계시 주요인자)
      ① 상(phase)의 형태
      ② 온도범위
      ③ 부식성
      ④ 체류시간 또는 공간속도
      ⑤ 열전달
      ⑥ 온도조절

⑦ 조작방법
⑧ 운전압력
⑨ 수율

2 보일러

(1) 보일러의 시동전 점검사항

1) 급수탱크의 수위
2) 연료의 상태
3) 급수펌프의 운전상태

(2) 보일러의 압력상승 원인

1) 압력계의 눈금을 잘못 읽거나 감시가 소홀했을 때
2) 압력계의 고장으로 기능이 불완전할 때
3) 안전밸브의 기능이 부정확할 때

(3) 보일러의 파열 원인

1) 규정 압력 이상으로 상승하는 원인
   ① 안전장치를 부착하지 않았을 때
   ② 안전장치가 불확실하거나 작용을 하지 않을 때

2) 증기압력이 최고사용압력 이하이더라도 파열하는 원인
   ① 구조상의 결함으로 상용압력에서도 견디지 못할 때
   ② 보일러 부품의 부식
   ③ 과열

(4) 보일러의 과열 원인

1) 수관 및 몸체의 청소 불량
2) 관수를 감소시키고 빈 통에 불을 땔 때
3) 수면계의 고장으로 드럼 내의 물의 감소

(5) 보일러의 부식 원인

1) 불순물을 사용하여 수관이 부식되었을 때
2) 급수처리를 하지 않은 물을 사용할 때
3) 급수에 해로운 불순물이 혼입되었을 때

(6) 보일러 안전에 관련된 중요사항

　　1) 보일러 폭발의 주요원인 : 급수불량(저수위)
　　2) 보일러 저수위 사고 방지 : 자동 급수제어장치 점검 철저
　　3) 과잉증기압력에 의한 보일러 폭발의 주원인 : 안전장치의 결함
　　4) 보일러 속에 물이 부족하여 급속하게 급수할 때 폭발하는 원인 : 급격수축 때문

3 증류탑

(1) **증류탑** : 증발하기 쉬운 차이(비점의 차이)를 이용하여 액체혼합물의 성분을 분리하기 위한 장치이다.

(2) **운전상의 주의 사항**

　　1) 원액의 농도와 공급단
　　2) 환류량의 증감
　　3) 온도구배
　　4) 압력구배
　　5) 증류탑의 적정운전 부하

(3) **특수 증류 방법**

　　1) **감압증류(진공증류)** : 다음 물질을 취급하는 경우에는 비점을 낮추어 처리하기 위해 감압 또는 진공으로 할 필요가 있다.
　　　① 취급물질의 비점이 높아 적당한 가열매체가 없는 경우
　　　② 가열에 의해 분해를 일으키기 쉬운 물질을 취급하는 경우

　　2) **추출증류** : 분리하려고 하는 물질의 비점이 거의 다르지 않는 경우에는 용매라고 하는 제3성분을 넣어서 추출증류를 한다.

　　3) **공비증류** : 비점차이가 상당히 큰 (10°C 이상) 물질의 혼합물 증류 시 단수를 증가하거나 환류를 증가하여도 어느 한도 이상으로는 분리할 수 없는 경우가 있는데 이와 같은 혼합물을 공비혼합물이라 한다.
　　　① 2성분계가 공비혼합물인 경우 분리방법은 추출증류와 같이 제3의 성분을 첨가하는 방법을 사용한다.
　　　② 공비증류는 알코올 – 물계와 같이 상호 용해하고 있는 혼합물에서 물을 제거하는데 사용되는 경우가 많으며 첨가물로 벤젠을 사용한다.

4) 수증기 증류 : 물에 거의 용해되지 않는 휘발성 액체에 직접 수증기를 불어 넣으면서 가열하면 그 액체는 본래의 비점보다는 상당히 낮은 온도에서 유출하는데, 이것이 수증기 증류의 원리이며 다음과 같은 경우에 사용된다.
① 물질의 비점이 높고 상압에서 증류하면 분해할 가능성이 있는 경우.
② 열원의 온도가 낮기 때문에 원액이 증류온도에 도달하는 것이 곤란한 경우.

(4) 증류탑의 점검사항

1) 일상점검 항목(운전 중에 점검 가능한 항목)
① 보온재 및 보냉재의 파손 상황
② 도장의 열화상황
③ 플랜지(flange)부, 맨홀(manhole)부, 용접부에서 외부누출 여부
④ 기초 볼트의 헐거움 여부
⑤ 증기배관에 열팽창에 의한 무리한 힘이 가해지고 있는지의 여부와 부식 등

2) 개방시 점검해야 할 항목
① 트레이(Tray)의 부식상태, 정도, 범위
② 폴리머(polymer) 등의 생성물, 녹 등으로 인하여 포종(泡鐘)의 막힘 여부와 다공판의 bading은 없는지, 바라스트 유닛트(balast unit)는 고정되어 있는지의 여부
③ 넘쳐흐르는 둑의 높이가 설계와 같은 지의 여부
④ 용접선의 상황과 포종이 단(선반)에 고정되어 있는지의 여부
⑤ 누출이 원인이 되는 균열, 손상여부
⑥ 라이닝(lining), 코팅(coating) 상황

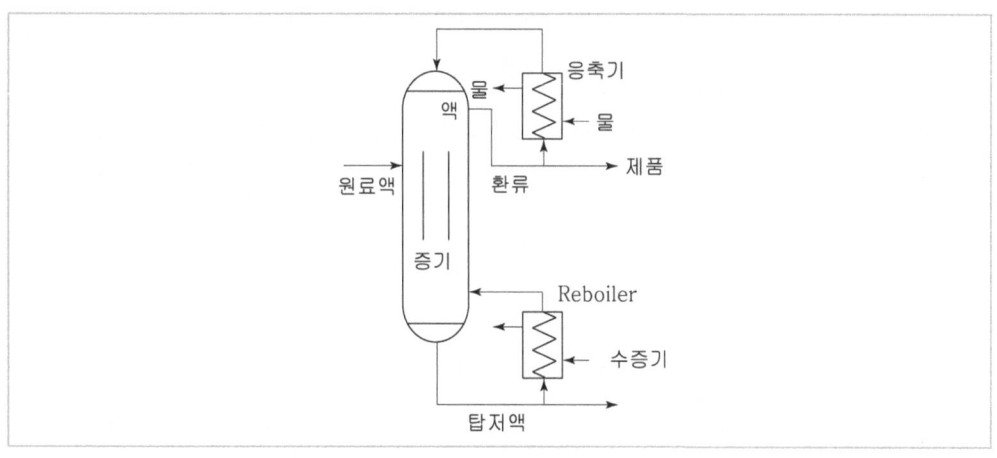

| 증류탑의 구조 |

4 열교환기

(1) 열교환기의 원리 및 목적 : 고온유체와 저온유체의 사이에서 열을 이동시키는 장치로서, 목적은 온도차를 이용하여 가열, 냉각, 증발 및 응축시키는 것이다.

(2) 열교환기의 효율저하 원인

1) 냉각수를 사용하는 열교환기의 경우
   ① 유체오염에 의한 scale이 관내벽에 부착
   ② 관측 또는 몸통측에 비응축 가스의 축적

2) 증기를 사용하는 열교환기의 경우
   ① 배관이 폐쇄된 경우 증기의 유량이 급격히 감소해서 증기 측의 압이 올라간 경우
   ② 피 가열물의 유량이 중지된 상태나 극단으로 유량이 적은 경우

5 건조 설비

(1) 건조설비

1) 습기가 있는 재료를 처리하여 수분을 제거하고 조작하는 기구를 건조설비라 한다.
2) 건조설비의 구성 : 본체, 가열장치, 부속장치

(2) 형태, 구조에 의한 건조장치의 분류

1) 용액이나 슬러리 건조기
   ① 드럼건조기 : roller사이에서 용액인 슬러리를 증발시킨다.
   ② 교반건조기 : 접착성이 큰 것에 사용된다.
   ③ 분무건조기 : 슬러리나 용액의 미세한 입자 형태를 가열하여 기체 중에 분산해 건조시킨다.

2) 고체건조기
   ① 상자건조기 : 괴상, 입상의 고체를 회분식으로 건조하여 곡물, 점토제품, 비누, 양모 등에 사용된다.
   ② 턴넬건조기 : 다량은 연속적으로 건조한다.
   ③ 회전건조기 : 다량의 입상 또는 결정상 물질을 건조한다.

3) **특수건조기** : 적외선 복사 건조기, 고주파가열건조기(합판건조사용)

6 화학설비 및 특수화학설비

(1) 화학설비 및 그 부속설비

1) 화학설비
   ① 화학물질의 반응 또는 혼합장치·분리장치·저장 또는 계량설비
   ② 열교환기류
   ③ 화학제품 가공설비
   ④ 분체화학물질 취급장치·분리장치
   ⑤ 화학물질 이송 또는 압축설비

2) 화학설비의 부속설비
   ① 화학물질이송 관련설비
   ② 자동제어 관련설비
   ③ 비상조치 관련설비
   ④ 가스누출감지 및 경보관련설비
   ⑤ 폐가스처리설비
   ⑥ 분진처리설비
   ⑦ 전기관련설비
   ⑧ 안전관련설비

(2) 특수화학설비

1) 특수화학설비의 종류 : 위험물질의 기준량 이상으로 제조 또는 취급되는 다음 각호의 화학설비
   ① 발열반응이 일어나는 반응장치
   ② 증류·정류·증발·추출 등 분리를 행하는 장치
   ③ 가열시켜주는 물질의 온도가 가열되는 위험물질의 분해온도 또는 발화점보다 높은 상태에서 운전되는 설비
   ④ 반응폭주 등 이상 화학반응에 의하여 위험물질이 발생할 우려가 있는 설비
   ⑤ 온도가 섭씨 350℃ 이상이거나 게이지압력이 980kPa 이상인 상태에서 운전되는 설비
   ⑥ 가열로 또는 가열기

2) 2종 이상의 위험물질을 제조 또는 취급하는 경우 : 다음 공식에 의해 산출한 값(R)이 1 이상인 경우는 기준량 초과로 특수화학설비에 해당됨

$$R = \frac{C_1}{T_1} + \frac{C_2}{T_2} + \cdots + \frac{C_n}{T_n}$$

여기서, C_n : 위험물질 각각의 제조 또는 취급량
T_n : 위험물질 각각의 기준량

3) 특수화학설비 설치시 내부의 이상상태를 조기에 파악하기 위해 설치하는 장치
   ① 계측장치 : 온도계, 유량계, 압력계 등 설치
   ② 자동경보장치설치(자동경보장치설치 곤란시는 감시인 배치)

4) 특수화학설비 설치시 이상상태의 발생에 따른 폭발, 화재 또는 위험물의 누출방지를 위해 설치하는 장치
   ① 원재료 공급의 긴급차단장치
   ② 제품 등의 긴급방출장치
   ③ 불활성 가스의 주입 또는 냉각용수 등의 공급을 위한 장치 등 설치

7 제어장치

(1) 폐회로방식 제어계 : 외관의 변동에 관계가 없이 제어량이 설정값을 지니도록 제어량과 설정값과를 비교해서 조작량을 변화시켜 조정될 수 있도록 제어대상과 제어장치로서 폐밸브(valver)를 구성하는 제어계이다.

(2) 폐회로 방식 제어계의 작동순서 : 공정설비 – 검출부 – 조절계 – 조작부 – 공정설비

8 안전장치

(1) 안전밸브

1) 안전밸브의 종류
   ① 스프링식
   ② 가용전식
   ③ 중추식
   ④ 파열판식

2) 안전밸브의 작동압력
   ∴ 안전밸브 작동압력 = 상용압력 × 1.5 × 8/10
   = 내압시험압력 × 8/10

3) 안전밸브의 분출부 유효면적 계산식

$$\alpha = \frac{W}{230 P \sqrt{\dfrac{M}{T}}}$$

   여기서, a : 분출부의 유효면적(cm^2)
   W : 시간당 가스분출량(kg/hr)
   P : 안전밸브의 작동압력(kg/cm^2 abs)
   M : 가스 분자량
   T : 가스분출시 절대온도(°K)

4) 가용전식 용융온도
① 암모니아(NH_3) : 60℃
② 염소(Cl_2)용 : 65~68℃
③ 아세틸렌(C_2H_2)용 : 105±5℃
④ 긴급차단밸브용 : 110℃

(2) 파열판

1) 파열판은 취급물질의 고화 및 부식성 등에 의해 안전밸브의 작동이 곤란한 경우나 방출량이 많은 경우 또는 순간방출을 필요로 하는 경우에 사용되는 안전장치이다.

2) 파열판의 특징
① 구조가 간단하여 취급 및 점검이 용이하다.
② 압력 상승속도가 급격한 중합, 분해 등의 반응장치에 사용된다.
③ 밸브시트 누설이 없다.
④ 부식성 유체, 괴상물질을 함유한 유체에도 적합하다.
⑤ 작동 후 새로운 파열판과 교체해야 한다.

(3) 체크밸브, 블로우 밸브, 대기밸브

1) 체크밸브 : 유체의 역류를 방지하는 밸브
2) 블로우밸브 : 과잉 압력을 방출하는 밸브
3) 대기밸브(breather valve) : 통기밸브라고도 하며 항상 탱크 내의 압력을 대기압과 평형한 압력으로 해서 탱크를 보호하는 밸브

(4) Flame arrestor와 Vent stack

1) flame arrestor : 화염의 차단을 목적으로 한 장치
2) vent stack : 탱크 내의 압력을 정상의 상태로 유지하기 위한 가스 방출장치

(5) 긴급차단장치

1) 긴급차단장치 : 가스누출, 화재 등의 이상사태발생시 그 피해확대를 방지하기 위해 해당 기기에의 원재료 송입을 긴급히 정지하는 안전장치
2) 종류(작동 동력원에 의한 분류) : 공기압식, 유압식, 전기식

(6) 긴급방출장치
가스누출, 화재 등이 이상사태 발생시 재해 확대를 방지하기 위해 내용물을 신속하게 외부에 방출하여 안전하게 처리하기 위한 안전장치로 flare stack과 blow down이 있다.

1) flare stack : 가스나 고휘발성 액체의 증기를 연소해서 대기 중으로 방출하는 장치(가연성, 독성, 냄새를 거의 없앤 후 대기 중에 방산)

2) blow down : 응축성증기, 열유(熱油), 열액(熱液) 등 공정 액체를 빼내고 이것을 안전하게 유지 또는 처리하기 위한 설비

(7) steam draft : 증기배관 내에 생기는 응축수를 자동적으로 배출하기 위한 장치

9 배관부속품

(1) 배관을 연결할 때 사용하는 관속부품 : 1) 플랜지 2) 유니온 3) 커플링 등

(2) 유로를 차단할 때 사용하는 관속부품 : 1) 플러그 2) 캡 등

(3) 유체의 온도변화로 인해 일어나는 배관의 변형을 방지하기 위해 설치하는 관부속품

  1) 팽창곡관
  2) 플렉시블조인트
  3) 루프형 신축이음쇠

(4) 가스켓 : 압력용기나 관플랜지의 고정접합면을 고정접합면에 끼워서 볼트 및 기타 방법으로 죄어 유체의 누설을 방지하는 작용을 하는 것을 말한다.

(5) 부싱(bushing) : 구멍 내면에 끼워 넣는 두께가 얇은 원통(축받이통)

10 압력계 및 유량계

(1) 압력계의 종류

  1) 1차 압력계 : 액주식 압력계, 자유피스톤식 압력계
  2) 2차 압력계 : 브로돈관 식, 벨로우즈 식, 다이아프램 식, 전기저항 식, 피에조 전기압력계

(2) 유량계의 종류

  1) 직접식 유량계 : 습식 가스미터

  2) 간접식 유량계
    ① pitot(피토)관(관내 유체의 국부속도 측정에 이용), 오리피스미터, 벤츄리관
    ② 면적식 유량계 : 로터미터

11 송풍기와 압축기의 구분 및 종류

(1) 송풍기와 압축기의 구분

　　1) 송풍기 : 토출압력이 1kg/cm² 미만

　　2) 압축기 : 토출압력이 1kg/cm² 이상

(2) 송풍기 및 압축기의 종류(구조에 의한 분류)

구분	종류
용적형	회전식 송풍기·압축기, 왕복식 압축기
회전형	회전식 송풍기·압축기, 축류식 송풍기·압축기

실 / 전 / 문 / 제

01
반응장치(반응기)의 온도제어방법이 아닌 것은?

① 등온조작 ② 가열조작
③ 단열조작 ④ 열교환조작

해설

반응기의 온도제어방법
1) 등온조작 : 등온조작이 최적의 조작은 아니지만 제어상 용이하므로 등온조작에 접근시키려는 연구, 가령 불활성 성분을 더하거나 원료의 분할공급 등이 행하여진다.
2) 단열조작 : 반응장치 내에 전열면 없이 반응을 단열적으로 진행시켜 반응유체의 열용량에 의한 온도변화가 생기는 경우이며, 그 결과로서 온도가 허용할 수 있는 조작범위에 안정되는 경우 적용할 수 있다. 반응열이 클 경우는 다단의 장치를 사용하여 반응온도 조절을 한다.
3) 열교환조작 : 반응장치 내의 전열면에서 열교환을 하여 반응온도를 적당한 범위로 유지하는 조작이다.

02
보일러가 최고압력 이하에서 파손되는 이유는?

① 구조상의 결점
② 설치상의 결점
③ 관리상의 결점
④ 안전장치가 작동치 않을시

해설

보일러의 증기압력이 최고 사용압력 이하이더라도 파열하는 원인
① 구조상의 결함으로 상용압력에서도 견디지 못할 때
② 보일러 부품의 부식
③ 과열

03
보일러의 시동전 점검사항과 관계가 없는 것은?

① 급수탱크의 수위
② 연료의 상태
③ 급수펌프의 운전상태
④ 온도계 이상유무

해설

보일러의 시동전 점검사항
① 급수탱크의 수위   ② 연료의 상태
③ 급수펌프의 운전상태

04
증류장치의 구성요소가 아닌 것은?

① 재비기(reboiler) ② 정류탑
③ 응축기(냉각기)   ④ 가스분배기

해설

증류장치의 구성요소
① 증기를 발생시키기 위한 재비기(reboiler)
② 증기와 하류하는 응축액과 향류접촉을 하게 하는 정류탑
③ 탑의 최상단을 나오는 증기를 응축시켜서, 그 중 일부분을 환류로서 탑으로 되돌아가게 하고, 나머지 응축액을 제품으로서 내놓는 응축기

05
다음 중 열교환기의 효율저하원인이 아닌 것은?

① 유체오염에 의한 스케일이 관내벽에 부착
② 관측 또는 몸통측의 비응축가스의 축적
③ 배관이 폐쇄된 경우 스팀의 유량이 급격히 감소하여 스팀측의 배압이 감소된 경우
④ 피가열물의 유량이 중지된 상태

해설

열교환기의 효율저하원인
(1) 냉각수를 사용하는 열교환기의 경우
　① 유체오염에 의한 스케일(scale)이 관내벽에 부착
　② 관측 또는 몸통측(몸통)에 비응축가스의 축적
(2) 증기를 사용하는 열교환기의 경우
　① 배관이 폐쇄된 경우 증기의 유량이 급격히 감소해서 증기측의 압이 올라간 경우
　② 피가열물의 유량이 zero point나 극단으로 유량이 적은 경우

Answer ➡ 01. ② 02. ① 03. ④ 04. ④ 05. ③

06
열교환기의 열이동을 시키기 위한 전열조작방법이 아닌 것은?

① 공기전열 ② 직접전열
③ 벽을 통한 전열 ④ 축열식

해설

전열조작방법
① **직접전열** : 스프레이를 써서 가스의 냉각이나 응축을 시킨다.
② **벽을 통한 전열** : 가장 일반적인 방법이므로 가열, 냉각, 열회수 등에 사용된다.
③ **축열식** : 매체를 쓰는 방법이며, 매체에 일시적으로 열축적을 시켜 나중에 다시 쓴다.

07
다음 중 증류탑의 보수항목 중 일상점검 항목은?

① 트레이(tray)의 고정의 견고성
② 익류구의 높이 측정
③ 앵커볼트 이상 유무
④ 용접선 상태의 이상 유무

해설

(1) 증류탑의 일상점검 항목
  ① 보온재, 보냉재의 파손여부
  ② 도장(painting)의 보존상태여부
  ③ 접속부, 맨홀부, 용접부에서 이상 유무
  ④ 앵커볼트 이탈여부
  ⑤ 증기배관이 열팽창에 의한 무리한 힘이 가하지 않고 있는지 여부
  ⑥ 부식 등으로 두께가 얇아지지는 않았는지 유무
(2) 증류탑의 개방점검 항목
  ① 탑내 tray의 부식상태, 부식정도, 부식범위 정도
  ② 폴리머나 scale이 생성되어 다공판의 구멍이 막혔는지 여부
  ③ 익류구의 높이는 설계대로 통과되는지 여부
  ④ 용접선의 상태
  ⑤ tray의 고정상태
  ⑥ Lining과 coating상태의 이상유무

08
다음 중 열교환기의 가열의 열원인 것은?

① 암모니아 ② 염화칼슘
③ 프레온 ④ 다우텀

09
열교환기의 사고발생 위험성 요소로 손상되기 쉬운 부분과 거리가 먼 것은?

① 배관 ② 플랜지
③ 노즐 ④ 금망

해설

열교환기, 증류기, 건조기, 응축기의 손상되기 쉬운 부분은 배관, 플랜지, 노즐, 볼트, 되돌림 밴드, 관판 등이다.

10
다음 건조장치 중 용액이나 슬러리 사용에 알맞은 건조장치는?

① 상자 건조기 ② 턴넬 건조기
③ 회전 건조기 ④ 드럼 건조기

해설

형태, 구조에 의한 건조장치의 분류
(1) 고체건조장치
  ① **상자 건조기** : 괴상, 입상의 고체를 회분식으로 건조한다(곡물, 과실, 비누, 양모, 점토제품 등에 사용).
  ② **턴넬 건조기** : 다량을 연속적으로 건조한다(벽돌, 내화제품, 목재 등에 사용).
  ③ **회전 건조기** : 다량의 입상 또는 결정상물질을 건조한다.
(2) 용액이나 슬러리 건조장치
  ① **드럼 건조기** : 롤러(roller)사이에서 용액이나 슬러리를 증발, 건조시킨다.
  ② **교반건조기** : 직접가열, 간접가열, 상압 또는 진공하에서 사용이 가능하며 접착선이 큰 것에 사용된다.
  ③ **분무건조기** : 슬러리나 용액을 미세한 입자의 형태로 가열하며 기체에 분산시켜서 건조한다.
(3) 연속 sheet 상 재료의 건조장치
  ① **원통 건조기** : 수증기로 가열된 여러 개의 원통위를 연속하여 sheet를 지나가면서 건조된다(종이, 직물, 셀로판 등의 건조에 사용).
  ② **조하식 건조기**(feston dryer) : sheet가 원통을 지나면 고리모양을 형성한 후 열풍을 접촉하여 건조한다(직물, 망판 인쇄용지 등의 건조에 사용).
(4) **특수건조기** : 적외선 복사건조기, 고주파 가열건조기, 유동층 건조기, 동결 건조기 등이 있다.

Answer 06. ① 07. ③ 08. ④ 09. ④ 10. ④

11
다음 중에서 고체를 저장하는 설비는?

① 사일로　② 구형 탱크
③ 다이아프램 탱크　④ 액봉식 탱크

해설
사일로(sile) : 본래는 곡물 또는 사료용 생초류를 썩지 않도록 하여 저장해두는 곳으로, 그 뛰어난 성질을 이용해서 가루, 입상(粒狀)물질의 불포장적하저장도로 널리 쓰이고 있다.

12
건조설비의 화재폭발을 방지하기 위하여 취해야 할 조치가 아닌 것은?

① 건조실비 내부를 청소가 쉬운 구조로 할 것
② 폭발구를 설치할 것
③ 내부의 온도가 국부적으로 상승되지 않는 구조로 할 것
④ flame arrester를 설치할 것

해설
건조설비의 구조 : 폭발 또는 화재가 발생할 우려가 있는 건조설비를 설치할 때에는 다음 각 호와 같은 구조로 설치하여야 한다.
① 건조설비의 외면은 불연성 재료로 만들 것
② 건조설비(유기과산화물을 가열건조하는 것을 제외한다)의 내면과 내부의 선반이나 틀은 불연성 재료로 만들 것
③ 위험물 건조설비의 측벽이나 바닥은 견고한 구조로 할 것
④ 위험물 건조설비는 그 상부를 가벼운 재료로 만들고 주위상황을 고려하여 폭발구를 설치할 것
⑤ 위험물 건조설비는 건조할 때에 발생하는 가스, 증기 또는 분진을 안전한 장소로 배출시킬 수 있는 구조로 할 것
⑥ 액체 연료 또는 가연성가스를 열원의 연료로서 사용하는 건조설비는 점화할 때에 폭발 또는 화재를 예방하기 위하여 연소실이나 기타 점화하는 부분을 환기시킬 수 있는 구조로 할 것
⑦ 건조설비의 내부는 청소가 쉬운 구조로 할 것
⑧ 건조설비의 감시창, 출입구 및 배기구 등과 같은 개구부는 발화 시에 불이 다른 곳으로 번지지 아니하는 위치에 설치하고 필요한 때에는 즉시 밀폐할 수 있는 구조로 할 것
⑨ 건조설비는 내부의 온도가 국부적으로 상승되지 아니하는 구조로 설치할 것
⑩ 위험물 건조설비의 열원으로 직화를 사용하지 말 것
⑪ 위험물 건조설비 외의 건조설비의 열원으로서 직화를 사용하는 때에는 불꽃 등에 의한 화재를 예방하기 위하여 덮개를 설치하거나 격벽을 설치할 것

13
화학공장의 폐회로방식 제어계의 작동순서 중 올바른 것은?

① 공장설비 – 검출부 – 조작부 – 조절계 – 공정설비
② 공장설비 – 검출부 – 조절계 – 조작부 – 공정설비
③ 공장설비 – 조작부 – 검출부 – 조절계 – 공정설비
④ 공장설비 – 조작부 – 조절계 – 검출부 – 공정설비

해설
폐회로방식 제어계 : 외관의 변동에 관계가 없이 제어량이 설정값을 지니도록 제어량과 설정값을 비교해서 조작량을 변화시켜 조정될 수 있도록 제어대상과 제어장치로서 폐밸브(valver)를 구성하는 제어계이다.

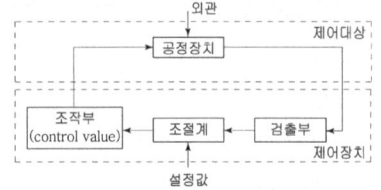

| 폐회로 방식의 제어계 |

14
다음 제어동작 중 설정치에서 검출치가 벗어나는 속도에 비례하여 조작신호를 송출하는 동작은?

① 위치동작　② 비례동작
③ 미분동작　④ 적분동작

해설
설정치로부터 검출치가 차이(aberration)나는 속도에 비례한 조작신호를 내는 동작을 미분동작이라 한다.

15
다음의 안전밸브 중 온도상승에 의해 작동하는 것은?

① 스프링식　② 파열판식
③ 가용전식　④ 중추식

Answer ➡ 11. ①　12. ④　13. ②　14. ③　15. ③

해설
가용전식은 설정온도에서 용기 내의 온도가 규정온도 이상이면 녹아 용기 내의 전체 가스를 배출한다(아세틸렌 용기, 염소 용기 등에 사용). 스프링식, 파열판식, 중추식 안전밸브는 이상 고압시에만 작동한다.

16
다음 중 응축성 가스, 열유 등 공정상 액체로 배출되는 가연성 물질을 안전하게 처리하기 위한 긴급 방출 설비는?

① 후레아스텍(flare stack)
② 스팀트랩(steam trap)
③ 벤트스텍(vent stack)
④ 블로우다운(blow down)

해설
blow-down계 : 응축성 증기, 열유(熱油), 열액(熱液) 등 공정(process) 액체를 빼내고 이것을 안전하게 유지 또는 처리하기 위한 설비이며, 반응기, 탑 등으로부터 내용물을 빼내기 위한 펌프, 그것을 안전하게 유지하는 탱크, 그것을 연소처리하는 경우는 가스화하기 위한 증발기 등으로 구성되어 있다.

17
화학설비의 폭발피해를 경감시키기 위한 국한(방호) 대책이 아닌 것은?

① 안전밸브   ② 긴급차단밸브
③ 방폭벽   ④ fail safe

해설
폭발재해의 대책
(1) 예방 대책
  ① 폭발 발생의 조건이 성립되지 않도록 적절한 관리
  ② 폭발을 예방할 수 있도록 페일 세이프(fail safe)의 원칙을 적용하며 대책수립
(2) 국한 대책
  ① 안전장치의 설치
  ② 폭발의 위험이 있는 설비주위에 방폭벽 설치

18
다음 중 액체계의 과승압력 방출에 이용되고, 설정 압력이 되었을 때 압력상승에 비례하여 개방정도가 커지는 밸브는?

① 릴리프밸브   ② 체크밸브
③ 안전밸브   ④ 통기밸브

해설
릴리프 밸브(도피밸브)는 주로 펌프나 배관내에서 유체의 압력상승을 방지하기 위해서 설치한다. 일정한 압력 이상 상승하면 유체는 이밸브를 통해 배출되어 저장탱크나 펌프의 흡입측으로 되돌려 직접 대기 중으로는 방출시키지 않는다.

19
다음 안전판을 선정하는 기준에 관한 사항 중 옳지 않은 것은?

① 독성물질을 누출시킬 우려가 있는 경우
② 인화성 물질을 누출시킬 우려가 있는 경우
③ 급격한 압력상승의 우려가 있는 경우
④ 이상물질이 생성되어 안전밸브가 작동하지 않을 우려가 있는 경우

20
저압 또는 상압의 가연성 증기를 발생하는 액체 저장탱크에 외부증기 방출과 외부공기 유입 부분에 설치하는 안전장치는?

① 체크밸브   ② 역화방지기
③ 통기밸브   ④ 파열판

해설
flame arrestor(역화방지기)는 저압 또는 상압에서 가연성증기를 발생하는 액체를 저장하는 탱크에서 외부에 그 증기를 방출하거나 탱크 내에 외부 공기를 흡입하거나 하는 부분에 설치하는 안전장치이다.

21
다음 중 산업안전보건법 안전에 관한 규칙상 특수 화학설비에 해당되는 것은?

① 오리피스관
② 고온유지용 가열기
③ 특정화학물질 저장설비
④ 원심분리기

해설
계측장치 등의 설치(안전보건규칙 제213조)
① 발열반응이 일어나는 반응장치
② 증류·정류·증발·추출 등 분리를 행하는 장치

Answer ➡ 16. ④ 17. ④ 18. ① 19. ② 20. ② 21. ②

③ 가열시켜 주는 물질의 온도가 가열되는 위험물질의 분해온도 또는 발화점보다 높은 상태에서 운전되는 설비
④ 반응폭주 등 이상 화학반응 등에 의하여 위험물질이 발생하는 위험이 있는 설비
⑤ 섭씨 350° 이상의 온도이거나 게이지압력이 980kPa 이상인 상태에서 운전하는 설비
⑥ 가열로 또는 가열기

22
인화방지를 위하여 저장조에 설치하는 장치는?

① vent
② trap
③ flame arrestor
④ menhole

해설
flame arrestor는 비교적 저압 또는 상압에서 가연성 증기를 발생하는 유류를 저장하는 탱크에서 외부에 그 증기를 방출하거나 탱크내에 외기를 흡입하거나 하는 부분에 설치하는 안전장치이다.

23
구형 용기가 원통형 용기에 비하여 좋은 점은?

① 설치할 때 시간 소요가 적다.
② 소요 재료가 50~70% 정도로서 경제적이다.
③ 소요 용량이 크다.
④ 저압의 가스를 사용할 때 감압장치가 필요없다.

해설
구형용기의 원통형 용기에 대한 장·단점
(1) 장점
 ① 내압에 의한 응력이 균일하고 응력의 불연속점이 없으므로 안전하다.
 ② 동일용량을 제작할 때 소요재료가 50~70% 정도로 소요되어 경제적이다.
 ③ 옥외 설치시 풍압에 의한 수평력이 적다.
 ④ 가스탱크로 사용할 때 우수한 점이 많다. (기초비용이 저렴하고 건조 및 수용성가스 저장이 가능하며 보수가 용이하다.)
 ⑤ 외관이 아름답다.
(2) 단점
 ① 설치시 시간 소요가 많고 건설용 기계설비가 필요하다.
 ② 구형체 자체의 강도유지에 문제가 있다(수백톤 정도로 한정).
 ③ 가스를 저압으로 사용하는 경우 감압장치가 필요하다.
 ④ 가스탱크로서는 최소한 대기압의 가스량만 배출이 가능하다.

24
화학설비 또는 그 배관 중 인화점이 몇 도 인 물질이 접촉하는 부분에는 부식에 의한 폭발 또는 화재를 방지하기 위해 부식이 잘 안되는 재료를 사용하거나 도장 등의 조치를 해야 하는가?

① 섭씨 60도 이상
② 섭씨 60도 미만
③ 섭씨 55도 이상
④ 섭씨 55도 미만

해설
화학설비 또는 그 배관(화학설비 또는 그 배관의 밸브 또는 콕은 제외) 중 위험물 또는 인화점이 60℃ 이상인 물질이 접촉하는 부분에 대해서 위험물질 등에 의하여 그 부분의 현저한 부식되어 폭발 또는 화재를 방지하기 위하여 당해 위험물질 등의 종류, 온도, 농도 등에 따라 부식이 잘되지 아니하는 재료를 사용하거나 도장 등의 조치를 하여야 한다(안전보건규칙 제256조).

25
가스나 고휘발성 액체의 증기를 연소해서 대기 중으로 방출하는 방식의 긴급방출장치는?

① flare stock
② steam draft
③ vent stock
④ blow down

해설
flare stock 계 : 가스나 고휘발성 액체의 증기를 연소해서 대기 중으로 방출하는 방식이다. flare stock으로 이송되는 가스는 knockout drum에서 동반한 미스트(mist)나 드레인(drain)을 원심력을 이용해서 제거하고 이어서 flare stock으로 부터의 역화를 방지하기 위해 수봉(水封)된 seal durm을 통해 flare stock으로 도입시켜, 항상 연소하고 있는 파이롯 버너(pilot burner)에 의해서 착화연소하여 가연성, 독성, 냄새를 거의 없앤 후 대기 중에 방상시킨다.

> **길잡이** 긴급방출장치
> 반응기, 탑, 조(槽), 탱크 등에 누출, 화재 등의 이상사태가 발생하였을 경우 그 재해확대를 방지하기 위해 내용물을 신속하게 외부에 방출하여 안전하게 처리하기 위한 안전장치로서, flare stock계와 blow-down계가 있다.

26
화학설비의 부속설비 중 가연성의 유독성 폐가스 처리설비는?

① 플레어스택
② 사이클론
③ 전기집진기
④ 방출밸브

Answer ◐ 22. ③ 23. ② 24. ① 25. ①

해설
플레어스택은 가연성가스나 가연성의 액체증기를 항상 연소하고 있는 파이롯트버너(pilot burner)에 의해서 연소시켜 가연성, 독성, 냄새를 제거한 후 대기 중에 방산시키는 설비이다.

27
고압가스 저장용기 중 용접용기의 이점이 아닌 것은?

① 가스누설의 위험이 적다.
② 가격이 저렴한 강판을 사용하므로 경제적이다.
③ 판재 사용으로 치수와 형태의 선택이 자유롭다.
④ 용기의 두께 차이가 적다.

해설
용접용기는 이음매가 있기 때문에 가스누설위험이 있다. 가스누설의 위험이 적은 것은 이음매없는 용기(무계목 용기)의 이점에 해당된다.

28
폭발화재의 장치내부에 이상압력을 안전하게 방출 경감시키는 장치와 거리가 먼 것은?

① 안전밸브 ② 파열판
③ 폭압방산구 ④ 격리밸브

해설
일반적으로 밀폐된 용기, 장치류, 배관 등에서 이상압력을 방출하기 위한 안전장치로서 안전밸브나 파열판 등을 설치한다. 그러나 폭발압력을 방출하기 위해서는 폭발압력방산구를 설치하여야 한다.

29
다음 중 고압가스의 용기파열사고의 주요원인에 해당되지 않은 것은?

① 용기 내압력 부족
② 용기 내압의 이상 상승
③ 용기에 부속된 압력계의 파열
④ 용기내 폭발성 혼합가스의 발화

해설
• 고압가스용기의 파열사고의 주요원인
① 용기의 내압력(耐壓力) 부족
② 용기 내압(內壓)의 이상 상승
③ 용기 내에서의 폭발성 혼합가스의 발화

• 용기의 분출 또는 누설사고의 원인
① 용기밸브의 용기에서의 이탈
② 용기 밸브에서의 가스의 누설
③ 안전밸브의 작동
④ 용기에 부속된 압력계의 파열

30
압력계의 형식 중 압력의 극심한 변화를 측정하는데 쓰이는 압력계는?

① 피에조(piezo)전기 압력계
② 다이아프램 압력계
③ 자유피스톤형 압력계
④ 벨로우즈(Bellows)압력계

해설
피에조 전기압력계 : 수정이나 전기석, 롯쉘염 등의 결정체의 특정방향에 압력을 가하면 그 표면에 전기가 일어나고 발생한 전기량은 압력에 비례하므로 전기적 변화를 측정하여 압력을 측정한다. 가스의 폭발 등 급격한 압력변화 측정에 사용되며, 특히 아세틸렌의 폭발압력의 측정에 사용한다.

31
화학설비가 설치되어 있는 건축물의 벽, 기둥, 마루, 지붕, 보 등은 다음 중 어느 재료로 하여야 하는가?

① 내열재료 ② 내화재료
③ 난연성재료 ④ 불연성재료

해설
화학설비 및 그 부속설비를 내부에 설치하는 건축물의 바닥, 벽, 기둥, 계단 및 지붕 등에 불연성 재료를 사용하여야 한다.

32
화학설비 내부의 가연성 가스 및 분진의 폭발을 방지하는 방법으로서 설비 내부의 산소농도를 한계농도 이하로 만들 때 사용되는 가장 좋은 방법은 어느 것인가?

① 통풍구를 열어 환기시킨다.
② 불활성 가스를 투입하여 희석시킨다.
③ 압축기로 밀어낸다.
④ 진공펌프를 뽑아낸다.

Answer ➡ 26. ① 27. ① 28. ④ 29. ③ 30. ① 31. ④ 32. ②

해설
탄산가스(CO_2), 질소(N_2) 등의 불활성 가스의 투입은 연소에 필요한 산소의 농도를 감소하는데 아주 좋은 방법으로, 산소농도가 감소하면 최소발화에너지 및 발화온도는 높아지고, 폭발압력 및 압력상승속도는 저하되어 결국에는 폭발이 어렵게 된다.

33
아세틸렌 발생기실의 구조에 적합하지 않는 것은?

① 벽은 불연성의 재료를 사용한다.
② 출입구의 문은 두께 1mm의 철판 또는 불연성의 재료를 사용한다.
③ 바닥면적의 16분의 1이상의 단면적을 가지는 배기통을 옥상으로 돌출시킨다.
④ 지붕 및 천장에는 얇은 철판 또는 가벼운 불연성 재료를 사용한다.

해설
발생기실의 구조
① 벽은 불연성 재료로 하고 철근콘크리트 그 밖에 이와 동등 이상의 강도를 가진 구조로 할 것
② 지붕 및 천장에는 얇은 철판이나 가벼운 불연성 재료를 사용할 것
③ 바닥면적의 1/16 이상의 단면적을 가진 배기통을 옥상으로 돌출시키고 그 개구부를 창 또는 출입구로부터 1.5m 이상 떨어지도록 할 것
④ 출입구의 문은 불연성 재료로 하고 두께 1.5mm 이상의 철판이나 그 밖에 동등 이상의 강도를 가진 구조로 할 것
⑤ 벽과 발생기 사이에는 발생기의 조정 또는 카바이드 공급 등의 작업을 방해하지 아니하도록 간격을 확보할 것

34
다음 중 차압식 유량계가 아닌 것은?

① 습식 가스미터(wet gasmeter)
② 피토관(pitot tube)
③ 오리피스미터(orifice meter)
④ 로터미터(rota meter)

해설
습식 가스미터 : 직접식 유량계

35
관내 유체의 국부속도를 측정하는데 이용되는 유량계는?

① 습식 가스미터(wet gasmeter)
② 피토관(pitot tube)
③ 오리피스미터(orifice meter)
④ 로터미터(rota meter)

해설
피토관은 유체 중의 국부속도를 측정하는데 이용한다. 관로 중에 피토관을 삽입하고 전압과 전압의 차인 동압을 측정하여 유속을 구한다.

36
특수화학설비에 이상화학반응 등의 발생을 조기에 파악하기 위하여 설치해야 할 설비명으로 맞는 것은?

① 자동문 개폐장치   ② 자동경보장치
③ 비상탈출장치   ④ 안전감시장치

해설
자동경보장치의 설치 : 특수화학설비를 설치할 때는 그 내부의 이상상태를 조기에 파악하기 위하여 필요한 자동경보장치를 설치하여야 한다.(자동경보장치 설치 곤란시는 감시인을 두어 특수화학설비를 감시하도록 할 것)

37
화학설비 및 특정화학설비에 위험물누출방지를 위하여 사용해야 할 것은?

① 후랜지   ② 밸브
③ 개스킷   ④ 콕크

38
다음 중 압력과 힘의 관계로부터 압력을 직접 측정하는 1차 압력계는?

① 브르돈관식 압력계
② 자유피스톤형 압력계
③ 벨로우즈식 압력계
④ 전기저항 압력계

해설
압력계의 종류
① 1차 압력계 : 액주식 압력계, 자유피스톤식 압력계
② 2차 압력계 : 브르돈관식 압력계, 벨로우즈식 압력계, 다이아프램식 압력계, 전기저항식 압력계, 피에조전기 압력계, 스트레인 게이지

Answer ➡ 33. ② 34. ① 35. ② 36. ② 37. ③ 38. ②

39
다음 유량계 중 압력차에 의하여 유량을 측정하는 가변류 유량계가 아닌 것은?

① 오리피스메타(orifice meter)
② 벤튜리메타(ventri meter)
③ 로터메타(rota meter)
④ 피토튜브(pitot tube)

해설
로터메타 : 면적식 유량계

40
다음 중 왕복펌프에 속하지 않는 것은?

① 피스톤 펌프
② 플런저 펌프
③ 칸막이 펌프
④ 격막 펌프

해설
왕복펌프의 종류
① 피스톤(piston)펌프 : 일반용으로 사용
② 플런저(plunger)펌프 : 고압용으로 사용
③ 다이아프램(diaphram : 격막) : 산, 펄프 및 오염액의 부식성액체와 고체현탁액 수송에 사용
④ 버킷(bucket)펌프 : 수동펌프와 깊은 우물에 사용

41
물이 관속을 흐를 때 유동하는 물 속의 어느 부분의 정압이 그때의 물의 증기압보다 낮을 경우 물이 증발하여 부분적으로 증기가 발생하여 배관의 부식을 초래하는 경우는?

① 수격작용(watet hammering)
② 공동현상(cavitation)
③ 서어징(surging)
④ 비말동반(entrainment)

해설
배관 속에 흐르는 그 수온의 증기압력보다 낮은 부분이 생기면 물이 증발을 일으키고 또한 수중에 용해하고 있는 공기가 석출하여 적은 기포를 다수 발생하는데, 이러한 현상에 캐비테이션(cavitation)이라 하며, 발생한 증기는 배관의 부식을 일으키는 원인이 된다.

42
아세틸렌 용접장치에서 용접을 할 때 발생기로부터 몇 m 이내에 흡연을 해서는 안되는가?

① 2m
② 3m
③ 4m
④ 5m

해설
아세틸렌 용접장치의 관리 등 : 아세틸렌 용접장치를 사용하여 금속의 용접·용단 또는 가열작업을 하는 경우에는 다음 각호의 사항을 준수하여야 한다.
① 발생기(이동식의 아세틸렌 용접장치의 발생기는 제외) 종류, 형식, 제작업체명, 매 시 평균 가스발생량 및 1회의 카바이드 공급량을 발생기 실내의 보기 쉬운 장소에 게시할 것.
② 발생기실에는 관계근로자가 아닌 사람이 출입하는 것을 금지할 것.
③ 발생기에서 5m 이내 또는 발생기실에서 3m 이내의 장소에서는 흡연, 화기의 사용 또는 불꽃이 발생할 위험한 행위를 금지시킬 것.
④ 도관에는 산소용과 아세틸렌용과의 혼동을 방지하기 위한 조치를 할 것.
⑤ 이동식의 아세틸렌용접장치의 발생기는 고온의 장소, 통풍기나 환기가 불충분한 장소 또는 진동이 많은 장소 등에 설치하지 않도록 할 것.

43
반응기의 특성(기능)으로 맞지 않는 것은?

① 체류시간
② 열
③ 교반
④ 혼합

해설
반응기는 반응기 내의 체류시간, 온도, 교반의 3가지 요인에 따라 반응성이 달라진다.

44
보일러의 부식원인이 되지 않는 것은?

① 급수처리의 불량
② 오염된 급수사용
③ 프라이밍 과대
④ 급수에 불순물 포함

해설
프라이밍은 물받이 기구로서 부식과는 관계가 없다.

Answer ▶ 39. ③ 40. ③ 41. ② 42. ④ 43. ④ 44. ③

45
보일러가 최고사용압력 이하에서 파열되는 이유는?

① 수관에 스케일이 많이 끼어 있을 경우
② 구조상의 결점이 있을 경우
③ 안전장치가 불안전할 경우
④ 안전장치가 전혀 작동하지 않을 경우

해설

보일러가 규정압력 이하에서 파손되는 원인
① 설계의 잘못으로 인하여 생긴 구조상의 결함으로 상용압력에서도 견디지 못할 때
② 보일러 부품의 부식
③ 과열

46
보일러에서 과열되는 원인은?

① 보일러 동체의 부식
② 수관 내의 청소불량
③ 안전밸브의 기능불량
④ 압력계를 주의깊게 관찰하지 않았을 때

해설

보일러의 과열원인
① 수관 및 몸체의 청소불량 : 수관 내에 물때가 끼면 부분적으로 과열하게되어 폭발의 위험성이 있다.
② 관수를 감소시키고 빈통에 불을 땔 때
③ 수면계의 고장으로 드럼 내의 물의 감소

47
열교환기의 정기적인 개방 점검항목이 아닌 것은?

① 폴리머 생성여부
② 용접선 이상유무
③ Lining 상태
④ Painting의 결함유무

해설

④항은 일상점검 항목이다.

48
증류탑의 점검사항 중 일상점검 항목이 아닌 것은?

① 보온재 및 보냉재의 파손 상황
② 기초 볼트의 헐거움 여부
③ 도장의 열화 상황
④ 누출의 원인이 되는 균열, 손상여부

해설

④항은 개방시 점검 사항이다.

49
스프링클러 헤드의 용융온도는?

① 57.2℃
② 73.8℃
③ 140.1℃
④ 160℃

해설

스프링클러 헤드 작동온도는 보통온도용, 중간온도용, 고온도용 등이 있으며, 보통온도용은 72℃ 이상 79℃ 미만에서 헤드가 용융되도록 되어 있다.

50
파열판의 특징이 아닌 것은?

① 분출량이 많다.
② 높은 점성, 슬러지나 부식성 유체에 적용할 수 있다.
③ 구조가 복잡하다.
④ 설정 파열압력 이하에서 파열된다.

해설

파열판의 형식에는 평판이나 돔형이 있으며 구조가 간단하다.

51
폭발방지를 위한 안전장치의 종류에 해당되지 않는 것은?

① 경보와 긴급차단장치
② 과류방지밸브
③ 안전밸브
④ 방화벽

해설

방화벽은 안전장치가 아니라 고압가스의 저장소나 용기 보관 장치에 설치하는 폭발 피해에 대한 국한대책시설이다.

52
위험물의 누출방지용으로 접합면을 상호 밀착시키기 위한 것은?

① 콕크
② 플랜지
③ 밸브
④ 개스킷

Answer ➡ 45. ② 46. ② 47. ④ 48. ④ 49. ② 50. ③ 51. ④ 52. ④

해설
개스킷의 재료로 쓰이는 것은 목면, 석면, 유리섬유, 고무, 테프론 등이 있다.

53
보일러 폭발의 주 원인은 무엇인가?

① 저수위　　　② 재료의 결합
③ 관자체 부식　④ 이상압력 상승

해설
보일러 폭발의 주요 원인은 급수불량에 의한 저수위가 되었을 경우이다.

54
긴급차단장치의 종류가 아닌 것은?

① 공기압식　　② 유압식
③ 수압식　　　④ 전기식

해설
긴급차단장치는 대형 반응기, 탑, 탱크 등에서 누설, 화재 등의 이상상태가 발생하는 경우 피해 확대를 방지하기 위하여 해당 기기 등에 원료공급 등을 차단하기 위하여 밸브를 긴급히 정지하도록 하는 안전장치를 말하며 종류에는 공기압식, 유압식, 전기식이 있다.

55
화학공장 회전기기 누설을 방지하기 위하여 흔히 사용하는 다음 축봉 방법 중 인화성 액화가스 또는 유독 유체취급에 가장 적합한 방법은?

① 메카니칼 시일
② 오일 시일
③ 팩킹그랜드 시일
④ 래비린스 시일

56
다음 중 안전밸브를 설치해야 할 경우에 해당하는 것은?

① 급격한 압력상승의 우려가 있는 경우
② 독성물질을 취급하는 경우
③ 액체의 열팽창이 발생할 우려가 있는 경우에 액체의 열팽창에 의한 압력상승 방지를 위한 경우
④ 방출량이 많고 순간적으로 많은 방출이 필요한 경우

해설
안전밸브 및 파열판의 설치조치
(1) 안전밸브 설치조건
　① 압력상승의 우려가 있는 경우
　② 액체의 열팽창이 발생할 우려가 있는 경우에는 액체의 열팽창에 의한 압력상승방지를 위한 경우
　③ 반응생성물의 성상에 따라 안전밸브 설치가 적절한 경우
(2) 파열판 설치조건
　① 급격한 압력상승의 우려가 있는 경우
　② 중합을 일으키기 쉬운 물질
　③ 방출량이 많고 순간적으로 많은 방출이 필요한 경우
　④ 반응생성물의 성상에 따라 안전밸브를 설치하는 것이 부적당한 경우

57
건조설비 중 연료를 사용하는 가열장치의 이상현상이 아닌 것은?

① 연료공급기의 이상
② 전열면, 전열관 등의 파손
③ 1차 또는 2차 공기원의 정지
④ 버너의 소염

해설
연료를 사용하는 가열장치의 이상현상
① 1차 또는 2차 공기공급원의 정지
② 연료공급기의 이상
③ 연료의 조성 이상
④ 부속기기 및 계기류의 이상
⑤ 버너의 소염
⑥ 이상연소에 의한 이상고온 또는 이상저온

58
반응기 설계시 고려해야 할 주요인자가 아닌 것은?

① 온도범위
② 열전달
③ 액 및 가스량의 비율
④ phase의 형태

Answer ● 53. ①　54. ③　55. ④　56. ③　57. ②　58. ③

해설

반응기의 설계시 고려해야 할 주요 인자
① 온도범위
② 운전압력
③ 상(phase)의 형태
④ 잔존시간 또는 공간속도
⑤ 열전달
⑥ 온도조절
⑦ 부식성
⑧ 균일성에 대한 교반과 그 온도조절, 회분식 조작 또는 연속 조작
⑨ 생산비율

59

건조설비 중 증기, 온수 및 열 매체를 사용한 가열장치의 이상현상이 아닌 것은?

① 부속기기 및 계기류의 이상
② 공급원의 이상
③ 열원 공급라인의 이상개폐, 파손 및 누출
④ 버너의 소염

해설

증기, 온수 및 열 매체를 사용한 가열장치의 이상현상
① 전열면, 전열관 등의 파손에 의한 누출
② 이상압력, 이상고온 및 이상저온
③ 열원 공급라인의 이상개폐, 파손 및 누출
④ 공급원의 이상
⑤ 부속기기 및 계기류의 이상

Answer ⊃ 59. ④

2편 종합예상문제
[화학설비 안전관리]

종 / 합 / 예 / 상 / 문 / 제

01
다음 중 화학반응의 위험인자에 대한 설명 중 틀린 것은?

① 반응속도가 빠른 것이 위험하다.
② 활성화 에너지가 큰 것이 위험하다.
③ 반응성이 큰 것이 위험하다.
④ 발열반응이 흡열반응보다 위험하다.

해설
②항, 활성화에너지가 작을수록 위험하다.

02
다음 가연성가스 중 공기와 혼합시 최소 착화에너지가 가장 적은 것은?

① CH_4(메탄) ② C_3H_8(프로판)
③ C_6H_6(벤젠) ④ C_2H_4(에틸렌)

해설
최소발화(착화)에너지: 가연성가스나 액체의 증기 또는 폭발성 분진이 공기 중에 있을 때 이것을 발화시키는데 필요한 최저 에너지를 말하며, 공기중 가연성 가스의 최소 발화에너지는 다음과 같다.
① 에틸렌 : $0.096 \times 10^{-3}(J)$
② 메탄 : $0.28 \times 10^{-3}(J)$
③ 프로판 : $0.31 \times 10^{-3}(J)$
④ 벤젠 : $0.55 \times 10^{-3}(J)$

03
표면연소물질에 해당되는 것은?

① 가스 ② 종이
③ 목탄 ④ 액체

해설
가스는 확산연소, 종이는 분해연소, 인화성 액체는 증발연소를 한다.

04
연소의 확대요인에 해당되지 않는 것은?

① 전도 ② 대류
③ 복사 ④ 흡수

해설
연소확대 요인에는 전도, 대류, 복사, 비화가 있다.

05
연소의 모양에 관한 설명 중 옳지 않은 것은?

① 알콜의 연소는 알콜의 액체표면이 타는 것이라서 이를 표면연소라 한다.
② 공기구멍을 막고 도시가스에 점화하면 불꽃이 황색인 것은 불완전 연소임을 나타낸다.
③ 목재는 가열되면 열분해되고 그 때 발생하는 가연성의 기체가 연소하므로 이를 분해연소라 한다.
④ 셀룰로이드와 같이 그 물질 자체가 산소 공급원이 되는 산소가 있는 것의 연소를 내부연소 또는 자기 연소라 부른다.

해설
알콜은 증발연소를 한다.

06
다음 중 발화점에 영향을 주는 요인이 아닌 것은?

① 분자구조 ② 산소농도
③ 발열량 ④ 습도

해설
습도는 자연발화의 영향인자이다.

Answer ➡ 01. ② 02. ④ 03. ③ 04. ④ 05. ① 06. ④

07
다음 중 연소온도와 빛깔의 짝이 맞지 않는 것은?

① 희미한 적색 – 500℃
② 황색 – 900℃
③ 분홍색 – 1,000℃
④ 백색 – 1,200℃

해설
고온체의 색깔과 온도
① 담암색 : 520℃   ② 암적색 : 700℃
③ 적색 : 850℃   ④ 회색 : 950℃
⑤ 황적색 : 1,100℃ ⑥ 백적색 : 1,300℃
⑦ 회백색 : 1,500℃

08
표면연소물질에 해당되는 것은?

① 가스   ② 석탄
③ 목탄   ④ 파라핀

해설
고체의 연소형태
① 분해연소 : 목재, 종이, 석탄 등
② 표면연소 : 목탄, 코크스, 금속분 등
③ 증발연소 : 황, 나프텔렌, 파라핀 등
④ 자기연소 : 질산에스테르류, 셀룰로이드류

09
가연성 물질의 연소반응의 속도에 관한 설명 중 틀린 것은?

① 반응물의 표면적이 넓을수록 반응속도는 빨라진다.
② 주위온도가 높을수록 반응속도는 빨라진다.
③ 정촉매는 반응속도를 빠르게 한다.
④ 기체물질의 반응 중 부피가 증가하는 반응은 압력을 높게하면 반응속도가 빨라진다.

해설
연소반응(화학반응) 속도에 영향을 주는 인자로서는 농도, 온도, 촉매, 에너지의 공급, 반응물질의 형상(반응물의 표면적 등) 등이 있다.

10
가연성 가스를 공기 중에 유출시켜 발화하는 경우에 관한 설명이다. 틀린 것은?

① 연소형태는 확산연소이다.
② 연소는 가연성가스와 공기와의 확산혼합속도에 의해 지배된다.
③ 가연성가스의 흐름이 난류일수록 연소속도는 빠르다.
④ 화염속도가 빠르면 압력파를 만들어 폭발음을 발생시킨다.

해설
화염전파속도가 음속보다 빠르게 되면 그 진행전면에 충격파라고 하는 폭굉파를 발생하여 격렬한 파괴작용을 일으키는 원인이 된다. 이를 **폭굉**(detonation)이라 한다.

11
폭발성 물질을 저장해 둘 때의 주의사항으로 틀린 것은?

① 마개를 꼭 막아 둘 것
② 통풍이 잘 되는 곳에 둘 것
③ 다른 약품과 격리시킬 것
④ 서늘한 곳에 둘 것

해설
마개를 꼭 막아두면 폭발압력이 높아진다.

12
금속나트륨, 알루미늄 분말, 탄화칼슘 등은 위험성 물질의 분류상 어디에 속하는가?

① 가연성 분체
② 자연발화성 물질
③ 금수성 물질
④ 혼합위험성 물질

해설
금수성 물질은 고체로서 물과 접촉하면 발열반응을 일으키고, 가연성 가스와 유독가스를 발생시킨다.

Answer ➡ 07. ④ 08. ③ 09. ④ 10. ④ 11. ① 12. ③

13
발화성 물질이 아닌 것은?

① 가솔린 ② 알루미늄분
③ 금속나트륨 ④ 마그네슘분

해설

가솔린은 휘발유로 인화성 물질이다.

14
다음 중 발화성 물질은?

① 염소산칼륨
② 노말핵산
③ 셀룰로이드
④ 니트로화합물

해설

셀룰로이드는 자연발화하기 쉬운 물질이며 수분과 접촉하여 가연성가스를 발생시키고 발열, 발화하거나 공기(산소)와 접촉하여 발화한다.

15
다음 중 발화성 위험물질로만 짝지워진 것은?

① 황린, 과산화바륨
② 금속분, 황화린
③ 탄산칼슘, 염소산칼륨
④ 질산나트륨, 금속나트륨

해설

발화성 물질 : 황화린, 황, 철분, 금속분, 마그네슘, 인화성 고체 등

16
자연발화를 일으키는 열원이 아닌 것은?

① 산화열 ② 분해열
③ 용해열 ④ 흡착열

해설

자연발화성을 갖는 물질이 자연발열을 일으키는 열원
① 분해열 ② 산화열 ③ 흡착열
④ 중합열 ⑤ 발효열

17
자연발화 예방대책으로 옳은 것은?

① 통풍과 열축적 방지
② 저장소 분위기 온도상승
③ 밀폐장소에 저장
④ 습기있는 곳에 저장

해설

자연발화는 온도, 습도 등의 영향을 받아 산화열, 분해열, 발효열 등의 열축적에 의하여 일어난다.

18
다음 화합물 중 인화성이 가장 강한 것은?

① CS_2 ② $CHCl_3$
③ CCl_4 ④ $CH_3-CO-CH_3$

해설

이황산탄소(CS_2)는 인화점이 $-30℃$, 착화점은 $100℃$, 연소범위가 $1.2\sim44\%$인 인화성 물질이다.

19
가솔린의 성상 중 틀린 것은?

① 불수용성이다.
② 전기의 부도체이다.
③ 연소범위는 $1\sim4.4\%$이다.
④ 원유에서 분류되는 것 중 비점이 가장 낮다.

해설

가솔린의 연소범위는 $1.4\sim7.6\%$이다.

20
물과 반응하여 인화성 가스를 발생하는 것은?

① SO_2 ② CaC_2
③ CCl_4 ④ CS_2

해설

CaC_2는 카바이드이며, 물과 화합시 소석회와 인화성 가스인 아세틸렌을 발생시킨다.
$CaC_2 + 2H_2O \rightarrow C_2H_2 + Ca(OH)_2$

Answer ➡ 13. ① 14. ③ 15. ② 16. ③ 17. ① 18. ① 19. ③ 20. ②

21
혼합해도 폭발 또는 발화의 위험이 없는 것은?

① 니트로셀룰로오스와 알콜
② 금속나트륨과 물
③ 염소산칼륨과 황
④ 황화인과 과산화물

해설
1) 금속나트륨(Na)은 물과 접촉시 가연성 가스인 수소(H_2)를 발생한다.
2) 염소산칼륨($KClO_3$)은 황, 목탄, 마그네슘, 알루미늄의 분말, 유기물질 및 차아인산염 등과 혼합되어 있을 경우, 가열, 충격 등으로 급격히 연소 또는 폭발한다.
3) 황화인은 가연성 고체이며, 자연발화성이 있으므로 과산화물과 가까이 해서는 안된다.

22
위험성 물질의 분류상 물반응성 물질(금수성 물질)이 아닌 것은?

① 과염소산염
② 금속나트륨
③ 칼슘카바이드
④ 인화칼슘

해설
과염소산염(과염소산칼륨, 과염소산나트륨, 과염소산암모늄 등)은 산화성 물질이다.

23
다음 중 인체에 침입하였을 때 전신중독을 일으키는 물질은?

① 산소
② 석회석
③ 이산화탄소
④ 수은

해설
수은(Hg), 납(Pb), 크롬(Cr), 카드뮴(Cd) 등의 중금속들은 인체에 침투되었을 때 전신중독을 일으킨다.

24
위험물을 옳게 설명한 것은?

① 물질의 폭발성과 반응성
② 물질의 수축성과 혼합성
③ 물질의 인화성과 발화성
④ 물질의 유독성과 폭발성

해설
위험물 : 화재 또는 폭발을 일으키는 위험성이 있는 물질, 즉 발화성과 인화성 물질을 말한다.

25
유해성 물질의 물리적인 특성에서 입자의 크기가 가장 큰 것은 어느 것인가?

① 미스트
② 흄
③ 분진
④ 스모크

해설
입자의 크기 : 분진($0.1 \sim 30 \mu m$) > 미스트($0.01 \sim 10 \mu m$) > 흄($0.1 \sim 1 \mu m$) > 스모크($0.01 \sim 1 \mu m$)

26
다음 중 유해지수를 뜻하는 Haber의 법칙을 설명한 것은?(단, 유해지수는 K로 한다.)

① K = 유해물질의 농도 × 노출시간
② K = 유해물질의 농도 × 노출량
③ K = 유해물질의 강도 ÷ 노출시간
④ K = 유해물질의 노출량 ÷ 노출시간

해설
유해물질의 유해도는 유해물질의 농도가 클수록, 작업자의 접촉시간(노출시간)이 길수록 커진다.

27
유해물질을 채취하는 위치는 바닥으로부터 어느 정도 높이가 적당한가?

① $1 \sim 1.5m$
② $2 \sim 3m$
③ $3 \sim 4m$
④ $5 \sim 6m$

28
25℃, 1기압에서 벤젠(C_6H_6)의 허용농도가 10ppm일 때 mg/m^3의 단위로 허용농도를 나타내면?

① 27
② 32
③ 37
④ 42

해설
$$mg/m^3 = \frac{ppm \times MW}{24.45} = \frac{10 \times 78}{24.45} = 31.9 mg/m^3$$

Answer → 21. ① 22. ① 23. ④ 24. ③ 25. ③ 26. ① 27. ① 28. ②

29
규폐증의 발병은 무엇에 의하여 좌우되는가?
① 분진의 양, 형태, 종류
② 유리규소(SiO_2)의 함량
③ 입자의 크기
④ 노출시간

해설
규폐증은 SiO_2 성분에 기인된 진폐증이다.

30
다음 가연성 분체 중 다른 분진보다 화재발생 가능성이 크고 화재시 화상을 심하게 입는 것은?
① 탄닌
② 황가루
③ 칼슘실리콘
④ 폴리에틸렌

31
부유분진의 발생방지를 위한 방지대책으로 알맞지 않은 것은?
① 장치의 밀폐화
② 집단장치의 설치
③ 작업의 건식화
④ 작업장의 환기

해설
분진발생을 억제하기 위해 작업을 습식으로 하여야 한다.

32
유해 방사선 단위로서 방사선량을 나타내는 단위는?
① rad
② curie
③ roentgen
④ rem

해설
1) rad : 흡수선량 단위
2) roentgen : 강도 단위
3) rem : 생체실효선량 단위

33
방사선 중 외부위험 방사능 물질에 해당되지 않는 것은?
① α선
② X선
③ γ선
④ 중성자

해설
α선과 β선은 내부위험 방사능물질로 α선이 가장 심각한 내부위험 방사능물질이다.

34
방사선 측정단위가 아닌 것은?
① 렌트겐(roentgen)
② 램(rem)
③ 라돈(radon)
④ 퀴리(curie)

해설
방사선 단위로는 ①, ②, ④항 이외에 라드(rad), 카운트(count), 도우즈(dose) 등이 있다.

35
전리방사선에 의한 직업병이 아닌 것은 어느 것인가?
① 피부암
② 빈혈
③ 백혈병
④ 심장병

해설
전리방사선은 갑상선암, 조혈기관의 암, 백혈병, 재생불량성 빈혈, 피부암, 담낭암, 백내장, 폐실질암 등의 급성, 만성장해와 후세장해(임신, 태아이상 유전 장해 등)를 일으키므로 주의를 요해야 한다.

36
금속용해로 등의 열상승기류 또는 그라인더 부근에 부착하는 후드(hood)형식은?
① booth형 후드
② receiver형 후드
③ 부착형 후드
④ 밀폐형 후드

해설
후드의 형식
1) **booth형** : 부스모양의 후드로서 흡입량은 밀폐형 후드보다 훨씬 많다.
2) **부착형** : 송풍기를 사용하여 흡인을 용이하게 하는 방식이다.
3) **밀폐형** : 분진이나 유해가스 발생원을 완전히 밀폐하여 흡인하는 방식이다.

Answer ● 29. ② 30. ③ 31. ③ 32. ② 33. ① 34. ③ 35. ④ 36. ②

37
유독물질이나 독에 의한 유해성을 제거하는 가장 일반적인 방법은?

① 덜 해로운 물질로 대체한다.
② 접촉을 최소화하기 위해 공정을 바꾼다.
③ 분진을 줄이도록 습식작업을 한다.
④ 제한된 인원들만 노출되게 공정을 격리시킨다.

해설
①, ②항은 작업환경개선의 기본원칙사항이며, 일반적으로 쉽게 적용할 수 있는 사항은 정리정돈, 보호구사용, 습식작업 등이다.

38
질산은 용액을 어떤 곳에 보관하는 것이 제일 좋은 방법인가?

① 햇빛이 통하는 건조한 곳에 보관
② 갈색병에 넣어 냉암소에 보관
③ 흰색병에 넣어 암실에 보관
④ 아무곳에나 놓아두어도 안전하다.

해설
질산은($AgNO_3$)은 햇빛 속에서는 분해하기 때문에 갈색병에 넣어 냉암소에 보관한다.

39
중독 초기에는 콧물이 자주 흐르고 2~3년이 경과하면 코의 물렁뼈에 구멍이 생기는 비중격천공증을 유발시키는 유독성 물질은?

① Hg
② Pd
③ Cd
④ Cr

40
황산이 금속과 반응했을 때 발생하는 가연성가스는?

① 염소가스
② 수소가스
③ 아세틸렌가스
④ 아황산가스

해설
M(금속) + H_2SO_4 → M_2SO_4 + H_2(수소)
여기서 산과 반응하여 수소를 발생시키는 금속은 K, Ca, Na, Mg, Al, Zn, Fe, Ni, Sn, Pb 등이 있다.

41
에테르의 성상에 대한 설명 중 틀린 것은?

① 휘발성이 높은 물질이다.
② 증기에는 마취성이 있다.
③ 인화점이 −45℃, 착화온도가 180℃이다.
④ 연소범위가 가장 적다.

해설
에테르는 연소범위(1.9~48%)가 대단히 넓다.

42
일본에서는 미나마타병으로 알려져 있으며, 초기 증상으로 두통과 구토 설사 등 소화불량증세를 보이다가 손발이 떨리며 시력, 청력, 언어 장해를 일으키는 유독성 물질은 어느 것인가?

① Hg
② Pd
③ Cd
④ Cr

해설
수은(Hg) : 미나마타병 유발

43
피부에 접촉함으로써 피부장해를 일으키는 원인이 되는 부식성 물질이 아닌 것은?

① 염산
② 가성소다
③ 과산화수소
④ 암모니아

해설
과산화수소(H_2O_2)는 옥시풀이라고도 하며, 상처의 치료에 사용하는 소독약이다.

44
CS_2(이황화탄소)의 성질에 대한 설명 중 옳은 것은?

① 물보다 무거운 액체이다.
② 물에 잘 용해한다.
③ 착화온도가 200℃ 전후이다.
④ 증기는 공기보다 가볍다.

해설
CS_2의 비중은 1.26으로 물보다 무겁다.

Answer ● 37. ③ 38. ② 39. ④ 40. ② 41. ④ 42. ① 43. ③ 44. ①

45
아크용접시 적외선에 의한 시력 감퇴시의 응급치료 방법 중 가장 효과적인 항목은 어느 것인가?

① 청수에 씻는다.
② 소금물에 씻는다.
③ 붕산수 약수 용액에 씻는다.
④ 비눗물로 씻는다.

46
다음 중 조연성이 있는 마취제는?

① SO_2(이산화황)　② H_2(수소)
③ N_2O(아산화질소)　④ C_6H_6(벤젠)

해설
N_2O는 무색의 기체로 마취성이 있으며, 일명 소기(笑氣) 가스라고도 한다. SO_2는 독성물질, H_2와 C_6H_6는 가연성물질이다.

47
소화효과에 대한 설명 중 틀린 것은?

① 물을 사용하는 소화는 냉각효과이다.
② 불연성 가스를 사용하는 소화는 질식효과이다.
③ 산소 공급차단은 제거효과이다.
④ 소화분말은 분말의 억제, 냉각, 질식효과와 가열에 의해 발생하는 탄산가스의 질식 효과이다.

해설
산소공급차단은 질식소화이다.

48
화학포를 만들 때 기포안정제로 적당한 것은?

① 황산알루미늄
② 인산염류
③ 단백질 분해물
④ 중탄산나트륨

해설
화학포에 사용하는 기포안정제는 가수분해 단백질, 사포닝, 계면활성제 등이 있다.

49
물을 소화제로 사용하는 이유는?

① 취급하기 간단하다.
② 연소하지 않는다.
③ 공기차단효과가 있다.
④ 기화잠열이 작다.

해설
물은 공기차단효과(질식효과)와 기화 잠열효과(냉각효과)를 적절히 이용할 수 있다.

50
소화제 사용에 대한 설명으로 적당하지 않은 것은?

① 물은 카바이드의 화재에 사용해서는 안된다.
② 건조사는 금속나트륨의 화재의 가장 적당하다.
③ 사염화탄소는 유류의 화재에 적당한다.
④ 분말 소화제는 목재 및 셀룰로이드의 화재에 적당한다.

해설
분말소화기는 고체분말이 연소면을 덮으므로 질식효과가 커서 유류화재나 전기설비화재에 효과가 크다.

51
물을 사용하는 소화방법은?

① 희석소화
② 화염의 불안정화에 의한 소화
③ 냉각소화
④ 연소억제에 의한 소화

해설
물에 의한 소화 : 냉각소화

52
다음의 불활성 기체 중에서 가연성 혼합기에 첨가시 연소억제작용이 가장 좋은 것은?

① 질소
② 탄산가스
③ 수증기
④ 할로겐화 탄화수소

Answer ▶ 45. ③　46. ③　47. ③　48. ③　49. ③　50. ④　51. ③　52. ④

해설
할로겐화 탄화수소는 기화되기 쉬운 액체나 기체로 억제작용, 희석효과, 냉각작용 등에 의해 소화를 한다.

53
알콜, 아세톤 등의 수용성 가연물에 쓰이는 가장 좋은 소화제는?

① 폼
② 알콜 폼
③ 분말
④ 드라이아이스

해설
가연성 액체소화에는 포말소화기가 많이 쓰이나 수용성 물질(알콜, 아세톤 등)에는 기포가 불안정하여 소화효과가 적으므로 내알콜성 기포제인 알콜 폼(alcohol foam)을 사용하는 것이 좋다.

54
산업체에서 가연성 기체 또는 액체에 의한 대규모의 화재가 발생하였을 경우의 소화방법으로 가장 효과적인 것은?

① 희석소화
② 냉각소화
③ 연소억제에 의한 소화
④ 제거소화

해설
제거소화는 연소 중에 가연물은 제거함으로서 연소확대를 방지하고 또한 자연소화를 유도하는 방법이다.

55
나트륨 화재시 사용되는 소화제로 적당한 것은?

① 마른모래 및 소다회
② 탄산가스
③ 화학분말제
④ 물

해설
금속나트륨(Na)이나 칼륨(K) 등은 금수성 물질로 화재시 사용되는 소화제는 질식효과를 내는 건조사나 소다회 등을 사용한다.

56
C급 화재에 가장 적합한 소화기는?

① 수용액 소화기
② CO_2 소화기
③ 건조사
④ 사염화탄소 소화기

해설
C급 화재(전기화재)에 적합한 소화기
1) 포말소화기
2) 유기성 소화기
3) CO_2 소화기

57
다음 중 간이소화제가 아닌 것은?

① 소화탄
② 건조사
③ 수증기 소화기
④ 유리규산

해설
간이소화제에는 건조사, 중조톱밥, 팽창질석 및 팽창진주암, 소화탄, 수증기 등이 있다.

58
다음 중 C급 화재에 대한 설명은?

① 일반 가연물의 화재로서 소화액은 주로 수용액을 사용한다.
② 유류 등의 화재로서 그 소화는 주로 공기차단이 된다.
③ 전기기기의 화재로서 누전 등의 전기화재가 포함되며 전기 절연성을 갖는 소화제를 사용한다.
④ 마그네슘 등의 금속 화재 소화에는 건조사 등이 적당하다.

해설
①항 : A급화재(일반화재)
②항 : B급화재(유류화재)
④항 : D급화재(금속화재)

59
화상을 입었을 때의 응급조치는?

① 잉크를 바른다.
② 빨리 요오드를 바른다.

Answer ➡ 53. ② 54. ④ 55. ① 56. ② 57. ④ 58. ③ 59. ④

③ 빨리 온수에 담갔다가 붕대를 감는다.
④ 빨리 찬물에 담갔다가 아연화 연고를 바른다.

해설
화상을 입었을 때는 우선 화기를 제거하기 위해 찬물에 담갔다가 다음에 아연화 연고를 바른다.

60
소화기 사용할 때 주의사항에 해당되지 않는 것은?
① 소화기는 적응 화재에만 사용한다.
② 소화작업은 바람을 향하고 한다.
③ 성능에 따라 화점부위 가까이 접근시킨 후 사용한다.
④ 비로 쓸듯이 골고루 소화해야 한다.

해설
소화작업은 바람을 등지고 풍상에서 풍하로 향해 실시한다.

61
화재시 발생되는 일산화탄소가 인체에 치명적인 상태를 주는 농도는 얼마인가?
① 4~6%   ② 6~8%
③ 3~4%   ④ 10~13%

62
적린의 소화방법으로 부적절한 것은?
① 냉각소화   ② 질식소화
③ 건조사   ④ 강화액분무

해설
적린(P4)의 소화방법 : 물에 의한 냉각소화, 강화액 분무소화, 건조사에 의한 소화 등

63
가연물을 공기 중에서 가열했을 때 불이 일어나서 폭발을 일으키는 최저 온도에 맞는 용어는?
① 발화점   ② 연소점
③ 용융점   ④ 인화점

해설
발화점 : 점화원이 없이 연소를 개시할 수 있는 최저온도

64
가연성 혼합기체의 최소발화에너지에 영향을 미치는 인자가 아닌 것은?
① 조성
② 압력
③ 혼입물(混入物)
④ 전기전도성

해설
최소발화에너지에 영향을 미치는 요소는 온도, 압력, 조성, 전극의 형태 등이 있다.

65
다음 중 아세틸렌(C_2H_2)의 공기 중 폭발범위로 맞는 것은?
① 2.1~9.5%   ② 5.0~15.0%
③ 12.5~74%   ④ 2.5~81%

66
폭발의 종류에 해당되지 않는 것은?
① 분진폭발
② 증기폭발
③ 가스의 분해폭발
④ 압축폭발

해설
폭발의 종류
① 화학적 폭발
② 분진폭발
③ 분해폭발
④ 증기폭발
⑤ 중합폭발

67
폭발종류에 해당되지 않는 것은?
① 혼합위험성 물질에 의한 폭발
② 가스의 분해폭발
③ 분진폭발
④ 압축폭발

Answer ▶ 60. ② 61. ① 62. ② 63. ① 64. ③ 65. ④ 66. ④ 67. ④

해설

폭발의 종류
1) 기상폭발 : 혼합가스의 폭발, 가스의 분해폭발, 분진폭발 등
2) 액상폭발 : 혼합위험성 물질에 의한 폭발, 폭발성 화합물의 폭발, 증기폭발 등

68
다음 연소에 대한 설명 중 잘못된 것은?

① 완전연소는 충분한 산소에 의해 완전히 연소됨을 말한다.
② 가벼운 폭발은 연소의 한 현상이다.
③ 가연성 고체의 연소는 순수한 산소 중에서는 느리다.
④ 가연성 미분이 다량으로 부유하고 있으면 점화원에 의해서 폭발을 일으킬 위험이 있다.

해설

순수한 산소일수록 산화반응이 잘되므로 연소속도가 빨라진다.

69
다음 중 가연성가스의 발화점(착화점)에 영향을 주는 요인이 아닌 것은 어느 것인가?

① 가연성가스의 공기의 혼합비
② 가열시간 또는 온도를 높이는 속도
③ 반응속도와 반응열의 대소
④ 가스의 착색도 및 사용기기의 위치

해설

발화점에 영향을 주는 요인
① 가연성가스와 공기의 혼합비
② 가열속도와 지속시간
③ 발화가 생기는 공간의 형태와 크기
④ 기벽의 재질과 촉매효과
⑤ 점화원의 종류와 에너지 투여법

70
분진폭발을 일으킬 수 있는 물리적 인자가 아닌 것은?

① 입도분포   ② 입자의 형상
③ 열전도율   ④ 연소율

해설

분진폭발의 요인
1) 물리적 인자 : 입도 분포, 입자의 형상과 표면상태, 열전도율, 비열, 대전성, 입자의 응집성 등
2) 화학적 인자 : 반응성 및 반응형식, 연소열, 연소속도 등

71
가연성가스를 검지기로 측정할 때 무엇을 측정해야 하는가?

① 증기의 최저폭발한계
② 증기의 최저폭발한계의 백분율(%)
③ 증기의 최대폭발한계
④ 증기의 최대농도

해설

가스검지기에 의해 연소(폭발)가 일어날 수 있는 폭발하한계를 측정하여야 한다.

72
다음 중 폭발의 위험성이 가장 높은 것은?

① 폭발상한농도
② 완전연소 조성농도
③ 폭굉상한선과 하한선의 중간점의 농도
④ 폭발상한선과 하한선과 중간점의 농도

해설

완전연소 조성농도는 공기 중의 양론농도로서 가연성 물질 1몰이 완전연소 할 수 있는 공기와의 혼합기체 중 가연성 부피(%)를 의미한다.

73
폭발의 원인이 되는 화학반응에 해당되지 않는 것은?

① 연소반응   ② 분해반응
③ 폭굉반응   ④ 결합반응

해설

폭발의 원인이 되는 화학반응은 ①, ②, ③항 이외에도 중합반응, 폭연반응 등이 있다.

Answer ▶ 68. ③ 69. ④ 70. ④ 71. ② 72. ② 73. ④

74
폭굉파의 전면에 발생하는 충격파의 압력은?

① 100kg/cm² ② 1,000kg/cm²
③ 10,000kg/cm² ④ 100,000kg/cm²

해설
충격파의 압력은 1,000kg/cm², 폭굉파의 전파속도는 1,000~3,500m/sec이다.

75
다음 중 메탄(CH_4)가스의 완전연소 조성농도는?

① 9.48 Vol%
② 10.56 Vol%
③ 7.75 Vol%
④ 12.34 Vol%

해설
$$C_{st} = \frac{100}{1 + 4.773\left(n + \frac{m - f - 2\lambda}{4}\right)}$$
$$= \frac{100}{1 + 4.773\left(1 + \frac{4}{4}\right)} \fallingdotseq 9.48\%$$

76
프로판의 폭발하한선의 2.2Vol%이고 상한선은 9.5Vol이다. 프로판의 위험도는 얼마인가?

① 3.3 ② 4.3
③ 7.3 ④ 9.3

해설
H = (U−L)/L = (9.5−2.2)/2.2 ≒ 3.3

77
용기가 폭발에 의하여 파열될 때는 단열팽창이 일어난다. 단열팽창시의 열역학적 관계식이 맞는 것은? (단, $r = C_p/C_v$이다.)

① $\dfrac{T_2}{T_1} = \left(\dfrac{P_2}{P_1}\right)^{\frac{(r-1)}{r}}$

② $\dfrac{T_2}{T_1} = \left(\dfrac{P_1}{P_2}\right)^{\frac{(r-1)}{r}}$

③ $\dfrac{T_2}{T_1} = \left(\dfrac{P_2}{P_1}\right)^{\frac{r}{(r-1)}}$

④ $\dfrac{T_2}{T_1} = \left(\dfrac{P_1}{P_2}\right)^{\frac{r}{(r-1)}}$

해설
주위와의 열출입이 없는 변화를 단열 변화(단열압축, 단열팽창)라 하며 산정식은 다음과 같다.
$$\therefore \frac{T_2}{T_1} = \left(\frac{V_2}{V_1}\right)^{r-1} = \left(\frac{P_2}{P_1}\right)^{\frac{(r-1)}{r}}$$

78
최소발화에너지를 측정할 때 전극간의 거리를 어느 정도 이하로 하면 아무리 강한 불꽃을 주어도 가연성 혼합 기체가 인화되지 않는다. 이 거리를 무엇이라고 하는가?

① 소염거리 ② 소염직경
③ 클리어런스 ④ 안정간격

해설
소염거리는 안전간격(간극)이라고도 하며, 안전간격 이하에서는 화염이 전파되지 않는다.

79
안전간극(safe cap)이란?

① 화염이 전파되지 않는 한계치
② 화염방지기 철망의 눈금 크기
③ 유류저장탱크 등의 아레스터(arrester) 눈금
④ 안전한 간극, 즉 안전한 구멍

해설
안전간극 : 화염이 전파되지 않는 한계간극을 말한다.

80
20℃, 1atm의 공기를 압축비=3으로 단열압축하면 그때의 온도(℃)는?(단, 공기의 비열비는 1.4이다.)

① 약 84 ② 약 151
③ 약 128 ④ 약 1,091

해설

단열압축 후의 기체의 온도를 구하는 식

$$T_2 = T_1 \times \left(\frac{P_2}{P_1}\right)^{\frac{(K-1)}{K}}$$
$$= (273+20) \times (3)^{\frac{(1.4-1)}{1.4}} = 401°K = 128°C$$

81
아세틸렌 가스를 사용하는 곳에 사용할 수 있는 재료는?

① 주석   ② 구리
③ 수은   ④ 은

해설

구리(Cu), 수은(Hg), 은(Ag)은 아세틸렌과 치환반응을 하여 폭발성의 금속아세틸리드를 생성하며, 금속아세틸리드는 건조하면 약간의 충격, 마찰 등에 의해 폭발적으로 분해하는 기폭제가 된다.

82
다음은 공기 중에 노출된 휘발성액체의 증발속도(Qm)에 관한 내용이다. 옳지 않은 것은?

① 공기와 접촉하는 표면적이 클수록 Qm은 커진다.
② 물질전달계수가 클수록 Qm은 커진다.
③ 온도가 낮을수록 Qm은 커진다.
④ 액체의 증기압이 클수록 Qm은 커진다.

해설

온도가 낮을수록 증발속도(Qm)는 작아진다.

83
다음 폭발의 종류 중 기상(氣相)폭발이 아닌 것은?

① 분진폭발
② 혼합가스폭발
③ 가스의 분해폭발
④ 증기폭발

해설

증기폭발은 액상폭발이다.

84
일산화탄소(CO)를 제거하는 방법에 해당되지 않는 법은?

① 구리액 세척법
② 메탄화법
③ 액체질소 세척법
④ 열탄산칼륨법

해설

공업용 가스의 정제법
(1) 일산화탄소(CO)의 제거법
  ① 메탄화법 및 메탄올-메탄화법
  ② 암모니아성 구리용액세척법
  ③ 액체질소 세척법
(2) 탄산가스(CO₂) 제거법
  ① 고압수 세정법
  ② 가성소다 흡수법
  ③ 암모니아 흡수법
  ④ 열탄산칼륨법
  ⑤ 알킬아민법

85
자연발화 방지법에 관계가 없는 것은?

① 통풍이나 저장법을 고려하여 열의 축적을 방지한다.
② 저장소 등의 주위 온도를 낮게 한다.
③ 습기가 많은 곳에서는 저장하지 않는다.
④ 점화원을 제거한다.

해설

자연발화성 물질은 점화원이 없어도 열의 축적에 의해 발화된다.

86
가스누설에 따른 재해발생과정을 순서대로 나열한 것은?

① 누출-확산-기화-화재-폭발
② 누출-확산-중독-기화-폭발
③ 누출-기화-확산-화재-폭발
④ 누출-기화-폭발-화재-중독

Answer ➡ 81. ① 82. ③ 83. ④ 84. ④ 85. ④ 86. ③

해설
가스의 누설에 따른 재해발생 과정 : 누출-기화-확산-화재 및 폭발-중독의 순서이다.

87
폭발의 특성으로 옳은 것은?

① 화재와 폭발이 동시에 일어난다.
② 화재 뒤에 폭발이 먼저 일어난다.
③ 폭발 뒤에 화재가 먼저 일어난다.
④ 화재와 폭발은 관계가 없다.

해설
화재와 폭발은 동시에 발생한다.

88
안전간격에 대하여 옳게 설명한 것은?

① 폭발이 발생했을 때 외부에 화염이 미치지 않는 간격
② 유류저장탱크 등의 안전구멍
③ 안전한 간극, 즉 안전한 구멍
④ 외부에 화염이 미치는 간격

해설
안전간격 : 안전간극

89
메탄 80%, 에탄 15%, 프로판 5% 혼합가스의 공기 중의 폭발하한계는 얼마인가?(단, 메탄, 에탄, 프로판의 폭발하한계는 각각 5.0%, 3.0%, 2.1%이다.)

① 4.3% ② 5.3%
③ 7.5% ④ 7.3%

해설
$$\frac{100}{L} = \frac{V_1}{L_1} + \frac{V_2}{L_2} + \frac{V_3}{L_3}$$

$$\therefore L = \frac{100}{\frac{V_1}{L_1} + \frac{V_2}{L_2} + \frac{V_3}{L_3}} = \frac{100}{\frac{80}{5} + \frac{15}{3} + \frac{5}{2.1}} ≒ 4.3\%$$

90
착화열을 적절하게 표현한 것은?

① 연료가 착화해서 발생하는 전열량
② 연료를 최초의 온도로부터 착화온도까지 가열하는데 드는 열량
③ 연료 1kg이 착화해서 연소하여 나오는 총발열량
④ 외부로부터 열을 받지 않아도 스스로 연소하여 발생하는 열량

91
최소착화에너지에 영향을 미치는 요소가 아닌 것은?

① 조성 ② 압력
③ 온도 ④ 부피

해설
최소착화에너지에 영향을 미치는 요소는 온도, 압력, 조성, 전극의 형태이다.

92
다음 중 폭발지수를 옳게 나타낸 것은?

① 폭발하한농도 × 발화온도
② 폭발상한농도 × 발화온도
③ 발화성감도 × 폭발의 크기
④ 최대폭발에너지 × 발화성

해설
분진폭발의 위험성과 위험등급
(1) 폭발의 크기와 발화성감도
  1) 폭발의 크기
  $$= \frac{\text{시료분진의 [최대압력×최대압력상승속도]}}{\text{탄진의 [최대압력×최대압력상승속도]}}$$
  2) 발화성 감도
  $$= \frac{\text{탄진의 [최소발화에너지×발화온도]}}{\text{시료분진의 [최소발화에너지×폭발하한×발화온도]}}$$
(2) 폭발지수와 위험등급 : 폭발지수에 따른 위험 등급은 다음과 같다.
  ∴ 폭발지수 = 폭발의 크기 × 발화성감도

위험등급	폭발지수
약한폭발	0.1 이하
중위폭발	0.1~1.0
강한폭발	1.0~10
매우 강한폭발	10 이상

Answer ● 87.① 88.① 89.① 90.② 91.④ 92.③

93
가연성가스의 연소과정에서 과산화물과 같은 중간체를 만들고 그 수의 분기적인 증가에 의하여 연소속도가 가속도적으로 증가하는 현상을 무엇이라고 하는가?

① 연쇄반응
② 정상연소반응
③ 폭굉반응
④ 분기성 연쇄반응

94
대기 중 수소의 폭발범위는?

① 4.0~75%   ② 15~28%
③ 2.2~83%   ④ 3.0~75%

해설
수소는 4~75%, 암모니아는 15~28%이다.

95
질산암모늄과 유지, 액체산소와 탄소가루, 과망간산칼륨과 진한 황산, 무수마레인산과 가성소다의 혼합물에 의한 폭발은?

① 폭발성 화합물의 폭발
② 혼합 가스 폭발
③ 혼합 위험성 물질의 폭발
④ 고상 이동에 의한 폭발

96
방폭벽의 설치목적이 아닌 것은?

① 파편의 비산방지
② 충격파 저지
③ 폭풍방지
④ 유해광선 차단

해설
유해광선을 차단하기 위해 설치하는 것은 차광막이다.

97
화재예방을 위한 정전기의 축적 및 방전의 방지대책으로 틀린 것은?

① 습도를 높인다.
② 온도를 높인다.
③ 접지한다.
④ 공기를 이온화한다.

해설
정전기의 축적 및 방전의 방지대책 : 가습, 접지, 대전방지제사용, 제전기사용(공기를 이온화함), 유속의 제한 등이 있다.

98
다음은 증류탑 중 포종탑과 그 보조장치 개략도이다. 보조장치 A와 B를 바르게 표현한 것은?

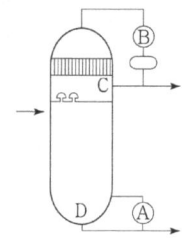

① 스트레이너, 데미스터
② 리보일러, 일류댐
③ 리보일러, 냉각기
④ 데미스터, 냉각기

99
기-액접촉장치로서의 유효성을 반응에 응용하여 가스나 액의 항류접촉에 의해 반응을 진행시키며, 벤젠의 술폰화반응 등에 채용되고 있는 반응장치는?

① 충전탑 및 선반단탑식 반응장치
② 기포탑식 반응장치
③ 관형 반응장치
④ 유도층 반응장치

해설
1) 기포탑식 반응장치 : 반응액을 탑 내에 도입하고 탑저로부터 반응가스를 연속적으로 불어넣어 반응을 진행시킨다. 액상공기산화, 액상수소화 process 등에 채용되고 있다.

Answer ➡ 93. ④ 94. ① 95. ③ 96. ④ 97. ② 98. ③ 99. ①

2) **관형 반응장치** : 공업적으로 에틸렌의 액상변화에 의한 아세트알데히드 제조나 고압 폴리에틸렌 제조 등에 채용되고 있다.
3) **유동층 반응장치** : 온도제어의 용이도가 큰 장점인 유동층 반응장치는 여러 가지 탄화수의 기상접촉 산화반응에 응용되고 있다. 반응열이 큰 것과 폭발 때문에 제열속도 및 제열량이 큰 반응에 적합하다.

100
열교환기의 부식, 응력 비율 등에 의해 액이 공정측에서 냉각수측으로 새로 들어온 경우에 관한 설명 중 틀린 것은?

① 상온에서 새면서 회수액에 기름이 뜬다.
② 액화가스가 새고 그 양이 많은 경우는 냉각수가 얼어서 열교환기 본체에 이슬이 맺히고 얼음이 언다.
③ 소량인 경우는 폐수에 그 가스특유의 냄새가 난다.
④ 압력, 온도, 유량 등의 운전조건 변동 등이 생긴다.

해설
부식, 응력 비율 등에 의해 액이 공정측에서 냉각수측으로 새어 들어온 경우는 ①, ②, ③항 이외에도 「가스가 대량 새는 경우는 열교환기 본체가 진동을 한다.」 등이 있으며, 역으로 냉각수측에서 공정측에 새어들어온 경우에는 ④항과 「제품, 부제품 중의 수분함유량이 증가한다.」 등이 있다.

101
증류탑의 일상점검 항목이 아닌 것은?

① 접속부, 맨홀부, 용접부의 이상유무
② 앵커볼트의 이탈여부
③ 보온재의 파손여부
④ Lining과 Coating 상태 이상유무

102
독성물질의 이상화학반응 또는 누출 등을 조기에 파악하기 위하여 설치하여야 할 설비는?

① 자동경보장치
② 안전감시장치
③ 자동문개폐장치
④ 스크러버

해설
자동경보장치는 운전조건이 미리 설정된 범위를 이탈된 경우에 계기류의 검출단에서 직접신호를 받아 부자를 울리거나 램프를 점멸하는 등의 기능을 갖고 있다.

103
다음 중 화학공정의 백업시스템(back – up system)에 속하지 않는 것은?

① 안전밸브
② 인터록시스템
③ 릴리프밸브
④ 플레어시스템

104
산소, 아세틸렌 가스용접에서 밸브의 작동방법으로써 맞는 것은?

① 아세틸렌 밸브를 먼저 연다.
② 산소밸브를 먼저 연다.
③ 아세틸렌과 산소밸브를 동시에 연다.
④ 아무거나 상관없다.

해설
아세틸렌 밸브를 먼저 연 다음 산소밸브를 열어 점화시키고, 작업 후에는 산소밸브를 먼저 닫고 아세틸렌 밸브를 닫아야 한다.

105
다음 중 산업안전보건법상 특수화학설비에 해당되지 않는 것은?(단, 다음 설비는 고용노동부장관이 정하는 기준량 이상의 위험물을 취급한다고 한다.)

① 발열반응 장치
② 200℃에서 운전되는 설비
③ 반응폭주에 의한 위험물 생성설비
④ 980kPa 게이지압 이상의 압력에서 운전되는 설비

해설
②항, 350℃ 이상에서 운전되는 설비

Answer ● 100. ④ 101. ④ 102. ① 103. ④ 104. ① 105. ②

106
폭발피해를 국한시키기 위해서 장치, 배관 등의 일부의 강도를 전체보다 약하게 하여 폭발압력을 제거하는 장치는?

① 폭발공(vent)   ② 방산관(duct)
③ 가용전   ④ 안전밸브

107
고압가스장치 중 안전밸브의 설치위치가 아닌 것은?

① 압축기 각 단의 토출측
② 저장탱크 상부
③ 펌프의 흡입측
④ 감압밸브 뒤 배관

해설

고압장치에서 안전밸브의 설치위치
① 저장탱크의 상부
② 압축기(회전식, 왕복동식), 펌프(플랜저형, 기어형)의 토출측 및 흡입측
③ 감압밸브나 조정밸브 뒤의 배관
④ 왕복압축기의 각단
⑤ 반응탑, 정류탑

108
다음 압축기 운전 중 가스온도의 상승원인이 있는 현상 부위는?

① 실린더 주변 이상
② 흡입토출밸브 이상
③ 크랭크 주위 이상
④ 전동기의 전압 이상

해설

흡입밸브 및 토출밸브 불량시
1) 가스온도가 상승
2) 가스압력에 변화를 초래
3) 밸브작동음에 이상을 초래

109
원심식 압축기의 운전 중 확인사항이 아닌 것은?

① 가스의 토출압력, 온도, 가스량의 이상 유무
② 냉각수 온도 이상 유무
③ 밸브의 작동음의 이상 유무
④ 구동기, 회전수, 부하상태 이상 유무

해설

원심식 압축기의 운전 중 확인사항
① 가스의 토출압력, 온도, 가스량의 이상유무
② 냉각수 온도 이상유무
③ 구동기, 회전수, 부하상태에 이상유무
④ 축수유, 원활유 등의 기름계통의 온도 압력의 이상유무
⑤ 압축기 본체나 배관에 진동이나 이상음, 가스누출의 이상유무
※ 밸브의 작동음 이상유무는 왕복식 압축기의 운전 중 확인사항에 해당된다.

110
송풍기의 안전설계시 다음 중 고려하여야 할 사항 중 틀린 것은?

① 송풍기의 풍량(Q)은 회전속도(N)에 비례한다.
② 송풍기의 풍압(P)는 송풍기 회전속도(N)의 2승에 비례한다.
③ 송풍기의 동력(L)은 회전속도(N)의 3승에 비례한다.
④ 송풍기의 풍속(U)은 회전속도(N)의 2승에 비례한다.

111
펌프의 공동현상(cavitation)을 방지하기 위한 방법에 맞지 않는 것은?

① 유효 흡입헤드를 크게 한다.
② 펌프의 회전속도를 작게 한다.
③ 펌프의 흡입관의 두 손실을 작게 한다.
④ 펌프의 설치 위치를 낮게 한다.

해설

캐비테이션(cavitation)현상
(1) 유수 중에 그 수온의 증기압력보다 낮은 부분이 생기면 물이 증발을 일으키고 또한 수중에 용해하고 있는 공기가 석출하여 적은 기포를 다수 발생하는데, 이러한 현상을 캐비테이션이라 한다.
  1) 유효 흡입양정(KPSH) : 펌프의 흡입구에서의 전압력이 그 수온에 상당하는 증기압력에서 어느 정도 높은가를 표시하는 것이다.

Answer ➡ 106. ① 107. ③ 108. ② 109. ③ 110. ④ 111. ①

2) 필요 흡입양정(Required NPSH) : 펌프가 캐비테이션을 일으키기 위해 이것만은 필요하다고 하는 수두(베인에 들어갈 때 나타나는 최대압력 강하)를 말한다.
(2) 캐비테이션 현상의 발생 조건
   1) 흡입양정이 지나치게 클 경우
   2) 흡입관의 저항이 증대될 경우
   3) 흡입액의 과속으로 유량이 증대될 경우
   4) 관 내의 온도가 상승될 경우
(3) 캐비테이션 발생에 의해 일어나는 현상
   1) 소음과 진동이 생긴다.
   2) 임펠러(깃)의 침식이 생긴다.
   3) 토출량 및 양정, 효율이 감소한다.
(4) 캐비테이션 발생 방지법
   1) 펌프의 설치 위치를 낮추고 흡입양정을 짧게 한다.
   2) 수직측 펌프를 사용하고 회전차를 수중에 완전히 잠기게 한다.
   3) 펌프의 회전수를 낮추고 흡입회전도를 적게 한다.
   4) 양흡입 펌프를 사용한다.
   5) 펌프를 두 대 이상 설치한다.
   6) 관경을 크게 하고 유속을 줄인다.

112
알코올 – 물계와 같이 상호 용해하고 있는 혼합물에서 물을 제거하는데 사용되는 증류법은?

① 공비증류 ② 수증기증류
③ 추출증류 ④ 가압증류

113
보일러의 수면이 낮으면 어떠한 현상이 생기는가?

① 수증기가 많이 발생
② 증기의 누설
③ 보일러의 과열
④ 드럼에 물때가 부착

해설

보일러 내의 물의 감소는 보일러의 과열원인이 되고 과열은 보일러 파열의 원인이 된다.

114
구조방식에 의한 반응기의 종류가 아닌 것은?

① 회분식 반응기
② 교반조형 반응기
③ 관형 반응기
④ 탑형반응기

해설

구조방식에 의한 반응기의 종류는 ① 교반조형 반응기 ② 관형 반응기 ③ 탑형 반응기 ④ 유동층형 반응기가 있으며, 조작방식에 의해 ① 회분식 ② 반회분식 ③ 연속식으로 구분한다.

115
스프링 쿨러 설비의 특징이 아닌 것은?

① 초기 화재에 절대적으로 좋다.
② 소화약제가 물이므로 경제적이다.
③ 감지부의 구조가 기계적이므로 오동작 오보가 거의 없다.
④ 취급조작이 어렵다.

해설

스프링 쿨러 설비는 취급 및 조작이 쉽고 안전하다.

116
압력탱크와 내압시험을 할 때 대체적으로 실시하고 있는 압력범위는?

① 상용압력의 1.5배
② 상용압력의 2배
③ 상용압력의 3배
④ 상용압력의 4배

해설

고압가스설비의 내압시험＝상용압력×1.5배

117
취급 물질의 비점이 높아 적당한 가열매체가 없는 경우나 가열에 의해 분해를 일으키기 쉬운 물질이 증류할 때 사용하는 증류방식은?

① 추출증류 ② 감압증류
③ 공비증류 ④ 수증기증류

해설

감압증류는 비점을 낮추어 처리하기 위해 감압 또는 진공으로 할 필요가 있다.

Answer ● 112.① 113.③ 114.① 115.④ 116.① 117.②

118
아세틸렌 용접장치에서 역화 및 역류를 방지하기 위하여 무엇을 설치하여야 하는가?

① 압력 조정기 ② 안전기
③ 압력계 ④ 유량기

해설
아세틸렌 용접장치의 방호장치 : 안전기(역화 및 역류방지 밸브)

119
다음 중 1차 압력계에 해당되는 것은?

① 자유피스톤형 ② 다이아프램 압력계
③ 브로돈관 압력계 ④ 벨로우즈 압력계

해설
②, ③, ④는 2차 압력계에 속한다.

120
충진탑 속에 충진되어 있는 충진물 중 가장 많이 사용되는 것은?

① 자기제 ② 카본제
③ 라시히링 ④ 철제

121
L.P.G 수송관의 연결부에 사용되는 패킹으로 가장 적합한 재료명은?

① 합성 고무 ② 실리콘 고무
③ 구리 ④ 종이

122
가열로의 손상되기 쉬운 부분이 아닌 것은?

① 가스관 ② 노즐
③ 반사관 ④ 단

해설
가열로의 손상되기 쉬운 부분 : 배관, 노즐, 가스관, 관판, 반사판, 플랜지, 볼트, 화격자, 냉각판, 되돌림밴드, 근절판, 방해판 등이다.

123
화학설비에서 후레아스택을 설치할 때 후레아스택으로부터 몇 m 이내에는 단위공정시설 및 설비, 위험물저장탱크 등을 설치하여서는 안 되는가?

① 5m 이상 ② 10m 이상
③ 10m 이상 ④ 20m 이상

124
다음 중 건조설비의 설치기준으로 틀린 것은?

① 설비의 외면은 불연성 재료로 할 것
② 위험물 건조설비의 측면이나 바닥은 견고한 구조로 할 것
③ 위험물 건조설비의 열원은 직화를 사용할 것
④ 위험물 건조설비의 주위상황을 고려하여 폭발구를 설치할 것

해설
위험물 건조설비의 열원은 직화를 사용해서는 안 된다.

125
종이나 직물의 연속 시이트(sheet)를 건조하는데 일반적으로 쓰이는 건조기는?

① 터널 건조기
② 플래시건조기
③ 원통건조기
④ 진공건조기

126
화재폭발 방지를 위해 불활성 분진을 주입시 몇 % 이상을 혼합할 경우 안전한가?

① 30% ② 40%
③ 50% ④ 60%

해설
화재폭발을 방지하기 위해서는 불활성 분진을 60% 이상 혼합하여야 안전하다.

Answer ➡ 118. ② 119. ① 120. ③ 121. ② 122. ④ 123. ④ 124. ③ 125. ③ 126. ④

127
열교환기의 운전 중 일상점검이 아닌 것은?

① 앵커볼트의 이완여부
② 기초부 파손여부
③ Painting의 결함여부
④ Tube 두께 감소여부

해설

1) 열교환기의 운전 중 일상점검항목
   ① 보온재 및 보냉재 파손여부
   ② 도장(Painting)의 결함유무
   ③ 접속부, 용접부 등에서 누설여부
   ④ 앵커 Bolt의 이완여부
   ⑤ 기초부(콘크리트 기초) 파손여부
2) 열교환기의 정기적인 개방 점검항목
   ① 부식 및 폴리머 Scale의 생성여부 및 부착물에 의한 오염 상태
   ② 부식 형태, 정도, 범위 등
   ③ 누설이 원인이 되는 범위
   ④ Tube 두께 감소여부
   ⑤ 용접선 이상유무
   ⑥ Lining 및 Coating 상태의 이상유무

Answer ● 127. ④

memo

CONTENTS

CHAPTER 01 | 건설공사 안전의 개요
CHAPTER 02 | 건설기계안전
CHAPTER 03 | 건설재해 및 대책
CHAPTER 04 | 건설 가시설물 안전
CHAPTER 05 | 운반·하역작업 안전 및 기타작업안전

5 과목

건설공사 안전관리

1장 건설공사 안전의 개요

1 지반의 안전성

[1] 지반의 조사방법

(1) 시험파기(터파보기) : 지반을 직경 60~90cm, 깊이 2~3m 정도로 우물 파듯이 파보아 지층 및 용수량 등을 측정하는 것

(2) 탐사관 짚어보기 : 철봉에 의한 검사방법으로 끝이 뾰족한 직경 25~32mm 정도의 철봉을 꽂아 내리고 그 때의 손의 촉감으로 지반의 경·연질 상태, 지내력 등을 측정하는 것

(3) 보오링(boring)

1) 지하에 깊게 작은 구멍을 뚫어 깊이에 따른 토질의 시료를 채취하여 그에 따라 지층의 상태를 판단하는 방법이다.

2) 종류
① 기계식 보오링 : 수세식 보오링, 충격식 보오링, 회전식 보오링
② 오우거 보오링(Auger boring) : 인력으로 간단하게 실시하는 방법

[2] 토질 시험

(1) 흙의 분류를 위한 시험

1) 함수량시험

$$\therefore 함수비 = \frac{물의\ 중량}{흙의\ 건조중량} \times 100\%$$

2) 입도시험 : 흙 입자 크기의 분포상태를 중량 백분율로 표시한 것
3) 액성한계시험 : 흙을 가볍게 충동시켰을 때 처음으로 흐르기 시작하는 함수비
4) 소성한계시험 : 흙을 국수모양으로 만들 때 부슬부슬해지는 한계의 함수비
5) 수축한계시험 : 흙이 반고체상태에서 고체상태로 옮겨지는 경계의 함수비
6) 비중시험 : 흙 입자의 비중을 결정하는 시험

(2) 흙의 공학적 성질을 구하기 위한 시험

1) 투수시험 : 흙의 투수계수를 결정하는 시험

2) 다지기시험 : 흙의 최적함수비와 최대건조밀도를 구하는 시험

3) 전단시험 : 흙의 전단강도 및 흙의 내부마찰각과 점토력을 결정하기 위한 시험

   ① 흙의 전단강도 : Coulomb식 사용

   $$\therefore S = c + \sigma \tan\phi$$

   - S : 흙의 전단강도(kg/cm^2)
   - c : 점착력(kg/cm^2)
   - σ : 전단면에 작용하는 수직응력(kg/cm^2)
   - ϕ : 내부 마찰각

   ② 흙의 역학적 성질 중 전단강도가 가장 중요하다.

4) 압밀시험 : 흙의 표면을 구속하고 축 방향으로 배수를 허용하면서 재하할 때의 압축량과 압축속도를 구하는 시험

5) 압축시험
   ① 일축압축시험 : 흙의 일축압축(토질시험) 강도 및 예민비를 결정하는 시험
   ② 삼축압축시험 : 간접 전단시험이라고도 하며 흙의 강도 및 변형계수를 결정하는 시험

6) 원심함수당량시험 : 흙의 원심함수당량(물로 포화된 흙이 중력의 1,000배와 동등한 힘을 1시간 동안 받았을 때의 함수비)을 결정하는 시험

(3) 현장시험

1) 현장함수량시험 : 흙의 현장함수당량(평활하게 된 흙의 표면에 떨어뜨린 물 한 방울이 곧 흙에 흡수되지 않고 표면상에 퍼져 광택이 있는 외관을 나타낼 때의 최소 함수비)을 결정하는 시험

2) 현장의 토질시험방법
   ① 표준관입시험 : 흙(사질토 지반)의 경·연질(consistency)과 상대밀도 등을 알기위한 시험
   ② 베인시험(Vane test) : 흙(점성토 지반)의 점착력을 판별하는 시험
   ③ 지내력시험(평판재하시험) : 지반면의 허용지내력을 구하는 시험

[3] 지반의 이상현상 및 대책

(1) 보일링(boiling)현상

1) 보일링 : 사질토 지반 굴착시 굴착부와 지하수위차가 있을 경우 수두차에 의해 삼투압이 생겨 흙막이 벽 근입 부분을 침수하는 동시에 모래가 액상화되어 솟아오르는 현상

2) 지반조건 : 지하수위가 높은 사질토

3) 현상

　① 저면에 액상화 현상(Quick sand) 발생

　② 굴착면과 배면토의 수두차에 의한 침투압 발생

4) 대책

　① 주변수위를 저하시킨다(웰 포인트 공법에 의하여 물의 압력 감소).

　② 널말뚝 저면의 타설 깊이를 깊게 한다.

　③ 널말뚝을 불투수성 점토질 지층까지 깊게 박는다.

　④ 굴착토의 원상매립 및 작업중지

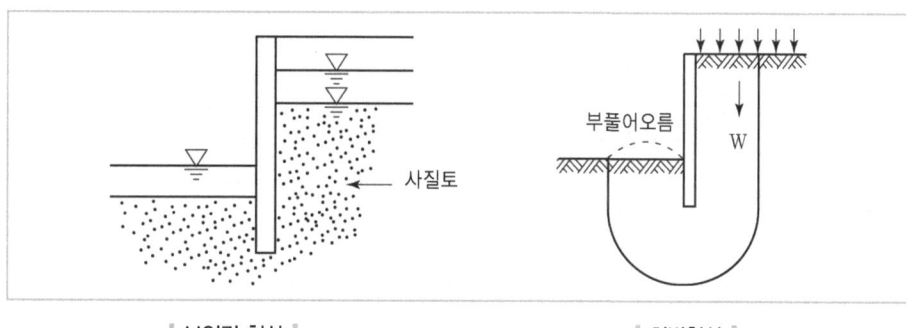

| 보일링 현상 |　　| 히빙현상 |

(2) 히빙(Heaving)현상

1) 히빙 : 굴착이 진행됨에 따라 흙막이 벽 뒤쪽 흙의 중량이 굴착부 바닥의 지지력 이상이 되면 흙막이 벽 근입 부분의 지반이동이 발생하여 굴착부 저면이 솟아오르는 현상

2) 지반조건 : 연약성 점토지반

3) 현상

　① 굴착저면이 솟아오르고 배면의 토사가 붕괴됨

　② 널말뚝(지보공) 파괴

4) 대책

　① 굴착주변의 상재하중 제거

　② 강성이 높고 강력한 흙막이 벽의 밑을 양질의 지반 속까지 깊게 박음(가장 좋은 방법)

　③ 트랜치공법 및 부분굴착, 케이슨공법이나 아일랜드공법 고려

　④ 1.3m 이하 굴착시 버팀대설치 및 버팀대, 브라켓, 흙막이 등 점검

2 유해·위험방지계획

[1] 건설업의 유해·위험방지계획서 제출 등

(1) 유해·위험방지계획서 제출 : 사업주는 유해·위험방지계획서를 공사 착공전날까지 공단에 2부를 제출하여야 한다.

(2) 유해·위험 방지 계획서 제출 대상 공사(건설업)

1) 다음 각 목의 어느 하나에 해당하는 건축물 또는 시설 등의 건설·개조 또는 해체(이하 "건설등"이라 함) 공사
   - (가) 지상높이가 31m 이상인 건축물 또는 인공구조물
   - (나) 연면적 3만㎡ 이상인 건축물
   - (다) 연면적 5천㎡ 이상인 시설로서 다음의 어느 하나에 해당하는 시설
     ① 문화 및 집회시설(전시장 및 동물원·식물원은 제외)
     ② 판매시설, 운수시설(고속철도의 역사 및 집배송시설은 제외)
     ③ 종교시설
     ④ 의료시설 중 종합병원
     ⑤ 숙박시설 중 관광숙박시설
     ⑥ 지하도상가
     ⑦ 냉동·냉장 창고시설
2) 연면적 5천㎡ 이상의 냉동·냉장창고시설의 설비공사 및 단열공사
3) 최대 지간길이가 50m 이상인 교량 건설 등 공사
4) 터널 건설등의 공사
5) 다목적댐, 발전용댐 및 저수용량 2천만톤 이상의 용수전용댐·지방상수도 전용댐 건설 등의 공사
6) 깊이 10m 이상인 굴착공사

[2] 제조업 등 유해·위험장지계획서 제출 등

(1) 유해·위험방지계획서 제출 : 사업주는 해당 작업시작 15일 전까지 공단에 2부를 제출하여야 한다.

(2) 제조업 등 유해·위험방지계획서 제출 대상 기계·기구 및 설비

1) 금속이나 그 밖의 광물의 용해로
2) 화학설비
3) 건조설비
4) 가스집합 용접장치

5) 근로자의 건강이 상당한 장해를 일으킬 우려가 있는 물질로서 고용노동부령으로 정하는 물질의 밀폐·환기·배기를 위한 설비

3 표준 안전 관리비

(1) 안전관리비 산정

∴ 안전관리비 = 기본비용 + 별도계상비용

1) 기본비용 : 건설공사현장에서 법에 규정된 사항의 이행을 위해 공통적으로 필요한 비용
2) 별도계상비용 : 건설공사 현장의 특성에 따라 적정한 방법으로 적산하는 안전관리비

(2) 적용범위 : 산업재해보상보험법의 적용을 받는 건설공사 중 총 공사금액이 2천만원 이상인 건설공사

(3) 안전관리비 계상기준

1) 대상액(재료비 + 직접노무비)이 5억원 미만 또는 50억원 이상일 때 : 대상액에 별표 1에서 정한 비율을 곱한 금액

$$\therefore 안전관리비 = 대상액 \times \frac{비율(\%)}{100}$$

2) 대상액이 5억원 이상 50억 미만 : 대상액에 별표1에서 정한 비율(X)을 곱한 금액에 기초액(C)을 합한 금액

$$\therefore 안전관리비 = 대상액 \times \frac{X(\%)}{100} + C(기초액)$$

(4) 공사종류별 규모 및 안전관리비 계상 기준표(별표1)

공사종류\대상액	5억 원 미만	5억 원 이상 50억 원 미만 비율(x)	5억 원 이상 50억 원 미만 기초액(c)	50억 원 이상
건축공사	2.93(%)	1.86(%)	5,349,000원	1.97(%)
토목공사	3.09(%)	1.99(%)	5,499,000원	2.10(%)
중건설공사	3.43(%)	2.35(%)	5,400,000원	2.44(%)
특수건설공사	1.85(%)	1.20(%)	3,250,000원	1.27(%)

(5) 안전관리비 항목별 사용 내역

1) 안전관리자 등의 인건비 및 각종 업무수당 등
2) 안전시설비 등
3) 개인보호구 및 안전장구 구입비 등
4) 사업장의 안전진단비 등

5) 안전보건교육비 및 행사비 등
6) 근로자의 건강관리비 등
7) 건설재해예방 기술지도비
8) 본사사용비

(6) 안전관리비의 사용내역에서 제외되는 항목

1) 관리감독자의 업무수당 외의 인건비
2) 경비원, 청소원, 폐자재처리원, 사무보조원의 인건비
3) 외부비계, 작업발판, 가설계단 등의 시설비
4) 도로 확장·포장공사 등에서 공사용 외의 차량의 원활한 흐름 및 경계표시를 위한 교통안전시설물
5) 기성제품에 부착된 안전장치 비요
6) 가설전기설비, 분전반, 전신주 이설비용
7) 타법적용사항(대기환경보전법에 의한 대기오염 방지시설 등)
8) 일반근로자 작업복의 구입비
9) 순시선·구명정 등의 구명조끼, 튜브 등 구입비
10) 면장갑, 코팅장갑 구입비
11) 건설기술관리법에 의한 안전점검비, 전기안전대행수수료 등
12) 매설물 탐지, 계측, 지하수개발, 지질조사, 구조안전검토 비용
13) 안전관계자(안전보건관리책임자, 안전보건총괄책임자, 안전관리자, 관리감독자, 명예산업안전감독관, 본사 안전전담부서 안전전담직원) 외의 해외견학·연수비
14) 안전교육장 대지구입비
15) 안전교육장 외의 냉난방 설비비 및 유지비
16) 기공식, 준공식 등 무재해 기원과 관계 없는 행사
17) 안전보건의식 고취 명목의 회식비
18) 국민건강보험에 의해 실시되는 비용
19) 숙사 또는 현장사무소 내의 휴게시설비
20) 이동 화장실, 급수, 세면, 샤워시설, 병·의원 등에 지불되는 진료비

실 / 전 / 문 / 제

01
다음 중 건설공사 현장에서 발견되는 재해의 특징과 거리가 먼 것은?

① 재해의 발생형태가 다양하다.
② 중대재해가 발생되고 있다.
③ 복합적인 재해가 동시에 자주 발생한다.
④ 재해 기인물이 단순하다.

해설
건설공사에서의 재해는 재해 기인물이 건설기계, 가설설비, 전기설비 등 매우 복잡한 것이 특징이다.

02
건설공사의 붕괴재해 중에서 가장 많은 비율을 차지하는 것은?

① 암석　　② 눈사태
③ 토사　　④ 철골

해설
대체로 붕괴재해의 빈도율이 높은 순서는 다음과 같다. 토사붕괴(60.2%)-암석붕괴(8.2%)-눈사태붕괴(0.8%)-철골붕괴(0.8%)

03
흙의 구조조직상 기초 흙으로서의 안전성 가치가 가장 높은 구조는?

① 단립구조
② 면모구조
③ 봉소구조
④ 점토광물구조

해설
흙의 구조
① **단립구조** : 자갈, 모래, 실트 등의 조립토가 물속에 침강할 때 생긴 구조로서 입자가 크고 모가 날수록 강도가 크다.
② **벌집구조(봉소구조)** : 실트나 점토가 물속에 침강하여 이룬 구조로 간극비가 높아서 가벼운 하중에는 비교적 안정하나 충격과 진동에 약하다(d : 0.074~0.005mm의 실트질)
③ **면모구조** : 콜로이드 같은 미세입자가 물속에서 이루어진 것으로 간극비가 크고 압축성이 커서 기초지반의 흙으로 부적당하다(d : 0.005mm 이하의 점토분, 콜로이드분)
④ 기타 **점토광물구조** 등이 있다.

> **길잡이**
> 흙의 안정을 위한 지지력이 가장 높은 구조는 단립구조로 미세립자와 조립자가 골고루 섞여진 구조이어야 한다.

04
Rod에 붙인 저항체를 지중에 삽입하여 관입, 회전, 빼기 등의 저항으로부터 토층의 성상을 탐지하는 것을 무엇이라 하는가?

① Sounding　　② Support
③ Timbering　　④ Heading

해설
sounding(탐심기) : 흙속에 시험기를 정적 또는 동적으로 관입시켜 흙의 저항을 측정하고 그 위치에서 토층의 상대적 밀도 또는 컨시스턴시를 추정하는 조사방법의 총칭이다.

> **길잡이** 용어해설
> 1) Support : ① 장선받이·멍에 등을 받아 그 하중을 지붕 또는 밑층의 바닥판에 전달하는 기둥, 지주, ② 거푸집을 수직으로 받쳐 지지하는 가설기둥, 지주
> 2) Timbering : ① (집합적)건축용재, ② 목재구조
> 3) Heading : ① 머리 또는 전면의 부분·(채광, 환기, 배수 따위의)수평갱도, ② (초목의)순치기, 머리 자르기
> 4) Heading bond : ① 마구리 쌓기, ② 벽돌을 가로 방향으로 쌓는 것, ③ 벽표면에는 벽돌의 마구리만 나타나며, 둥근벽 쌓기에 많이 쓰임

Answer ● 01. ④　02. ③　03. ①　04. ①

05
다음 중 흙의 간극비(공극비)는?

① $\dfrac{공기의\ 체적}{흙의\ 체적}$

② $\dfrac{공기와\ 물의\ 체적}{흙의\ 체적}$

③ $\dfrac{공기와\ 물의\ 체적}{공기,\ 물,\ 흙의\ 체적}$

④ $\dfrac{공기의\ 체적}{물,\ 흙의\ 체적}$

해설

흙의 간극비, 함수비, 포화도의 관계식

① 간극비 $= \dfrac{간극(공기와\ 물)의\ 체적}{토립자(흙)의\ 체적}$

② 포화도 $= \dfrac{물의\ 체적}{토립자(흙)의\ 체적}$

③ 함수비 $= \dfrac{물의\ 중량}{토립자(흙)의\ 중량}$

06
다음 중 흙의 함수비는?

① $\dfrac{물의\ 중량}{흙의\ 건조중량}$

② $\dfrac{물의\ 중량}{흙과\ 물의\ 중량}$

③ $\dfrac{물의\ 중량}{흙과\ 물-공기의\ 중량}$

④ $\dfrac{물의\ 중량}{흙과\ 물+공기의\ 체적}$

해설

함수비 $= \dfrac{물의\ 중량}{흙의\ 건조중량} \times 100(\%)$

07
점토질 지반에 구조물을 세울 경우, 점토의 예민비와 안전율과의 관계 중 옳은 것은?

① 예민비가 높으면 안전율도 높게 보아야 한다.
② 예민비가 낮으면 안전율을 높게 보아야 한다.
③ 예민비와 안전율은 관계가 전혀 없다.
④ 예민비란 안전율의 다른 표현이며 같은 의미로 보는 말이다.

해설

예민비는 함수율을 변화시키지 않고 비교한 것이다. 그 값이 항상 1보다 크며, 사층의 예민비는 작다.

∴ 예민비 $= \dfrac{자연\ 시료의\ 강도}{이긴\ 시료의\ 강도}$

길잡이 소성한계(plastic limit)와 액성한계(liquid limit)

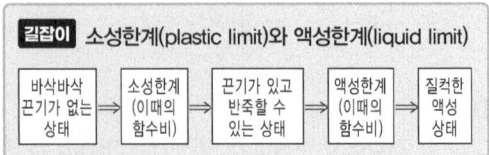

08
흙의 안식각은 어느 각을 말하는가?

① 자연경사각이다.   ② 비탈면각
③ 시공경사각   ④ 계획경사각

해설

1) 흙의 휴식각(休息角, Angle of repose) : 안식각, 자연경사각이라고도 하며 흙 입자 간의 응집력, 부착력을 무시한 때, 즉 마찰력만으로써 중력에 의하여 정지되는 흙의 사면각도이다.

토질	휴식각	파기경사각
모래	30~45°	60°
보통흙	25~45°	50°
자갈	30~38°	60°
진흙	35°	70°
암반	–	–

2) 파기경사각은 휴식각의 2배로 보고 있다.

09
토공의 비탈면에서 경사의 각도가 토사의 안식각보다 큰 각도를 이루고 있을 경우에 일어나는 재해 현상은?

① 낙반사고   ② 토사붕괴
③ 자연재해   ④ 추락상해

10
점착성이 있는 흙은 액체상태로부터 함수량의 감소에 따라서 고체상태로 된다. 이와 같이 하여 얻어진 고체상태의 흙을 침수시키면 다시 액체상태로 되지 아니하고 어느 한계점에서 갑자기 붕괴하게 된다. 이러한 현상을 무엇이라 하는가?

① 흙의 유동지수   ② 흙의 비화작용
③ 흙의 팽창작용   ④ 흙의 하수당량

Answer ➡ 05. ② 06. ① 07. ① 08. ① 09. ② 10. ②

11
연약지반을 굴착할 때, 흙막이벽 뒤쪽 흙의 중량이 바닥의 지지력보다 커지면, 흙이 부풀어오르는 현상은?

① 슬라이딩 ② 보일링
③ 파이핑   ④ 히빙

해설

히빙(Heaving)현상 : 굴착이 진행됨에 따라 흙막이 벽 뒤쪽 흙의 중량이 굴착부 바닥의 지지력 이상이 되면 흙막이벽 근입(根入)부분의 지반 이동이 발생하여 굴착부 저면이 솟아오르는 현상이다. 이 현상이 발생하면 흙막이 벽의 근입부분이 파괴되면서 흙막이벽 전체가 붕괴하는 경우가 많다.
① 지반조건 : 연약성 점토지반인 경우이다.
② 현상
  ㉠ 지보공 파괴
  ㉡ 배면 토사붕괴
  ㉢ 굴착저면의 솟아오름
③ 대책
  ㉠ 굴착주변의 상재하중을 제거한다.
  ㉡ 시트 파일(Sheet pile)등의 근입심도를 검토한다.
  ㉢ 1.3m 이하 굴착시에는 버팀대(Strut)를 설치한다.
  ㉣ 버팀대, 브라켓, 흙막이를 점검한다.
  ㉤ 굴착주변을 탈수공법과 병행한다.
  ㉥ 굴착방식을 개선(Island Cut 공법, 케이슨공법, 트렌치공법, 부분굴착공법 등)한다.

12
히빙(heaving)현상은 다음 중 어떠한 경우에 발생하게 되는가?

① 암반을 파쇄 굴착할 경우
② 연약점토지반을 굴착할 경우
③ 굴착한 부분을 다시 매립할 경우
④ 흙을 굴착한 부분이 갑자기 건조될 경우

13
히빙(heaving)을 방지하는 방법 중 적합지 않은 것은?

① 표토에 하중을 증가시킨다.
② 케이슨 공법으로 시공하면 히빙현상을 방지할 수 있다.
③ 흙막이 널말뚝의 깊이를 깊게 한다.
④ 지반을 개량한다.

해설

표토에 하중을 증가시키면 히빙 현상이 발생한다.

14
보일링(boiling)현상에 대한 설명 중 틀리는 것은?

① 지하수위가 높은 모래 지반을 굴착할 때 발생하는 현상이다.
② 보일링 현상의 경우, 흙막이 보에는 지지력이 없어진다.
③ 지하수위를 낮게 저하시킬 필요는 없다.
④ 아래 부분의 토사가 수압을 받아서 굴착한 곳으로 밀려나와 굴착부분을 다시 메우는 현상

해설

보일링(Boiling) : 보일링이란 사질토 지반을 굴착시, 굴착부와 지하수위차가 있을 경우, 수두차(水頭差)에 의하여 삼투압이 생겨 흙막이벽 근입부분을 침식하는 동시에 모래가 액상화(液狀化)되어 솟아오르는 현상으로 흙막이 벽의 근입부가 지지력을 상실하여 흙막이공의 붕괴를 초래한다.
① 지반조건 : 지하수위가 높은 사질토의 경우이다.
② 현상
  ㉠ 저면에 액상화현상(Quick Sand)이 일어난다.
  ㉡ 굴착면과 배면토의 수두차에 의한 침투압이 발생한다.
③ 대책
  ㉠ 주변수위를 저하시킨다.
  ㉡ 흙막이 근입도를 증가하여 동수구배를 저하시킨다.
  ㉢ 굴착토를 즉시 원상 매립한다.
  ㉣ 작업을 중지시킨다.

15
파이핑(piping)현상에 의한 흙댐(earth dam)의 붕괴를 방지하기 위한 안전대책 중에서 옳지 않은 것은?

① 흙댐의 하류측에 필터를 설치한다.
② 흙댐의 상류측에 차수판을 설치한다.
③ 흙댐 내부에 점토 코아(core)를 넣는다.
④ 흙댐에서 물의 침투유로의 길이를 짧게 한다.

해설

동수구배를 저하시켜 유속을 느리게 하기 위하여 물의 침투유로의 길이를 길게 하여야 한다.

Answer ● 11. ④ 12. ② 13. ① 14. ③ 15. ④

16
흙막이의 수평버팀대가 휜 것을 이용할 때 볼록한 면이 위치해야 할 방향은?

① 상부
② 하부
③ 차량진행 방향의 횡면
④ 차량진행 반대방향의 횡면

해설
수평버팀대의 떠오름을 방지하기 위하여 하중 또는 인장재를 설치하고 중앙부는 약간 처지게 한다(경사 1/100~1/200).

17
토사붕괴 재해를 방지할 수 있는 흙막이 공법 중 공사비를 무시할 때 가장 성능이 우수한 것은?

① 오니쪽매형 목재 널말뚝
② 제혀쪽매형 목재 널말뚝
③ 철근콘크리트 기성재 널말뚝
④ 라르센(Larssen)식 철재 널말뚝

해설
강재 널말뚝(steel sheet pile)
(1) 토압이 크고 용수가 많으며 기초가 깊을 때 쓰이고, 특히 대규모 토공사에 사용된다.
(2) 종류
　① 라르센식 : 큰토압, 수압에 견디는 특징으로 널리 사용된다.
　② 랜섬식　　　　③ 심플렉스식
　④ 라카완나식　　⑤ 유니버설조인트식
　⑥ U.S 스틸식　　⑦ 테르루즈식

18
다음 중 말뚝 기초공사에 사용되는 말뚝의 안전율을 결정하는 데 고려해야 할 사항이 아닌 것은?

① 극한 지지력의 결정방법
② 상부구조의 형상과 하층상태
③ 표준관입시험
④ 허용침하

해설
표준관입시험은 말뚝의 안전율 결정과는 관계없는 지반의 조사방법의 일종이다.

길잡이 표준관입시험(Standard penetration test)
보오링을 할 때 스플리트 수푼 샘플러를 쇠막대 끝에 붙여서 63.5kg의 추를 70~80cm 정도의 높이에서 떨어뜨려 30cm 관입시킬 때 타격회수를 측정하여 흙의 경·연도를 측정하는 방법으로, 특히 사질지반의 상대밀도 등 토질조사시 신뢰성이 높다.

타격횟수(N값)	모래의 상대밀도
0~4	몹시 느슨하다.
4~10	느슨하다.
10~30	보통
50 이상	다진상태

19
점토질 지반의 침하 및 압밀재해를 막기 위하여 실시하는 지반개량 탈수공법으로 적당하지 않은 것은?

① 샌드 드레인 공법
② 생석회 공법
③ 페이퍼 드레인 공법
④ 웰 포인트 공법

해설
탈수공법의 종류별 특징
① 웰 포인트(Well point)공법 : 1~3m의 간격으로 파이프를 지중에 박아 이것을 지상의 집수관에 연결하여 pump로 지중의 물을 배수하는 공법으로 사질지반에 유효하다.
② 샌드 드레인(Sand drain)공법 : 점토지반에 모래를 깔고 그 위에 성토에 의해 하중을 가하면 샌드파일을 통하여 점토 중의 물이 지상에 배수되어 지반이 압밀강화되는 것으로, 점토질의 지반에만 이용되고 있다. 최근에는 투수성과 강도가 큰 종이를 모래 대신으로 이용한 paper drain 공법이 점차 실용화되고 있다.
③ 깊은 우물 공법
④ 전기침투 공법
⑤ 프리로딩 공법
⑥ 진공 공법
⑦ 생석회 공법 등이 있다.

20
노면안정을 위한 동상방지 대책 중 틀린 것은?

① 배수구 설치로 지하수위를 저하시키는 방법
② 동결깊이 상부에 있는 흙을 동결되지 않는 재료로 치환하는 방법(자갈, 쇄석, 석탄재 등으로 치환한다.)

Answer 16. ② 17. ④ 18. ③ 19. ④ 20. ④

③ 흙속에 단열재료를 매립하는 방법
④ 지하의 흙을 화학약액으로 처리하는 방법

해설

노면의 안정을 위한 동상방지대책으로 ④항의 경우, 지표의 흙을 화학약액($CaCl_2$, $NaCl$, $MgCl_2$)처리하여 동결온도를 내리는 것이 옳은 내용이며, 그 밖에 모관수의 상승을 차단할 목적으로 된 조립토층을 지하수위보다 높은 위치에 설치하는 방법 등이 있다.

21

기존건물에서 인접된 장소에 새롭게 깊은 기초를 시공하고자 한다. 이 때 기존건물의 기초가 얕아서 안전상 보강하려고 할 때 적당한 것은?

① 언더피닝(underpining) 공법
② 압성토 공법
③ 선행재하(preloading) 공법
④ 치환 공법

해설

언더피닝 공법의 종류
① 이중방축 공법 ② 피트 또는 웰(Pit or well) 공법
③ 차단벽 공법 ④ 현장 콘크리트 말뚝 공법
⑤ 강재 말뚝 공법 ⑥ 케이슨 공법
⑦ 말뚝 또는 웰의 압입 공법

22

연약지반에 관한 내용 중 옳지 않은 사항은?

① 건물을 경량화시킬 것
② 상부구조의 평면길이를 크게 할 것
③ 기초는 굳은 층(경질지반)에 지지시킬 것
④ 이웃 건물과의 거리를 멀게 할 것

해설

연약지반의 기초 및 대책
(1) 상부구조관계
   ① 강성을 높일 것
   ② 건물을 경량화할 것
   ③ 건물의 중량분배를 고려할 것
   ④ 이웃 건물과의 거리를 멀게 할 것
   ⑤ 평면길이를 작게 할 것
(2) 기초구조의 관계
   ① 굳은 층에 지지시킬 것
   ② 마찰 말뚝을 사용할 것
   ③ 지하실을 설치할 것

(3) 지반관계 : 지반안정공법에 의한 시공으로 고결, 탈수, 치환, 다짐공법 등의 처리를 할 것

23

다음 중에서 기초의 안전상 부동침하를 방지하는 대책으로 맞는 것은?

① 경미한 구조물의 기초는 동결선에 관계없이 설치한다.
② 이질지정을 한다.
③ 이웃 건물의 거리를 멀게 한다.
④ 토질이 연약지반이면 기초중량을 줄인다.

해설

부동침하(Uneven settlement)의 원인
① 건물이 경사지거나 언덕에 근접되어 있는 경우
② 건물이 이질지반에 걸쳐 있는 경우
③ 근접해서 부주의한 기초파기를 했을 경우
④ 기초의 제원이 현저하게 틀리는 경우
⑤ 부주의한 증축을 하는 경우
⑥ 이종의 기초구조를 채용한 경우
⑦ 지반구조상 연약층의 두께가 상이한 경우
⑧ 지하수위가 부분적으로 변화되는 경우
⑨ 지하에 매설물이나 구멍이 있는 경우
⑩ 하부지반이 연약한 경우

24

같은 장소에서 행해지는 사업의 일부를 도급에 의하여 행할 경우에 발생하는 산업재해를 예방하기 위해서 반드시 선임해야 하는 자는?

① 안전관리자
② 보건관리자
③ 안전보건 총괄책임자
④ 안전담당자

해설

안전보건총괄책임자(법제18조) : 같은 장소에서 행하여지는 사업의 일부를 도급에 의하여 행하는 사업으로서 대통령령이 정하는 사업의 사업주는 그가 사용하는 근로자 및 그의 수급인(하수급인을 포함한다. 이하 같다)이 사용하는 근로자가 같은 장소에서 작업을 할 때에 생기는 산업재해를 예방하기 위한 총괄관리하기 위하여 관리책임자를 안전보건총괄책임자로 지정하여야 한다.

Answer 21. ① 22. ② 23. ③ 24. ③

25
도급사업을 행할 시에 사업주는 경보를 통일적으로 하는 경우가 있다. 해당되지 않는 것은?

① 토석붕괴 ② 건물붕괴
③ 화재발생 ④ 발파작업

해설
경보의 통일(법 제29조)
① 작업 장소에서 발파작업
② 작업 장소에서 화재발생
③ 작업 장소에서 토석의 붕괴

26
건설업에서 유해위험방지계획서를 고용노동부장관에게 제출해야 할 사업이 아닌 것은?

① 최대지간 길이가 50m 이상인 교량건설공사
② 지상높이가 30m 이상인 건축물의 건설제조공사
③ 깊이가 10m 이상인 굴착공사
④ 터널건설공사

해설
유해 · 위험방지 계획서
(1) 유해 · 위험방지 계획서 제출 등(법 제48조)
① 대통령령으로 정하는 업종 및 규모에 해당하는 사업의 사업주는 해당제품 생산공정과 직접적으로 관련된 건설물 · 기계기구 및 설비 등 일체를 설치 · 이전하거나 그 주요부분을 변경할 때에는 유해위험방지계획서를 작성하여 고용노동부장관에게 제출하여야 한다.
② 기계기구 및 설비 등으로서 다음 각호에 해당하는 「고용노동부령으로 정하는 것」을 설치 · 이전하거나 그 주요 구조부분을 변경하려는 사업주는 제①항을 준용한다.
  ㉠ 유해하거나 위험한 작업을 필요로 하는 것
  ㉡ 유해하거나 위험한 장소에서 사용하는 것
  ㉢ 건강장해를 방지하기 위하여 사용하는 것
③ 유해위험방지계획서 제출대상 기계기구 및 설비(시행규칙 제120조 제3항) : 기계기구 및 설비 등으로서 「고용노동부령으로 정하는 것」이란 다음 각호에 해당하는 기계기구 및 설비를 말한다.
  ㉠ 금속이나 그 밖의 광물의 용해로
  ㉡ 화학설비
  ㉢ 건조설비
  ㉣ 가스집합 용접장치
  ㉤ 허가대상 · 관리대상 유해물질 및 분진작업 관련설비
(2) 건설업 중 유해위험방지계획서 제출대상 사업의 종류(시행규칙 제120조 제4항)(제출시기 : 공사착공전 일까지)
① 지상 높이가 31m 이상인 건축물 또는 인공구조물, 연면적 3만m² 이상인 건축물 또는 연면적 5천m² 이상의 문화 및 집회시설(전시장 · 동물원 · 식물원은 제외) · 판매시설 · 운수시설(고속철도의 역사 및 집배송시설은 제외) · 종교시설 · 의료시설 중 종합병원 · 숙박시설 중 관광숙박시설 또는 지하도상가 또는 냉동 · 냉장창고시설의 건설 · 개조 또는 해체
② 연면적 5천m² 이상의 냉동 · 냉장창고시설의 설비공사 및 단열공사
③ 최대 지간 길이가 50m 이상인 교량건설 등 공사
④ 터널건설 등의 공사
⑤ 다목적댐 · 발전용댐 및 저수용량 2천만톤 이상의 용수전용댐 · 지방상수도 전용댐 건설 등의 공사
⑥ 깊이가 10m 이상인 굴착공사

27
다음 중 공사용 구조재료의 피로를 가장 빨리 촉진시키는 하중은?

① 재하하중 ② 피로하중
③ 반복하중 ④ 축방향하중

해설
피로를 빨리 촉진시키는 것은 충격하중, 교번하중, 반복하중 등이다.

28
콘크리트 공시체의 지름이 15cm, 높이가 30cm인 것을 압축시험 결과 38,000kg에서 파괴되었다. 압축강도로 옳은 것은?

① 213kg/cm² ② 215kg/cm²
③ 220kg/cm² ④ 230kg/cm²

해설
$$압축강도 = \frac{파괴하중}{공시체단면적}$$
$$= \frac{38,000}{\frac{3.14 \times 15^2}{4}} ≒ 215 kg/cm^2$$

29
단면적이 154mm²인 인장철근을 인장하였더니 11,500kg에서 파단되었다. 이 때 인장강도로 옳은 것은?

① 70kg/mm² ② 72kg/mm²
③ 75kg/mm² ④ 78kg/mm²

Answer ➡ 25. ② 26. ② 27. ③ 28. ② 29. ③

해설

인장강도 = $\dfrac{\text{파단하중}}{\text{단면적}} = \dfrac{11,500}{154} ≒ 75\text{kg/mm}^2$

30
재료에서 안전계수라 함은 다음 중 어느 것인가?

① 최대응력을 비례한도로 나눈 것
② 최대응력을 탄성한도로 나눈 것
③ 최대응력을 항복점 응력으로 나눈 것
④ 최대응력을 허용응력으로 나눈 것

해설

안전계수 = $\dfrac{\text{최대응력}}{\text{허용응력}} = \dfrac{\text{인장강도}}{\text{허용응력}} = \dfrac{\text{극한강도}}{\text{허용응력}}$

31
기초지반의 극한 지지력을 규정된 안전율로 나눈 것을 무엇이라 하는가?

① 허용지지력   ② 최대응력
③ 안전지지력   ④ 안전응력

해설

안전율 = $\dfrac{\text{극한지지력}}{\text{허용지지력}}$

∴ 허용지지력 = $\dfrac{\text{극한지지력}}{\text{안전율}}$

32
지반이 마찰할 때, 무진동, 무소음으로 위쪽에 공간이 없을 때 사용하는 공법은?

① 충격법   ② 수사법
③ 압입법   ④ 진동법

해설

압입법은 보통 잭(jack)으로 압입하여 타설하므로 무진동, 무소음이고 위쪽에 받침대를 두고 작업을 하게 된다.

Answer ➡ 30. ④ 31. ① 32. ③

2장 건설기계안전

1 굴착기계

[1] 쇼벨계 굴착기계

(1) 파워쇼벨(power shovel)

1) 중기가 위치한 지면보다 높은 장소 굴착시 적합
2) 굳은 점토굴착, 깨진 돌이나 자갈 등의 옮겨쌓기 등에 사용

(2) 백호우(drag shovel ; 드래그쇼벨)

1) 중기가 위치한 지면보다 낮은 장소 굴착 시 적합(앞쪽으로 끌어당기면서 작업)
2) 지하층 굴착, 기초 굴착, 수중 굴착 등에 사용

(3) 드래그 라인(drag line)

1) 중기가 높은 위치에서 깊은 곳을 굴착할 때 적합
2) 연약한 지반굴착, 수중굴착 등 작업범위 광범위

(4) 클램 셀(clamshell)

1) 붐의 선단에서 버킷을 와이어로프로 매달아 바로 아래로 떨어뜨려 흙을 떠 올리는 중기
2) 수직굴착, 수중굴착, 연약지반에 사용

[2] 굴착기의 전부장치

붐, 암, 버킷으로 구성되어 있으며 모두 유압실린더에 의해 작동을 한다.

2 토공기계

[1] 도 저

(1) 도저 : 트랙터에 블레이드(blade ; 배토판, 토공판)를 장착하여 송토, 절토, 성토작업을 하는 중기

(2) 도저의 종류 : 불도저, 앵글도저, 틸드도저

[2] 스크레이퍼

(1) 굴착기와 운반기를 조합한 토공만능기로 굴착, 싣기, 운반, 하역 등의 작업을 연속적으로 행할 수 있는 중기

(2) **스크레이퍼의 종류** : 피견인식 스크레이퍼, 모터스크레이퍼(자기추진식)

[3] 모터 그레이더

(1) 지면을 절삭하여 평활하게 다듬는 것이 목적인 토공기계의 대패
(2) 모터 그레이더이 종류 : 기계식 모터 그레이더, 유압식 모터 그레이더

[4] 롤 러

(1) 2개 이상의 매끈한 드럼 롤러를 바퀴로 하는 다짐기계
(2) 롤러는 다짐력을 가하는 방법에 따라 전압식, 진동식, 충격식 등이 있다.

(3) **종류**

1) 마케덤 롤러(macadam roller) : 앞쪽에 1개의 조향륜 롤러와 뒤축에 2개의 롤러가 배치된 것으로(2축 3륜), 전륜구동식과 후륜구동식이 있다.(3륜 롤러, 3-wheel roller)
2) 탠덤 롤러(tandem roller) : 앞뒤 2개의 차륜이 있으며(2축 2륜), 각각의 차축이 평행으로 배치된 것이다.
3) 탬핑 롤러(tamping roller) : 롤러의 표면에 돌기를 만들어 부착한 것으로 돌기가 전압층에 매입되어 풍화암을 파쇄하고 흙 속의 간극 수압을 제거하는 롤러이다.

3 운반기계

[1] 지게차(fork lift)

(1) **지게차** : 차체 앞에 화물적재용 포크와 포크승강용 마스트를 갖춘 특수자동차로 운반 및 하역에 이용된다.

(2) **마스트 경사각** : 마스트를 앞뒤로 기울인 경우 수직면에 대하여 이루는 경사각

1) 전경각(마스트의 수직위치에서 앞으로 기울인 경우의 최대경사각) : 5~6° 범위
2) 후경각(마스트의 수직위치에서 뒤로 기울인 경우의 최대경사각) : 10~12° 범위

(3) **최대올림높이**(최대하중 적재상태에서 포크를 최고위치로 올렸을 때의 지면에서 포크 위 면까지의 높이) : 3,000mm

(4) 안정도

상태	상태	구배(%)
전후안정도	기준 부하 상태에서 포크를 최고로 올린 상태	최대하중 5톤 미만 : 4 최대하중 5톤 이상 : 3.5
	주행시 기준 무부하 상태	18
좌우안정도	기준 부하 상태에서 포크를 최고로 올리고 마스트를 최대로 기울인 상태	6
	주행시의 기준 무부하 상태	15+1.1×최고 속도

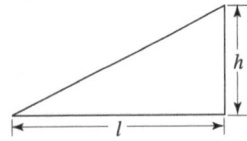

$$\therefore \text{안정도} = \frac{h}{l} \times 100(\%)$$

(5) 지게차 헤드가드의 구비조건

1) 상부틀의 각개구부의 폭 또는 길이 : 16cm 미만
2) 강도 : 지게차 최대하중의 2배 값(4t 초과 시는 4t)의 등분포정하중에 견딜 수 있을 것
3) 서서 조작하는 방식 : 운전석의 바닥면에서 헤드가드의 상부틀 아랫면까지의 높이는 2m 이상일 것
4) 앉아서 조작하는 방식 : 운전자의 좌석 상면에서 헤드가드의 상부틀 아랫면까지의 높이는 1m 이상일 것

(6) 지게차 작업 시작 전 점검사항

1) 제동장치 및 조종장치 기능의 이상유무
2) 하역장치 및 유압장치 기능의 이상유무
3) 바퀴의 이상유무
4) 전조등 · 후조등 · 방향지시기 및 경보장치기능의 이상유무

[2] 로더

(1) **로더** : 셔블도저, 트랙터 셔블이라고도 하며 트랙터의 앞 작업장치에 버킷을 붙인 기계로 굴착 및 상차를 주작업으로 한다.

(2) **로더의 종류** : 휠식 로더, 트랙식 로더

(3) **로더의 작업**

1) 굴착 작업
2) 송토 작업
3) 지면고르기 작업
4) 깎아내기 작업

4 법상 차량계 건설기계 및 하역 운반기계

[1] 법상 차량계 건설기계

(1) 법상 차량계 건설기계의 종류

1) 도저형 건설기계(불도저, 스트레이트도저, 틸트도저, 앵글도저, 버킷도저 등)
2) 모터그레이더
3) 로더(포크 등 부착물 종류에 따른 용도 변경 형식을 포함한다)
4) 스크레이퍼
5) 크레인형 굴착기계(크램쉘, 드래그라인 등)
6) 굴삭기(브레이커, 크러셔, 드릴 등 부착물 종류에 따른 용도 변경 형식을 포함한다)
7) 항타기 및 항발기
8) 천공용 건설기계(어스드릴, 어스오거, 크롤러드릴, 점보드릴 등)
9) 지반 압밀침하용 건설기계(샌드드레인머신, 페이퍼드레인머신, 팩드레인머신 등)
10) 지반 다짐용 건설기계(타이어롤러, 매커덤롤러, 탠덤롤러 등)
11) 준설용 건설기계(버킷준설선, 그래브준설선, 펌프준설선 등)
12) 콘크리트 펌프카
13) 덤프트럭
14) 콘크리트 믹서 트럭
15) 도로포장용 건설기계(아스팔트 살포기, 콘크리트 살포기, 아스팔트 피니셔, 콘크리트 피니셔 등)
16) 골재채취 및 살포용 건설기계(쇄석기, 자갈채취기, 골재살포기 등)
17) 제1)호부터 제16)까지와 유사한 구조 또는 기능을 갖는 건설기계로서 건설작업에 사용하는 것

(2) 차량계 건설기계를 사용하여 작업을 할 때 작업계획에 포함되는 내용

1) 사용하는 차량계 건설기계의 종류 및 능력
2) 차량계 건설기계의 운행경로
3) 차량계 건설기계에 의한 작업방법

(3) 차량계 건설기계의 전도 등의 방지(차량계 건설기계의 전도 또는 전락 등에 의한 근로자의 위험방지 조치사항)

1) 갓길(노견)의 붕괴방지
2) 지반의 부동침하방지
3) 도록폭의 유지
4) 유도자 배치

(4) 차량계 건설기계 작업시 근로자의 접촉방지 안전기준

1) 근로자의 출입금지
2) 유도자 배치

(5) 차량계 건설기계의 운전자가 운전위치를 이탈할 때 준수할 사항

1) 버킷, 디퍼 등 작업장치를 지면에 내려둘 것
2) 원동기를 정지시키고 브레이크를 거는 등 이탈을 방지하기 위한 조치를 할 것

(6) 차량계 건설기계의 붐, 아암 등의 불시 하강에 의한 위험방지를 위해 근로자가 준수해야 할 사항

1) 안전지주 사용
2) 안전블록 사용

(7) 차량계 건설기계의 작업시작 전 점검사항 : 브레이크 및 클러치 등의 기능

(8) 항타기 · 항발기의 안전기준

1) 항타기 또는 항발기의 부적격한 권상용 와이어로프의 사용금지 사항
   ① 이음매가 있는 것
   ② 와이어로프 한 꼬임에서 소선(필러선 제외)의 수가 10% 이상 절단된 것
   ③ 지름의 감소가 호칭지름의 7%를 초과하는 것
   ④ 심하게 변형 또는 부식된 것
   ⑤ 꼬인 것
   ⑥ 열과 전기충격에 의해 손상된 것

2) 항타기, 항발기의 권상용 와이어로프의 안전계수 : 5 이상

3) 항타기, 항발기조립시 사용 전 점검사항
   ① 본체의 연결부의 풀림 또는 손상의 유무
   ② 권상용 와이어로프, 드럼 및 도르래의 부착상태의 이상유무
   ③ 권상장치의 브레이크 및 쐐기장치 기능의 이상유무
   ④ 권상기의 설치상태의 이상유무
   ⑤ 버팀의 방법 및 고정상태의 이상유무

[2] 법상 차량계 하역 운반기계

(1) 법상 차량계 하역운반기계의 종류

1) 지게차
2) 구내운반차
3) 화물자동차

(2) 차량계 하역운반기계에 의한 작업시 작업계획의 작성 내용

1) 작업에 따른 추락·낙하·전도·협착 및 붕괴 등의 위험을 예방할 수 있는 안전대책
2) 차량계 하역운반기계의 운행경로 및 작업방법

(3) 차량계 하역운반기계의 포크, 셔블, 아암 또는 이들에 의하여 지지되어 있는 화물의 밑에 근로자를 출입시킬 경우 조치할 사항

1) 안전지주 사용
2) 안전블록 사용

(4) 차량계 하역운반기계의 전도, 전락 등에 의한 근로자의 위험방지 조치사항

1) 유도자 배치
2) 지반의 부동침하 방지
3) 갓길(노견)의 붕괴 방지

(5) 차량계 하역운반기계의 운전자가 운전위치를 이탈할 경우 준수할 사항

1) 포크 및 셔블 등의 하역장치를 가장 낮은 위치에 둘 것
2) 원동기를 정지시키고 브레이크를 확실히 거는 등 불시 주행을 방지하기 위한 조치를 할 것

(6) 차량계 하역운반기계에 화물적재시 준수사항

1) 편하중이 생기지 아니하도록 적재할 것
2) 구내운반차 또는 화물자동차에 있어서 화물의 붕괴 또는 낙하로 인한 근로자의 위험을 방지하기 위하여 화물에 로프를 거는 등 필요한 조치를 할 것
3) 운전자의 시야를 가리지 아니하도록 화물을 적재할 것

(7) 차량계 하역운반기계 등의 수리 또는 부속장치의 장착 및 해체작업시 작업지휘자의 준수사항

1) 작업순서를 결정하고 작업을 지휘할 것
2) 안전지주 또는 안전블록 등의 사용상황 등을 점검할 것

5 건설용 양중기

[1] 양중기

(1) 양중기의 종류

1) 크레인(호이스트 포함)
2) 이동식 크레인
3) 리프트(이삿짐운반용 리프트의 경우 적재하중이 0.1ton 이상인 것)
4) 곤돌라
5) 승강기

(2) 양중기의 방호장치

1) 과부하방지장치
2) 권과방지장치
3) 비상정지장치
4) 제동장치 등

[2] 크레인

(1) 크레인의 작업 시작 전 점검사항

1) 권과방지장치·브레이크·클러치 및 운전 장치의 기능
2) 주행로의 상측 및 트롤리가 횡행하는 레일의 상태
3) 와이어로프가 통하고 있는 곳의 상태

(2) 크레인의 설치·조립·수리·점검 또는 해체작업시 조치사항

1) 작업순서를 정하고 그 순서에 의하여 작업을 실시할 것
2) 작업을 할 구역에 관계근로자 외의 자의 출입을 금지시키고 그 취지를 보기 쉬운 곳에 표시할 것
3) 비·눈 그 밖의 기상상태의 불안정으로 인하여 날씨가 몹시 나쁠 때에는 그 작업을 중지시킬 것
4) 작업장소는 안전한 작업이 이루어질 수 있도록 충분한 공간을 확보하고 장애물이 없도록 할 것
5) 들어올리거나 내리는 기자재는 균형을 유지하면서 작업을 실시하도록 할 것
6) 크레인의 능력, 사용조건 등에 따라 충분한 응력을 갖는 구조로 기초를 설치하고 침하 등이 일어나지 아니하도록 할 것

(3) 폭풍에 의한 이탈방지조치 및 이상유무 점검

1) 이탈방지조치 : 순간 풍속이 30m/sec를 초과하는 바람이 불어올 우려가 있을 때는 옥외

설치 주행 크레인에 대하여 이탈방지 장치를 작동시킬 것

2) 이상유무점검 : 순간 풍속이 30m/sec를 초과하는 바람이 불어온 후 또는 중진 이상 진도의 지진 후에는 크레인의 각 부위의 이상유무를 점검할 것

[3] 이동식 크레인

(1) 추락방지 조치사항(전용탑승설비를 설치한 경우)

1) 탑승설비가 뒤집히거나 떨어지지 아니하도록 필요한 조치를 할 것
2) 안전대 및 구명줄을 설치하고, 안전난간의 설치가 가능한 구조인 경우에는 안전난간을 설치할 것

(2) 이동식 크레인의 작업시작 전 점검사항

1) 권과방지장치나 그 밖의 경보장치의 기능
2) 브레이크 · 클러치 및 조정장치의 기능
3) 와이어로프가 통하고 있는 곳 및 작업장소의 지반상태

[4] 타워크레인

(1) 타워크레인의 설치 · 조립 · 해체작업시 작업계획서의 작성내용

1) 타워크레인의 종류 및 형식
2) 설치 · 조립 및 해체순서
3) 작업도구 · 장비 · 가설설비 및 방호설비
4) 작업인원의 구성 및 작업근로자의 역할 범위
5) 타워크레인의 지지방법

(2) 강풍시 타워크레인의 작업제한

1) 순간풍속이 매초당 10m를 초과하는 경우 : 타워크레인의 설치 · 수리 · 점검 또는 해체작업을 중지할 것
2) 순간풍속이 매초당 15m를 초과하는 경우 : 타워크레인의 운전작업을 중지할 것

[5] 리프트

(1) 종류 : 건설작업용 리프트, 일반작업용 리프트, 간이 리프트, 이삿짐운반용 리프트

(2) 건설용 리프트의 붕괴방지조치 : 순간 풍속이 35m/sec를 초과하는 바람이 불어올 우려가 있을 때는 받침수를 증가하는 등 붕괴를 방지하기 위한 조치를 할 것

(3) 리프트의 작업시작 전 점검사항

1) 방호장치·브레이크 및 클러치의 기능
2) 와이어로프가 통하고 있는 곳의 상태

[6] 곤돌라

(1) 운전방법 등의 주지
곤돌라의 운전방법 또는 고장이 났을 때의 처치방법을 그 곤돌라를 사용하는 근로자에게 주지시켜야 한다.

(2) 곤도라의 작업 시작전 점검사항

1) 방호장치·브레이크 기능
2) 와이어로프·슬링와이어 등의 상태

[7] 승강기

(1) 승강기의 방호장치

1) 과부하방지장치
2) 파이널리미트 스위치
3) 비상정지장치
4) 속도조절기
5) 출입문 인터록

(2) 승강기의 설치·조립·수리·점검 또는 해체작업시 조치사항

1) 작업을 지휘하는 자를 선임하여 그 자의 지휘하에 작업을 실시할 것.
2) 작업을 할 구역에 관계근로자 외의 자의 출입을 금지시키고 그 취지를 보기 쉬운 장소에 표시할 것.
3) 비·눈 그밖의 기상상태의 불안정으로 인하여 날씨가 몹시 나쁠 때에는 그 작업을 중지시킬 것.

[8] 양중기의 와이어로프·달기체인

(1) 양중기의 와이어로프(고리걸이용 포함) 또는 달기체인의 안전계수

1) 근로자가 탑승하는 운반구를 지지하는 경우 : 10 이상
2) 화물의 하중을 직접 지지하는 경우 : 5 이상
3) 훅, 샤클, 클램프, 리프팅 빔 등의 경우 : 3 이상
4) 기타 : 4 이상

(2) 부적격한 와이어로프의 사용금지사항

1) 이음매가 있는 것
2) 와이어로프의 한 꼬임에서 끊어진 소선(필러선 제외)의 수가 10% 이상(비전자로프의 경우에는 끊어진 소선의 수가 와이어로프 호칭지름의 6배 길이 이내에서 4개 이상이거나 호칭지름 30배 길이 이내에서 8개 이상)인 것
3) 지름의 감소가 공칭지름의 7%를 초과하는 것
4) 꼬인 것
5) 심하게 변형 또는 부식된 것
6) 열과 전기충격에 의해 손상된 것

(3) 부적격한 달기체인의 사용금지사항

1) 달기체인의 길이의 증가가 그 달기체인이 제조된 때의 길이의 5%를 초과한 것
2) 링의 단면지름 감소가 그 달기체인이 제조된 때의 해당 링의 지름의 10%를 초과한 것
3) 균열이 있거나 심하게 변형된 것

(4) 부적격한 섬유로프 또는 안전대의 섬유벨트의 사용금지사항

1) 꼬임이 끊어진 것
2) 심하게 손상 또는 부식된 것
3) 2개 이상의 작업용 섬유로프 또는 섬유벨트를 연결한 것
4) 작업 높이보다 길이가 짧은 것

실 / 전 / 문 / 제

01
다음 중 쇼벨(shovel)계 굴착기계의 작업에 따른 분류에 속하지 않은 것은?

① 드래그 라인(drag line)
② 파워 쇼벨(power shovel)
③ 모터 그레이더
④ 크램 셀

해설
쇼벨계 굴착기계로는 ①, ②, ④항 이외에 드래그 쇼벨(백호우)이 있다. 모터 그레이더는 굴착기계가 아니라 정지용 기계에 해당된다.

02
토공기계 중 굴착기계인 것은?

① clam shall   ② road roller
③ shovel loader   ④ velt conveyor

해설
굴착기계에는 크램셀, 백호우, 파워쇼벨, 드래그라인의 쇼벨계 굴착기계 외에 불도저, 어스드릴, 트렌치 등이 있으며 그밖에 road roller는 전압식 다짐기계, shovel loader는 싣기기계, velt conveyor는 운반기계이다.

03
굴삭기계에 속하지 않는 것은?

① 파워 쇼벨   ② 크램 셀
③ 스크레이퍼   ④ 드래그 라인

해설
스크레이퍼도 굴식기능을 수행할 수도 있는 기계이지만 토공기계 중 정지용 기계로 분류된다.

04
다음 건설기계 중 굴착 및 상차용 장비가 아닌 것은?

① 파워 쇼벨   ② 드래그 라인
③ 크램 셀   ④ 모터 그레이더

해설
모터 그레이더는 토공기계의 대패라고도 하며, 지면을 절삭하여 평활하게 다듬는 것을 목적으로 하는 정지용 장비이다.

05
도로건설 작업 중 측구를 굴착하고자 한다. 가장 적합한 기계는 어느 것인가?

① 파워쇼벨   ② 백호우
③ 불도저   ④ 그레이더

해설
백호우는 측구, 관로 등의 굴착에 적합하다.

06
다음의 말뚝박기 해머(hammer) 중 비교적 소음이 적은 것은?

① 디젤 해머(diesel hammer)
② 스팀 해머(steam hammer)
③ 바이브로 해머(vibro hammer)
④ 드롭 해머(drop hammer)

해설
바이브로 해머의 특징은 소음이 적고 파일을 박거나 뽑을 수 있으므로 널리 쓰인다.

07
항타기 또는 항발기의 권상용 와이어로프의 사용금지에 해당되지 않는 것은?

① 이음매가 있는 것
② 와이어로프의 한 가닥에서 소선(필러선을 제외한다)의 수가 5% 절단된 것
③ 현저히 변형되거나 부식된 것
④ 지름의 감소가 공칭지름의 7%를 초과하는 것

Answer ➡ 01. ③ 02. ① 03. ③ 04. ④ 05. ② 06. ③ 07. ②

해설

부적격한 권상용 와이어로프의 사용금지(안전보건규칙 : 사업주는 항타기 또는 항발기의 권상용 와이어로프로 다음 각 호에 해당하는 것을 사용하여서는 아니 된다.
① 이음매가 있는 것
② 와이어로프의 한 꼬임에서 끊어진 소선의 수가 10% 이상일 것
③ 지름의 감소가 공칭지름의 7%를 초과하는 것
④ 심하게 변형되거나 부식된 것
⑤ 꼬인 것
⑥ 열과 전기충격에 의해 손상된 것

08
윈치와 드럼의 거리는 최소한 드럼폭의 몇 배 이상인가?

① 5배　　　② 10배
③ 15배　　　④ 20배

해설

드르래의 위치 : 항타기 또는 항발기의 권상장치의 드럼축과 권상장치로부터 첫 번째 도르래의 축과의 거리를 권상장치의 드럼폭의 15배 이상으로 하여야 한다.

> **길잡이**　**윈치드럼의 직경(고용노동부고시)**
> 윈치드럼의 직경과 당해 드럼에 감기는 와이어로프의 직경과의 비 또는 권상용 와이어로프가 통하고 있는 도르래의 직경과 당해 도르래에 통하는 와이어로프의 직경과의 비는 각각 20 이상으로 한다.

09
항타기를 사용하기 위하여 조립할 때 점검하여야 할 사항 중 적당치 않은 것은?

① 기체의 연결부의 풀림 또는 손상의 유무
② 버킷, 디퍼의 손상 유무
③ 권상기의 설치상태의 이상 유무
④ 버팀의 설치, 방법 및 고정상태의 이상 유무

해설

항타기 또는 항발기 조립시 점검할 사항
① 본체의 연결부의 풀림 또는 손상의 유무
② 권상용 와이어로프 · 드럼 및 도르래의 부착상태의 이상 유무
③ 권상장치의 브레이크 및 쐐기장치 기능의 이상 유무
④ 권상기의 설치상태의 이상 유무
⑤ 버팀의 방법 및 고정상태의 이상 유무

10
다음 중 건설공사에서 운반기계로 분류되지 않는 것은 어느 것인가?

① 컨베이어　　　② 덤프트럭
③ 토운차　　　　④ 트렌치

해설

트렌치는 굴착용 기계에 속한다.

11
기중기의 안전작업수칙 중 옳지 않은 것은?

① 조작자는 두 사람의 신호에 의해서만 작업을 하여야 한다.
② 기중기는 경사진 곳에 놓고 사용해서는 안 된다.
③ 기중기의 '로프', '클러치' 등은 매주 특별점검을 해야 한다.
④ 기중기는 화물을 인양할 때 옆구리로부터 인양함을 금한다.

해설

조작자는 신호자 한 사람의 신호에 의해서만 작업을 해야 혼동되지 않고 일관된 작업을 할 수 있다.

12
다음은 차량에 대한 유도자의 신호법을 설명한 것이다. 옳지 않은 것은?

① 한 손을 올리고 원을 그리는 것은 운전개시 신호이다.
② 한 손을 좌, 우로 크게 흔드는 것은 전진 신호이다.
③ 한 손을 상, 하로 크게 흔드는 것은 후진 신호이다.
④ 한 손을 앞아래로 흔드는 것은 정지 신호이다.

해설

양손을 좌, 우로 크게 흔드는 것은 비상정지신호이다.

Answer ○　08. ③　09. ②　10. ④　11. ①　12. ②

13
건설용 양중기에 해당되지 않은 것은?

① 곤돌라
② 리프트
③ 최대하중이 0.25톤 이하인 승강기
④ 크레인

해설

양중기의 종류(안전보건규칙)
1) 크레인(호이스트 포함)
2) 이동식크레인(이삿짐운반용리프트는 적재하중이 0.1 ton 이상인 것)
3) 리프트
4) 곤돌라
5) 승강기(0.25ton 이상인 것)

14
승강기에 부착시키는 안전장치에 해당되지 않는 것은?

① 과부하방지장치   ② 비상정지장치
③ 속도조절기   ④ 권과방지장치

해설

양중기의 방호장치 종류
1) 크레인
　① 과부하방지장치   ② 권과방지장치
　③ 비상정지장치   ④ 브레이크장치
2) 이동식 크레인
　① 과부하방지장치   ② 권과방지장치
　③ 브레이크장치
3) 건설용 리프트 및 간이 리프트
　① 과부하방지장치   ② 권과방지장치
4) 곤돌라
　① 과부하방지장치   ② 권과방지장치
　③ 제동장치
5) 승강기
　① 과부하방지장치   ② 파이널 리미트 스위치
　③ 비상정지장치   ④ 속도조절기
　⑤ 출입문 인터록

15
건설공사용 장비 중에서 일반적으로 재해가 가장 많이 발생하는 것은 다음 중 어느 것인가?

① 크레인   ② 케이블
③ 윈치   ④ 리프트

해설

건설공사용 장비 중 재해발생율(%)
① 크레인(39.3%)   ② 케이블(32.7%)
③ 윈치(8.4%)   ④ 리프트(6.5%)
⑤ 기타(13.1%)

> **길잡이** 차량계 건설기계 중 재해발생율(%)
> ① 불도저(43.2%)   ② 파워 쇼벨(20.5%)
> ③ 트롤리(11%)   ④ 기타(15.2%)]

16
타워 크레인 설치사용 시의 준수사항으로 옳지 않은 것은?

① 철교 위에 설치시는 철골을 보강하여야 한다.
② 설치시는 해당 작업이 종료되었을 경우, 기계의 해체방법을 고려하여야 한다.
③ 기중장비의 드럼에 감겨진 와이어로프는 적어도 한바퀴 이상 남도록 하여야 한다.
④ 드럼에는 회전 레어기어나 역회전 방지기 또는 기타 안전장치를 갖추어야 한다.

해설

기중장비의 드럼에 감겨진 권상용 와이어로프는 달기도구의 위치가 최하부에 도달했을 때 권상장치의 드럼에 2번 이상 감고 남은 길이가 있어야 한다.

17
리프트(lift) 작업 지휘자가 지켜야 할 사항 중 옳지 않은 것은?

① 작업원의 배치를 정한다.
② 공구의 기능을 점검하여 불량품을 제거한다.
③ 작업방법은 운전자 지시에 따라 실시한다.
④ 작업용 안전대, 안전모의 착용상태를 점검한다.

해설

리프트 조립 등의 작업안전(안전보건규칙 제156조)
1) 리프트의 조립 또는 해체작업시 조치할 사항
　① 작업을 지휘하는 사람을 선임하여 그 사람의 지휘하에 작업을 실시할 것
　② 작업을 할 구역에 관계 근로자가 아닌 사람의 출입을 금지하고 그 취지를 보기 쉬운 장소에 표시할 것

Answer ● 13. ③ 14. ④ 15. ① 16. ③ 17. ③

③ 비, 눈, 그 밖에 기상상태의 불안정으로 날씨가 몹시 나쁜 경우에는 그 작업을 중지시킬 것.
2) 리프트의 조립 또는 해체 작업시 작업지휘자의 이행사항
   ① 작업방법과 근로자의 배치를 결정하고 해당 작업을 지휘하는 일
   ② 재료의 결함유무 또는 기구 및 공구의 기능을 점검하고 불량품을 제거하는 일
   ③ 작업 중 안전대 등 보호구의 착용상황을 감시하는 일

18
공사현장에서의 짐 올리기 및 긴결(緊結)용으로 사용되는 와이어로프에 대한 사항으로서 잘못된 것은?

① 로프의 끝에 매듭을 지어 턴버클 등에 연결할 때에는 되도록 스프라이스 새클(splice shackle)을 사용한다.
② 마찰을 받는 부분에는 꼭 그리스를 주유한다.
③ 끊은 도막을 이어서 사용하는 것은 가급적 피하고 긴 것을 사용한다.
④ 활차의 지름은 로프 지름의 3배 정도의 것을 사용하는 것이 표준이다.

해설
④의 경우에 활차의 지름은 로프 지름의 10배 정도의 것을 사용하는 것이 표준이다.

19
와이어로프로 중량물을 달아 올릴 때 로프에 힘이 가장 적게 걸리는 각도는 다음 중 어느 것인가?

① 30°   ② 60°
③ 90°   ④ 120°

해설
와이어로프의 슬링각도가 작을수록 힘이 적게 걸린다.

20
철근의 와이어로프 체결방법으로 옳지 않은 것은?

① 철근의 중량을 확인한다.
② 2군데 묶어서 인양한다.
③ 매다는 각도는 70° 이내로 한다.
④ 훅은 해지장치가 있는 것으로 한다.

해설
철근의 매다는 각도는 60° 이내로 한다.
(고용노동부고시)

21
풍하중이 작용할 때 풍하중을 계산하는 것에 대한 설명으로 틀린 것은?

① 풍하중은 풍력계수에 비례한다.
② 풍하중은 풍속의 제곱에 역비례한다.
③ 풍하중은 단면적의 크기에 비례한다.
④ 풍하중은 풍향과 단면의 방향과 관계 있다.

해설
건설용 리프트의 구조·규격에 관한 기술상의 지침
(1) 하중의 종류 : 구조부분에서 부하되는 하중은 다음 각 호와 같다.
  1) 수직하중
  2) 수평하중
  3) 풍하중

(2) 풍하중의 계산
  1) 풍하중은 다음 식에 의해 계산한다. 이 경우, 폭풍 시의 풍속은 35m/s, 폭풍 이외의 풍속은 16m/s로 한다.
  $W = qCA$
  여기서, W : 풍하중(kg)
         q : 속도압(kg/cm²)
         C : 풍력계수
         A : 수압면적(m²)

  2) 속도압의 값은 다음 식에 의해 계산한다.
  $q = \dfrac{V^2}{30} \sqrt[4]{h}$
  여기서, q : 속도압(kg/cm²)
         v : 풍속(m/sec)
         h : 바람받는 면의 지상으로부터 높이(m)
            (높이 15m 미만일 때는 15)

  3) 풍력계수의 값은 풍동시험에 의할 때를 제외하고는 고시상에 정한 값으로 한다.
  4) 압력을 받는 면적은 바람을 받는 면의 바람방향의 직각면에 대한 투영면적으로 한다. 이 경우 바람을 받는 면이 바람방향에 대해 2면 이상 겹쳐 있을 때는 다음 각 호에 정한 바에 의한다.
    ① 바람받는 면이 2면으로 겹칠 때 바람방향에 대해 제1면의 투영면적에 바람방향에 대하여 제2면 중 제1면과 겹친 부분의 투영면적의 60% 면적 및 바람방향에 대한 제2면 중 제 1면과 겹치지 않는 면의 투영면적을 합한 면적.

Answer ➡ 18. ④ 19. ① 20. ③ 21. ②

② 바람받는 면이 3면 이상 겹칠 때 ①의 면적에 바람방향에 대하여 제3면 이상이 되는 면 중 전방의 면과 겹치는 면의 투영 면적이 50% 면적 및 바람방향에 대해 3면 이하가 되는 면 중 전방에 있는 면과 겹치지 않는 부분의 투영면적을 합한 면적.

22
풍하중의 계산에서 틀린 것은?

① 풍하중 단면적의 크기에 비례한다.
② 풍향과 단면의 방향과 관계있다.
③ 풍속에 비례한다.
④ 풍력계수에 비례한다.

해설
풍하중의 계산에서 풍하중은 속도압에는 비례하지만 풍속에는 제곱에 비례한다.

23
다음은 운송기계 중 지게차의 장점을 열거하고 있다. 해당하지 않는 것은?

① 하역, 운반 작업시에 작업자는 운전자 1명으로도 가능하다.
② 하역을 위한 마스트(mast)가 주행시에 시야를 넓게 한다.
③ 50m 이내의 운반거리에서는 하역량을 극대화시킬 수 있다.
④ 하역, 운반시의 안전성은 다른 운송기계에 비해 우수하다.

해설
하역을 위한 마스트(mast)가 주행시에 시야를 가릴 수 있다.

24
차량계 하역 운반기계를 이용하여 하역 및 운반 작업을 할 때는 작업계획을 작성해야 한다. 다음 중 작업계획 작성할 때 고려사항에 해당되지 않는 것은?

① 작업장소의 넓이
② 차량계 하역 운반기계의 종류
③ 화물의 물량
④ 화물의 종류

해설
차량계 하역 운반기계 등의 작업계획의 작성내용
① 해당 작업에 따른 추락·낙하·전도·협착 및 붕괴 등의 위험예방대책
② 차량계하역운반기계 등의 운행경로 및 작업방법

25
단위화물 중량이 얼마 이상의 화물을 차량계 하역 운반기계기구에 싣고 내리는 작업시에 작업지휘자를 지정하여 작업을 하여야 하는가?

① 100kg ② 200kg
③ 300kg ④ 400kg

해설
차량계 하역운반기계에 싣는 작업(로프걸이작업 및 덮개 덮기 작업 포함)을 하는 경우 작업 지휘자가 준수해야 할 사항
① 작업순서 및 그 순서마다의 작업방법을 정하고 작업을 지휘할 것
② 기구 및 공구를 점검하고 불량품을 제거할 것
③ 당해 작업을 행하는 장소에 관계근로자 외의 자의 출입을 금지시킬 것
④ 로프를 풀거나 덮개를 벗기는 작업은 적재함의 화물이 떨어질 위험이 없음을 확인한 후에 해당 작업을 하도록 할 것

26
지게차 운행시의 안전대책으로 옳지 않은 것은?

① 짐을 싣고 주행시에는 저속주행이 좋다.
② 주행시에는 반드시 마스트(mast)를 지면으로부터 올려 놓아야 한다.
③ 조작시에는 시동 후 5분 정도 지난 다음에 한다.
④ 짐을 싣고 내려갈 때는 후진으로 내려가야 한다.

해설
주행시에는 반드시 마스트를 지면에 내려놓아야 한다.

27
차량계 건설기계를 사용하여 작업을 할 때 작성해야 할 작업계획의 내용이 아닌 것은?

① 기계의 종류 및 성능
② 기계에 적합한 탑승인원
③ 기계의 운행경로
④ 기계에 의한 작업방법

Answer ➡ 22. ③ 23. ② 24. ③ 25. ① 26. ② 27. ②

해설

작업계획의 작성(안전보건규칙)
① 사업주는 차량계 건설기계를 사용하여 작업을 하는 때에는 미리 작업장소의 조사결과를 고려하여 작업계획을 작성하고, 그 작업계획에 따라 작업을 실시하도록 하여야 한다.
② 작업계획에는 다음 각 호의 사항이 포함되어야 한다.
  ㉠ 사용하는 차량계 건설기계의 종류 및 성능
  ㉡ 차량계 건설기계의 운행경로
  ㉢ 차량계 건설기계에 의한 작업방법
③ 사업주는 작업계획을 수립하는 때에는 작업계획의 내용을 해당 근로자에게 주지시켜야 한다.

28
차량계 건설기계에 해당되지 않는 것은?
① 곤돌라
② 항타기 및 항발기
③ 파워 쇼벨
④ 불도저 및 로우더

해설

법상 차량계 건설기계의 종류
① 도저형 건설기계(불도저, 스트레이트도저, 틸트도저, 앵글도저, 버킷도저 등)
② 모터그레이더
③ 로더(포크 등 부착물 종류에 따른 용도 변경 형식을 포함한다)
④ 스크레이퍼
⑤ 크레인형 굴착기계(크램쉘, 드래그라인 등)
⑥ 굴삭기(브레이커, 크러셔, 드릴 등 부착물 종류에 따른 용도 변경 형식을 포함한다)
⑦ 항타기 및 항발기
⑧ 천공용 건설기계(어스드릴, 어스오거, 크롤러드릴, 점보드릴 등)
⑨ 지반 압밀침하용 건설기계(샌드드레인머신, 페이퍼드레인머신, 팩드레인머신 등)
⑩ 지반 다짐용 건설기계(타이어롤러, 매커덤롤러, 탠덤롤러 등)
⑪ 준설용 건설기계(버킷준설선, 그래브준설선, 펌프준설선 등)
⑫ 콘크리트 펌프카
⑬ 덤프트럭
⑭ 콘크리트 믹서 트럭
⑮ 도로포장용 건설기계(아스팔트 살포기, 콘크리트 살포기, 아스팔트 피니셔, 콘크리트 피니셔 등)
⑯ 제①호부터 제⑮까지와 유사한 구조 또는 기능을 갖는 건설기계로서 건설작업에 사용하는 것

29
차량계 건설기계를 사용하여 작업을 할 때 기계의 전도 또는 전락에 의한 근로자의 위험을 방지하기 위하여 사업주가 취하여야 할 조치사항으로 적당하지 않은 것은?
① 도로폭의 유지
② 지반의 침하방지
③ 울, 손잡이 설치
④ 노견의 붕괴방지

해설

전도 등의 방지를 위해 조치할 사항
① 갓길의 붕괴방지
② 지반의 부동침하방지
③ 도로폭의 유지
④ 유도자 배치

30
차량계 건설기계로 작업할 때 작업시작 전 점검사항에 해당하는 것은?
① 제동장치 및 조종장치 기능의 이상 유무
② 브레이크 및 클러치의 기능
③ 유압장치 및 하역장치 기능의 이상 유무
④ 바퀴의 이상 유무

해설

작업시작 전 점검 등: 사업주는 차량계 건설기계를 사용하여 작업을 하는 때에는 해당 작업시작 전에 브레이크 및 클러치 등의 기능을 점검하여야 한다.

Answer ➡ 28. ① 29. ③ 30. ②

3장 건설재해 및 대책

1 추락재해

[1] 추락재해의 형태에 의한 발생원인

(1) 비계로부터의 추락

1) 난간이 없을 때
2) 작업대의 발판이 좁을 때
3) 비계에 매달려 올라갔을 때
4) 비계와 구조체 사이의 연결로가 불비할 경우
5) 난간을 제거한 채 작업했을 때
6) 외줄비계에서 안전대를 사용하지 않았을 경우
7) 비계발판의 고정이 나쁘고 어긋났을 때

(2) 작업대 끝 및 개구부로부터의 추락

1) 난간, 덮개, 방책이 없을 때
2) 안전대를 사용하지 않을 때
3) 난간, 덮개, 방책을 제거하고 작업했을 때

(3) 슬레이트 지붕에서의 추락

1) 작업발판이나 통로 판을 설치하지 않았을 때
2) 안전대의 부착이나 설비가 나빴을 경우
3) 안전대를 사용하지 않았을 때
4) 작업자세와 동작이 나빴을 때

[2] 추락재해의 위험성 및 안전조치

(1) 높이 2m 이상의 장소(고소장소)에서의 추락재해 방지 조치사항

1) 작업발판 설치
2) 방망 설치
3) 안전대 착용

(2) 높이 2m 이상의 작업발판 끝이나 개구부 등의 추락재해 방지 조치사항

1) 안전난간, 울타리 및 수직형 추락방망 등 설치
2) 충분한 강도를 가진 구조의 덮개 설치 및 개구부 표시
3) 난간 설치 곤란 시 방망을 치거나 안전대 착용

(3) 슬레이트 등 지붕 위에서의 위험방지 조치사항

1) 폭 30cm 이상의 발판 설치
2) 방망설치

(4) 안전난간의 구조 및 설치요건(안전보건규칙)

1) 상부난간대, 중간난간대, 발끝막이판 및 난간기둥으로 구성할 것(중간난간대, 발끝막이판 및 난간기둥은 이와 비슷한 구조 및 성능을 가진 것으로 대체할 수 있다.)
2) 상부난간대는 바닥면·발판 또는 경사로의 표면(이하 "바닥면 등"이라 한다)으로부터 90cm 이상 지점에 설치하고, 상부난간대를 120cm 이하에 설치하는 경우 중간난간대는 상부난간대와 바닥면 등의 중간에 설치하여야 하며, 120cm 이상 지점에 설치하는 경우에는 중간난간대를 2단 이상으로 균등하게 설치하고 난간의 상하간격은 60cm 이하가 되도록 할 것
3) 발끝막이판은 바닥면 등으로부터 10cm 이상의 높이를 유지할 것(물체가 떨어지거나 날아올 위험이 없거나 그 위험을 방지할 수 있는 망을 설치하는 등 필요한 예방조치를 한 장소를 제외한다.)
4) 난간기둥은 상부난간대와 중간난간대를 견고하게 떠받칠 수 있도록 적정한 간격을 유지할 것
5) 상부난간대와 중간난간대는 난간길이 전체에 걸쳐 바닥면 등과 평행을 유지할 것
6) 난간대는 지름 2.7cm 이상의 금속제 파이프나 그 이상의 강도를 가진 재료일 것
7) 안전난간은 구조적으로 가장 취약한 지점에서 가장 취약한 방향으로 작용하는 100kg 이상의 하중에 견딜 수 있는 튼튼한 구조일 것

(5) 기타 추락재해 방지 조치사항

1) **안전대 부착설비** : 높이 2m 이상의 장소에서 안전대 착용 시는 안전대의 부착설비를 설치하여야 한다.
2) **승강설비의 설치** : 높이 또는 깊이가 2m를 초과하는 장소에서 작업하는 경우 해당 작업에 종사하는 근로자가 안전하게 승강하기 위한 건설작업용 리프트 등의 설비를 설치하여야 한다.
3) **울타리의 설치** : 작업 중 또는 통행 시 전락으로 인하여 근로자가 화상·질식 등의 위험에 처할 우려가 있는 케틀(kettle), 호퍼(hopper), 피트(pit) 등이 있는 경우에는 높이 90cm 이상의 울타리를 설치하여야 한다.

[3] 추락방지용 방망의 구조 등 안전기준

(1) 구조
1) 구성 : 방망, 망테두리, 재봉사, 매다는 망 등
2) 재료 : 합성섬유 또는 그 이상의 재질을 보유한 것
3) 그물코 : 가로, 세로 10cm 이하
4) 그물바닥 : 뒤틀리거나 어긋나지 않는 구조

(2) 강도
1) 테두리 및 매다는 망의 강도 : 1,500kg/cm²
2) 방망사의 신품에 대한 인장강도

그물코의 종류	매듭 없는 방망의 강도	매듭 방망의 강도
10cm	240kg	200kg
5cm		110kg

3) 방망사의 폐기시 인장강도

그물코의 크기	방망의 종류	
	매듭 없는 방망의 강도	매듭 방망의 강도
10cm	150kg	135kg
5cm		60kg

(3) 추락방호망의 설치기준
1) 설치위치 : 가능하면 작업면으로부터 가까운 지점에 설치하여야 하며, 작업면에서 방망 설치지점까지의 수직거리는 10m를 초과하지 아니할 것
2) 방망은 수평으로 설치할 것
3) 방망의 처짐 : 짧은 변 길이의 12% 이상
4) 방망의 내민 길이 : 벽면으로부터 3m 이상
   ※ 다만, 그물코가 20mm 이하인 망을 사용한 경우에는 낙하물방지망을 설치한 것으로 봄.

(4) 방망지지점 강도
1) 600kg의 외력에 견딜 수 있을 것
2) 연속적인 구조물이 방망지지점인 경우의 외력

$$F = 200B$$

여기서, F : 외력(kg)
B : 지지점 간격(m)

(5) 방망의 정기시험
방망은 사용 개시 후 1년 이내, 그 후 6개월마다 1회 정기적으로 시험용사에 대하여 인장시험을 하여야 한다.

(6) 방망의 표시사항

1) 제조자명
2) 제조연월
3) 재봉치수
4) 그물코
5) 신품 때의 방망의 강도

2 낙하·비래재해

[1] 낙하·비래재해의 발생원인

(1) 안전모를 착용하지 않았을 때
(2) 작업 중 재료·공구 등을 떨어뜨렸을 때
(3) 높은 위치에 놓아둔 물건의 정리정돈이 나빴을 때
(4) 안전망 등의 유지관리가 나빴을 때
(5) 출입금지, 감시인의 배치 등의 조치를 하지 않았을 때
(6) 물건을 버릴 때 투하설비를 하지 않았을 때
(7) 작업바닥의 폭, 간격 등 구조가 나빴을 때

[2] 낙하·비래의 위험방지 조치사항 및 방호설비

(1) 물체가 낙하·비래할 위험이 있을 경우 위험방지 조치사항

1) 낙하물 방지망(방망)·수직보호망 또는 방호선반의 설치
2) 출입금지구역의 설정
3) 보호구 착용

(2) 낙하물 방지망 또는 방호선반의 설치기준

1) 높이 10m 이내마다 설치하고, 내민 길이는 벽면으로부터 2m 이상으로 할 것
2) 수평면과의 각도는 20° 이상 30° 이하를 유지할 것

(3) 물체를 투하할 경우 위험방지 조치사항

1) 투하설비 설치
2) 감시인 배치

(4) 낙하·비래재해의 방호설비 : 방호철망, 방호울타리, 방호시트, 방호선반, 안전망 등

3 붕괴재해

[1] 붕괴재해의 형태 및 발생원인

(1) 경사면 굴착에 의한 붕괴

1) 지질조사 불충분 및 부석의 점검을 소홀히 했을 경우
2) 시공계획이나 공정을 잘 모르고 있을 경우
3) 작업 지휘자의 지휘를 따르지 않았을 경우
4) 굴착면 상하에서 동시작업을 했거나 안전구배로 굴착하지 않았을 경우
5) 굴착면 하부의 작업원 위치가 나빠 대피할 수 없었을 경우
6) 악천후 후에 안전점검을 하지 않았을 경우

(2) 흙막이 지보공의 도괴

1) 지보공 점검을 하지 않거나 지보공 조립방법이 나빴을 경우
2) 지보공의 구조와 재료가 좋지 않았을 경우
3) 작업지휘자의 지휘 없이 조립했을 경우
4) 지보공 상부 또는 근처에 중량물을 적재했을 경우

[2] 붕괴재해의 위험방지 조치사항

(1) 갱내에서의 낙반 또는 측벽의 붕괴에 의한 위험방지 조치사항

1) 지보공 설치
2) 부석제거

(2) 지반의 붕괴, 구축물의 붕괴 또는 토석의 낙하 등에 의한 위험방지 조치사항

1) 지반을 안전한 경사로 할 것
2) 낙하의 위험이 있는 토석을 제거할 것
3) 옹벽, 흙막이 지보공을 설치할 것
4) 지반의 붕괴, 토석의 낙하원인이 되는 빗물이나 지하수 등을 배제할 것

(3) 굴착작업 시 지반의 붕괴 또는 토석의 낙하 등에 의한 위험방지 조치사항

1) 흙막이 지보공의 설치
2) 방호망의 설치
3) 근로자의 출입금지
4) 비올 경우 대비 측구설치 및 굴착사면에 비닐을 덮음

(4) 지반의 굴착작업 시 조사사항

1) 형상, 지질 및 지층의 상태
2) 균열 · 함수 · 용수 및 동결의 유무 또는 상태
3) 매설물의 유무 또는 상태
4) 지반의 지하수위 상태

(5) 굴착면의 기울기(구배) 기준(개정 2023. 11. 14)

구 분	지반의 종류	구 배
보통 흙	모래	1 : 1.8
	그밖의 흙	1 : 1.2
암 반	풍화암	1 : 1.0
	연 암	1 : 1.0
	경 암	1 : 0.5

(6) 흙막이지보공(흙막이판, 말뚝, 버팀대 및 띠장 등) 조립시 조립도에 포함되는 내용

1) 부재의 배치
2) 부재의 치수
3) 부재의 재질
4) 부재의 설치방법과 순서

(7) 흙막이지보공 설치시 붕괴 등의 위험방지를 위한 정기점검사항

1) 부재의 손상 · 변형 · 부식 · 변위 및 탈락의 유무와 상태
2) 버팀대의 긴압의 정도
3) 부재의 접속부 · 부착부 및 교차부의 상태
4) 침하의 정도

[3] 터널작업 등의 위험방지

(1) 사전조사 및 작업계획서 내용

1) 터널굴착작업시 낙반 · 출수 및 가스폭발 등의 위험방지를 위해 미리 조사할 사항 : 지형 · 지질 및 지층상태

2) 터널굴착작업시 작업계획의 작성내용
   ① 굴착의 방법
   ② 터널지보공 및 복공의 시공방법과 용수의 처리방법
   ③ 환기 또는 조명시설을 하는 때에는 그 방법

(2) 자동경보장치의 설치 등

1) 터널공사 등 건설작업시에는 인화성 가스의 농도를 측정할 담당자를 지명하고, 인화성 가스의 농도를 측정할 것
2) **자동경보장치의 설치** : 터널공사 등 건설작업시에는 인화성 가스 농도의 이상상승을 조기에 파악하기 위해 자동경보장치를 설치할 것
3) 자동경보장치에 대한 당일의 작업시작 전 점검사항
   ① 계기의 이상유무
   ② 검지부의 이상유무
   ③ 경보장치의 작동상태

(3) 터널건설작업시 낙반 등에 의한 위험방지 조치사항

1) 터널지보공 설치
2) 록볼트의 설치
3) 부석의 제거

(4) 터널 등의 출입구 부근의 지반 붕괴 및 토석 낙하에 의한 위험방지 조치사항

1) 흙막이지보공 설치
2) 방호망 설치

(5) 터널작업시 터널 내부의 시계를 유지하기 위한 조치사항

1) 환기를 시킬 것
2) 물을 뿌릴 것

(6) 터널지보공 설치시 수시점검사항

1) 부재의 손상·변형·부식·변위 탈락의 유무 및 상태
2) 부재의 긴압의 정도
3) 부재의 접속부 및 교차부의 상태
4) 기둥침하의 유무 및 상태

(7) 깊이 10.5m 이상의 굴착시 설치해야 할 계측기기

1) 수위계
2) 경사계
3) 하중 및 침하계
4) 응력계

(8) 파이럿 터널(pilot tunnel)
: 본 터널(main tunnel)을 시공하기 전에 터널에서 약간 떨어진 곳에 지질조사, 환기, 배수, 운반 등의 상태를 알아보기 위하여 설치하는 터널

[4] 채석작업 및 잠함내 작업 등 안전기준

(1) 채석작업시 작업계획의 작성내용

1) 노천굴착과 갱내굴착의 구별 및 채석방법
2) 굴착면의 높이와 기울기
3) 굴착면의 소단(小段)의 위치와 넓이
4) 갱내에서의 낙반 및 붕괴방지의 방법
5) 발파방법
6) 암석의 분할방법
7) 암석의 가공장소
8) 사용하는 굴착기계·분할기계·적재기계 또는 운반기계(이하 "굴착기계 등"이라 함)이 종류 및 능력
9) 토석 또는 암석의 적재 및 운반방법과 운반경로
10) 표토 또는 용수의 처리방법

(2) 잠함·우물통·수직갱 그 밖에 이와 유사한 건설물 또는 설비의 내부에서 굴착작업을 하는 경우 준수사항

1) 산소결핍의 우려가 있는 경우에는 산소의 농도를 측정하는 사람을 지명하여 측정하도록 할 것
2) 근로자가 안전하게 승강하기 위한 설비(승강설비)를 설치할 것
3) 굴착깊이가 20m를 초과하는 경우에는 해당 작업장소와 외부와의 연락을 위한 통신설비 등을 설치할 것
4) 산소결핍이 인정되거나 굴착깊이가 20m를 초과할 때에는 송기설비를 설치하여 필요한 양의 공기를 공급할 것

[5] 토석붕괴

(1) 토석붕괴의 원인

1) 외적요인
   ① 사면, 법면의 경사 및 구배의 증가
   ② 절토 및 성토 높이의 증가
   ③ 지표수 및 지하수의 침투에 의한 토사중량의 증가
   ④ 공사에 의한 진동 및 반복하중의 증가
   ⑤ 지진, 차량, 구조물의 하중

2) 내적요인
　① 절토사면의 토질, 암석
　② 토석의 강도저하
　③ 성토사면의 토질

(2) 토석 붕괴의 형태
　1) 미끄러져 내림
　2) 절토면의 붕괴
　3) 얕은 표층의 붕괴
　4) 성토법면의 붕괴
　5) 깊은 절토 법면의 붕괴

(3) 토석 붕괴 시 조치사항
　1) 동시작업의 금지
　2) 대피 통로 및 공간의 확보
　3) 2차재해 방지

(4) 토사붕괴예방을 위한 조치사항(고용노동부 고시)
　1) 적절한 경사면의 기울기를 계획하여야 한다.
　2) 경사면의 기울기가 당초 계획과 차이가 발생되면 즉시 재검토하여 계획을 변경시켜야 한다.
　3) 활동할 가능성이 있는 토석은 제거하여야 한다.
　4) 경사면의 하단부에 압성토 등 보강공법으로 활동에 대한 저항대책을 강구하여야 한다.
　5) 말뚝(강관, H형강, 철근콘크리트)을 타입하여 지반을 강화시킨다.
　6) 비탈면 또는 법면의 「하단」을 다져서 활동이 안되도록 저항을 만들어야 한다.
　7) 지표수가 침투되지 않도록 배수를 시키고 지하수위를 낮추기 위하여 수평보링을 하여 배수시켜야 한다.

(5) 토사붕괴의 발생을 예방하기 위하여 점검할 사항(고용노동부 고시)
　1) 전 지표면의 답사
　2) 경사면의 지층 변화부 상황 확인
　3) 부석의 상황 변화의 확인
　4) 용수의 발생 유무 또는 용수량의 변화 확인
　5) 결빙과 해빙에 대한 상황의 확인
　6) 각종 경사면 보호공의 변위, 탈락 유무
　7) 점검시기는 작업 전·중·후, 비온 후, 인접 작업구역에서 발파한 경우에 실시

[6] 지반개량공법

(1) 연약지반 개량공법

1) **치환공법** : 굴착치환공법, 성토자중에 의한 치환공법, 폭파치환공법, 폭파다짐공법
2) 압성토 및 여성토 공법
3) 샌드드레인공법 및 페이퍼드레인공법
4) 샌드콤펙션 말뚝공법(다짐모래말뚝공법 : 압축법)
5) 바이브로플로테이션공법(진동법)
6) 약액주입공법과 생석회 파일공법

(2) 점토지반의 개량공법

1) 샌드드레인(sand drain)공법
2) 페이퍼드레인(paper drain)공법
3) 프리로딩(pre loading)공법
4) 치환공법

(3) 사질토지반을 강화하는 개량공법 : 다짐기계 등을 이용하는 다짐공법 사용

1) 바이브로플로테이션 공법 : 진동법
2) 샌드콤펙션말뚝 공법 : 압축법

(4) 지반개량을 위한 재하공법

1) 여성토(pre-loading)공법
2) 서차지(sur-charge)공법
3) 사면선단 재하공법

(5) 지반개량을 위한 탈수공법

1) 샌드드레인 공법(점성토에 적합)
2) 페이퍼드레인 공법(점성토에 적합)
3) 웰포인트 공법(사질토에 적합)
4) 생석회 공법

(6) 언더피닝 공법 : 기존건물의 인접된 장소에서 새로운 깊은 기초를 시공하고자 할 때 기존 건물의 기초를 보강하거나 새로이 기초를 삽입하는 공법

4 감전안전

[1] 감전재해의 형태 및 발생원인

(1) 전기공사 중의 감전재해
1) 작업순서를 잘못했을 경우
2) 감시인이 없거나 보호구를 착용하지 않았을 경우
3) 전로차단의 조치(표시등)와 그 확인을 하지 않았을 경우

(2) 전기기계 기구의 재해
1) 코드의 피복이 나빴거나, 코드의 취급이 나빴다
2) 접지를 시키지 않거나 누전차단기를 설치하지 않았을 경우
3) 아크 용접기에 자동전격방지 장치를 설치하지 않았을 경우
4) 용접봉 홀더의 피복이 나빴을 경우

(3) 고압활선 근접작업 중의 재해
1) 작업자세가 나쁘고 물이 전선에 접속했을 경우
2) 전선의 방호가 없을 경우
3) 갖고 있던 재료나 공구가 전선에 접촉했을 경우
4) 보호구를 착용하지 않았을 경우

[2] 정전 작업시 및 정전작업 후 조치사항

(1) 정전작업시의 조치사항 : 전로차단의 절차
1) 전기기기 등에 공급되는 모든 전원을 관련 도면, 배선도 등으로 확인할 것.
2) 전원을 차단한 후 각 단로기 등을 개방하고 확인할 것.
3) 차단장치나 단로기 등에 잠금장치 및 꼬리표를 부착할 것.
4) 개로된 전로에서 유도전압 또는 전기에너지가 축적되어 근로자에게 전기위험을 끼칠 수 있는 전기기기 등은 접촉하기 전에 잔류전하를 완전히 방전시킬 것.
5) 검전기를 이용하여 작업 대상 기기가 충전되었는지를 확인할 것.
6) 전기기기 등이 다른 노출 충전부와의 접촉, 유도 또는 예비동력원의 역송전 등으로 전압이 발생할 우려가 있는 경우에는 충분한 용량을 가진 단락 접지기구를 이용하여 접지할 것.

(2) 정전작업 후 조치사항
1) 작업기구, 단락 접지기구 등을 제거하고 전기기기 등이 안전하게 통전될 수 있는지를 확인할 것.

2) 모든 작업자가 작업이 완료된 전기기기 등에서 떨어져 있는지를 확인할 것.
3) 잠금장치와 꼬리표는 설치한 근로자가 직접 철거할 것.
4) 모든 이상 유무를 확인한 후 전기기기 등의 전원을 투입할 것.

[3] 충전전로에서의 전기작업(활선작업시의 안전조치)(안전보건규칙 제321조)

(1) 충전전로 취급 및 인근작업시 안전조치 : 근로자가 충전전로를 취급하거나 그 인근에서 작업하는 경우에는 다음 각 호의 조치를 하여야 한다.

1) 충전전로를 정전시키는 경우에는 제319조에 따른 조치를 할 것.
2) 충전전로를 방호, 차폐하거나 절연 등의 조치를 하는 경우에는 근로자의 신체가 전로와 직접 접촉하거나 도전재료, 공구 또는 기기를 통하여 간접 접촉되지 않도록 할 것.
3) 충전전로를 취급하는 근로자에게 그 작업에 적합한 **절연용 보호구를 착용**시킬 것.
4) 충전전로에 근접한 장소에서 전기작업을 하는 경우에는 해당 전압에 적합한 **절연용 방호구를** 설치할 것. 다만, 저압인 경우에는 해당 전기작업자가 절연용 보호구를 착용하되, 충전전로에 접촉할 우려가 없는 경우에는 절연용 방호구를 설치하지 아니할 수 있다.
5) 고압 및 특별고압의 전로에서 전기작업을 하는 근로자에게 **활선작업용 기구 및 장치**를 사용하도록 할 것.
6) 근로자가 절연용 방호구의 설치·해체작업을 하는 경우에는 절연용 **보호구를 착용**하거나 **활선작업용 기구 및 장치**를 사용하도록 할 것.
7) 유자격자가 아닌 근로자가 충전전로 인근의 높은 곳에서 작업할 때에 근로자의 몸 또는 긴 도전성 물체가 방호되지 않은 충전전로에서 대지전압이 50kV 이하인 경우에는 300cm 이내로, 대지전압이 50kV를 넘는 경우에는 10kV당 10cm씩 더한 거리 이내로 각각 접근할 수 없도록 할 것.
8) 유자격자가 충전전로 인근에서 작업하는 경우에는 다음 각 목의 경우를 제외하고는 노출 충전부에 다음 표에 제시된 **접근한계거리** 이내로 접근하거나 절연 손잡이가 없는 도전체에 접근할 수 없도록 할 것.
  ① 근로자가 노출 충전부로부터 절연된 경우 또는 해당 전압에 적합한 절연장갑을 착용한 경우
  ② 노출 충전부가 다른 전위를 갖는 도전체 또는 근로자와 절연된 경우
  ③ 근로자가 다른 전위를 갖는 모든 도전체로부터 절연된 경우

[표] 특별고압에 대한 접근한계거리

충전전로의 선간전압(단위 : KV)	충전전로에 대한 접근한계거리(단위 : cm)
0.3 이하	접근금지
0.3 초과 0.75 이하	30
0.75 초과 2 이하	45
2 초과 15 이하	60
15 초과 37 이하	90
37 초과 88 이하	110
88 초과 121 이하	130
121 초과 145 이하	150
145 초과 169 이하	170
169 초과 242 이하	230
242 초과 362 이하	380
362 초과 550 이하	550
550 초과 800 이하	790

(2) 절연이 되지 않은 충전부 및 인근에 접근방지 및 제한조치

1) 방책을 설치하고 근로자가 쉽게 알아볼 수 있도록 할 것.
2) 전기와 접촉할 위험이 있는 경우에는 도전성 금속제 방책을 사용하거나, 접근 한계거리 이내에 설치하지 않을 것.
3) 방책설치가 곤란한 경우에는 사전에 위험을 경고하는 감시인을 배치할 것.

[4] 충전전로 인근에서의 차량·기계장치 작업

(1) 충전전로 인근에서 차량, 기계장치 작업이 있는 경우

1) 차량 등을 충전전로의 충전부로부터 300cm 이상 이격시켜 유지시킨다.
2) 대지전압이 50kV(킬로볼트)를 넘는 경우 이격거리는 10kV 증가할 때마다 10cm씩 증가시켜야 한다.
3) 다만, 차량 등의 높이를 낮춘 상태에서 이동하는 경우에는 이격거리를 120cm 이상(대지전압이 50kV를 넘는 경우에는 10kV 증가할 때마다 이격거리를 10cm씩 증가)으로 할 수 있다.

(2) **충전전로의 전압에 적합한 절연용 방호구 등을 설치한 경우** : 이격거리를 절연용 방호구 앞면까지로 할 수 있으며, 차량 등의 가공 붐대의 버킷이나 끝부분 등이 충전전로의 전압에 적합하게 절연되어 있고 유자격자가 작업을 수행하는 경우에는 붐대의 절연되지 않은 부분과 충전전로 간의 이격거리는 접근 한계거리까지로 할 수 있다.

(3) 방책 등 설치 : 차량 등의 그 어느 부분과도 접촉하지 않도록 방책을 설치하거나 감시인 배치 등의 조치를 하여야 한다.

(4) 방책·설치 및 감시인 배치 제외되는 경우

1) 근로자가 해당 전압에 적합한 절연용 보호구 등을 착용하거나 사용하는 경우
2) 차량 등의 절연되지 않은 부분이 접근 한계거리 이내로 접근하지 않도록 하는 경우

(5) 충전전로 인근에서 접지된 차량 등이 충전전로와 접촉할 우려가 있을 경우 : 지상의 근로자가 접지점에 접촉하지 않도록 조치하여야 한다.

[5] 전기작업용 안전장구

(1) 절연용 보호구 : 절연안전모(절연모), 절연 고무장갑, 절연복, 절연고무장화 등

(2) 절연용 방호구 : 방호관, 점퍼 호스, 건축지장용 방호관, 커트아웃스위치커버, 고무불랭킷, 애자후드, 완금커버

(3) 활선장구 : 활선시메라, 활선커터, 커트아웃스위치조작봉, 디스콘스위치 조작봉, 점퍼선, 주상작업대, 활선애자 청소기, 활선사다리, 기타 활선공구

실 / 전 / 문 / 제

01
다음 중 추락재해 방지설비가 아닌 것은?

① 비계　　　　② 발판
③ 안전대　　　④ 버팀대

해설

추락방지대책
① (비계를 조립하여) 작업발판 설치
② 안전방망 설치
③ 안전대 착용

02
다음 근로자가 추락할 위험이 있는 곳에서 작업을 할 때 조치하여야 할 사항 중 적당하지 않은 것은?

① 작업발판 설치
② 방망의 설치
③ 안전대를 착용시킴
④ 지보공의 설치

해설

①, ②, ③ 이외의 조명의 유지, 악천후시의 작업금지, 승강설비의 설치 등도 추락위험방지 조치사항이다.

03
2m 이상 작업발판의 끝이나 개구부의 방호조치로 틀린 것은?

① 건널다리　　② 표준안전난간
③ 울　　　　　④ 손잡이

해설

개구부 등의 방호조치(안전보건규칙 제43조)
① 안전난간, 울타리, 수직형 추락방망설치
② 덮개설치 및 개구부 표시
③ 안전방망 실시
④ 안전대 착용

04
안전관리규정에 있어서 비계의 높이 2m 이상인 작업장소의 작업상(床) 설치에 있어, 추락의 위험성이 있는 장소에 설치하는 손잡이의 높이는?

① 60cm　　　② 75cm
③ 90cm　　　④ 120cm

해설

손잡이의 높이 : 90cm 이상

05
산업안전보건법상 슬레이트 지붕 위에서 작업을 할 때 발이 빠지는 등 근로자에게 위험을 미칠 우려가 있을 경우에 폭이 얼마 이상인 발판을 설치하여야 하는가?

① 30cm 이상　　② 50cm 이상
③ 80cm 이상　　④ 1m 이상

해설

슬레이트 지붕 위에서의 위험방지(안전보건규칙 제45조) : 슬레이트, 선라이트 등 강도가 약한 재료로 덮은 지붕 위에서 작업을 할 때에 발이 빠지는 등 근로자에게 위험해질 우려가 있는 경우 폭 30cm 이상의 발판을 설치하거나 추락방호망을 치는 등 위험을 방지하기 위하여 필요한 조치를 하여야 한다.

06
물체의 낙하 또는 비래 위험방지조치가 아닌 것은?

① 방망의 설치　　② 출입금지구역 설정
③ 보호구 착용　　④ 건널다리 설치

해설

낙하·비래에 의한 위험방지(안전보건규칙 제14조) : 작업으로 인하여 물체가 떨어지거나 날아올 위험이 있는 경우에는 ① 낙하물방지망, 수직보호망 또는 방호선반의 설치, ② 출입금지구역의 설정, ③ 보호구의 착용 등을 위험방지하기 위하여 필요한 조치를 하여야 한다.

Answer ● 01. ④　02. ④　03. ①　04. ③　05. ①　06. ④

07

추락방지용 방망의 기준으로 맞지 않은 것은?

① 방망의 재료는 합성섬유로 한다.
② 그물코는 가로, 세로가 12cm 이하로 한다.
③ 그물바닥은 어긋나지 않는 구조일 것
④ 망테두리와 매다는 망과의 연결은 3회 이상을 엮어 묶는다.

해설

방망의 구조 및 치수(추락재해표준안전작업지침) : 방망은 망, 테두리 로프, 달기 로프, 시험용사로 구성되어진 것으로서 각 부분은 다음 각 호에 정하는 바에 적합하여야 한다.
① **소재** : 합성섬유 또는 그 이상의 물리적 성질을 갖는 것이어야 한다.
② **그물코** : 사각 또는 마름모로서 그 크기는 10cm 이하이어야 한다.
③ **방망의 종류** : 매듭방망으로서 매듭은 원칙적으로 단매듭을 한다.
④ **테두리 로프와 방망의 재봉** : 테두리 로프는 각 그물코를 관통시키고 서로 중복됨이 없이 재봉사로 결속한다.
⑤ **테두리 로프 상호의 접합** : 테두리 로프를 중간에서 결속하는 경우는 충분한 강도를 갖도록 한다.
⑥ **달기 로프의 결속** : 달기 로프는 3회 이상 엮어 묶는 방법 또는 이와 동등 이상의 강도를 갖는 방법으로 테두리 로프에 결속하여야 한다.
⑦ 시험용사는 방망 폐기시에 방망사의 강도를 점검하기 위하여 테두리 로프에 연하여 방망에 재봉한 방망사이다.

08

추락방지용 방망의 그물코가 10cm일 때 망사의 강도로 적당한 것은?

① 80kg   ② 100kg
③ 110kg   ④ 200kg

해설

방망사의 강도(추락재해 표준안전작업지침) : 방망사는 시험용사로부터 채취한 시험편의 양단을 인장시험기로 시험하거나 또는 이와 유사한 방법으로서 등속인장시험을 한 경우 그 강도는 다음에 정한 값 이상이어야 한다.

(1) 방망사의 신품에 대한 인장강도

그물코의 크기 (단위 : cm)	방망의 종류(단위 : kg)	
	매듭 없는 방망	매듭 방망
10	240	200
5		110

(2) 방망사의 폐기시 인장강도

그물코의 크기 (단위 : cm)	방망의 종류(단위 : kg)	
	매듭 없는 방망	매듭 방망
10	150	135
5		60

09

근로자의 추락 위험성이 많은 통로나 작업장에 근로자의 추락을 방지하기 위하여 조치하여야 할 사항 중 가장 중요한 것은 어느 것인가?

① 감시인 배치   ② 울타리 설치
③ 안전모 착용   ④ 보호망 설치

10

안전대의 로프 사용법으로 맞지 않는 것은?

① 로프를 지지하는 구조물의 높이는 높게 선정하는 것이 좋다.
② 신축조절기를 이용하여 가능한 로프의 길이를 길게 한다.
③ 추락 후 진자상태가 되었을 경우, 물체에 부딪히지 않는 위치에 설치한다.
④ 바닥면에서 로프 길이 2배 이상의 위치에 설치한다.

해설

신축조절기를 이용하여 가능한 한 작업자의 신체에 적합하게 로프의 길이를 조정하여 짧게 하여야 한다.

11

추락시 로프의 지지점에서 최하단까지의 거리 h를 구하는 식으로 옳은 것은?

① h = 로프의 길이 + 신장
② h = 로프의 길이 + 신장/2
③ h = 로프의 길이(1 + 신장률) + 신장
④ h = 로프의 길이(1 + 신장률) + 신장/2

해설

h = 로프의 길이 + (로프의 길이 × 신장률) + (근로자의 신장 × 1/2)
∴ h = 로프의 길이(1 + 신장률) + 신장/2

Answer ○ 07. ② 08. ④ 09. ④ 10. ② 11. ④

12
추락시 로프의 지지점에서 최하단까지의 거리 h를 구하면? (단, 로프의 길이 150cm, 로프의 신장률은 30% 근로자의 신장은 180cm이다)

① 2.70m
② 2.85m
③ 3.00m
④ 3.15m

해설

추락시 로프의 지지점에서 최하단까지의 거리(h) = 로프의 길이 + (로프의 길이 × 신장률) + (근로자의 신장 × 1/2)
∴ h = 1.5 + (1.5 × 0.3) + (1.8 × 1/2) = 2.85m

13
비계로부터 추락과 관계가 먼 것은?

① 작업발판의 폭이 좁았다.
② 덮개가 없었다.
③ 비계 위로 올라갔다.
④ 난간이 없었다.

해설

비계로부터의 추락재해 발생원인
① 난간이 없었다.
② 작업대의 발판이 좁았다.
③ 비계와 구조체 사이의 연결로가 불비했다.
④ 비계에 매달려서 올라갔다.
⑤ 난간을 제거한 채로 작업했다.
⑥ 비계 발판의 고정이 나쁘고 어긋났다.
⑦ 외줄 비계에서 안전대를 사용하지 않았다.

14
이동식 사다리로부터 추락과 관계가 먼 것은?

① 브레이크를 사용하지 않았다.
② 사다리 상부의 거는 방법이 나빴다.
③ 격자의 재료가 꺾였다.
④ 작업방법이 나빴다.

해설

이동식 사다리에서의 추락재해 발생원인
① 사다리가 바닥에 미끄러져서 넘어졌다.
② 사다리의 구조가 나빴다.
③ 작업동작이 나빴다.
④ 사다리 상부의 고정이 나빴다.
⑤ 사다리 재료가 나빠서 꺾어졌다.

15
해체작업 중의 추락과 관계가 먼 것은?

① 강풍이 불 때 작업을 했다.
② 해체작업 순서가 잘못되었다.
③ 구명줄, 안전모, 안전대를 사용하지 않았다.
④ 지반이 나빴다.

해설

해체작업 중의 추락재해 발생원인
① 야간 작업시에 조명이 부족했다.
② 빔 위에서 이동 중에 비 때문에 발이 미끄러졌다.
③ 승강설비가 있음에도 이용하지 않았다.
④ 강풍 아래서 작업을 실시했다.
⑤ 상부에서 공구가 떨어져서 신체를 타격했다.
⑥ 해체작업 순서가 틀렸다.
⑦ 안전망 또는 구명줄, 안전모를 사용하지 않았다.
⑧ 크레인의 화물이 요동하거나 신체에 닿았다.
⑨ 해체 작업자와 신호자의 신호가 충분하지 않았다.

16
다음 설명 중 추락재해의 원인과 방지대책으로 맞지 않은 것은?

① 일반적으로 추락은 작업자의 고소(高所)에 있어서의 작업행동이 나쁜데 원인이 있다.
② 작업장에서의 신발은 미끄러지기 쉽고 벗겨지기 쉬운 신발을 신지 않는다.
③ 사다리는 평면에 대하여 75°로 하고, 사다리의 상부는 90cm 가량 위로 나오게 한다.
④ 개구부, 피트는 특히 조명을 잘하고, 노란 헝겊을 매달아서 표시한다.

해설

③항의 경우, 사다리의 상부는 걸친 지점으로부터 60cm 이상 올라가도록 한다.

17
터널공사시에 가연성 가스 농도의 이상상승을 조기에 파악키 위해 작업시작 전에 자동경보장치를 점검해야 할 사항이 아닌 것은?

① 계기의 이상 유무
② 발열 여부
③ 검지부 이상 유무
④ 경보장치 작동상태

Answer ● 12. ② 13. ② 14. ① 15. ④ 16. ③ 17. ②

해설

자동경보장치의 설치 등(안전보건규칙 350조)
(1) 인화성 가스가 존재하여 폭발이나 화재가 발생할 위험이 있는 경우에는 인화성 가스 농도의 이상상승을 조기에 파악하기 위하여 그 장소에 자동경보장치를 설치하여야 한다.
(2) 자동경보장치에 대하여 당일의 작업시작 전 다음 각 호의 사항을 점검하고, 이상을 발견하면 즉시 보수하여야 한다.
① 계기의 이상 유무
② 검지부의 이상 유무
③ 경보장치의 작동상태

18
다음 중 터널작업 시의 낙반에 의한 위험방지 조치 사항이 아닌 것은?

① 출입구 부근에 방호망 설치
② 출입금지구역 설정
③ 시계(視界) 유지
④ 부석의 낙하지역에 일정통로 설정

해설

터널작업 시의 낙반 등에 의한 위험 방지조치사항(안전보건규칙)
(1) 터널 지보공, 록볼트의 설치, 부석의 제거 등의 조치
(2) 출입구 부근 등에 흙막이 지보공이나 방호망 설치
(3) 관계근로자 외의 자의 출입금지
(4) 시계유지(환기를 하거나 물을 뿌린다)
(5) 규정준용
 ① 위험작업 시에 굴착기계 등의 사용금지
 ② 운반기계의 운행으로 인한 위험방지
 ③ 운반기계 등의 작업 시에 유도자 배치
(6) 가스 제거 등의 조치
(7) 용접 등, 작업시의 조치
(8) 점화물질 휴대금지
(9) 방화담당자의 지정 등
(10) 소화설비 설치
(11) 위험 시 작업의 중지 및 대피

19
다음 중 낙반 재해에 대한 방지공법으로 적당하지 않은 것은?

① 지보공을 설치한다.
② 출입구 부근에 방호망을 설치한다.
③ 터널 지보공의 주재는 이중평면 내에 설치한다.
④ 출입을 통제한다.

해설

터널 지보공을 조립하거나 변경하는 경우에는 주재를 구성하는 1세트의 부재는 동일평면 내에 배치할 것

20
터널공사장에서 터널출입구 부근의 지반이 붕괴 또는 토석낙하에 의하여 근로자가 위해를 입을 우려가 있을 때 위험을 방지하기 위한 조치는 다음 중 어느 것이 적당한가?

① 터널 지보공 설치
② 라이닝
③ 감시인의 배치
④ 흙막이 지보공 설치

해설

출입구 부근 등의 지반붕괴에 의한 위험방지 :
터널 등의 건설작업을 할 때에 터널 등의 출입구 부근의 지반의 붕괴나 토석의 낙하에 의하여 근로자가 위험해질 우려가 있는 경우에는 흙막이 지보공이나 방호망을 설치하는 등 위험을 방지하기 위하여 필요한 조치를 하여야 한다.

21
터널 지보공 조립시에 위험방지를 위하여 준수할 사항이 아닌 것은?

① 기둥에는 침하방지 받침목을 사용한다.
② 강 아치 지보공의 조립은 2.5m 이하로 할 것
③ 목재 지주식 지보공은 양 끝에 받침대를 설치할 것
④ 목재 부재의 접속부는 꺾쇠 등으로 고정할 것

해설

터널지보공의 조립시 위험방지 조치사항
(1) 기둥에는 침하를 방지하기 위하여 받침목을 사용하는 등의 조치를 할 것
(2) 강 아치 지보공의 조립은 다음 각목의 정하는 바에 의할 것
 ① 조립간격은 조립도에 따를 것
 ② 주재가 아치작용을 충분히 할 수 있도록 쐐기를 박는 등 필요한 조치를 할 것
 ③ 연결 볼트 및 띠장 등을 사용하여 주재 상호 간을 튼튼하게 연결할 것
 ④ 터널 등의 출입구 부분에는 받침대를 설치할 것
 ⑤ 낙하물이 근로자에게 위험이 미칠 우려가 있는 경우에는 널판 등을 설치할 것

Answer ● 18. ④ 19. ③ 20. ④ 21. ②

(3) 목재 지주식 지보공은 다음 각 목의 사항을 따를 것
   ① 주기둥은 변위를 방지하기 위하여 쐐기 등을 사용하여 지반에 고정시킬 것
   ② 양끝에는 받침대를 설치할 것
   ③ 터널 등의 목재 지주식 지보공에 세로방향의 하중이 걸림으로써 넘어지거나 비틀어질 우려가 있는 경우에는 양끝 외의 부분에도 받침대를 설치할 것
   ④ 부재의 접속부는 꺾쇠 등으로 고정시킬 것
(4) 강아치 지보공 및 목재지주식 지보공 외의 터널 지보공에 대하여는 터널 등의 출입구 부분에 받침대를 설치할 것

22
강아치지보공의 조립 시에 준수해야 할 사항이 아닌 것은?

① 조립간격은 1.6m 이하로 할 것
② 연결볼트를 사용하여 주재 상호 간을 튼튼하게 연결할 것
③ 출입구 부분에는 받침대를 설치할 것
④ 낙하물 위험방지를 위해 널판을 설치할 것

해설
강아치지보공 조립시, 조립간격은 1.5m 이하로 해야 된다.

23
터널 지보공을 설치할 때 수시로 점검해야 할 사항이 아닌 것은?

① 부재의 긴압정도
② 기둥침하의 유무 및 상태
③ 부재의 접속부 및 교차부 상태
④ 부재의 강도

해설
붕괴 등의 방지(안전보건규칙) : 터널 지보공을 설치한 경우에는 다음 각 호의 사항을 수시로 점검하여야 하며, 이상을 발견한 때에는 즉시 보강하거나 보수하여야 한다.
① 부재의 손상 · 변형 · 부식 · 변위 탈락의 유무 및 상태
② 부재의 긴압의 정도
③ 부재의 접속부 및 교차부의 상태
④ 기둥침하의 유무 및 상태

24
채석작업시의 계획서에 포함시켜야 될 사항이 아닌 것은?

① 부재의 긴압정도
② 암석의 가공장소
③ 발파방법
④ 굴착면의 높이와 구배

해설
채석작업의 작업계획의 작성 내용(안전보건규칙)
① 노천굴착과 갱내굴착의 구별 및 채석방법
② 굴착면의 높이와 기울기
③ 굴착면의 소단의 위치와 넓이
④ 갱 내에서의 낙반 및 붕괴방지의 방법
⑤ 발파방법
⑥ 암석의 분할방법
⑦ 암석의 가공장소
⑧ 사용하는 굴착기계 · 분할기계 · 적재기계 또는 운반기계 (이하 "굴착 기계 등")의 종류 및 성능
⑨ 토석 또는 암석의 적재 및 운반방법과 운반경로
⑩ 표토 또는 용수의 처리방법

> **길잡이**
> 부재의 긴압정도는 터널 지보공 설치시에 수시로 점검하여야 할 사항이다.

25
채석작업에 있어서 붕괴 또는 낙하에 의해 근로자에게 위험이 미칠 우려가 있을 때 설치해야 하는 것은?

① 건널다리 ② 덮개
③ 손잡이   ④ 방호망

해설
붕괴 등에 의한 위험방지(안전보건규칙 제372조) : 채석작업 (갱내에서의 작업을 제외한다)을 하는 경우에 붕괴 또는 낙하에 의하여 근로자를 위험하게 할 우려가 있는 토석 · 입목 등을 미리 제거하거나 방호망을 설치하는 등 위험을 방지하기 위하여 필요한 조치를 하여야 한다.

26
낙반의 위험이 있는 장소에서 작업을 실시할 때에는 어떠한 조치를 해야 하는가?

① 작업장소의 안전한 경사를 유지한다.
② 토사의 유출방지의 설비를 한다.
③ 낙반의 원인이 되는 누수, 지하수 등을 배제할 것
④ 지주 기타 낙반방지를 위한 설비를 하여야 한다.

Answer ● 22. ① 23. ④ 24. ① 25. ④ 26. ④

해설
낙반 등에 의한 위험방지(안전보건규칙 제373조) : 갱내에서 채석작업을 하는 경우로서 암석·토사의 낙하 또는 측벽의 붕괴로 인하여 근로자에게 위험이 발생할 우려가 있는 경우에 동바리 또는 버팀대를 설치한 후 천장을 아치형으로 하는 등 그 위험을 방지하기 위한 조치를 하여야 한다.

27
굴착기계로 채석작업시에 후진하여 접근하거나 전락할 우려가 있을 때 누구를 배치하여 사고를 방지하여야 하는가?

① 작업지휘자 ② 안전담당자
③ 감시인 ④ 유도자

해설
굴착기계 등의 유도(안전보건규칙) : 채석작업을 할 때에 굴착기계 등이 근로자의 작업장소에 후진하여 접근하거나 전락할 우려가 있는 때에는 유도자를 배치하고 굴착 기계 등을 유도하여야 하며, 굴착기계 등의 운전자는 유도자의 유도에 따라야 한다.

28
잠함 또는 우물통 내부에서 굴착작업을 할 때 바닥으로부터 천정 또는 보까지의 높이로 맞는 것은?

① 0.9m 이상 ② 1.2m 이상
③ 1.5m 이상 ④ 1.8m 이상

해설
급격한 침하로 인한 위험방지(안전보건규칙 제376조) : 잠함 또는 우물통의 내부에서 근로자가 굴착작업을 하는 경우에 잠함 또는 우물통의 급격한 침하에 의한 위험을 방지하기 위하여 다음 각 호의 사항을 준수하여야 한다.
① 침하관계도에 따라 굴착방법 및 재하량 등을 정할 것
② 바닥으로부터 천정 또는 보까지의 높이는 1.8m 이상으로 할 것

29
잠함 내부굴착작업시의 준수사항으로 틀린 것은?

① 산소농도 측정
② 승강설비 설치
③ 굴착깊이 10m 초과시의 통신설비 설치
④ 굴착깊이 20m 초과 시의 공기 송급

해설
잠함 등 내부에서의 작업(안전보건규칙 제377조)
(1) 잠함, 우물통, 수직갱 그 밖에 이와 유사한 건설물 또는 설비(이하 "잠함 등"이라 한다)의 내부에서 굴착작업을 하는 경우에는 다음 각 호의 사항을 준수하여야 한다.
① 산소결핍의 우려가 있는 경우에는 산소의 농도를 측정하는 사람을 지명하여 측정하도록 할 것
② 근로자가 안전하게 오르내리기 위한 설비를 설치할 것
③ 굴착 깊이가 20m를 초과하는 경우에는 해당 작업장소와 외부와의 연락을 위한 통신설비 등을 설치할 것
(2) 산소농도 측정결과 산소의 결핍이 인정되거나 굴착 깊이가 20m를 초과하는 경우에는 송기를 위한 설비를 설치하여 필요한 양의 공기를 공급해야 한다.

30
산소결핍 위험장소에서 작업할 때 산소농도는 몇 % 이상이어야 하는가?

① 16% ② 17%
③ 18% ④ 19%

해설
공기 중의 산소농도는 18% 이상이 되도록 신선한 공기를 환기하여야 한다.

31
기둥에 달아서 수평으로 구멍을 뚫는 착암기는?

① 하향착암기 ② 상향착암기
③ 횡향착암기 ④ 햄머착암기

해설
착암기의 종류별 특징
① 충격착암기(Percussion or piston drill) : 끌의 날끝을 피스톤의 끝에 달고 피스톤의 운동과 함께 끌 자신이 왕복운동을 하여 암석을 타격함으로써 천공을 할 수 있는 장치이다.
② 해머착암기(Hammer drill) : 피스톤과 끌이 분리되어 있고 피스톤의 왕복운동에 의하여 끌에 타격을 주는 장치로 되어 있다. 타 착암기보다 가볍고 취급이 용이하고 동력의 소비량이 적어 일반적으로 널리 사용되고 있다.
③ 횡향착암기(Drifter) : 기둥에 달아서 수평으로 구멍을 뚫는 착암기이다.
④ 상향착암기(Stoper) : 스텐드 또는 3각에 장치하여 상향으로 착암하는 기계이다.
⑤ 하향착암기(Jack hammer drill of sinker) : 소형으로 되어 있어 취급이 용이하고 손으로 잡고 천공할 수 있어 편리하다. 컴프레서는 가솔린 또는 디젤엔진을 사용한다.

Answer ▶ 27. ④ 28. ④ 29. ③ 30. ③ 31. ③

32
다음 그림과 같이 굴착하는 도갱은?

① 저설도갱 ② 정설도갱
③ 측벽도갱 ④ 저하도갱

해설

도갱이란 굴착단면부위를 먼저 굴진하는 것으로, 보통 높이와 폭이 1.8~2m 정도이며, 위치에 따른 도갱의 분류는 다음 그림과 같다.

측벽　중심도갱　정설도갱　저설도갱　저하도갱　평행도갱

33
터널굴착의 종류가 아닌 것은?

① BENCH 식 ② 상부개착식
③ 축권식　　 ④ 전진도갱식(PIONIA 식)

해설

터널굴착공법의 종류별 특징

명칭	장점	단점
미국식 (Bench식)	대형의 설비를 사용하므로 진행이 빠르다.	굴진도중 지질이 불량할 때 방법을 바꾸기가 곤란하다.
상부개착식	도갱 이외는 일개벽면이므로 폭발을 요하지 않는다.	
전진도갱식 (Pionia)	진행이 매우 양호 통풍이 특히 양호하다.	터널을 2개 굴착하는 것 전하적송에 구교를 필요로 한다.
일본식	순서적으로 동바리 공을 할 수 있다. 지반을 교란시키지 않으며, 지질불량일 때는 역권법으로 바꿀 수 있다.	
신오스트리아식 (New Austria)	지질이 견강해지면 곧 bench 식으로 바꿀 수 있다.	지반을 교란시키는 경우가 일본식보다 더 많다.
독일식	동바리 공의 재료가 적게 든다.	좁은 곳에서 작업이 곤란하여 공비가 더 든다.
벨기에식	진행이 능률적이고 비교적 안전하다.	아치 콘크리트가 약해지기 쉽다. Invert 측벽의 복공이 곤란하다.
이태리식	상단과 하단이 전연 따로 나누어 작업할 수 있다. Invert를 제일 먼저 축조할 수 있다.	공비가 다액이다.
오스트리아식	축조	

34
지표면에서 소정의 위치까지 파 내려간 두 구조물을 축조하고 되메운 후에 지표면을 원래 상태로 복구시키는 공법은?

① NATM 공법
② 개착식 터널공법(open cut and cover)
③ half cut 공법
④ 침매공법(sunken tube method)

해설

개착식 터널공법의 설명에 해당되며, 지질 또는 입지조건에 따라 복공식, 무복공식, V형 cut공법으로 분류되기도 한다.

35
굴착공사의 중대재해 다발이유 중 틀린 것은?

① 공사량이 많고 암반의 낙석, 붕괴의 위험성이 높다.
② 굴착방법 및 시공장비가 다양하다.
③ 토사의 안정조건이 다르다.
④ 지반이 지역 및 위치에 따라 유사하다.

해설

④항의 경우, 지반이 지역 및 위치에 따라 판이한 점이 중대재해 다발이유가 된다.

36
굴착작업에 있어서 지반의 붕괴 또는 매설물 기타 지하 공작물의 손괴 등에 의하여 근로자에게 위험을 미칠 우려가 있을 때 작업장소 및 주변 지반조사 사항이 아닌 것은?

① 형상, 지질 및 지층의 상태
② 매설물 등의 유무 또는 상태
③ 지반의 지표수위 상태
④ 균열, 함수, 용수 및 동결의 유무 또는 상태

Answer ● 32. ② 33. ③ 34. ② 35. ④ 36. ③

해설

작업장소 등의 조사(안전보건규칙) : 지반의 굴착작업에 있어서 지반의 붕괴 또는 매설물 기타 지하공작물(이하 "매설물 등"이라 한다)의 손괴 등에 의하여 근로자에게 위험을 미칠 우려가 있는 때에는 미리 작업장소 및 그 주변의 지반에 대하여 보링 등 적절한 방법으로 다음 각 호의 사항을 조사하여 굴착시기와 작업순서를 정하여야 한다.
① 형상·지질 및 지층의 상태
② 균열·함수·용수 및 동결의 유무 또는 상태
③ 매설물 등의 유무 또는 상태
④ 지반의 지하수위 상태

37
굴착작업에서 지반의 안전성을 위하여 조치해야 할 사항으로 옳지 않은 것은?

① 형상, 지질 및 지층의 상태
② 균열, 함수, 용수 및 동결의 유무 또는 상태
③ 매설물 등의 유무 또는 상태
④ 지반의 지상배수 상태

해설

④항의 내용은 지반의 지하수위 상태를 조사하여 조치해야 된다는 것이 옳은 말이다.

38
굴착작업을 할 때 지반의 붕괴에 의한 위험을 방지하기 위해 안전담당자가 작업시작 전에 점검해야 할 사항이 아닌 것은?

① 작업장소 선정
② 부석, 균열 유무점검
③ 작업순서 결정
④ 함수, 용수 및 동결 상태

해설

토석붕괴 위험방지(안전보건규칙 제339조) : 굴착작업을 하는 경우에는 지반의 붕괴 또는 토석의 낙하에 의한 근로자의 위험을 방지하기 위하여 관리감독자로 하여금 작업시작 전에 작업장소 및 그 주변의 부석·균열의 유무, 함수·용수 및 동결상태의 변화를 점검하도록 하여야 한다.

39
굴착면의 구배기준으로 틀린 것은?

① 풍화암 1 : 1.0
② 경암 1 : 0.5
③ 모래 1 : 1.8
④ 연암 1 : 0.4

해설

지반 등의 인력굴착시 위험방지 : 지반 등을 인력으로 굴착하는 때에는 굴착면의 구배를 다음 기준에 적합하도록 하여야 한다.

구 분	지반의 종류	구 배
보통 흙	모래	1 : 1.8
	그밖의 흙	1 : 1.2
암반	풍화암	1 : 1.0
	연암	1 : 1.0
	경암	1 : 0.5

40
굴삭한 토사나 암석이 떨어지는 것을 막기 위해 설치하는 것을 무엇이라 하는가?

① 소울저 빔(soldier beam)
② 띠장(wale)
③ 버팀대(strut)
④ 지보공(support timbering)

해설

지반의 붕괴 등에 의한 위험방지(안전보건규칙)
① 사업주는 굴착작업에 있어서 지반의 붕괴 또는 토석의 낙하에 의하여 근로자에게 위험을 미칠 우려가 있는 경우에는 미리 흙막이 지보공의 설치, 방호망의 설치 및 근로자의 출입금지 등 그 위험을 방지하기 위하여 필요한 조치를 하여야 한다.
② 사업주는 비가 올 경우를 대비하여 측구를 설치하거나 굴착사면에 비닐을 덮는 등 빗물 등의 침투에 의한 붕괴재해를 예방하기 위하여 필요한 조치를 하여야 한다.

41
다음은 토사붕괴로 인한 재해를 방지하기 위한 흙막이 지보공 설비이다. 이 중 옳지 않은 것은?

① 말뚝
② 버팀대
③ 띠장
④ 턴버클

해설

흙막이 지보공의 조립도(안전보건규칙)
① 사업주는 흙막이 지보공을 조립하는 경우 미리 조립도를 작성하여 그 조립도에 의하여 조립하도록 하여야 한다.
② 조립도는 흙막이판·말뚝·버팀대 및 띠장 등 부재의 배치·치수·재질 및 설치방법과 순서가 명시되어야 한다.

Answer 37. ④ 38. ③ 39. ④ 40. ④ 41. ④

42
흙막이 지보공을 조립할 때 조립도에 명시되어야 할 것이 아닌 것은?

① 부재명칭　② 부재설치순서
③ 부재치수　④ 부재배치

해설
흙막이 지보공 조립시 조적도에 포함되는 사항
1) ②, ③, ④항
2) 부재의 재질

43
흙막이 지보공을 설치시에 점검해야 할 사항이 아닌 것은?

① 버팀대의 긴압 정도
② 침하 정도
③ 형상, 지질 및 지층의 상태
④ 부재의 손상, 변형유무 및 상태

해설
붕괴 등의 위험방지 : 흙막이 지보공을 설치할 때에는 정기적으로 다음 각 호의 사항을 점검하고, 이상을 발견하면 즉시 보수하여야 한다.
① 부재의 손상·변형·부식·변위 및 탈락의 유무와 상태
② 버팀대의 긴압의 정도
③ 부재의 접속부·부착부 및 교차부의 상태
④ 침하의 정도

44
발파작업시의 관리감독자의 직무사항이 아닌 것은?

① 근로자 대피지시
② 대피장소 및 경로지시
③ 공기압축기의 안전밸브 유무 점검
④ 점화 후 위험구역 내 근로자 대피 확인

해설
발파작업시 관리감독자의 직무(안전보건규칙 별표 2)
① 점화전에 점화작업에 종사하는 근로자 외의 자의 대피를 지시하는 일
② 점화작업에 종사하는 근로자에 대하여 대피 장소 및 경로를 지시하는 일
③ 점화전에 위험구역 내에서 근로자가 대피한 것을 확인하는 일
④ 점화순서 및 방법에 대하여 지시하는 일
⑤ 점화신호를 하는 일
⑥ 점화작업에 종사하는 근로자에게 대피신호를 하는 일
⑦ 발파 후 터지지 않은 장약이나 남은 장약의 유무, 용수의 유무 및 암석·토석의 낙하 여부 등을 점검하는 일
⑧ 점화하는 사람을 정하는 일
⑨ 공기압축기의 안전밸브 작동유무를 점검하는 일
⑩ 안전모 등 보호구 착용상황을 감시하는 일

45
토공사 착수 전에 실시해야 할 조사 사항 중 지형조사의 일반적인 안전점검 사항 중 틀린 것은?

① 지형의 형태 및 우수, 배수의 처리확인 점검
② 토취장 및 토사장의 지형 및 위치확인 점검
③ 공사용 가설물의 배치 및 위치점검 확인
④ 흙의 물리적 성질 및 용해성 성질 분석

해설
④항의 경우에는 토공사 착수 전이 아니라, 토공계획시에 지반의 사전조사 항목에 포함될 내용이다.

46
토사굴착 작업시에 안전상 고려할 사항으로 옳지 않은 것은?

① 흙깎기는 될 수 있는 대로 중력을 이용하는 방법으로 한다.
② 작업면적을 될 수 있는 대로 좁게 해야 한다.
③ 신기 높이는 1m 이상이면 인력으로는 힘들므로 신기 높이를 될 수 있으면 낮게 해야 한다.
④ 지형과 지질에 따라서 굴착방식을 선택하여야 한다.

해설
굴착폭은 작업 및 대피가 용이하도록 충분한 넓이를 확보하여야 하며, 굴착 깊이가 2m 이상일 경우에는 1m 이상의 폭으로 한다.

47
배수시설을 충분히 실시하여 지하용수는 물론이고 지표수가 토사에 아무런 영향을 미치지 못하도록 하는 것은 다음의 어느 경우에 대한 대책인가?

① 토사붕괴　② 옥외통로
③ 전기배선　④ 수도배관

48
흙막이 말뚝에 대한 지하수 재해방지상 유의하여야 할 점을 기술한 것 중 틀린 것은?

① 토압, 수압, 적재하중 등에 대해서 상정한 것과 시공 중의 관찰 측정의 결과를 비교 검토한다.
② 흙막이, 말뚝의 근입길이를 짧게하여 히빙, 보링 현상을 방지한다.
③ 지하수, 폭류수 등의 상황을 고려하여 충분한 지수효과를 갖게 하는 조치를 검토한다.
④ 누수, 출수의 조기발견에 힘써야 하며, 우려가 있을 경우에는 적절한 조치를 취한다.

해설
②항의 경우에 흙막이, 말뚝의 근입길이를 깊게 하여야만 히빙, 보링현상을 방지할 수 있다.

49
지반의 전단강도가 감소하는 원인이 아닌 것은?

① 점토지반의 흡수
② 간극수압의 증대
③ 점토지반의 진동 및 충격
④ 동결토의 융해

해설
사면의 안전을 위한 흙의 전단응력이 감소하는 원인
① 간극수압의 증대
② 장기응력에 대한 소성변형
③ 동결토의 융해
④ 흡수에 의해 점토면의 흡수팽창, 소성감소
⑤ 사질토에 따른 진동 또는 충격
⑥ 수축, 팽창 또는 인장으로 균열이 발생
⑦ 흙의 건조에 의해 사질토, 유기질토의 점착력의 소실

길잡이
(1) 흙의 전단응력이 증가하는 원인
 ① 인공 또는 자연력에 의해 지하공동의 형성
 ② 사면의 구배가 자연구배보다 급경사일 때
 ③ 지진, 폭파, 기계 등에 의한 진동 및 충격
 ④ 함수량의 증가에 따른 흙의 단위체적 중량의 증가
(2) 사면붕괴 방지의 안전대책
 ① 경점토 사면은 구배를 느리게 한다.
 ② 느슨한 모래의 사면은 지반의 밀도를 크게 한다.
 ③ 연약한 균질의 점토사면은 배수에 의하여 전단강도를 증가시킨다.

④ 암층은 배수가 잘 되도록 하며, 층이 얇을 때에는 말뚝을 박아서 정지시키도록 한다.
⑤ 모래층을 둘러싼 점토사면은 배수에 의하여 모래층의 함유수분을 배제한다.

50
토석붕괴 요인 중 외적 요인이 아닌 것은?

① 토석의 강도저하
② 사면, 법면 경사 및 구배의 증가
③ 절토 및 성토높이의 증가
④ 공사에 의한 진동 및 반복하중의 증가

해설
토석붕괴의 원인(고용노동부고시)
(1) 토석이 붕괴되는 외적 원인
 ① 사면, 법면의 경사 및 기울기의 증가
 ② 절토 및 성토 높이의 증가
 ③ 공사에 의한 진동 및 반복 하중의 증가
 ④ 지표수 및 지하수의 침투에 의한 토사 중량의 증가
 ⑤ 지진, 차량, 구조물의 하중작용
 ⑥ 토사 및 암석의 혼합층 두께
(2) 토석이 붕괴되는 내적 원인
 ① 절토 사면의 토질, 암질
 ② 성토 사면의 토질구성 및 분포
 ③ 토석의 강도 저하

51
토석붕괴방지를 위한 점검시기로 적당치 않은 것은?

① 작업 전후
② 비온 후
③ 지표수가 유입된 후
④ 인접작업구역에서 발파작업을 한 후

해설
토석 붕괴 방지를 위해 점검해야 할 사항
① 전 지표면의 답사
② 경사면의 지층 변화부 상황 확인
③ 부석의 상황 변화의 확인
④ 용수의 발생 유, 무 또는 용수량의 변화 확인
⑤ 결빙과 해빙에 대한 상황의 확인
⑥ 각종 경사면 보호공의 변위, 탈락 유, 무
⑦ 점검시기는 작업 전, 중, 후, 비온 후, 인접 작업구역에서 발파한 경우에 실시한다.

Answer 48. ② 49. ③ 50. ① 51. ③

52
비탈면은 강우나 용수 또는 풍화 등으로 채굴 유출되고 붕괴되므로 적당한 방법으로 보호하여야 한다. 다음 중 비탈면 보호공의 종류가 아닌 것은?

① 떼붙임 ② 돌붙임
③ 더돋기 ④ 돌망테입

해설

비탈면 보호공의 종류
(1) 떼입공법
   ① 떼입(흙떼, 털떼) ② 줄떼공법 ③ 평떼공법
(2) 식생에 의한 비탈면 보호
   ① 씨앗뿌리기 공법 ② 초식공법
(3) 기타 공법
   ① 소일 시멘트(soil cement)공법
   ② 시멘트 모르터 뿜어 붙이기 공법
   ③ 콘크리트 블록과 돌 쌓기 공법
   ④ 콘크리트 틀에 의한 공법
   ⑤ 낙석방지책 공법
   ⑥ 비탈면 배수공
   ⑦ 비탈면의 활동방지(비탈 밑에 말뚝을 박든지 옹벽구축)
   ⑧ 절취비탈면의 보호
     ⊙ 사질토인 경우 : 식수, 떼붙임(평떼), 돌쌓기 등을 실시한다.
     ⓒ 풍화암질인 경우 : 돌쌓기, 잡석콘크리트, 모르터 뿜어 붙이기, 흙막이 옹벽 등을 설치한다.
(4) 표면수, 용수 등의 처리에 의한 방법

53
토사붕괴의 예방대책으로 적합하지 않은 것은?

① 적절한 법면구배를 계획
② 지표수가 침수되지 않도록 배수
③ 지하수위를 높인다.
④ 부석의 상황변화 확인

해설

지하수위를 낮추는 것이 토사붕괴의 예방대책에 해당된다.

54
토석붕괴 방지공법 중 틀린 것은?

① 말뚝(강판, 형강, 콘크리트)을 박아서 지반을 강화
② 활동할 가능성이 있는 토석 제거
③ 지표수가 침투되지 않도록 배수시키고, 지하수위 저하를 위해 수평보링을 하여 배수
④ 비탈면, 법면의 상단을 다져서 활동이 안 되도록 저항을 만든다.

해설

토사붕괴예방을 위한 조치사항(고용노동부고시)
① 적절한 경사면의 기울기를 계획하여야 한다.
② 경사면의 기울기가 당초 계획과 차이가 발생되면 즉시 재검토하여 계획을 변경시켜야 한다.
③ 활동할 가능성이 있는 토석은 제거하여야 한다.
④ 경사면의 하단부에 압성토 등 보강공법으로 활동에 대한 저항대책을 강구하여야 한다.
⑤ 말뚝(강관, H형강, 철근콘크리트)을 타입하여 지반을 강화시킨다.

> **길잡이** 토석붕괴 방지공법(고용노동부고시)
> ① 활동할 가능성이 있는 토석은 제거하여야 한다.
> ② 비탈면 또는 법면의「하단」을 다져서 활동이 안 되도록 저항을 만들어야 한다.
> ③ 지표수가 침투되지 않도록 배수를 시키고 지하수위를 낮추기 위하여 수평보링을 하여 배수시켜야 한다.
> ④ 말뚝(강관, H형강, 철근콘크리트)을 박아서 지반을 강화시킨다.

55
토량의 활동 방지대책 중 틀린 것은?

① 수목벌채
② 전기화학적 공법
③ 옹벽설치
④ 지하수침투방지 공법처리

해설

수목벌채는 지하수위의 촉진, 토량의 인장력 감소, 응력감소 등으로 슬라이딩 현상을 촉진시키므로 토량의 활동 방지대책으로는 부적합하다.

56
옹벽의 안전기준에서 활동에 대하여 안전하기 위하여서는 활동에 대한 저항력이 수평력보다 몇 배 이상이 되어야 하는가?

① 0.5배 ② 1.0배
③ 2.0배 ④ 2.5배

해설

옹벽 설계시에 고려해야 할 활동에 대한 안전율은 2.0이며, 반면에 옹벽의 안전기준에서 전도에 대하여 안전하기 위해서는 저항력이 수평력보다 1.5배 이상이 되어야 한다.

4장 건설 가시설물 안전

1 비계 설치기준

[1] 비 계

(1) 비계 : 건축공사시 고소에서 작업 발판과 작업 통로 확보를 주목적으로 하는 가설 구조물

(2) 비계의 종류

1) 통나무비계
2) 강관비계
3) 강관틀비계
4) 달비계
5) 달대비계
6) 이동식비계
7) 말비계(안장비계, 각주비계)
8) 시스템비계

(3) 비계가 갖추어야 할 3요소

1) 안전성
2) 업성
3) 경제성

[2] 비계 조립 시 안전조치

(1) **통나무 비계**(지상높이 4층 이하 또는 12m 이하 건축물에 사용)

1) 비계기둥의 간격 : 2.5m 이하(표준안전 작업지침에서는 1.8m 이하로 규정), 첫 번째 띠장은 지상으로부터 3m 이하에 설치할 것
2) 침하 방지 조치 : 호박돌, 잡석, 깔판 등으로 보강, 지반이 연약할 경우는 매입고정할 것.
3) 비계기둥의 이음
   ① 겹침 이음 : 1m 이상 서로 겹쳐서 2개소 이상을 묶을 것
   ② 맞댐이음 : 1.8m 이상의 덧 댐목을 사용하여 4개소 이상 묶을 것
4) 벽이음 : 수직방향 5.5m 이하, 수평 방향 7.5m 이하
5) 인장재와 압축재로 구성되어 있는 경우 인장재와 압축재의 간격 : 1m 이내

(2) **강관비계**

1) 비계기둥의 미끄러짐, 침하방지조치 : 밑받침철물, 깔판, 깔목 등을 사용하여 밑둥 잡이 설치

2) 강관의 접속부 또는 교차부 : 부속 철물을 사용하여 접속하고 단단히 묶을 것.
3) 교차가새 : 기둥간격 10m마다 45° 방향으로 설치
4) 벽 이음 및 버팀대 설치
   ① 강관비계 조립 간격

강관비계종류	조립간격(단위 : m)	
	수직방향	수평방향
단관비계	5	5
틀비계(높이 5m 미만 제외)	6	8

   ② 인장재와 압축재로 구성 시는 인장재와 압축재의 간격을 1m 이내로 할 것
5) 비계기둥의 간격 : 보 방향(띠장방향)에서는 1.5m 이상 1.8m 이하, 간 사이 방향(장선방향)에서는 1.5m 이하
6) 띠장간격은 1.5m 이하, 첫 번째 띠장은 지상에서 2m 이하의 위치에 설치할 것
7) 비계 기둥간의 적재하중 : 400kg을 초과하지 않을 것
8) 31m 되는 비계기둥 밑 부분 : 비계기둥 2본을 강관으로 묶어세울 것

(3) 강관틀비계

1) 비계기둥의 밑둥에는 밑받침 철물을 사용하여야 하며 밑받침에 고저차(高低差)가 있는 경우에는 조절형 밑받침철물을 사용하여 각각의 강관틀비계가 항상 수평 및 수직을 유지하도록 할 것
2) 높이가 20m를 초과하거나 중량물의 적재를 수반하는 작업을 할 경우에는 주틀 간의 간격을 1.8m 이하로 할 것
3) 주틀 간에 교차 가새를 설치하고 최상층 및 5층 이내마다 수평재를 설치할 것
4) 수직방향으로 6m, 수평방향으로 8m 이내마다 벽이음을 할 것
5) 길이가 띠장 방향으로 4m 이하이고 높이가 10m를 초과하는 경우에는 10m 이내마다 띠장 방향으로 버팀기둥을 설치할 것

(4) 달비계

1) 달비계에 사용하는 와이어로프의 사용금지사항
   ① 이음매가 있는 것
   ② 와이어로프의 한 꼬임[스트랜드(strand)를 말함]에서 끊어진 소선의 수가 10(%)이상 (비자전로프의 경우에는 끊어진 소선의 수가 와이어로프 호칭 지름의 6배 길이 이내에서 4개 이상이거나 호칭지름 30배 길이 이내에서 8개 이상) 인 것
   ③ 지름의 감소가 공칭지름의 7(%)를 초과하는 것
   ④ 꼬인 것
   ⑤ 심하게 변형 또는 부식된 것

⑥ 열과 전기충격에 의한 손상된 것

2) 달비계에 사용하는 달기체인의 사용금지사항
① 달기체인의 길이의 증가가 그 달기체인이 제조된 때의 길이의 5%를 초과한 것
② 링의 단면지름의 감소가 그 달기체인이 제조된 때의 해당 링의 지름의 10%를 초과하여 감소한 것
③ 균열이 있거나 심하게 변형된 것

3) 달비계에 사용하는 섬유로프 또는 섬유벨트의 사용금지사항
① 꼬임이 끊어진 것
② 심하게 손상되거나 부식된 것
③ 2개 이상의 작업용 섬유로프 또는 섬유벨트를 연결한 것
④ 작업높이보다 길이가 짧은 것

4) **작업판의 폭** : 40cm 이상으로 하고 틈새가 없도록 할 것

5) 달비계(곤돌라의 달비계는 제외)의 안전계수
① 달기와이어로프 및 달기강선의 안전계수 : 10 이상
② 달기체인 및 달기훅의 안전계수 : 5 이상
③ 달기강대와 달비계 하부 및 상부지점의 안전계수 : 강재의 경우 2.5 이상
   목재의 경우 5 이상

(5) 달대비계 : 철골공사의 리벳치기, 볼트 작업시에 주로 이용되는 것으로 주체인 철골에 매달아서 작업발판을 만드는 비계로서 상하이동을 시킬 수 없는 것이다.

(6) 말비계를 조립하여 사용하는 경우 준수사항

1) 지주부재(支柱部材)의 하단에는 미끄럼 방지장치를 하고, 근로자가 양측 끝부분에 올라서서 작업하지 않도록 할 것
2) 지주부재와 수평면의 기울기를 75도 이하로 하고, 지주부재와 지주부재 사이를 고정시키는 보조부재를 설치할 것
3) 말비계의 높이가 2m를 초과하는 경우에는 작업발판의 폭을 40cm 이상으로 할 것

(7) 이동식 비계를 조립하여 작업을 하는 경우 준수사항

1) 이동식 비계의 바퀴에는 뜻밖의 갑작스러운 이동 또는 전도를 방지하기 위하여 브레이크·쐐기 등으로 바퀴를 고정시킨 다음 비계의 일부를 견고한 시설물에 고정하거나 아웃트리거(outrigger)를 설치하는 등 필요한 조치를 할 것
2) 승강용 사다리는 견고하게 설치할 것
3) 비계의 최상부에서 작업을 할 경우에는 안전난간을 설치할 것

4) 작업발판은 항상 수평을 유지하고 작업발판 위에서 안전난간을 딛고 작업을 하거나 받침대 또는 사다리를 사용하여 작업하지 않도록 할 것
5) 작업발판의 최대 적재하중은 250(kg)을 초과하지 않도록 할 것

(8) 걸침비계의 구조 : 선박 및 보트 건조작업에서 걸침비계를 설치하는 경우에는 다음 각 호의 사항을 준수하도록 할 것

1) 지지점이 되는 매달림부재의 고정부는 구조물로부터 이탈되지 않도록 견고히 고정할 것
2) 비계재료 간에는 서로 움직임, 뒤집힘 등이 없어야 하고, 재료가 분리되지 않도록 철물 또는 철선으로 충분히 결속할 것. 다만, 작업발판 밑 부분에 띠장 및 장선으로 사용되는 수평부재 간의 결속은 철선을 사용하지 않을 것
3) 매달림부재의 안전율은 4 이상일 것
4) 작업발판에는 구조검토에 따라 설계한 최대적재하중을 초과하여 적재하여서는 아니되며, 그 작업에 종사하는 근로자에게 최대적재하중을 충분히 알릴 것

2 가설통로 설치기준

[1] 통로의 설치 및 구조

(1) 통로의 설치

1) 사업주는 작업장으로 통하는 장소 또는 작업장 내에 근로자가 사용할 안전한 통로를 설치하고 항상 사용할 수 있는 상태로 유지하여야 한다.
2) 통로의 주요 부분에는 통로표시를 하고, 근로자가 안전하게 통행할 수 있도록 하여야 한다.
3) 통로면으로부터 높이 2m 이내에는 장애물이 없도록 하여야 한다.
4) 통로의 조명 : 75Lux 이상의 채광 또는 조명시설을 할 것

(2) 가설통로의 구조(가설통로 설치시 준수사항)

1) 견고한 구조로 할 것
2) 경사는 30도 이하로 할 것. 다만, 계단을 설치하거나 높이 2미터 미만의 가설통로로서 튼튼한 손잡이를 설치한 경우에는 그러하지 아니하다.
3) 경사가 15도를 초과하는 경우에는 미끄러지지 아니하는 구조로 할 것
4) 추락할 위험이 있는 장소에는 안전난간을 설치할 것. 다만, 작업상 부득이한 경우에는 필요한 부분만 임시로 해체할 수 있다.

5) 수직갱에 가설된 통로의 길이가 15m 이상인 경우에는 10m 이내마다 계단참을 설치할 것
6) 건설공사에 사용하는 높이 8m 이상인 비계다리에는 7m 이내마다 계단참을 설치할 것

(3) 가설계단

1) 계단의 강도 : 계단 및 계단참은 500kg/m²(매 m²당 500kg) 이상의 하중에 견딜 수 있는 강도를 가진 구조로 설치하여야 하며, 안전율(파괴응력도 / 허용응력도)은 4 이상으로 하여야 한다.
2) 계단의 폭 : 계단은 그 폭을 1m 이상으로 하여야 한다.(단, 급유용·보수용·비상용 계단 및 나선형 계단은 제외)
3) 계단참의 높이 : 높이가 3m를 초과하는 계단에 높이 3m 이내마다 너비 1.2m 이상의 계단참을 설치하여야 한다.
4) 천장의 높이 : 계단 설치시는 바닥면으로부터 높이 2m 이내의 공간에 장애물이 없도록 한다.(단, 급유용·보수용·비상용 계단 및 나선형 계단은 제외)
5) 계단의 난간 : 높이 1m 이상인 계단의 개방된 측면에 안전난간을 설치하여야 한다.

[2] 사다리 및 사다리식 통로

(1) 사다리의 구조

1) 옥외용 사다리 : 철재를 원칙으로 하며, 길이가 10m 이상인 때에는 5m 이내의 간격으로 계단참을 두어야 하고 사다리 전면의 사방 75cm 이내에는 장애물이 없을 것
2) 목재 사다리 : 발 받침대의 간격은 25～35cm로 하고 벽면과의 이격거리는 20cm이상으로 할 것
3) 철재 사다리 : 발 받침대는 미끄럼 방지장치를 하여야 하며 받침대의 간격은 25～35cm로 할 것

(2) 이동식 사다리

1) 길이가 6m를 초과하지 않을 것
2) 다리의 벌림은 벽 높이의 1/4 정도로 할 것
3) 벽면 상부로부터 최소 1m 이상의 연장길이가 있을 것.

(3) 사다리식 통로의 설치기준

1) 견고한 구조로 할 것
2) 심한 손상·부식 등이 없는 재료를 사용할 것
3) 발판의 간격은 일정하게 할 것
4) 발판과 벽과의 사이는 15cm 이상의 간격을 유지할 것

5) 폭은 30cm 이상으로 할 것
6) 사다리가 넘어지거나 미끄러지는 것을 방지하기 위한 조치를 할 것
7) 사다리의 상단은 걸쳐놓은 지점으로부터 60cm 이상 올라가도록 할 것
8) 사다리식 통로의 길이가 10m 이상인 경우에는 5m 이내마다 계단참을 설치할 것
9) 사다리식 통로의 기울기는 75° 이하로 할 것. 다만, 고정식 사다리식 통로의 기울기는 90° 이하로 하고, 그 높이가 7m 이상인 경우에는 바닥으로부터 높이가 2.5m 되는 지점부터 등받이울을 설치할 것
10) 접이식 사다리 기둥은 사용 시 접혀지거나 펼쳐지지 않도록 철물 등을 사용하여 견고하게 조치할 것

3 거푸집 설치 기준

[1] 거푸집에 작용하는 하중

(1) 거푸집 및 지보공(동바리) 설계시 고려해야 할 하중(콘크리트공사표준 작업지침)

1) **연직방향 하중** : 거푸집, 지보공(동바리), 콘크리트, 철근, 작업원, 타설용 기계 기구, 가설설비 등의 중량 및 충격하중
2) **횡방향 하중** : 작업할 때의 진동, 충격, 시공오차 등에 기인되는 횡방향 하중 이외에 필요에 따라 풍압, 유수압, 지진 등
3) **콘크리트의 측압** : 굳지 않은 콘크리트의 측압
4) **특수하중** : 시공중에 예상되는 특수한 하중
5) 상기 1~4호의 하중에 안전율을 고려한 하중

(2) 거푸집의 연직방향 하중(W) 산정식

$$W = 고정하중 + 충격하중 + 작업하중 = (r \cdot t) + (1/2 r \cdot t) + 150 \text{kg/m}^2$$

여기서, r : 철근콘크리트 비중(kg/m³)
t : 슬래브 두께(m)

1) **고정하중** : 콘크리트 자중(= 철근콘크리트 비중×슬래브 두께)
2) **충격하중** : 고정하중 × 1/2
3) **작업하중** : 작업원 중량 + 장비 및 가설설비의 등의 중량 = 150kg/m²

[2] 거푸집 재료 및 조립시 안전조치사항

(1) 거푸집 및 거푸집 동바리의 재료 : 변형, 부식, 심하게 손상된 것을 사용하지 않을 것

(2) 거푸집 동바리 조립 시 안전조치 사항(안전보건규칙 제332조)

1) 깔목의 사용, 콘크리트 타설, 말뚝 박기 등 동바리의 침하를 방지하기 위한 조치를 할 것
2) 개구부 상부에 동바리 설치 시 상부하중을 견딜 수 있는 견고한 받침대를 설치할 것
3) 동바리의 상하고정 및 미끄러짐 방지 조치를 하고, 하중의 지지 상태를 유지할 것
4) 동바리의 이음 : 동질 재료를 사용하여 맞댐 이음, 장부 이음을 할 것
5) 강재와 강재의 접속부 및 교차부는 볼트·클램프 등 전용철물을 사용하여 단단히 연결할 것
6) 곡면인 거푸집은 버팀대의 부착 등 그 거푸집의 부상을 방지하기 위한 조치를 할 것

(3) 깔판 및 깔목 등을 끼워서 계단형상으로 조립하는 거푸집 동바리에 대하여 준수할 사항

1) 거푸집의 형상에 따른 부득이한 경우를 제외하고는 깔판·깔목 등을 2단 이상 끼우지 않도록 할 것
2) 깔판·깔목 등을 이어서 사용할 경우에는 해당 깔판·깔목 등을 단단히 연결할 것
3) 동바리는 상·하부의 동바리가 동일 수직선상에 위치하도록 하여 깔판·깔목 등에 고정시킬 것

[3] 거푸집 동바리의 설치기준

(1) 거푸집의 동바리로 사용하는 강관의 설치기준(파이프 서포트 제외)

1) 높이 2m 이내마다 수평연결재를 2개 방향으로 만들고 수평연결재의 변위를 방지할 것
2) 멍에 등을 상단에 올릴 경우에는 해당 상단에 강재의 단판을 붙여 멍에 등을 고정시킬 것

(2) 거푸집의 동바리로 사용하는 파이프 서포트에 대한 설치기준

1) 파이프 서포트를 3개 이상 이어서 사용하지 않도록 할 것
2) 파이프 서포트를 이어서 사용할 경우에는 4개 이상의 볼트 또는 전용철물을 사용하여 이을 것
3) 높이가 3.5m를 초과할 때에는 높이가 2m 이내마다 수평연결재를 2개 방향으로 만들고 수평연결재의 변위를 방지할 것

(3) 거푸집의 동바리로 사용하는 강관틀에 대한 설치기준

1) 강관틀과 강관틀과의 사이에 교차가새를 설치할 것
2) 최상층 및 5층 이내마다 거푸집 동바리의 측면과 틀면의 방향 및 교차가새의 방향에서 5개 이내마다 수평연결재를 설치하고 수평연결재의 변위를 방지할 것

3) 최상층 및 5층 이내마다 거푸집 동바리의 틀면의 방향에서 양단 및 5개틀 이내마다 교차가새의 방향으로 띠장틀을 설치할 것
4) 멍에 등을 상단에 올릴 경우에는 해당 상단에 강재의 단판을 붙여 멍에 등을 고정시킬 것

(4) 거푸집의 동바리로 사용하는 조립강주에 대한 설치기준

1) 멍에 등을 상단에 올릴 경우에는 해당 상단에 강재의 단판을 붙여 멍에 등을 고정시킬 것
2) 높이가 4m를 초과하는 경우에는 높이 4m 이내마다 수평연결재를 2개 방향으로 설치하고 수평연결재의 변위를 방지할 것

(5) 거푸집의 동바리로 사용하는 목재에 대한 설치기준

1) 높이 2m 이내마다 수평연결재를 2개 방향으로 만들고 수평연결재의 변위를 방지할 것
2) 목재를 이어서 사용하는 경우에는 2개 이상의 덧댐목을 대고 4군데 이상 견고하게 묶은 후 상단을 보 또는 멍에에 고정시킬 것

(6) 시스템 동바리(규격화·부품화된 수직재, 수평재 및 가새재 등의 부재를 현장에서 조립하여 거푸집으로 지지하는 동바리 형식을 말함) 설치기준

1) 수평재는 수직재와 직각으로 설치하여야 하며, 흔들리지 않도록 견고하게 설치할 것
2) 연결철물을 사용하여 수직재를 견고하게 연결하고, 연결 부위가 탈락 또는 꺾어지지 않도록 할 것
3) 수직 및 수평하중에 의한 동바리 본체의 변위가 발생하지 않도록 각각의 단위 수직재 및 수평재에는 가새재를 견고하게 설치하도록 할 것
4) 동바리 최상단과 최하단의 수직재와 받침철물은 서로 밀착되도록 설치하고 수직재와 받침철물의 연결부의 겹침길이는 받침철물 전체길이의 3분의 1 이상 되도록 할 것

[4] 거푸집 동바리의 조립 또는 해체작업

(1) 거푸집 동바리를 고정하거나 조립 또는 해체작업을 할 때 관리감독자의 직무

1) 안전한 작업방법을 결정하고 작업을 지휘하는 일
2) 재료·기구의 결함유무를 점검하고 불량품을 제거하는 일
3) 작업중 안전대 및 안전모등 보호구 착용상황을 감시하는 일

(2) 기둥 · 보 · 벽체 · 슬리브 등의 거푸집 동바리 등의 조립 또는 해체작업을 하는 때 준수할 사항

1) 해당 작업을 하는 구역에는 관계근로자가 아닌 사람의 출입을 금지시킬 것
2) 비, 눈 그 밖의 기상상태의 불안정으로 날씨가 몹시 나쁠 경우에는 그 작업을 중지시킬 것
3) 재료, 기구 또는 공구 등을 올리거나 내리는 경우에는 근로자로 하여금 달줄 · 달포대 등을 사용하도록 할 것
4) 낙하 · 충격에 의한 돌발적 재해를 방지하기 위하여 버팀목을 설치하고 거푸집 동바리 등을 인양장비에 매단 후에 작업을 하도록 하는 등 필요한 조치를 할 것

[5] 철근조립 및 콘크리트 타설 작업 시 준수할 사항

(1) 철근 조립 등의 작업을 하는 때에 준수하여야 할 사항

1) 크레인 등 양중기로 철근을 운반할 경우에는 2개소이상 묶어서 수평으로 운반할 것
2) 작업위치의 높이가 2m 이상일 경우에는 작업발판을 설치하거나 안전대를 착용하게 하는 등 위험방지를 위하여 필요한 조치를 할 것

(2) 콘크리트의 타설작업을 하는 때에 준수할 사항

1) 당일의 작업을 시작하기 전에 해당 작업에 관한 거푸집 동바리 등의 변형 · 변위 및 지반의 침하 유무 등을 점검하고 이상이 있으면 이를 보수할 것
2) 작업 중에는 거푸집 동바리 등의 변형 · 변위 및 침하 유무 등을 감시할 수 있는 감시자를 배치하여 이상이 있으면 작업을 중지하고 근로자를 대피시킬 것
3) 콘크리트의 타설 작업 시 거푸집 붕괴의 위험이 발생할 우려가 있으면 충분한 보강조치를 할 것
4) 설계도서상의 콘크리트 양생기간을 준수하여 거푸집 동바리 등을 해체할 것
5) 콘크리트를 타설하는 경우에는 편심이 발생하지 않도록 골고루 분산하여 타설할 것

(3) 콘크리트의 타설작업을 하기 위하여 콘크리트 펌프카를 사용할 때에 준수할 사항

1) 작업을 시작하기 전에 콘크리트 펌프용 비계를 점검하고 이상을 발견하였으면 즉시 보수할 것
2) 건축물의 난간 등에서 작업하는 근로자가 호스의 요동 · 선회로 인하여 추락하는 위험을 방지하기 위하여 안전난간 설치 등 필요한 조치를 할 것
3) 콘크리트 펌프카의 붐을 조정하는 경우에는 주변의 전선 등에 의한 위험을 예방하기 위한 적절한 조치를 할 것

4) 작업 중에 지반의 침하, 아웃트리거의 손상 등에 의하여 콘크리트 펌프카가 넘어질 우려가 있는 경우에는 이를 방지하기 위한 적절한 조치를 할 것

[6] 콘크리트 타설 및 다지기 or 타설시 거푸집 측압에 미치는 영향

(1) 콘크리트 타설시의 유의사항

1) 타설속도는 하계 1.5m/h, 동계 1.0m/h를 표준으로 한다.
2) 비비기로부터 타설시까지 시간은 25℃ 이상에서는 1.5시간을 넘어서는 안된다.
3) 최상부의 슬래브는 이어붓기를 되도록 피하고 일시에 전체를 타설하도록 한다.
4) 휠발로우(wheel barrow)로 콘크리트를 운반할 때에는 적당한 간격으로 한다.
5) 타설시 콘크리트의 재료분리는 가능한 적게 일어나도록 해야 한다.
6) 운반통로에는 장애물 등이 없는가 확인하고, 있으면 즉시 제거하도록 한다.
7) 타설한 콘크리트를 거푸집 안에서 횡방향으로 이동시켜서는 안된다.
8) 높은 곳으로부터 콘크리트를 세게 거푸집 내에 부어넣지 않는다.
9) 타설시 공동이 발생되지 않도록 밀실하게 부어 넣는다.

(2) 콘크리트 타설시 내부진동기를 사용하여 다지기를 할 때 유의사항

1) 진동기는 슬럼프값 15cm 이하에만 사용한다.
2) 퍼붓기 1회의 깊이는 60cm 미만으로 하고, 진동기 사용간격은 60cm 이내로 한다.
3) 내부진동기는 수직으로 사용한다.
4) 진동기를 넣고 나서 뺄 때까지의 시간은 보통 5~15초가 적당하다.
5) 진동기를 가지고 거푸집 속의 콘크리트를 옆 방향으로 이동시켜서는 안된다.
6) 진동기는 거푸집, 철근 또는 철골에 접촉되지 않도록 하고, 뽑을 때에는 천천히 뽑아내어 콘크리트에 구멍이 남지 않도록 한다.

(3) 콘크리트 타설을 할 때 거푸집의 측압에 미치는 영향

1) 슬럼프가 클수록 크다(물·시멘트 비가 클수록 크다).
2) 기온이 낮을수록 크다(대기 중에 습도가 높을수록 크다).
3) 콘크리트의 치어붓기 속도가 클수록 크다.
4) 거푸집의 수밀성이 높을수록 크다.
5) 콘크리트의 다지기가 강할수록 크다(진동시 사용시 측압은 30% 정도 증가).
6) 거푸집의 수평단면이 클수록 크다(벽 두께가 클수록 크다).
7) 거푸집의 강성이 클수록 크다.
8) 거푸집 표면이 매끄러울수록 크다.
9) 콘크리트의 비중이 클수록 크다(단위중량이 클수록 크다).
10) 묽은 콘크리트일수록 크다.

11) 철근량이 적을수록 크다.

12) 측압은 생콘크리트의 높이가 높을수록 커지는 것이나, 일정한 높이에 이르면 측압의 증대는 없게 된다.

[7] 철골공사 안전기준

(1) 철골구조물이 외압에 대한 내력이 설계에 고려되었는지 확인할 사항

1) 높이 20m 이상의 구조물
2) 구조물의 폭과 높이의 비가 1 : 4 이상인 구조물
3) 단면구조에 현저한 차이가 있는 구조물
4) 연면적당 철골량이 50kg/m^2 이하인 구조물
5) 기둥이 타이 플레이트(tie plate)형인 구조물
6) 이음부가 현장용접인 구조물

(2) 승강로 및 작업발판의 설치

1) 근로자가 수직방향으로 이동하는 철골부재에는 답단간격이 30cm 이내인 고정된 승강로를 설치할 것
2) 수평방향 철골과 수직방향 철골이 연결되는 부분에는 연결작업을 위하여 작업발판 등을 설치할 것

(3) 철골작업을 중지해야 하는 기상조건

1) 풍속이 10m/sec 이상인 경우
2) 강우량이 1mm/hr 이상인 경우
3) 강설량이 1cm/hr 이상인 경우

실 / 전 / 문 / 제

01
가설 구조물의 특징이 아닌 것은?

① 연결재가 적은 구조로 되기 쉽다.
② 부재결합이 불완전하다.
③ 구조설계의 개념이 확실하다.
④ 단면에 결함이 있기 쉽다.

해설
③항의 경우에 구조설계의 개념이 확실하지 않다. 다른 특징으로는 조립의 정밀도가 낮다는 점도 들 수 있다.

02
가설통로 설치시에 직접 고려할 사항이 아닌 것은?

① 보호망 설치
② 낙하물에 의한 위험요소 제거
③ 작업원의 추락, 전도, 미끄러짐의 방지 대책
④ 시공하중 또는 폭풍 등 외력에 안전

해설
가설통로 중 경사로의 안전(고용노동부고시) : 건설공사의 외부비계에 설치하여 재료의 운반, 작업원의 통로로 활용되는 것으로 시공하중 또는 폭풍, 진동 등 외력에 대하여 안전하도록 설계되어야 하며, 작업원 이동시에 추락, 전도, 미끄러짐 등의 재해를 예방할 수 있는 대책이 강구되어야 한다. 상부로부터의 낙하물에 의한 위험요소를 제거하여야 하고, 경사를 완만하게 하여 근로자가 오르내리기에 편리한 구조이어야 한다.

03
다음 중에서 가설통로를 설치할 때 준수해야 할 사항이 아닌 것은?

① 견고한 구조로 할 것
② 경사는 30° 이하로 할 것
③ 추락위험시는 표준안전난간을 설치할 것
④ 경사가 20° 초과시에는 미끄럼방지구조로 할 것

해설
가설통로의 구조(안전보건규칙) : 사업주는 가설통로를 설치하는 때에 다음 각 호의 사항을 준수하여야 한다.
① 견고한 구조로 할 것
② 경사는 30° 이하로 할 것(계단을 설치하거나 높이 2m 미만의 가설통로로서 튼튼한 손잡이를 설치한 때에는 그러하지 아니하다)
③ 경사가 15°를 초과하는 때에는 미끄러지지 아니하는 구조로 할 것
④ 추락할 위험이 있는 장소에는 안전난간을 설치할 것(작업상 부득이한 경우에는 필요한 부분만 임시로 해체할 수 있다)
⑤ 수직갱에 가설된 통로의 길이가 15m 이상인 경우에는 10m 이내마다 계단참을 설치할 것
⑥ 건설공사에 사용하는 높이 8m 이상인 비계다리에는 7m 이내마다 계단참을 설치할 것

04
작업장 내 가설통로의 구조기준에 맞지 않는 것은 어느 것인가?

① 견고한 구조로 할 것
② 구배는 30° 이하로 할 것
③ 추락위험이 있는 곳은 안전난간을 설치할 것
④ 건설공사에 사용하는 높이 5m의 이상의 비계다리에는 7m 이내마다 계단참을 설치할 것

해설
④항의 경우, 높이 8m 이상인 비계다리에는 7m 이내마다 계단참을 설치해야 옳다.

05
가설공사에 사용하는 높이 8m 이상인 비계다리는 얼마마다 계단참을 설치해야 하는가?

① 5m ② 6m
③ 7m ④ 8m

Answer ▶ 01. ③ 02. ① 03. ④ 04. ④ 05. ③

해설
가설공사에 사용하는 높이 8m 이상의 비계다리에는 7m 이내마다 계단참을 설치하고, 수직갱에 가설된 통로의 길이가 15m 이상인 때에는 10m 이내마다 계단참을 설치한다.

06
비상통로의 문으로 적당한 문은?

① 유리창문
② 철문
③ 안으로 열리는 문
④ 외부로 열리는 문

해설
비상구의 설치(안전보건규칙)
① 사업주는 위험물을 제조·취급하는 작업장과 그 작업장이 있는 건축물에는 작업장의 출입문 외에 안전한 장소로 대피할 수 있는 1개 이상의 비상구를 설치하여야 한다.
② 비상구에는 미닫이문 또는 외부로 열리는 문을 설치하여야 한다.

07
다음 중 옥내 통로의 안전조치에 부적당한 것은?

① 용도에 따라 적당한 나비를 둘 것
② 통로면은 넘어지거나 미끄러지는 등의 위험이 없어야 할 것
③ 통로면으로부터 높이 4m 이내에 장애물이 없도록 할 것
④ 중요한 통로에는 적당한 표시를 할 것

해설
통로의 설치(안전보건규칙)
① 사업주는 작업장으로 통하는 장소 또는 작업장 내에 근로자가 사용할 안전한 통로를 설치하고 항상 사용할 수 있는 상태로 유지하여야 한다.
② 통로의 주요 부분에는 통로표시를 하고, 근로자가 안전하게 통행할 수 있도록 하여야 한다.
③ 통로면으로부터 높이 2m 이내에는 장애물이 없도록 하여야 한다.

08
궤도를 설치한 갱도, 터널 및 교량 등에 근로자가 통행할 때에 적당한 간격마다 설치하여야 하는 것은?

① 격벽
② 계단참
③ 휴게소
④ 대피소

해설
대피공간 : 궤도를 설치한 터널·지하구간 및 교량 등에 근로자가 통행 또는 작업을 하는 때에는 적당한 간격마다 대피소를 설치하여야 한다.

09
사다리식 통로를 설치할 때는 다음 사항을 준수하여야 한다. 옳지 못한 것은?

① 갱내 사다리식 통로의 구배는 80° 이내로 할 것
② 답단과 벽과의 사이는 적당한 간격을 유지할 것
③ 사다리의 전위방지를 위한 조치를 할 것
④ 사다리의 상단은 걸쳐 놓은 곳에서부터 20cm 이상 돌출하게 할 것

해설
사다리식 통로 설치시 준수할 사항(사다리식 통로의 구조 : 안전보건규칙 제24조)
① 견고한 구조로 할 것
② 발판의 간격은 동일하게 할 것
③ 발판과 벽과의 사이는 15cm 이상의 간격을 유지할 것
④ 사다리가 넘어지거나 미끄러지는 것을 방지하기 위한 조치를 할 것
⑤ 사다리의 상단은 걸쳐놓은 지점으로부터 60cm 이상 올라가도록 할 것
⑥ 사다리식 통로의 길이가 10m 이상인 때에는 5m 이내마다 계단참을 설치할 것
⑦ 사다리식 통로의 기울기는 75° 이하로 할 것

10
고정식 사다리 설치에 가장 적합한 수평면에 대한 경사각은?

① 45°
② 70°
③ 75°
④ 90°

해설
고정식 사다리(고용노동부고시) : 고정식 사다리는 90°의 수직이 가장 적합하며 경사를 둘 필요가 있는 경우에는 수직면으로부터 15°를 초과해서는 안 된다.

Answer ▶ 06.④ 07.③ 08.④ 09.④ 10.④

11
이동식 사다리의 구조기준을 잘못 설명한 것은?

① 견고한 구조로 할 것
② 재료는 심한 손상, 부식 등이 없는 것으로 할 것
③ 다리부분에는 미끄럼 방지장치 등 전위방지조치를 할 것
④ 폭은 60cm 이내로 할 것

해설

사다리식 통로 등의 구조(안전보건규칙 제24조)
① 견고한 구조로 할 것
② 재료는 심한 손상, 부식 등이 없는 것으로 할 것
③ 폭은 30cm 이내로 할 것
④ 다리부분에는 미끄럼 방지장치 등 전위방지조치를 할 것

12
고소작업에서 사다리를 사용할 때 걸치는 경사각도는 수평에 대하여 몇 도 정도가 적당한가?

① 45° ② 60°
③ 75° ④ 85°

해설

사다리 기둥의 구조
① 견고한 구조로 할 것
② 재료는 심한 손상·부식 등이 없는 것으로 할 것
③ 기둥과 수평면과의 각도는 75° 이하로 하고, 접는식 사다리 기둥은 철물 등을 사용하여 기둥과 수평면과의 각도가 충분히 유지되도록 할 것
④ 바닥면적은 작업을 안전하게 하기 위하여 필요한 면적이 유지되도록 할 것

13
다음 중 이동식 사다리의 규격으로 맞지 않는 것은?

① 길이가 6m를 초과해서는 안된다.
② 미끄럼 방지장치를 해야 한다.
③ 벽면 상부로부터 최소 70cm 이상을 연장해야 한다.
④ 다리의 벌림은 벽 높이의 1/4 정도가 적당하다.

해설

이동식 사다리(고용노동부고시) : 이동식 사다리를 설치하여 사용함에 있어서 다음 각 호의 사항을 준수하여야 한다.
① 길이가 6m를 초과해서는 안된다.
② 다리의 벌림은 벽높이의 1/4 정도가 적당하다.
③ 벽면 상부로부터 최소한 1m 이상의 연장길이가 있어야 한다.

14
계단 및 계단참의 안전율은 얼마 이상이어야 하는가?

① 3 ② 4
③ 5 ④ 6

해설

계단의 강도(안전보건규칙 제26조) : 사업주는 계단 및 계단참을 설치하는 때에는 500kg/m² 이상의 하중에 견딜 수 있는 강도를 가진 구조로 설치하여야 하며, 안전율(안전의 정도를 표시하는 것으로서 재료의 파괴응력도와 허용응력도와의 비율을 말한다)은 4 이상으로 하여야 한다.

15
계단을 설치할 때 계단의 폭이 얼마 이상 되어야 하는가?

① 1m ② 2m
③ 3m ④ 4m

해설

계단의 폭(안전보건규칙 제27조) : 사업주는 계단을 설치하는 경우 그 폭을 1m 이상으로 하여야 한다.

16
계단의 높이가 얼마 이상을 초과할 때 계단참을 설치하여야 하는가?

① 4m ② 3m
③ 2m ④ 1m

해설

계단참의 높이(안전보건규칙 제28조) : 사업주는 높이가 3m를 초과하는 계단에는 높이 3m 이내마다 너비 1.2m 이상의 계단참을 설치하여야 한다.

17
높이 1m 이상인 계단의 개방된 측면에 설치해야 하는 것은?

① 난간 ② 계단참
③ 중간대 ④ 답단

Answer ➡ 11. ④ 12. ③ 13. ③ 14. ② 15. ① 16. ② 17. ①

해설
계단의 난간(안전보건규칙 제30조) : 높이 1m 이상인 계단의 개방된 측면에 안전난간을 설치하여야 한다.

18
다음은 공사용 가설도로에 대한 설명이다. 옳지 않은 것은?

① 도로표면은 장비 및 차량이 안전운행할 수 있도록 유지 보수되어야 한다.
② 최고허용경사로는 20%를 넘어서는 안된다.
③ 안전운행을 위하여 먼지가 일어나지 않도록 물을 뿌려야 한다.
④ 도로는 배수를 위해 도로 중앙부를 약간 높게 하거나 배수시설을 하여야 한다.

해설
가설도로(고용노동부고시) : 사업주는 공사용 가설도로를 설치하여 사용함에 있어서 다음 각 호의 사항을 준수하여야 한다.
① 도로의 표면은 장비 및 차량이 안전운행할 수 있도록 유지·보수하여야 한다.
② 장비사용을 목적으로 하는 진입로, 경사로 등은 주행하는 차량통행에 지장을 주지 않도록 만들어야 한다.
③ 도로와 작업장높이에 차가 있을 때는 바리케이트 또는 연석 등을 설치하여 차량의 위험 및 사고를 방지하도록 하여야 한다.
④ 도로는 배수를 위해 도로 중앙부를 약간 높게 하거나 배수시설을 하여야 한다.
⑤ 운반로는 장비의 안전운행에 적합한 도로의 폭을 유지하여야 하며, 또한 모든 커브는 통상적인 도로 폭보다 좀더 넓게 만들고 시계에 장애가 없도록 만들어야 한다.
⑥ 커브 구간에서는 차량이 가시거리의 절반 이내에서 정지할 수 있도록 차량의 속도를 제한하여야 한다.
⑦ 최고 허용경사도는 부득이한 경우를 제외하고는 10%를 넘어서는 안된다.
⑧ 필요한 전기시설(교통신호 등 포함), 신호수, 표지판, 바리케이트, 노면표지 등을 교통안전운행을 위하여 제공하여야 한다.
⑨ 안전운행을 위하여 먼지가 일어나지 않도록 물을 뿌려주고 겨울철에는 눈이 쌓이지 않도록 조치하여야 한다.

19
건설공사에서 추락재해 중 어떤 곳으로부터 추락하는 것이 가장 많은가?

① 사다리
② 들보
③ 발판
④ 기타

해설
작업발판으로부터 추락하는 경우가 가장 많다.

20
달비계용 와이어로프의 인장하중에 대한 안전율은?

① 3
② 5
③ 7
④ 10

해설
작업발판의 최대적재하중(안전보건규칙)
① 비계의 구조 및 재료에 따라 작업발판의 최대적재하중을 정하고 이를 초과하여 실어서는 아니된다.
② 달비계(곤도라의 달비계를 제외한다)의 최대적재하중을 정하는 경우 그 안전계수는 다음의 각 호와 같다.
  ㉠ 달기 와이어로프 및 달기강선의 안전계수 : 10 이상
  ㉡ 달기 체인 및 달기 훅의 안전계수 : 5 이상
  ㉢ 달기 강대와 달비계의 하부 및 상부지점의 안전계수 : 강재의 경우 2.5 이상, 목재의 경우 5 이상
③ 안전계수는 와이어로프 등의 절대하중 값을 와이어로프 등에 걸리는 하중의 최대값으로 나눈 값을 말한다.

21
비계 조립작업시에 추락방지를 위한 작업발판 설치 높이는?

① 1.5m 이상
② 1.8m 이상
③ 2.0m 이상
④ 3.0m 이상

해설
작업발판의 구조(안전보건규칙 제56조) : 비계의 높이가 2m 이상인 작업장소에 다음 각 호의 기준에 적합한 작업발판을 설치하여야 한다.
① 발판재료는 작업할 때의 하중을 견딜 수 있도록 견고한 것으로 할 것
② 작업발판의 폭은 40cm 이상으로 하고 발판재료 간의 틈은 3cm 이하로 할 것
③ 선박 및 보트 건조작업의 경우 선박블록 또는 엔진실 등의 좁은 작업공간에 작업발판을 설치하기 위하여 필요하면 작업발판의 폭을 30cm 이상으로 할 수 있고, 걸침비계의 경우 강관기둥 때문에 발판재료간의 틈을 3cm 이하로 유지하기 곤란하면 5cm 이하로 할 수 있다. 이 경우 그 틈 사이로 물체 등이 떨어질 우려가 있는 곳에는 출입금지 등의 조치를 하여야 한다.
④ 추락의 위험이 있는 장소에는 안전난간을 설치할 것(작업의 성질상 안전난간을 설치하는 것이 곤란한 경우, 작업의 필요상 임시로 안전난간을 해체할 때에 추락방호망을 설치하거나 근로자로 하여금 안전대를 사용하도록 하는 등 추락위

Answer ➡ 18. ② 19. ③ 20. ④ 21. ③

험방지조치를 한 경우에는 그러하지 아니하다.)
⑤ 작업발판의 지지물은 하중에 의하여 파괴될 우려가 없는 것을 사용할 것
⑥ 작업발판재료는 뒤집히거나 떨어지지 않도록 둘 이상의 지지물에 연결하거나 고정시킬 것
⑦ 작업발판을 작업에 따라 이동시킬 경우에는 위험방지에 필요한 조치를 할 것

22
다음 통로발판의 안전지침으로 옳지 않은 것은?

① 발판폭은 60cm 이상, 두께 2.5cm 이상, 길이는 3.6m 이내의 것을 사용하여야 한다.
② 발판의 겹친길이는 20cm 이상으로 하여야 한다.
③ 발판 1개의 지지물은 2개 이상이어야 한다.
④ 작업발판의 최대폭은 1.6m 이내이어야 한다.

해설
통로발판(고용노동부고시)
(1) 사업주는 통로발판을 설치하여 사용함에 있어서 다음 각 호의 사항을 준수하여야 한다.
① 근로자가 작업 및 이동하기에 충분한 넓이가 확보되어야 한다.
② 추락의 위험이 있는 곳에는 안전난간이나 철책을 설치해야 한다.
③ 발판을 겹쳐 이음하는 경우 장선 위에서 이음을 하고 겹침길이는 20cm 이상으로 하여야 한다.
④ 발판 1개에 대한 지지물은 2개 이상이어야 한다.
⑤ 작업발판의 최대폭은 1.6m 이내이어야 한다.
⑥ 작업발판 위에는 돌출된 못, 옹이, 철선 등이 없어야 한다.
⑦ 비계발판의 구조에 따라 최대적재하중을 정하고 이를 초과하지 않도록 하여야 한다.
(2) 비계발판의 치수는 폭이 두께의 5~6배 이상이어야 하며, 발판폭은 40cm 이상, 두께는 3.5cm 이상, 길이는 3.6m 이내이어야 한다.

23
다음 중 통로발판의 안전지침으로 옳지 않은 것은?

① 근로자가 작업 또는 이동하기에 충분한 넓이가 확보되어야 한다.
② 발판의 폭은 30cm 이상으로 해야 한다.
③ 발판 1개에 지지물은 2개 이상이어야 한다.
④ 작업발판의 최대폭은 1.6m 이내이어야 한다.

해설
통로발판의 폭은 40cm 이상으로 해야 한다.

24
발판의 연결을 안전하게 하기 위해서는 다음의 어느 경우가 가장 알맞은가?

① 겹치기 15cm 여유 15cm
② 겹치기 20cm 여유 20cm
③ 겹치기 25cm 여유 25cm
④ 겹치기 30cm 여유 30cm

해설
발판의 겹침길이는 20cm 이상으로 하고 여유길이도 20cm 이상 되어야만 안전하다. 그러나 발판의 폭은 40cm 이상, 발판재료간의 틈새는 3cm 이하로 해야만 안전하다.

25
높이 5m 이상 되는 달비계를 조립, 해체 또는 변경할 때의 준수사항 중 적당하지 않은 것은?

① 작업 중 추락방지의 조치를 강구한다.
② 공구나 기구 등은 반드시 하나씩 휴대하여 운반한다.
③ 조립, 해체 또는 변경시 외뢰인의 출입을 통제한다.
④ 조립, 해체 또는 변경의 시기, 범위 또는 순서 등을 주지시킨다.

해설
비계 등의 조립 · 해체 및 변경(안전보건규칙 제57조) : 사업주는 달비계 또는 높이 5m 이상의 비계를 조립 · 해체하거나 변경하는 작업을 하는 경우에는 다음 각 호의 사항을 준수해야 한다.
① 관리감독자의 지휘에 따라 작업하도록 할 것
② 조립 · 해체 또는 변경의 시기·범위 및 절차를 그 작업에 종사하는 근로자에게 주지시킬 것
③ 조립 · 해체 또는 변경 작업구역에는 해당 작업에 종사하는 근로자가 아닌 사람의 출입을 금지시키고, 그 내용을 보기 쉬운 장소에 게시할 것
④ 비, 눈 그 밖의 기상상태의 불안정으로 날씨가 몹시 나쁠 경우에는 그 작업을 중지시킬 것
⑤ 비계재료의 연결 · 해체작업을 하는 경우에는 폭 20cm 이상의 발판을 설치하고 근로자로 하여금 안전대를 사용하도록 하는 등 추락을 방지하기 위한 조치를 할 것
⑥ 재료 · 기구 또는 공구 등을 올리거나 내리는 경우에는 근로자가 달줄 또는 달포대 등을 사용하게 할 것

Answer ➡ 22. ① 23. ② 24. ② 25. ②

26
비계의 조립, 해체 또는 변경작업의 특별안전보건 교육 내용이 아닌 것은?

① 비계 조립순서, 방법에 관한 사항
② 보호구 착용에 관한 사항
③ 방호물 설치 및 기준에 관한 사항
④ 추락재해방지에 관한 사항

해설

비계의 조립 · 해체 또는 변경작업시의 특별 안전 · 보건교육 내용
① 비계의 조립순서 방법에 관한 사항
② 비계작업의 재료취급 및 설치에 관한 사항
③ 추락재해방지에 관한 사항
④ 보호구 착용에 관한 사항
⑤ 기타 안전보건관리에 필요한 사항

27
비계의 점검사항이 아닌 것은?

① 해당 비계 연결부의 풀림상태
② 손잡이의 탈락 여부
③ 격벽 설치여부
④ 발판재료의 손상여부

해설

비계의 점검보수(안전보건규칙 제58조) : 비, 눈 그 밖의 기상상태의 악화로 작업을 중지시킨 후, 또는 비계를 조립·해체하거나 변경한 후 그 비계에서 작업을 하는 경우에는 해당 작업을 시작하기 전에 다음 각 호의 사항을 점검하고 이상을 발견하면 즉시 보수하여야 한다.
① 발판재료의 손상 여부 및 부착 또는 걸림 상태
② 해당 비계의 연결부 또는 접속부의 풀림 상태
③ 연결재료 및 연결철물의 손상 또는 부식 상태
④ 손잡이 탈락 여부
⑤ 기둥의 침하, 변형, 변위 또는 흔들림 상태
⑥ 로프의 부착상태 및 매단장치의 흔들림 상태

28
비계의 점검사항이 아닌 것은?

① 발판재료의 손상 여부
② 격벽설치 여부
③ 손잡이의 탈락 여부
④ 비계기둥의 침하 및 활동 상태

29
다음 빈칸에 알맞은 숫자는?

> 통나무비계의 경우, 비계기둥 간격은 ( )m 이하이고, 지상의 제1 띠장은 ( )m 이하이어야 한다.

① 2, 2
② 2.5, 2.5
③ 2.5, 3
④ 1.8, 3

해설

통나무비계의 구조(안전보건규칙) : 통나무비계를 조립하는 경우에는 다음 각 호의 사항을 준수하여야 한다.
(1) 비계기둥의 간격은 2.5m 이하로 하고 지상으로부터 첫 번째 띠장은 3m 이하의 위치에 설치할 것
(2) 비계기둥이 미끄러지거나 침하하는 것을 방지하기 위하여 비계기둥의 하단부를 묻고, 밑둥잡이를 설치하거나 깔판을 사용하는 등의 조치를 할 것
(3) 비계기둥의 이음이 겹침이음인 경우에는 이음부분에서 1m 이상을 서로 겹쳐서 두 군데 이상을 묶고, 비계기둥의 이음이 맞댄이음인 경우에는 비계기둥을 쌍기둥틀로 하거나 1.8m 이상의 덧댐목을 사용하여 네군데 이상을 묶을 것
(4) 비계기둥 · 띠장 · 장선 등의 접속부 및 교차부는 철선이나 그 밖의 튼튼한 재료로 견고하게 묶을 것
(5) 교차가새로 보강할 것
(6) 외줄비계 · 쌍줄비계 또는 돌출비계에 대해서는 다음 각목에 따른 벽이음 및 버팀을 설치할 것
　① 간격은 수직방향에서 5.5m 이하, 수평방향에서는 7.5m 이하로할 것
　② 강관 · 통나무 등의 재료를 사용하여 견고한 것으로 할 것
　③ 인장재와 압축재로 구성되어 있는 경우에는 인장재와 압축재의 간격은 1m 이내로 할 것

30
비계의 부재 중에서 횡좌굴을 방지하기 위하여 설치하는 것은?

① 띠장
② 기둥
③ 가새
④ 장선

해설

비계는 교차가새를 설치하여 횡좌굴을 방지하는 등 안전조치를 취해야 하며, 기둥간격 10m 이내마다 45° 각도의 처마방향 가새를 비계기둥 및 띠장에 결속하고, 모든 비계기둥은 가새에 결속하여야 한다.

Answer ▶ 26. ③ 27. ③ 28. ② 29. ③ 30. ③

31
통나무비계는 지상높이 얼마 이하인 건축물 등의 조립 및 해체 작업에만 사용할 수 있는가?

① 10m ② 11m
③ 12m ④ 13m

해설
통나무 비계는 지상높이 4층 이하 또는 12m 이하인 건축물·공작물 등의 건조·해체 및 조립 등의 작업에만 사용할 수 있다 (안전보건규칙 제71조 제2항).

32
다음은 통나무비계에 대한 설명이다. 이 중에서 옳지 않은 것은?

① 통나무비계는 말구(末口)가 4.5cm 이상이어야 한다.
② 통나무가 갈라진 경우, 전체길이의 1/5 이내일 것
③ 묶을 때에는 #8 또는 #10 철선을 사용한다.
④ 통나무는 직경의 1/3 이상 갈라진 것은 사용할 수 없다.

해설
통나무비계(고용노동부고시)
1) **통나무** : 비계용 통나무는 장선을 제외하고 서로 대체 활용할 수 있으므로 압축, 인장 및 휨 등의 외력이 작용하여도 충분히 견딜 수 있어야 하며, 다음 각 호에 정하는 것에 적합한 것이어야 한다.
   ① 형상이 곧고 나무결이 바르며 큰 옹이, 부식, 갈라짐 등 흠이 없고 건조된 것으로 썩거나 다른 결점이 없어야 한다.
   ② 통나무의 직경은 밑둥에서 1.5m 되는 지점에서의 지름이 10cm 이상이고, 끝마구리의 지름은 4.5cm 이상이어야 한다.
   ③ 휨 정도는 길이의 1.5% 이내이어야 한다.
   ④ 밑둥에서 끝마구리까지의 지름의 감소는 1m 당 0.5~0.7cm가 이상적이나 최대 1.5cm를 초과하지 않아야 한다.
   ⑤ 결손과 갈라진 길이는 전체길이의 1/5 이내이고, 깊이는 통나무직경의 1/4을 넘지 않아야 한다.
2) **결속재료** : 통나무비계의 결속재료로 사용되는 철선은 직경 3.4mm 의 #10 내지 직경4.2mm 의 #8의 소성 철선(철선길이 1개소 150cm 이상) 또는 #16 내지 #18의 아연도금 철선(철선길이 1개소 500cm 이상)을 사용하며, 결속재료는 모두 새것을 사용하고 재사용은 하지 아니한다.

33
다음 중 단관비계의 도괴 또는 전도를 방지하기 위하여 사용하는 벽연결 간격으로 맞는 것은?

① 수직 5m 이하, 수평 5m 이하
② 수직 5m 이하, 수평 6m 이하
③ 수직 6m 이하, 수평 7m 이하
④ 수직 6m 이하, 수평 8m 이하

해설
비계의 벽연결 간격
① 단관비계 : 수직 5m 이하, 수평 5m 이하
② 틀비계 : 수직 6m 이하, 수평 8m 이하

34
단관비계 조립시의 안전지침 사항 중 틀리는 것은?

① 각 부에는 깔판, 깔목 등을 사용하고 밑둥잡이를 설치해야 한다.
② 비계기둥의 최고부로부터 31m 되는 지점의 밑부분은 2본의 강관으로 묶어 세어야 한다.
③ 비계기둥 간의 적재하중은 40kg을 초과하지 않도록 한다.
④ 지상에서 첫 번째 띠장은 높이 2m 이하의 위치에 설치해야 한다.

해설
강관비계 조립시 준수할 사항
(1) **강관비계의 구조(안전보건규칙 제59조)**
① 비계기둥에는 미끄러지거나 침하하는 것을 방지하기 위하여 밑받침 철물을 사용하거나 깔판·깔목 등을 사용하여 밑둥잡이를 설치하는 등의 조치를 할 것
② 강관의 접속부 또는 교차부는 적합한 부속철물을 사용하여 접속하거나 단단히 묶을 것
③ 교차가새로 보강할 것
④ 외줄비계·쌍줄비계 또는 돌출비계에 대하여는 다음 각 목의 정하는 바에 따라 벽이음 및 버팀을 설치할 것
   ㉠ 강관비계의 조립간격은 기준에 적합하도록 할 것
   ㉡ 강관·통나무 등의 재료를 사용하여 견고한 것으로 할 것
   ㉢ 인장재와 압축재로 구성되어 있는 경우에는 인장재와 압축재의 간격을 1m 이내로 할 것
⑤ 가공전로에 근접하여 비계를 설치하는 경우에는 가공전로를 이설하거나 가공전로에 절연용 방호구를 장착하는 등 가공전로와의 접촉을 방지하기 위한 조치를 할 것

Answer ➡ 31. ③ 32. ④ 33. ① 34. ③

(2) 강관비계의 구조(안전보건규칙 제60조)
① 비계기둥의 간격은 띠장 방향에서는 1.5m 이상 1.8m 이하, 장선 방향에서는 1.5m 이하로 할 것
② 띠장간격은 1.5m 이하로 설치하되, 첫번째 띠장은 지상으로부터 2m 이하의 위치에 설치할 것
③ 비계기둥의 제일 윗부분으로부터 31m 되는 지점 밑부분의 비계기둥은 2본의 강관으로 묶어 세울 것
④ 비계기둥간의 적재하중은 400kg을 초과하지 않도록 할 것

35
강관비계 기둥 1본당 최대적재하중은 다음 중 어느 것인가?
① 300kg 이하
② 350kg 이하
③ 400kg 이하
④ 450kg 이하

해설
비계기둥 간의 적재하중 : 400kg을 초과하지 않을 것

36
다음은 틀비계 조립시의 유의할 사항이다. 옳지 않은 것은?
① 틀비계의 높이는 원칙적으로 45m를 넘어서는 안된다.
② 벽이음의 간격은 수직방향 9m 이하, 수평방향 8m 이하로 설치한다.
③ 벽이음의 인장재와 압축재로 구성되어 있을 때에는 그 간격은 1m 이내로 한다.
④ 지주 사이에는 가새를 설치하고 최상층과 5층 이내에 수평하게 설치한다.

해설
틀비계 조립시의 벽이음의 간격은 수직방향 6m 이하, 수평방향 8m 이하로 설치한다.

37
달비계의 작업발판 최소폭은?
① 45cm 이상
② 40cm 이상
③ 35cm 이상
④ 30cm 이상

해설
달비계의 구조(안전보건규칙) : 작업발판의 폭을 40cm 이상으로 하고 틈새가 없도록 할 것

38
다음 ( )안에 알맞은 것은?

달비계 등의 재료에 연결하여 해체작업을 할 때에는 폭 ( )이상의 발판을 설치하고, 근로자로 하여금 ( )를 사용하도록 하는 등 근로자의 추락방지를 위한 조치를 할 것

① 15cm, 안전모
② 15cm, 안전대
③ 20cm, 안전모
④ 20cm, 안전대

39
이동식 비계의 가로, 세로의 길이가 각각 2m, 3m일 때 이 비계의 사용가능 최대높이는?
① 6m
② 8m
③ 9m
④ 12m

해설
이동식 비계의 최대높이는 밑변(가로) 최소폭의 4배 이하이어야 한다(고용노동부고시).
∴ 2m×4=8m

길잡이
외쪽비계는 비계기둥이 1줄이고 띠장을 한쪽에만 단 비계로써 경작업 또는 10m 이하의 비계에 사용한다.

40
다음 중 가설구조물이 갖추어야 할 구비요건으로 맞는 것은?
① 영구성, 안전성, 작업성
② 영구성, 안전성, 경제성
③ 안전성, 작업성, 경제성
④ 영구성, 작업성, 경제성

해설
가설구조물의 구비요건 : 안전성, 작업성, 경제성

41
다음 중 거푸집 동바리 조립시에 기준이 되는 도면은?
① 구조도
② 상세도
③ 조립도
④ 시방서

Answer ➡ 35. ③ 36. ② 37. ② 38. ④ 39. ② 40. ③ 41. ③

해설

조립도(안전보건규칙 제331조)
① 사업주는 거푸집 동바리 등을 조립하는 경우에는 그 구조를 검토한 후 조립도를 작성하고 그 조립도에 따라 조립하도록 하여야 한다.
② 조립도에는 동바리·멍에 등 부재의 재질·단면규격·설치간격 및 이음방법 등을 명시하여야 한다.

42
거푸집 동바리의 안전조치를 기술한 것이다. 틀린 것은?

① 깔목의 사용, 콘크리트의 타설, 말뚝박기 등 지주침하를 방지하는 조치이다.
② 동바리고정 등 동바리의 미끄럼을 방지하는 조치이다.
③ 강재와 강재의 접속부, 교차부는 클램프 등의 철물사용으로 단단히 연결한다.
④ 동바리의 이음은 겹친 이음으로 한다.

해설

거푸집 동바리 등의 안전조치(안전보건규칙 제332조)
① 깔목의 사용, 콘크리트 타설, 말뚝박기 등, 동바리의 침하를 방지하기 위한 조치를 할 것
② 개구부 상부에 동바리를 설치하는 경우에는 상부하중을 견딜 수 있는 견고한 받침대를 설치할 것
③ 동바리의 상하고정 및 미끄러짐 방지조치를 하고, 하중의 지지상태를 유지할 것
④ 동바리의 이음은 맞댄이음, 장부이음으로 하고 같은 품질의 재료를 사용할 것
⑤ 강재와 강재와의 접속부 및 교차부는 볼트·크램프 등 전용철물을 사용하여 단단히 연결할 것
⑥ 거푸집이 곡면인 경우에는 버팀대의 부착 등 그 거푸집의 부상을 방지하기 위한 조치를 할 것

43
동바리용으로 사용하는 강관의 안전조치로서 적당하지 않은 것은?

① 높이 3m 이내마다 수평연결재를 2방향으로 만든다.
② 조립 전에 단관의 변형, 파손 등이 없는가 확인한다.
③ 동바리용 단관은 2본까지로 제한한다.
④ 동바리가 높을 경우에는 적절한 곳에 발판을 설치한다.

해설

거푸집 동바리의 안전조치(안전보건규칙 제332조)
① 높이 2m 이내마다 수평연결재를 2개 방향으로 만들고 수평연결재의 변위를 방지할 것
② 멍에 등을 상단에 올릴 때에는 해당 상단에 강재의 단판을 붙여 멍에 등을 고정시킬 것

44
동바리로 사용하는 파이프 받침에 대해 틀린 것은?

① 파이프 받침은 3본 이상 이어서 사용하지 않는다.
② 파이프 받침은 이어서 사용할 시에는 4개 이상의 볼트를 사용하여 잇는다.
③ 보상단에 올릴 때 강재의 단판을 부착한다.
④ 높이 3.5m 초과시 높이 2m 이내마다 수평연결재를 2개 방향으로 만든다.

해설

거푸집 동바리의 사용하는 파이프 서포트 설치기준
① 파이프 받침을 3개 이상 이어서 사용하지 않을 것
② 파이프 받침을 이어서 사용할 때에는 4개 이상의 볼트 또는 전용철물을 사용하여 이을 것
③ 높이가 3.5m를 초과할 때에는 높이 2m 이내마다 수평연결재를 2개 방향으로 만들고 수평연결재의 변위를 방지할 것

45
파이프 서포트 동바리의 높이가 3.5m 이상일 때 수평이음은 높이 몇 m 마다 설치하는 것이 좋은가?

① 2m 마다 ② 3m 마다
③ 4m 마다 ④ 5m 마다

해설

높이가 3.5m를 초과할 때에는 높이 2m 이내마다 수평이음을 2개 방향으로 만들고 수평이음의 변위를 방지해야 한다.

46
거푸집 동바리의 조립, 해체작업시에 준수해야할 사항이 아닌 것은?

① 관계근로자 외 출입금지
② 악천후 시에는 작업중지
③ 달줄, 달포대 사용
④ 이상 발견시에는 근로자 대피

Answer ➡ 42. ④ 43. ① 44. ③ 45. ① 46. ④

해설

조립 등의 작업시 준수사항(안전보건규칙 제336조) : 거푸집 동바리 등의 조립하거나 해체하는 작업을 하는 경우에는 다음 각 호의 사항을 준수하여야 한다.
① 해당 작업을 하는 구역에는 관계근로자가 아닌 사람의 출입을 금지할 것
② 비, 눈, 그 밖의 기상상태의 불안정으로 날씨가 몹시 나쁜 경우에는 그 작업을 중지할 것
③ 재료·기구 또는 공구 등을 올리거나 내리는 경우에는 근로자로 하여금 달줄·달포대 등을 사용하도록 할 것

47
거푸집 공사에 관한 기술로 부적당한 것은?
① 거푸집 조립은 이동하지 않게 비계 또는 기타 공작물과 직접 연결한다.
② 치수를 정확히 하고 모르타르가 새지 않도록 한다.
③ 떼어내기 간단하고 재료를 반복 사용할 수 있게 한다.
④ 하중에 대하여 안전하게 한다.

해설

거푸집 조립할 때 비계 또는 기타 공작물과 직접 연결하는 것은 안전수칙에 위배 되는 것이다.

48
다음 중 거푸집 지보공이 아닌 것은?
① 파이프 받침(pipe support)
② 흙막이 지보공
③ 단관지주
④ 조립강주

해설

①, ③, ④항 이외에 강관, 강관틀, 목재 등이 거푸집 지보공(동바리)에 해당된다.

49
거푸집 작업에서 긴결재를 선정할 때에 고려해야 할 사항이 아닌 것은?
① 작업원 손에 익숙할 것
② 회수, 해체하기 쉬운 것
③ 충분한 강도가 있는 것
④ 박리제를 칠한 것

해설

재료(노동부고시) : 연결재는 다음 각목에 정하는 사항을 선정하여야 한다.
① 정확하고 충분한 강도가 있는 것이어야 한다.
② 회수, 해체하기 쉬운 것이어야 한다.
③ 조합 부품수가 적은 것이어야 한다.
※ 개정 전 고시에 의하면 「작업원이 많이 사용하여 손에 익숙한 것으로 하여야 한다」가 포함되어 있었으며, 이 문제는 고시개정전의 문제이므로 답은 ④항이 된다.

50
거푸집의 조립순서로 올바른 것은?
① 기둥 – 보받이내력벽 – 큰보 – 작은보 – 바닥 – 외벽
② 큰보 – 기둥 – 보받이내력벽 – 작은보 – 바닥 – 내벽 – 외벽
③ 기둥 – 큰보 – 작은보 – 보받이내력벽 – 바닥 – 내벽 – 외벽
④ 큰보 – 작은보 – 기둥 – 보받이내력벽 – 내벽 – 외벽

해설

거푸집의 조립순서(노동부고시) : 기둥 – 보받이내력벽 – 큰보 – 작은보 – 바닥 – 내벽 – 외벽

51
거푸집 조립작업의 주기로 맞는 것은?
① 조립 → 수정 → 고정 → 검사
② 조립 → 검사 → 수정 → 고정
③ 조립 → 고정 → 수정 → 검사
④ 조립 → 검사 → 고정 → 수정

해설

조립작업은 조립 → 검사 → 수정 → 고정을 주기로 하여 부분을 요약해서 행하고 전체를 진행하여 나가야 한다(고용노동부 고시 콘크리트공사 표준안전작업지침).

52
형틀공사 중 슬라이딩 폼을 사용하는 것이 유리한 공사는?
① 고층 아파트 건설공사
② 터널 복공 거푸집 공사

Answer ◎ 47. ① 48. ② 49. ④ 50. ① 51. ② 52. ②

③ 종합운동장 관람석 상부 거푸집 공사
④ 교량의 1개 스팬씩의 보 거푸집 공사

해설

슬라이딩 폼이란 밑 부분이 약간 벌어진 거푸집을 1m 정도의 높이로 설치하여 콘크리트가 굳어지기 전에 요크(yoke)로 끌어올려 연속작업 할 수 있는 거푸집구조로 사일로(silo) 축조공사, 터널복공거푸집 공사 등에 유리하다.

53
콘크리트 강도에 가장 큰 영향을 주는 것은?

① 골재의 입도　② 시멘트량
③ 배합방법　　④ 물·시멘트 비

해설

콘크리트 강도에 영향을 주는 인자
① 물·시멘트비(W/C) : 1918년 미국의 abrams가 제창한 학설로 "적도의 연도를 가진 콘크리트 강도는 물과 시멘트 비에 따라 결정된다."
② 재료의 품질 : 시멘트, 골재, 용수 등의 품질
③ 시공법 : 배합비, 혼합법, 타설 방법 등은 강도에 영향을 준다
④ 보양법
　㉠ 습도보존 : 최소 5일
　㉡ 안전보존 : 진동, 충격 등
　㉢ 온도보존 : 25℃ 이상이 좋고, 겨울철도 최소 5일간은 2℃ 이상 유지한다.

54
철근 겹침 이음 길이는 철근 지름의 몇 배가 적당한가?

① 30배　② 40배
③ 50배　④ 60배

해설

(1) 철근의 이음 및 정착길이
　① 인장측(큰 인장력을 받는 것) : 철근지름의 40배(경량골재 사용시 50배)
　② 압축측(또는 적은 인장력을 받는 것) : 철근지름의 25배 (경량골재 사용할 때 30배)
　③ 경미한 압축을 받는 것 : 철근지름의 20배
　④ 철근의 지름이 다를 때 : 가는 철근 지름의 40배
　※ 철근의 정착 및 겹침길이는 철근의 말단 훅의 길이는 포함되지 않는다. 즉, 이음길이의 산정은 갈고리 중심 간의 거리로 한다. 또한 지름이 다른 겹침인 때에는 가는 쪽 철근의 공칭지름으로 한다.

(2) 철근의 이음위치
　① 철근의 이음위치는 인장력이 큰 곳은 피한다.
　② 철근의 이음을 한 곳에서 철근 수의 반 이상을 이어서는 안된다.
　③ 인접한 주근의 이음새의 간격은 1.5d 또는 2.5cm 이상으로 한다.
　④ 기둥의 주근 이음은 기둥 높이의 2/3 이내, 보통 1/3 지점에 이음을 둔다.
　⑤ 보의 주근의 이음에서는 하부근은 단부에, 상부근은 중앙에, 굽힘근은 굽힘부에 이음위치를 둔다.

(3) 철근의 정착위치
　① 기둥의 주근은 기초에
　② 보의 주근은 기둥에
　③ 작은보의 주근은 큰보에
　④ 직교하는 단부보 밑에 기둥이 없을 때는 보 상호간에
　⑤ 지중보의 주근은 기초 또는 기둥에
　⑥ 벽철근은 기둥, 보 또는 바닥판에
　⑦ 바닥철근은 보 및 벽체에

55
철근의 부착강도에 영향을 주는 요인이 아닌 것은?

① 철근표면의 거칠기
② 콘크리트 인장강도
③ 철근의 지름과 덮개
④ 철근의 배치방향

해설

콘크리트와 철근과의 부착강도에 영향을 주는 인자
① 압축강도가 클수록 부착강도가 크다.
② 피복두께가 두꺼울수록 부착강도가 크다.
③ 길이가 같으면 철근의 주장(周長)에 비례한다.
④ 철근의 지름에는 비례하나 길이에는 비례하지 않는다.
⑤ 기타 철근표면의 거칠기와 철근의 배치방향도 영향을 준다.

56
거푸집 설계시에 적용되는 철근콘크리트의 단위중량으로서 맞는 것은?

① 2.0t/m³　② 2.1t/m³
③ 2.3t/m³　④ 2.4t/m³

해설

철근콘크리트의 단위중량은 2.4 t/m³, 무근콘크리트의 단위중량은 2.3t/m³이며, 중량콘크리트의 단위중량은 3.2~4.0t/m³ 정도이다.
평균적으로 3.5t/m³으로 하고, 경량콘크리트의 단위중량은 1.7~2.0t/m³ 정도이나 보통 1.9t/m³ 정도로 하고 있다.

Answer ● 53. ④　54. ②　55. ②　56. ④

57
거푸집 동바리 설계시에 적용되는 하중 중에서 실제로 적용하는 하중 외에 작업하중을 허용하게 되어 있다. 이 하중은?

① 100kg/m² ② 150kg/m²
③ 200kg/m² ④ 250kg/m²

해설
① 작업하중은 작업시의 근로자와 소도구의 하중을 의미하며 150kg/m²으로 정하고 있다.
② 거푸집 지보공은 다음 하중에 충분한 것을 사용하여야 한다 (고용노동부고시).
∴ 타설되는 콘크리트 중량+철근중량+가설물중량+호퍼·바켈·가드류의 중량+150kg/m²

58
철근콘크리트 시공 이음위치로 적당한 것은?

① 보의 1/3 지점 ② 보의 끝부분
③ 지간의 중간   ④ 기둥과 보 사이

해설
철근콘크리트의 이음시공위치
① 보·슬래브 등의 수평부재 : 지간의 중간(span의 1/2 되는 곳)에 수직으로(단, 캔틸레버로 내민보나 바닥판은 일체로 한다)
② 기둥 : 기초 위, 바닥판 위, 연결보 위에 수평으로
③ 벽 : 개구부 주위에
④ 아치 : 축의 직각으로 한다.

59
Massive concrete에서 신축이음은 보통 몇 m 마다 하나씩 두면 좋은가?

① 5~10   ② 6~9
③ 12~18 ④ 20~27

해설
Massive concrete에서 신축이음은 12~18m 정도로 하여 평균 15m 마다 하나씩 두는 것이 좋다.

60
콘크리트 타설 작업시의 준수사항이 틀리는 것은?

① 타설작업 후에 거푸집 지보공 등의 변형 변위를 점검할 것
② 작업시작 전의 거푸집 지보공 주위 지반침하 유무를 점검할 것
③ 작업 중에는 거푸집 지보공 변위, 침하 유무 등 감시자를 배치할 것
④ 이상 발견시에는 즉시 작업을 중지하고 근로자 대피조치를 할 것

해설
콘크리트의 타설작업(안전보건규칙 제334조) : 사업주는 콘크리트의 타설작업을 하는 때에는 다음 각 호의 사항을 준수하여야 한다.
① 당일의 작업을 시작하기 전에 해당 작업에 관한 거푸집 동바리 등의 변형·변위 및 지반의 침하유무 등을 점검하고 이상이 있으면 이를 보수할 것
② 작업중에는 거푸집 동바리 등의 변형·변위 및 침하 유무 등을 감시할 수 있는 감시자를 배치하여 이상이 있으면 작업을 중지하고 근로자를 대피시킬 것

61
콘크리트 타설시 측압에 미치는 영향으로서 틀리는 것은?

① 타설속도가 빠르면 크다.
② 콘크리트가 묽으면 크다.
③ 기온이 높으면 측압도 크다.
④ 콘크리트 단위중량이 크면 측압도 크다.

해설
콘크리트 타설을 할 때 거푸집의 측압에 미치는 영향
① 슬럼프가 클수록 크다(물·시멘트 비가 클수록 크다).
② 기온이 낮을수록 크다(대기 중에 습도가 높을수록 크다).
③ 콘크리트의 치어붓기 속도가 클수록 크다.
④ 거푸집의 수밀성이 높을수록 크다.
⑤ 콘크리트의 다지기가 강할수록 크다(진동기 사용시 측압은 30% 정도 증가).
⑥ 거푸집의 수평단면이 클수록 크다(벽두께가 클수록 크다).
⑦ 거푸집의 강성이 클수록 크다.
⑧ 거푸집 표면이 매끄러울수록 크다.
⑨ 콘크리트의 비중이 클수록 크다(단위중량이 클수록 크다).
⑩ 묽은 콘크리일수록 크다.
⑪ 철근량이 적을수록 크다.
⑫ 측압은 생콘크리트의 높이가 높을수록 커지는 것이나, 일정한 높이에 이르면 측압의 증대는 없게 된다.

Answer ➡ 57. ② 58. ③ 59. ③ 60. ① 61. ③

62
콘크리트를 타설할 때 거푸집에 걸리는 측압의 크기에 관한 설명이다. 이중 적당하지 않은 것은?

① 콘크리트의 타설속도가 빠를수록 측압은 크다.
② 진동기를 사용하여 콘크리트를 다지면 측압이 커진다.
③ 콘크리트의 시공연도(슬럼프 값)가 클수록 측압은 커진다.
④ 콘크리트의 타설시 온도가 높을수록 측압은 커진다.

해설
콘크리트의 타설시에 온도가 낮을수록 측압은 커진다.

63
콘크리트 타설시의 안전수칙 사항 중 맞는 것은?

① 콘크리트는 한 곳에서만 치우쳐서 부어 넣어야 한다.
② 타설속도는 현장 여건에 따라 조절하여야 한다.
③ 바닥 위에 흘린 콘크리트는 그대로 양생하도록 한다.
④ 최상부의 슬래브는 이어붓기를 피하고 일시에 전체를 타설한다.

해설
콘크리트는 한 곳에만 치우쳐서 부어넣지 않고 타설속도는 표준시방서에 정해진 속도를 유지하여야 하며, 바닥 위에 흘린 콘크리트는 완전히 청소하여야 한다.

64
콘크리트 타설시의 유의사항으로 틀린 것은 어느 것인가?

① 휠 발로우(wheel barrow)로 콘크리트를 운반할 때는 연속적으로 한다.
② 타설속도는 하계(夏季) 1.5 m/h, 동계(冬季) 1.0m/h를 표준으로 한다.
③ 손수레로 콘크리트를 운반할 때는 뛰어서는 안된다.
④ 최상부의 슬래브는 이어붓기를 되도록 피하고, 일시에 전체를 타설한다.

해설
콘크리트 타설시의 안전수칙
① 바닥위에 흘린 콘크리트는 완전히 청소한다.
② 철골 보의 아래, 철골·철근의 복잡한 거푸집의 부분 등은 책임자를 정하여 완전한 시공이 되도록 한다.
③ 타설 속도는 하계(夏季) 1.5m/h, 동계(冬季) 1.0m/h를 표준으로 하나 콘크리트 펌프로 압송타설(壓送打設)할 경우엔 이 표준보다 훨씬 큰 속도로 콘크리트를 부어 넣을 가능성이 있다.
④ 높은 곳으로부터 콘크리트를 세게 거푸집 내에 부어 넣지 않는다. 반드시 호퍼(Hopper)로 받아 거푸집 내에 꽂아 넣은 벽형(壁型) 슈트(Chute)를 통해 부어 넣어야 한다.
⑤ 계단실의 콘크리트 부어 넣기는 특히 책임자를 정하여 주의해서 시공하며, 계단의 디딤 면이나 난간은 정규(正規)의 치수로 밀실하게 부어 넣는다.
⑥ 손수레로 콘크리트를 운반할 때에는 적당한 간격을 유지하여야 한다.
⑦ 손수레에 의해 운반할 때는 뛰어서는 안된다. 또한 통로구분을 명확히 하여야 한다.
⑧ 최상부 슬래브는 이어 붓기를 되도록 피하여 일시에 전체를 타설하도록 하여야 한다.
⑨ 타워에 연결되어 있는 슈트의 접속이 확실한가와 달아매는 재료는 견고한가를 점검하여야 한다.

> **길잡이**
> 콘크리트 타설(고용노동부고시) 중에서 손수레를 이용하여 콘크리트를 운반할 때에는 다음 각 목의 사항을 준수하여야 한다(wheel barrow = hand barrow = 2륜 손수레).
> ① 손수레를 타설하는 위치까지 천천히 운반하여, 거푸집에 충격을 주지 아니하도록 타설해야 한다.
> ② 손수레에 의하여 운반할 때에는 적당한 간격을 유지하여야 하고 뛰어서는 안 되며, 통로구분을 명확히 하여야 한다.
> ③ 운반 통로에 방해가 되는 것은 즉시 제거하여야 한다.

65
다음은 콘크리트 진동다지기에 관한 것이다. 이중 틀린 것은?

① 슬럼프 20cm 미만의 콘크리트만 진동기를 사용한다.
② 퍼붓기 1회 깊이는 60cm 미만으로 하고 진동기 사용간격은 60cm 이내로 한다.
③ 진동치기 콘크리트 거푸집은 일반 거푸집보다 20~30% 정도 견고하게 한다.
④ 진동기는 거푸집에 접촉시키지 말아야 한다.

Answer ◐ 62. ④ 63. ④ 64. ① 65. ①

해설

묽은비빔콘크리트와 된비빔콘크리트와의 구분은 슬럼프값 15를 기준으로 한다. 또한, 진동기는 슬럼프값 15cm 이하에만 사용하며, 묽은비빔콘크리트에 진동기를 사용하면 재료의 분리가 생긴다. 특히 내부진동기는 수직으로 사용하는 것이 좋으며 콘크리트로부터 급히 빼내지 않으며 작업시간은 보통 15~60초에서 30~40초 정도가 적당하다.

66
철근 콘크리트 거푸집 존치기간 순으로 옳은 것은?

① 슬래브 < 보 < 기둥
② 보 < 슬래브 < 기둥
③ 슬래브 < 기둥 < 보
④ 기둥 < 보 < 슬래브

해설

거푸집의 존치기간(해체순서)
① 기초(5일) ⇒ 기둥 옆(7일) ⇒ 벽·보 옆(7~14일) ⇒ 바닥판 밑(14일) ⇒ 보 밑(28일)
② 거푸집의 존치기간은 수직(측면)이 짧고, 수평(하측)면이 길므로 측면 거푸집(기초, 기둥·벽·보 옆)을 먼저 해체하고, 하측 거푸집(바닥·보 밑)을 나중에 해체한다.

길잡이 표준시방서의 거푸집의 존치기간

부위	바닥슬래브, 지붕슬래브 및 보 밑		기초, 기둥 및 벽, 보 옆	
시멘트의 종류	포틀랜드 시멘트	조강 포틀랜드 시멘트	포틀랜드 시멘트	조강 포틀랜드 시멘트
콘크리트의 압축강도	설계기준강도의 50%		50(kg/cm²)	
콘크리트의 재령(일) 평균기온 10℃ 이상~20℃ 미만	8	5	6	3
평균기온 20℃ 이상	7	4	4	2

67
콘크리트 거푸집의 지주 바꾸어 세우기 순서 중 제일 먼저 하여야 하는 것은?

① 큰보
② 작은보
③ 바닥판
④ 계단

해설

거푸집 해체시 지주를 바꾸어 세울 때의 주의사항
① 지주의 바꾸어 세우기 순서는 큰보, 작은보, 바닥판 순으로 한다.
② 바꾸어 세운 지주는 쐐기 등으로 전 지주와 동등의 지지력이 작용하도록 한다.
③ 상부에 30cm 각 이상의 두꺼운 머리 받침을 댄다.

68
거푸집을 떼어낼 때 안전관리상 먼저 하는 작업으로 맞는 것은?

① 기온이 높을 때 타설한 거푸집과 낮을 때 타설한 거푸집 : 높을 때 타설한 거푸집
② 조강 시멘트를 사용하여 타설한 거푸집과 보통 시멘트를 사용하여 타설한 거푸집 : 보통시멘트 를 사용하여 타설한 거푸집
③ 보와 기둥 : 보
④ 스팬이 큰 빔과 작은 빔 : 큰 빔

해설

거푸집 해체공사시에 먼저 수행해야 되는 작업
① 보통 시멘트와 조강 시멘트 : 조강 시멘트
② 보와 기둥 : 기둥
③ 물, 시멘트의 비가 큰 것과 작은 것 : 작은 것
④ 부재의 단면과 측면 : 측면
⑤ 스팬이 큰 보와 작은 보 : 작은 보
⑥ 기온이 높을 때와 낮을 때 타설한 거푸집 : 높을 때 타설한 거푸집

69
거푸집 해체시의 안전수칙사항 중 맞지 않은 것은?

① 거푸집 해체가 용이하지 않을 때는 분업에 의한 지렛대 사용을 한다.
② 상하에서 동시작업을 할 때는 상하가 긴밀한 연락을 취하여야 한다.
③ 거푸집 해체시의 순서에 입각하여 실시한다.
④ 해체된 거푸집 기타 각목을 올리거나 내릴 때에는 달줄, 달포대 등을 사용한다.

Answer ◆ 66. ④ 67. ① 68. ① 69. ①

해설

거푸집의 해체작업을 하여야 할 경우 준수해야 할 사항(고용노동부고시)
1) 거푸집 및 지보공(동바리)의 해체는 순서에 의하여 실시하여야 한다.
2) 거푸집 및 지보공(동바리)은 콘크리트 자중 및 시공 중에 가해지는 기타 하중에 충분히 견딜만한 강도를 가질 때까지는 해체하지 아니하여야 한다.
3) 거푸집을 해체 할 때에는 다음 각 목에 정하는 사항을 유념하여 작업하여야 한다.
   ① 해체작업을 할 때에는 안전모 등 안전보호장구를 착용토록 하여야 한다.
   ② 거푸집 해체작업장 주위에는 관계자를 제외하고는 출입을 금지시켜야 한다.
   ③ 상하 동시 작업은 원칙적으로 금지하며, 부득이한 경우에는 긴밀히 연락을 취하며 작업을 하여야 한다.
   ④ 거푸집 해체 때 구조체에 무리한 충격이나 큰 힘에 의한 지렛대 사용은 금지하여야 한다.
   ⑤ 보 또는 슬래브 거푸집을 제거할 때에는 거푸집의 낙하 충격으로 인한 작업원의 돌발적 재해를 방지하여야 한다.
   ⑥ 해체된 거푸집이나 각목 등에 박혀 있는 못 또는 날카로운 돌출물은 즉시 제거하여야 한다.
   ⑦ 해체된 거푸집이나 각목은 재사용 가능한 것과 보수하여야 할 것을 선별, 분리하여 적치하고 정리정돈을 하여야 한다.
(4) 기타 제 3자의 보호조치에 대하여도 완전한 조치를 강구하여야 한다.

70
댐(Dam) 콘크리트에서 거푸집 떼어내기에 관한 기술 중 틀린 것은 다음 중 어느 것인가?

① 거푸집 떼어내기는 보통 연직방향을 수평방향보다 먼저 떼어내는 것이 좋다.
② 개구부는 일광의 직사를 받지 않으므로 압축강도가 100kg/cm² 정도로 되면 될 수 있는 한 빨리 떼어낸다.
③ 거푸집 떼어내기는 콘크리트 압축강도가 35kg/cm² 정도 도달할 때가 좋다.
④ 거푸집 떼어내기 시기 및 순서는 책임기술자의 승인을 얻은 후에 실시한다.

해설
댐 콘크리트에서 거푸집 떼어내기는 보통 수평방향을 연직방향보다 먼저 떼어 내는 것이 좋다.

71
철골공사시 철골의 자립도 검토내용으로 옳지 않은 것은?

① 높이 30m 이상의 건물
② 구조물의 폭과 높이의 비가 1 : 4 이상의 건물
③ 이음부가 현장용접인 건물
④ 연면적당 철골량이 50kg/m2

해설
철골공사 전 검토사항 중 설계도 및 공작도에 대한 확인사항(고용노동부고시) : 구조안전의 위험이 큰 다음 각 목의 철골구조물은 건립 중 강풍에 의한 풍압 등 외압에 대한 내력이 설계에 고려되었는지 확인하여야 한다.
① 높이 20m 이상의 구조물
② 구조물의 폭과 높이의 비가 1 : 4이상인 구조물
③ 단면구조에 현저한 차이가 있는 구조물
④ 연면적당 철골량이 50kg/m² 이하인 구조물
⑤ 기둥이 타이 플레이트(tie plate)형인 구조물
⑥ 이음부가 현장용접인 구조물

72
철골건립작업 시에 작업을 중지해야 할 풍속과 강우량의 범위로 맞는 것은?

① 풍속 : 10분간 평균풍속이 5m/sec, 강우량 1시간당 5mm 이상
② 풍속 : 10분간 평균풍속이 10m/sec, 강우량 1시간당 1mm 이상
③ 풍속 : 10분간 평균풍속이 15m/sec, 강우량 1시간당 2mm 이상
④ 풍속 : 10분간 평균풍속이 20m/sec, 강우량 1시간당 10mm 이상

해설
철골공사 전의 검토사항 중 건립계획 중에서(고용노동부고시 철골공사 표준안전작업지침) 강풍, 폭우 등과 같은 악천후일 때에는 작업을 중지하여야 하며, 특히 강풍시에는 높은 곳에 있는 부재나 공구류가 낙하비래하지 않도록 조치하여야 한다. 이 때 **작업을 중지해야 하는 악천후**는 다음 각 목의 경우를 말한다.
① 풍속 : 10분간 평균풍속이 10m/sec 이상
② 강우량 : 1시간당 1mm 이상
③ 강설량 : 1시간당 1cm 이상

Answer 70. ① 71. ① 72. ②

73
철골건립을 위하여 철골을 반입할 때 주의사항이 아닌 것은?

① 다른 작업에 방해되지 않도록 철골을 적치한다.
② 철골적치 시에 먼저 사용할 것을 밑에 적치한다.
③ 받침대를 밑에 깔고 적치한다.
④ 부재를 묶는 작업을 하는 작업자는 경험이 풍부한 사람이 한다.

해설

철골반입시 준수할 사항(고용노동부고시 철골공사 표준안전 작업지침)
(1) 다른 작업에 장해가 되지 않는 곳에 철골을 적치하여야 한다.
(2) 받침대는 적치될 부재의 중량을 고려하여 적당한 간격으로 안정성 있는 것을 사용하여야 한다.
(3) 부재 반입시는 건립의 순서 등을 고려하여 반입하여야 하며, 시공순서가 빠른 부재는 상단부에 위치하도록 한다.
(4) 부재 하차시에 쌓여 있는 부재의 도괴에 대비하여야 한다.
(5) 부재 하차시에 트럭 위에서의 작업은 불안정하므로 인양할 때 부재가 무너지지 않도록 주의하여야 한다.
(6) 부재에 로프를 체결하는 작업자는 경험이 풍부한 사람이 하도록 하여야 한다.
(7) 인양시에 기계의 운전자는 서서히 들어올려 일단 안정상태로 된 것을 확인한 다음, 다시 서서히 들어올리며 트럭적재함으로부터 2m 정도가 되었을 때 수평으로 이동시켜야 한다.
(8) 수평이동시는 다음 각목의 사항을 준수하여야 한다.
  ① 전선 등 다른 장해물에 접촉할 우려는 없는지 확인하여야 한다.
  ② 유도 로프를 끌거나 누르지 않도록 하여야 한다.
  ③ 인양된 부재의 아래쪽에 작업자가 들어가지 않도록 한다.
  ④ 내려야 할 지점에서 일단 정지시킨 후 흔들림을 정지시킨 다음, 서서히 내리도록 하여야 한다.
(9) 적치시는 너무 높게 쌓지 않도록 하고, 체인 등으로 묶어두거나 버팀대를 대어 넘어가지 않도록 하여야 하며, 적치높이는 적치 부재 하단폭의 1/3 이하이어야 한다.

74
건설공사 현장에서 낙하물에 의한 공사현장 주변에 위험이 발생할 우려가 있을 때 설치하는 방호철망의 철망호칭으로 적당한 것은?

① #8~#10
② #13~#16
③ #18~#22
④ #25~#30

해설

방호철망의 설치기준
① 철망호칭 #13 내지 #16의 것을 사용한다.
② 아연도금 철선으로 지름 0.9mm(#20) 이상의 것을 사용한다.
③ 15cm 이상 겹쳐대고 60cm 이내의 간격으로 긴결하여 틈이 생기지 않도록 한다.

길잡이 철골공사시의 재해방지설비(고용노동부고시 제 2020-7호 제16조)

기능		용도, 사용 장소, 조건	방호설비
추락방지	1. 안전한 작업이 가능한 작업대	높이 2m 이상의 장소에서 추락의 우려가 있는 작업에 따른 경우	비계, 달비계, 수평통로, 안전난간대
	2. 추락자를 보호할 수 있는 것	작업대 설치가 어렵거나 개구부 주위로 난간 설치가 어려운 곳	추락방지용 방망
	3. 추락의 우려가 있는 위험장소에 작업자의 행동을 제한하는 것	개구부 및 작업대의 끝	난간, 울타리
	4. 작업자의 신체를 유지시키는 것	안전한 작업대나 난간 설비를 할 수 있는 곳	안전대, 구명줄, 안전대 부착설비
낙하비래 및 비산방지	1. 상부에서 낙하해 오는 것으로부터 보호	철골건립 및 볼트 체결, 기타 상하작업	방호철망, 방호울타리, 가설앵커설비
	2. 제 3자의 위해 방지	볼트, 콘크리트제품, 형틀재, 일반자재, 먼지 등 낙하 비산할 우려가 있는 작업	방호철망, 방호시트, 울타리, 방호선반, 안전망
	3. 불꽃의 비산방지	용접, 용단을 수반하는 작업	석면포

75
방호선반의 설치기준으로 맞는 것은?

① 시공하는 시설물의 높이가 10m 이상인 경우에는 1단 이상 설치한다.
② 시공하는 길이가 30m 이상인 경우에는 2단 이상 설치한다.
③ 최하단에 설치하는 방호선반은 보통 지면에서 3m 정도의 높이에 설치한다.
④ 선반의 내민 길이는 구조물 외측에서 1.5m 이상 돌출시킨다.

해설

방호선반의 설치방법: 방호선반은 철골건립 등의 작업시 낙하·비래 및 비산방지설비로 지상층의 철골건립 개시 전에 다음 각 호와 같은 방법으로 설치한다.

Answer ▶ 73. ② 74. ② 75. ①

① 철골건물의 높이가 지상 20m 이하일 때는 방호선반을 1단 이상, 20m 이상인 경우에는 2단 이상 설치토록 한다.
② 설치방법은 건물외부비계 방호시트에서 수평거리로 2m 이상 돌출하고 20° 이상의 각도를 유지시켜야 한다.
③ 선반널 두께는 두께 1.5cm 이상의 나무판자 또는 이와 동등 이상의 효과가 있는 것을 사용한다.
④ 구조체에 45cm 이하의 간격으로 틈새가 없도록 설치하고 시트상호를 틈새가 없도록 겹친다.

76
철골공사에서 용접, 용단작업에 사용되는 가스 등의 용기는 그 온도를 몇 도 이하로 보존하여야 하는가?

① 25℃
② 36℃
③ 40℃
④ 48℃

해설

가스 등의 용기(안전보건규칙) : 사업주는 금속의 용접·용단 또는 가열에 사용되는 가스 등의 용기를 취급하는 때에는 다음 각 호의 사항을 준수하여야 한다.
(1) 다음 각 목의 1에 해당하는 장소에서 사용하거나 당해 장소에 설치·저장 또는 방치하지 아니하도록 할 것
   ① 통풍 또는 환기가 불충분한 장소
   ② 화기를 사용하는 장소 및 그 부근
   ③ 위험물·화약류 또는 가연성 물질을 취급하는 장소 및 그 부근
(2) 용기의 온도를 섭씨 40° 이하로 유지할 것
(3) 전도의 위험이 없도록 할 것
(4) 충격을 가하지 아니하도록 할 것
(5) 운반할 때에는 캡을 씌울 것
(6) 사용할 때에는 용기의 마개에 부착되어 있는 유류 및 먼지를 제거할 것
(7) 밸브의 개폐는 서서히 할 것
(8) 사용 전 또는 사용 중인 용기와 그 밖의 용기를 명확히 구별하여 보관할 것
(9) 용해 아세틸렌의 용기는 세워 둘 것
(10) 용기의 부식·마모 또는 변형상태를 점검한 후 사용할 것

77
다음 건설기계 중, 철골 세우기 장비가 아닌 것은?

① 타워 크레인(tower crane)
② 크롤러 크레인(crawler crane)
③ 백 호우(back hoe)
④ 진폴 데릭(gin pole derrik)

해설

③는 중기가 위치한 지면보다 낮은 곳의 땅을 파는데 적합한 일종의 굴착기계이다.

78
철골건립기계 중에서 초고층 건설작업에 적당하고 인접시설 등에 장해가 없는 상태로 360° 회전이 가능한 기계는?

① 지브 크레인(jib crane)
② 타워 크레인(tower crane)
③ 가이 데릭(guy derick)
④ 크롤러 크레인(crawler crane)

해설

철골건립용 기계의 종류별 특징(고용노동부고시)
① **타워 크레인** : 타워 크레인은 정치식과 이동식이 있으나, 대별하면 붐이 상하로 오르내리는 기복형과 붐이 수평을 유지하고 트롤리 호이스트가 움직이는 수평형이 있다. 초고층 작업이 용이하고 인접물에 장해가 없이 360° 선회작업이 가능하여 가장 능률이 좋은 건립기계이다.
② **트럭 크레인** : 장거리 기동성이 있고 붐을 현장에서 조립하여 소정의 길이를 얻을 수 있다. 붐의 신축과 기복을 유압에 의하여 조작하는 유압식이 있다. 한 장소에서 360° 선회작업이 가능하고 기계종류도 소형에서 대형까지 다양하다. 기계식 트럭 크레인은 인양하중이 150ton 까지 가능한 대형도 있다.
③ **크롤러 크레인** : 이는 트럭 크레인의 타이어 대신 크롤러를 장착한 것으로,「아웃트리거를 갖고 있지 않아」트럭 크레인보다 흔들림이 크고 하물 인양시에 안전성이 약하다. 크롤러식 타워 크레인은 차체는 크롤러 크레인과 같지만 직립고정된 붐 끝에 기복이 가능한 보조 붐을 가지고 있다.
④ **가이 데릭** : 주기둥과 붐으로 구성되어 있고 6~8본의 지선으로 주기둥이 지탱되고, 주 각부에 붐을 설치 360° 회전이 가능하다. 인양 하중이 크고 경우에 따라서 쌓아 올림도 가능하지만 타워 크레인에 비하여 선회성, 안전성이 뒤떨어지므로 인양하물의 중량이 클 때 특히 필요로 한다.
⑤ **삼각 데릭** : 가이 데릭과 비슷하나 주기둥을 지탱하는 지선 대신에 2본의 다리에 의해 고정된 것으로, 작업회전 반경은 약 270° 정도로 가이 데릭과는 성능은 거의 같다. 이것은 비교적 높이가 낮은 면적의 건물에 유효하다. 특히 최상층 철골 위에 설치하여 타워크레인 해체 후에 사용하거나, 또 증축공사인 경우의 기존 건물 옥상 등에 설치하여 사용되고 있다.
⑥ **진폴 데릭** : 통나무, 철파이프 또는 철골 등으로 기둥을 세우고 3본 이상의 지선을 매어 기둥을 경사지게 세워 기둥 끝에 활차를 달고 원치에 연결시켜 권상시키는 것이다. 간단하게 설치할 수 있으며, 경미한 건물의 철골건립에 사용된다.

Answer ▶ 76. ③ 77. ③ 78. ②

79
다음 중 통나무 강관 또는 철골 등으로 기둥을 세우고 3본 이상의 지선을 매서서 기둥을 경사지게 세워 기둥의 끝에 활차를 달고 윈치에 연결시켜 권상시키는 것으로, 작은 건물의 철골건립에 사용하는 철골 건립기계의 종류는?

① 타워 크레인   ② 진폴 데릭
③ 삼각 데릭   ④ 트럭 크레인

해설
진폴 데릭은 간단하게 설치할 수 있으므로 경미한 건물의 철골건립에 많이 사용된다.

80
가설구조물의 부재가 강성이 부족하여 가늘고 긴 부재가 압축력에 의하여 휘어져서 파괴되는 현상은?

① 좌굴   ② 탄성변형
③ 한계변형   ④ 휨변형

해설
좌굴에 대한 억제조치로는 재단의 회전구속, 부재의 중간지지, 보의 연결 등이 있다.

81
다음 중 좌굴에 대한 억제조치(억제대책)가 아닌 것은?

① 부재의 끝을 회전하지 않도록 구속한다.
② 부재의 중간에 사재를 연결한다.
③ 부재에 작용하는 하중을 증대시킨다.
④ 부재의 중간에 보를 연결한다.

해설
좌굴이란 철골기둥이 변곡되는 것으로 대책으로는 ①, ②, ④ 항이 있다.

Answer ● 79. ② 80. ① 81. ③

5장 운반·하역작업 안전 및 기타 작업안전

1 운반작업

[1] 취급·운반 작업의 원칙

(1) 취급·운반의 3조건

1) 운반을 기계화할 것
2) 운반거리를 단축시킬 것
3) 손이 닿지 않는 운반 방식으로 할 것

(2) 취급·운반의 5원칙

1) 직선운반을 할 것
2) 연속운반을 할 것
3) 운반작업을 집중화시킬 것
4) 생산을 최고로 하는 운반을 생각할 것
5) 시간과 경비를 절약할 수 있는 운반 방법을 고려할 것

[2] 인력운반

(1) 인력운반의 하중기준 및 안전하중기준

1) 인력운반 하중기준 : 체중의 40% 정도의 운반물을 60~80(m/min)의 속도로 운반할 것
2) 안전하중기준
   ① 성인남자 : 25kg 정도
   ② 성인여자 : 15kg 정도

(2) 인력운반 작업 시 안전수칙

1) 물건을 들어 올릴 때는 팔과 무릎을 사용하며, 척추는 곧은 자세로 할 것
2) 무거운 물건은 공동작업으로 실시하고 보조기구를 사용할 것
3) 길이가 긴 물건은 앞쪽을 높여 운반할 것
4) 화물에 최대한 접근하여 중심을 낮게 할 것
5) 어깨보다 높이 들어 올리지 않을 것
6) 무리한 자세를 장시간 지속하지 않을 것

(3) 기계화해야 될 인력 작업의 표준

1) 3~4인 정도가 상당시간 계속 반복운반 작업을 할 경우
2) 발밑에서 머리 위까지 들어 올리는 작업일 경우
3) 발밑에서 어깨까지 25kg 이상을 들어 올리는 작업일 경우
4) 발밑에서 허리까지 50kg 이상을 들어 올리는 작업일 경우
5) 발밑에서 무릎까지 75kg 이상을 들어 올리는 작업일 경우

[3] 중량물 취급 · 운반 및 운반기계에 의한 운반

(1) 중량물 취급 작업시 작업계획의 작성내용

1) 추락위험을 예방할 수 있는 안전대책
2) 낙하위험을 예방할 수 있는 안전대책
3) 전도위험을 예방할 수 있는 안전대책
4) 협착위험을 예방할 수 있는 안전대책
5) 붕괴위험을 예방할 수 있는 안전대책

(2) 반복에 의한 중량물 취급 작업 시 작업 시작 전 점검사항

1) 중량물 취급의 올바른 자세 및 복장
2) 위험물 비산에 따른 보호구 착용
3) 카바이드, 생석회 등과 같이 온도 상승이나 습기에 의하여 위험성이 존재하는 중량물의 취급방법
4) 하역운반 기계 등의 적절한 사용방법

(3) 운반기계에 의한 운반 작업 시 안전수칙

1) 운반차의 화물적재높이 : 1,020mm(유럽 · 미국 등 : 1,500 ± 500mm)
2) 운반차를 밀 때는 750~850mm 정도의 높이가 적당
3) 운반대 위에는 여러 사람이 타지 말 것

2 하역작업

[1] 차량계 하역 운반기계 및 통로 폭

(1) 차량의 구내속도 : 8km/hr 이내의 속도유지

(2) 물자 운반용 차량의 통로 폭

1) 일방통행용 : $W = B + 60(cm)$

2) 양방통행용 : W = 2B + 90(cm)

　　여기서, B = 운반차량의 폭

(3) 운반 통로에서 우선 통과 순서

　1) 기중기　　　　　　2) 짐차
　3) 빈차　　　　　　　4) 사람

[2] 항만 하역작업

(1) 부두, 안벽 등 하역작업을 하는 장소에 대하여 조치할 사항

1) 작업장, 통로의 위험한 부분 : 안전작업을 할 수 있는 조명을 유지할 것
2) 부두 또는 안벽의 선을 따라 통로를 설치할 경우 : 폭을 90cm 이상으로 할 것
3) 육상에서의 통로 및 작업장소에 다리 또는 갑문을 넘는 보도 등의 위험한 부분 : 울 등을 설치할 것

(2) 300 t 급 이상의 선박에서 하역작업을 할 경우 조치사항

1) 안전하게 승강할 수 있는 현문 사다리를 설치할 것
2) 현문 사다리 밑에는 안전망을 설치할 것
3) 현문 사다리의 바닥의 넓이는 55cm 이상이어야 하고, 양쪽에 82cm 이상 높이로 방책을 설치할 것

(3) 통행설비의 설치 등
갑판의 윗면에서 선창 밑바닥까지의 깊이가 1.5m를 초과하는 선창의 내부에서 화물취급작업을 하는 때에는 해당 작업에 종사하는 근로자가 안전하게 통행할 수 있는 설비를 설치할 것(다만, 안전하게 통행할 수 있는 설비가 선박에 설치되어 있는 때에는 제외)

3 해체작업

[1] 해체작업시 작업계획의 작성내용 및 위험방지 조치사항

(1) 해체작업시 작업계획의 작성내용

1) 해체의 방법 및 해체순서도면
2) 가설설비, 방호설비, 환기설비 및 살수, 방화 설비 등의 방법
3) 사업장내 연락방법
4) 해체물의 처분계획
5) 해체 작업용 기계, 기구 등의 작업계획서
6) 해체 작업용 화약류 등의 사용계획서

(2) 해체 작업 시 조치할 사항

1) 작업구역 내는 관계자 외의 자의 출입을 금지시킬 것
2) 악천후(폭풍, 폭우 및 폭설 등)시는 작업을 중지시킬 것

[2] 해체공법의 종류별 특징

[표] 해체공법의 종류별 특징 (해체공사 표준안전작업지침)

공법		원리	특징	단점
압쇄공법	자주식 현주식	유압압쇄날에 의한 해체	취급과 조작이 용이하고 철근, 철골 절단이 가능하며 저 소음이다.	20m 이상은 불가능, 분진비산을 막기 위해 살수설비가 필요하다.
대형브레카공법	압축공기 자주형	압축공기에 의한 타격 파쇄	능률이 높은 곳 사용이 가능하다. 보, 기둥, 슬레브, 벽체 파쇄에 유리	소음과 진동이 크며, 분진발생에 주의하여야 한다.
	유압 자주형	유압에 의한 타격 파쇄		
전도 공법		부재를 절단하여 쓰러뜨린다.	원칙적으로 한층씩 해체하고 전도축과 전도방향에 주의해야 한다.	전도에 의한 진동과 매설물에 대한 배려가 필요하다.
철 해머에 의한 공법		무거운 철재 해머로 타격	능률이 좋으나 지하매설콘크리트 해체에는 효율이 낮다. 기둥, 보, 슬래브, 벽 파쇄에 유리	소음과 진동이 크고, 파편이 많이 비산된다.
화약 발파공법		발파충격과 가스압력으로 파쇄	파괴력이 크고 공기를 단축할 수 있으며, 노동력 절감에 기여	발파 전문자격자가 필요, 비산물 방호장치설치, 폭음과 진동이 있으며 지하 매설물에 영향 초래, 슬래브 벽 파쇄에 불리
핸드브레카공법	압축공기식	압축공기에 의한 타격 파쇄	광범위한 작업이 가능하고 좁은 장소나 작은 구조물 파쇄에 유리, 진동은 작다.	방진마스크, 보안경 등 보호구 필요, 소음이 크고 소음 발생에 주의를 요한다.
	유압식	유압에 의한 타격과 파쇄		
팽창압공법		가스압력과 팽창압력에 의거 파쇄	보관취급이 간단, 책임자 불필요, 무근콘크리트에 유효, 공해가 거의 없다.	천공 때 소음과 분진발생, 슬래브와 벽 등에는 불리
절단공법		회전톱에 의한 절단	질서정연한 해체나 무진동이 요구될 때에 유리하고 최대 절단 길이는 30cm 전후	절단기, 냉각수가 필요하며, 해체물 운반크레인이 필요
재키공법		유압식 재키로 들어 올려 파쇄	소음진동이 없다.	기둥과 기초에는 사용불가, 슬래브와 보 해체시 재키를 받쳐줄 발판 필요
쇄기타입 공법		구멍에 쐐기를 밀어넣어 파쇄	균열이 직선적이므로 계획적으로 해체할 수 있다. 무근콘크리트에 유리	1회 파괴량이 적다. 코어보링시 물을 필요로 한다. 천공시 소음과 분진에 주의
화염공법		연소시켜서 용해하여 파쇄	강제 절단이 용이, 거의 실용화되어 있지 못하다.	방열복 등 개인 보호구가 필요하며 용융물, 불꽃처리 대책필요
통전공법		구조체에 전기 쏘트를 이용 파쇄	거의 실용화 되어 있지 못하다	

실 / 전 / 문 / 제

01
중량물 취급시, 위험방지조치가 아닌 것은?
① 작업계획 작성 ② 작업지휘자 지정
③ 보호구 착용 ④ 출입금지

해설
법상 중량물 취급시의 위험방지 조치(안전보건규칙)
① 작업계획의 작성
② 중량물 취급시의 하역운반기계 사용
③ 경사면에서의 중량물 취급시의 안전조치
④ 작업지휘자의 지정
⑤ 신호
⑥ 보호구 사용
⑦ 작업시작 전의 점검

02
다음은 하역작업 시의 위험방지에 대한 설명이다. 옳지 않은 것은?
① 안전담당자는 작업방법 및 순서를 결정하고 작업을 지휘한다.
② 밧줄가닥이 절단된 섬유로프 등을 사용해서는 안된다.
③ 부두 또는 안벽의 선을 따라 통로를 설치할 때는 폭을 75cm 이상으로 해야 한다.
④ 포대, 가마니 등의 하적단 높이가 2m 이상 되는 경우, 하적단 밑 부분에서 10cm 이상의 간격을 두어야 한다.

해설
부두 등의 하역작업장(안전보건규칙) : 사업주는 부두·안벽 등 하역작업을 하는 장소에 대하여는 다음 각 호의 조치를 하여야 한다.
① 작업장 및 통로의 위험한 부분에는 안전하게 작업할 수 있는 조명을 유지할 것
② 부두 또는 안벽의 선을 따라 통로를 설치하는 때에는 폭을 90cm 이상으로 할 것
③ 육상에서의 통로 및 작업장소로서 다리 또는 선거의 갑문을 넘는 보도 등의 위험한 부분에는 적당한 울 등을 설치할 것

03
부두 또는 안벽의 선에 따라 통로를 개설할 때에 확보하여야 할 통로의 넓이는?
① 30cm 이상 ② 40cm 이상
③ 70cm 이상 ④ 90cm 이상

해설
90cm 이상의 통로를 확보해야만 추락 등의 재해를 막을 수 있다.

04
화물을 적재할 때, 준수사항으로 틀린 것은?
① 침하우려가 없는 튼튼한 곳에 적재
② 편하중이 생기지 않도록 적재
③ 칸막이나 벽에 기대어 적재
④ 불안정할 정도로 높이 쌓아 올리지 말 것

해설
화물을 적재하는 경우 준수해야 할 사항
① 침하의 우려가 없는 튼튼한 기반 위에 적재할 것
② 건물의 칸막이나 벽 등이 화물의 압력에 견딜 만큼의 강도를 지니지 아니한 때에는 칸막이나 벽에 기대어 적재하지 아니하도록 할 것
③ 불안정할 정도로 높이 쌓아 올리지 말 것
④ 편하중이 생기지 아니하도록 적재할 것

05
갑판의 윗면에 선창 밑바닥까지 깊이가 몇 m를 초과하는 선창의 내부에서 화물취급 작업을 하는 때에는 당해 작업 근로자가 안전하게 통행할 수 있는 설비를 설치하여야 하는가?
① 1.0m ② 1.2m
③ 1.3m ④ 1.5m

Answer ● 01. ④ 02. ③ 03. ④ 04. ③ 05. ④

해설

통행설비의 설치 등(안전보건규칙 제394조) : 사업주는 갑판의 윗면에서 선창 밑바닥까지의 깊이가 1.5m를 초과하는 선창의 내부에서 화물취급작업을 하는 경우에는 그 작업에 종사하는 근로자가 안전하게 통행할 수 있는 설비를 설치하여야 한다.

06
벌목작업에 의한 위험방지 사항이 아닌 것은?

① 대피장소 선정
② 악천후일 때는 작업금지
③ 보호구 착용
④ 투하설비 설치

해설

벌목작업에 의한 위험방지(안전보건규칙)
(1) 벌목작업시 등의 위험방지
  ① 대피장소를 미리 선정한다.
  ② 나무의 흉고직경이 40cm 이상일 때에는 벌목근직경의 1/4 이상의 수입구를 만든다.
  ③ 유압식 벌목기에는 견고한 헤드 가드를 비치한다.
(2) 벌목작업시의 신호
(3) 출입의 금지
(4) 악천후시의 작업금지
(5) 보호구의 착용

> **길잡이**
> 투하설비는 높이 3m 이상의 장소로부터 물체를 투하할 때 설치해야 되는 것으로, 벌목작업과는 관계가 없다.

07
다음 통로에 관한 안전조치사항 중 틀린 것은?

① 기계와 기계 사이의 통로 폭은 80cm 이상이어야 한다.
② 회전축의 건널다리에는 90cm 이상의 손잡이를 설치한다.
③ 일방통행로의 폭은 차폭(車幅) +80cm 이상이어야 한다.
④ 통로 위 1.8m 이내의 공간에는 장애물이 없어야 한다.

해설

물자운반용 차량의 통로폭
① 일방통행용 : W=B+60cm
② 양방통행용 : W=2B+90cm
  여기서 B는 운반차량의 폭이다.

08
인력으로 단독 운반하는 물체 무게의 한도는 연속적으로 운반할 경우에 체중의 몇 %라고 말하고 있는가?

① 25~30% ② 30~35%
③ 35~40% ④ 40~45%

해설

인력운반작업 시의 하중기준은 60~80m/min의 속도로 운반 시 체중의 40%가 표준이며, 가장 적당한 중량보다 가볍게 하여도 에너지는 별로 감소되지 않으나 초과하면 급격히 증가하므로 35~40%로 하여야 한다.

09
체중 70kg의 작업자가 장시간 운반작업을 하는 경우, 취급화물의 중량을 얼마 이하로 제한하여야 하는가?

① 21kg ② 28kg
③ 35kg ④ 42kg

해설

$W = 70 \times 0.4 = 28\text{kg}$

10
운반작업시에 일반적으로 남녀의 안전하중은 어느 것인가?

① 남자 : 30kg, 여자 : 20kg
② 남자 : 15kg, 여자 : 10kg
③ 남자 : 20kg, 여자 : 15kg
④ 남자 : 25kg, 여자 : 15kg

해설

남자, 여자의 안전하중
① 남자 : 25kg
② 여자 : 15kg

Answer ➡ 06. ④ 07. ③ 08. ③ 09. ② 10. ④

11
손 운반작업 시에 가능한 신체에 무리를 주지 않고 물건을 들어올리는 가장 좋은 방법은?

① 등허리를 가능한 한 꼿꼿이 세운다.
② 무릎을 펴고 등허리를 굽힌다.
③ 무릎과 등허리를 동시에 굽힌다.
④ 각자의 능력에 따라 편한 자세를 취한다.

해설
물건을 들어올릴 때에는 팔과 무릎을 사용하며, 등·허리(척추)는 곧은 자세로 하여야 요통재해를 방지할 수 있다.

12
운반작업 시의 주의사항 중 옳지 않은 것은?

① 긴 물건은 뒤쪽을 위로 올린다.
② 무리한 몸가짐으로 물건을 들지 않는다.
③ 무거운 물건은 공동작업을 한다.
④ 공동운반 시는 서로 긴밀한 신호로 협동한다.

해설
긴 물건은 앞쪽을 위로 올리고 뒤쪽은 땅에 끌면서 운반한다.

13
긴 물건을 공동으로 운반 작업할 때의 주의사항 중 알맞지 않은 것은?

① 두 사람이 운반할 때에는 서로 다른 쪽의 어깨에 메고 무게가 균등하게 걸리도록 한다.
② 작업 지휘자를 반드시 정하고 나서 작업을 한다.
③ 들어올리거나 내릴 때에는 서로 소리를 내어 동작을 일치시킨다.
④ 운반 도중에서 서로 신호 없이는 힘을 빼지 않는다.

해설
길이가 긴 물건을 두 사람이 공동으로 운반할 때에는 같은 쪽의 어깨에 메고 무게가 균등하게 걸리도록 하여야 한다.

14
다음은 철근을 인력 운반할 때의 설명이다. 옳지 않은 것은?

① 긴 철근은 두 사람이 1조가 되어 어깨메기로 운반하는 것이 좋다.
② 운반시에는 중앙을 묶어서 운반한다.
③ 운반할 때의 1인당 무게는 25kg 정도가 적절하다.
④ 긴 철근을 한 사람이 운반할 때는 한 쪽을 어깨에 메고 다른 쪽 끝을 땅에 끌면서 운반한다.

해설
철근 운반시에는 양쪽 끝을 묶어서 운반해야 된다.

15
일반적으로 기계화하여야 할 인력운반작업의 표준을 설명한 것이다. 옳지 않은 것은?

① 발밑에서 허리까지 50kg 이상의 물건을 들어올리는 작업
② 발밑에서 무릎까지 75kg 이상의 물건을 들어올리는 작업
③ 발밑에서 머리 위까지 물건을 들어올리는 작업
④ 발밑에서 어깨까지 15kg 이상의 물건을 들어올리는 작업

해설
①, ②, ③항의 경우와 발밑에서 어깨까지 25kg 이상의 물건을 들어올리는 작업 및 3~4인이 상당한 시간이 계속되어야 하는 운반 작업이 있는 경우는 작업을 기계화해야 한다.

16
작업장에서의 통행에 있어서 우선권 순위로 올바른 것은?

① 보행자 – 기중기 – 운반차량 – 빈차량
② 보행자 – 운반차량 – 빈차량 – 기중기
③ 기중기 – 운반차량 – 빈차량 – 보행자
④ 운반차량 – 빈차량 – 보행자 – 기중기

17
작업장에서 통행의 가장 우선권은?

① 짐차
② 화물을 싣지 않은 차
③ 보행자
④ 기중기

해설
작업장에서 통행의 우선순위는 기중기 – 짐차 – 화물을 싣지 않은 차 – 보행자 순이다.

Answer ● 11. ① 12. ① 13. ① 14. ② 15. ④ 16. ③ 17. ④ 18. ①

18
공장 내의 교통계획 중 가장 이상적인 것은 다음 중 어느 것인가?

① 일방통행 ② 양방통행
③ 교차통행 ④ 고속통행

해설
일방통행의 경우에 사고율이 가장 낮으므로 이상적이다.

19
차도(교차통행)의 폭은?

① (차폭×2+60)cm   ② (차폭×2+80)cm
③ (차폭×2+90)cm   ④ (차폭×2+105)cm

해설
물자운반용 차량의 통로폭
① 일방통행용 : W=B+60(cm)
② 양방(교차)통행용 : W=2B+90(cm)
여기서, : 운반 차량의 폭

20
폭 120cm인 손수레를 사용하여 화물을 운반하는 경우의 교차 통행로의 폭은 최소 얼마이어야 하는가?

① 300cm   ② 330cm
③ 360cm   ④ 380cm

해설
양방통행시 차량의 통로 폭
W=2b+90=2×120+90=330cm

21
물체의 안전성 유지조건 중 틀리는 것은?

① 마찰력을 크게 한다.
② 중심위치를 아래에 둔다.
③ 중심위치를 높게 한다.
④ 중심위치를 낮게 한다.

22
해체작업 시 계획서에 포함시켜야 할 사항이 아닌 것은?

① 해체의 방법 및 해체순서 도면
② 중량물 종류 및 형상
③ 사업장 내의 연락방법
④ 해체물의 처분 계획

해설
해체계획의 작성(안전보건규칙)
① 사업주는 해체작업을 하는 때에는 미리 해체건물의 조사결과에 따른 해체계획을 작성하고, 그 해체계획에 의하여 작업 하도록 하여야 한다.
② 해체계획에는 다음 각 호의 사항이 포함되어야 한다.
  ㉠ 해체의 방법 및 해체순서 도면
  ㉡ 가설설비·방호설비·환기설비 및 살수·방화설비 등의 방법
  ㉢ 사업장 내의 연락방법
  ㉣ 해체물의 처분계획
  ㉤ 해체작업용 기계·기구 등의 작업계획서
  ㉥ 해체작업용 화약류 등의 사용계획서
  ㉦ 그 밖에 안전·보건에 관련된 사항

23
해체작업 시의 안전대책으로 틀린 것은?

① 작업계획서 작성
② 작업지휘자 선정
③ 인접채석장과 연락유지
④ 관계자 외에는 출입금지

해설
해체작업 시의 안전대책(안전보건규칙)
① 해체건물 등의 조사
② 해체계획의 작성
③ 전도 등에 의한 위험방지(관계근로자 외의 자의 출입금지, 악천후일 때는 작업중지)
④ 안전담당자의 지정
⑤ 보호구의 착용

24
다음 해체작업의 설명 중 옳지 않은 것은?

① 전도공법은 매설물에 대한 배려가 필요하다.
② 화약발파공법은 슬래브, 벽 파쇄에 적당하다.
③ 압쇄공법은 20m 이상은 불가능하다.
④ 쐐기타입공법은 1회 파괴량이 적다.

Answer ◐ 19. ③ 20. ② 21. ③ 22. ② 23. ③ 24. ②

해설

해체공법의 종류별 특징(고용노동부고시)

공법		원리	특징	단점
압쇄공법	자주식 현주식	유압압쇄날에 의한 해체	취급과 조작이 용이하고 철근, 철골절단이 가능하며 저소음이다.	20m 이상은 불가능, 분진비산을 막기 위해 살수설비가 필요하다.
대형브레카공법	압축공기자주형	압축공기에 의한 타격 파쇄	능률이 높은 곳 사용이 가능하다. 보, 기둥, 슬래브, 벽체 파쇄에 유리	소음과 진동이 크며, 분진발생에 주의하여야 한다.
	유압자주형	유압에 의한 타격 파쇄		
전도 공법		부재를 절단하여 쓰러뜨린다.	원칙적으로 한층씩 해체하고 전도축과 전도방향에 주의하여야 한다.	전도에 의한 진동과 매설물에 대한 배려가 필요하다.
철 해머에 의한 공법		무거운 철꾸 해머로 타격	능률이 좋으나 지하 매설콘크리트 해체에는 효율이 낮다. 기둥, 보, 슬래브, 벽 파쇄에 유리	소음과 진동이 크고, 파편이 많이 비산된다.
화약 발파공법		발파충격과 가스압력으로 파쇄	파괴력이 크고 공기를 단축할 수 있으며, 노동력 절감에 기여	발파 전문자격자가 필요, 비산물 방호장치설치, 폭음과 진동이 있으며 지하 매설물에 영향 초래, 슬래브 벽 파쇄에 불리
핸드브레카공법	압축공기식	압축공기에 의한 타격 파쇄	광범위한 작업이 가능하고 좁은 장소나 작은 구조물 파쇄에 유리, 진동은 작다.	방진마스크, 보안경 등 보호구 필요. 소음이 크고 소음 발생에 주의를 요한다.
	유압식	유압에 의한 타격과 파쇄		
팽창압공법		가스압력과 팽창압력에 의거 파쇄	보관취급이 간단, 책임자 불필요, 무근콘크리트에 유효, 공해가 거의 없다.	천공 때 소음과 분진 발생 슬래브와 벽 등에는 불리
절단공법		회전톱에 의한 절단	질서정연한 해체나 무진동이 요구될 때에 유리하고 최대 절단 길이는 30cm 전후	절단기, 냉각수가 필요하며, 해체물 운반 크레인이 필요
재키공법		유압식 재키로 들어 올려 파쇄	소음진동이 없다.	기둥과 기초에는 사용불가, 슬래브와 보 해체시 재키를 받쳐줄 발판 필요
쐐기타입 공법		구멍에 쐐기를 밀어넣어 파쇄	균열이 직선적이므로 계획적으로 해체할 수 있다. 무근콘크리트에 유리	1회 파괴량이 적다. 코어보링시 물을 필요로 한다. 천공시 소음과 분진에 주의
화염공법		연소시켜서 용해하여 파쇄	강제 절단이 용이, 거의 실용화되어 있지 못네.	방열복 등 개인 보호구가 필요하며 용융물 불꽃처리 대책필요
통전공법		구조체에 전기 쇼트를 이용 파쇄	거의 실용화되어 있지 못하다	

25

해체작업용 기계인 압쇄기 취급상 안전기준으로 잘못된 것은?

① 압쇄기의 중량 등을 고려, 차체에 무리를 초래하는 중량의 압쇄기 부착을 금지한다.
② 압쇄기 부착과 해체는 안전관리자가 한다.
③ 구리스 주유는 빈번히 실시하고, 보수점검을 수시로 하여야 한다.
④ 전단칼은 마모가 심하기 때문에 적절히 교환하여야 한다.

해설

압쇄기 취급상 안전기준(노동부 고시)
① 압쇄기의 중량 등을 고려, 차체에 무리를 초래하는 중량의 압쇄기 부착을 금지하여야 한다.
② 압쇄기 부착과 해체에는 경험이 많은 사람이 하도록 하여야 한다.
③ 구리스 주유를 빈번히 실시하고 보수점검을 수시로 하여야 한다.
④ 기름이 새는지 확인하고 배관부분의 접속부가 안전한지를 점검하여야 한다.
⑤ 절단칼은 마모가 심하기 때문에 적절히 교환하여야 한다.

26

해체작업용 기계기구 취급의 안전기준 설명으로 옳지 않은 것은?

① 압쇄기의 중량들을 고려, 차체에 무리를 초래하는 중량의 압쇄기 부착을 금지하여야 한다.
② 팽창제 사용의 천공직경은 50~60mm 정도를 유지하여야 한다.
③ 팽창제 천공간격은 콘크리트 강도에 의하여 결정되나 30~70cm 정도가 적당하다.
④ 압쇄기 부착과 해체는 경험이 많은 사람이 해야 한다.

해설

팽창제를 사용하는 팽창압 공법에서 천공직경은 30~50mm 정도를 유지하여야 한다.

Answer ➡ 25. ② 26. ②

27
해체공사시의 핸드브레카 공법과 전도 공법 병행(용) 작업시의 절단 순서로 옳은 것은?

① 바닥판-보-내벽-내부기둥-외벽-외곽기둥
② 외곽기둥-외벽-내벽-보-내부기둥-바닥판
③ 외벽-외곽기둥-내벽-내부기둥-보-바닥판
④ 바닥판-외벽-내벽-보-외곽기둥-내부기둥

해,설
①항의 순서로 작업을 진행시키고 통상 전체적인 안전을 고려하여야 하며, 소음이 많이 발생하는 단점이 있다.

28
지하구조물 해체작업 시의 철제해머와 대형 브레이커 공법의 병용작업 시 안전사항으로 옳지 않은 것은?

① 철제해머는 슬랩 바닥 위를 전진하면서 해체한다.
② 대형브레이커는 기초 면에서 전진하면서 해체한다.
③ 지하외벽은 대형브레이커 또는 전도 등의 공법으로 해체한다.
④ 흙에 직접 닿아 있는 부재는 진동에 지장이 없다고 판단될 때만 철제해머로 작업한다.

해,설
철제 해머공법과 대형 브레이커공법을 병용하여 해체작업 시 안전사항으로 철제 해머는 슬래브 위를 후퇴하면서 해체하고, 대형 브레이커는 아래층의 슬래브 위를 전진하면서 내벽과 내부기둥을 해체하게 되므로, 중기상호 간의 안전거리를 항상 유지하도록 하여야 한다.

Answer ➡ 27. ① 28. ①

5 과목

종합예상문제
[건설공사 안전관리]

종 / 합 / 예 / 상 / 문 / 제

01
건설공사 재해의 발생은 불안전 요소에 의한 것이 많다. 다음 중 가장 큰 원인은?
① 보호구의 결함 ② 방호상태의 결함
③ 작업방법의 결함 ④ 불안전한 외부의 작용

해설
작업방법의 결함은 인적요소로, 가장 큰 재해원인이 된다.

02
다음 중 흙의 안식각은 일반적으로 어느 것인가?
① 비탈면 경사각이다.
② 자연 경사각(30~35°)이다.
③ 시공 경사각이다.
④ 경사각이다.

해설
흙의 안식각은 자연경사각(30~35°)을 말한다.

03
내부마찰각이 20°인 흙에 있어서 최소 주응력면과 파괴면이 이루는 각도는?
① 30° ② 35°
③ 40° ④ 45°

해설
최소 주응력면과 파괴면이 이루는 각도
$= 45 - \dfrac{\theta}{2} = 45 - \dfrac{20}{2} = 35°$

04
흙의 안정공법에 중요한 관계를 가지고 있는 것은?
① 팽창작용 ② 비화작용
③ 보수작용 ④ 함수작용

해설
흙의 안정공법에 중요한 관계를 갖고 있는 **비화작용**이란 점착성이 있는 묽은 액체상태로부터 함수량의 감소에 따라서 고체상태로 되는데, 이와 같이 하여 얻어진 고체상태의 흙을 침수시키면 다시 액체상태로 되지 않고 어느 한계점에서 갑자기 붕괴되는 현상을 말한다.

05
히빙(heaving)현상은 다음 중 어떤 경우에 발생하는가?
① 흙을 다질 경우
② 모래 지반에 물이 침투할 경우
③ 연약점토 지반을 굴착할 경우
④ 건조 흙이 수축할 경우

해설
히빙은 연약성 점토지반일 경우, **보일링**은 지하수위가 높은 사질토의 지반을 굴착하는 경우에 발생하는 이상현상이다.

06
히빙(heaving)현상이 발생할 수 있는 요인으로 옳은 것은?
① 성토한 흙을 다질 경우
② 건조 흙이 수축할 경우
③ 모래지반에 물이 배수될 경우
④ 연약점토지반에 재하하며 굴착하는 경우

07
다음 중에서 흙막이뿐만 아니라, 물막이까지도 가능한 널말뚝 재료는?
① 목재 널말뚝
② 철근콘크리트 제작

Answer ● 01. ③ 02. ② 03. ② 04. ② 05. ③ 06. ④ 07. ④

③ 철근콘크리트 기성제 널말뚝
④ 철제 널말뚝

해설
철제 널말뚝은 강도가 크고 정밀도가 있으므로 흙막이 뿐만 아니라 물막이까지도 가능하다.

08
절단할 때 내부응력에 가장 큰 영향을 받는 말뚝은?
① 나무 말뚝
② PC 말뚝
③ 강 말뚝
④ RC 말뚝

해설
프리스트레스(prestress)를 주어서 제작을 한 PC 말뚝은, 내부응력에 가장 큰 영향을 받는다.

09
흙의 동상을 방지하기 위한 공법으로서 적당하지 않은 것은?
① 물의 유통을 원활하게 하여 지하수위를 상승시킨다.
② 모관수의 상승을 차단할 목적으로 된 층을 지하수위보다 높은 곳에 설치한다.
③ 표면의 흙을 화학약품으로 처리한다.
④ 흙 속에 단열 재료를 매입한다.

해설
①는 흙의 동상방지를 위한 공법과는 거리가 멀고 오히려 동상을 촉진시킬 우려가 있어, 배수구의 설치로 지하수위를 저하시켜야 한다.

10
다음 중에서 흙의 동상현상 방지대책 공법으로서 적당치 않은 것은?
① 배수구를 설치하여 지하수위를 저하시킨다.
② 모관수의 상승을 차단할 목적으로 된 층을 지하수위보다 높은 곳에 설치한다.
③ 배수층을 동결깊이 위에 설치한다.
④ 동결깊이 상부에 있는 흙을 동결되지 않은 재료로 치환한다.

해설
③항과 동상방지대책과는 관계가 없다.

11
도급사업장에서 경보를 통일하여 수급인에게 주지시켜야 하는데, 다음 중 해당되지 않는 것은?
① 발파작업
② 화재발생
③ 폭발발생
④ 토석의 붕괴

해설
도급사업장에서 경보를 통일하여야 할 경우 : 발파작업, 화재발생, 도석의 붕괴 등

12
다음 중 건설공사 표준안전관리비의 사용내역에 해당하지 않는 것은?
① 안전보조원의 인건비
② 가설전기설비, 분전반 등의 이설비
③ 낙하 비래물 보호용 시설비
④ 안전보건관계자의 인건비 또는 업무수당

해설
가설전기설비, 분전반 등은 안전시설이 아니기 때문에 안전관리비 사용내역에서 제외된다.

13
단면적이 154mm²인 철근을 인장시험하였더니 10,500kg에서 파단되었다. 이 철근의 인장강도는 얼마인가?
① 68kg/mm²
② 70kg/mm²
③ 72kg/mm²
④ 74kg/mm²

해설
$$P = \frac{W}{A} = \frac{10,500}{154} = 68.18 (kg/mm^2)$$

14
콘크리트 강도에 가장 큰 영향을 주는 것은?
① 골재의 입도
② 시멘트량
③ 물·시멘트 비
④ 배합방법

해설
물·시멘트 비는 콘크리트 강도에 가장 큰 영향을 주는 요소이다.

Answer ➡ 08. ② 09. ① 10. ③ 11. ③ 12. ② 13. ① 14. ③

15
다음은 크레인 운용시에 주의해야 할 사항이다. 틀린 것은?

① 중량물 기중에는 작키를 조이고, truck crane은 붐을 기체 전방으로 하여야 한다.
② 붐은 70°이상 올리지 말아야 한다.
③ 정차 중에는 회전제동 및 하체제동을 반드시 걸어 놓아야 한다.
④ 트럭 크레인은 최대시속을 50㎞ 이상 높여서는 안된다.

해설
truck crane은 붐을 기체 후방으로, 크롤러 크레인은 기체 전방으로 하여야 한다.

16
다음은 화물운반작업에서 화물걸기 방법이다. 옳지 않은 것은?

① 원칙으로 두 줄 이상으로 한다.
② 파이프 앵글 중 길이가 긴 것은 달포대와 보조망을 쓴다.
③ 인양각도는 90°를 표준으로 한다.
④ 각이 있는 화물에는 보조대를 사용한다.

해설
인양각도는 60°를 표준으로 한다.

17
산업안전보건법에서 정한 차량계 하역운반기계 중 지게차를 사용하여 작업을 할 때 작업시작 전의 점검사항이 아닌 것은?

① 와이어로프 및 체인의 손상유무
② 제동장치 및 조종장치 기능의 이상 유무
③ 하역장치 및 유압장치 기능의 이상 유무
④ 차륜의 이상 유무

해설
지게차의 작업시작 전의 점검사항(안전보건규칙)
① 제동장치 및 조종장치 기능의 이상 유무
② 하역장치 및 유압장치 기능의 이상 유무
③ 바퀴의 이상 유무
④ 전조등·후조등·방향지시기 및 경보장치 기능의 이상 유무

18
차량계 하역운반기계에 의한 작업시 작업지휘자를 지정하여야 하는 화물의 무게로 맞는 것은?

① 단위화물중량 100kg 이상
② 화물중량 100kg 이상
③ 단위화물중량 500kg 이상
④ 화물중량 500kg 이상

해설
단위화물의 무게가 100kg 이상일 때 작업지휘자를 지정해야 한다.

19
지게차의 작업시작 전 점검사항으로 옳지 않은 것은?

① 권과방지장치, 브레이크, 클러치 및 운전 장치 기능의 이상 유무
② 하역장치 및 유압장치 기능의 이상 유무
③ 제동장치 및 조종 장치 기능의 이상 유무
④ 전조등, 후조등, 방향지시기 및 경보장치 기능의 이상 유무

해설
①항은 크레인의 작업시작 전 점검사항에 해당된다.

20
지게차의 마스트(mast) 후경각 범위는?

① 10~12°   ② 5~6°
③ 14~18°   ④ 8~10°

해설
지게차의 마스트 전경각 범위는 5~6°, 후경각 범위는 10~12°이다.

21
컨베이어 작업시작 전 점검사항 중 틀린 것은?

① 원동기 및 풀리기능의 이상 유무
② 제동장치 및 조종장치의 이상 유무
③ 이탈 등의 방지장치 기능의 이상 유무
④ 원동기, 회전축, 치차 및 풀리 등의 덮개 또는 울 등의 이상 유무

Answer ● 15. ① 16. ③ 17. ① 18. ① 19. ① 20. ① 21. ②

해설

컨베이어의 사용시작 전 점검사항(안전보건규칙)
① 원동기 및 풀리기능의 이상 유무
② 이탈 등의 방지장치 기능의 이상 유무
③ 비상정지장치 기능의 이상 유무
④ 원동기·회전축·치차 및 풀리 등의 덮개 또는 울 등의 이상 유무

22
차량계건설기계를 사용하여 작업을 하고자 할 때 작업시작 전 점검하여야 할 사항에 해당되는 것은?

① 브레이크 및 클러치 등의 기능
② 비상정지장치 기능의 이상유무
③ 제동장치 및 조종장치의 기능
④ 궤도의 레일 클램프나 쐐기의 이상 유무

해설

차량계 건설기계를 사용하여 작업을 하는 때의 작업시작 전 점검사항 : 브레이크 및 클러치 등의 기능

> **길잡이** 궤도의 레일 클램프나 쐐기
> 궤도 또는 차로 이동하는 항타기 및 항발기에 대하여 불시에 이동함으로써 도괴하는 것을 방지하기 위하여 고정시키는 데 사용하는 장치이다.

23
다음 기계 중 건설공사에서 굴착기계로 분류되지 않는 것은?

① 컨베이어   ② 불도저
③ 어스 드릴   ④ 크램 셸

해설

컨베이어는 운반용 기계에 속한다.

24
건설기계에 의한 작업시의 안전에 대한 설명 중 옳지 않은 것은?

① 불도저로 궤도부(軌道敷)를 횡단할 때는 반드시 방호조치를 강구해야 한다.
② 파워쇼벨은 작업 후도 버킷을 지면에 내려두어서는 안된다.
③ 불도저로 목교를 통과할 때는 완전히 건널 때까지 급가속이나 급정지를 피한다.
④ 로드 롤러를 경사가 있는 노면에 주차하는 경우에 바퀴에 물림 멈춤을 시켜야 한다.

해설

파워쇼벨 등 차량계 건설기계는 작업 후 및 운전위치 이탈시에 반드시 버킷·디퍼 등 작업장치를 지면에 내려두어야 한다.

25
항타기 및 항발기의 권상용 와이어로프로 사용할 수 있는 것은?

① 이음매가 있는 것
② 와이어로프의 한 가닥에서 소선의 수가 5% 절단된 것
③ 지름의 감소가 공칭지름의 8%를 초과하는 것
④ 현저히 변형되거나 부식된 것

해설

소선의 수가 10% 이상 절단된 것은 사용할 수 없으므로 5% 절단된 것을 사용할 수 있다.

26
타워 크레인 사용시에 지켜야 할 사항으로 가장 적합하지 않은 것은?

① 작업자가 기중차에 올라타는 일은 절대로 금해야 한다.
② 운전실에 신호수가 동승하여 운전원에게 신호를 알려 주어야 한다.
③ 크레인에는 반드시 취급책임자와 부책임자를 선정 배치해야 한다.
④ 기중장비의 드럼에 감겨진 쇠줄은 적어도 두 바퀴 이상 남아 있어야 한다.

해설

신호수는 지정된 요원이 지상에서 신호를 알려야 한다.

27
구조물에서 중대재해가 많이 발생되는데, 구조물에서 발생되는 재해의 유형이 아닌 것은?

① 도괴재해   ② 낙하물에 의한 재해

Answer ➡ 22. ① 23. ① 24. ② 25. ② 26. ② 27. ③

③ 굴착기계와의 접촉 ④ 추락재해

해설
③항은 굴착작업 시에 해당되는 재해형태이다.

28
가설통로를 설치할 때 옳은 사항은?

① 견고한 구조로 할 것
② 경사가 10°를 초과할 때 미끄러지지 아니하는 구조로 할 것
③ 경사는 45° 이하로 할 것
④ 추락위험장소는 가벼운 손잡이를 설치한다.

29
수직갱에 가설된 통로의 길이가 15m 이상인 때에는 매 10m 마다 다음 중 무엇을 설치해야 하는가?

① 답단   ② 계단참
③ 가설통로 ④ 힌지조치

30
옥내통로에 대하여는 통로면으로부터 얼마 높이에 장애물이 없어야 하는가?

① 1m   ② 2m
③ 3m   ④ 4m

해설
옥내통로는 통로면으로부터 2m 이내에는 장애물이 없어야 하며, 걸려서 넘어지거나 미끄러지지 아니하는 구조로 하여야 한다.

31
이동식 사다리에서 설치구조가 아닌 것은 다음 중 어느 것인가?

① 폭은 20cm 이내로 할 것
② 튼튼한 구조로 할 것
③ 현저한 손상, 부식이 없는 재료로 할 것
④ 이동식 사다리에는 미끄럼 방지장치의 부착 기타 전위를 방지하기 위한 필요한 조치를 하여야 한다.

해설
이동식 사다리의 폭은 30cm 이상으로 해야 한다.

32
작업장 내에서 이동식 사다리를 세울 때 바닥면과의 각도는?

① 20° 이상 ② 35° 이상
③ 50° 이상 ④ 75° 이상

해설
이동식 사다리의 설치각도는 75° 이하, 고정식 사다리의 설치각도는 90° 정도가 적당하다.

33
가설통로에 이용되는 이동용 사다리의 설치기준으로서 가장 부적당한 것은?

① 길이가 6m 이상을 초과해서는 안된다.
② 다리의 벌림은 벽높이의 1/3 정도가 가장 적당하다.
③ 벽면 상부로부터 최소한 1미터 이상의 연장길이가 있어야 한다.
④ 사다리 부분에는 미끄럼방지 장치를 하여야 한다.

해설
이동용 사다리의 다리벌림은 벽높이의 1/4 정도가 가장 적합하다.

34
이동식 사다리는 길이가 몇 m를 초과하지 않아야 하는가?

① 2m   ② 3m
③ 6m   ④ 8m

해설
이동식 사다리는 길이가 6m를 초과해서는 안되며, 벽면 상부로부터 최소한 60cm 이상의 연장길이가 있어야 한다.

35
비계 작업발판의 최대적재하중에 관한 규정 중 달기체인 및 달기훅의 안전계수는 얼마인가?

① 3 이상   ② 5 이상
③ 7 이상   ④ 10 이상

Answer ➡ 28. ① 29. ② 30. ② 31. ① 32. ④ 33. ② 34. ③ 35. ②

해설
달기와이어로프 및 달기강선의 안전계수는 10 이상, 달기체인 및 달기훅의 안전계수는 5 이상이다.

36
비계의 높이가 2m 이상인 작업장소에서 작업발판의 설치기준에 관한 사항 중 틀리는 것은?

① 폭은 40cm 이상으로 한다.
② 발판재료 간의 틈은 3cm 이하로 한다.
③ 발판재료는 1개 이상의 지지물에 부착한다.
④ 발판재료는 작업시의 하중치를 견딜 수 있도록 견고하게 할 것

해설
작업발판재료는 2개 이상의 지지물에 부착한다.

37
비계의 작업발판 최소폭은?

① 45cm 이상　　② 40cm 이상
③ 35cm 이상　　④ 30cm 이상

38
다음은 어느 경우의 안전수칙인가?

- 수공구류는 떨어지지 않도록 공구혁대에 꽂았는가
- 발판의 기름, 모래, 가루, 눈, 얼음 등을 제거했는가
- 위험한 오르내리기, 이동을 하고 있지는 않은가
- 다른 작업과 결합할 경우, 서로 연락을 긴밀히 하고, 또 주의를 시키고 있는가

① 가설발판상의 작업　② 옥상상의 작업
③ 이동성 옥내작업　　④ 통행로상의 작업

39
다음 중 달비계 또는 높이 5m 이상의 비계를 조립, 해체시에 관리감독자의 직무가 아닌 것은?

① 안전대 및 안전모의 기능 점검
② 작업방법 및 근로자 배치 결정
③ 재료의 불량품을 제거
④ 재료의 선정 및 관리

해설
달비계 또는 높이 5m 이상의 비계의 조립·해체·변경작업시 관리감독자의 직무(안전보건규칙)
① 재료의 결함유무를 점검하고 불량품을 제거 하는 일(해체작업시는 제외)
② 기구·공구·안전대 및 안전모 등의 기능을 점검하고 불량품을 제거하는 일
③ 작업방법 및 근로자의 배치를 결정하고, 작업진행상태를 감시하는 일
④ 안전대 및 안전모 등의 착용상황을 감시하는 일

40
다음은 비계의 점검사항이다. 해당되지 않는 것은?

① 각 부재의 침하 및 활동(活動) 상태
② 손잡이의 탈락 여부
③ 격벽 설치
④ 상부재료의 손상 여부

41
통나무비계의 조립작업시에 안전지침으로 적합하지 않은 항목은?

① 비계기둥의 하부는 침하방지장치를 해야 한다.
② 지반이 연약할 때는 땅에 매립하여 고정시킨다.
③ 비계기둥을 겹친이음할 때는 1m 이상 겹친다.
④ 인접한 비계기둥의 이음은 동일선상에 있도록 한다.

해설
인접한 비계기둥의 이음은 동일선상에 있도록 하면 안되고, 맞댄이음으로 할 경우에는 비계기둥을 쌍기둥틀로 하거나 1.8m 이상의 덧댐목을 사용하여 4개소 이상을 묶어야 한다.

42
비계의 부재 가운데서 기둥과 기둥을 연결시키는 부재가 아닌 것은 다음 중 어느 것인가?

① 띠장　　② 장선
③ 가새　　④ 작업발판

해설
작업발판은 비계에 설치되어 운반통로의 수단으로 이용되는 것이다.

Answer ▶ 36. ③　37. ②　38. ①　39. ④　40. ③　41. ④　42. ④

43
비계의 종류 중에서 주로 저층건물의 신축 공사에 사용하는 비계는?

① 단관비계 ② 통나무비계
③ 틀조립비계 ④ 달비계

해설
통나무비계는 지상높이 12m 이하 또는 4층 이하의 건물 신축공사 등에 이용된다.

44
강관비계 조립시의 수직 및 수평 간격은?

① 3m ② 5m
③ 6m ④ 9m

해설
강관비계는 수직 5m, 수평 5m, 틀비계의 경우에는 수직 6m, 수평 8m의 간격으로 조립해야 한다.

45
비계의 구조에서 비계기둥 간의 적재하중은 몇 kg을 초과할 수 없는가?

① 500 ② 450
③ 400 ④ 350

46
강관비계의 1스팬(span)에 걸리는 최대적재하중은 몇 kg을 초과하지 않아야 하는가?

① 200kg ② 300kg
③ 400kg ④ 500kg

47
비계의 부재 중에서 사람이 오르고 내리는 승강설비로 사용하는 것은?

① 비계기둥 ② 비계다리
③ 비계발판 ④ 교차가새

해설
승강설비로는 계단과 비계다리(경사로)가 있다.

48
가설구조물에서 요구되는 3가지 조건으로 적합하지 않은 것은?

① 경제성 ② 안전성
③ 사용성 ④ 타당성

해설
가설구조물의 구비조건 : 경제성, 안전성, 작업성(사용성)

49
건설공사의 붕괴재해 중 일반적으로 가장 많이 발생하는 것은?

① 토사 ② 암석
③ 콘크리트 ④ 철골

해설
일반적으로 토사붕괴재해가 가장 많이 발생한다. 방지책으로는 방호망의 설치, 흙막이 지보공의 설치, 근로자의 출입금지 등이 있다.

50
지반의 굴착작업을 함에 있어 작업장소 및 그 주변 지반에 대하여 조사하여야 할 사항이 아닌 것은?

① 형상, 지질 및 지층의 상태
② 균열, 함수, 용수 및 동결 유무 또는 상태
③ 지반의 지하수위 상태
④ 지반의 경도 및 굴착성

51
지하매설물 안전작업지침으로 틀린 것은?

① 사전조사
② 매설물의 방호조치
③ 지하매설물의 파악
④ 소규모 구조물의 방호

52
지반을 인력으로 굴착할 때 풍화암(암반)의 굴착면 구배로 적합한 것은?

① 1 : 1.0 ② 1 : 0.8
③ 1 : 0.5 ④ 1 : 0.3

Answer ➡ 43. ② 44. ② 45. ③ 46. ③ 47. ② 48. ④ 49. ① 50. ④ 51. ④ 52. ①

53
모든 발파작업시 사용해야 하는 신호는 '경고신호', '발파신호', '해제신호' 등으로 구분된다. 다음 중 경고신호에 맞는 신호 방법은?

① 발파신호 10분 전에 사이렌을 파상으로 불며 '발파경고' 라고 소리친다.
② 발파 1분 전에 계속 짧게 부르는 신호
③ 발파신호 5분 전에 1분 동안씩 계속 길게 부는 신호
④ 발파 후 안전검사 완료시까지 1분 동안씩 부는 신호

54
토공사에 관한 사항 중 안전관리와 직접관련이 되지 않는 것은?

① 주변의 지반의 균열, 이완, 침하의 관측
② 잔토처리량 조사
③ 흙막이 변형 및 이동사항 조사
④ 지하수위, 용수, 누수에 관한 측정

해설
②항의 경우에 잔토처리량 조사는 건축시공계획과 직접 관련이 되는 것이다.

55
굴착작업 진행 중에 지질의 약화, 누수, 용수 등의 증가로 굴착면에 대한 붕괴, 낙석의 위험이 증대되었을 때에는 굴착단면 또는 구배의 각도를 어떻게 하는 등의 조치기 필요하다고 생각하는가?

① 높인다.
② 옆으로 한다.
③ 낮춘다.
④ 뒤로 바꾼다.

해설
붕괴 등의 위험이 증대되었을 때에는 굴착단면 또는 구배의 각도를 낮추는 것이 안전상 중요하다.

56
흙쌓기의 경사비율을 열거한 것이다 보통 연약 점토질의 비탈 경사비율로 옳은 것은?

① 1 : 3   ② 1 : 2
③ 1 : 1.5 ④ 1 : 4

해설
흙쌓기의 경사비율
① 보통 흙 — 1 : 1.5
② 보통 모래 — 1 : 2
③ 보통 연약점토질 — 1 : 3

57
굴착면의 붕괴의 원인과 관계가 먼 것은?

① 사면의 경사의 증가
② 성토 높이의 감소
③ 공사에 의한 진동하중의 증가
④ 굴착높이의 증가

해설
②항은 성토높이의 증가가 붕괴의 원인에 해당된다.

58
일반적으로 사면의 붕괴위험이 가장 큰 것은?

① 사면의 수의가 서서히 하강할 때
② 사면의 수위가 급격히 하강할 때
③ 사면이 완전히 건조상태에 있을 때
④ 사면이 완전 포화상태에 있을 때

해설
사면의 수위가 급격히 하강할 때에는 비배수 급속전단의 경우와 동일하게 붕괴위험이 가장 크다.

59
토석붕괴의 외적 요인이 아닌 것은?

① 사면, 법면의 경사 및 구배의 증가
② 절토 및 성토 높이의 증가
③ 토석의 강도 저하
④ 굴삭에 의한 진동면 반복하중의 증가

해설
토석의 강도 저하는 토석붕괴의 내적 요인에 해당된다.

Answer ➔ 53. ① 54. ② 55. ③ 56. ① 57. ② 58. ② 59. ③

60
토공(土工)에서 비탈면의 보호방법으로 가장 부적당한 것은?

① 떼붙임(줄떼, 평떼)
② 블록붙임
③ 석축 또는 콘크리트 옹벽 설치
④ 마찰말뚝 박기

61
다음 비탈면 붕괴 안전점검 요령이다. 옳지 않은 것은?

① 비탈면 높이가 1.0m 이상인 장소는 붕괴발생 유무를 확인한다.
② 부석(浮石)의 상황변화를 확인한다.
③ 용수발생 유무 또는 용수량 변화를 확인한다.
④ 비탈면 보호공의 변형 유무를 확인한다.

62
붕괴사고 방지대책이라고 할 수 없는 것은?

① 우수(雨水), 지하수 등의 사전 배제
② 가스분출검사
③ 안전경사유지
④ 토사유출방지

해설
가스분출검사는 폭발사고 방지대책의 일환이다.

63
토공사에 관한 사항 중 안전관리와 직접 관련이 없는 사항은 어떤 것인가?

① 주변지반의 균열, 이완, 침하의 관측
② 시공기계기구의 선정
③ 흙막이의 변형 및 이동사항 조사
④ 지하수위, 용수, 누수에 대한 측정

해설
②항의 경우, 시공관리와 관련이 있다.

64
다음은 흙쌓기 전 흙쌓기 할 장소에 생생한 지반이 나타나도록 제거하여야 할 것들이다. 이 중에서 제거하지 않아도 좋은 것은 어느 것인가?

① 나무뿌리, 나무토막
② 잡초
③ 얼음(눈)
④ 조약돌이나 잡석

해설
조약돌이나 잡석은 지정시에 이용할 수 있다.

65
거푸집 지보공 조립도에 표시해야 할 사항이 아닌 것은?

① 길이
② 이음매
③ 지주
④ 폭

해설
조립도에는 지주, 이음매, 마디(길이) 등 부재의 배치 및 치수가 표시되어야 한다.

66
강관지주를 지보공으로 사용할 때 강재와 강재의 접속부 또는 교차부를 연결시키는 연결철물은?

① 가새
② 새클
③ 클램프
④ 장선

67
거푸집 동바리의 지주로 사용하는 파이프 서포트의 안전조치에 관한 사항 중 틀리는 것은?

① 파이프 서포트는 2개까지 이어서 사용할 수 있다.
② 2개 이상의 볼트 또는 전용철물로 이어서 사용한다.
③ 높이가 3.5m를 초과할 때에는 높이 2m 이내마다 수평연결재를 2개 방향으로 만든다.
④ 지주의 고정 등, 미끄럼 방지조치를 취한다.

해설
파이프 서포트를 이어서 사용할 때에는 4개 이상의 볼트 또는 전용철물을 사용하여 이어야 한다.

Answer ➡ 60.④ 61.① 62.② 63.② 64.④ 65.④ 66.③ 67.②

68
깔목 등을 끼워서 단상으로 조립하는 거푸집 지보공 작업시의 준수할 사항이 아닌 것은?

① 깔목, 깔판 등을 3단 이상 끼우지 말 것
② 지주는 깔판, 깔목 등에 고정시킬 것
③ 깔판, 깔목을 이어서 사용할 때 단단히 연결할 것
④ 지주의 고정등 지주의 미끄럼 방지를 할 것

해설
계단형상으로 조립하는 거푸집 동바리(안전보건규칙) : 사업주는 깔판 및 깔목 등을 끼워서 계단형상으로 조립하는 거푸집 동바리에 대하여는 거푸집 동바리의 안전조치사항 외에 다음 각호의 사항을 준수하여야 한다.
① 거푸집의 형상에 따른 부득이한 경우를 제외하고는 깔판·깔목 등을 2단 이상 끼우지 않도록 한다.
② 깔판·깔목 등을 이어서 사용할 때에는 해당 깔판·깔목 등을 단단히 연결할 것
③ 동바리는 상·하부의 동바리가 동일 수직선상에 위치하도록 하여 깔판·깔목 등에 고정시킬 것

69
거푸집 공사시, 재료의 검사 사항 중 틀린 것은?

① 거푸집의 띠장은 부러진 곳이 없나 확인하고 부러지거나 금이 있는 것은 완전 보수 한 후에 사용한다.
② 사용한 강제 거푸집에 붙은 콘크리트 부착물은 박리제를 칠해 두어야 한다.
③ 강재 거푸집 형상이 찌그러지거나 비틀려 있는 것은 형상을 교정한 후에 사용해야 한다.
④ 거푸집 검사 시에 직접 제작, 조립한 책임자와 현장관리 책임자가 검사한다.

해설
②항의 경우, 콘크리트 부착물은 해체시켜야 된다.

70
동바리에 관한 설명 중 옳지 않은 것은?

① 동바리의 기초는 과도한 침하나 부등침하가 일어나지 않도록 한다.
② 동바리는 그 이음매나 접촉부에서 하중을 안전하게 전달할 수 있어야 한다.
③ 동바리가 높을 때는 가새(브레이싱)를 설치해야 한다.
④ 강재 동바리는 강재와 강재의 접속부나 교차부를 용접으로 튼튼하게 고정시켜야 한다.

해설
강재동바리(비계)는 접속부나 교차부를 적합한 부속철물을 사용하여 튼튼하게 고정시켜야 한다.

71
거푸집의 조립순서로 올바른 것은?

① 큰보 – 작은보 – 기둥 – 바닥 – 보받이내력벽 – 내벽 – 외벽
② 기둥 – 큰보 – 작은보 – 보받이내력벽 – 바닥 – 내벽 – 외벽
③ 큰보 – 기둥 – 보받이내력벽 – 작은보 – 바닥 – 내벽 – 외벽
④ 기둥 – 보받이내력벽 – 큰보 – 작은보 – 바닥 – 내벽 – 외벽

해설
거푸집의 조립순서 : 기둥 – 보받이내력벽 – 큰보 – 작은보 – 바닥(slab) – 내벽 – 외벽

72
형틀공사 중 슬라이딩 폼(sliding form)을 사용하는 것이 유리한 공사는?

① 교량의 1개 스팬씩의 보 거푸집 공사
② 종합운동장 관람석 상부 거푸집 공사
③ 터널복공 거푸집 공사
④ 고층아파트 건설공사

해설
슬라이딩 폼은 활동 거푸집이라고도 하며 굴뚝이나 사이로 등 평면형상이 일정하고 돌출부가 없는 높은 구조물 또는 터널 복공 거푸집 공사에서도 유리하다.

73
거푸집 동바리 설계시에 작용하는 하중으로써 틀리는 것은?

① 타설되는 콘크리트의 중량
② 철근의 중량

Answer ➡ 68. ① 69. ② 70. ④ 71. ④ 72. ③ 73. ④

③ 가설물 중량
④ 작업하중 100kg/m²

해설

작업하중 : 150kg/m²

74
콘크리트를 타설할 때 거푸집의 측압에 미치는 영향으로서 맞지 않은 것은?

① 콘크리트의 물·시멘트 비가 크면 작다.
② 타설속도가 빠르면 크다.
③ 기온이 높으면 측압은 작다.
④ 콘크리트의 단위중량이 크면 측압도 크다.

해설

콘크리트의 물·시멘트 비가 크면 측압도 크다.

75
콘크리트 타설시의 안전수칙으로 옳지 않은 것은?

① 운반통로에는 방해가 되는 것이 없어야 한다.
② 최상부의 슬래브는 되도록 이어붓기로 타설해야 한다.
③ 콘크리트를 치는 도중에 지보공 거푸집 등의 이상유무를 확인해야 한다.
④ 손수레는 붓는 위치까지 운반하여 거푸집에 충격을 주지 않도록 해야 한다.

76
콘크리트 거푸집 해체 작업시의 안전 유의사항으로서 적당하지 않은 것은?

① 해체 작업책임자를 선임하여야 한다.
② 악천후일 때에는 해체작업을 중지시켜야 한다.
③ 안전모, 안전대, 산소마스크 등을 필히 착용하여야 한다.
④ 해체된 재료를 오르내릴 때에는 달줄이나 달포대를 이용하여야 한다.

해설

③는 고소작업, 산소결핍위험작업시의 안전유의사항이다.

77
철골조립공사 중 강풍이나 강우와 같은 악천후일 때에는 공사를 중지하여야 하는데, 다음 중 어느 경우인가?

① 강우량이 1시간당 1mm 이상일 때
② 강우량이 1시간당 2mm 이상일 때
③ 강우량이 1시간당 5mm 이상일 때
④ 강우량이 1시간당 10mm 이상일 때

해설

철골작업을 중지해야 할 기상조건
① 풍속 : 10m/sec 이상
② 강우량 : 1mm/hr 이상
③ 강설량 : 1cm/hr 이상

78
타워 크레인의 운전작업 전에 점검하는 사항이 아닌 것은?

① 붐의 경사각도
② 과부하 경보장치
③ 와이어로프가 통하는 개소의 상태
④ 과잉 감김방지장치

해설

크레인의 작업시작 전 점검사항(안전보건규칙)
① 권과방지장치, 브레이크, 클러치 및 운전장치의 기능
② 주행로의 상측 및 트롤리가 횡행하는 레일의 상태
③ 와이어로프가 통하고 있는 곳의 상태

79
타워 크레인을 설치하여 사용할 때의 준수사항으로 옳지 않은 것은?

① 작업자가 버킷 또는 기중기에 올라타는 일이 있어서는 안된다.
② 드럼에는 회전제어기나 역회전방지기를 갖추어야 한다.
③ 기중장비의 드럼에 감겨진 와이어로프는 적어도 한 바퀴 이상 남도록 해야 한다.
④ 철골 위에 설치할 경우에는 철골을 보강하여야 한다.

Answer ➡ 74. ① 75. ② 76. ③ 77. ① 78. ① 79. ③

해설
드럼에 감겨진 와이어로프는 적어도 두 바퀴 이상 남도록 해야 한다.

80
철골공사용 기계 설명 중 틀린 것은?
① 타워 크레인은 고층작업이 가능하고 360° 회전이 가능하다.
② 크롤러 크레인은 트럭 크레인보다 흔들림이 적고 하물인양시 안전성이 크다.
③ 진 폴 데릭은 간단하게 설치할 수 있으며 경미한 건물의 철골건립에 사용된다.
④ 삼각 데릭은 2본의 다리에 의해서 고정된 것으로 작업회전반경은 약 270° 정도이다.

해설
크롤러 크레인은 아웃트리거(outrigger)를 갖고 있지 않아 트럭 크레인보다 흔들림이 크고, 하물 인양시에 안정성이 약하다.

81
다음 중 추락재해 방지설비로 사용되는 것이 아닌 것은?
① 안전망   ② 안전대
③ 버팀대   ④ 발판

해설
추락재해 방지설비 : 안전망(추락방호망), 안전대, 작업발판

82
높이 2m 이상인 높은 작업장의 개구부에서 근로자가 추락할 위험이 있는 경우, 이를 방지하기 위한 설비로 가장 적합한 것은 다음 중 어느 것인가?
① 안전난간   ② 방호철망
③ 비계   ④ 방호선반

해설
개구부에 설치하는 추락방지 설비 : 안전난간

83
슬레이트 지붕 위에서 작업을 할 때 발판의 최소 폭은?

① 20cm 이상   ② 30cm 이상
③ 40cm 이상   ④ 50cm 이상

해설
슬레이트 지붕 위에 설치하는 발판폭 : 30cm 이상

84
몇 m 이상에서 물체를 투하시에 투하설비나 감시인을 배치해야 하는가?
① 2m   ② 3m
③ 4m   ④ 5m

해설
투하설비 등(안전보건규칙) : 사업주는 높이가 3m 이상인 장소로부터 물체를 투하하는 때에는 적당한 투하설비를 설치하거나 감시인을 배치하는 등, 위험방지를 위하여 필요한 조치를 하여야 한다.

85
건설 중인 철탑이나 철골, 기타의 시설조립, 임시공사 등에 있어서 안전발판이 없기 때문에 극히 불안전하며 또 위험한 상태에서 작업을 진행시키지 않으면 안 되므로 이러한 작업에는 반드시 다음의 어느 것을 사용하여 추락을 방지하지 않으면 안 되는가?
① 보안경   ② 안전복
③ 안전대   ④ 안전의

해설
건설공사에 있어서 안전대는 추락방지를 위한 중요한 보호구이다.

86
추락시 로프의 지지점에서 최하단까지의 거리 h를 구하는 식으로 옳은 것은?
① h = 로프의 길이(1 + 신장률) + 신장/2
② h = 로프의 길이(1 + 신장률) + 신장
③ h = 로프의 길이 + 신장/2
④ h = 로프의 길이 + 신장

Answer ➡ 80. ② 81. ③ 82. ① 83. ② 84. ② 85. ③ 86. ①

87
추락시에 로프의 지지점에서 최하단까지의 거리 h를 구하면? (단, 로프의 길이 150cm, 로프의 신장률 30%, 근로자의 신장 170cm)

① 2.8m
② 3.0m
③ 3.2m
④ 3.4m

해설
$h = 1.5 + (1.5 \times 0.3) + (1.7 \times 1/2) = 2.8m$

88
추락재해의 원인이 아닌 것은 다음 중 어느 것인가?

① 토사의 안전한 구배를 취하여 굴착하지 않았다.
② 발판과 신체 간의 안전거리가 갖추어지지 않았다.
③ 안전대를 부착하지 않았다.
④ 손잡이 시설을 하지 않았다.

해설
①항은 토사붕괴재해의 원인에 속한다.

89
다음 중 터널작업 시의 낙반에 의한 위험방지 조치사항이 아닌 것은?

① 부석의 낙하 지역에 일정통로 설정
② 시계(視界) 유지
③ 출입금지 구역 설정
④ 출입구 부근에 방호망 설치

90
터널건설작업 시에 방화담당자의 직무사항이 아닌 것은?

① 화기 또는 아크 사용 상황감시
② 불 찌꺼기 유무확인
③ 이상 발견 시에는 즉시 필요한 조치
④ 소화기 취급요령 교육

해설
방화담당자의 지정 등(안전보건규칙) : 사업주는 터널건설작업에 있어서 그 터널 내부의 화기 또는 아크를 사용하는 장소에는 방화담당자를 지정하여 다음 각 호의 업무를 이행하도록 하여야 한다.
① 화기 또는 아크 사용상황을 감시하고 이상을 발견한 때에는 즉시 필요한 조치를 하는 일
② 불 찌꺼기의 유무를 확인하는 일

91
터널건설작업에 있어 터널내부의 화기나 아크를 사용하는 장소에 필히 설치하여야 할 것은?

① 대피설비
② 소화설비
③ 충전설비
④ 차단설비

해설
소화설비 등(안전보건규칙) : 사업주는 터널건설작업에 있어서 해당 터널 내부의 화기나 아크를 사용하는 장소 또는 배전반·변압기·차단기 등을 설치하는 장소에는 소화설비를 설치하여야 한다.

92
다음은 터널공사에서 터널 지보공을 설치한 후, 수시로 점검하여야 할 사항이다. 적당치 않은 것은?

① 부재의 손상, 변위 및 탈락의 유무
② 출수상태와 배기가스 유무
③ 부재의 접속부나 교차부의 상태
④ 기둥의 침하 유무

해설
①, ③, ④항 이외에 「부재 긴압의 정도」도 수시로 점검할 항목이다.

93
채석작업 계획에 포함되어야 할 사항 중 안전과 가장 관계가 적은 사항은?

① 채석방법
② 굴착장소의 면적
③ 굴착면의 계단위치와 넓이
④ 발파방법

해설
채석작업 계획서의 내용에 굴착장소의 면적은 포함되지 않는다.

Answer ➡ 87.① 88.① 89.① 90.④ 91.② 92.② 93.②

94
채석작업에 있어 붕괴 또는 낙하에 의해 근로자에게 위험이 미칠 우려가 있을 때 설치해야 하는 것은?

① 방호망 ② 손잡이
③ 덮개   ④ 건널다리

해설
채석작업시 붕괴 또는 낙하에 의한 위험방지 조치사항
① 토석·입목 등 미리 제거
② 방호망 설치

95
도갱의 중앙부에서 최초로 폭발시키는 구멍을 무엇이라 하는가?

① 측면 구멍 ② 심빼기 구멍
③ 상면 구멍 ④ 하면 구멍

해설
심빼기의 발파법에서 최초로 폭발시키는 구멍을 심빼기 구멍이라 한다. 중앙부에 이어서 측면, 상면, 하면의 순서로 작업을 실시한다.

96
터널 굴착공사에 있어서 뿜어 붙이기 콘크리트의 효과 중 틀린 것은?

① 굴착면을 덮어서 지반의 침식은 방지하지만 하중을 분담하지는 못한다.
② 굴착면의 요철을 줄이고 응력집중을 완화한다.
③ Rock Bolt의 힘을 지반에 분산시켜서 전달한다.
④ 암반의 크랙(crack)을 보강한다.

해설
①항의 경우에 굴착면을 덮어서 지반의 침식을 방지하고 하중을 분담한다.

97
부두 또는 안벽의 선을 따라 통로를 설치할 때의 폭은 얼마 이상이 되어야 하는가?

① 90cm ② 80cm
③ 70cm ④ 60cm

98
일반 성인이 연속적인 단거리에서의 운반작업을 할 경우, 취급하는 물체의 무게는 다음 중 어느 것이 신체에 무리를 주지 않는 한계치인가?

① 남자 15kg, 여자 10kg
② 남자 25kg, 여자 15kg
③ 남자 90kg, 여자 30kg
④ 남자 50kg, 여자 40kg

99
철근을 인력으로 운반하고자 할 때 1인당 무게는 몇 kg 정도가 적당한가?

① 10 ② 25
③ 42 ④ 60

해설
성인 남자의 경우에 25kg 정도가 안전운반 무게이다.

100
철근을 인력으로 운반할 때, 주의사항이 아닌 것은?

① 2인 1조로 운반한다.
② 1인이 운반할 때는 한쪽 끝을 끌면서 운반한다.
③ 1인이 운반할 수 있는 무게한도는 35kg이다.
④ 내려놓을 때는 서서히 하고, 던져서는 안된다.

해설
1인이 운반할 수 있는 무게는 25kg 정도가 적당하다.

101
긴 물건을 한 사람이 다루는 작업에 대한 다음의 설명 중에서 알맞지 않은 것은?

① 어깨에 메고 운반할 경우에는 앞 끝을 약간 올리도록 한다.
② 내릴 때에는 가급적 몸을 구부린다.
③ 긴 물건을 안아서 들어올릴 때에는 양 손가락을 물건 뒤에서 깍지 끼지 않도록 한다.
④ 굽은 재목을 어깨에 맬 때에는 아래로 굽어서 처지게 한다.

Answer ➡ 94.① 95.② 96.① 97.① 98.② 99.② 100.③ 101.③

102
적재물이 차량 밖으로 나올 때 위험표시를 하는 색깔은?

① 노랑　　② 빨강
③ 파랑　　④ 초록

해설
빨강은 위험을 나타내는 색깔이다.

103
진행방향의 경사가 20° 이하일 때 어느 형태가 가장 적당한가?

① 경사로
② 계단
③ 계단 및 경사로 모두 가능
④ 계단을 설치하되, 단 높이 조정

해설
계단은 진행방향의 경사가 30° 이상일 때 설치하는 것이 바람직하며, 30° 이하일 경우에 경사로를 설치하되 14° 이상인 경우, 미끄럼 방지장치를 한다.

104
배선 및 이동전선 꽂음접속기를 설치·사용할 때 준수사항 중 틀리는 것은?

① 해당 꽂음접속기에 잠금장치가 있을 때에는 접속부를 잠그고 사용할 것
② 습윤한 장소에서 사용되는 꽂음접속기는 방수형 등을 사용할 것
③ 근로자가 꽂음접속기 취급할 때 땀 등에 의한 젖은 손으로 취급금지
④ 서로 다른 전압의 꽂음접속기는 상호 접속되는 구조의 것을 사용할 것

해설
꽂음접속기의 설치·사용시 준수사항(안전보건규칙)
① 서로 다른 전압의 꽂음접속기는 상호 접속되지 아니하는 구조의 것을 사용할 것
② 습윤한 장소에 사용되는 꽂음접속기는 방수형 등, 그 장소에 적합한 것을 사용할 것
③ 근로자가 해당 꽂음접속기를 접속시킬 경우, 땀 등에 의하여 젖은 손으로 취급하지 아니하도록 할 것
④ 해당 꽂음접속기에 잠금장치가 있는 때에는 접속 후 잠그고 사용할 것

105
다음은 소방안전에 관한 사항이다. 틀린 것은?

① 포말 소화는 유류 화재에 적합하다.
② 탄산가스소화기는 전기화재에 적합하다.
③ 건축물의 방화설비로서는 방화구조, 구획제한 등을 들 수 있다.
④ 피난용 출구의 문의 구조는 안으로 열리는 문으로 한다.

해설
비상구의 문은 피난방향으로 열리도록 하고, 실내에서 하상 열 수 있는 구조로 할 것.

Answer ● 102. ② 103. ① 104. ④ 105. ④

CONTENTS

2020년 과년도 기출문제
2021년 과년도 기출문제
2022년 과년도 기출문제 & CBT 기출복원문제
2023년 CBT 기출복원문제
2024년 CBT 기출복원문제
2025년 1회 CBT 기출복원문제

부록

과년도 기출문제
[산업안전산업기사]

2020년 제1·2회 산업안전산업기사

2020. 6. 6 시행

제1과목 　산업안전관리론

01 상시 근로자수가 75명인 사업장에서 1일 8시간씩 연간 320일을 작업하는 동안에 4건의 재해가 발생하였다면 이 사업장의 도수율은 약 얼마인가?

① 17.68　　② 19.67
③ 20.83　　④ 22.83

해설

도수율 = $\dfrac{\text{연간재해건수}}{\text{연간근로시간수}} \times 10^6$

　　　 = $\dfrac{4}{75 \times 8 \times 320} 10^6$

　　　 = 20.83

02 보호구 안전인증 고시에 따른 안전화의 정의 중 ( )안에 알맞은 것은?

경작업용 안전화란 (㉠)mm의 낙하높이에서 시험했을 때 충격과 (㉡ ± 0.1)kN의 압축하중에서 시험했을 때 압박에 대하여 보호해 줄 수 있는 선심을 부착하여, 착용자를 보호하기 위한 안전화를 말한다.

① ㉠ 500, ㉡ 10.0　　② ㉠ 250, ㉡ 10.0
③ ㉠ 500, ㉡ 4.4　　④ ㉠ 250, ㉡ 4.4

해설

안전화에 대한 용어의 정리
1) 중작업용 안전화 : 1000mm의 낙하 높이에서 시험했을 때 충격과(15.0±0.1)kN의 압축하중에서 시험했을 때 압박에 대하여 보호해줄 수 있는 선심을 부착하여 착용자를 보호하기 위한 안전화를 말한다.
2) 보통작업용 안전화 : 500mm의 낙하높이에서 시험했을 때 충격과(10.0±0.1)kN의 압축하중에서 시험했을 때 압박에 대하여 보호해줄 수 있는 선심을 부착하여 착용자를 보호하기 위한 안전화를 말한다.
3) 경작업용 안전화 : 250mm의 낙하높이에서 시험했을 때 충격과(4.4±0.1) kN의 압축하중에서 시험했을 때 압박에 대하여 보호해줄 수 있는 선심을 부착하여 착용자를 보호하기 위한 안전화를 말한다.

03 산업안전보건법령상 안전보건표지의 종류와 형태 중 그림과 같은 경고 표지는? (단, 바탕은 무색, 기본모형은 빨간색, 그림은 검은색이다.)

① 부식성물질 경고　　② 폭발성물질 경고
③ 산화성물질 경고　　④ 인화성물질 경고

해설

인화성 물질경고	부식성 물질경고	산화성 물질경고	폭발성 물질경고
◇	◇	◇	◇

04 일반적으로 사업장에서 안전관리조직을 구성할 때 고려할 사항과 가장 거리가 먼 것은?

① 조직 구성원의 책임과 권한을 명확하게 한다.
② 회사의 특성과 규모에 부합되게 조직되어야 한다.
③ 생산조직과는 동떨어진 독특한 조직이 되도록 하여 효율성을 높인다.
④ 조직의 기능이 충분히 발휘될 수 있는 제도적 체계가 갖추어져야 한다.

해설

③항, 안전관리 조직은 생산라인과 밀착된 조직이어야 한다.

Answer ➡ 01. ③　02. ④　03. ④　04. ③

05 주의의 특성으로 볼 수 없는 것은?

① 변동성 ② 선택성
③ 방향성 ④ 통합성

해설
주의의 특징
1) **선택성** : 여러 종류의 자극을 자각할 때 소수의 특정한 것에 한하여 선택하는 기능
2) **방향성** : 주시점만 인지하는 기능
3) **변동성** : 주의에는 주기적으로 부주의의 리듬이 존재

06 테크니컬 스킬즈(technical skills)에 관한 설명으로 옳은 것은?

① 모럴(morale)을 앙양시키는 능력
② 인간을 사물에게 적응시키는 능력
③ 사물을 인간에게 유리하게 처리하는 능력
④ 인간과 인간의 의사소통을 원활히 처리하는 능력

해설
테크니컬 스킬즈와 소시얼 스킬즈
1) **테크니얼 스킬즈**(technical skills) : 사람을 인간의 목적에 유익하도록 처리하는 능력을 말함
2) **소시얼 스킬즈**(social skills) : 사람과 사람사이의 커뮤니케이션을 양호하게 하고, 사람들의 요구를 충족케 하고 모랄을 양양 시키는 능력을 말함

07 산업재해 예방의 4원칙 중 "재해발생에는 반드시 원인이 있다."라는 원칙은?

① 대책 선정의 원칙
② 원인 계기의 원칙
③ 손실 우연의 원칙
④ 예방 가능의 원칙

해설
재해예방의 4원칙
1) **손실우연의 원칙** : 사고에 의해 생기는 손실(상해)의 종류와 정도는 우연적이다.
2) **원인계기의 원칙** : 모든 재해는 필연적인 원인에 의해서 발생되며 재해발생은 직접원인만이 아니고 많은 간접원인의 연쇄로 발생되는 것이다.
3) **예방가능의 원칙** : 재해는 원칙적으로 모든 방지가 가능하다.
4) **대책선정의 원칙** : 가장 효과적인 재해방지대책의 선정은 이들 원인의 정확한 분석에 의해서 얻어진다.

08 심리검사의 특징 중 "검사의 관리를 위한 조건과 절차의 일관성과 통일성"을 의미하는 것은?

① 규준 ② 표준화
③ 객관성 ④ 신뢰성

해설
심리검사의 구비조건
1) **표준화** : 검사관리를 위한 조건 및 검사절차의 일관성과 통일성을 표준화
2) **객관성** : 체험하는 과정에서 채점자의 편견이나 주관성 배제
3) **규준**(noems) : 검사결과를 해석하기 위한 비교할 수 있는 참고 또는 비교의 틀
4) **신뢰성** : 검사응답의 일관성(반복성)
5) **타당성** : 측정하고자 하는 것을 실제로 잘 측정하는가 여부를 판별하는 것

09 조직이 리더에게 부여하는 권한으로 볼 수 없는 것은?

① 보상적 권한 ② 강압적 권한
③ 합법적 권한 ④ 위임된 권한

해설
리더십의 권한
1) 조직이 지도자에게 부여한 권한
  ① 보상적 권한
  ② 강압적 권한
  ③ 합법적 권한
2) 지도자 자신이 자신에게 부여한 권한
  ① 전문성의 권한
  ② 위임된 권한

10 기억의 과정 중 과거의 학습경험을 통해서 학습된 행동이 현재와 미래에 지속되는 것을 무엇이라 하는가?

① 기명(memorizing) ② 파지(retention)
③ 재생(recall) ④ 재인(recognition)

해설
기억의 과정 : 기억은 기명, 파지, 재생, 재인의 단계를 거친다.
1) **기억** : 과거의 경험이 어떠한 형태로 미래의 행동에 영향을 주는 작용
2) **기명** : 사물의 인상을 마음 속에 간직하는 것
3) **파지** : 간직, 이상이 보존되는 것
4) **재생** : 보존된 인상이 다시 의식으로 떠오른 것
5) **재인** : 과거에 경험했던 것과 같은 비슷한 상태에 부딪혔을 때 떠오르는 것

Answer ➡ 05. ④ 06. ③ 07. ② 08. ② 09. ④ 10. ②

11 하인리히 재해 발생 5단계 중 3단계에 해당하는 것은?

① 불안전한 행동 또는 불안전한 상태
② 사회적 환경 및 유전적 요소
③ 관리의 부재
④ 사고

해설

하인리히의 사고연쇄성 이론(domino 현상)
1) 1단계 : 사회적 환경 및 유전적 요소
2) 2단계 : 개인적 결함
3) 3단계 : 불안전한 행동 및 불안전한 상태(사고방지를 위해 중점적으로 배제해야 할 사항)
4) 4단계 : 사고
5) 5단계 : 재해

12 산업안전보건법령상 특별교육 대상 작업별 교육 작업 기준으로 틀린 것은?

① 전압기 75V 이상인 정전 및 활선작업
② 굴착면의 높이가 2m 이상이 되는 암석의 굴착작업
③ 동력에 의하여 작동되는 프레스기계를 3대 이상 보유한 사업장에서 해당 기계로 하는 작업
④ 1톤 미만의 크레인 또는 호이스트를 5대 이상 보유한 사업장에서 해당 기계로 하는 작업

해설

③항, 동력에 의하여 작동되는 프레스기계를 5대 이상 보유한 사업장에서 해당 기계로 하는 작업

13 기계·기구 또는 설비의 신설, 변경 또는 고장 수리 등 부정기적인 점검을 말하며, 기술적 책임자가 시행하는 점검은?

① 정기 점검　　② 수시 점검
③ 특별 점검　　④ 임시 점검

해설

안전점검의 종류
1) 수시점검(일상점검) : 작업 전, 중, 후에 실시하는 점검
2) 정기점검 : 일정기간마다 정기적으로 실시하는 점검
3) 임시점검 : 이상발견시 임시로 실시하거나 정기점검과 정기점검 사이에 실시하는 점검
4) 특별점검
  ① 기계, 기구 및 설비의 신설 변경 및 수리시 등
  ② 천재지변 발생 후 실시
  ③ 안전강조기간 내 실시

14 재해의 원인 분석법 중 사고의 유형, 기인물 등 분류 항목을 큰 순서대로 도표화하여 문제나 목표의 이해가 편리한 것은?

① 관리도(control chart)
② 파렛토도(pareto diagram)
③ 클로즈분석(close analysis)
④ 특성요인도(cause – reason diagram)

해설

통계적 원인분석방법
1) **파레이토도** : 사고의 유형, 기인물 등 분류항목을 큰 순서대로 도표화하여 분석하는 방법이다.
2) **특성요인도** : 특성과 요인을 도표로 하여 어골상(漁骨狀)으로 세분화한다.
3) **크로스 분석** : 데이터를 집계하고 표로 표시하여 요인별 결과내역을 교차한 크로스 그림을 작성하여 분석한다. (2개 이상의 문제 관계를 분석하는데 이용)
4) **관리도** : 재해 발생 건수 등의 추이를 파악하고 목표관리를 행하는데 필요한 월별 재해발생수를 그래프화하여 관리선을 설정·관리하는 방법이다.

15 다음 중 매슬로우(Masolw)가 제창한 인간의 욕구 5단계 이론을 단계별로 옳게 나열한 것은?

① 생리적 욕구 → 안전 욕구 → 사회적 욕구 → 존경의 욕구 → 자아실현의 욕구
② 안전 욕구 → 생리적 욕구 → 사회적 욕구 → 존경의 욕구 → 자아실현의 욕구
③ 사회적 욕구 → 생리적 욕구 → 안전 욕구 → 존경의 욕구 → 자아실현의 욕구
④ 사회적 욕구 → 안전 욕구 → 생리적 욕구 → 존경의 욕구 → 자아실현의 욕구

해설

매슬로우의 욕구 5단계
① 1단계 : 생리적 욕구
② 2단계 : 안전욕구
③ 3단계 : 사회적 욕구(친화욕구)
④ 4단계 : 인정받으려는 욕구(자기존경의 욕구)
⑤ 5단계 : 자아실현의 욕구

Answer ● 11. ①　12. ③　13. ③　14. ②　15. ①

16 교육의 3요소 중 교육의 주체에 해당하는 것은?

① 강사
② 교재
③ 수강자
④ 교육방법

해설

교육의 3요소
1) 주체 : 교도자, 강사, 교사
2) 개체 : 학생, 수강자, 피교육자
3) 매개체 : 교재

17 O.J.T(On the Job Training) 교육의 장점과 가장 거리가 먼 것은?

① 훈련에만 전념할 수 있다.
② 직장의 실정에 맞게 실제적 훈련이 가능하다.
③ 개개인의 업무능력에 적합하고 자세한 교육이 가능하다.
④ 교육을 통하여 상사와 부하간의 의사소통과 신뢰감이 깊게 된다.

해설

1) OJT와 off-JT
　㉠ OJT(On the job of Training) : 관리감독자 등 직속상사가 부하직원에 대해서 일상업무를 통하여 지식, 기능, 문제해결능력 및 태도 등을 교육훈련하는 방법이며 개별교육 및 추가지도에 적합하다.(현장중심교육)
　㉡ off-JT(off the Job Training) : 공통된 교육목적을 가진 근로자를 일정한 장소에 집합시켜 외부강사를 초청하여 실시하는 방법으로 집합교육에 적합하다.(현장외 중심교육)

2) OJT와 off-JT의 장점

O·J·T (현장중심교육)	off J·T (현장 외 중심교육)
① 개개인에게 적합한 지도 훈련을 할 수 있다.	① 다수의 근로자에게 조직적 훈련이 가능하다.
② 직장의 실정에 맞는 실체적 훈련을 할 수 있다.	② 훈련에만 전념하게 된다.
③ 훈련 필요한 업무의 계속성이 끊어지지 않는다.	③ 특별설비기구를 이용할 수 있다.
④ 즉시 업무에 연결되는 관계로 신체와 관련이 있다.	④ 전문가를 강사로 초청할 수 있다.
⑤ 효과가 곧 업무에 나타나며 훈련의 좋고 나쁨에 따라 개선이 용이하다.	⑤ 각 직장의 근로자가 많은 지식이나 경험을 교류할 수 있다.
⑥ 교육을 통한 훈련 효과에 의해 상호 신뢰 이해도가 높아진다.	⑥ 교육훈련 목표에 대해서 집단적 노력이 흐트러질 수도 있다.

18 위험예지훈련 기초 4라운드(4R)에서 라운드별 내용이 바르게 연결된 것은?

① 1라운드 : 현상파악
② 2라운드 : 대책수립
③ 3라운드 : 목표설정
④ 4라운드 : 본질추구

해설

위험예지훈련의 4단계(4R)
1) 1R : 현상파악
2) 2R : 본질추구
3) 3R : 대책수립
4) 4R : 목표설정

19 산업안전보건법령상 근로자 안전·보건교육 중 채용 시의 교육 및 작업내용 변경 시의 교육사항으로 옳은 것은?

① 물질안전보건자료에 관한 사항
② 건강증진 및 질병 예방에 관한 사항
③ 유해·위험 작업환경 관리에 관한 사항
④ 표준안전작업방법 및 지도 요령에 관한 사항

해설

1) 관리감독자의 정기안전·보건교육의 내용
　① 산업안전 및 사고예방에 관한 사항
　② 산업보건 및 직업병 예방에 관한 사항
　③ 위험성 평가에 관한 사항
　④ 유해·위험 작업환경 관리에 관한 사항
　⑤ 산업안전보건법령 및 산업재해보상보험 제도에 관한 사항
　⑥ 직무스트레스 예방 및 관리에 관한 사항
　⑦ 직장 내 괴롭힘, 고객의 폭언 등으로 인한 건강장해 예방 및 관리에 관한 사항
　⑧ 작업공정의 유해·위험과 재해예방대책에 관한 사항
　⑨ 사업장 내 안전보건관리체제 및 안전보건조치 현황에 관한 사항
　⑩ 표준안전 작업방법 결정 및 지도·감독 요령에 관한 사항
　⑪ 현장 근로자와의 의사소통 능력 및 강의능력 등 안전보건교육 능력 배양에 관한 사항
　⑫ 비상시 또는 재해발생시 긴급조치에 관한 사항
　⑬ 그밖의 관리감독자의 직무에 관한 사항

Answer ◯ 16. ① 17. ① 18. ① 19. ③

2) 채용시 및 작업내용 변경시 교육내용(시행규칙 별표 8의 2)
   ① 기계·기구의 위험성과 작업의 순서 및 동선에 관한 사항
   ② 작업 개시 전 점검에 관한 사항
   ③ 정리정돈 및 청소에 관한 사항
   ④ 사고 발생 시 긴급조치에 관한 사항
   ⑤ 산업안전 및 사고예방에 관한 사항
   ⑥ 산업보건 및 직업병 예방에 관한 사항
   ⑦ 위험성 평가에 관한 사항
   ⑧ 물질안전보건자료에 관한 사항
   ⑨ 산업안전보건법령 및 산업재해보상보험 제도에 관한 사항
   ⑩ 직무스트레스 예방 및 관리에 관한 사항
   ⑪ 직장 내 괴롭힘, 고객의 폭언 등으로 인한 건강장해 예방 및 관리에 관한 사항

20 산업 재해의 발생 유형으로 볼 수 없는 것은?

① 지그재그형 ② 집중형
③ 연쇄형   ④ 복합형

해설
- 재해는 발생형태에 따라 집중형, 연쇄형, 복합형으로 구분된다.
- 복합형은 집중형과 연쇄형이 결합된 것이다.
- 지그재그형은 산업 재해 발생 유형이 아니다.

제2과목 인간공학 및 시스템안전공학

21 모든 시스템 안전 프로그램 중 최초 단계의 분석으로 시스템 내의 위험요소가 어떤 상태에 있는지를 정성적으로 평가하는 방법은?

① CA   ② FHA
③ PHA   ④ FMEA

해설
1) PHA(Preliminary Hazards Analysis) : 대부분 시스템 안전 프로그램에 있어서 최초단계의 분석으로, 시스템 내의 위험한 요소가 얼마나 위험한 상태에 있는가를 정성적으로 평가하는 것이다.
2) PHA의 목적 : 시스템의 개발 단계에 있어서 시스템 고유의 위험상태를 식별하고 예상되는 재해의 위험수준을 결정하는 데 있다.

22 시스템의 성능 저하가 인원의 부상이나 시스템 전체에 중대한 손해를 입히지 않고 제어가 가능한 상태의 위험강도는?

① 범주 Ⅰ : 파국적
② 범주 Ⅱ : 위기적
③ 범주 Ⅲ : 한계적
④ 범주 Ⅳ : 무시

해설
파국적 : 사망 시스템손상
위기적 : 심각한 상해 시스템 중대 손상
한계적 : 경미한 상해 시스템 성능 저하
무시 : 경미한상해 및 시스템 저하 없음
중대한 부상 손해는 없는 상태 → 한계적

23 결함수 분석법에서 일정 조합 안에 포함되는 기본사상들이 동시에 발생할 때 반드시 목표사상을 발생시키는 조합을 무엇이라 하는가?

① Cut set   ② Decision tree
③ Path set   ④ 불대수

해설
1) cut set : 정상사상을 일으키는 기본사상의 집합
2) path set : 정상사상을 일으키지 않는 기본사상의 집합

24 통제표시비(C/D비)를 설계할 때의 고려할 사항으로 가장 거리가 먼 것은?

① 공차   ② 운동성
③ 조작시간 ④ 계기의 크기

해설
통제표시비(조종반응비율) 설계시 고려 사항
1) **계기의 크기** : 계기의 조절시간에 짧게 소요되는 크기를 선택하되 너무 작으면 오차발생이 커지므로 상대적으로 고려한다.
2) **공차** : 짧은 주행시간 내에 공차의 인정범위를 초과하지 않는 계기를 마련한다.
3) **목측거리** : 목시거리가 길면 길수록 조절의 정확도는 떨어진다.
4) **조작시간** : 조작시간의 지연은 직접적으로 조종반응비에 크게 영향을 주어 필요시 통제비 감소조치를 하여야 한다.
5) **방향성** : 조작방향과 표시계기의 운동방향이 일치하지 않으면 조작의 정확성이 감소한다.

Answer ▶ 20. ① 21. ③ 22. ③ 23. ① 24. ②

25 건구온도 38℃, 습구온도 32℃일 때의 Oxford 지수는 몇 ℃인가?

① 30.2
② 32.9
③ 35.3
④ 37.1

해설
WD = 0.85WB + 0.15DB
= 0.85 × 32 + 0.15 × 38
= 32.9
여기서, WD : 건습지수 또는 습건지수
WB : 습구온도
DB : 건구온도

26 건강한 남성이 8시간 동안 특정 작업을 실시하고, 분당 산소 소비량이 1.1L/분으로 나타났다면 8시간 총 작업시간에 포함될 휴식시간은 약 몇 분인가? (단, Murrell의 방법을 적용하며, 휴식 중 에너지소비율은 1.5 kcal/min이다.)

① 30분
② 54분
③ 60분
④ 75분

27 점광원(point source)에서 표면에 비추는 조도(lux)의 크기를 나타내는 식으로 옳은 것은? (단, D는 광원으로부터의 거리를 말한다.)

① $\dfrac{광도(fc)}{D^2(m^2)}$
② $\dfrac{광도(lm)}{D(m)}$
③ $\dfrac{광도(cd)}{D^2(m^2)}$
④ $\dfrac{광도(fL)}{D(m)}$

28 인간공학적 수공구의 설계에 관한 설명으로 옳은 것은?

① 수공구 사용 시 무게 균형이 유지되도록 설계한다.
② 손잡이 크기를 수공구 크기에 맞추어 설계한다.
③ 힘을 요하는 수공구의 손잡이는 직경을 60mm 이상으로 한다.
④ 정밀 작업용 수공구의 손잡이는 직경을 5mm 이하로 한다.

해설
수공구 설계원칙
1) 수공구 무게를 줄이고 사용시 무게 균형이 유지되도록 설계한다.
2) 손바닥면에 압력이 가해지지 않도록 설계한다.
3) 손가락이 지나치게 반복적인 동작을 하지 않도록 한다.
4) 손목을 곧게 펼 수 있도록 한다.
5) 안전측면을 고려한 디자인이 이루어지도록 한다.

29 인간-기계 시스템에서 기계와 비교한 인간의 장점으로 볼 수 없는 것은? (단, 인공지능과 관련된 사항은 제외한다.)

① 완전히 새로운 해결책을 찾아낸다.
② 여러 개의 프로그램된 활동을 동시에 수행한다.
③ 다양한 경험을 토대로 하여 의사결정을 한다.
④ 상황에 따라 변화하는 복잡한 자극 형태를 식별한다.

해설
②항, 기계의 장점

30 인터페이스 설계 시 고려해야 하는 인간과 기계와의 조화성에 해당되지 않는 것은?

① 지적 조화성
② 신체적 조화성
③ 감성적 조화성
④ 심미적 조화성

해설
인간기계 체계에서의 계면설계
1) 계면(interface) : 인간기계 체계에서 인간과 기계가 만나는 면
2) 인간과 기계(환경)의 계면에서의 조화성 : 다음 3가지 차원이 고려되어야 함
  ① 신체적 조화성 ② 지적 조화성 ③ 감성적 조화성

31 반복되는 사건이 많이 있는 경우, FTA의 최소 컷셋과 관련이 없는 것은?

① Fussel Algorithm
② Booolean Algorithm
③ Monte Carlo Algorithm
④ Limnios &Ziani Algorithm

Answer ▶ 25. ② 26. ③ 27. ③ 28. ① 29. ② 30. ④ 31. ③

해설

최소컷셋을 구하는 알고리즘(Algorithm)
1) Fussel 알고리즘
2) Boolean 알고리즘
3) Limnios & Ziani 알고리즘

32 다음 중 설비보전관리에서 설비이력카드, MTBF분석표, 고장원인대책표와 관련이 깊은 관리는?

① 보전기록관리 ② 보전자재관리
③ 보전작업관리 ④ 예방보전관리

해설

설비보전관리
1) **보전기록관리** : 신뢰성과 보전성 개선을 목적으로 한 가장 일반적이고 효과적인 보전기록으로는 설비이력카드, MTBF분석표, 고장원인 대책표 등이 있다.
2) **보전자재관리** : 설비의 정상적인 운전을 유지하기 위하여 상비해둘 부품들의 조달, 보관, 지불을 계획적 경제적으로 행하여 설비보전의 효과를 높이기 위한 활동을 말한다.
3) **보전작업관리** : 적절한 보전작업표준의 설정과 일정계획의 수립은 보전인력의 효율적 활용, 낭비시간의 절감, 설계보전의 실행을 위해 필요한 요인이다.
4) **예방보전관리** : 계획에 의한 주기적인 검사와 정기적인 분해수리로 사전에 불량요소를 발견하여 설비에 대한 고장을 미연에 방지하고 수리나 조정을 최소한도로 유지하고자 하는 것이다.

33 공간 배치의 원칙에 해당되지 않는 것은?

① 중요성의 원칙 ② 다양성의 원칙
③ 사용빈도의 원칙 ④ 기능별 배치의 원칙

해설

부품배치의 4원칙
1) 중요성의 원칙
2) 사용빈도의 원칙
3) 기능별 배치의 원칙
4) 사용순서의 원칙

34 화학공장(석유화학사업장 등)에서 가동문제를 파악하는 데 널리 사용되며, 위험요소를 예측하고, 새로운 공저에 대한 가동문제를 예측하는 데 사용되는 위험성평가방법은?

① SHA ② EVP
③ CCFA ④ HAZOP

35 다음은 1/100초 동안 발생한 3개의 음파를 나타낸 것이다. 음의 세기가 가장 큰 것과 가장 높은 음은 무엇인가?

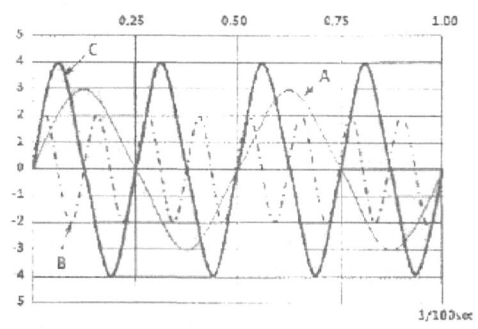

① 가장 큰 음의 세기 : A, 가장 높은 음 : B
② 가장 큰 음의 세기 : C, 가장 높은 음 : B
③ 가장 큰 음의 세기 : C, 가장 높은 음 : A
④ 가장 큰 음의 세기 : B, 가장 높은 음 : C

36 글자의 설계 요소 중 검은 바탕에 쓰여진 흰 글자가 번져 보이는 현상과 가장 관련 있는 것은?

① 획폭비 ② 글자체
③ 종이 크기 ④ 글자 두께

37 FTA에 사용되는 기호 중 다음 기호에 해당하는 것은?

① 생략사상 ② 부정사상
③ 결함사상 ④ 기본사상

해설

① 결함사상 :
② 기본사상 :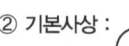
③ 통상사상 :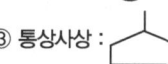

Answer ➡ 32. ① 33. ② 34. ④ 35. ② 36. ① 37. ④

38 휴먼 에러(human error)의 분류 중 필요한 임무나 절차의 순서 착오로 인하여 발생하는 오류는?

① ommission error
② sequential error
③ commission error
④ extraneous error

39 가청 주파수 내에서 사람의 귀가 가장 민감하게 반응하는 주파수 대역은?

① 20~20000Hz
② 50~15000Hz
③ 100~10000Hz
④ 500~3000Hz

40 작업자가 100개의 부품을 육안 검사하여 20개의 불량품을 발견하였다. 실제 불량품이 40개라면 인간에러(human error) 확률은 약 얼마인가?

① 0.2
② 0.3
③ 0.4
④ 0.5

> 제3과목   기계위험방지기술

41 작업장 내 운반을 주목적으로 하는 구내운반차가 준수해야 할 사항으로 옳지 않은 것은?

① 주행을 제동하거나 정지상태를 유지하기 위하여 유효한 제동장치를 갖출 것
② 경음기를 갖출 것
③ 핸들의 중심에서 차체 바깥 측까지의 거리가 65cm 이내일 것
④ 운전자석이 차 실내에 있는 것은 좌우에 한 개씩 방향지시기를 갖출 것

해설
③항, 핸들의 중심에서 차체 바깥측가지의 거리가 65cm 이상일 것

42 다음 중 연삭기를 이용한 작업을 할 경우 연삭숫돌을 교체한 후에는 얼마동안 시험운전을 하여야 하는가?

① 1분 이상
② 3분 이상
③ 10분 이상
④ 15분 이상

해설
연삭기 : 작업시작 전 1분 이상, 숫돌교체 후에는 3분 이상 시운전을 할 것

43 프레스기가 작동 후 작업점까지의 도달시간이 0.2초 걸렸다면, 양수기동식 방호장치의 설치거리는 최소 얼마인가?

① 3.2cm
② 32cm
③ 6.4cm
④ 64cm

해설
설치거리(cm)
= 160×프레스 작동 후 작업점까지 도달시간(sec)
= 160×0.2 = 32cm

44 대패기계용 덮개의 시험 방법에서 날접촉 예방장치인 덮개와 송급 테이블 면과의 간격기준은 몇 mm 이하여야 하는가?

① 3
② 5
③ 8
④ 12

45 프레스 등의 금형을 부착·해체 또는 조정 작업 중 슬라이드가 갑자기 작동하여 근로자에게 발생할 수 있는 위험을 방지하기 위하여 설치하는 것은?

① 방호 울
② 안전블록
③ 시건장치
④ 게이트 가드

해설
금형조정작업의 위험방치(안전보건규칙 제104조) : 금형작업(부착·해체 또는 조정작업 등)을 할 때에 근로자의 신체가 위험한계에 있는 경우 슬라이드가 갑자기 작동함으로써 근로자에게 발생하는 위험을 방지하기 위해 「안전블록」을 사용하는 등 필요한 조치를 하여야 한다.

Answer ● 38. ② 39. ④ 40. ① 41. ③ 42. ② 43. ② 44. ③ 45. ②

46 산업안전보건법령상 프레스를 사용하여 작업을 할 때 작업시작 전 점검 항목에 해당하지 않는 것은?

① 전선 및 접속부 상태
② 클러치 및 브레이크의 기능
③ 프레스의 금형 및 고정볼트 상태
④ 1행정 1정지기구·급정지장치 및 비상정지 장치의 기능

해설
프레스 등(프레스 또는 전단기)의 작업시작 전 점검항목
1) 클러치 및 브레이크의 기능
2) 크랭크축·플라이휠·슬라이드·연결봉 및 연결나사의 풀림유무
3) 1행정 1정지기구·급정지장치 및 비상정지장치의 기능
4) 슬라이드 또는 칼날에 의한 위험방지기구의 기능
5) 프레스의 금형 및 고정볼트 상태
6) 방호장치의 기능
7) 전단기의 칼날 및 테이블의 상태

47 선반 작업의 안전사항으로 틀린 것은?

① 베드 위에 공구를 올려놓지 않아야 한다.
② 바이트를 교환할 때는 기계를 정지시키고 한다.
③ 바이트는 끝을 길게 장치한다.
④ 반드시 보안경을 착용한다.

48 연삭기 숫돌의 파괴 원인으로 볼 수 없는 것은?

① 숫돌의 회전속도가 너무 빠를 때
② 숫돌 자체에 균열이 있을 때
③ 숫돌의 정면을 사용할 때
④ 숫돌에 과대한 충격을 주게 되는 때

해설
연삭기 숫돌의 파괴원인
1) 숫돌의 회전속도가 빠를 때
2) 숫돌자체에 균열이 있을 때
3) 숫돌에 과대한 충격을 가할 때
4) 숫돌의 측면을 사용하여 작업할 때
5) 숫돌의 불균형이나 베어링 마모에 의한 진동이 있을 때
6) 숫돌 반경방향의 온도변화가 심할 때
7) 작업에 부적당한 숫돌을 사용할 때
8) 숫돌의 치수가 부적당할 때
9) 플랜지가 현저히 작을 때(플랜지 직경 = 숫돌직경×1/3)

49 기계설비의 방호는 위험장소에 대한 방호와 위험원에 대한 방호로 분류할 때, 다음 위험원에 대한 방호장치에 해당하는 것은?

① 격리형 방호장치
② 포집형 방호장치
③ 접근거부형 방호장치
④ 위치제한형 방호장치

50 산업용 로봇 작업 시 안전조치 방법으로 틀린 것은?

① 작업 중의 매니플레이터의 속도의 지침에 따라 작업한다.
② 로봇의 조작방법 및 순서의 지침에 따라 작업한다.
③ 작업을 하고 있는 동안 해당 작업 근로자 이외에도 로봇의 기동스위치를 조작할 수 있도록 한다.
④ 2명 이상의 근로자에게 작업을 시킬 때는 신호 방법의 지침을 정하고 그 지침에 따라 작업한다.

해설
로봇의 작업지침 : 다음의 지침에 따라 작업을 시킬 것
1) 로봇의 조작 방법 및 순서
2) 작업 중의 매니퓰레이터의 속도
3) 2명 이상의 근로자에게 작업을 시킬 때의 신호방법
4) 이상 발견시 조치
5) 이상 발견시 로봇의 운전을 정지시킨 후 이를 재가동 시킬 때의 조치
6) 그 밖에 로봇의 불의의 작동, 오조작에 의한 위험방지 조치

51 크레인 작업 시 조치사항 중 틀린 것은?

① 인양할 하물은 바닥에서 끌어당기거나, 밀어내는 작업을 하지 아니할 것
② 유류드럼이나 가스통 등의 위험물 용기는 보관함에 담아 안전하게 매달아 운반할 것
③ 고정된 물체는 직접 분리, 제거하는 작업을 할 것
④ 근로자의 출입을 통제하여 하물이 작업자의 머리 위로 통과하지 않게 할 것

Answer ➡ 46. ① 47. ③ 48. ③ 49. ② 50. ③ 51. ③

52 산업안전보건법령상 양중기에 사용하지 않아야 하는 달기 체인의 기준으로 틀린 것은?

① 심하게 변형된 것
② 균열이 있는 것
③ 달기 체인의 길이가 달기 체인이 제조된 때의 길이 3%를 초과한 것
④ 링의 단면지름이 달기 체인이 제조된 때의 해당 링의 지름의 10%를 초과하여 감소한 것

해설
부적격한 달기체인 사용금지사항
1) 달기체인의 길이의 증가가 그 달기체인이 제조된 때의 길이의 5%를 초과한 것
2) 링의 단면지름 감소가 그 달기체인이 제조된 때의 해당 링의 지름의 10%를 초과한 것
3) 균열이 있거나 심하게 변형된 것

53 롤러기에 사용되는 급정지장치의 종류가 아닌 것은?

① 손 조작식
② 발 조작식
③ 무릎 조작식
④ 복부 조작식

해설
롤러기 급정지 장치의 종류 및 설치위치

급정지장치의 종류	설치위치
1. 손조작 로프식	밑면에서 1.8m 이내
2. 복부 조작식	밑면에서 0.8m 이상 1.1m 이내
3. 무릎 조작식	밑면에서 0.6m 이내

54 드릴 작업의 안전조치 사항으로 틀린 것은?

① 칩은 와이어 브러시로 제거한다.
② 드릴 작업에서는 보안경을 쓰거나 안전덮개를 설치한다.
③ 칩에 의한 자상을 방지하기 위해 면장갑을 착용한다.
④ 바이스 등을 사용하여 작업 중 공작물의 유동을 방지한다.

55 개구부에서 회전하는 롤러의 위험점까지 최단거리가 60mm일 때 개구부 간격은?

① 10mm   ② 12mm
③ 13mm   ④ 15mm

56 연삭 숫돌과 작업받침대, 교반기의 날개, 하우스 등 기계의 회전 운동하는 부분과 고정부분 사이에 위험이 형성되는 위험점은?

① 물림점   ② 끼임점
③ 절단점   ④ 접선물림점

해설
① 물림점 : 회전하는 두 개의 회전체에 물려 들어갈 위험성이 형성되는 점 (예 : 롤러, 기어와 피니언)
② 절단점 : 회전하는 운동부분 자체와 운동하는 기계 자체에 위험이 형성되는 점(예 : 둥근톱날, 띠톱기계의 날, 밀링 커터 등)
③ 끼임점 : 본문 설명
④ 회전말림점 : 회전하는 부분에 돌기 등이 돌출되어 작업복 등이 말리는 위험점(예 : 회전축, 드릴축, 커플링 등)

57 보일러의 연도(굴뚝)에서 버려지는 여열을 이용하여 보일러에 공급되는 급수를 예열하는 부속장치는?

① 과열기   ② 절탄기
③ 공기예열기   ④ 연소장치

58 다음 중 컨베이어의 안전장치가 아닌 것은?

① 이탈 및 역주행방지장치
② 비상정지장치
③ 덮개 또는 울
④ 비상난간

해설
컨베이어의 방호장치(안전보건규칙)
1) 이탈 및 역주행방지장치 : 컨베이어, 이송용 롤러 등(이하 "컨베이어 등"이라 함)을 사용하는 때에는 정전·전압강하 등에 의한 화물 또는 운반구의 이탈 및 역주행을 방지하는 장치를 갖출 것(단, 무동력상태 또는 수평상태로만 사용하여 근로자에 위험을 미칠 우려가 없는 때에는 제외)
2) 비상정지장치 : 근로자의 신체가 말려드는 등 위험시와 비상시에는 즉시 운전을 정지시킬 수 있는 비상정지장치를 설

Answer ● 52. ③ 53. ② 54. ③ 55. ④ 56. ② 57. ② 58. ④

치할 것

3) 덮개 또는 울 : 컨베이어 등으로부터 화물이 낙하함으로 인하여 근로자에게 위험을 미칠 우려가 있는 경우에는 해당 컨베이어 등에 덮개 울을 설치하는 등 낙하방지를 위한 조치를 할 것

59 밀링 머신의 작업 시 안전수칙에 대한 설명으로 틀린 것은?

① 커터의 교환 시는 테이블 위에 목재를 받쳐 놓는다.
② 강력 절삭 시에는 일감을 바이스에 깊게 물린다.
③ 작업 중 면장갑은 착용하지 않는다.
④ 커터는 가능한 컬럼(column)으로부터 멀리 설치한다.

해설

밀링의 안전작업수칙
1) 테이블 위에 공구나 기타 물건 등을 올려놓지 않을 것
2) 상하 좌우 이송장치의 핸들(손잡이)은 사용 후 반드시 풀어둘 것
3) 장갑의 사용을 금할 것
4) 칩의 제거는 반드시 브러시를 사용할 것(걸레 사용금지)
5) 일감을 풀거나 고정할 때와 측정 시에는 반드시 운전을 정지시킬 것
6) 가공중에 손으로 가공면을 점검하지 않을 것
7) 강력 절삭을 할 때는 일감을 바이스에 깊게 물릴 것
8) 가동중에 기계를 변속시키지 않을 것
9) 밀링 칩(공작 기계 중 가장 가늘고 예리함)의 비산에 의한 부상 방지를 위해 보안경을 착용할 것
10) 아버 너트(arbor nut : 고정 너트의 압력으로 축심에 정확히 직각으로 고정해주는 역할을 함)는 너무 힘껏 조이지 않도록 할 것

60 선반의 크기를 표시하는 것으로 틀린 것은?

① 양쪽 센터 사이의 최대 거리
② 왕복대 위의 스윙
③ 베드 위의 스윙
④ 주축에 물릴 수 있는 공작물의 최대 지름

해설

선반의 크기(선반의 규격표시 방법)
1) 최대 가공물의 크기
2) 양 센터 사이의 거리(심압대를 주축에서 가장 멀리했을 때 양 센터에 설치할 수 있는 공작물의 길이)
3) 본체 위의 스윙(가공할 수 있는 공작물의 최대 지름)의 크기

제4과목 전기 및 화학설비위험방지기술

61 최대안전틈새(MESG)의 특성을 적용한 방폭구조는?

① 내압 방폭구조
② 유입 방폭구조
③ 안전증 방폭구조
④ 압력 방폭구조

해설

방폭구조의 종류별 특징
1) **내압방폭구조** : 아크 또는 고열이 발생하여 폭발성 가스에 점화할 우려가 있는 부분을 전폐된 용기에 넣어 폭발에 견디도록 한 구조
2) **유입방폭구조** : 전폐용기에 기름을 채워서 외부의 폭발성 가스와 점화원이 접촉하여 인화될 위험이 없도록 한 구조
3) **안전증방폭구조** : 안전성을 더욱 보강하기 위하여 코일의 절연보강, 공극을 크게 하여 구조상 또는 온도상승에 대하여 금속망 같은 물질로 차폐시킨 구조로 전기불꽃이나 과열에 대하여 회로특성상 폭발의 위험을 방지할 수 있는 구조
4) **압력방폭구조** : 용기내부에 불연성 가스인 공기나 질소 등을 압입시켜 외부의 폭발성 가스가 용기내부로 침투하지 못하도록 한 구조

62 내전압용절연장갑의 등급에 따른 최대사용전압이 올바르게 연결된 것은?

① 00 등급 : 직류 750V
② 00 등급 : 교류 650V
③ 0 등급 : 직류 1000V
④ 0 등급 : 교류 800V

해설

절연장갑 등급

등급	최대사용전압		색상
	교류(V, 실효값)	직류(V)	
00	500	750	갈색
0	1000	1500	빨강색
1	7500	11250	흰색
2	17000	25500	노랑색
3	26500	39750	녹색
4	36000	54000	등색

※ 직류=교류×1.5배

Answer ➡ 59. ④ 60. ④ 61. ① 62. ①

63 선간전압이 6.6kV인 충전전로 인근에서 유자격자가 작업하는 경우, 충전전로에 대한 최소 접근한계거리(cm)는? (단, 충전부에 절연 조치가 되어있지 않고, 작업자는 절연장갑을 착용하지 않았다.)

① 20   ② 30
③ 50   ④ 60

64 어떤 도체에 20초 동안에 100C의 전하량이 이동하면 이 때 흐르는 전류(A)는?

① 200   ② 50
③ 10   ④ 5

65 피뢰기가 반드시 가져야 할 성능 중 틀린 것은?

① 방전개시 전압이 높을 것
② 뇌전류 방전능력이 클 것
③ 속류 차단을 확실하게 할 수 있을 것
④ 반복 동작이 가능할 것

66 가스 또는 분진폭발위험장소에는 변전실·배전반실·제어실 등을 설치하여서는 아니된다. 다만, 실내기압이 항상 양압을 유지하도록 하고, 별도의 조치를 한 경우에는 그러하지 않는데 이 때 요구되는 조치사항으로 틀린 것은?

① 양압을 유지하기 위한 환기설비의 고장 등으로 양압이 유지되지 아니한 때 경보를 할 수 있는 조치를 한 경우
② 환기설비가 정지된 후 재가동하는 경우 변전실 등에 가스 등이 있는지를 확인할 수 있는 가스검지기 등의 장비를 비치한 경우
③ 환기설비에 의하여 변전실 등에 공급되는 공기는 가스폭발위험장소 또는 분진폭발위험장소가 아닌 곳으로부터 공급되도록 하는 조치를 한 경우
④ 실내기압이 항상 양압 10Pa 이상이 되도록 장치를 한 경우

해설
④항. 항상 유의해야 하는 실내기압이 항상 양압 25Pa(파스칼) 이상이 되도록 할 것

67 절연체에 발생한 정전기는 일정 장소에 축적되었다가 점차 소멸되는데 처음 값의 몇 %로 감소되는 시간을 그 물체의 "시정수" 또는 "완화시간"이라고 하는가?

① 25.8   ② 36.8
③ 45.8   ④ 67.8

68 누전차단기의 선정 및 설치에 대한 설명으로 틀린 것은?

① 차단기를 설치한 전로에 과부하 보호장치를 설치하는 경우는 서로 협조가 잘 이루어지도록 한다.
② 정격부동작전류와 정격감도전류와의 차는 가능한 큰 차단기로 선정한다.
③ 감전방지 목적으로 시설하는 누전차단기는 고감도고속형을 선정한다.
④ 전로의 대지정전용량이 크면 차단기가 오동작하는 경우가 있으므로 각 분기회로마다 차단기를 설치한다.

해설
②항. 정격부동작전류가 정격감도전류의 50%이상이어야 하고 전류치가 가능한 작을 것

69 정전기 발생량과 관련된 내용으로 옳지 않은 것은?

① 분리속도가 빠를수록 정전기 발생량이 많아진다.
② 두 물질간의 대전서열이 가까울수록 정전기 발생량이 많아진다.
③ 접촉면적이 넓을수록, 접촉압력이 증가할수록 정전기 발생량이 많아진다.
④ 물질의 표면이 수분이나 기름 등에 오염되어 있으면 정전기 발생량이 많아진다.

해설
두 물질간의 대전서열이 가까울수록 정전기의 발생량은 적어진다.

Answer ➡ 63. ④ 64. ④ 65. ① 66. ④ 67. ② 68. ② 69. ②

70 전기설비 등에는 누전에 의한 감전의 위험을 방지하기 위하여 전기기계·기구에 접지를 실시하도록 하고 있다. 전기기계·기구의 접지에 대한 설명 중 틀린 것은?

① 특별고압의 전기를 취급하는 변전소·개폐소 그 밖에 이와 유사한 장소에서는 지락(地絡)사고가 발생할 경우 접지극의 전위상승에 의한 감전위험을 감소시키기 위한 조치를 하여야 한다.
② 코드 및 플러그를 접속하여 사용하는 전압이 대지전압 110V를 넘는 전기기계·기구가 노출된 비충전 금속체에는 접지를 반드시 실시하여야 한다.
③ 접지설비에 대하여는 상시 적정상태 유지여부를 점검하고 이상을 발견한 때에는 즉시 보수하거나 재설치하여야 한다.
④ 전기기계·기구의 금속제 외함·금속제 외피 및 철대에는 접지를 실시하여야 한다.

71 다음 가스 중 공기 중에서 폭발범위가 넓은 순서로 옳은 것은?

① 아세틸렌>프로판>수소>일산화탄소
② 수소>아세틸렌>프로판>일산화탄소
③ 아세틸렌>수소>일산화탄소>프로판
④ 수소>프로판>일산화탄소>아세틸렌

72 산업안전보건법상 물질안전보건자료 작성 시 포함되어야 하는 항목이 아닌 것은? (단, 참고사항은 제외한다.)

① 화학제품과 회사에 관한 정보
② 제조일자 및 유효기간
③ 운송에 필요한 정보
④ 환경에 미치는 영향

73 물반응성 물질에 해당하는 것은?

① 니트로화합물   ② 칼륨
③ 염소산나트륨   ④ 부탄

해설
1) 니트로 화합물 : 폭발성 물질
2) 칼륨 (K) : 불반응성 물질 (금수성 물질)
3) 염소산나트륨 (NaClO$_3$) : 산화성 물질
4) 부탄 (C$_4$H$_{10}$) : 인화성 가스 (가연성 가스)

74 위험물을 건조하는 경우 내용적이 몇 m3이상인 건조설비일 때 위험물 건조설비 중 건조실을 설치하는 건축물의 구조를 독립된 단층으로 해야 하는가? (단, 건축물은 내화구조가 아니며, 건조실을 건축물의 최상층에 설치한 경우가 아니다.)

① 0.1   ② 1
③ 10   ④ 100

75 다음 중 반응기의 운전을 중지할 때 필요한 주의사항으로 가장 적절하지 않은 것은?

① 급격한 유량 변화를 피한다.
② 가연성 물질이 새거나 흘러나올 때의 대책을 사전에 세운다.
③ 급격한 압력 변화 또는 온도 변화를 피한다.
④ 80~90℃의 염산으로 세정을 하면서 수소가스로 잔류가스를 제거한 후 잔류물을 처리한다.

76 어떤 물질 내에서 반응전파속도가 음속보다 빠르게 진행되며 이로 인해 발생된 충격파가 반응을 일으키고 유지하는 발열반응을 무엇이라 하는가?

① 점화(Ignition)
② 폭연(Deflagration)
③ 폭발(Explosion)
④ 폭굉(Detonation)

해설

폭굉(detonation)
1) 폭굉 : 폭발 중에서도 특히 격렬한 경우를 폭굉이라 하는데 폭굉이라 함은 가스중의 음속보다도 화염전파 속도가 큰 경우로 이때는 파면선단에 충격파라 하는 솟구치는 압력파가 발생하여 격렬한 파괴 작용을 일으키는 원인이 된다.
2) 폭굉속도(폭속) 및 정상연소속도
   ① 폭굉속도 : 1000~3500m/sec(폭굉파)
   ② 정상연소속도 : 0.03~10m/sec(연소파)

Answer ▶ 70. ② 71. ③ 72. ② 73. ② 74. ② 75. ④ 76. ④

77 A가스의 폭발하한계가 4.1vol%, 폭발상한계가 62vol%일 때 이 가스의 위험도는 약 얼마인가?

① 8.94
② 12.75
③ 14.12
④ 16.12

해설

가스의 위험도 = $\dfrac{62-4.1}{4.1}$ = 14.12

78 사업장에서 유해 · 위험물질의 일반적인 보관방법으로 적합하지 않은 것은?

① 질소와 격리하여 저장
② 서늘한 장소에 저장
③ 부식성이 없는 용기에 저장
④ 차광막이 있는 곳에 저장

79 다음 중 분진폭발의 가능성이 가장 낮은 물질은?

① 소맥분
② 마그네슘분
③ 질석가루
④ 석탄가루

해설

분진폭발성이 없는 물질 : 질석가루, 시멘트, 석회, 돌가루 등

80 산업안전보건기준에 관한 규칙에서 규정하는 급성 독성 물질의 기준으로 틀린 것은?

① 쥐에 대한 경구투입실험에 의하여 실험동물의 50%를 사망시킬 수 있는 물질의 양이 kg당 300mg-(체중) 이하인 화학물질
② 쥐에 대한 경피흡수실험에 의하여 실험동물의 50%를 사망시킬 수 있는 물질의 양이 kg당 1000mg-(체중) 이하인 화학물질
③ 토끼에 대한 경피흡수실험에 의하여 실험동물의 50%를 사망시킬 수 있는 물질의 양이 kg당 1000mg-(체중) 이하인 화학물질
④ 쥐에 대한 4시간 동안의 흡입실험에 의하여 실험동물의 50%를 사망시킬 수 있는 가스의 농도가 3000ppm 이상인 화학물질

해설

가스 LC50(쥐, 4시간 흡입) : 2500ppm 이하인 화학물질

제5과목 건설안전기술

81 건설현장에서 계단을 설치하는 경우 계단의 높이가 최소 몇 미터 이상일 때 계단의 개방된 측면에 안전난간을 설치하여야 하는가?

① 0.8m
② 1.0m
③ 1.2m
④ 1.5m

82 산업안전보건관리비 중 안전시설비의 항목에서 사용할 수 있는 항목에 해당하는 것은?

① 외부인 출입금지, 공사장 경계표시를 위한 가설울타리
② 작업발판
③ 절토부 및 성토부 등의 토사유실 방지를 위한 설비
④ 사다리 전도방지장치

해설

1) ①, ②, ③항 : 안전시설이 아님
2) 사다리 전도방지장치 : 안전시설

83 포화도 80%, 함수비 28%, 흙 입자의 비중 2.7일 때 공극비를 구하면?

① 0.940
② 0.945
③ 0.950
④ 0.955

해설

공극비(e)

$e = \dfrac{G_s \times W}{S} = \dfrac{2.7 \times 0.28}{0.8} = 0.945$

여기서, G_s : 흙입자 비중
W : 함수비
S : 포화도

Answer ◐ 77. ③ 78. ① 79. ③ 80. ④ 81. ② 82. ④ 83. ②

84 다음 터널 공법 중 전단면 기계 굴착에 의한 공법에 속하는 것은?

① ASSM(American Steel Supported Method)
② NATM(New Austrian Tunneling Method)
③ TBM(Tunnel Boring Machine)
④ 개착식 공법

85 크레인 운전실을 통하는 통로의 끝과 건설물 등의 벽체와의 간격은 최대 얼마 이하로 하여야 하는가?

① 0.3m
② 0.4m
③ 0.5m
④ 0.6m

86 부두 등의 하역작업장에서 부두 또는 안벽의 선을 따라 설치하는 통로의 최소폭 기준은?

① 30cm 이상
② 50cm 이상
③ 70cm 이상
④ 90cm 이상

87 옹벽 축조를 위한 굴착작업에 관한 설명으로 옳지 않은 것은?

① 수평 방향으로 연속적으로 시공한다.
② 하나의 구간을 굴착하면 방치하지 말고 기초 및 본체구조물 축조를 마무리 한다.
③ 절취경사면에 전석, 낙석의 우려가 있고 혹은 장기간 방치할 경우에는 숏크리트, 혹볼트, 캔버스 및 모르타르 등으로 방호한다.
④ 작업위치 좌우에 만일의 경우에 대비한 대피통로를 확보하여 둔다.

해설
①항, 수평방향의 연속시공을 금한다.

88 가설통로 설치 시 경사가 몇 도를 초과하면 미끄러지지 않는 구조로 설치하여야 하는가?

① 15°
② 20°
③ 25°
④ 30°

해설
가설통로의 구조 : 가설통로 설치시 준수사항
1) 견고한 구조로 할 것
2) 경사는 30° 이하로 할 것(다만, 계단을 설치하거나 높이 2m 미만의 가설통로로서 튼튼한 손잡이를 설치한 경우에는 그러하지 아니하다)
3) 경사가 15°를 초과하는 경우에는 미끄러지지 아니하는 구조로 할 것
4) 추락의 위험이 있는 장소에는 안전난간을 설치할 것(작업상 부득이한 경우에는 필요한 부분에 한하여 임시로 이를 해체할 수 있다)
5) 수직갱에 가설된 통로의 길이가 15m 이상인 때에는 10m 이내마다 계단참을 설치할 것
6) 건설공사에서 사용하는 높이 8m 이상인 비계다리에는 7m 이내마다 계단참을 설치할 것

89 이동식 비계 작업 시 주의사항으로 옳지 않은 것은?

① 비계의 최상부에서 작업을 하는 경우에는 안전난간을 설치한다.
② 이동 시 작업지휘자가 이동식 비계에 탑승하여 이동하며 안전여부를 확인하여야 한다.
③ 비계를 이동시키고자 할 때는 바닥의 구멍이나 머리 위의 장애물을 사전에 점검한다.
④ 작업발판은 항상 수평을 유지하고 작업발판 위에서 안전난간을 딛고 작업을 하거나 받침대 또는 사다리를 사용하여 작업하지 않도록 한다.

90 가설구조물의 특징이 아닌 것은?

① 연결재가 적은 구조로 되기 쉽다.
② 부재결합이 불완전 할 수 있다.
③ 영구적인 구조설계의 개념이 확실하게 적용된다.
④ 단면에 결함이 있기 쉽다.

91 물체가 떨어지거나 날아올 위험 또는 근로자가 추락할 위험이 있는 작업 시 착용하여야 할 보호구는?

① 보안경
② 안전모
③ 방열복
④ 방한복

Answer ➡ 84. ③ 85. ① 86. ④ 87. ① 88. ① 89. ② 90. ③ 91. ②

92 건설현장에서 사용하는 공구 중 토공용이 아닌 것은?
① 착암기 ② 포장 파괴기
③ 연마기 ④ 점토 굴착기

93 운반작업 중 요통을 일으키는 인자와 가장 거리가 먼 것은?
① 물건의 중량
② 작업 자세
③ 작업 시간
④ 물건의 표면마감 종류

94 콘크리트용 거푸집의 재료에 해당되지 않는 것은?
① 철재 ② 목재
③ 석면 ④ 경금속

95 공사종류 및 규모별 안전관리비 계상 기준표에서 공사종류의 명칭에 해당되지 않는 것은?
① 건축공사 ② 일반건설공사(병)
③ 중건설공사 ④ 특수 건설공사

해설
안전관리비 계상기준에서 공사의 종류(법 개정 : 2023.10)
1) 건축공사   2) 토목공사
3) 중건설공사 4) 특수 건설공사

96 콘크리트 타설작업을 하는 경우에 준수해야 할 사항으로 옳지 않은 것은?
① 콘크리트를 타설하는 경우에는 편심을 유발하여 한쪽 부분부터 밀실하게 타설되도록 유도할 것
② 당일의 작업을 시작하기 전에 해당 작업에 관한 거푸집동바리등의 변형 · 변위 및 지반의 침하 유무 등을 점검하고 이상이 있으며 보수할 것
③ 작업 중에는 거푸집동바리등의 변형 · 변위 및 침하 유무 등을 감시할 수 있는 감시자를 배치하여 이상이 있으면 작업을 중지하고 근로자를 대피시킬 것
④ 설계도서상의 콘크리트 양생기간을 준수하여 거푸집동바리등을 해체할 것

해설
콘크리트를 타설하는 경우에는 편심이 발생하지 않도록 골고루 분산하여 타설할 것

97 다음 그림은 풍화암에서 토사붕괴를 예방하기 위한 기울기를 나타낸 것이다. x의 값은?

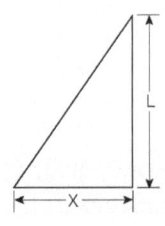

① 1.5 ② 1.0
③ 0.8 ④ 0.5

해설
굴착작업시 굴착면의 기울기 기준

지반의 종류	구배
모래	1 : 1.8
그밖의 흙	1 : 1.2
풍화암	1 : 1.0
연암	1 : 1.0
경암	1 : 0.5

98 지반의 사면파괴 유형 중 유한사면의 종류가 아닌 것은?
① 사면내파괴 ② 사면선단파괴
③ 사면저부파괴 ④ 직립사면파괴

99 철근 콘크리트 공사에서 거푸집동바리의 해체 시기를 결정하는 요인으로 가장 거리가 먼 것은?
① 시방서 상의 거푸집 존치기간의 경과
② 콘크리트 강도시험 결과
③ 동절기일 경우 적산온도
④ 후속공정의 착수시기

Answer ➡ 92.③ 93.④ 94.③ 95.② 96.① 97.② 98.④ 99.④

100 건설현장에서의 PC(precast Concrete) 조립 시 안전대책으로 옳지 않은 것은?

① 달아 올린 부재의 아래에서 정확한 상황을 파악하고 전달하여 작업한다.
② 운전자는 부재를 달아 올린 채 운전대를 이탈해서는 안된다.
③ 신호는 사전 정해진 방법에 의해서만 실시한다.
④ 크레인 사용 시 PC판의 중량을 고려하여 아우트리거를 사용한다.

Answer ● 100. ①

2020년 제3회 산업안전산업기사

2020. 8. 22 시행

제1과목 산업안전관리론

01 무재해 운동의 이념 가운데 직장의 위험 요인을 행동하기 전에 예지하여 발견, 파악, 해결하는 것을 의미하는 것은?

① 무의 원칙 ② 선취의 원칙
③ 참가의 원칙 ④ 인간 존중의 원칙

해설

무재해운동이념 3원칙
1) **무의 원칙** : 사망, 휴업 및 불휴재해는 물론 일체의 잠재위험요인을 사전에 발견, 파악, 해결함으로써 근원적인 산업재해를 없애는 것을 말한다.
2) **참가의 원칙** : 재해 및 일체의 위험요인을 발견, 해결하기 위해 전원이 무재해운동에 참가하여 문제 해결 등을 실천하는 것을 말한다.
3) **선취해결의 원칙** : 선취란 궁극의 목표로서 무재해, 무질병의 직장을 실현하기 위해 일체의 위험요인을 행동하기 전에 발견, 파악, 해결하여 재해를 예방하거나 방지하는 것을 말한다.

02 산업안전보건법령상 안전보건표시의 종류 중 인화성물질에 관한 표지에 해당하는 것은?

① 금지표시 ② 경고표시
③ 지시표시 ④ 안내표시

해설

산업안전표시의 종류와 색채
1) **금지표시** : 바탕은 흰색, 기본모형은 빨간색, 관련부호 및 그림은 검정색
2) **경고표시** : 바탕은 노란색, 기본모형, 관련부호 및 그림은 검정색[다만, 인화성물질 경고, 산화성물질 경고, 폭발성물질 경고, 급성독성물질 경고, 부식성물질 경고 및 발암성·변이원성·생식독성·전신독성·호흡기과민성물질 경고의 경우 바탕은 무색, 기본모형은 빨간색(흑색도 가능)]
3) **지시표시** : 바탕은 파란색, 관련그림은 흰색
4) **안내표시** : 바탕은 흰색, 기본모형 및 관련부호는 녹색, 바탕은 녹색, 관련부호 및 그림은 흰색
5) **관계자 외 출입금지표지** : 바탕은 흰색, 글자는 흑색, 다음 글자는 적색
   ① ○○○제조/사용/보관중
   ② 석면취급/해체중
   ③ 발암물질 취급중

03 인간관계의 메커니즘 중 다른 사람의 행동양식이나 태도를 투입시키거나, 다른 사람 가운데서 자기와 비슷한 것을 발견하는 것을 무엇이라고 하는가?

① 투사(Projection) ② 모방(Imitation)
③ 암시(Suggestion) ④ 동일화(Identification)

해설

인간관계의 메커니즘
1) **모방** : 남의 행동이나 판단을 표본으로 하여 그것과 같거나 또는 그것에 가까운 행동 판단을 취하는 것
2) **암시** : 본문설명
3) **투사** : 자기 속의 억압된 것을 다른 사람의 것으로 생각하는 것
4) **동일화** : 다른 사람의 행동양식이나 태도를 투입하거나 다른 사람 가운데서 자기와 비슷한 것을 발견하는 것
5) **커뮤니케이션** : 갖가지 행동양식이나 기호를 매개로 하여 어떤 사람으로부터 다른 사람에게 전달되는 과정

04 산업안전보건법령상 근로자 안전보건교육 대상과 교육시간으로 옳은 것은?

① 정기교육인 경우 : 사무직 종사근로자 – 매반기 6시간 이상
② 정기교육인 경우 : 관리감독자 지위에 있는 사람 – 연간 10시간 이상
③ 채용 시 교육인 경우 : 일용근로자 – 4시간 이상
④ 작업내용 변경 시 교육인 경우 : 일용근로자를 제외한 근로자 – 1시간 이상

Answer ➔ 01. ② 02. ② 03. ④ 04. ①

해설

안전보건교육 교육과정별 교육시간(2023. 11 개정)

교육과정	교육대상	교육시간
1. 정기교육	1) 사무직·판매직 근로자	매반기 6시간 이상
	2) 사무직·판매직 근로자 외의 근로자	매반기 12시간 이상
2. 채용시 교육	1) 일용직근로자 및 근로계약기간이 1주일 이하인 기간제 근로자	1시간 이상
	2) 근로계약기간이 1주일 초과 1개월 이하인 기간제 근로자	4시간 이상
	3) 그밖에 근로자	8시간 이상
3. 작업내용 변경시 교육	1) 일용근로자 및 근로계약기간이 1주일 이하인 기간제 근로자	1시간 이상
	2) 그밖에 근로자	2시간 이상
4. 특별교육	1) 특별교육대상 작업에 종사하는 일용근로자 및 근로계약기간이 1주일 이하인 기간제 근로자	2시간 이상
	2) 특별교육대상 작업 중 타워크레인 신호작업에 종사하는 일용근로자 및 근로계약기간이 1주일 이하인 기간제 근로자	8시간 이상
	3) 특별교육대상 작업에 종사하는 일용근로자 및 근로계약기간이 1주일 이하인 기간제 근로자를 제외한 근로자	• 16시간 이상 (최초 작업에 종사하기 전 4시간 이상 실시하고 12시간은 3개월 이내에서 분할하여 실시 가능) • 단기간 작업, 간헐적 작업인 경우 2시간 이상
5. 건설업 기초안전보건교육	건설 일용근로자	4기간 이상

05 위험예지훈련 4라운드 기법의 진행방법에 있어 문제점 발견 및 중요 문제를 결정하는 단계는?

① 대책수립 단계 ② 현상파악 단계
③ 본질추구 단계 ④ 행동목표설정 단계

해설

위험예지훈련의 4R
1) 1R(현상파악) : 어떤 위험이 잠재하고 있는지 파악하는 라운드(ES적용)
2) 2R(본질추구) : 가장 위험한 요인(위험 포인트)을 합의로 결정하는 라운드(요약)
3) 3R(대책수립) : 구체적인 대책을 수립하는 라운드(BS)적용
4) 4R(목표달성-설정) : 수립한 대책 가운데 질이 높은 항목에 합의하는 라운드(요약)

06 산업안전보건법령상 안전모의 시험성능기준 항목이 아닌 것은?

① 난연성 ② 인장성
③ 내관통성 ④ 충격흡수성

해설

안전모의 시험항목

구분	시험항목
1) 시험성능 기준	① 내관통성 ② 충격흡수성 ③ 내전압성 ④ 내수성 ⑤ 난연성 ⑥ 턱끈풀림
2) 부가성능 기준	① 측면변형방호 ② 금속용융물분사방호

07 O.J.T(On the Job Traning)의 특징 중 틀린 것은?

① 훈련과 업무의 계속성이 끊어지지 않는다.
② 직장의 실정에 맞게 실제적 훈련이 가능하다.
③ 훈련의 효과가 곧 업무에 나타나며, 훈련의 개선이 용이하다.
④ 다수의 근로자들에게 조직적 훈련이 가능하다.

해설

OJT와 off-JT의 특징

O·J·T (현장중심교육)	off J·T (현장외 중심교육)
① 개개인에게 적합한 지도 훈련이 가능 ② 직장의 실정에 맞는 실체적 훈련을 할 수 있다. ③ 훈련 필요한 업무의 계속성이 끊어지지 않음 ④ 즉시 업무에 연결되는 관계로 신체와 관련 있음 ⑤ 효과가 곧 업무에 나타나며 훈련의 좋고 나쁨에 따라 개선이 용이함 ⑥ 교육을 통한 훈련 효과에 의해 상호 신뢰 이해도가 높아짐	① 다수의 근로자에게 조직적 훈련이 가능 ② 훈련에만 전념하게 된다. ③ 특별설비기구를 이용할 수 있음 ④ 전문가를 강사로 초청할 수 있음 ⑤ 각 직장의 근로자가 많은 지식이나 경험을 교류할 수 있음 ⑥ 교육훈련 목표에 대해서 집단적 노력이 흐트러질 수도 있음

08 인지과정 착오의 요인이 아닌 것은?

① 정서 불안정
② 감각차단 현상

Answer ▶ 05. ③ 06. ② 07. ④ 08. ③

③ 작업자의 기능미숙
④ 생리·심리적 능력의 한계

해설

착오요인(대뇌의 휴먼에러)
1) 인지과정 착오
   ① 생리, 심리적 능력의 한계
   ② 정보량 저장능력의 한계
   ③ 감각차단현상(단조로운 업무, 반복작업시 발생)
   ④ 정서불안정(공포, 불안, 불만)
2) 판단과정 착오
   ① 능력부족
   ② 정보부족
   ③ 자기합리화
   ④ 환경조건의 불비
3) 조치과정 착오 : 기술능력 미숙 및 경험부족에서 발생

09 학습 성취에 직접적인 영향을 미치는 요인과 가장 거리가 먼 것은?

① 적성
② 준비도
③ 개인차
④ 동기유발

해설

학습성취에 직접적인 영향을 미치는 요인(학습조건)
1) 준비도(readiness) 2) 개인차
3) 동기유발   4) 파지와 망각
5) 연습   6) 학습의 전이

10 태풍, 지진 등의 천재지변이 발생한 경우나 이상상태 발생 시 기능상 이상 유·무에 대한 안전점검의 종류는?

① 일상점검
② 정기점검
③ 수시점검
④ 특별점검

해설

안전점검의 종류
1) **수시점검** : 작업 전, 중, 후에 실시하는 점검
2) **정기점검** : 일정기간마다 정기적으로 실시하는 점검
3) **특별점검**
   ① 기계·기구·설비의 신설시 변경내지 고장수리 시 실시하는 점검
   ② 천재지변발생 후 실시하는 점검
   ③ 안정강조 기간 내에 실시하는 점검
4) **임시점검** : 이상 발견 시 임시로 실시하는 점검, 정기점검과 정기점검 사이에 실시하는 점검

11 연간 근로자수가 300명인 A 공장에서 지난 1년간 1명의 재해자(신체장해등급 : Ⅰ급)가 발생하였다면 이 공장의 강도율은? (단, 근로자 1인당 1일 8시간씩 연간 300일을 근무하였다.)

① 4.27
② 6.42
③ 10.05
④ 10.42

해설

$$강도율 = \frac{근로손실일수}{연근로시간수} \times 100$$

$$= \frac{7500}{300 \times 8 \times 300} \times 1000 = 10.42$$

여기서, 신체장해등급 1,2,3등급 근로손실일수 : 7500일

12 재해예방의 4원칙에 해당하는 내용이 아닌 것은?

① 예방가능의 원칙   ② 원인계기의 원칙
③ 손실우연의 원칙   ④ 사고조사의 원칙

해설

재해예방의 4원칙
1) **손실우연의 원칙** : 사고에 의해 생기는 손실(상해)의 종류와 정도는 우연적이다.
2) **우연계기의 원칙** : 모든 재해는 필연적인 원인에 의해서 발생되며 재해발생은 직접원인만이 아니고 많은 간접원인의 연쇄로 발생되는 것이다.
3) **예방가능의 원칙** : 재해는 원칙적으로 모든 방지가 가능하다.
4) **대책선정의 원칙** : 가장 효과적인 재해방지대책의 선정은 이들 원인의 정확한 분석에 의해서 얻어진다.

13 알더퍼의 ERG(Existence Relation Growth)이론에서 생리적 욕구, 물리적 측면의 안전욕구 등 저차원적 욕구에 해당하는 것은?

① 관계욕구
② 성장욕구
③ 존재욕구
④ 사회적욕구

해설

매슬로우와 알더퍼더 욕구이론

매슬로우의 욕구 5단계	알더퍼더의 ERG 이론
1) 제1단계 : 생리적 욕구	1) Existence(생존)욕구 (존재욕구)
2) 제2단계 : 안전의 욕구	
3) 제3단계 : 사회적 욕구	2) Relaredness(관계)욕구
4) 제4단계 : 자기존경의 욕구	3) Growth(성장)욕구
5) 제5단계 : 자아실현의 욕구	

Answer ➡ 09. ① 10. ④ 11. ④ 12. ④ 13. ③

14 상황성 누발자의 재해유발원인과 거리가 먼 것은?

① 작업의 어려움
② 기계설비의 결함
③ 심신의 근심
④ 주의력의 산만

해설

사고경향성
1) **상황성 누발자** : 작업의 어려움, 기계설비의 결함, 환경상 주의력의 집중곤란, 심신의 근심 등 때문에 재해유발
2) **소질성 누발자** : 재해의 소질적 요인(주의력 산만, 도덕성 결여, 감각운동 부적합)때문에 재해유발
3) **습관성 누발자** : 재해의 경험으로 겁쟁이가 되거나 신경과민이 되어 재해를 유발하거나 슬럼프 상태에 빠져서 재해유발
4) **미숙성 누발자** : 기능미숙, 환경에 익숙하지 못하기 때문에 재해유발

15 리더십(leadership)의 특성에 대한 설명으로 옳은 것은?

① 지휘형태는 민주적이다.
② 권한부여는 위에서 위임된다.
③ 구성원과의 관계는 지배적 구조이다.
④ 권한근거는 법적 또는 공식적으로 부여된다.

해설

헤드십과 리더십의 특성

구분	헤드십	리더십
1. 권한부여 및 행사	위에서 위임하여 임명	아래에서 동의에 의해 선출
2. 권한 근거	법적 또는 공식적	개인능력
3. 상관과 부하와의 관계 및 책임귀속	지배적 상사	개인적 경향, 상사와 부하
4. 부하와의 사회적 간격	넓다	좁다
5. 지휘형태	권위주의적	민주주의적

16 재해 원인을 통상적으로 직접원인과 간접원인으로 나눌 때 직접원인에 해당되는 것은?

① 기술적원인 ② 물적원인
③ 교육적원인 ④ 관리적원인

해설

재해발생의 원인
1) 직접원인
   ① 인적원인 : 불안전한 행동
   ② 물적원인 : 불안전한 상태
2) 간접원인 : 기술적원인, 관리적원인, 교육적원인

17 안전교육 계획 수립 시 고려하여야 할 사항과 관계가 가장 먼 것은?

① 필요한 정보를 수집한다.
② 현장의 의견을 충분히 반영한다.
③ 법 규정에 의한 교육에 한정한다.
④ 안전교육 시행 체계와의 관련을 고려한다.

해설

안전교육 계획수립시의 고려할 사항
1) 필요한 정보를 수집한다.
2) 현장의 의견을 충분히 반영한다.
3) 안전교육시행 체계와의 관련을 고려한다.
4) 법 규정에 의한 교육에만 그치지 않는다.

18 안전관리조직의 형태 중 라인스탭형에 대한 설명으로 틀린 것은?

① 대규모 사업장(1000명 이상)에 효율적이다.
② 안전과 생산업무가 분리될 우려가 없기 때문에 균형을 유지할 수 있다.
③ 모든 안전관리 업무를 생산라인을 통하여 직선적으로 이루어지도록 편성된 조직이다.
④ 안전업무를 전문적으로 담당하는 스탭 및 생산라인의 각 계층에도 겸임 또는 전임의 안전담당자를 둔다.

해설

③항 : line형(직계형)의 특성

19 기능(기술)교육의 진행방법 중 하버드 학파의 5단계 교수법의 순서로 옳은 것은?

① 준비 → 연합 → 교시 → 응용 → 총괄
② 준비 → 교시 → 연합 → 총괄 → 응용
③ 준비 → 총괄 → 연합 → 응용 → 교시
④ 준비 → 응용 → 총괄 → 교시 → 연합

해설

하버드 학파의 5단계 교수법
1) 1단계 : 준비시킨다(preparation)
2) 2단계 : 교시한다(presentation)
3) 3단계 : 연합한다(association)
4) 4단계 : 총괄시킨다(generalization)
5) 5단계 : 응용시킨다(application)

20 재해의 원인과 결과를 연계하여 상호 관계를 파악하기 위해 도표화하는 분석방법은?

① 관리도 ② 파레토도
③ 특성요인도 ④ 크로스분류도

해설

통계적 원인 분석 방법
1) **파렛트도** : 분류항목을 큰 순서대로 도표화 한 분석법
2) **특성요인도** : 특성과 요인관계를 도표로 하여 어골상으로 세분화 한 분석법
3) **크로스(Close)분석** : 데이터(data)를 집계하고 표로 표시하여 요인별 결과내역을 교차한 크로스 그림을 작성하여 분석하는 방법
4) **관리도** : 재해발생건수 등의 추이를 파악하여 목표관리를 행하는데 필요한 월별 재해 발생수를 그래프화하여 관리선을 설정·관리하는 방법

제2과목 인간공학 및 시스템안전공학

---

21 산업안전보건법령상 정밀작업 시 갖추어져야 할 작업면의 조도 기준은? (단, 갱내 작업장과 감광재료를 취급하는 작업장은 제외한다.)

① 75럭스 이상 ② 150럭스 이상
③ 300럭스 이상 ④ 750럭스 이상

해설

작업상 작업면의 조도(안전보건규칙 제8조)
1) 초정밀작업 : 750럭스 이상
2) 정밀작업 : 300럭스 이상
3) 보통작업 : 150럭스 이상
4) 그 밖의 작업 : 75럭스 이상

22 시스템 수명주기 단계 중 이전 단계들에서 발생되었던 사고 또는 사건으로부터 축적된 자료에 대해 실증을 통한 문제를 규명하고 이를 최소화하기 위한 조치를 마련하는 단계는?

① 구상단계 ② 정의단계
③ 생산단계 ④ 운전단계

해설

시스템 수명주기의 단계
1) 구상단계 : 시작단계
   ① PHA(예비사고분석) : 이용
   ② 리스크(위험)분석 시행
   ③ SSPP(시스템 안전프로그램계획)
2) 정의단계 : 예비설계와 생산기술을 확인하는 단계
3) 개발단계 : 정의단계에 환경적 충격, 생산기술, 운용연구 등을 포함시키는 단계
   ① OHA(운용위험분석)이용
   ② FMEA(고장의 형태 및 영향분석)과 관련된 신뢰 성공학 적용
4) 생산단계 : 생산이 시작되면 품질관리부서는 생산물을 검사하고 조사하는 역할을 함
5) 운전단계 : 시스템을 운전하는 단계

23 FTA에 의한 재해사례 연구의 순서를 올바르게 나열한 것은?

[다음]
A. 목표사상 선정
B. FT도 작성
C. 사상마다 재해원인 규명
D. 개선계획 작성

① A → B → C → D
② A → C → B → D
③ B → C → A → D
④ B → A → C → D

해설

FTA에 의한 재해사례의 연구순서
1) 1step : 톱사상의 선정
2) 2step : 사상마다 재해원인·요인의 규명
3) 3step : FT도의 작성
4) 4step : 개선계획의 작성
5) 5step : 개선안의 실시계획

Answer 20. ③ 21. ③ 22. ④ 23. ②

24 반복되는 사건이 많이 있는 경우에 FTA의 최소 컷셋을 구하는 알고리즘이 아닌 것은?

① Fussel Allgorithm
② Boolean Allgorithm
③ Monte Carlo Allgorithm
④ Limnios &Ziani Allgorithm

해설
최소컷셋을 구하는 알고리즘(Algorithm)
1) Fussel 알고리즘
2) Boolean 알고리즘
3) Limnios & Ziani 알고리즘

25 신뢰도가 0.4인 부품 5개가 병렬결합 모델로 구성된 제품이 있을 때 이 제품의 신뢰도는?

① 0.90 ② 0.91
③ 0.92 ④ 0.93

해설
$R = 1 - (1-0.4)^5 = 0.92$

26 조작자 한 사람의 신뢰도가 0.9일 때 요원을 중복하여 2인 1조가 되어 작업을 진행하는 공정이 있다. 작업 기간 중 항상 요원 지원을 한다면 이 조의 인간 신뢰도는?

① 0.93 ② 0.94
③ 0.96 ④ 0.99

해설
$R = 1 - (1-A)(1-B)$
$= 1 - (1-0.9)(1-0.9) = 0.99$

27 주물공장 A작업자의 작업지속시간과 휴식시간을 열압박지수(HSI)를 활용하여 계산하니 각각 45분, 15분이었다. A작업자의 1일 작업량(TW)은 얼마인가? (단, 휴식시간은 포함하지 않으며, 1일 근무시간은 8시간이다.)

① 4.5시간 ② 5시간
③ 5.5시간 ④ 6시간

해설
1일 작업량(TM)
TW = 45분/시간 × 8시간 = 360분 = 6시간

28 다수의 표시장치(디스플레이)를 수평으로 배열할 경우 해당 제어장치를 각각의 표시장치 아래에 배치하면 좋아지는 양립성의 종류는?

① 공간 양립성 ② 운동 양립성
③ 개념 양립성 ④ 양식 양립성

해설
양립성의 종류
1) 개념 양립성 : 코드와 기호를 인간들의 사고에 일치시키는 것을 말한다.
 [예] 더운 물 : 빨간색 수도꼭지, 차가운 물 : 청색 수도꼭지, 비행장 : 비행기 모형 등
2) 운동 양립성 : 표시장치와 조종장치의 움직임과 사용시스템의 응답을 관련시키는 것이다.
 [예] 라디오 음량을 크게 할 때 : 조절장치를 시계방향으로 회전, 전원스위치 : 올리면 켜지고 내리면 꺼짐

29 환경요소의 조합에 의해서 부과되는 스트레스나 노출로 인해서 개인에 유발되는 긴장(strain)을 나타내는 환경요소 복합지수가 아닌 것은?

① 카타온도(kata temperature)
② Oxford 지수(wet-dry index)
③ 실효온도(effective temperature)
④ 열 스트레스 지수(heat stress index)

해설
긴장(strain)을 나타내는 환경요소 복합지수
1) Oxford 지수(wet-dry index)
2) 실효온도(effective temperature)
3) 열 스트레스 지수(heat stress index)

30 활동이 내용마다 "우·양·가·불가"로 평가하고 이 평가내용을 합하여 다시 종합적으로 정규화하여 평가하는 안전성 평가기법은?

① 평점척도법
② 쌍대비교법
③ 계층적 기법
④ 일관성 검정법

해설
평점 척도법
1) 활동의 내용마다 "우, 양, 가, 불가"로 평가한다.
2) 평가내용은 합하여 다시 종합적으로 정규화하여 평가한다.

Answer ➡ 24. ③ 25. ③ 26. ④ 27. ④ 28. ① 29. ① 30. ①

31 MIL-STD-882E에서 분류한 심각도(severity) 카테고리 범주에 해당하지 않는 것은?

① 재앙수준(catastrophic)
② 임계수준(critical)
③ 경계수준(precautionaryy)
④ 무시가능수준(negligible)

해설
위험강도 범주 및 심각도 범주(카테고리)

범주	위험강도 범주	심각도
범주 Ⅰ	파국적(catastrophic)	재앙 수준
범주 Ⅱ	위기적(critical)	임계 수준
범주 Ⅲ	한계적(marginal)	미미한 수준
범주 Ⅳ	무시(negligible)	무시 가능한 수준

32 다음 중 육체적 활동에 대한 생리학적 측정방법과 가장 거리가 먼 것은?

① EMG
② EEG
③ 심박수
④ 에너지소비량

해설
피로의 측정법
1) 생리학적 방법 : 근전도(EMG), 산소소비량 및 에너지대사율, 피부전기반사(GSR), 프릿가값(융합점멸주파수 : 대뇌활동측정) 등
2) 화학적 방법 : 혈색소농도, 혈액수준, 혈단백, 응혈시간, 혈액, 요전해질, 요단백, 요교질, 배설량 등
3) 심리학적 방법 : 피부(전위)저장, 동작분석, 연속반응시간, 행동기록, 정신작업, 전신자각증상, 집중유지기능 등

길잡이 EEG(뇌전도)
1) 뇌의 활동에 따른 전위차를 기록한 것이다.
2) 정신적 작업부하 척도로 사용된다.

33 작업기억(working memory)과 관련된 설명으로 옳지 않은 것은?

① 오랜 기간 정보를 기억하는 것이다.
② 작업기억 내의 정보는 시간이 흐름에 따라 쇠퇴할 수 있다.
③ 작업기억의 정보는 일반적으로 시각, 음성, 의미 코드의 3가지로 코드화된다.
④ 리허설(rehearsal)은 정보를 작업기억 내에 유지하는 유일한 방법이다.

해설
작업기억 : 정보들을 일시적으로 보유하고 각종 인지적 과정을 계획하고 순서 지으며 실제로 수행하는 작업장으로서의 기능을 수행하는 단기적 기억을 말한다.

34 다음 형상 암호화 조종장치 중 이산 멈춤 위치용 조종장치는?

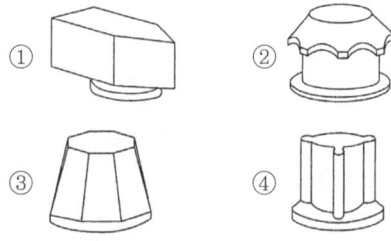

해설
촉각적 암호와의 종류
1) 형상 암호화된 조정장치
   ㉠ 만져봐서 식별되는 손잡이 : 다회선용, 단회전용, 이산 멈춤 위치용 등
   ㉡ 용도와 관련된 형상으로 식별되는 손잡이 : 착륙장치, 회전수 등
2) 표면촉감을 이용한 조정장치 : 매끄러운 면, 세로홈, 깔쭉면 등
3) 크기를 이용한 조정장치 : 크기 차이를 쉽게 구별할 수 있도록 설계

35 표시 값의 변화 방향이나 변화 속도를 나타내어 전반적인 추이의 변화를 관측할 필요가 있는 경우에 가장 적합한 표시장치 유형은?

① 계수형(digital)
② 묘사형(descriptive)
③ 동목형(moving scale)
④ 동침형(moving pointer)

해설
정량적 동적표시장치의 기본형
1) 정목동침(moving pointer)형 : 눈금이 고정되고 지침이 움직이는 형
2) 정침동목(moving scale)형 : 지침이 고정되고 눈금이 움직이는 형
3) 계수(digital)형 : 전력계나 택시요금 계기와 같이 기계, 전자적으로 숫자가 표시되는 형

Answer ▶ 31. ③ 32. ② 33. ① 34. ① 35. ④

36 사용자의 잘못된 조작 또는 실수로 인해 기계의 고장이 발생하지 않도록 설계하는 방법은?

① EMEA
② HAZOP
③ fail safe
④ fool proof

해설

Fail safe와 Fool proof
1) Fail safe : 인간이나 기계 등에 과오나 동작상의 실수가 있더라도 사고, 재해를 발생시키지 않도록 철저하게 2중, 3중으로 통제를 가하는 것
2) Fool proof : 인간이 기계 등의 취급을 잘못해도 사고로 연결되는 일이 없도록 하는 안전기구로서 기계장치 설계단계에서 안전화를 도모하는 것

37 인간-기계 시스템을 설계하기 위해 고려해야 할 사항과 거리가 먼 것은?

① 시스템 설계 시 동작 경제의 원칙이 만족되도록 고려한다.
② 인간과 기계가 모두 복수인 경우, 종합적인 효과 보다 기계를 우선적으로 고려한다.
③ 대상이 되는 시스템이 위치할 환경 조건이 인간에 대한 한계치를 만족하는가의 여부를 조한다.
④ 인간이 수행해야 할 조작이 연속적인가 불연속적 인가를 알아보기 위해 특성조사를 실시한다.

해설

②항, 인간과 기계가 모두 복수인 경우, 종합적인 효과보다 인간을 우선적으로 고려한다.

> **길잡이** 인간·기계 시스템 설계과정의 6단계
> 1) 1단계 : 목표 및 성능 명세 결정
> 2) 2단계 : 시스템 정의
> 3) 3단계 : 기본설계
> 4) 4단계 : 인간·기계 인터페이스(interface) 설계
> 5) 5단계 : 매뉴얼 및 성능보조자로 작성
> 6) 6단계 : 시험 및 평가

38 한국산업표준상 결함 나무 분석(FTA) 시 다음과 같이 사용되는 사상기호가 나타내는 사상은?

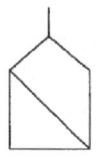

① 공사상
② 기본사상
③ 통상사상
④ 심층분석사상

해설

FTA기호

① 공사상	② 기본사상	③ 통상사상

39 작업자의 작업공간과 관련된 내용으로 옳지 않은 것은?

① 서서 작업하는 작업공간에서 발바닥을 높이면 뻗침길이가 늘어난다.
② 서서 작업하는 작업공간에서 신체의 균형에 제한을 받으면 뻗침길이가 늘어난다.
③ 앉아서 작업하는 작업공간은 동적 팔뻗침에 의해 포락면(reach envelope)의 한계가 결정된다.
④ 앉아서 작업하는 작업공간에서 기능적 팔뻗침에 영향을 주는 제약이 적을수록 뻗침 길이가 늘어난다.

해설

②항, 서서 작업하는 작업공간에서 신체의 균형에 제한을 받으면 뻗침길이가 줄어든다.

40 조종장치의 촉각적 암호화를 위하여 고려하는 특성으로 볼 수 없는 것은?

① 형상
② 무게
③ 크기
④ 표면 촉감

해설

촉각적 암호화를 위해 고려해야 할 특성
1) 형상   2) 크기   3) 표면촉감

Answer ▶ 36. ④ 37. ② 38. ① 39. ② 40. ②

제3과목　기계위험방지기술

41 크레인 작업 시 로프에 1톤의 중량을 걸어 20m/s²의 가속도로 감아올릴 때, 로프에 걸리는 총하중(kgf)은 약 얼마인가? (단, 중력가속도는 10m/s²이다.)

① 1000　　② 2000
③ 3000　　④ 3500

해설

총하중 = 정하중 + 동하중

$= 정하중 + \left(정하중 \times \dfrac{작용가속도}{중력가속도}\right)$

$= 1{,}000 + \left(1{,}000 \times \dfrac{20}{9.8}\right)$

$= 3040.92 \text{kgf}$

42 다음 중 선반 작업 시 준수하여야 하는 안전사항으로 틀린 것은?

① 작업 중 면장갑 착용을 금한다.
② 작업 시 공구는 항상 정리해 둔다.
③ 운전 중에 백기어를 사용한다.
④ 주유 및 청소를 할 때에는 반드시 기계를 정지시키고 한다.

해설

1) ③항, 운전 중에는 백기어(back gear)사용을 금지한다.
2) 선반기계를 정지시켜야 할 경우
　① 치수를 측정할 경우
　② 백기어를 넣거나 풀 경우
　③ 주축을 변속할 경우
　④ 기계에 주유 및 청소를 할 경우

43 기계설비의 안전조건 중 구조의 안전화에 대한 설명으로 가장 거리가 먼 것은?

① 기계재료의 선정 시 재료 자체에 결함이 없는지 철저히 확인한다.
② 사용 중 재료의 강도가 열화 될 것을 감안하여 설계 시 안전율을 고려한다.
③ 기계작동 시 기계의 오동작을 방지하기 위하여 오동작 방지 회로를 적용한다.
④ 가공 경화와 같은 가공결함이 생길 우려가 있는 경우는 열처리 등으로 결함을 방지한다.

해설

기계설비의 구조적 안전화
1) 재료선택의 안전화(재료결함)
2) 설계상의 올바른 강도계산(설계상 결함)
3) 가공상의 안전화(가공결함)

44 산업안전보건법령상 리프트의 종류로 틀린 것은?

① 건설작업용 리프트
② 자동차정비용 리프트
③ 이삿짐운반용 리프트
④ 간이 리프트

해설

리프트의 종류
1) 건설작업용 리프트 : 건설현장에서 사용하는 리프트
2) 산업용 리프트 : 건설현장 외의 장소에서 사용하는 리프트
3) 자동차 정비용 리프트 : 자동차 정비에 사용하는 것
4) 이삿짐운반 리프트 : 화물자동차 등 차량에 탑재하여 이삿짐운반 등에 사용하는 리프트

45 보일러수 속에 불순물 농도가 높아지면서 수면에 거품이 형성되어 수위가 불안정하게 되는 현상은?

① 포밍　　② 서징
③ 수격현상　　④ 공동현상

해설

보일러 발생증기의 이상현상
1) 포밍(거품의 발생) : 관수중의 용존 고형물, 유지분에 의해 수면위에 거품이 발생하고 심하면 보일러 밖으로 흘러 넘치는 현상
2) 프라이밍(비수공발) : 보일러의 급격한 부하, 급격한 압력강하, 고수위 등에 의해 물방울 또는 물거품이 수면위로 튀어 올라 관 밖으로 운반되는 현상
3) 캐리오버(기수공발) : 물속에 용해되어 있는 고형분이나 수분이 증기의 흐름에 따라서 발생증기 속으로 운반되어 나오게 되는 현상

Answer ● 41. ③　42. ③　43. ③　44. ④　45. ①

46 산업안전보건법령상 연삭숫돌의 상부를 사용하는 것을 목적으로 하는 탁상용 연삭기 덮개의 노출각도는?

① 60° 이내   ② 65° 이내
③ 80° 이내   ④ 125° 이내

해설

탁상용연삭기
1) 덮개의 최대노출각도 : 90°이내(원주의 1/4이내)
2) 숫돌 주축에서 수평면 위로 이루는 원주각도 : 65° 이내
3) 수평면 이하의 부분에서 연삭할 경우 : 125°까지 증가
4) 숫돌의 상부사용을 목적으로 할 경우 : 60° 이내

47 산업안전보건법령상 위험기계·기구별 방호조치로 가장 적절하지 않은 것은?

① 산업용 로봇 – 안전매트
② 보일러 – 급정지장치
③ 목재가공용 둥근톱기계 – 반발예방장치
④ 산업용 로봇 – 광전자식 방호장치

해설

보일러 방호장치의 종류
1) 압력방출장치
2) 압력제한스위치
3) 고저수위 조절장치
4) 기타 도피밸브, 기전용, 방폭문, 화염 검출기 등

48 산업안전보건법령상 연삭숫돌의 시운전에 관한 설명으로 옳은 것은?

① 연삭숫돌의 교체 시에는 바로 사용할 수 있다.
② 연삭숫돌의 교체 시 1분 이상 시운전을 하여야 한다.
③ 연삭숫돌의 교체 시 2분 이상 시운전을 하여야 한다.
④ 연삭숫돌의 교체 시 3분 이상 시운전을 하여야 한다.

해설

연삭기 : 작업시작 전 1분 이상, 숫돌교체 후에는 3분 이상 시운전을 할 것

49 금형의 안전화에 대한 설명 중 틀린 것은?

① 금형의 틈새는 8mm 이상 충분하게 확보한다.
② 금형 사이에 신체일부가 들어가지 않도록 한다.
③ 충격이 반복되어 부가되는 부분에는 완충장치를 설치한다.
④ 금형설치용 홈은 설치된 프레스의 홈에 적합한 현상의 것으로 한다.

해설

금형 사이에 신체 일부가 들어가지 않도록 할 것
1) 금형에 안전울 설치
2) 상하간의 틈새를 8mm 이하로 하여 손가락이 들어가지 않도록 할 것(펀치와 다이틈새, 스트리퍼와 다이틈새, 가이드 포스트와 가이드 부시틈새)

50 컨베이어의 종류가 아닌 것은?

① 체인 컨베이어
② 스크류 컨베이어
③ 슬라이딩 컨베이어
④ 유체 컨베이어

해설

컨베이어의 종류
1) 벨트컨베이어(가장 많이 쓰임)
2) 체인컨베이어
3) 스크류(screw ; 나사) 컨베이어
4) 유체컨베이어
5) 롤러컨베이어
6) 진동컨베이어 등

51 산업안전보건법령상 지게차 방호장치에 해당하는 것은?

① 포크   ② 헤드가드
③ 호이스트   ④ 힌지드 버킷

해설

지게차를 갖추어야 할 사항
1) 저조등 및 후미등(안전작업 수행을 위해 필요한 조명이 확보되어 있는 장소에서는 제외)
2) 헤드가드(지게차의 방호장치)
3) 백 레스트(후방에서 화물의 낙하함으로서 위험의 우려가 없을 때는 제외)

Answer ▶ 46. ① 47. ② 48. ④ 49. ① 50. ③ 51. ②

52 프레스의 방호장치에 해당되지 않는 것은?

① 가드식 방호장치
② 수인식 방호장치
③ 롤 피드식 방호장치
④ 손쳐내기식 방호장치

해설
확동식 클러치부착 프레스기의 방호장치
1) 손쳐내기식 방호장치
2) 수인식 방호장치
3) 게이트 가드식 방호장치
4) 양수기동식 방호장치

53 산업안전보건법령상 양중기에서 절단하중이 100톤인 와이어로프를 사용하여 화물을 직접적으로 지지하는 경우, 화물의 최대허용하중(톤)은?

① 20
② 30
③ 40
④ 50

해설
1) 화물의 하중을 직접 지지하는 달기와이어로프 또는 달기체인의 안전계수 : 5 이상

$$안전계수 = \frac{절단하중}{최대허용하중}$$

2) $최대허용하중 = \frac{절단하중}{안전계수} = \frac{100톤}{5} = 20톤$

54 산업안전보건법령상 기계 기구의 방호조치에 대한 사업주·근로자 준수사항으로 가장 적절하지 않은 것은?

① 방호 조치의 기능상실에 대한 신고가 있을 시 사업주는 수리, 보수 및 작업중지 등 적절한 조치를 할 것
② 방호조치 해체 사유가 소멸된 경우 근로자는 즉시 원상회복 시킬 것
③ 방호조치의 기능상실을 발견 시 사업주에게 신고할 것
④ 방호조치 해체 시 해당 근로자가 판단하여 해체 할 것

해설
근로자는 방호조치를 해체하고자 하는 경우 사업주의 허가를 받아야 한다.

55 산업안전보건법령상 프레스를 사용하여 작업을 할 때 작업시작 전 점검 항목에 해당하지 않는 것은?

① 전선 및 접속부 상태
② 클러치 및 브레이크의 기능
③ 프레스의 금형 및 고정볼트 상태
④ 1행정 1정지기구·급정지장치 및 비상정지장치의 기능

해설
프레스 등(프레스 또는 전단기)의 작업시작 전 점검항목
1) 클러치 및 브레이크의 기능
2) 크랭크축·플라이휠·슬라이드·연결봉 및 연결나사의 풀림유무
3) 1행정 1정지기구·급정지장치 및 비상정지장치의 기능
4) 슬라이드 또는 칼날에 의한 위험방지기구의 기능
5) 프레스의 금형 및 고정볼트 상태
6) 방호장치의 기능
7) 전단기의 칼날 및 테이블의 상태

56 프레스의 분류 중 동력 프레스에 해당하지 않는 것은?

① 크랭크 프레스
② 토글 프레스
③ 마찰 프레스
④ 아버 프레스

해설
동력프레스의 종류
1) 크랭크 프레스
2) 토글 프레스
3) 액압 프레스(유압프레스, 수압프레스)
4) 마찰 프레스

57 밀링작업 시 안전수칙에 해당되지 않는 것은?

① 칩이나 부스러기는 반드시 브러시를 사용하여 제거한다.
② 가공 중에는 가공면을 손으로 점검하지 않는다.
③ 기계를 가동 중에는 변속시키지 않는다.
④ 바이트는 가급적 길게 고정시킨다.

Answer ○ 52. ③ 53. ① 54. ④ 55. ① 56. ④ 57. ④

해설

밀링의 안전작업수칙
1) 테이블 위에 공구나 기타 물건 등을 올려놓지 않을 것
2) 상하좌우 이송장치의 핸들은 사용 후 반드시 풀어둘 것
3) 장갑의 사용을 금할 것
4) 칩의 제거는 반드시 브러시를 사용할 것(걸레 사용금지)
5) 일감을 풀거나 고정할 때와 측정 시에는 반드시 운전을 정지시킬 것
6) 가공 중에 손으로 가공면을 점검하지 않을 것
7) 강력 절삭을 할 때는 일감을 바이스에 깊게 물릴 것
8) 가동 중에 기계를 변속시키지 않을 것
9) 밀링 칩(공작 기계 중 가장 가늘고 예리함)의 비산에 의한 부상 방지를 위해 보안경을 착용할 것
10) 아버 너트(arbor nut : 고정너트의 압력으로 축심에 정확히 직각으로 고정해주는 역할을 함)는 너무 힘껏 조이지 않도록 할 것

58 산소-아세틸렌가스 용접에서 산소 용기의 취급 시 주의사항으로 틀린 것은?

① 산소 용기의 운반 시 밸브를 닫고 캡을 씌워서 이동할 것
② 기름이 묻은 손이나 장갑을 끼고 취급하지 말 것
③ 원활한 산소 공급을 위하여 산소 용기는 눕혀서 사용할 것
④ 통풍이 잘되고 직사광선이 없는 곳에 보관할 것

해설

③항, 산소용기는 세워서 사용할 것

59 가드(guard)의 종류가 아닌 것은?

① 고정식   ② 조정식
③ 자동식   ④ 반자동식

해설

가드(guard)의 종류
1) **고정형** 가드(fixed guard) : 완전밀폐형, 작업점용
2) **자동형** 가드(auto guard) : 이동형, 가동형 등 기계·전기·유공압적 인터록 시스템
3) **조절형** 가드(adjustable guard) : 작업여건에 따라 조절하여 사용

60 산업안전보건법령상 롤러기의 무릎조작식 급정지장치의 설치 위치 기준은? (단, 위치는 급정지장치 조작부의 중심점을 기준)

① 밑면에서 0.7~0.8m 이내
② 밑면에서 0.6m 이내
③ 밑면에서 0.8~1.2m 이내
④ 밑면에서 1.5m 이내

해설

롤러기의 급정지장치 종류별 설치위치
1) 손조작 로프식 : 밑면에서 1.8m 이내
2) 복부 조작식 : 밑면에서 0.8m 이상 1.1m 이내
3) 무릎 조작식 : 밑면에서 0.6m 이내

제4과목 전기 및 화학설비위험방지기술

61 대전된 물체가 방전을 일으킬 때에 에너지 E(J)를 구하는 식으로 옳은 것은? (단, 도체의 정전용량을 C(F), 대전전위를 V(V), 대전전하량을 Q(C)라 한다.)

① $E = \sqrt{2CQ}$ ② $E = \dfrac{1}{2}CV$

③ $E = \dfrac{Q^2}{2C}$ ④ $E = \sqrt{\dfrac{2V}{C}}$

해설

$$E = \frac{1}{2}CV^2 = \frac{1}{2}QV = \frac{Q^2}{2C}$$

여기서, E : 정전에너지(J)
C : 도체의 정전용량(F)
V : 대전전위(V)(V=Q/C)
Q : 대전전하량(C)(Q=CV)

62 인체의 대부분이 수중에 있는 상태에서의 허용접촉전압으로 옳은 것은?

① 2.5V 이하   ② 25V 이하
③ 50V 이하   ④ 100V 이하

Answer ➡ 58. ③ 59. ④ 60. ② 61. ③ 62. ①

해설

허용접촉전압

종별	접촉상태	허용접촉전압
제1종	• 인체의 대부분이 수중에 있는 상태	2.5V 이하
제2종	• 인체가 현저히 젖어 있는 상태 • 금속성의 전기기계장치나 구조물에 인체의 일부가 상시 접촉되어 있는 상태	25V 이하
제3종	• 제1종 및 제2종 이외의 경우로서 통상의 인체상태에 있어서 접촉전압이 가해지면 위험성이 높은 상태	50V 이하
제4종	• 제3종의 경우로서 위험성이 낮은 상태 • 접촉전압이 가해질 위험이 없는 경우	제한없음

63 다음 중 사업장의 정전기 발생에 대한 재해방지 대책으로 적합하지 못한 것은 무엇인가?

① 습도를 높인다.
② 실내 온도를 높인다.
③ 도체부분에 접지를 실시한다.
④ 적절한 도전성 재료를 사용한다.

해설

정전기 발생 방지대책
1) ①, ③, ④항
2) 배관 내에 액체의 유속제한 및 정치시간의 확보
3) 보호구 착용
4) 대전방지제 사용
5) 제전장치(제전기) 사용

64 저압전선로 중 절연 부분의 전선과 대지 간 및 전선의 심선 상호간의 절연저항은 사용전압에 대한 누설전류가 최대 공급전류의 얼마를 넘지 않도록 규정하고 있는가?

① 1/1000
② 1/1500
③ 1/2000
④ 1/2500

해설

누설전류 = 최대공급전류 × 1/2000 이하

65 방폭구조 전기기계·기구의 선정기준에 있어 가스폭발 위험장소의 제1종 장소에 사용할 수 없는 방폭구조는?

① 내압방폭구조
② 안전증방폭구조
③ 본질안전방폭구조
④ 비점화방폭구조

해설

위험장소의 방폭구조선정

위험장소	해당방폭구조선정
0종장소	본질안전 방폭구조(ia)
1종장소	본질안전(ia 또는 ib), 내압, 압력, 유입, 충전, 몰드, 안전증 방폭구조
2종장소	0종장소 및 1종장소에서 사용가능한 방폭구조, 비점화방폭구조

66 폭발성 가스나 전기기기 내부로 침입하지 못하도록 전기기기의 내부에 불활성가스를 압입하는 방식의 방폭구조는?

① 내압방폭구조
② 압력방폭구조
③ 본질안전방폭구조
④ 유입방폭구조

해설

방폭구조의 종류별 특징
1) **내압방폭구조** : 아크 또는 고열이 발생하여 폭발성 가스에 점화할 우려가 있는 부분을 전폐된 용기에 넣어 폭발에 견디도록 한 구조
2) **유입방폭구조** : 전폐용기에 기름을 채워서 외부의 폭발성 가스와 점화원이 접촉하여 인화될 위험이 없도록 한 구조
3) **안전 방폭구조** : 안전성을 더욱 보강하기 위하여 코일의 절연보강, 공극을 크게 하여 구조상 또는 온도 상승에 대하여 금속망 같은 물질로 차폐시킨 구조로 전기불꽃이나 과열에 대하여 회로특성상 폭발의 위험을 방지할 수 있는 구조
4) **압력방폭구조** : 용기내부에 불연성 가스인 공기나 질소 등을 압입시켜 외부의 폭발성 가스가 용기내부로 침투하지 못하도록 한 구조

Answer ● 63. ② 64. ③ 65. ④ 66. ②

67 옥내배선에서 누전으로 인한 화재방지의 대책에 아닌 것은?

① 배선불량 시 재시공할 것
② 배선에 단로기를 설치할 것
③ 정기적으로 절연저항을 측정할 것
④ 정기적으로 배선시공 상태를 확인할 것

해설
단로기(DS)는 무부하회로에서 개폐하는 개폐기이기 때문에 화재방지조치가 필요하지 않다.

68 제전기의 설치 장소로 가장 적절한 것은?

① 대전물체의 뒷면에 접지물체가 있는 경우
② 정전기의 발생원으로부터 5~20cm 정도 떨어진 장소
③ 오물과 이물질이 자주 발생하고 묻기 쉬운 장소
④ 온도가 150℃, 상대습도가 80% 이상인 장소

해설
1) 제전기 설치장소
   ① 제전기를 설치하기 전후의 전위를 측정하여 제전의 목표치를 만족하는 장소 또는 제전효율 90% 이상이 되는 장소
   ② 대전물체의 전위를 측정하여 그 전위가 될 수 있는 한 높은 장소
   ③ 정전기 발생원에서 5~20cm 이상 떨어진 장소
2) 제전기 설치를 피해야 할 장소 등
   ① 대전물체 배면의 접지체 또는 다른 제전기가 설치도어 있는 장소
   ② 정전기 발생원
   ③ 제전기에 오물이 묻기 쉬운 장소
   ④ 온도가 150℃, 상대습도가 80% 이상인 장소

69 전기적 불꽃 또는 아크에 의한 화상의 우려가 높은 고압 이상의 충전전로작업에 근로자를 종사시키는 경우에는 어떠한 성능을 가진 작업복을 착용시켜야 하는가?

① 방충처리 또는 방수성능을 갖춘 작업복
② 방염처리 또는 난연성능을 갖춘 작업복
③ 방청처리 또는 난연성능을 갖춘 작업복
④ 방수처리 또는 방청성능을 갖춘 작업복

해설
전기기계·기구의 조작시 등 안전조치(안전보건규칙)
1) 전기기계·기구의 조작부분을 점검하거나 보수하는 경우에는 근로자가 안전하게 작업할 수 있도록 전기기계·기구로부터 폭 70cm 이상의 작업공간을 확보해야 한다. 다만, 작업공간을 확보하는 것이 곤란하여 근로자에게 절연용 보호구를 착용하도록 한 경우에는 그러하지 아니하다.
2) 전기적 불꽃 또는 아크에 의한 화상의 우려가 있는 고압 이상의 충전전로 작업에 근로자를 종사시키는 경우에는 방염처리된 작업복 또는 난연(難燃)성능을 가진 작업복을 착용시켜야 한다.

70 감전을 방지하기 위해 관계근로자에게 반드시 주지시켜야하는 정전작업 사항으로 가장 거리가 먼 것은?

① 전원설비 효율에 관한 사항
② 단락접지 실시에 관한 사항
③ 전원 재투입 순서에 관한 사항
④ 작업 책임자의 임명, 정전범위 및 절연용 보호구 작업 등 필요한 사항

해설
정전작업시의 정전작업요령 내용
1) 작업책임자의 임명, 정전범위 및 절연보호구의 이상유무 점검 및 활선접근경보장치의 휴대 등 작업 시작 전에 필요한 사항
2) 전로 또는 설비의 정전순서에 관한 사항
3) 개폐기관리 및 표지판 부착에 관한 사항
4) 정전확인순서에 관한 사항
5) 단락접지시설에 관한 사항
6) 전원재투입 순서에 관한 사항
7) 점검 또는 시운전을 위한 일시운전에 관한 사항
8) 교대 근무시 근무 인계에 필요한 사항

71 위험물안전관리법령상 제3류 위험물의 금수성 물질이 아닌 것은?

① 과염소산염 ② 금속나트륨
③ 탄화칼슘 ④ 탄화알루미늄

해설
제3류 위험물(위험물안전관리법)
1) 성질 : 자연발화성물질 및 금수성 물질
2) 품명
   ① 칼륨 ② 나트륨
   ③ 알킬알루미늄 ④ 알킬리튬

Answer ➡ 67. ② 68. ② 69. ② 70. ① 71. ①

⑤ 황린
⑥ 알칼리금속(칼륨 및 나트륨은 제외) 및 알칼리토금속
⑦ 유기금속화합물(알킬알루미늄 및 알킬리튬은 제외)
⑧ 금속의 수소화물 및 금속의 인화물
⑨ 칼슘 또는 알루미늄의 탄화물

> **길잡이**
> 황화린(삼황화린 : P_4S_3, 오황화린 : P_2S_5, 칠황화린 : P_4S_9)
> : 제2류위험물(가연성고체)

72 이산화탄소 소화기에 관한 설명으로 옳지 않은 것은?

① 전기화재에 사용할 수 있다.
② 주된 소화 작용은 질식작용이다.
③ 소화약제 자체 압력으로 방출이 가능하다.
④ 전기전도성이 높아 사용 시 감전에 유의해야 한다.

해설
④항, 이산화탄소(CO_2)는 불활성기체로 반도체설비와 반응을 일으키지 않기 때문에 통신기기나 컴퓨터 설비 화재시에 사용한다.

73 낮은 압력에서 물질의 끓는점이 내려가는 현상을 이용하여 시행하는 분리법으로 온도를 높여서 가열할 경우 원료가 분해될 우려가 있는 물질을 증류할 때 사용하는 방법을 무엇이라 하는가?

① 진공증류 ② 추출증류
③ 공비증류 ④ 수증기증류

해설
감압증류(진공증류) : 다음 물질을 취급하는 경우에는 비점을 낮추어 처리하기 위해 감압 또는 진공으로 할 필요가 있다.
1) 취급물질의 비점이 높아 적당한 가열매체가 없는 경우
2) 가열에 의해 분해를 일으키기 쉬운 물질을 취급하는 경우

74 다음 중 폭발하한농도(vol%)가 가장 높은 것은?

① 일산화탄소 ② 아세틸렌
③ 디에틸에테르 ④ 아세톤

해설
폭발한계(폭발범위)
1) 일산화탄소(CO) : 12.5~74.0vol%
2) 아세틸렌(C_2H_2) : 2.5~81.0vol%
3) 디에틸에테르($C_2H_5OC_2H_5$) : 1.0~36.0 vol%
4) 아세톤(CH_3COCH_3) : 3.0~13.0vol%

75 다음 중 불연성 가스에 해당하는 것은?

① 프로판 ② 탄산가스
③ 아세틸렌 ④ 암모니아

해설
고압가스의 성질(연소성)에 의한 분류
1) **가연성 가스** : 연소할 수 있는 가스(프로판, 부탄, 메탄, 수소 등)
2) **조연성 가스** : 연소를 도와주는 가스(공기, 산소, 오존, 염소, 불소, 질소산화물 등)
3) **불연성 가스** : 연소하지 않는 가스(질소, 탄산가스, 프레온 등)

76 염소산칼륨에 관한 설명으로 옳은 것은?

① 탄소, 유기물과 접촉 시에도 분해폭발 위험은 거의 없다.
② 열에 강한 성질이 있어서 500℃의 고온에서도 안정적이다.
③ 찬물이나 에탄올에도 매우 잘 녹는다.
④ 산화성 고체물질이다.

해설
염소산칼륨($KClO_3$)
1) 무색무취의 결정 또는 분말로서 불연성물질이다.
2) 400℃(분해온도)에서 분해하기 시작하여 540~550℃에서 KCl(염화칼륨), $KClO_4$(과염소산칼륨)으로 분해한 뒤 다시 KCl과 O_2로 분해한다.
$$4KClO_4 \rightarrow 3KClO_4 + KCl$$
$$KClO_4 \rightarrow KCl + 2O_2$$
3) 강력한 산화제이다.

77 메탄 20vol%, 에탄 25vol%, 프로판 55vol%의 조성을 가진 혼합가스의 폭발하한계값(vol%)은 약 얼마인가? (단, 메탄, 에탄 및 프로판가스의 폭발하한값은 각각 5vol%, 3vol%, 2vol% 이다.)

① 2.51 ② 3.12
③ 4.26 ④ 5.22

Answer ● 72. ④ 73. ① 74. ① 75. ② 76. ④ 77. ①

해설

$$L = \frac{V_1 + V_2 + V_3}{\frac{V_1}{L_1} + \frac{V_2}{L_2} + \frac{V_3}{L_3}}$$

$$= \frac{20 + 25 + 55}{\frac{20}{5} + \frac{25}{3} + \frac{55}{2}} = 2.51 \text{vol}\%$$

78 다음 중 증류탑의 원리로 거리가 먼 것은?

① 끓는점(휘발성) 차이를 이용하여 목적 성분을 분리한다.
② 열 이동은 도모하지만 물질이동은 관계하지 않는다.
③ 기-액 두 상의 접촉이 충분히 일어날 수 있는 접촉 면적이 필요하다.
④ 여러 개의 단을 사용하는 다단탑이 사용될 수 있다.

해설
증류탑
1) 액체 혼합물을 끓는점(비점)의 차이를 이용하여 성분을 분리하는 장치이다.
2) 기체와 액체를 접촉시켜 물질 전달(물질 이동) 및 열전달(열 이동)을 이용하여 성분을 분리시킨다.

79 물과 접촉할 경우 화재나 폭발의 위험성이 더욱 증가하는 것은?

① 칼륨   ② 트리니트로톨루엔
③ 황린   ④ 니트로셀룰로오스

해설
칼륨(K), 나트륨(Na) 등은 물반응성 물질로 물과 접촉을 금지시켜야 한다.

80 다음 중 화재의 종류가 옳게 연결된 것은?

① A급화재 – 유류화재
② B급화재 – 유류화재
③ C급화재 – 일반화재
④ D급화재 – 일반화재

해설
화재의 종류
1) A급화재 : 일반화재
2) B급화재 : 유류화재
3) C급화재 : 전기화재
4) D급화재 : 금속화재

제5과목 건설안전기술

81 항타기 및 항발기를 조립하는 경우 점검하여야 할 사항이 아닌 것은?

① 과부하장치 및 제동장치의 이상 유무
② 권상장치의 브레이크 및 쐐기장치 기능의 이상 유무
③ 본체 연결부의 풀림 또는 손상의 유무
④ 권상기의 설치상태의 이상 유무

해설
항타기, 항발기 조립시 사용전 점검사항
1) 본체의 연결부의 풀림 또는 손상의 유무
2) 권상용 와이어로프, 드럼 및 도르래의 부착상태의 이상유무
3) 권상장치의 브레이크 및 쐐기장치 기능의 이상유무
4) 권상기 설치상태의 이상유무
5) 버팀의 방법 및 고정상태의 이상유무

82 건설공사 유해위험방지계획서 제출 시 공통적으로 제출하여야 할 첨부서류가 아닌 것은?

① 공사개요서
② 전체 공정표
③ 산업안전보건관리비 사용계획서
④ 가설도로계획서

해설
건설업의 유해, 위험방지계획서 첨부서류(공사개요 및 안전보건관리계획)
1) 공사개요서
2) 공사현장의 주변현황 및 주변과의 관계를 나타내는 도면(매설물 현황을 포함)
3) 건설물, 사용 기계설비 등의 배치를 나타내는 도면
4) 전체공정표
5) 산업안전보건관리비 사용계획서
6) 안전관리 조직표
7) 재해발생 위험시 연락 및 대피방법

Answer ➔ 78. ② 79. ① 80. ② 81. ① 82. ④

83 신축공사 현장에서 강관으로 외부비계를 설치할 때 비계기둥의 최고 높이가 45m 라면 관련 법령에 따라 비계기둥을 2개의 강관으로 보강하여야 하는 높이는 지상으로부터 얼마까지인가?

① 14m   ② 20m
③ 25m   ④ 31m

해설
비계기둥의 제일 윗부분으로부터 31m되는 지점 밑부분의 비계기둥은 2개의 강관으로 묶어 세울 것
45 − 31 = 14m(2개의 강관으로 묶어 세울 것)

84 철근콘크리트 현장타설공법과 비교한 PC(precast concrete)공법의 장점으로 볼 수 없는 것은?

① 기후의 영향을 받지 않아 동절기 시공이 가능하고, 공기를 단축할 수 있다.
② 현장작업이 감소되고, 생산성이 향상되어 인력절감이 가능하다.
③ 공사비가 매우 저렴하다.
④ 공장 제작이므로 콘크리트 양생 시 최적조건에 의한 양질의 제품생산이 가능하다.

해설
PC(Precast concrete)공법 : 인건비 및 관리비가 절감되지만 현장타설공법과 비교하였을 때 공사비는 높아진다.

85 흙막이 지보공을 설치하였을 때 붕괴 등의 위험방지를 위하여 정기적으로 점검하고, 이상 발견 시 즉시 보수하여야 하는 사항이 아닌 것은?

① 침하의 정도
② 버팀대의 긴압의 정도
③ 지형ㆍ지질 및 지층상태
④ 부재의 손상ㆍ변형ㆍ변위 및 탈락의 유무와 상태

해설
흙막이 지보공 설치시 붕괴 등의 위험방지를 위한 정기점검사항
1) 부재의 손상, 변형, 부식, 변위 및 탈락의 유무와 상태
2) 버팀대의 긴압의 정도
3) 부재의 접속부, 부착부 및 교차부의 상태
4) 침하의 정도

86 작업발판 및 통로의 끝이나 개구부로서 근로자가 추락할 위험이 있는 장소에서의 방호조치로 옳지 않은 것은?

① 안전난간 설치
② 와이어로프 설치
③ 울타리 설치
④ 수직형 추락방망 설치

해설
높이 2m 이상인 작업발판 및 통로의 끝이나 개구부 등에서의 추락재해방지 조치사항
1) 안전난간, 울타리, 수직형 추락방지망 등 설치
2) 덮개설치
3) 개구부 표시
4) 안전방망 설치
5) 안전대 착용

87 히빙(heaving)현상이 가장 쉽게 발생하는 토질지반은?

① 연약한 점토 지반
② 연약한 사질토 지반
③ 견고한 점토 지반
④ 견고한 사질토 지반

해설
히빙현상 : 연약한 점토질 지반에서 발생

88 암질 변화구간 및 이상 암질 출현 시 판별방법과 가장 거리가 먼 것은?

① R.Q.D   ② R.M.R
③ 지표침하량   ④ 탄성파 속도

해설
굴착공사 중 암질변화구간 및 이상암질의 출현시 암질판별기준
1) RㆍOㆍD(%)
2) 탄성파 속도(m/sec)
3) RㆍMㆍR
4) 일축압축강도(kg/cm²)
5) 진동치속도(cm/sec = Kine)

Answer ● 83. ① 84. ③ 85. ③ 86. ② 87. ① 88. ③

89 블레이드의 길이가 길고 낮으며 블레이드의 좌우를 전후 25~30° 각도로 회전시킬 수 있어 흙을 측면으로 보낼 수 있는 도저는?

① 레이크 도저　② 스트레이트 도저
③ 앵글도저　　④ 틸트도저

해설

③항, 앵글도저(angle dozer) : 블레이드 길이가 길고 높이를 30° 의 각도로 회전시킬 수 있어 흙을 측면으로 보낼 수 있다.

90 동바리로 사용하는 파이프 서포트에 관한 설치 기준으로 옳지 않은 것은?

① 파이프 서포트를 3개 이상 이어서 사용하지 않도록 할 것
② 파이프 서포트를 이어서 사용하는 경우에는 4개 이상의 볼트 또는 전용철물을 사용하여 이을 것
③ 높이가 3.5m를 초과하는 경우에는 높이 2m 이내마다 수평연결재를 2개 방향으로 만들고 수평연결재의 변위를 방지할 것
④ 파이프 서포트 사이에 교차가새를 설치하여 수평력에 대하여 보강 조치할 것

해설

동바리로 사용하는 파이프서포트의 설치기준
① 파이프서포트를 3개 이상 이어서 사용하지 아니하도록 할 것
② 파이프서포트를 이어서 사용할 때에는 4개 이상의 볼트 또는 전용철물을 사용하여 이을 것
③ 높이가 3.5m를 초과하는 경우에는 높이 2m 이내마다 수평연결재를 2개 방향으로 만들고 수평연결재의 변위를 방지할 것

91 건물외부에 낙하물 방지망을 설치할 경우 벽면으로부터 돌출되는 거리의 기준은?

① 1m 이상　　② 1.5m 이상
③ 1.8m 이상　④ 2m 이상

해설

낙하물 방지망 또는 방호선반의 설치기준
1) 높이 10m이내마다 설치하고 내민 길이는 벽면으로부터 2m 이상으로 할 것
2) 수평면과의 각도는 20° 이상 30° 이하를 유지할 것

92 콘크리트를 타설할 때 거푸집에 작용하는 콘크리트 측압에 영향을 미치는 요인과 가장 거리가 먼 것은?

① 콘크리트 타설 속도　② 콘크리트 타설 높이
③ 콘크리트의 강도　　④ 기온

해설

콘크리트 측압 산정시 고려되는 요소
1) 굳지 않은 콘크리트의 단위용적중량(t/m³)
2) 콘크리트의 타설높이 및 타설속도(보통 10~50m/h 정도)
3) 거푸집 속의 콘크리트 온도
4) 벽길이(m) 등

93 다음과 같은 조건에서 추락 시 로프의 지지점에서 최하단까지의 거리 h를 구하면 얼마인가?

- 로프 길이 150cm
- 로프 신율 30%
- 근로자 신장 170cm

① 2.8m　② 3.0m
③ 3.2m　④ 3.4m

해설

바닥면(지면)으로부터 안전대 고정점까지의 최소높이
1) 추락시 로프의 지지점에서 신체의 최하단까지의 거리(h)
　h = 로프길이 + (로프의길이 × 신장률) + (작업자 신장 × 1/2)
2) 로프를 지지한 위치에서 바닥면까지의 거리를 H라 하면 H〉h 가 되어야만 한다.
3) h = 로프길이 + (로프의길이 × 신장률) + (작업자 신장 × 1/2)
　　= 150cm + (150cm × 0.3) + (170cm × 1/2)
　　= 280cm = 2.8m

94 산업안전보건법령에 따른 크레인을 사용하여 작업을 하는 때 작업시작 전 점검사항에 해당되지 않는 것은?

① 권과방지장치 · 브레이크 · 클러치 및 운전장치의 기능
② 주행로의 상측 및 트롤리(trolleyy)가 횡행하는 레일의 상태
③ 원동기 및 풀리(pulley)기능의 이상 유무
④ 와이어로프가 통하고 있는 곳의 상태

Answer ▶ 89. ③　90. ④　91. ④　92. ③　93. ①　94. ③

해설

크레인의 작업시작 전 점검사항
1) 권과방지장치, 브레이크, 클러치 및 운전장치의 기능
2) 주행로의 상측 및 트롤리가 횡행하는 레일의 상태
3) 와이어로프가 통하고 있는 곳의 상태

95 다음은 비계를 조립하여 사용하는 경우 작업발판설치에 관한 기준이다. ( )에 들어갈 내용으로 옳은 것은?

> 사업주는 비계(달비계, 달대비계 및 말비계는 제외한다)의 높이가 ( ) 이상인 작업장소에 다음 각 호의 기준에 맞는 작업발판을 설치하여야 한다.
> 1. 발판재료는 작업할 때의 하중을 견딜 수 있도록 견고한 것으로 할 것
> 2. 작업발판의 폭은 40센티미터 이상으로 하고, 발판재료 간의 틈은 3센티미터 이하로 할 것

① 1m   ② 2m
③ 3m   ④ 4m

해설

작업발판의 구조(안전보건규칙 제56조) : 비계의 높이가 2m 이상인 작업장소에는 다음 각 호의 기준에 적합한 작업발판을 설치하여야 한다.
1) 발판재료는 작업시의 하중치를 견딜 수 있도록 견고한 것으로 할 것
2) 작업발판의 폭은 40cm 이상, 발판재료 간의 틈은 3cm 이하로 할 것
3) 선박 및 보트 건조작업의 경우 선박블록 또는 엔진실 등의 좁은 작업공간에 작업발판을 설치하기 위하여 필요하면 작업발판의 폭을 30cm 이상으로 할 수 있고 걸침비계의 경우 강관기둥 때문에 발판재료간의 틈을 3cm 이하로 유지하기 곤란하면 5cm 이하로 할 수 있다. 이 경우 그 틈사이로 물체 등이 떨어질 우려가 있는 곳에는 출입금지 등의 조치를 하여야 한다.
4) 추락의 위험이 있는 장소에는 안전난간을 설치할 것
5) 작업발판의 지지물은 하중에 의하여 파괴될 우려가 없는 것을 사용할 것
6) 작업발판재료는 뒤집히거나 떨어지지 아니하도록 2 이상의 지지물에 부착시킬 것
7) 작업발판을 작업에 따라 이동시킬 때에는 위험방지에 필요한 조치를 할 것

96 다음은 산업안전보건법령에 따른 승강설비의 설치에 관한 내용이다. ( )에 들어갈 내용으로 옳은 것은?

> 사업주는 높이 또는 깊이가 ( )를 초과하는 장소에서 작업하는 경우 해당 작업에 종사하는 근로자가 안전하게 승강하기 위한 건설작업용 리프트 등의 설비를 설치하여야 한다. 다만, 승강설비를 설치하는 것이 작업의 성질상 곤란한 경우에는 그러하지 아니하다.

① 2m   ② 3m
③ 4m   ④ 5m

해설

승강설비의 설치 : 높이 또는 깊이가 2m를 초과하는 작업장소에는 근로자가 안전하게 승강하기 위한 건설작업용 리프트 등을 설치할 것

97 리프트(Lift)의 방호장치에 해당하지 않는 것은?

① 권과방지장치
② 비상정지장치
③ 과부하방지장치
④ 자동경보장치

해설

리프트의 방호장치 : 권과방지장치, 과부하방지장치, 비상정지장치 등

98 부두·안벽 등 하역작업을 하는 장소에서 부두 또는 안벽의 선을 따라 통로를 설치하는 경우 그 폭을 최소 얼마 이상으로 하여야 하는가?

① 60 cm   ② 90 cm
③ 120 cm   ④ 150 cm

해설

부두 안벽 등 하역작업을 하는 장소에 대하여 조치할 사항
1) 작업장 통로의 위험한 부분 : 안전작업을 할 수 있는 조명을 유지할 것
2) 부두 또는 안벽 선을 따라 통로를 설치할 경우 : 폭을 90cm 이상으로 할 것
3) 육상에서의 통로 및 작업장소에 다리 또는 갑문을 넘는 보도 등의 위험한 부분 : 울타리 등을 설치할 것

Answer ● 95. ② 96. ① 97. ④ 98. ②

99 안전관리비의 사용 항목에 해당하지 않는 것은?

① 안전시설비
② 개인보호구 구입비
③ 접대비
④ 사업장의 안전·보건진단비

해설

안전관리비 항목별 사용내역
1) 안전관리자 등의 인건비 및 각종 업무수당 등
2) 안전시설비 등
3) 개인보호구 및 안전장구 구입비 등
4) 사업장의 안전진단비 등
5) 안전보건교육비 및 행사비 등
6) 근로자의 건강관리비 등
7) 건설재해예방 기술지도비
8) 본사사용비

100 강관을 사용하여 비계를 구성하는 경우의 준수사항으로 옳지 않은 것은?

① 비계기둥의 간격은 띠장 방향에서는 1.85m 이하로 할 것
② 비계기둥의 간격은 장선(長線) 방향에서는 1.0m 이하로 할 것
③ 띠장 간격은 2.0m 이하로 할 것
④ 비계기둥 간의 적재하중은 400kg을 초과하지 않도록 할 것

해설

강관비계
1) 띠장간격 : 1.5m 이하
2) 첫 번째 띠장 : 지상에서 2m 이하의 위치에 설치

Answer ● 99. ③ 100. ②

2021년 제1회 산업안전산업기사

2021. 3. 7 시행

제1과목 산업안전관리론

01 버드(Bird)는 사고가 5개의 연쇄반응에 의하여 발생되는 것으로 보았다. 다음 중 재해발생의 첫 단계에 해당하는 것은?

① 개인적 결함
② 사회적 환경
③ 전문적 관리의 부족
④ 불안전한 행동 및 불안전한 상태

해설

버드의 사고연쇄성 이론 5단계
1) 1단계 : 통제의 부족 – 관리 소홀(경영)
2) 2단계 : 기본적인 – 기원(원인론)
3) 3단계 : 직접원인 – 징후
4) 4단계 : 사고 – 접촉
5) 5단계 : 상해 – 손해 – 손실

02 무재해운동의 추진에 있어 무재해운동을 개시한 날부터 며칠 이내에 무재해운동 개시신청서를 관련 기관에 제출하여야 하는가?

① 4일
② 7일
③ 14일
④ 30일

해설

무재해운동 개시 신청서 : 무재해운동을 개시한 날로부터 14일 이내에 신청

03 다음 중 부주의 현상을 그림으로 표시한 것으로 의식의 우회를 나타낸 것은?

① 의식의 흐름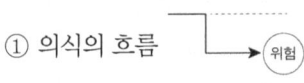

② 의식의 흐름

③ 의식의 흐름

④ 의식의 흐름

해설

부주의 현상
1) 의식의 단절 : 지속적인 의식의 흐름에 단절이 생기고 공백의 상태가 나타나는 것
2) 의식의 우회 : 의식의 흐름이 옆으로 빗나가 발생하는 것
3) 의식수준의 저하 : 심신이 피로할 경우, 단조로운 반복작업 시 발생
4) 의식수준의 과잉 : 지나친 의욕에 의해서 생기는 부주의 현상

04 산업안전보건법령에 따라 건설현장에서 사용하는 크레인, 리프트 및 곤돌라는 최초로 설치한 날부터 얼마마다 안전검사를 실시하여야 하는가?

① 6개월
② 1년
③ 2년
④ 3년

해설

안전검사의 주기
1) 크레인, 리프트 및 곤돌라 : 사업장에 설치가 끝난 날부터 3년 이내에 최초 안전검사를 실시하되, 그 이후부터 매 2년 (건설현장에서 사용하는 것은 최초로 설치한 날부터 매 6개월)
2) 그 밖의 유해 · 위험기계 등 : 사업장에 설치가 끝난 날부터 3년 이내에 최초 안전검사를 실시하되, 그 이후부터 매 2년(공정안전보고서를 제출하여 확인을 받은 압력용기는 4년)

05 재해손실비 중 직접 손실비에 해당하지 않는 것은?

① 요양급여
② 휴업급여
③ 간병급여
④ 생산손실급여

해설

생산손실급여 : 간접 손실비

Answer ● 01. ③ 02. ③ 03. ④ 04. ① 05. ④

06 산업안전보건법령상 안전·보건표지의 종류에 있어 "안전모 착용"은 어떤 표지에 해당하는가?

① 경고 표지
② 지시 표지
③ 안내 표지
④ 관계자외 출입금지

해설

안전모 착용 등 보호구 착용 표지 : 지시표지

07 어떤 사업장의 종합재해지수가 16.95이고, 도수율이 20.83이라면 강도율은 약 얼마인가?

① 20.45
② 15.92
③ 13.79
④ 10.54

해설

종합재해지수 = $\sqrt{도수율 \times 강도율}$

∴ 강도율 = $\dfrac{(종합재해지수)^2}{도수율} = \dfrac{16.95^2}{20.83} = 13.79$

08 인간관계 메커니즘 중에서 다른 사람으로부터의 판단이나 행동을 무비판적으로 논리적, 사실적 근거 없이 받아들이는 것을 무엇이라 하는가?

① 모방(imitation)
② 암시(suggestion)
③ 투사(projection)
④ 동일화(identification)

해설

인간관계의 메커니즘
1) 모방 : 남의 행동이나 판단을 표본으로 하여 그것과 같거나 또는 그것에 가까운 행동 판단을 취하는 것
2) 암시 : 본문설명
3) 투사 : 자기 속의 억압된 것을 다른 사람의 것으로 생각하는 것
4) 동일화 : 다른 사람의 행동양식이나 태도를 투입하거나 다른 사람 가운데서 자기와 비슷한 것을 발견하는 것
5) 커뮤니케이션 : 갖가지 행동양식이나 기호를 매개로 하여 어떤 사람으로부터 다른 사람에게 전달되는 과정

09 다음 중 산업안전보건법령에서 정한 안전보건관리규정의 세부내용으로 가장 적절하지 않은 것은?

① 산업안전보건위원회의 설치·운영에 관한 사항
② 사업주 및 근로자의 재해예방 책임 및 의무 등에 관한 사항
③ 근로자 건강진단, 작업환경측정의 실시 및 조치절차 등에 관한 사항
④ 산업재해 및 중대산업사고의 발생시 손실비용 산정 및 보상에 관한 사항

해설

④항, 산업재해 및 중대산업사고의 발생시 처리절차 및 긴급조치에 관한 사항

10 다음 중 교육훈련의 학습을 극대화시키고, 개인의 능력개발을 극대화시켜 주는 평가방법이 아닌 것은?

① 관찰법
② 배제법
③ 자료분석법
④ 상호평가법

해설

교육훈련의 학습 극대화 및 개인능력 개발의 극대화를 위한 평가방법
1) 관찰법 2) 자료분석법 3) 상호평가법

11 다음 중 안전심리의 5대 요소에 해당하는 것은?

① 기질(temper)
② 지능(intelligence)
③ 감각(sense)
④ 환경(environment)

해설

안전심리의 5대 요소
1) 습관 2) 습성 3) 동기
4) 기질 5) 감정

12 다음 중 시행착오설에 의한 학습법칙에 해당하지 않은 것은?

① 효과의 법칙
② 준비성의 법칙
③ 연습의 법칙
④ 일관성의 법칙

해설

시행착오설에 의한 학습법칙
1) 연습의 법칙(빈도의 법칙)
2) 효과의 법칙(결과의 법칙)
3) 준비성의 법칙

Answer ● 06. ② 07. ③ 08. ② 09. ④ 10. ② 11. ① 12. ④

13 다음 중 재해조사시의 유의사항으로 가장 적절하지 않은 것은?

① 사실을 수집한다.
② 사람, 기계설비, 양면의 재해요인을 모두 도출한다.
③ 객관적인 입장에서 공정하게 조사하며, 조사는 2인 이상이 한다.
④ 목격자는 증언과 추측의 말을 모두 반영하여 분석하고, 결과를 도출한다.

해설
목격자의 증언과 추측의 말은 참고로만 한다.

14 산업안전보건법령상 특별안전·보건교육에 있어 대상 작업별 교육내용 중 밀폐공간에서의 작업에 대해 교육 내용과 가장 거리가 먼 것은? (단, 기타 안전·보건관리에 필요한 사항은 제외한다.)

① 산소농도측정 및 작업환경에 관한 사항
② 유해물질의 인체에 미치는 영향
③ 보호구 착용 및 사용방법에 관한 사항
④ 사고시의 응급처치 및 비상시 구출에 관한 사항

해설
밀폐공간에서 작업시 특별안전보건교육의 교육내용 (시행규칙 별표 8의 2)
1) ①, ③, ④항
2) 밀폐공간작업의 안전작업방법에 관한 사항

15 다음 중 안전대의 각 부품(용어)에 관한 설명으로 틀린 것은?

① "안전그네"란 신체지지의 목적으로 전신에 착용하는 띠 모양의 것으로서 상체 등 신체 일부분만 지지하는 것은 제외한다.
② "버클"이란 벨트 또는 안전그네와 신축조절기를 연결하기 위한 사각형의 금속 고리를 말한다.
③ "U자걸이"란 안전대의 죔줄을 구조물 등에 U자 모양으로 돌린 뒤 훅 또는 카라비너를 D링에, 신축조절기를 각링 등에 연결하는 걸이 방법을 말한다.
④ "1개걸이"란 죔줄의 한쪽 끝을 D링에 고정시키고 훅 또는 카라비너를 구조물 또는 구명줄에 고정시키는 걸이 방법을 말한다.

해설
버클 : 벨트 또는 안전그네를 신체에 착용하기 위해 그 끝에 부착한 금속장치

16 다음 중 무재해운동 추진기법에 있어 지적확인의 특성을 가장 적절하게 설명한 것은?

① 오관의 감각기관을 총동원하여 작업의 정확성과 안전을 확인한다.
② 참여자 전원의 스킨십을 통하여 연대감, 일체감을 조성할 수 있고 느낌을 교류한다.
③ 비평을 금지하고, 자유로운 토론을 통하여 독창적인 아이디어를 끌어낼 수 있다.
④ 작업 전 5분간의 미팅을 통하여 시나리오상의 역할을 연기하여 체험하는 것을 목적으로 한다.

해설
지적확인 : 인간의 실수를 없애기 위해 눈, 손, 입, 귀 등을 이용하여 작업을 착수하기 전에 대뇌를 자극시켜 안전을 확보하기 위한 기법

17 다음 중 학습목적의 3요소에 해당하지 않는 것은?

① 주제   ② 대상
③ 목표   ④ 학습정도

해설
학습목적의 3요소
1) 목표 : 학습을 통하여 달성하려는 지표
2) 주제 : 목표달성을 위한 테마(thema)
3) 학습정도 : 학습범위와 내용의 정도

18 다음 중 매슬로우의 욕구 5단계 이론에서 최종 단계에 해당하는 것은?

① 존경의 욕구   ② 성장의 욕구
③ 자아실현 욕구   ④ 생리적 욕구

Answer ➡ 13. ④ 14. ② 15. ② 16. ① 17. ② 18. ③

해설

매슬로우의 욕구 5단계
1) 1단계 : 생리적 욕구
2) 2단계 : 안전의 욕구
3) 3단계 : 사회적 욕구
4) 4단계 : 인정받으려는 욕구
5) 5단계 : 자아실현의 욕구

19 다음 중 안전교육의 3단계에서 생활지도, 작업동작지도 등을 통한 안전의 습관화를 위한 교육을 무엇이라 하는가?

① 지식교육　　② 기능교육
③ 태도교육　　④ 인성교육

해설

안전교육의 3단계
1) 1단계 – 지식교육 : 안전의식 향상, 안전 책임감 주입, 안전규정 숙지 등
2) 2단계 – 기능교육 : 안전기술기능, 방호장치관리기능, 정비 · 검사 · 점검 등에 관한 기능
3) 3단계 – 태도교육 : 안전의 정착화 및 습관화

20 다음 중 헤드십에 관한 내용으로 볼 수 없는 것은?

① 부하와의 사회적 간격이 좁다.
② 지휘의 형태는 권위주의적이다.
③ 권한의 부여는 조직으로부터 위임받는다.
④ 권한에 대한 근거는 법적 또는 규정에 의한다.

해설

헤드십은 부하와의 사회적 간격이 넓다.

제2과목 인간공학 및 시스템안전공학

21 다음 중 음(音)의 크기를 나타내는 단위로만 나열된 것은?

① dB, nit　　② phon, lb
③ dB, psi　　④ phon, dB

해설

음의 크기를 나타내는 단위 : dB(데시벨), phon(폰), sone(손) 등

22 다음 중 결함수분석법(FTA)에 관한 설명으로 틀린 것은?

① 최초 Watson이 군용으로 고안하였다.
② 미니멀 패스(Minimal path sets)를 구하기 위해서는 미니멀 컷(Minimal cut sets)의 상대성을 이용한다.
③ 정상사상의 발생확률을 구한 다음 FT를 작성한다.
④ AND게이트의 확률 계산은 각 입력사상의 곱으로 한다.

해설

정상사상의 발생확률은 FT도를 작성한 후에 산정한다.

23 다음 통제용 조종장치의 형태 중 그 성격이 다른 것은?

① 노브(knob)
② 푸시 버튼(push button)
③ 토글스위치(toggle switch)
④ 로터리선택스위치(rotary select switch)

해설

통제장치 유형
1) 양의 조절에 의한 통제 : 연속조절(knob, crank, handle, lever, pedal 등)
2) 개폐에 의한 통제 : 불연속 조절(푸시버튼, 토클스위치, 로터리스위치 등)
3) 반응에 의한 통제 : 자동경보시스템

24 다음 중 공간배치의 원칙에 해당되지 않는 것은?

① 중요성의 원칙
② 다양성의 원칙
③ 기능별 배치의 원칙
④ 사용빈도의 원칙

해설

부품배치의 4원칙
1) 중요성의 원칙　　2) 사용빈도의 원칙
3) 기능별 배치의 원칙　　4) 사용순서의 원칙

Answer ● 19. ③　20. ①　21. ④　22. ③　23. ②　24. ①

25 다음 중 위험 및 운전성 분석(HAZOP)수행에 가장 좋은 시점은 어느 단계인가?

① 구상단계   ② 생산단계
③ 설치단계   ④ 개발단계

해설
위험 및 운전성 검토를 수행하기에 가장 좋은 시점 : 설계완료 단계(개발단계)

26 1Cd의 점광원에서 1m 떨어진 곳에서의 조도가 3Lux이었다. 동일한 조건에서 5m 떨어진 곳에서의 조도는 약 몇 Lux인가?

① 0.12   ② 0.22
③ 0.36   ④ 0.56

해설
조도 = $3 \times \dfrac{1}{5^2} = 0.12$Lux

27 다음 중 신체와 환경간의 열교환 과정을 가장 올바르게 나타낸 식은? (단, W는 일, M은 대사, S는 열축적, R은 복사, C는 대류, E는 증발, Clo는 의복의 단열률이다.)

① $W = (M + S) \pm R \pm C - E$
② $S = (M - W) \pm R \pm C - E$
③ $W = Clo \times (M - S) \pm R \pm C - E$
④ $S = Clo \times (M - W) \pm R \pm C - E$

해설
열축적(S) = 대사(M) - 일(W) ± 복사(R) ± 대류(C) - 증발(E)

28 다음 중 위험을 통제하는데 있어 취해야 할 첫 단계 조사는?

① 작업원을 선발하여 훈련한다.
② 덮개나 격리 등으로 위험을 방호한다.
③ 설계 및 공정계획서에 위험을 제거토록 한다.
④ 점검과 필요한 안전보호구를 사용하도록 한다.

해설
위험을 통제하기 위한 단계
1) 1단계 : 설계 및 공정계획서에 위험 제거
2) 2단계 : 작업원 선발 및 훈련
3) 3단계 : 덮개, 격리 등 위험의 방호
4) 4단계 : 안전보호구 등 사용

29 FT도에서 사용되는 다음 기호의 의미로 옳은 것은?

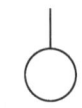

① 결함사상
② 기본사상
③ 통상사상
④ 제외사상

해설
① 결함사상 : ▭
② 기본사상 : ○
③ 통상사상 : ⌂

30 System 요소 간의 link 중 인간 커뮤니케이션 link에 해당되지 않는 것은?

① 방향성 link   ② 통신계 link
③ 시각 link   ④ 컨트롤 link

해설
인간 커뮤니케이션 link
1) 방향성 link   2) 통신계 link   3) 시각 link

31 다음 중 일반적인 수공구의 설계원칙으로 볼 수 없는 것은?

① 손목을 곧게 유지한다.
② 반복적인 손가락 동작을 피한다.
③ 사용이 용이한 검지만을 주로 사용한다.
④ 손잡이는 접촉면적을 가능하면 크게 한다.

해설
수공구의 설계원칙
1) 손목을 곧게 펼 수 있도록 할 것(손목이 팔과 일직선일 때 가장 이상적)
2) 손가락으로 지나친 반복동작을 하지 않도록 할 것 (검지의 지나친 사용은 「방아쇠 손가락」 증세 유발)
3) 손바닥면에 압력이 가해지지 않도록 손잡이 접촉면적을 가능한 크게 할 것

Answer ➡ 25. ④   26. ①   27. ②   28. ③   29. ②   30. ④   31. ③

32 인간 오류의 분류에 있어 원인에 의한 분류 중 작업자가 기능을 움직이려 해도 필요한 물건, 정보, 에너지 등의 공급이 없는 것처럼 작업자가 움직이려 해도 움직일 수 없어서 발생하는 오류는?

① primary error   ② secondary error
③ command error   ④ omission error

해설
휴먼에러의 원인의 level적 분류
1) primary error(주과오) : 작업자 자신으로부터의 error
2) secondary error(2차과오) : 작업형태나 작업조건 중에서 다른 문제나 생겨 그 때문에 필요한 사항을 실행할 수 없는 error
3) command error(지시과오) : 본문 설명

33 다음 중 신호의 강도, 진동수에 의한 신호의 상대식별 등 물리적 자극의 변화여부를 감지 할 수 있는 최소의 자극 범위를 의미하는 것은?

① Chunking
② Stimulus Range
③ SDT(Signal Detection Theory)
④ JND(Just Noticeable Difference)

해설
JND(Just Noticeable Difference, 판별한계)
1) 가장 통용되는 식별도의 척도로서 사람이 50%를 검출(의식) 할 수 있는 자극차원(신호강도 세기나 주파수)의 최소변화 또는 차이이다.
2) JND가 작을수록 그 차원의 변화를 검출하기 쉽다.

34 조도가 400Lux인 위치에 놓인 흰색 종이 위에 짙은 회색의 글자가 씌어져 있다. 종이의 반사율은 80%이고, 글자의 반사율은 40%라 할 때 종이와 글자의 대비는 얼마인가?

① -100% ② -50%
③ 50%   ④ 100%

해설
대비 $= \dfrac{L_b - L_t}{L_b} \times 100$
$= \dfrac{80-40}{80} \times 100 = 50\%$

35 다음 중 인간-기계시스템에서 기계에 비교한 인간의 장점과 가장 거리가 먼 것은?

① 완전히 새로운 해결책을 찾아낸다.
② 여러 개의 프로그램된 활동을 동시에 수행한다.
③ 다양한 경험을 토대로 하여 의사결정을 한다.
④ 상황에 따라 변화하는 복잡한 자극 형태를 식별한다.

해설
②항, 기계의 장점

36 성인이 하루에 섭취하는 음식물의 열량 중 일부는 생명을 유지하기 위한 신체기능에 소비되고, 나머지는 일을 한다거나 여가를 즐기는데 사용될 수 있다. 이 중 생명을 유지하기 위한 최소한의 대사량을 무엇이라 하는가?

① BMR   ② RMR
③ GSR   ④ EMR

해설
①항, BMR : 생명을 유지하기 위한 최소한의 대사량
②항, RMR : 에너지대사율(작업대사량/기초대사량)
③항, GSR : 피부전기반사
④항, EMG : 근전도

37 Chapanis의 위험분석에서 발생이 불가능한(impossible) 경우의 위험발생률은?

① $10^{-2}/day$ ② $10^{-4}/day$
③ $10^{-6}/day$ ④ $10^{-8}/day$

해설
위험발생이 불가능한 위험발생률 : $1/10^8\ (10^{-8}/day)$

38 세발자전거에서 각 바퀴의 신뢰도가 0.9일 때 이 자전거의 신뢰도는 얼마인가?

① 0.729   ② 0.810
③ 0.891   ④ 0.999

해설
$R = 0.9 \times 0.9 \times 0.9 = 0.729$

Answer ➡ 32. ③ 33. ④ 34. ③ 35. ② 36. ① 37. ④ 38. ①

39 다음 중 형상 암호화된 조종장치에서 "이산 멈춤 위치용" 조종장치로 가장 적절한 것은?

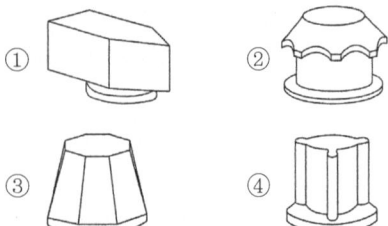

해설

촉각적 암호와의 종류
1) 형상 암호화된 조정장치
   ① 만져봐서 식별되는 손잡이 : 다회선용, 단회전용, 이산 멈춤 위치용 등
   ② 용도와 관련된 형상으로 식별되는 손잡이 : 착륙장치, 회전수 등
2) 표면촉감을 이용한 조정장치 : 매끄러운 면, 세로홈, 깔쭉면 등
3) 크기를 이용한 조정장치 : 크기 차이를 쉽게 구별할 수 있도록 설계

40 다음 중 보전용 자재에 관한 설명으로 가장 적절하지 않은 것은?

① 소비속도가 느려 순환사용이 불가능하므로 폐기시켜야 한다.
② 휴지손실이 적은 자재는 원자재나 부품의 형태로 재고를 유지한다.
③ 열화상태를 경향검사로 예측이 가능한 품목은 적시 발주법을 적용한다.
④ 보전의 기술수준, 관리수준이 재고량을 좌우한다.

해설

순환사용이 불가능하다고 폐기시켜는 안 된다.

제3과목 기계위험방지기술

41 선반에서 절삭가공 중 발생하는 연속적인 칩을 자동적으로 끊어 주는 역할을 하는 것은?

① 커버   ② 방진구
③ 보안경   ④ 칩 브레이커

해설

칩 브레이커 : 칩을 짧게 끊어내는 장치

42 다음 중 연삭기를 이용한 작업을 할 경우 연삭숫돌을 교체한 후에는 얼마 동안 시험운전을 하여야 하는가?

① 1분 이상   ② 3분 이상
③ 10분 이상   ④ 15분 이상

해설

연삭기 : 작업시작 전 1분 이상, 숫돌교체 후에는 3분 이상 시운전을 할 것

43 다음 중 와이어로프 구성기호 "6×19"의 표기에서 "6"의 의미에 해당하는 것은?

① 소선 수   ② 소선의 직경(mm)
③ 스트랜드 수   ④ 로프의 인장강도

해설

와이어로프 명명법 : 6×19
1) 6 : 가닥(꼬임, strand)의 수
2) 19 : 소선의 수

44 다음 중 산업안전보건법령상 안전난간의 구조 및 설치요건에서 상부난간대의 높이는 바닥면으로부터 얼마지점에 설치하여야 하는가?

① 30cm 이상   ② 60cm 이상
③ 90cm 이상   ④ 120cm 이상

해설

상부난간대의 높이 : 90cm 이상 지점에 설치할 것
1) 상부난간대를 120cm 이하에 설치하는 경우 : 중간난간대를 상부난간대와 바닥면의 중간에 설치할 것
2) 상부난간대를 120cm 이상에 설치하는 경우 : 중간난간대를 2단 이상으로 균등하게 설치하고 난간의 상하간격은 60cm 이하가 되도록 할 것

Answer ➡ 39. ① 40. ① 41. ④ 42. ② 43. ③ 44. ③

45 기계의 안전조건 중 외형의 안전화로 가장 적합한 것은?

① 기계의 회전부에 덮개를 설치하였다.
② 강도의 열화를 고려해 안전율을 최대로 설계하였다.
③ 정전시 오동작을 방지하기 위하여 자동제어장치를 설치하였다.
④ 사용압력 변동시의 오동작 방지를 위하여 자동제어장치를 설치하였다.

해설
외형의 안전화
1) 덮개 및 방호장치 설치
2) 별실 또는 구획된 장소에 격리
3) 안전색채 조절

46 드릴로 구멍을 뚫는 작업 중 공작물이 드릴과 함께 회전할 우려가 가장 큰 경우는?

① 처음 구멍을 뚫을 때
② 중간 쯤 뚫렸을 때
③ 거의 구멍이 뚫렸을 때
④ 구멍이 완전히 뚫렸을 때

해설
드릴작업 중 공작물이 드릴과 함께 회전하기 쉬운 경우 : 거의 구멍이 뚫렸을 때

47 다음 중 톱의 후면날 가까이에 설치되어 목재의 켜진 틈 사이에 끼어서 쐐기작용을 하여 목재가 압박을 가하지 않도록 하는 장치를 무엇이라 하는가?

① 분할날   ② 반발방지장치
③ 날접촉예방장치   ④ 가동식 접촉예방장치

해설
분할날
1) 톱날과의 간격 : 12mm 이내
2) 분할날의 두께 : $1.1t_1 \leq t_2 < b$
  여기서, t_1 : 톱날두께
         t_2 : 분할날의 두께
         b : 차진폭
3) 분할날의 길이 : $\pi D \times \frac{1}{4} \times \frac{2}{3}$ (D : 숫돌직경)

48 다음 중 원심기의 방호장치로 가장 적합한 것은 무엇인가?

① 덮개   ② 반발방지장치
③ 릴리프밸브   ④ 수인식 가드

해설
원심심기 방호장치 : 덮개(뚜껑)

49 다음 중 기계설비 안전화의 기본개념으로서 적절하지 않은 것은 무엇인가?

① fail-safe의 기능을 갖추도록 한다.
② fool proof의 기능을 갖추도록 한다.
③ 안전상 필요한 장치는 단일 구조로 한다.
④ 안전 기능은 기계 장치에 내장되도록 한다.

해설
③항, 안전상 필요한 장치는 병렬구조로 한다.

50 다음 중 산업안전보건법령상 이동식 크레인을 사용하여 작업할 때의 작업시작 전 점검사항으로 틀린 것은?

① 브레이크 · 클러치 및 조정장치의 기능
② 권과방지장치나 그 밖의 경보장치의 기능
③ 와이어로프가 통하고 있는 곳 및 작업장소의 지반 상태
④ 원동기 · 회전축 · 기어 및 폴리 등의 덮개 또는 울 등의 이상 유무

해설
④항, 컨베이어의 작업시작 전 점검사항

51 클러치 프레스에 부착된 양수조작식 방호장치에 있어서 클러치 맞물림 개소수가 4군데, 매분 행정수가 300 SPM일 때 양수조작식 조작부의 최소 안전거리는? (단, 인간의 손의 기준 속도는 1.6m/s로 한다.)

① 240mm   ② 260mm
③ 340mm   ④ 360mm

Answer ➡ 45. ① 46. ③ 47. ① 48. ① 49. ③ 50. ④ 51. ①

해설

안전거리

$$D_m = 1.6 \times \left(\frac{1}{\text{클러치물림개소수}} + \frac{1}{2}\right) \times \frac{60,000}{SPM}$$
$$= 1.6 \times \left(\frac{1}{4} + \frac{1}{2}\right) \times \frac{60,000}{300} = 240\text{mm}$$

52 다음 중 산업안전보건법령에 따른 압력용기에 설치하는 안전밸브의 설치 및 작동에 관한 설명으로 틀린 것은?

① 다단형 압축기에는 각 단 또는 각 공기압축기별로 안전밸브 등을 설치하여야 한다.
② 안전밸브는 이를 통하여 보호하려는 설비의 최저사용압력 이하에서 작동되도록 설정하여야 한다.
③ 화학공정 유체와 안전밸브의 디스크 또는 시트가 직접 접촉될 수 있도록 설치된 경우에는 매년 1회 이상 국가 교정기관에서 검사한 후 납으로 봉인하여 사용한다.
④ 공정안전보고서 이행상태 평가결과가 우수한 사업장의 안전밸브의 경우 검사주기는 4년마다 1회 이상이다.

해설

압력용기에 설치하는 안전밸브는 최고사용압력 이하에서 작동되도록 설정하여야 한다.

53 다음 중 벨트 컨베이어의 특징에 해당되지 않는 것은 무엇인가?

① 무인화 작업이 가능하다.
② 연속적으로 물건을 운반할 수 있다.
③ 운반과 동시에 하역작업이 가능하다.
④ 경사각이 클수록 물건을 쉽게 운반할 수 있다.

해설

벨트 컨베이어의 특징
1), ①, ②, ③항
2) 경사각도가 30° 이하인 경우에 이용된다.
3) 대용량의 운반수단에 이용한다.
4) 컨베이어 중 가장 널리 쓰인다.

54 프레스의 고아전자식 방호장치에서 손이 광선을 차단한 직후부터 급정지장치가 작동을 개시한 시간이 0.03초이고, 급정지장치가 작동을 시작하여 슬라이드가 정지한 때까지의 시간이 0.2초라면 광축의 설치위치는 위험점에서 얼마 이상 유지해야 하는가?

① 153mm
② 279mm
③ 368mm
④ 451mm

해설

설치거리 $= 160 \times (0.03 + 0.2) = 36.8\text{cm}$
$= 368\text{mm}$

55 다음 중 슬로터(slotter)의 방호장치로 적합하지 않은 것은?

① 칩받이
② 방책
③ 칸막이
④ 인발블록

해설

1) 슬로터 : 공작물은 테이블에 고정되고 램(ram)에 의하여 절삭공구가 상하운동을 하면서 수직면을 절삭하는 공작기계로 수직형 형삭기라고도 한다.
2) 슬로터의 방호장치 :
   ㉠ 칩받이
   ㉡ 방책
   ㉢ 칸막이 등

56 원래 길이가 150mm인 슬링체인을 점검한 결과 길이에 변형이 발생하였다. 다음 중 폐기대상에 해당되는 측정값(길이)으로 옳은 것은 무엇인가?

① 151.5mm 초과
② 153.5mm 초과
③ 155.5mm 초과
④ 157.5mm 초과

해설

슬링체인은 길이의 증가가 5% 초과할 때 폐기처분한다.
$150 \times 0.05 = 7.5\text{mm}$
∴ $150 + 7.5 = 157.5\text{mm}$

Answer ● 52. ② 53. ④ 54. ③ 55. ④ 56. ④

57 다음 중 보일러의 부식원인과 가장 거리가 먼 것은 무엇인가?

① 증기발생이 과다할 때
② 급수처리를 하지 않은 물을 사용할 때
③ 급수에 해로운 불순물이 혼입되었을 때
④ 불순물을 사용하여 수관이 부식되었을 때

해설
증기발생의 과다는 보일러의 부식원인과 관계가 없다.

58 산업안전보건법령상 가스집합장치로부터 얼마 이내의 장소에서는 흡연, 화기의 사용 또는 불꽃을 발생할 우려가 있는 행위를 금지하여 일를 하는가?

① 5m   ② 7m
③ 10m   ④ 25m

해설
가스집합장치로부터 화기 등 열원이 있는 장소까지의 이격거리 : 5m

59 다음 중 선반의 안전장치로 볼 수 없는 것은?

① 울   ② 급정지브레이크
③ 안전블록   ④ 칩비산방지 투명판

해설
선반의 안전장치
1) ①, ②, ④항
2) 칩 브레이커
3) 쉴드(shield)
4) 기타 척의 인터록 덮개, 고정브리지(bridge) 등

60 다음 중 지게차 헤드가드에 관한 설명으로 틀린 것은?

① 상부틀의 각 개구의 폭 또는 길이가 16cm 미만일 것
② 강도는 지게차 최대하중의 등분포정하중에 견딜 것
③ 운전자가 서서 조작하는 방식의 지게차의 경우에는 운전석의 바닥면에서 헤드가드의 상부틀 하면까지의 높이가 1.88m 이상일 것
④ 운전자가 앉아서 조작하는 방식의 지게차의 경우에는 운전자의 좌석 윗면에서 헤드가드의 상부틀 아랫면까지의 높이가 0.903m 이상일 것

해설
②항, 강도는 지게차 최대하중의 2배의 값(그 값이 4톤 초과시는 4톤)이 등분포정하중에 견딜 수 있는 것일 것

제4과목 전기 및 화학설비위험방지기술

61 다음 중 인체 접촉상태에 따른 허용접촉전압과 해당종별의 연결이 틀린 것은?

① 2.5V 이하 – 제 1종
② 25V 이하 – 제 2종
③ 50V 이하 – 제 3종
④ 100V 이하 – 제 4종

해설
제4종 – 제한 없음

62 다음 중 교류 아크 용접기에서 자동전격방지장치의 기능으로 틀린 것은 무엇인가?

① 감전위험방지
② 전력손실 감소
③ 정전기 위험방지
④ 무부하시 안전전압 이하로 저하

해설
자동전격방지장치는 교류아크 용접기의 방호장치로 정전기 위험방지와는 관계가 없다.

63 다음 중 내압 방폭구조인 전기기기의 성능시험에 관한 설명으로 틀린 것은 무엇인가?

① 성능시험은 모든 내용물이 용기에 장착한 상태로 시험한다.
② 성능시험은 충격시험을 실시한 시료 중 하나를 사용해서 실시한다.

Answer ➡ 57. ① 58. ① 59. ③ 60. ② 61. ④ 62. ③ 63. ③

③ 부품의 일부가 용기에 포함되지 않은 상태에서 사용할 수 있도록 설계된 경우, 최적의 조건에서 시험을 실시해야 한다.
④ 제조자가 제시한 자세한 부품 배열방법이 있고, 빈 용기가 최악의 폭발압력을 발생시키는 조건인 경우에는 빈 용기 상태로 시험을 할 수 있다.

해,설

내압방폭구조 : 용기 내부에서 폭발성가스 또는 증기가 폭발하였을 때 용기가 그 압력에 견디며 접합면이나 개구부 등을 통해서 외부의 폭발성가스·증기에 인화되지 않도록 한 구조

64 다음 중 사업장의 정전기 발생에 대한 재해방지 대책으로 적합하지 못한 것은 무엇인가?

① 습도를 높인다.
② 실내 온도를 높인다.
③ 도체부분에 접지를 실시한다.
④ 적절한 도전성 재료를 사용한다.

해,설

정전기 발생 방지대책
1) ①. ③. ④항
2) 배관 내에 액체의 유속제한 및 정치시간의 확보
3) 보호구 착용
4) 대전방지제 사용
5) 제전장치(제전기) 사용

65 옥내배선 중 누전으로 인한 화재방지를 위해 별도로 실시할 필요가 없는 것은

① 배선불량시 재시공할 것
② 배선로 상에 단로기를 설치할 것
③ 정기적으로 절연저항을 측정할 것
④ 정기적으로 배선시공 상태를 확인할 것

해,설

단로기(DS) 는 무부하회로에서 개폐하는 개폐기이기 때문에 화재방지조치가 필요하지 않다.

66 다음 중 전기기기의 절연의 종류와 최고허용온도가 잘못 연결된 것은?

① Y : 90℃   ② A : 105℃
③ B : 130℃   ④ F : 180℃

해,설

F종 : 155℃

67 Dalziel의 심실세동전류와 통전시간과의 관계식에 의하면 인체 전격시의 통전시간이 4초이었다고 했을 때 심실세동 전류의 크기는 약 몇 mA 인가?

① 42   ② 83
③ 165   ④ 185

해,설

$I = \dfrac{165}{\sqrt{T}} = \dfrac{165}{\sqrt{4}} = 82.5 \text{mA}$

68 다음 중 전기화재의 직접적인 원인이 아닌 것은?

① 절연 열화
② 애자의 기계적 강도 저하
③ 과전류에 의한 단락
④ 접촉 불량에 의한 과열

해,설

전기화재의 직접적인 원인
1) 단락
2) 과전류
3) 스파크
4) 누전 및 지락
5) 접촉부의 과열
6) 절연열화, 절연파괴 등

69 다음 중 방폭전기기기의 선정시 고려하여야 할 사항과 가장 거리가 먼 것은 무엇인가?

① 압력 방폭구조의 경우 최고표면온도
② 내압 방폭구조의 경우 최대안전틈새
③ 안전증 방폭구조의 경우 최대안전틈새
④ 본질안전 방폭구조의 경우 최소점화전류

해,설

안전증방폭구조의 경우 최고표면온도

Answer ● 64. ② 65. ② 66. ④ 67. ② 68. ② 69. ③

70 페인트를 스프레이로 뿌려 도장작업을 하는 작업 중 발생할 수 있는 정전기 대전으로만 이루어진 것은?

① 분출대전, 충돌대전
② 충돌대전, 마찰대전
③ 유동대전, 충돌대전
④ 분출대전, 유동대전

해설

1) **분출대전** : 기체·액체·분체류 등 단면적이 작은 분출구를 통과할 때 마찰에 의해서 정전기가 발생하는 현상
2) **충돌대전** : 분체류와 같은 입자끼리 또는 입자와 고체와의 충돌에 의해서 정전기가 발생하는 현상

71 다음 중 전기화재시 부적합한 소화기는?

① 분말 소화기
② CO_2 소화기
③ 할론 소화기
④ 산알칼리 소화기

해설

산알칼리 소화기는 전기화재에 부적합하다.

72 전기설비로 인한 화재폭발의 위험분위기를 생성하지 않도록 하기 위해 필요한 대책으로 가장 거리가 먼 것은 무엇인가?

① 폭발성 가스의 사용 방지
② 폭발성 분진의 생성 방지
③ 폭발성 가스의 체류 방지
④ 폭발성 가스 누설 및 방출 방지

해설

폭발성 가스의 사용방지는 화재폭발의 위험방지를 위한 대책으로는 부적당하다.

73 다음 중 위험물에 대한 일반적 개념으로 옳지 않은 것은 무엇인가?

① 반응속도가 급격히 진행된다.
② 화학적 구조 및 결합력이 불안정하다.
③ 대부분 화학적 구조가 복잡한 고분자 물질이다.
④ 그 자체가 위험하다든가 또는 환경 조건에 따라 쉽게 위험성을 나타내는 물질을 말한다.

해설

고분자물질은 합성수지류와 합성고무류 등이 있으며 대부분이 위험물에 해당되지 않는다.

74 아세틸렌(C_2H_2)의 공기 중의 완전연소 조성 농도(C_{st})는 약 얼마인가?

① 6.7 vol%
② 7.0 vol%
③ 7.4 vol%
④ 7.7 vol%

해설

완전연소 조성농도(C_{st}, 화학양론농도)
C_2H_2의

$$C_{st} = \frac{1}{1+4.773\left(n+\frac{m}{4}\right)} \times 100\%$$

$$= \frac{1}{1+4.773\left(2+\frac{2}{4}\right)} \times 100 = 7.73\%$$

(여기서, n : C의 수, m : H의 수)

75 가스용기 파열사고의 주요 원인으로 가장 거리가 먼 것은?

① 용기 밸브의 이탈
② 용기의 내압력 부족
③ 용기 내압의 이상 상승
④ 용기 내 폭발성 혼합가스 발화

해설

용기밸브의 이탈 : 누설사고의 원인

76 물질안전보건자료(MSDS)의 작성항목이 아닌 것은 무엇인가?

① 물리화학적 특성
② 유해물질의 제조법
③ 환경에 미치는 영향
④ 누출사고시 대처방법

해설

물질안전보건자료의 작성항목(법 제41조 제①항)
1) 대상화학물질의 명칭
2) 구성성분의 명칭 및 함유량
3) 안전·보건상의 취급주의사항
4) 건강 유해성 및 물리적 위험성

Answer ➡ 70. ① 71. ④ 72. ① 73. ③ 74. ④ 75. ① 76. ②

5) 고용노동부령으로 정하는 사항(규칙 제92조의 4)
① 물리·화학적 특성
② 독성에 관한 정보
③ 폭발·화재시의 대처방법
④ 응급조치요령
⑤ 그 밖에 고용노동부장관이 정하는 사항

77 반응기를 조작방법에 따라 분류할 때 반응기의 한 쪽에서는 원료를 계속적으로 유입하는 동시에 다른 쪽에서는 반응생성 물질을 유출시키는 형식의 반응기를 무엇이라 하는가?

① 관형 반응기　　② 연속식 반응기
③ 회분식 반응기　④ 교반조형 반응기

해설

반응기의 조작방식에 의한 분류
1) 회분식 반응기 : 반응기로 원료를 공급하고 반응을 진행시켜 소정의 시간이 지나면 반응을 멈추고 생성물을 끄집어내는 방식
2) 연속식 반응기 : 원료의 공급과 생성물의 배출을 연속적으로 행하는 방식
3) 반회분식 반응기 : 원료는 수동으로 공급하고 생성물은 연속적으로 배출하는 방식

78 윤활유를 닦은 기름걸레를 햇빛이 잘 드는 작업장의 구석에 모아 두었을 때 가장 발생가능성이 높은 재해는?

① 분진폭발
② 자연발화에 의한 화재
③ 정전기 불꽃에 의한 화재
④ 기계의 마찰열에 의한 화재

해설

윤활유를 닦은 기름걸레(가연물)+햇빛(열원) → 자연발화

79 다음 중 "공기 중의 발화온도"가 가장 높은 물질은?

① CH_4　　　　② C_2H_2
③ C_2H_6　　　④ H_2S

해설

발화점
1) CH_4(메탄) : 537℃
2) C_2H_2(아세틸렌) : 299℃
3) C_2H_6(에탄) : 515℃
4) H_2S(황화수소) : 260℃

80 공정안전보고서에 포함되어야 할 세부 내용 중 공정안전자료에 해당하는 것은?

① 결함수분석(FTA)
② 도급업체 안전관리계획
③ 각종 건물·설비의 배치도
④ 비상조치계획에 따른 교육계획

해설

공정안전자료
① 취급·저장하고 있거나 취급·저장하고자 하는 유해·위험물질의 종류 및 수량
② 유해·위험물질에 대한 물질안전보건자료
③ 유해·위험설비의 목록 및 사양
④ 유해·위험설비의 운전방법을 알 수 있는 공정도면
⑤ 각종 건물설비의 배치도
⑥ 방폭지역 구분도 및 전기단선도
⑦ 위험설비의 안전설계·제작 및 설치관련 지침서

제5과목　건설안전기술

81 리프트(Lift)의 안전장치에 해당하지 않는 것은?

① 권과방지장치　　② 비상정지장치
③ 과부하방지장치　④ 조속기

해설

조속기 : 승강기의 안전장치

82 벽체 콘크리트 타설시 거푸집이 터져서 콘크리트가 쏟아진 사고가 발생하였다. 다음 중 이 사고의 주요 원인으로 추정할 수 있는 것은?

① 콘크리트를 부어 넣는 속도가 빨랐다.
② 거푸집에 박리제를 다량 도포했다.
③ 대기온도가 매우 높았다.
④ 시멘트 사용량이 많았다.

Answer　77. ②　78. ②　79. ①　80. ③　81. ④　82. ④

해설
콘크리트 타설시 거푸집이 터졌을 경우 사고원인 : 콘크리트 타설속도(부어넣는 속도)과속

83 산업안전보건기준에 관한 규칙에 따른 굴착면의 기울기 기준으로 옳지 않은 것은?

① 경암=1 : 0.5
② 연암=1 : 1.0
③ 풍화암=1 : 1.0
④ 모래=1 : 1.2

해설
굴착면의 기울기 기준

지반의 종류	구배
모래	1 : 1.8
그밖의 흙	1 : 1.2
풍화암	1 : 1.0
연암	1 : 1.0
경암	1 : 0.5

84 비계발판의 크기를 결정하는 기준은?

① 비계의 제조회사
② 재료의 부식 및 손상정도
③ 지점의 간격 및 작업시 하중
④ 비계의 높이

해설
비계에 설치하는 발판의 크기는 지지물의 간격 및 작업하중 등을 고려하여 결정한다.

85 작업발판 및 통로의 끝이나 개구부로서 근로자가 추락할 위험이 있는 장소에 설치하는 것과 거리가 먼 것은?

① 교차가새
② 안전난간
③ 울타리
④ 수직형 추락방망

해설
작업발판 및 통로의 끝이나 개구부 등에서의 추락재해방지 조치사항
1) 안전난간, 울타리, 수직형추락방망 등 설치
2) 덮개 설치 및 개구부 표시
3) 안전방망 설치
4) 안전대 착용

86 콘크리트를 타설할 때 거푸집에 작용하는 콘크리트 측압에 영향을 미치는 요인과 가장 거리가 먼 것은?

① 콘크리트 타설 속도
② 콘크리트 타설 높이
③ 콘크리트의 강도
④ 콘크리트의 단위용적질량

해설
콘크리트 측압 산정시 고려되는 요소
1) 굳지 않은 콘크리트의 단위용적중량(t/m³)
2) 콘크리트의 타설높이 및 타설속도(보통 10~50m/h 정도)
3) 거푸집 속의 콘크리트 온도
4) 벽길이(m) 등

87 토사붕괴재해의 발생 원인으로 보기 어려운 것은?

① 부석의 점검을 소홀히 했다.
② 지질조사를 충분히 하지 않았다.
③ 굴착면 상하에서 동시작업을 했다.
④ 안식각으로 굴착했다.

해설
안식각(휴식각)으로 굴착시는 토사붕괴가 발생되지 않는다.

88 추락에 의한 위험방지를 위해 조치해야 할 사항과 거리가 먼 것은?

① 추락방지망 설치
② 안전난간 설치
③ 안전모 착용
④ 투하설비 설치

해설
투하설비 설치는 높이가 3m 이상인 장소에서 물체를 투하할 경우에 위험방지 조치사항이다.

89 가설계단 및 계단참의 하중에 대한 지지력은 최소 얼마 이상이어야 하는가?

① $300kg/m^2$
② $400kg/m^2$
③ $500kg/m^2$
④ $600kg/m^2$

해설
가설계단 및 계단참을 설치하는 경우 매 m²당 500kg 이상의 하중에 견딜 수 있는 장소를 가진 구조로 설치하여야 하며, 안전율은 4 이상으로 할 것

Answer ➡ 83. ④ 84. ③ 85. ① 86. ① 87. ④ 88. ④ 89. ③

90 강관비계 중 단관비계의 조립간격(벽체와의 연결간격)으로 옳은 것은?

① 수직방향 : 6m, 수평방향 : 8m
② 수직방향 : 5m, 수평방향 : 5m
③ 수직방향 : 4m, 수평방향 : 6m
④ 수직방향 : 8m, 수평방향 : 6m

해,설

비계의 조립간격(벽체와의 연결간격)

구분	수직방향	수평방향
통나무비계	5.5m	7.5m
단관비계	5m	5m
강관틀비계	6m	8m

91 철골구조에서 강풍에 대한 내력이 설계에 고려되었는지 검토를 실시하지 않아도 되는 건물은?

① 높이 30m인 건물
② 연면적당 철골량이 45kg인 건물
③ 단면구조가 일정한 구조물
④ 이음부가 현장용접인 건물

해,설

철골구조물 건립시 강풍에 의한 풍압 등 외압에 대한 내력이 설계에 고려되었는지 검토할 사항
1) 높이 20m 이상의 구조물
2) 구조물의 폭과 높이의 비가 1 : 4이상인 구조물
3) 단면구조의 현저한 차이가 있는 구조물
4) 연면적당 철골량이 50kg/m² 이하인 구조물
5) 기둥이 타이 플레이트(tie plate)형인 구조물
6) 이음부가 현장용접인 경우

92 콘크리트의 재료분리현상 없이 거푸집 내부에 쉽게 타설 할 수 있는 정도를 나타낸 것은?

① Workability   ② Bleeding
③ Consistency   ④ Finishability

해,설

Workability(워커빌리티) : 반죽질기에 의한 작업의 난이도 및 재료분리에 저항하는 정도를 나타내는 콘크리트 성질(시공연도라고도 함)

93 굴착공사에서 굴착 깊이가 5m, 굴착 저면의 폭이 5m인 경우 양단면 굴착을 할 때 굴착부 상단면의 폭은? (단, 굴착면의 기울기는 1 : 1로 한다.)

① 10m   ② 15m
③ 20m   ④ 25m

해,설

1) 굴착깊이 5m, 굴착저면의 폭 5m, 구락면의 기울기 1 : 1

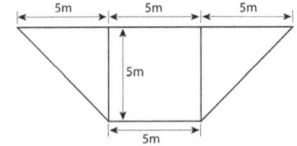

2) 굴착부 상단면의 폭 = 5 + 5 + 5 = 15m

94 하물을 적재하는 경우에 준수하여야 하는 사항으로 옳지 않은 것은?

① 침하 우려가 없는 튼튼한 기반 위에 적재할 것
② 건물의 칸막이나 벽 등이 화물의 압력에 견딜 만큼의 강도를 지니지 아니한 경우에는 칸막이나 벽에 기대어 적재하지 않도록 할 것
③ 불안정할 정도로 높이 쌓아 올리지 말 것
④ 편하중이 발생하도록 쌓을 것

해,설

④항, 편하중이 발생하지 않도록 쌓을 것

95 거푸집의 일반적인 조립순서를 옳게 나열한 것은?

① 기둥→보받이 내력벽→큰보→작은보→바닥판→내벽→외벽
② 외벽→보받이 내력벽→큰보→작은보→바닥판→내벽→기둥
③ 기둥→보받이 내력벽→작은보→큰보→바닥판→내벽→외벽
④ 기둥→보받이 내력벽→바닥판→큰보→작은보→내벽→외벽

해,설

거푸집의 조립순서
1) 기둥 → 1) 보받이 내력벽 → 3) 큰보 → 4) 작은보 → 5) 바닥판 → 6) 내벽→ 7) 외벽

Answer ● 90. ② 91. ③ 92. ① 93. ② 94. ④ 95. ①

96 건설기계에 관한 설명 중 옳은 것은?
① 백호는 장비가 위치한 지면보다 높은 곳의 땅을 파는 데에 적합하다.
② 바이브레이션 롤러는 노반 및 소일시멘트 등의 다지기에 사용된다.
③ 파워쇼벨은 지면에 구멍을 뚫어 낙하해머 또는 디젤해머에 의해 강관말뚝, 널말뚝 등을 박는 데 이용된다.
④ 가이데릭은 지면을 일정한 두께로 깎는 데에 이용된다.

해설
①항, 백호우 : 지면보다 낮은 곳 굴착
③항, 파워쇼벨 : 지면보다 높은 곳 굴착
④항, 가이데릭 : 철골세우기용 장비

97 일반적으로 사면이 가장 위험한 경우는 어느 때인가?
① 사면이 완전건조상태일 때
② 사면의 수위가 서서히 상승할 때
③ 사면이 완전포화상태일 때
④ 사면의 수위가 급격히 하강할 때

해설
사면이 가장 위험한 때 : 사면의 수위가 급격히 하강할 때

98 산업안전보건기준에 관한 규칙에 따른 작업장 근로자의 안전한 통행을 위하여 통로에 설치하여야 하는 조명시설의 조도기준(Lux)은?
① 30Lux 이상   ② 75Lux 이상
③ 150Lux 이상   ④ 300Lux 이상

해설
통로의 조명 : 75Lux이상의 채광 또는 조명시설을 할 것

99 정기안전점검 결과 건설공사의 물리적·기능적 결함 등이 발견되어 보수·보강 등의 조치를 하기 위하여 필요한 경우에 실시하는 것은?
① 자체안전점검   ② 정밀안전점검
③ 상시안전점검   ④ 품질관리점검

해설
정밀안전점검 : 본문 설명

100 건설작업용 리프트에 대하여 바람에 의한 붕괴를 방지하는 조치를 한다고 할 때 그 기준이 되는 최소풍속은?
① 순간풍속 30m/sec 초과
② 순간풍속 35m/sec 초과
③ 순간풍속 40m/sec 초과
④ 순간풍속 45m/sec 초과

해설
폭풍에 의한 붕괴·도괴 등의 방지
1) 건설작업용 리프트 : 순간풍속이 35m/sec 초과시 받침수를 증가시키는 등 붕괴방지조치를 할 것
2) 옥외에 설치된 승강기 : 순간풍속이 30m/sec초과시 받침수를 증가시키는 등 도괴방지조치를 할 것

Answer ➡ 96. ② 97. ④ 98. ② 99. ② 100. ②

2021년 제2회 산업안전산업기사

2021. 5. 15 시행

제1과목 산업안전관리론

01 다음 중 일반적인 안전관리 조직의 기본 유형으로 볼 수 없는 것은 무엇인가?
① line system
② staff system
③ safety system
④ line–staff system

해설
안전관리조직의 기본유형
1) line system : 직계형
2) staff system : 참모형
3) line–staff system : 직계·참모 혼합형

02 다음 중 적성배치시 작업자의 특성과 가장 관계가 적은 것은?
① 연령
② 작업조건
③ 태도
④ 업무경력

해설
적성배치시 작업 및 작업자의 특성
1) 작업의 특성 : 작업조건, 작업내용, 환경조건, 형태, 법적자격 및 제한 등
2) 작업자의 특성 : 연령, 태도, 지적능력, 기능, 성격, 신체적 특성, 업무경력 등

03 다음 중 안전 태도 교육의 원칙으로 적절하지 않은 것은?
① 적성 배치를 한다.
② 이해하고 납득한다.
③ 항상 모범을 보인다.
④ 지적과 처벌 위주로 한다.

해설
안전태도교육의 원칙
1) ①, ②, ③항
2) 청취한다.
3) 권장한다.
4) 처벌한다.
5) 좋은 지도자를 얻도록 힘쓴다.
6) 평가한다.

04 연평균 1,000명의 근로자를 채용하고 있는 사업장에서 연간 24명의 재해자가 발생하였다면 이 사업장의 연천인율은 얼마인가?(단, 근로자는 1일 8시간씩 연간 300일을 근무한다.)
① 10
② 12
③ 24
④ 48

해설
$$연천인율 = \frac{사상자수}{연평균근로자수} \times 1000$$
$$= \frac{24}{1000} \times 1000 = 24$$

05 다음 중 산업재해로 인한 재해손실비 산정에 있어 하인리히의 평가방식에서 직접비에 해당하지 않는 것은 무엇인가?
① 통신급여
② 유족급여
③ 간병급여
④ 직업재활급여

해설
1) 직접비 : 유족급여, 간병급여, 직업재활급여 등 법정산재보상비
2) 간접비 : 통신급여 등 산재보상비외의 손실비

Answer ● 01. ③ 02. ② 03. ④ 04. ③ 05. ①

06 다음 중 산업안전보건법령상 안전 · 보건표지의 용도 및 사용 장소에 대한 표지의 분류가 가장 올바른 것은 무엇인가?

① 폭발성 물질이 있는 장소 : 안내표지
② 비상구가 좌측에 있음을 알려야 하는 장소 : 지시표시
③ 보안경을 착용해야만 작업 또는 출입을 할 수 있는 장소 : 안내표시
④ 정리 · 정돈 상태의 물체나 움직여서는 안 될 물체를 보존하기 위하여 필요한 장소 : 금지표시

해설
1) 폭발성 물질이 있는 장소 : 경고표지
2) 비상구가 좌측에 있음을 알려야 하는 장소 : 안내표지
3) 보안경을 착용해야만 하는 작업 또는 출입을 할 수 있는 장소 : 지시표지

07 하인리히의 재해발생 5단계 이론 중 재해 국소화 대책은 어느 단계에 대비한 대책인가?

① 제1단계 → 제2단계　② 제2단계 → 제3단계
③ 제3단계 → 제4단계　④ 제4단계 → 제5단계

해설
1) 하인리히의 재해발생 5단계
　① 1단계 : 사회적 환경 및 유전적 요소
　② 2단계 : 개인적 결함
　③ 3단계 : 불안전한 행동 및 불안전한 대책
　④ 4단계 : 사고
　⑤ 5단계 : 재해
2) 재해 국소화 대책은 4단계(사고) → 5단계(재해)를 대비한 대책이다.

08 다음 중 [그림]에 나타난 보호구의 명칭으로 옳은 것은 무엇인가?

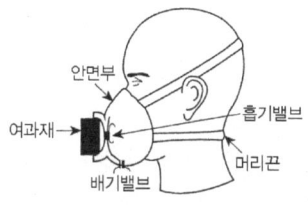

① 격리식 반면형 방독마스크
② 직결식 반면형 방진마스크
③ 격리식 전면형 방독마스크
④ 안면부여과식 방진마스크

해설
방진마스크의 종류별 공기흡입 방식
1) 분리식
　① 격리식(전면형, 반면형) : 여과재 → 연결관 → 흡기밸브
　② 직결식(전면형, 반면형) : 여과재 → 흡기밸브
2) 안면 여과식 : 여과재인 안면부에 의해 흡입

09 다음 중 매슬로우의 욕구위계 5단계 이론을 올바르게 나열한 것은?

① 생리적 욕구 → 사회적 욕구 → 안전의 욕구 → 존경의 욕구 → 자아실현의 욕구
② 안전의 욕구 → 생리적 욕구 → 사회적 욕구 → 존경의 욕구 → 자아실현의 욕구
③ 생리적 욕구 → 안전의 욕구 → 사회적 욕구 → 존경의 욕구 → 자아실현의 욕구
④ 사회적 욕구 → 생리적 욕구 → 안전의 욕구 → 자아실현의 욕구 → 존경의 욕구

해설
매슬로우의 욕구위계 5단계
1) 1단계 : 생리적 욕구(신체적 욕구)
2) 2단계 : 안전의 욕구(위험방지욕구)
3) 3단계 : 사회적 욕구(친화욕구)
4) 4단계 : 존경의 욕구(인정받으려는 욕구)
5) 5단계 : 자아실현의 욕구(성취욕구)

10 안전교육의 방법 중 TWI(Training Within Industry for supervisor)의 교육내용에 해당하지 않는 것은?

① 작업지도기법(JIT)
② 작업개선기법(JMT)
③ 작업환경 개선기법(JET)
④ 인간관계 관리기법(JRT)

해설
TWI 교육내용
1) JI(Job Instruction) : 작업지도기법
2) JM(Job Method) : 작업개선기법

Answer ▶ 06. ④ 07. ④ 08. ② 09. ③ 10. ③

3) JR(Job Relation) : 인간관계관리기법(부하통솔기법)
4) JS(Job Safety) : 작업안전기법

11 작업장에서 매일 작업자가 작업 전, 중, 후에 시설과 작업동작 등에 대하여 실시하는 안전점검의 종류를 무엇이라 하는가?

① 정기점검　　② 일상점검
③ 임시점검　　④ 특별점검

해설

일상점검 : 작업 전·중·후에 실시하는 점검으로 수시점검이라고도 한다.

12 다음 중 재해조사시 유의사항으로 가장 적절하지 않은 것은 무엇인가?

① 가급적 재해 현장이 변형되지 않은 상태에서 실시한다.
② 목격자가 제시한 사실 이외의 추측되는 말은 정밀분석한다.
③ 과거 사고 발생 경향 등을 참고하여 조사한다.
④ 객관적 입장에서 재해방지에 우선을 두고 조사한다.

해설

②항, 목격자가 제시한 사실 이외의 추측되는 말을 참고로만 한다.

13 산업안전보건법령상 사업 내 안전·보건교육에 있어 "채용 시의 교육 및 작업내용 변경 시의 교육 내용"에 해당하지 않는 것은 무엇인가? (단, 산업안전보건법령 및 산업재해보상보험 제도에 관한 사항은 제외한다.)

① 물질안전보건자료에 관한 사항
② 사고 발생시 긴급조치에 관한 사항
③ 작업 개시 전 점검에 관한 사항
④ 표준안전작업방법 및 지도 요령에 관한 사항

해설

채용시 및 작업내용 변경시 교육
1) ①, ②, ③항
2) 기계·기구의 위험성과 작업의 순서 및 동선에 관한 사항
3) 정리정돈 및 청소에 관한 사항

4) 산업보건 및 직업병 예방에 관한 사항
5) 산업안전보건법령 및 산업재해보상보험 제도에 관한 사항

14 적응기제(Adjustment Mechanism) 중 방어적 기제(Defence Mechanism)에 해당하는 것은 무엇인가?

① 고립(Isolation)　　② 퇴행(Regression)
③ 억압(Suppression)　　④ 합리화(Rationalization)

해설

적응기제
1) 방어적 기제
　① 보상　② 합리화　③ 동일시　④ 승화
2) 도피적 기제
　① 고립　② 퇴행　③ 억압　④ 백일몽

15 다음 중 사고의 위험이 불안전한 행위 외에 불안전한 상태에서도 적용된다는 것과 가장 관계가 있는 것은 무엇인가?

① 이념성　　② 개인차
③ 부주의　　④ 지능성

해설

부주의의 개념 특성
1) 부주의는 불안전한 행위나 행동뿐만 아니라 불안전한 상태에서도 통용된다.
2) 부주의란 말은 결과를 표현한 것이다.
3) 부주의에는 발생 원인이 있다.
4) 부주의와 유사한 현상 구분 : 착각이나 인간능력의 한계를 초과하는 요인에 의한 동작실패는 부주의에서 제외한다.
5) 부주의는 무의식 행위나 그것에 가까운 의식의 주변에서 행해지는 행위에 한정한다.

16 다음 중 기억과 망각에 관한 내용으로 틀린 것은 무엇인가?

① 학습된 내용은 학습 직후의 망각률이 가장 낮다.
② 의미없는 내용은 의미있는 내용보다 빨리 망각한다.
③ 사고력을 요하는 내용이 단순한 지식보다 기억, 파지의 효과가 높다.
④ 연습은 학습한 직후에 시키는 것이 효과가 있다.

해설

학습된 내용은 학습 직후의 망각률이 가장 높다.

Answer ➔ 11. ②　12. ②　13. ④　14. ④　15. ③　16. ①

17 재해예방의 4원칙 중 대책선정의 원칙에서 관리적 대책에 해당하지 않는 것은 무엇인가?

① 안전교육 및 훈련
② 동기부여와 사기 향상
③ 각종 규정 및 수칙의 준수
④ 경영자 및 관리자의 솔선수범

해설

안전교육 및 훈련 : 교육적 대책

18 다음 중 안전교육의 4단계를 올바르게 나열한 것은?

① 도입 → 확인 → 제시 → 적용
② 도입 → 제시 → 적용 → 확인
③ 확인 → 제시 → 도입 → 적용
④ 제시 → 확인 → 도입 → 적용

해설

안전교육의 4단계 : 도입(준비) → 제시(설명) → 적용(응용) → 확인(총괄)

19 다음 중 무재해운동에서 실시하는 위험예지훈련에 관한 설명으로 틀린 것은 무엇인가?

① 근로자 자신이 모르는 작업에 대한 것도 파악하기 위하여 참가집단의 대상범위를 가능한 넓혀 많은 인원이 참가토록 한다.
② 직장의 팀워크로 안전을 전원이 빨리 올바르게 선취하는 훈련이다.
③ 아무리 좋은 기법이라도 시간이 많이 소요되는 것은 현장에서 큰 효과는 없다.
④ 정해진 내용의 교육보다는 전원의 대화방식으로 진행한다.

해설

위험예지훈련은 10명 이하의 소수인원(5~7인 최적인원)으로 편성하여 실시하는 것이 좋다.

20 다음 중 리더가 가지고 있는 세력의 유형이 아닌 것은 무엇인가?

① 전문세력(expert power)
② 보상세력(reward power)
③ 위임세력(entrust power)
④ 합법세력(legitimate power)

해설

리더가 가지고 있는 세력의 유형
1) 전문세력 2) 보상세력 3) 합법세력

제2과목 인간공학 및 시스템안전공학

21 인간 오류의 분류에 있어 원인에 의한 분류 중 작업의 조건이나 작업의 형태 중에서 다른 문제가 생겨 그 때문에 필요한 사항을 실행할 수 없는 오류(error)를 무엇이라고 하는가?

① secondary error
② primary error
③ command error
④ commission error

해설

human error의 원인의 level적 분류
1) primary error : 작업자 자신으로부터의 error
2) secondary error : 작업형태나 작업조건 중에서 다른 문제가 생겨 그 때문에 필요한 사항을 실행할 수 없는 error, 어떤 결함으로부터 파생하여 발생하는 error
3) command error : 요구된 것을 실행하고자 하여도 필요한 물건, 정보, 에너지 등의 공급이 없는 것처럼 작업자가 움직이려 해도 움직일 수 없으므로 발생하는 error

22 일반적으로 스트레스로 인한 신체반응의 척도 가운데 정신적 작업의 스트레인 척도와 가장 거리가 먼 것은?

① 뇌전도
② 부정맥지수
③ 근전도
④ 심박수의 변화

해설

1) 근전도(EMG) : 근육활동 전위차의 기록
2) 정신적 작업의 스트레인 척도 : 뇌전도, 부정맥지수, 심박수의 변화 등

Answer 17. ① 18. ② 19. ① 20. ③ 21. ① 22. ③

23 다음 중 인간공학에 관련된 설명으로 옳지 않은 것은 무엇인가?

① 인간의 특성과 한계점을 고려하여 제품을 변경한다.
② 생산성을 높이기 위해 인간의 특성을 작업에 맞추는 것이다.
③ 사고를 방지하고 안전성과 능률성을 높일 수 있다.
④ 편리성, 쾌적성, 효율성을 높일 수 있다.

해설
인간공학의 정의 : 기계기구, 환경 등의 물적 조건을 인간의 특성과 능력에 잘 조화되도록 설계하기 위한 수단을 연구하는 학문이다.

24 다음과 같이 ①~④의 기본사상을 가진 FT도에서 minimal cut set으로 옳은 것은 무엇인가?

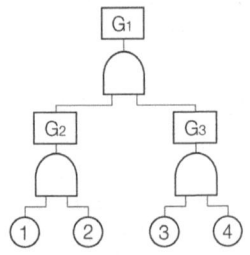

① {①, ②, ③, ④}   ② {①, ③, ④}
③ {①, ②}   ④ {③, ④}

해설
$G_1 \rightarrow G_2 G_3 \rightarrow ①② G_3 \rightarrow ①②③④$
[미니멀 컷셋]

25 다음 중 조도의 단위에 해당하는 것은 무엇인가?

① fL   ② diopter
③ lumen/m²   ④ lumen

해설
조도(illuminance) : 물체의 표면에 도달하는 빛의 단위면적당 밀도를 조도라 하며, 척도 기준은 다음과 같다.
1) foot-candle(fc) : 1촉광의 점광원으로부터 1foot 떨어진 곡면에 비추는 광의 밀도(1 lumen/ft²)
2) lux(meter-candle) : 1촉광의 점광으로부터 1m 떨어진 곡면에 비추는 광의 밀도(1 lumen/m²)
3) 거리가 증가할 때 조도는 역자승의 법칙에 따라 감소한다. (조도는 광도에 비례하고 거리의 제곱에 반비례한다.)

$$\therefore 조도 = \frac{광도}{(거리)^2}$$

26 다음 중 불대수(Boolean algebra)의 관계식으로 옳은 것은 무엇인가?

① $A(A \cdot B) = B$
② $A + B = A \cdot B$
③ $A + A \cdot B = A \cdot B$
④ $(A+B)(A+C) = A + B \cdot C$

해설
(1) $A(A \cdot B) = AB$
(2) $A + B = B + A$
(3) $A + A \cdot B = A$

27 2개의 공정의 소음수준 측정 결과 1공정은 100dB에서 2시간, 2공정은 90dB에서 1시간 소요될 때 총 소음량(TND)과 소음설계의 적합성을 올바르게 나타낸 것은? (단, 우리나라는 90dB에 8시간 노출될 때를 허용기준으로 하며, 5dB 증가할 때 허용시간은 1/2로 감소되는 법칙을 적용한다.)

① TND = 약 0.83, 적합
② TND = 약 0.93, 적합
③ TND = 약 1.03, 부적합
④ TND = 약 1.13, 부적합

해설
1) 소음의 부분투여 및 허용소음노출
① 소음의 부분투여 = $\frac{실제노출시간}{최대허용시간}$
총소음 투여량 = 부분투여의 합
② 허용소음노출

음압수준(dB)	90	95	100	105	110	115	120
허용시간(hr)	8	4	2	1	0.5	0.25	0.125

2) TND(총소음량)
$$\therefore TND = \frac{8}{1} + \frac{2}{2} = 1.125$$

28 다음 중 시스템 안전의 최종분석 단계에서 위험을 고려하는 결정인자가 아닌 것은 무엇인가?

① 효율성　　　② 피해가능성
③ 비용산정　　④ 시스템의 고장모드

해설

시스템안전의 단계
1) 1단계 : 잠재적인 위험을 확인하고 분석하여 이들에 의한 불안전한 결과가 최소화되도록 관리하는 것이다.
2) 2단계 : 설계단계에서 위험을 제거하고 경보장치의 설치, 개정된 운전절차 또는 다른 효과적인 수단에 의해 위험의 영향을 최소화하는 것이다.
3) 최종분석단계 : 안전기술의 적용과 관리적 판단에 따라 허용할 수 있는 리스크(risk)를 결정하는 것이 핵심요소가 되며 리스크 결정시 고려해야 할 인자는 다음과 같다.
   ① 비용산정　　② 효율성
   ③ 피해가능성　④ 폭발빈도
   ⑤ 손익계산 등

29 시스템이 저장되고, 이동되고, 실행됨에 따라 발생하는 작동시스템의 기능이나 과업, 활동으로부터 발생되는 위험에 초점을 맞추어 진행하는 위험분석방법은 무엇인가?

① FHA　　　② OHA
③ PHA　　　④ SHA

해설

1) FHA(fault hazard analysis, 결함위험분석) : 기본적인 분석접근을 특수한 분야에서 일반적인 것까지 할 수 있는 귀납적인 분석방법이다.
2) OHA(operating hazard analysis, 운용위험분석) : 본문 설명
3) PHA(preliminary hazard analysis, 예비위험분석) : 최초 단계의 분석으로 시스템 내의 위험요소가 어떤 상태에 있는지를 정성적으로 평가하기 위한 분석법이다.
4) SHA(system hazard analysis, 시스템위험분석) : 귀납적인 분석법이다.

30 다음 중 인체계측에 관한 설명으로 틀린 것은 무엇인가?

① 의자, 피복과 같이 신체모양과 치수와 관련성이 높은 설비의 설계에 중요하게 반영된다.
② 일반적으로 몸의 측정 치수는 구조적 치수(structural dimension)와 기능적 치수(functional dimension)로 나눌 수 있다.
③ 인체계측치의 활용시에는 문화적 차이를 고려하여야 한다.
④ 인체계측치를 활용한 설계는 인간의 신체적 안락에는 영향을 미치지만 성능수행과는 관련이 없다.

해설

인체계측치를 활용한 설계는 인간의 신체적 안락 및 성능수행에도 영향을 미친다.

31 품질 검사 작업자가 한 로트에서 검사 오류를 범할 확률이 0.1이고, 이 작업자가 하루에 5개의 로트를 검사한다면, 5개 로트에서 에러를 범하지 않을 확률은 얼마인가?

① 90%　　　② 75%
③ 59%　　　④ 40%

32 다음 중 망막의 원추세포가 가장 낮은 민감성을 보이는 파장의 색은?

① 적색　　　② 회색
③ 청색　　　④ 녹색

해설

(1) 망막의 감광요소
   ㉠ 원추제(cone) : 밝은 곳에서 기능, 색 구별
   ㉡ 간상체(rod) : 조도수준이 낮을 때 기능, 흑백의 음영구분
(2) 원추세포가 가장 낮은 민감성을 보이는 파장의 색 : 회색

33 다음 중 작업방법의 개선원칙(ECRS)에 해당되지 않는 것은?

① 교육(Education)　　② 결합(Combine)
③ 재배치(Rearrange)　④ 단순화(Simplify)

해설

1) 작업방법의 개선원칙(ECRS) : 작업분석방법, 새로운 작업방법의 개발원칙
   ① 제거(eliminate)　　② 결합(combine)
   ③ 재조정(rearrange)　④ 단순화(simplify)
2) 작업개선단계
   ① 1단계 : 작업분해
   ② 2단계 : 세부내용 검토
   ③ 3단계 : 작업분석
   ④ 4단계 : 새로운 방법의 적용

Answer ➡ 28. ④　29. ②　30. ④　31. ③　32. ②　33. ①

34 다음 중 얼음과 드라이아이스 등을 취급하는 작업에 대한 대책으로 적절하지 않은 것은 무엇인가?

① 더운 물과 더운 음식을 섭취한다.
② 가능한 한 식염을 많이 섭취한다.
③ 혈액순환을 위해 틈틈이 운동을 한다.
④ 오랫동안 한 장소에 고정하여 작업하지 않는다.

해설

식염 섭취 : 고온장소작업시 대책

35 다음 중 시스템 안전성 평가 기법에 관한 설명으로 틀린 것은 무엇인가?

① 가능성을 정량적으로 다룰 수 있다.
② 시각적 표현에 의해 정보전달이 용이하다.
③ 원인, 결과 및 모든 사상들의 관계가 명확해진다.
④ 연역적 추리를 통해 결함사항을 빠짐없이 도출하나, 귀납적 추리로는 불가능하다.

36 다음 중 시스템의 수명곡선(욕조곡선)에서 우발고장 기간에 발생하는 고장의 원인으로 볼 수 없는 것은?

① 사용자의 과오 때문에
② 안전계수가 낮기 때문에
③ 부적절한 설치나 시동 때문에
④ 최선의 검사방법으로도 탐지되지 않는 결함 때문에

해설

1) 부적절한 설치나 시동 때문에 고장 발생 : 초기고장
2) 고장의 유형
　① 초기고장(감소형) : 불량제조나 생산과정에서의 품질관리 미비로 생기는 고장
　② 우발고장(일정형) : 예측할 수 없을 때 생기는 고장
　③ 마모고장(증가형) : 시스템의 일부가 수명을 다하여 생기는 고장

37 정보를 전송하기 위한 표시장치 중 시각장치보다 청각장치를 사용해야 더 좋은 경우는?

① 메시지가 나중에 재참조되는 경우
② 직무상 수신자가 자주 움직이는 경우
③ 메시지가 공간적인 위치를 다루는 경우
④ 수신자의 청각계통이 과부하상태인 경우

해설

청각장치와 시각장치의 선택(특정 감각의 선택)

청각장치사용	시각장치사용
1) 전언이 간단하고 짧다.	1) 전언이 복잡하고 길다.
2) 전언이 후에 재참조되지 않는다.	2) 전언이 후에 재참조된다.
3) 전언이 즉각적인 사상(event)을 이룬다.	3) 전언이 공간적인 위치를 다룬다.
4) 전언이 즉각적인 행동을 요구한다.	4) 전언이 즉각적인 행동을 요구하지 않는다.
5) 수신자가 시각계통이 과부하 상태일 때	5) 수신자의 청각계통이 과부하 상태일 때
6) 수신장소가 너무 밝거나 암조의 유지가 필요할 때	6) 수신장소가 너무 시끄러울 때
7) 직무상 수신자가 자주 움직이는 경우	7) 직무상 수신자가 한 곳에 머무르는 경우

38 FT도에 사용되는 기호 중 "시스템의 정상적인 가동상태에서 일어날 것이 기대되는 사상"을 나타내는 것은 무엇인가?

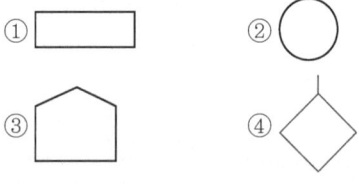

해설

① 결함사상 : 해석하고자 하는 정상사상과 중간사상에 사용한다.
② 기본사상 : 더 이상 해석할 필요가 없는 기본적인 기계의 결함 또는 오작동을 나타낸다.
③ 통상사상 : 본문 설명
④ 생략사상 : 사상과 원인의 관계를 충분히 알 수 없거나 필요한 정보를 얻을 수 없기 때문에 이것 이상 전개할 수 없는 최후적 사상을 나타낼 때 사용한다.

39 인간공학의 중요한 연구과제인 계면(interface)설계에 있어서 다음 중 계면에 해당하지 않는 것은 무엇인가?

① 작업공간　　② 표시장치
③ 조종장치　　④ 조명시설

Answer ● 34. ②　35. ④　36. ③　37. ②　38. ③　39. ④

해설

계면(interface)
1) 계면 : 인간·기계체계에서 인간과 기계가 만나는 면을 말한다.
2) 계면설계시 감정적인 부문을 고려하지 않았을 때 나타나는 현상 : 진부감
3) 인간·기계체계의 계면에서 조화성의 차원으로 고려해야 할 사항
   ① 지적 조화성
   ② 신체적 조화성
   ③ 감성적 조화성
4) 계면설계를 위한 인간요소자료
   ① 상식과 경험   ② 전문가의 판단
   ③ 상대적인 정량적 자료 ④ 정량적 자료집
   ⑤ 수학적 함수와 등식   ⑥ 원칙
   ⑦ 설계표준 및 기준   ⑧ 도식적 설명문

40 다음 중 통제표시비(control/display ratio)를 설계할 때 고려하는 요소에 관한 설명으로 틀린 것은 무엇인가?

① 계기의 조절시간이 짧게 소요되도록 계기의 크기(size)는 항상 작게 설계한다.
② 짧은 주행 시간 내에 공차의 인정범위를 초과하지 않는 계기를 마련한다.
③ 목시거리(目示距離)가 길면 길수록 조절의 정확도는 떨어진다.
④ 통제표시비가 낮다는 것은 민감한 장치라는 것을 의미한다.

해설

1) 조종·반응비율(C/R비) 또는 통제표시비(C/D비) : 통제기기와 표시장치의 관계를 나타낸 비율을 말한다.
2) 조종·반응비율 설계시 고려사항
   ① 계기의 크기 : 계기의 조절시간이 짧게 소요되는 사이즈를 선택하되 너무 작으면 오차발생이 증대되므로 상대적으로 고려한다.
   ② 공차 : 짧은 주행시간 내에 공차의 인정범위를 초과하지 않는 계기를 마련한다.
   ③ 목시거리 : 눈의 목시거리가 길수록 조절의 정확도는 떨어지며 시간이 증가한다.
   ④ 조작시간 : 조작시간의 지연은 직접적으로 조종반응비가 가장 크게 작용한다.(필요시 통제비 감소조치)
   ⑤ 방향성 : 조종기기의 조작방향과 표시기기의 운동방향이 일치하지 않으면 조작의 정확성이 감소한다.(작업자 혼란초래)

⑥ 조종기기의 민감성 : 조종반응비(통제표시비)가 작을수록 이동시간은 짧고 조종은 어려워서 민감한 조정장치이다.

제3과목 기계위험방지기술

41 다음 중 선반 작업시 준수하여야 하는 안전사항으로 틀린 것은 무엇인가?

① 작업 중 장갑 착용을 금한다.
② 작업 시 공구는 항상 정리해 둔다.
③ 운전 중에 백기어(back gear)를 사용한다.
④ 주유 및 청소를 할 때에는 반드시 기계를 정지시키고 한다.

해설

1) ③항, 운전 중에는 백기어(back gear)사용을 금지한다.
2) 선반기계를 정지시켜야 할 경우
   ① 치수를 측정할 경우
   ② 백기어를 넣거나 풀 경우
   ③ 주축을 변속할 경우
   ④ 기계에 주유 및 청소를 할 경우

42 산업안전보건법령에 따라 다음 중 목재가공용으로 사용되는 모떼기기계의 방호장치는? (단, 자동이송장치를 부착한 것은 제외한다.)

① 분할날   ② 날접촉예방장치
③ 급정지장치   ④ 이탈방지장치

해설

목재가공용 기계의 방호장치
1) 둥근톱기계
   ① 분할날 등 반발예방장치
   ② 톱날접촉예방장치
2) 띠톱기계
   ① 덮개 또는 울
   ② 스파이크가 붙어있는 이송롤러 또는 요철형 이송롤러 : 날접촉예방자치 또는 덮개
3) 대패기계 : 날접촉예방장치
4) 모떼기기계 : 날접촉예방장치

Answer ➡ 40. ① 41. ③ 42. ②

43 다음 중 컨베이어(conveyor)에 반드시 부착해야 되는 방호장치로 가장 적당한 것은 무엇인가?

① 해지장치
② 권과방지장치
③ 과부하방지장치
④ 비상정지장치

해.설

컨베이어의 방호장치
1) 비상용정지장치
2) 이탈 및 역주행방지장치
3) 건널다리

44 다음 중 정하중이 작용할 때 기계의 안전을 위해 일반적으로 안전율이 가장 크게 요구되는 재질은 무엇인가?

① 벽돌
② 주철
③ 구리
④ 목재

해.설

1) 정하중 : 시간이 경과하여도 크기와 방향이 변화되지 않는 하중
2) 안전율 = $\dfrac{파괴하중}{허용응력}$

45 다음 중 프레스에 사용되는 광전자식 방호장치의 일반구조에 관한 설명으로 틀린 것은 무엇인가?

① 방호장치의 감지기능은 규정한 검출영역 전체에 걸쳐 유효하여야 한다.
② 슬라이드 하강 중 정전 또는 방호장치의 이상 시에는 1회 동작 후 정지할 수 있는 구조이어야 한다.
③ 정상동작표시램프는 녹색, 위험표시램프는 붉은색으로 하며, 쉽게 근로자가 볼 수 있는 곳에 설치해야 한다.
④ 방호장치의 정상작동 중에 감지가 이루어지거나 공급 전원이 중단되는 경우 적어도 두 개 이상의 출력신호 개폐장치가 꺼진 상태로 돼야 한다.

해.설

광전자식 방호장치는 작업자의 손이나 신체를 검출기구에 의해 검출하여 제어회로를 통해 슬라이드 하강을 정지시키는 구조이다.

46 다음 중 120 SPM 이상의 소형 확동식 클러치 프레스에 가장 적합한 방호장치는 무엇인가?

① 양수조작식
② 수인식
③ 손쳐내기식
④ 초음파식

해.설

양수조작식은 행정수가 빠른(120SPM 이상) 소형 확동식 클러치 프레스에 적합한 방호장치이다.

47 롤러기 조작부의 설치 위치에 따른 급정지장치의 종류에서 손조작식 급정지장치의 설치 위치로 옳은 것은 무엇인가?

① 밑면에서 0.5m 이내
② 밑면에서 0.6m 이상 1.0m 이내
③ 밑면에서 1.8m 이내
④ 밑면에서 1.0m 이상 2.0m 이내

해.설

롤러기의 급정지장치 종류별 설치위치
1) 손조작 로프식 : 밑면에서 1.8m 이내
2) 복부 조작식 : 밑면에서 0.8m 이상 1.1m 이내
3) 무릎 조작식 : 밑면에서 0.6m 이내

48 다음 중 탁상용 연삭기에 사용하는 것으로서 공작물을 연삭할 때 가공물 지지점이 되도록 받쳐주는 것을 무엇이라 하는가?

① 주판
② 측판
③ 심압대
④ 워크레스트

해.설

워크레스트(work rest) : 작업받침대

49 다음 중 작업장 내의 안전을 확보하기 위한 행위로 볼 수 없는 것은 무엇인가?

① 통로의 주요 부분에는 통로표시를 하였다.
② 통로에는 50럭스 정도의 조명시설을 하였다.
③ 비상구의 너비는 1.0m로 하고, 높이는 2.0m로 하였다.
④ 통로면으로부터 높이 2m 이내에는 장애물이 없도록 하였다.

해.설

통로에는 75Lux 이상의 채광 또는 조명시설을 하여야한다.

Answer ➡ 43. ④ 44. ① 45. ② 46. ① 47. ③ 48. ④ 49. ②

50 산업안전보건법령에 따라 아세틸렌-산소 용접기의 아세틸렌 발생기실에 설치해야 할 배기통은 얼마 이상의 단면적을 가져야 하는가?

① 바닥면적의 $\frac{1}{16}$ ② 바닥면적의 $\frac{1}{20}$
③ 바닥면적의 $\frac{1}{24}$ ④ 바닥면적의 $\frac{1}{30}$

해설
아세틸렌 발생기실에 설치하는 배기통 : 바닥면의 1/16 이상의 단면적을 가진 배기통을 옥상으로 돌출시키고 그 개구부를 창 또는 출입구로부터 1.5m 이상 떨어지도록 할 것

51 설비에 사용되는 재질의 최대사용하중이 100kg이고, 파단하중이 300kg이라면 안전율은 얼마인가?

① 0.3   ② 1
③ 3   ④ 100

해설
안전율 = $\frac{파단하중}{최대사용하중} = \frac{300}{100} = 3$

52 다음 중 기계를 정지 상태에서 점검하여야 할 사항으로 틀린 것은 무엇인가?

① 급유 상태
② 이상음과 진동상태
③ 볼트·너트의 풀림 상태
④ 전동기 개폐기의 이상 유무

해설
취급·운반의 5원칙
1) ①, ②, ③항
2) 생산을 최고로 하는 운반을 생각할 것
3) 최대한 시간과 경비를 절약할 수 있는 운반방법을 고려할 것

53 다음 중 취급운반의 5원칙으로 틀린 것은 무엇인가?

① 연속 운반으로 할 것
② 직선 운반으로 할 것
③ 운반 작업을 집중화시킬 것
④ 생산을 최소로 하는 운반을 생각할 것

54 연삭기에서 숫돌의 바깥지름이 180mm라면, 플랜지의 바깥지름은 몇 mm 이상이어야 하는가?

① 30   ② 36
③ 45   ④ 60

해설
플랜지의 바깥지름
= 숫돌의 바깥지름 × $\frac{1}{3}$ = 180 × $\frac{1}{3}$ = 60mm

55 크레인 작업시 로프에 1톤의 중량을 걸어, 20m/s²의 가속도로 감아올릴 때 로프에 걸리는 총 하중(kgf)은 약 얼마인가?

① 1040.34   ② 2040.53
③ 3040.82   ④ 3540.91

해설
총하중 = 정하중 + 동하중
= 정하중 + $\left(정하중 \times \dfrac{작용가속도}{중력가속도}\right)$
= 1,000 + $\left(1,000 \times \dfrac{20}{9.8}\right)$
= 3040.92kgf

56 아세틸렌 용접장치를 사용하여 금속의 용접·용단 또는 가열작업을 하는 경우 게이지 압력으로 얼마를 초과하는 압력의 아세틸렌을 발생시켜 사용해서는 아니 되는가?

① 85kPa   ② 107kPa
③ 127kPa   ④ 150kPa

해설
아세틸렌 용접장치는 게이지 압력이 127kPa(1.3kg/cm²)을 초과하는 압력의 아세틸렌을 발생시켜 사용하지 않을 것

> **길잡이** 아세틸렌의 분해폭발
> 아세틸렌(C_2H_2)은 127kPa 이상의 압력이 작용하면 다음과 같은 반응을 일으키며 분해폭발을 한다.
> $C_2H_2 \rightarrow 2C + H_2$

Answer ➡ 50. ① 51. ③ 52. ② 53. ④ 54. ④ 55. ③ 56. ③

57 페일 세이프(Fail safe) 구조의 기능면에서 설비 및 기계 장치의 일부가 고장이 난 경우 기능의 저하를 가져오더라도 전체 기능은 정지하지 않고 다음 정기 점검시까지 운전이 가능한 방법은?

① Fail – passive
② Fail – soft
③ Fail – active
④ Fail – operational

해설
페일세이프 구조의 기능면에서의 분류
1) fail passive : 성분의 고장시 기계장치는 정지상태로 옮겨 간다.
2) fail active : 성분의 고장시 기계장치는 경보를 나타내며 단시간에 역전이 된다.
3) fail operational : 성분의 고장이 있어도 다음 정기 점검시까지 운전이 가능하다.

58 산업안전보건법령에 따른 다음 설명에 해당하는 기계설비는?

> 동력을 사용하여 가이드레일을 따라 상하로 움직이는 운반구를 매달아 화물을 운반할 수 있는 설비 또는 이와 유사한 구조 및 성능을 가진 것으로 건설현장이 아닌 장소에서 사용하는 것

① 크레인
② 산업용 리프트
③ 곤돌라
④ 이삿짐운반용 리프트

해설
리프트의 종류
1) 건설작업용 리프트 : 건설현장에서 사용하는 리프트
2) 산업용 리프트 : 본문 설명
3) 자동차 정비용 리프트 : 자동차 정비에 사용하는 것
4) 이삿짐운반 리프트 : 화물자동차 등 차량에 탑재하여 이삿짐운반 등에 사용하는 리프트

59 다음 중 셰이퍼(shaper)의 크기를 표시하는 것은 무엇인가?

① 램의 행정
② 새들의 크기
③ 테이블의 면적
④ 바이트의 최대 크기

해설
셰이퍼 크기 : 램(ram)의 최대행정

60 다음 중 산업용 로봇의 재해 발생에 대한 주된 원인이며, 본체의 외부에 조립되어 인간의 팔에 해당되는 기능을 하는 것은?

① 배관
② 외부전선
③ 제동장치
④ 매니퓰레이터

해설
매니퓰레이터(manipulator) : 로봇 팔

제4과목 전기 및 화학설비위험방지기술

61 다음은 정전기로 인한 재해를 방지하기 위한 조치 중 전기를 통하지 않는 부도체 물질에 적합하지 않는 조치는?

① 가습을 시킨다.
② 접지를 실시한다.
③ 도전성을 부여한다.
④ 자기방전식 제전기를 설치한다.

해설
접지 실시는 도체물질의 정전기 발생방지대책이다.

62 충전전로의 선간전압이 121kV 초과 145kV 이하의 활선 작업시 충전전로에 대한 접근한계거리는?

① 130cm
② 150cm
③ 170cm
④ 230cm

Answer ● 57. ④ 58. ② 59. ① 60. ④ 61. ② 62. ②

해설

접근한계 거리

충전전로의 선간전압(단위 : kV)	충전전로에 대한 접근한계거리(cm)
0.3 이하	접촉금지
0.3 초과 0.75 이하	30
0.75 초과 2 이하	45
2 초과 15 이하	60
15 초과 37 이하	90
37 초과 88 이하	110
88 초과 121 이하	130
121 초과 145 이하	150
145 초과 169 이하	170
169 초과 242 이하	230
242 초과 362 이하	380
362 초과 550 이하	550
550 초과 800 이하	790

63 다음 중 방폭구조의 종류에 해당하지 않는 것은 무엇인가?

① 유출 방폭구조 ② 안전증 방폭구조
③ 압력 방폭구조 ④ 본질안전 방폭구조

해설

방폭구조의 종류별 특징
1) 내압방폭구조 : 아크 또는 고열이 발생하여 폭발성 가스에 점화할 우려가 있는 부분을 전폐된 용기에 넣어 폭발에 견디도록 한 구조
2) 유입방폭구조 : 전폐용기에 기름을 채워서 외부의 폭발성 가스와 점화원이 접촉하여 인화될 위험이 없도록 한 구조
3) 안전증방폭구조 : 안전성을 더욱 보강하기 위하여 코일의 절연보강, 공극을 크게 하여 구조상 또는 온도상승에 대하여 금속망 같은 물질로 차폐시킨 구조로 전기불꽃이나 과열에 대하여 회로특성상 폭발의 위험을 방지할 수 있는 구조
4) 압력방폭구조 : 용기내부에 불연성 가스인 공기나 질소 등을 압입시켜 외부의 폭발성 가스가 용기내부로 침투하지 못하도록 한 구조

64 전압과 인체저항과의 관계를 잘못 설명한 것은 무엇인가?

① 정(+)의 저항온도계수를 나타낸다.
② 내부조직의 저항은 전압에 관계없이 일정하다.
③ 1,000V 부근에서 피부의 전기저항은 거의 사라진다.
④ 남자보다 여자가 일반적으로 전기저항이 작다.

해설

인체에 5V의 교류를 인가했을 경우 : 인가시간의 경과와 함께 인체저항치는 급격히 또는 완만히 감소한다.
1) 급격히 감소하는 부분 : 인가전압에 의해 피부가 파괴되어 나타나는 특성이다.
2) 완만히 감소하는 부분 : 인체의 온도상승으로 인해 부(負)의 저항온도계수에 따른 결과이다.

65 다음 중 누전차단기의 설치 환경조건에 관한 설명으로 틀린 것은 무엇인가?

① 전원전압은 정격전압의 85~110% 범위로 한다.
② 설치장소가 직사광선을 받을 경우 차폐시설을 설치한다.
③ 정격부동작 전류가 정격감도 전류의 30% 이상이어야 하고 이들의 차가 가능한 큰 것이 좋다.
④ 정격전부하전류가 30A인 이동형 전기기계·기구에 접속되어 있는 경우 일반적으로 정격감도전류는 30mA 이하인 것을 사용한다.

해설

누전차단기의 설치 환경조건
1) 주위 온도 : -10~40℃범위 내에서 성능을 발휘할 수 있을 것
2) 표고 : 1,000m 이하 장소로 할 것
3) 상대습도 : 45~80% 사이에서 사용할 것
4) 전원전압 : 정격전압의 85~110% 범위로 할 것

66 대전이 큰 엷은 층상의 부도체를 박리할 때 또는 엷은 층상의 대전된 부도체의 뒷면에 밀접한 접지체가 있을 때 표면에 연한 수지상의 발광을 수반하여 발생하는 방전은

① 불꽃 방전 ② 스트리머 방전
③ 코로나 방전 ④ 연면 방전

해설

연면 방전
1) 액체 또는 고체 절연체와 기체 사이의 경계에 다른 방전이다.
2) 정전기가 대전되어 있는 부도체에 접지체가 접근할 경우 대전물체와 접지체 사이에서 발생하는 것으로 **나뭇가지 형태(별표마크)의 발광**을 수반하는 방전을 말한다.
3) 연면방전의 방전조건
   ① 부도체의 대전량이 극히 큰 경우
   ② 대전된 부도체의 표면 가까이에 접지체가 있는 경우

Answer ● 63. ① 64. ① 65. ③ 66. ④

67 정전기가 컴퓨터에 미치는 문제점으로 가장 거리가 먼 것은?

① 디스크 드라이브가 데이터를 읽고 기록한다.
② 메모리 변경이 에러나 프로그램의 분실을 발생시킨다.
③ 프린터가 오작동을 하여 너무 많이 찍히거나, 글자가 겹쳐서 찍힌다.
④ 터미널에서 컴퓨터에 잘못된 데이터를 입력시키거나 데이터를 분실한다.

해설
①항, 정전기에 의해서 발생되는 현상과 관계가 없다.

68 업장에서 근로자의 감전 위험을 방지하기 위하여 필요한 조치를 하여야 한다. 맞지 않는 것은 무엇인가?

① 작업장 통행 등으로 인하여 접촉하거나 접촉할 우려가 있는 배선 또는 이동전선에 대하여는 절연피복이 손상되거나 노화된 경우에는 교체하여 사용하는 것이 바람직하다.
② 전선을 서로 접속하는 때에는 해당 전선의 절연성능 이상으로 절연될 수 있는 것으로 충분히 피복하거나 적합한 접속기구를 사용하여야 한다.
③ 물 등의 도전성이 높은 액체가 있는 습윤한 장소에서 근로자의 통행 등으로 인하여 접촉할 우려가 있는 이동 전선 및 이에 부속하는 접속기구는 그 도전성이 높은 액체에 대하여 충분한 절연효과가 있는 것을 사용하여야 한다.
④ 차량 기타 물체의 통과 등으로 인하여 전선의 절연피복이 손상될 우려가 없더라도 통로바닥에 전선 또는 이동 전선을 설치하여 사용하여서는 아니 된다.

해설
통로바닥에서의 전선 등 사용금지(안전보건규칙 제315조)
1) 사업주는 통로바닥에 전선 또는 이동전선 등을 설치하여 사용해서는 아니된다.
2) 다만, 차량이나 그 밖의 물체의 통과 등으로 인하여 해당 전선의 절연피복이 손상될 우려가 없거나 손상되지 않도록 적절한 조치를 하여 사용하는 경우에는 그러하지 아니한다.

69 전기설비의 접지저항을 감소시킬 수 있는 방법으로 가장 거리가 먼 것은 무엇인가?

① 접지극을 깊이 묻는다.
② 접지극을 병렬로 접속한다.
③ 접지극의 길이를 길게 한다.
④ 접지극과 대지간의 접촉을 좋게 하기 위해서 모래를 사용한다.

해설
접지저항 저감법
1) ①, ②, ③항
2) 토양이 불량할 경우는 토질에 적합한 시공법을 택하거나, 접지저항 저감제를 사용하여 토양을 개선할 것

70 다음 중 최대공급전류가 200A인 단상전로의 한 선에서 누전되는 최소전류는 몇 A인가?

① 0.1   ② 0.2
③ 0.5   ④ 1.0

해설
누전되는 최소전류량
$= 최대공급전류 \times \dfrac{1}{2,000}$
$= 200 \times \dfrac{1}{2,000} = 0.1A$

71 다음 중 소화(宵火)방법에 있어 제거소화에 해당되지 않는 것은 무엇인가?

① 연료 탱크를 냉각하여 가연성 기체의 발생 속도를 작게 한다.
② 금속화재의 경우 불활성 물질로 가연물을 덮어 미연소 부분과 분리한다.
③ 가연성 기체의 분출 화재시 주밸브를 잠그고 연료 공급을 중단시킨다.
④ 가연성 가스나 산소의 농도를 조절하여 혼합기체의 농도를 연소 범위 밖으로 벗어나게 한다.

해설
④항, 희석소화

72 산업안전보건법에 따라 사업주는 공정안전보고서의 심사결과를 송부 받은 경우 몇 년간 보존하여야 하는가?

① 1년   ② 2년
③ 3년   ④ 5년

해설
공정안전보고서 심사를 송부받은 경우(시행규칙 제130조의 4 제③항) : 송부받은 날부터 5년간 보존하여야 한다.

73 환풍기가 고장난 장소에서 인화성 액체를 취급하는 과정에 부주의로 마개를 막지 않았다. 이 장소에서 작업자가 담배를 피우기 위해 불을 켜는 순간 인화성 액체에서 불꽃이 일어나는 사고가 발생하였다면 다음 중 이와 같은 사고의 발생 가능성이 가장 높은 물질은?

① 아세트산   ② 등유
③ 에틸에테르   ④ 경유

해설
1) 인화성 액체 등의 인화점
   ① 에틸에테르($C_2H_5OC_2H_5$) : $-45℃$
   ② 아세트산(CH_3COOH) : $39℃$
   ③ 등유(kerosene) : $43\sim72℃$
   ④ 경유(diesel oil) : $50\sim70℃$
2) 인화점이 낮을수록 화재발생 가능성이 높다.

74 다음 중 자연발화에 대한 설명으로 가장 적절한 것은?

① 습도를 높게 하면 자연발화를 방지할 수 있다.
② 점화원을 잘 관리하면 자연발화를 방지할 수 있다.
③ 윤활유를 닦은 걸레의 보관 용기로는 금속재보다는 플라스틱 제품이 더 좋다.
④ 자연발화는 외부로 방출하는 열보다 내부에서 발생하는 열의 양이 많은 경우에 발생한다.

해설
자연발화현상 : 가연물이 열이 축적되어 스스로 연소하는 현상으로 밖으로 방열하는 열보다 내부에서 열의 양이 많이 일어난다.
∴ 열의 축적 = 열의 발생 − 열의 방열

75 다음 중 폭발이나 화재 방지를 위하여 물과의 접촉을 방지하여야 하는 물질에 해당하는 것은 무엇인가?

① 칼륨   ② 트리니트로톨루엔
③ 황린   ④ 니트로셀룰로오스

해설
칼륨(K), 나트륨(Na) 등은 물반응성 물질로 물과 접촉을 금지시켜야 한다.

76 부피조성이 메탄 65%, 에탄 20%, 프로판 15% 인 혼합가스의 공기 중 폭발하한계는 약 몇 vol% 인가? (단, 메탄, 에탄, 프로판의 폭발하한계는 각각 5.0vol%, 3.0vol%, 2.1vol%이다.)

① 2.63   ② 3.73
③ 4.83   ④ 5.93

해설
$$L = \frac{V_1+V_2+V_3}{\frac{V_1}{L_1}+\frac{V_2}{L_2}+\frac{V_3}{L_3}} = \frac{65+20+15}{\frac{65}{5.0}+\frac{20}{3.0}+\frac{15}{2.1}} = 3.73\text{vol}\%$$

77 O_2 20ppm은 약 몇 g/m³인가? (단, SO_2의 분자량은 64이고, 온도는 21℃, 압력은 1기압으로 한다.)

① 0.571   ② 0.531
③ 0.0571   ④ 0.0531

해설
ppm을 g/m³으로 바꾸는 공식
$$A(g/m^3) = \frac{ppm \times 분자량}{22.4 \times (273+t℃)/273} \times \frac{1}{1,000}$$
$$= \frac{20 \times 64}{22.4 \times (273+21)/273} \times \frac{1}{1,000}$$
$$= 0.0531 g/m^3$$

78 다음 중 화염일주한계와 폭발등급에 대한 설명으로 틀린 것은 무엇인가?

① 수소와 메탄은 상호 다른 등급에 해당한다.
② 폭발등급은 화염일주한계에 따라 등급을 구분한다.

③ 폭발등급 1등급 가스는 폭발등급 3등급 가스보다 폭발점화 파급위험이 크다.
④ 폭발성 혼합가스에서 화염일주한계값이 작은 가스일수록 외부로 폭발점화 파급위험이 커진다.

해설

폭발점화 파급위험
폭발 1등급 < 폭발 2등급 < 폭발 3등급

79 다음 중 화염의 역화를 방지하기 위한 안전장치는?
① flame arrester
② flame stack
③ molecular seal
④ water seal

해설

fame arrester : 화염을 차단하는 안전장치로서 탱크에서 외부에 증기를 방출하거나 탱크 내에 외기를 흡입하거나 하는 부분에 설치한다.

80 다음 중 증류탑의 일상 점검항목으로 볼 수 없는 것은 무엇인가?
① 도장의 상태
② 트레이(Tray)의 부식상태
③ 보온재, 보냉재의 파손여부
④ 접속부, 맨홀부 및 용접부에서의 외부 누출유무

해설

1) 증류탑의 일상점검 항목
  ① 보온재, 보냉재의 파손여부
  ② 도장(painting)의 보존상태여부
  ③ 접속부, 맨홀부, 용접부에서 이상유무
  ④ 앵커볼트 이탈여부
  ⑤ 증기배관이 열팽창에 의한 무리한 힘이 가하지 않고 있는지 여부
  ⑥ 부식 등으로 두께가 얇어지지는 않았는지 유무
2) 증류탑의 개방점검 항목
  ① 탑 내 tray의 부식상태, 부식정도, 부식범위 정도
  ② 폴리머나 scale의 생성되어 당공판의 구멍이 막혔는지 여부
  ③ 익류구의 높이는 설계대로 통과되는지 여부
  ④ 용접선의 상태
  ⑤ tray의 고정상태
  ⑥ linning과 coating상태의 이상유무

제5과목 건설안전기술

81 흙막이 가시설 공사 중 발생할 수 있는 히빙(Heaving)현상에 관한 설명으로 틀린 것은 무엇인가?
① 흙막이 벽체 내·외의 토사의 중량차에 의해 발생한다.
② 연약한 점토지반에서 굴착면의 융기로 발생한다.
③ 연약한 사질토 기반에서 주로 발생한다.
④ 흙막이벽의 근입장 깊이가 부족할 경우 발생한다.

해설

히빙현상 : 연약한 점토질 지반에서 발생

82 다음 빈칸에 알맞은 숫자를 순서대로 옳게 나타낸 것은?

| 강관비계의 경우, 띠장간격은 ( )m 이하로 설치할 것. |

① 3
② 2.5
③ 2
④ 1.5

해설

강관비계의 구조
1) 비계기둥의 간격 : 띠장방향에서 1.85m 이하, 장선방향에서 1.5m 이하
2) 띠장간격 : 2m 이하
3) 비계기둥의 제일 윗부분에서 31m 되는 밑부분의 비계기둥 : 2개의 강관으로 묶어 세울 것
4) 비계기둥간의 적재하중 : 400kg 이하

83 굴착기계 중 주행기면 보다 하방의 굴착에 적합하지 않은 것은 무엇인가?
① 백호우
② 클램셸
③ 파워쇼벨
④ 드래그라인

Answer ● 79.① 80.② 81.③ 82.③ 83.③

해설

① 불도저(bull dozer) : 블레이드를 트랙터 앞부분에 90°로 설치하여 블레이드를 상하로 조정하면서 임의의 각도로 기울일 수 없게 한 정지용 기계
② 앵글도저(angle dozer) : 블레이드 길이가 길고 높이를 30°의 각도로 회전시킬 수 있어 흙을 측면으로 보낼 수 있다.
③ 로더(loader) : 본문 설명
④ 파워쇼벨(power shovel) : 중기가 위치한 지면보다 높은 곳의 땅을 파는데 적합하다.

84 크레인을 사용하여 양중작업을 하는 때에 안전한 작업을 위해 준수하여야 할 내용으로 틀린 것은 무엇인가?

① 인양할 하물(荷物)을 바닥에서 끌어당기거나 밀어 정위치 작업을 할 것
② 가스통 등 운반 도중에 떨어져 폭발 가능성이 있는 위험물용기는 보관함에 담아 매달아 운반할 것
③ 인양 중인 하물이 작업자의 머리 위로 통과하지 않도록 할 것
④ 인양할 하물이 보이지 아니하는 경우에는 어떠한 동작도 하지 아니할 것

해설

크레인을 사용하여 작업시는 인양할 하물을 바닥에서 끌어당기거나 밀어내는 작업을 하지 아니할 것(안전보건규칙 제146조)

85 다음 ( ) 안에 들어갈 말로 옳은 것은?

> 콘크리트 측압은 콘크리트 타설속도, ( ), 단위용적질량, 온도, 철근배근상태 등에 따라 달라진다.

① 타설높이
② 골재의 형상
③ 콘크리트 강도
④ 박리제

해설

흙의 동상을 방지하기 위해서는 물의 유통을 차단하고 지하수위를 감소시켜야 한다.

86 주행크레인 및 선회크레인과 건설물 사이에 통로를 설치하는 경우, 그 폭은 최소 얼마 이상으로 하여야 하는가? (단, 건설물의 기둥에 접촉하지 않는 부분인 경우)

① 0.3m
② 0.4m
③ 0.5m
④ 0.6m

해설

건설물 등과의 사이 통로
1) 주행크레인 또는 선회크레인과 건설물 또는 설비와의 사이에 통로를 설치하는 경우 그 폭을 0.6m 이상으로 하여야 한다.
2) 다만, 그 통로 중 건설물의 기둥에 접촉하는 부분에 대해서는 0.4m 이상으로 할 수 있다.

87 철골공사에서 나타나는 용접결함의 종류에 해당하지 않는 것은 무엇인가?

① 오버랩(overlap)
② 언더 컷(under cut)
③ 블로우 홀(blow hole)
④ 가우징(gouging)

해설

가우징(gouging) : 용접시 쪼아 내기 등에 의해 여분을 제거하는 작업

88 와이어로프나 철선 등을 이용하여 상부지점에서 작업용 발판을 매다는 형식의 비계로서 건물 외벽도장이나 청소 등의 작업에서 사용되는 비계는 무엇인가?

① 브라켓 비계
② 달비계
③ 이동식 비계
④ 말비계

해설

1) 달비계 : 본문 설명(상하이동 가능)
2) 달대비계 : 철골에 매달아 사용하는 비계, 상하이동 불가능

Answer ➡ 84. ① 85. ① 86. ④ 87. ④ 88. ②

89 건설공사 시 계측관리의 목적이 아닌 것은 무엇인가?

① 지역의 특수성보다는 토질의 일반적인 특성파악을 목적으로 한다.
② 시공 중 위험에 대한 정보제공을 목적으로 한다.
③ 설계 시 예측치와 시공 시 측정치와의 비교를 목적으로 한다.
④ 향후 거동 파악 및 대책 수립을 목적으로 한다.

해설
계측관리의 목적에는 지역의 특수성을 파악하는 것도 포함된다.

90 유해·위험방지계획서 검토자의 자격 요건에 해당하지 않는 것은 무엇인가?

① 건설안전분야 산업안전지도사
② 건설안전기사로서 실무경력 3년인 자
③ 건설안전산업기사 이상으로서 실무경력 7년인 자
④ 건설안전기술사

해설
②항, 건설안전기사로서 실무경력 5년인 자

91 차량계 하역운반기계에서 화물을 싣거나 내리는 작업에서 작업지휘자가 준수해야할 사항과 가장 거리가 먼 것은 무엇인가?

① 작업순서 및 그 순서마다의 작업방법을 정하고 작업을 지휘하는 일
② 기구 및 공구를 점검하고 불량품을 제거하는 일
③ 당해 작업을 행하는 장소에 관계근로자외의 자의 출입을 금지하는 일
④ 총 화물량을 산출하는 일

해설
차량계 하역운반기계 등에 단위화물의 무게가 100kg 이상인 화물을 싣거나 내리는 작업을 하는 경우 작업지휘자의 준수사항(안전보건규칙 제 177조)
1) ①, ②, ③항
2) 로프 풀기작업 또는 덮개 벗기기 작업은 적재함의 화물이 떨어질 위험이 없음을 확인한 후에 하도록 할 것

92 흙의 동상을 방지하기 위한 대책으로 틀린 것은 무엇인가?

① 물의 유통을 원활하게 하여 지하수위를 상승시킨다.
② 모관수의 상승을 차단하기 위하여 지하수위 상층에 조립토층을 설치한다.
③ 지표의 흙을 화학약품으로 처리한다.
④ 흙속에 단열재료를 매입한다.

해설
흙의 동상을 방지하기 위해서는 물의 유통을 차단하고 지하수위를 감소시켜야 한다.

93 타워크레인을 벽체에 지지하는 경우 서면심사 서류 등이 없거나 명확하지 아니할 때 설치를 위해서는 특정 기술자의 확인을 필요로 하는데, 그 기술자에 해당하지 않는 것은 무엇인가?

① 건설안전기술사
② 기계안전기술사
③ 건축시공기술사
④ 건설안전분야 산업안전지도사

해설
타워크레인을 벽체에 지지하는 경우 서면심사서류 등이 없거나 명확하지 아니할 경우 설치를 위해서 확인을 받아야할 기술자의 자격
1) 건축구조·건설기계·기계안전·건설안전 기술사
2) 건설안전분야 산업안전지도사

94 안전난간의 구조 및 설치요건과 관련하여 발끝막이판의 바닥으로부터 설치높이 기준으로 옳은 것은 무엇인가?

① 10cm 이상
② 15cm 이상
③ 20cm 이상
④ 30cm 이상

해설
안전난간의 발끝막이판의 설치높이 : 바닥면 등에서 10cm 이상

Answer ● 89.① 90.② 91.④ 92.① 93.③ 93.③ 94.①

95 산업안전보건기준에 관한 규칙에 따른 토사 붕괴를 예방하기 위한 굴착면의 기울기 기준으로 틀린 것은 무엇인가?

① 모래 1 : 1.8
② 연암 1 : 1.0
③ 풍화암 1 : 1.2
④ 경암 1 : 0.5

해설

굴착작업시 굴착면의 기울기 기준

구분	지반의 종류	구배
보통 흙	모래	1 : 1.8
	그밖의 흙	1 : 1.2
암반	풍화암	1 : 1.0
	연암	1 : 1.0
	경암	1 : 0.5

96 콘크리트 타설시 거푸집의 측압에 영향을 미치는 인자들에 대한 설명으로 틀린 것은 무엇인가?

① 슬럼프가 클수록 측압은 크다.
② 거푸집의 강성이 클수록 측압은 크다.
③ 철근량이 많을수록 측압은 작다.
④ 타설 속도가 느릴수록 측압은 크다.

해설
④항, 타설속도가 빠를수록 측압은 크다.

97 항타기·항발기의 권상용 와이어로프로 사용 가능한 것은 무엇인가?

① 이음매가 있는 것
② 와이어로프의 한 꼬임에서 끊어진 소선의 수가 5%인 것
③ 지름의 감소가 호칭지름의 8% 인 것
④ 심하게 변형된 것

해설
②항, 와이어로프의 한 꼬임에서 끊어진 소선의 수가 10% 이상인 것

98 철근가공작업에서 가스절단을 할 때의 유의사항으로 틀린 것은 무엇인가?

① 가스절단 작업 시 호스는 겹치거나 구부러지거나 밟히지 않도록 한다.
② 호스, 전선 등은 작업효율을 위하여 다른 작업장을 거치는 곡선상의 배선이어야 한다.
③ 작업장에서 가연성 물질에 인접하여 용접작업을 할 때에는 소화기를 비치하여야 한다.
④ 가스절단 작업 중에는 보호구를 착용하여야 한다.

해설
철근가공작업을 할 때 가스절단시 유의사항(고용노동부 고시)
1) ①, ③, ④항
2) 호스, 전선 등은 다른 작업장을 거치지 않는 직선상의 배선이어야 하며, 길이가 짧아야 한다.

99 사다리식 통로의 설치기준으로 틀린 것은 무엇인가?

① 폭은 30cm 이상으로 할 것
② 발판과 벽과의 사이는 15cm 이상의 간격을 유지할 것
③ 사다리의 상단은 걸쳐놓은 지점으로부터 60cm 이상 올라가도록 할 것
④ 사다리식 통로의 길이가 10m 이상인 경우에는 7m 이내마다 계단참을 설치할 것

해설
사다리식 통로의 길이가 10m 이상인 경우에는 5m 이내마다 계단참을 설치할 것

100 추락방지망의 달기로프를 지지점에 부착할 때 지지점의 간격이 1.5m인 경우 지지점의 강도는 최소 얼마 이상이어야 하는가? (단, 연속적인 구조물이 방망지지점인 경우임)

① 200kg
② 300kg
③ 400kg
④ 500kg

해설
추락방지망의 달기로프를 지지점에 부착할 경우 : 지지점의 간격이 1.5m인 경우 지지점의 강도는 300kg 이상일 것

Answer ● 95.③ 96.④ 97.② 98.② 99.④ 100.②

2021년 제3회 산업안전산업기사

2021. 8. 14 시행

제1과목 산업안전관리론

01 다음 중 안전교육의 4단계를 올바르게 나열한 것은 무엇인가?

① 제시→확인→적용→도입
② 확인→도입→제시→적용
③ 도입→제시→적용→확인
④ 제시→도입→확인→적용

해설

안전교육훈련 4단계
1) 1단계 : 도입(준비)   2) 2단계 : 제시(실연)
3) 3단계 : 적용(실습)   4) 4단계 : 확인(총괄)

02 다음 중 재해예방의 4원칙에 해당되지 않는 것은 무엇인가?

① 대책 선정의 원칙   ② 손실 우연의 원칙
③ 통계 방법의 원칙   ④ 예방 가능의 원칙

해설

재해예방의 4원칙
1) **손실우연의 원칙** : 사고에 의해서 생기는 손실의 종류와 정도는 우연적이다.
2) **원인계기의 원칙** : 모든 재해는 필연적인 원인에 의해서 발생한다.
3) **예방가능의 원칙** : 재해는 원칙적으로 원인만 제거하면 예방이 가능하다.
4) **대책선정의 원칙** : 재해예방을 위한 가능한 안전대책은 반드시 존재한다.

03 다음 중 인간의 행동에 대한 레빈(K. Lewin)의 식 "B=f(P · E)"에서 인간관계 요인을 나타내는 변수에 해당하는 것은?

① B(Behavior)   ② f (Function)
③ P(Person)   ④ E(Environment)

해설

레빈(K. Lewin)의 법칙 : Lewin은 인간의 행동(B)은 그 사람이 가진 자질 즉, 개체(P)와 심리학적 환경(E)과의 상호 함수관계에 있다고 하였다.

$$B = f(P \cdot E)$$

1) B (Behavior) : 인간의 행동
2) f (function) : 함수로 적성, 기타 P와 E에 영향을 미칠 수 있는 조건
3) P (Person) : 개체 또는 개성, 연령, 경험, 심신상태, 성격, 지능 등 인간의 조건
4) E (Environment) : 심리적 환경, 인간관계, 감독, 작업조건, 작업환경 등 환경조건

04 리더십의 3가지 유형 중 지도자가 모든 정책을 단독으로 결정하기 때문에 부하 직원들은 오로지 따르기만 하면 된다는 유형을 무엇이라 하는가?

① 민주형   ② 자유방임형
③ 권위형   ④ 강제형

해설

리더십의 유형별 정책결정
1) **권위형** : 지도자(리더) 중심
2) **민주형** : 집단(지도자＋종업원)중심
3) **자유방임형** : 종업원 중심

05 보호구의 의무안전인증기준에 있어 다음 설명에 해당하는 부품의 명칭으로 옳은 것은?

> 머리받침끈, 머리고정대 및 머리받침고리로 구성되어 추락 및 감전 위험방지용 안전모 머리부위에 고정시켜 주며, 안전모에 충격이 가해졌을 때 착용자의 머리부위에 전해지는 충격을 완화시켜 주는 기능을 갖는 부품

① 챙   ② 착장체
③ 모체   ④ 충격흡수재

Answer ● 01. ③ 02. ③ 03. ④ 04. ③ 05. ②

해설
①항, 챙 : 햇빛 등을 가리기 위한 목적으로 착용자의 이마 앞으로 돌출된 모체의 일부를 말한다.
②항, 착장체, 본문 설명
③항, 모체 : 착용자의 머리부위에 덮는 주된 물체로서 단단하고 매끄럽게 마감된 재료를 말한다.
④항, 충격흡수재 : 안전모에 충격이 가해졌을 때 착용자의 머리부위에 전해지는 충격을 완화하기 위하여 모체의 내면에 붙이는 부품을 말한다.

06 다음 중 학습의 연속에 있어 앞(前)의 학습이 뒤(後)의 학습을 방해하는 조건과 가장 관계가 적은 경우는 무엇인가?

① 앞의 학습이 불완전한 경우
② 앞과 뒤의 학습 내용이 다른 경우
③ 앞과 뒤의 학습 내용이 서로 반대인 경우
④ 앞의 학습 내용을 재생하기 직전에 실시하는 경우

해설
1) 전이는 앞과 뒤의 학습이 유사한 경우에 발생한다.
2) 앞과 뒤의 학습내용이 다른 경우에는 전이의 조건에 위배되므로 학습을 방해하는 조건과 관계가 없다

07 다음 중 무재해운동의 실천 기법에 있어 브레인스토밍(Brain storming)의 4원칙에 해당하지 않는 것은 무엇인가?

① 수정발언   ② 비판금지
③ 본질추구   ④ 대량발언

해설
브레인스토밍(BS, brain storming)의 4원칙
1) 비평금지 : 좋다, 나쁘다고 비평하지 않는다.
2) 자유분방 : 마음대로 편안히 발언한다.
3) 대량발언 : 무엇이건 좋으니 많이 발언한다.
4) 수정발언 : 타인의 아이디어에 수정하거나 덧붙여 말하여도 좋다.

08 다음 중 허즈버그의 2요인 이론에 있어 직무만족에 의한 생산능력의 증대를 가져올 수 있는 동기부여 요인은?

① 작업조건   ② 정책 및 관리
③ 대인관계   ④ 성취에 대한 인정

해설
Herzberg의 위생·동기 이론
1) 위생요인(직무환경) : 개인 상호간의 관계(친교, 대인관계), 감독형태, 작업조건, 임금(급료, 보수), 지위, 안전 등
2) 동기요인(직무내용 – 일의 내용) : 목표달성에 대한 성취감, 책임감, 안정감, 도전감, 성질과 발전, 작업자체(일 자체) 등

09 다음 중 피로(fatigue)에 관한 설명으로 가장 적절하지 않은 것은?

① 피로는 신체의 변화, 스스로 느끼는 권태감 및 작업 능률의 저하 등을 총칭하는 말이다.
② 급성 피로란 보통의 휴식으로는 회복이 불가능한 피로를 말한다.
③ 정신 피로는 정신적 긴장에 의해 일어나는 중추신경계의 피로로 사고활동, 정서 등의 변화가 나타난다.
④ 만성 피로란 오랜 기간에 걸쳐 축적되어 일어나는 피로를 말한다.

해설
급성피로 : 휴식에 의해서 회복되는 피로(정상피로 또는 건강피로)

10 다음 중 산업안전보건법령상 안전관리자의 직무에 해당되지 않는 것은?(단, 기타 안전에 관한 사항으로서 고용노동부장관이 정하는 사항은 제외한다.)

① 안전·보건에 관한 노사협의체에서 심의·의결한 직무
② 작업장 내에서 사용되는 전체 환기장치 및 국소 배기 장치 등에 관한 설비의 점검
③ 의무안전인증대상 기계·기구 등과 자율안전확인대상 기계·기구 등의 구입시 적격품의 선정
④ 해당 사업장의 안전보건관리규정 및 취업규칙에서 정한 직무

Answer ➡ 06. ② 07. ③ 08. ④ 09. ② 10. ②

해설

안전관리자의 업무
① 산업안전보건위원회 또는 안전보건에 관한 노사협의체에서 심의·의결한 직무와 당해 사업장의 안전보건 관리규정 및 취업규칙에 정한 직무
② 안전인증대상 기계·기구등과 자율안전확인대상 기계·기구 등 구입시 적격품의 선정에 관한 보좌 및 조언·지도
③ 위험성 평가에 관한 보좌 및 조언·지도
④ 해당 사업장 안전교육계획의 수립 및 안전교육 실시에 관한 보좌 및 조언·지도
⑤ 사업장 순회점검·지도 및 조치의 건의
⑥ 산업재해발생의 원인조사·분석 및 재발방지를 위한 기술적 보좌 및 조언·지도
⑦ 산업재해에 관한 통계의 유지·관리·분석을 위한 보좌 및 조언·지도(안전분야에 한함)
⑧ 법 또는 법에 따른 명령으로 정한 안전에 관한 사항의 이행에 관한 보좌 및 조언·지도
⑨ 업무수행 내용의 기록·유지
⑩ 그 밖에 안전에 관한 사항으로서 고용노동부장관이 정하는 사항

11 인간의 행동은 사람의 개성과 환경에 영향을 받는데 다음 중 환경적 요인이 아닌 것은?

① 책임　　　　② 작업조건
③ 감독　　　　④ 직무의 안정

해설

레빈(K. Lewin)의 법칙
∴ $B = f(P \cdot E)$
1) B(Behavior) : 인간의 행동
2) f(function) : 함수로 적성, 기타 P와 E에 영향을 미칠 수 있는 조건
3) P(Person) : 개체 또는 개성, 연령, 경험, 심신상태, 성격, 지능 등 인간의 조건
4) E(Environment) : 심리적 환경, 인간관계, 감독, 작업조건, 작업환경 등 환경조건

12 다음 중 안전점검의 목적과 가장 거리가 먼 것은 무엇인가?

① 기기 및 설비의 결함제거로 사전 안전성 확보
② 안전측면에서의 안전한 행동 유지
③ 기기 및 설비의 본래성능 유지
④ 생산제품의 품질관리

해설

안전점검의 목적
1) 기기 및 설비의 결함이나 불안전 조건의 제거(설비의 안전 확보)
2) 인적인 안전행동상태의 유지
3) 설비의 안전상태 유지 및 본래의 성능유지
4) 합리적인 생산관리(생산성 향상)

13 다음 중 강의계획 수립 시 학습목적 3요소가 아닌 것은?

① 목표　　　　② 주제
③ 학습정도　　④ 교재내용

해설

학습목적의 3요소
1) 목표 : 학습을 통하여 달성하려는 지표이다.
2) 주제 : 목표달성을 위한 테마(thema)를 의미한다.
3) 학습정도 : 학습범위와 내용의 정도를 말한다. (단계 : 인지 → 지각 → 이해 → 적용)

14 다음 중 안전·보건교육 계획수립에 반드시 포함되어야 할 사항이 아닌 것은?

① 교육 지도안
② 교육의 목표 및 목적
③ 교육장소 및 방법
④ 교육의 종류 및 대상

해설

안전·보건교육계획에 포함하여야 할 사항
1) 교육목표(첫째 과제)
2) 교육의 종류 및 교육대상
3) 교육과목 및 교육내용
4) 교육기간 및 시간
5) 교육장소 및 교육방법
6) 교육담당자 및 강사

15 다음 중 도미노이론에서 사고의 직접원인이 되는 것은?

① 통제의 부족
② 유전과 환경적 영향
③ 불안전한 행동과 상태
④ 관리 구조의 부적절

Answer ▶ 11. ① 12. ④ 13. ④ 14. ① 15. ③

해설

사고발생의 연쇄성이론(도미노이론)
1) 하인리히의 사고연쇄성이론
   ① 1단계 : 사회 환경 및 유전적 요소 ─┐ 간접
   ② 2단계 : 개인적 결함 ─────────────┘ 원인
   ③ 3단계 : 불안전한 행동 및 상태 – 직접원인
   ④ 4단계 : 사고
   ⑤ 5단계 : 재해
2) 버드의 사고연쇄성이론
   ① 1단계 : 통제의 부족 – 관리소홀 ─┐ 간접
   ② 2단계 : 기본원인 – 기원 ─────────┘ 원인
   ③ 3단계 : 직접원인 – 징후
   ④ 4단계 : 사고 – 접촉
   ⑤ 5단계 : 상해 – 손해 – 손실
(3) 아담스의 사고연쇄성이론
   ① 1단계 : 관리구조 ─────────┐ 간접
   ② 2단계 : 작전적(전략적)에러 ─┘ 원인
   ③ 3단계 : 전술적 에러 – 직접원인
   ④ 4단계 : 사고
   ⑤ 5단계 : 상해 또는 손실

16 산업안전보건법령에 따라 작업장 내에 사용하는 안전ㆍ보건표지의 종류에 관한 설명으로 옳은 것은?

① "위험장소"는 경고표지로서 바탕은 노란색, 기본모형은 검은색, 그림은 흰색으로 한다.
② "출입금지"는 금지표지로서 바탕은 흰색, 기본모형은 빨간색, 그림은 검은색으로 한다.
③ "녹십자표지"는 안내표지로서 바탕은 흰색, 기본모형과 관련 부호는 녹색, 그림은 검은색으로 한다.
④ "안전모착용"은 경고표지로서 바탕은 파란색, 관련 그림은 검은색으로 한다.

해설

1) **위험장소** : 경고표지로서 바탕은 노란색, 기본모형ㆍ관련 부호 및 그림은 검정색
2) **녹십자표지** : 안내표지로서 바탕은 흰색, 기본모형 및 관련 부호는 녹색
3) **안전모착용** : 지시표지로서 바탕은 파란색 관련그림은 흰색

17 다음과 같은 재해 사례의 분석으로 옳은 것은?

어느 직장에서 메인스위치를 끄지 않고 퓨즈를 교체하는 작업 중 단락사고로 인하여 스파크가 발생하여 작업자가 화상을 입었다.

① 화상 : 상해의 형태
② 스파크의 발생 : 재해
③ 메인 스위치를 끄지 않음 : 간접원인
④ 스위치를 끄지 않고 퓨즈 교체 : 불안전한 상태

해설

재해사례의 분석
1) **기인물** : 퓨즈
2) **가해물** : 스파크
3) **불안전한 행동** : 스위치를 끄지 않고 퓨즈 교체
4) **상해의 형태** : 화상

18 연간 상시근로자수가 500명인 A 사업장에서 1일 8시간씩 연간 280일을 근무하는 동안 재해가 36건이 발생하였다면 이 사업장의 도수율은 약 얼마인가?

① 10   ② 10.14
③ 30   ④ 32.14

해설

$$도수율 = \frac{재해건수}{연근로시간수} \times 10^6$$
$$= \frac{36}{500 \times 8 \times 280} \times 10^6 = 32.14$$

19 다음 중 칼날이나 뾰족한 물체 등 날카로운 물건에 찔린 상해를 무엇이라 하는가?

① 자상   ② 창상
③ 절상   ④ 찰과상

해설

① **자상(찔림)** : 칼날 등 날카로운 물건에 찔린 상해
② **창상(베임)** : 창, 칼 등에 베인 상해
③ **절상** : 끝이 예리한 물체로 인한 상처
④ **찰과상** : 스치거나 문질러서 벗겨진 상해

Answer ➡ 16. ② 17. ① 18. ④ 19. ①

20 산업안전보건법령상 사업 내 안전·보건교육과정 중 일용근로자의 채용 시 교육시간으로 옳은 것은?

① 1시간 이상 ② 2시간 이상
③ 3시간 이상 ④ 4시간 이상

해설
채용시 교육시간
1) 일용근로자 : 1시간 이상
2) 일용근로자를 제외한 근로자 : 8시간 이상

제2과목 인간공학 및 시스템안전공학

21 반경 7cm의 조종구를 30° 움직일 때 계기판의 표시가 3cm 이동하였다면 이 조종장치의 C/R 비는 약 얼마인가?

① 0.22 ② 0.38
③ 1.22 ④ 1.83

해설
$$\frac{C}{R} = \frac{a/360 \times 2\pi L}{\text{표시장치 이동거리}}$$
$$= \frac{30/360 \times 2 \times 3.14 \times 7}{3} = 1.22$$

22 다음 중 결함수분석법에서 사용하는 기호의 명칭으로 옳은 것은?

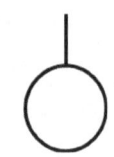

① 결함사상 ② 기본사상
③ 생략사상 ④ 통상사상

해설

(1) 결함사상 :  (2) 기본사상 : ○

(3) 생략사상 :  (4) 통상사상 :

23 다음 중 결함수분석법에 관한 설명으로 틀린 것은?

① 잠재위험을 효율적으로 분석한다.
② 연역적 방법으로 원인을 규명한다.
③ 복잡하고 대형화된 시스템의 분석에 사용한다.
④ 정성적 평가보다 정량적 평가를 먼저 실시한다.

해설
FTA(결함수분석법)의 특징
1) 연역적 해석
2) 정량적 해석 : 정량적 해석은 정성적 해석을 한 후에 실시하는 것이다.

24 다음 중 눈의 구조 가운데 기능 결함이 발생할 경우 색맹 또는 색약이 되는 세포는?

① 간상세포 ② 원추세포
③ 수평세포 ④ 양극세포

해설
망막의 감광요소
1) 원추체(cone) : 밝은 곳에서 기능, 색구별, 황반에 집중
2) 간상체(rod) : 조도수준이 낮을 때 기능, 흑백의 음영 구분, 망막 주변

25 다음 중 기능식 생산에서 유연생산 시스템 설비의 가장 적합한 배치는 무엇인가?

① 유자(U)형 배치 ② 일자(−)형 배치
③ 합류(Y)형 배치 ④ 복수라인(=)형 배치

해설
시스템 설비의 배치 : 기능식 생산에서 생산성 향상을 위한 가장 효율적인 배치는 U자형으로 배치하는 것이다.

26 인간의 신뢰성 요인 중 경험연수, 지식수준, 기술수준에 의존하는 요인은?

① 주의력 ② 긴장수준
③ 의식수준 ④ 감각수준

해설
인간의 신뢰성 요인
1) 주의력
2) 긴장수준
3) 의식수준(경험연수, 지식수준, 기술수준)

Answer ➡ 20. ① 21. ③ 22. ② 23. ④ 24. ② 25. ① 26. ③

27 다음 중 FTA에서 어떤 고장이나 실수를 일으키지 않으면 정상사상(top event)은 일어나지 않는다고 하는 것으로 시스템의 신뢰성을 표시하는 것은?

① cut set ② minimal cut set
③ free event ④ minimal pass set

해설
1) 컷셋과 미니멀 컷
 ① 컷셋(cut sets) : 정상사상을 일으키는 기본사상(통상사상, 생략사상 포함)의 집합
 ② 미니멀 컷(minimal cut sets) : 정상사상을 일으키기 위해 필요한 최소한의 컷(시스템의 위험성을 나타냄)
2) 패스셋과 미니멀 패스
 ① 패스셋(path sets) : 정상사상이 일어나지 않는 기본사상의 집합
 ② 미니멀 패스(minimal path sets) : 필요한 최소한의 패스(시스템의 신뢰성을 나타냄)

28 다음 중 선 자세와 앉은 자세의 비교에서 틀린 것은?

① 서 있는 자세보다 앉은 자세에서 혈액순환이 향상된다.
② 서 있는 자세보다 앉은 자세에서 균형감이 높다.
③ 서 있는 자세보다 앉은 자세에서 정확한 팔 움직임이 가능하다.
④ 앉은 자세보다 서 있는 자세에서 척추에 더 많은 해를 줄 수 있다.

해설
서 있는 자세보다 앉은 자세에서 척추에 더 많은 해를 줄 수 있다.

29 6개의 표시장치를 수평으로 배열할 경우 해당 제어장치를 각각의 그 아래에 배치하면 좋아지는 양립성의 종류는?

① 공간 양립성 ② 운동 양립성
③ 개념 양립성 ④ 양식 양립성

해설
양립성 : 정보입력 및 처리와 관련한 양립성은 인간의 기대와 모순되지 않는 자극들 간의, 반응들 간의 또는 자극반응 조합의 관계를 말하는 것으로 다음의 3가지가 있다.

1) 공간적 양립성 : 표시장치나 조종장치에서 물리적 형태나 공간적인 배치의 양립성
2) 운동양립성 : 표시 및 조종장치, 체계반응에 대한 운동방향의 양립성
3) 개념적 양립성 : 사람들이 가지고 있는 개념적 연상(어떤 암호체계에서 청색이 정상을 나타내듯이)의 양립성

30 다음 중 영상표시단말기(VDT)를 취급하는 작업장에서 화면의 바탕 색상이 검정색 계통일 경우 추천되는 조명수준으로 가장 적절한 것은 무엇인가?

① 100~200럭스(Lux)
② 300~500럭스(Lux)
③ 750~800럭스(Lux)
④ 850~950럭스(Lux)

해설
VDT 취급 작업장의 주변환경 밝기
1) 바탕이 검정색 계통일 경우 : 300~500Lux
2) 바탕이 흰색 계통일 경우 : 500~700Lux

31 다음 중 체계분석 및 설계에 있어서 인간공학적 노력의 효능을 산정하는 척도의 기준에 포함하지 않는 것은?

① 성능의 향상
② 훈련 비용의 향상
③ 인력 이용율의 저하
④ 생산 및 보전의 경제성 향상

해설
체계 설계과정에서의 인간공학의 기여도
1) ①, ④항
2) 인력이용률의 향상
3) 사고 및 오용으로부터의 손실감소
4) 사용자의 수용도 향상

32 다음 중 예비위험분석(PHA)에 대한 설명으로 가장 적합한 것은?

① 관련된 과거 안전점검결과의 조사에 적절하다.
② 안전관련 법규 조항의 준수를 위한 조사방법이다.

Answer ▶ 27. 전항목 28. ①, ④ 29. ① 30. ② 31. ③ 32. ④

③ 시스템 고유의 위험성을 파악하고 예상되는 재해의 위험 수준을 결정한다.
④ 초기의 단계에서 시스템 내의 위험요소가 어떠한 위험상태에 있는가를 정성적 평가하는 것이다.

해설

PHA의 정의 · 목적
1) PHA(예비위험분석) : 대부분 시스템 안전 프로그램에 있어서 최초단계의 분석으로, 시스템 내의 위험 요소가 얼마나 위험한 상태에 있는가를 정성적으로 평가하는 것이다.
2) PHA의 목적 : 시스템의 개발 단계에 있어서 시스템 고유의 위험상태를 식별하고 예상되는 재해의 위험수준을 결정하는 데 있다.

33 다음 설명에서 ( )안에 들어갈 단어를 순서적으로 바르게 나타낸 것은?

> ㉠ : 필요한 직무 또는 절차를 수행하지 않는데 기인한 과오
> ㉡ : 필요한 직무 또는 절차를 수행하였으나 잘못 수행한 과오

① ㉠ Sequential Error ㉡ Extraneous Error
② ㉠ Extraneous Error ㉡ Omission Error
③ ㉠ Omission Error ㉡ Commission Error
④ ㉠ Commission Error ㉡ Omission Error

해설

휴먼에러의 심리적인 분류
1) Omission Error : 부작위 실수, 생략과오
2) Commissin Error : 작위실수, 수행적 과오
3) Time error : 시간적 과오, 지연오류
4) Sequential error : 순서적 과오
5) Extraneous error : 불필요한 과오

34 다음 중 초음파의 기준이 되는 주파수로 옳은 것은?

① 4,000Hz 이상
② 6,000Hz 이상
③ 10,000Hz 이상
④ 20,000Hz 이상

해설

1) 가청주파수 : 20~20,000Hz
2) 초음파 : 20,000Hz 이상
3) 초저음파 : 20Hz 미만

35 다음 중 인간공학(Ergonomics)의 기원에 대한 설명으로 가장 적합한 것은?

① 차패니스(Chapanis, A.)에 의해서 처음 사용되었다.
② 민간 기업에서 시작하여 군이나 군수회사로 전파되었다.
③ "ergon(작업)+nomos(법칙)+ics(학문)"의 조합된 단어이다.
④ 관련 학회는 미국에서 처음 설립되었다.

해설

인간공학
1) 오크너(J. O'Connor)에 의해서 처음 사용되기 시작하였다.(1992)
2) 군대에서 시작하여 민간기업으로 전파되었다.
3) 인간공학 용어의 분류
  ① human engineering : 인간공학
  ② human factors engineering : 인간요소 공학
  ③ man-machine system engineering : 인간 · 기계체계 공학
  ④ erg(작업 · 노동)+nomos(원칙 · 법칙)+ics(학문) : 작업경제학, 노동과학

36 지게차 인장벨트의 수명은 평균이 100,000시간, 표준편차가 500시간인 정규분포를 따른다. 이 인장벨트의 수명이 101,000시간 이상일 확률은 약 얼마인가? (단, 표준정규분포표에서 Z_1 = 0.8413, Z_2 = 0.9772, Z_3 = 0.9987이다.)

① 1.60%
② 2.28%
③ 3.28%
④ 4.28%

37 다음 중 설계강도 이상의 급격한 스트레스가 축적됨으로써 발생하는 고장에 해당하는 것은?

① 우발고장
② 초기고장
③ 마모고장
④ 열화고장

해설

고장률의 유형
1) 초기고장 : 점검이나 시운전 등에 의해 사전에 방지할 수 있는 고장
  ① 디버깅(debugging)기간 : 결함을 찾아내 고장률을 안정시키는 기간

Answer ➡ 33.③ 34.④ 35.③ 36.② 37.①

② 번인(burn in)기간 : 실제로 장시간 움직여보고 그동안 고장 난 것을 제거하는 고정기간
2) 우발고장 : 예측할 수 없을 때 생기는 고장으로 시운전이나 점검작업으로는 방지할 수 없는 고장
3) 마모고장 : 수명이 다해서 생기는 고장으로 안전진단 및 적당한 보수(정비)에 의해서 방지할 수 있는 고장

38 잡음 등이 개입되는 통신 악조건 하에서 전달확률이 높아지도록 전언을 구성할 때 다음 중 가장 적절하지 않은 것은?

① 표준 문장의 구조를 사용한다.
② 문장보다 독립적인 음절을 사용한다.
③ 사용하는 어휘수를 가능한 적게 한다.
④ 수신자가 사용하는 단어와 문장구조에 친숙해지도록 한다.

해설

전단확률이 높은 전언(message)의 방법
1) 전언의 문맥 : 독립된 음절보다 문장이 유리하다.
2) 문장구조
 ① 표준문장의 구조를 사용한다.
 ② 수신자는 사용단어와 문장구조에 친숙해지도록 한다.
3) 사용 어휘 : 어휘수가 적을수록 유리하다.
4) 음성학적 국면 : 음성출력이 높은음을 선택한다.

39 광원으로부터 2m 떨어진 곳에서 측정한 조도가 400럭스이고, 다른 곳에서 동일한 광원에 의한 밝기를 측정 하였더니 100럭스이었다면, 두 번째로 측정한 지점은 광원으로부터 몇 m 떨어진 곳인가?

① 4   ② 6
③ 8   ④ 10

해설

조도(L)는 거리의 자승(d^2)에 반비례하므로,

$$\frac{L_2}{L_1} = \left(\frac{d_1}{d_2}\right)^2 \quad \frac{d_1}{d_2} = \sqrt{\frac{L_2}{L_1}}$$

$$d_2 = d_1 \times \sqrt{\frac{L_1}{L_2}}$$
$$= 2 \times \sqrt{\frac{400}{100}} = 4m$$

40 다음 중 위험과 운전성연구(HAZOP)에 대한 설명으로 틀린 것은?

① 전기설비의 위험성을 주로 평가하는 방법이다.
② 처음에는 과거의 경험이 부족한 새로운 기술을 적용한 공정설비에 대하여 실시할 목적으로 개발되었다.
③ 설비전체보다 단위별 또는 부문별로 나누어 검토하고 위험요소가 예상되는 부문에 상세하게 실시한다.
④ 장치 자체는 설계 및 제작사양에 맞게 제작된 것으로 간주하는 것이 전제 조건이다.

해설

위험 및 운전성 검토(HAZOP, hazard and operability study) : 각각의 장비에 대해 잠재된 위험이나 기능저하, 운전 잘못 등과 전체로서의 시설에 결과적으로 미칠 수 있는 영향 등을 평가하기 위해서 공정이나 설계도 등에 체계적이고 비판적인 검토를 행하는 것을 말한다.

제3과목 **기계위험방지기술**

41 그림과 같이 2개의 슬링 와이어로프로 무게 1,000N의 화물을 인양하고 있다. 로프 T_{AB}에 발생하는 장력의 크기는 얼마인가?

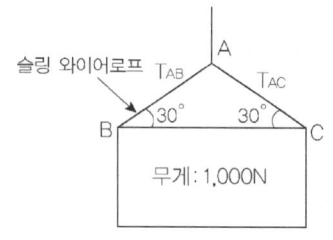

① 500N   ② 707N
③ 1,00N   ④ 1,14N

해설

$$T_{AB} = \frac{짐의\ 무게}{로프의\ 수} \div \cos\left(\frac{로프의\ 각도}{2}\right)$$
$$= \frac{1,000}{2} \div \cos\left(\frac{120}{2}\right) = 1,000N$$

Answer ▶ 38. ② 39. ① 40. ① 41. ③

42 다음 중 선반작업의 안전수칙을 설명한 것으로 옳지 않은 것은?

① 운전 중에는 백기어(back gear)를 사용하지 않는다.
② 센터 작업시 심압 센터에 자주 절삭유를 준다.
③ 일감의 치수 측정, 주유 및 청소시에는 기계를 정지시켜야 한다.
④ 가공 중 발생하는 절삭칩에 의한 상해를 방지하기 위하여 면장갑을 착용한다.

해설
선반 등 공장기계 작업시에는 면장갑 착용을 금지한다.

43 다음 중 위험한 작업점에 대한 격리형 방호장치와 가장 거리가 먼 것은?

① 안전방책   ② 덮개형 방호장치
③ 포집형 방호장치   ④ 완전차단형 방호장치

해설
1) 격리형 방호장치 : 작업자가 작업전에 접촉되지 않도록 기계설비 외부에 차단벽이나 방호망을 설치하는 것
2) 종류 : 완전차단형, 덮개형, 안전방책(방호망 등)

44 다음 중 연삭작업에 관한 설명으로 옳은 것은?

① 일반적으로 연삭숫돌은 정면, 측면 모두를 사용할 수 있다.
② 평형 플랜지의 직경은 설치하는 숫돌 직경의 20% 이상의 것으로 숫돌바퀴에 균일하게 밀착시킨다.
③ 연삭숫돌은 사용하는 작업의 경우 작업 시작 전과 연삭 숫돌을 교체 후에는 1분 이상 시험운전을 실시한다.
④ 탁상용 연삭기의 덮개에는 워크레스트 및 조정편을 구비하여야 하며, 워크레스트는 연삭 숫돌과의 간격을 3mm 이하로 조정할 수 있는 구조이어야 한다.

해설
①항, 연속숫돌을 정면을 사용하여 작업하여야 한다.(측면 사용시 숫돌이 파괴될 수 있음)
②항, 플랜지의 직경은 숫돌 직경의 1/3이상 되어야 한다.
③항, 연삭숫돌은 작업시작 전 1분 이상, 숫돌교체시는 3분 이상 시운전을 한다.

45 기계의 운동 형태에 따른 위험점의 분류에서 고정부분과 회전하는 동작 부분이 함께 만드는 위험점으로 교반기의 날개와 하우스 등에서 발생하는 위험점을 무엇이라 하는가?

① 끼임점   ② 절단점
③ 물림점   ④ 회전말림점

해설
① 끼임점 : 본문 설명
② 절단점 : 회전하는 운동부분 자체와 운동하는 기계 자체에 위험이 형성되는 점(예 : 둥근톱날, 띠톱기계의 날, 밀링 커터 등)
③ 물림점 : 회전하는 두 개의 회전체에 물려 들어갈 위험성이 형성되는 점 (예 : 롤러, 기어와 피니언)
④ 회전말림점 : 회전하는 부분에 돌기 등이 돌출되어 작업복 등이 말리는 위험점(예 : 회전축, 드릴축, 커플링 등)

46 다음 중 욕조 형태를 갖는 일반적인 기계 고장 곡선에서의 기본적인 3가지 고장 유형이 아닌 것은?

① 우발고장   ② 피로고장
③ 초기고장   ④ 마모고장

해설
기계 고장률의 유형
1) 초기고장 : 감소형
2) 우발고장 : 일정형
3) 마모고장 : 증가형

47 기계의 안전을 확보하기 위해서는 안전율을 고려하여야 하는데 다음 중 이에 관한 설명으로 틀린 것은?

① 기초강도와 허용응력과의 비를 안전율이라 한다.
② 안전율 계산에 사용되는 여유율은 연성재료에 비하여 취성재료를 크게 잡는다.
③ 안전율은 크면 클수록 안전하므로 안전율이 높은 기계는 우수한 기계라 할 수 있다.
④ 재료의 균질성, 응력계산의 정확성, 응력의 분포 등 각종 인자를 고려한 경험적 안전율도 사용된다.

Answer ➡ 42. ④ 43. ③ 44. ④ 45. ① 46. ② 47. ③

해설

(1) 안전율 = $\dfrac{\text{파괴응력}}{\text{허용응력}}$

(2) 안전율이 클수록 파괴응력이 커지므로 위험성이 큰 기계라고 할 수 있다.

48 양수조작식 방호장치의 누름버튼에서 손을 떼는 순간부터 급정지기구가 작동하여 슬라이드가 정지할 때까지의 시간이 0.2초 걸린다면, 양수조작식 방호장치의 안전 거리는 최소한 몇 mm 이상이어야 하는가?

① 160   ② 320
③ 480   ④ 560

해설
안전거리 = 160 × 0.2 = 32cm = 320mm

49 다음 중 천장크레인의 방호장치와 가장 거리가 먼 것은 무엇인가?

① 과부하방지장치   ② 낙하방지장치
③ 권과방지장치   ④ 충돌방지장치

해설
크레인의 방호장치
1) 과부하방지장치
2) 권과방지장치
3) 제동장치(브레이크장치)
4) 비상정지장치
5) 충돌방지장치

50 롤러기에서 가드의 개구부와 위험점 간의 거리가 200mm이면 개구부 간격은 얼마이어야 하는가? (단, 위험점이 진동체이다.)

① 30mm   ② 26mm
③ 36mm   ④ 20mm

해설
Y = 6 + 0.1X = 6 + (0.1 × 200) = 26mm
☆ 위험점이 전동체가 아닌 경우 개구부 간격(Y)
∴ Y = 6 + 0.15X

51 산업안전보건법령상 로봇의 작동 범위에서 그 로봇에 관하여 교시 등의 작업을 할 때 작업시작 전, 점검사항에 해당하지 않는 것은?

① 제동장치 및 비상정지장치의 기능
② 외부 전선의 피복 또는 외장의 손상 유무
③ 매니퓰레이터(manipulator) 작동의 이상 유무
④ 주행로의 상측 및 트롤리(trolley)가 횡행하는 레일의 상태

해설
④항, 크레인을 사용하여 작업을 하는 경우 작업시작 전 점검사항이다.

52 산업안전보건법령에 따라 보일러의 과열을 방지하기 위하여 최고사용압력과 상용압력 사이에서 보일러의 버너 연소를 차단할 수 있도록 부착하여 사용하여야 하는 장치는 무엇인가?

① 경보음장치   ② 압력제한스위치
③ 압력방출장치   ④ 고저수위 조절장치

해설
보일러의 방호장치
1) 압력제한스위치 : 본문 설명
2) 압력방출장치 : 최고사용압력 이하에서 자동적으로 밸브가 열려서 증기를 외부로 분출시켜 증기 상승압력을 방지하는 장치
3) 고·저수위조절장치 : 보일러 내의 수위가 최저 또는 최고 한계에 도달하였을 경우, 자동적으로 경보를 발하는 동시에 단수 또는 급수에 의해 수위를 조절하는 장치

53 산업안전보건법령에 따른 안전난간의 구조를 올바르게 설명한 것은 무엇인가?

① 상부 난간대, 중간 난간대, 발끝먹이판 및 난간 기둥으로 구성하여야 한다.
② 발끝막이판은 바닥면 등으로부터 5cm 이하의 높이를 유지하여야 한다.
③ 난간대는 지름 1.5cm 이상의 금속제 파이프를 사용하여야 한다.
④ 상부 난간대, 난간기둥은 이와 비슷한 구조의 것으로 대체할 수 있다.

Answer ○ 48. ② 49. ② 50. ② 51. ④ 52. ② 53. ①

해설

안전난간의 구조 및 설치요건(안전보건규칙)
1) 상부난간대, 중간난간대, 발끝막이판 및 난간기둥으로 구성할 것(중간난간대, 발끝막이판 및 난간기둥은 이와 비슷한 구조 및 성능을 가진 것으로 대체할 수 있다.)
2) 상부난간대는 바닥면, 발판 또는 경사로의 표면(이하 "바닥면 등")으로부터 90cm 이상 지점에 설치하고, 상부난간대를 120cm 이하에 설치하는 경우 중간난간대는 상부난간대와 바닥면 등의 중간에 설치하여야 하며, 120cm 이상 지점에 설치하는 경우에는 중간난간대를 2단 이상으로 균등하게 설치하고 난간의 상하간격은 60cm 이하가 되도록 할 것
3) 발끝막이판은 바닥면 등으로부터 10 cm이상의 높이를 유지할 것(물체가 떨어지거나 날아올 위험이 없거나 그 위험을 방지할 수 있는 망을 설치하는 등 필요한 예방조치를 한 장소는 제외)
4) 난간기둥은 상부난간대와 중간난간대를 견고하게 떠받칠 수 있도록 적정 간격을 유지할 것
5) 상부난간대와 중간난간대는 난간길이 전체에 걸쳐 바닥면 등과 평행을 유지할 것
6) 난간대는 지름 2.7cm 이상의 금속제 파이프나 그 이상의 강도를 가진 재료일 것
7) 안전난간은 임의의 점에서 임의의 방향으로 움직이는 100kg이상의 하중에 견딜 수 있는 튼튼한 구조일 것

54 다음 중 플레이너(planer)에 관한 설명으로 틀린 것은?

① 이송운동은 절삭운동의 1왕복에 대하여 2회의 연속운동으로 이루어진다.
② 평면가공을 기준으로 하여 경사면, 홈파기 등의 가공을 할 수 있다.
③ 절삭행정과 귀환행정이 있으며, 가공효율을 높이기 위하여 귀환행정을 빠르게 할 수 있다.
④ 플레이너의 크기는 테이블의 최대행정과 절삭할 수 있는 최대폭 및 최대 높이로 표시한다.

해설

플레이너(planer) : 공작물을 테이블에 설치하여 왕복운동시키고 바이트를 이송시켜 공작물의 수평면, 수직면, 경사면, 홈 곡면 등을 절삭하는 공작기계이다.

55 다음 중 셰이퍼에 의한 연강 평면절삭 작업시 안전 대책으로 적절하지 않은 것은?

① 공작물은 견고하게 고정하여야 한다.
② 바이트는 가급적 짧게 물리도록 한다.
③ 가공 중 가공면의 상태는 손으로 점검한다.
④ 작업 중에는 바이트의 운동방향에 서지 않도록 한다.

해설

가공중에는 가공면을 점검하지 않는다.

56 다음 중 밀링작업의 안전사항으로 적절하지 않은 것은?

① 측정시에는 반드시 기계를 정지시킨다.
② 절삭 중의 칩 제거는 칩브레이커로 한다.
③ 일감을 풀어내거나 고장할 때에는 기계를 정지시킨다.
④ 상하 이송장치의 핸들은 사용 후 반드시 빼 두어야 한다.

해설

②항, 칩의 제거는 기계를 정지시키고 반드시 브러시를 사용한다.

57 산업안전보건법령에 따라 목재가공용 기계에 설치하여야 하는 방호장치의 내용으로 틀린 것은?

① 목재가공용 둥근톱기계에는 분할날 등 반발예방장치를 설치하여야 한다.
② 목재가공을 둥근톱기계에는 톱날접촉예방장치를 설치하여야 한다.
③ 모떼기기계에는 가공 중 목재의 회전을 방지하는 회전 방지장치를 설치하여야 한다.
④ 작업대상물이 수동으로 공급되는 동력식 수동대패기계에 날접촉예방장치를 설치하여야 한다.

해설

모떼기기계에는 날접촉예방장치를 설치하여야 한다.

58 다음 중 드릴작업시 가장 안전한 행동에 해당하는 것은?

① 장갑을 끼고 작업한다.
② 작업 중에 브러시로 칩을 털어 낸다.

Answer ➡ 54. ① 55. ③ 56. ② 57. ③ 58. ③

③ 작은 구멍을 뚫고 큰 구멍을 뚫는다.
④ 드릴을 먼저 회전시키고 공작물을 고정한다.

해설

드릴작업시 안전수칙
1) 장갑 착용을 금지한다.
2) 작업 중에는 청소를 하지 않는다.
3) 공작물을 고정시킨 후에 드릴을 회전시킨다.

59 산업안전보건법령상 롤러기 조작부의 설치 위치에 따른 급정지장치의 종류가 아닌 것은?

① 손조작식 ② 복부조작식
③ 무릎조작식 ④ 발조작식

해설

롤러기의 급정지장치 종류별 설치위치
1) 손조작 로프식 : 밑면에서 1.8m 이내
2) 복부 조작식 : 밑면에서 0.8m 이상 1.1m 이내
3) 무릎 조작식 : 밑면에서 0.6m 이내

60 산업안전보건법령상 근로자가 위험해질 우려가 있는 경우 컨베이어에 부착, 조치하여야 할 방호장치가 아닌 것은?

① 안전매트
② 비상정지장치
③ 덮개 또는 울
④ 이탈 및 역주행 방지 장치

해설

안전매트 : 산업용 로봇의 방호장치

제4과목 전기 및 화학설비위험방지기술

61 전기설비의 화재에 사용되는 소화기의 소화제로 가장 적절한 것은?

① 물거품
② 탄산가스
③ 염화칼슘
④ 산 및 알칼리

해설

(1) 탄산가스(CO_2)는 전기절연성이 좋아 전기설비의 화재에 효과적이다.
(2) 전기화재의 적응소화기
  1) 분말소화기
  2) 탄산가스 소화기
  3) 유기성 소화기

62 누전 경보기의 수신기는 옥내의 점검에 편리한 장소에 설치하여야 한다. 이 수신기의 설치장소로 옳지 않은 것은?

① 습도가 낮은 장소
② 온도의 변화가 거의 없는 장소
③ 화약류를 제조하거나 저장 또는 취급하는 장소
④ 부식성 증기와 가스는 발생되나 방식이 되어 있는 곳

해설

누전경보기의 수신기는 폭발의 위험이 없는 곳에 설치하여야 한다.

63 다음 중 교류 아크 용접작업시 작업자에게 발생할 수 있는 재해의 종류와 가장 거리가 먼 것은?

① 낙하 · 충돌 재해
② 피부 노출시 화상 재해
③ 폭발, 화재에 의한 재해
④ 안구(눈)의 조직손상 재해

해설

교류 아크 용접작업시 낙하 및 충돌 등의 재해가 발생할 확률을 매우 적다.

64 정상운전 중의 전기설비가 점화원으로 작용하지 않는 것은?

① 변압기 권선
② 보호계전기 접점
③ 직류 전동기의 정류자
④ 권선형 전동기의 슬립링

해설

전기설비의 잠재적인 점화원
1) 변압기 권선
2) 전동기 권선

Answer ➡ 59. ④ 60. ① 61. ② 62. ③ 63. ① 64. ①

65 변압기의 내부고장을 예방하려면 어떤 보호계전방식을 선택하는가?
① 차동계전방식   ② 과전류계전방식
③ 과전압계전방식   ④ 부흐홀쯔계전방식

66 정전기 발생량과 관련된 내용으로 옳지 않은 것은?
① 분리속도가 빠를수록 정전기량이 많아진다.
② 두 물질간의 대전서열이 가까울수록 정전기의 발생량이 많다.
③ 접촉면적이 넓을수록, 접촉압력이 증가할수록 정전기 발생량이 많아진다.
④ 물질의 표면이 수분이나 기름 등에 오염되어 있으면 정전기 발생량이 많아진다.

해설
두 물질간의 대전서열이 가까울수록 정전기의 발생량은 적어진다.

67 스파크 화재의 방지책이 아닌 것은?
① 개폐기를 불연성 외함 내에 내장시키거나 통형 퓨즈를 사용할 것
② 접지부분의 산화, 변형, 퓨즈의 나사풀림 등으로 인한 접촉 저항이 증가되는 것을 방지할 것
③ 가연성 증기, 분진 등 위험한 물질이 있는 곳에는 방폭형 개폐기를 사용할 것
④ 유입 개폐기는 절연유의 비중 정도, 배선에 주의하고 주위에는 내수벽을 설치할 것

해설
스파크(전기불꽃) 화재의 방지책
1) 개폐기를 불연성의 외함 내에 내장시키거나 통형 퓨즈를 사용할 것
2) 가연성 증기, 분진 등의 위험성 물질이 있는 곳은 방폭형 개폐기를 사용할 것
3) 유입개폐기는 절연유의 열화 정도, 유량에 유의하고 주위에는 내화벽을 설치할 것
4) 접촉부분의 산화, 변형, 퓨즈의 나사풀림 등으로 인하여 접촉저항이 증가되는 것을 방지할 것

68 이동전선에 접속하여 임시로 사용하는 전등이나 가설의 배선 또는 이동전선에 접속하는 가공매달기식 전등 등을 접촉함으로 인한 감전 및 전구의 파손에 의한 위험을 방지하기 위하여 부착하여야 하는 것은?
① 퓨즈   ② 누전차단기
③ 보호망   ④ 회로차단기

해설
임시로 사용하거나 가공매달기식 전등 : 감전 및 전구파손을 방지하기 위하여 보호망을 설치할 것

69 방전에너지가 크지 않은 코로나 방전이 발생할 경우 공기 중에 발생할 수 있는 것은?
① O_2 ② O_3
③ N_2 ④ N_3

해설
코로나(corona) 방전시 공기중에 오존(O_3)이 생성된다.

70 다음 중 전자, 통신기기 등의 전자파장해(EMI)를 방지하기 위한 조치로 가장 거리가 먼 것은?
① 절연을 보강한다.
② 접지를 실시한다.
③ 필터를 설치한다.
④ 차폐체를 설치한다.

해설
1) **전자파** : 공존하고 있는 전계와 자계의 주기적인 변화에 의한 진동이 진공 또는 물질 중을 전파하여 나가는 진동현상이다.
　① 전자파는 서로 수직으로 진동하는 전기장과 자기장으로 이루어지며, 3×10^8 m/sec의 속도로 전파되어 나간다.
　② 전자파는 공간을 이동하는 일종의 energy이다.
2) **전자파의 종류** : 감마(gamma)선, X선, 자외선, 적외선, 가시광선, 마이크로파, 라디오파, 극저주파 등
3) ①항, 절연을 보강한다는 것은 전자파장해 방지조치사항과 관계가 없다.

Answer ● 65. ①,④ 66. ② 67. ④ 68. ③ 69. ② 70. ①

71 다음 각 물질의 저장방법에 관한 설명으로 옳은 것은?

① 황린은 저장용기 중에 물을 넣어 보관한다.
② 과산화수소는 장기 보존시 유리용기에 저장한다.
③ 피크린산은 철 또는 구리로 된 용기에 저장한다.
④ 마그네슘은 다습하고 통풍이 잘 되는 장소에 보관한다.

해설
② 과산화수소(H_2O_2) : 산화성 물질로 환기가 잘되고 찬 곳에 저장
③ 피크린산 : 폭발성물질이므로 통풍이 양호한 냉암소에 보관
④ 마그네슘(Hg) : 습기가 없는 장소에 보관

72 다음 중 공정안전보고서에 관한 설명으로 틀린 것은?

① 사업주가 공정안전보고서를 작성한 후에는 별도의 심의 과정이 없다.
② 공정안전보고서를 제출한 사업주는 정하는 바에 따라 고용노동부장관의 확인을 받아야 한다.
③ 고용노동부장관은 공정안전보고서의 이행 상태를 평가하고 그 결과에 따라 공정안전보고서를 다시 제출하도록 명할 수 있다.
④ 고용노동부장관은 공정안전보고서를 심사한 후 필요하다고 인정하는 경우에는 그 공정안전보고서의 변경을 명할 수 있다.

해설
①항. 사업주가 공정안전보고서를 작성할 경우에는 산업안전보건위원회의 심의를 거쳐야 한다. 다만, 산업안전보건위원회가 설치되어 있지 아니한 사업장의 경우에는 근로자대표의 의견을 들어야 한다.

73 산화성 액체의 성질에 관한 설명으로 옳지 않은 것은?

① 피부 및 의복을 부식하는 성질이 있다.
② 가연성 물질이 많으므로 화기에 극도로 주의한다.
③ 위험물 유출시 건조사를 뿌리거나 중화제로 중화한다.
④ 물과 반응하면 발열반응을 일으키므로 물과의 접촉을 피한다.

해설
산화성 액체는 불연성이며 산소를 많이 함유하고 있는 강산화제이다.

74 취급물질에 따라 여러 가지 종류 방법이 있는데, 다음 중 특수 증류방법이 아닌 것은?

① 감압 증류   ② 추출 증류
③ 공비 증류   ④ 기·액 증류

해설
특수 증류방법
1) ①, ②, ③항
2) 수증기 증류

75 다음 중 소화방법의 분류에 해당하지 않는 것은?

① 포소화   ② 질식소화
③ 희석소화   ④ 냉각소화

해설
소화방법
1) ②, ③, ④항
2) 화염의 불안정화에 의한 소화
3) 억제소화
4) 제거소화

76 다음 중 만성중독과 가장 관계가 깊은 유독성 지표는?

① LD50(Median lethal dose)
② MLD(Minimum lethal dose)
③ TLV(Threshold limit value)
④ LC50(Median lethal concentration)

해설
TLV : 미국산업위생전문가회의에서 채택성 유독성물질의 허용농도기준

Answer ➡ 71. ① 72. ① 73. ② 74. ④ 75. ① 76. ③

77 후드의 설치 요령으로 옳지 않은 것은?

① 충분한 포집속도를 유지한다.
② 후드의 개구면적은 작게 한다.
③ 후드는 되도록 발생원에 접근시킨다.
④ 후드로부터 연결된 덕트는 곡선화 시킨다.

해설
④항, 후드로부터 연결된 덕트는 직선화시킨다.

78 헥산 5vol%, 메탄 4vol%, 에틸렌 1vol %로 구성된 혼합 가스의 연소하한값(vol%)은 약 얼마인가? (단, 각 가스의 공기 중 연소하한값으로 헥산은 1.1vol %, 메탄은 5.0vol%, 에틸렌은 2.7vol% 이다.)

① 0.58　　② 1.75
③ 2.72　　④ 3.72

해설
$$L = \frac{V_1 + V_2 + V_3}{\frac{V_1}{L_1} + \frac{V_2}{L_2} + \frac{V_3}{L_3}} = \frac{5+4+1}{\frac{5}{1.1} + \frac{4}{5} + \frac{1}{2.7}} = 1.75 \text{vol}\%$$

79 다음 중 화학반응에 의해 발생하는 열이 아닌 것은?

① 연소열　　② 압축열
③ 반응열　　④ 분해열

해설
반응열의 종류 : 연소열, 분해열, 생성열, 용해열, 중화열 등

80 공정별로 폭발을 분류할 때 물리적 폭발이 아닌 것은?

① 분해폭발　　② 탱크의 감압폭발
③ 수증기 폭발　　④ 고압용기의 폭발

해설
분해폭발 : 화학적 폭발

제5과목 건설안전기술

81 차량계 건설기계를 사용하여 작업하고자 할 때 작업계획서에 포함되어야 할 사항으로 틀린 것은?

① 차량계 건설기계의 제동장치 이상유무
② 차량계 건설기계의 운행경로
③ 차량계 건설기계의 종류 및 성능
④ 차량계 건설기계에 의한 작업방법

해설
차량계 건설기계 작업시 작업계획서에 포함되는 사항 : ②, ③, ④항 3가지 사항뿐이다.

82 철근을 인력으로 운반할 때의 주의사항으로 틀린 것은?

① 긴 철근은 2인 1조가 되어 어깨메기로 하여 운반한다.
② 긴 철근을 부득이 1인이 운반할 때는 철근의 한쪽을 어깨에 메고 다른 한쪽 끝을 땅에 끌면서 운반한다.
③ 1인이 1회에 운반할 수 있는 적당한 무게한도는 운반자의 몸무게 정도이다.
④ 운반시에는 항상 양끝을 묶어 운반한다.

해설
인력운반의 하중기준 및 안전하중기준
1) 인력운반 하중기준 : 체중의 40% 정도의 운반물을 60~80m/min의 속도로 운반할 것
2) 안전하중기준
　㉠ 성인남자 : 25kg 정도
　㉡ 성인여자 : 15kg 정도

83 철골공사 시 안전을 위한 사전 검토 또는 계획수립을 할 때 가장 거리가 먼 내용은?

① 추락방지망의 설치
② 사용기계의 용량 및 사용대수
③ 기상조건의 검토
④ 지하매설물 조사

해설
지하매설물의 조사 : 굴착작업시 사전조사내용이다.

Answer ➡ 77. ④　78. ②　79. ②　80. ①　81. ①　82. ③　83. ④

84 안전난간은 구조적으로 가장 취약한 지점에서 가장 취약한 방향으로 작용하는 최소 얼마 이상의 하중에 견딜 수 있어야 하는가?

① 50kg ② 100kg
③ 150kg ④ 200kg

해설
안전난간은 구조적으로 가장 취약한 지점에서 가장 취약한 방향으로 작용하는 100kg 이상의 하중에 견딜 수 있는 튼튼한 구조일 것

85 옹벽 안정조건의 검토사항이 아닌 것은?

① 활동(sliding)에 대한 안전검토
② 전도(overturing)에 대한 안전검토
③ 보일링(boiling)에 대한 안전검토
④ 지반 지지력(settlement)에 대한 안전검토

해설
옹벽의 외부 안정조건(옹벽이 외력에 대하여 안전하기 위한 검토조건)
1) 활동에 대한 안정
2) 전도에 대한 안정
3) 지반 지지력에 대한 안정

86 흙막이 가시설의 버팀대(Strut)의 변형을 측정하는 계측기에 해당하는 것은?

① Water level meter ② Strain gauge
③ Piezometer ④ Load cell

해설
①항. Water level meter : 지하수위계
②항. Strain gauge : 버팀대 변형 측정계
③항. Pizometer : 간극수압계
④항. Load cell : 하중계

87 추락방지용 방망의 지지점은 최소 몇 kgf 이상의 외력에 견딜 수 있어야 하는가?

① 300kgf ② 500kgf
③ 600kgf ④ 1,00kgf

해설
방망지점의 강도
1) 600kg의 외력에 견딜 수 있을 것
2) 연속적인 구조물이 방망지지점인 경우의 외력

$$\therefore F = 200B$$

여기서, F : 외력(kg)
B : 지지점의 간격(m)

88 철근콘크리트 슬래브에 발생하는 응력에 대한 설명으로 틀린 것은?

① 전단력은 일반적으로 단부보다 중앙부에서 크게 작용한다.
② 중앙부 하부에는 인장응력이 발생한다.
③ 단부 하부에는 압축응력이 발생한다.
④ 휨응력은 일반적으로 슬래브의 중앙부에서 크게 작용한다.

해설
전단력 : 중앙부보다 단부에서 크게 작용한다.

89 단면적이 800mm²인 와이어로프에 의지하여 체중 800N 인 작업자가 공중 작업을 하고 있다면 이 때 로프에 걸리는 인장응력은 얼마인가?

① 1MPa ② 2MPa
③ 3MPa ④ 4MPa

해설
인장응력
$= \dfrac{\text{하중}}{\text{단면적}} = \dfrac{800N}{800mm^2} = 1N/mm^2 = 1MPa$

90 철근의 가스절단 작업 시 안전 상 유의해야 할 사항으로 틀린 것은?

① 작업장에는 소화기를 비치하도록 한다.
② 호스, 전선 등은 다른 작업장을 거치는 곡선상의 배선이어야 한다.
③ 전선의 경우 피복이 손상되어 있는지를 확인하여야 한다.
④ 호스는 작업중에 접치거나 밟히지 않도록 한다.

해설
②항. 호스, 전선 등은 다른 작업장을 거치지 않는 직선상의 배선이어야 하며 길이가 짧아야 한다.

Answer ➡ 84. ② 85. ③ 86. ② 87. ③ 88. ① 89. ① 90. ②

91 경화된 콘크리트의 각종 강도를 비교한 것 중 옳은 것은?

① 전단강도 > 인장강도 > 압축강도
② 압축강도 > 인장강도 > 전단강도
③ 인장강도 > 압축강도 > 전단강도
④ 압축강도 > 전단강도 > 인장강도

해설
경화된 콘크리트 강도크기 순서
압축강도 > 전단강도 > 휨강도 > 인장강도

92 추락시 로프의 지지점에서 최하단가지의 거리(h)를 구하는 식으로 옳은 것은?

① h = 로프의 길이 + 신장
② h = 로프의 길이 + 신장/2
③ h = 로프의 길이 + 로프의 늘어난 길이 + 신장
④ h = 로프의 길이 + 로프의 늘어난 길이 + 신장/2

해설
바닥면(지면)으로부터 안전대 고정점까지의 최소높이
1) 추락시 로프의 지지점에서 신체의 최하단까지의 거리(h)
　h = 로프길이 + (로프의 길이×신장률) + (작업자 신장×1/2)
2) 로프를 지지한 위치에서 바닥면까지의 거리를 H라 하면 H > h가 되어야만 한다.

93 콘크리트의 유동성과 묽기를 시험하는 방법은?

① 다짐시험
② 슬럼프시험
③ 압축강도시험
④ 평판시험

해설
(1) 슬럼프 시험(slump test) : 콘크리트의 시공연도(workability)를 측정하는 시험
(2) 워커빌리티(workability) : 콘크리트의 반죽질기(consistency)에 의한 작업을 난이도 및 재료분리에 저항하는 정도를 나타내는 성질
(3) 콘시스텐시(consistency, 반죽질기) : 수량의 다소에 의해서 변화하는 정도를 나타내는 성질

94 토공사용 건설장비 중 굴착기계가 아닌 것은 무엇인가?

① 파워쇼벨　② 드래그 쇼벨
③ 로더　　　④ 드래그 라인

해설
로더(loader) : 정지용 기계

95 건축물의 층고가 높아지면서, 현장에서 고소작업대의 사용이 증가하고 있다. 고소작업대의 사용 및 설치기준으로 옳은 것은?

① 작업대를 와이어로프 또는 체인으로 올리거나 내릴 경우에는 와이어로프 또는 체인의 안전율은 10 이상일 것
② 작업대를 올린 상태에서 항상 작업자를 태우고 이동할 것
③ 바닥과 고소작업대는 가능하면 수직을 유지하도록 할 것
④ 갑작스러운 이동을 방지하기 위하여 아웃트리거(outrigger) 또는 브레이크 등을 확실히 사용할 것

해설
①항, 작업대를 와이어로프 또는 체인으로 올리거나 내릴 경우에는 와이어로프 또는 체인의 안전율은 5 이상일 것
②항, 작업대를 올린 상태에서 작업자를 태우고 이동하지 말 것. 다만, 이동 중 전도 등의 위험예방을 위하여 유도자를 배치하고 짧은 구간을 이동하는 경우에는 제외
③항, 바닥과 고소작업대는 가능하면 수평을 유지하도록 할 것

96 흙의 입도 분포와 관련한 삼각좌표에 나타나는 흙의 분류에 해당되지 않는 것은?

① 모래　② 점토
③ 자갈　④ 실트

해설
삼각좌표로 나타내는 흙의 분류

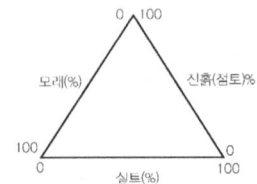

Answer ▶ 91. ④　92. ④　93. ②　94. ③　95. ④　96. ③

97 거푸집 및 동바리 설계 시 적용하는 연직방향 하중에 해당되지 않는 것은?

① 철근콘크리트의 자중
② 작업하중
③ 충격하중
④ 콘크리트의 측압

해설

거푸집, 동바리 설계시 고려하여야 할 하중(표준안전작업지침)
① **연직방향 하중** : 거푸집, 지보공(동바리), 콘크리트, 철근, 작업원, 타설용 기계기구, 가설설비 등의 중량 및 충격하중
② **횡방향 하중** : 작업할 때의 진동, 충격, 시공오차 등에 기인되는 횡방향 하중 및 풍압, 유수압, 지진하중, 생콘크리트의 측압
③ **콘크리트의 측압** : 굳지 않는(생) 콘크리트의 측압
④ **특수하중** : 시공 중에 예상되는 특수한 하중
⑤ **상기 ①~④호의 하중에 안전율을 고려한 하중**

98 프리캐스트 부재의 현장야적에 대한 설명으로 틀린 것은?

① 오물로 인한 부재의 변질을 방지한다.
② 벽 부재는 변형을 방지하기 위해 수평으로 포개 쌓아 놓는다.
③ 부재의 제조번호, 기호 등을 식별하기 쉽게 야적한다.
④ 받침대를 설치하여 휨, 균열 등이 생기지 않게 한다.

해설

벽 부재는 변형을 방지하기 위해 수직으로 쌓아 놓는다.

99 흙의 동상현상을 지배하는 인자가 아닌 것은?

① 흙의 마찰력
② 동결지속시간
③ 모관 상승고의 크기
④ 흙의 투수성

해설

흙의 동상현상을 지배하는 인자
1) 흙의 투수성
2) 동결지속시간
3) 모관 상승고의 크기

100 암질 변화 구간 및 이상 암질 출현시 판별 방법과 가장 거리가 먼 것은?

① R.Q.D
② R.M.R
③ 지표침하량
④ 탄성파 속도

해설

암질판별 방식
1) RQD(Rock Quality Designation) : 암반시 추후 10cm 이상 되는 core채취길이의 합계를 총 시추길이로 나눈 백분율(%)로서 암반의 상태를 나타내는 암반지수를 말함

$$\therefore RQD = \frac{10cm \text{ 이상인 } core \text{ 길이 합계 (회수암석의 길이)}}{\text{총 시추길이 (보링공의 길이)}} \times 100(\%)$$

2) RMR(Rock Mass Rating) : 터널 각 구간의 암반상태를 등급화하기 위하여 암석의 일축압축강도, RQD, 지하수 상태, 절리상태, 절리간격 등의 요소를 조사하는 행위
3) 일축압축강도(kg/cm²)
4) 탄성파 속도(km/sec)

Answer ➡ 97. ④ 98. ② 99. ① 100. ③

2022년 제1회 산업안전산업기사

2022. 3. 5 시행

제1과목 산업안전관리론

01 재해의 원인과 결과를 연계하여 상호관계를 파악하기 위해 도표화하는 분석 방법은?

① 특성요인도
② 파렛토도
③ 크로스분류도
④ 관리도

해설

통계적 원인 분석 방법
1) 파렛토도 : 분류항목을 큰 순서대로 도표화 한 분석법
2) 특성요인도 : 특성과 요인관계를 도표로 하여 어골상으로 세분화 한 분석법
3) 크로스(Close)분석 : 데이터(data)를 집계하고 표로 표시하여 요인별 결과내역을 교차한 크로스 그림을 작성하여 분석하는 방법
4) 관리도 : 재해발생건수 등의 추이를 파악하여 목표관리를 행하는데 필요한 월별 재해 발생수를 그래프화하여 관리선을 설정·관리하는 방법

02 산업안전보건법령상 사업주가 근로자에 대하여 실시하여야 하는 교육 중 특별안전·보건교육의 대상이 되는 작업이 아닌 것은?

① 화학설비의 탱크 내 작업
② 전압이 30V인 정전 및 활선작업
③ 건설용 리프트·곤돌라를 이용한 작업
④ 동력에 의하여 작동되는 프레스기계를 5대 이상 보유한 사업장에서 해당 기계로 하는 작업

해설

②항, 전압이 75볼트 (V) 이상인 정전 및 활선 작업

03 인간의 행동 특성에 관한 레빈(Lewin)의 법칙에서 각 인자에 대한 내용으로 틀린 것은?

$$B = f(P \cdot E)$$

① B : 행동
② f : 함수관계
③ P : 개체
④ E : 기술

해설

레빈(K. Lewin)의 법칙 : Lewin은 인간의 행동(B)은 그 사람이 가진 자질 즉, 개체(P)와 심리학적 환경(E)과의 상호 함수관계에 있다고 하였다.

∴ $B = f(P \cdot E)$

여기서,
1) B(Behavior) : 인간의 행동
2) f(function, 함수관계) : 적성 기타 P와 E에 영향을 미칠 수 있는 조건
3) P(Person, 개체) : 연령, 경험, 심신상태, 성격, 지능 등 인간의 조건
4) E(Environment, 심리적 환경) : 인간관계, 작업환경 등 환경조건

04 산업안전보건법령상 안전·보건표지에 관한 설명으로 틀린 것은?

① 안전·보건표지 속의 그림 또는 부호의 크기는 안전·보건표지의 크기와 비례하여야 하며, 안전·보건표지 전체 규격의 30%이상이 되어야 한다.
② 안전·보건표지 색채의 물감은 변질되지 아니하는 것에 색채 고정완료를 배합하여 사용하여야 한다.
③ 안전·보건표지는 그 표시내용을 근로자가 빠르고 쉽게 알아볼 수 있는 크기로 제작하여야 한다.
④ 안전·보건표지에서 야광물질을 사용하여서는 아니 된다.

해설

④항, 야간에 필요한 안전·보건표지는 야광물질을 사용하는 등 쉽게 알아볼 수 있도록 제작하여야 한다.

Answer ● 01. ① 02. ② 03. ④ 04. ④

05 무재해운동의 추진을 위한 3요소에 해당하지 않는 것은?

① 모든 위험잠재요인의 해결
② 최고경영자의 경영자세
③ 관리감독자(Line)의 적극적 추진
④ 직장 소집단의 자주활동 활성화

해설

무재해운동의 추진 3기둥(무재해운동의 3요소)
1) 최고경영자의 엄격한 안전경영자세
2) 관리감독자에 의한 안전보건의 추진(라인화의 철저)
3) 직장 소집단 자주활동의 활발화

06 억측판단의 배경이 아닌 것은?

① 생략 행위
② 초조한 심정
③ 희망적 관측
④ 과거의 성공한 경험

해설

억측판단
1) **억측판단** : 자기 주관적인 판단
2) **억측판단이 발생하는 배경**
  ① 희망적인 관측 : 그때도 그랬으니까 괜찮겠지 하는 관측
  ② 정보나 지식의 불확실 : 위험에 대한 정보의 불확실 및 지식의 부족
  ③ 과거의 선입견 : 과거에 그 행위로 성공한 경험의 선입관
  ④ 초조한 심정 : 일을 빨리 끝내고 싶은 초조한 심정

07 재해의 기본원인 4M에 해당하지 않는 것은?

① Man
② Machine
③ Media
④ Measurement

해설

산업재해의 기본원인 4M(인간과오의 배후요인 4요소)
1) **Man** : 본인 이외의 사람
2) **Machine** : 장치나 기기 등의 물적요인
3) **Media** : 인간과 기계를 잇는 매체(작업방법, 순서, 작업정보의 실태, 작업환경, 정리정돈 등)
4) **Management** : 안전법규의 준수방법, 단속, 점검 관리 외에 지휘 감독, 교육훈련 등

08 다음과 같은 스트레스에 대한 반응은 무엇에 해당하는가?

> 여동생이나 남동생을 얻게 되면서 손가락을 빠는 것과 같이 어린 시절의 버릇을 나타낸다.

① 투사
② 억압
③ 승화
④ 퇴행

해설

퇴행(regression) 현실의 곤란한 장면에서 이겨내지 못하고 옛날 어린 시절로 되돌아가려는 행동이다. 즉 발전단계를 역행함으로서 욕구를 충족하려는 행동이다.

09 개인 카운슬링(Counseling)방법으로 가장 거리가 먼 것은?

① 직접적 충고
② 설득적 방법
③ 설명적 방법
④ 반복적 충고

해설

개인적인 카운셀링 방법
1) **직접충고** : 안전수칙 불이행시 적합, 지시적 방법
2) **설득적 방법** : 비지시적 방법
3) **설명적 방법** : 비지시적 방법

10 교육의 효과를 높이기 위하여 시청각 교재를 최대한으로 활용하는 시청각적 방법의 필요성이 아닌 것은?

① 교재의 구조화를 기할 수 있다.
② 대량 수업체제가 확립될 수 있다.
③ 교수의 평준화를 기할 수 있다.
④ 개인차를 최대한으로 고려할 수 있다.

해설

시청각 교육의 특징
1) 교수의 효율성 증대
2) 교재의 구조화
3) 대량 수업체제 확정
4) 교수의 평준화

11 보호구 안전인증 고시에 따른 안전모의 일반구조 중 턱끈의 최소 폭 기준은?

① 5mm 이상
② 7mm 이상
③ 10mm 이상
④ 12mm 이상

Answer ➡ 05. ① 06. ① 07. ④ 08. ④ 09. ④ 10. ④ 11. ③

해설

안전모의 일반구조 요약정리
1) 안전모의 착용높이는 85mm 이상이고, 외부수직거리는 80mm 미만일 것
2) 안전모의 내부수직거리는 25mm 이상 50mm 미만일 것
3) 안전모의 수평간격은 5mm 이상일 것
4) 머리받침끈이 섬유인 경우에는 각각의 폭은 15mm 이상이어야 하며, 교차되는 끈의 폭의 합은 72mm 이상일 것
5) 턱끈의 폭은 10mm 이상일 것
6) 안전모의 모체, 착장체 및 충격흡수재를 포함한 질량은 440g을 초과하지 않을 것

12 허츠버그(Herzberg)의 동기 · 위생 이론에 대한 설명으로 옳은 것은?

① 위생요인은 직무내용에 관련된 요인이다.
② 동기요인은 직무에 만족을 느끼는 주요인이다.
③ 위생요인은 매슬로우 욕구단계 중 존경, 자아실현의 욕구와 유사하다.
④ 동기요인은 매슬로우 욕구단계 중 생리적 욕구와 유사하다.

해설

허즈버그(Herzberg)의 위생요인 및 동기요인
1) **위생요인** : 직무환경에 관계된 내용으로 기업정책, 개인 상호간의 관계(친교, 대인관계), 감독형태, 작업조건, 임금(급료), 보수지위, 안전 등이 있다.
2) **동기요인** : 직무내용 (일의 내용)에 관한 것으로 목표달성에 대한 성취감, 안정감, 도전감, 책임감, 성장과 발전, 작업자체 등이 있다.(자아실현을 하려는 인간의 독특한 경향 반영)

13 연평균 근로자수가 1,000명인 사업장에서 연간 6건의 재해가 발생한 경우, 이 때의 도수율은? (단, 1일 근로시간수는 4시간, 연평균 근로일수는 150일이다.)

① 1
② 10
③ 100
④ 1,000

해설

도수율 = $\dfrac{재해건수}{연근로시간수} \times 10^6$

= $\dfrac{6}{1,000 \times 4 \times 150} \times 10^6 = 10$

14 산업안전보건법령상 안전인증대상 기계 · 기구 등이 아닌 것은?

① 프레스
② 전단기
③ 롤러기
④ 산업용 원심기

해설

안전인증대상 기계 · 기구

구분	안전인증대상 기계 · 기구	자율안전확인대상 기계 · 기구
기계 · 기구 및 설비	① 프레스 ② 절단기 및 절곡기 ③ 크레인 ④ 리프트 ⑤ 압력용기 ⑥ 롤러기 ⑦ 사출성형기 ⑧ 고소작업대 ⑨ 곤돌라	① 연삭기 또는 연마기 (휴대형은 제외) ② 산업용 로봇 ③ 혼합기 ④ 파쇄기 또는 분쇄기 ⑤ 컨베이어 ⑥ 식품가공용기계(파쇄 · 절단 · 혼합 · 제면기만 해당) ⑦ 자동차정비용리프트 ⑧ 인쇄기 ⑨ 공작기계(선반,드릴기, 평삭 · 형삭기, 밀링만 해당) ⑩ 고정형 목재가공용 기계 (둥근톱, 대패, 루타기, 띠톱, 모떼기 기계만 해당)
방호장치	① 프레스 및 전단기 방호장치 ② 양중기용 과부하방지장치 ③ 보일러 압력추출용 안전밸브 ④ 압력용기 압력방출용 안전밸브 ⑤ 압력용기 압력방출용 파열판 ⑥ 절연용 방호구 및 활선작업용 기구 ⑦ 방폭구조 전기기계 · 기구 및 부품 ⑧ 추락 · 낙하 및 붕괴 등의 위험 방지 및 보호 필요한 가설기자재로서 고용노동부 장관이 정하여 고시하는 것	① 아세틸렌 용접장치용 또는 가스집합 용접장치용 안전기 ② 교류아크 용접기용 자동전격방지기 ③ 롤러기 급정지장치 ④ 연삭기 덮개 ⑤ 목재가공용 둥근톱 반발예방장치 및 날접촉 예방장치 ⑥ 동력식 수동 대패용 칼날접촉방지장치
보호구	① 추락 및 감전 위험방지용 안전모 ② 차광 및 비산물 위험 방지용 보안경 ③ 방진마스크 ④ 방독마스크 ⑤ 송기마스크 ⑥ 전동식 호흡보호구 ⑦ 방음용 귀마개 또는 귀덮개 ⑧ 용접용 보안면 ⑨ 안전장갑 ⑩ 안전화 ⑪ 안전대 ⑫ 보호복	① 안전모(추락 및 감전 위험방지용 제외) ② 보안경(차광 및 비산물 위험방지용 제외) ③ 보안면(용접용 제외)

Answer ● 12. ② 13. ② 14. ④

15 적응기제(Adjustment Mechanism)의 도피적 행동인 고립에 해당하는 것은?

① 운동시합에서 진 선수가 컨디션이 좋지 않았다고 말한다.
② 키가 작은 사람이 키 큰 친구들과 같이 사진을 찍으려 하지 않는다.
③ 자녀가 없는 여교사가 아동교육에 전념하게 되었다.
④ 동생이 태어나자 형이 된 아이가 말을 더듬는다.

해설

고립 : 현실을 피하고 자신의 내부로 도피하려는 행동기제

16 조직이 리더에게 부여하는 권한으로 볼 수 없는 것은?

① 보상적 권한
② 강압적 권한
③ 합법적 권한
④ 위임된 권한

해설

리더십의 권한
1) 조직이 지도자에게 부여한 권한
　㉠ 보상적 권한
　㉡ 강압적 권한
　㉢ 합법적 권한
2) 지도자 자신이 자신에게 부여한 권한
　㉠ 전문성의 권한
　㉡ 위임된 권한

17 산업안전보건법령상 일용근로자의 안전·보건교육 과정별 교육시간 기준으로 틀린 것은?

① 채용 시의 교육 : 1시간 이상
② 작업내용 변경 시의 교육 : 2시간 이상
③ 건설업 기초안전·보건교육(건설 일용근로자) : 4시간
④ 특별교육 : 2시간 이상(흙막이 지보공의 보강 또는 동바리를 설치하거나 해체하는 작업에 종사하는 일용근로자)

해설

일용근로자
의 작업내용 변경 시의 교육시간 : 1시간 이상

18 산업안전보건법상 고용노동부장관이 산업재해 예방을 위하여 종합적인 개선조치를 할 필요가 있다고 인정할 때에 안전보건개선계획의 수립·시행을 명할 수 있는 대상 사업장이 아닌 것은?

① 산업재해율이 같은 업종의 규모별 평균 산업재해율보다 높은 사업장
② 사업주가 안전보건조치의무를 이행하지 아니하여 중대재해가 발생한 사업장
③ 고용노동부장관이 관보 등에 고시한 유해인자의 노출기준을 초과한 사업장
④ 경미한 재해가 다발로 발생한 사업장

해설

안전보건개선계획 수립대상 사업장 : ①, ②, ③항 (3개 항목만 있음)

19 안전교육 훈련기법에 있어 태도 개발 측면에서 가장 적합한 기본교육 훈련방식은?

① 실습방식
② 제시방식
③ 참가방식
④ 시뮬레이션방식

해설

안전교육 훈련기법 (사업장에서의 기본교육 훈련방식)
1) 지식형성 : 제시방식
2) 기능숙련 : 실습방식
3) 태도개발 : 참가방식

20 무재해운동의 추진을 위한 3요소에 해당하지 않는 것은?

① 모든 위험잠재요인의 해결
② 최고경영자의 경영자세
③ 관리감독자(Line)의 적극적 추진
④ 직장 소집단의 자주 활동 활성화

해설

무재해 운동 추진의 3기둥(무재해 운동의 3요소)
1) 최고 경영자의 경영자세
2) 라인화의 철저(관리감독자에 의한 안전보건의 추진)
3) 직장(소집단)의 자주 활동의 활발화

Answer ➡ 15. ② 16. ④ 17. ② 18. ④ 19. ③ 20. ①

제2과목 인간공학 및 시스템안전공학

21 반복되는 사건이 많이 있는 경우에 FTA의 최소 컷셋을 구하는 알고리즘이 아닌 것은?

① Fussel Algorithm
② Boolean Algorithm
③ Monte Carlo Algorithm
④ Limnios & Ziani Algorithm

해설

최소컷셋을 구하는 알고리즘(Algorithm)
1) Fussel 알고리즘
2) Boolean 알고리즘
3) Limnios & Ziani 알고리즘

22 모든 시스템 안전 프로그램 중 최초 단계의 분석으로 시스템 내의 위험요소가 어떤 상태에 있는지를 정성적으로 평가하는 방법은?

① CA   ② FHA
③ PHA   ④ FMEA

해설

1) PHA(예비위험분석) : 대부분 시스템 안전 프로그램에 있어서 최초단계의 분석으로, 시스템 내의 위험한 요소가 얼마나 위험한 상태에 있는가를 정성적으로 평가하는 것이다.
2) PHA의 목적 : 시스템의 개발 단계에 있어서 시스템 고유의 위험상태를 식별하고 예상되는 재해의 위험수준을 결정하는 데 있다.

23 인터페이스 설계 시 고려해야 하는 인간과 기계와의 조화성에 해당되지 않는 것은?

① 지적 조화성   ② 신체적 조화성
③ 감성적 조화성   ④ 심미적 조화성

해설

인간기계 체계에서의 계면설계
1) 계면(interface) : 인간기계 체계에서 인간과 기계가 만나는 면(面)
2) 인간과 기계(환경)의 계면에서의 조화성 : 다음 3가지 차원이 고려되어야 함
  ① 신체적 조화성
  ② 지적 조화성
  ③ 감성적 조화성

24 FTA에 의한 재해사례 연구의 순서를 올바르게 나열한 것은?

[다음]
A. 목표사상 선정
B. FT도 작성
C. 사상마다 재해원인 규명
D. 개선계획 작성

① A→B→C→D
② A→C→B→D
③ B→C→A→D
④ B→A→C→D

해설

FTA에 의한 재해사례의 연구순서
1) 1step : 톱사상의 선정
2) 2step : 사상마다 재해원인·요인의 규명
3) 3step : FT도의 작성
4) 4step : 개선계획의 작성
5) 5step : 개선안의 실시계획

25 어떤 작업자의 배기량을 측정하였더니, 10분간 200L이었고, 배기량을 분석한 결과 O_2 : 16%, CO_2 : 4%였다. 분당 산소 소비량은 약 얼마인가?

① 1.05L/분   ② 2.05L/분
③ 3.05L/분   ④ 4.05L/분

해설

1) 배기량 = 200L/10min = 20L/min
2) 흡기량 × 79% = 배기량 × N_2%

$$흡기량 = 배기량 \times \frac{N_2\%}{79\%}$$
$$= 20 \times \frac{100-(16+4)}{79}$$
$$= 20.25 L/min$$

3) 산소소비량
$$= \left(흡기량 \times \frac{21}{100}\right) - \left(배기량 \times \frac{16}{100}\right)$$
$$= (20.25 \times 0.21) - (20 \times 0.16)$$
$$= 1.05 L/min$$

Answer ➡ 21. ③ 22. ③ 23. ④ 24. ② 25. ①

26 청각적 표시장치에서 300m 이상의 장거리용 경보기에 사용하는 진동수로 가장 적절한 것은?

① 800Hz 전후   ② 2,200Hz 전후
③ 3,500Hz 전후   ④ 4,000Hz 전후

해설

300m 이상의 장거리용 경보기는 1,000Hz 이하의 진동수를 사용하여야 한다.

> **길잡이** 경계 및 경보신호의 선택 또는 설계 시의 설계 지침
> 1) 500~3,000Hz(또는 2,000~5,000Hz)의 진동수 사용
> 2) 장거리(300m 이상)용은 1,000Hz 이하의 진동수 사용 (고음은 멀리가지 못함)
> 3) 장애물 및 칸막이 통과시 500Hz 이하의 진동수 사용
> 4) 주의를 끌기 위해서는 변조된 신호(초당 1~8번 나는 소리, 초당 1~3번 오르내리는 소리 등) 사용
> 5) 배경소음의 진동수와 구별되는 신호 사용

27 FT도에 사용되는 다음 기호의 명칭으로 맞는 것은?

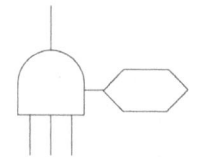

① 억제 게이트
② 부정 게이트
③ 배타적 OR 게이트
④ 우선적 AND 게이트

해설

수정기호의 종류
1) **우선적 AND 게이트** : 입력사상 가운데 어느 사상이 다른 사상보다 먼저 일어났을 때에 출력사상이 생긴다.(A는 B보다 먼저)와 같이 기입
2) **짜맞춤(조합) AND 게이트** : 3개 이상의 입력사상 가운데 어느 것인가 2개가 일어나면 출력사상이 생긴다.(어느 것이든 2개)라고 기입
3) **위험지속기호** : 입력사상이 생기어 어느 일정시간 지속하였을 때에 출력사상이 생긴다.(위험지속시간)과 같이 기입
4) **배타적 OR 게이트** : OR 게이트로 2개 이상의 입력이 동시에 존재한 때에는 출력사상이 생기지 않는다.(동시에 발생하지 않는다.)라고 기입

28 작업장 내의 색채조절이 적합하지 못한 경우에 나타나는 상황이 아닌 것은?

① 안전표지가 너무 많아 눈에 거슬린다.
② 현란한 색배합으로 물체 식별이 어렵다.
③ 무채색으로만 구성되어 중압감을 느낀다.
④ 다양한 색채를 사용하면 작업의 집중도가 높아진다.

해설

④항, 다양한 색체를 사용하면 작업의 집중도가 낮아진다.

29 설비나 공법 등에서 나타날 위험에 대하여 정성적 또는 정량적인 평가를 행하고 그 평가에 따른 대책을 강구하는 것은?

① 설비보전   ② 동작분석
③ 안전계획   ④ 안전성 평가

해설

안전성평가의 6단계
1) 제1단계 : 관계자료의 정비검토
2) 제2단계 : 정성적 평가
3) 제3단계 : 정략적 평가
4) 제4단계 : 안전대책
5) 제5단계 : 재해정보에 의한 재평가
6) 제6단계 : F.T.A에 의한 재평가

30 위험처리 방법에 관한 설명으로 틀린 것은?

① 위험처리 대책 수립 시 비용문제는 제외된다.
② 재정적으로 처리하는 방법에는 보류와 전가 방법이 있다.
③ 위험의 제어 방법에는 회피, 손실제어, 위험분리, 책임 전가 등이 있다.
④ 위험처리 방법에는 위험을 제어하는 방법과 재정적으로 처리하는 방법이 있다.

해설

①항, 위험처리 대책 수립시 비용문제가 포함된다.

31 인간의 가청주파수 범위는?

① 2~10,000Hz   ② 20~20,000Hz
③ 200~30,000Hz   ④ 200~40,000Hz

Answer 26. ① 27. ④ 28. ④ 29. ④ 30. ① 31. ②

해설

가청주파수 범위 : 20~20,000Hz

32 산업안전보건법에서 규정하는 근골격계 부담작업의 범위에 해당하지 않는 것은?

① 단기간작업 또는 간헐적인 작업
② 하루에 10회 이상 25kg 이상의 물체를 드는 작업
③ 하루에 총 2시간 이상 쪼그리고 앉거나 무릎을 굽힌 자세에서 이루어지는 작업
④ 하루에 4시간 이상 집중적으로 자료입력 등을 위해 키보드 또는 마우스를 조작하는 작업

해설

근골격계 부담작업의 범위 : "근골격계부담작업"이라 함은 다음 각 호의 1에 해당하는 작업을 말한다. 다만, 단기간작업 또는 간헐적인 작업은 제외된다.
1) 하루에 4시간 이상 집중적으로 자료입력 등을 위해 키보드 또는 마우스를 조작하는 작업
2) 하루에 총 2시간 이상 목, 어깨, 팔꿈치, 손목 또는 손을 사용하여 같은 동작을 반복하는 작업
3) 하루에 총 2시간 이상 머리위에 손이 있거나, 팔꿈치가 어깨 위에 있거나, 팔꿈치를 몸통으로 들거나, 팔꿈치를 몸통뒤쪽에 위치하도록 하는 상태에서 이루어지는 작업
4) 지지되지 않은 상태이거나 임의로 자세를 바꿀 수 없는 조건에서, 하루에 총 2시간 이상 목이나 허리를 구부리거나 트는 상태에서 이루어지는 작업
5) 하루에 총 2시간 이상 쪼그리고 앉거나 무릎을 굽힌 자세에서 이루어지는 작업
6) 하루에 총 2시간 이상 지지되지 않은 상태에서 1kg이상의 물건을 한손의 손가락으로 집어 올리거나, 2kg이상에 상응하는 힘을 가하여 한손의 손가락으로 물건을 쥐는 작업
7) 하루에 총 2시간 이상 지지되지 않은 상태에서 4.5kg 이상의 물체를 드는 작업
8) 하루에 10회 이상 25kg 이상의 물체를 드는 작업
9) 하루에 25회 이상 10kg 이상의 물체를 무릎 아래에서 들거나, 어깨 위에서 들거나, 팔을 뻗은 상태에서 드는 작업
10) 하루에 총 2시간 이상, 분당 2회 이상 4.5kg 이상의 물체를 드는 작업
11) 하루에 총 2시간 이상 시간당 10회 이상 손 또는 무릎을 사용하여 반복적으로 충격을 가하는 작업

33 기능식 생산에서 유연생산 시스템 설비의 가장 적합한 배치는?

① 합류(Y)형 배치
② 유자(U)형 배치
③ 일자(―)형 배치
④ 복수라인(=)형 배치

해설

시스템 설비의 배치 : 기능식 생산에서 생산성 향상을 위한 가장 효율적인 배치는 U자형으로 배치하는 것이다.

34 1cd의 점광원에서 1m떨어진 곳에서의 조도가 3lux이었다. 동일한 조건에서 5m 떨어진 곳에서의 조도는 약 몇 lux인가?

① 0.12
② 0.22
③ 0.36
④ 0.56

해설

1) 조도는 거리의 제곱(자승)에 반비례한다.

$$조도 = \frac{1}{(거리)^2}$$

2) 조도 $= 3(\text{lux}) \times \frac{1^2}{5^2} = 0.12 \text{lux}$

35 지게차 인장벨트의 수명은 평균이 100,000시간, 표준편차가 500시간인 정규분포를 따른다. 이 인장벨트의 수명이 101,000시간 이상일 확률은 약 얼마인가? (단, P(Z ≤ 1)=0.8413, P(Z ≤ 2)=0.9772, P(Z ≤ 3)=0.9987이다.)

① 1.60%
② 2.28%
③ 3.28%
④ 4.28%

36 산업안전보건법령에서 정한 물리적 인자의 분류 기준에 있어서 소음은 소음성난청을 유발할 수 있는 몇 dB(A)이상의 시끄러운 소리로 규정하고 있는가?

① 70
② 85
③ 100
④ 115

해설

소음 : 소음성난청을 유발할 수 있는 85 dB(A) 이상의 시끄러운 소리
물리적 인자의 분류 기준 : 시행규칙 별표 11의 2(유해인자의 분류기준)

Answer ● 32. ① 33. ② 34. ① 35. ② 36. ②

37 인간 – 기계 체계에서 인간의 과오에 기인된 원인 확률을 분석하여 위험성의 예측과 개선을 위한 평가 기법은?

① PHA ② FMEA
③ THERP ④ MORT

해설
1) PHA(예비사고분석) : 최초단계 분석법, 정성적분석법
2) FMEA(고장형과 영향분석) : 정성적 · 귀납적분석법
3) THERP(인간과오율 예측기법) : 정량적 분석법
4) MORT(경영소홀 및 위험수 분석) : 광범위한 안전도모, 고도의 안전 달성

38 인간공학에 관련된 설명으로 틀린 것은?
① 편리성, 쾌적성, 효율성을 높일 수 있다.
② 사고를 방지하고 안전성과 능률성을 높일 수 있다.
③ 인간의 특성과 한계점을 고려하여 제품을 설계한다.
④ 생산성을 높이기 위해 인간을 작업 특성에 맞추는 것이다.

해설
인간공학의 정의 : 기계기구, 환경 등의 물적 조건을 인간의 특성과 능력에 잘 조화되도록 설계하기 위한 수단을 연구하는 학문이다.

39 다음 그림은 C/R비와 시간관의 관계를 나타낸 그림이다. ㉠~㉣에 들어갈 내용이 맞는 것은?

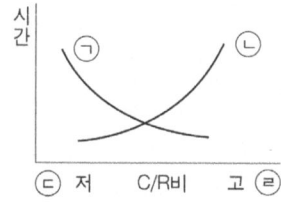

① ㉠ 이동시간 ㉡ 조정시간 ㉢ 민감 ㉣ 둔감
② ㉠ 이동시간 ㉡ 조정시간 ㉢ 둔감 ㉣ 민감
③ ㉠ 조정시간 ㉡ 이동시간 ㉢ 민감 ㉣ 둔감
④ ㉠ 조정시간 ㉡ 이동시간 ㉢ 둔감 ㉣ 민감

해설
통제표시비 (C/D비 또는 C/R비) : 통제표시비가 감소함에 따라 이동시간은 급격히 감소하다가 안정되며 조정시간은 이와 반대의 형태를 갖는다.(최적 C/D비 : 1.18~2.42)

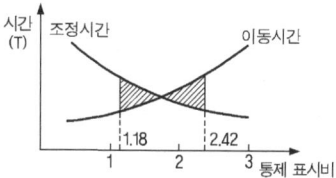

40 인체계측 자료에서 주로 사용하는 변수가 아닌 것은?
① 평균 ② 5백분위수
③ 최빈값 ④ 95 백분위수

해설
인체 측정자료의 응용원리
1) **최대치수와 최소치수**(극단적 개인용 설계) : 최대 및 최소 설계 매개변수로서는 남성의 제 95백분위수와 여성의 제 5백분위수를 사용한다.
2) **조절식** (가변적 설계) : 여성의 제 5백분위 수 및 남성의 제 95백분위 수 범위에서 조정하도록 한다.
3) **평균 설계** : 극단적 설계 및 가변적 설계가 곤란할 때 적용한다.

제3과목　기계위험방지기술

41 방호장치의 안전기준상 평면연삭기 또는 절단연삭기에서 덮개의 노출각도 기준으로 옳은 것은?
① 80° 이내 ② 125° 이내
③ 150° 이내 ④ 180° 이내

해설
연삭기 덮개의 노출 각도
1) 원통 연삭기, 만능 연삭기의 덮개 : 덮개의 노출각은 180° 이내
2) 휴대용 연삭기, 스윙 연삭기의 덮개 : 덮개의 노출각은 180° 이내
3) 평면 연삭기, 절단 연삭기의 덮개 : 덮개의 노출각은 150° 이내

Answer ➡ 37. ③　38. ④　39. ③　40. ③　41. ③

42 프레스 광전자식 방호장치의 광선에 신체의 일부가 감지된 후로부터 급정지기구 작동 시까지 시간이 30ms이고, 급정지기구의 작동 직후로부터 프레스기가 정지될 때까지의 시간이 20ms라면 광축의 최소 설치거리는?

① 75mm ② 80mm
③ 100mm ④ 150mm

해설

광축의 설치거리 = $1.6(T_L - T_s)$
$= 1.6 \times (30+20) = 80mm$

43 불순물이 포함된 물을 보일러 수로 사용하여 보일러의 관벽과 드럼 내면에 발생한 관석(Scale)으로 인한 영향이 아닌 것은?

① 과열
② 불완전 연소
③ 보일러의 효율 저하
④ 보일러 수의 순환 저하

해설

불완전연소 : 이상연소현상

44 롤러기의 방호장치 중 복부조작식 급정이 장치의 설치위치 기준에 해당하는 것은? (단, 위치는 급정지장치의 조작부의 중심점을 기준으로 한다.)

① 밑면에서 1.8m 이상
② 밑면에서 0.8m 미만
③ 밑면에서 0.8m 이상 1.1m 이내
④ 밑면에서 0.4m 이상 0.8m 이내

해설

급정지장치의 종류 및 설치위치

급정지장치의 종류	설치위치
1. 손조작로프식	밑면에서 1.8m 이내
2. 복부 조작식	밑면에서 0.8m 이상 1.1m 이내
3. 무릎 조작식	밑면에서 0.6m 이내

45 광전자식 방호장치가 설치된 프레스에서 손이 광선을 차단했을 때부터 급정지기구가 작동을 개시할 때까지의 시간은 0.3초, 급정지기구가 작동을 개시했을 때부터 슬라이드가 정지할 때까지의 시간이 0.4초 걸린다고 할 때 최소 안전거리는 약 몇 mm인가?

① 540   ② 760
③ 980   ④ 1,120

해설

안전거리 = $160(cm) \times (0.3+0.4) = 112cm = 1,120mm$

46 드릴링 머신의 드릴지름이 10mm이고, 드릴 회전수가 1,000rpm일 때 원주속도는 약 얼마인가?

① 3.14m/min ② 6.28m/min
③ 31.4m/min ④ 62.8m/min

해설

드릴링 원주속도(V)

$V = \dfrac{\pi DN}{1,000} = \dfrac{3.14 \times 10 \times 1,000}{1,000} = 31.4m/min$

47 프레스 방호장치의 공통일반구조에 대한 설명으로 틀린 것은?

① 방호장치의 표면은 벗겨짐 현상이 없어야 하며, 날카로운 모서리 등이 없어야 한다.
② 위험기계·기구 등에 장착이 용이하고 견고하게 고정될 수 있어야 한다.
③ 외부충격으로부터 방호장치의 성능이 유지될 수 있도록 보호덮개가 설치되어야 한다.
④ 각종 스위치, 표시램프는 돌출형으로 쉽게 근로자가 볼 수 있는 곳에 설치해야 한다.

해설

④항, 각종 스위치, 표시램프 등은 매립형으로 쉽게 근로자가 볼 수 있는 곳에 설치해야 한다.

Answer ➲ 42. ② 43. ② 44. ③ 45. ④ 46. ③ 47. ④

48 아세틸렌 용접장치의 발생기실을 옥외에 설치한 경우에는 그 개구부는 다른 건축물로부터 몇 m 이상 떨어져야 하는가?

① 1 ② 1.5
③ 2.5 ④ 3

해설
아세틸렌용접장치 발생기실의 설치장소
1) 발생기는 전용의 발생기실 내에 설치할 것
2) 발생기실은 건물의 최상층에 위치하여야 하며 화기를 사용하는 설비로부터 3m를 초과하는 장소에 설치할 것
3) 발생기실을 옥외에 설치한 경우에는 그 개구부를 다른 건축물로부터 1.5m이상 떨어지도록 할 것

49 소성가공의 종류가 아닌 것은?

① 단조 ② 압연
③ 인발 ④ 연삭

해설
소성가공의 종류
1) 단조가공 2) 압연가공
3) 인발가공 4) 압출가공
5) 프레스가공 6) 전조가공

50 위험한 작업점과 작업자 사이에 서로 접근되어 일어날 수 있는 재해를 방지하는 격리형 방호장치가 아닌 것은?

① 완전 차단형 방호장치
② 덮개형 방호장치
③ 안전 방책
④ 양수조작식 방호장치

해설
1) 격리형 방호장치의 종류
 ① 완전차단형 ② 덮개형 ③ 안전방책(방호망)
2) 양수조작식 방호장치 : 위치제한형 방호장치

51 컨베이어의 종류가 아닌 것은?

① 체인 컨베이어
② 스크류 컨베이어
③ 슬라이딩 컨베이어
④ 유체 컨베이어

해설
컨베이어의 종류
1) 벨트컨베이어(가장 많이 쓰임)
2) 체인컨베이어
3) 스크류(screw ; 나사) 컨베이어
4) 유체컨베이어
5) 롤러컨베이어
6) 진동컨베이어 등

52 밀링머신(milling machine)의 작업 시 안전수칙에 대한 설명으로 틀린 것은?

① 커터의 교환 시는 테이블 위에 목재를 받쳐 놓는다.
② 강력절삭 시에는 일감을 바이스에 깊게 물린다.
③ 작업 중 면장갑을 끼지 않는다.
④ 커터는 가능한 칼럼(column)으로부터 멀리 설치한다.

해설
밀링의 안전작업수칙
1) 테이블 위에 공구나 기타 물건 등을 올려놓지 않을 것
2) 상하 좌우 이송장치의 핸들(손잡이)은 사용 후 반드시 풀어 둘 것
3) 장갑의 사용을 금할 것
4) 칩의 제거는 반드시 브러시를 사용할 것(걸레 사용금지)
5) 일감을 풀거나 고정할 때와 측정 시에는 반드시 운전을 정지시킬 것
6) 가공중에 손으로 가공면을 점검하지 않을 것
7) 강력 절삭을 할 때는 일감을 바이스에 깊게 물릴 것
8) 가동중에 기계를 변속시키지 않을 것
9) 밀링 칩(공작 기계 중 가장 가늘고 예리함)의 비산에 의한 부상 방지를 위해 보안경을 착용할 것
10) 아버 너트(arbor nut : 고정 너트의 압력으로 축심에 정확히 직각으로 고정해주는 역할을 함)는 너무 힘껏 조이지 않도록 할 것

53 공기압축기의 작업시작 전 점검사항이 아닌 것은?

① 윤활유의 상태
② 언로드 밸브의 기능
③ 비상정지장치의 기능
④ 압력방출장치의 기능

Answer ➡ 48. ② 49. ④ 50. ④ 51. ③ 52. ④ 53. ③

해설

공기압축기의 작업 시작 전 점검사항(안전보건규칙 별표3 제3호)
1) 공기저장 압력용기의 외관상태
2) 드레인 밸브의 조작 및 배수
3) 압력방출장치의 기능
4) 언로드 밸브의 기능
5) 윤활유의 상태
6) 회전부의 덮개 또는 울
7) 기타 연결 부위의 이상 유무

54 풀 푸르프(fool proof)에 해당되지 않는 것은?

① 각종 기구의 인터록 기구
② 크레인의 권과방지장치
③ 카메라의 이중 촬영 방지기구
④ 항공기의 엔진

해설

풀 프루프(fool proof)
1) 풀 프루프(fool proof) : 기계장치 설계 단계에서 안전화를 도모하는 것으로 근로자가 기계 등의 취급을 잘못해도 사고로 연결되는 일이 없도록 하는 안전기구이며 인간과오(human error)를 방지하기 위한 것이다.
2) 가드(guard), 세이프티블록(safety block : 안전블록), 크레인의 권과방지장치, 카메라의 이중 촬영방지 기구, 각종인터록기구 등이 있다.

55 산업안전보건법상 양중기가 아닌 것은?

① 곤돌라
② 이동식 크레인
③ 최대하중이 0.2톤 인 승강기
④ 적재하중이 0.1톤 인 이삿짐 운반용 리프트

해설

양중기의 종류(안전보건규칙 제132조)
1) 크레인(호이스트 포함)
2) 이동식 크레인
3) 리프트(이삿짐 운반용 리프트의 경우에는 적재하중이 0.1톤 이상)
4) 곤돌라
5) 승강기

56 안전한 상태를 확보할 수 있도록 기계의 작동부분 상호간을 기계적, 전기적인 방법으로 연결하여 기계가 정상 작동을 하기 위한 모든 조건이 충족되어야지만 작동하며, 그 중 하나라도 충족되지 않으면 자동적으로 정지시키는 방호장치 형식은?

① 자동식 방호장치
② 가변식 방호장치
③ 고정식 방호장치
④ 인터록식 방호장치

해설

인터록(interlock) : 기계장치 자체가 어떤 조건을 갖추지 않으면 작동하지 않도록 하여 오조작이 발생하지 않도록 하는 것을 말한다.

57 다음 중 목재가공용 둥근톱에 설치해야 하는 분할날의 두께에 관한 설명으로 옳은 것은?

① 톱날 두께의 1.1배 이상이고, 톱날의 차진폭보다 커야 한다.
② 톱날 두께의 1.1배 이상이고, 톱날의 치진폭보다 작아야 한다.
③ 톱날 두께의 1.1배 이상이고, 톱날의 치진폭보다 커야 한다.
④ 톱날 두께의 1.1배 이내이고, 톱날의 치진폭보다 작아야 한다.

해설

분할날의 두께 : 톱날두께의 1.1배 이상이고 톱날의 치진폭 이하로 할 것
$\therefore 1.1t_1 \leq t_2 \leq b$
여기서, t_1 : 톱의 두께
t_2 : 분할날의 두께
b : 치진폭

58 롤러기의 급정지장치를 작동시켰을 경우에 무부하 운전 시 앞면 롤러의 표면속도가 30m/min 미만일 때의 급정지거리로 적합한 것은?

① 앞면 롤러 원주의 1/1.5이내
② 앞면 롤러 원주의 1/2이내
③ 앞면 롤러 원주의 1/2.5이내
④ 앞면 롤러 원주의 1/3 이내

해설

급정지장치의 성능

앞면 롤러의 표면속도(m/min)	급정지거리
30미만	앞면 롤러 원주 ×1/3
30이상	앞면 롤러 원주 ×1/2.5

59 산업용 로봇의 재해 발생에 대한 주된 원인이며, 본체의 외부에 조립되어 인간의 팔에 해당되는 기능을 하는 것은?

① 센서(sensor)
② 제어 로직(control logic)
③ 제동장치(brake system)
④ 머니퓰레이터(manipulator)

해설

매니퓰레이터 : 산업용 로봇에 있어서 인간의 팔에 해당하는 아암(arm)이 기계 본체의 외부에 조립되어 아암의 끝부분으로 물건을 잡기도 하고 도구를 잡고 작업을 행하기도 하는데, 이와 같은 기능을 갖는 아암을 매니퓰레이터(Manipulator)라고 한다.

60 산업안전보건법령상 크레인의 직동식 권과방지장치는 훅·버킷 등 달기구의 윗면이 드럼, 상부 도르래 등 권상장치의 아랫면과 접촉할 우려가 있을 때 그 간격이 얼마 이상이어야 하는가?

① 0.01m 이상
② 0.02m 이상
③ 0.03m 이상
④ 0.05m 이상

해설

크레인의 권과방지장치(안전보건규칙 제 13조) : 권과방지장치는 훅·버킷 등 달기구의 윗면이 드럼, 상부 도르래, 트롤리 프레임 등 권상장치의 아랫면과 접촉할 우려가 있는 경우에 그 간격이 0.25m 이상 (직동식 권과방지장치는 0.05m이상)이 되도록 조정하여야 한다.

제4과목 전기 및 화학설비위험방지기술

61 교류아크 용접기의 재해방지를 위해 쓰이는 것은?

① 자동전격방지 장치
② 리미트 스위치
③ 정전압 장치
④ 정전류 장치

해설

교류아크 용접기의 방호장치 : 자동전격방지 장치

62 피뢰설비 기본 용어에 있어 외부 뇌보호 시스템에 해당되지 않는 구성요소는?

① 수뢰부
② 인하도선
③ 접지시스템
④ 등전위 본딩

해설

등전위 본딩 : 같은 전위를 서로 연결시킨다는 의미를 나타낸다.

63 방폭구조의 종류와 기호가 잘못 연결된 것은?

① 유압방폭구조 - o
② 압력방폭구조 - p
③ 내압방폭구조 - d
④ 본질안전방폭구조 - e

해설

1) 본질안전방폭구조 : ia, ib
2) 안전증방폭구조 : e

64 누전에 의한 감전위험을 방지하기 위하여 누전차단기를 설치하여야 하는데 다음 중 누전차단기를 설치하지 않아도 되는 것은?

① 절연대 위에서 사용하는 이중 절연구조의 전동기기
② 임시배선의 전로가 설치되는 장소에서 사용하는 이동형 전기기구
③ 철판 위와 같이 도전성이 높은 장소에서 사용하는 이동형 전기기구
④ 물과 같이 도전성이 높은 액체에 의한 습윤 장소에서 사용하는 이동형 전기기구

Answer ➡ 59. ④ 60. ④ 61. ① 62. ④ 63. ④ 64. ①

해설
누전차단기 설치적용 제외대상
1) 이중절연구조일 것
2) 비접지방식의 전로에 접속하여 사용하는 것
3) 절연대 위에서 사용하는 것

65 여러 가지 성분의 액체 혼합물을 각 성분별로 분리하고자 할 때 비점의 차이를 이용하여 분리하는 화학설비를 무엇이라 하는가?
① 건조기 ② 반응기
③ 진공관 ④ 증류탑

해설
증류탑 : 증발하기 쉬운 차이 (비전의 차이)를 이용하여 액체혼합물의 성분을 분리시키는 장치

66 이온생성 방법에 따라 정전기 제전기의 종류가 아닌 것은?
① 고전압인가식 ② 접지제어식
③ 자기방전식   ④ 방사선식

해설
제전기의 종류
1) 전압인가식(코로나 방전식)
2) 자기방전식
3) 방사선식

67 누전차단기의 설치 환경조건에 관한 설명으로 틀린 것은?
① 전원전압은 정격전압의 85~110% 범위로 한다.
② 설치장소가 직사광선을 받을 경우 차폐시설을 설치한다.
③ 정격부동작전류가 정격감도 전류의 30% 이상이어야 하고 이들의 차가 가능한 큰 것이 좋다.
④ 정격전부하전류가 30A인 이동형 전기기계·기구에 접속되어 있는 경우 일반적으로 정격감도 전류는 30mA 이하인 것을 사용한다.

해설
누전차단기의 설치 환경조건
1) 주위 온도 : -10~40℃범위 내에서 성능을 발휘할 수 있을 것
2) 표고 : 1,000m 이하 장소로 할 것
3) 상대습도 : 45~80% 사이에서 사용할 것
4) 전원전압 : 정격전압의 85~110% 범위로 할 것
5) 누전차단기 최소동작전류 : 정격감도 전류의 50% 이상

68 전기화재의 직접적인 발생요인과 가장 거리가 먼 것은?
① 피뢰기의 손상
② 누전, 열의 축적
③ 과전류 및 절연의 손상
④ 지락 및 접속불량으로 인한 과열

해설
출화의 경과에 의한 전기화재 분류
1) 단락 (25%)
2) 스파크 (24%)
3) 누전 및 지락
　① 누전 (15%)　② 지락
4) 접촉부의 과열 (12%)
5) 절연열화, 절연파괴(11%)
6) 과전류 (8%)

69 화재 발생 시 알코올포(내알코올포)소화약제의 소화효과가 큰 대상물은?
① 특수인화물
② 물과 친화력이 있는 수용성 용매
③ 인화점이 영하 이하의 인화성 물질
④ 발생하는 증기가 공기보다 무거운 인화성 액체

해설
내알코올포 소화약제 : 알코올과 같은 물과 친화력이 있는 수용성 액체 (극성액체)의 화재에 사용되는 소화약제이다.

70 콘덴서의 단자전압이 1kV, 정전용량이 740pF일 경우 방전에너지는 약 몇 mJ인가?
① 370 ② 37
③ 3.7 ④ 0.37

해설
$$E = \frac{1}{2}CV^2$$
$$= \frac{1}{2} \times (740 \times 10^{-12}) \times (1,000)^2$$
$$= 3.7 \times 10^{-4} J \times \frac{1,000 mJ}{1J} = 0.37 mJ$$

Answer ● 65. ④ 66. ② 67. ③ 68. ① 69. ② 70. ④

71 다음 중 화학물질 및 물리적 인자의 노출기준에 따른 TWA 노출기준이 가장 낮은 물질은?

① 불소
② 아세톤
③ 니트로벤젠
④ 사염화탄소

해설

TWA 노출기준
1) 불소(F_2) : 0.1ppm
2) 아세톤(CH_3COCH_3) : 500ppm
3) 니트로벤젠($C_6H_5NO_3$) : 1ppm
4) 사염화탄소(CCl_4) : 5ppm

72 송전선의 경우 복도체 방식으로 송전하는데 이는 어떤 방전 손실을 줄이기 위한 것인가?

① 코로나방전
② 평등방전
③ 불꽃방전
④ 자기방전

해설

코로나방전 : 돌기형 도체와 평판 도체 사이에 전압이 상승할 때 발생하는 현상이다.

73 위험장소의 분류에 있어 다음 설명에 해당되는 것은?

> 분진운 형태의 가연성 분진이 폭발농도를 형성할 정도로 충분한 양이 정상작동 중에 연속적으로 또는 자주 존재하거나, 제어할 수 없을 정도의 양 및 두께의 분질층이 형성될 수 있는 장소

① 20종 장소
② 21종 장소
③ 22종 장소
④ 23종 장소

해설

위험장소 구분

폭발위험 장소 분류	적요	예(장소)
20종 장소	분진운 형태의 가연성 분진이 폭발농도를 형상할 정도로 충분한 양이 정상 작동 중에 연속적으로 또는 자주 존재하거나, 제어할 수 없을 정도의 양 및 두께의 분진층이 형성될 수 있는 장소	호퍼·분진저장소·집진장치·필터 등의 내부
21종 장소	20종 장소 외의 장소로서 분진운 형태의 가연성 분진이 폭발농도를 형성할 정도의 충분한 양이 정상작동 중에 존재할 수 있는 장소	집진장치·백필터·배기구 등의 주위, 이송벨트의 샘플링 지역 등
22종 장소	20종 장소 외의 장소로서 가연성 분진운 형태가 드물게 발생 또는 단기간 존재할 우려가 있거나 이상작동 상태에서 가연성 분진층이 형성될 수 있는 장소	21종 장소에서 예방조치가 취하여진 지역, 환기설비 등과 같은 안전 장치 배출구 주위 등

74 대기 중에 대량의 가연성 가스가 유출되거나 대량의 가연성 액체가 유출하여 그것으로부터 발생하는 증기가 공기와 혼합해서 가연성 혼합기체를 형성하고, 점화원에 의하여 발생하는 폭발을 무엇이라 하는가?

① UVCE
② BLEVE
③ Detonaion
④ Boil over

해설

1) UVCE(Unconfined Vapor Cloud Explosion ; 증기운 폭발) : 본문 설명
2) BLEVE(Boiling Liquid expanding Vapor Explosion) : 비등액 팽창 증기 폭발
3) Detonation : 폭굉
4) Boil over : 기름탱크의 일종의 수증기 폭발

75 산업안전보건법령에서 정한 위험물질의 종류에서 "물반응성 물질 및 인화성 고체"에 해당하는 것은?

① 니트로화합물
② 과염소산
③ 아조화합물
④ 칼륨

해설

물반응성물질 및 인화성고체(안전보건규칙)
1) 리튬
2) 칼륨·나트륨
3) 황
4) 황린
5) 황화인·적린
6) 셀룰로이드류
7) 알킬알루미늄·알킬리튬
8) 마그네슘분말
9) 금속분말(마그네슘분말은 제외)
10) 알칼리금속(리튬·칼륨 및 나트륨은 제외)
11) 유기금속화합물(알킬알루미늄 및 알킬리튬은 제외)
12) 금속의 수소화물
13) 금속의 인화물
14) 칼슘탄화물·알루미늄탄화물

76 가스를 저장하는 가스용기의 색상이 틀린 것은? (단, 의료용 가스는 제외한다.)

① 암모니아 – 백색
② 이산화탄소 – 황색
③ 산소 – 녹색
④ 수소 – 주황색

해설

②항, 이산화탄소(CO_2) : 청색

Answer ➡ 71. ① 72. ① 73. ① 74. ① 75. ④ 76. ②

77 다음 중 폭발한계의 범위가 가장 넓은 가스는?

① 수소   ② 메탄
③ 프로판   ④ 아세틸렌

해설

폭발한계(폭발범위)
1) 수소(H_2) : 4.0~75vol%
2) 메탄(CH_4) : 5.0~15vol%
3) 프로판(C_3H_8) : 2.1~9.5vol%
4) 아세틸렌(C_2H_2) : 2.5~81vol%

78 20℃, 1기압의 공기를 압축비 3으로 단열 압축하였을 때 온도는 약 몇 ℃가 되겠는가? (단, 공기의 비열비는 1.4이다.)

① 84   ② 128
③ 182   ④ 1091

해설

단열압축시 가스의 온도(T_2)

1) $T_2 = T_1 \times \left(\dfrac{P_2}{P_1}\right)^{\frac{n-1}{n}}$

$= (273+20) \times \left(\dfrac{3}{1}\right)^{\frac{1.4-1}{1.4}} = 401K$

2) $T_2 = 273 + t℃$
$t℃ = T_2 - 273$
$= 401 - 273 = 128℃$

79 산업안전보건법령에서 정한 안전검사의 주기에 따르면 건조설비 및 그 부속설비는 사업장에 설치가 끝난 날부터 몇 년 이내에 최초 안전검사를 실시하여야 하는가?

① 1   ② 2
③ 3   ④ 4

해설

안전검사의 주기
1) 크레인, 리프트 및 곤돌라 : 사업장에 설치가 끝난 날부터 3년 이내에 최초 안전 검사를 실시하되, 그 이후부터 매 2년 (건설현장에서 사용하는 것은 최초로 설치한 날부터 매 6개월)
2) 그 밖의 유해·위험기계 등 : 사업장에 설치가 끝난 날부터 3년 이내에 최초 안전검사를 실시하게, 그 이후부터 매 2년 (공정안전보고서를 제출하여 확인을 받은 압력 용기는 4년)

80 프로판(C_3H_8)가스의 공기 중 완전연소 조성 농도는 약 몇 vol%인가?

① 2.02   ② 3.02
③ 4.02   ④ 5.02

해설

완전연소조성농도(양론농도 ; Cst)

$Cst = \dfrac{1}{1+4.773\left(n+\dfrac{m}{4}\right)} \times 100$

$= \dfrac{1}{1+4.773 \times \left(3+\dfrac{8}{4}\right)} \times 100$

$= 4.02 vol\%$

여기서, $\begin{bmatrix} n : C_3H_8 의\ C의\ 수 \\ m : C_3H_8 의\ H의\ 수 \end{bmatrix}$

제5과목 건설안전기술

81 콘크리트 타설작업을 하는 경우에 준수해야 할 사항으로 옳지 않은 것은?

① 당일의 작업을 시작하기 전에 해당 작업에 관한 거푸집동바리등의 변형·변위 및 지반의 침하 유무 등을 점검하고 이상이 있으면 보수할 것
② 작업 중에는 거푸집동바리등의 변형·변위 및 침하 유무 등을 감시할 수 있는 감시자를 배치하여 이상이 있으면 작업을 중지하고 근로자를 대피시킬 것
③ 설계도서상의 콘크리트 양생기간을 준수하여 거푸집동바리 등을 해체할 것
④ 콘크리트를 타설하는 경우에는 편심을 유발하여 한쪽 부분부터 밀실하게 타설되도록 유도할 것

해설

콘크리트 타설작업시 준수 해야 할 사항
1) ①, ②, ③항
2) 콘크리트를 타설하는 경우에는 편심이 발생하지 않도록 골고루 분산하여 타설할 것
3) 콘크리트의 타설 작업시 거푸집 붕괴의 위험이 발생할 우려가 있는 때에는 충분한 보강 조치를 할 것

Answer 77. ④ 78. ② 79. ③ 80. ③ 81. ④

82 크레인을 사용하여 작업을 하는 경우 준수해야 할 사항으로 옳지 않은 것은?

① 인양할 하물(荷物)을 바닥에서 끌어당기거나 밀어 정위치 작업을 할 것
② 유류드럼이나 가스통 등 운반 도중에 떨어져 폭발하거나 누출될 가능성이 있는 위험물 용기는 보관함(또는 보관고)에 담아 안전하게 매달아 운반할 것
③ 미리 근로자의 출입을 통제하여 인양 중인 하물이 작업자의 머리 위로 통과하지 않도록 할 것
④ 인양할 하물이 보이지 아니하는 경우에는 어떠한 동작도 하지 아니할 것(신호하는 사람에 의하여 작업을 하는 경우는 제외한다)

해설
①항, 인양할 하물을 바닥에서 끌어당기거나 밀어내는 방법으로 작업을 하지 않도록 할 것

83 철골공사에서 나타나는 용접결함의 종류에 해당하지 않는 것은?

① 가우징(gouging)   ② 오버랩(overlap)
③ 언더 컷(under cut) ④ 블로우 홀(blow gole)

해설
가우징(gouging) : 용접시 쪼아 따내기 등에 의해 여분을 제거하는 작업

84 버팀대(Strut)의 축하중 변화상태를 측정하는 계측기는?

① 경사계(Inclino meter)
② 수위계(Water level meter)
③ 침하계(Extension)
④ 하중계(Load cell)

해설
계측기의 종류 및 계측내용
1) 하중계(load cell) : 버팀보(지주) 또는 어스앵커(earth anchor) 등의 실제 축하중 변화상태를 측정(부재의 안전상태를 파악하는 기기)
2) 간극 수압계(piezometer) : 지하수의 수압을 측정
3) 수위계(water level meter) : 지반내 지하수위 변화를 측정
4) 경사계(inclinometer) : 흙막이벽의 수평변위(변형) 측정
5) 변형계(stain gauge) : 흙막이벽의 변형과 응력을 측정

85 건설업에서 사업주의 유해 · 위험 방지 계획 제출 대상 사업장이 아닌 것은?

① 지상 높이가 31m 이상인 건축물의 건설, 개조 또는 해체공사
② 연면적 5,000m² 이상 관광숙박시설의 해체공사
③ 저수용량 5,000톤 이하의 지방상수도 전용 댐 건설 등의 공사
④ 깊이 10m 이상인 굴착공사

해설
다목적댐, 발전용댐 및 저수용량 2천만 톤 이상의 용수 전용댐, 지방상수도 전용댐 건설 등의 공사

86 굴착작업을 하는 경우 지반의 붕괴 또는 토석의 낙하에 의한 근로자의 위험을 방지하기 위하여 관리감독자로 하여금 작업시작 전에 점검하도록 해야 하는 사항과 가장 거리가 먼 것은?

① 부석 · 균열의 유무
② 함수 · 용수
③ 동결상태의 변화
④ 시계의 상태

해설
굴착작업시 지반의 붕괴 또는 토석의 낙하에 의한 위험방지를 위해 관리감독자가 작업시작 전에 점검해야 할 사항
1) 작업장소 및 그 주변의 부석 · 균열의 유무
2) 함수 · 용수 및 동결상태의 변화

87 건설업 산업안전보건관리비의 안전시설비로 사용가능하지 않은 항목은?

① 비계 · 통로 · 계단에 추가 설치하는 추락방지용 안전난간
② 공사수행에 필요한 안전통로
③ 틀비계에 별도로 설치하는 안전난간 · 사다리
④ 통로의 낙하물 방호선반

해설
안전통로는 안전시설에 해당되지 않는다.

Answer ➡ 82. ① 83. ① 84. ④ 85. ③ 86. ④ 87. ②

88 다음은 산업안전보건법령에 따른 지붕 위에서의 위험 방지에 관한 사항이다. ( ) 안에 알맞은 것은?

> 슬레이트, 선라이트 등 강도가 약한 재료로 덮은 지붕 위에서 작업을 할 때에 발이 빠지는 등 근로자가 위험해질 우려가 있는 경우 폭 ( )센티미터 이상의 발판을 설치하거나 안전방망을 치는 등 근로자의 위험을 방지하기 위하여 필요한 조치를 하여야 하는가?

① 20 ② 25
③ 30 ④ 40

해설
슬레이트, 선라이트(sunlight) 등 지붕 위에서의 작업시 위험 방지조치사항
1) 폭 30cm 이상의 발판 설치
2) 안전방망 설치

89 안전방망을 건축물의 바깥쪽으로 설치하는 경우 벽면으로부터 망의 내민 길이는 최소 얼마 이상이어야 하는가?

① 2m ② 3m
③ 5m ④ 10m

해설
안전방망(추락 방지망) 설치기준
1) **설치위치** : 작업면에 가장 가까운 지점에 설치하여야 하며, 작업면에서 방망설치 지점까지의 수직거리는 10m를 초과하지 않을 것
2) **방망** : 수평으로 설치
3) **방망의 처짐** : 짧은 변 길이의 12% 이상일 것
4) **방망의 내민 길이** : 벽면으로부터 3m 이상(다만, 그물코가 20mm 이하인 망을 사용한 경우에는 낙하물방지망을 설치한 것으로 봄)

90 추락방지망의 방망 지지점은 최소 얼마 이상의 외력에 견딜 수 있는 강도를 보유하여야 하는가?

① 500kg ② 600kg
③ 700kg ④ 800kg

해설
방망지지점 강도
1) 600kg 외력에 견딜 수 있을 것
2) 연속적인 구조물이 방망지지점인 경우의 외력
$$F = 200B$$
여기서, F: 외력 (kg)
B: 지지점 간격 (m)

91 다음에서 설명하고 있는 건설장비의 종류는?

> 앞뒤 두 개의 차륜이 있으며(2축 2륜), 각각의 차축이 평행으로 배치된 것으로 찰흙, 점성토 등의 두꺼운 흙을 다짐하는데 적당하나 단단한 각재를 다지는 데는 부적당하며 머캐덤 롤러 다짐 후의 아스팔트 포장에 사용된다.

① 클램쉘 ② 탠덤 롤러
③ 트랙터 쇼벨 ④ 드래그 라인

해설
1) 크렘쉘 : 붐의 선단에서 버킷을 와이어로프로 매달아 바로 아래로 떨어뜨려 흙을 떠올리는 중기
2) 텐덤롤러 : 본문설명
3) 트랙터쇼벨 : 트랙터 앞면에 버킷을 장착한 적재기계
4) 드래그라인 : 지반보다 낮은 연질지반의 넓은 굴착에 적합

92 이동식비계를 조립하여 작업을 하는 경우의 준수사항으로 옳지 않은 것은?

① 이동식비계의 바퀴에는 뜻밖의 갑작스러운 이동 또는 전도를 방지하기 위하여 브레이크·쐐기 등으로 바퀴를 고정시킨 다음 비계의 일부를 견고한 시설물에 고정하거나 아웃트리거(outrigger)를 설치하는 등 필요한 조치를 할 것
② 작업발판은 항상 수평을 유지하고 작업발판 위에서 안전난간을 딛고 작업을 하지 않도록 하며, 대신 받침대 또는 사다리를 사용하여 작업할 것
③ 비계의 최상부에서 작업을 하는 경우에는 안전난간을 설치할 것
④ 작업발판의 최대적재하중은 250kg을 초과하지 않도록 할 것

Answer ● 88. ③ 89. ② 90. ② 91. ② 92. ②

해설

이동식 비계를 조립하여 작업을 할 때 준수사항
1) ①, ③, ④항
2) 작업 발판은 항상 수평으로 유지하고 작업발판 위에서 안전난간을 딛고 작업을 하거나 받침대 또는 사다리를 사용하여 작업하지 않도록 할 것
3) 승강용사다리는 견고하게 설치할 것

93 작업으로 인하여 물체가 떨어지거나 날아올 위험이 있는 경우 설치하는 낙하물 방지망의 수평면과의 각도 기준으로 옳은 것은?

① 10° 이상 20° 이하를 유지
② 20° 이상 30° 이하를 유지
③ 30° 이상 40° 이하를 유지
④ 40° 이상 45° 이하를 유지

해설

낙하물방지망 또는 방호선반 설치시 준수사항
1) 설치 높이 : 10m 이내마다 설치
2) 내민 길이 : 벽면으로부터 2m 이상으로 할 것
3) 수평면과의 각도 : 20° 내지 30°를 유지할 것

94 다음은 산업안전보건법령에 따른 말비계를 조립하여 사용하는 경우에 관한 준수사항이다. ( ) 안에 알맞은 숫자는?

| 말비계의 높이가 2m를 초과한 경우에는 작업발판의 폭을 ( )cm 이상으로 할 것 |

① 10 ② 20
③ 30 ④ 40

해설

말비계를 조립하여 사용시 준수사항
1) 지주부재의 하단에는 미끄럼 방지장치를 하고, 양측 끝부분에 올라서서 작업하지 아니하도록 할 것
2) 지주부재와 수평면과의 기울기를 75° 이하로 하고, 지주부재와 지주부재 사이를 고정시키는 보조부재를 설치할 것
3) 말비계의 높이가 2m를 초과할 경우에는 작업발판의 폭을 40cm 이상으로 할 것

95 터널 지보공을 설치한 경우에 수시로 점검하여야 할 사항에 해당하지 않는 것은?

① 기둥침하의 유무 및 상태
② 부재의 긴압 정도
③ 매설물 등의 유무 또는 상태
④ 부재의 접속부 및 교차부의 상태

해설

터널지보공 설치시 수시점검사항
1) 부재의 손상·변형·부식·변위 탈락의 유무 및 상태
2) 부재의 긴압의 정도
3) 부재의 접속부 및 교차부의 상태
4) 기둥침하의 유무 및 상태

96 통나무 비계를 건축물, 공작물 등의 건조·해체 및 조립 등의 작업에 사용하기 위한 지상 높이 기준은?

① 2층 이하 또는 6m 이하
② 3층 이하 또는 9m 이하
③ 4층 이하 또는 12m 이하
④ 5층 이하 또는 15m 이하

해설

통나무비계를 사용할 수 있는 경우 : 지상높이 4층 이하 또는 12m 이하인 건축물·공작물 등의 건조·해체 및 조립 등 작업시

97 아스팔트 포장도로의 노반의 파쇄 또는 토사 중에 있는 암석제거에 가장 적당한 장비는?

① 스크레이퍼(Scraper)
② 롤러(Roller)
③ 리퍼(Ripper)
④ 드래그라인(Dragline)

해설

리퍼(ripper) : 단단한 흙이나 연약한 암석을 파내는 갈고리 모양의 기계장비

Answer ➡ 93. ② 94. ④ 95. ③ 96. ③ 97. ③

98 거푸집동바리등을 조립하거나 해체하는 작업을 하는 경우 준수사항으로 옳지 않은 것은?

① 해당 작업을 하는 구역에는 관계 근로자가 아닌 사람의 출입을 금지할 것
② 비, 눈, 그 밖의 기상상태의 불안전으로 날씨가 몹시 나쁜 경우에는 그 작업을 중지할 것
③ 낙하·충격에 의한 돌발적 재해를 방지하기 위하여 버팀목을 설치하고 거푸집동바리 등을 인양장비에 매단 후에 작업을 하도록 하는 등 필요한 조치를 할 것
④ 재료, 기구 또는 공구 등을 올리거나 내리는 경우에는 근로자로 하여금 달줄·달포대 등의 사용을 금지하도록 할 것

해설
거푸집동바리 등을 조립·해체작업을 하는 경우 준수사항
1) ①, ②, ③항
2) 재료, 기구 또는 공구 등을 올리거나 내리는 경우에는 근로자로 하여금 달줄·달포대 등을 사용하도록 할 것

99 고소작업대가 갖추어야 할 설치조건으로 옳지 않은 것은?

① 작업대를 와이어로프 또는 체인으로 올리거나 내릴 경우에는 와이어로프 또는 체인이 끊어져 작업대가 떨어지지 아니하는 구조여야 하며, 와이어로프 또는 체인의 안전율은 3 이상일 것
② 작업대를 유압에 의해 올리거나 내릴 경우에는 작업대를 일정한 위치에 유지할 수 있는 장치를 갖추고 압력의 이상저하를 방지할 수 있는 구조일 것
③ 작업대에 정격하중(안전율 5 이상)을 표시할 것
④ 작업대에 끼임·충돌 등 재해를 예방하기 위한 가드 또는 과상승방지장치를 설치할 것

해설
①항, 와이어로프 또는 체인의 안전율은 5 이상일 것

100 가설통로를 설치하는 경우 경사는 최대 몇 도 이하로 하여야 하는가?

① 20 ② 25
③ 30 ④ 35

해설
가설통로의 구조 : 가설통로 설치시 준수사항
1) 견고한 구조로 할 것
2) 경사는 30° 이하로 할 것(다만, 계단을 설치하거나 높이 2m 미만의 가설통로로서 튼튼한 손잡이를 설치한 경우에는 그러하지 아니하다)
3) 경사가 15°를 초과하는 경우에는 미끄러지지 아니하는 구조로 할 것
4) 추락의 위험이 있는 장소에는 안전난간을 설치할 것(작업상 부득이한 경우에는 필요한 부분에 한하여 임시로 이를 해체할 수 있다)
5) 수직갱에 가설된 통로의 길이가 15m 이상인 때에는 10m 이내마다 계단참을 설치할 것
6) 건설공사에서 사용하는 높이 8m 이상인 비계다리에는 7m 이내마다 계단참을 설치할 것

Answer ➡ 98. ④ 99. ① 100. ③

2022년 제2회 산업안전산업기사

2022. 4. 24 시행

제1과목　산업안전관리론

01　연간 총 근로시간 중에 발생하는 근로손실일수를 1,000 시간 당 발생하는 근로손실일수로 나타내는 식은?

① 강도율
② 도수율
③ 연천인율
④ 종합재해지수

해설

1) **강도율** : 연근로시간 1,000시간 당 재해로 인해서 잃어버린 근로손실일수를 말한다.
2) 관계식

$$강도율 = \frac{근로손실일수}{연근로시간수} \times 1,000$$

02　산업안전보건법상 아세틸렌 용접장치 또는 가스집합 용접장치를 사용하여 행하는 금속의 용접·용단 또는 가열작업자에게 특별안전·보건교육을 시키고자 할 때의 교육내용이 아닌 것은?

① 용접흄·분진 및 유해광선 등의 유해성에 관한 사항
② 작업방법·작업순서 및 응급처치에 관한 사항
③ 안전밸브의 취급 및 주의에 관한 사항
④ 안전기 및 보호구 취급에 관한 사항

해설

아세틸렌용접장치 또는 가스집합용접장치를 사용하여 금속의 용접·용단 또는 가열작업시 특별안전·보건교육의 교육내용

1) ①, ②, ④항
2) 가스용접기, 압력조정기, 호스 및 취관두 등의 기기점검에 관한 사항
3) 화재예방 및 초기대응에 관한 사항
4) 그 밖에 안전·보건관리에 필요한 사항

03　재해원인을 직접원인과 간접원인으로 나눌 때, 직접원인에 해당하는 것은?

① 기술적 원인
② 관리적 원인
③ 교육적 원인
④ 물적 원인

해설

재해발생의 원인
1) 직접원인
　① 인적원인 : 불안전한 행동
　② 물적원인 : 불안전한 상태
2) 간접원인 : 기술적원인, 관리적원인, 교육적원인

04　성공적인 리더가 갖추어야 할 특성으로 가장 거리가 먼 것은?

① 강한 출세 욕구
② 강력한 조직 능력
③ 미래지향적 사고 능력
④ 상사에 대한 부정적인 태도

해설

성실한 지도자가 공통적으로 갖는 속성
1) 업무수행능력 및 판단능력
2) 강력한 조직능력 및 강한 출세욕구
3) 자신에 대한 긍정적 태도
4) 상사에 대한 긍정적 태도
5) 조직의 목표에 대한 충성심
6) 실패에 대한 두려움
7) 원만한 사교성
8) 매우 활동적이며 공격적인 도전
9) 자신의 건강과 체력 단련
10) 부모로부터의 정서적 독립

05　교육훈련의 효과는 5관을 최대한 활용하여야 하는데 다음 중 효과가 가장 큰 것은?

① 청각
② 시각
③ 촉각
④ 후각

Answer ➡　01. ①　02. ③　03. ④　04. ④　05. ②

해설

5관의 효과순서 : 시각 > 청각 > 촉각 > 미각 > 후각

06 TBM(Tool Box Meeting)의 의미를 가장 잘 설명한 것은?

① 지시나 명령의 전달회의
② 공구함을 준비한 후 작업하라는 뜻
③ 작업원 전원의 상호대화로 스스로 생각하고 납득하는 작업장 안전회의
④ 상사의 지시된 작업내용에 따른 공구를 하나하나 준비해야 한다는 뜻

해설

TBM(tool box meeting)
1) TBM은 통상 작업 시작 전에 5분~15분 정도의 시간을 들여 행하여진다. 또한 작업 종업시의 극히 짧은 3분~5분으로 행하는 미팅도 TBM의 하나이다.
2) TBM은 직장, 현장, 공구 상자 등의 근처에서 될 수 있는 한 작은 원을 만들어 이루어진다(인원 5~7명 정도).
3) TBM은 직장이나 작업의 상황에 잠재된 위험을 모두가 말을 하는 가운데 스스로 생각하고 납득하고 합의하는 것이다.

07 교육 대상자수가 많고, 교육 대상자의 학습 능력의 차이가 큰 경우 집단안전 교육방법으로서 가장 효과적인 방법은?

① 문답식 교육 ② 토의식 교육
③ 시청각 교육 ④ 상담식 교육

해설

시청각 교육
교육대상자수가 많고 교육대상자의 학습능력차이가 큰 경우 집단교육방법으로 효과적이다.

08 일선 관리감독자를 대상으로, 작업지도기법, 작업개선기법, 인간관계 관리기법 등을 교육하는 방법은?

① ATT(American Telephone & Telegram Co.)
② MTP(Management Training Program)
③ CCS(Civil Communication Section)
④ TWI(Training Within Industry)

해설

TWI(Training Within Industry)
1) 교육대상자 : 감독자
2) 교육내용
  ① JI(Job Instruction) : 작업지도 기법
  ② JM(Job Method) : 작업개선 기법
  ③ JR(Job Relation) : 인간관계관리 기법(부하통솔 기법)
  ④ JS(Job Safety) : 작업안전 기법
3) 한 클래스는 10명 정도, 교육방법은 토의법, 1일 2시간씩 5일에 걸쳐 10시간 정도 한다.

09 산업안전보건법상 바탕은 흰색, 기본모형은 빨간색, 관련 부호 및 그림은 검은색을 사용하는 안전·보건표지는?

① 안전복착용   ② 출입금지
③ 고온경고   ④ 비상구

해설

산업안전표지의 종류와 색채
1) 금지표시 : 바탕은 흰색, 기본모형은 빨간색, 관련부호 및 그림은 검정색
2) 경고표시 : 바탕은 노란색, 기본모형, 관련부호 및 그림은 검정색[다만, 인화성물질 경고, 산화성물질 경고, 폭발성물질 경고, 급성독성물질 경고, 부식성물질 경고 및 발암성·변이원성·생식독성·전신독성·호흡기과민성물질 경고의 경우 바탕은 무색, 기본모형은 빨간색(흑색도 가능)]
3) 지시표지 : 바탕은 파란색, 관련그림은 흰색
4) 안내표지 : 바탕은 흰색, 기본모형 및 관련 부호는 녹색, 바탕은 녹색, 관련부호 및 그림은 흰색
5) 관계자외 출입금지표지 : 바탕은 흰색, 글자는 흑색, 다음 글자는 적색
  ① ○○○제조/사용/보관중
  ② 석면취급/해체중
  ③ 발암물질 취급중

10 다음 ( )안에 알맞은 것은?

사업주는 산업재해로 사망자가 발생하거나 ( ) 일 이상의 휴업이 필요한 부상을 입거나 질병에 걸린 사람이 발생한 경우 해당 산업재해가 발생한 날부터 1개월 이내에 산업재해조사표를 작성하여 관할 지방고용노동청장 또는 지청장에게 제출하여야 한다.

① 3   ② 4
③ 5   ④ 7

Answer ● 06. ③ 07. ③ 08. ④ 09. ② 10. ①

해설

산업재해 발생보고(시행규칙 제4조)
1) 사업주는 산업재해로 사망자가 발생하거나 3일 이상의 휴업이 필요한 부상을 입거나 질병에 걸린 사람이 발생한 경우
2) 해당 산업재해가 발생한 날부터 1개월 이내에 산업재해조사표를 작성하여
3) 지방 고용노동관서의 장에게 제출하여야 한다.

11 피로의 예방과 회복대책에 대한 설명이 아닌 것은?

① 작업부하를 크게 할 것
② 정적 동작을 피할 것
③ 작업속도를 적절하게 할 것
④ 근로시간과 휴식을 적정하게 할 것

해설

피로의 예방대책
1) 작업부하를 작게 할 것
2) 근로시간과 휴식을 적정하게 할 것
3) 작업속도 및 작업정도 등을 적당하게 할 것
4) 불필요한 마찰을 배제 할 것
5) 정적동작을 피할 것
6) 직장체조를 통해 혈액순환을 촉진할 것(운동을 적당히 할 것)
7) 충분한 영양을 섭취할 것(건강식품의 준비, 비타민 B · C등의 적정한 영양제보급 등)

12 안전관리에 관한 계획에서 실시에 이르기까지 모든 권한이 포괄적이며 하향적으로 행사되며, 전문 안전담당 부서가 없는 안전관리조직은?

① 직계식 조직
② 참모식 조직
③ 직계–참모식 조직
④ 안전보건 조직

해설

직계식 조직(line 형)
1) 생산 또는 현장 라인(line)에서 생산 및 안전업무를 동시에 실시하는 조직 형태이다 (100명 미만 소규모 사업장에 적합)
2) 장점
   ① 안전지시나 개선조치 등 명령이 철저하고 신속하게 수행된다.
   ② 상하관계만 있기 때문에 명령과 보고가 간단명료하다.
   ③ 참모식 조직보다 경제적인 조직체계이다.
3) 단점
   ① 안전전담부서(staff)가 없기 때문에 안전에 대한 정보가 불충분하고 안전지식 및 기술축적이 어렵다.
   ② 라인(line)에 과중한 책임을 지우기가 쉽다.

13 매슬로우(A.H.Maslow)의 인간욕구 5단계 이론에서 각 단계별 내용이 잘못 연결된 것은?

① 1단계 : 자아실현의 욕구
② 2단계 : 안전에 대한 욕구
③ 3단계 : 사회적 욕구
④ 4단계 : 존경에 대한 욕구

해설

매슬로우(Maslow)의 욕구 5단계
1) 1단계 – 생리적 욕구(신체적 욕구) : 기아, 갈등, 호흡, 배설, 성욕 등 기본적 욕구
2) 2단계 – 안전의 욕구 : 안전을 구하려는 욕구
3) 3단계 – 사회적 욕구(친화욕구) : 애정, 소속에 대한 욕구
4) 4단계 – 인정받으려는 욕구(자기존경의 욕구, 승인욕구) : 자존심, 명예, 성취, 지위 등에 대한 욕구
5) 5단계 – 자아실현의 욕구(성취욕구) : 잠재적인 능력을 실현하고자 하는 욕구

14 산업안전보건법상 중대재해에 해당하지 않는 것은?

① 추락으로 인하여 1명이 사망한 재해
② 건물의 붕괴로 인하여 15명의 부상자가 동시에 발생한 재해
③ 화재로 인하여 4개월의 요양이 필요한 부상자가 동시에 3명 발생한 재해
④ 근로환경으로 인하여 직업성질병자가 동시에 5명 발생한 재해

해설

중대재해의 정의(시행규칙 제2조 제1항)
1) 사망자가 1명 이상 발생한 재해
2) 3개월 이상의 요양이 필요한 부상자가 동시에 2명 이상 발생한 재해
3) 부상자 또는 직업성 질병자가 동시에 10명 이상 발생한 재해

15 하버드 학파의 5단계 교수법에 해당되지 않는 것은?

① 교시(Presentation)
② 연합(Association)
③ 추론(Reasoning)
④ 총괄(Generalization)

Answer ● 11. ① 12. ① 13. ① 14. ④ 15. ③

해설

하버드 학파의 5단계 교수법
1) 1단계 : 준비시킨다(preparation)
2) 2단계 : 교시한다(presentation)
3) 3단계 : 연합한다(association)
4) 4단계 : 총괄시킨다(generalization)
5) 5단계 : 응용시킨다(application)

16 산업안전보건법상 프레스 작업 시 작업시작 전 점검사항에 해당하지 않는 것은?

① 클러치 및 브레이크의 기능
② 매니퓰레이터(manipulator) 작동의 이상 유무
③ 프레스의 금형 및 고정볼트 상태
④ 1행정 1정지기구·급정지장치 및 비상정지 장치의 기능

해설

프레스 작업시 작업시작 전 점검사항
1) 클러치 및 브레이크의 기능
2) 크랭크축·플라이휠·슬라이드·연결봉 및 연결나사의 풀림유무
3) 1행정 1정지기구·급정지장치 및 비상정지장치의 기능
4) 슬라이드 또는 칼날에 의한 위험방지기구의 기능
5) 프레스의 금형 및 고정볼트 상태
6) 방호장치의 기능
7) 전단기의 칼날 및 테이블의 상태

17 다음과 같은 착시현상에 해당하는 것은?

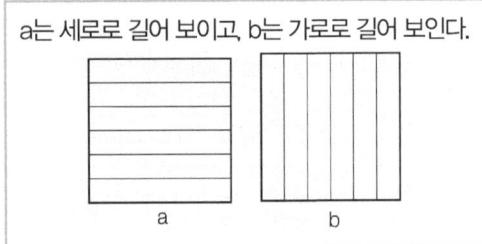

a는 세로로 길어 보이고, b는 가로로 길어 보인다.

① 뮬러 – 라이어(Muler – Lyer)의 착시
② 헬흐츠(Helmhotz)의 착시
③ 헤링(Hering)의 착시
④ 포겐도프(Poggendorf)의 착시

해설

헬흐츠(Helhotz)의 착시 : 가로, 세로의 길이가 같은데 선으로 나눈 부분이 길어져 보인다.

18 재해손실 코스트 방식 중 하인리히의 방식에 있어 1 : 4의 원칙 중 1에 해당하지 않는 것은?

① 재해예방을 위한 교육비
② 치료비
③ 재해자에게 지급된 급료
④ 재해보상 보험금

해설

하인리히의 재해손실비
1) 총재해 cost = 직접비 + 근접비
2) 직접비 : 간접비 = 1 : 4
 ① 직접비 : 법으로 정한 치료비 및 산재보상비(휴업보상비, 장해보상비, 요양보상비, 장의비, 유족보상비, 상병보상연금 등)
 ② 간접비 : 재산손실, 생산중단 등으로 인해 기업이 입은 손실(인적손실, 물적손실, 생산손실, 기타손실 등)

19 방독마스크의 흡수관의 종류와 사용조건이 옳게 연결된 것은?

① 보통가스용 – 산화금속
② 유기가스용 – 활성탄
③ 일산화탄소용 – 알칼리제제
④ 암모니아용 – 산화금속

해설

방독마스크의 흡수관(흡수통 또는 정화통)

종류	표지 기호	표지 색	대응독물	주성분
보통 가스용 (할로겐 가스용)	A	흑색 회색	염소 및 할로겐류, 포스겐, 유기 및 산성가스	활성탄, 소다라임
유기 가스용	C	흑색	유기가스 및 증기, 이황화탄소	활성탄
일산화 탄소용	E	적색	TEL, 일산화탄소	호프카라이트, 방습제
암모니아용	H	녹색	암모니아	큐프라 마이트
아황산용	I	황적색	아황산 및 황산미스트	산화금속 알카리제제

Answer ▶ 16. ② 17. ② 18. ① 19. ②

20 레빈(Lewin)의 법칙 중 환경조건(E)이 의미하는 것은?

① 지능 ② 소질
③ 적성 ④ 인간관계

해설

레빈(Lewin)의 법칙
$B = f(P \cdot E)$
1) B(Behavior) : 인간의 행동
2) f(function, 함수관계) : 적성 기타 P와 E에 영향을 미칠 수 있는 조건
3) P(Person, 개체) : 연령, 경험, 심신상태, 성격, 지능 등 인간의 조건
4) E(Environment, 심리적 환경) : 인간관계, 작업환경 등 환경조건

제2과목 인간공학 및 시스템안전공학

---

21 음량 수준이 50 phon일 때 sone 값은?

① 2 ② 5
③ 10 ④ 100

해설

$\text{sone} = 2^{(\text{phon} - 40)/10}$
$= 2^{(50-40)/10} = 2$

길잡이 phon과 sone
1) phon에 의한 음량수준 : 1,000Hz순음의 음압수준(dB)을 phon이라 한다.
2) sone에 의한 음량 : 40phon(1,000Hz, 40dB의 음압수준을 가진 순음의 크기)을 1sone이라 한다.

22 고온 작업자의 고온 스트레스로 인해 발생하는 생리적 영향이 아닌 것은?

① 피부와 직장온도의 상승
② 발한(sweating)의 증가
③ 심박출량(cardiac output)의 증가
④ 근육에서의 젖산 감소로 인한 근육통과 근육피로 증가

해설

④항, 근육에서의 젖산 증가로 인한 근육통과 근육피로 증가.

23 청각적 표시장치 지침에 관한 설명으로 틀린 것은?

① 신호는 최소한 0.5~1초 동안 지속한다.
② 신호는 배경소음과 다른 주파수를 이용한다.
③ 소음은 양쪽 귀에, 신호는 한쪽 귀에 들리게 한다.
④ 300m 이상 멀리 보내는 신호는 2,000 Hz 이상의 주파수를 사용한다.

해설

1) 300m 이상 멀리 보내는 신호는 1,000 Hz 이하의 주파수를 사용한다.
2) 장애물 칸막이 통과시는 500Hz 이하의 진동수를 사용한다.

24 조종반응비율(C/R비)에 관한 설명으로 틀린 것은?

① 조종장치와 표시장치의 물리적 크기와 성질에 따라 달라진다.
② 표시장치의 이동거리를 조종장치의 이동거리로 나눈 값이다.
③ 조종반응비율이 낮다는 것은 민감도가 높다는 의미이다.
④ 최적의 조종반응비율은 조종장치의 조종시간과 표시장치의 이동시간이 교차하는 값이다.

해설

조종반응비율(C/R비 또는 C/D ; 통제표시비)
$\dfrac{C}{R}\text{비} = \dfrac{\text{조종장치 이동거리}}{\text{표시장치 이동거리}}$

25 인체측정치를 이용한 설계에 관한 설명으로 옳은 것은?

① 평균치를 기준으로 한 설계를 제일 먼저 고려한다.
② 자세와 동작에 따라 고려해야 할 인체측정 치수가 달라진다.

Answer ➡ 20. ④ 21. ① 22. ④ 23. ④ 24. ② 25. ②

③ 의자의 깊이와 너비는 작은 사람을 기준으로 설계한다.
④ 큰 사람을 기준으로 한 설계는 인체측정치의 5%tile을 사용한다.

해설
1) 최대치수나 최소치수, 조절식으로 하기가 곤란할 때 평균치를 기준으로 하여 설계한다.
2) 의자좌판의 깊이는 작은 사람에게, 나비(폭)는 큰 사람에게 맞도록 설계한다.
3) 큰 사람을 기준으로 한 설계(최대 집단치)는 인체측정치의 상위 백분위수를 기준으로 한 90,95,99%치를 사용한다.(최소집단치는 하위 백분위 수 1,5,10%치 사용)

26 인간-기계 시스템 설계 과정의 주요 6단계를 올바른 순서로 나열한 것은?

```
ⓐ 기본설계
ⓑ 시스템 정의
ⓒ 목표 및 성능 명세 결정
ⓓ 인간-기계인터페이스(human-machine interface) 설계
ⓔ 매뉴얼 및 성능보조자료 작성
ⓕ 시험 및 평가
```

① ⓒ→ⓑ→ⓐ→ⓓ→ⓔ→ⓕ
② ⓐ→ⓑ→ⓒ→ⓓ→ⓔ→ⓕ
③ ⓑ→ⓒ→ⓐ→ⓔ→ⓓ→ⓕ
④ ⓒ→ⓐ→ⓑ→ⓔ→ⓓ→ⓕ

해설
인간·기계 시스템 설계과정의 6단계
1) 1단계 : 목표 및 성능 명세 결정
2) 2단계 : 시스템 정의
3) 3단계 : 기본설계
4) 4단계 : 인간·기계 인터페이스(interface) 설계
5) 5단계 : 매뉴얼 및 성능보조자로 작성
6) 6단계 : 시험 및 평가
※ interfase(계면) : 인간·기계체계에서 인간과 기계가 만나는 면(面)

27 동전던지기에서 앞면이 나올 확률이 0.7이고, 뒷면이 나올 확률이 0.3일 때, 앞면이 나올 사건의 정보량(A)과 뒷면이 나올 사건이 정보량(B)은 각각 얼마인가?

① A : 0.88 bit,   B : 1.74 bit
② A : 0.51 bit,   B : 1.74 bit
③ A : 0.88 bit,   B : 2.25 bit
④ A : 0.51 bit,   B : 2.25 bit

28 FMEA의 위험성 분류 중 "카테고리 2"에 해당 되는 것은?
① 영향 없음
② 활동의 지연
③ 사명 수행의 실패
④ 생명 또는 가옥의 상실

해설
FMEA의 위험성 분류
1) category 1 : 생명 또는 가옥의 상실
2) category 2 : 사명(작업) 수행의 실패
3) category 3 : 활동의 지연
4) category 4 : 영향 없음

29 옥내 조명에서 최적 반사율의 크기가 작은 것부터 큰 순서대로 나열된 것은?
① 벽 < 천장 < 가구 < 바닥
② 바닥 < 가구 < 천장 < 벽
③ 가구 < 바닥 < 천장 < 벽
④ 바닥 < 가구 < 벽 < 천장

해설
옥내 최적 반사율
1) 천장 : 80~90%
2) 벽, 창문 발(blind) : 40~60%
3) 가구, 사무기기, 책상 : 25~45%
4) 바닥 : 20~40%

30 다음 중 일반적으로 가장 신뢰도가 높은 시스템의 구조는?
① 직렬연결구조
② 병렬연결구조
③ 단일부품구조
④ 직·병렬 혼합구조

해설
1) 병렬연결 : 신뢰도가 가장 높음
2) 관계식
$$R = 1 - \prod_{i=1}^{n}(1-R_i)$$

Answer ➡ 26. ① 27. ② 28. ③ 29. ④ 30. ②

31 중량물을 반복적으로 드는 작업의 부하를 평가하기 위한 방법인 NIOSH 들기지수를 적용할 때 고려되지 않는 항목은?

① 들기빈도 ② 수평이동거리
③ 손잡이 조건 ④ 허리 비틀림

해설

1) NIOSH(미국 산업안전보건연구원)들기지수(LI ; lifting index) : 실제작업물의 무게와 권장무게한계(RWL)의 비를 말한다.

$$LI = \frac{실제작업무게(L)}{권장무게한계(RWL)}$$

2) 권장무게한계(RWL)
$RWL = Lc \times HM \times VM \times DM \times AM \times FM \times CM$
여기서, Lc : 중량상수(32kg)
HM : 수평계수
VM : 수직계수
DM : 이동거리계수
AM : 비대칭계수
FM : 작업빈도계수(들기빈도)
CM : 물체를 잡는데 따른 계수
(커플링계수)(손잡이조건)

32 다음 중 시스템 안전성 평가의 순서를 가장 올바르게 나열한 것은?

① 자료의 정리 → 정량적 평가 → 정성적 평가 → 대책 수립 → 재평가
② 자료의 정리 → 정성적 평가 → 정량적 평가 → 재평가 → 대책 수립
③ 자료의 정리 → 정량적 평가 → 정성적 평가 → 재평가 → 대책 수립
④ 자료의 정리 → 정성적 평가 → 정량적 평가 → 대책 수립 → 재평가

해설

공장설비의 안전성 평가의 5단계
1) 1단계 : 관계 자료의 작성준비
2) 2단계 : 정성적 평가
3) 3단계 : 정량적 평가
4) 4단계 : 안전대책
5) 5단계 : 재평가

33 에너지대사율(Relative Metabolic Rate)에 관한 설명으로 틀린 것은?

① 작업대사량은 작업 시 소비에너지와 안정 시 소비에너지의 차로 나타낸다.
② RMR은 작업대사량을 기초대사량으로 나눈 값이다.
③ 산소소비량을 측정할 때 더글라스백(Douglas bag)을 이용한다.
④ 기초대사량은 의자에 앉아서 호흡하는 동안에 측정한 산소소비량으로 구한다.

해설

1) 기초대사량 : 생명을 유지하는데 필요한 최소한의 시간당 에너지를 말한다.
2) 기초대사량 : 1,500~1,800kcal/day

34 결합수분석법에 있어 정상사상(top event)이 발생하지 않게 하는 기본사상들의 집합을 무엇이라고 하는가?

① 컷셋(cut set) ② 페일셋(fail set)
③ 트루셋(truth set) ④ 패스셋(path set)

해설

1) 컷셋과 미니멀 컷
   ① 컷셋(cut sets) : 정상사상을 일으키는 기본사상(통상사상, 생략사상 포함)의 집합을 컷이라 한다.
   ② 미니멀 컷(minimal cut sets) : 정상사상을 일으키기 위해 필요한 최소한의 컷을 말한다.(시스템의 위험성을 나타냄)
2) 패스셋과 미니멀 패스
   ① 패스셋(path sets) : 정상사상이 일어나지 않는 기본사상의 집합을 말한다.
   ② 미니멀 패스(minimal path sets) : 필요한 최소한의 패스를 말한다.(시스템의 신뢰성을 나타냄)

35 FT도에 사용되는 논리기호 중 AND 게이트에 해당하는 것은?

① 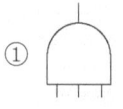 ②

③ 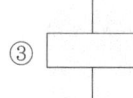 ④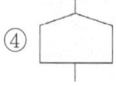

Answer ➡ 31. ② 32. ④ 33. ④ 34. ④ 35. ①

해설
① 항 : AND gate ② 항 : OR gate
③ 항 : 결함사상 ④ 항 : 통상사상

36 작업자가 소음 작업환경에 장기간 노출되어 소음성 난청이 발병하였다면 일반적으로 청력손실이 가장 크게 나타나는 주파수는?

① 1,000Hz ② 2,000Hz
③ 4,000Hz ④ 6,000Hz

해설
유해주파수 : 4,000Hz

37 페일 세이프(fail-safe)의 원리의 해당되지 않는 것은?

① 교대 구조 ② 다경로하중 구조
③ 배타설계 구조 ④ 하중경감 구조

해설
구조적 페일 세이프(팡공기의 엔진, 압력용기의 안전밸브)
1) **저균열속도 구조** : 기계·장치 등에 균열이 발생하더라도 그 진전속도가 늦어 정지를 일으키는 구조
2) **조합구조** : 다층재 등에서와 같이 여러 개의 재료를 조합시켜 하나의 재료에서 균열이 생겨도 다른 재료가 하중을 받아주는 구조
3) **다경로하중 구조** : 하중을 받아주는 부재가 몇 개로 나뉘어져 있어 일부 부재가 파열되어도 다른 부재로 인해 하중을 받아줄 수 있는 구조
4) **하중해방 구조** : 안전파열판 등과 같이 어딘가가 파열되면 그 이상의 하중이 걸리지 않는 구조

38 관측하고자 하는 측정값을 가장 정확하게 읽을 수 있는 표시장치는?

① 계수형 ② 동침형
③ 동목형 ④ 묘사형

해설
정량적 동적표시장치의 기본형
1) **정목동침(moving pointer)형** : 눈금이 고정되고 지침이 움직이는 형
2) **정침동목(moving scale)형** : 지침이 고정되고 눈금이 움직이는 형
3) **계수(digital)형** : 전력계나 택시요금 계기와 같이 기계·전자적으로 숫자가 표시되는 형

39 그림의 FT도에서 최소 컷셋(minimal cut set)으로 옳은 것은?

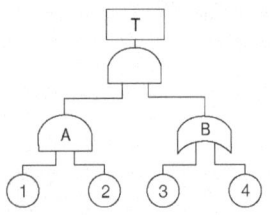

① {1, 2, 3, 4}
② {1, 2, 3}, {1, 2, 4}
③ {1, 3, 4}, {2, 3, 4}
④ {1, 3}, {1, 4}, {2, 3}, {2, 4}

해설
FT도를 다음과 같이 그린 후에 최소컷 셋을 구한다.

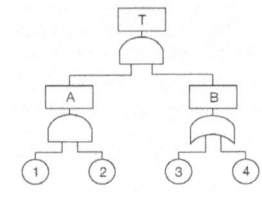

T→AB→①②B→①②③
             ①②④

40 설비의 보전과 가동에 있어 시스템의 고장과 고장 사이의 시간 간격을 의미하는 용어는?

① MTTR ② MDT
③ MTBF ④ MTBR

해설
MTTF(mean time to failure) : 평균 수명 또는 고장발생까지의 동작시간 평균이라고도 하며, 하나의 고장에서부터 다음 고장까지의 평균동작시간을 말한다.

$$\therefore \text{MTTF} = \frac{1}{\lambda(\text{고장률})}$$

2) MTTR(mean time to repair) : 평균수리시간(총수리시간을 그 기간의 수리회수로 나눈 시간)
3) MTBF(mean time between failure) : 평균고장간격
$$\therefore \text{MTBF} = \text{MTTF} + \text{MTTR}$$

Answer 36. ③ 37. ③ 38. ① 39. ② 40. ③

제3과목 기계위험방지기술

41 운전자가 서서 조작하는 방식의 지게차의 경우 운전석의 바닥면에서 헤드가드의 상부틀의 하면까지의 높이가 몇 m 이상이 되어야 하는가?

① 0.3
② 0.5
③ 0.903
④ 1.88

해설
지게차 헤드가드(head guard)의 구비조건(안전보건규칙)
1) 강도는 지게차 최대하중의 2배의 값(그 값이 4톤을 넘는 것에 대해서는 4톤으로 한다.)의 등분포정하중에 견딜 수 있는 것일 것
2) 상부틀의 각 개구의 폭 또는 길이가 16cm 미만일 것
3) 운전자가 앉아서 조작하는 방식의 지게차에 있어서는 운전자 좌석의 상면에서 헤드가드 상부틀의 하면까지의 높이가 0.903m 이상일 것
4) 운전자가 서서 조작하는 방식의 지게차에 있어서는 운전석의 바닥면에서 헤드가드 상부틀의 하면까지의 높이가 1.88m 이상일 것

42 원심기의 안전대책에 관한 사항에 해당되지 않는 것은?

① 최고사용회전수를 초과하여 사용해서는 아니 된다.
② 내용물이 튀어나오는 것을 방지하도록 덮개를 설치하여야 한다.
③ 폭발을 방지하도록 압력방출장치를 2개 이상 설치하여야 한다.
④ 청소, 검사, 수리 등의 작업 시에는 기계의 운전을 정지하여야 한다.

해설
압력 방출 장치 : 보일러, 압력용기 등의 방호장치

43 기계설비의 안전조건에서 구조적 안전화로 틀린 것은?

① 가공결함
② 재료의 결함
③ 설계상의 결함
④ 방호장치의 작동결함

해설
구조적안전화를 위한 조건
1) 재료선택의 안전화(재료결함)
2) 설계상의 올바른 강도계산(설계상 결함)
3) 가공상의 안전화(가공결함) 42

44 프레스에 적용되는 방호장치의 유형이 아닌 것은?

① 접근거부형
② 접근반응형
③ 위치제한형
④ 포집형

해설
프레스기 방호장치의 유형
1) 접근거부형 : 수인식 방호장치, 손쳐내기식 방호장치
2) 접근반응형 : 감응식 방호장치
3) 위치제한형 : 양수조작식 방호장치

45 롤러기 방호장치의 무부하 동작시험 시 앞면 롤러의 지름이 150mm이고, 회전수가 30rpm인 롤러기의 급정지거리는 몇 mm 이내이어야 하는가?

① 157
② 188
③ 207
④ 237

해설
1) $V = \dfrac{\pi DN}{1000}$

$= \dfrac{3.14 \times 150 \times 30}{1,000} = 14.13$ m/min

2) 급정지거리 $= \pi D \times \dfrac{1}{3}$

$= 3.14 \times 150 \times \dfrac{1}{3} = 157$ mm 이내

46 기계가 그 부품에 고장이나 기능 불량이 생겨도 항상 안전하게 작동하는 안전화 대책은?

① 진단
② 예방정비
③ 페일 세이프(fail safe)
④ 풀 프루프(fool proof)

해설
1) 페일세이프(fail safe) : 인간이나 기계 등에 과오나 동작상의 실수가 있더라도 사고·재해를 발생시키지 않도록 철저하게 2중, 3중으로 통제를 가하는 것

Answer ➡ 41. ④ 42. ③ 43. ④ 44. ④ 45. ① 46. ③

2) 페일세이프 구조의 기능면에서의 분류
① fail passive : 성분의 고장시 기계·장치는 정지 상태로 돌아간다.
② fail operational : 병렬 여분계의 성분을 구성한 경우이며, 성분의 고장이 있어도 다음 정기 점검시 까지는 운전이 가능하다.
③ fail active : 성분의 고장시 기계·장치는 경보를 나타내며 단시간에 역전이 된다.

47 탁상용 연삭기의 평형 플랜지 바깥지름이 150mm일 때, 숫돌의 바깥지름은 몇 mm이내 이어야 하는가?

① 300mm
② 450mm
③ 600mm
④ 750mm

해설
플랜지 직경=숫돌의 바깥지름×1/3
숫돌의 바깥지름=플랜지 직경×3
　　　　　　　=150×3=450mm

48 금형 운반에 대한 안전수칙에 대한 설명으로 옳지 않은 것은?

① 상부금형과 하부금형이 닿을 위험이 있을 때는 고정 패드를 이용한 스트랩, 금속재질이나 우레탄 고무의 블록 등을 사용한다.
② 금형을 안전하게 취급하기 위해 아이볼트를 사용할 때는 숄더형으로 사용하는 것이 좋다.
③ 관통 아이볼트가 사용될 때는 조립이 쉽도록 구멍 틈새를 크게 한다.
④ 운반하기 위해 꼭 들어 올려야 할 때는 필요한 높이 이상으로 들어 올려서는 안된다.

해설
아이볼트 : 머리부분에 고리가 달린 볼트를 말한다.

49 지게차의 안정도 기준으로 틀린 것은?

① 기준부하상태에서 주행시의 전후 안정도는 8% 이내이다.
② 하역작업시의 좌우안정도는 최대하중상태에서 포크를 가장 높이 올리고 마스트를 가장 뒤로 기울인 상태에서 6% 이내이다.
③ 하역작업시의 전후안정도는 최대하중상태에서 포크를 가장 높이 올린 경우 4%이내이며, 5톤 이상은 3.5% 이내이다.
④ 기준무부하상태에서 주행시의 좌우안정도는 (15+1.1×V)%이내이고, V는 구내최고속도(km/h)를 의미한다.

해설
① 기준 부하 상태에서 주행시의 전후 안정도는 18%이다.

길잡이 지게차의 안정도

구 분	상 태	구 배(%)
전후 안정도	하역작업시	4 (최대하중 5톤 이상은 3.5)
	주행시	18
좌우 안정도	하역작업시	6
	주행시	1.5+1.1×최고속도(V)

50 선반 등으로부터 돌출하여 회전하고 있는 가공물이 근로자에게 위험을 미칠 우려가 있는 경우 설치할 방호 장치로 가장 적합한 것은?

① 덮개 또는 울
② 슬리브
③ 건널다리
④ 체인 블록

해설
선반의 안전장치
1) 칩 브레이크 : 바이트에 설치된 칩을 짧게 끊어내는 장치
2) 쉴드(Shield) : 칩비산방지 투명판
3) 덮개 또는 울 : 돌출 가공물에 설치한 안전장치
4) 브레이크 : 급정지장치
5) 기타 척의 인터록 덮개, 고정브리지(bridge) 등

51 기계설비 구조의 안전을 위해 설계 시 고려하여야 할 안전계수(safety factor)의 산출 공식으로 틀린 것은?

① 파괴강도 ÷ 허용응력
② 안전하중 ÷ 파단하중
③ 파괴하중 ÷ 허용하중
④ 극한강도 ÷ 최대설계응력

Answer ➡ 47. ② 48. ③ 49. ① 50. ① 51. ②

해설

안전계수 = $\dfrac{\text{파괴강도(파괴하중)}}{\text{허용응력(허용하중)}}$

= $\dfrac{\text{극한강도(절대하중)}}{\text{최대설계응력(최대사용하중)}}$

52 산업안전보건법령상 고속회전체의 회전시험을 하는 경우 미리 회전축의 재질 및 형상 등에 상응하는 종류의 비파괴검사를 해서 결함유무(有無)를 확인하여야 하는 고속회전체 대상은?

① 회전축의 중량이 0.5톤을 초과하여, 원주속도가 15m/s 이상인 것
② 회전축의 중량이 1톤을 초과하고, 원주속도가 30m/s 이상인 것
③ 회전축의 중량이 0.5톤을 초과하고, 원주속도가 60m/s 이상인 것
④ 회전축의 중량이 1톤을 초과하고, 원주속도가 120m/s 이상인 것

해설

비파괴검사의 실시(안전보건규칙 제 115조) : 고속회전체 (회전축의 중량이 1ton을 초과하고 원주속도가 120m/sec 이상인 것 한정)의 회전시험을 하는 경우 미리 회전축의 재질 및 형상 등에 상응하는 종류의 비파괴검사를 해서 결함 유무를 확인하여야 한다.

53 기계를 구성하는 요소에서 피로현상은 안전과 밀접한 관련이 있다. 다음 중 기계요소의 피로파괴현상과 가장 관련이 적은 것은?

① 소음(noise)
② 노치(notch)
③ 부식(corrosion)
④ 치수 효과(size effect)

해설

1) **노치**(notch) : 축의 키 홈, 핀 구멍 등과 같이 갑자기 단면이 변화하는 부분으로 그곳에 응력 집중현상이 일어나 파괴되는 수가 있다.
2) **부식**(corrosion) : 금속이 그 표면에서 화학적 또는 전기화학적 작용으로 변질되어 가는 현상이다.
3) **치수효과**(size effect) : 부재치수의 증대에 수반하여 파괴강도가 저하하는 것을 말한다.

54 위험기계·기구 자율안전 확인고시에 의하면 탁상용 연삭기에서 연삭숫돌의 외주면과 가공물 받침대 사이 거리는 몇 mm를 초과하지 않아야 하는가?

① 1
② 2
③ 4
④ 8

해설

연삭숫돌의 외주면과 가공물 받침대 사이 간격 : 2mm 이내

55 지게차의 헤드가드 상부틀에 있어서 각 개구부의 폭 또는 길이의 크기는?

① 8cm 미만
② 10cm 미만
③ 16cm 미만
④ 20cm 미만

해설

지게차 헤드가드(head guard)의 구비조건
1) 강도는 지게차의 최대하중의 2배의 값(그 값이 4톤을 넘는 것에 대하여서는 4톤)의 등분포정하중에 견딜 수 있는 것일 것
2) 상부틀의 각 개구의 폭 또는 길이가 16cm 미만일 것
3) 운전자가 앉아서 조작하는 방식의 지게차에 있어서는 운전자의 좌석의 상면에서 헤드가드의 상부틀의 하면까지의 높이가 0.903m 이상일 것
4) 운전자가 서서 조작하는 방식의 지게차에 있어서는 운전석의 바닥면에서 헤드가드의 상부틀의 하면까지의 높이가 1.88m 이상일 것

56 연강의 인장강도가 420MPa이고, 허용응력이 140MPa이라면, 안전율은?

① 0.3
② 0.4
③ 3
④ 4

해설

안전율 = $\dfrac{\text{인장강도(파괴하중)}}{\text{허용응력}}$
= $\dfrac{420\text{MPa}}{140\text{MPa}} = 3$

57 프레스 금형의 설치 및 조정 시 슬라이드 불시하강을 방지하기 위하여 설치해야 하는 것은?

① 인터록
② 클러치
③ 게이트 가드
④ 안전블럭

Answer ● 52. ④ 53. ① 54. ② 55. ③ 56. ③ 57. ④

해설

금형조정 작업의 위험방지(안전보건규칙) : 프레스 등의 금형을 부착, 해체 또는 조정 작업을 할 때는 당해 작업에 종사하는 근로자의 신체의 일부가 위험한계 내에 들어갈 때에 슬라이드가 갑자기 작동함으로써 발생하는 근로자의 위험을 방지하기 위하여 안전블록을 사용하는 등 필요한 조치를 할 것

58 그림과 같은 지게차에서 W를 화물중량, G를 지게차 자체 중량, a를 앞바퀴 중심부터 화물의 중심까지의 최단거리, b를 앞바퀴 중신에서 지게차의 중심까지의 최단거리라고 할 때 지게차의 안정조건은?

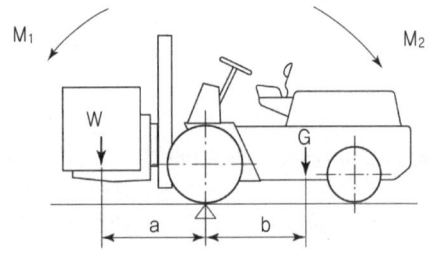

M₁ : 화물의 모멘트
M₂ : 차의 모멘트

① $W \cdot a < G \cdot b$
② $W - 1 < G \cdot \dfrac{b}{a}$
③ $W \cdot a > G \cdot (b-1)$
④ $W > G \cdot \dfrac{b}{a}$

해설

지게차의 안정성 : 앞바퀴 중심에서 뒷쪽 차의 모멘트(G×b)가 앞쪽 화물의 모멘트(W×a)보다 커야 안전성이 유지된다.
$W \cdot a < H \cdot b$

59 기계운동 형태에 따른 위험점 분류에 해당되지 않는 것은?

① 접선끼임점 ② 회전말림점
③ 물림점   ④ 절단점

해설

위험점의 분류
1) 끼임점   2) 협착점
3) 물림점   4) 절단점
5) 회전말림점   6) 접선물림점 등

60 연삭기 덮개에 관한 설명으로 틀린 것은?

① 탁상용 연삭기의 워크레스트는 연삭숫돌과의 간격을 3mm 이하로 조정할 수 있는 구조이어야 한다.
② 연삭숫돌의 상부를 사용하는 것을 목적으로 하는 탁상용 연삭기의 덮개의 노출 각도는 90° 이내로 제한하고 있다.
③ 덮개의 두께는 연삭숫돌의 최고사용속도, 연삭숫돌의 두께 및 직경에 따라 달라진다.
④ 덮개 재료는 인장강도 274.5MPa 이상이고 신장도가 14% 이상이어야 한다.

해설

연삭숫돌의 상부를 사용하는 것을 목적으로 하는 탁상용 연삭기의 덮개의 노출각도는 60° 이내로 제한하고 있다.

제4과목 전기 및 화학설비위험방지기술

61 피뢰침의 제한전압이 800kV, 충격절연 강도가 1,000kV라 할 때, 보호여유도는 몇 %인가?

① 25   ② 33
③ 47   ④ 63

해설

여유도
$= \dfrac{충격절연강도 - 제한전압}{제한전압} \times 100$
$= \dfrac{1,000 - 800}{800} \times 100 = 25\%$

62 전기불꽃이나 과열에 대해서 회로특성상 폭발의 위험을 방지할 수 있는 방폭구조는?

① 내압 방폭구조
② 유입 방폭구조
③ 안전증 방폭구조
④ 압력 방폭구조

Answer ● 58. ① 59. ① 60. ② 61. ① 62. ③

해설

방폭구조의 종류별 특징
1) **내압방폭구조** : 아크 또는 고열이 발생하여 폭발성 가스에 점화할 우려가 있는 부분을 전폐된 용기에 넣어 폭발에 견디도록 한 구조
2) **유입방폭구조** : 전폐용기에 기름을 채워서 외부의 폭발성 가스와 점화원이 접촉하여 인화될 위험이 없도록 한 구조
3) **안전증방폭구조** : 안전성을 더욱 보강하기 위하여 코일의 절연보강, 공극을 크게 하여 구조상 또는 온도상승에 대하여 금속망 같은 물질로 차폐시킨 구조로 전기불꽃이나 과열에 대하여 회로특성상 폭발의 위험을 방지할 수 있는 구조
4) **압력방폭구조** : 용기내부에 불연성 가스인 공기나 질소 등을 압입시켜 외부의 폭발성 가스가 용기내부로 침투하지 못하도록 한 구조

63 저항 값이 0.1Ω 인 도체에 10A의 전류가 1분간 흘렀을 경우 발생하는 열량은 몇 cal인가?

① 124 ② 144
③ 166 ④ 250

해설

$W = I^2 RT$
$= 10^2 \times 0.1 \times 60 = 600J \times \dfrac{1cal}{4.186J}$
$= 143.3cal$

여기서, W : 전기에너지(Joule 또는 cal, 1cal = 4.186J)
I : 전류(A)
R : 전기저항(Ω)
T : 통전시간(sec)

64 전류밀도, 통전전류, 접촉면적과 피부저항과의 관계를 올바르게 설명한 것은?

① 전류밀도와 통전전류는 반비례 관계이다.
② 통전전류와 접촉면적에 관계없이 피부저항은 항상 일정하다.
③ 같은 크기의 통전전류가 흘러도 접촉면적이 커지면 전류밀도는 커진다.
④ 같은 크기의 통전전류가 흘러도 접촉면적이 커지면 피부저항은 작게 된다.

해설

1) 전류밀도(A/m^2)와 통전전류는 비례관계이다.
2) 통전전류와 접촉면적에 의해 피부저항은 영향을 받는다.
3) 같은 크기의 통전전류가 흘러도 접촉면적이 커지면 전류밀도는 작아진다.

※ **전류밀도(J)** : 도체를 흐르는 전류(I)를 그 유선(전류를 운반하는 매체)에 직각방향의 단면적(S)으로 나눈값을 말한다.

$J(A/m^2) = \dfrac{I}{S}$

65 다음과 같은 특성이 있으며 제한전압이 낮기 때문에 접지저항을 낮게 하기 어려운 배전선로에 적합한 피뢰기는?

> 피뢰기의 특성요소가 화이버관으로 되어 있고 방전은 직렬 캡을 통하여 화이버관 내부의 상부와 하부 전극 간에서 행하여지며, 속류차단은 화이버관 내부벽면에서 아크열에 의한 하이버질의 분해로 발생하는 고압가스의 소호작용에 의한다.

① 변형 피뢰기
② 방출형 피뢰기
③ 갭레스형 피뢰기
④ 변저항형 피뢰기

해설

동작원리에 의한 피뢰기의 분류
1) **변형 피뢰기** : 특정요소가 일정한 임계전압을 가지고 있어서 과전압방전의 단시간 동안만 방전전류가 흐르고 기압에 의한 속류가 거의 흐르지 않는 성격을 갖는 피뢰기이다 (종이피뢰기, 알루미늄피뢰기, 페레트피뢰기, 옥사이드 필름 피뢰기 등)
2) **방출형 피뢰기** : 본문설명
3) **변 저항령 피뢰기** : 특성요소로 탄화규소의 비직선저항을 쓰며 대전류에 대해서는 되도록 적은 제한전압을 주는 성질과 정격전압 이하에서 충분히 적은 속류로 하는 성질이 있는 피뢰기이다 (현재 대부분의 피뢰기가 이형에 속함)
4) **산화아연형 피뢰기** : 소형이며 내오손성과 보수성이 좋다.

66 인화성 액체의 증기 또는 가연성 가스에 의한 가스폭발 위험장소의 분류에 해당되지 않는 것은?

① 0종 장소
② 1종 장소
③ 2종 장소
④ 3종 장소

Answer ➡ 63. ② 64. ④ 65. ② 66. ④

해설

위험장소의 분류

분류	적요	예
0종 장소	인화성 액체의 증기 또는 가연성 가스에 의한 폭발위험이 지속적으로 또는 장시간 존재하는 장소	용기·장치·배관 등의 내부
1종 장소	정상 작동상태에서 인화성 액체의 증기 또는 가연성 가스에 의한 폭발 위험분위기가 존재하기 쉬운 장소	맨홀·벤트·피트 등의 주위
2종 장소	정상작동상태에서 인화성 액체의 증기 또는 가연성 가스에 의한 폭발 위험분위기가 존재할 우려가 없으나, 존재할 경우 그 빈도가 아주 적고 단기간만 존재할 수 있는 장소	개스킷·패킹 등의 주위

67 사람이 전기에 접촉하는 경우에는 접촉하는 상태에 따라 인체저항과 통전전류가 달라지므로 인체의 접촉상태에 따라 접촉 전압을 제한할 필요가 있다. 다음의 경우 일반 허용접촉전압으로 옳은 것은?

- 인체가 현저하게 젖어 있는 상태
- 금속성의 전기기계장치나 구조물에 인체의 일부가 상시 접촉되어 있는 상태

① 2.5V 이하　　② 25V 이하
③ 50V 이하　　④ 제한 없음

해설

접촉상태별 허용접촉전압

종별	접촉상태	허용접촉전압
제1종	• 인체의 대부분이 수중에 있는 상태	2.5V 이하
제2종	• 인체가 현저히 젖어 있는 상태 • 금속성의 전기기계장치나 구조물에 인체의 일부가 상시 접촉되어 있는 상태	25V 이하
제3종	• 제1종 및 제2종 이외의 경우로서 통상의 인체상태에 있어서 접촉전압이 가해지면 위험성이 높은 상태	50V 이하
제4종	• 제3종의 경우로써 위험성이 낮은 상태 • 접촉전압이 가해질 위험이 없는 경우	제한 없음

68 정전기 방전의 종류 중 부도체의 표면을 따라서 star-check 마크를 가지는 나뭇가지 형태의 방광을 수반하는 것은?

① 기중방전　　② 불꽃방전
③ 연면방전　　④ 고압방전

해설

연면방전
1) 액체 또는 고체 절연체와 기체 사이의 경계에 따른 방전이다.
2) 정전기가 대전되어 있는 부도체에 접지체가 접근할 경우 대전물체와 접지체 사이에서 발생하는 것으로 나뭇가지 형태(별표마크)의 발광을 수반하는 방전을 말한다.
3) 연면방전의 방전조건
　① 부도체의 대전량이 극히 큰 경우
　② 대전된 부도체의 표면 가까이에 접지체가 있는 경우
4) 방전에너지가 커서 불꽃방전과 더불어 착화 및 전격을 일으킬 위험성이 크다.

69 전기기계·기구의 누전에 의한 감전위험을 방지하기 위하여 해당 전로에는 정격에 적합하고 감도가 양호한 감전방지용 누전차단기를 설치하여야 한다. 이 누전차단기의 기준은 정격감도 전류가 30mA 이하이고 작동시간은 몇 초 이내 이어야 하는가? (단, 정격부하전류가 50A 미만의 전기기계·기구에 접속되는 누전 차단기이다.

① 0.03초　　② 0.1초
③ 0.3초　　④ 0.5초

해설

누전차단기
1) 누전차단기의 최소동작전류 : 정격감도전류의 50%이상
2) 감전방지용 누전차단기의 작동 : 저역감도전류 30mA이하, 동작시간 0.03초 이내

70 액체계의 과도한 상승 압력의 방출에 이용되고 설정압력이 되었을 때 압력상승에 비례하여 서서히 개방되는 밸브는?

① 릴리프밸브　　② 체크밸브
③ 안전밸브　　④ 통기밸브

해설

릴리프밸브(도피밸브) 는 주로 펌프나 배관 내에서 유체의 압력상승을 방지하기 위해서 설치한다. 일정한 압력 이상 상승하면 유체는 이 밸브를 통해 배출되어 저장탱크나 펌프의 흡입측으로 되돌려 직접 대기중으로는 방출시키지 않는다.

Answer ● 67. ② 68. ③ 69. ① 70. ①

71 유류저장 탱크에서 배관을 통해 드럼으로 기름을 이송하고 있다. 이 때 유동전류에 의한 정전대전 및 정전기 방전에 의한 피해를 방지하기 위한 조치와 관련이 먼 것은?

① 유체가 흘러가는 배관을 접지시킨다.
② 배관 내 유류의 유속은 가능한 느리게 한다.
③ 유류저장 탱크와 배관, 드럼 간에 본딩(Bonding)을 시킨다.
④ 유류를 취급하고 있으므로 화기 등을 가까이하지 않도록 점화원 관리를 한다.

해설

정전기 방지대책
① 접지 및 본딩
② 배관 내 액체의 유속 제한

72 소화방법에 대한 주된 소화원리로 틀린 것은?

① 물을 살포한다. : 냉각소화
② 모래를 뿌린다. : 질식소화
③ 초를 불어서 끈다. : 억제소화
④ 담요로 덮는다. : 질식소화

해설

초를 불어서 끈다 : 제거 소환

73 산업안전보건기준에 관한 규칙에서 정한 위험물질 종류 중 부식성 물질에서 부식성 염기류에 해당하는 것은?

① 농도 40% 이상인 염산
② 농도 40% 이상인 불산
③ 농도 40% 이상인 아세트산
④ 농도 40% 이상인 수산화칼륨

해설

부식성 물질의 종류(안전보건규칙)
1) 부식성 산류
  ① 농도가 20% 이상인 염산(HCl), 황산(H_2SO_4), 질산(HNO_3) 등
  ② 농도가 60% 이상인 인산(H_3PO_4), 아세트산(CH_3COOH), 불산(HF) 등
2) 부식성 염기류 : 농도가 40% 이상인 수산화나트륨(NaOH), 수산화칼륨(KOH) 등

74 다음 중 절연성 액체를 운반하는 관에 있어서 정전기로 인한 화재 및 폭발을 예방하기 위한 방법으로 가장 거리가 먼 것은?

① 유속을 줄인다.
② 관을 접지시킨다.
③ 도전성이 큰 재료의 관을 사용한다.
④ 관의 안지름을 작게 한다.

해설

④항, 관의 안지름을 크게 한다.

75 물과의 접촉을 금지하여야 하는 물질은?

① 적린
② 칼슘
③ 히드라진
④ 니트로셀룰로오스

해설

1) **적린** : 인화성 고체
2) **칼슘** : 물반응성 물질(금수성 물질)
3) **히드라진** : 폭발성 물질
4) **니트로셀룰로오스** : 폭발성 물질

길잡이 물반응성 물질(금수성 물질)
대부분 고체로서 물과 접촉하면 발열반응을 일으키고 가연성 가스와 유독성가스를 발생시키는 물질이다.
1) 칼륨(K), 나트륨(Na), 기타 알칼리 금속 등
2) 알킬알미늄, 알칼리듐, 기타 유기금속화합물
3) 금속의 수소화물
4) 금속의 인화물 : Ca_3P_2(인화칼슘)
5) 칼슘 또는 알루미늄의 탄화물 : CaC_2(카바이트)

76 다음 중 화학장치에서 반응기의 유해·위험요인(hazard)으로 화학반응이 있을 때 특히 유의해야 할 사항은?

① 낙하, 절단
② 감전, 협착
③ 비래, 붕괴
④ 반응폭주, 과압

해설

1) 반응기에 의한 화학반응시 특히 유의해야할 사항 : 반응폭주 및 과압
2) 화학반응에 영향을 주는 요인 : 반응물질, 농도, 온도, 압력, 촉매 등

Answer ➡ 71. ④ 72. ③ 73. ④ 74. ④ 75. ② 76. ④

77 다음 물질 중 가연성 가스가 아닌 것은?

① 수소 ② 메탄
③ 프로판 ④ 염소

해설
1) 가연성가스 : 수소(H_2), 메탄(CH_4), 프로판(C_3H_8) 등
2) 조연성가스 : 염소(Cl_2)

78 최소점화에너지(MIE)와 온도, 압력의 관계를 옳게 설명한 것은?

① 압력, 온도에 모두 비례한다.
② 압력, 온도에 모두 반비례한다.
③ 압력에 비례하고, 온도에 반비례한다.
④ 압력에 반비례하고, 온도에 비례한다.

해설
최소점화에너지(MIE)
1) MIE는 압력과 절대온도에 반비례한다.
2) MIE는 연소속도가 큰 혼합기체일수록 작고 열전도율과 화염온도가 낮은 것일수록 작다.

79 황린에 대한 설명으로 옳은 것은?

① 연소 시 인화수소가스를 발생한다.
② 황린은 자연발화하므로 물속에 보관한다.
③ 황린은 황과 인의 화합물이다.
④ 독성 및 부식성이 없다.

해설
황린(P_4)
1) 백색 또는 담황색의 자연발화성 고체이다.
2) 공기 중 다량의 백색연기(P_2O_5 ; 오산화인)을 내면서 연소한다.
  $P_4 + 5O_2 \rightarrow 2P_2O_5$
3) 물과 반응하지 않으며 물에 녹지 않으므로 물속에 저장한다.
4) 강한 마늘 냄새가 나며 증기는 공기보다 무겁고(증기비중 : 4.3) 매우 자극적이며 맹독성물질이다.
5) 강알칼리성인 KOH용액과 반응하여 가연성·유독성의 PH_3가스를 발생한다.
  $P_4 + 3KOH + 3H_2O \rightarrow PH_3 + 3KH_2PO_2$

80 다음 가스 중 위험도가 가장 큰 것은?

① 수소 ② 아세틸렌
③ 프로판 ④ 암모니아

해설
위험도 = $\dfrac{\text{폭발상한계} - \text{폭발하한계}}{\text{폭발하한계}}$

1) 수소위험도 = $\dfrac{74.2 - 4.1}{4.1} = 17.1$
2) 아세틸렌위험도 = $\dfrac{81 - 2.5}{2.5} = 31.4$
3) 프로판위험도 = $\dfrac{9.5 - 2.1}{2.1} = 3.5$
4) 암모니아위험도 = $\dfrac{28 - 15}{15} = 0.87$

제5과목 건설안전기술

81 다음 중 건설공사관리의 주요 기능이라 볼 수 없는 것은?

① 안전관리 ② 공정관리
③ 품질관리 ④ 재고관리

해설
건축시공의 5대관리
1) 공정관리 2) 원가관리
3) 품질관리 4) 안전관리
5) 환경관리

82 사다리를 설치하여 사용함에 있어 사다리 지주 끝에 사용하는 미끄럼 방지재료로 적당하지 않는 것은?

① 고무 ② 코르크
③ 가죽 ④ 비닐

해설
미끄럼방지장치 : 사다리를 설치하여 사용할 때는 다음 사항을 준수하도록 할 것
1) 미끄럼방지장치 사다리 지주의 끝에 고무, 코르크, 가죽, 강스파이크 등을 부착시켜 바닥과의 미끄럼을 방지하는 안전장치가 있어야 한다.
2) 쐐기형 강스파이크는 지반이 평탄한 맨땅 위에 세울 때 사용하여야 한다.
3) 미끄럼방지 판자 및 미끄럼방지 고정쇠는 돌마무리 또는 인조선 깔기마감한 바닥용으로 사용하여야 한다.
4) 미끄럼방지 발판은 인조고무 등으로 마감한 실내용으로 사용하여야 한다.

Answer ● 77. ④ 78. ② 79. ② 80. ② 81. ④ 82. ④

83 화물용 승강기를 설계하면서 와이어로프의 안전하중은 10ton이라면 로프의 가닥수를 얼마로 하여야 하는가? (단, 와이어로프 한 가닥의 파단강도는 4ton이며, 화물용 승가기 와이어로프의 안전율은 6으로 한다.)

① 10 가닥　　② 15 가닥
③ 20 가닥　　④ 30 가닥

해설

1) 와이어로프 한가닥의 허용하중(안전하중)

$$안전율 = \frac{파단강도}{안전하중}$$

$$안전하중 = \frac{파단강도}{안전율}$$

2) 안전하중 10ton의 로프가닥수

$$로프가닥수 = \frac{안전하중}{한가닥 안전하중}$$

$$= \frac{10}{4/6} = 15가닥$$

84 공사종류 및 규모별 안전관리비 계상기준표에서 공사종류의 명칭에 해당되지 않는 것은?

① 건축공사
② 일반건설공사(병)
③ 중건설공사
④ 특수 건설공사.

해설

안전관리비 계상기준에서 공사의 종류
1) 건축공사
2) 토목공사
3) 중건설공사
4) 특수 건설공사

85 현장에서 가설통로의 설치 시 준수사항으로 옳지 않은 것은?

① 건설공사에 사용하는 높이 8m 이상인 비계다리에는 10m 이내마다 계단참을 설치할 것
② 수직갱에 가설된 통로의 길이가 15m 이상인 때에는 10m 이내마다 계단참을 설치할 것
③ 경사가 15°를 초과하는 때에는 미끄러지지 아니하는 구조로 할 것
④ 경사는 30°이하로 할 것

해설

가설통로의 구조 : 가설통로 설치시 준수사항
1) 견고한 구조로 할 것
2) 경사는 30° 이하로 할 것(다만, 계단을 설치하거나 높이 2m 미만의 가설통로로서 튼튼한 손잡이를 설치한 경우에는 그러하지 아니하다)
3) 경사가 15°를 초과하는 경우에는 미끄러지지 아니하는 구조로 할 것
4) 추락의 위험이 있는 장소에는 안전난간을 설치할 것(작업상 부득이한 경우에는 필요한 부분에 한하여 임시로 이를 해체할 수 있다)
5) 수직갱에 가설된 통로의 길이가 15m 이상인 때에는 10m 이내마다 계단참을 설치할 것
6) 건설공사에서 사용하는 높이 8m 이상인 비계다리에는 7m 이내마다 계단참을 설치할 것

86 추락재해를 방지하기 위하여 10cm 그물코인 방망을 설치할 때 방망과 바닥면 사이의 최소 높이로 옳은 것은? (단, 설치된 방망의 단변 방향 길이 L = 2m, 장변방향 방망의 지지간격 A = 3m이다.)

① 2.0m　　② 2.4m
③ 3.0m　　④ 3.4m

해설

L < A일 때 10cm 그물코의 방망과 바닥면 사이의 높이(H)

$$H = \frac{0.85}{4}(L+3A)$$

$$= \frac{0.85}{4} \times (2+3\times 3) = 2.34m$$

길잡이 허용낙하높이 및 방망과 바닥면 높이

높이 종류 조건	낙하높이(H_1)		방망과 바닥면 높이(H_2)		방망의 처짐길이(S)
	단일방망	복합방망	10cm 그물코	5cm 그물코	
L < A	$\frac{1}{4}(L+2A)$	$\frac{1}{5}(L+2A)$	$\frac{0.85}{4}(L+3A)$	$\frac{0.95}{4}(L+3A)$	$\frac{1}{4}(L+2A) \times \frac{1}{3}$
L ≥ A	$\frac{3}{4}L$	$\frac{3}{5}L$	0.85L	0.95L	$\frac{3}{4}L \times \frac{1}{3}$

위 [표]에서,
L : 단편방향길이[m]
A : 장편방향 방망의 지지간격

Answer ➡ 83. ②　84. ②　85. ①　86. ②

87 철골공사에서 기둥의 건립작업 시 앵커볼트를 매립할 때 요구되는 정밀도에서 기둥중심은 기준선 및 인접기둥의 중심으로부터 얼마 이상 벗어나지 않아야 하는가?

① 3mm
② 5mm
③ 7mm
④ 10mm

해설
철골기둥 건립시 앵커볼트를 매립할 때 요구되는 정밀도 : 철골기둥중심이 기준선 및 인접기둥 중심에서 5mm 이상 벗어나지 않을 것

88 철골공사의 용접, 용단작업에 사용되는 가스의 용기는 최대 몇 ℃ 이하로 보존해야 하는가?

① 25℃
② 36℃
③ 40℃
④ 48℃

해설
금속의 용접·용단 또는 가열에 사용되는 가스등의 용기의 온도 : 40℃이하로 유지할 것

89 안전난간의 구조 및 설치기준으로 옳지 않은 것은?

① 안전난간은 상부난간대, 중간난간대, 발끝막이판, 난간기둥으로 구성할 것
② 상부난간대와 중간난간대는 난간 길이 전체에 걸쳐 바닥면 등과 평행을 유지할 것
③ 발끝막이판은 바닥면 등으로부터 10cm 이상의 높이를 유지할 것
④ 안전난간은 구조적으로 가장 취약한 지점에서 가장 취약한 방향으로 작용하는 80kg 이상의 하중에 견딜 수 있는 튼튼한 구조일 것

해설
안전난간의 구조 및 설치요건(안전보건규칙 제13조)
1) ①, ②, ③항
2) 안전난간은 구조적으로 가장 취약한 지점에서 가장 취약한 방향으로 작용하는 100kg이상의 하중에 견딜 수 있는 튼튼한 구조일 것
3) 상부난간대는 바닥면, 발판 또는 경사로의 표면(이하 "바닥면 등")으로부터 90cm 이상 지점에 설치하고, 상부난간대를 120cm 이하에 설치하는 경우 중간난간대는 상부난간대와 바닥면 등의 중간에 설치하여야 하며, 120cm 이상 지점에 설치하는 경우에는 중간난간대를 2단 이상으로 균등하게 설치하고 난간의 상하간격은 60cm 이하가 되도록 할 것
4) 난간기둥은 상부난간대와 중간난간대를 견고하게 떠받칠 수 있도록 적정 간격을 유지할 것
5) 난간대는 지름 2.7cm 이상의 금속제 파이프나 그 이상의 강도가 있는 재료일 것

90 철골 작업을 중지해야 할 강설량 기준으로 옳은 것은?

① 강설량이 시간당 1mm 이상인 경우
② 강설량이 시간당 5mm 이상인 경우
③ 강설량이 시간당 1cm 이상인 경우
④ 강설량이 시간당 5cm 이상인 경우

해설
철골작업을 중지해야하는 기상조건
1) 풍속 : 10m/sec 이상
2) 강우량 : 1mm/hr 이상
3) 강우량 : 1cm/hr 이상

91 말뚝박기 해머(hammer) 중 연약지반에 적합하고 상대적으로 소음이 적은 것은?

① 드롭 해머(drop hammer)
② 디젤 해머(diesel hammer)
③ 스팀 해어(steam hammer)
④ 바이브로 해머(vibro hammer)

해설
바이브로 해머(vibro hammer ; 진동해머)
1) 진동에 의한 말뚝박기 및 빼기 기구이다.
2) 소음이 적고 연약지반에 적합하다.

92 다음은 지붕 위에서의 위험방지로 위한 내용이다. 빈 칸에 알맞은 수치로 옳은 것은?

> 슬레이트, 선라이트(sunlight) 등 강도가 약한 재료로 덮은 지붕 위에서 작업을 할 때에 발이 빠지는 등 근로자가 위험해질 우려가 있는 경우 폭 ( ) 이상의 발판을 설치하거나 안전방망을 치는 등 위험을 방지하기 위하여 필요한 조치를 하여야 한다.

① 20cm
② 25cm
③ 30cm
④ 40cm

Answer 87.② 88.③ 89.④ 90.③ 91.④ 92.③

해설

슬레이트, 선라이트(sunlight) 등 지붕 위에서의 작업시 위험방지조치사항
1) 폭 30cm 이상의 발판 설치
2) 안전방망 설치

93 옥외에 설치되어 있는 주행크레인에 대하여 이탈방지장치를 작동시키는 등 이탈 방지를 위한 조치를 하여야 하는 순간 풍속 기준은?

① 초당 10m 초과
② 초당 20m 초과
③ 초당 30m 초과
④ 초당 40m 초과

해설

폭풍에 의한 이탈방지조치 및 이상유무 점검
1) 이탈방지조치 : 순간 풍속이 30m/sec를 초과하는 바람이 불어올 우려가 있을 때는 옥외 설치 주행 크레인에 대하여 이탈방지장치를 작동시킬 것
2) 이상유무점검 : 순간 풍속이 30m/sec를 초과하는 바람이 불어온 후 또는 중진 이상 진도의 지진 후에는 크레인의 각 부위의 이상유무를 점검할 것

94 강재 거푸집과 비교한 합판 거푸집의 특성이 아닌 것은?

① 외기 온도의 영향이 적다.
② 녹이 슬지 않음으로 보관하기가 쉽다.
③ 중량이 무겁다.
④ 보수가 간단하다.

해설

합판거푸집 : 강재거푸집보다 중량이 가볍다.

95 이동식 사다리를 설치하여 사용하는 경우의 준수 기준으로 옳지 않은 것은?

① 길이가 6m를 초과해서는 안된다.
② 다리의 벌림은 벽 높이는 1/4 정도가 적당하다.
③ 미끄럼방지 발판은 인조고무 등으로 마감한 실내용을 사용하여야 한다.
④ 벽면 상부로부터 최소한 90cm 이상의 연장길이가 있어야 한다.

해설

벽면 상부로부터 최소한 1m이상의 연장길이가 있어야 한다 (고용노동부고시)

96 다음은 작업으로 인하여 물체가 떨어지거나 날아올 위험이 있는 경우에 조치하여야 하는 사항이다. 빈 칸에 알맞은 내용으로 옳은 것은?

> 낙하물 방지망 또는 방호선반을 설치하는 경우 높이 10m 이내마다 설치하고, 내민 길이는 벽면으로부터 ( ) 이상으로 할 것

① 2m
② 2.5m
③ 3m
④ 3.5m

해설

낙하물방지망 또는 방호선반 설치시 준수사항
1) 설치 높이 : 10m 이내마다 설치
2) 내민 길이 : 벽면으로부터 2m 이상으로 할 것
3) 수평면과의 각도 : 20° 내지 30°를 유지할 것

97 철골조립 공사 중에 볼트작업을 하기 위해 주체인 철골에 매달아서 작업발판으로 이용하는 비계는?

① 달비계
② 말비계
③ 달대비계
④ 선반비계

해설

달비계 및 달대비계
1) 달비계 : 와이어로프나 철선 등을 이용하여 상부지점에 승강할 수 있는 작업용 발판을 매다는 형식의 비계로서 건물외벽의 도장이나 청소 등의 작업에 사용된다.
2) 달대비계 : 철골공사의 리벳치기, 볼트 작업시에 주로 이용되는 것으로 주체인 철골에 매달아서 작업발판을 만드는 비계로서 상하이동을 시킬 수 없는 것이다.

98 콘크리트의 양생 방법이 아닌 것은?

① 습윤 양생
② 건조 양생
③ 증기 양생
④ 전기 양생

해설

콘크리트의 양생방법
1) 습윤양생(수중양생, 살수양생)
2) 증기양생
3) 전기양생
4) 피막양생

Answer ➡ 93. ③ 94. ③ 95. ④ 96. ① 97. ③ 98. ②

99 기계가 서 있는 지면보다 높은 곳을 파는 작업에 가장 적합한 굴착기계는?

① 파워쇼벨
② 드래그라인
③ 백호우
④ 클램쉘

해설
1) **파워쇼벨**(power shovel) : 중기가 위치한 지면보다 높은 장소 굴착시 적합
2) **백호우**(drag shovel, 드래그 쇼벨) : 중기가 위치한 지면보다 낮은 장소 굴착시 적합(앞쪽으로 끌어당기면서 작업)
3) **드래그 라인**(drag line) : 지반보다 낮은 연질지반의 넓은 굴착에 적합(힘이 약함)
4) **클램쉘**(clamshell) : 붐의 선단에서 버킷을 와이어로프로 매달아 바로 아래로 떨어뜨려 흙을 떠 올리는 증기

100 토석붕괴의 요인 중 외적 요인이 아닌 것은?

① 토석의 강도저하
② 사면, 법면의 경사 및 기울기의 증가
③ 절토 및 성토 높이의 증가
④ 공사에 의한 진동 및 반복하중의 증가

해설
토사붕괴의 원인(고용노동부고시)
1) 외적요인
   ① 사면, 법면의 경사 및 구배의 증가
   ② 절토 및 성토 높이의 증가
   ③ 공사에 의한 진동 및 반복하중의 증가
   ④ 지표수 및 지하수의 침투에 의한 토사중량 증가
   ⑤ 지진, 차량, 구조물의 하중
2) 내적요인
   ① 절토사면의 토질, 암석
   ② 성토사면의 토질
   ③ 토석의 강도저하

Answer ● 99. ① 100. ①

2022년 제3회 산업안전산업기사 CBT 복원 기출문제

제1과목 안전관리론

01 안전관리의 중요성과 가장 거리가 먼 것은?
① 인간존중이라는 인도적인 신념의 실현
② 경영 경제상의 제품의 품질 향상과 생산성 향상
③ 재해로부터 인적·물적 손실 예방
④ 작업환경 개선을 통한 투자 비용 증대

해설
산업안전의 이념(안전관리의 효과)
1) 인간존중 : 안전제일 이념
2) 생산성 향상 및 품질향상 : 안전태도 개선 및 손실예방
3) 기업의 경제적 손실예방 : 재해로 인한 인적·재산손실예방
4) 대외여론 개선으로 신뢰성 향상 : 노사협력의 경영태세 완성
5) 사회복지증진 : 경제성 향상

02 재해예방의 4원칙에 해당되지 않는 것은?
① 손실방생의 원칙   ② 원인계기의 원칙
③ 예방가능의 원칙   ④ 대책선정의 원칙

해설
재해예방의 4원칙
1) 손실우연의 원칙
2) 원인계기의 원칙
3) 예방가능의 원칙
4) 대책선정의 원칙

03 OJT(On the Job Training)에 관한 설명으로 옳은 것은?
① 집합교육형태의 훈련이다.
② 다수의 근로자에게 조직적 훈련이 가능하다.
③ 직장의 실정에 맞게 실제적 훈련이 가능하다.
④ 전문가를 강사로 활용할 수 있다.

해설
OJT와 off JT
1) OJT(현장중심교육) : 현장에서 개인에 대한 직속상사의 개별교육 및 지도
2) off JT(현장외중심교육) : 공통교육대상자에 대한 집합교육
3) 특징

O·J·T (현장중심교육)	off J·T (현장외 중심교육)
① 개개인에게 적합한 지도 훈련을 할 수 있다.	① 다수의 근로자에게 조직적 훈련이 가능하다.
② 직장의 실정에 맞는 실체적 훈련을 할 수 있다.	② 훈련에만 전념하게 된다.
③ 훈련 필요한 업무의 계속성이 끊어지지 않는다.	③ 특별설비기구를 이용할 수 있다.
④ 즉시 업무에 연결되는 관계로 신체와 관련이 있다.	④ 전문가를 강사로 초청할 수 있다.
⑤ 효과가 곧 업무에 나타나며 훈련의 좋고 나쁨에 따라 개선이 용이하다.	⑤ 각 직장의 근로자가 많은 지식이나 경험을 교류할 수 있다.
⑥ 교육을 통한 훈련 효과에 의해 상호 신뢰 이해도가 높아진다.	⑥ 교육훈련 목표에 대해서 집단적 노력이 흐트러질 수도 있다.

04 자신의 약점이나 무능력, 열등감을 위장하여 유리하게 보호함으로써 안정감을 찾으려는 방어적 적응기제에 해당하는 것은?
① 보상   ② 고립
③ 퇴행   ④ 억압

해설
1) 보상 : 본문설명
2) 고립(isolation) : 자신이 없을 때 현실에서 피함으로써 곤란한 상황과의 접촉을 벗어나 자기 내부로 도피하려는 행동이다.
3) 퇴행(regression) : 현실의 곤란한 장면에서 이겨내지 못하고 옛날 어린 시절로 되돌아가려는 행동이다. 즉 발전단계를 역행함으로서 욕구를 충족하려는 행동이다.
4) 억압(repression) : 불쾌감이나 욕구불만 등의 갈등으로 생긴 욕구를 의식 밖으로 배제함으로서 얻는 행동이다. 즉 현실적인 필요(역망, 감정)를 묵살함으로서 오히려 자신의 안정을 유지하려는 행동이다.

Answer ➡ 01. ④   02. ①   03. ③   04. ①

05 하인리히(Heinrich)의 이론에 의한 재해 발생의 주요 원인에 있어 다음 중 불안전한 행동에 의한 요인이 아닌 것은?

① 권한 없이 행한 조작
② 전문지식의 결여 및 기술, 숙련도 부족
③ 보호구 미착용 및 위험한 장비에서 작업
④ 결함 있는 장비 및 공구의 사용

해설
②항, 전문지식의 결여 및 기술, 숙련도 부족 : 간접원인 중 교육적 원인

06 공장 내에 안전·보건표지를 부착하는 주된 이유는?

① 안전의식 고취
② 인간 행동의 변화 통제
③ 공장 내의 환경 정비 목적
④ 능률적인 작업을 유도

해설
1) 안전·보건표지를 부착하는 주된 이유 : 안전의식 고취
2) 안전표지의 사용목적 : 위험성을 표지로 경고 → 인간행동의 변화 및 작업환경 통제 → 사전에 재해예방

07 안전모의 종류 중 머리 부위의 감전에 대한 위험을 방지할 수 있는 것은?

① A형   ② B형
③ AC형   ④ AE형

해설
안전모의 종류

안전인증대상	자율안전확인대상
① AB형 : 낙하 및 비래, 추락방지용 ② AE형 : 낙하 및 비래, 감전방지용 (내전압성 : 7,000V 이하의 전압에서 견디는 것) ③ ABE형 : 낙하 및 비래, 추락, 감전방지용(내전압성)	안전인증대상 안전모를 제외한 안전모

08 모랄 서베이(Morale Survey)의 주요 방법 중 태도조사법에 해당하는 것은?

① 사례연구법   ② 관찰법
③ 실험연구법   ④ 문답법

해설
모랄 서어베이(morale survey : 사기조사)의 주요방법
1) 통계에 의한 방법 : 사고 상해율, 생산고, 결근, 지각, 조퇴, 이직 등을 분석하여
2) 사례 연구법 : 경영 관리상의 여러 가지 제도에 나타나는 사례에 대해 케이스 스터디(case study)로서 현상을 파악하는 방법
3) 관찰법 : 종업원의 근무 실태를 계속 관찰함으로서 문제점을 찾아내는 방법
4) 실험연구법 : 실험 그룹과 통제 그룹으로 나누고 정황, 자극을 주어 태도 변화 여부를 조사하는 방법
5) 태도조사법(의견조사) : 질문지법, 면접법, 집단토의법, 투사법(projective technique) 등에 의해 의견을 조사하는 방법

09 산업안전보건법상 사업 내 안전 보건교육의 교육과정에 해당하지 않는 것은?

① 검사원 정기점검교육
② 특별안전 보건교육
③ 근로자 정기안전 보건교육
④ 작업내용 변경 시의 교육

해설
안전보건교육의 교육과정(시행규칙 별표8)
1) 근로자 정기안전·보건교육
2) 관리감독자 정기안전·보건교육
3) 채용시 교육
4) 작업내용 변경시의 교육
5) 특별안전·보건교육

10 인간의 실수 및 과오의 요인과 직접적인 관계가 가장 먼 것은?

① 관리의 부적당   ② 능력의 부족
③ 주의의 부족   ④ 환경조건의 부적당

해설
인간의 실수 및 과오의 3대요인
1) 능력의 부족
   ① 적성의 부적합   ② 지식의 부족
   ③ 기술의 미숙   ③ 인간관계
2) 주의의 부족
   ① 개성   ② 감성의 불안정
   ③ 습관성   ④ 감수성 미약
3) 환경조건의 불량
   ① 재해표준 및 작업조건 불량
   ② 연락 및 의사소통 불량
   ③ 계획 불충분
   ④ 불안과 동요

Answer ◐ 05. ② 06. ① 07. ④ 08. ④ 09. ① 10. ①

11 재해손실비용 중 직접비에 해당되는 것은?

① 인적손실 ② 생산손실
③ 산재보상비 ④ 특수손실

해설
하인리히의 재해손실비
1) 직접비 : 법정 산재보상비
2) 간접비 : 인적손실, 물적손실, 생산손실, 기타손실 등

12 피로를 측정하는 방법 중 동작분석, 연속반응시간 등을 통하여 피로를 측정하는 방법은?

① 생리학적 측정 ② 생화학적 측정
③ 심리학적 측정 ④ 생역학적 측정

해설
피로의 측정법
1) 생리학적 방법 : 근전도(EMG), 산소소비량 및 에너지대사율, 피부전기반사(GSR), 프릿가값(융합점멸주파수 : 대뇌활동측정) 등
2) 화학적 방법 : 혈색소농도, 혈액수준, 혈단백, 응형시간, 혈액, 요전해질, 요단백, 요교질, 배설량 등
3) 심리학적 방법 : 피부(전위)저장, 동작분석, 연속반응시간, 행동기록, 정신작업, 전신자각증상, 집중유지기능 등

13 도수율이 12.57, 강도율이 17.45인 사업장에서 1명의 근로자가 평생 근무한다면 며칠의 근로손실이 발생하겠는가? (단, 1인 근로자의 평생근로시간은 105시간이다.)

① 1257일 ② 126일
③ 1745일 ④ 175일

해설
1) 환산강도율 : 근로자가 평생(입사 → 퇴직, 40년, 10만 시간)근무하였을 때 발생하는 근로손실일수를 의미한다.
2) 환산강도율 = 강도율 × 100
　　　　　　＝ 17.45 × 100 = 1745일

14 산업안전보건법상 안전보건관리규정을 작성하여야 할 사업 중에 정보서비스업의 상시 근로자 수는 몇 명 이상인가?

① 50 ② 100
③ 300 ④ 500

해설
안전보건관리규정을 작성하여야 할 사업의 종류 및 규모(시행규칙 별표 6의 2)

사업의 종류	규모
1. 농업 2. 어업 3. 소프트웨어 개발 및 공급법 4. 컴퓨터 프로그래밍, 시스템 통합 및 관리업 5. 정보서비스업 6. 금융 및 보호법 7. 임대업 ; 부동산 제외 8. 전문, 과학 및 기술 서비스업 (연구개발업은 제외한다) 9. 사업지원 서비스업 10. 사회복지 서비스업	상시근로자 300명 이상을 사용하는 사업장
11. 제11호부터 제10호까지의 사업을 제외한 사업	상시근로자 100명 이상을 사용하는 사업장

15 적응기제에서 방어기제가 아닌 것은?

① 보상 ② 고립
③ 합리화 ④ 동일시

해설
적응기제
1) 방어적 기제 : 보상, 합리화, 동일시, 승화 등
2) 도피적 기제 : 고립, 퇴행, 억압, 백일몽 등

16 토의식 교육지도에 있어서 가장 시간이 많이 소요되는 단계는?

① 도입 ② 제시
③ 적용 ④ 확인

해설
단계별 교육의 시간배분

교육법의 4단계	강의식	토의식
1단계 – 도입(준비)	5분	5분
2단계 – 제시(설명)	40분	10분
3단계 – 적용(응용)	10분	40분
4단계 – 확인(총괄)	5분	5분

17 인지과정 착오의 요인이 아닌 것은?

① 정서 불안정
② 감각차단 현상

Answer ▶ 11. ③ 12. ③ 13. ③ 14. ③ 15. ② 16. ③ 17. ③

③ 작업자의 기능미숙
④ 생리·심리적 능력의 한계

해설

착오요인(대뇌의 휴먼에러)
1) 인지과정 착오
    ① 생리, 심리적 능력의 한계
    ② 정보량 저장능력의 한계
    ③ 감각차단현상(단조로운 업무, 반복작업시 발생)
    ④ 정서불안정(공포, 불안, 불만)
2) 판단과정 착오
    ① 능력부족
    ② 정보부족
    ③ 자기합리화
    ④ 환경조건의 불비
3) 조치과정 착오 : 기술능력 미숙 및 경험부족에서 발생

18 위험예지훈련 기초 4라운드(4R)에서 라운드별 내용이 바르게 연결된 것은?

① 1라운드 : 현상파악
② 2라운드 : 대책수립
③ 3라운드 : 목표설정
④ 4라운드 : 본질추구

해설

위험예지훈련의 문제해결 4라운드(4Round)
1) 1R - 현상파악 : 잠재위험요인을 발견하는 단계
2) 2R - 본질추구 : 가장 위험한 요인(위험 포인트)을 합의로 결정하는 단계
3) 3R - 대책수립 : 구체적인 대책을 수립하는 단계
4) 4R - 행동목표 설정 : 행동계획을 정하고 수립한 대책 가운데서 질이 높은 항목에 합의하는 단계(요약)

19 자율검사프로그램을 인정받으려는 자가 한국산업안전보건공단에 제출해야 하는 서류가 아닌 것은?

① 안전검사대상 유해·위험기계 등의 보유 현황
② 유해·위험기계 등의 검사 주기 및 검사기준
③ 안전검사대상 유해·위험기계의 사용 실적
④ 향후 2년간 검사대상 유해·위험기계 등의 검사 수행계획

해설

자율검사프로그램을 인정받으려는 자가 산업안전보건공단에 제출해야 할 서류(시행규칙 제74조의 2)
1) ①, ②, ④항
2) 검사원 보유현황과 검사를 할 수 있는 장비 관리방법
3) 과거 2년간 자율검사프로그램 수행 실적(재신청의 경우만 해당)
4) 자율검사프로그램 인정신청서

20 ERG(Existence Relation Growth)이론을 주창한 사람은?

① 매슬로우(Maslow)
② 맥그리거(McGregor)
③ 테일러(Taylor)
④ 알더퍼(Alderfer)

해설

알더퍼(Alderfer)의 ERG이론
1) 생존(Existence)욕구(존재욕구) : 신체적인 차원에서 유기체의 생존과 유지에 관련된 욕구
2) 관계(Relatedness)욕구 : 타인과의 상호작용을 통해 만족되는 대인욕구
3) 성장(Growth)욕구 : 개인적인 발전과 증진에 관한 욕구

제2과목 인간공학 및 시스템안전공학

21 청각신호의 수신과 관련된 인간의 기능으로 볼 수 없는 것은?

① 검출(detection)
② 순응(adaptation)
③ 위치 판별(directional judgement)
④ 절대적 식별(absolute judgement)

해설

청각적 신호의 수신에 관계되는 인간의 기능(또는 과업)
1) 검출 : 경고신호와 같은 신호의 존재 여부 판단
2) 위치판별 : 신호가 오는 방향의 판별
3) 절대적식별 : 단독으로 존재하는 특정 신호의 확인
4) 상대적분간 : 인접해 있는 두 가지 이상의 신호분간
※ 순응(adaptation) : 빛에 대한 감도변화를 말한다.

Answer ◐ 18. ① 19. ③ 20. ④ 21. ②

22 창문을 통해 들어오는 직사 휘광을 처리하는 방법으로 가장 거리가 먼 것은?

① 창문을 높이 단다.
② 간접 조명 수준을 높인다.
③ 차양이나 발(blind)을 사용한다.
④ 옥외 창 위에 드리우개(overhang)를 설치한다.

해설
창문으로부터의 직사휘광 처리
1) 창문을 높이 단다.
2) 창 위(실외)에 드리우개(overhang)를 설치한다.
3) 창문(안쪽)에 수직날개(fin)들을 달아서 직시선을 제한한다.
4) 차양(shade)혹은 발(blind)을 사용한다.

23 실효온도(ET)의 결정요소가 아닌 것은?

① 온도   ② 습도
③ 대류   ④ 복사

해설
실효온도(ET)
1) 실효온도(체감온도 또는 감각온도)에 영향을 주는 요인 : 온도, 습도, 기류(공기유동)
2) 허용한계 : 정신(사무작업)(60~64°F), 중작업(50~55°F)

24 녹색과 적색의 두 신호가 있는 신호등에서 1시간 동안 적색과 녹색이 각각 30분씩 켜진다면 이 신호등의 정보량은?

① 0.5 bit   ② 1 bit
③ 2 bit   ④ 4 bit

해설
bit의 정의 : 실현가능성이 같은 2개의 대안 중 하나가 명시되었을 때 얻는 정보량을 나타낸다.

25 건강한 남성이 8시간 동안 특정 작업을 실시하고, 산소소비량이 1.2L/분으로 나타났다면 8시간 총 작업시간에 포함되어야 할 최소 휴식시간은? (단, 남성의 권장 평균에너지소비량은 5kcal/분, 안정 시 에너지소비량은 1.5kcal/분으로 가정한다.)

① 107분   ② 117분
③ 127분   ④ 137분

해설
$$R = \frac{T(W-S)}{W-1.5}$$
$$= \frac{480 \times (6-5)}{6-1.5} = 107분$$

여기서, R : 필요한 휴식시간
T : 총 작업시간(8×60=480분)
W : 작업중 에너지소비량
  (1.2L/분×5kcal/L=6kcal/분)
S : 권장 평균에너지소비량
  (4~5kcal/분)

26 과전압이 걸리면 전기를 차단하는 차단기, 퓨즈 등을 설치하여 오류가 재해로 이어지지 않도록 사고를 예방하는 설계 원칙은?

① 에러복구 설계
② 풀 – 프루프(fool – proof)설계
③ 페일 – 세이프(fail – safe)설계
④ 템퍼 – 프루프(tamper proog)설계

해설
페일 세이프(fail safe) : 인간이나 기계에 과오(error)나 동작상의 실수가 있더라도 사고방지를 위해서 2중, 3중으로 통제를 가하도록 한 체계를 말함

27 일반적으로 의자설계의 원칙에서 고려해야 할 사항과 거리가 먼 것은?

① 체중분포에 관한 사항
② 상반신의 안정에 관한 사항
③ 개인차의 반영에 관한 사항
④ 의자 좌판의 높이에 관한 사항

해설
의자설계의 원칙
1) 체중분포 : 체중이 좌골 결절에 실려야 한다.
2) 의자 좌판의 높이 : 좌판 앞부분이 오금의 높이 보다 높지 않아야 한다.
3) 의자 좌판의 깊이와 폭 : 폭은 큰 사람에게, 깊이는 작은 사람에게 맞도록 해야 한다.
4) 몸통의 안정 : 의자의 좌판 각도는 3°, 좌판 등판 간의 등판 각도는 100°가 몸통안정에 효과적이다.

Answer ➡ 22. ② 23. ④ 24. ② 25. ① 26. ③ 27. ③

28 사고의 발단이 되는 초기 사상이 발생할 경우 그 영향이 시스템에서 어떤 결과(정상 또는 고장)로 진전해 가는지를 나뭇가지가 갈라지는 형태로 분석하는 방법은?

① FTA ② PHA
③ FHA ④ ETA

해설

ETA(Event Tree Analysis, 사상분석법)
1) 사상(事象)의 안전도를 사용한 시스템의 안전도를 나타내는 시스템모델의 하나로서 귀납적이고 정량적인 분석방법이다.
2) 재해의 확대요인을 분석하는 데 적합한 방법이다.
3) 디시젼트리(decision tree)를 재해사고의 분석에 이용할 경우의 분석법을 ETA(사상수분석법)라 한다.

29 조종장치의 저항 중 갑작스런 속도의 변화를 막고 부드러운 제어동작을 유지하게 해주는 저항을 무엇이라 하는가?

① 점성저항 ② 관성저항
③ 마찰저항 ④ 탄성저항

해설

조종장치의 저항 종류
1) 점성저항
   ① 출력과 반대방향으로 속도에 비례해서 작용하는 힘 때문에 생기는 저항이다.
   ② 점성저항은 갑작스러운 속도변화를 막고 원활한 제어동작을 유지하게 해준다.
2) 관성저항 : 물체의 질량으로 인한 운동에 대한 저항으로 가속도에 따라 변한다.
3) 마찰저항 : 정적마찰은 초기 동작에 대한 저항으로 동작초기에 최대이지만 급격히 감소하며, 미끄럼(coulomb)마찰은 동작에 대한 저항으로 계속되지만 마찰력은 속도나 변위와는 무관하다.
4) 탄성저항 : 조종장치의 변위에 따라 변한다(변위가 클수록 저항이 커진다)

30 인간공학적 수공구의 설계에 관한 설명으로 맞는 것은?

① 손잡이 크기를 수공구 크기에 맞추어 설계한다.
② 수공구 사용 시 무게 균형이 유지되도록 설계한다.
③ 정밀 작업용 수공구의 손잡이는 직경 5mm 이하로 한다.
④ 힘을 요하는 수공구의 손잡이는 직경을 60mm 이상으로 한다.

해설

수공구 설계원칙
1) 수공구 무게를 줄이고 사용시 무게 균형이 유지되도록 설계한다.
2) 손바닥면에 압력이 가해지지 않도록 설계한다.
3) 손가락이 지나치게 반복적인 동작을 하지 않도록 한다.
4) 손목을 곧게 펼 수 있도록 한다.
5) 안전측면을 고려한 디자인이 이루어지도록 한다.

31 인간이 현존하는 기계를 능가하는 기능으로 거리가 먼 것은?

① 완전히 새로운 해결책을 도출할 수 있다.
② 원칙을 적용하여 다양한 문제를 해결할 수 있다.
③ 여러 개의 프로그램 된 활동을 동시에 수행할 수 있다.
④ 상황에 따라 변하는 복잡한 자극 형태를 식별할 수 있다.

해설

기계가 우수한 기능 : 여러 개의 프로그램 된 활동을 동시에 수행할 수 있다.

길잡이 인간과 기계의 상대적 재능

인간이 우수한 기능	기계가 우수한 기능
① 저 에너지 자극(시각, 청각, 후각 등)감지	① 인간 감지범위 밖의 자극(X선, 초음파 등)감지
② 복잡 다양한 자극 형태 식별	② 인간 및 기계에 대한 모니터 기능
③ 예기치 못한 사건 감지(예감, 느낌)	③ 드물게 발생하는 사상 감지
④ 다량정보를 오래 보관	④ 암호화된 정보를 신속하게 대량보관
⑤ 귀납적 추리	⑤ 연역적 추리
⑥ 과부하 상황에서는 중요한 일에만 전념	⑥ 과부하시 효율적으로 작동
⑦ 임기응변, 융통성, 원칙적용, 주관적 추산, 독창력 발휘 등의 기능	⑦ 정량적 정보처리, 장시간 중량작업, 반복작업, 동시에 여러 가지 작업수행

Answer ➡ 28. ④ 29. ① 30. ② 31. ③

32 결함수 분석의 컷셋(cut set)과 패스셋(path set)에 관한 설명으로 틀린 것은?

① 최소 컷셋은 시스템의 위험성을 나타낸다.
② 최소 패스셋은 시스템의 신뢰도를 나타낸다.
③ 최소 패스셋은 정상사상을 일으키는 최소한의 사상 집합을 의미한다.
④ 최소 컷셋은 반복사상이 없는 경우 일반적으로 퍼셀(Fussell)알고리즘을 이용하여 구한다.

해설
최소 패스셋은 정상사상을 일으키지 않는 최소한의 사상 집합을 의미한다.

33 FTA의 논리게이트 중에서 3개 이상의 입력사상 중 2개가 일어나면 출력이 나오는 것은?

① 억제 게이트
② 조합 AND 게이트
③ 배타적 OR 게이트
④ 우선적 AND 게이트

해설
수정기호의 종류
1) 우선적 AND Gate : 입력사상 가운데 어느 사상이 다른 사상보다 먼저 일어났을 때에 출력사상이 생긴다. 예를 들면 「A는 B보다 먼저」와 같이 기입
2) 짜맞춤 AND Gate : 3개 이상의 입력사상 가운데 어느 것이든 2개가 일어나면 출력사상이 생긴다. 예를 들면 「어느 것이든 2개」라고 기입
3) 위험지속기호 : 입력사상이 생겨서 어느 일정시간 지속하였을 때에 출력사상이 생긴다. 예를 들면 「위험지속시간」과 같이 기입
4) 배타적 OR Gate : OR Gate로 2개 이상의 입력이 동시에 존재할 때에는 출력사상이 생기지 않는다. 예를 들면 「동시에 발생하지 않는다」라고 기입

34 인적 오류로 인한 사고를 예방하기 위한 대책 중 성격이 다른 것은?

① 작업의 모의훈련
② 정보의 피드백 개선
③ 설비의 위험요인 개선
④ 적합한 인체측정치 적용

해설
인적오류로 인한 사고예방대책
1) 정보의 피드백 개선
2) 설비의 위험요인 개선
3) 적합한 인체측정치 적용
4) 경보장치 및 방호장치 설치

35 설비보전 방식의 유형 중 궁극적으로는 설비의 설계, 제작 단계에서 보전 활동이 불필요한 체계를 목표로 하는 것은?

① 개량보전(corrective maintenance)
② 예방보전(preventive maintenance)
③ 사후보전(break-down maintenance)
④ 보전예방(maintenance prevention)

해설
설비보전방식의 유형
1) 예방보존 : 설비를 항상 정상, 양호한 상태로 유지하기 위한 정기검사와 초기단계에서 성능의 저하나 고장을 제거하거나 조정 또는 수복(修復)하기 위한 설비의 보수활동을 의미한다.
2) 일상보존 : 설비의 열화를 방지하고 그 진행을 지연시켜 수명을 연장하기 위한 설비의 점검, 청소, 주유, 교체 등의 활동을 의미한다.
3) 개량보존 : 고장을 미연에 방지하기 위해 설비를 개조하거나 설계에서부터 시정조치를 취하고 설비의 체질개선을 도모하는 설비보전 방법을 의미한다.
4) 보전예방 : 본문설명
5) 사후보전 : 수리를 행하는 설비보전방법을 의미한다.
6) 예지보전 : 설비의 이상 상태를 검출, 측정 또는 감시하여 열화의 정도가 사용한도에 이른 시점에서 분해, 검사, 부품 교환, 수리하는 설비보전방법을 의미한다.

36 시스템 수명주기에서 예비위험분석을 적용하는 단계는?

① 구상단계
② 개발단계
③ 생산단계
④ 운전단계

해설
시스템의 수명주기
1) 구상단계
① 특정위험을 찾아내기 위해 예비위험분석(PHA)을 이용한다.
② 위험관리와 안전설계 기준을 개발하고 우선적으로 필요한 사항을 결정하기 위해서 리스크 분석을 수행한다.

Answer ➡ 32. ③ 33. ② 34. ① 35. ④ 36. ①

2) **정의단계** : 예비설계와 생산기술을 확인하는 단계이다.
3) **개발단계** : 고장형태 및 영향분석(FMEA)과 관련된 신뢰성 공학이 적용된다.
4) **생산단계** : 안전부서에 의한 모니터링이 가장 중요하며 품질관리부서는 생산물을 검사하고 조사하는 역할을 한다.
5) **운전단계** : 교육훈련이 진행되고 사고 또는 사건으로 부터 자료가 축적된다.

37 표시 값의 변화 방향이나 변화 속도를 관찰할 필요가 있는 경우에 가장 적합한 표시장치는?

① 동목형 표시장치
② 계수형 표시장치
③ 묘사형 표시장치
④ 동침형 표시장치

해설

정량적 동적표시장치의 기본형
1) **정목동침**(moving pointer)형 : 눈금이 고정되고 지침이 움직이는 형
2) **정침동목**(moving scale)형 : 지침이 고정되고 눈금이 움직이는 형
3) **계수**(digital)형 : 전력계나 택시요금 계기와 같이 기계, 전자적으로 숫자가 표시되는 형

38 음의 세기인 데시벨(dB)을 측정할 때 기준음압의 주파수는?

① 10Hz
② 100Hz
③ 1,000Hz
④ 10,000Hz

해설

dB수준과 음압과의 관계식 : 음의 강도는 음압의 제곱에 비례하므로 dB수준은 다음과 같다.

$$\therefore dB수준 = 20\log\left(\frac{P_1}{P_0}\right)$$

여기서, P_1 : 측정하려는 음압
P_0 : 기준음의 음압
($2 \times 10^5 N/m^2$: 10,00Hz에서의 최소 가정치)

39 FT도에서 정상사상 A의 발생확률은?(단, 사상 B_1의 발생확률은 0.30이고, B_2의 발생확률은 0.20이다.)

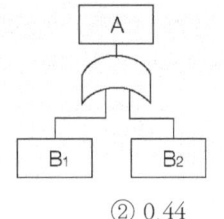

① 0.06
② 0.44
③ 0.56
④ 0.94

해설

$A = 1 - (1 - B_1)(1 - B_2)$
$= 1 - (1 - 0.3)(1 - 0.2) = 0.44$

40 그림의 부품 A, B, C로 구성된 시스템의 신뢰도는?(단, 부품 A의 신뢰도는 0.85, 부품 B와 C의 신뢰도는 각각 0.90이다.)

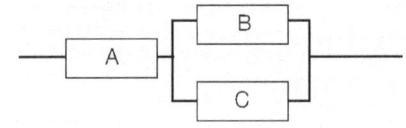

① 0.8415
② 0.8425
③ 0.8515
④ 0.8525

해설

$R = A \times [1 - (1 - B)(1 - C)]$
$= 0.85 \times [1 - (1 - 0.9)(1 - 0.9)] = 0.8415$

제3과목 기계위험방지기술

41 기계의 안전조건 중 구조의 안전화가 아닌 것은?

① 기계재료의 선정 시 재료 자체에 결함이 없는지 철저히 확인한다.
② 사용 중 재료의 강도가 열화될 것을 감안하여 설계시 안전율을 고려한다.
③ 기계작동 시 기계의 오동작을 방지하기 위하여 오동작 방지 회로를 적용한다.
④ 가공경화와 같은 가공결함이 생길 우려가 있는 경우는 열처리 등으로 결함을 방지한다.

Answer ▶ 37. ④ 38. ③ 39. ② 40. ① 41. ③

해설

기계설비의 구조적 안전화
1) 재료선택의 안전화(재료결함)
2) 설계상의 올바른 강도계산(설계상 결함)
3) 가공상의 안전화(가공결함)

42 보일러의 안전한 가동을 위해 압력방출장치가 2개 이상 설치된 경우 최고사용압력 이하에서 1개가 작동되었다면, 다른 압력방출장치의 작동압력의 범위는?

① 최고사용압력 1.05배 이하
② 최고사용압력 1.1배 이하
③ 최고사용압력 1.15배 이하
④ 최고사용압력 1.2배 이하

해설

압력방출장치의 설치기준(안전보건규칙)
1) 보일러의 안전한 가동을 위하여 보일러 규격에 적합한 압력방출장치를 1개 또는 2개 이상 설치하고 최고사용압력 이하에서 작동되도록 할 것. 다만 압력방출장치가 2개 이상 설치된 경우에는 최고사용압력 이하에서 1개가 작동되고, 다른 압력 방출장치는 최고사용압력 1.05배 이하에서 작동되도록 할 것
2) 압력방출장치는 1년에 1회 이상 표준 압력계를 이용하여 토출압력을 실험한 후 납으로 봉인하여 사용하도록 할 것

43 화물의 하중을 직접 지지하는 달기 와이어로프의 안전계수 기준은?

① 3 이상   ② 4 이상
③ 5 이상   ④ 10 이상

해설

양중기의 와이어로프 또는 달기체인(고리걸이용 포함)의 안전계수

안전계수 = $\dfrac{\text{절단하중}}{\text{최대사용하중(허용하중)}}$

1) 근로자가 탑승하는 운반구를 지지하는 경우 : 10 이상
2) 화물의 하중을 직접 지지하는 경우 : 5 이상
3) 훅, 샤클, 클램프, 리프팅 빔의 경우 : 3 이상
4) 그 밖의 경우 : 4 이상

44 공작기계 중 플레이너 작업 시 안전대책이 아닌 것은?

① 베드 위에는 다른 물건을 올려 놓지 않는다.
② 절삭행정 중 일감에 손을 대지 말아야 한다.
③ 프레임내의 피트(Pit)에는 뚜껑을 설치하여야 한다.
④ 바이트는 되도록 길게 나오도록 설치한다.

해설

플레이너의 안전작업수칙
1) 공작물(일감)의 고정시에는 반드시 전원을 차단시킬 것
2) 이동테이블에 방호울을 설치할 것
3) 프레임(frame)중앙부에 있는 피트(pit)에는 덮개(뚜껑)를 설치할 것
4) 바이트는 되도록 짧게 설치할 것
5) 베드 위에는 다른 물건을 올려 놓지 않을 것
6) 압판은 죄는 힘에 의해 휘어지지 않도록 충분히 두꺼운 것을 사용하고 수평이 되도록 고정시킬 것
7) 테이블과 고정벽이나 다른 기계와의 최소거리가 80cm이하인 경우에는 그 사이를 통행할 수 없게 할 것

45 프레스작업의 안전을 위한 방호장치 중 투광부와 수광부를 구비하는 방호장치는?

① 양수조작식   ② 가드식
③ 광전자식   ④ 수인식

해설

광전자식 방호장치 설치기준
1) 광축의 설치거리(위험부위에서 안전거리)
    설치거리(mm) = $1.6(T_L + T_S)$
    여기서, T_L : 손이 광선차단 직후부터 급정지기구가 작동을 개시할 때까지의 시간(ms)
    T_S : 급정지기구 작동개시 시간부터 슬라이드가 정지할 때까지의 시간(ms)
    $T_L + T_S$: 최대정지시간(급정지시간)
2) 광축의 수는 2개 이상, 광축 간의 간격은 50mm 이하일 것
3) 투광기와 수광기의 사이에 연속차광을 할 수 있는 차광폭은 30mm이하일 것

46 체인과 스프로킷, 랙과 피니언, 풀리와 V벨트 등에서 형성되는 위험점은?

① 끼임점   ② 회전말림점
③ 접선물림점   ④ 협착점

Answer ➡ 42. ① 43. ③ 44. ④ 45. ③ 46. ③

해설
1) 끼임점 : 연삭숫돌과 작업대, 반복 동작되는 링크기구, 교반기의 교반날개와 몸체사이 등
2) 회전말림점 : 회전축, 드릴축, 커플링 등
3) 접선물림점 : 본문 설명
4) 협착점 : 프레스, 성형기, 절곡기 등

47 수공구 작업 시 재해방지를 위한 일반적인 유의사항이 아닌 것은?

① 사용 전 이상 유무를 점검한다.
② 작업자에게 필요한 보호구를 착용시킨다.
③ 적합한 수공구가 없을 경우 유사한 것을 선택하여 사용한다.
④ 사용 전 충분한 사용법을 숙지한다.

해설
수공구 작업시 재해방지를 위한 유의사항
1) 사용전 이상유무 점검
2) 보호구 착용
3) 사용전 사용법 숙지

48 플레이너와 세이퍼의 방호장치가 아닌 것은?

① 칩 브레이커
② 칩받이
③ 칸막이
④ 방책

해설
세이퍼의 방호장치
1) 칩받이
2) 방책(방호울)
3) 칸막이

49 기계설비에 있어서 방호의 기본 원리가 아닌 것은?

① 위험제거
② 덮어씌움
③ 위험도 분석
④ 위험에 적응

해설
방호의 기본원리
1) 위험제거
2) 덮어씌움(위험해지는 상태의 삭감)
3) 위험에 적응
4) 차단(위험해 지는 상태의 제거)

50 목재 가공용 둥근톱의 목재반발 예방장치가 아닌 것은?

① 반발방지 발톱(finger)
② 분할날(spreader)
③ 덮개(cover)
④ 반발방지 롤(roll)

해설
둥근톱기계의 방호장치
1) 톱날접촉예방장치 : 보호덮개
2) 반발예방장치
① 분할날
② 반발방지기구(finger)
③ 반발방지롤(roll)

51 산업안전보건기준에 관한 규칙상 안전난간의 구조 및 설치요건 중 상부 난간대는 바닥면·발판 또는 경사로의 표면으로부터 몇 cm 이상 지점에 설치해야 하는가?

① 30cm
② 60cm
③ 90cm
④ 120cm

해설
안전난간의 구조 및 설치요건(안전보건규칙 제13조)
1) 상부난간대, 중간난간대, 발끝막이판 및 난간기둥으로 구성할 것(중간난간대, 발끝막이판 및 난간기둥은 이와 비슷한 구조 및 성능을 가진 것으로 대체할 수 있다.)
2) 상부난간대는 바닥면, 발판 또는 경사로의 표면(이하 "바닥면 등")으로부터 90cm 이상지점에 설치하고, 상부난간대를 120cm 이하에 설치하는 경우 중간난간대는 상부난간대와 바닥면 등의 중간에 설치하여야 하며, 120cm 이상 지점에 설치하는 경우에는 중간난간대를 2단 이상으로 균등하게 설치하고 난간의 상하간격은 60cm 이하가 되도록 할 것
3) 발끝막이판은 바닥면 등으로부터 10cm이상의 높이를 유지할 것(물체가 떨어지거나 날아올 위험이 없거나 그 위험을 방지할 수 있는 망을 설치하는 등 필요한 예방조치를 한 장소는 제외)
4) 난간기둥은 상부난간대와 중간난간대를 견고하게 떠받칠 수 있도록 적정 간격을 유지할 것
5) 상부난간대와 중간난간대는 난간길이 전체에 걸쳐 바닥면 등과 평행을 유지할 것
6) 난간대는 지름 2.7cm 이상의 금속제 파이프나 그 이상의 강도를 가진 재료일 것
7) 안전난간은 임의의 점에서 임의의 방향으로 움직이는 100kg 이상의 하중에 견딜 수 있는 튼튼한 구조일 것

Answer ➡ 47. ③ 48. ① 49. ③ 50. ③ 51. ③

52 산업용 로봇의 방호장치로 옳은 것은?

① 압력방출 장치
② 안전매트
③ 과부하 방지장치
④ 자동전격 방지장치

해설

산업용 로봇의 방호장치
1) 안전매트
2) 방책(높이 1.8m 이상)
3) 제동장치 및 비상정지장치

53 연삭숫돌의 파괴원인이 아닌 것은?

① 숫돌 작업 시 측면 사용이 원인이 된다.
② 숫돌 작업 시 드레싱을 실시했을 때 원인이 된다.
③ 숫돌의 회전속도가 너무 빠를 때 원인이 된다.
④ 숫돌의 회전중심이 잡히지 않았거나 베어링의 마모에 의한 진동이 원인이 된다.

해설

연삭기 숫돌의 파괴원인
1) 숫돌의 회전속도가 빠를 때
2) 숫돌자체에 균열이 있을 때
3) 숫돌에 과대한 충격을 가할 때
4) 숫돌의 측면을 사용하여 작업할 때
5) 숫돌의 불균형이나 베어링 마모에 의한 진동이 있을 때
6) 숫돌 반경방향의 온도변화가 심할 때
7) 작업에 부적당한 숫돌을 사용할 때
8) 숫돌의 치수가 부적당할 때
9) 플랜지가 현저히 작을 때(플랜지 직경 = 숫돌직경 × 1/3)

54 선반의 안전작업 방법 중 틀린 것은?

① 절삭칩의 제거는 반드시 브러시를 사용할 것
② 기계운전 중에는 백기어(back gear)의 사용을 금할 것
③ 공작물의 길이가 직경의 6배 이상일 때는 반드시 방진구를 사용할 것
④ 시동 전에 척 핸들을 빼둘 것

해설

③항, 공작물의 길이가 직경의 12배 이상으로 가늘고 길 때는 방진구(공작물의 고정에 사용)를 사용하여 진동을 막을 것

55 지게차가 무부하 상태로 구내 최고속도 25km/h로 주행 시 좌우안정도는 몇 % 이내인가?

① 16.5%　② 25.0%
③ 37.5%　④ 42.5%

해설

지게차 주행시 좌우안정도 = 15 + 1.1V
= 15 + (1.1 × 25) = 42.5%

길잡이 지게차의 안정도
1) 하역 작업시
  ① 전후 안정도 : 4%(5톤 이상의 것은 3.5%)
  ② 좌우 안정도 : 6%
2) 주행시
  ① 전후 안정도 : 18%
  ② 좌우 안정도 : (15 + 1.1V)%, V는 최고속도(km/hr)

56 그림과 같이 2줄 걸이 인양작업에서 와이어로프 1줄의 파단하중이 10,000N, 인양화물의 무게가 2,000N이라면 이 작업에서 확보된 안전율은?

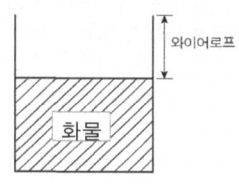

① 2　② 5
③ 10　④ 20

해설

1) 로프 2줄의 파단하중 = 10,000N × 2 = 20,000N
2) 안전율 = $\dfrac{파단하중}{허용응력} = \dfrac{20,000N}{2,000N} = 10$

57 가스집합용접장치에서 가스장치실에 대한 안전조치로 틀린 것은?

① 가스가 누출될 때에는 해당 가스가 정체되지 않도록 한다.
② 지붕 및 천장은 콘크리트 등의 재료로 폭발을 대비하여 견고히 한다.
③ 벽에는 불연성 재료를 사용한다.
④ 가스장치실에는 관계근로자가 아닌 사람의 출입을 금지시킨다.

Answer ➜ 52. ② 53. ② 54. ③ 55. ④ 56. ③ 57. ②

해설
②항, 지붕과 천장에는 가벼운 불연성 재료를 사용할 것

58 가드(guard)의 종류가 아닌 것은?
① 고정식 ② 조정식
③ 자동식 ④ 반자동식

해설
가드(guard)의 종류
1) **고정형 가드**(fixed guard) : 완전밀폐형, 작업점용
2) **자동형 가드**(auto guard) : 이동형, 가동형 등 기계·전기·유공압적 인터록 시스템
3) **조절형 가드**(adjustable guard) : 작업여건에 따라 조절하여 사용

59 근로자가 탑승하는 운반구를 지지하는 달기체인의 안전계수는 몇 이상이어야 하는가?
① 3 ② 4
③ 5 ④ 10

해설
양중기의 와이어로프 또는 달기체인의 안전계수(안전보건규칙)
1) 근로자가 탑승하는 운반구를 지지하는 경우 : 10 이상
2) 화물의 하중을 직접 지지하는 경우 : 5 이상
3) 훅, 샤클, 클램프, 리프팅 빔의 경우 : 3 이상
4) 그 밖의 경우 : 4 이상

60 프레스의 양수조작식 방호장치에서 양쪽버튼의 작동시간 차이는 최대 몇 초 이내일 때 프레스가 동작되도록 해야 하는가?
① 0.1 ② 0.5
③ 1.0 ④ 1.5

해설
양수조작식은 누름버튼을 양손으로 동시에 조작하지 않으면 작동시킬 수 없는 구조이어야 하며, 양쪽버튼의 작동시간 차이는 최대 0.5초 이내일 때 프레스가 동작되도록 할 것

제4과목 전기 및 화학설비위험방지기술

61 교류아크 용접작업시 감전을 예방하기 위하여 사용하는 자동전격방지기의 2차 전압은 몇 V 이하로 유지하여야 하는가?
① 25 ② 35
③ 50 ④ 40

해설
교류아크용접기의 방호장치
1) **방호장치** : 자동전격방지장치
2) **방호장치의 성능**
   ① 아크발생을 정지시킬 때 주접점이 개로될 때까지의 시간(자동시간)은 1초 이내일 것
   ② 2차 무부하전압은 25V 이내일 것
3) **자동전격방지장치의 기능** : 용접작업중단 직후부터 다음 아크 발생기까지 유지할 것

62 전기기기의 불꽃 또는 열로 인해 폭발성 위험분위기에 점화되지 않도록 컴파운드를 충전해서 보호한 방폭구조는?
① 몰드 방폭구조
② 비점화 방폭구조
③ 안전증 방폭구조
④ 본질안전 방폭구조

해설
1) **몰드 방폭구조** : 본문설명
2) **비점화방폭구조** : 전기기기가 정상작동과 규정된 특정한 비정상상태에서 주위의 폭발성 가스 분위기를 점화시키지 못하도록 만든 방폭구조
3) **안전증방폭구조** : 폭발성가스·증기의 점화원이 될 전기불꽃, 아크 또는 고온이 되어서는 안 되는 부분에 기계적, 전기적 구조상 또는 온도상승을 억제할 수 있도록 안전도를 증가시킨 구조
4) **본질안전방폭구조** : 정상시 및 사고시(단선, 단락, 지락 등)에 발생하는 전기불꽃 아크 또는 고온에 의하여 폭발성가스 또는 증기에 점화되지 않는 것이 점화시험, 기타에 의해서 확인된 구조

Answer ● 58.④ 59.④ 60.② 61.① 62.①

63 대전된 물체가 방전을 일으킬 때의 에너지 E(J)를 구하는 식으로 옳은 것은? (단, 도체의 정전용량은 C(F), 대전전위는 V(V), 대전전하량은 Q(C)이다.)

① $E = \sqrt{2CQ}$
② $E = \frac{1}{2}CV$
③ $E = \frac{Q^2}{2C}$
④ $E = \sqrt{\frac{2V}{C}}$

해설

$E = \frac{1}{2}CV^2 = \frac{1}{2}QV = \frac{Q^2}{2C}$

여기서, E : 정전에너지(J)
C : 도체의 정전용량(F)
V : 대전전위(V)(V=Q/C)
Q : 대전전하량(C)(Q=CV)

64 저항이 0.2Ω인 도체에 10A의 전류가 1분간 흘렀을 경우 발생하는 열량은 몇 cal인가?

① 64
② 144
③ 288
④ 386

해설

$Q = I^2RT$
$= 10^2 \times 0.2 \times 60$
$= 1200J \times \frac{1cal}{4.186J} = 286.67cal$

65 누전차단기의 선정 및 설치에 관한 설명으로 틀린 것은?

① 차단기를 설치한 전로에 과부하 보호장치를 설치하는 경우는 서로 협조가 잘 이루어지도록 한다.
② 정격부동작전류와 정격감도전류와의 차는 가능한 큰 차단기로 선정한다.
③ 휴대용, 이동용 전기기기에 설치하는 차단기는 정격감도전류가 낮고, 동작시간이 짧은 것을 선정한다.
④ 전로의 대지정전용량이 크면 차단기가 오동작하는 경우가 있으므로 각 분기회로마다 차단기를 설치한다.

해설

②항, 정격부동작전류가 정격감도전류의 50% 이상이어야 하고 전류치가 가능한 작을 것

66 22.9kV 특별고압 활선작업 시 충전전로에 대한 접근한계거리는 몇 cm인가?

① 30
② 60
③ 90
④ 110

해설

접근한계거리

충전전로의 선간전압 (단위 : kV)	충전전로에 대한 접근한계거리(cm)
0.3 이하	접촉금지
0.3 초과 0.75 이하	30
0.75 초과 2 이하	45
2 초과 15 이하	60
15 초과 37 이하	90
37 초과 88 이하	110
88 초과 121 이하	130
121 초과 145 이하	150
145 초과 169 이하	170
169 초과 242 이하	230
242 초과 362 이하	380
362 초과 550 이하	550
550 초과 800이하	790

67 가스 또는 분진폭발위험장소에는 변전실·배전반실·제어실 등을 설치하여서는 아니 된다. 다만, 실내기압이 항상 양압을 유지하도록 하고, 별도의 조치를 한 경우에는 그러하지 않은데 이때 요구되는 조치사항으로 틀린 것은?

① 양압을 유지하기 위한 환기설비의 고장 등으로 양압이 유지되지 아니한 때 경보를 할 수 있는 조치를 한 경우
② 환기설비가 정지된 후 재가동하는 경우 변전실 등에 가스 등이 있는지를 확인할 수 있는 가스검지기 등의 장비를 비치한 경우
③ 환기설비에 의하여 변전실 등에 공급되는 공기는 가스 또는 분진폭발위험장소가 아닌 곳으로부터 공급되도록 하는 조치를 한 경우
④ 항상 유지해야 하는 실내기압이 항상 양압 10Pa 이상이 되도록 장치를 한 경우

Answer ➡ 63. ③ 64. ③ 65. ② 66. ③ 67. ④

해설

④항, 항상 유의해야 하는 실내기압이 항상 양압 25Pa(파스칼) 이상이 되도록 할 것

68 감전에 영향을 미치는 요인으로 통전경로별 위험도가 가장 높은 것은?

① 왼손 – 등
② 오른손 – 등
③ 오른손 – 왼발
④ 왼손 – 가슴

해설

통전경로별 위험도

통전경로	위험도
1) 왼손 – 가슴	1.5
2) 오른손 – 가슴	1.3
3) 왼손 – 한발 또는 양발	1.0
4) 양손 – 양발	1.0
5) 오른손 – 한발 또는 양발	0.8
6) 왼손 – 등	0.7
7) 한손 또는 양손 – 앉아 있는 거리	0.7
8) 왼손 – 오른손	0.4
9) 오른손 – 등	0.3

69 일반적인 방전형태의 종류가 아닌 것은?

① 스트리머(streamer)방전
② 적외선(infrared – ray)방전
③ 코로나(corona)방전
④ 연면(surface)방전

해설

방전의 형태
1) 스파크(spark)방전(불꽃방전)
2) 코로나(corona)방전
3) 연면방전
4) 스트리머(streamer)방전
5) 뇌상방전

70 전로에 시설하는 기계기구의 철대 및 금속제 외함에는 규정에 따른 접지공사를 실시하여야 하나 시설하지 않아도 되는 경우가 있다. 예외 규정으로 틀린 것은?

① 사용전압이 교류 대지전압 150V이하인 기계 기구를 습한 곳에 시설하는 경우
② 철대 또는 외함 주위에 적당한 절연대를 설치하는 경우
③ 저압용 기계기구를 건조한 마루나 절연성 물질 위에서 취급하도록 시설하는 경우
④ 2중 절연구조로 되어있는 기계기구를 시설하는 경우

해설

접지공사가 생략되는 장소
1) 건조한 장소에 설치한 직류 300V 또는 교류 대지전압이 150V 이하인 전기기계 · 기구
2) 목재 마루 등 건조한 장소에서 전기기기를 취급하는 곳
3) 철대와 외함 주위에 절연대를 설치한 전기기계 · 기구
4) 사람이 쉽게 접촉되지 않게 목주 등에 높이 설치한 저압 · 고압용 전기기계 · 기구 (단, 절연성이 없는 철주상 등에 설치 시는 접지공사를 해야 함)
5) 전기용품안전관리법의 적용을 받는 이중절연의 전기기계 · 기구
6) 누전차단기(정격감도전류 30mA 이하, 동작시간 0.03sec 이하의 전류동작형의 것에 한함)로 보호된 저압전로의 기계 · 기구

71 다음 중 물분무소화설비의 주된 소화효과에 해당하는 것으로만 나열한 것은?

① 냉각효과, 질식효과
② 희석효과, 제거효과
③ 제거효과, 억제효과
④ 억제효과, 희석효과

해설

물분무소화설비의 주된 소화효과
1) 냉각효과 2) 억제효과 3) 희석효과

72 산업안전보건법령상 안전밸브 전단, 후단에 자물쇠형 차단밸브를 설치할 수 없는 경우는?

① 화학설비 및 그 부속설비에 안전밸브 등이 복수방식으로 설치되어있는 경우
② 예비용 설비를 설치하고 각각의 설비에 안전밸브 등이 설치되어있는 경우
③ 열팽창에 의하여 상승된 압력을 낮추기 위한 목적으로 안전밸브가 설치된 경우
④ 안전밸브 등의 배출용량의 2분의 1이상에 해당하는 용량의 자동압력조절밸브와 안전밸브가 직렬로 연결된 경우

Answer ● 68. ④ 69. ② 70. ① 71. ④ 72. ④

해설

차단밸브의 설치 금지(안전보건규칙 제266조) : 안전밸브 등의 전단·후단에 차단밸브를 설치해서는 아니된다. 다만, 다음 각 호에 해당하는 경우에는 자물쇠형 또는 이에 준하는 형식의 차단밸브를 설치할 수 있다.
1) 인접한 화학설비 및 그 부속설비에 안전밸브 등이 각각 설치되어 있고, 해당 화학설비 및 그 부속설비의 연결배관에 차단밸브가 없는 경우
2) 안전밸브 등의 배출용량의 2분의 1이상에 해당하는 용량의 자동압력조절밸브(구동용 동력원의 공급을 차단하는 경우 열리는 구조인 것으로 한정)와 안전밸브 등이 병렬로 연결된 경우
3) 화학설비 및 그 부속설비에 안전밸브 등이 복수방식으로 설치되어 있는 경우
4) 예비용 설비를 설치하고 각각의 설비에 안전밸브 등이 설치되어 있는 경우
5) 열팽창에 의하여 상승된 압력을 낮추기 위한 목적으로 안전밸브가 설치된 경우
6) 하나의 플레어 스택(flare stack)에 둘 이상의 단위공정의 플레어 헤더(flare header)를 연결하여 사용하는 경우로서 각각의 단위공정의 플레어헤더에 설치된 차단밸브의 열림·닫힘 상태를 중앙제어실에서 알 수 있도록 조치한 경우

73 폭발범위에 있는 가연성 가스 혼합물에 전압을 변화시키며 전기 불꽃을 주었더니 1,000V가 되는 순간 폭발이 일어났다. 이때 사용한 전기 불꽃의 콘덴서 용량은 $0.1\mu F$ 을 사용하였다면 이 가스에 대한 최소 발화에너지는 몇 mJ인가?

① 5 ② 10
③ 50 ④ 100

해설

$E = \frac{1}{2}CV^2$
$= \frac{1}{2} \times 0.1 \times 10^{-6} \times 1,000^2$
$= 0.05J = 50mJ$

74 유해·위험물질 취급시 보호구의 구비조건으로 가장 거리가 먼 것은?

① 방호성능이 충분할 것
② 재료의 품질이 양호할 것
③ 작업에 방해가 되지 않을 것
④ 착용감이 뛰어나고 외관이 화려할 것

해설

보호구의 구비조건
1) ①, ②, ③항
2) 착용시 작업이 용이할 것
3) 구조와 끝 마무리가 양호할 것
4) 외관 및 디자인이 양호할 것

75 다음 중 분진 폭발의 발생 위험성을 낮추는 방법으로 적절하지 않은 것은?

① 주변의 점화원을 제거한다.
② 분진이 날리지 않도록 한다.
③ 분진과 그 주변의 온도를 낮춘다.
④ 분진 입자의 표면적을 크게 한다.

해설

④항, 분진 입자의 표면적을 작게 한다.

76 가열·마찰·충격 또는 다른 화학물질과의 접촉 등으로 인하여 산소나 산화제의 공급이 없더라도 폭발 등 격렬한 반응을 일으킬 수 있는 물질은?

① 알코올류 ② 무기과산화물
③ 니트로화합물 ④ 과망간산칼륨

해설

폭발성 물질 및 유기과산화물 : 가열·마찰·충격 또는 다른 화학물질과의 접촉 등으로 인하여 산소나 산화제의 공급이 없더라도 폭발 등 격렬한 반응을 일으킬 수 있는 고체나 액체로서 다음 항목에 해당하는 물질
1) 질산에트레르류 2) 니트로 화합물
3) 니트로소 화합물 4) 아조 화합물
5) 디아조 화합물 6) 하이드라진 및 그 유도체
7) 유기과산화물 등

77 반응기가 이상과열인 경우 반응폭주를 방지하기 위하여 작동하는 장치로 가장 거리가 먼 것은?

① 고온경보장치 ② 블로우다운시스템
③ 긴급차단장치 ④ 자동shutdown장치

해설

블로우다운(blow down) : 응축성 증기, 열유, 열액 등 공정액체를 빼내고 이것을 안전하게 유지 또는 처리하기 위한 안전장치이다.

Answer ➡ 73. ③ 74. ④ 75. ④ 76. ③ 77. ②

78 다음 중 아세틸렌의 취급·관리시 주의사항으로 옳지 않은 것은?

① 용기는 폭발할 수 있으므로 전도·낙하되지 않도록 한다.
② 폭발할 수 있으므로 필요 이상 고압으로 충전하지 않는다.
③ 용기는 밀폐된 장소에 보관하고, 누출시에는 누출원에 직접 주수하도록 한다.
④ 폭발성 물질을 생성할 수 있으므로 구리나 일정 함량 이상의 구리합금과 접촉하지 않도록 한다.

해설
아세틸렌 용기는 통풍이나 환기가 불충분한 밀폐된 장소에 설치, 보관(저장)하지 않도록 할 것

79 공정 중에서 발생하는 미연소가스를 연소하여 안전하게 밖으로 배출시키기 위하여 사용하는 설비는 무엇인가?

① 증류탑
② 플레어스택
③ 흡수탑
④ 인화방지망

해설
긴급방출장치
1) flare stack : 가연성 가스나 고휘발성 액체의 증기를 연소시켜 대기 중으로 방출하는 안전장치이다.
2) blow down : 응축성 증기, 열유, 열액 등 공정액체를 빼내고 이것을 안전하게 유지 또는 처리하기 위한 안전장치이다.

80 폭발범위에 관한 설명으로 옳은 것은?

① 공기밀도에 대한 폭발성 가스 및 증기의 폭발 가능 밀도 범위
② 가연성 액체의 액면 근방에 생기는 증기가 착화 할 수 있는 온도 범위
③ 폭발화염이 내부에서 외부로 전파될 수 있는 용기의 틈새 간격 범위
④ 가연성 가스와 공기와의 혼합가스에 점화원을 주었을 때 폭발이 일어나는 혼합가스의 농도 범위

해설
폭발한계(폭발범위)
1) 점화원에 의하여 폭발을 일으킬 수 있는 폭발성 가스와 공기와의 혼합가스 농도 범위를 말하며 폭발이 일어날 수 있는 낮은 농도값을 폭발하한계, 가장 높은 농도값을 폭발상한계라 한다.
2) 일반적으로 폭발범위가 넓고 하한계가 낮을수록 폭발성 분위기를 생성하기 쉽다.

제5과목 건설안전기술

81 철골기둥 건립 작업 시 붕괴·도괴 방지를 위하여 베이스 플레이트의 하단은 기준 높이 및 인접기둥의 높이에서 얼마 이상 벗어나지 않아야 하는가?

① 2mm
② 3mm
③ 4mm
④ 5mm

해설
앵커볼트를 매립하는 경우 정밀도(고용노동부 고시)
1) 기둥중심은 기준선 및 인접기둥의 중심에서 5mm이상 벗어나지 않을 것
2) 인접기둥간 · 중심거리의 오차는 3mm이하일 것
3) 앵커볼트는 기둥중심에서 2mm이상 벗어나지 않을 것
4) 베이스플레이트 하단은 기준높이 및 인접기둥의 높이에서 3mm 이상 벗어나지 않을 것

82 콘크리트의 비파괴 검사방법이 아닌 것은?

① 반발경도법
② 자기법
③ 음파법
④ 침지법

해설
콘크리트의 비파괴검사법 : 반발경도법, 자기법, 음파법 등

83 가설공사와 관련된 안전율에 대한 정의로 옳은 것은?

① 재료의 파괴응력도와 허용응력도의 비율이다.
② 재료가 받을 수 있는 허용응력도이다.

③ 재료의 변형이 일어나는 한계응력도이다.
④ 재료가 받을 수 있는 허용하중을 나타내는 것이다.

해설

안전율 = 파괴응력 / 허용응력

84 콘크리트를 타설할 때 거푸집에 작용하는 콘크리트 측압에 영향을 미치는 요인과 가장 거리가 먼 것은?

① 콘크리트 타설 속도
② 콘크리트 타설 높이
③ 콘크리트의 강도
④ 기온

해설

콘크리트 측압산정시 고려되는 요소
1) 굳지 않은 콘크리트의 단위용적중량(t/m³)
2) 벽 길이 9(m)
3) 굳지 않은 콘크리트의 타설높이(m)
4) 콘크리트의 타설속도(보통 10~50m/h 정도)
5) 거푸집 속의 콘크리트 온도

85 달비계에 설치되는 작업발판의 폭에 대한 기준으로 옳은 것은?

① 20cm 이상
② 40cm 이상
③ 60cm 이상
④ 80cm 이상

해설

달비계에 설치되는 작업발판의 폭 : 40cm 이상

86 토석붕괴의 내적 요인으로 옳은 것은?

① 사면의 경사 증가
② 공사에 의한 진동, 하중의 증가
③ 절토 및 성토 높이의 증가
④ 토석의 강도 저하

해설

토사붕괴의 원인(고용노동부고시)
1) 외적요인
   ① 사면, 법면의 경사 및 구배의 증가
   ② 절토 및 성토 높이의 증가
   ③ 공사에 의한 진동 및 반복하중의 증가
   ④ 지표수 및 지하수의 침투에 의한 토사중량 증가
   ⑤ 지진, 차량, 구조물의 하중
2) 내적요인
   ① 절토사면의 토질, 암석
   ② 성토사면의 토질
   ③ 토석의 강도 저하

87 거푸집에 작용하는 연직방향 하중에 해당하지 않는 것은?

① 고정하중
② 작업하중
③ 충격하중
④ 콘크리트측압

해설

거푸집의 연직방향 하중(W) 산정식
∴ W = 고정하중 + 충격하중 + 작업하중
    = (r · t) + (1/2r · t) + 150kg/m²

여기서, r : 철근콘크리트 비중(kg/m³)
        t : 슬래브 두께(m)

1) 고정하중 : 콘크리트 자중(= 철근콘크리트 비중 × 슬래브 두께)
2) 충격하중 : 고정하중 × 1/2
3) 작업하중 : 작업원 중량 + 장비 및 가설설비의 등의 중량
            = 150kg/m²

88 토사붕괴를 방지하기 위한 대책으로 붕괴방지공법에 해당되지 않는 것은?

① 배토공법
② 압성토공법
③ 집수정공법
④ 공작물의 설치

해설

토사붕괴를 방지하기 위한 공법
1) 배토공법   2) 압성토공법   3) 공작물의 설치

89 가설통로 중 경사로를 설치, 사용함에 있어 준수해야 할 사항으로 옳지 않은 것은?

① 경사로의 폭은 최소 90센티미터 이상이어야 한다.
② 비탈면의 경사각은 45도 내외로 한다.
③ 높이 7미터 이내마다 계단참을 설치하여야 한다.
④ 추락방지용 안전난간을 설치하여야 한다.

해설

②항, 비탈면의 경사각은 30° 이내로 한다.

Answer ➡ 84. ③ 85. ② 86. ④ 87. ④ 88. ③ 89. ②

90 지반의 투수계수에 영향을 주는 인자에 해당하지 않는 것은?

① 토립자의 단위중량
② 유체의 점성계수
③ 토립자의 공극비
④ 유체의 밀도

해설
지반의 투수계수에 영향을 주는 인자
1) 유체의 점성계수
2) 토립자의 공극비
3) 유체의 밀도

91 수중굴착 및 구조물의 기초바닥 등과 같은 협소하고 상당히 깊은 범위의 굴착과 호퍼작업에 가장 적당한 굴착기계는?

① 파워쇼벨
② 항타기
③ 클램셸
④ 리버스서큘레이션 드릴

해설
클램셸(clamshell)
1) 붐의 선단에서 버킷을 와이어로프로 매달아 바로 아래로 떨어뜨려 흙을 떠 올리는 중기
2) 수직굴착, 수중굴착, 연약지반에 사용

92 다음 중 굴착기의 전부장치와 거리가 먼 것은?

① 붐(Boom)
② 암(Arm)
③ 버킷(Bucket)
④ 블레이드(Blade)

해설
굴착기의 전부장치 : 붐(Boom), 암(arm), 버킷(bucket) 등으로 구성

93 강관을 사용하여 비계를 구성하는 경우 비계기둥간의 적재하중은 얼마를 초과하지 않도록 하여야 하는가?

① 200kg
② 300kg
③ 400kg
④ 500kg

해설
강관비계의 구조
1) 비계기둥의 간격은 띠장방향에서는 1.85m 이하, 장선방향에서는 1.5m 이하로 할 것
2) 띠장간격은 2m 이하로 할 것
3) 비계기둥의 제일 윗부분으로부터 31m 되는 지점 밑부분의 비계기둥은 2개의 강관으로 묶어세울 것(브라켓 등으로 보강하여 그 이상의 강도가 유지되는 경우에는 그러하지 아니하다)
4) 비계기둥 간의 적재하중은 400kg을 초과하지 아니하도록 할 것

94 흙의 액성한계 W_L = 48%, 소성한계 W_P = 26%일 때 소성지수(I_P)는 얼마인가?

① 18%
② 22%
③ 26%
④ 32%

해설
소성지수(I_P)
= 액성한계(W_L) − 소성한계(W_P)
= 48 − 26 = 22%

95 철골작업에서 작업을 중지해야 하는 규정에 해당되지 않는 경우는?

① 풍속이 초당 10m 이상인 경우
② 강우량이 시간당 1mm 이상인 경우
③ 강설량이 시간당 1cm 이상인 경우
④ 겨울철 기온이 영상 4℃ 이상인 경우

해설
철골작업을 중지해야 하는 기상조건
1) 풍속이 10/sec 이상인 경우
2) 강우량이 1mm/hr 이상인 경우
3) 강설량이 1cm/hr 이상인 경우

96 터널작업 중 낙반 등에 의한 위험방지를 위해 취할 수 있는 조치사항이 아닌 것은?

① 터널지보공 설치
② 록볼트 설치
③ 부석의 제거
④ 산소의 측정

Answer ● 90. ① 91. ③ 92. ④ 93. ③ 94. ② 95. ④ 96. ④

해설

터널건설작업시 낙반 등에 의한 위험방지 조치사항
1) 터널지보공 설치
2) 록볼트의 설치
3) 부석의 제거

97 다음 그림은 산업안전보건기준에 관한 규칙에 따른 풍화암에서 토사붕괴를 예방하기 위한 기울기를 나타낸 것이다. x의 값은?

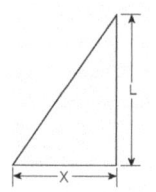

① 1.2 ② 1.0
③ 0.5 ④ 0.3

해설

굴착작업시 굴착면의 기울기 기준

지반의 종류	구배
모래	1 : 1.8
그밖의 흙	1 : 1.2
풍화암	1 : 1.0
연암	1 : 1.0
경암	1 : 0.5

98 산업안전보건기준에 관한 규칙에서 규정하는 현장에서 고소작업대 사용 시 준수사항이 아닌 것은?

① 작업자가 안전모·안전대 등의 보호구를 착용하도록 할 것
② 관계자가 아닌 사람이 작업구역 내에 들어오는 것을 방지하기 위하여 필요한 조치를 할 것
③ 작업을 지휘하는 자를 선임하여 그 자의 지휘하에 작업을 실시할 것
④ 안전한 작업을 위하여 적정수준의 조도를 유지할 것

해설

고소작업대 사용시 준수사항
1) ①, ②, ④ 항

2) 전로(電路)에 근접하여 작업을 하는 경우에는 작업감시자를 배치하는 등 감전사고를 방지하기 위하여 필요한 조치를 할 것
3) 작업대를 정기적으로 점검하고 붐·작업대 등 각 부위의 이상 유무를 확인할 것
4) 전환스위치는 다른 물체를 이용하여 고정하지 말 것
5) 작업대는 정격하중을 초과하여 물건을 싣거나 탑승하지 말 것
6) 작업대의 붐대를 상승시킨 상태에서 탑승자는 작업대를 벗어나지 말 것. 다만, 작업대에 안전대 부착설비를 설치하고 안전대를 연결하였을 때에는 그러하지 아니하다.

99 차량계 건설기계의 운전자가 운전위치를 이탈하는 경우 준수해야 할 사항으로 옳지 않은 것은?

① 버킷은 지상에서 1m 정도의 위치에 둔다.
② 브레이크를 걸어둔다.
③ 디퍼는 지면에 내려둔다.
④ 원동기를 정지시킨다.

해설

운전위치 이탈시 조치사항
1) 포크, 버킷, 디퍼 등의 장치를 가장 낮은 위치 또는 지면에 내려 둘 것
2) 원동기를 정지시키고 브레이크를 확실히 거는 등 갑작스러운 주행이나 이탈을 방지하기 위한 조치를 할 것
3) 운전석을 이탈하는 경우에는 시동키를 운전대에서 분리시킬 것. 다만, 운전석에 잠금장치를 하는 등 운전자가 아닌 사람이 운전하지 못하도록 조치한 경우에는 그러하지 아니하다.

100 콘크리트 타설시 안전에 유의해야 할 사항으로 옳지 않은 것은?

① 콘크리트 다짐효과를 위하여 최대한 높은 곳에서 타설한다.
② 타설 순서는 계획에 의하여 실시한다.
③ 콘크리트를 치는 도중에는 거푸집, 동바리 등의 이상 유무를 확인하여야 한다.
④ 타설시 비어있는 공간이 발생되지 않도록 밀실하게 부어 넣는다.

해설

콘크리트 타설 시 높은 곳으로부터 콘크리트를 세게 거푸집 내에 부어넣지 않는다.

Answer ▶ 97. ② 98. ③ 99. ① 100. ?

2023년 제1회 산업안전산업기사 CBT 복원 기출문제

제1과목 산업안전관리론

01 Alderfer의 ERG 이론 중 생존(Existence) 욕구에 해당되는 Maslow의 욕구단계는?

① 자아실현의 욕구 ② 존경의 욕구
③ 사회적 욕구   ④ 생리적 욕구

해설

매슬로우와 알더퍼 욕구이론

매슬로우의 욕구 5단계	알더퍼더의 ERG 이론
1) 제1단계 : 생리적욕구 2) 제2단계 : 안전의욕구	1) Existence(생존) 욕구
3) 제3단계 : 사회적욕구	2) Relatedness (관계)욕구
4) 제4단계 : 자기존경의욕구 5) 제5단계 : 자아실현의욕구	3) Growth(성장) 욕구

02 사업장의 안전준수 정도를 알아보기 위한 안전평가는 사전평가와 사후평가로 구분되어 지는데 다음 중 사전평가에 해당하는 것은?

① 재해율   ② 안전샘플링
③ 연천인율   ④ safe-T-score

해설

안전평가
1) 사전평가 : 안전샘플링
2) 사후평가 : 재해율(연천인율, 도수율, 강도율 등), Safe T. Score 등

03 O.J.T(On the Job Training) 교육의 장점과 가장 거리가 먼 것은?

① 훈련에만 전념할 수 있다.
② 개개인의 업무능력에 적합한 자세한 교육이 가능하다.
③ 직장의 실정에 맞게 실제적 훈련이 가능하다.
④ 교육을 통하여 상사와 부하간의 의사소통과 신뢰감이 깊게 된다.

해설

OJT와 off-JT의 특징

O·J·T (현장중심교육)	off J·T (현장외 중심교육)
① 개개인에게 적합한 지도 훈련이 가능 ② 직장의 실정에 맞는 실체적 훈련을 할 수 있다. ③ 훈련 필요한 업무의 계속성이 끊어지지 않음 ④ 즉시 업무에 연결되는 관계로 신체와 관련 있음 ⑤ 효과가 곧 업무에 나타나며 훈련의 좋고 나쁨에 따라 개선이 용이함 ⑥ 교육을 통한 훈련 효과에 의해 상호 신뢰 이해도가 높아짐	① 다수의 근로자에게 조직적 훈련이 가능 ② 훈련에만 전념하게 된다. ③ 특별설비기구를 이용할 수 있음 ④ 전문가를 강사로 초청할 수 있음 ⑤ 각 직장의 근로자가 많은 지식이나 경험을 교류할 수 있음 ⑥ 교육훈련 목표에 대해서 집단적 노력이 흐트러질 수도 있음

04 질병에 의한 피로의 방지대책으로 가장 적합한 것은?

① 기계의 사용을 배제한다.
② 작업의 가치를 부여한다.
③ 보건상 유해한 작업환경을 개선한다.
④ 작업장에서의 부적절한 관계를 배제한다.

해설

허세이(Hershey)의 피로회복법
1) 질병에 의한 피로회복법
  ① 속히 유효적절한 의료를 받게 하는 일
  ② 보건상 유해한 작업상의 조건을 개선하는 일
  ③ 적당한 예방법을 가르치는 일
2) 신체활동의 피로회복법
  ① 기계력의 사용
  ② 작업의 교대
  ③ 작업중의 휴식

Answer ➡ 01. ④ 02. ② 03. ① 04. ③

3) 단조감, 권태감 회복법
   ① 일의 가치를 가르치는 일
   ② 동작의 교대를 가르치는 일
   ③ 휴식
4) 환경과의 관계의 의한 피로회복법
   ① 작업장에서의 부적절한 제관계를 배제하는 일
   ② 가정생활의 위생에 관한 교육 및 운동의 필요에 관한 계동

05 안전관리의 4M 가운데 Media에 관한 내용으로 가장 올바른 것은?

① 인간과 기계를 연결하는 매개체
② 인간과 관리를 연결하는 매개체
③ 기계와 관리를 연결하는 매개체
④ 인간과 작업환경을 연결하는 매개체

해설

안전관리의 4M(인간과오의 배후요인 4요소)
1) Man : 본인 이외의 사람
2) Machine : 장치나 기기 등의 물적요인
3) Media : 인간과 기계를 잇는 매체(작업방법, 순서, 작업정보의 실태, 작업환경, 정리정돈 등)
4) Management : 안전법규의 준수방법, 단속, 점검 관리 외에 지휘 감독, 교육훈련 등

06 산업안전보건법령상 안전인증 대상 보호구에 해당하지 않는 것은?

① 보호복   ② 안전장갑
③ 방독마스크   ④ 보안면

해설

안전인증대상 보호구 및 자율안전확인대상보호구

안전인증대상보호구	자율안전확인대상보호구
1. 추락 및 감전위험방지용 안전모 2. 안전화 3. 안전장갑 4. 방진마스크 5. 방독마스크 6. 송기마스크 7. 전동식 호흡용 보호구 8. 보호복 9. 안전대 10. 차광 및 비산물 위험방지용 보안경 11. 용접용 보안면 12. 방음용 귀마개 및 귀덮개	1. 안전모(추락 및 감전 위험 방지용은 제외) 2. 보안경(차광 및 비산물 위험방지용은 제외) 3. 보안면(용접용 보안면은 제외)

07 안전태도교육의 기본과정을 가장 올바르게 나열한 것은?

① 청취한다 → 이해하고 납득한다 → 시범을 보인다 → 평가한다
② 이해하고 납득한다 → 들어본다 → 시범을 보인다 → 평가한다
③ 청취한다 → 시범을 보인다 → 이해하고 납득한다 → 평가한다
④ 시범을 보인다 → 이해하고 납득한다 → 들어본다 → 평가한다

해설

태도교육의 4가지 기본과정
∴ 1) 청취 → 2) 이해 → 3) 모범(시험) → 4) 평가

08 안전·보건교육 및 훈련은 인간행동 변화를 안전하게 유지하는 것이 목적이다. 이러한 행동변화의 전개과정 순서가 알맞은 것은?

① 자극 – 욕구 – 판단 – 행동
② 욕구 – 자극 – 판단 – 행동
③ 판단 – 자극 – 욕구 – 행동
④ 행동 – 욕구 – 자극 – 판단

해설

인간행동변화의 전개과정순서 : 자극 – 욕구 – 판단 – 행동

> **길잡이** 인간행동변화의 4단계
> 1) 1단계 : 지식의 변화
> 2) 2단계 : 태도의 변화
> 3) 3단계 : 개인행동의 변화
> 4) 4단계 : 집단 또는 조직에 대한 행동의 변화

09 위험예지훈련 기초 4라운드(4R)에 관한 내용으로 옳은 것은?

① 1R : 목표설정
② 2R : 현상파악
③ 3R : 대책수립
④ 4R : 본질추구

Answer ➡ 05. ① 06. ④ 07. ① 08. ① 09. ③

해설

위험예지훈련의 문제해결 4라운드(4Round)
1) 1R – 현상파악 : 전원이 토의를 통해서 잠재위험요인을 발견하는 단계
2) 2R – 본질추구 : 가장 위험한 요인(위험 포인트)을 합의로 결정하는 단계
3) 3R – 대책수립 : 구체적인 대책을 수립하는 단계
4) 4R – 행동목표 설정 : 행동계획을 정하고 수립한 대책 가운데서 질이 높은 항목에 합의하는 단계

10 산업안전보건법령상 사업 내 안전·보건교육의 교육과정에 해당하지 않는 것은?

① 특별안전·보건교육
② 근로자 정기안전·보건교육
③ 관리감독자 정기안전·보건교육
④ 안전관리자 신규 및 보수교육

해설

법상 안전보건교육의 종류
1) 근로자 정기안전·보건교육
2) 관리감독자 정기안전·보건교육
3) 신규채용자 교육
4) 작업내용변경자 교육
5) 특별안전·보건교육

11 안전관리 조직 중 대규모 사업장에서 가장 이상적인 조직 형태는?

① 직계형 조직
② 직능전문화 조직
③ 라인스태프(line – staff)형 조직
④ 테스크포스(task – force)조직

해설

안전관리 조직
1) line형 : 100명 이하의 소규모 사업장
2) staff형 : 100~1,000명의 중규모 사업장
3) line – staff의 혼합형 : 1,000명 이상의 대규모 사업장

12 강의식 교육지도에서 가장 많은 시간이 할당되는 단계는?

① 도입   ② 제시
③ 적용   ④ 확인

해설

교육시간의 배분(60분)

육법의 4단계	강의식	토의식
1단계 – 도입(준비)	5분	5분
2단계 – 제시(설명)	40분	10분
3단계 – 작용(응용)	10분	40분
4단계 – 확인(총괄)	5분	5분

13 산업안전보건법령상 안전검사대상 유해·위험기계에 해당하지 않는 것은?

① 곤돌라   ② 전기용접기
③ 리프트   ④ 산업용원심기

해설

안전검사대상 유해·위험기계·설비 등
1) 프레스
2) 전단기
3) 크레인(정격하중이 2톤 미만인 것은 제외)
4) 리프트
5) 압력용기
6) 곤돌라
7) 국소배기장치(이동식은 제외)
8) 원심기(산업용에 한정)
9) 롤러기(밀폐구조는 제외)
10) 사출성형기(형체결력 294kN 미만은 제외)
11) 고소작업대
12) 컨베이어
13) 산업용 로봇

14 적성검사의 유형 중 체력검사에 포함되지 않는 것은?

① 감각기능검사
② 근력검사
③ 신경기능검사
④ 크루즈 지수(Kruse's Index)

해설

1) 체력검사 : 감각기능검사, 근력검사, 신경기능검사 등
2) 크루즈 지수(Kruse's index) : 가슴둘레의 제곱과 신장의 비로 나타낸다.

Answer ● 10. ④ 11. ③ 12. ② 13. ② 14. ④

15 기업조직의 원리 가운데 지시 일원화의 원리를 가장 잘 설명하고 있는 것은?

① 지시에 따라 최선을 다해서 주어진 임무나 기능을 수행하는 것
② 책임을 완수하는데 필요한 수단을 상사로부터 위임 받은 것
③ 언제나 직속 상사에게서만 지시를 받고 특정 부하 직원들에게만 지시하는 것
④ 조직의 각 구성원이 가능한 한 가지 특수 직무만을 담당하도록 하는 것

해설

일원화의 원리 : 지시를 항상 직속상사에게서 받고 특정 부하 직원에게만 지시하는 것

16 산업재해 발생의 직접원인에 해당되지 않는 것은?

① 안전수칙의 오해
② 물(物) 자체의 결함
③ 위험 장소의 접근
④ 불안전한 속도 조작

해설

안전수칙의 오해 : 교육적 원인

길잡이	직접원인 : 불안전한 행동 및 불안전한 상태
1. 불안전한 행동	2. 불안전한 상태
① 위험장소 접근	① 물 자체 결함
② 안전장치의 기능 제거	② 안전 방호장치 결함
③ 복장 보호구의 잘못 사용	③ 복장 보호구의 결함
④ 기계 기구 잘못 사용	④ 물의 배치 및 작업장소 결함
⑤ 운전 중인 기계장치의 손실	⑤ 작업환경의 결함
⑥ 불안전한 속도 조작	⑥ 생산 공정의 결함
⑦ 위험물 취급 부주의	⑦ 경계표시 설비의 결함
⑧ 불안전한 상태방지	
⑨ 불안전한 자세동작	
⑩ 감독 및 연락 불충분	

17 무재해운동의 기본이념 3가지에 해당하지 않는 것은?

① 무의 원칙
② 자주 활동의 원칙
③ 참가의 원칙
④ 선취 해결의 원칙

해설

무재해운동이념 3원칙

1) 무의 원칙 : 사망, 휴업 및 불휴재해는 물론 일체의 장래위험 요인을 사전에 발견, 파악, 해결함으로써 근원적인 산업재해를 없애는 것을 말한다.
2) 참가의 원칙 : 재해 및 일체의 위험요인을 발견, 해결하기 위해 전원이 무재해운동에 참가하여 문제 해결 등을 실천하는 것을 말한다.
3) 선취해결의 원칙 : 선취란 궁극의 목표로서 무재해, 무질병의 직장을 실현하기 위해 일체의 위험요인을 행동하기 전에 발견, 파악, 해결하여 재해를 예방하거나 방지하는 것을 말한다.

18 과거에 경험하였던 것과 비슷한 상태에 부딪혔을 때 떠오르는 것을 무엇이라 하는가?

① 재생
② 기명
③ 파지
④ 재인

해설

기억의 과정 : 기억은 기명, 파지, 재생, 재인의 단계를 거친다.
1) 기억 : 과거의 경험이 어떠한 형태로 미래의 행동에 영향을 주는 작용
2) 기명 : 사물의 인상을 마음속에 간직하는 것
3) 파지 : 간직, 인상이 보존되는 것
4) 재생 : 보존된 인상이 다시 의식으로 떠오른 것
5) 재인 : 과거에 경험했던 것과 같은 비슷한 상태에 부딪혔을 때 떠오르는 것

19 산업안전보건법령상 안전·보건표지의 색채별 색도기준이 올바르게 연결된 것은? (단, 순서는 색상 명도/채도이며, 색도기준은 KS에 따른 색의 3속성에 의한 표시방법에 따른다.)

① 빨간색 − 5R 4/13
② 노란색 − 2.5Y 8/12
③ 파란색 − 7.5PB 2.5/7.5
④ 녹색 − 2.5G 4/10

Answer ➡ 15. ③ 16. ① 17. ② 18. ④ 19. ②

해설

안전표지의 색채·색도기준 및 용도(시행규칙 별표8)

색채	색도기준	용도	사용예
빨간색	7.5R 4/14	금지	정지신호, 소화설비 및 그 장소, 유해행위 금지
		경고	화학물질 취급장소에서의 유해·위험경고
노란색	5Y 8.5/12	경고	화학물질 취급장소에서의 유해·위험 경고, 이외의 위험 경고, 주의표지 또는 기계 방호물
파란색	2.5PB 4/10	지시	특정 행위의 지시 및 사실의 고지
녹색	2.5G 4/10	안내	비상구 및 피난소, 사람 또는 차량의 통행표지
흰색	N 9.5		파란색 또는 녹색에 대한 보조색
검은색	N 0.5		문자 및 빨간색 또는 노란색에 대한 보조색

20 1,000명의 근로자가 주당 45시간씩 연간 50주를 근무하는 A 기업에서 질병 및 기타 사유로 인하여 5%의 결근율을 나타내고 있다. 이 기업에서 연간 60건의 재해가 발생하였다면 이 기업의 도수율은 약 얼마인가?

① 25.12　　② 26.67
③ 28.07　　④ 51.64

해설

도수율 $= \dfrac{\text{재해건수}}{\text{연근로시간수}} \times 10^6$

$= \dfrac{60}{1,000 \times 50 \times 45 \times 0.95} \times 10^6$

$= 28.07$

제2과목　인간공학 및 시스템안전공학

21 근골격계 질환을 예방하기 위한 관리적 대책을 옳은 것은?

① 작업공간 배치　　② 작업재료 변경
③ 작업순환 배치　　④ 작업공구 설계

해설

근골격계 질환을 예방하기 위한 대책
1) 관리적 대책 : 작업순환 배치
2) 기술적 대책 : 작업공간배치, 작업재료 변경, 작업공구 설계 등

22 청각신호의 위치를 식별할 때 사용하는 척도는?

① AI(Articulation Index)
② JND(Just Noticeable Difference)
③ MAMA(Minimum Audible Movement Angle)
④ PNC(Preferred Noise Criteria)

해설

MAMA(Minimum Audible Movement Angle) : 최소 청음 운동각

23 인체측정치 응용원칙 중 가장 우선적으로 고려해야 하는 원칙은?

① 조절식 설계　　② 최대치 설계
③ 최소치 설계　　④ 평균치 설계

해설

인체측정치 응용원칙 중 가장 우선적으로 고려해야 할 원칙 : 조절식 설계

24 일반적으로 연구조사에 사용되는 기준 중 기준척도의 신뢰성이 의미하는 것은?

① 보편성　　② 적절성
③ 반복성　　④ 객관성

해설

기준척도의 신뢰성 : 반복성

Answer ● 20. ③　21. ③　22. ③　23. ①　24. ③

25 정보를 유리나 차양판에 중첩시켜 나타내는 표시장치는?

① CRT ② LCD
③ HUD ④ LED

해설

1) HUD(Head Up Display) : 헤드업디스플레이
2) CRT(Cathode Ray Tube) : 음극선관
3) LCD(Liquid Crystal Display) : 액정표시장치
4) LED(Light Emitting Diode) : 발광다이오드

26 40세 이후 노화에 의한 인체의 시지각 능력 변화로 틀린 것은?

① 근시력 저하
② 휘광에 대한 민감도 저하
③ 망막에 이르는 조명량 감소
④ 수정체 변색

해설

40세 이후 노화시 : 휘광에 대한 민감도가 증대

27 조종장치를 3cm 움직였을 때 표시장치의 지침이 5cm 움직였다면 C/R 비는?

① 0.25 ② 0.6
③ 1.5   ④ 1.7

해설

$\dfrac{C}{R} = \dfrac{조종장치 변위량}{표시장치 변위량} = \dfrac{3}{5} = 0.6$

28 고열환경에서 심한 육체노동 후에 탈수와 체내 염분농도 부족으로 근육의 수축이 격렬하게 일어나는 장해는?

① 열경련(heat cramp)
② 열사병(heat stroke)
③ 열쇠약(heat prostration)
④ 열피로(heat exhaustion)

해설

열중독증
1) **열경련**(heat cramp)
   ① 고온환경에서 작업중이거나 작업 후 수시간 내에 발생한다.
   ② 주로 염분섭취의 제한이나 지나친 발한으로 인한 염분 손실과 관계된다.
   ③ 작업시 사용하는 근육(특히 팔, 다리, 복부)에 통증 있는 경련이 생긴다.
2) **열사병**(heat stroke) : 체온이 과도하게 상승할 때 생기는 급성의 의학적 응급상태이다.
3) **열발진**(heat rash) : 땀띠가 나는 것을 말한다.
4) **열피로**(heat exhaustion) : 주로 탈수 때문에 생기며 특징은 근육무력, 구역질 및 구토, 현기증, 실신 등이다.

29 인간-기계 시스템 평가에 사용되는 인간기준 척도 중에서 유형이 다른 것은?

① 심박수   ② 안락감
③ 산소소비량 ④ 뇌전위(EEG)

해설

인간기준 척도
1) 퍼포먼스 척도(performance measure) : 빈도척도, 강도척도, 지연성척도, 지속성척도 등
2) 생리지표
   ① 심장혈행지표 : 심박수, 혈압 등
   ② 호흡지표 : 호흡률, 산소소비량 등
   ③ 신경지표 : 뇌전위(EEG), 근육활동 등
   ④ 감각지표 : 시력, 눈 깜빡이는 속도, 청력 등
   ⑤ 혈액 화학지표 : 카테콜아민 등
3) 주관적 반응 : 의지의 안락감, 컴퓨터시스템의 사용편의성, 도구 손잡이 길이에 대한 선호도 등

30 인체의 피부와 허파로부터 하루에 600g의 수분이 증발될 때 열손실율은 약 얼마인가? (단, 37°C의 물 1g을 증발시키는데 필요한 에너지는 2410 J/g 이다.)

① 약 15 Watt ② 약 17 Watt
③ 약 19 Watt ④ 약 21 Watt

해설

열손실률 $= \dfrac{2410(J/g) \times 증발량(g)}{시간(sec)}$

$= \dfrac{2410 J/g \times 600g}{24hr \times \dfrac{3600sec}{1hr}}$

$= 16.74 ≒ 17 (J/sec = watt)$

Answer ➡ 25. ③ 26. ② 27. ② 28. ① 29. ② 30. ②

31 톱사상 T를 일으키는 컷셋에 해당하는 것은?

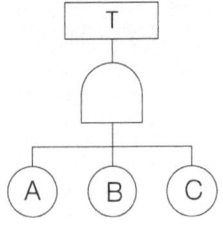

① {A} ② {A, B}
③ {B, C} ④ {A, B, C}

해설
컷셋을 구하는 방법 : AND gate는 가로로 나열시키고 OR rate는 세로로 나열시켜서 말단사상까지 진행시켜 나간다.

32 시스템 수명주기에서 FMEA가 적용되는 단계는?
① 개발단계 ② 구상단계
③ 생산단계 ④ 운전단계

해설
시스템 수명주기의 단계
1) **구상단계** : 시작단계
   ① PHA(예비사고분석) : 이용
   ② 리스크(위험)분석 시행
   ③ SSPP(시스템 안전프로그램계획)
2) **정의단계** : 예비설계와 생산기술을 확인하는 단계
3) **개발단계** : 정의단계에 환경적 충격, 생산기술, 운용연구 등을 포함시키는 단계
   ① OHA(운용위험분석)이용
   ② FMEA(고장의 형태 및 영향분석)과 관련된 신뢰 성공학 적용
4) **생산단계** : 생산이 시작되면 품질관리부서는 생산물을 검사하고 조사하는 역할을 함
5) **운전단계** : 시스템을 운전하는 단계

33 시스템에 영향을 미치는 모든 요소의 고장을 형태별로 분석하여 그 방향을 검토하는 시스템안전 분석기법은?
① FMEA ② PHA
③ HAZOP ④ FTA

해설
1) FMEA(고장의 형태와 영향분석) : 정성적, 귀납적 분석법
2) PHA(예비사고분석) : 최초단계분석, 정성적 분석

3) HAZOP(위험과 운전성연구) : 정성적 평가
4) FTA(결함수분석법) : 연역적, 정량적 분석

34 표와 관련된 시스템위험분석 기법으로 가장 적합한 것은?

프로그램 :				시스템 :				
#1 구성 요소 명칭	#2 구성 요소 위험 방식	#3 시스템 작동 방식	#4 서브 시스템 에서 위험 영향	#5 서브 시스템, 대표적 시스템 위험 영향	#6 환경 적 요인	#7 위험영 향을 받을 수 있는 2차 요인	#8 위험 수준	#9 위험 관리

① 예비위험분석(PHA)
② 결함위험분석(FHA)
③ 운용위험분석(OHA)
④ 사상수분석(ETA)

해설
결함위험분석(FHA) :
서브시스템(sub system)분석법

35 동작경제의 원칙에 해당하지 않는 것은?
① 가능하다면 낙하식 운반방법을 사용한다.
② 양손을 동시에 반대 방향으로 움직인다.
③ 자연스러운 리듬이 생기지 않도록 동작을 배치한다.
④ 양손으로 동시에 작업을 시작하고, 동시에 끝낸다.

해설
③항, 자연스러운 리듬이 생기도록 배치한다(동작이 자동적으로 이루어지는 순서로 한다.)

36 FT도에서 입력현상이 발생하여 어떤 일정 시간이 지속된 후 출력이 발생하는 것을 나타내는 게이트나 기호로 옳은 것은?
① 위험 지속 기호
② 조합 AND 게이트
③ 시간 단축 기호
④ 억제 게이트

Answer ➡ 31. ④ 32. ① 33. ① 34. ② 35. ③ 36. ①

해설

수정기호의 종류
1) 우선적 AND Gate : 입력사상 가운데 어느 사상이 다른 사상보다 먼저 일어났을 때에 출력사상이 생긴다. 예를 들면 「A는 B보다 먼저」와 같이 기입한다.
2) 짜맞춤 AND Gate : 3개 이상의 입력사상 가운데 어느 것이든 2개가 일어나면 출력사상이 생긴다. 예를 들면 「어느 것이든 2개」라고 기입한다.
3) 위험지속기호 : 입력사상이 생겨서 어느 일정시간 지속하였을 때에 출력사상이 생긴다. 예를 들면 「위험지속시간」과 같이 기입한다.
4) 배타적 OR Gate : OR Gate로 2개 이상의 입력이 동시에 존재할 때에는 출력사상이 생기지 않는다. 예를 들면 「동시에 발생하지 않는다」라고 기입한다.

37 FT도상에서 정상 사상 T의 발생 확률은? (단, 기본사상 ①, ②의 발생 확률은 각각 1×10^{-2}과 2×10^{-2}이다.)

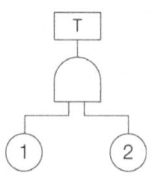

① 2×10^{-2} ② 2×10^{-4}
③ 2.98×10^{-2} ④ 2.98×10^{-4}

해설

$T = ① \times ② = (1 \times 10^{-2}) \times (2 \times 10^{-2})$
$= 2 \times 10^{-4}$

38 사후 보전에 필요한 수리시간의 평균치를 나타내는 것은?

① MTTF   ② MTBF
③ MDT   ④ MTTR

해설

MTTR(Mean Time To Repair) : 평균수리시간(총수리 시간을 그 기간을 수리횟수로 나눈 시간)

39 안전 설계방법 중 페일세이프 설계(fail-safe design)에 대한 설명으로 가장 적절한 것은?

① 오류가 전혀 발생하지 않도록 설계
② 오류가 발생하기 어렵게 설계
③ 오류의 위험을 표시하는 설계
④ 오류가 발생하였더라도 피해를 최소화 하는 단계

해설

페일세리프 설계(fail-safe design) : 오류(실수)가 발생하더라도 피해(손해)를 최소화하는 설계

40 다음 중 음성 인식에서 이해도가 가장 좋은 것은?

① 음소   ② 음절
③ 단어   ④ 문장

해설

1) 음성용해도 : 음성 메시지를 정확하게 인지할 수 있는 정도를 말한다.
2) 일반적 상황에서는 문장의 요해도 가장 좋고 개별 단어는 이보다 낮으며 무의미 음절이 가장 나쁘다.

제3과목 기계위험방지기술

41 프레스 양수조작시 안전거리(D) 계산식으로 적합한 것은?(단, T_L는 누름버턴에서 손을 떼는 순간부터 급정지기구가 작동개시하기까지의 시간, T_S는 급정지기구가 작동을 개시할 때부터 슬라이드가 정지할 때까지의 시간이다.)

① $D = 1.6(T_L - T_S)$
② $D = 1.6(T_L + T_S)$
③ $D = 1.6(T_L \div T_S)$
④ $D = 1.6(T_L \times T_S)$

해설

안전거리(D)
∴ $D = 1.6(T_L + T_S)$
여기서, D : 안전거리(mm)
T_L : 누름단추에서 손이 떨어질 때부터 급정지기구가 작동을 개시할 때까지의 시간(ms)
T_S : 급정지기구의 작동개시 후부터 슬라이드가 정지할 때까지의 시간(ms)
∴ $(T_L + T_S)$: 최대정지시간

Answer ▶ 37. ② 38. ④ 39. ④ 40. ④ 41. ②

42 기계설비의 안전조건 중 외관의 안전화에 해당하는 조치는?

① 고장발생을 최소화하기 위해 정기점검을 실시하였다.
② 전압강하, 정전시의 오동작을 방지하기 위하여 제어 장치를 설치하였다.
③ 기계의 예리한 돌출부 등에 안전 덮개를 설치하였다.
④ 강도를 고려하여 안전율을 최대로 고려하여 설비를 설계하였다.

해설

외관의 안전화
1) 덮개 및 방호장치(guard) 설치
2) 별실 또는 구획된 장소에 격리
3) 안전색채조절

43 프레스의 위험방지조치로써 안전블록을 사용하는 경우가 아닌 것은?

① 금형 부착 시   ② 금형 파기 시
③ 금형 해제 시   ④ 금형 조정 시

해설

금형조정작업의 위험방지(안전보건규칙 제104조) : 프레스 등의 금형을 부착·해체 또는 조정 작업을 할 때에는 해당 작업에 종사하는 근로자의 신체가 위험한계 내에 있는 경우 슬라이드가 갑자기 작동함으로써 근로자에게 발생할 위험을 방지하기 위하여 안전블록을 사용하는 등 필요한 조치를 하여야 한다.

44 2개의 회전체가 회전운동을 할 때에 물림점이 발생될 수 있는 조건은?

① 두 개의 회전체 모두 시계방향으로 회전
② 두 개의 회전체 모두 시계 반대방향으로 회전
③ 하나는 시계방향으로 회전하고 다른 하나는 시계 반대방향으로 회전
④ 하나는 시계방향으로 회전하고 다른 하나는 정지

해설

풀림점
1) 회전하는 두 개의 회전축에 물려 들어갈 위험성이 형성되는 것을 말한다.
2) 위험점 발생조건 : 회전체가 서로 반대방향으로 맞물려 회전하는 경우이다.

45 밀링 작업시 안전수칙 중 잘못된 것은?

① 작업시 보안경을 착용한다.
② 칩의 처리는 칩 브레이커로 한다.
③ 가공물의 치수는 기계 정지 후 확인한다.
④ 절삭속도는 재료에 따라 달리 적용한다.

해설

②항, 칩의 제거는 반드시 브러시를 사용할 것

46 밀링작업 시 절삭가공에 관한 설명으로 틀린 것은?

① 하향절삭은 커터의 절삭방향과 이송방향이 같으므로 백래시 제거장치가 없으면 곤란하다.
② 상향절삭은 밀링커터의 날이 가공재를 들어 올리는 방향으로 작용한다.
③ 하향절삭은 칩이 가공한 면 위에 쌓이므로 시야가 좋지 않다.
④ 상향절삭은 칩이 날을 방해하지 않고, 절삭열에 의한 치수정밀도의 변화가 적다.

해설

밀링 절삭방법
1) 밀링커터의 절삭 방향
  ① 상향 절삭(올려 깎기) : 밀링 커터의 회전방향과 공작물의 이송 방향이 서로반대인 때의 절삭 방식
  ② 하향 절삭(내려 깎기) : 밀링 커터의 회전방향과 같은 방향으로 공작물에 이송을 주는 절삭 방식
2) 상향 절삭과 하향 절삭의 특징

	상향절삭	하향 절삭
장점	• 칩이 커터에 의해 가공된 면에 떨어지므로 절삭을 방해하지 않는다. • 이송기구의 백래시(back lash)가 자연히 제거된다.	• 공작물의 고정이 간편하다. • 날의 마멸이 적고 수명이 길다. • 동력 낭비가 적다. • 가공 면이 깨끗하다.
단점	• 공작물을 고정하여야 한다. • 날의 마멸이 심하고 수명이 짧다. • 동력낭비가 많다. • 가공 면이 깨끗하지 못하다.	• 칩이 커터와 공작물 사이에 끼어 절삭을 방해한다. • 백래시가 커지고 공작물이 이송 방향으로 당겨지게 되어 진동을 일으켜 절삭불능이 된다(백래시 제거장치에 필요).

Answer ◐ 42. ③ 43. ② 44. ③ 45. ② 46. ③

47 플레이너에 대한 설명으로 옳은 것은?

① 곡면을 절삭하는 기계이다.
② 가공재가 수평 왕복운동을 한다.
③ 이송운동은 절삭운동의 2왕복에 대하여 1회의 단속운동으로 이루어진다.
④ 절삭운동 중 귀환행정은 저속으로 이루어져 "저속귀환 행정"이라 한다.

해설

플레이너(planer)
1) 공작물을 테이블에 설치하여 수평 왕복운동을 시키고 바이트를 이송시켜,
2) 공작물의 수평면, 수직면, 경사면, 홈곡면 등을 절삭하는 공작기계이다.

48 아세틸렌 용접 시 화재가 발생하였을 때 제일 먼저 해야 할 일은?

① 메인 밸브를 잠근다.
② 용기를 실외로 끌어낸다.
③ 관리자에게 보고한다.
④ 젖은 천으로 용기를 덮는다.

해설

아세틸렌 용접작업시 화재가 발생하였을 경우 제일 먼저 조치해야 할 사항 : 메인 밸브를 잠글 것

49 가스 용접 작업을 위한 압력조정기 및 토치의 취급 방법으로 틀린 것은?

① 압력조정기를 설치하기 전에 용기의 안전밸브를 가볍게 2~3회 개폐하여 내부 구멍의 먼지를 불어낸다.
② 압력조정기 체결 전에 조정 핸들을 풀고, 신속히 용기의 밸브를 연다.
③ 우선 조정기의 밸브를 열고 토치의 콕 및 조정 밸브를 열어서 호스 및 토치 중의 공기를 제거한 후에 사용한다.
④ 장시간 사용하지 않을 때는 용기 밸브를 잠그고, 조정 핸들을 풀어둔다.

해설

②항, 압력조정기 체결 후에 조정 핸들을 풀고 신속히 용기의 밸브를 연다.

50 연삭숫돌과 작업대, 교반기의 교반날개와 몸체 사이에서 형성되는 위험점은?

① 협착점(squeeze point)
② 끼임점(shear point)
③ 절단점(cutting point)
④ 물림점(nip point)

해설

위험점의 종류 및 보기

1) 협착점	• 프레스금형 조립부위 • 선반 및 평삭기의 베드 끝부위	
2) 끼임점	• 연삭숫돌과 작업대 • 교반기의 교반날개와 몸체사이 • 반복동작되는 링크기구	
3) 절단점	• 밀링컷터 • 둥근톱날 • 띠톱날부분	
4) 물림점	• 로울러의 회전 • 기어와 피니언	
5) 접선 물림점	• V벨트와 폴리 • 기어와 랙 • 롤러와 평벨트	
6) 회전 말림점	• 회전축 • 드릴축	

51 기계설비의 수명곡선에서 고장의 유형에 관한 설명으로 틀린 것은?

① 초기 공장은 불량 제조나 생산과정에서 품질관리의 마비로부터 생기는 고장을 말한다.
② 우발고장은 사용 중 예측할 수 없을 때에 발생하는 고장을 말한다.
③ 마모고장은 장치의 일부가 수명을 다해서 생기는 고장을 말한다.
④ 반복고장은 반복 또는 주기적으로 생기는 고장을 말한다.

해설

고장의 유형
1) 초기고장
2) 우발고장
3) 마모고장

Answer ➡ 47.② 48.① 49.② 50.① 51.④

52 안전계수 6인 로프의 하중이 1,116kgf이라면, 이 로프는 몇 kgf 이하로 물건을 매달아야 하는가?

① 186
② 279
③ 1116
④ 6696

해설

1) 안전계수 = $\dfrac{\text{파단하중}}{\text{최대사용하중}}$

2) 최대사용하중 = $\dfrac{\text{파단하중}}{\text{안전계수}} = \dfrac{1116}{6} = 186$

53 보일러의 압력방출장치가 2개 이상 설치된 경우, 최고 사용압력 이하에서 1개가 작동되고, 남은 1개의 작동 압력은?

① 최고사용압력의 1.05배 이하
② 최고사용압력의 1.1배 이하
③ 최고사용압력의 1.25배 이하
④ 최고사용압력의 1.5배 이하

해설

보일러의 압력방출장치를 2개 설치한 경우
1) 1개의 최고사용압력 이하에서 작동될 것
2) 나머지 1개는 최고사용압력×1.05배 이하에서 작동될 것

54 선반의 크기를 표시하는 것으로 틀린 것은?

① 주축에 물릴 수 있는 공작물의 최대 지름
② 주축과 심압축의 센터 사이의 최대거리
③ 왕복대 위의 스윙
④ 베드 위의 스윙

해설

선반의 크기(선반의 규격표시 방법)
1) 최대 가공물의 크기
2) 양 센터 사이의 거리(심압대를 주축에서 가장 멀리했을 때 양 센터에 설치할 수 있는 공작물의 길이)
3) 본체 위의 스윙(가공할 수 있는 공작물의 최대 지름)의 크기

55 크레인의 작업시 그 작업에 종사하는 관계 근로자로 하여금 조치하여야 할 사항으로 적절하지 않은 것은?

① 고정된 물체를 직접 분리·제거하는 작업을 하지 아니 할 것
② 신호하는 사람이 없는 경우 인양할 하물(荷物)이 보이지 아니하는 때에는 어떠한 동작도 하지 아니할 것
③ 미리 근로자의 출입을 통제하여 인양 중인 하물이 작업자의 머리 위로 통과하지 않도록 할 것
④ 인양할 하물은 바닥에서 끌어당기거나 밀어내는 작업으로 유도할 것

해설

④항, 인양할 화물을 바닥에서 끌어당기거나 밀어내는 작업을 하지 아니할 것

56 프레스의 본질적 안전화(no–hand in die 방식)

① 안전금형을 설치
② 전용프레스의 사용
③ 방호울이 부착된 프레스 사용
④ 감응식 방호장치 설치

해설

기계설비의 본질안전화
1) 안전기능이 기계설비에 내장되어 있는 것
2) 조작상 위험이 없도록 설계할 것
3) 페일세이프(fail safe)기능을 가질 것
4) 풀 프루프(fool proof)기능을 가질 것

57 작업점에 대한 가드의 기본방향이 아닌 것은?

① 조작할 때 위험점에 접근하지 않도록 한다.
② 작업자가 위험구역에서 벗어나 움직이게 한다.
③ 손을 작업점에 접근시킬 필요성을 배제한다.
④ 방음, 방진 등을 목적으로 설치하지 않는다.

해설

작업점의 방호방법
1) 작업점에는 절대로 가까이 가지 않도록 할 것
2) 기계를 조작할 때는 작업점에서 떨어지도록 할 것
3) 작업점에서 작업자가 떨어지지 않는 한 기계를 작동하지 못하도록 할 것
4) 손을 작업점에 넣지 않도록 할 것

Answer 52. ① 53. ① 54. ① 55. ④ 56. ④ 57. ④

58 반복하중을 받는 기계 구조물 설계 시 우선 고려해야 할 설계 인자는?

① 극한강도
② 크리프강도
③ 피로한도
④ 항복점

해설

허용응력 결정시 기초강도로서 고려되어야 할 경우
1) 반복응력을 받는 경우 : 피로한도
2) 고온에서 정하중을 받는 경우 : 크리프강도
3) 상온에서 취성재료가 정하중을 받는 경우 : 극한강도
4) 상온에서 연성재료가 정하중을 받는 경우 : 극한강도 또는 항복점

59 가스용접작업 시 충전가스 용기 색깔 중에서 틀린 것은?

① 프로판가스 용기 : 회색
② 아르곤가스 용기 : 회색
③ 산소가스 용기 : 녹색
④ 아세틸렌가스 용기 : 백색

해설

가스용기 색깔
1) 탄산가스(CO_2) : 청색
2) 산소(O_2) : 녹색
3) 수소(H_2) : 주황색
4) 아세틸렌(C_2H_2) : 황색
5) 암모니아(NH_3) : 백색
6) 염소(Cl_2) : 갈색
7) 그 밖의 가스(LPG, N_2, Ar 등) : 회색

60 목재가공용 기계의 방호장치가 아닌 것은?

① 덮개
② 반발예방장치
③ 톱날접촉예방장치
④ 과부하방지장치

해설

목재가공용 기계(둥근톱, 대패, 띠톱 등)의 방호장치
1) 톱날접촉예방장치 : 보호덮개
2) 반발예방장치 : 분할날, 반발방지기구, 반발장리롤 등

제4과목 전기 및 화학설비위험방지기술

61 전기화재에서 출화의 경과에 대한 화재예방 대책에 해당하지 않는 것은?

① 단락 및 혼촉을 방지한다.
② 누전사고의 요인을 제거한다.
③ 접촉불량방지와 안전점검을 철저히 한다.
④ 단일 인입구에 여러 개의 전기코드를 연결한다.

해설

(1) 출화의 경과에 대한 화재예방대책
  1) 단락 및 혼촉을 방지한다.
  2) 누전사고 요인을 제거한다.
  3) 접촉불량방지와 안전점검을 철저히 한다.
(2) 발화원에 대한 화재예방대책
  1) 배선기구는 정격전압, 전류범위에서 사용
  2) 전기기기 및 장치의 올바른 사용
  3) 전기배선(코드)의 올바른 사용

62 다음 중 고압활선작업에 필요한 보호구에 해당하지 않는 것은?

① 절연대
② 절연장갑
③ 절연장호
④ AE형 안전모

해설

고압활선작업 시 착용보호구(절연용 보호구)
1) 절연용 안전모(AE, ABE)
2) 절연장갑
3) 절연용안전화
4) 절연복

63 감전사고의 사망경로에 해당되지 않는 것은?

① 전류가 뇌의 호흡중추부로 흘러 발생한 호흡 기능 마비
② 전류가 흉부에 흘러 발생한 흉부근육수축으로 인한 질식
③ 전류가 심장부로 흘러 심실세동에 의한 혈액 순환기능 장애
④ 전류가 인체에 흐를 때 인체의 저항으로 발생한 주울열에 의한 화상

Answer ➡ 58. ③ 59. ④ 60. ④ 61. ④ 62. ① 63. ④

해설

전격현상의 메카니즘
1) 심장의 심실세동에 의한 혈액순환기능의 상실
2) 흉부수축에 의한 질식
3) 뇌의 호흡 중추신경마비에 따른 호흡 중지

64 저압전선로 중 절연부분의 전선과 대지간 및 전선의 심선상호간의 절연저항은 사용전압에 대한 누설전류가 최대 공급전류의 얼마를 넘지 않도록 규정하고 있는가?

① $\dfrac{1}{1,000}$ ② $\dfrac{1}{1,500}$
③ $\dfrac{1}{2,000}$ ④ $\dfrac{1}{2,500}$

해설

누설전류 = 최대 공급전류 × $\dfrac{1}{2,000}$ 이하

65 절연용 기구의 작업시작 전 점검사항으로 옳지 않은 것은?

① 고무소매의 육안점검
② 활선접근 경보기의 동작시험
③ 고무장화에 대한 절연내력시험
④ 고무장갑에 대한 공기점검 실시

해설

1) **고무장화에 대한 절연내력시험** : 절연용기구 작업시작 전 점검사항과 관계가 없다.
2) **절연내력시험** : 절연내력은 60Hz의 정현파에 가까운 실효전압 500V를 가하는 시험을 하였을 때 1분간 견딜 수 있을 것

66 위험분위기가 존재하는 장소의 전기기기에 방폭 성능을 갖추기 위한 일반적 방법으로 적절하지 않은 것은?

① 점화원의 격리
② 전기기기 안전도 증강
③ 점화능력의 본질적 억제
④ 점화원으로 되는 확률을 0으로 낮춤

해설

전기기기의 방폭성능을 갖추기 위한 일반적 방법
1) 점화원의 방폭적 격리
   ① 점화원이 주위 폭발성가스와 격리하여 접촉하지 않도록 하는 방법
   ② 전기기기 내부에서 발생한 폭발이 주위의 폭발성 가스에 파급되지 않도록 하는 방법
2) 전기기기의 안전도 증강 : 안전도를 증가시켜 사고발생확률을 0에 가까운 값으로 하는 것
3) 점화능력의 본질 억제 : 점화할 위험이 없다는 것이 시험 등에 의해 확인된 것

67 인체가 현저히 젖어있는 상태이거나 금속성의 전기·기계 장치의 구조물에 인체의 일부가 상시 접촉되어 있는 상태에서의 허용접촉전압으로 옳은 것은?

① 2.5V 이하   ② 25V 이하
③ 50V 이하   ④ 75V 이하

해설

허용접촉전압

종별	접촉상태	허용접촉전압
제1종	• 인체의 대부분이 수중에 있는 상태	2.5V 이하
제2종	• 인체가 현저히 젖어 있는 상태 • 금속성의 전기기계장치나 구조물에 인체의 일부가 상시 접촉되어 있는 상태	25V 이하
제3종	• 제1종 및 제2종 이외의 경우로서 통상의 인체상태에 있어서 접촉전압이 가해지면 위험성이 높은 상태	50V 이하
제4종	• 제3종의 경우로서 위험성이 낮은 상태 • 접촉전압이 가해질 위험이 없는 경우	제한없음

68 절연된 컨베이어 벨트 시스템에서 발생하는 정전기의 전압이 10kV이고, 이때 정전용량이 5pF일 때 이 시스템에서 1회의 정전기 방전으로 생성될 수 있는 에너지는 얼마인가?

① 0.2mJ   ② 0.25mJ
③ 0.5mJ   ④ 0.25J

Answer ◐ 64. ③ 65. ③ 66. ④ 67. ② 68. ②

해설

$$E = \frac{1}{2}CV^2$$
$$= \frac{1}{2} \times (5 \times 10^{-12}) \times (10 \times 10^3)^2$$
$$= 2.5 \times 10^{-4} J = 0.25 mJ$$

69 방폭전기기기를 선정할 경우 고려할 사항으로 가장 거리가 먼 것은?

① 접지공사의 종류
② 가스 등의 발화온도
③ 설치될 지역의 방폭지역 등급
④ 내압방폭구조의 경우 최대 안전틈새

해설

방폭전기기기 선정시 고려사항
1) ②, ③, ④항
2) 압력, 유입, 안전증방폭구조의 경우 최고표면온도

70 인화성 액체에 의한 정전기 재해를 방지하기 위해서는 관내의 유속을 몇 m/s 이하로 유지하여야 하는가?

① 1　　② 2
③ 3　　④ 4

해설

배관 내 액체의 유속제한(정전기 발생 방지책)
1) 저항률이 $10^{10}\Omega \cdot cm$ 미만의 도전성 위험물 : 7m/sec 이하
2) 유동대전이 심하고 폭발위험성이 높은 물질(에테르, 이황화탄소 등) : 1m/sec 이하
3) 물이나 기체를 포함한 비수용성 위험물 : 1m/sec 이하

71 다음 중 착화열에 대한 정의로 가장 적절한 것은?

① 연료가 착화해서 발생하는 전열량
② 연료 1kg이 착화해서 연소하여 나오는 총발열량
③ 외부로부터 열을 받지 않아도 스스로 연소하여 발생하는 열량
④ 연료를 최초의 온도로부터 착화온도까지 가열하는데 드는 열량

해설

착화열 : 연료를 최초의 온도로부터 가열하기 시작하여 착화온도(착화점 또는 발화점)까지 가열하는데 필요한 열량을 말한다.

72 다음 중 산업안전보건법에 따른 관리대상 유해물질의 운반 및 저장 방법으로 적절하지 않은 것은?

① 저장장소에는 관계 근로자가 아닌 사람의 출입을 금지하는 표시를 한다.
② 관리대상 유해물질의 증기는 실외로 배출되지 않도록 적절한 조치를 한다.
③ 관리대상 유해물질을 저장할 때 일정한 장소를 지정하여 저장하여야 한다.
④ 물질이 새거나 발산될 우려가 없는 뚜껑 또는 마개가 있는 튼튼한 용기를 사용한다.

해설

관리대상 유해물질의 증기 : 실외로 배출시키는 설비를 설치할 것
※ 관리대상 유해물질의 저장 : 안전보건규칙 제443조

73 소화기의 몸통에 "A급 화재 10단위"라고 기재되어 있는 소화기에 관한 설명으로 적절한 것은?

① 이 소화기의 소화능력시험시 소화기 조작자는 반드시 방화복을 착용하고 실시하여야 한다.
② 이 소화기의 A급 화재 소화능력 단위가 10단위이면, B급 화재에 대해서도 같은 10단위가 적용된다.
③ 어떤 A급 화재 소방대상물의 능력단위가 21일 경우이 소방대상물에 위의 소화기를 비치할 경우 2대면 충분하다.
④ 이 소화기의 소화능력 단위는 소화능력시험에 배치되어 완전소화한 모형의 수에 해당하는 능력단위의 합계가 10단위라는 뜻이다.

해설

1) A-10 : 화재의 종류(A급 화재)와 소화기의 능력단위(10단위)를 나타낸다.
2) **소화기의 능력단위** : 소화능력에 따라 측정한 수치이다.

74 건조설비구조에 관한 설명으로 옳지 않은 것은?

① 건조설비의 외면은 불연성 재료로 한다.
② 위험물 건조설비의 측벽이나 바닥은 견고한 구조로 한다.
③ 건조설비의 내부는 청소할 수 있는 구조로 되어서는 안 된다.
④ 건조설비의 내부 온도는 국부적으로 상승되는 구조로 되어서는 안 된다.

해설

건조설비의 내부 : 청소하기 쉬운 구조로 할 것
⊙ 건조설비의 구조 등 : 안전보건규칙 제281조

75 최소착화에너지가 0.25mJ, 극간 정전용량이 10pF인 부탄가스 버너를 점화시키기 위해서 최소 얼마 이상의 전압을 인가하여야 하는가?

① $0.52 \times 10^2 V$
② $0.74 \times 10^3 V$
③ $7.07 \times 10^3 V$
④ $5.03 \times 10^5 V$

해설

$E = \frac{1}{2}CV^2$

$\therefore V = \sqrt{\frac{2E}{C}} = \sqrt{\frac{2 \times 0.25 \times 10^{-3}}{10 \times 10^{-12}}}$

$= 7.07 \times 10^3 V$

⊙ 1) 1J(주울) = 1,000mJ(밀리주울)
2) 1F(패럿) = 1×10^{12}pF(피코패럿)

76 산업안전보건법령에 따라 사업주는 공정안전보고서의 심사결과를 송부 받은 경우 몇 년간 보존하여야 하는가?

① 2년 ② 3년
③ 5년 ④ 10년

해설

공정안전보고서 심사결과 : 5년간 보존

77 다음 중 가연성 가스로만 구성된 것은?

① 메탄, 에틸렌
② 헬륨, 염소
③ 오존, 암모니아
④ 산소, 아황산가스

해설

1) **가연성가스** : 메탄(CH_4), 에틸렌(C_2H_4), 암모니아(NH_3) 등
2) **조연성가스** : 오존(O_3), 산소(O_2), 염소(Cl_2) 등
3) **불연성가스** : 헬륨(He), 아황산가스(SO_2) 등

78 방폭용 공구류의 제작에 많이 쓰이는 재료는?

① 철제   ② 강철합금제
③ 카본제   ④ 베릴륨 동합금제

해설

방폭용 공구류 재료 : 베릴륨 동합금제

79 유해·위험설비의 설치·이전시 공정안전보고서의 제출시기로 옳은 것은?

① 공사완료 전까지
② 공사 후 시운전 익일까지
③ 설비 가동 후 30일 이내에
④ 공사의 착공일 30일 전까지

해설

공정안전보고서의 제출시기(시행규칙 제51조) : 유해위험설비의 설치·이전 또는 주요 구조부분의 변경공사의 착공일 30일 전까지 공정안전보고서를 2부 작성하여 공단에 제출하여야 한다.

80 다음 중 산업안전보건기준에 관한 규칙에서 규정하는 급성 독성 물질에 해당되지 않는 것은?

① 쥐에 대한 경구투입실험에 의하여 실험동물의 50%를 사망 시킬 수 있는 물질의 양이 kg당 300mg-(체중) 이하인 화학물질
② 쥐에 대한 경피흡수실험에 의하여 실험동물의 50%를 사망시킬 수 있는 물질의 양이 kg당 1,000mg-(체중) 이하인 화학물질

Answer ⊙ 74. ① 75. ③ 76. ③ 77. ① 78. ④ 79. ④ 80. ④

③ 토끼에 대한 경피흡수실험에 의하여 실험동물의 50%를 사망시킬 수 있는 물질의 양이 kg당 1,000mg – (체중) 이하인 화학물질
④ 쥐에 대한 4시간 동안의 흡입실험에 의하여 실험동물의 50%를 사망시킬 수 있는 가스의 농도가 3,000ppm 이상인 화학물질

해설

독성물질의 종류(안전보건규칙)
1) 쥐에 대한 경구투입실험 : LD_{50}이 300mg/kg 이하인 화학물질
2) 토끼 또는 쥐에 대한 경피흡수실험 : 가스 LD_{50}이 1,000mg/kg 이하인 화학물질
3) 쥐에 대한 4시간 흡입실험 : 가스 LD_{50}이 2,500ppm 이하인 화학물질, 증기 LD_{50}이 10mg/L 이하인 화학물질, 분진 또는 미스트 1mg/L 이하인 화학물질

제5과목 건설안전기술

81 낙하ㆍ비래 재해 방지설비에 대한 설명으로 틀린 것은?

① 투하설비는 높이 10m 이상 되는 장소에서만 사용한다.
② 투하설비의 이음부는 충분히 겹쳐 설치한다.
③ 투하입구 부근에는 적정한 낙하방지설비를 설치한다.
④ 물체를 투하시에는 감시인을 배치한다.

해설

투하설비 등(안전보건규칙 제15조) : 높이가 3m 이상인 장소로부터 물체를 투하하는 경우 적당한 투하설비를 설치하거나 감시인을 배치할 것

82 안전난간 설치시 발끝막이판은 바닥면으로부터 최소 얼마 이상의 높이를 유지해야 하는가?

① 5cm 이상   ② 10cm 이상
③ 15cm 이상   ④ 20cm 이상

해설

안전난간에 설치하는 발끝막이판의 높이 : 바닥면으로 부터 최소 10cm 이상

83 PC(Precast Concrete) 조립 시 안전대책으로 틀린 것은?

① 신호수를 지정한다.
② 인양 PC부재 아래에 근로자 출입을 금지한다.
③ 크레인에 PC부재를 달아 올린 채 주행한다.
④ 운전자는 PC부재를 달아 올린 채 운전대에서 이탈을 금지한다.

해설

크레인 주행시에는 PC부재 등 화물을 달아 올린채로 주행하지 않는다.

84 시스템 비계를 사용하여 비계를 구성하는 경우에 준수하여야 할 기준으로 틀린 것은?

① 수직재ㆍ수평재ㆍ가새재를 견고하게 연결하는 구조가 되도록 할 것
② 비계 밑단의 수직재와 받침철물은 밀착되도록 설치하고, 수직재와 받침철물의 연결부의 겹침길이는 받침철물 전체길이의 4분의 1 이상이 되도록 할 것
③ 수평재는 수직재와 직각으로 설치하여야 하며, 체결 후 흔들림이 없도록 견고하게 설치할 것
④ 수직재와 수직재의 연결철물은 이탈되지 않도록 견고한 구조로 할 것

해설

비계밑단의 수직재와 받침철물은 밀착되도록 설치하고, 수직재와 받침철물의 연결부의 겹침길이는 받침철물 전체길이의 1/3 이상이 되도록 할 것

85 굴착작업에 있어서 지반의 붕괴 또는 토석의 낙하에 의하여 근로자에게 위험을 미칠 우려가 있는 경우에 사전에 필요한 조치로 거리가 먼 것은?

① 인화성 가스의 농도 측정
② 방호망의 설치
③ 흙막이 지보공의 설치
④ 근로자의 출입금지 조치

Answer ➡ 81. ① 82. ② 83. ③ 84. ② 85. ①

해설
굴착작업시 지반의 붕괴 또는 토석의 낙하로 인한 위험방지 조치사항
1) 흙막이지보공 설치
2) 방호망 설치
3) 근로자의 출입금지

86 콘크리트 타설작업을 하는 경우의 준수사항으로 틀린 것은?

① 콘크리트 타설작업 중 이상이 있으면 작업을 중지하고 근로자를 대피시킬 것
② 콘크리트를 타설하는 경우에는 편심을 유발하여 콘크리트를 거푸집 내에 밀실하게 채울 것
③ 설계도서상의 콘크리트 양생기간을 준수하여 거푸집 동바리 등을 해체할 것
④ 콘크리트 타설작업 시 거푸집 붕괴의 위험이 발생할 우려가 있으면 충분한 보강조치를 할 것

해설
②항, 콘크리트를 타설하는 경우에는 편심이 발생하지 않도록 골고루 분산하여 타설할 것

87 재해발생과 관련된 건설공사의 주요 특징으로 틀린 것은?

① 재해 강도가 높다.
② 추락재해의 비중이 높다.
③ 근로자의 직종이 매우 단순하다.
④ 작업 환경이 다양하다.

해설
건설공사의 주요특징
1) ①, ②, ④항
2) 재해발생형태가 다양하다.
3) 재해기인물이 매우 복잡하다.
4) 복합적인 재해가 동시에 자주 발생한다.

88 암반사면의 파괴 형태가 아닌 것은?

① 평면파괴　② 압축파괴
③ 쐐기파괴　④ 전도파괴

해설
암반사면의 파괴형태 : 평면파괴, 전도파괴, 쐐기파괴 등

89 철근 콘크리트 공사에서 슬래브에 대하여 거푸집동바리를 설치할 때 고려해야 할 사항으로 가장 거리가 먼 것은?

① 철근콘크리트의 고정하중
② 타설시의 충격하중
③ 콘크리트의 측압에 의한 하중
④ 작업인원과 장비에 의한 하중

해설
1) 슬래브(slab)에 대한 거푸집동바리 설치시 고려해야 할 하중 : 연직방향하중
2) 거푸집의 연직방향하중(W)
 ∴ W = 고정하중 + 충격하중 + 작업하중
　 = 고정하중 + 흰하중(= 충격하중 + 작업하중)
 ① 고정하중 : 콘크리트 자중(= 철근콘크리트 비중 × 슬래브 두께)
 ② 충격하중 : 고정하중 × 1/2
 ③ 작업하중 : 작업원 중량 + 장비 및 가설설비의 등의 중량 = 150kg/m²

90 강관비계를 설치하는 경우 첫 번째 띠장의 설치 기준은?

① 지상으로부터 1m 이하
② 지상으로부터 2m 이하
③ 지상으로부터 3m 이하
④ 지상으로부터 4m 이하

해설
강관비계의 구조
1) 비계기둥의 간격은 띠장방향에서는 1.85m 이하, 장선방향에서는 1.5m 이하로 할 것
2) 띠장간격은 2m 이하로 할 것
3) 비계기둥의 제일 윗부분으로부터 31m 되는 지점 밑부분의 비계기둥은 2개의 강관으로 묶어세울 것
4) 비계기둥 간의 적재하중은 400kg을 초과하지 아니하도록 할 것

Answer ● 86. ②　87. ③　88. ②　89. ③　90. ②

91 비계의 높이가 2m 이상인 작업장소에 설치하는 작업발판의 최소폭 기준은? (단, 달비계, 달대비계 및 말비계는 제외)

① 30cm 이상
② 40cm 이상
③ 50cm 이상
④ 60cm 이상

해설
작업발판의 구조
1) 작업발판의 폭은 40cm 이상, 발판재료의 틈은 3cm 이하로 할 것
2) 추락의 위험이 있는 장소에는 안전난간을 설치할 것
3) 작업발판재료는 2이상의 지지물에 연결하거나 고정시킬 것

92 철골구조물의 건립 순서를 계획할 때 일반적인 주의사항으로 틀린 것은?

① 현장건립 순서와 공장제작 순서를 일치시킨다.
② 건립기계의 작업반경과 진행방향을 고려하여 조립 순서를 결정한다.
③ 건립 중 가볼트 체결기간을 가급적 길게 하여 안정을 기한다.
④ 연속기둥 설치시 기둥을 2개 세우면 기둥 사이의 보도 동시에 설치하도록 한다.

해설
가볼트 체결기간 : 가급적 짧게 할 것

93 흙의 동상방지 대책으로 틀린 것은?

① 동결되지 않는 흙으로 치환하는 방법
② 흙속의 단열재료를 매입하는 방법
③ 지표의 흙을 화학약품으로 처리하는 방법
④ 세립토층을 설치하여 모관수의 상승을 촉진시키는 방법

해설
흙의 동상방지대책
1) 지표의 흙을 화학약품으로 처리한다.
2) 지하수위를 저하시킨다.
3) 동결깊이 상부의 흙을 동결이 잘되지 않는 재료로 치환한다.
4) 단열재료를 삽입한다.
5) 보온시공을 한다.

94 강관비계의 구조에서 비계기둥 간의 적재하중 기준으로 옳은 것은?

① 200kg 이하
② 300kg 이하
③ 400kg 이하
④ 500kg 이하

해설
강관비계의 비계기둥 간의 적재하중 : 400kg을 초과하지 아니하도록 할 것

95 철골공사 작업 중 작업을 중지해야 하는 기후 조건의 기준으로 옳은 것은?

① 풍속 : 10m/sec 이상, 강우량 : 1mm/h 이상
② 풍속 : 5m/sec 이상, 강우량 : 1mm/h 이상
③ 풍속 : 10m/sec 이상, 강우량 : 2mm/h 이상
④ 풍속 : 5m/sec 이상, 강우량 : 2mm/h 이상

해설
철골작업을 중지해야하는 기상조건
1) 풍속 : 10m/sec 이상
2) 강우량 : 1mm/hr 이상
3) 강설량 : 1cm/hr 이상

96 개착식 굴착공사(Open cut)에서 설치하는 계측기기와 거리가 먼 것은?

① 수위계
② 경사계
③ 응력계
④ 내공변위계

해설
깊이 10.5m 이상의 굴착시 설치해야 할 계측기기
1) 수위계
2) 경사계
3) 응력계
4) 하중 및 침하계

97 달비계 또는 높이 5m 이상의 비계를 조립·해체하거나 변경하는 작업 시 준수사항으로 틀린 것은?

① 근로자가 관리감독자의 지휘에 따라 작업하도록 할 것
② 비, 눈, 그 밖의 기상상태의 불안정으로 날씨가 몹시 나쁜 경우에는 그 작업을 중지시킬 것

Answer ➡ 91. ② 92. ③ 93. ④ 94. ③ 95. ① 96. ④ 97. ④

③ 비계재료의 연결·해체작업을 하는 경우에는 폭 20cm이상의 발판을 설치할 것
④ 강관비계 또는 통나무비계를 조립하는 경우 외줄로 구성하는 것을 원칙으로 할 것

해설

강관비계 또는 통나무비계 : 외줄비계, 쌍줄비계 또는 돌출비계로 구성할 것

98 양중기의 와이어로프 등 달기구의 안전계수 기준으로 옳은 것은? (단, 화물의 하중을 직접 지지하는 달기와이어로프 또는 달기체인의 경우)

① 3 이상　　② 4 이상
③ 5 이상　　④ 6 이상

해설

양중기의 와이어로프 또는 달기체인(고리걸이용 포함)의 안전계수

∴ 안전계수 = $\dfrac{절단하중}{최대사용하중(허용하중)}$

1) 근로자가 탑승하는 운반구를 지지하는 경우 : 10이상
2) 화물의 하중을 직접 지지하는 경우 : 5이상
3) 훅, 샤클, 클램프, 리프팅 빔의 경우 : 3이상
4) 그 밖의 경우 : 4이상

99 토사붕괴의 내적 원인에 해당하는 것은?

① 토석의 강도 저하
② 절토 및 성토 높이의 증가
③ 사면법면의 경사 및 기울기 증가
④ 지표수 및 지하수의 침투에 의한 토사 중량 증가

해설

토사붕괴의 원인(고용노동부고시)
1) 외적요인
　① 사면, 법면의 경사 및 구배의 증가
　② 절토 및 성토 높이의 증가
　③ 공사에 의한 진동 및 반복하중의 증가
　④ 지표수 및 지하수의 침투에 의한 토사중량 증가
　⑤ 지진, 차량, 구조물의 하중
2) 내적요인
　① 절토사면의 토질, 암석
　② 성토사면의 토질
　③ 토석의 강도저하

100 다음 건설기계의 명칭과 각 용도가 옳게 연결된 것은?

① 드래그라인 – 암반굴착
② 드래그쇼벨 – 흙 운반작업
③ 클램셸 – 정지작업
④ 파워쇼벨 – 지반면보다 높은 곳의 흙파기

해설

1) 드래그라인 : 연약지반굴착
2) 드래그쇼벨(백호우) : 중기가 위치한 지반보다 낮은 곳 굴착
3) 클램셸 : 좁은 곳 굴착, 수중굴착 등

Answer ➡ 98. ③ 99. ① 100. ④

2023년 제2회 산업안전산업기사 CBT 복원 기출문제

제1과목 산업안전관리론

01 다음 중 산업안전보건법령상 안전인증대상 보호구의 안전인증제품에 안전인증 표시 외에 표시하여야 할 사항과 가장 거리가 먼 것은?

① 안전인증 번호
② 형식 또는 모델명
③ 제조번호 및 제조연월
④ 물리적, 화학적 성능기준

해설

안전인증 제품의 표시사항
1) 형식 또는 모델명   2) 규격 또는 등급 등
3) 제조자명   4) 제조번호 및 제조연월
5) 안전인증 번호

02 도수율이 13.0, 강도율 1.20인 사업장이 있다. 이 사업장의 환산도수율은 얼마인가? (단, 이 사업장 근로자의 평생근로시간 10만 시간으로 가정한다.)

① 1.3
② 10.8
③ 12.0
④ 92.3

해설

환산도수율 $= \dfrac{도수율}{10} = \dfrac{13.0}{10} = 1.3$

03 다음 중 사고예방대책 제5단계의 "시정책의 적용"에서 3E와 관계가 없는 것은?

① 교육(Education)
② 재정(Economics)
③ 기술(Engineering)
④ 관리(Enforcement)

해설

3E : Education(교육), Engineering(기술), Enforcement(독려, 관리)

04 다음 중 조건반사설에 의거한 학습이론의 원리가 아닌 것은?

① 강도의 원리
② 일관성의 원리
③ 계속성의 원리
④ 시행착오의 원리

해설

조건반사설에 의한 학습이론의 원리
1) **시간의 원리** : 조건자극(종소리)이 무조건자극(음식물)보다 시간적으로 동시 또는 조금 앞서서 주어야만 조건화, 즉시 강화가 잘 된다는 원리이다.
2) **강도의 원리** : 조건 반사적인 행동이 이루어지려면 먼저 준 자극의 정도에 비해 적어도 같거나 그보다 강한 자극을 주어야 바람직한 결과를 낳게 된다.
3) **일관성의 원리** : 조건자극은 일관된 자극물을 사용하여야 한다는 원리이다.
4) **계속성의 원리** : 자극과 반응과의 관계를 반복하여 횟수를 거듭할수록 조건화가 잘 형성된다는 원리이다.

05 어떤 상황의 판단 능력과 사실의 분석 및 문제의 해결 능력을 키우기 위하여 먼저 사례를 조사하고, 문제적 사실들과 그의 상호 관계에 대하여 검토하고, 대책을 토의하도록 하는 교육기법은 무엇인가?

① 심포지엄(symposium)
② 로울 플레잉(role playing)
③ 케이스 메소드(case method)
④ 패널 디스커션(panel discussion)

해설

사례연구법(case method) : 먼저 사례를 제시하고 문제가 되는 사실들과 그의 상호관계에 대해서 검토하며, 대책을 토의하는 방식으로 토의법을 응용한 교육기법

Answer ➡ 01. ④ 02. ① 03. ② 04. ④ 05. ③

06 다음 중 재해예방의 4원칙에 해당하지 않는 것은?
① 예방 가능의 원칙   ② 손실 우연의 원칙
③ 원인 계기의 원칙   ④ 선취 해결의 원칙

해설

재해예방의 4원칙
1) ①, ②, ③항
2) 대책선정의 원칙

07 다음 중 안전교육의 종류에 포함되지 않는 것은?
① 태도교육   ② 지식교육
③ 직무교육   ④ 기능교육

해설

안전교육의 3단계
1) 1단계 : 지식교육
2) 2단계 : 기능교육
3) 3단계 : 태도교육

08 다음 중 산업안전보건법령상 자율안전확인 대상에 해당하는 방호장치는?
① 압력용기 압력방출용 파열판
② 보일러 압력방출용 안전밸브
③ 교류 아크용접기용 자동전격방지기
④ 방폭구조(防爆構造) 전기기계·기구 및 부품

해설

안전인증 및 자율안전확인 대상 방호장치

안전인증대상 방호장치	자율안전확인대상 방호장치
① 프레스 및 전단기 방호장치	① 아세틸렌 용접장치용 또는 가스집합용접 장치용 안전기
② 양중기용 과부하 방지장치	② 교류아크 용접기용 자동전격방지기
③ 보일러 압력방출용 안전밸브	③ 롤러기 : 급정지장치
④ 압력용기 압력방출용 안전밸브	④ 연삭기 덮개
⑤ 압력용기 압력방출용 파열판	⑤ 목재가공용 둥근 톱 반발예방장치 및 날접촉예방장치
⑥ 절연용 방호구 및 활선작업용 기구	⑥ 동력식 수동 대패용 칼날 접촉방지장치
⑦ 방폭구조 전기기계·기구 및 부품	⑦ 추락·낙하 및 붕괴 등의 위험방지·보호에 필요한 가설기자재(고용노동부고시)
⑧ 추락·낙하 및 붕괴 등의 위험방호에 필요한 가설 기자재로서 고용노동부장관이 정하여 고시하는 것	

09 인간의 특성에 관한 측정검사 대한 과학적 타당성을 갖기 위하여 반드시 구비해야 할 조건에 해당되지 않는 것은?
① 주관성   ② 신뢰도
③ 타당도   ④ 표준화

해설

인간특성에 대한 측정검사의 구비조건
1) 객관성
2) 신뢰도
3) 타당도
4) 표준화
5) 규준(norms)

10 다음 중 산업안전보건법령상 특별안전·보건교육의 대상 작업에 해당하지 않는 것은?
① 석면해체·제거작업
② 밀폐된 장소에서 하는 용접작업
③ 화학설비 취급품의 검수·확인 작업
④ 2m 이상의 콘크리트 인공구조물의 해체 작업

해설

특별안전·보건교육 대상 작업별 교육내용(시행규칙 별표 8의 2)

11 다음 중 산업안전보건법령상 안전보건개선계획서에 반드시 포함되어야 할 사항과 가장 거리가 먼 것은?
① 안전·보건교육
② 안전·보건관리체제
③ 근로자 채용 및 배치에 관한 사항
④ 산업재해예방 및 작업환경의 개선을 위하여 필요한 사항

해설

안전보건개선계획서에 포함되는 내용
1) 시설
2) 안전·보건관리체제
3) 안전·보건교육
4) 산업재해예방 및 작업환경의 개선을 위해서 필요한 사항

Answer ➔ 06. ④ 07. ③ 08. ③ 09. ① 10. ③ 11. ③

12 다음 중 인간의 행동 변화에 있어 가장 변화시키기 어려운 것은?

① 지식의 변화 ② 집단의 행동 변화
③ 개인의 태도 변화 ④ 개인의 행동 변화

해설

인간행동변화의 4단계
1) 1단계 : 지식의 변화
2) 2단계 : 태도의 변화
3) 3단계 : 개인행동의 변화
4) 4단계 : 집단 또는 조직에 대한 행동의 변화

13 다음 중 타박, 충돌, 추락 등으로 피부 표면보다는 피하조직 등 근육부를 다친 상해를 무엇이라 하는가?

① 골절 ② 자상
③ 부종 ④ 좌상

해설

1) 골절 : 뼈가 부러진 상해
2) 자상(찔림) : 칼날 등 날카로운 물건에 찔린 상해
3) 부종 : 국부의 혈액순환 이상으로 몸이 퉁퉁 부어오르는 상해
4) 좌상 : 본문 설명

14 산업안전보건법령상 안전·보건표지에 사용하는 색채 가운데 비상구 및 피난소, 사람 또는 차량의 통행표지 등에 사용하는 색채는?

① 흰색 ② 녹색
③ 노란색 ④ 파란색

해설

안전표지의 색채·색도기준 및 용도(시행규칙 별표3)

색채	색도기준	용도	사용예
빨간색	7.5R 4/14	금지	정지신호, 소화설비 및 그 장소, 유해행위 금지
		경고	화학물질 취급장소에서의 유해·위험경고
노란색	5Y 8.5/12	경고	화학물질 취급장소에서의 유해·위험 경고, 이외의 위험 경고, 주의표지 또는 기계방호물
파란색	2.5PB 4/10	지시	특정 행위의 지시 및 사실의 고지
녹색	2.5G 4/10	안내	비상구 및 피난소, 사람 또는 차량의 통행표지
흰색	N 9.5		파란색 또는 녹색에 대한 보조색
검은색	N 0.5		문자 및 빨간색 또는 노란색에 대한 보조색

15 앞에 실시한 학습의 효과는 뒤에 실시하는 새로운 학습에 직접 또는 간접으로 영향을 주는데 이러한 현상을 전이(轉移, transfer)라 한다. 다음 중 전이의 조건이 아닌 것은?

① 학습자료의 유사성 요인
② 학습 평가자의 지식 요인
③ 선행학습정도의 요인
④ 학습자의 태도 요인

해설

학습전이의 조건
1) 학습정도의 요인 : 선행학습의 정도에 따라 전이의 기능 정도가 다르다.
2) 유사성의 요인 : 선행학습과 후행학습에 유사성이 있어야 한다는 것으로 자극의 유사성, 반응의 유사성, 원리의 유사성이 있다.
3) 시간적 간격의 요인 : 선행학습과 후행학습의 시간간격에 따라 전이의 효과가 다르다.
4) 학습자의 지능요인 : 학습자의 지능정도에 따라 전이효과가 달라진다.
5) 학습자의 태도요인 : 학습자의 주의력 및 능력, 특히 태도에 따라 전이의 정도가 다르다.

16 다음 중 매슬로우(Maslow)의 욕구위계이론 5단계를 올바르게 나열한 것은?

① 생리적 욕구 → 안전의 욕구 → 사회적 욕구 → 존경의 욕구 → 자아 실현의 욕구
② 생리적 욕구 → 안전의 욕구 → 사회적 욕구 → 자아 실현의 욕구 → 존경의 욕구
③ 안전의 욕구 → 생리적 욕구 → 사회적 욕구 → 자아 실현의 욕구 → 존경의 욕구
④ 안전의 욕구 → 생리적 욕구 → 사회적 욕구 → 존경의 욕구 → 자아 실현의 욕구

해설

매슬로우(Maslow)의 욕구 5단계
1) 1단계 – 생리적 욕구(신체적 욕구) : 기아, 갈등, 호흡, 배설, 성욕 등 기본적 욕구
2) 2단계 – 안전의 욕구 : 안전을 구하려는 욕구
3) 3단계 – 사회적 욕구(친화욕구) : 애정, 소속에 대한 욕구
4) 4단계 – 인정받으려는 욕구(자기존경의 욕구, 승인욕구) : 자존심, 명예, 성취, 지위 등에 대한 욕구
5) 5단계 – 자아실현의 욕구(성취욕구) : 잠재적인 능력을 실현하고자 하는 욕구

Answer ● 12. ② 13. ④ 14. ② 15. ② 16. ①

17 다음 중 리더십(leadership)의 특성으로 볼 수 없는 것은?

① 민주주의적 지휘 형태
② 부화와의 넓은 사회적 간격
③ 밑으로부터의 동의에 의한 권한 부여
④ 개인적 영향에 의한 부화와의 관계 유지

해설
②항, 부하와의 좁은 사회적 간격

18 다음 중 리스크 테이킹(risk taking)의 빈도가 가장 높은 사람은?

① 안전지식이 부족한 사람
② 안전기능이 미숙한 사람
③ 안전태도가 불량한 사람
④ 신체적 결함이 있는 사람

해설
리스크 테이킹(risk taking)
1) 리스크 테이킹 : 객관적인 위험을 자기 나름대로 판정해서 의지결정을 하고 해동에 옮기는 것을 말한다.
2) 안전태도가 양호한 자는 리스크 테이킹의 정도가 적고, 같은 수준의 안전태도에서도 작업의 달성 동기, 성격, 능률 등 각종 요인의 영향에 의해 리스크 테이킹의 정도가 변하게 된다.

19 무재해운동의 추진기법 중 "지적·확인"이 불안전 행동 방지에 효과가 있는 이유와 가장 거리가 먼 것은?

① 긴장된 의식의 이완
② 대상에 대한 집중력의 향상
③ 자신과 대상의 결합도 증대
④ 인지(congition) 확률의 향상

해설
①항, 이완된 의식의 긴장

20 다음 중 기업의 산업재해에 대한 과거와 현재의 안전성적을 비교, 평가한 점수로 안전관리의 수행도를 평가하는데 유용한 것은?

① safe-T-score
② 평균강도율
③ 종합재해지수
④ 안전활동률

해설
1) Safe T. Score
$$= \frac{(현재)빈도율-(과거)빈도율}{\sqrt{\frac{(과거)빈도율}{근로총시간수}\times 10^6}}$$

2) 판정기준
① +2.0 이상 : 과거보다 심각하게 나빠짐
② +2.0~-2.0 : 심각한 차이 없음
③ -2.0 이하 : 과거보다 좋아짐

제2과목 인간공학 및 시스템안전공학

21 다음 중 작업장에서 구성요소를 배치하는 인간 공학적 원칙과 가장 거리가 먼 것은?

① 선입선출의 원칙
② 사용빈도의 원칙
③ 중요도의 원칙
④ 기능성의 원칙

해설
부품배치의 4원칙(작업장에서 구성요소를 배치하는 인간공학적 원칙)
1) 중요성의 원칙
2) 사용빈도의 원칙
3) 기능별 배치의 원칙
4) 사용 순서의 원칙

22 크기가 다른 복수의 조종장치를 촉감으로 구별할 수 있도록 설계할 때 구별이 가능한 최소의 직경 차이와 최소의 두께 차이로 가장 적합한 것은?

① 직경 차이 : 0.95cm, 두께 차이 : 0.95cm
② 직경 차이 : 1.3cm, 두께 차이 : 0.95cm
③ 직경 차이 : 0.95cm, 두께 차이 : 1.3cm
④ 직경 차이 : 1.3cm, 두께 차이 : 1.3cm

해설
1) 촉감으로 구별할 수 있는 최소 직경 차이 : 1.3cm(13mm)
2) 촉감으로 구별할 수 있는 최소 두께 차이 : 0.95cm(9.5mm)

Answer ➡ 17. ② 18. ③ 19. ① 20. ① 21. ① 22. ②

23 다음 중 시각적 표시장치에 있어 성격이 다른 것은?

① 디지털 온도계
② 자동차 속도계기판
③ 교통신호등의 좌회전 신호
④ 은행의 대기인원 표시등

해설
디지털(digital)형
1) 디지털온도계
2) 자동차 속도계기판
3) 은행의 대기인원표시등

24 서서하는 작업의 작업대 높이에 대한 설명으로 틀린 것은?

① 경작업의 경우 팔꿈치보다 5~10cm 낮게 한다.
② 중작업의 경우 팔꿈치보다 10~20cm 낮게 한다.
③ 정밀작업의 경우 팔꿈치 높이보다 약간 높게 한다.
④ 부피가 큰 작업물을 취급하는 경우 최대치 설계를 기본으로 한다.

해설
부피가 큰 작업물 취급 : 최소치 설계

25 인간공학의 주된 연구 목적과 가장 거리가 먼 것은?

① 제품품질의 향상
② 작업의 안전성 향상
③ 작업환경의 쾌적성 향상
④ 기계조작의 능률성 향상

해설
인간공학의 목적
1) 첫째 : 안전성 향상
2) 둘째 : 기계조작의 능률성과 생산성 향상
3) 셋째 : 환경의 쾌적성 향상

26 동전던지기에서 앞면이 나올 확률 P(앞) = 0.9이고, 뒷면이 나올 확률 P(뒤) = 0.1일 때, 앞면과 뒷면이 나올 사건 각각의 정보량은?

① 앞면 : 0.10bit, 뒷면 : 3.32bit
② 앞면 : 0.15bit, 뒷면 : 3.32bit
③ 앞면 : 0.10bit, 뒷면 : 3.52bit
④ 앞면 : 0.15bit, 뒷면 : 3.52bit

해설

1) 앞면이 나올 정보량 $= \log_2\left(\dfrac{1}{P}\right) = \dfrac{\log(1/0.9)}{\log 2} = 0.15\text{bit}$

2) 뒷면이 나올 정보량 $= \dfrac{\log(1/0.1)}{\log 2} = 3.32\text{bit}$

27 소음을 측정하는 단위는?

① 데시벨(dB)   ② 지멘스(S)
③ 루멘(lumen)   ④ 거스트(Gust)

해설
소음의 단위 : dB(데시벨), phon, sone 등

28 FTA에서 사용되는 논리게이트 중 여러 개의 입력 사상이 정해진 순서에 따라 순차적으로 발생해야만 결과가 출력되는 것은?

① 억제 게이트
② 우선적 AND 게이트
③ 배타적 OR 게이트
④ 조합 AND 게이트

해설
수정기호의 종류
1) **우선적 AND Gate** : 입력사상 가운데 어느 사상이 다른 사상보다 먼저 일어났을 때에 출력사상이 생긴다. 예를 들면 「A는 B보다 먼저」와 같이 기입
2) **짜맞춤 AND Gate** : 3개 이상의 입력사상 가운데 어느 것이든 2개가 일어나면 출력사상이 생긴다. 예를 들면 「어느 것이든 2개」라고 기입
3) **위험지속기호** : 입력사상이 생겨서 어느 일정시간 지속하였을 때에 출력사상이 생긴다. 예를 들면 「위험지속시간」과 같이 기입
4) **배타적 OR Gate** : OR Gate로 2개 이상의 입력이 동시에 존재할 때에는 출력사상이 생기지 않는다. 예를 들면 「동시에 발생하지 않는다」라고 기입

Answer ➡ 23. ③ 24. ④ 25. ① 26. ② 27. ① 28. ②

29 인체의 동작 유형 중 굽혔던 팔꿈치를 펴는 동작을 나타내는 용어는?

① 내전(adduction)   ② 회내(pronation)
③ 굴곡(lfexion)   ④ 신전(extension)

해설

신체부위의 동작
1) 굴곡(flexion) : 부위 간의 각도 감소
2) 신전(extension) : 부위 간의 각도 증가
3) 외전(abduction) : 몸의 중심선으로부터의 이동
4) 내전(adduction) : 몸의 중심선으로의 이동
5) 외선(lateral rotation) : 몸의 중심선으로부터의 회전
6) 내선(medial rotation) : 몸의 중심선으로의 회전

30 다음 중 시스템 내의 위험요소가 어떤 상태에 있는가를 정성적으로 분석·평가하는 가장 첫 번째 단계에서 실시하는 위험분석기법은?

① 결함수 분석   ② 예비위험분석
③ 결함위험분석   ④ 운용위험분석

해설

예비위험분석(PHA)
1) 최초단계(구상단계, 설계단계)에 실시
2) 위험상태를 정성적으로 평가하는 안전해석 기법

31 FT도에서 정상사상 A의 발생확률은? (단, 기본 사상 ①과 ②의 발생확률은 각각 2×10^{-3}/h, 3×10^{-2}/h이다.)

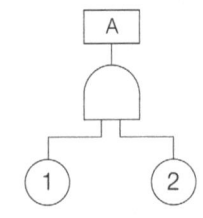

① 5×10^{-5}/h   ② 6×10^{-5}/h
③ 5×10^{-6}/h   ④ 6×10^{-6}/h

해설

$A = ① \times ②$
$= (2 \times 10^{-3}) \times (3 \times 10^{-2})$
$= 6 \times 10^{-5}$/h

32 종이의 반사율이 50%이고, 종이상의 글자 반사율이 10%일 때 종이에 의한 글자의 대비는 얼마인가?

① 10%   ② 40%
③ 60%   ④ 80%

해설

$$대비 = \frac{L_b - L_t}{L_b} \times 100$$
$$= \frac{50 - 10}{50} \times 100 = 80\%$$

길잡이
1) L_b(배경의 광속 발산도) : 종이 반사율
2) L_t(표적의 광속 발산도) : 글자 반사율

33 다음 중 인간-기계 인터페이스(human-machine interface)의 조화성과 가장 거리가 먼 것은?

① 인지적 조화성   ② 신체적 조화성
③ 통계적 조화성   ④ 감성적 조화성

해설

인간·기계 계면(interface)의 조화성
1) 인지적 조화성
2) 신체적 조화성
3) 감성적 조화성

34 눈의 피로를 줄이기 위해 VDT 화면과 종이 문서 간의 밝기의 비는 최대 얼마를 넘지 않도록 하여야 하는가?

① 1 : 20   ② 1 : 5
③ 1 : 10   ④ 1 : 30

해설

VDT 화면 : 종이문서의 밝기의 비 = 1 : 10

35 시스템의 성능 저하가 인원의 부상이나 시스템 전체에 중대한 손해를 입히지 않고 제어가 가능한 상태의 위험 강도는?

① 범주 1 : 파국적   ② 범주 2 : 위기적
③ 범주 3 : 한계적   ④ 범주 4 : 무시

해설

위험성 분류

구분	내용	
	인원	시스템
범주-1 : 파국적	사망·중상	중대손상
범주-2 : 위기적(위험)	상해 발생	손해 발생(즉시 시정조치 필요)
범주-3 : 한계적	상해 없음	손해 없음(배제 또는 제어가능)
범주-4 : 무시	상해에 이르지 않음	손해에 이르지 않음

36 다음 중 귀의 구조에서 고막에 가해지는 미세한 압력의 변화를 증폭하는 곳은?

① 외이(Outer Ear)
② 중이(Middle Ear)
③ 내이(Inner Ear)
④ 달팽이관(Cochlea)

해설

귀의 구조
1) 외이 : 귓바퀴(소리모음), 외이도(소리 이동경로)
2) 중이
   ① 고막 : 소리에 의해 최초로 진동하는 얇은 막
   ② 청소골 : 고막의 소리를 증폭시켜 내이로 전달
3) 내이 : 달팽이관, 전정기관, 반고리관

37 다음 중 단순반복 작업으로 인한 질환의 발생 부위가 다른 것은?

① 요부염좌
② 수완진동증후군
③ 수근관증후군
④ 결절종

해설

1) **요부염좌(허리)** : 무거운 물건을 들거나 기타 사고 등으로 허리에 압력을 받아서 접질린 상태
2) **수완진동 증후군(손)** : 손과 팔에 진도에 의해서 나타나는 질환
3) **수근관 증후군(손)** : 수근관(손목 앞쪽의 작은 통로)이 좁아지면 여기를 통과하는 정중신경이 눌러서 이상증상이 나타나는 질환
4) **결절종(손)** : 손에 발생하는 종양

38 어떤 공장에서 10,000시간 동안 15,000개의 부품을 생산하였을 때 설비고장으로 인하여 15개의 불량품이 발생하였다면 평균고장간격(MTBF)은 얼마인가?

① 1×10^6 시간
② 2×10^6 시간
③ 1×10^7 시간
④ 2×10^7 시간

해설

$$\text{MTBF}\left(=\frac{1}{\lambda}\right) = \frac{\text{고장시간}}{\text{불량품 개수}}$$
$$= \frac{1 \times 10^4 \times 1.5 \times 10^4}{15}$$
$$= 1.0 \times 10^7 \text{hr}$$

39 다음 중 FTA 분석을 위한 기본적인 가정에 해당하지 않는 것은?

① 중복사상은 없어야 한다.
② 기본사상들의 발생은 독립적이다.
③ 모든 기본사상은 정상사상과 관련되어 있다.
④ 기본사상의 조건부 발생확률은 이미 알고 있다.

해설

FTA 분석
1) **기본사상발생** : 독립적
2) **정상사상** : 기본사상이 기본이 되어 정상사상과 관련
3) **기본사상** : 조건부 발생확률 인지

40 신기술, 신공법을 도입함에 있어서 설계, 제조, 사용의 전 과정에 걸쳐서 위험성의 여부를 사전에 검토하는 관리기술은?

① 예비위험 분석
② 위험성 평가
③ 안전분석
④ 안전성 평가

해설

안전성 평가(safety assessment) : 설비나 제품의 설계, 제조, 사용에 있어서 기술적, 관리적 측면에 대하여 종합적인 안전성을 사전에 평가하여 개선책을 시정하는 것을 말한다.

Answer ▶ 36. ② 37. ① 38. ③ 39. ① 40. ④

제3과목 기계위험방지기술

41 다음 중 보일러의 폭발사고 예방을 위한 장치에 해당하지 않는 것은?

① 압력발생기
② 압력제한스위치
③ 압력방출장치
④ 고저수위 조절장치

해설

보일러의 안전장치 종류
1) 압력방출장치
2) 압력제한스위치
3) 고·저수위 조절장치
4) 도피밸브, 가용전, 방폭문, 화염검출기 등

42 다음 중 산업안전보건법령에 따른 아세틸렌 용접장치에 관한 설명으로 옳은 것은?

① 아세틸렌 용접장치의 안전기는 취관마다 설치하여야 한다.
② 아세틸렌 용접장치의 아세틸렌 전용 발생기실은 건물의 지하에 위치하여야 한다.
③ 아세틸렌 전용의 발생기실은 화기를 사용하는 설비로부터 1.5m를 초과하는 장소에 설치하여야 한다.
④ 아세틸렌 용접장치를 사용하여 금속의 용접·용단하는 경우에는 게이지 압력이 250kPa을 초과하는 압력의 아세틸렌을 발생시켜 사용해서는 아니 된다.

해설

1) **압력의 제한** : 아세틸렌 용접장치는 게이지 압력이 127kPa (1.3kg/cm²)을 초과하는 압력의 아세틸렌을 발생시켜 사용하지 않도록 할 것
2) **발생기실의 설치장소**
   ① 발생기는 전용의 발생기실 내에 설치할 것
   ② 발생기실은 건물의 최상층에 위치하여야 하며 화기를 사용하는 설비로부터 3m를 초과하는 장소에 설치할 것
   ③ 발생기실을 옥외에 설치한 경우에는 그 개구부를 다른 건축물로부터 1.5m 이상 떨어지도록 할 것

43 다음 중 목재가공용 둥근 톱 기계의 방호장치인 반발예방장치가 아닌 것은?

① 반발방지발톱(finger)
② 분할날(spreader)
③ 반발방지롤(roll)
④ 가동식 접촉예방장치

해설

목재가공용 둥근톱 기계의 방호장치
1) 톱날 접촉예방장치 : 고정식, 가동식
2) 반발예방장치 : 분할날, 반발방지발톱(finger), 반발방지롤(roll)

44 다음 중 컨베이어의 안전장치가 아닌 것은?

① 이탈 및 역주행방지장치
② 비상정지장치
③ 덮개 또는 울
④ 비상난간

해설

컨베이어의 방호장치
1) **이탈 및 역주행방지장치** : 컨베이어, 이송용 롤러 등(이하 "컨베이어 등"이라 함)을 사용하는 때에는 정전·전압강하 등에 의한 화물 또는 운반구의 이탈 및 역주행을 방지하는 장치를 갖출 것(단, 무동력상태 또는 수평상태로만 사용하여 근로자에 위험을 미칠 우려가 없는 때에는 제외)
2) **비상정지장치** : 근로자의 신체가 말려드는 등 위험시와 비상시에는 즉시 운전을 정지시킬 수 있는 비상정지장치를 설치할 것
3) **덮개 또는 울** : 컨베이어 등으로부터 화물이 낙하함으로 인하여 근로자에게 위험을 미칠 우려가 있는 경우에는 해당 컨베이어 등에 덮개 울을 설치하는 등 낙하방지를 위한 조치를 할 것

45 다음 중 연삭 작업 중 숫돌의 파괴원인과 가장 거리가 먼 것은?

① 숫돌의 회전속도가 너무 느릴 때
② 숫돌의 회전 중심이 잡히지 않았을 때
③ 숫돌에 과대한 충격을 가할 때
④ 플랜지의 직경이 현저히 작을 때

Answer ➡ 41. ① 42. ① 43. ④ 44. ④ 45. ①

해설

연삭기 숫돌의 파괴원인
1) 숫돌의 회전속도가 빠를 때
2) 숫돌자체에 균열이 있을 때
3) 숫돌에 과대한 충격을 가할 때
4) 숫돌의 측면을 사용하여 작업할 때
5) 숫돌의 불균형이나 베어링 마모에 의한 진동이 있을 때
6) 숫돌 반경방향의 온도변화가 심할 때
7) 작업에 부적당한 숫돌을 사용할 때
8) 숫돌의 치수가 부적당할 때
9) 플랜지가 현저히 작을 때(플랜지 직경 = 숫돌직경 × 1/3)

46 4.2 ton의 화물을 그림과 같이 63°의 각을 갖는 와이어로프로 매달아 올릴 때 와이어로프 A에 걸리는 장력 W_1은 약 얼마인가?

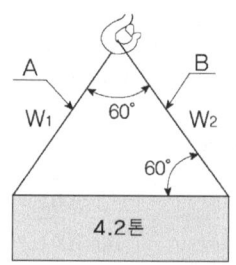

① 2.10ton ② 2.42ton
③ 4.20ton ④ 4.82ton

해설

$$W_1 = \frac{\text{화물무게}}{2} \div \cos\left(\frac{a}{2}\right)$$
$$= \frac{4.2}{2} \div \cos\left(\frac{60}{2}\right) = 2.42$$

47 기계의 동작상태가 설정한 순서, 조건에 따라 진행되어, 한 가지 상태의 종료가 다음 상태를 생성하는 제어 시스템을 가진 로봇은?

① 플레이백 로봇 ② 학습 제어 로봇
③ 시퀀스 로봇   ④ 수치 제어 로봇

해설

입력정보 교시별 로봇의 종류
1) 플레이백 로봇 : 인간이 매니퓰레이터를 움직여서 미리 작업을 수시함으로써 그 작업의 순서위치 및 기타의 정보를 기억시켜 이를 재생하면서 그 작업을 되풀이 할 수 있는 매니퓰레이터

2) 학습제어 로봇 : 학습제어 기능을 갖는 로봇으로 작업경험 등을 반영시켜 적절한 작업을 할 수 있는 로봇
3) 시퀀스 로봇
  ① 가변 시퀀스 로봇 : 미리 설정된 순서와 조건 및 위치에 따라 동작의 각 단계를 차례로 거쳐나가는 매니퓰레이터로서 설정정보의 변경을 쉽게 할 수 있는 로봇
  ② 고정 시퀀스 로봇 : 미리 설정된 순서와 조건 및 위치에 따라 동작의 각 단계를 차례로 거쳐 나가는 매니퓰레이터이며 설정정보의 변경을 쉽게 할 수 없는 로봇
4) 수치제어 로봇 : 순서, 위치, 기타의 정보를 수치에 의해 지령 받는 작업을 할 수 있는 매니퓰레이터
5) 적응제어 로봇 : 환경의 변화에 따라 제어 등의 특성을 필요로 하는 조건을 충족시키기 위해 변화되는 적응제어 기능을 가지는 로봇
6) 매뉴얼 매니퓰레이터 : 인간이 조작하는 매니퓰레이터
7) 감각제어 로봇 : 감각정보를 가지고 동작의 제어를 행하는 로봇

48 다음 중 금형의 설계 및 제작시 안전화 조치와 가장 거리가 먼 것은?

① 펀치의 세장비가 맞지 않으면 길이를 짧게 조정한다.
② 강도 부족으로 파손되는 경우 충분한 강도를 갖는 재료로 교체한다.
③ 열처리 불량으로 인한 파손을 막기 위한 담금질(Quenching)을 실시한다.
④ 캠 및 기타 충격이 반복해서 가해지는 부분에는 완충장치를 한다.

해설

열처리 불량으로 인한 파손장치 : 뜨임(tempering) 실시

49 기초강도를 사용조건 및 하중의 종류에 따라 극한강도, 항복점, 크리프강도, 피로한도 등으로 적용할 때 허용응력과 안전율(> 1)의 관계를 올바르게 표현한 것은?

① 허용응력 = 기초강도 × 안전율
② 허용응력 = 안전율 / 기초강도
③ 허용응력 = 기초강도 / 안전율
④ 허용응력 = (안전율 × 기초강도)/2

Answer ➔ 46. ② 47. ③ 48. ③ 49. ③

해설

1) 안전율
   $= \dfrac{\text{기초강도(파괴하중)}}{\text{허용응력(최대사용하중)}}$

2) 허용응력 $= \dfrac{\text{기초강도}}{\text{안전율}}$

50 다음 중 기계설비에서 이상 발생시 기계를 급정지시키거나 안전장치가 작동되도록 하는 안전화를 무엇이라고 하는가?

① 기능상의 안전화
② 외관상의 안전화
③ 구조부분의 안전화
④ 본질적 안전화

해설

기능의 안전화
1) 소극적 대책 : 이상시 기계의 급정지로 안전화 도모
2) 적극적 대책 : 페일세이프(fail safe)와 회로의 개선으로 오동작 방지

51 다음 중 프레스기가 작동 후 작업점까지의 도달시간이 0.2초 걸렸다면, 양수기동식 방호장치의 설치거리는 최소한 얼마나 되어야 하는가?

① 3.2cm
② 32cm
③ 6.4cm
④ 64cm

해설

설치거리(cm) = 160 × 프레스 작동 후 작업점까지 도달시간(sec)
= 160 × 0.2 = 32cm

52 프레스기에 사용되고 방호장치의 종류 중 방호판을 가지고 있는 것은?

① 수인식 방호장치
② 광전자식 방호장치
③ 손쳐내기식 방호장치
④ 양수조작식 방호장치

해설

손쳐내기식 방호장치의 손쳐내기편(방호판 또는 제수봉) : 판의 폭은 금형크기의 1/2 이상으로 할 것(단, 행정이 300mm이상은 폭을 300mm로 할 것)

53 기계고장률의 기본 모형 중 우발고장에 관한 사항으로 옳은 것은?

① 고장률이 시간에 따라 일정한 형태를 이룬다.
② 고장률이 시간이 갈수록 감소하는 형태이다.
③ 시스템의 일부가 수명을 다하여 발생하는 고장이다.
④ 마모나 노화에 의하여 어느 시점에 집중적으로 고장이 발생한다.

해설

기계고장률의 유형
1) 초기고장 : 감소형
2) 우발고장 : 일정형
3) 마모고장 : 증가형

54 롤러의 맞물림점 전방에 개구 간격 30mm의 가드를 설치하고자 한다. 개구면에서 위험점까지의 최단거리(mm)는 얼마인가? (단, I.L.O기준에 의해 계산한다.)

① 80
② 100
③ 120
④ 160

해설

Y = 6 + 0.15X

∴ X(안전거리) $= \dfrac{Y-6}{0.15}$

$= \dfrac{30-6}{0.15} = 160\text{mm}$

55 다음 중 기계설비 사용시 일반적인 안전수칙으로 잘못된 것은?

① 기계·기구 또는 설비에 설치한 방호장치는 해체하거나 사용을 정지해서는 안된다.
② 절삭편이 날아오는 작업에서는 보호구보다 덮개 설치가 우선적으로 이루어져야 한다.
③ 기계의 운전을 정지한 경우 정비할 때에는 해당 기계의 기동장치에 잠금장치를 하고 그 열쇠는 공개된 장소에 보관하여야 한다.
④ 기계 또는 방호장치의 결함이 발견된 경우 반드시 정비한 후에 근로자가 사용하도록 하여야 한다.

Answer ● 50. ① 51. ② 52. ③ 53. ① 54. ④ 55. ③

해설

기계의 운전을 정지한 후 정비할 경우 : 다른 사람이 그 기계를 운전하는 것을 방지하기 위하여 기계의 기동장치에 잠금장치를 하고 그 열쇠를 별도관리하거나 표지판을 설치하는 등 필요한 방호조치를 할 것

56 다음 중 드릴링 작업에서 반복적 위치에서의 작업과 대량생산 및 정밀도를 요구할 때 사용하는 고정 장치로 가장 적합한 것은?

① 바이스(vise) ② 지그(jig)
③ 클램프(clamp) ④ 렌치(wrench)

해설

드릴링 작업시 일감의 고정
1) 일감이 작을 때 : 바이스로 고정한다.
2) 일감이 크고 복잡할 때 ; 볼트와 고정구(클램프)를 사용하여 고정한다.
3) 대량생산과 정밀도를 요할 때 : 지그(jig)를 사용하여 고정한다.

57 아세틸렌은 특정 물질과 결합시 폭발을 쉽게 일으킬 수 있는데 다음 중 이에 해당하지 않는 물질은?

① 은 ② 철
③ 수은 ④ 구리

해설

아세틸렌(C_2H_2)은 구리(Cu), 은(Ag), 수은(Hg), 등과 반응하여 폭발성의 금속아세틸리드를 생성한다.
$2Cu + C_2H_2 \rightarrow Cu_2C_2$(동아세틸리드) $+ H_2$

58 산업안전보건기준에 관한 규칙상 지게차의 헤드가드 설치 기준에 대한 설명으로 틀린 것은?

① 강도는 지게차의 최대하중의 2배 값(4톤을 넘는 값에 대해서는 4톤으로 한다)의 등분포정하중에 견딜 수 있을 것
② 상부틀의 각 개국의 폭 또는 길이가 16cm 미만일 것
③ 운전자가 앉아서 조작하는 방식의 지게차의 경우에는 운전자의 좌석 윗면에서 헤드가드의 상부틀 아랫면까지의 높이가 0.903m 이상일 것
④ 운전자가 서서 조작하는 방식의 지게차의 경우에는 운전석의 바닥면에서 헤드가드의 상부틀 하면까지의 높이가 0.903m 이상일 것

해설

운전자가 서서 조작하는 지게차 : 운전석 바닥면에서 헤드가드 상부틀 하면까지의 높이가 1.88m 이상일 것

59 다음 중 연삭기 덮개의 각도에 관한 설명으로 틀린 것은?

① 평면연삭기, 절단연삭기 덮개의 최대 노출 각도는 150도 이내이다.
② 스윙연삭기, 스라브연삭기 덮개의 최대노출 각도는 180도 이내이다.
③ 연삭숫돌의 상부를 사용하는 것을 목적으로 하는 탁상용 연삭기 덮개의 최대노출각도는 60도 이내이다.
④ 일반연삭작업 등에 사용하는 것을 목적으로 하는 탁상용 연삭기 덮개의 최대노출각도는 180도 이내이다.

해설

탁상용연삭기
1) 덮개의 최대노출각도 : 90°이며(원주의 1/4이내)
2) 숫돌 주축에서 수평면 위로 이루는 원주각도 : 65° 이내
3) 수평면 이하의 부분에서 연삭할 경우 : 125°까지 증가

60 다음 중 밀링 작업시 안전사항과 거리가 먼 것은?

① 커터를 끼울 때는 아버를 깨끗이 닦는다.
② 강력 절삭을 할 때는 일감을 바이스에 깊게 물린다.
③ 상하, 좌우 이동장치 핸들은 사용 후 풀어 놓는다.
④ 절삭 중 발생하는 칩의 제거는 칩브레이커를 사용한다.

해설

④항. 칩의 제거는 반드시 브러시를 사용할 것

Answer ➡ 56. ② 57. ② 58. ④ 59. ④ 60. ④

제4과목 전기 및 화학설비위험방지기술

61 전자기기의 절연 종류와 최고허용온도가 바르게 연결된 것은?

① A – 90℃ ② E – 105℃
③ F – 140℃ ④ H – 180℃

해설

1) A종 : 105℃, 2) E종 : 120℃
3) F종 : 155℃, 4) H종 : 180℃

62 물체의 마찰로 인하여 정전기가 발생할 때 정전기를 제거할 수 있는 방법은?

① 가열을 한다.
② 가습을 한다.
③ 건조하게 한다.
④ 마찰을 세게 한다.

해설

마찰대전시 정전기 제거 : 가습(상대습도 70%)

63 이상적인 피뢰기가 가져야 할 성능으로 틀린 것은?

① 제한전압이 낮을 것
② 방전개시전압이 낮을 것
③ 뇌전류 방전능력이 적을 것
④ 속류차단을 확실하게 할 수 있을 것

해설

피뢰기의 성능
1) 반복동작이 가능할 것
2) 점검보수가 간단할 것
3) 충격방전개시전압과 제한전압이 낮을 것
 피뢰기의 충격방전개시전압
 = 공칭전압×4.5배
4) 구조가 견고하며 특성이 변화하지 않을 것
5) 뇌전류의 방전능력이 크고 속류의 차단이 확실하게 될 것

64 다음 중 통전경로별 위험도가 가장 높은 경로는?

① 왼손-등 ② 오른손-가슴
③ 왼손-가슴 ④ 오른손-양발

해설

통전경로별 위험도

통전경로	위험도
1) 왼손-가슴	1.5
2) 오른손-가슴	1.3
3) 왼손-한발 또는 양발	1.0
4) 양손-양발	1.0
5) 오른손-한발 또는 양발	0.8
6) 왼손-등	0.7
7) 한손 또는 양손-앉아 있는 거리	0.7
8) 왼손-오른손	0.4
9) 오른손-등	0.3

65 점화원이 될 우려가 있는 부분을 용기 내에 넣고 신선한 공기 또는 불연성가스 등의 보호기체를 용기의 내부에 압입함으로써 내부의 압력을 유지하여 폭발성 가스가 침입하지 못하도록 한 구조의 방폭구조는 무엇인가?

① 압력방폭구조(p)
② 내압방폭구조(d)
③ 유입방폭구조(o)
④ 안전증방폭구조(e)

해설

압력방폭구조 : 용기내부의 보호기체9공기 또는 불활성 기체)를 주입하여 용기의 내부압력을 외기압보다 높게 유지함으로써 폭발성가스·증기가 침입하는 것을 방지하는 구조

66 누전차단기의 설치에 관한 설명으로 적절하지 않은 것은?

① 진동 또는 충격을 받지 않도록 한다.
② 전원전압의 변동에 유의하여야 한다.
③ 비나 이슬에 젖지 않은 장소에 설치한다.
④ 누전차단기의 설치는 고도와 관계가 없다.

해설

누전차단기는 표고 1,000m 이하의 장소에 설치할 것

67 액체가 관내를 이동할 때에 정전기가 발생하는 현상은?

① 마찰대전 ② 박리대전
③ 분출대전 ④ 유동대전

Answer ➡ 61. ④ 62. ② 63. ③ 64. ③ 65. ① 66. ④ 67. ④

해설

유동대전 : 액체류가 파이프 등을 통해서 유동할 때 관벽과 액체 사이에 정전기가 발생하는 현상이다.

68 다음 중 폭발 위험이 가장 높은 물질은?

① 수소
② 벤젠
③ 산화에틸렌
④ 이소프로필렌 알코올

해설

1) 수소 – 폭발범위 : 4.0~75vol%
   위험도 = $\frac{75-4}{4}$ = 17.75

2) 벤젠 – 폭발범위 : 1.4~7.1vol%
   위험도 = $\frac{7.1-1.4}{1.4}$ = 4.7

3) 산화에틸렌 – 폭발범위 : 3.0~80vol%
   위험도 = $\frac{80-3}{3}$ = 25.7

4) 이소프로필렌 알코올 – 폭발범위 : 2.0~12.7vol%
   위험도 = $\frac{12.7-2.0}{2.0}$ = 5.35

69 사용전압이 154kV인 변압기 설비를 지상에 설치할 때 감전사고 방지대책으로 울타리의 높이와 울타리로부터 충전부분까지의 거리의 합계의 최소값은?

① 3m   ② 5m
③ 6m   ④ 8m

해설

발전소, 변전소 등의 안전시설인 울타리·담의 시설기준

1) 울타리·담 등의 높이는 2m 이상으로 하고 지표면과 울타리·담 등의 하단 사이의 간격은 15cm 이하로 할 것
2) 울타리·담 등과 고압 및 특고압의 충전부분이 접근하는 경우에는 울타리·담 등의 높이와 울타리·담 등으로부터 충전부분까지 거리의 합계는 다음 표에서 정한 값 이상으로 할 것

사용전압의 구분	울타리·담 등의 높이와 울타리·담 등으로부터 충전부분까지의 거리의 합계
35,000V 이하	5m
35,000V 초과 160,000V 이하	6m
160,000V 초과	6m에 160,000V를 초과하는 10,000V 또는 그 단수마다 12cm를 더한 값

70 인체가 전격을 받았을 때 가장 위험한 경우는 심실세동이 발생하는 경우이다. 정현파 교류에 있어 인체의 전기저항이 500Ω 일 경우 다음 중 심실세동을 일으키는 전기에너지의 한계로 가장 적합한 것은?

① 2.5~8.0J   ② 6.5~17.0J
③ 15.0~27.0J   ④ 25.0~35.5J

해설

1) $W = I^2RT$
   $= \left(\frac{165}{\sqrt{T}} \times 10^{-3}\right)^2 \times 500 \times T$
   $= 13.6J$

2) 심실세동을 일으키는 전기에너지 한계(13.6J이 포함되는 범위) : 6.5~17.0J

71 다음 중 연소의 3요소에 해당되지 않는 것은?

① 가연물   ② 점화원
③ 연쇄반응   ④ 산소공급원

해설

연소의 3요소
1) 가연물
2) 산소공급원
3) 점화원

72 다음 중 개방형 스프링식 안전밸브의 장점이 아닌 것은?

① 구조가 비교적 간단하다.
② 증기용에 어큐뮬레이션을 3% 이내로 할 수 있다.
③ 스프링, 밸브봉 등이 외기의 영향을 받지 않는다.
④ 밸브시트와 밸브스템 사이에서 누설을 확인하기 쉽다.

해설

③항, 스프링, 밸브봉 등에 외기의 영향을 받는다 : 단점

Answer ➡ 68. ③ 69. ③ 70. ② 71. ③ 72. ③

73 반응기의 이상압력 상승으로부터 반응기를 보호하기 위해 동일한 용량의 파열판과 안전밸브를 설치하고자 한다. 다음 중 반응폭주현상이 일어났을 때 반응기 내부의 과압을 가장 잘 분출할 수 있는 방법은?

① 파열판과 안전밸브를 병렬로 반응기 상부에 설치한다.
② 안전밸브, 파열판의 순서로 반응기 상부에 직렬로 설치한다.
③ 파열판, 안전밸브의 순서로 반응기 상부에 직렬로 설치한다.
④ 반응기 내부의 압력이 낮을 때는 직렬연결이 좋고 압력이 높을 때는 병렬연결이 좋다.

해설
반응폭주현상 발생시 반응기 내부의 과압을 가장 효과적으로 분출할 수 있는 방법 : 반응기 상부에 과열판과 안전밸브를 병렬로 설치할 것

74 산업안전보건기준에 관한 규칙에서 규정하고 있는 위험물질의 종류 중 '물반응성 물질 및 인화성 고체'에 해당되지 않는 것은?

① 리튬   ② 칼슘탄화물
③ 아세틸렌   ④ 셀룰로이드류

해설
아세틸렌 : 인화성가스(가연성가스)

75 다음 중 B급 화재에 해당되는 것은?

① 유류에 의한 화재
② 전기장치에 의한 화재
③ 일반 가연물에 의한 화재
④ 마그네슘 등에 의한 금속화재

해설
화재의 종류
1) 일반화재 : A급 화재
2) 유류화재 : B급 화재
3) 전기화재 : C급 화재
4) 금속화재 : D급 화재

76 염소산칼륨($KClO_3$)에 관한 설명으로 옳은 것은?

① 탄소, 유기물과 접촉시에도 분해폭발 위험은 거의 없다.
② 200℃ 부근에서 분해되기 시작하여 KCl, $KClO_4$를 생성한다.
③ 400℃ 부근에서 분해반응을 하여 염화칼륨과 산소를 방출한다.
④ 중성 및 알칼리성 용액에서는 산화작용이 없으나, 산성용액에서는 강한 산화제가 된다.

해설
염소산칼륨($KClO_3$)
1) 무색무취의 결정 또는 분말로서 불연성물질이다.
2) 400℃(분해온도)에서 분해하기 시작하여 540~550℃에서 KCl(염화칼륨), $KClO_4$(과염소산칼륨)으로 분해한 뒤 다시 KCl과 O_2로 분해한다.
$4KClO_4 \rightarrow 3KClO_4 + KCl$
$KClO_4 \rightarrow KCl + 2O_2$
3) 강력한 산화제이다.

77 이산화탄소 소화기의 사용에 관한 설명으로 옳지 않은 것은?

① B급 화재 및 C급 화재의 적용에 적절하다.
② 이산화탄소의 주된 소화작용은 질식작용이므로 산소의 농도가 15% 이하가 되도록 약제를 살포한다.
③ 액화탄산가스가 공기 중에서 이산화탄소로 기화하면 체적이 급격하게 팽창하므로 질식에 주의한다.
④ 이산화탄소는 반도체설비와 반응을 일으키므로 통신기기나 컴퓨터설비에 사용을 해서는 아니 된다.

해설
④항, 이산화탄소(CO_2)는 불활성기체로 반도체설비와 반응을 일으키지 않기 때문에 통신기기나 컴퓨터 설비에 사용한다.

Answer ▶ 73. ① 74. ③ 75. ① 76. ④ 77. ④

78 가연성가스의 조성과 연소하한값이 표와 같을 때 혼합가스의 연소하한값은 약 몇 vol%인가?

	조성(vol%)	연소하한값(vol%)
C_1 가스	2.0	1.1
C_2 가스	3.0	5.0
C_3 가스	2.0	15.0
공기	93.0	

① 1.74 ② 2.16
③ 2.74 ④ 3.16

해설

$$L = \frac{V_1 + V_2 + V_3}{\frac{V_1}{L_1} + \frac{V_2}{L_2} + \frac{V_3}{L_3}}$$

$$= \frac{2.0 + 3.0 + 2.0}{\frac{2.0}{1.1} + \frac{3.0}{5.0} + \frac{2.0}{15}} = 2.74 \text{vol}\%$$

79 산업안전보건기준에 관한 규칙에서는 인화성 액체를 수시로 사용하는 밀폐된 공간에서 해당 가스 등으로 폭발위험 분위기가 조성되지 않도록 하기 위해서 해당 물질의 공기 중 농도를 인화하한계값의 얼마를 넘지 않도록 규정하고 있는가?

① 10% ② 15%
③ 20% ④ 25%

해설

인화성액체 등을 수시로 취급하는 장소(안전보건규칙 제231조)
1) 인화성 액체, 인화성 가스 등을 수시로 취급하는 장소에는 환기가 충분하지 않은 상태에서 전기기계·기구를 작동시켜서는 아니된다.
2) 수시로 밀폐된 공간에서 스프레이건을 사용하여 인화성 액체로 세척·도장 등의 작업을 하는 경우에는 다음 각 호의 조치를 하고 전기기계·기구를 작동시켜야 한다.
  ① 인화성 액체, 인화성 가스 등으로 폭발위험 분위기가 조성되지 않도록 해당 물질의 공기 중 농도가 인화하한계값의 25%를 넘지 않도록 충분히 환기를 유지할 것
  ② 조명등은 고무, 실리콘 등의 패킹이나 실링재료를 사용하여 완전히 밀봉할 것
  ③ 가열성 전기기계·기구를 사용하는 경우에는 세척 또는 도장용 스프레이건과 동시에 작동되지 않도록 연동장치 등의 조치를 할 것
  ④ 방폭구조 외의 스위치와 콘센트 등의 전기기기는 밀폐공간 외부에 설치되어 있을 것

80 다음 중 열교환기의 가열 열원으로 사용되는 것은?

① 다우섬 ② 염화칼슘
③ 프레온 ④ 암모니어

해설

열교환기의 가열 열원 : 다우섬

제5과목 건설안전기술

81 일반 거푸집 설계시 강도상 고려해야 할 사항이 아닌 것은?

① 고정하중 ② 풍압
③ 콘크리트 강도 ④ 측압

해설

거푸집 설계시 고려해야 할 하중
1) 연직방향하중 : 고정하중, 충격하중, 작업하중 등
2) 횡방향하중 : 진동, 충격, 시공오차 등에 기인되는 횡방향하중, 풍압, 유수압, 지진 등
3) 콘크리트의 측압 : 굳지 않은 콘크리트의 측압
4) 특수하중 : 시공 중에 예상되는 특수한 하중
5) 상기 1~4호의 하중에 안전율을 고려한 하중

82 토사 붕괴의 내적 요인이 아닌 것은?

① 절토 사면의 토질구성 이상
② 성토 사면의 토질구성 이상
③ 토석의 강도 저하
④ 사면, 법면의 경사 증가

해설

④항, 사면, 법면의 경사 증가 : 토사 붕괴의 외적요인

83 지반의 침하에 따른 구조물의 안전성에 중대한 영향을 미치는 흙의 간극비의 정의로 옳은 것은?

① $\dfrac{\text{공기의 부피}}{\text{흙입자의 부피}}$

② $\dfrac{\text{공기와 물의 부피}}{\text{흙입자의 부피}}$

Answer ▶ 78. ③ 79. ④ 80. ① 81. ③ 82. ④ 83. ②

③ $\dfrac{공기와\ 물의\ 부피}{흙입자에\ 포함된\ 물의\ 부피}$

④ $\dfrac{공기의\ 부피}{흙입자에\ 포함된\ 물의\ 부피}$

해설

1) 흙＝토립자 ＋ 공극(간극 : 물＋공기)
2) 간극비(공급비)＝$\dfrac{공극의\ 용적}{흙입자의\ 용적}$
   ＝$\dfrac{공기와\ 물의\ 부피}{흙입자의\ 부피}$

84 추락재해 방지설비의 종류가 아닌 것은?

① 추락방망 ② 안전난간
③ 개구부 덮개 ④ 수직보호망

해설

수직보호망 : 낙하 · 비래 방지설비

85 옹벽이 외벽에 대하여 안정하기 위한 검토 조건이 아닌 것은?

① 전도 ② 활동
③ 좌굴 ④ 지반 지지력

해설

옹벽이 외력에 대하여 안정하기 위한 검토조건
1) 전도
2) 활동
3) 지반지지력

86 감전재해의 방지대책에서 직접접촉에 대한 방지대책에 해당하는 것은?

① 충전부에 방호망 또는 절연덮개 설치
② 보호접지(기기외함의 접지)
③ 보호절연
④ 안전전압 이하의 전기기기 사용

해설

1) 직접접촉에 의한 감전방지대책
   ① 충전부 전체를 절연할 것
   ② 노출형 배전설비 등은 폐쇄 배전반형으로 하고 전동기 등은 적절한 방호구조의 형식을 사용할 것
   ③ 설치장소의 제한, 별도의 실내 또는 울타리 등을 설치하고 시건장치를 할 것

2) 간접접촉에 의한 감전방지대책
   ① 계통 또는 기기접지
   ② 누전차단기 설치
   ③ 비접지방식의 전로채용
   ④ 안전전압 이하의 전기기기 사용
   ⑤ 보호절연

87 흙파기 공사용 기계에 관한 설명 중 틀린 것은?

① 불도저는 일반적으로 거리 60m 이하의 배토 작업에 사용된다.
② 클램쉘은 좁은 곳의 수직파기를 할 때 사용한다.
③ 파워쇼벨은 기계가 위치한 면보다 낮은 곳을 파낼 때 유용하다.
④ 백호우는 토질의 구멍파기나 도랑파기에 이용 된다.

해설

파워쇼벨 : 기계가 위치한 면보다 높은 곳을 굴착하는 기계

88 콘크리트 측압에 관한 설명 중 옳지 않은 것은?

① 슬럼프가 클수록 측압은 커진다.
② 벽 두께가 두꺼울수록 측압은 커진다.
③ 부어 넣는 속도가 빠를수록 측압은 커진다.
④ 대기 온도가 높을수록 측압은 커진다.

해설

대기온도가 낮을수록 측압이 커진다.

89 차량계 하역운반기계에 화물을 적재할 때의 준수사항과 거리가 먼 것은?

① 하중이 한쪽으로 치우치지 않도록 적재할 것
② 구내운반차 또는 화물자동차의 경우 화물의 붕괴 또는 낙하에 의한 위험을 방지하기 위하여 화물에 로프를 거는 등 필요한 조치를 할 것
③ 운전자의 시야를 가리지 않도록 화물을 적재할 것
④ 제동장치 및 조정장치 기능의 이상 유무를 점검할 것

Answer ➡ 84. ④ 85. ③ 86. ① 87. ③ 88. ④ 89. ④

해설
④항, 제동장치 및 조종장치 기능의 이상유무 : 지게차의 작업 시작 전 점검사항

90 건설업 산업안전보건관리비의 사용항목으로 가장 거리가 먼 것은?

① 안전시설비
② 사업장의 안전진단비
③ 근로자의 건강관리비
④ 본사 일반관리비

해설
건설업 안전관리비 항목별 사용기준
1) 안전관리자 등의 인건비 및 각종 업무수당비 등
2) 안전시설비 등
3) 개인보호구 및 안전장구 구입비 등
4) 사업장의 안전진단비 등
5) 안전보건교육비 및 행사비 등
6) 근로자의 건강관리비 등
7) 건설재해예방 기술지도비
8) 본사사용비

91 철골공사 시 도괴의 위험이 있어 강풍에 대한 안전 여부를 확인해야 할 필요성이 가장 높은 경우는?

① 연면적단 철골량이 일반건물보다 많은 경우
② 기둥에 H형강을 사용하는 경우
③ 이음부가 공장용접인 경우
④ 호텔과 같이 단면구조가 현저한 차이가 있으며 높이가 20m 이상인 건물

해설
철골공사시 철공의 자립도 검토사항 : 구조안전의 위험성이 큰 다음 항목의 철골구조물은 건립 중 강풍에 의한 풍압 등 외압에 대한 내력이 설계에 고려되었는지 확인할 것
1) 높이 20m 이상의 구조물
2) 구조물의 폭과 높이의 비가 1 : 4 이상인 구조물
3) 단면구조에 현저한 차이가 있는 구조물
4) 연면적당 철골량이 50kg/m² 이하인 구조물
5) 기둥이 타이 플레이트(tie plate)형인 구조물
6) 이음부가 현장용접인 구조물

92 철골작업시 추락재해를 방지하기 위한 설비가 아닌 것은?

① 안전대 및 구명줄
② 트렌치 박스
③ 안전난간
④ 추락방지용 방망

해설
철골공사시 추락재해 방지설비 : 안전대 및 구명줄, 안전난간 및 울타리, 추락방지용 방망 등

93 공사현장에서 낙하물방지망 또는 방호선반을 설치할 때 설치높이 및 벽면으로부터 내민 길이 기준으로 옳은 것은?

① 설치높이 : 10m 이내마다, 내민 길이 2m 이상
② 설치높이 : 15m 이내마다, 내민 길이 2m 이상
③ 설치높이 : 10m 이내마다, 내민 길이 3m 이상
④ 설치높이 : 15m 이내마다, 내민 길이 3m 이상

해설
낙하물방지망 또는 방호선반 설치시 준수사항
1) 설치 높이는 10m 이내마다 설치하고, 내민 길이는 벽면으로부터 2m 이상으로 할 것
2) 수평면과의 각도는 20° 내지 30°를 유지할 것

94 작업발판에 최대적재하중을 적재함에 있어 달비계의 하부 및 상부지점이 강재인 경우 안전계수는 최소 얼마 이상인가?

① 2.5
② 5
③ 10
④ 15

해설
달비계(곤돌라의 달비계는 제외)를 작업발판으로 사용할 때 최대적재하중을 정함에 있어서의 안전계수
1) 달기와이어로프 및 달기강선의 안전계수 : 10 이상
2) 달기체인 및 달기훅의 안전계수 : 5 이상
3) 달기강대와 달비계의 하부 및 상부지점의 안전계수
  ① 강재의 경우 2.5 이상
  ② 목재의 경우 5 이상

Answer ▶ 90. ④ 91. ④ 92. ② 93. ① 94. ①

95 달비계 설치 시 달기체인의 사용 금지 기준과 거리가 먼 것은?

① 달기체인의 길이가 달기체인이 제조된 때의 길이의 5%를 초과한 것
② 균열이 있거나 심하게 변형된 것
③ 이음매가 있는 것
④ 링의 단면지름이 달기체인의 제조된 때의 해당 링의 지름의 10%를 초과하여 감소한 것

해설
부적격한 달기체인 사용금지사항
1) 달기체인의 길이의 증가가 그 달기체인이 제조된 때의 길이의 5%를 초과한 것
2) 링의 단면지름 감소가 그 달기체인이 제조된 때의 해당 링의 지름의 10%를 초과한 것
3) 균열이 있거나 심하게 변형된 것

96 차량계 건설기계의 작업 시 작업시작 전 점검 사항에 해당되는 것은?

① 권과방지장치의 이상유무
② 브레이크 및 클러치의 기능
③ 슬링·와이어 슬링의 매달린 상태
④ 언로드밸브의 이상유무

해설
차량계 건설기계의 작업시작 전 점검사항 : 브레이크, 클러치 등의 기능

97 차량계 하역운반기계의 운전자가 운전위치를 이탈하는 경우 조치해야 할 내용 중 틀린 것은?

① 포크 및 버킷을 가장 높은 위치에 두어 근로자 통행을 방해하지 않도록 하였다.
② 원동기를 정지시켰다.
③ 브레이크를 걸어두고 확인하였다.
④ 경사지에서 갑작스런 주행이 되지 않도록 바퀴에 블록 등을 놓았다.

해설
차량계 하역운반기계의 운전자가 운전위치를 이탈할 경우 준수할 사항
1) 포크 및 버킷 등의 하역장치를 가장 낮은 위치에 둘 것
2) 원동기를 정지시키고 브레이크를 확실히 거는 등 불시 주행을 방지하기 위한 조치를 할 것

98 채석작업을 하는 경우 지반의 붕괴 또는 토석의 낙하로 인하여 근로자에게 발생할 우려가 있는 위험을 방지하기 위하여 취하여야 할 조치와 가장 거리가 먼 것은?

① 작업 시작 전 작업장소 및 그 주변 지반의 부석과 균열의 유무와 상태 점검
② 함수·용수 및 동결상태의 변화 점검
③ 진동치 속도 점검
④ 발파 후 발파장소 점검

해설
채석작업시 지반의 붕괴 또는 토석의 낙하에 의한 위험방지 조치사항
1) 점검자를 지명하고 작업 장소 및 그 주변의 지반에 대하여 당일의 작업을 시작하기 전에 부석과 균열의 유무와 상태, 함수·용수 및 동결상태의 변화를 점검할 것
2) 점검자는 발파를 행한 후 당해 발파를 행한 장소와 그 주변의 부석과 균열의 유무 및 상태를 점검할 것

99 산업안전보건기준에 관한 규칙에 따른 굴착면의 기울기 기준으로 틀린 것은?

① 모래 — 1 : 1.8
② 풍화암 — 1 : 0.5
③ 연암 — 1 : 1.0
④ 경암 — 1 : 0.5

해설
굴착작업시 굴착면의 기울기 기준

지반의 종류	구배
모래 그밖의 흙	1 : 1.8 1 : 1.2
풍화암 연암 경암	1 : 1.0 1 : 1.0 1 : 0.5

100 다음은 이음매가 있는 권상용 와이어로프의 사용금지 규정이다. ( ) 안에 알맞은 숫자는?

> 와이어로프의 한 꼬임에서 소선의 수가 ( )% 이상 절단된 것을 사용하면 안된다.

① 5   ② 7
③ 10   ④ 15

Answer ▶ 95. ③ 96. ② 97. ① 98. ③ 99. ② 100. ③

해설

부적격한 와이어로프의 사용금지사항
1) 이음매가 있는 것
2) 와이어로프의 한 꼬임에서 끊어진 소선(필러선 제외)의 수가 10% 이상인 것
3) 지름의 감소가 공칭지름의 7%를 초과하는 것
4) 꼬인 것
5) 심하게 변형 또는 부식된 것
6) 열과 전기충격에 의해 손상된 것

2023년 제3회 산업안전산업기사 CBT 복원 기출문제

제1과목 산업안전관리론

01 스트레스의 요인 중 직무특성에 대한 설명으로 가장 옳은 것은?

① 과업의 과소는 스트레스를 경감시킨다.
② 과업의 과중은 스트레스를 경감시킨다.
③ 시간의 압박은 스트레스와 관계없다.
④ 직무로 인한 스트레스는 동기부여의 저하, 정신적 긴장 그리고 자신감 상실과 같은 부정적 반응을 초래한다.

해설
직무로 인한 스트레스 : 다음과 같은 부정적 반응을 초래한다.
1) 동기부여의 저하
2) 정신적 긴장
3) 자신감 상실

02 국제노동통계회의에서 결의된 재해통계의 국제적 통일안을 설명한 것으로 틀린 것은?

① 국제적 통일안의 결의로서 모든 국가가 이 방법을 적용하고 있다.
② 강도율은 근로손실일수(1,000배)를 총인원의 연근로시간수로 나누어 산정한다.
③ 도수율은 재해의 발생건수(100만 배)를 총인원의 연근로시간수로 나누어 산정한다.
④ 국가별, 시기별, 산업별 비교를 위해 산업재해통계를 도수율이나 강도율의 비율로 나타낸다.

03 적응기제(Adjustment Mechanism) 중 방어적 기제(Defence Mechanism)에 해당하는 것은?

① 고립(Isolation)
② 퇴행(Regression)
③ 억압(Suppression)
④ 보상(Compensation)

해설
적응기제
1) **방어적 기제** : 보상, 합리화, 동일시, 승화 등
2) **도피적 기제** : 고립, 퇴행, 억압, 백일몽 등

04 보호구 관련 규정에 따른 안전모의 착장체 구성요소에 해당되지 않는 것은?

① 머리턱끈
② 머리받침끈
③ 머리고정대
④ 머리받침고리

해설
안전모 착장체의 구성요소 : 머리받침끈, 머리고정대, 머리받침고리

05 산업안전보건법령에 따른 산업안전보건위원회의 회의결과를 주지시키는 방법으로 가장 적절하지 않은 것은?

① 사보에 게재한다.
② 회의에 참석하여 파악토록 한다.
③ 사업장 내의 게시판에 부착한다.
④ 정례 조회시 집합교육을 통하여 전달한다.

해설
산업안전보건위원회 회의결과의 주지방법 : 사내방송, 사내보 게시 또는 자체정례조회, 그 밖에 적절한 방법으로 근로자에게 신속히 알릴 것

Answer 01. ④ 02. ① 03. ④ 04. ① 05. ②

06 기억과정에 있어 "파지(retention)"에 대한 설명으로 가장 적절한 것은?

① 사물의 인상을 마음속에 간직하는 것
② 사물의 보존된 인상을 다시 의식으로 떠오르는 것
③ 과거의 경험이 어떤 형태로 미래의 행동에 영향을 주는 작용
④ 과거의 학습 경험을 통하여 학습된 행동이나 내용이 지속되는 것

해설
파지와 망각
1) 파지 : 획득된 행동이나 내용이 지속되는 현상
2) 망각 : 획득된 행동이나 내용이 지속되지 않고 소멸되는 현상

07 위험예지훈련 중 TBM(Tool Box Meeting)에 관한 설명으로 옳지 않은 것은?

① 작업 장소에서 원형의 형태를 만들어 실시한다.
② 통상 작업시작 전, 후 10분 정도 시간으로 미팅한다.
③ 토의는 10인 이상에서 20인 단위의 중규모가 모여서 한다.
④ 근로자 모두가 말하고 스스로 생각하고 "이렇게 하자"라고 합의한 내용이 되어야 한다.

해설
TBM(Tool Box Meeting)
1) 인원 : 5~7명
2) 장소 : 직장, 현장, 공구상자 등의 근처
3) 회의 : 작업시작 전 5~15분, 작업종료시 3~5분 동안 안전회의를 하는 것이다.

08 관료주의에 대한 설명으로 틀린 것은?

① 의사결정에는 작업자의 참여가 필수적이다.
② 인간을 조직 내의 한 구성원으로만 취급한다.
③ 개인의 성장이나 자아실현의 기회가 주어지기 어렵다.
④ 사회적 여건이나 기술의 변화에 신속하게 대응하기 어렵다.

해설
관료주의(권위형) : 지도자가 집단의 모든 권한 행사를 단독적으로 처리한다(의사결정에 작업자가 참여하지 않음).

09 누전차단장치 등과 같은 안전장치를 정해진 순서에 따라 동작시키고 동작상황의 양부를 확인하는 점검을 무슨 점검이라고 하는가?

① 외관점검   ② 작동점검
③ 기술점검   ④ 종합점검

해설
점검방법
1) 외관점검 : 기기의 적정한 배치, 설치상태, 변형, 균열, 손상, 부식, 볼트의 여유 등의 유무를 외관에서 시각 및 촉각 등에 의해 조사하고 점검기준에 의해 양부를 확인하는 것이다.
2) 기능점검 : 간단한 조작을 행하여 대상기기의 기능의 양부를 확인하는 것이다.
3) 작동점검 : 안전장치나 누설차단장치 등을 정해진 순서에 의해 작동시켜 작동상황의 양부를 확인하는 것이다.
4) 종합점검 : 정해진 점검 기준에 의해 측정, 검사를 행하고 또 일정한 조건하에서 운전시험을 행하여 그 기계설비의 종합적인 기능을 확인하는 것이다.

10 산업안전보건법령상 안전·보건표지 중 '산화성 물질 경고'의 색채에 관한 설명으로 옳은 것은?

① 바탕은 파란색, 관련 그림은 흰색
② 바탕은 무색, 기본 모형은 빨간색
③ 바탕은 흰색, 기본모형 및 관련 부호는 녹색
④ 바탕은 노랑색, 기본모형, 관련부호 및 그림은 검은색

해설
산화성물질 경고표지 색채 : 바탕은 무색, 기본모형(다이아몬드형)은 빨간색

11 Fail-safe의 정의를 가장 올바르게 나타낸 것은?

① 인적 불안전 행위의 통제방법을 말한다.
② 인력으로 예방할 수 없는 불가항력의 사고이다.
③ 인간-기계 시스템의 최적정 설계방안이다.

Answer ◎   06. ④   07. ③   08. ①   09. ②   10. ②   11. ④

④ 인간의 실수 또는 기계·설비의 결함으로 인하여 사고가 발생치 않도록 설계시부터 안전하게 하는 것이다.

해설

fail safe의 정의
1) 인간이나 기계의 과오나 동작상의 실수가 있더라도,
2) 사고방지를 위해,
3) 2중, 3중으로 통제를 가하는 것이다.

12 산업안전보건법령상 사업 내 안전·보건교육에 있어 채용시의 교육내용에 해당하는 것은? (단, 산업안전보건법 및 일반관리에 관한 사항은 제외한다.)

① 유해·위험 작업환경 관리에 관한 사항
② 표준안전작업방법 및 지도 요령에 관한 사항
③ 작업공정의 유해·위험과 재해 예방대책에 관한 사항
④ 기계·기구의 위험성과 작업의 순서 및 동선에 관한 사항

해설

채용시 및 작업내용 변경시 교육내용
1) 기계·기구의 위험성과 작업의 순서 및 동선에 관한 사항
2) 작업개시 전 점검에 관한 사항
3) 정리정돈 및 청소에 관한 사항
4) 사고발생시 긴급조치에 관한 사항
5) 산업보건 및 직업병 예방에 관한 사항
6) 물질안전보건자료에 관한 사항
7) 산업안전 및 사고 예방에 관한 사항
8) 산업안전보건법령 및 산업재해보상보험 제도에 관한 사항
9) 직무스트레스 예방 및 관리에 관한 사항
10) 직장 내 괴롭힘, 고객의 폭언 등으로 인한 건강장해 예방 및 관리에 관한 사항

13 주의(Attention)의 특징 중 여러 종류의 자극을 자각할 때, 소수의 특정한 것에 한하여 주의가 집중되는 것을 무엇이라 하는가?

① 선택성   ② 방향성
③ 변동성   ④ 검출성

해설

주의의 특징
1) **선택성** : 여러 종류의 자극을 자각할 때 소수의 특정한 것에 한하여 선택하는 기능
2) **방향성** : 주시점만 인지하는 기능
3) **변동성** : 주위에는 주기적으로 부주의의 리듬이 존재

14 다음 중 창조성·문제해결능력의 개발을 위한 교육기법으로 가장 적절하지 않은 것은?

① 역할연기법
② In-Basket법
③ 사례연구법
④ 브레인스토밍법

해설

역할연기법(role playing)
1) 참석자에게 어떤 역할을 주어서 실제로 시켜봄으로써 훈련이나 평가에 사용하는 교육기법으로,
2) 절충능력이나 협조성을 높여서 태도변용에 도움을 준다.

15 허츠버그(Herzberg)의 2요인 이론에 있어서 다음 중 동기요인에 해당하는 것은?

① 임금   ② 지위
③ 도전   ④ 작업조건

해설

허즈버그(Herzberg)의 2요인
1) **위생요인** : 직무환경에 관계된 내용으로 기업정책, 개인 상호 간의 관계(친교, 대인관계), 감독형태, 작업조건, 임금(급료), 보수지위, 안전 등이 있다.
2) **동기요인** : 직무내용(일의 내용)에 관한 것으로 목표달성에 대한 성취감, 안정감, 도전감, 책임감, 성장과 발전, 작업자체 등이 있다(자아실현을 하려는 인간의 독특한 경향 반영).

16 안전·보건교육 강사로서 교육진행의 자세로 가장 적절하지 않은 것은?

① 중요한 것은 반복해서 교육할 것
② 상대방의 입장이 되어서 교육할 것
③ 쉬운 것에서 어려운 것으로 교육할 것
④ 가능한 한 전문용어를 사용하여 교육할 것

해설

④항, 가능한 한 쉬운 용어를 사용할 것

Answer ➡ 12. ④ 13. ① 14. ① 15. ③ 16. ④

17 다음 중 아담스(Edward Adams)의 관리구조 이론에 대한 사고발생 메커니즘(mechanism)을 가장 올바르게 설명한 것은?

① 사람의 불안전한 행동에서만 발생한다.
② 불안전한 상태에 의해서만 발생한다.
③ 불안전한 행동과 불안전한 상태가 복합되어 발생한다.
④ 불안전한 상태와 불안전한 행동은 상호 독립적으로 작용한다.

해설
아담스(Adams)의 사고연쇄성 이론
1) 1단계 : 관리구조 – 목적, 조직, 운영 등
2) 2단계 : 작전적(전략적) 에러 – 관리자 및 감독자의 행동 에러
3) 3단계 : 전술적 에러
4) 4단계 : 사고 – 사고의 발생
5) 5단계 : 상해 또는 손실 – 대인, 대물

18 무재해운동 이념의 3원칙에 해당되는 것은?

① 포상의 원칙 ② 참가의 원칙
③ 예방의 원칙 ④ 팀 활동의 원칙

해설
무재해운동 이념의 3원칙
1) 무의 원칙 2) 참가의 원칙 3) 선취해결의 원칙

19 의식의 상태에서 작업 중 걱정, 고민, 욕구불만 등에 의하여 정신을 빼앗기는 것을 무엇이라 하는가?

① 의식의 과잉 ② 의식의 파동
③ 의식의 우회 ④ 의식수준의 저하

해설
부주의 현상
1) 의식의 단절 : 지속적인 의식의 흐름에 단절이 생기고 공백의 상태가 나타나는 것으로 특수한 질병이 있는 경우에 나타난다(의식수준 : Phase 0)
2) 의식의 우회 : 의식의 흐름이 옆으로 빗나가 발생하는 경우로서 작업도중 걱정, 고뇌, 욕구불만 등에 의해 다른 것에 정신을 빼앗기는 경우이다(의식수준 : Phase 0)
3) 의식수준의 저하 : 혼미한 정신상태에서 심신이 피로할 경우나 단조로운 반복작업시 일어나기 쉽다(의식수준 : Phase Ⅰ 이하).

4) 의식의 과잉 : 지나친 의욕에 의해서 생기는 부주의 현상으로 긴급사태시 순간적으로 긴장이 한 방향으로만 쏠리게 되는 경우이다.(의식수준 : Phase Ⅳ).

20 하인리히의 재해구성비율에 따라 경상사고가 87건 발생하였다면 무상해사고는 몇 건이 발생하였겠는가?

① 300건 ② 600건
③ 900건 ④ 1,200건

해설
1) 하인리히의 재해구성비율
∴ 중상 또는 사망 : 경상 : 무상해사고
= 1 : 29 : 300
2) 경상 : 무상해사고
29 : 300
87 : x
∴ $x(무상해사고) = \frac{87 \times 300}{29} = 900$건

제2과목 인간공학 및 시스템안전공학

21 다음 FT도에서 각 사상이 발생할 확률이 B_1은 0.1, B_2는 0.2, B_3는 0.3일 때 사상 A가 발생할 확률은 약 얼마인가?

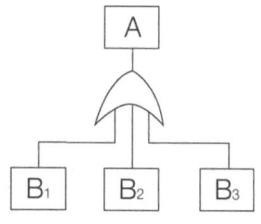

① 0.006 ② 0.496
③ 0.604 ④ 0.804

해설
$A = 1 - [(1-B_1)(1-B_2)(1-B_3)]$
$= 1 - [(1-0.1)(1-0.2)(1-0.3)] = 0.496$

22 화학설비에 대한 안전성 평가시 "적량적 평가"의 5가지 항목에 해당하지 않는 것은?

① 전원
② 취급물질
③ 온도
④ 화학설비

해설
정량적 평가 5항목
1) 취급물질 2) 화학설비용량
3) 온도 4) 압력
5) 조작

23 위험조정을 위한 필요한 기술은 조직형태에 따라 다양하며 4가지로 분류하였을 때 이에 속하지 않는 것은?

① 보류(retention)
② 계속(continuation)
③ 전가(transfer)
④ 감축(reduction)

해설
리스크(risk, 위험성)의 통제방법
1) 회피(avoidance)
2) 감축(reduction)
3) 보류(retention)
4) 전가(transfer)

24 휴먼에러에 있어 작업자가 수행해야 할 작업을 잘못 수행하였을 경우의 오류를 무엇이라 하는가?

① omission error
② sequence error
③ timing error
④ commission error

해설
1) omission error(부작위 실수, 생략과오) : 필요한 task 또는 절차를 수행하지 않는 데 기인한 error
2) time error(시간적 과오, 지연오류) : 필요한 task 또는 절차의 수행지연으로 인한 error
3) commission error(작위 실수, 수행적 과오) : 필요한 task 또는 절차의 불확실한 수행으로 인한 error
4) sequential error(순서적 과오) : 필요한 task 또는 절차의 순서착오로 인한 error
5) extraneous error(불필요한 과오) : 불필요한 task 또는 절차를 수행함으로써 기인한 error

25 5,000개의 베어링을 품질 검사하여 400개의 불량품을 처리하였으나 실제로는 1,000개의 불량 베어링이 있었다면 이러한 상황의 HEP(Human Error Probability)는 얼마인가?

① 0.04
② 0.08
③ 0.12
④ 0.16

해설
인간실수확률(HEP)
$$\therefore HEP = \frac{\text{인간의 실수 수}}{\text{전체실수 발생기회의 수}}$$
$$= \frac{1,000-400}{5,000} = 0.12$$

26 다음 중 청각적 표시에 대한 설명으로 틀린 것은?

① JND(Just Noticeable Difference)는 인간이 신호의 50%를 검출할 수 있는 자극차원(강도 또는 진동수)의 최소 차이이다.
② 장애물이나 칸막이를 넘어가야 하는 신호는 1,000Hz 이상의 진동수를 갖는 신호를 사용한다.
③ 다차원 코드 시스템을 사용할 경우, 일반적으로 차원의 수가 많고 수준의 수가 적은 것이 차원의 수가 적고 수준의 수가 많은 것보다 좋다.
④ 배경 소음과 다른 진동수를 갖는 신호를 사용하는 것이 바람직하다.

해설
②항, 장애물이나 칸막이를 통과할 때는 500Hz 이하의 진동수를 사용한다.

27 결함수분석(FTA)에서 지면부족 등으로 인하여 다른 페이지 또는 부분에 연결시키기 위해 사용되는 기호는?

①
②
③
④

해설

① 항, 기본사상
② 항, 통상사상
③ 항, 생략사상
④ 항, 전이기호(연결 또는 이행기호)

28 다음 중 부품배치의 원칙에 해당되지 않는 것은?

① 중요성의 원칙
② 사용빈도의 원칙
③ 다각능률의 원칙
④ 기능별 배치원칙

해설

부품배치의 4원칙
1) 중요성의 원칙   2) 사용빈도의 원칙
3) 기능별 배치의 원칙 4) 사용순서의 원칙

29 S 에어컨 제조회사는 올해 경영슬로건으로 "소비자가 가장 선호하는 바람을 제공할 때까지"를 선정하였다. 목표달성을 위하여 에어컨 가동 상태를 테스트하는 실험실을 설계하고자 한다. 다음 중 실험실의 실효온도에 영향을 주는 인자와 가장 관계가 먼 것은?

① 온도   ② 습도
③ 체온   ④ 공기유동

해설

실효온도(체감온도)에 영향을 주는 요인
1) 온도
2) 습도
3) 공기유동(기류)

30 다음 중 교체 주기와 가장 밀접한 관련성이 있는 보전방식은?

① 보전예방   ② 생산보전
③ 품질보전   ④ 예방보전

해설

예방보전 : 설비를 항상 정상 또는 양호한 상태로 유지하기 위한 정기적인 검사와 초기단계에서 성능저하나 고장을 제거하든가 조정 또는 회복하기 위한 설비의 보수 활동을 의미한다.

31 자동생산라인의 오류 경보음을 3단계로 설계하였다. 1단계경보음이 1,000Hz, 60dB라 할 때 3단계오류 경보음이 1단계경보음보다 4배 더 크게 들리도록 하려면, 다음 중 경보음의 주파수와 음압수준으로 가장 적절한 것은?

① 1,000Hz, 80dB
② 1,000Hz, 120dB
③ 2,000Hz, 60dB
④ 2,000Hz, 80dB

32 다음 중 양립성(compatibility)의 종류가 아닌 것은?

① 개념양립성
② 감성양립성
③ 운동양립성
④ 공간양립성

해설

1) 양립성 : 정보입력 및 처리와 관련한 양립성은 인간의 기대와 모순되지 않는 자극들 간의, 반응들 간의 또는 자극반응 조합의 관계를 말하는 것이다.
2) 양립성의 종류
  ① 공간적 양립성 : 표시장치와 조정장치에서 물리적 형태나 공간적인 배치의 양립성
  ② 운동 양립성 : 표시 및 조정장치, 체계반응에 대한 운동방향의 양립성
  ③ 개념적 양립성 : 사람들이 가지고 있는 개념적 연상(어떤 암호체계에서 청색이 정상을 나타내듯이)의 양립성

33 다음 중 시스템에 영향을 미칠 우려가 있는 모든 요소의 고장을 형태별로 해석하여 그 영향을 검토하는 분석방법은?

① FTA   ② ETA
③ MORT   ④ FMEA

해설

1) FTA : 결함수분석법
2) ETA : 사상수분석법
3) MORT : 경영소홀 및 위험수법
4) FMEA : 고장의 형태와 영향분석(본문 설명)

Answer ➡ 28. ③ 29. ③ 30. ④ 31. ① 32. ② 33. ④

34 조도가 250럭스인 책상 위에 짙은 색 종이 A와 B가 있다. 종이 A의 반사율은 20%이고, 종이 B의 반사율은 15%이다. 종이 A에는 반사율 80%의 색으로, 종이 B에는 반사율 60%의 색으로 같은 글자를 각각 썼을 때 다음 설명 중 옳은 것은?(단, 두 글자의 크기, 색, 재질 등은 동일하다.)

① A 종이에 쓰인 글자가 B 종이에 쓰인 글자보다 눈에 더 잘 보인다.
② B 종이에 쓰인 글자가 A 종이에 쓰인 글자보다 눈에 더 잘 보인다.
③ 두 종이에 쓴 글자는 동일한 수준으로 보인다.
④ 어느 종이에 쓰인 글자가 더 잘 보이는지 알 수 없다.

35 [그림]과 같은 FT도의 컷셋(cut sets)에 속하는 것은?

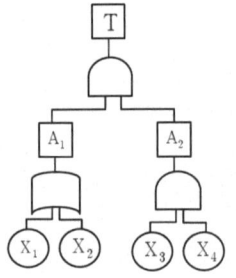

① $\{X_1, X_2, X_3\}$ ② $\{X_1, X_2, X_4\}$
③ $\{X_1, X_3, X_4\}$ ④ $\{X_1, X_2\}, \{X_3, X_4\}$

해설

$$T \to A_1 \cdot A_2 \to \begin{matrix} X_1 \cdot A_2 \\ X_2 \cdot A_2 \end{matrix} \to \begin{matrix} X_1 \cdot X_3 \cdot X_4 \\ X_2 \cdot X_3 \cdot X_4 \end{matrix}$$
(컷셋)

36 다음 중 인체에서 뼈의 기능에 해당하지 않는 것은?

① 대사 기능   ② 장기 보호
③ 조혈 기능   ④ 인체의 지주

해설

인체 뼈의 기능
1) 인체의 지주 2) 장기 보호 3) 조혈 기능

37 다음 중 시스템의 정의와 관련한 설명으로 틀린 것은?

① 구성요소들이 모인 집합체다.
② 구성요소들이 정보를 주고받는다.
③ 구성요소들은 공통의 목적을 갖고 있다.
④ 개회로(open loop)시스템은 피드백(feedback)정보를 필요로 한다.

해설

④항, 폐회로 체계가 피드백(feedback)정보를 필요로 한다.

38 다음 중 눈이 식별할 수 있는 과녁(target)의 최소 특징이나 과녁 부분들 간의 최소공간을 의미하는 것은?

① 최소분간시력(minimum separable acuity)
② 최소지각시력(minimum perceptible acuity)
③ 입체시력(stereoscopic acuity)
④ 동시력(dynamic visual acuity)

해설

시력의 유형
1) 최소가분시력(minimum separable acuity) : 사람의 눈이 식별할 수 있는 표적(target)의 최소 모양이나 표적 부분들간의 최소공간을 말한다.
2) vernier 시력 : 하나의 수직선이 중간에서 끊겨 아랫부분이 옆으로 옮겨진 경우에 탐지할 수 있는 최소측방변위
3) 최소인식시력(minimum perceptible acuity) : 배경과 구별하여 탐지할 수 있는 최소의 점
4) 입체시력(streoscopic acuity) : 거리(depth)가 있는 한 물체를 양 눈은 약간 다른 각도로 보기 때문에 시차(parallax)가 생기며, 약간 다른 상이 두 눈의 망막에 맺힐 때 이를 구별하는 능력
5) 동시력(dynamic visual acuity) : 표적 물체나 관측자가 움직이는 경우의 시식별 능력

39 인간-기계시스템에 대한 평가에서 평가 척도나 기준(criteria)으로서 관심의 대상이 되는 변수를 무엇이라 하는가?

① 독립변수   ② 확률변수
③ 통제변수   ④ 종속변수

Answer ➡ 34. ③ 35. ③ 36. ① 37. ④ 38. ① 39. ④

해설

인간공학 연구에 사용되는 변수의 유형
1) 독립변수 : 조사·연구되어야 할 인자(factor)로서 조명, 기기의 설계형(design), 정보경로(channel), 중력 등과 같은 것이 있다.
2) 종속변수
 ① 보통 기준이라고 하며, 독립변수의 가능한 효과의 척도(반응시간과 같은 성능의 척도의 경우가 많음)이다.
 ② 종속변수 : 인간-기계시스템의 인간성능(human performance)을 평가하는 실험을 수행할 때 평가의 기준이 되는 변수이다.

40 다음 중 조정표시비(C/D비, Control-Display ratio)를 설계할 때의 고려할 사항과 가장 거리가 먼 것은?

① 공차 ② 계기의 크기
③ 운동성 ④ 조작시간

해설

통제(조정)표시비 설계시 고려사항
1) 계기의 크기
2) 공차
3) 방향성
4) 조작시간
5) 목측거리

제3과목 기계위험방지기술

41 산업안전보건기준에 관한 규칙에 따라 회전축, 기어, 풀리, 플라이휠 등에 사용되는 기계요소인 키, 핀 등의 형태로 적합한 것은?

① 돌출형 ② 개방형
③ 폐쇄형 ④ 묻힘형

해설

회전축, 기어, 풀리 및 플라이휠 등에 부속하는 키, 핀 등의 기계요소 위험방지 조치사항
1) 묻힘형으로 할 것
2) 해당부위에 덮개 설치

42 프레스에 사용하는 양수조작식 방호장치의 누름버튼 상호간 최소 내측 거리는 얼마인가?

① 300mm 이상 ② 250mm 이상
③ 400mm 이상 ④ 500mm 이상

해설

양수조작식 방호장치 누름버튼 상호간의 간격 : 300mm 이하

43 선반작업 시 사용되는 방호장치는?

① 풀아웃(full out)
② 게이트 가드(gate guard)
③ 스위프 가트(sweep guard)
④ 쉴드(shield)

해설

선반의 안전장치
1) 칩 브레이크 : 바이트에 설치된 칩을 짧게 끊어내는 장치
2) 쉴드(shield) : 칩비산방지 투명판
3) 덮개 또는 울 : 돌출가공물에 설치한 안전장치
4) 브레이크 : 급정지장치
5) 기타 척의 인터록 덮개, 고정브리지(bridge) 등

44 다음 중 외형의 안전화를 위한 대상기계·기구·장치별 색채의 연결이 잘못된 것은?

① 시동용 단추스위치 - 녹색
② 고열을 내는 기계 - 노란색
③ 대형기계 - 밝은 연녹색
④ 급정지용 단추스위치 - 빨간색

해설

가습배관 : 황색(노란색)

45 산업안전보건법령상 프레스를 사용하여 작업을 할 때 작업시작 전 점검항목에 해당하지 않는 것은?

① 전선 및 접속부 상태
② 클러치 및 브레이크의 기능
③ 프레스의 금형 및 고정볼트 상태
④ 1행정 1정지기구·급정지장치 및 비상정지장치의 기능

Answer ➡ 40. ③ 41. ④ 42. ① 43. ④ 44. ② 45. ①

해,설

프레스 등(프레스 또는 전단기)의 작업시작 전 점검항목
1) 클러치 및 브레이크의 기능
2) 크랭크축·플라이휠·슬라이드·연결봉 및 연결나사의 풀림유무
3) 1행정 1정지기구·급정지장치 및 비상정지장치의 기능
4) 슬라이드 또는 칼날에 의한 위험방지기구의 기능
5) 프레스의 금형 및 고정볼트 상태
6) 방호장치의 기능
7) 전단기의 칼날 및 테이블의 상태

46 가스용접용 산소 용기에 각인된 "TP50"에서 "TP"의 의미로 옳은 것은?

① 내압시험압력
② 인장응력
③ 최고 충전압력
④ 검사용적

해,설

1) TP : 내압시험압력
2) FP : 최고충전압력

47 산업용 로봇의 동작 형태별 분류에 속하지 않는 것은?

① 원통좌표 로봇
② 수평좌표 로봇
③ 극좌표 로봇
④ 관절 로봇

해,설

동작 형태별 로봇의 종류

종류	기능
① 극좌표(robot polar coordinates robot)	팔의 자유도가 주로 극좌표 형식인 매니퓰레이터
② 직각좌표(robot cartesian coordinates robot)	팔의 자유도가 주로 직각좌표 형식인 매니퓰레이터
③ 다관절(robot articulated robot)	자유도가 주로 다관절인 매니퓰레이터로서 운동방향이 넓고 용접 도장, 조립 등 용도범위가 매우 넓음
④ 원통좌표(robot cylinderical coordinates robot)	팔의 자유도가 주로 원통좌표 형식인 매니퓰레이터

48 다음 중 곤돌라의 방호장치에 관한 설명으로 틀린 것은?

① 비상정지장치 작동 시 동력은 차단되고, 누름버튼의 복귀를 통해 비상정지 조작 직전의 작동이 자동으로 복귀될 것
② 권과방지장치는 권과를 방지하기 위하여 자동적으로 동력을 차단하고 작동을 제동하는 기능을 가질 것
③ 기어·축·커플링 등의 회전부분에는 덮개나 울이 설치되어 있을 것
④ 과부하 방지장치는 적재하중을 초과하여 적재 시 주 와이어로프에 걸리는 과부하를 감지하여 경보와 함께 승강되지 않는 구조일 것

해,설

곤돌라의 방호장치
1) 과부하방지장치   2) 권과방지장치
3) 비상정지장치   4) 제동장치

49 일반적인 연삭기로 작업 중 발생할 수 있는 재해가 아닌 것은?

① 연삭 분진이 눈에 튀어 들어가는 것
② 숫돌 파괴로 인한 파편의 비래
③ 가공 중 공작물의 반발
④ 글레이징(glazing) 현상에 의한 입자의 탈락

해,설

글레이징(glazing) : 숫돌이 마멸에 의해 납작하게 된 상태

50 다음 중 보일러의 증기관 내에서 수격작용(water hammering) 현상이 발생하는 가장 큰 원인은?

① 프라이밍(priming)
② 워터링(watering)
③ 캐리오버(carry over)
④ 서어징(surging)

해,설

캐리오버(기수공발) : 물속에 용해되어 있는 고형분이나 수분이 증기의 흐름에 따라서 발생증기 속으로 운반되어 나오게 되는 현상

Answer ➡ 46. ① 47. ② 48. ① 49. ④ 50. ③

51 산업안전보건법령에 따라 양중기에서 절단하중이 100톤인 와이어로프를 사용하여 근로자가 탑승하는 운반구를 지지하는 경우, 달기와이어로프에 걸 수 있는 최대 사용하중은 얼마인가?

① 10 톤　② 20 톤
③ 25 톤　④ 50 톤

해설

1) 근로자가 탑승하는 운반구를 지지하는 와이어로프의 안전계수 : 10
2) 안전계수 = $\dfrac{\text{절단하중}}{\text{최대사용하중}}$

∴ 최대사용하중 = $\dfrac{\text{절대하중}}{\text{안전계수}} = \dfrac{100톤}{10} = 10톤$

52 다음 중 기계운동 형태에 따른 위험점의 분류에 해당되지 않는 것은?

① 끼임점
② 회전물림점
③ 협착점
④ 절단점

해설

위험점의 분류
1) 끼임점
2) 협착점
3) 물림점
4) 절단점
5) 회전말림점
6) 접선물림점 등

53 산업안전보건법령상 프레스기의 방호장치에 표시해야 될 사항이 아닌 것은?

① 제조자명
② 규격 또는 등급
③ 프레스기의 사용 범위
④ 제조번호 및 제조연월

해설

프레스기 방호장치에 표시해야 될 사항
1) 제조자명
2) 제조번호 및 제조년월
3) 규격 또는 등급

54 산업안전보건법령상 양중기의 달기체인에 대한 사용금지 사항으로 틀린 것은?

① 달기체인의 한 꼬임에서 끊어진 소선의 수가 10% 이상인 것
② 링의 단면지름이 달기 체인이 제조된 때의 해당 링의 지름의 10%를 초과하여 감소한 것
③ 달기 체인의 길이가 달기 체인이 제조된 때의 길이의 5%를 초과한 것
④ 균열이 있거나 심하게 변형된 것

해설

부적격한 달기체인 사용금지사항
1) 달기체인의 길이의 증가가 그 달기체인이 제조된 때의 길이의 5%를 초과한 것
2) 링의 단면지름 감소가 그 달기체인이 제조된 때의 해당 링의 지름의 10%를 초과한 것
3) 균열이 있거나 심하게 변형된 것

55 프레스기에 설치하는 방호장치의 특징에 관한 설명으로 틀린 것은?

① 양수조작식의 경우 기계적 고장에 의한 2차 낙하에는 효과가 없다.
② 광전자식의 경우 핀클러치방식에는 사용할 수 없다.
③ 손쳐내기식은 측면방호가 불가능하다.
④ 가드식은 금형교환 빈도수가 많을 때 사용하기에 적합하다.

해설

게이트가드식 방호장치의 특징
1) 완전방호가 가능(hand in die 방식 중 가장 안전)
2) 금형파손에 의한 파편으로부터 작업자 보호
3) 금형의 크기에 따라 가드를 선택하여야 함
4) 금형교환 빈도가 적은 기계에만 사용가능

56 다음 중 연삭기 및 덮개에 관한 설명으로 틀린 것은?

① "탁상용 연삭기"란 일가공물을 손에 들고 연삭숫돌에 접촉시켜 가공하는 연삭기를 말한다.
② "워크레스트(workrest)"란 탁상용 연삭기에 사용하는 것으로서 공작물을 연삭할 때 가공물

Answer ➡ 51. ①　52. ②　53. ③　54. ①　55. ④　56. ③

의 기기점이 되도록 받쳐주는 것을 말한다.
③ 워크레스트는 연삭숫돌과의 간격을 5mm 이상 조정할 수 있는 구조이어야 한다.
④ 자율안전확인 연삭기 덮개에는 자율안전확인의 표시 외에 숫돌사용 주속도와 숫돌회전방향을 추가로 표시하여야 한다.

해설
③항, 워크레스트(작업받침대)와 연삭숫돌과의 간격 : 3mm 이내

57 동력전달부분의 전방 50cm 위치에 설치한 일방평행 보호망에서 가드용 재료의 최대 구멍크기는 얼마인가?

① 45mm ② 56mm
③ 68mm ④ 81mm

해설
$Y = 6 + \dfrac{1}{10}X$
$= 6 + \dfrac{1}{10} \times 500 = 56\text{mm}$

58 컨베이어(cinveyor)의 방호장치로 가장 적절하지 않은 것은?

① 비상정지장치
② 덮개 또는 울
③ 권과방지장치
④ 역주행방지장치

해설
컨베이어의 방호장치(안전보건규칙)
1) 이탈 및 역주행방지장치 : 컨베이어, 이송용 롤러 등(이하 "컨베이어 등"이라 함)을 사용하는 때에는 정전, 전압강하 등에 의한 화물 또는 운반구의 이탈 및 역주행을 방지하는 장치를 갖출 것(단, 무동력상태 또는 수평상태로만 사용하여 근로자에 위험을 미칠 우려가 없는 때에는 제외)
2) 비상정지장치 : 근로자의 신체가 말려드는 등 위험시와 비상시에는 즉시 운전을 정지시킬 수 있는 비상정지장치를 설치할 것
3) 덮개 또는 울 : 컨베이어 등으로부터 화물이 낙하함으로 인하여 근로자에게 위험을 미칠 우려가 있는 경우에는 해당 컨베이어 등에 덮개 울을 설치하는 등 낙하방지를 위한 조치를 할 것

59 다음 중 연삭숫돌의 지름이 100mm이고, 회전수가 1,000rpm이면 숫돌의 원주속도(mm/min)는 약 얼마인가?

① 314 ② 628
③ 314,000 ④ 628,000

해설
$V = \pi DN = 3.14 \times 100 \times 1,000$
$= 314,000 \text{mm/min}$

길잡이
$V = \pi DN \text{mm/min} = \dfrac{\pi DN}{1,000} \text{m/min}$

60 다음 중 산업용 로봇에 사용되는 안전매트에 관한 설명으로 틀린 것은?

① 일반적으로 단선경보장치가 부탁되어 있어야 한다.
② 일반적으로 감응시간을 조절하는 장치는 부착되어 있지 않아야 한다.
③ 자율안전확인의 표시 외에 작동하중, 감응시간 등을 추가로 표시하여야 한다.
④ 안전매트의 종류는 연결사용 가능여부에 따라 1선감지기와 복선감지기로 구분할 수 있다.

제4과목 전기 및 화학설비위험방지기술

61 콘덴서 및 전력 케이블 등을 고압 또는 특별고압전기회로에 접촉하여 사용할 때 전원을 끊은 뒤에도 감전될 위험성이 있는 주된 이유로 볼 수 있는 것은?

① 전류전하 ② 접지선 불량
③ 접속기구 손상 ④ 결연 보호구 미사용

해설
전원을 끊은 후에 감전의 위험성이 있는 주된 이유 : 잔류전하

62 산업안전보건법령상 방폭전기설비의 위험장소 분류에 있어 보통 상태에서 위험 분위기를 발생할 염려가 있는 장소로서 폭발성 가스가 보통상태에서 집적되어 위험농도로 되 염려가 있는 장소를 몇 종 장소라 하는가?

① 0종 장소
② 1종 장소
③ 2종 장소
④ 3종 장소

해설

가스폭발 위험장소의 분류

분류	적요	예
0종 장소	인화성 액체의 증기 또는 가연성 가스에 의한 폭발위험이 지속적으로 또는 장시간 존재하는 장소	용기·장치·배관등의 내부
1종 장소	정상 작동상태에서 인화성 액체의 증기 또는 가연성 가스에 의한 폭발위험 분위기가 존재하기 쉬운 장소	맨홀·벤트·피트등의 주위
2종 장소	정상작동상태에서 인화성 액체의 증기 또는 가연성 가스에 의한 폭발위험분위기가 존재할 우려가 없으나, 존재할 경우 그 빈도가 아주 적고 단기간만 존재할 수 있는 장소	개스킷·패킹 등의 주위

63 건물의 전기설비로부터 누설전류를 탐지하여 정보를 발하는 누전경보기의 구성으로 옳은 것은?

① 축전기, 변류기, 경보장치
② 변류기, 수신기, 경보장치
③ 수신기, 발신기, 경보장치
④ 비상전원, 수신기, 경보장치

해설

전기누전화재경보기의 구성요소
1) **변류기** : 누전전류의 검출
2) **수신기** : 누전전류의 증폭
3) **차단릴레이** : 주전원에 누전전류가 흐르는 경우 전원차단
4) **음향장치 및 표시등** : 경보음 발생 및 점등

64 전기화재의 발생원인이 아닌 것은?

① 합선
② 절연저항
③ 과전류
④ 누전 또는 지락

해설

출화의 경과(발생형태)에 의한 전기화재의 분류
1) 단산(합선)
2) 스파크
3) 누전 및 지락
4) 접촉부의 과열
5) 절연열화, 절연파괴
6) 과전류

65 금속도체 상호간 혹은 대지에 대하여 전기적으로 절연되어 있는 2개 이상의 금속도체를 전기적으로 접속하여 서로 같은 전위를 형성하여 정전기 사고를 예방하는 기법을 무엇이라 하는가?

① 본딩
② 1종 접지
③ 대전 분리
④ 특별 접지

해설

1) **본딩** : 2개 이상의 금속도체를 전기적으로 접속하여 서로 같은 전위로 만드는 것을 말한다.
2) 본딩의 대상
   ① 금속도체 상호간
   ② 대지에 대하여 전기적으로 절연되어 있는 2개 이상의 금속이 접속된 금속도체

66 다음 중 방폭전기설비가 설치되는 표준환경조건에 해당되지 않는 것은?

① 표고는 1,000m 이하
② 상대습도는 30~95% 범위
③ 주변온도는 −20℃ ~ +40℃ 범위
④ 전기설비에 특별한 고려를 필요로 하는 정도의 공해, 부식성가스, 진동 등이 존재하지 않는 장소

해설

②항, 상대습도 : 45~85%

67 이동전선에 접속하여 임시로 사용하는 전등이나 가설의 배선 또는 이동전선에 접속하는 가공매달기식 전등 등을 접촉함으로 인한 감전 및 전구의 파손에 의한 위험을 방지하기 위하여 보호망을 부탁하도록 하고 있다. 이들을 설치시 준수하여야 할 사항이 아닌 것은?

① 보호망은 쉽게 파손되지 않을 것
② 재료는 요인하게 변형되지 아니하는 것으로 할 것

Answer ➡ 62. ② 63. ② 64. ② 65. ① 66. ② 67. ③

③ 전구의 밝기를 고려하여 유리로 된 것을 사용할 것
④ 전구의 노출된 금속부부에 쉽게 접촉되지 아니하는 구조로 할 것

68 착화에너지가 0.1mJ이고 가스를 사용하는 사업장 전기설비의 정전용량이 0.6 nF일 때 방전시 착화 가능한 최소 대전 전위는 약 얼마인가?

① 289V ② 385V
③ 577V ④ 1154V

해설

$$E = \frac{1}{2}CV^2$$
$$V = \sqrt{\frac{2E}{C}} = \sqrt{\frac{2 \times 0.1 \times 10^{-3}}{0.6 \times 10^{-9}}}$$
$$= 577.35 V$$

🔑 1F(패럿) = 10^{-9}nF(나노패럿)

69 감전 사고의 요인과 관계가 없는 것은?

① 전기기기의 절연파괴
② 콘덴서의 방전 미실시
③ 전기기기의 24시간 계속 운전
④ 정전 작업시 단락접지를 하지 않아 유도전압 발생

해설

③항, 전기기기의 24시간 계속 운전 : 감전사고와 관계 없음

70 산업안전보건법에 따라 누전에 의한 감전위험을 방지하기 위하여 대지전압이 몇 V를 초과하는 이동형 또는 휴대형 전기기계·기구에는 감전 방지용 누전차단기를 설치하여야 하는가?

① 50 V ② 75 V
③ 110 V ④ 150 V

해설

누전차단기를 설치해야 할 전기기계·기구(안전보건규칙 제304조)
1) 대지전압이 150V를 초과하는 이동형 또는 휴대형 전기기계·기구
2) 물 등 도전성이 높은 액체가 있는 습윤장소에서 사용하는 저압(750V 이하 직류전압이나 600V 이하 교류 전압)용 전기기계·기구
3) 철판·철골 위 등 도전성이 높은 장소에서 사용하는 이동형 휴대형 전기기계·기구
4) 임시배선의 전로가 설치되는 장소에서 사용하는 이동형 또는 휴대형 전기기계·기구

71 산업안전보건법령상 공정안전보고서에 포함되어야 하는 사항 중 공정안전자료의 세부내용에 해당하는 것은?

① 주민홍보계획
② 안전운전지침서
③ 각종 건물·설비의 배치도
④ 위험과 운전 분석(HAZOP)

해설

공정안전자료의 세부내용(시행규칙 제50조)
1) 취급·저장하고 있거나 취급·저장하고자 하는 유해·위험물질의 종류 및 수량
2) 유해·위험물질에 대한 물질안전보건자료
3) 유해·위험설비의 목록 및 사양
4) 유해·위험설비의 운전방법을 알 수 있는 공정도면
5) 각종 건물설비의 배치도
6) 방폭지역 구분도 및 전기단선도
7) 위험설비의 안전설계·제작 및 설치관련 지침서

72 다음 중 분진폭발의 가능성이 가장 낮은 물질은?

① 소맥분 ② 마그네슘
③ 질석가루 ④ 스텔라이트

해설

분진폭발성이 없는 물질 : 질석가루, 시멘트, 석회, 돌가루 등

73 다음 중 폭발의 위험성이 가장 높은 것은?

① 폭발 상한농도
② 완전연소 조성농도
③ 폭발 상한선과 하한선의 중간점 농도
④ 폭굉 상한선과 하한선의 중간점 농도

해설

완전연소 조성농도(양론농도, C_{st}) : 가연성물질 1mol이 완전연소할 수 있는 공기와의 혼합기체 중 가연성 물질의 부피(%)

Answer ➡ 68. ③ 69. ③ 70. ④ 71. ③ 72. ③ 73. ②

74 건조설비의 사용에 있어 500~800℃ 범위의 온도에 가열된 스테인리스강에서 주로 일어나며, 탄화크롬이 형성되어 결정 경계면의 크롬함유량이 감소하여 발생되는 부식형태는?

① 전면부식 ② 층상부식
③ 입계부식 ④ 격간부식

해설
입계부식 : 결정 입계가 선택적으로 부식되는 것(본문 설명)

75 공기 중에 3ppm의 디메틸아민(deme-thylamine, TLV-TWA : 10ppm)과 20ppm의 시클로헥산올(cyclohexanol, TLV-TWA : 50ppm)이 있고, 10ppm의 산화프로필렌(propyleneoxide, TLV-TWA : 20ppm)이 존재한다면 혼합 TLV-TWA는 몇 ppm인가?

① 12.5 ② 22.5
③ 27.5 ④ 32.5

해설
혼합 TLV-TWA
$= \dfrac{3+20+10}{\dfrac{3}{10}+\dfrac{20}{50}+\dfrac{10}{20}} = 27.5\text{ppm}$

76 최대운전압력이 게이지압력으로 200 kgf/cm²인 열교환기의 안전밸브 작동압력(kgf/cm²)으로 가장 적절한 것은?

① 210 ② 220
③ 230 ④ 240

해설
$200 \times 1.05 = 210 \text{kg/cm}^2$

77 다음 중 산업안전보건법상 화학설비 또는 그 배관의 덮개·플랜지·밸브 및 콕의 접합부에 대하여 당해 접합부에서의 위험물질 등의 누출로 인한 폭발·화재 또는 위험물의 누출을 방지하기 위한 가장 적절한 조치는?

① 개스킷의 사용
② 코르크의 사용
③ 호스 밴드의 사용
④ 호스 스크립의 사용

해설
개스킷(gasket)
1) 개스킷 : 압력용기나 관플랜지의 고정접합면을 고정접합면에 끼워서 볼트 및 기타 방법으로 죄어 유체의 누설을 방지하는 작용을 하는 것을 말한다.
2) 개스킷의 성질 : 복원성, 유연성이 좋고 금속 사이에 밀착되어야 하며, 기계적 강도가 강하고 가공성이 좋아야 한다.

78 아세톤에 관한 설명으로 옳은 것은?

① 인화점은 557.8℃ 이다.
② 무색의 휘발성 액체이며 유독하지 않다.
③ 20% 이하의 수용액에서는 인화 위험이 없다.
④ 일광이나 공기에 노출되면 과산화물을 생성하여 폭발성으로 된다.

해설
아세톤(CH_3COCH_3, 디메틸케톤)
1) 물에 잘 용해되는 수용성의 인화성 물질(인화점 : −18℃)
2) 일광이나 공기 중에 노출되면 폭발성의 과산화물을 생성
3) 피부에 닿으면 탈지작용을 일으킴
4) 저장용기는 밀봉하여 냉암소에 보관

79 다음 중 액체의 증발잠열을 이용하여 소화시키는 것으로 물을 이용하는 방법은 주로 어떤 소화방법에 해당되는가?

① 냉각소화법 ② 연소억제법
③ 제거소화법 ④ 질식소화법

해설
냉각소화(화점의 냉각)
1) 액체의 증발잠열을 이용하는 방법, 열용량이 큰 고체를 이용하는 방법이다.
2) 냉각소화는 증발열이 크고 값이 싼 물을 가장 많이 사용한다.

80 유해·위험물질 취급에 대한 작업별 안전한 작업이 아닌 것은?

① 자연발화의 방지 조치
② 인화성 물질의 주입시 호스를 사용
③ 가솔린이 남아 있는 설비에 중유의 주입
④ 서로 다른 물질의 접촉에 의한 발화의 방지

Answer ➡ 74. ③ 75. ③ 76. ① 77. ① 78. ④ 79. ① 80. ③

제5과목 건설안전기술

81 토사붕괴시의 조치사항으로 거리가 먼 것은?

① 대피통로 및 공간의 확보
② 동시작업의 금지
③ 2차 재해의 방지
④ 굴착공법의 선정

해설

1) 토사붕괴의 예방대책
　① 안전경사로 굴착
　② 흙막이지보공의 설치
　③ 순찰강화 및 안전점검 실시
2) 토사붕괴시 조치사항 : ①, ②, ③항

82 콘크리트 거푸집을 설계할 때 고려해야 하는 연직하중으로 거리가 먼 것은?

① 작업하중　　② 콘크리트 자중
③ 충격하중　　④ 풍하중

해설

거푸집의 연직방향하중(W)
∴ W = 고정하중 + 충격하중 + 작업하중
　 = 고정하중 + 활하중(= 충격하중 + 작업하중)
① 고정하중 : 콘크리트 자중(= 철근콘크리트 비중 × 슬래브 두께)
② 충격하중 : 고정하중 × 1/2
③ 작업하중 : 작업원 중량 + 장비 및 가설설비의 등의 중량
　 = 150kg/m²

83 작업발판 및 통로의 끝이나 개구부로서 근로자가 추락할 위험이 있는 장소에 대한 방호조치와 거리가 먼 것은?

① 안전난간 설치
② 울타리 설치
③ 투하설비 설치
④ 수직형 추락방망 설치

해설

높이 2m 이상인 작업발판 및 통로의 끝이나 개구부 등에서의 추락재해방지 조치사항
1) 안전난간, 울타리, 수직형 추락방망 등 설치
2) 덮개설치
3) 개구부 표시
4) 안전방망 설치
5) 안전대 착용

84 다음은 가설통로를 설치하는 경우의 준수사항이다. 빈칸에 들어갈 수치를 순서대로 옳게 나타낸 것은?

> 수직갱이 가설된 통로의 길이가 (　)m 이상인 경우에는 (　)m 이내마다 계단참을 설치하여야 한다.

① 8, 7　　② 7, 8
③ 10, 15　　④ 15, 10

해설

가설통로의 구조 : 가설통로 설치시 준수사항
1) 견고한 구조로 할 것
2) 경사는 30° 이하로 할 것(다만, 계단을 설치하거나 높이 2m 미만의 가설통로로서 튼튼한 손잡이를 설치한 경우에는 그러하지 아니하다)
3) 경사가 15°를 초과하는 경우에는 미끄러지지 아니하는 구조로 할 것
4) 추락의 위험이 있는 장소에는 안전난간을 설치할 것(작업상 부득이한 경우에는 필요한 부분에 한하여 임시로 이를 해체할 수 있다)
5) 수직갱에 가설된 통로의 길이가 15m 이상인 때에는 10m 이내마다 계단참을 설치할 것
6) 건설공사에서 사용하는 높이 8m 이상인 비계다리에는 7m 이내마다 계단참을 설치할 것

85 보통 흙의 굴착공사에서 굴착깊이가 5m, 굴착기초면의 폭이 5m인 경우 양단면 굴착을 할 때 상부 단면의 폭은?(단, 굴착구배는 1 : 1로 한다.)

① 10m　　② 15m
③ 20m　　④ 25m

해설

1) 굴착면 기울기 = 1 : 1 = 5m : 5m

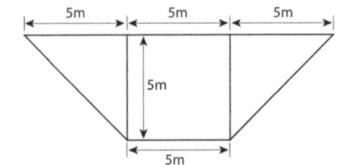

2) 굴착 상부 단면의 폭 = 5m + 5m + 5m = 15m

Answer ▶ 81. ④　82. ④　83. ③　84. ④　85. ②

86 흙을 크게 분류하면 사질토와 점성토로 나눌 수 있는데 그 차이점으로 옳지 않은 것은?

① 흙의 내부 마찰각은 사질토가 점성토보다 크다.
② 지지력은 사질토가 점성토보다 크다.
③ 점착력은 사질토가 점성토보다 작다.
④ 장기침하량은 사질토가 점성토보다 크다.

해설

장기침하량 : 점성토가 사질토보다 크다.

87 산업안전보건기준에 관한 규칙에 따라 중량물을 취급하는 작업을 하는 경우에 작업계획서 내용에 포함되는 사항은?

① 해체의 방법 및 해체 순서도면
② 낙하위험을 예방할 수 있는 안전대책
③ 사용하는 차량계 건설기계의 종류 및 성능
④ 작업지휘자 배치계획

해설

중량물 취급작업시 작업계획의 작성내용
1) 추락위험을 예방할 수 있는 안전대책
2) 낙하위험을 예방할 수 있는 안전대책
3) 전도위험을 예방할 수 있는 안전대책
4) 협착위험을 예방할 수 있는 안전대책
5) 붕괴위험을 예방할 수 있는 안전대책

88 터널 건설작업시 터널 내부에서 화기나 아크를 사용하는 장소에 필히 설치하도록 법으로 규정하고 있는 설비는?

① 소화설비   ② 대피설비
③ 충전설비   ④ 차단설비

해설

소화설비 설치(안전보건규칙 제359조) : 터널 건설작업을 하는 경우에는 해당 터널내부의 화기나 아크를 사용하는 장소 또는 배전반, 변압기, 차단기 등을 설치하는 장소에 소화설비를 설치하여야 한다.

89 산업안전보건기준에 관한 규칙에 따라 계단 및 계단참을 설치하는 경우 매 m²당 최소 얼마 이상의 하중에 견딜 수 있는 강도를 가진 구조로 설치하여야 하는가?

① 500kg   ② 600kg
③ 700kg   ④ 800kg

해설

계단의 강도
1) 계단 및 계단참을 설치할 때에는 500kg/m²(매제곱 미터당 500kg)이상의 하중에 견딜 수 있는 강도를 가진 구조로 설치하여야 하며, 안전율(파괴응력/허용응력)은 4 이상으로 할 것
2) 계단 및 승강구 바닥을 구멍이 있는 재료로 만들 때에는 렌치, 기타 공구 등이 낙하할 위험이 없는 구조로 할 것

90 콘크리트를 타설할 때 안전상 유의하여야 할 사항으로 옳지 않은 것은?

① 콘크리트를 치는 도중에는 거푸집, 지보공 등의 이상유무를 확인한다.
② 진동기 사용시 지나친 진동은 거푸집 도괴의 원인이 될 수 있으므로 적절히 사용해야 한다.
③ 최상부의 슬래브는 되도록 이어붓기를 하고 여러 번에 나누어 콘크리트를 타설한다.
④ 타워에 연결되어 있는 슈트의 접속은 확실한지 확인한다.

해설

③항, 최상부의 슬래브는 이어붓기를 피하고 일시에 전체를 타설하여야 한다.

91 고소작업대 구조에서 작업대를 상승 또는 하강시킬 때에 사용하는 체인의 안전율은 최소 얼마 이상인가?

① 2   ② 5
③ 10   ④ 12

해설

고소작업대 구조 : 작업대를 상승 또는 하강시킬 때 사용하는 와이어로프 또는 체인의 안전율은 5 이상일 것

92 건설공사 중 작업으로 인하여 물체가 떨어지거나 날아올 위험이 있을 때 조치할 사항으로 옳지 않은 것은?

① 안전난간 설치
② 보호구의 착용

Answer ● 86.④ 87.② 88.① 89.① 90.③ 91.② 92.①

③ 출입금지구역의 설정
④ 낙하물방지망의 설치

해설

물체가 낙하·비래할 위험이 있을 경우 위험방지조치사항
1) 낙하물방지망·수직보호망 또는 방호선반의 설치
2) 출입금지구역의 설정
3) 안전모 등 보호구의 착용

93 건설용 양중기에 대한 설명으로 옳은 것은?

① 삼각데릭은 인접시설에 장해가 없는 상태에서 360° 회전이 가능하다.
② 이동식크레인(crane)에는 트럭 크레인, 크롤러 크레인 등이 있다.
③ 휠 크레인에는 무한궤도식과 타이어식이 있으며 장거리 이동에 적당하다.
④ 크롤러 크레인은 휠 크레인보다 기동성이 뛰어나다.

해설

①항, 삼각데릭의 회전반경 : 270°
③항, 휠크레인 : 단거리 이동에 사용
④항, 크롤러크레인 : 휠크레인보다 기동성 약함

94 유해·위험방지계획서 제출대상 공사의 규모 기준으로 옳지 않은 것은?

① 최대지간길이가 50m 이상인 교량건설 등 공사
② 다목적댐, 발전용댐 및 저수용량 2천만톤 이상의 용수 전용 댐, 지방상수도 전용 댐 건설 등의 공사
③ 깊이 12m 이상인 굴착동사
④ 터널건설 등의 공사

해설

건설업 중 유해위험방지계획서 제출대상 사업의 종류
1) 지상높이가 31미터 이상인 건축물 또는 인공구조물, 연면적 3만제곱미터 이상인 건축물 또는 연면적 5천제곱미터 이상의 문화 및 집회시설(전시장 및 동물원·식물원은 제외), 판매시설, 운수시설(고속철도의 역사 및 집배송시설은 제외), 종교시설, 의료시설 중 종합병원, 숙박시설 중 관광숙박시설, 지하도상가 또는 냉동·냉장 창고시설의 건설·개조 또는 해체(이하 "건설등"이라 함)
2) 연면적 5천제곱미터 이상의 냉동·냉장 창고시설의 설비공사 및 단열공사
3) 최대 지간길이가 50미터 이상인 교량건설등 공사
4) 터널 건설등의 공사
5) 다목적댐, 발전용댐 및 저수용량 2천만톤 이상의 용수 전용 댐, 지방상수도 전용댐 건설등의 공사
6) 깊이 10미터 이상인 굴착공사

95 수중굴착 공사에 가장 적합한 건설장비는?

① 백호
② 어스드릴
③ 항타기
④ 클램셸

해설

①항, 백호우 : 낮은 곳 굴착
②항, 어스드릴 : 지반에 구멍을 뚫는 기계
③항, 항타기 : 말뚝을 박는 기계
④항, 클램셸 : 수중굴착, 좁은 곳 굴착

96 조강포틀랜드 시멘트를 사용한 콘크리트의 압축강도를 시험하지 않을 경우 거푸집널의 해체 시기로 옳은 것은? (단, 평균기온이 20°C 이상이면서 기둥의 경우)

① 1일
② 2일
③ 3일
④ 4일

해설

1) 거푸집의 존치기간(표준시방서 기준)

부위		기초, 보옆, 기둥 및 벽		바닥 및 지붕 슬래브, 보 밑	
시멘트의 종류		포틀랜드 시멘트	조강 포틀랜드 시멘트	포틀랜드 시멘트	조강 포틀랜드 시멘트
콘크리트의 재령(일)	평균 20°C 이상	4	2	7	4
	평균 10~20°C 미만	6	3	8	5
콘크리트의 압축강도		50kg/cm2		설계기준강도의 50%	

2) 부위 : 기둥, 시멘트 종류 : 조강 포틀랜드시멘트, 지령 : 평균 20°C 이상
 ∴ 해체시기(존치기간) : 2일

97 철골작업을 중지하여야 하는 악천후의 조건이다. 순서대로 ( ) 안에 알맞은 숫자를 순서대로 옳게 나열한 것은?

1. 풍속이 초당 ( ) 미터 이상인 경우
2. 강우량이 시간당 ( ) 밀리미터 이상인 경우
3. 강설량이 시간당 ( ) 센티미터 이상인 경우

① 10, 10, 10 ② 1, 1, 10
③ 1, 10, 1   ④ 10, 1, 1

해설
철골작업을 중지해야하는 기상조건
1) 풍속 : 10m/sec 이상인 경우
2) 강우량 : 1mm/hr 이상인 경우
3) 강설량 : 1cm/hr 이상인 경우

98 낙하추나 화약의 폭발 등으로 인공진동을 일으켜 지반의 종류, 지층 및 강성도 등을 알아내는데 활용되는 지반조사 방법은?

① 탄성파탐사   ② 전기저항탐사
③ 방사능탐사   ④ 유량검층탐사

해설
탄성파탐사 : 본문설명

99 사다리식 통로 등을 설치하는 경우 준수해야 할 기준으로 옳지 않은 것은?

① 견고한 구조로 할 것
② 폭은 20cm 이상의 간격을 유지할 것
③ 심한 손상·부식 등이 없는 재료를 사용할 것
④ 발판과 벽과의 사이는 15cm 이상을 유지할 것

해설
②항, 폭은 30cm 이상으로 할 것

100 잠함, 우물통, 수직갱, 그 밖에 이와 유사한 건설물 또는 설비의 내부에서 굴착작업을 하는 경우에 준수해야할 기분으로 옳지 않은 것은?

① 산소 결핍 우려가 있는 경우에는 산소의 농도를 측정하는 사람을 지명하여 측정하도록 할 것
② 근로자가 안전하게 오르내리기 위한 설비를 설치할 것
③ 굴착 깊이가 10m를 초과하는 경우에는 해당 작업장소와 외부와의 연락을 위한 통신설비 등을 설치할 것
④ 굴착 깊이가 20m를 초과하는 경우에는 송기를 위한 설비를 설치하여 필요한 양의 공기를 공급할 것

해설
잠함·우물통·수직갱 기타 이와 유사한 건설물 또는 설비의 내부에서 굴착작업시 준수사항
1) 산소결핍의 우려가 있는 때에는 산소의 농도를 측정하는 자를 지명하여 측정하도록 할 것
2) 근로자가 안전하게 승강하기 위한 설비(승강설비)를 설치할 것
3) 굴착 깊이가 20m를 초과하는 때에는 해당 작업장소와 외부와의 연락을 위한 통신설비 등을 설치할 것
4) 산소결핍이 인정되거나 굴착 깊이가 20m를 초과할 때에는 송기설비를 설치하여 필요한 양의 공기를 공급할 것

Answer ▶ 97. ④ 98. ① 99. ② 100. ③

2024년 제1회 산업안전산업기사 CBT 복원 기출문제

제1과목 산업안전관리론

01 연간 총 근로시간 중에 발생하는 근로손실일수를 1,000 시간 당 발생하는 근로손실일수로 나타내는 식은?

① 강도율
② 도수율
③ 연천인율
④ 종합재해지수

해설

1) 강도율 : 연근로시간 1,000시간 당 재해로 인해서 잃어버린 근로손실일수를 말한다.
2) 관계식

$$강도율 = \frac{근로손실일수}{연근로시간수} \times 1,000$$

02 재해원인을 직접원인과 간접원인으로 나눌 때, 직접원인에 해당하는 것은?

① 기술적 원인
② 관리적 원인
③ 교육적 원인
④ 물적 원인

해설

재해발생의 원인
1) 직접원인
　① 인적원인 : 불안전한 행동
　② 물적원인 : 불안전한 상태
2) 간접원인 : 기술적원인, 관리적원인, 교육적원인

03 TBM(Tool Box Meeting)의 의미를 가장 잘 설명한 것은?

① 지시나 명령의 전달회의
② 공구함을 준비한 후 작업하라는 뜻
③ 작업원 전원의 상호대화로 스스로 생각하고 납득하는 작업장 안전회의
④ 상사의 지시된 작업내용에 따른 공구를 하나 하나 준비해야 한다는 뜻

해설

TBM(tool box meeting)
1) TBM은 통상 작업 시작 전에 5분~15분 정도의 시간을 들여 행하여진다. 또한 작업 종업시의 극히 짧은 3분~5분으로 행하는 미팅도 TBM의 하나이다.
2) TBM은 직장, 현장, 공구 상자 등의 근처에서 될 수 있는 한 작은 원을 만들어 이루어진다(인원 5~7명 정도).
3) TBM은 직장이나 작업의 상황에 잠재된 위험을 모두가 말을 하는 가운데 스스로 생각하고 납득하고 합의하는 것이다.

04 교육 대상자수가 많고, 교육 대상자의 학습 능력의 차이가 큰 경우 집단안전 교육방법으로서 가장 효과적인 방법은?

① 문답식 교육
② 토의식 교육
③ 시청각 교육
④ 상담식 교육

해설

시청각 교육
교육대상자수가 많고 교육대상자의 학습능력차이가 큰 경우 집단교육방법으로 효과적이다.

05 일선 관리감독자를 대상으로, 작업지도기법, 작업개선기법, 인간관계 관리기법 등을 교육하는 방법은?

① ATT(American Telephone & Telegram Co.)
② MTP(Management Training Program)
③ CCS(Civil Communication Section)
④ TWI(Training Within Industry)

해설

TWI(Training Within Industry)
1) 교육대상자 : 감독자
2) 교육내용
　① JI(Job Instruction) : 작업지도 기법
　② JM(Job Method) : 작업개선 기법
　③ JR(Job Relation) : 인간관계관리 기법(부하통솔 기법)

Answer ● 01. ① 02. ④ 03. ③ 04. ③ 05. ④

④ JS(Job Safety) : 작업안전 기법
3) 한 클래스는 10명 정도, 교육방법은 토의법, 1일 2시간씩 5일에 걸쳐 10시간 정도 한다.

06 교육훈련의 효과는 5관을 최대한 활용하여야 하는데 다음 중 효과가 가장 큰 것은?

① 청각
② 시각
③ 촉각
④ 후각

해설
5관의 효과순서 : 시각 > 청각 > 촉각 > 미각 > 후각

07 산업안전보건법상 바탕은 흰색, 기본모형은 빨간색, 관련 부호 및 그림은 검은색을 사용하는 안전·보건표지는?

① 안전복착용
② 출입금지
③ 고온경고
④ 비상구

해설
산업안전표지의 종류와 색채
1) 금지표시 : 바탕은 흰색, 기본모형은 빨간색, 관련부호 및 그림은 검정색
2) 경고표시 : 바탕은 노란색, 기본모형, 관련부호 및 그림은 검정색[다만, 인화성물질 경고, 산화성물질 경고, 폭발성물질 경고, 급성독성물질 경고, 부식성물질 경고 및 발암성·변이원성·생식독성·전신독성·호흡기과민성물질 경고의 경우 바탕은 무색, 기본모형은 빨간색(흑색도 가능)]
3) 지시표시 : 바탕은 파란색, 관련그림은 흰색
4) 안내표시 : 바탕은 흰색, 기본모형 및 관련 부호는 녹색, 바탕은 녹색, 관련부호 및 그림은 흰색
5) 관계자외 출입금지표지 : 바탕은 흰색, 글자는 흑색, 다음 글자는 적색
 ① ○○○제조/사용/보관중
 ② 석면취급/해체중
 ③ 발암물질 취급중

08 성공적인 리더가 갖추어야 할 특성으로 가장 거리가 먼 것은?

① 강한 출세 욕구
② 강력한 조직 능력
③ 미래지향적 사고 능력
④ 상사에 대한 부정적인 태도

해설
성실한 지도자가 공통적으로 갖는 속성
1) 업무수행능력 및 판단능력
2) 강력한 조직능력 및 강한 출세욕구
3) 자신에 대한 긍정적 태도
4) 상사에 대한 긍정적 태도
5) 조직의 목표에 대한 충성심
6) 실패에 대한 두려움
7) 원만한 사교성
8) 매우 활동적이며 공격적인 도전
9) 자신의 건강과 체력 단련
10) 부모로부터의 정서적 독립

09 산업안전보건법상 아세틸렌 용접장치 또는 가스집합 용접장치를 사용하여 행하는 금속의 용접·용단 또는 가열작업자에게 특별안전·보건교육을 시키고자 할 때의 교육내용이 아닌 것은?

① 용접흄·분진 및 유해광선 등의 유해성에 관한 사항
② 작업방법·작업순서 및 응급처치에 관한 사항
③ 안전밸브의 취급 및 주의에 관한 사항
④ 안전기 및 보호구 취급에 관한 사항

해설
아세틸렌용접장치 또는 가스집합용접장치를 사용하여 금속의 용접·용단 또는 가열작업시 특별안전·보건교육의 교육내용
1) ①, ②, ④항
2) 가스용접기, 압력조정기, 호스 및 취관두 등의 기기점검에 관한 사항
3) 화재예방 및 초기대응에 관한 사항
4) 그 밖에 안전·보건관리에 필요한 사항

10 다음 (   ) 안에 알맞은 것은?

사업주는 산업재해로 사망자가 발생하거나 (   ) 일 이상의 휴업이 필요한 부상을 입거나 질병에 걸린 사람이 발생한 경우 해당 사업재해가 발생한 날부터 1개월 이내에 산업재해조사표를 작성하여 관할 지방고용노동청장 또는 지청장에게 제출하여야 한다.

① 3
② 4

Answer ➡ 06. ② 07. ② 08. ④ 09. ③ 10. ①

③ 5　　　　　　　　　④ 7

해설

산업재해 발생보고(시행규칙 제4조)
1) 사업주는 산업재해로 사망자가 발생하거나 3일 이상의 휴업이 필요한 부상을 입거나 질병에 걸린 사람이 발생한 경우
2) 해당 산업재해가 발생한 날부터 1개월 이내에 산업재해조사표를 작성하여
3) 지방 고용노동관서의 장에게 제출하여야 한다.

11 안전관리에 관한 계획에서 실시에 이르기까지 모든 권한이 포괄적이며 하향적으로 행사되며, 전문 안전담당 부서가 없는 안전관리조직은?

① 직계식 조직
② 참모식 조직
③ 직계 – 참모식 조직
④ 안전보건 조직

해설

직계식 조직(line 형)
1) 생산 또는 현장 라인(line)에서 생산 및 안전업무를 동시에 실시하는 조직 형태이다 (100명 미만 소규모 사업장에 적합)
2) 장점
  ① 안전지시나 개선조치 등 명령이 철저하고 신속하게 수행된다.
  ② 상하관계만 있기 때문에 명령과 보고가 간단명료하다.
  ③ 참모식 조직보다 경제적인 조직체계이다.
3) 단점
  ① 안전전담부서(staff)가 없기 때문에 안전에 대한 정보가 불충분하고 안전지식 및 기술축적이 어렵다.
  ② 라인(line)에 과중한 책임을 지우기가 쉽다.

12 매슬로우(A.H.Maslow)의 인간욕구 5단계 이론에서 각 단계별 내용이 잘못 연결된 것은?

① 1단계 : 자아실현의 욕구
② 2단계 : 안전에 대한 욕구
③ 3단계 : 사회적 욕구
④ 4단계 : 존경에 대한 욕구

해설

매슬로우(Maslow)의 욕구 5단계
1) 1단계 – 생리적 욕구(신체적 욕구) : 기아, 갈등, 호흡, 배설, 성욕 등 기본적 욕구
2) 2단계 – 안전의 욕구 : 안전을 구하려는 욕구
3) 3단계 – 사회적 욕구(친화욕구) : 애정, 소속에 대한 욕구
4) 4단계 – 인정받으려는 욕구(자기존경의 욕구, 승인욕구) : 자존심, 명예, 성취, 지위 등에 대한 욕구
5) 5단계 – 자아실현의 욕구(성취욕구) : 잠재적인 능력을 실현하고자 하는 욕구

13 피로의 예방과 회복대책에 대한 설명이 아닌 것은?

① 작업부하를 크게 할 것
② 정적 동작을 피할 것
③ 작업속도를 적절하게 할 것
④ 근로시간과 휴식을 적정하게 할 것

해설

피로의 예방대책
1) 작업부하를 작게 할 것
2) 근로시간과 휴식을 적정하게 할 것
3) 작업속도 및 작업정도 등을 적당하게 할 것
4) 불필요한 마찰을 배제 할 것
5) 정적동작을 피할 것
6) 직장체조를 통해 혈액순환을 촉진할 것(운동을 적당히 할 것)
7) 충분한 영양을 섭취할 것(건강식품의 준비, 비타민 B · C 등의 적정한 영양제보급 등)

14 산업안전보건법상 중대재해에 해당하지 않는 것은?

① 추락으로 인하여 1명이 사망한 재해
② 건물의 붕괴로 인하여 15명의 부상자가 동시에 발생한 재해
③ 화재로 인하여 4개월의 요양이 필요한 부상자가 동시에 3명 발생한 재해
④ 근로환경으로 인하여 직업성질병자가 동시에 5명 발생한 재해

해설

중대재해의 정의(시행규칙 제2조 제1항)
1) 사망자가 1명 이상 발생한 재해
2) 3개월 이상의 요양이 필요한 부상자가 동시에 2명 이상 발생한 재해
3) 부상자 또는 직업성 질병자가 동시에 10명 이상 발생한 재해

Answer ● 11. ① 12. ① 13. ① 14. ④

15 다음과 같은 착시현상에 해당하는 것은?

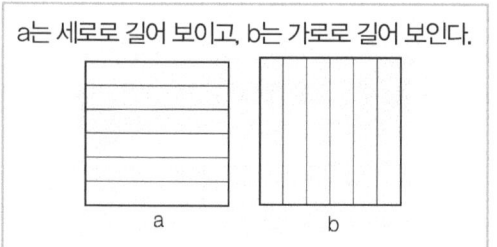

a는 세로로 길어 보이고, b는 가로로 길어 보인다.

① 뮬러 – 라이어(Muler – Lyer)의 착시
② 헬호츠(Helmhotz)의 착시
③ 헤링(Hering)의 착시
④ 포겐도프(Poggendorf)의 착시

해설

헬호츠(Helhotz)의 착시 : 가로, 세로의 길이가 같은데 선으로 나눈 부분이 길어져 보인다.

16 하버드 학파의 5단계 교수법에 해당되지 않는 것은?

① 교시(Presentation)
② 연합(Association)
③ 추론(Reasoning)
④ 총괄(Generalization)

해설

하버드 학파의 5단계 교수법
1) 1단계 : 준비시킨다(preparation)
2) 2단계 : 교시한다(presentation)
3) 3단계 : 연합한다(association)
4) 4단계 : 총괄시킨다(generalization)
5) 5단계 : 응용시킨다(application)

17 방독마스크의 흡수관의 종류와 사용조건이 옳게 연결된 것은?

① 보통가스용 – 산화금속
② 유기가스용 – 활성탄
③ 일산화탄소용 – 알칼리제제
④ 암모니아용 – 산화금속

해설

방독마스크의 흡수관(흡수통 또는 정화통)

종류	표지 기호	표지 색	대응독물	주성분
보통가스용 (할로겐가스용)	A	흑색 회색	염소 및 할로겐류, 포스겐, 유기 및 산성가스	활성탄, 소다라임
유기가스용	C	흑색	유기가스 및 증기, 이황화탄소	활성탄
일산화탄소용	E	적색	TEL, 일산화탄소	호프카라이트, 방습제
암모니아용	H	녹색	암모니아	큐프라마이트
아황산용	I	황적색	아황산 및 황산미스트	산화금속 알카리제제

18 산업안전보건법상 프레스 작업 시 작업시작 전 점검사항에 해당하지 않는 것은?

① 클러치 및 브레이크의 기능
② 매니퓰레이터(manipulator) 작동의 이상 유무
③ 프레스의 금형 및 고정볼트 상태
④ 1행정 1정지기구 · 급정지장치 및 비상정지 장치의 기능

해설

프레스 작업시 작업시작 전 점검사항
1) 클러치 및 브레이크의 기능
2) 크랭크축 · 플라이휠 · 슬라이드 · 연결봉 및 연결나사의 풀림유무
3) 1행정 1정지기구 · 급정지장치 및 비상정지장치의 기능
4) 슬라이드 또는 칼날에 의한 위험방지기구의 기능
5) 프레스의 금형 및 고정볼트 상태
6) 방호장치의 기능
7) 전단기의 칼날 및 테이블의 상태

19 레빈(Lewin)의 법칙 중 환경조건(E)이 의미하는 것은?

① 지능
② 소질
③ 적성
④ 인간관계

Answer ▶ 15. ② 16. ③ 17. ② 18. ② 19. ④

해설

레빈(Lewin)의 법칙
$B = f(P \cdot E)$
1) B(Behavior) : 인간의 행동
2) f(function, 함수관계) : 적성 기타 P와 E에 영향을 미칠 수 있는 조건
3) P(Person, 개체) : 연령, 경험, 심신상태, 성격, 지능 등 인간의 조건
4) E(Environment, 심리적 환경) : 인간관계, 작업환경 등 환경조건

20 재해손실 코스트 방식 중 하인리히의 방식에 있어 1 : 4의 원칙 중 1에 해당하지 않는 것은?

① 재해예방을 위한 교육비
② 치료비
③ 재해자에게 지급된 급료
④ 재해보상 보험금

해설

하인리히의 재해손실비
1) 총재해 cost = 직접비 + 근접비
2) 직접비 : 간접비 = 1 : 4
 ① **직접비** : 법으로 정한 치료비 및 산재보상비(휴업보상비, 장해보상비, 요양보상비, 장의비, 유족보상비, 상병보상연금 등)
 ② **간접비** : 재산손실, 생산중단 등으로 인해 기업이 입은 손실(인적손실, 물적손실, 생산손실, 기타손실 등)

제2과목 인간공학 및 시스템안전공학

21 음량 수준이 50 phon일 때 sone 값은?

① 2
② 5
③ 10
④ 100

해설

$sone = 2^{(phon-40)/10} = 2^{(50-40)/10} = 2$

길잡이 phon과 sone
1) **phon에 의한 음량수준** : 1,000Hz순음의 음압수준(dB)을 phon이라 한다.
2) **sone에 의한 음량** : 40phon(1,000Hz, 40dB의 음압수준을 가진 순음의 크기)을 1sone이라 한다.

22 청각적 표시장치 지침에 관한 설명으로 틀린 것은?

① 신호는 최소한 0.5~1초 동안 지속한다.
② 신호는 배경소음과 다른 주파수를 이용한다.
③ 소음은 양쪽 귀에, 신호는 한쪽 귀에 들리게 한다.
④ 300m 이상 멀리 보내는 신호는 2,000 Hz 이상의 주파수를 사용한다.

해설

1) 300m 이상 멀리 보내는 신호는 1,000 Hz이하의 주파수를 사용한다.
2) 장애물 칸막이 통과시는 500Hz이하의 진동수를 사용한다.

23 인체측정치를 이용한 설계에 관한 설명으로 옳은 것은?

① 평균치를 기준으로 한 설계를 제일 먼저 고려한다.
② 자세와 동작에 따라 고려해야 할 인체측정 치수가 달라진다.
③ 의자의 깊이와 너비는 작은 사람을 기준으로 설계한다.
④ 큰 사람을 기준으로 한 설계는 인체측정치의 5%tile을 사용한다.

해설

1) 최대치수나 최소치수, 조절식으로 하기가 곤란할 때 평균치를 기준으로 하여 설계한다.
2) 의자좌판의 깊이는 작은 사람에게, 나비(폭)는 큰 사람에게 맞도록 설계한다.
3) 큰 사람을 기준으로 한 설계(최대 집단치)는 인체측정치의 상위 백분위수를 기준으로 한 90,95,99%치를 사용한다.(최소집단치는 하위 백분위 수 1,5,10%치 사용)

24 인간-기계 시스템 설계 과정의 주요 6단계를 올바른 순서로 나열한 것은?

ⓐ 기본설계
ⓑ 시스템 정의
ⓒ 목표 및 성능 명세 결정
ⓓ 인간-기계인터페이스(human-machine interface) 설계
ⓔ 매뉴얼 및 성능보조자료 작성
ⓕ 시험 및 평가

Answer ● 20. ① 21. ① 22. ④ 23. ② 24. ①

① ⓒ→ⓑ→ⓐ→ⓓ→ⓔ→ⓕ
② ⓐ→ⓑ→ⓒ→ⓓ→ⓔ→ⓕ
③ ⓑ→ⓒ→ⓐ→ⓔ→ⓓ→ⓕ
④ ⓒ→ⓐ→ⓑ→ⓔ→ⓓ→ⓕ

해설

인간·기계 시스템 설계과정의 6단계
1) 1단계 : 목표 및 성능 명세 결정
2) 2단계 : 시스템 정의
3) 3단계 : 기본설계
4) 4단계 : 인간·기계 인터페이스(interface) 설계
5) 5단계 : 매뉴얼 및 성능보조자료 작성
6) 6단계 : 시험 및 평가

⇨ interfase(계면) : 인간·기계체계에서 인간과 기계가 만나는 면(面)

25 동전던지기에서 앞면이 나올 확률이 0.7이고, 뒷면이 나올 확률이 0.3일 때, 앞면이 나올 사건의 정보량(A)과 뒷면이 나올 사건이 정보량(B)은 각각 얼마인가?

① A : 0.88 bit, B : 1.74 bit
② A : 0.51 bit, B : 1.74 bit
③ A : 0.88 bit, B : 2.25 bit
④ A : 0.51 bit, B : 2.25 bit

26 고온 작업자의 고온 스트레스로 인해 발생하는 생리적 영향이 아닌 것은?

① 피부와 직장온도의 상승
② 발한(sweating)의 증가
③ 심박출량(cardiac output)의 증가
④ 근육에서의 젖산 감소로 인한 근육통과 근육피로 증가

해설

④항, 근육에서의 젖산 증가로 인한 근육통과 근육피로 증가.

27 FMEA의 위험성 분류 중 "카테고리 2"에 해당 되는 것은?

① 영향 없음
② 활동의 지연
③ 사명 수행의 실패
④ 생명 또는 가옥의 상실

해설

FMEA의 위험성 분류
1) category 1 : 생명 또는 가옥의 상실
2) category 2 : 사명(작업) 수행의 실패
3) category 3 : 활동의 지연
4) category 4 : 영향 없음

28 다음 중 일반적으로 가장 신뢰도가 높은 시스템의 구조는?

① 직렬연결구조
② 병렬연결구조
③ 단일부품구조
④ 직·병렬 혼합구조

해설

1) 병렬연결 : 신뢰도가 가장 높음
2) 관계식

$$R = 1 - \prod_{i=1}^{n}(1-R_i)$$

29 중량물을 반복적으로 드는 작업의 부하를 평가하기 위한 방법인 NIOSH 들기지수를 적용할 때 고려되지 않는 항목은?

① 들기빈도
② 수평이동거리
③ 손잡이 조건
④ 허리 비틀림

해설

1) NIOSH(미국 산업안전보건연구원)들기지수(LI ; lifting index) : 실제작업물의 무게와 권장무게한계(RWL)의 비를 말한다.

$$LI = \frac{실제작업무게(L)}{권장무게한계(RWL)}$$

2) 권장무게한계(RWL)
$$RWL = Lc \times HM \times VM \times DM \times AM \times FM \times CM$$
여기서, Lc : 중량상수(32kg)
HM : 수평계수
VM : 수직계수
DM : 이동거리계수
AM : 비대칭계수
FM : 작업빈도계수(들기빈도)
CM : 물체를 잡는데 따른 계수 (커플링계수)(손잡이조건)

Answer ➡ 25. ② 26. ④ 27. ③ 28. ② 29. ②

30 작업자가 소음 작업환경에 장기간 노출되어 소음성 난청이 발병하였다면 일반적으로 청력손실이 가장 크게 나타나는 주파수는?

① 1,000Hz   ② 2,000Hz
③ 4,000Hz   ④ 6,000Hz

해설
유해주파수 : 4,000Hz

31 다음 중 시스템 안전성 평가의 순서를 가장 올바르게 나열한 것은?

① 자료의 정리 → 정량적 평가 → 정성적 평가 → 대책 수립 → 재평가
② 자료의 정리 → 정성적 평가 → 정량적 평가 → 재평가 → 대책 수립
③ 자료의 정리 → 정량적 평가 → 정성적 평가 → 재평가 → 대책 수립
④ 자료의 정리 → 정성적 평가 → 정량적 평가 → 대책 수립 → 재평가

해설
공장설비의 안전성 평가의 5단계
1) 1단계 : 관계 자료의 작성준비
2) 2단계 : 정성적 평가
3) 3단계 : 정량적 평가
4) 4단계 : 안전대책
5) 5단계 : 재평가

32 결함수분석법에 있어 정상사상(top event)이 발생하지 않게 하는 기본사상들의 집합을 무엇이라고 하는가?

① 컷셋(cut set)   ② 페일셋(fail set)
③ 트루셋(truth set)   ④ 패스셋(path set)

해설
1) 컷셋과 미니멀 컷
 ① 컷셋(cut sets) : 정상사상을 일으키는 기본사상(통상사상, 생략사상 포함)의 집합을 컷이라 한다.
 ② 미니멀 컷(minimal cut sets) : 정상사상을 일으키기 위해 필요한 최소한의 컷을 말한다.(시스템의 위험성을 나타냄)

2) 패스셋과 미니멀 패스
 ① 패스셋(path sets) : 정상사상이 일어나지 않는 기본사상의 집합을 말한다.
 ② 미니멀 패스(minimal path sets) : 필요한 최소한의 패스를 말한다.(시스템의 신뢰성을 나타냄)

33 FT도에 사용되는 논리기호 중 AND 게이트에 해당하는 것은?

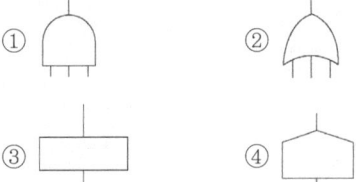

해설
① 항 : AND gate   ② 항 : OR gate
③ 항 : 결함사상   ④ 항 : 통상사상

34 조종반응비율(C/R비)에 관한 설명으로 틀린 것은?

① 조종장치와 표시장치의 물리적 크기와 성질에 따라 달라진다.
② 표시장치의 이동거리를 조종장치의 이동거리로 나눈 값이다.
③ 조종반응비율이 낮다는 것은 민감도가 높다는 의미이다.
④ 최적의 조종반응비율은 조종장치의 조종시간과 표시장치의 이동시간이 교차하는 값이다.

해설
조종반응비율(C/R비 또는 C/D 또는 ; 통제표시비)

$$\frac{C}{R}비 = \frac{조종장치 이동거리}{표시장치 이동거리}$$

35 페일 세이프(fail-safe)의 원리의 해당되지 않는 것은?

① 교대 구조
② 다경로하중 구조
③ 배타설계 구조
④ 하중경감 구조

Answer ▶ 30. ③ 31. ④ 32. ④ 33. ① 34. ② 35. ③

해설

구조적 페일 세이프(팡공기의 엔진, 압력용기의 안전밸브)
1) 저균열속도 구조 : 기계 · 장치 등에 균열이 발생하더라도 그 진전속도가 늦어 정지를 일으키는 구조
2) 조합구조 : 다층재 등에서와 같이 여러 개의 재료를 조합시켜 하나의 재료에서 균열이 생겨도 다른 재료가 하중을 받아주는 구조
3) 다경로하중 구조 : 하중을 받아주는 부재가 몇 개로 나뉘어져 있어 일부 부재가 파열되어도 다른 부재로 인해 하중을 받아줄 수 있는 구조
4) 하중해방 구조 : 안전파열판 등과 같이 어딘가가 파열되면 그 이상의 하중이 걸리지 않는 구조

36 옥내 조명에서 최적 반사율의 크기가 작은 것부터 큰 순서대로 나열된 것은?

① 벽 < 천장 < 가구 < 바닥
② 바닥 < 가구 < 천장 < 벽
③ 가구 < 바닥 < 천장 < 벽
④ 바닥 < 가구 < 벽 < 천장

해설

옥내 최적 반사율
1) 천장 : 80~90%
2) 벽, 창문 발(blind) : 40~60%
3) 가구, 사무기기, 책상 : 25~45%
4) 바닥 : 20~40%

37 관측하고자 하는 측정값을 가장 정확하게 읽을 수 있는 표시장치는?

① 계수형   ② 동침형
③ 동목형   ④ 묘사형

해설

정량적 동적표시장치의 기본형
1) 정목동침(moving pointer)형 : 눈금이 고정되고 지침이 움직이는 형
2) 정침동목(moving scale)형 : 지침이 고정되고 눈금이 움직이는 형
3) 계수(digital)형 : 전력계나 택시요금 계기와 같이 기계 · 전자적으로 숫자가 표시되는 형

38 그림의 FT도에서 최소 컷셋(minimal cut set)으로 옳은 것은?

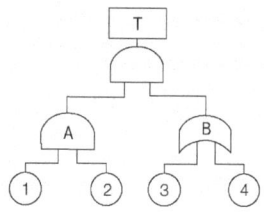

① {1, 2, 3, 4}
② {1, 2, 3}, {1, 2, 4}
③ {1, 3, 4}, {2, 3, 4}
④ {1, 3}, {1, 4}, {2, 3}, {2, 4}

해설

FT도를 다음과 같이 그린 후에 최소컷 셋을 구한다.

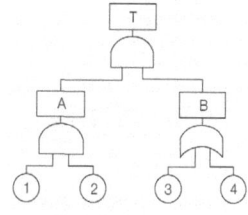

T→AB→①②B→①②③
              ①②④

39 설비의 보전과 가동에 있어 시스템의 고장과 고장 사이의 시간 간격을 의미하는 용어는?

① MTTR   ② MDT
③ MTBF   ④ MTBR

해설

MTTF(mean time to failure) : 평균 수명 또는 고장발생까지의 동작시간 평균이라고도 하며, 하나의 고장에서부터 다음 고장까지의 평균동작시간을 말한다.

$$\therefore \text{MTTF} = \frac{1}{\lambda(\text{고장률})}$$

2) MTTR(mean time to repair) : 평균수리시간(총수리시간을 그 기간의 수리회수로 나눈 시간)
3) MTBF(mean time between failure) : 평균고장간격
   $\therefore$ MTBF = MTTF + MTTR

Answer ➡ 36. ④ 37. ① 38. ② 39. ③

40 에너지대사율(Relative Metabolic Rate)에 관한 설명으로 틀린 것은?

① 작업대사량은 작업 시 소비에너지와 안정 시 소비에너지의 차로 나타낸다.
② RMR은 작업대사량을 기초대사량으로 나눈 값이다.
③ 산소소비량을 측정할 때 더글라스백(Douglas bag)을 이용한다.
④ 기초대사량은 의자에 앉아서 호흡하는 동안에 측정한 산소소비량으로 구한다.

해설
1) 기초대사량 : 생명을 유지하는데 필요한 최소한의 시간당 에너지를 말한다.
2) 기초대사량 : 1,500~1,800kcal/day

제3과목 기계위험방지기술

41 운전자가 서서 조작하는 방식의 지게차의 경우 운전석의 바닥면에서 헤드가드의 상부틀의 하면까지의 높이가 몇 m 이상이 되어야 하는가?

① 0.3   ② 0.5
③ 0.903   ④ 1.88

해설
지게차 헤드가드(head guard)의 구비조건(안전보건규칙)
1) 강도는 지게차 최대하중의 2배의 값(그 값이 4톤을 넘는 것에 대해서는 4톤으로 한다.)의 등분포정하중에 견딜 수 있는 것일 것
2) 상부틀의 각 개구의 폭 또는 길이가 16cm 미만일 것
3) 운전자가 앉아서 조작하는 방식의 지게차에 있어서는 운전자 좌석의 상면에서 헤드가드 상부틀의 하면까지의 높이가 0.903m 이상일 것
4) 운전자가 서서 조작하는 방식의 지게차에 있어서는 운전석의 바닥면에서 헤드가드 상부틀의 하면까지의 높이가 1.88m 이상일 것

42 프레스에 적용되는 방호장치의 유형이 아닌 것은?

① 접근거부형   ② 접근반응형
③ 위치제한형   ④ 포집형

해설
프레스기 방호장치의 유형
1) 접근거부형 : 수인식 방호장치, 손쳐내기식 방호장치
2) 접근반응형 : 감응식 방호장치
3) 위치제한형 : 양수조작식 방호장치

43 롤러기 방호장치의 무부하 동작시험 시 앞면 롤러의 지름이 150mm이고, 회전수가 30rpm인 롤러기의 급정지거리는 몇 mm 이내이어야 하는가?

① 157   ② 188
③ 207   ④ 237

해설
1) $V = \dfrac{\pi DN}{1000}$

$= \dfrac{3.14 \times 150 \times 30}{1,000} = 14.13 \text{m/min}$

2) 급정지거리 $= \pi D \times \dfrac{1}{3}$

$= 3.14 \times 150 \times \dfrac{1}{3} = 157\text{mm}$ 이내

44 기계가 그 부품에 고장이나 기능 불량이 생겨도 항상 안전하게 작동하는 안전화 대책은?

① 진단
② 예방정비
③ 페일 세이프(fail safe)
④ 풀 프루프(fool proof)

해설
1) 페일세이프(fail safe) : 인간이나 기계 등에 과오나 동작상의 실수가 있더라도 사고·재해를 발생시키지 않도록 철저하게 2중, 3중으로 통제를 가하는 것
2) 페일세이프 구조의 기능면에서의 분류
  ① fail passive : 성분의 고장시 기계·장치는 정지 상태로 돌아간다.
  ② fail operational : 병렬 여분계의 성분을 구성한 경우이며, 성분의 고장이 있어도 다음 정기 점검시 까지는 운전이 가능하다.
  ③ fail active : 성분의 고장시 기계·장치는 경보를 나타내며 단시간에 역전이 된다.

Answer ► 40. ④ 41. ④ 42. ④ 43. ① 44. ③

45 아세틸렌 용접장치의 발생기실을 옥외에 설치한 경우에는 그 개구부는 다른 건축물로부터 몇 m 이상 떨어져야 하는가?

① 1 ② 1.5
③ 2.5 ④ 3

해설

아세틸렌용접장치 발생기실의 설치장소
1) 발생기는 전용의 발생기실 내에 설치할 것
2) 발생기실은 건물의 최상층에 위치하여야 하며 화기를 사용하는 설비로부터 3m를 초과하는 장소에 설치할 것
3) 발생기실을 옥외에 설치한 경우에는 그 개구부를 다른 건축물로부터 1.5m이상 떨어지도록 할 것

46 위험한 작업점과 작업자 사이에 서로 접근되어 일어날 수 있는 재해를 방지하는 격리형 방호장치가 아닌 것은?

① 완전 차단형 방호장치
② 덮개형 방호장치
③ 안전 방책
④ 양수조작식 방호장치

해설

1) 격리형 방호장치의 종류
  ① 완전차단형
  ② 덮개형
  ③ 안전방책(방호망)
2) **양수조작식 방호장치** : 위치제한형 방호장치

47 밀링머신(milling machine)의 작업 시 안전수칙에 대한 설명으로 틀린 것은?

① 커터의 교환 시는 테이블 위에 목재를 받쳐 놓는다.
② 강력절삭 시에는 일감을 바이스에 깊게 물린다.
③ 작업 중 면장갑을 끼지 않는다.
④ 커터는 가능한 칼럼(column)으로부터 멀리 설치한다.

해설

밀링의 안전작업수칙
1) 테이블 위에 공구나 기타 물건 등을 올려놓지 않을 것
2) 상하 좌우 이송장치의 핸들(손잡이)은 사용 후 반드시 풀어 둘 것
3) 장갑의 사용을 금할 것
4) 칩의 제거는 반드시 브러시를 사용할 것(걸레 사용금지)
5) 일감을 풀거나 고정할 때와 측정 시에는 반드시 운전을 정지시킬 것
6) 가공중에 손으로 가공면을 점검하지 않을 것
7) 강력 절삭을 할 때는 일감을 바이스에 깊게 물릴 것
8) 가동중에 기계를 변속시키지 않을 것
9) 밀링 칩(공작 기계 중 가장 가늘고 예리함)의 비산에 의한 부상 방지를 위해 보안경을 착용할 것
10) 아버 너트(arbor nut : 고정 너트의 압력으로 축심에 정확히 직각으로 고정해주는 역할을 함)는 너무 힘껏 조이지 않도록 할 것

48 공기압축기의 작업시작 전 점검사항이 아닌 것은?

① 윤활유의 상태
② 언로드 밸브의 기능
③ 비상정지장치의 기능
④ 압력방출장치의 기능

해설

공기압축기의 작업 시작 전 점검사항(안전보건규칙 별표3 제3호)
1) 공기저장 압력용기의 외관상태
2) 드레인 밸브의 조작 및 배수
3) 압력방출장치의 기능
4) 언로드 밸브의 기능
5) 윤활유의 상태
6) 회전부의 덮개 또는 울
7) 기타 연결 부위의 이상 유무

49 불순물이 포함된 물을 보일러 수로 사용하여 보일러의 관벽과 드럼 내면에 발생한 관석(Scale)으로 인한 영향이 아닌 것은?

① 과열
② 불완전 연소
③ 보일러의 효율 저하
④ 보일러 수의 순환 저하

해설

불완전연소 : 이상연소현상

Answer ➡ 45. ② 46. ④ 47. ④ 48. ③ 49. ②

50 프레스 광전자식 방호장치의 광선에 신체의 일부가 감지된 후로부터 급정지기구 작동 시까지 시간이 30ms이고, 급정지기구의 작동 직후로부터 프레스기가 정지될 때까지의 시간이 20ms라면 광축의 최소 설치거리는?

① 75mm
② 80mm
③ 100mm
④ 150mm

해,설
광축의 설치거리 = $1.6(T_L - T_s)$
　　　　　　　 = $1.6 \times (30+20) = 80mm$

51 프레스 방호장치의 공통일반구조에 대한 설명으로 틀린 것은?

① 방호장치의 표면은 벗겨짐 현상이 없어야 하며, 날카로운 모서리 등이 없어야 한다.
② 위험기계·기구 등에 장착이 용이하고 견고하게 고정될 수 있어야 한다.
③ 외부충격으로부터 방호장치의 성능이 유지될 수 있도록 보호덮개가 설치되어야 한다.
④ 각종 스위치, 표시램프는 돌출형으로 쉽게 근로자가 볼 수 있는 곳에 설치해야 한다.

해,설
④항, 각종 스위치, 표시램프 등은 매립형으로 쉽게 근로자가 볼 수 있는 곳에 설치해야 한다.

52 소성가공의 종류가 아닌 것은?

① 단조
② 압연
③ 인발
④ 연삭

해,설
소성가공의 종류
1) 단조가공　　2) 압연가공
3) 인발가공　　4) 압출가공
5) 프레스가공　6) 전조가공

53 풀 푸르프(fool proof)에 해당되지 않는 것은?

① 각종 기구의 인터록 기구
② 크레인의 권과방지장치
③ 카메라의 이중 촬영 방지기구
④ 항공기의 엔진

해,설
풀 프루프(fool proof)
1) 풀 프루프(fool proof) : 기계장치 설계 단계에서 안전화를 도모하는 것으로 근로자가 기계 등의 취급을 잘못해도 사고로 연결되는 일이 없도록 하는 안전기구이며 인간과오(human error)를 방지하기 위한 것이다.
2) 종류 : 가드(guard), 세이프티블록(safety block : 안전블록), 크레인의 권과방지장치, 카메라의 이중 촬영방지 기구, 각종 인터록기구 등이 있다.

54 산업안전보건법상 양중기가 아닌 것은?

① 곤돌라
② 이동식 크레인
③ 최대하중이 0.2톤 인 승강기
④ 적재하중이 0.1톤 인 이삿짐 운반용 리프트

해,설
양중기의 종류(안전보건규칙 제132조)
1) 크레인(호이스트 포함)
2) 이동식 크레인
3) 리프트(이삿짐 운반용 리프트의 경우에는 적재하중이 0.1톤 이상)
4) 곤돌라
5) 승강기

55 컨베이어의 종류가 아닌 것은?

① 체인 컨베이어
② 스크류 컨베이어
③ 슬라이딩 컨베이어
④ 유체 컨베이어

해,설
컨베이어의 종류
1) 벨트컨베이어(가장 많이 쓰임)
2) 체인컨베이어
3) 스크류(screw ; 나사) 컨베이어
4) 유체컨베이어
5) 롤러컨베이어
6) 진동컨베이어 등

Answer ● 50. ② 51. ④ 52. ④ 53. ④ 54. ③ 55. ③

56 그림과 같은 지게차에서 W를 화물중량, G를 지게차 자체 중량, a를 앞바퀴 중심부터 화물의 중심까지의 최단거리, b를 앞바퀴 중신에서 지게차의 중심까지의 최단거리라고 할 때 지게차의 안정조건은?

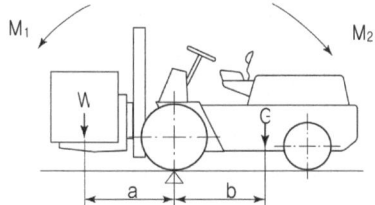

① $W \cdot a < G \cdot b$
② $W - 1 < G \cdot \dfrac{b}{a}$
③ $W \cdot a > G \cdot (b-1)$
④ $W > G \cdot \dfrac{b}{a}$

해설
지게차의 안정성 : 앞바퀴 중심에서 뒷쪽 차의 모멘트(G×b)가 앞쪽 화물의 모멘트(W×a)보다 커야 안전성이 유지된다.
$W \cdot a < H \cdot b$

57 기계설비의 안전조건에서 구조적 안전화로 틀린 것은?
① 가공결함
② 재료의 결함
③ 설계상의 결함
④ 방호장치의 작동결함

해설
구조적안전화를 위한 조건
1) 재료선택의 안전화(재료결함)
2) 설계상의 올바른 강도계산(설계상 결함)
3) 가공상의 안전화(가공결함)

58 프레스 금형의 설치 및 조정 시 슬라이드 불시하강을 방지하기 위하여 설치해야 하는 것은?
① 인터록
② 클러치
③ 게이트 가드
④ 안전블럭

해설
금형조정 작업의 위험방지(안전보건규칙) : 프레스 등의 금형을 부착, 해체 또는 조정 작업을 할 때는 당해 작업에 종사하는 근로자의 신체의 일부가 위험한계 내에 들어갈 때에 슬라이드가 갑자기 작동함으로써 발생하는 근로자의 위험을 방지하기 위하여 안전블록을 사용하는 등 필요한 조치를 할 것

59 연삭기 덮개에 관한 설명으로 틀린 것은?
① 탁상용 연삭기의 워크레스트는 연삭숫돌과의 간격을 3mm 이하로 조정할 수 있는 구조이어야 한다.
② 연삭숫돌의 상부를 사용하는 것을 목적으로 하는 탁상용 연삭기의 덮개의 노출 각도는 90° 이내로 제한하고 있다.
③ 덮개의 두께는 연삭숫돌의 최고사용속도, 연삭숫돌의 두께 및 직경에 따라 달라진다.
④ 덮개 재료는 인장강도 274.5MPa 이상이고 신장도가 14% 이상이어야 한다.

해설
연삭숫돌의 상부를 사용하는 것을 목적으로 하는 탁상용 연삭기의 덮개의 노출각도는 60° 이내로 제한하고 있다.

60 연강의 인장강도가 420MPa이고, 허용응력이 140MPa이라면, 안전율은?
① 0.3
② 0.4
③ 3
④ 4

해설
안전율 = $\dfrac{\text{인장강도(파괴하중)}}{\text{허용응력}} = \dfrac{420\text{MPa}}{140\text{MPa}} = 3$

Answer ➡ 56. ① 57. ④ 58. ④ 59. ② 60. ③

제3과목 기계위험방지기술

61 방폭구조와 기호의 연결이 틀린 것은?

① 압력방폭구조 : p
② 내압방폭구조 : d
③ 안전증방폭구조 : s
④ 본질안전방폭구조 : ia 또는 ib

해설

방폭구조의 기호(방폭구조의 상징[심벌] : ex)
1) 내압방폭구조 : d
2) 압력방폭구조 : p
3) 안전증방폭구조 : e
4) 본질안전방폭구조 : ia 또는 ib
5) 유입방폭구조 : o
6) 특수방폭구조 : s
7) 충전방폭구조 : q
8) 몰드방폭구조 : m
9) 비점화방폭구조 : n

62 저항 값이 0.1Ω인 도체에 10A의 전류가 1분간 흘렀을 경우 발생하는 열량은 몇 cal인가?

① 124
② 144
③ 166
④ 250

해설

$W = I^2 RT$
$= 10^2 \times 0.1 \times 60 = 600J \times \dfrac{1cal}{4.186J}$
$= 143.3 cal$

여기서, W : 전기에너지(Joule 또는 cal, 1cal = 4.186J)
I : 전류(A)
R : 전기저항(Ω)
T : 통전시간(sec)

63 전류밀도, 통전전류, 접촉면적과 피부저항과의 관계를 올바르게 설명한 것은?

① 전류밀도와 통전전류는 반비례 관계이다.
② 통전전류와 접촉면적에 관계없이 피부저항은 항상 일정하다.
③ 같은 크기의 통전전류가 흘러도 접촉면적이 커지면 전류밀도는 커진다.
④ 같은 크기의 통전전류가 흘러도 접촉면적이 커지면 피부저항은 작게 된다.

해설

1) 전류밀도(A/m²)와 통전전류는 비례관계이다.
2) 통전전류와 접촉면적에 의해 피부저항은 영향을 받는다.
3) 같은 크기의 통전전류가 흘러도 접촉면적이 커지면 전류밀도는 작아진다.
※ 전류밀도(J) : 도체를 흐르는 전류(I)를 그 유선(전류를 운반하는 매체)에 직각방향의 단면적(S)으로 나눈값을 말한다.

$J(A/m^2) = \dfrac{I}{S}$

64 다음과 같은 특성이 있으며 제한전압이 낮기 때문에 접지저항을 낮게 하기 어려운 배전선로에 적합한 피뢰기는?

> 피뢰기의 특성요소가 화이버관으로 되어 있고 방전은 직렬 캡을 통하여 화이버관 내부의 상부와 하부 전극 간에서 행하여지며, 속류차단은 화이버관 내부벽면에서 아크열에 의한 하이버질의 분해로 발생하는 고압가스의 소호작용에 의한다.

① 변형 피뢰기
② 방출형 피뢰기
③ 갭레스형 피뢰기
④ 변저항형 피뢰기

해설

동작원리에 의한 피뢰기의 분류
1) **변형 피뢰기** : 특성요소가 일정한 임계전압을 가지고 있어서 과전압방전의 단시간 동안만 방전전류가 흐르고 기압에 의한 속류가 거의 흐르지 않는 성격을 갖는 피뢰기이다 (종이피뢰기, 알루미늄피뢰기, 페레트피뢰기, 옥사이드 필름피뢰기 등)
2) **방출형 피뢰기** : 본문설명
3) **변 저항령 피뢰기** : 특성요소로 탄화규소의 비직선저항을 쓰며 대전류에 대해서는 되도록 적은 제한전압을 주는 성질과 정격전압 이하에서 충분히 적은 속류로 하는 성질이 있는 피뢰기이다 (현재 대부분의 피뢰기가 이형에 속함)
4) **산화아연형 피뢰기** : 소형이며 내오손성과 보수성이 좋다.

Answer 61. ③ 62. ② 63. ④ 64. ②

65 전기불꽃이나 과열에 대해서 회로특성상 폭발의 위험을 방지할 수 있는 방폭구조는?

① 내압 방폭구조
② 유입 방폭구조
③ 안전증 방폭구조
④ 압력 방폭구조

해설

방폭구조의 종류별 특징
1) **내압방폭구조** : 아크 또는 고열이 발생하여 폭발성 가스에 점화할 우려가 있는 부분을 전폐된 용기에 넣어 폭발에 견디도록 한 구조
2) **유입방폭구조** : 전폐용기에 기름을 채워서 외부의 폭발성 가스와 점화원이 접촉하여 인화될 위험이 없도록 한 구조
3) **안전증방폭구조** : 안전성을 더욱 보강하기 위하여 코일의 절연보강, 공극을 크게 하여 구조상 또는 온도상승에 대하여 금속망 같은 물질로 차폐시킨 구조로 전기불꽃이나 과열에 대하여 회로특성상 폭발의 위험을 방지할 수 있는 구조
4) **압력방폭구조** : 용기내부에 불연성 가스인 공기나 질소 등을 압입시켜 외부의 폭발성 가스가 용기내부로 침투하지 못하도록 한 구조

66 사람이 전기에 접촉하는 경우에는 접촉하는 상태에 따라 인체저항과 통전전류가 달라지므로 인체의 접촉사애에 따라 접촉 전압을 제한할 필요가 있다. 다음의 경우 일반 허용접촉전압으로 옳은 것은?

- 인체가 현저하게 젖어 있는 상태
- 금속성의 전기기계장치나 구조물에 인체의 일부가 상시 접촉되어 있는 상태

① 2.5V 이하
② 25V 이하
③ 50V 이하
④ 제한 없음

해설

접촉상태별 허용접촉전압

종별	접촉상태	허용접촉전압
제1종	• 인체의 대부분이 수중에 있는 상태	2.5V 이하
제2종	• 인체가 현저히 젖어 있는 상태 • 금속성의 전기기계장치나 구조물에 인체의 일부가 상시 접촉되어 있는 상태	25V 이하
제3종	• 제1종 및 제2종 이외의 경우로서 통상의 인체생태에 있어서 접촉전압이 가해지면 위험성이 높은 상태	50V 이하
제4종	• 제3종의 경우로써 위험성이 낮은 상태 • 접촉전압이 가해질 위험이 없는 경우	제한없음

67 정전기 방전의 종류 중 부도체의 표면을 따라서 star-check 마크를 가지는 나뭇가지 형태의 방광을 수반하는 것은?

① 기중방전
② 불꽃방전
③ 연면방전
④ 고압방전

해설

연면방전
1) 액체 또는 고체 절연체와 기체 사이의 경계에 따른 방전이다.
2) 정전기가 대전되어 있는 부도체에 접지체가 접근할 경우 대전물체와 접지체 사이에서 발생하는 것으로 나뭇가지 형태(별표마크)의 발광을 수반하는 방전을 말한다.
3) 연면방전의 방전조건
  ① 부도체의 대전량이 극히 큰 경우
  ② 대전된 부도체의 표면 가까이에 접지체가 있는 경우
4) 방전에너지가 커서 불꽃방전과 더불어 착화 및 전격을 일으킬 위험성이 크다.

68 인화성 액체의 증기 또는 가연성 가스에 의한 가스폭발 위험장소의 분류에 해당되지 않는 것은?

① 0종 장소
② 1종 장소
③ 2종 장소
④ 3종 장소

해설

위험장소의 분류

분류	적요	예
0종 장소	인화성 액체의 증기 또는 가연성 가스에 의한 폭발위험이 지속적으로 또는 장시간 존재하는 장소	용기·장치·배관등의 내부
1종 장소	정상 작동상태에서 인화성 액체의 증기 또는 가연성 가스에 의한 폭발 위험분위기가 존재하기 쉬운 장소	맨홀·벤트·피트등의 주위
2종 장소	정상작동상태에서 인화성 액체의 증기 또는 가연성 가스에 의한 폭발 위험분위기가 존재할 우려가 없으나, 존재할 경우 그 빈도가 아주 적고 단기간만 존재할 수 있는 장소	개스킷·패킹 등의 주위

Answer ◯ 65. ③ 66. ② 67. ③ 68. ④

69 전기기계·기구의 누전에 의한 감전위험을 방지하기 위하여 해당 전로에는 정격에 적합하고 감도가 양호한 감전방지용 누전차단기를 설치하여야 한다. 이 누전차단기의 기준은 정격감도 전류가 30mA 이하이고 작동시간은 몇 초 이내이어야 하는가? (단, 정격부하전류가 50A 미만의 전기기계·기구에 접속되는 누전 차단기이다.)

① 0.03초 ② 0.1초
③ 0.3초 ④ 0.5초

해설
누전차단기
1) 누전차단기의 최소동작전류 : 정격감도전류의 50%이상
2) 감전방지용 누전차단기의 작동 : 저역감도전류 30mA이하, 동작시간 0.03초 이내

70 유류저장 탱크에서 배관을 통해 드럼으로 기름을 이송하고 있다. 이 때 유동전류에 의한 정전대전 및 정전기 방전에 의한 피해를 방지하기 위한 조치와 관련이 먼 것은?

① 유체가 흘러가는 배관을 접지시킨다.
② 배관 내 유류의 유속은 가능한 느리게 한다.
③ 유류저장 탱크와 배관, 드럼 간에 본딩(Bond-ing)을 시킨다.
④ 유류를 취급하고 있으므로 화기 등을 가까이 하지 않도록 점화원 관리를 한다.

해설
정전기 방지대책
1) 접지 및 본딩
2) 배관 내 액체의 유속 제한

71 소화방법에 대한 주된 소화원리로 틀린 것은?

① 물을 살포한다. : 냉각소화
② 모래를 뿌린다. : 질식소화
③ 초를 불어서 끈다. : 억제소화
④ 담요로 덮는다. : 질식소화

해설
초를 불어서 끈다 : 제거 소환

72 다음 중 절연성 액체를 운반하는 관에 있어서 정전기로 인한 화재 및 폭발을 예방하기 위한 방법으로 가장 거리가 먼 것은?

① 유속을 줄인다.
② 관을 접지시킨다.
③ 도전성이 큰 재료의 관을 사용한다.
④ 관의 안지름을 작게 한다.

해설
④항, 관의 안지름을 크게 한다.

73 액체계의 과도한 상승 압력의 방출에 이용되고 설정압력이 되었을 때 압력상승에 비례하여 서서히 개방되는 밸브는?

① 릴리프밸브 ② 체크밸브
③ 안전밸브   ④ 통기밸브

해설
릴리프밸브(도피밸브)는 주로 펌프나 배관 내에서 유체의 압력 상승을 방지하기 위해서 설치한다. 일정한 압력 이상 상승하면 유체는 이 밸브를 통해 배출되어 저장탱크나 펌프의 흡입측으로 되돌려 직접 대기중으로는 방출시키지 않는다.

74 산업안전보건기준에 관한 규칙에서 정한 위험물질 종류 중 부식성 물질에서 부식성 염기류에 해당하는 것은?

① 농도 40% 이상인 염산
② 농도 40% 이상인 불산
③ 농도 40% 이상인 아세트산
④ 농도 40% 이상인 수산화칼륨

해설
부식성 물질의 종류(안전보건규칙)
1) 부식성 산류
  ① 농도가 20% 이상인 염산(HCl), 황산(H_2SO_4), 질산(HNO_3) 등
  ② 농도가 60% 이상인 인산(H_3PO_4), 아세트산(CH_3COOH), 불산(HF) 등
2) 부식성 염기류 : 농도가 40% 이상인 수산화나트륨(NaOH), 수산화칼륨(KOH) 등

Answer ➔ 69. ① 70. ④ 71. ③ 72. ④ 73. ① 74. ④

75 다음 물질 중 가연성 가스가 아닌 것은?

① 수소　　② 메탄
③ 프로판　④ 염소

해설

1) 가연성가스 : 수소(H_2), 메탄(CH_4), 프로판(C_3H_8) 등
2) 조연성가스 : 염소(Cl_2)

76 다음 가스 중 위험도가 가장 큰 것은?

① 수소　　② 아세틸렌
③ 프로판　④ 암모니아

해설

위험도 $= \dfrac{\text{폭발상한계} - \text{폭발하한계}}{\text{폭발하한계}}$

1) 수소위험도 $= \dfrac{74.2 - 4.1}{4.1} = 17.1$
2) 아세틸렌위험도 $= \dfrac{81 - 2.5}{2.5} = 31.4$
3) 프로판위험도 $= \dfrac{9.5 - 2.1}{2.1} = 3.5$
4) 암모니아위험도 $= \dfrac{28 - 15}{15} = 0.87$

77 물과의 접촉을 금지하여야 하는 물질은?

① 적린
② 칼슘
③ 히드라진
④ 니트로셀룰로오스

해설

1) 적린 : 인화성 고체
2) 칼슘 : 물반응성 물질(금수성 물질)
3) 히드라진 : 폭발성 물질
4) 니트로셀룰로오스 : 폭발성 물질

> **길잡이** 물반응성 물질(금수성 물질)
> 대부분 고체로서 물과 접촉하면 발열반응을 일으키고 가연성 가스와 유독성가스를 발생시키는 물질이다.
> 1) 칼륨(K), 나트륨(Na), 기타 알칼리 금속 등
> 2) 알킬알미늄, 알킬리튬, 기타 유기금속화합물
> 3) 금속의 수소화물
> 4) 금속의 인화물 : Ca_3P_2(인화칼슘)
> 5) 칼슘 또는 알루미늄의 탄화물 : CaC_2(카바이트)

78 다음 중 화학장치에서 반응기의 유해·위험요인(hazard)으로 화학반응이 있을 때 특히 유의해야 할 사항은?

① 낙하, 절단　　② 감전, 협착
③ 비래, 붕괴　　④ 반응폭주, 과압

해설

1) 반응기에 의한 화학반응시 특히 유의해야할 사항 : 반응폭주 및 과압
2) 화학반응에 영향을 주는 요인 : 반응물질, 농도, 온도, 압력, 촉매 등

79 황린에 대한 설명으로 옳은 것은?

① 연소 시 인화수소가스를 발생한다.
② 황린은 자연발화하므로 물속에 보관한다.
③ 황린은 황과 인의 화합물이다.
④ 독성 및 부식성이 없다.

해설

황린(P_4)
1) 백색 또는 담황색의 자연발화성 고체이다.
2) 공기 중 다량의 백색연기(P_2O_5 ; 오산화인)을 내면서 연소한다.
　　$P_4 + 5O_2 \rightarrow 2P_2O_5$
3) 물과 반응하지 않으며 물에 녹지 않으므로 물속에 저장한다.
4) 강한 마늘 냄새가 나며 증기는 공기보다 무겁고(증기비중 : 4.3)매우 자극적이며 맹독성물질이다.
5) 강알칼리성인 KOH용액과 반응하여 가연성·유독성의 PH_3 가스를 발생한다.
　　$P_4 + 3KOH + 3H_2O \rightarrow PH_3 + 3KH_2PO_2$

80 최소점화에너지(MIE)와 온도, 압력의 관계를 옳게 설명한 것은?

① 압력, 온도에 모두 비례한다.
② 압력, 온도에 모두 반비례한다.
③ 압력에 비례하고, 온도에 반비례한다.
④ 압력에 반비례하고, 온도에 비례한다.

해설

최소점화에너지(MIE)
1) MIE는 압력과 절대온도에 반비례한다.
2) MIE는 연소속도가 큰 혼합기체일수록 작고 열전도율과 화염온도가 낮은 것일수록 작다.

Answer ➡ 75. ④　76. ②　77. ②　78. ④　79. ②　80. ②

제5과목 건설안전기술

81 다음 중 건설공사관리의 주요 기능이라 볼 수 없는 것은?

① 안전관리 ② 공정관리
③ 품질관리 ④ 재고관리

해설
건축시공의 5대관리
1) 공정관리   2) 원가관리
3) 품질관리   4) 안전관리
5) 환경관리

82 사다리를 설치하여 사용함에 있어 사다리 지주 끝에 사용하는 미끄럼 방지재료로 적당하지 않는 것은?

① 고무 ② 코르크
③ 가죽 ④ 비닐

해설
미끄럼방지장치 : 사다리를 설치하여 사용할 때는 다음 사항을 준수하도록 할 것
1) 미끄럼방지장치 사다리 지주의 끝에 고무, 코르크, 가죽, 강스파이크 등을 부착시켜 바닥과의 미끄럼을 방지하는 안전장치가 있어야 한다.
2) 쐐기형 강스파이크는 지반이 평탄한 맨땅 위에 세울 때 사용하여야 한다.
3) 미끄럼방지 판자 및 미끄럼방지 고정쇠는 돌마무리 또는 인조선 깔기마감한 바닥용으로 사용하여야 한다.
4) 미끄럼방지 발판은 인조고무 등으로 마감한 실내용으로 사용하여야 한다.

83 공사종류 및 규모별 안전관리비 계상기준표에서 공사종류의 명칭에 해당되지 않는 것은?

① 건축공사
② 일반건설공사(갑)
③ 토목공사
④ 중건설공사

해설
안전관리비 계상기준에서 공사의 종류
1) 건축공사   2) 토목공사
3) 중건설공사 4) 특수건설공사

84 안전난간의 구조 및 설치기준으로 옳지 않은 것은?

① 안전난간은 상부난간대, 중간난간대, 발끝막이판, 난간기둥으로 구성할 것
② 상부난간대와 중간난간대는 난간 길이 전체에 걸쳐 바닥면 등과 평행을 유지할 것
③ 발끝막이판은 바닥면 등으로부터 10cm 이상의 높이를 유지할 것
④ 안전난간은 구조적으로 가장 취약한 지점에서 가장 취약한 방향으로 작용하는 80kg 이상의 하중에 견딜 수 있는 튼튼한 구조일 것

해설
안전난간의 구조 및 설치요건(안전보건규칙 제13조)
1) ①, ②, ③항
2) 안전난간은 구조적으로 가장 취약한 지점에서 가장 취약한 방향으로 작용하는 100kg 이상의 하중에 견딜 수 있는 튼튼한 구조일 것
3) 상부난간대는 바닥면, 발판 또는 경사로의 표면(이하 "바닥면 등")으로부터 90cm 이상지점에 설치하고, 상부난간대를 120cm 이하에 설치하는 경우 중간난간대는 상부난간대와 바닥면 등의 중간에 설치하여야 하며, 120cm 이상 지점에 설치하는 경우에는 중간난간대를 2단 이상으로 균등하게 설치하고 난간의 상하간격은 60cm 이하가 되도록 할 것
4) 난간기둥은 상부난간대와 중간난간대를 견고하게 떠받칠 수 있도록 적정 간격을 유지할 것
5) 난간대는 지름 2.7cm 이상의 금속제 파이프나 그 이상의 강도가있는 재료일 것

85 화물용 승강기를 설계하면서 와이어로프의 안전하중은 10ton이라면 로프의 가닥수를 얼마로 하여야 하는가? (단, 와이어로프 한 가닥의 파단강도는 4ton이며, 화물용 승강기 와이어로프의 안전율은 6으로 한다.)

① 10 가닥 ② 15 가닥
③ 20 가닥 ④ 30 가닥

해설
1) 와이어로프 한가닥의 허용하중(안전하중)
안전율 = $\frac{파단강도}{안전하중}$

안전하중 = $\frac{파단강도}{안전율}$

Answer ● 81. ④ 82. ④ 83. ② 84. ④ 85. ②

2) 안전하중 10ton의 로프가닥수

$$로프가닥수 = \frac{안전하중}{한가닥 안전하중}$$

$$= \frac{10}{4/6} = 15가닥$$

86 현장에서 가설통로의 설치 시 준수사항으로 옳지 않은 것은?

① 건설공사에 사용하는 높이 8m 이상인 비계다리에는 10m 이내마다 계단참을 설치할 것
② 수직갱에 가설된 통로의 길이가 15m 이상인 때에는 10m 이내마다 계단참을 설치할 것
③ 경사가 15°를 초과하는 때에는 미끄러지지 아니하는 구조로 할 것
④ 경사는 30°이하로 할 것

해설
가설통로의 구조 : 가설통로 설치시 준수사항
1) 견고한 구조로 할 것
2) 경사는 30° 이하로 할 것(다만, 계단을 설치하거나 높이 2m 미만의 가설통로로서 튼튼한 손잡이를 설치한 경우에는 그러하지 아니하다)
3) 경사가 15°를 초과하는 경우에는 미끄러지지 아니하는 구조로 할 것
4) 추락의 위험이 있는 장소에는 안전난간을 설치할 것(작업상 부득이한 경우에는 필요한 부분에 한하여 임시로 이를 해체할 수 있다)
5) 수직갱에 가설된 통로의 길이가 15m 이상인 때에는 10m 이내마다 계단참을 설치할 것
6) 건설공사에서 사용하는 높이 8m 이상인 비계다리에는 7m 이내마다 계단참을 설치할 것

87 철골공사의 용접, 용단작업에 사용되는 가스의 용기는 최대 몇 °C 이하로 보존해야 하는가?

① 25℃ ② 36℃
③ 40℃ ④ 48℃

해설
금속의 용접·용단 또는 가열에 사용되는 가스등의 용기의 온도 : 40℃ 이하로 유지할 것

88 철골공사에서 기둥의 건립작업 시 앵커볼트를 매립할 때 요구되는 정밀도에서 기둥중심은 기준선 및 인접기둥의 중심으로부터 얼마 이상 벗어나지 않아야 하는가?

① 3mm ② 5mm
③ 7mm ④ 10mm

해설
철골기둥 건립시 앵커볼트를 매립할 때 요구되는 정밀도 : 철골기둥중심이 기준선 및 인접기둥 중심에서 5mm 이상 벗어나지 않을 것

89 철골 작업을 중지해야 할 강설량 기준으로 옳은 것은?

① 강설량이 시간당 1mm 이상인 경우
② 강설량이 시간당 5mm 이상인 경우
③ 강설량이 시간당 1cm 이상인 경우
④ 강설량이 시간당 5cm 이상인 경우

해설
철골작업을 중지해야하는 기상조건
1) 풍속 : 10m/sec 이상
2) 강우량 : 1mm/hr 이상
3) 강우량 : 1cm/hr 이상

90 다음은 지붕 위에서의 위험방지로 위한 내용이다. 빈 칸에 알맞은 수치로 옳은 것은?

> 슬레이트, 선라이트(sunlight) 등 강도가 약한 재료로 덮은 지붕 위에서 작업을 할 때에 발이 빠지는 등 근로자가 위험해질 우려가 있는 경우 폭 (   ) 이상의 발판을 설치하거나 안전방망을 치는 등 위험을 방지하기 위하여 필요한 조치를 하여야 한다.

① 20cm ② 25cm
③ 30cm ④ 40cm

해설
슬레이트, 선라이트(sunlight) 등 지붕 위에서의 작업시 위험방지조치사항
1) 폭 30cm 이상의 발판 설치
2) 안전방망 설치

Answer ▶ 86. ① 87. ③ 88. ② 89. ③ 90. ③

91 추락재해를 방지하기 위하여 10cm 그물코인 방망을 설치할 때 방망과 바닥면 사이의 최소 높이로 옳은 것은? (단, 설치된 방망의 단변 방향 길이 L = 2m, 장변방향 방망의 지지간격 A = 3m 이다.)

① 2.0m　　② 2.4m
③ 3.0m　　④ 3.4m

해설

L < A일 때 10cm 그물코의 방망과 바닥면 사이의 높이(H)

$$H = \frac{0.85}{4}(L+3A)$$
$$= \frac{0.85}{4} \times (2+3\times 3) = 2.34m$$

길잡이 허용낙하높이 및 방망과 바닥면 높이

높이 종류 조건	낙하높이(H_1)		방망과 바닥면 높이(H_2)		방망의 처짐길이(S)
	단일 방망	복합 방망	10cm 그물코	5cm 그물코	
L < A	$\frac{1}{4}(L+2A)$	$\frac{1}{5}(L+2A)$	$\frac{0.85}{4}(L+3A)$	$\frac{0.95}{4}(L+3A)$	$\frac{1}{4}(L+2A)\times\frac{1}{3}$
L ≧ A	$\frac{3}{4}L$	$\frac{3}{5}L$	0.85L	0.95L	$\frac{3}{4}L \times \frac{1}{3}$

위 [표]에서,
L : 단편방향길이[m]
A : 장편방향 방망의 지지간격

92 옥외에 설치되어 있는 주행크레인에 대하여 이탈방지장치를 작동시키는 등 이탈 방지를 위한 조치를 하여야 하는 순간 풍속 기준은?

① 초당 10m 초과
② 초당 20m 초과
③ 초당 30m 초과
④ 초당 40m 초과

해설

폭풍에 의한 이탈방지조치 및 이상유무 점검
1) **이탈방지조치** : 순간 풍속이 30m/sec를 초과하는 바람이 불어올 우려가 있을 때는 옥외 설치 주행 크레인에 대하여 이탈방지장치를 작동시킬 것
2) **이상유무점검** : 순간 풍속이 30m/sec를 초과하는 바람이 불어온 후 또는 중진 이상 진도의 지진 후에는 크레인의 각 부위의 이상유무를 점검할 것

93 강재 거푸집과 비교한 합판 거푸집의 특성이 아닌 것은?

① 외기 온도의 영향이 적다.
② 녹이 슬지 않음으로 보관하기가 쉽다.
③ 중량이 무겁다.
④ 보수가 간단하다.

해설

합판거푸집 : 강재거푸집보다 중량이 가볍다.

94 이동식 사다리를 설치하여 사용하는 경우의 준수 기준으로 옳지 않은 것은?

① 길이가 6m를 초과해서는 안 된다.
② 다리의 벌림은 벽 높이는 1/4 정도가 적당하다.
③ 미끄럼방지 발판은 인조고무 등으로 마감한 실내용을 사용하여야 한다.
④ 벽면 상부로부터 최소한 90cm 이상의 연장길이가 있어야 한다.

해설

벽면 상부로부터 최소한 1m이상의 연장길이가 있어야 한다 (고용노동부고시)

95 다음은 작업으로 인하여 물체가 떨어지거나 날아올 위험이 있는 경우에 조치하여야 하는 사항이다. 빈 칸에 알맞은 내용으로 옳은 것은?

> 낙하물 방지망 또는 방호선반을 설치하는 경우 높이 10m 이내마다 설치하고, 내민 길이는 벽면으로부터 (　) 이상으로 할 것

① 2m　　② 2.5m
③ 3m　　④ 3.5m

해설

낙하물방지망 또는 방호선반 설치시 준수사항
1) 설치 높이 : 10m 이내마다 설치
2) 내민 길이 : 벽면으로부터 2m 이상으로 할 것
3) 수평면과의 각도 : 20° 내지 30°를 유지할 것

Answer ● 91. ② 92. ③ 93. ③ 94. ④ 95. ①

96 철골조립 공사 중에 볼트작업을 하기 위해 주체인 철골에 매달아서 작업발판으로 이용하는 비계는?

① 달비계
② 말비계
③ 달대비계
④ 선반비계

해설

달비계 및 달대비계
1) 달비계 : 와이어로프나 철선 등을 이용하여 상부지점에 승강할 수 있는 작업용 발판을 매다는 형식의 비계로서 건물외벽의 도장이나 청소 등의 작업에 사용된다.
2) 달대비계 : 철골공사의 리벳치기, 볼트 작업시에 주로 이용되는 것으로 주체인 철골에 매달아서 작업발판을 만드는 비계로서 상하이동을 시킬 수 없는 것이다.

97 말뚝박기 해머(hammer) 중 연약지반에 적합하고 상대적으로 소음이 적은 것은?

① 드롭 해머(drop hammer)
② 디젤 해머(diesel hammer)
③ 스팀 해어(steam hammer)
④ 바이브로 해머(vibro hammer)

해설

바이브로 해머(vibro hammer ; 진동해머)
1) 진동에 의한 말뚝박기 및 빼기 기구이다.
2) 소음이 적고 연약지반에 적합하다.

98 콘크리트의 양생 방법이 아닌 것은?

① 습윤 양생
② 건조 양생
③ 증기 양생
④ 전기 양생

해설

콘크리트의 양생방법
1) 습윤양생(수중양생, 살수양생)
2) 증기양생
3) 전기양생
4) 피막양생

99 기계가 서 있는 지면보다 높은 곳을 파는 작업에 가장 적합한 굴착기계는?

① 파워쇼벨
② 드래그라인
③ 백호우
④ 클램쉘

해설

1) 파워쇼벨(power shovel) : 중기가 위치한 지면보다 높은 장소 굴착시 적합
2) 백호우(drag shovel, 드래그 쇼벨) : 중기가 위치한 지면보다 낮은 장소 굴착시 적합(앞쪽으로 끌어당기면서 작업)
3) 드래그 라인(drag line) : 지반보다 낮은 연질지반의 넓은 굴착에 적합(힘이 약함)
4) 클램쉘(clamshell) : 붐의 선단에서 버킷을 와이어로프로 매달아 바로 아래로 떨어뜨려 흙을 떠 올리는 중기

100 토석붕괴의 요인 중 외적 요인이 아닌 것은?

① 토석의 강도저하
② 사면, 법면의 경사 및 기울기의 증가
③ 절토 및 성토 높이의 증가
④ 공사에 의한 진동 및 반복하중의 증가

해설

토사붕괴의 원인(고용노동부고시)
1) 외적요인
  ① 사면, 법면의 경사 및 구배의 증가
  ② 절토 및 성토 높이의 증가
  ③ 공사에 의한 진동 및 반복하중의 증가
  ④ 지표수 및 지하수의 침투에 의한 토사중량 증가
  ⑤ 지진, 차량, 구조물의 하중
2) 내적요인
  ① 절토사면의 토질, 암석
  ② 성토사면의 토질
  ③ 토석의 강도저하

Answer ➡ 96. ③ 97. ④ 98. ② 99. ① 100. ①

2024년 제2회 산업안전산업기사 CBT 복원 기출문제

제1과목 산업안전관리론

01 안전관리의 중요성과 가장 거리가 먼 것은?
① 인간존중이라는 인도적인 신념의 실현
② 경영 경제상의 제품의 품질 향상과 생산성 향상
③ 재해로부터 인적·물적 손실 예방
④ 작업환경 개선을 통한 투자 비용 증대

해설
산업안전의 이념(안전관리의 효과)
1) 인간존중 : 안전제일 이념
2) 생산성 향상 및 품질향상 : 안전태도 개선 및 손실예방
3) 기업의 경제적 손실예방 : 재해로 인한 인적·재산손실 예방
4) 대외여론 개선으로 신뢰성 향상 : 노사협력의 경영태세 완성
5) 사회복지증진 : 경제성 향상

02 OJT(On the Job Training)에 관한 설명으로 옳은 것은?
① 집합교육형태의 훈련이다.
② 다수의 근로자에게 조직적 훈련이 가능하다.
③ 직장의 실정에 맞게 실제적 훈련이 가능하다.
④ 전문가를 강사로 활용할 수 있다.

해설
OJT와 off JT
1) OJT(현장중심교육) : 현장에서 개인에 대한 직속상사의 개별교육 및 지도
2) off JT(현장외중심교육) : 공통교육대상자에 대한 집합교육

3) 특징

O·J·T (현장중심교육)	off J·T (현장외 중심교육)
① 개개인에게 적합한 지도 훈련을 할 수 있다. ② 직장의 실정에 맞는 실체적 훈련을 할 수 있다. ③ 훈련 필요한 업무의 계속성이 끊어지지 않는다. ④ 즉시 업무에 연결되는 관계로 신체와 관련이 있다. ⑤ 효과가 곧 업무에 나타나며 훈련의 좋고 나쁨에 따라 개선이 용이하다. ⑥ 교육을 통한 훈련 효과에 의해 상호 신뢰 이해도가 높아진다.	① 다수의 근로자에게 조직적 훈련이 가능하다. ② 훈련에만 전념하게 된다. ③ 특별설비기구를 이용할 수 있다. ④ 전문가를 강사로 초청할 수 있다. ⑤ 각 직장의 근로자가 많은 지식이나 경험을 교류할 수 있다. ⑥ 교육훈련 목표에 대해서 집단적 노력이 흐트러질 수도 있다.

03 피로를 측정하는 방법 중 동작분석, 연속반응시간 등을 통하여 피로를 측정하는 방법은?
① 생리학적 측정   ② 생화학적 측정
③ 심리학적 측정   ④ 생역학적 측정

해설
피로의 측정법
1) 생리학적 방법 : 근전도(EMG), 산소소비량 및 에너지대사율, 피부전기반사(GSR), 프릿가값(융합점멸주파수 : 대뇌활동측정) 등
2) 화학적 방법 : 혈색소농도, 혈액수준, 혈단백, 응형시간, 혈액, 요전해질, 요단백, 요교질, 배설량 등
3) 심리학적 방법 : 피부(전위)저장, 동작분석, 연속반응시간, 행동기록, 정신작업, 전신자각증상, 집중유지기능 등

04 자신의 약점이나 무능력, 열등감을 위장하여 유리하게 보호함으로써 안정감을 찾으려는 방어적 적응기제에 해당하는 것은?
① 보상   ② 고립
③ 퇴행   ④ 억압

Answer 01. ④ 02. ③ 03. ③ 04. ①

해설

1) 보상 : 본문설명
2) 고립(isolation) : 자신이 없을 때 현실에서 피함으로서 곤란한 상황과의 접촉을 벗어나 자기 내부로 도피하려는 행동이다.
3) 퇴행(regression) : 현실의 곤란한 장면에서 이겨내지 못하고 옛날 어린 시절로 되돌아가려는 행동이다. 즉 발전단계를 역행함으로서 욕구를 충족하려는 행동이다.
4) 억압(repression) : 불쾌감이나 욕구불만 등의 갈등으로 생긴 욕구를 의식 밖으로 배제함으로서 얻는 행동이다. 즉 현실적인 필요(역망, 감정)를 묵살함으로서 오히려 자신의 안정을 유지하려는 행동이다.

05 하인리히(Heinrich)의 이론에 의한 재해 발생의 주요 원인에 있어 다음 중 불안전한 행동에 의한 요인이 아닌 것은?

① 권한 없이 행한 조작
② 전문지식의 결여 및 기술, 숙련도 부족
③ 보호구 미착용 및 위험한 장비에서 작업
④ 결함 있는 장비 및 공구의 사용

해설

②항, 전문지식의 결여 및 기술, 숙련도 부족 : 간접원인 중 교육적 원인

06 공장 내에 안전·보건표지를 부착하는 주된 이유는?

① 안전의식 고취
② 인간 행동의 변화 통제
③ 공장 내의 환경 정비 목적
④ 능률적인 작업을 유도

해설

1) 안전·보건표지를 부착하는 주된 이유 : 안전의식 고취
2) 안전표지의 사용목적 : 위험성을 표지로 경고 → 인간행동의 변화 및 작업환경 통제 → 사전에 재해예방

07 모랄 서베이(Morale Survey)의 주요 방법 중 태도조사법에 해당하는 것은?

① 사례연구법   ② 관찰법
③ 실험연구법   ④ 문답법

해설

모랄 서어베이(morale survey : 사기조사)의 주요방법

1) 통계에 의한 방법 : 사고 상해율, 생산고, 결근, 지각, 조퇴, 이직 등을 분석하여
2) 사례 연구법 : 경영 관리상의 여러 가지 제도에 나타나는 사례에 대해 케이스 스터디(case study)로서 현상을 파악하는 방법
3) 관찰법 : 종업원의 근무 실태를 계속 관찰함으로서 문제점을 찾아내는 방법
4) 실험연구법 : 실험 그룹과 통제 그룹으로 나누고 정황, 자극을 주어 태도 변화 여부를 조사하는 방법
5) 태도조사법(의견조사) : 질문지법, 면접법, 집단토의법, 투사법(projective technique) 등에 의해 의견을 조사하는 방법

08 안전모의 종류 중 머리 부위의 감전에 대한 위험을 방지할 수 있는 것은?

① A형   ② B형
③ AC형   ④ AE형

해설

안전모의 종류

안전인증대상	자율안전확인대상
① AB형 : 낙하 및 비래, 추락 방지용	안전인증대상 안전모를 제외한 안전모
② AE형 : 낙하 및 비래, 감전 방지용 (내전압성 : 7,000V 이하의 전압에서 견디는 것)	
③ ABE형 : 낙하 및 비래, 추락, 감전방지용(내전압성)	

09 산업안전보건법상 사업 내 안전 보건교육의 교육과정에 해당하지 않는 것은?

① 검사원 정기점검교육
② 특별안전 보건교육
③ 근로자 정기안전 보건교육
④ 작업내용 변경 시의 교육

해설

안전보건교육의 교육과정(시행규칙 별표8)
1) 근로자 정기안전·보건교육
2) 관리감독자 정기안전·보건교육
3) 채용시 교육
4) 작업내용 변경시의 교육
5) 특별안전·보건교육

Answer ➡ 05. ② 06. ① 07. ④ 08. ④ 09. ①

10 재해예방의 4원칙에 해당되지 않는 것은?

① 손실발생의 원칙 ② 원인계기의 원칙
③ 예방가능의 원칙 ④ 대책선정의 원칙

해설

재해예방의 4원칙
1) 손실우연의 원칙   2) 원인계기의 원칙
3) 예방가능의 원칙   4) 대책선정의 원칙

11 인간의 실수 및 과오의 요인과 직접적인 관계가 가장 먼 것은?

① 관리의 부적당   ② 능력의 부족
③ 주의의 부족   ④ 환경조건의 부적당

해설

인간의 실수 및 과오의 3대요인
1) 능력의 부족
　① 적성의 부적합   ② 지식의 부족
　③ 기술의 미숙   ③ 인간관계
2) 주의의 부족
　① 개성   ② 감성의 불안정
　③ 습관성   ④ 감수성 미약
3) 환경조건의 불량
　① 재해표준 및 작업조건 불량
　② 연락 및 의사소통 불량
　③ 계획 불충분
　④ 불안과 동요

12 재해손실비용 중 직접비에 해당되는 것은?

① 인적손실   ② 생산손실
③ 산재보상비 ④ 특수손실

해설

하인리히의 재해손실비
1) **직접비** : 법정 산재보상비
2) **간접비** : 인적손실, 물적손실, 생산손실, 기타손실 등

13 산업안전보건법상 안전보건관리규정을 작성하여야 할 사업 중에 정보서비스업의 상시 근로자 수는 몇 명 이상인가?

① 50   ② 100
③ 300   ④ 500

해설

안전보건관리규정을 작성하여야 할 사업의 종류 및 규모(시행규칙 별표 6의 2)

사업의 종류	규모
1. 농업 2. 어업 3. 소프트웨어 개발 및 공급법 4. 컴퓨터 프로그래밍, 시스템 통합 및 관리업 5. 정보서비스업 6. 금융 및 보호법 7. 임대업 ; 부동산 제외 8. 전문, 과학 및 기술 서비스업(연구개발업은 제외한다) 9. 사업지원 서비스업 10. 사회복지 서비스업	상시근로자 300명 이상을 사용하는 사업장
11. 제11호부터 제10호까지의 사업을 제외한 사업	상시근로자 100명 이상을 사용하는 사업장

14 도수율이 12.57, 강도율이 17.45인 사업장에서 1명의 근로자가 평생 근무한다면 며칠의 근로손실이 발생하겠는가? (단, 1인 근로자의 평생근로시간은 10^5시간이다.)

① 1257일   ② 126일
③ 1745일   ④ 175일

해설

1) 환산강도율 : 근로자가 평생(입사 → 퇴직, 40년, 10만 시간)근무하였을 때 발생하는 근로손실일수를 의미한다.
2) 환산강도율 = 강도율 × 100
　　　　　　 = 17.45 × 100 = 1745일

15 토의식 교육지도에 있어서 가장 시간이 많이 소요되는 단계는?

① 도입   ② 제시
③ 적용   ④ 확인

해설

단계별 교육의 시간배분

교육법의 4단계	강의식	토의식
1단계 – 도입(준비)	5분	5분
2단계 – 제시(설명)	40분	10분
3단계 – 적용(응용)	10분	40분
4단계 – 확인(총괄)	5분	5분

Answer ● 10. ① 11. ① 12. ③ 13. ③ 14. ③ 15. ③

16 인지과정 착오의 요인이 아닌 것은?

① 정서 불안정
② 감각차단 현상
③ 작업자의 기능미숙
④ 생리·심리적 능력의 한계

해설

착오요인(대뇌의 휴먼에러)
1) 인지과정 착오
   ① 생리, 심리적 능력의 한계
   ② 정보량 저장능력의 한계
   ③ 감각차단현상(단조로운 업무, 반복작업시 발생)
   ④ 정서불안정(공포, 불안, 불만)
2) 판단과정 착오
   ① 능력부족
   ② 정보부족
   ③ 자기합리화
   ④ 환경조건의 불비
3) 조치과정 착오 : 기술능력 미숙 및 경험부족에서 발생

17 적응기제에서 방어기제가 아닌 것은?

① 보상   ② 고립
③ 합리화 ④ 동일시

해설

적응기제
1) 방어적 기제 : 보상, 합리화, 동일시, 승화 등
2) 도피적 기제 : 고립, 퇴행, 억압, 백일몽 등

18 위험예지훈련 기초 4라운드(4R)에서 라운드별 내용이 바르게 연결된 것은?

① 1라운드 : 현상파악
② 2라운드 : 대책수립
③ 3라운드 : 목표설정
④ 4라운드 : 본질추구

해설

위험예지훈련의 문제해결 4라운드(4Round)
1) 1R - 현상파악 : 잠재위험요인을 발견하는 단계
2) 2R - 본질추구 : 가장 위험한 요인(위험 포인트)을 합의로 결정하는 단계
3) 3R - 대책수립 : 구체적인 대책을 수립하는 단계
4) 4R - 행동목표 설정 : 행동계획을 정하고 수립한 대책 가운데서 질이 높은 항목에 합의하는 단계(요약)

19 자율검사프로그램을 인정받으려는 자가 한국산업안전보건공단에 제출해야 하는 서류가 아닌 것은?

① 안전검사대상 유해·위험기계 등의 보유 현황
② 유해·위험기계 등의 검사 주기 및 검사기준
③ 안전검사대상 유해·위험기계의 사용 실적
④ 향후 2년간 검사대상 유해·위험기계 등의 검사 수행계획

해설

자율검사프로그램을 인정받으려는 자가 산업안전보건공단에 제출해야 할 서류(시행규칙 제74조의 2)
1) ①, ②, ④항
2) 검사원 보유현황과 검사를 할 수 있는 장비 관리방법
3) 과거 2년간 자율검사프로그램 수행 실적(재신청의 경우만 해당)
4) 자율검사프로그램 인정신청서

20 ERG(Existence Relation Growth)이론을 주창한 사람은?

① 매슬로우(Maslow)
② 맥그리거(McGregor)
③ 테일러(Taylor)
④ 알더퍼(Alderfer)

해설

알더퍼(Alderfer)의 ERG이론
1) 생존(Existence)욕구(존재욕구) : 신체적인 차원에서 유기체의 생존과 유지에 관련된 욕구
2) 관계(Relatedness)욕구 : 타인과의 상호작용을 통해 만족되는 대인욕구
3) 성장(Growth)욕구 : 개인적인 발전과 증진에 관한 욕구

제2과목 인간공학 및 시스템안전공학

21 실효온도(ET)의 결정요소가 아닌 것은?

① 온도   ② 습도
③ 대류   ④ 복사

Answer ▶ 16. ③ 17. ② 18. ① 19. ③ 20. ④ 21. ④

해설

실효온도(ET)
1) 실효온도(체감온도 또는 감각온도)에 영향을 주는 요인 : 온도, 습도, 기류(공기유동)
2) 허용한계 : 정신(사무작업)(60~64°F), 중작업(50~55°F)

22 창문을 통해 들어오는 직사 휘광을 처리하는 방법으로 가장 거리가 먼 것은?

① 창문을 높이 단다.
② 간접 조명 수준을 높인다.
③ 차양이나 발(blind)을 사용한다.
④ 옥외 창 위에 드리우개(overhang)를 설치한다.

해설

창문으로부터의 직사휘광 처리
1) 창문을 높이 단다.
2) 창 위(실외)에 드리우개(overhang)를 설치한다.
3) 창문(안쪽)에 수직날개(fin)들을 달아서 직시선을 제한한다.
4) 차양(shade)혹은 발(blind)을 사용한다.

23 녹색과 적색의 두 신호가 있는 신호등에서 1시간 동안 적색과 녹색이 각각 30분씩 켜진다면 이 신호등의 정보량은?

① 0.5 bit
② 1 bit
③ 2 bit
④ 4 bit

해설

$$정보량(H) = \sum Pi \log 2\left(\frac{1}{Pi}\right)$$
$$= 0.5\log 2\left(\frac{1}{0.5}\right) + 0.5\log 2\left(\frac{1}{0.5}\right)$$
$$= 1 bit$$

24 건강한 남성이 8시간 동안 특정 작업을 실시하고, 산소소비량이 1.2L/분으로 나타났다면 8시간 총 작업시간에 포함되어야 할 최소 휴식시간은? (단, 남성의 권장 평균에너지소비량은 5kcal/분, 안정 시 에너지소비량은 1.5kcal/분으로 가정한다.)

① 107분
② 117분
③ 127분
④ 137분

해설

$$R = \frac{T(W-S)}{W-1.5} = \frac{480 \times (6-5)}{6-1.5} = 107분$$

여기서, R : 필요한 휴식시간
T : 총 작업시간(8×60 = 480분)
W : 작업중 에너지소비량
(1.2L/분 × 5kcal/L = 6kcal/분)
S : 권장 평균에너지소비량(4~5kcal/분)

25 사고의 발단이 되는 초기 사상이 발생할 경우 그 영향이 시스템에서 어떤 결과(정상 또는 고장)로 진전해 가는지를 나뭇가지가 갈라지는 형태로 분석하는 방법은?

① FTA
② PHA
③ FHA
④ ETA

해설

ETA(Event Tree Analysis, 사상분석법)
1) 사상(事象)의 안전도를 사용한 시스템의 안전도를 나타내는 시스템모델의 하나로서 귀납적이고 정량적인 분석방법이다.
2) 재해의 확대요인을 분석하는 데 적합한 방법이다.
3) 디시젼트리(decision tree)를 재해사고의 분석에 이용할 경우의 분석법을 ETA(사상수분석법)라 한다.

26 청각신호의 수신과 관련된 인간의 기능으로 볼 수 없는 것은?

① 검출(detection)
② 순응(adaptation)
③ 위치 판별(directional judgement)
④ 절대적 식별(absolute judgement)

해설

청각적 신호의 수신에 관계되는 인간의 기능(또는 과업)
1) 검출 : 경고신호와 같은 신호의 존재 여부 판단
2) 위치판별 : 신호가 오는 방향의 판별
3) 절대적식별 : 단독으로 존재하는 특정 신호의 확인
4) 상대적분간 : 인접해 있는 두 가지 이상의 신호분간
☞ 순응(adaptation) : 빛에 대한 감도변화를 말한다.

Answer ● 22. ② 23. ② 24. ① 25. ④ 26. ②

27 조종장치의 저항 중 갑작스런 속도의 변화를 막고 부드러운 제어동작을 유지하게 해주는 저항을 무엇이라 하는가?

① 점성저항
② 관성저항
③ 마찰저항
④ 탄성저항

해설

조종장치의 저항 종류
1) 점성저항
　① 출력과 반대방향으로 속도에 비례해서 작용하는 힘 때문에 생기는 저항이다.
　② 점성저항은 갑작스러운 속도변화를 막고 원활한 제어동작을 유지하게 해준다.
2) 관성저항 : 물체의 질량으로 인한 운동에 대한 저항으로 가속도에 따라 변한다.
3) 마찰저항 : 정지마찰은 초기 동작에 대한 저항으로 동작초기에 최대이지만 급격히 감소하며, 미끄럼(coulomb)마찰은 동작에 대한 저항으로 계속되지만 마찰력은 속도나 변위와 무관하다.
4) 탄성저항 : 조종장치의 변위에 따라 변한다(변위가 클수록 저항이 커진다)

28 과전압이 걸리면 전기를 차단하는 차단기, 퓨즈 등을 설치하여 오류가 재해로 이어지지 않도록 사고를 예방하는 설계 원칙은?

① 에러복구 설계
② 풀 – 프루프(fool – proof)설계
③ 페일 – 세이프(fail – safe)설계
④ 템퍼 – 프루프(tamper proog)설계

해설

페일 세이프(fail safe) : 인간이나 기계에 과오(error)나 동작상의 실수가 있더라도 사고방지를 위해서 2중, 3중으로 통제를 가하도록 한 체계를 말함

29 인간공학적 수공구의 설계에 관한 설명으로 맞는 것은?

① 손잡이 크기를 수공구 크기에 맞추어 설계한다.
② 수공구 사용 시 무게 균형이 유지되도록 설계한다.
③ 정밀 작업용 수공구의 손잡이는 직경 5mm 이하로 한다.
④ 힘을 요하는 수공구의 손잡이는 직경을 60mm 이상으로 한다.

해설

수공구 설계원칙
1) 수공구 무게를 줄이고 사용시 무게 균형이 유지되도록 설계한다.
2) 손바닥면에 압력이 가해지지 않도록 설계한다.
3) 손가락이 지나치게 반복적인 동작을 하지 않도록 한다.
4) 손목을 곧게 펼 수 있도록 한다.
5) 안전측면을 고려한 디자인이 이루어지도록 한다.

30 일반적으로 의자설계의 원칙에서 고려해야 할 사항과 거리가 먼 것은?

① 체중분포에 관한 사항
② 상반신의 안정에 관한 사항
③ 개인차의 반영에 관한 사항
④ 의자 좌판의 높이에 관한 사항

해설

의자설계의 원칙
1) 체중분포 : 체중이 좌골 결절에 실려야 한다.
2) 의자 좌판의 높이 : 좌판 앞부분이 오금의 높이 보다 높지 않아야 한다.
3) 의자 좌판의 깊이와 폭 : 폭은 큰 사람에게, 깊이는 작은 사람에게 맞도록 해야 한다.
4) 몸통의 안정 : 의자의 좌판 각도는 3°, 좌판 등판 간의 등판 각도는 100°가 몸통안정에 효과적이다.

31 인간이 현존하는 기계를 능가하는 기능으로 거리가 먼 것은?

① 완전히 새로운 해결책을 도출할 수 있다.
② 원칙을 적용하여 다양한 문제를 해결할 수 있다.
③ 여러 개의 프로그램 된 활동을 동시에 수행할 수 있다.
④ 상황에 따라 변하는 복잡한 자극 형태를 식별할 수 있다.

해설

기계가 우수한 기능 : 여러 개의 프로그램 된 활동을 동시에 수행할 수 있다.

Answer ▶ 27. ① 28. ③ 29. ② 30. ③ 31. ③

길잡이 인간과 기계의 상대적 재능	
인간이 우수한 기능	기계가 우수한 기능
① 저 에너지 자극(시각, 청각, 후각 등)감지	① 인간 감지범위 밖의 자극(X선, 초음파 등)감지
② 복잡 다양한 자극 형태 식별	② 인간 및 기계에 대한 모니터 기능
③ 예기치 못한 사건 감지(예감, 느낌)	③ 드물게 발생하는 사상 감지
④ 다량정보를 오래 보관	④ 암호화된 정보를 신속하게 대량보관
⑤ 귀납적 추리	⑤ 연역적 추리
⑥ 과부하 상황에서는 중요한 일에만 전념	⑥ 과부하시 효율적으로 작동
⑦ 임기응변, 융통성, 원칙적용, 주관적 추산, 독창력 발휘 등의 기능	⑦ 정량적 정보처리, 장시간 중량작업, 반복작업, 동시에 여러 가지 작업수행

32 FTA의 논리게이트 중에서 3개 이상의 입력 사상 중 2개가 일어나면 출력이 나오는 것은?

① 억제 게이트
② 조합 AND 게이트
③ 배타적 OR 게이트
④ 우선적 AND 게이트

해설

수정기호의 종류
1) 우선적 AND Gate : 입력사상 가운데 어느 사상이 다른 사상보다 먼저 일어났을 때에 출력사상이 생긴다. 예를 들면 「A는 B보다 먼저」와 같이 기입
2) 짜맞춤 AND Gate : 3개 이상의 입력사상 가운데 어느 것이든 2개가 일어나면 출력사상이 생긴다. 예를 들면 「어느 것이든 2개」라고 기입
3) 위험지속기호 : 입력사상이 생겨서 어느 일정시간 지속하였을 때에 출력사상이 생긴다. 예를 들면 「위험지속시간」과 같이 기입
4) 배타적 OR Gate : OR Gate로 2개 이상의 입력이 동시에 존재할 때에는 출력사상이 생기지 않는다. 예를 들면 「동시에 발생하지 않는다」라고 기입

33 시스템 수명주기에서 예비위험분석을 적용하는 단계는?

① 구상단계
② 개발단계
③ 생산단계
④ 운전단계

해설

시스템의 수명주기
1) 구상단계
   ① 특정위험을 찾아내기 위해 예비위험분석(PHA)을 이용한다.
   ② 위험관리와 안전설계기준을 개발하고 우선적으로 필요한 사항을 결정하기 위해서 리스크 분석을 수행한다.
2) 정의단계 : 예비설계와 생산기술을 확인하는 단계이다.
3) 개발단계 : 고장형태 및 영향분석(FMEA)과 관련된 신뢰성 공학이 적용된다.
4) 생산단계 : 안전부서에 의한 모니터링이 가장 중요하며 품질관리부서는 생산물을 검사하고 조사하는 역할을 한다.
5) 운전단계 : 교육훈련이 진행되고 사고 또는 사건으로 부터 자료가 축적된다.

34 표시 값의 변화 방향이나 변화 속도를 관찰할 필요가 있는 경우에 가장 적합한 표시장치는?

① 동목형 표시장치
② 계수형 표시장치
③ 묘사형 표시장치
④ 동침형 표시장치

해설

정량적 동적표시장치의 기본형
1) 정목동침(moving pointer)형 : 눈금이 고정되고 지침이 움직이는 형
2) 정침동목(moving scale)형 : 지침이 고정되고 눈금이 움직이는 형
3) 계수(digital)형 : 전력계나 택시요금 계기와 같이 기계, 전자적으로 숫자가 표시되는 형

35 음의 세기인 데시벨(dB)을 측정할 때 기준 음압의 주파수는?

① 10Hz
② 100Hz
③ 1,000Hz
④ 10,000Hz

해설

dB수준과 음압과의 관계식 : 음의 강도는 음압의 제곱에 비례하므로 dB수준은 다음과 같다.

$$\therefore dB수준 = 20\log\left(\frac{P_1}{P_0}\right)$$

여기서, P_1 : 측정하려는 음압
P_0 : 기준음의 음압
($2\times10^5 N/m^2$: 10,00Hz에서의 최소 가정치)

Answer ● 32. ② 33. ① 34. ④ 35. ③

36 FT도에서 정상사상 A의 발생확률은?(단, 사상 B_1의 발생확률은 0.3이고, B_2의 발생확률은 0.2이다.)

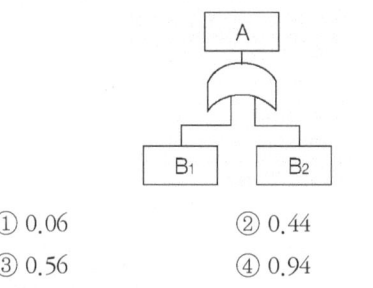

① 0.06　　　② 0.44
③ 0.56　　　④ 0.94

해설

$A = 1 - (1 - B_1)(1 - B_2)$
$= 1 - (1 - 0.3)(1 - 0.2) = 0.44$

37 결함수 분석의 컷셋(cut set)과 패스셋(path set)에 관한 설명으로 틀린 것은?

① 최소 컷셋은 시스템의 위험성을 나타낸다.
② 최소 패스셋은 시스템의 신뢰도를 나타낸다.
③ 최소 패스셋은 정상사상을 일으키는 최소한의 사상 집합을 의미한다.
④ 최소 컷셋은 반복사상이 없는 경우 일반적으로 퍼셀(Fussell)알고리즘을 이용하여 구한다.

해설

최소 패스셋은 정상사상을 일으키지 않는 최소한의 사상 집합을 의미한다.

38 인적 오류로 인한 사고를 예방하기 위한 대책 중 성격이 다른 것은?

① 작업의 모의훈련
② 정보의 피드백 개선
③ 설비의 위험요인 개선
④ 적합한 인체측정치 적용

해설

인적오류로 인한 사고예방대책
1) 정보의 피드백 개선
2) 설비의 위험요인 개선
3) 적합한 인체측정치 적용
4) 경보장치 및 방호장치 설치

39 설비보전 방식의 유형 중 궁극적으로는 설비의 설계, 제작 단계에서 보전 활동이 불필요한 체계를 목표로 하는 것은?

① 개량보전(corrective maintenance)
② 예방보전(preventive maintenance)
③ 사후보전(break-down maintenance)
④ 보전예방(maintenance prevention)

해설

설비보전방식의 유형
1) 예방보존 : 설비를 항상 정상, 양호한 상태로 유지하기 위한 정기검사와 초기단계에서 성능의 저하나 고장을 제거하거나 조정 또는 수복(修復)하기 위한 설비의 보수활동을 의미한다.
2) 일상보존 : 설비의 열화를 방지하고 그 진행을 지연시켜 수명을 연장하기 위한 설비의 점검, 청소, 주유, 교체 등의 활동을 의미한다.
3) 개량보존 : 고장을 미연에 방지하기 위해 설비를 개조하거나 설계에서부터 시정조치를 취하고 설비의 체질개선을 도모하는 설비보전 방법을 의미한다.
4) 보전예방 : 본문설명
5) 사후보전 : 수리를 행하는 설비보전방법을 의미한다.
6) 예지보전 : 설비의 이상 상태를 검출, 측정 또는 감시하여 열화의 정도가 사용한도에 이른 시점에서 분해, 검사, 부품교환, 수리하는 설비보전방법을 의미한다.

40 그림의 부품 A, B, C로 구성된 시스템의 신뢰도는? (단, 부품 A의 신뢰도는 0.85, 부품 B와 C의 신뢰도는 각각 0.90이다.)

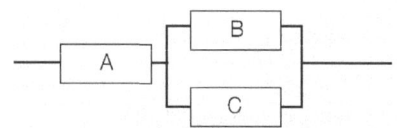

① 0.8415
② 0.8425
③ 0.8515
④ 0.8525

해설

$R = A \times [1 - (1 - B)(1 - C)]$
$= 0.85 \times [1 - (1 - 0.9)(1 - 0.9)] = 0.8415$

Answer ● 36. ② 37. ③ 38. ① 39. ④ 40. ①

제3과목　기계위험방지기술

41 기계의 안전조건 중 구조의 안전화가 아닌 것은?

① 기계재료의 선정 시 재료 자체에 결함이 없는지 철저히 확인한다.
② 사용 중 재료의 강도가 열화될 것을 감안하여 설계시 안전율을 고려한다.
③ 기계작동 시 기계의 오동작을 방지하기 위하여 오동작 방지 회로를 적용한다.
④ 가공경화와 같은 가공결함이 생길 우려가 있는 경우는 열처리 등으로 결함을 방지한다.

해설

기계설비의 구조적 안전화
1) 재료선택의 안전화(재료결함)
2) 설계상의 올바른 강도계산(설계상 결함)
3) 가공상의 안전화(가공결함)

42 보일러의 안전한 기동을 위해 압력방출장치가 2개 이상 설치된 경우 최고사용압력 이하에서 1개가 작동되었다면, 다른 압력방출장치의 작동압력의 범위는?

① 최고사용압력 1.05배 이하
② 최고사용압력 1.1배 이하
③ 최고사용압력 1.15배 이하
④ 최고사용압력 1.2배 이하

해설

압력방출장치의 설치기준(안전보건규칙)
1) 보일러의 안전한 기동을 위하여 보일러 규격에 적합한 압력방출장치를 1개 또는 2개 이상 설치하고 최고사용압력 이하에서 작동되도록 할 것. 다만 압력방출장치가 2개 이상 설치된 경우에는 최고사용압력 이하에서 1개가 작동되고, 다른 압력 방출장치는 최고사용압력 1.05배 이하에서 작동되도록 할 것
2) 압력방출장치는 1년에 1회 이상 표준 압력계를 이용하여 토출압력을 실험한 후 납으로 봉인하여 사용하도록 할 것

43 프레스작업의 안전을 위한 방호장치 중 투광부와 수광부를 구비하는 방호장치는?

① 양수조작식
② 가드식
③ 광전자식
④ 수인식

해설

광전자식 방호장치 설치기준
1) 광축의 설치거리(위험부위에서 안전거리)
　설치거리(mm) = $1.6(T_L + T_S)$
　여기서, T_L : 손이 광선차단 직후부터 급정지기구가 작동을 개시할 때까지의 시간(ms)
　　　　T_S : 급정지기구 작동개시 시간부터 슬라이드가 정지할 때까지의 시간(ms)
　　　　$T_L + T_S$: 최대정지시간(급정지시간)
2) 광축의 수는 2개 이상, 광축 간의 간격은 50mm 이하일 것
3) 투광기와 수광기의 사이에 연속차광을 할 수 있는 차광폭은 30mm 이하일 것

44 공작기계 중 플레이너 작업 시 안전대책이 아닌 것은?

① 베드 위에는 다른 물건을 올려 놓지 않는다.
② 절삭행정 중 일감에 손을 대지 말아야 한다.
③ 프레임내의 피트(Pit)에는 뚜껑을 설치하여야 한다.
④ 바이트는 되도록 길게 나오도록 설치한다.

해설

플레이너의 안전작업수칙
1) 공작물(일감)의 고정시에는 반드시 전원을 차단시킬 것
2) 이동테이블에 방호울을 설치할 것
3) 프레임(frame)중앙부에 있는 피트(pit)에는 덮개(뚜껑)를 설치할 것
4) 바이트는 되도록 짧게 설치할 것
5) 베드 위에는 다른 물건을 올려 놓지 않을 것
6) 압판은 죄는 힘에 의해 휘어지지 않도록 충분히 두꺼운 것을 사용하고 수평이 되도록 고정시킬 것
7) 테이블과 고정벽이나 다른 기계와의 최소거리가 80cm이하인 경우에는 그 사이를 통행할 수 없게 할 것

45 화물의 하중을 직접 지지하는 달기 와이어로프의 안전계수 기준은?

① 3 이상
② 4 이상
③ 5 이상
④ 10 이상

Answer ➡ 41. ③　42. ①　43. ③　44. ④　45. ③

해설

양중기의 와이어로프 또는 달기체인(고리걸이용 포함)의 안전계수

안전계수 = $\dfrac{\text{절단하중}}{\text{최대사용하중(허용하중)}}$

1) 근로자가 탑승하는 운반구를 지지하는 경우 : 10 이상
2) 화물의 하중을 직접 지지하는 경우 : 5 이상
3) 훅, 샤클, 클램프, 리프팅 빔의 경우 : 3 이상
4) 그 밖의 경우 : 4 이상

46 체인과 스프로킷, 랙과 피니언, 풀리와 V벨트 등에서 형성되는 위험점은?

① 끼임점　　② 회전말림점
③ 접선물림점　④ 협착점

해설

1) **끼임점** : 연삭숫돌과 작업대, 반복 동작되는 링크기구, 교반기의 교반날개와 몸체사이 등
2) **회전말림점** : 회전축, 드릴축, 커플링 등
3) **접선물림점** : 본문 설명
4) **협착점** : 프레스, 성형기, 절곡기 등

47 기계설비에 있어서 방호의 기본 원리가 아닌 것은?

① 위험제거　　② 덮어씌움
③ 위험도 분석　④ 위험에 적응

해설

방호의 기본원리
1) 위험제거
2) 덮어씌움(위험해지는 상태의 삭감)
3) 위험에 적응
4) 차단(위험해 지는 상태의 제거)

48 목재 가공용 둥근톱의 목재반발 예방장치가 아닌 것은?

① 반발방지 발톱(finger)
② 분할날(spreader)
③ 덮개(cover)
④ 반발방지 롤(roll)

해설

둥근톱기계의 방호장치
1) 톱날접촉예방장치 : 보호덮개
2) 반발예방장치
　① 분할날
　② 반발방지기구(finger)
　③ 반발방지롤(roll)

49 산업안전보건기준에 관한 규칙상 안전난간의 구조 및 설치요건 중 상부 난간대는 바닥면·발판 또는 경사로의 표면으로부터 몇 cm 이상 지점에 설치해야 하는가?

① 30cm　　② 60cm
③ 90cm　　④ 120cm

해설

안전난간의 구조 및 설치요건(안전보건규칙 제13조)
1) 상부난간대, 중간난간대, 발끝막이판 및 난간기둥으로 구성할 것(중간난간대, 발끝막이판 및 난간기둥은 이와 비슷한 구조 및 성능을 가진 것으로 대체할 수 있다.)
2) 상부난간대는 바닥면, 발판 또는 경사로의 표면(이하 "바닥면 등")으로부터 90cm 이상 지점에 설치하고, 상부난간대를 120cm 이하에 설치하는 경우 중간난간대는 상부난간대와 바닥면 등의 중간에 설치하여야 하며, 120cm 이상 지점에 설치하는 경우에는 중간난간대를 2단 이상으로 균등하게 설치하고 난간의 상하간격은 60cm 이하가 되도록 할 것
3) 발끝막이판은 바닥면 등으로부터 10cm 이상의 높이를 유지할 것(물체가 떨어지거나 날아올 위험이 없거나 그 위험을 방지할 수 있는 망을 설치하는 등 필요한 예방조치를 한 장소는 제외)
4) 난간기둥은 상부난간대와 중간난간대를 견고하게 떠받칠 수 있도록 적정 간격을 유지할 것
5) 상부난간대와 중간난간대는 난간길이 전체에 걸쳐 바닥면 등과 평행을 유지할 것
6) 난간대는 지름 2.7cm 이상의 금속제 파이프나 그 이상의 강도를 가진 재료일 것
7) 안전난간은 임의의 점에서 임의의 방향으로 움직이는 100kg 이상의 하중에 견딜 수 있는 튼튼한 구조일 것

50 가드(guard)의 종류가 아닌 것은?

① 고정식　　② 조정식
③ 자동식　　④ 반자동식

Answer ➤ 46. ③　47. ③　48. ③　49. ③　50. ④

해설

가드(guard)의 종류
1) **고정형 가드**(fixed guard) : 완전밀폐형, 작업점용
2) **자동형 가드**(auto guard) : 이동형, 가동형 등 기계·전기·유공압적 인터록 시스템
3) **조절형 가드**(adjustable guard) : 작업여건에 따라 조절하여 사용

51 산업용 로봇의 방호장치로 옳은 것은?

① 압력방출 장치
② 안전매트
③ 과부하 방지장치
④ 자동전격 방지장치

해설

산업용 로봇의 방호장치
1) 안전매트
2) 방책(높이 1.8m 이상)
3) 제동장치 및 비상정지장치

52 연삭숫돌의 파괴원인이 아닌 것은?

① 숫돌 작업 시 측면 사용이 원인이 된다.
② 숫돌 작업 시 드레싱을 실시했을 때 원인이 된다.
③ 숫돌의 회전속도가 너무 빠를 때 원인이 된다.
④ 숫돌의 회전중심이 잡히지 않았거나 베어링의 마모에 의한 진동이 원인이 된다.

해설

연삭기 숫돌의 파괴원인
1) 숫돌의 회전속도가 빠를 때
2) 숫돌자체에 균열이 있을 때
3) 숫돌에 과대한 충격을 가할 때
4) 숫돌의 측면을 사용하여 작업할 때
5) 숫돌의 불균형이나 베어링 마모에 의한 진동이 있을 때
6) 숫돌 반경방향의 온도변화가 심할 때
7) 작업에 부적당한 숫돌을 사용할 때
8) 숫돌의 치수가 부적당할 때
9) 플랜지가 현저히 작을 때(플랜지 직경 = 숫돌직경 × 1/3)

53 수공구 작업 시 재해방지를 위한 일반적인 유의사항이 아닌 것은?

① 사용 전 이상 유무를 점검한다.
② 작업자에게 필요한 보호구를 착용시킨다.
③ 적합한 수공구가 없을 경우 유사한 것을 선택하여 사용한다.
④ 사용 전 충분한 사용법을 숙지한다.

해설

수공구 작업시 재해방지를 위한 유의사항
1) 사용전 이상유무 점검
2) 보호구 착용
3) 사용전 사용법 숙지

54 플레이너와 세이퍼의 방호장치가 아닌 것은?

① 칩 브레이커
② 칩받이
③ 칸막이
④ 방책

해설

세이퍼의 방호장치
1) 칩받이
2) 방책(방호울)
3) 칸막이

55 선반의 안전작업 방법 중 틀린 것은?

① 절삭칩의 제거는 반드시 브러시를 사용할 것
② 기계운전 중에는 백기어(back gear)의 사용을 금할 것
③ 공작물의 길이가 직경의 6배 이상일 때는 반드시 방진구를 사용할 것
④ 시동 전에 척 핸들을 빼둘 것

해설

③항. 공작물의 길이가 직경의 12배 이상으로 가늘고 길 때는 방진구(공작물의 고정에 사용)를 사용하여 진동을 막을 것

56 지게차가 무부하 상태로 구내 최고속도 25km/h로 주행 시 좌우안정도는 몇 % 이내인가?

① 16.5%
② 25.0%
③ 37.5%
④ 42.5%

해설

지게차 주행시 좌우안정도
$= 15 + 1.1V$
$= 15 + (1.1 \times 25)$
$= 42.5\%$

Answer ● 51. ② 52. ② 53. ③ 54. ① 55. ③ 56. ④

길잡이 지게차의 안정도
1) 하역 작업시
   ① 전후 안정도 : 4%(5톤 이상의 것은 3.5%)
   ② 좌우 안정도 : 6%
2) 주행시
   ① 전후 안정도 : 18%
   ② 좌우 안정도 : (15+1.1V)%, V는 최고속도(km/hr)

57 가스집합용접장치에서 가스장치실에 대한 안전조치로 틀린 것은?

① 가스가 누출될 때에는 해당 가스가 정체되지 않도록 한다.
② 지붕 및 천장은 콘크리트 등의 재료로 폭발을 대비하여 견고히 한다.
③ 벽에는 불연성 재료를 사용한다.
④ 가스장치실에는 관계근로자가 아닌 사람의 출입을 금지시킨다.

해설
②항, 지붕과 천장에는 가벼운 불연성 재료를 사용할 것

58 근로자가 탑승하는 운반구를 지지하는 달기체인의 안전계수는 몇 이상이어야 하는가?

① 3 ② 4
③ 5 ④ 10

해설
양중기의 와이어로프 또는 달기체인의 안전계수(안전보건규칙)
1) 근로자가 탑승하는 운반구를 지지하는 경우 : 10이상
2) 화물의 하중을 직접 지지하는 경우 : 5이상
3) 훅, 샤클, 클램프, 리프팅 빔의 경우 : 3이상
4) 그 밖의 경우 : 4이상

59 그림과 같이 2줄 걸이 인양작업에서 와이어로프 1줄의 파단하중이 1,0000N, 인양화물의 무게가 2,000N이라면 이 작업에서 확보된 안전율은?

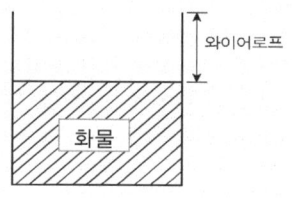

① 2 ② 5
③ 10 ④ 20

해설
1) 로프 2줄의 파단하중 = 10,000N × 2
   = 20,000N
2) 안전율 = $\dfrac{파단하중}{허용응력}$
   = $\dfrac{20,000N}{2,000N}$ = 10

60 프레스의 양수조작식 방호장치에서 양쪽버튼의 작동시간 차이는 최대 몇 초 이내일 때 프레스가 동작되도록 해야 하는가?

① 0.1 ② 0.5
③ 1.0 ④ 1.5

해설
양수조작식은 누름버튼을 양손으로 동시에 조작하지 않으면 작동시킬 수 없는 구조이어야 하며, 양쪽버튼의 작동시간 차이는 최대 0.5초 이내일 때 프레스가 동작되도록 할 것

제4과목 전기 및 화학설비위험방지기술

61 교류아크 용접작업시 감전을 예방하기 위하여 사용하는 자동전격방지기의 2차 전압은 몇 V 이하로 유지하여야 하는가?

① 25 ② 35
③ 50 ④ 40

해설
교류아크용접기의 방호장치
1) 방호장치 : 자동전격방지장치
2) 방호장치의 성능
   ① 아크발생을 정지시킬 때 주접점이 개로될 때까지의 시간 (자동시간)은 1초 이내일 것
   ② 2차 무부하전압은 25V 이내일 것
3) 자동전격방지장치의 기능 : 용접작업중단 직후부터 다음 아크 발생기까지 유지할 것

Answer ➡ 57. ② 58. ④ 59. ③ 60. ② 61. ①

62 대전된 물체가 방전을 일으킬 때의 에너지 E(J)를 구하는 식으로 옳은 것은? (단, 도체의 정전용량은 C(F), 대전전위는 V(V), 대전전하량은 Q(C)이다.)

① $E = \sqrt{2CQ}$ ② $E = \frac{1}{2}CV$

③ $E = \frac{Q^2}{2C}$ ④ $E = \sqrt{\frac{2V}{C}}$

해설

$E = \frac{1}{2}CV^2 = \frac{1}{2}QV = \frac{Q^2}{2C}$

여기서, ┌ E : 정전에너지(J)
      ├ C : 도체의 정전용량(F)
      ├ V : 대전전위(V)(V = Q/C)
      └ Q : 대전전하량(C)(Q = CV)

63 누전차단기의 선정 및 설치에 관한 설명으로 틀린 것은?

① 차단기를 설치한 전로에 과부하 보호장치를 설치하는 경우는 서로 협조가 잘 이루어지도록 한다.
② 정격부동작전류와 정격감도전류와의 차는 가능한 큰 차단기로 선정한다.
③ 휴대용, 이동용 전기기기에 설치하는 차단기는 정격감도전류가 낮고, 동작시간이 짧은 것을 선정한다.
④ 전로의 대지정전용량이 크면 차단기가 오동작하는 경우가 있으므로 각 분기회로마다 차단기를 설치한다.

해설

②항. 정격부동작전류가 정격감도전류의 50%이상이어야 하고 전류치가 가능한 작을 것

64 저항이 0.2Ω인 도체에 10A의 전류가 1분간 흘렀을 경우 발생하는 열량은 몇 cal인가?

① 64 ② 144
③ 288 ④ 386

해설

$Q = I^2RT$
$= 10^2 \times 0.2 \times 60$
$= 1200J \times \frac{1cal}{4.186J} = 286.67cal$

65 가스 또는 분진폭발위험장소에는 변전실·배전반실·제어실 등을 설치하여서는 아니 된다. 다만, 실내기압이 항상 양압을 유지하도록 하고, 별도 의 조치를 한 경우에는 그러하지 않은데 이 때 요구되는 조치사항으로 틀린 것은?

① 양압을 유지하기 위한 환기설비의 고장 등으로 양압이 유지되지 아니한 때 경보를 할 수 있는 조치를 한 경우
② 환기설비가 정지된 후 재가동하는 경우 변전실 등에 가스 등이 있는지를 확인할 수 있는 가스 검지기 등의 장비를 비치한 경우
③ 환기설비에 의하여 변전실 등에 공급되는 공기는 가스 또는 분진폭발위험장소가 아닌 곳으로부터 공급되도록 하는 조치를 한 경우
④ 항상 유지해야 하는 실내기압이 항상 양압 10 Pa 이상이 되도록 장치를 한 경우

해설

④항. 항상 유의해야 하는 실내기압이 항상 양압 25Pa(파스칼) 이상이 되도록 할 것

66 전기기기의 불꽃 또는 열로 인해 폭발성 위험 분위기에 점화되지 않도록 컴파운드를 충전해서 보호한 방폭구조는?

① 몰드 방폭구조 ② 비점화 방폭구조
③ 안전증 방폭구조 ④ 본질안전 방폭구조

해설

1) **몰드 방폭구조** : 본문설명
2) **비점화방폭구조** : 전기기기가 정상작동과 규정된 특정한 비정상상태에서 주위의 폭발성 가스 분위기를 점화시키지 못하도록 만든 방폭구조
3) **안전증방폭구조** : 폭발성가스·증기의 점화원이 될 전기불꽃, 아크 또는 고온이 되어서는 안 되는 부분에 기계적, 전기적 구조상 또는 온도상승을 억제할 수 있도록 안전도를 증가시킨 구조

Answer ● 62. ③ 63. ② 64. ③ 65. ④ 66. ①

4) 본질안전방폭구조 : 정상시 및 사고시(단선, 단락, 지락 등)에 발생하는 전기불꽃 아크 또는 고온에 의하여 폭발성가스 또는 증기에 점화되지 않는 것이 점화시험, 기타에 의해서 확인된 구조

67 22.9kV 특별고압 활선작업 시 충전전로에 대한 접근한계거리는 몇 cm인가?

① 30
② 60
③ 90
④ 110

해설

접근한계거리

충전전로의 선간전압(단위 : kV)	충전전로에 대한 접근한계거리(cm)
0.3 이하	접촉금지
0.3 초과 0.75 이하	30
0.75 초과 2이하	45
2 초과 15 이하	60
15 초과 37 이하	90
37 초과 88 이하	110
88 초과 121 이하	130
121 초과 145 이하	150
145 초과 169 이하	170
169 초과 242 이하	230
242 초과 362 이하	380
362 초과 550 이하	550
550 초과 800이하	790

68 감전에 영향을 미치는 요인으로 통전경로별 위험도가 가장 높은 것은?

① 왼손 – 등
② 오른손 – 등
③ 오른손 – 왼발
④ 왼손 – 가슴

해설

통전경로별 위험도

통전경로	위험도
1) 왼손 – 가슴	1.5
2) 오른손 – 가슴	1.3
3) 왼손 – 한발 또는 양발	1.0
4) 양손 – 양발	1.0
5) 오른손 – 한발 또는 양발	0.8
6) 왼손 – 등	0.7
7) 한손 또는 양손 – 앉아 있는 거리	0.7
8) 왼손 – 오른손	0.4
9) 오른손 – 등	0.3

69 일반적인 방전형태의 종류가 아닌 것은?

① 스트리머(streamer)방전
② 적외선(infrared-ray)방전
③ 코로나(corona)방전
④ 연면(surface)방전

해설

방전의 형태
1) 스파크(spark)방전(불꽃방전)
2) 코로나(corona)방전
3) 연면방전
4) 스트리머(streamer)방전
5) 뇌상방전

70 전로에 시설하는 기계기구의 철대 및 금속제 외함에는 규정에 따른 접지공사를 실시하여야 하나 시설하지 않아도 되는 경우가 있다. 예외 규정으로 틀린 것은?

① 사용전압이 교류 대지전압 150V이하인 기계기구를 습한 곳에 시설하는 경우
② 철대 또는 외함 주위에 적당한 절연대를 설치하는 경우
③ 저압용 기계기구를 건조한 마루나 절연성 물질 위에서 취급하도록 시설하는 경우
④ 2중 절연구조로 되어있는 기계기구를 시설하는 경우

해설

접지공사가 생략되는 장소
1) 건조한 장소에 설치한 직류 300V 또는 교류 대지전압이 150V 이하인 전기기계 · 기구
2) 목재 마루 등 건조한 장소에서 전기기기를 취급하는 곳
3) 철대와 외함 주위에 절연대를 설치한 전기기계 · 기구
4) 사람이 쉽게 접촉되지 않게 목주 등에 높이 설치한 저압 · 고압용 전기기계 · 기구 (단, 절연성이 없는 철주상 등에 설치 시는 접지공사를 해야 함)
5) 전기용품안전관리법의 적용을 받는 이중절연의 전기기계 · 기구
6) 누전차단기(정격감도전류 30mA이하, 동작시간 0.03sec 이하의 전류동작형의 것에 한함)로 보호된 저압전로의 기계 · 기구

Answer ● 67. ③ 68. ④ 69. ② 70. ①

71 폭발범위에 있는 가연성 가스 혼합물에 전압을 변화시키며 전기 불꽃을 주었더니 1,000V가 되는 순간 폭발이 일어났다. 이때 사용한 전기 불꽃의 콘덴서 용량은 0.1μF을 사용하였다면 이 가스에 대한 최소 발화에너지는 몇 mJ인가?

① 5   ② 10
③ 50   ④ 100

해설

$$E = \frac{1}{2}CV^2$$
$$= \frac{1}{2} \times 0.1 \times 10^{-6} \times 1,000^2$$
$$= 0.05J = 50mJ$$

72 폭발범위에 관한 설명으로 옳은 것은?

① 공기밀도에 대한 폭발성 가스 및 증기의 폭발 가능 밀도 범위
② 가연성 액체의 액면 근방에 생기는 증기가 착화 할 수 있는 온도 범위
③ 폭발화염이 내부에서 외부로 전파될 수 있는 용기의 틈새 간격 범위
④ 가연성 가스와 공기와의 혼합가스에 점화원을 주었을 때 폭발이 일어나는 혼합가스의 농도 범위

해설

폭발한계(폭발범위)
1) 점화원에 의하여 폭발을 일으킬 수 있는 폭발성 가스와 공기와의 혼합가스 농도 범위를 말하며 폭발이 일어날 수 있는 낮은 농도값을 폭발하한계, 가장 높은 농도값을 폭발상한계라 한다.
2) 일반적으로 폭발범위가 넓고 하한계가 낮을수록 폭발성 분위기를 생성하기 쉽다.

73 다음 중 아세틸렌의 취급·관리시 주의사항으로 옳지 않은 것은?

① 용기는 폭발할 수 있으므로 전도·낙하되지 않도록 한다.
② 폭발할 수 있으므로 필요 이상 고압으로 충전하지 않는다.
③ 용기는 밀폐된 장소에 보관하고, 누출시에는 누출원에 직접 주수하도록 한다.
④ 폭발성 물질을 생성할 수 있으므로 구리나 일정 함량 이상의 구리합금과 접촉하지 않도록 한다.

해설

아세틸렌 용기는 통풍이나 환기가 불충분한 밀폐된 장소에 설치, 보관(저장)하지 않도록 할 것

74 산업안전보건법령상 안전밸브 전단, 후단에 자물쇠형 차단밸브를 설치할 수 없는 경우는?

① 화학설비 및 그 부속설비에 안전밸브 등이 복수방식으로 설치되어있는 경우
② 예비용 설비를 설치하고 각각의 설비에 안전밸브 등이 설치되어있는 경우
③ 열팽창에 의하여 상승된 압력을 낮추기 위한 목적으로 안전밸브가 설치된 경우
④ 안전밸브 등의 배출용량의 2분의 1이상에 해당하는 용량의 자동압력조절밸브와 안전밸브가 직렬로 연결된 경우

해설

차단밸브의 설치 금지(안전보건규칙 제266조) : 안전밸브 등의 전단·후단에 차단밸브를 설치해서는 아니된다. 다만, 다음 각 호에 해당하는 경우에는 자물쇠형 또는 이에 준하는 형식의 차단밸브를 설치할 수 있다.
1) 인접한 화학설비 및 그 부속설비에 안전밸브 등이 각각 설치되어 있고, 해당 화학설비 및 그 부속설비의 연결배관에 차단밸브가 없는 경우
2) 안전밸브 등의 배출용량의 2분의 1이상에 해당하는 용량의 자동압력조절밸브(구동용 동력원의 공급을 차단하는 경우 열리는 구조인 것으로 한정)와 안전밸브 등이 병렬로 연결된 경우
3) 화학설비 및 그 부속설비에 안전밸브 등이 복수방식으로 설치되어 있는 경우
4) 예비용 설비를 설치하고 각각의 설비에 안전밸브 등이 설치되어 있는 경우
5) 열팽창에 의하여 상승된 압력을 낮추기 위한 목적으로 안전밸브가 설치된 경우
6) 하나의 플레어 스택(flare stack)에 둘 이상의 단위공정의 플레어 헤더(flare header)를 연결하여 사용하는 경우로서 각각의 단위공정의 플레어헤더에 설치된 차단밸브의 열림·닫힘 상태를 중앙제어실에서 알 수 있도록 조치한 경우

Answer ➡ 71. ③ 72. ④ 73. ③ 74. ④

75 유해·위험물질 취급시 보호구의 구비조건으로 가장 거리가 먼 것은?

① 방호성능이 충분할 것
② 재료의 품질이 양호할 것
③ 작업에 방해가 되지 않을 것
④ 착용감이 뛰어나고 외관이 화려할 것

해설
보호구의 구비조건
1) ①, ②, ③항
2) 착용시 작업이 용이할 것
3) 구조와 끝 마무리가 양호할 것
4) 외관 및 디자인이 양호할 것

76 다음 중 분진 폭발의 발생 위험성을 낮추는 방법으로 적절하지 않은 것은?

① 주변의 점화원을 제거한다.
② 분진이 날리지 않도록 한다.
③ 분진과 그 주변의 온도를 낮춘다.
④ 분진 입자의 표면적을 크게 한다.

해설
④항, 분진 입자의 표면적을 작게 한다.

77 다음 중 물분무소화설비의 주된 소화효과에 해당하는 것으로만 나열한 것은?

① 냉각효과, 질식효과
② 희석효과, 제거효과
③ 제거효과, 억제효과
④ 억제효과, 희석효과

해설
물분무소화설비의 주된 소화효과
1) 냉각효과
2) 억제효과
3) 희석효과

78 가열·마찰·충격 또는 다른 화학물질과의 접촉 등으로 인하여 산소나 산화제의 공급이 없더라도 폭발 등 격렬한 반응을 일으킬 수 있는 물질은?

① 알코올류   ② 무기과산화물
③ 니트로화합물   ④ 과망간산칼륨

해설
폭발성 물질 및 유기과산화물 : 가열·마찰·충격 또는 다른 화학물질과의 접촉 등으로 인하여 산소나 산화제의 공급이 없더라도 폭발 등 격렬한 반응을 일으킬 수 있는 고체나 액체로서 다음 항목에 해당하는 물질
1) 질산에스테르류
2) 니트로 화합물
3) 니트로소 화합물
4) 아조 화합물
5) 디아조 화합물
6) 하이드라진 및 그 유도체
7) 유기과산화물 등

79 공정 중에서 발생하는 미연소가스를 연소하여 안전하게 밖으로 배출시키기 위하여 사용하는 설비는 무엇인가?

① 증류탑   ② 플레어스택
③ 흡수탑   ④ 인화방지망

해설
긴급방출장치
1) flare stack : 가연성 가스나 고휘발성 액체의 증기를 연소시켜 대기 중으로 방출하는 안전장치이다.
2) blow down : 응축성 증기, 열유, 열액 등 공정액체를 빼내고 이것을 안전하게 유지 또는 처리하기 위한 안전장치이다.

80 반응기가 이상과열인 경우 반응폭주를 방지하기 위하여 작동하는 장치로 가장 거리가 먼 것은?

① 고온경보장치
② 블로우다운시스템
③ 긴급차단장치
④ 자동shutdown장치

해설
블로우다운(blow down) : 문(79)해설 참고

Answer ➡ 75. ④ 76. ④ 77. ④ 78. ③ 79. ② 80. ②

제5과목 건설안전기술

81 철골기둥 건립 작업 시 붕괴·도괴 방지를 위하여 베이스 플레이트의 하단은 기준 높이 및 인접기둥의 높이에서 얼마 이상 벗어나지 않아야 하는가?

① 2mm ② 3mm
③ 4mm ④ 5mm

해설

앵커볼트를 매립하는 경우 정밀도(고용노동부 고시)
1) 기둥중심은 기준선 및 인접기둥의 중심에서 5mm 이상 벗어나지 않을 것
2) 인접기둥간·중심거리의 오차는 3mm 이하일 것
3) 앵커볼트는 기둥중심에서 2mm 이상 벗어나지 않을 것
4) 베이스플레이트 하단은 기준높이 및 인접기둥의 높이에서 3mm 이상 벗어나지 않을 것

82 가설공사와 관련된 안전율에 대한 정의로 옳은 것은?

① 재료의 파괴응력도와 허용응력도의 비율이다.
② 재료가 받을 수 있는 허용응력도이다.
③ 재료의 변형이 일어나는 한계응력도이다.
④ 재료가 받을 수 있는 허용하중을 나타내는 것이다.

해설

안전율 = $\dfrac{\text{파괴응력}}{\text{허용응력}}$

83 철골작업에서 작업을 중지해야 하는 규정에 해당되지 않는 경우는?

① 풍속이 초당 10m 이상인 경우
② 강우량이 시간당 1mm 이상인 경우
③ 강설량이 시간당 1cm 이상인 경우
④ 겨울철 기온이 영상 4℃ 이상인 경우

해설

철골작업을 중지해야 하는 기상조건
1) 풍속이 10/sec 이상인 경우
2) 강우량이 1mm/hr 이상인 경우
3) 강설량이 1cm/hr 이상인 경우

84 콘크리트를 타설할 때 거푸집에 작용하는 콘크리트 측압에 영향을 미치는 요인과 가장 거리가 먼 것은?

① 콘크리트 타설 속도
② 콘크리트 타설 높이
③ 콘크리트의 강도
④ 기온

해설

콘크리트 측압산정시 고려되는 요소
1) 굳지 않은 콘크리트의 단위용적중량(t/m³)
2) 벽 길이 9(m)
3) 굳지 않은 콘크리트의 타설높이(m)
4) 콘크리트의 타설속도(보통 10~50m/h 정도)
5) 거푸집 속의 콘크리트 온도

85 토석붕괴의 내적 요인으로 옳은 것은?

① 사면의 경사 증가
② 공사에 의한 진동, 하중의 증가
③ 절토 및 성토 높이의 증가
④ 토석의 강도 저하

해설

토사붕괴의 원인(고용노동부고시)
1) 외적요인
  ① 사면, 법면의 경사 및 구배의 증가
  ② 절토 및 성토 높이의 증가
  ③ 공사에 의한 진동 및 반복하중의 증가
  ④ 지표수 및 지하수의 침투에 의한 토사중량 증가
  ⑤ 지진, 차량, 구조물의 하중
2) 내적요인
  ① 절토사면의 토질, 암석
  ② 성토사면의 토질
  ③ 토석의 강도저하

86 달비계에 설치되는 작업발판의 폭에 대한 기준으로 옳은 것은?

① 20cm 이상 ② 40cm 이상
③ 60cm 이상 ④ 80cm 이상

해설

달비계에 설치되는 작업발판의 폭 : 40cm 이상

Answer ● 81. ② 82. ① 83. ④ 84. ③ 85. ④ 86. ②

87 콘크리트의 비파괴 검사방법이 아닌 것은?

① 반발경도법 ② 자기법
③ 음파법 ④ 침지법

해설
콘크리트의 비파괴검사법 : 반발경도법, 자기법, 음파법 등

88 거푸집에 작용하는 연직방향 하중에 해당하지 않는 것은?

① 고정하중 ② 작업하중
③ 충격하중 ④ 콘크리트측압

해설
거푸집의 연직방향 하중(W) 산정식
∴ W = 고정하중 + 충격하중 + 작업하중
　　= (r·t) + (1/2r·t) + 150kg/m²
여기서, ┌ r : 철근콘크리트 비중(kg/m³)
　　　　└ t : 슬래브 두께(m)

1) 고정하중 : 콘크리트 자중(= 철근콘크리트 비중×슬래브 두께)
2) 충격하중 : 고정하중×1/2
3) 작업하중 : 작업원 중량+장비 및 가설설비의 등의 중량
　　　　　　= 150kg/m²

89 강관을 사용하여 비계를 구성하는 경우 비계기둥간의 적재하중은 얼마를 초과하지 않도록 하여야 하는가?

① 200kg ② 300kg
③ 400kg ④ 500kg

해설
강관비계의 구조
1) 비계기둥의 간격은 띠장방향에서는 1.85m 이하, 장선방향에서는 1.5m 이하로 할 것
2) 띠장간격은 2m 이하로 할 것
3) 비계기둥의 제일 윗부분으로부터 31m 되는 지점 밑부분의 비계기둥은 2개의 강관으로 묶어세울 것
4) 비계기둥 간의 적재하중은 400kg을 초과하지 아니하도록 할 것

90 지반의 투수계수에 영향을 주는 인자에 해당하지 않는 것은?

① 토립자의 단위중량
② 유체의 점성계수
③ 토립자의 공극비
④ 유체의 밀도

해설
지반의 투수계수에 영향을 주는 인자
1) 유체의 점성계수
2) 토립자의 공극비
3) 유체의 밀도

91 다음 중 굴착기의 전부장치와 거리가 먼 것은?

① 붐(Boom)
② 암(Arm)
③ 버킷(Bucket)
④ 블레이드(Blade)

해설
굴착기의 전부장치 : 붐(Boom), 암(arm), 버킷(bucket) 등으로 구성

92 흙의 액성한계 W_L = 48%, 소성한계 W_P = 26%일 때 소성지수(I_P)는 얼마인가?

① 18% ② 22%
③ 26% ④ 32%

해설
소성지수(I_P)
= 액성한계(W_L) − 소성한계(W_P)
= 48 − 26 = 22%

93 터널작업 중 낙반 등에 의한 위험방지를 위해 취할 수 있는 조치사항이 아닌 것은?

① 터널지보공 설치
② 록볼트 설치
③ 부석의 제거
④ 산소의 측정

해설
터널건설작업시 낙반 등에 의한 위험방지 조치사항
1) 터널지보공 설치
2) 록볼트의 설치
3) 부석의 제거

Answer ▶ 87. ④ 88. ④ 89. ③ 90. ① 91. ④ 92. ② 93. ④

94 산업안전보건기준에 관한 규칙에 따른 풍화암에서 토사붕괴를 예방하기 위한 기울기를 나타낸 것으로 옳은 것은?

① 1.2　　　　　　　② 1.0
③ 0.5　　　　　　　④ 0.3

해설

굴착작업시 굴착면의 기울기 기준

지반의 종류	구배
모래	1 : 1.8
그밖의 흙	1 : 1.2
풍화암	1 : 1.0
연암	1 : 1.0
경암	1 : 0.5

95 토사붕괴를 방지하기 위한 대책으로 붕괴방지공법에 해당되지 않는 것은?

① 배토공법　　　　② 압성토공법
③ 집수정공법　　　④ 공작물의 설치

해설

토사붕괴를 방지하기 위한 공법
1) 배토공법
2) 압성토공법
3) 공작물의 설치

96 산업안전보건기준에 관한 규칙에서 규정하는 현장에서 고소작업대 사용 시 준수사항이 아닌 것은?

① 작업자가 안전모·안전대 등의 보호구를 착용하도록 할 것
② 관계자가 아닌 사람이 작업구역 내에 들어오는 것을 방지하기 위하여 필요한 조치를 할 것
③ 작업을 지휘하는 자를 선임하여 그 자의 지휘 하에 작업을 실시할 것
④ 안전한 작업을 위하여 적정수준의 조도를 유지할 것

해설

고소작업대 사용시 준수사항
1) ①, ②, ④ 항
2) 전로(電路)에 근접하여 작업을 하는 경우에는 작업감시자를 배치하는 등 감전사고를 방지하기 위하여 필요한 조치를 할 것
3) 작업대를 정기적으로 점검하고 붐·작업대 등 각 부위의 이상 유무를 확인할 것
4) 전환스위치는 다른 물체를 이용하여 고정하지 말 것
5) 작업대는 정격하중을 초과하여 물건을 싣거나 탑승하지 말 것
6) 작업대의 붐대를 상승시킨 상태에서 탑승자는 작업대를 벗어나지 말 것. 다만, 작업대에 안전대 부착설비를 설치하고 안전대를 연결하였을 때에는 그러하지 아니하다.

97 콘크리트 타설시 안전에 유의해야 할 사항으로 옳지 않은 것은?

① 콘크리트 다짐효과를 위하여 최대한 높은 곳에서 타설한다.
② 타설 순서는 계획에 의하여 실시한다.
③ 콘크리트를 치는 도중에는 거푸집, 동바리 등의 이상 유무를 확인하여야 한다.
④ 타설시 비어있는 공간이 발생되지 않도록 밀실하게 부어 넣는다.

해설

콘크리트 타설 시 높은 곳으로부터 콘크리트를 세게 거푸집 내에 부어넣지 않는다.

98 차량계 건설기계의 운전자가 운전위치를 이탈하는 경우 준수해야 할 사항으로 옳지 않은 것은?

① 버킷은 지상에서 1m 정도의 위치에 둔다.
② 브레이크를 걸어둔다.
③ 디퍼는 지면에 내려둔다.
④ 원동기를 정지시킨다.

해설

운전위치 이탈시 조치사항
1) 포크, 버킷, 디퍼 등의 장치를 가장 낮은 위치 또는 지면에 내려 둘 것
2) 원동기를 정지시키고 브레이크를 확실히 거는 등 갑작스러운 주행이나 이탈을 방지하기 위한 조치를 할 것
3) 운전석을 이탈하는 경우에는 시동키를 운전대에서 분리시킬 것. 다만, 운전석에 잠금장치를 하는 등 운전자가 아닌 사람이 운전하지 못하도록 조치한 경우에는 그러하지 아니하다.

Answer　94. ②　95. ③　96. ③　97. ①　98. ①

99 가설통로 중 경사로를 설치, 사용함에 있어 준수해야 할 사항으로 옳지 않은 것은?

① 경사로의 폭은 최소 90센티미터 이상이어야 한다.
② 비탈면의 경사각은 45도 내외로 한다.
③ 높이 7미터 이내마다 계단참을 설치하여야 한다.
④ 추락방지용 안전난간을 설치하여야 한다.

해설
②항, 비탈면의 경사각은 30° 이내로 한다.

100 수중굴착 및 구조물의 기초바닥 등과 같은 협소하고 상당히 깊은 범위의 굴착과 호퍼작업에 가장 적당한 굴착기계는?

① 파워쇼벨
② 항타기
③ 클램셸
④ 리버스서큘레이션 드릴

해설
클램셸(clamshell)
1) 붐의 선단에서 버킷을 와이어로프로 매달아 바로 아래로 떨어뜨려 흙을 떠 올리는 중기
2) 수직굴착, 수중굴착, 연약지반에 사용

Answer ● 99. ② 100. ③

2024년 제3회 산업안전산업기사 CBT 복원 기출문제

제1과목 산업안전관리론

01 산업안전보건법상 안전·보건표지의 종류 중 지시표지에 해당되지 않는 것은?

① 안전모 착용 ② 안전화 착용
③ 방호복 착용 ④ 방독마스크 착용

해설

지시표지
1) 안전모 착용
2) 안전화 착용
3) 보안경 착용
4) 방독마스크 착용
5) 방진마스크 착용
6) 보안면 착용
7) 안전복 착용
8) 귀마개 착용
9) 안전장갑 착용

02 부주의에 대한 설명 중 틀린 것은?

① 부주의는 거의 모든 사고의 직접 원인이 된다.
② 부주의라는 말은 불안전한 행위뿐만 아니라 불안전한 상태에도 통용된다.
③ 부주의라는 말은 결과를 표현한다.
④ 부주의는 무의식적 행위나 의식의 주변에서 행해지는 행위에 나타난다.

해설

부주의 특징
1) ②, ③, ④항
2) 부주위에는 발생원인이 있다.
3) 착각이나 인간능력한계를 초과하는 요인에 의한 동작실패는 부주위에서 제외한다.

03 벨트식, 안전그네식 안전대의 사용구분에 따른 분류에 해당되지 않는 것은?

① U자 걸이용 ② D링 걸이용
③ 안전블록   ④ 추락방지대

해설

안전대의 종류

종류	사용구분	
벨트식 안전그네식	1개걸이용	추락방지대 및 안전블록은 안전그네식에만 적용
	U자걸이용	
	추락방지대	
	안전블록	

04 리더십에 있어서 권한의 역할 중 조직이 지도자에게 부여한 권한이 아닌 것은?

① 보상적 권한 ② 강압적 권한
③ 합법적 권한 ④ 전문성의 권한

해설

리더십의 권한
1) 조직이 지도자에게 부여한 권한
   ① 보상적 권한 : 지도자가 부하들에게 보상할 수 있는 능력으로 인해 부하직원들을 통제할 수 있으며 부하들의 행동에 대해 영향을 끼칠 수 있는 권한이다.
   ② 강압적 권한 : 부하직원들을 처벌할 수 있는 권한이다.
   ③ 합법적 권한 : 조직의 규정에 의해 지도자의 권한이 공식화 된 것을 말한다.
2) 지도자 자신이 자신에게 부여한 권한 : 부하직원들이 지도자의 성격이나 그 능력을 인정하고 지도자를 존경하며 자진해서 따르는 것이다.
   ① 전문성의 권한 : 지도자가 목표수행에 필요한 전문적인 지식을 갖고 업무수행을 하므로 부하직원들이 자발적으로 지도자를 따르게 된다.
   ② 위임된 권한 : 집단의 목표를 성취하기 위해 부하직원들이 지도자가 정한 목표를 자진해서 자신의 것으로 받아들여 지도자와 함께 일하는 것이다.

Answer ➡ 01. ③ 02. ① 03. ② 04. ④

05 매슬로우(Maslow)의 욕구 5단계 이론에 해당되지 않는 것은?

① 생리적 욕구 ② 안전의 욕구
③ 사회적 욕구 ④ 심리적 욕구

해설

매슬로우(Maslow)의 욕구 5단계
1) 1단계-생리적 욕구(신체적 욕구) : 기아, 갈등, 호흡, 배설, 성욕 등 기본적 욕구
2) 2단계-안전의 욕구 : 안전을 구하려는 욕구
3) 3단계-사회적 욕구(친화욕구) : 애정, 소속에 대한 욕구
4) 4단계-인정받으려는 욕구(자기존경의 욕구, 승인욕구) : 자존심, 명예, 성취, 지위 등에 대한 욕구
5) 5단계-자아실현의 욕구(성취욕구) : 잠재적인 능력을 실현하고자 하는 욕구

06 위험예지훈련 기초 4라운드법의 진행에서 전원이 토의를 통하여 위험요인을 발견하는 단계로 가장 적절한 것은?

① 제1라운드 : 현상파악
② 제2라운드 : 본질추구
③ 제3라운드 : 대책수립
④ 제4라운드 : 목표설정

해설

위험예지훈련의 문제해결 4라운드(4Round)
1) 1R-현상파악 : 전원이 토의를 통해서 잠재위험요인을 발견하는 단계
2) 2R-본질추구 : 가장 위험한 요인(위험 포인트)을 합의로 결정하는 단계
3) 3R-대책수립 : 구체적인 대책을 수립하는 단계
4) 4R-행동목표 설정 : 행동계획을 정하고 수립한 대책 가운데서 질이 높은 항목에 합의하는 단계(요약)

07 국제노동기구(ILO)에서 구분한 "일시 전노동불능"에 관한 설명으로 옳은 것은?

① 부상의 결과로 근로기능을 완전히 잃은 부상
② 부상의 결과로 신체의 일부가 근로기능을 완전히 상실한 부상
③ 의사의 소견에 따라 일정 기간 동안 노동에 종사할 수 없는 상해
④ 의사의 소견에 따라 일시적으로 근로시간 중 치료를 받는 정도의 상해

해설

상해정도별 분류(ILO 규정)
1) 사망 : 안전사고로 사망하거나 또는 부상의 결과로 사망한 것
2) 영구전노동불능 : 부상결과 근로기능을 완전히 잃은 부상(장애등급 1급~3급)
3) 영구일부노동불능 : 부상결과 신체의 일부가 영구적으로 노동기능을 상실한 부상(장애등급 4급~14급)
4) 일시전노동불능 : 의사의 진단으로 일정기간 정규노동에 종사할 수 없는 상해
5) 일시일부노동불능 : 근로시간 중에 일시 업무를 떠나 치료를 받는 정도의 상해
6) 구급처치상해 : 응급처치 또는 의료조치를 받은 후에 정상으로 작업을 할 수 있는 정도의 상해

08 인간의 안전교육 형태에서 행위의 난이도가 점차적으로 높아지는 순서를 올바르게 표현한 것은?

① 지식→태도변형→개인행위→집단행위
② 태도변형→지식→집단행위→개인행위
③ 개인행위→태도변형→집단행위→지식
④ 개인행위→집단행위→지식→태도변형

해설

인간 행동변화의 4단계
1) 1단계 : 지식의 변화
2) 2단계 : 태도의 변화
3) 3단계 : 개인행동의 변화
4) 4단계 : 집단 또는 조직에 대한 성과의 변화

09 교육훈련 평가의 4단계를 올바르게 나열한 것은?

① 학습 → 반응 → 행동 → 결과
② 학습 → 행동 → 반응 → 결과
③ 행동 → 반응 → 학습 → 결과
④ 반응 → 학습 → 행동 → 결과

해설

교육훈련평가의 4단계
1) 반응단계(1단계) : 훈련을 어떻게 생각하고 있는가?
2) 학습단계(2단계) : 어떠한 원칙과 사실 및 기술 등을 배웠는가?
3) 행동단계(3단계) : 직무수행상 어떠한 행동의 변화를 가져왔는가?
4) 결과단계(4단계) : 코스트 절감, 품질개선, 안전관리, 생산 증대 등에 어떠한 결과를 가져왔는가?

Answer ➡ 05. ④ 06. ① 07. ③ 08. ① 09. ④

10 주요 구조 부분을 변경하는 경우 안전인증을 받아야 하는 기계·기구가 아닌 것은?

① 원심기
② 사출성형기
③ 압력용기
④ 고소작업대

해설

안전인증 및 자율안전확인대상 기계·기구 및 설비

1) 안전인증 대상기계·기구	2) 자율 안전확인 대상기계·기구
① 프레스 ② 전단기 및 절곡기(折曲機) ③ 크레인 ④ 리프트 ⑤ 압력용기 ⑥ 롤러기 ⑦ 사출성형기 ⑧ 고소작업대 ⑨ 곤돌라	① 연삭기 또는 연마기(휴대형은 제외) ② 산업용 로봇 ③ 혼합기 ④ 파쇄기 또는 분쇄기 ⑤ 식품가공용 기계(파쇄·절단·혼합·제면기만 해당) ⑥ 컨베이어 ⑦ 자동차정비용 리프트 ⑧ 공작기계(선반, 드릴기, 평삭·형삭기, 밀링 만 해당) ⑨ 고정형 목재가공용 기계(둥근톱, 대패, 루타기, 띠톱, 모떼기 기계만 해당) ⑩ 인쇄기

11 안전교육의 3요소가 아닌 것은?

① 지식교육
② 기능교육
③ 태도교육
④ 실습교육

해설

교육의 3요소
1) 주체 : 교도자, 강사, 교사
2) 개체 : 학생, 수강자, 피교육자
3) 매개체 : 교재

12 집단에 있어서의 인간관계를 하나의 단면(斷面)에서 포착하였을 때 이러한 단면적(斷面的)인 인간관계가 생기는 기제(mechanism)와 가장 거리가 먼 것은?

① 모방
② 암시
③ 습관
④ 커뮤니케이션

해설

인간관계의 메커니즘(mechanism)
1) 동일화(identification) : 다른 사람의 행동 양식이나 태도를 투입시키거나, 다른 사람 가운데서 자기와 비슷한 것을 발견하는 것을 말한다.
2) 투사(投射 : projection) : 자기 속의 억압된 것을 다른 사람의 것으로 생각하는 것을 투사(또는 투출)라고 한다.
3) 커뮤니케이션(communication) : 갖가지 행동 양식이나 기호를 매개로 하여 어떤 사람으로부터 다른 사람에게 전달되는 과정을 말한다.
4) 모방(imitation) : 남의 행동이나 판단을 표본으로 하여 그것과 같거나 또는 그것에 가까운 행동 또는 판단을 취하려는 것이다.
5) 암시(suggestion) : 다른 사람으로부터의 판단이나 행동을 무비판적으로 논리적, 사실적 근거 없이 받아들이는 것을 말한다.

13 다음에 설명하는 착시 현상과 관계가 깊은 것은?

그림에서 선 ab 와 선 cd는 그 길이가 동일한 것이지만, 시각적으로 선 ab 가 선 cd보다 길어 보인다.

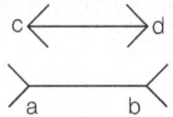

① 헴몰쯔의 착시
② 쾰러의 착시
③ 뮬러–라이어의 착시
④ 포겐 도르프의 착시

해설

뮬러–라이어의 착시 : 선을 벌인 쪽(a b)이 선을 오무린 쪽(c d)보다 길어져 보이는 착시현상이다.

14 관리감독자를 대상으로, 작업지도방법, 작업개선방법, 대인관계능력 등을 가르치는 교육은?

① TWI(Training Within Industry)
② ATT(American Telephone & Telegram co.)
③ MTP(Management Training Program)
④ CCS(Civil Communication Section)

해설

TWI(Training Within Industry)
1) 교육대상자 : 감독자
2) 교육내용
   ① JI(Job Instruction) : 작업지도 기법
   ② JM(Job Method) : 작업개선 기법

Answer ➡ 10. ① 11. ④ 12. ③ 13. ③ 14. ①

③ JR(Job Relation) : 인간관계관리 기법(부하통솔 기법)
④ JS(Job Safety) : 작업안전 기법
3) **교육방법** : 한 클래스는 10명 정도, 교육방법은 토의법, 1일 2시간씩 5일에 걸쳐 10시간 정도 한다.

15 학습의 전개 단계에서 주제를 논리적으로 체계화하는 방법이 아닌 것은?

① 간단한 것에서 복잡한 것으로
② 부분적인 것에서 전체적인 것으로
③ 미리 알려져 있는 것에서 미지의 것으로
④ 많이 사용하는 것에서 적게 사용하는 것으로

해설

②항, 전체적인 것에서 부분적인 것으로

16 산업재해 손실액 산정 시 직접비가 2,000만 원일 때 하인리히 방식을 적용하면 총 손실액은?

① 2,000만원   ② 8,000만원
③ 1억원   ④ 1억2,000만원

해설

하인리히 방식의 재해손실비
재해손실비
= 직접비 + 간접비(직접비 : 간접비 = 1 : 4)
= 2,000만 + (2,000만×4) = 1억원

17 산업안전보건법상 사업 내 안전·보건교육 교육과정이 아닌 것은?

① 특별교육
② 양성교육
③ 작업내용 변경 시의 교육
④ 건설업 기초 안전·보건교육

해설

산업안전보건법상 사업 내 안전·보건교육의 교육과정(시행규칙 별표8)
1) 근로자 및 관리감독자의 정기교육
2) 채용시 교육
3) 작업내용 변경시 교육
4) 특별교육
5) 건설업 기초 안전·보건교육

18 다음 ( ) 안에 들어갈 내용으로 알맞은 것은?

> 산업안전보건법상 사업주는 안전보건관리 규정을 작성 또는 변경할 때에는 (㉠)의 심의·의결을 거쳐야 한다. 다만, (㉠)가 설치되어 있지 아니한 사업장에 있어서는 (㉡)의 동의를 받아야 한다.

① ㉠ 안전보건관리규정위원회, ㉡ 노사대표
② ㉠ 안전보건관리규정원원회, ㉡ 근로자대표
③ ㉠ 산업안전보건위원회, ㉡ 노사대표
④ ㉠ 산업안전보건위원회, ㉡ 근로자대표

해설

안전보건관리규정의 작성·변경절차(법 제21조)
1) 사업주는 안전보건관리규정을 작성하거나 변경할 때에는 산업안전보건위원회의 심의를 거쳐야 한다.
2) 다만, 산업안전보건위원회가 설치되어 있지 아니한 사업장의 경우에는 근로자 대표의 동의를 얻어야 한다.

19 무재해 운동의 3대 원칙에 대한 설명이 아닌 것은?

① 사람이 죽거나 다쳐서 일을 못하게 되는 일 및 모든 잠재요소를 제거한다.
② 잠재위험요인을 발굴·제거로 안전 확보 및 사고를 예방한다.
③ 작업환경을 개선하고 이상을 발견하면 정비 및 수리를 통해 사고를 예방한다.
④ 무재해를 지향하고 안전과 건강을 선취하기 위해 전원 참가한다.

해설

무재해운동이념 3원칙
1) **무의 원칙** : 사망, 휴업 및 불휴 재해는 물론 일체의 잠재위험 요인을 사전에 발견, 파악, 해결함으로써 근원적인 산업 재해를 없애는 것을 말한다.
2) **참가의 원칙** : 재해 및 일체의 위험요인을 발견, 해결하기 위해 전원이 무재해운동에 참가하여 문제해결 등을 실천하는 것을 말한다.
3) **선취해결의 원칙** : 선취란 궁극의 목표로서 무재해, 무질병의 직장을 실현하기 위해 일체의 위험요인을 행동하기 전에 발견, 파악, 해결하여 재해를 예방하거나 방지하는 것을 말한다.

Answer ➡ 15. ② 16. ③ 17. ② 18. ④ 19. ③

20 재해예방 4원칙 중 대책선정의 원칙의 충족 조건이 아닌 것은?

① 문제해결 능력 고취
② 적합한 기준 설정
③ 경영자 및 관리자의 솔선수범
④ 부단한 동기부여와 사기 향상

해설

1) 대책선정의 원칙의 충족조건
   ① 적합한 기준 설정
   ② 경영자 및 관리자의 솔선수범
   ③ 근로자의 부단한 동기부여와 사기향상
2) 재해예방의 4원칙
   ① **손실우연의 원칙** : 사고에 의해 생기는 손실(상해)의 종류와 정도는 우연적이다.
   ② **원인계기의 원칙** : 모든 재해는 필연적인 원인에 의해서 발생되며 재해발생은 직접원인만이 아니고 많은 간접원인의 연쇄로 발생되는 것이다.
   ③ **예방가능의 원칙** : 재해는 원칙적으로 모든 방지가 가능하다.
   ④ **대책선정의 원칙** : 가장 효과적인 재해방지대책의 선정은 이들 원인의 정확한 분석에 의해서 얻어진다.

제2과목 인간공학 및 시스템안전공학

21 설비에 부착된 안전장치를 제거하면 설비가 작동되지 않도록 하는 안전설계는?

① Fail safe   ② Fool proof
③ Lock out   ④ Temper proof

해설

1) **페일세이프티**(fail-safety) : 인간 또는 기계의 과오나 동작상의 실수가 있어도 안전사고를 발생시키지 않도록 2중 또는 3중으로 통제를 가하도록 한 체계
2) **풀프루프**(fool proof) : 인간이 기계 등의 취급을 잘못해도 사고로 연결되는 일이 없도록 하는 안전기구(기계장치 설계 단계에서 안전화를 도모하는 것)
3) **템퍼프루프**(temper proof) : 본문설명

22 측정값의 변화방향이나 변화속도를 나타내는데 가장 유리한 표시장치는?

① 동침형   ② 동목형
③ 계수형   ④ 묘사형

해설

정목동침형(고정눈금 이동지침)
1) 수치가 자주 또는 계속변하는 경우에 유용하다.(디지털 표시장치는 수치를 읽을 시간이 모자라기 때문에 사용하기 곤란함)
2) 표시값(측정값)의 변화방향이나 변화속도(정성적 읽음)를 관찰할 때 정침동목형(이동눈금고정지침)보다 우수하다.

23 VDT(visual display terminal)작업을 위한 조명의 일반원칙으로 적절하지 않은 것은?

① 화면반사를 줄이기 위해 산란식 간접조명을 사용한다.
② 화면과 화면에서 먼 주위의 휘도비는 1 : 10으로 한다.
③ 작업영역을 조명기구들 사이보다는 조명기구 바로 아래에 둔다.
④ 조명의 수준이 높으면 자주 주위를 둘러봄으로써 수정체의 근육을 이완시키는 것이 좋다.

해설

VDT(영상표시단말기)작업영역을 적정 환경조명수준을 위해 조명기구를 사이에 둔다.

24 후각적 표시장치에 대한 설명으로 틀린 것은?

① 냄새의 확산을 통제하기 힘들다.
② 코가 막히면 민감도가 떨어진다.
③ 복잡한 정보를 전달하는데 유용하다.
④ 냄새에 대한 민감도의 개인차가 있다.

해설

후각적 표시장치는 복잡한 정보를 전달하는데는 불리하다.

25 인간오류의 확률을 이용하여 시스템의 위험성을 평가하는 기법은?

① PHA   ② THERP
③ OHA   ④ HAZOP

Answer ● 20.① 21.④ 22.① 23.③ 24.③ 25.②

해설

THERP(Technique of Human Error Rate Prediction)
1) THERP(인간과오율 예측기법) : 인간의 과오를 정량적으로 평가하기 위한 안전해석 기법이다.
2) 인간과오의 분류 시스템과 그 확률을 계산함으로서 원래 제품의 결함을 감소시키고 사고의 원인 가운데 인간의 과오에 기인한 근원에 대한 분석 및 안전 공학적 대책수립에 사용하는 안전해석 기법이다.

26 의자 좌판의 높이 결정 시 사용할 수 있는 인체측정치는?

① 앉은 키
② 앉은 무릎 높이
③ 앉은 팔꿈치 높이
④ 앉은 오금 높이

해설

의자설계의 원칙
1) **체중분포** : 체중이 좌골 결절에 실려야 한다.
2) **의자 좌판의 높이** : 좌판 앞부분이 오금의 높이 보다 높지 않아야 한다.
3) **의자 좌판의 깊이와 폭** : 폭은 큰 사람에게, 깊이는 작은 사람에게 맞도록 해야 한다.
4) **몸통의 안정** : 의자의 좌판 각도는 3°, 좌판 등판 간의 등판 각도는 100°가 몸통안정에 효과적이다.

27 인간-기계시스템의 신뢰도를 향상시킬 수 있는 방법으로 가장 적절하지 않은 것은?

① 중복설계
② 고가재료 사용
③ 부품개선
④ 충분한 여유용량

해설

인간·기계체계의 신뢰도를 향상시킬 수 있는 방법
1) 중복설계(redundancy)
2) 부품개선
3) 충분한 여유용량

28 60폰(phon)의 소리에 해당하는 손(sone)의 값은?

① 1
② 2
③ 4
④ 8

해설

sone치 $= 2^{(phon-40)/10} = 2^{(60-40)/10} = 2^2 = 4$

29 인간의 반응체계에서 이미 시작된 반응을 수정하지 못하는 저항시간(refractory period)은?

① 0.1초
② 0.5초
③ 1초
④ 2초

해설

저항시간(refractory period) : 인간의 반응체계에서 반응이 시작되었을 경우 수정을 할 수 없는 저항시간은 0.5초이다.

30 "음의 높이, 무게 등 물리적 자극을 상대적으로 판단하는데 있어 특정 감각기관의 변화감지역은 표준자극에 비례한다."라는 법칙을 발견한 사람은?

① 핏츠(Fitts)
② 드루리(Drury)
③ 웨버(Weber)
④ 호프만(Hofmann)

해설

Weber(웨버)의 법칙
1) 특정감각기관의 변화감지역(JND)은 표준자극(기준자극) 크기에 비례한다.

$$Weber비 = \frac{변화감지역}{표준자극크기}$$

변화감지역 = Weber비 × 표준자극크기
2) 웨버(Weber)비가 작은 감각일수록 분별력이 우수하다.

31 광원으로부터 직사휘광을 처리하기 위한 방법으로 틀린 것은?

① 광원의 휘도를 줄인다.
② 가리개나 차양을 사용한다.
③ 광원을 시선에서 멀리 한다.
④ 광원의 주위를 어둡게 한다.

해설

광원으로부터의 직사휘광 처리
1) 광원의 휘도를 줄이고 수를 증가시킨다.
2) 광원을 시선에서 멀리 위치시킨다.
3) 휘광원 주위를 밝게 하여 광속발산비(휘도)를 줄인다.
4) 가리대(shield), 갓(hood), 혹은 차양(visor)을 사용한다.

Answer ➡ 26. ④ 27. ② 28. ③ 29. ② 30. ③ 31. ④

32 다음의 인체측정자료의 응용원리를 설계에 적용하는 순서로 가장 적절한 것은?

[다음]
㉠ 극단치 설계
㉡ 평균치 설계
㉢ 조절식 설계

① ㉠→㉡→㉢
② ㉢→㉡→㉠
③ ㉡→㉠→㉢
④ ㉢→㉠→㉡

해설

1) 인체측정자료 응용원리를 설계에 적용하는 순서
   ① 조절식 설계 → ② 극단치 설계 → ③ 평균치 설계
2) 인간계측자료의 응용원칙
   ① 최대치수와 최소치수 : 최대치수 또는 최소치수를 기준으로 하여 설계한다.(극단에 속하는 사람을 위한 설계)
   ② 조절범위(조절식) : 체격이 다른 여러 사람에게 맞도록 만드는 것 이다.(조절할 수 있도록 범위를 두는 설계)
   ③ 평균치를 기준으로 한 설계 : 최대치수나 최소치수, 조절식으로 하기가 곤란할 때 평균치를 기준으로 하여 설계한다.(평균적인 사람을 위한 설계)

33 다음 설명에 해당하는 시스템 위험분석방법은?

[다음]
• 시스템의 정의 및 개발 단계에서 실행한다.
• 시스템의 기능, 과업, 활동으로부터 발생되는 위험에 초점을 둔다.

① 모트(MORT)
② 결함수분석(FTA)
③ 예비위험분석(PHA)
④ 운용위험분석(OHA)

해설

운영위험분석(OHA ; Operating Hazard Analysis)
1) 시스템의 정의 및 개발단계에서 실행한다.
2) 시스템이 저장되고 이동되고 실행됨에 따라 발생하는 작동 시스템의 기능이나 과업, 활동으로 부터 발생되는 위험에 초점을 맞춘다.
3) 위험은 반드시 구성요소의 고장 또는 조작자의 실수의 결과는 아니지만 초점은 작동중인 사상 또는 활동이 단지 불행한 사건의 간접원인일수도 있다.

34 설비의 이상상태 여부를 감시하여 열화의 정도가 사용한도에 이른 시점에서 부품교환 및 수리하는 설비보전 방법은?

① 예지보전
② 계량보전
③ 사후보전
④ 일상보전

해설

설비보전방식의 유형
1) 예지보전 : 설비의 이상상태 여부를 검출 · 측정 또는 감시하여 열화의 정도가 사용한도에 이른 시점에서 분해, 검사, 부품교환, 수리하는 설비보전 방법이다.
2) 개량보전 : 설비고장대책으로서 설비를 개조하거나 설계에서 시정조치를 하고 설비의 체질개선을 도모하는 설비보전 방법이다.
3) 사후보전 : 설비성능이 저하되거나 고장시에 수리를 행하는 설비보존방법이다.
4) 일상보전 : 설비열화방지와 그 진행을 지연시켜 수명을 연장하기 위해 설비의 점검, 청소, 주유, 교체 등의 활동을 의미한다.

35 그림의 선형 표시장치를 움직이기 위해 길이가 L인 레버(lever)를 a° 움직일 때 조종반응(C/R) 비율을 계산하는 식은?

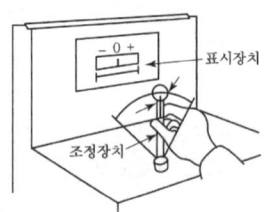

① $\dfrac{(a/360) \times 2\pi L}{\text{표시장치 이동거리}}$

② $\dfrac{\text{표시장치 이동거리}}{(a/360) \times 2\pi L}$

③ $\dfrac{(a/360) \times 4\pi L}{\text{표시장치 이동거리}}$

④ $\dfrac{\text{표시장치 이동거리}}{(a/360) \times 4\pi L}$

해설

조종구(ball control)에서의 C/R비

$$\dfrac{C}{R}\text{비} = \dfrac{\dfrac{a}{360} \times 2\pi L}{\text{표시계기의 이동거리}}$$

여기서, a : 조정장치가 움직인 각도
       L : 반경(지레의 길이)

Answer ● 32. ④ 33. ④ 34. ① 35. ①

36 그림의 FT도에서 최소 패스셋(minimal path set)은?

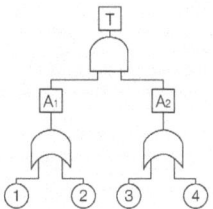

① {1, 3}, {1, 4}
② {1, 2}, {3, 4}
③ {1, 2, 3}, {1, 2, 4}
④ {1, 3, 4}, {2, 3, 4}

해설

1) 상대결함수(AND → OR, OR → AND)에 의한 FT도를 그린다.

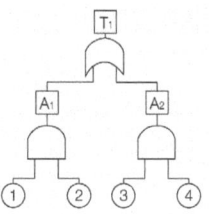

2) 윗 FT도에서 미니멀 컷을 구하면 FT의 미니멀 패스(최소패스셋)가 된다.

$$T \to \begin{matrix} A_1 \\ A_2 \end{matrix} \to \begin{matrix} ①② \\ A_2 \end{matrix} \to \begin{matrix} ①② \\ ③④ \end{matrix}$$

(미니멀패스)

37 FT에서 두입력사상 A와 B가 AND게이트로 결합되어 있을 때 출력사상의 고장발생확률은? (단, A의 고장률은 0.6, B의 고장률은 0.2이다.)

① 0.12
② 0.40
③ 0.68
④ 0.80

해설

AND게이트 출력사상의 고장발생확률(Ft)
$Ft = A \times B = 0.6 \times 0.2 = 0.12$

38 인간공학의 연구방법에서 인간-기계 시스템을 평가하는 척도로서 인간기준이 아닌 것은?

① 사고 빈도
② 인간성능 척도
③ 객관적 반응
④ 생리학적 지표

해설

인간기준의 유형

1) **인간성능척도** : 여러 가지 감각활동, 정신활동, 근육활동 등에 의해서 판단된다.
2) **생리학적 지표** : 혈압 맥박수, 분당 호흡수, 뇌파, 혈당량, 혈액의 성분, 피부온도 전기 피부반응(galvanic skin response) 등의 척도가 있다.
3) **주관적인 반응** : 개인성능의 평점(rating), 체계 설계면에 대한 대안들의 평점, 체계에 사용되는 여러 가지 다른 유형의 정보에 판단된 중요도 평점, 의자의 안락도 평점 등이 있다.
4) **사고빈도** : 어떤 목적을 위해서는 사고나 상해 발생빈도가 적절한 기준이 될 수 있다.

39 FT에서 사용되는 사상기호에 대한 설명으로 맞는 것은?

① 위험지속기호 : 정해진 횟수 이상 입력이 될 때 출력이 발생한다.
② 억제게이트 : 조건부 사건이 일어났다는 조건 하에 출력이 발생한다.
③ 우선적 AND 게이트 : 입력이 될 때 정해진 순서대로 복수의 출력이 발생한다.
④ 배타적 OR 게이트 : 2개 이상 입력이 동시에 존재하는 경우에 출력이 발생한다.

해설

1) **억제게이트(inhibit gate)** : 수정기호(modifier)의 일종으로서 억제 모디파이어(inhibit modifier)라고 하며, 실질적으로 수정기호를 병용해서 게이트의 역할을 한다.
   ① 입력사상이 일어난 조건이 만족되어야 출력사상이 생긴다.(조건이 만족되지 않으면 출력은 생기지 않는다)
   ② 조건은 수정기호 안에 쓴다.
2) **수정기호의 종류**
   ① **우선적 AND Gate** : 입력사상 가운데 어느 사상이 다른 사상보다 먼저 일어났을 때에 출력사상이 생긴다. 예를 들면 「A는 B보다 먼저」와 같이 기입한다.
   ② **짜맞춤 AND Gate** : 3개 이상의 입력사상 가운데 어느 것이든 2개가 일어나면 출력사상이 생긴다. 예를 들면 「어느 것이든 2개」라고 기입한다.
   ③ **위험지속기호** : 입력사상이 생겨서 어느 일정시간 지속하였을 때에 출력사상이 생긴다. 예를 들면 「위험지속시간」과 같이 기입한다.
   ④ **배타적 OR Gate** : OR Gate로 2개 이상의 입력이 동시에 존재할 때에는 출력사상이 생기지 않는다. 예를 들면 「동시에 발생하지 않는다」라고 기입한다.

Answer ➡ 36. ② 37. ① 38. ③ 39. ②

40 신뢰도가 동일한 부품 4개로 구성된 시스템 전체의 신뢰도가 가장 높은 것은?

①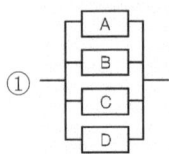

②

③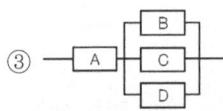

④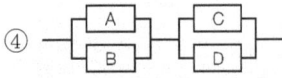

해설

A,B,C,D 각 요소의 신뢰도를 90%로 할 경우 전체 신뢰도
① $R = 1-(1-0.9)(1-0.9)(1-0.9)(1-0.9)$
$= 0.9999$
② $R = 0.9 \times 0.9 \times 0.9 \times 0.9 = 0.6561$
③ $R = 0.9 \times [1-(1-0.9)(1-0.9)(1-0.9)]$
$= 0.8991$
④ $R = [1-(1-0.9)(1-0.9)] \times [1-(1-0.9)(1-0.9)]$
$= 0.9801$
∴ 신뢰도 크기순서 : ① > ④ > ③ > ②

제3과목 기계위험방지기술

41 기계운동 형태에 따른 위험점 분류 중 다음에 설명하는 것은?

> 고정부분과 회전하는 동작부분이 함께 만드는 위험점으로 연삭숫돌과 작업받침대, 교반기의 날개와 하우스, 반복왕복운동을 하는 기계부분 등이다.

① 끼임점 ② 접선물림점
③ 협착점 ④ 절단점

해설

기계설비의 위험점(작업점) 분류
1) 협착점 : 고정부와 왕복운동을 하는 운동부 사이에 형성되는 위험점(예 프레스, 성형기, 절곡기 등)
2) 끼임점 : 고정부와 회전 또는 직선운동과 함께 형성하는 부분사이에 형성되는 위험점(예 연삭숫돌과 작업대, 반복 동작되는 링크기구, 교반기의 교반날개와 몸체사이)
3) 절단점 : 회전하는 운동부분 자체와 운동하는 기계자체에 위험이 형성되는 점(예 둥근톱날, 띠톱기계의 날 밀링 커터 등)
4) 물림점 : 회전하는 두 개의 회전체에 물려 들어갈 위험성이 형성되는 점(중심점+회전운동)(예 롤러, 기어와 피니언 등)
5) 접선물림점 : 회전하는 부분이 접선방향에서 만들어지는 위험점(접선점+회전운동)(예 벨트와 풀리, 체인과 스프라켓, 랙과 피니언 등)
6) 회전말림점 : 회전하는 부분에 돌기 등이 돌출되어 작업봉 등이 말리는 위험점(예 회전축, 드릴축, 커플링)

42 기계설비의 방호장치 분류 중 위험원에 대한 방호장치는?

① 감지형 방호장치
② 접근반응형 방호장치
③ 위치제한형 방호장치
④ 접근거부형 방호장치

해설

1) 접근반응형 방호장치 : 작업자의 신체부위가 위험한계 또는 그 인접한 거리 내로 들어오면 이를 감지하여 그 즉시 기계의 동작을 정지시키고 경보 등을 발하는 것
 예 프레스기의 감응식 방호장치 등
2) 위치제한형 방호장치 : 작업자의 신체부위가 위험한계 밖에 있도록 기계의 조작장치를 위험한 작업점에서 안전거리 이상 떨어지게 하거나 조작장치를 양손으로 동시조작하게 함으로써 위험한계에 접근하는 것을 제한하는 것
 예 양수조작식
3) 접근거부형 방호장치 : 작업자의 신체부위가 위험한계로 접근하였을 때 기계적인 작용에 의하여 접근을 못하도록 제지하는 것
 예 수인식, 손쳐내기식 방호장치 등

43 기계설비의 본질적 안전화를 위한 방식 중 성격이 다른 것은?

① 고정 가드
② 인터록 기구

③ 압력용기 안전밸브
④ 양수조작식 조작기구

해설
1) 고정가드, 일터록기구(열동기구), 양수조작식 조작기구 등은 본질적 안전화를 위한 기구 등이다.
2) 압력용기 안전밸브 : 기능적 안전화

44 세이퍼 작업시의 안전대책으로 틀린 것은?

① 바이트는 가급적 짧게 물리도록 한다.
② 가공 중 다듬질 면을 손으로 만지지 않는다.
③ 시동하기 전에 행정 조정용 핸들을 끼워둔다.
④ 가공 중에는 바이트의 운동방향에 서지 않도록 한다.

해설
세이퍼의 안전작업수칙
1) 바이트는 잘 갈아서 사용하고 가급적 짧게 물릴 것
2) 사용 전에 행정 조절용 손잡이(handle)는 빼놓을 것
3) 반드시 재질에 따라서 절삭속도를 정할 것
4) 램(ram)은 필요 이상 긴 행정으로 하지 말고 일감에 알맞은 행정으로 조정할 것
5) 일감을 견고하게 고정시킬 것
6) 보안경을 착용할 것
7) 가공 중에 가공면의 거칠기를 손으로 점검하지 않을 것
8) 가공물을 측정하거나 청소를 할 때는 기계를 정지할 것
9) 시동 전에 기계를 점검 및 주유할 것
10) 작업 중에는 바이트의 운동방향에 서지 말 것

45 프레스 등의 금형을 부착·해체 또는 조정 작업 중 슬라이드가 갑자기 작동하여 발생할 수 있는 위험을 방지하기 위하여 설치하는 것은?

① 방호 울
② 안전블록
③ 시건장치
④ 게이트 가드

해설
금형조정작업의 위험방지(안전보건규칙 제104조) : 금형작업(부착·해체 또는 조정작업 등)을 할 때에 근로자의 신체가 위험한계에 있는 경우 슬라이드가 갑자기 작동함으로써 근로자에게 발생하는 위험을 방지하기 위해 「안전블록」을 사용하는 등 필요한 조치를 하여야 한다.

46 연삭기에서 연삭숫돌차의 바깥지름이 250mm일 경우 평형플랜지의 바깥지름은 약 몇 mm 이상이어야 하는가?

① 62   ② 84
③ 93   ④ 114

해설
평형플랜지의 바깥지름
$= 숫돌지름 \times \dfrac{1}{3}$
$= 250 \times \dfrac{1}{3} = 83.33 ≒ 84mm$ 이상

47 산업용 로봇의 작동범위에서 그 로봇에 관하여 교시 등의 작업을 하는 때의 작업시간 전 점검사항에 해당하지 않는 것은? (단, 로봇의 동력원을 차단하고 행하는 것을 제외한다.)

① 회전부의 덮개 또는 울
② 제동장치 및 비상정지장치의 기능
③ 외부전선의 피복 또는 외장의 손상유무
④ 매니퓰레이터(manipulator) 작동의 이상유무

해설
산업용 로봇의 교시 등의 작업시작 전 점검사항(안전보건규칙 별표3 제 2호)
1) 외부전선의 피복 또는 외장의 손상 유무
2) 매니퓰레이터(Manipulator)작동의 이상 유무
3) 제동자치 및 비상정지장치의 기능

48 밀링작업에 관한 설명으로 틀린 것은?

① 하향절삭은 날의 마모가 적고, 가공면이 깨끗하다.
② 상향절삭은 절삭열에 의한 치수정밀도의 변화가 적다.
③ 커터의 회전방향과 반대방향으로 가공재를 이송하는 것을 상향절삭이라고 한다.
④ 하향절삭은 커터의 회전방향과 같은 방향으로 일감을 이송하므로 백래시 제거장치가 필요없다.

해설
삭은 밀링커터의 절삭방향과 공작물의 이송방향이 같기 때문에 백래시 제거장치가 필요하다.

Answer ➡ 45. ② 46. ② 47. ① 48. ④

49 프레스기에 사용하는 양수조작식 방호장치의 일반구조에 관한 설명 중 틀린 것은?

① 1행정 1정지 기구에 사용할 수 있어야 한다.
② 누름버튼을 양 손으로 동시에 조작하지 않으면 작동시킬 수 없는 구조이어야 한다.
③ 양쪽버튼의 작동시간 차이는 최대 0.5초 이내 일 때 프레스가 동작되도록 해야 한다.
④ 방호장치는 사용전원전압의 ±50%의 변동에 대하여 정상적으로 작동되어야 한다.

해설
방호장치는 사용전원 전압의 ±100분의 20(20%)의 변동에 대하여 정상적으로 작동되어야 한다.

50 기계설비의 일반적인 안전조건에 해당되지 않는 것은?

① 설비의 안전화   ② 기능의 안전화
③ 구조의 안전화   ④ 작업의 안전화

해설
기계설비의 안전조건
1) 외형(외관)의 안전화   2) 작업의 안전화
3) 작업점의 안전화   4) 기능의 안전화
5) 구조의 안전화   6) 보존 작업의 안전화
7) 표준화를 통한 안전화   8) 법규제를 통한 안전화

51 보일러수에 유지류, 고형물 등에 의한 거품이 생겨 수위를 판단하지 못하는 현상은?

① 역화   ② 포밍
③ 프라이밍   ④ 캐리오버

해설
보일러 발생증기의 이상현상
1) 포밍(거품의 발생) : 관수중의 용존 고형물, 유지분에 의해 수면위에 거품이 발생하고 심하면 보일러 밖으로 흘러넘치는 현상
2) 프라이밍(비수공발) : 보일러의 급격한 부하, 급격한 압력 강하, 고수위 등에 의해 물방울 또는 물거품이 수면위로 튀어 올라 관 밖으로 운반되는 현상
3) 캐리오버(기수공발) : 물속에 용해되어 있는 고형분이나 수분이 증기의 흐름에 따라서 발생증기 속으로 운반되어 나오게 되는 현상

52 보일러에서 과열이 발생하는 직접적인 원인과 가장 거리가 먼 것은?

① 수관의 청소 불량
② 관수 부족시 보일러의 가동
③ 안전밸브의 기능이 부정확 할 때
④ 수면계의 고장으로 드럼내의 물의 감소

해설
1) 보일러의 과열원인
  ① 수관 및 몸체의 청소 불량
  ② 관수를 감소시키고 빈 통에 불을 땔 때
  ③ 수면계의 고장으로 드럼 내의 물의 감소
2) 보일러의 압력 상승원인
  ① 압력계의 고장(압력계의 기능 불완전)
  ② 안전밸브 기능의 부정확
  ③ 압력계의 분금을 잘못 읽거나 감시 소홀

53 작업장에서 사용하는 로프의 최대사용하중이 200kgf이고, 절단하중이 600kgf일 때 이 로프의 안전율은?

① 0.33   ② 3
③ 200   ④ 300

해설
$$안전율 = \frac{절단하중}{최대사용하중} = \frac{600 \text{kgf}}{200 \text{kgf}} = 3$$

54 롤러의 맞물림점 전방 60mm의 거리에 가드를 설치하고자 할 때 가드 개구부의 간격은? (단, 위험점이 전동체가 아닌 경우이다.)

① 12mm   ② 15mm
③ 18mm   ④ 20mm

해설
$Y = 6 + 0.15X$
 $= 6 + (0.15 \times 60) = 15$mm

55 프레스기에서 사용하는 손쳐내기식 방호장치의 방호판에 관한 기준으로 옳은 것은?

① 방호판의 폭은 금형폭의 1/2 이상이어야 하고, 행정길이가 300mm이상의 프레스 기계에서 방호판의 폭을 200mm로 해야 한다.

Answer ➡ 49. ④ 50. ① 51. ② 52. ③ 53. ② 54. ② 55. ②

② 방호판의 폭은 금형폭의 1/2이상이어야 하고, 행정길이가 300mm 이상의 프레스 기계에서는 방호판의 폭을 300mm로 해야 한다.
③ 방호판의 폭은 금형폭의 1/3 이상이어야 하고, 행정길이가 300mm이상의 프레스 기계에서 방호판의 폭을 200mm로 해야 한다.
④ 방호판의 폭은 금형폭의 1/3 이상이어야 하고, 행정길이가 300mm이상의 프레스 기계에서 방호판의 폭을 300mm로 해야 한다.

해설
손쳐내기식 방호장치의 설치기준
1) 슬라이드의 행정길이가 40mm 이상일 경우에 사용할 것
2) 손쳐내기식 막대는 그 길이 및 진폭을 조정할 수 있는 구조일 것
3) 손쳐내기판의 폭은 금형 크기의 1/2이상으로 할 것 (단, 행정이 300mm이상은 폭을 300mm로 할 것)
4) 슬라이드 하행정 거리의 3/4 위치에서 손을 완전히 밀어 낼 것

56 기준무부하상태에서 구내최고속도가 20km/h인 지게차의 주행 시 좌우안정도 기준은 몇 %이내인가?
① 4%　　② 20%
③ 37%　　④ 40%

해설
지게차의 주행시 좌우안정도
= 15+(1.1×최고속도)
= 15+(1.1×20)
= 37%

57 기계설비의 안전조건 중 외관의 안전화에 해당되는 조치는?
① 고장 발생을 최소화하기 위해 정기점검을 실시하였다.
② 강도의 열화를 생각하여 안전율을 최대로 고려하여 설계하였다.
③ 전압강하, 정전시의 오동작을 방지하기 위하여 자동제어 장치를 설치하였다.
④ 작업자가 접촉할 우려가 있는 기계의 회전부를 덮개로 씌우고 안전색채를 사용하였다.

해설
외형(외관)의 안전화
1) 덮개 및 방호장치(guard)설치
2) 별실 또는 구획된 장소에 격리
3) 안전색채조절

58 드릴작업 시 가공재를 고정하기 위한 방법으로 적합하지 않은 것은?
① 가공재가 길 때는 방진구를 이용한다.
② 가공재가 작을 때는 바이스로 고정한다.
③ 가공재가 크고 복잡할 때는 볼트와 고정구로 고정한다.
④ 대량생산과 정밀도가 요구될 때는 지그로 고정한다.

해설
드릴링 작업시 일감의 고정
1) 일감이 작을 때 : 바이스로 고정한다.
2) 일감이 크고 복잡할 때 : 볼트와 고정구(클램프)를 사용하여 고정한다.
3) 대량생산과 정밀도를 요할 때 : 지그(Jig)를 사용하여 고정한다.

59 컨베이어 작업 시 준수해야 할 사항이 아닌 것은?
① 운전 중인 컨베이어 등의 위로 근로자를 넘어 가도록 하는 경우에는 위험을 방지하기 위하여 건널다리를 설치하는 등 필요한 조치를 하여야 한다.
② 근로자를 운반할 수 있는 구조가 아닌 운전중인 컨베이어에 근로자를 탑승시켜서는 안된다.
③ 작업 중 급정지를 방지하기 위하여 비상 정지 장치는 해체해야 한다.
④ 트롤리 컨베이어에 트롤리와 체인·행거가 쉽게 벗겨지지 않도록 확실하게 연결시켜야 한다.

해설
비상정지장치는 근로자의 신체의 일부가 컨베이어에 말려드는 등의 위험시에 컨베이어 등의 운전을 정지시킬 수 있는 장치이므로 해체시켜서는 아니된다.

Answer ➡ 56. ③　57. ④　58. ①　59. ③

60 위험기계·기구와 이에 해당하는 방호장치의 연결이 틀린 것은?

① 연삭기 – 급정지장치
② 프레스 – 광전자식 방호장치
③ 아세틸렌 용접장치 – 안전기
④ 압력용기 – 압력방출용 안전밸브

해설
연삭기 : 연삭숫돌의 덮개

제4과목 전기 및 화학설비위험방지기술

61 방폭구조의 명칭과 표기기호가 잘못 연결된 것은?

① 안전증방폭구조 : e
② 유입(油入)방폭구조 : o
③ 내압(耐壓)방폭구조 : p
④ 본질안전방폭구조 : ia 또는 ib

해설
방폭구조의 기호(방폭구조의 상징[심벌] : ex)
1) 내압방폭구조 : d
2) 압력방폭구조 : p
3) 안전증방폭구조 : e
4) 본질안전방폭구조 : ia 또는 ib
5) 유입방폭구조 : o
6) 특수방폭구조 : s
7) 충전방폭구조 : q
8) 몰드방폭구조 : m
9) 비점화방폭구조 : n

62 전기설비의 점화원 중 잠재적 점화원에 속하지 않는 것은?

① 전동기 권선
② 마그네트 코일
③ 케이블
④ 릴레이 전기접전

해설
전기설비의 잠재적인 점화원
1) ①, ②, ③ 항
2) 변압기 권선

63 400V를 넘는 저압 전로의 절연저항 값은 몇 MΩ 이상으로 하여야 하는가?

① 0.2   ② 0.4
③ 0.8   ④ 1.0

해설
전로의 절연저항치

대지전압	절연저항치
150V 이하	0.1MΩ 이상
150V 초과 300V 이하	0.2MΩ 이상
300V 초과 400V 이하	0.3MΩ 이상
400V 초과	0.4MΩ 이상

64 정전작업 시 주의할 사항으로 틀린 것은?

① 감독자를 배치시켜 스위치의 조작을 통제한다.
② 퓨즈가 있는 개폐기의 경우는 퓨즈를 제거한다.
③ 정전 작업전에 작업내용을 충분히 작업원에게 주지시킨다.
④ 단시간에 끝나는 작업일 경우 작업원의 판단에 의해 작업한다.

해설
단시간에 끝나는 작업일 경우에도 정전작업전에 조치할 사항으로 취한 후에 작업하여야 한다.

65 인체가 전격(감전)으로 인한 사고 시 통전전류에 의한 인체반응으로 틀린 것은?

① 교류가 직류보다 일반적으로 더 위험하다.
② 주파수가 높아지면 감지전류는 작아진다.
③ 심장을 관통하는 경로가 가장 사망률이 높다.
④ 가수전류는 불수전류보다 값이 대체적으로 작다.

해설
주파수(Hz)가 높아지면 감지전류도 증가한다. 이는 주파수가 높을수록 전격의 영향은 감소함을 의미한다.

Answer ● 60. ① 61. ③ 62. ④ 63. ② 64. ④ 65. ②

66 근로자가 충전전로에 취급하거나 그 인근에서 작업하는 경우 조치하여야 하는 사항으로 틀린 것은?

① 충전전로를 취급하는 근로자에게 그 작업에 적합한 절연용 보호구를 착용시킬 것
② 충전전로를 정전시키는 경우 차단장치나 단로기 등의 잠금장치 확인 없이 빠른 시간 내에 작업을 완료할 것
③ 충전전로에 근접한 장소에서 전기작업을 하는 경우에는 해당 전압에 적합한 절연용 방호구를 설치할 것
④ 고압 및 특별고압의 전로에서 전기작업을 하는 근로자에게 활선작업용 기구 및 장치를 사용하도록 할 것

해설

충전전로를 취급하거나 그 인근에서 작업시 조치사항(안전보건규칙)
1) ①, ③, ④ 항
2) **충전전로의 정전** : 충전전로를 정전시키는 경우에는 정전 전로에서의 전기작업(전로차단 절차 및 정전작업 후 조치사항 등)에 따른 조치를 할 것
3) **충전전로의 방호·차폐 및 절연 등의 조치를 하는 경우** : 근로자의 신체가 전로와 직접 접촉하거나 도전재료, 공구 또는 기기를 통하여 간접 접촉되지 않도록 할 것
4) **절연용 방호구의 설치·해체작업** : 절연용 보호구를 착용하거나 활선작업용 기구 및 장치를 사용하도록 할 것
5) **유자격자가 아닌 근로자가 충전전로 인근의 높은 곳에서 작업할 때의 조치사항** : 근로자의 몸 또는 긴 도전성 물체가 방호되지 않은 충전전로에서,
   ① 대지전압이 50kV 이하인 경우 : 300cm 이내로 접근할 수 없도록 할 것
   ② 대지전압이 50kV를 넘는 경우 : 10kV당 10cm씩 더한 거리 이내로 접근할 수 없도록 할 것

67 접지에 관한 설명으로 틀린 것은?

① 접지저항이 크면 클수록 좋다.
② 접지공사의 접지선은 과전류차단기를 시설하여서는 안 된다.
③ 접지극의 시설은 동판, 동봉 등이 부식될 우려가 없는 장소를 선정하여 지중에 매설 또는 타입 한다.
④ 고압전로와 저압전로를 결합하는 변압기의 저압전로 사용전압이 300V이하로 중성점 접지가 어려운 경우 저압측 임의의 한 단자에 제2종 접지공사를 실시한다.

해설

1) 접지저항
   ① 접지저항이 낮을수록 좋다
   ② 접지저항은 접지전극(동판이나 접지봉 등)과 대지와의 접촉상태에 따라 그 저항치가 결정되어 접지전극과 대지와의 접촉면적이 클수록, 또 접지전극 주변의 흙이 전기가 잘 통하는 상태일수록 접지저항이 낮게 된다.
2) 접지저항 저감법
   ① 접지극의 매설깊이(지중매설 깊이는 75cm 이상)를 깊게 할 것
   ② 접지극의 수를 증가하여 이들을 병렬로 연결시킬 것
   ③ 접지극의 크기를 크게 할 것
   ④ 토량이 불량할 경우는 토질에 적합한 시공법을 택하거나, 접지저항 저감제를 사용하여 토양을 개선할 것

68 인체의 대부분이 수중에 있는 상태에서의 허용 접촉전압으로 옳은 것은?

① 2.5V 이하   ② 25V 이하
③ 50V 이하   ④ 100V 이하

해설

허용접촉전압

종별	접촉상태	허용접촉전압
제1종	• 인체의 대부분이 수중에 있는 상태	2.5V 이하
제2종	• 인체가 현저히 젖어있는 상태 • 금속성의 전기기계장치나 구조물에 인체의 일부가 상시 접촉되어 있는 상태	25V 이하
제3종	• 제1종 및 제2종 이외의 경우로서 통상의 인체상태에 있어서 접촉전압이 가해지면 위험성이 높은 상태	50V 이하
제4종	• 제3종의 경우로써 위험성이 낮은 상태 • 접촉전압이 가해질 위험이 없는 경우	제한없음

69 정전기의 대전현상이 아닌 것은?

① 교반대전   ② 충돌대전
③ 박리대전   ④ 망상대전

Answer ➡ 66. ② 67. ① 68. ① 69. ④

해설

정전기의 대전현상
1) 마찰대전
2) 유동대전
3) 박리대전
4) 분출대전
5) 충돌대전
6) 파괴대전
7) 비말대전
8) 진동대전(교반대전)

70 전기기계·기구의 조작부분을 점검하거나 보수하는 경우에는 근로자가 안전하게 작업할 수 있도록 전기기계·기구로부터 몇 m 이상의 작업공간을 확보하여야 하는지 그 기준으로 옳은 것은?

① 0.5
② 0.7
③ 0.9
④ 1.2

해설

전기기계·기구의 조작시등 안전조치(안전보건규칙)
1) 전기기계·기구의 조작부분을 점검하거나 보수하는 경우에는 근로자가 안전하게 작업할 수 있도록 전기 기계·기구로부터 폭 70cm 이상의 작업공간을 확보하여야 한다. 다만, 작업공간을 확보하는 것이 곤란하여 근로자에게 절연용 보호구를 착용하도록 한 경우에는 그러하지 아니하다.
2) 전기적 불꽃 또는 아크에 의한 화상의 우려가 있는 고압 이상의 충전전로 작업에 근로자를 종사시키는 경우에는 방염처리된 작업복 또는 난연(難燃)성능을 가진 작업복을 착용시켜야 한다.

71 다음 중 물 속에 저장이 가능한 물질은?

① 칼륨
② 황린
③ 인화칼슘
④ 탄화알루미늄

해설

1) **칼륨, 인화칼슘, 탄화알루미늄** : 물반응성물질(금수성물질)
2) **황린** : 자연발화성물질(물속에 보관)

72 리튬(Li)에 관한 설명으로 틀린 것은?

① 연소시 산소와는 반응하지 않는 특성이 있다.
② 염산과 반응하여 수소를 발생한다.
③ 물과 반응하여 수소를 발생한다.
④ 화재발생시 소화방법으로는 건조된 마른 모래 등을 이용한다.

해설

리튬(Li)
1) 물과는 상온에서 천천히, 고온에서는 격렬하게 반응하여 수소(H_2)를 발생한다.
$2Li + 2H_2O \rightarrow 2LiOH + H_2 \uparrow$
2) 산소중에서 격렬히 반응하여 산화물을 생성한다.
$2Li + O_2 \rightarrow 2LiO$

73 다음 중 화재의 종류가 옳게 연결된 것은?

① A급화재 – 유류화재
② B급화재 – 유류화재
③ C급화재 – 일반화재
④ D급화재 – 일반화재

해설

화재의 종류
1) A급화재 : 일반화재
2) B급화재 : 유류화재
3) C급화재 : 전기화재
4) D급화재 : 금속화재

74 25℃, 1기압에서 공기 중 벤젠(C_6H_6)의 허용농도가 10ppm일 때 이를 mg/m^3의 단위로 환산하면 약 얼마인가? (단, C,H의 원자량은 각각 12,1 이다.)

① 28.7
② 31.9
③ 34.8
④ 45.9

해설

$$mg/m^3 = \frac{ppm \times MW(분자량)}{24.45} = \frac{10 \times 78}{24.45}$$
$$= 31.9 mg/m^3$$

75 다음 중 건조설비의 사용상 주의사항으로 적절하지 않은 것은?

① 건조설비 가까이 가연성 물질을 두지 말 것
② 고온으로 가열 건조한 물질은 즉시 격리 저장할 것
③ 위험물 건조설비를 사용할 때는 미리 내부를 청소하거나 환기시킨 후 사용할 것
④ 건조시 발생하는 가스·증기 또는 분진에 의한 화재·폭발의 위험이 있는 물질은 안전한 장소로 배출할 것

해설

건조설비 사용 작업시 폭발·화재를 예방하기 위하여 준수할 사항(안전보건규칙)
1) ①, ③, ④ 항
2) 고온으로 가열건조한 인화성 액체는 발화의 위험이 없는 온도로 냉각한 후에 격납시킬 것
3) 위험물 건조설비를 사용하여 가열건조하는 건조물은 쉽게 이탈되지 않도록 할 것

76 다음 중 점화원에 해당하지 않는 것은?

① 기화열 ② 충격·마찰
③ 복사열 ④ 고온물질표면

해설

기화열, 융해열, 증발열 등은 열을 흡수하므로 점화원이 될 수 없다.

77 다음 중 분해 폭발하는 가스의 폭발방지를 위하여 첨가하는 불활성가스로 가장 적합한 것은?

① 산소 ② 질소
③ 수소 ④ 프로판

해설

1) 산소(O_2) : 조연성 가스
2) 질소(N_2) : 불활성(불연성)가스
3) 수소(H_2) 및 프로판(C_3H_6) : 가연성가스

78 위험물안전관리법상 자기반응성 물질은 제 몇 류 위험물로 분류하는가?

① 제1류 위험물
② 제3류 위험물
③ 제4류 위험물
④ 제5류 위험물

해설

위험물안전관리법상 위험물의 종류
1) 제1류 : 산화성고체
2) 제2류 : 가연성고체
3) 제3류 : 자연발화성물질 및 금수성물질
4) 제4류 : 인화성액체
5) 제5류 : 자기반응성물질
6) 제6류 : 산화성액체

79 프로판(C_3H_8) 1몰이 완전하기 위한 산소의 화학양론계수는 얼마인가?

① 2 ② 3
③ 4 ④ 5

해설

프로판(C_3H_8)의 연소반응식 : 프로판(C_3H_8)1몰에 산소(O_2)는 5몰이 필요하다.
$C_3H_8 + 5O_2 \rightarrow 3CO_2 + 4H_2O$

80 할로겐화합물 소화약제의 소화작용과 같이 연소의 연속적인 연쇄 반응을 차단, 억제 또는 방해하여 연소현상이 일어나지 않도록 하는 소화작용은?

① 부촉매 소화작용 ② 냉각 소화작용
③ 질식 소화작용 ④ 제거 소화작용

해설

1) 할로겐화합물 소화약제의 소화효과
   ① 부촉매(연소억제)효과
   ② 질식효과
   ③ 냉각효과
2) 부촉매(연소억제)효과
   ① 할로겐화합물은 연소의 연속적인 연쇄작용을 차단, 억제 또는 방해하여 소화활동을 한다.
   ② 연소억제효과 크기 : $F_2 < Cl_2 < Br_2 < I_2$

제5과목 건설안전기술

81 철골작업 시 폭우와 같은 악천후에 작업을 중지하여야 하는 강우량 기준은?

① 1시간당 1mm 이상일 때
② 2시간당 1mm 이상일 때
③ 3시간당 2mm 이상일 때
④ 4시간당 2mm 이상일 때

해설

철골작업을 중지해야 하는 기상조건
1) 풍속이 10m/sec 이상인 경우
2) 강우량이 1mm/hr 이상인 경우
3) 강우량이 1cm/hr 이상인 경우

Answer ➔ 76. ① 77. ② 78. ④ 79. ④ 80. ① 81. ①

82 흙의 안식각과 동일한 의미를 가진 용어는?

① 자연 경사각　　② 비탈면각
③ 시공 경사각　　④ 계획 경사각

해설
흙의 안식각
1) 흙 등을 쌓거나 깎아냈을 때 자연 상태로 생기는 경사면이 수평면과 이루는 각
2) 안식각 = 휴식각 = 정지각

83 건설공사 유해·위험방지계획서를 제출하는 경우 자격을 갖춘 자의 의견을 들은 후 제출하여야 하는데 이 자격에 해당하는 않는 자는?

① 건설안전기사로서 건설안전관련 실무경력이 4년인 자
② 건설안전기술사
③ 토목시공기술사
④ 건설안전분야 산업안전지도사

해설
건설공사 유해·위험방지계획서 작성시 의견을 들어야 할 자격을 갖춘자(시행규칙 제120조 제3항)
1) 건설안전분야 산업안전지도사
2) 건설안전기술사 또는 토목·건축분야 기술사
3) 건설안전산업기사 이상으로서 건설안전관련 실무경력이 7년(기사는 5년)이상인 사람

84 콘크리트 양생작업에 관한 설명 중 옳지 않은 것은?

① 콘크리트 타설 후 소요기간까지 경화에 필요한 조건을 유지시켜주는 작업이다.
② 양생 기간 중에 예상되는 진동, 충격, 하중 등의 유해한 작용으로부터 보호하여야 한다.
③ 습윤양생 시 일광을 최대한 도입하여 수화작용을 촉진하도록 한다.
④ 습윤양생 시 거푸집판이 건조될 우려가 있는 경우에는 살수하여야 한다.

해설
③항, 수분양생시 수분을 최대한 도입하여 수화작용을 촉진하도록 한다.

85 다음은 산업안전보건기준에 관한 규칙 중 조립도에 관한 사항이다. (　) 안에 알맞은 것은?

> 거푸집동바리 등을 조립하는 때에는 그 구조를 검토한 후 조립도를 작성하여야 한다. 조립도에는 동바리·멍에 등 부재의 재질·단면규격·(　) 및 이음방법 등을 명시하여야 한다.

① 부재강도　　② 기울기
③ 안전대책　　④ 설치간격

해설
거푸집동바리 등 조립시의 조립도에 명시하여야 할 내용
1) 동바리, 멍에 등 부재의 재질
2) 단면규격
3) 설치간격 및 이음방법

86 공사금액이 500억원인 건설업 공사에서 선임해야 할 최소 안전관리자 수는?

① 1명　　② 2명
③ 3명　　④ 4명

해설
건설업 규모에 따른 안전관리자 수(영 별표3)
1) 공사금액 120억원 이상(토목공사업은 150억원 이상) 800억 미만 또는 상시근로자 300명이상 600명 미만 : 1명이상
2) 공사금액 800억원 이상 또는 상시근로자 600명 이상 : 2명이상
3) 공사금액 800억원을 기준으로 700억원이 증가할 때마다 또는 상시근로자 600명을 기준으로 300명이 추가될 때마다 : 1명씩 추가함

87 양중기에서 화물을 직접 지지하는 달기 와이어로프의 안전계수는 최소 얼마 이상으로 하여야 하는가?

① 2　　② 3
③ 5　　④ 10

해설
양중기의 와이어로프 또는 달기체인(고리걸이용 포함)의 안전계수

$$안전계수 = \frac{절단하중}{최대사용하중(허용하중)}$$

1) 근로자가 탑승하는 운반구를 지지하는 경우 : 10 이상
2) 화물의 하중을 직접 지지하는 경우 : 5 이상

Answer ➡ 82.① 83.① 84.③ 85.④ 86.① 87.③

3) 훅, 샤클, 클램프, 리프팅 빔의 경우 : 3 이상
4) 그 밖의 경우 : 4 이상

88 굴착면 붕괴의 원인과 가장 관계가 먼 것은?

① 사면경사의 증가
② 성토 높이의 감소
③ 공사에 의한 진동하중의 증가
④ 굴착높이의 증가

해설

②항, 성토높이의 증가

> **길잡이** 토사붕괴의 원인(고용노동부고시)
> 1) 외적요인
>   ① 사면, 법면의 경사 및 구배의 증가
>   ② 절토 및 성토 높이의 증가
>   ③ 공사에 의한 진동 및 반복하중의 증가
>   ④ 지표수 및 지하수의 침투에 의한 토사중량 증가
>   ⑤ 지진, 차량, 구조물의 하중
> 2) 내적요인
>   ① 절토사면의 토질, 암석
>   ② 성토사면의 토질
>   ③ 토석의 강도저하

89 물체를 투하할 때 투하설비를 설치하거나 감시인을 배치하는 등의 위험방지를 위한 조치를 하여야 하는 기준 높이는?

① 3m 이상
② 5m 이상
③ 7m 이상
④ 10m 이상

해설

높이가 3m 이상인 장소에서 물체 투하시 위험방지 조치사항
1) 투하설비 설치
2) 감시인 배치

90 낙하물 방지망 설치기준으로 옳지 않은 것은?

① 높이 10m 이내마다 설치한다.
② 내민 길이는 벽면으로부터 3m 이상으로 한다.
③ 수평면과의 각도는 20° 이상, 30° 이하를 유지한다.
④ 방호선반의 설치기준과 동일하다.

해설

낙하물방지망 또는 방호선반 설치시 준수사항
1) 설치 높이는 10m 이내마다 설치하고, 내민 길이는 벽면으로부터 2m 이상으로 할 것
2) 수평면과의 각도는 20° 내지 30°를 유지할 것

91 흙의 함수비 측정시험을 하였다. 먼저 용기의 무게를 잰 결과 10g이었다. 시료를 용기에 넣은 후에 총 무게는 40g, 그대로 건조 시킨 후 무게는 30g이었다. 이 흙의 함수비는?

① 25%
② 30%
③ 50%
④ 75%

해설

$$흙의함수비 = \frac{물의 중량}{흙의 건조중량} \times 100\%$$
$$= \frac{40-30}{30-10} \times 100 = 50\%$$

92 채석작업을 하는 때 채석작업계획에 포함되어야 하는 사항에 해당하지 않는 것은?

① 굴착면의 높이와 기울기
② 기둥침하의 유무 및 상태 확인
③ 암석의 분할방법
④ 표토 또는 용수의 처리방법

해설

채석작업의 작업계획의 작업내용(안전보건규칙)
1) 노천굴착과 갱내굴착의 구별 및 채석방법
2) 굴착면의 높이와 기울기
3) 굴착면의 소단의 위치와 높이
4) 갱내에서의 낙반 및 붕괴방지의 방법
5) 발파방법
6) 암석의 분할방법
7) 암석의 가공장소
8) 사용하는 굴착기계, 분할기계, 적재기계 또는 운반기계(이하 "굴착기계 등"이라 한다)의 종류 및 능력
9) 토석 또는 암석의 적재 및 운반방법과 운반경로
10) 표토 또는 용수의 처리방법

93 가설구조물의 특징으로 옳지 않은 것은?

① 연결재가 적은 구조로 되기 쉽다.
② 부재의 결합이 매우 복잡하다.

Answer ▶ 88. ② 89. ① 90. ② 91. ③ 92. ② 93. ②

③ 구조상의 결함이 있는 경우 중대재해로 이어질 수 있다.
④ 사용부재가 과소단면이거나 결함재료를 사용하기 쉽다.

해설

가설구조물(가시설물)의 특징(구조상의 문제점)
1) 연결재가 부족하여 불안정한 구조물이 되기 쉽다.
2) 부재결합이 간단하여 불안전한 결합이 될 수 있다.
3) 부재가 비교적 간단하여 조립이 쉬우나 조립의 정밀도는 낮다.
4) 부재는 과소단면이거나 결함이 있는 재료가 사용되기 쉽다.

94 슬레이트, 선라이트 등 강도가 약한 재료로 덮은 지붕 위에서의 작업 중 위험방지를 위하여 필요한 발판의 폭 기준은?

① 10cm 이상
② 20cm 이상
③ 25cm 이상
④ 30cm 이상

해설

슬레이트, 선라이트(sunlight) 등 지붕 위에서의 작업시 위험방지조치사항
1) 폭 30cm 이상의 발판 설치
2) 안전방망 설치

95 히빙현상에 대한 안전대책과 가장 거리가 먼 것은?

① 어스앵커 설치
② 흙막이벽의 근입심도 확보
③ 양질의 재료로 지반개량 실시
④ 굴착주변에 상재하중을 증대

해설

히빙현상 방지대책
1) 굴착주변의 상재하중을 제거한다.
2) 흙막이판의 강성이 높은 것을 사용한다.
3) 시트 파일(Sheet Pile) 등의 근입신도를 검토한다.(흙막이벽 근입깊이를 깊게 한다.)
4) 1.3m 이하 굴착시에는 버팀대(Strut)를 설치한다.
5) 버팀대, 브라켓, 흙막이를 점검한다.
6) 굴착주변을 웰 포인트(Well Point) 공법과 병행한다.
7) 굴착방식을 개선(Island Cut공법 등)한다.

96 추락방지망의 달기로프를 지지점에 부착할 때 지지점의 간격이 1.5m인 경우 지지점의 강도는 최소 얼마 이상이어야 하는가?

① 200kg
② 300kg
③ 400kg
④ 500kg

해설

추락방지망 달기로프를 지지점에 부착시 지지점 간격이 1.5m인 경우 지지점의 강도 : 300kg 이상

97 철골공사에서 부재의 건립용 기계로 거리가 먼 것은?

① 타워크레인
② 가이데릭
③ 삼각데릭
④ 항타기

해설

1) 철골 건립용 기계
  ① 크레인(타워크레인, 이동식 크레인 등)
  ② 가이데릭, 삼각데릭(스티프레그데릭), 진폴데릭
2) 항타기 : 널말뚝을 박기위해 사용하는 기계와 그 부속장치

98 강관틀비계를 조립하여 사용하는 경우 벽이음의 수직방향 조립간격은?

① 2m 이내마다
② 5m 이내마다
③ 6m 이내마다
④ 8m 이내마다

해설

강관비계의 조립간격(안전보건규칙 별표5)

강관비계의 종류	조립간격(단위 : m)	
	수직방향	수평방향
단관비계	5	5
틀비계 (높이가 5m 미만의 것은 제외)	6	8

Answer ➡ 94. ④ 95. ④ 96. ② 97. ④ 98. ③

99 일반적인 안전수칙에 따른 수공구와 관련된 행동으로 옳지 않은 것은?

① 작업에 맞는 공구의 선택과 올바른 취급을 하여야 한다.
② 결함이 없는 완전한 공구를 사용하여야 한다.
③ 작업중인 공구는 작업이 편리한 반경내의 작업대나 기계위에 올려놓고 사용하여야 한다.
④ 공구는 사용 후 안전한 장소에 보관하여야 한다.

해설
작업중(사용중)인 공구는 작업대나 기계위에 올려놓지 않도록 할 것

100 철골보 인양작업 시 준수사항으로 옳지 않은 것은?

① 인양용 와이어로프의 체결지점은 수평부재의 1/4지점을 기준으로 한다.
② 인양용 와이어로프의 매달기 각도는 양변 60°를 기준으로 한다.
③ 흔들리거나 선회하지 않도록 유도 로프로 유도한다.
④ 후크는 용접의 경우 용접규격을 반드시 확인한다.

해설
인양용 와이어로프의 체결지점은 수평부재의 1/3지점을 기준으로 한다.

Answer ● 99. ③ 100. ①

2025년 제1회 산업안전산업기사 CBT 복원 기출문제

제1과목 산업안전관리론

01 산업안전보건법령상 안전·보건표지에 관한 설명으로 틀린 것은?

① 안전·보건표지 속의 그림 또는 부호의 크기는 안전·보건표지의 크기와 비례하여야 하며, 안전·보건표지 전체 규격의 30%이상이 되어야 한다.
② 안전·보건표지 색채의 물감은 변질되지 아니 하는 것에 색채 고정완료를 배합하여 사용하여야 한다.
③ 안전·보건표지는 그 표시내용을 근로자가 빠르고 쉽게 알아볼 수 있는 크기로 제작하여야 한다.
④ 안전·보건표지에서 야광물질을 사용하여서는 아니 된다.

해설
④항, 야간에 필요한 안전·보건표지는 야광물질을 사용하는 등 쉽게 알아볼 수 있도록 제작하여야 한다.

02 무재해운동의 추진을 위한 3요소에 해당하지 않는 것은?

① 모든 위험잠재요인의 해결
② 최고경영자의 경영자세
③ 관리감독자(Line)의 적극적 추진
④ 직장 소집단의 자주활동 활성화

해설
무재해운동의 추진 3기둥(무재해운동의 3요소)
1) 최고경영자의 엄격한 안전경영자세
2) 관리감독자에 의한 안전보건의 추진(라인화의 철저)
3) 직장 소집단 자주활동의 활발화

03 억측판단의 배경이 아닌 것은?

① 생략 행위
② 초조한 심정
③ 희망적 관측
④ 과거의 성공한 경험

해설
억측판단
1) 억측판단 : 자기 주관적인 판단
2) 억측판단이 발생하는 배경
① **희망적인 관측** : 그때도 그랬으니까 괜찮겠지 하는 관측
② **정보나 지식의 불확실** : 위험에 대한 정보의 불확실 및 지식의 부족
③ **과거의 선입견** : 과거에 그 행위로 성공한 경험의 선입관
④ **초조한 심정** : 일을 빨리 끝내고 싶은 초조한 심정

04 재해의 기본원인 4M에 해당하지 않는 것은?

① Man
② Machine
③ Media
④ Measurement

해설
산업재해의 기본원인 4M(인간과오의 배후요인 4요소)
1) Man : 본인 이외의 사람
2) Machine : 장치나 기기 등의 물적요인
3) Media : 인간과 기계를 잇는 매체(작업방법, 순서, 작업정보의 실태, 작업환경, 정리정돈 등)
4) Management : 안전법규의 준수방법, 단속, 점검 관리 외에 지휘 감독, 교육훈련 등

05 다음과 같은 스트레스에 대한 반응은 무엇에 해당하는가?

여동생이나 남동생을 얻게 되면서 손가락을 빠는 것과 같이 어린 시절의 버릇을 나타낸다.

① 투사
② 억압
③ 승화
④ 퇴행

Answer 01. ④ 02. ① 03. ① 04. ④ 05. ④

해설

퇴행(regression) : 현실의 곤란한 장면에서 이겨내지 못하고 옛날 어린 시절로 되돌아가려는 행동이다. 즉 발전단계를 역행함으로서 욕구를 충족하려는 행동이다.

06 산업안전보건법령상 사업주가 근로자에 대하여 실시하여야 하는 교육 중 특별안전·보건교육의 대상이 되는 작업이 아닌 것은?

① 화학설비의 탱크 내 작업
② 전압이 30V인 정전 및 활선작업
③ 건설용 리프트·곤돌라를 이용한 작업
④ 동력에 의하여 작동되는 프레스기계를 5대 이상 보유한 사업장에서 해당 기계로 하는 작업

해설

②항, 전압이 75볼트 (V) 이상인 정전 및 활선 작업

07 인간의 행동 특성에 관한 레빈(Lewin)의 법칙에서 각 인자에 대한 내용으로 틀린 것은?

$$B = f(P \cdot E)$$

① B : 행동
② f : 함수관계
③ P : 개체
④ E : 기술

해설

레빈(K. Lewin)의 법칙 : Lewin은 인간의 행동(B)은 그 사람이 가진 자질 즉, 개체(P)와 심리학적 환경(E)과의 상호 함수관계에 있다고 하였다.

∴ $B = f(P \cdot E)$

여기서,
1) B(Behavior) : 인간의 행동
2) f(function, 함수관계) : 적성 기타 P와 E에 영향을 미칠 수 있는 조건
3) P(Person, 개체) : 연령, 경험, 심신상태, 성격, 지능 등 인간의 조건
4) E(Environment, 심리적 환경) : 인간관계, 작업환경 등 환경조건

08 개인 카운슬링(Counseling)방법으로 가장 거리가 먼 것은?

① 직접적 충고
② 설득적 방법
③ 설명적 방법
④ 반복적 충고

해설

개인적인 카운셀링 방법
1) 직접충고 : 안전수칙 불이행시 적합, 지시적 방법
2) 설득적 방법 : 비지시적 방법
3) 설명적 방법 : 비지시적 방법

09 교육의 효과를 높이기 위하여 시청각 교재를 최대한으로 활용하는 시청각적 방법의 필요성이 아닌 것은?

① 교재의 구조화를 기할 수 있다.
② 대량 수업체제가 확립될 수 있다.
③ 교수의 평준화를 기할 수 있다.
④ 개인차를 최대한으로 고려할 수 있다.

해설

시청각 교육의 특징
1) 교수의 효율성 증대
2) 교재의 구조화
3) 대량 수업체제 확정
4) 교수의 평준화

10 재해의 원인과 결과를 연계하여 상호관계를 파악하기 위해 도표화하는 분석 방법은?

① 특성요인도
② 파렛토도
③ 크로스분류도
④ 관리도

해설

통계적 원인 분석 방법
1) **파렛토도** : 분류항목을 큰 순서대로 도표화 한 분석법
2) **특성요인도** : 특성과 요인관계를 도표로 하여 어골상으로 세분화 한 분석법
3) **크로스(Close)분석** : 데이터(data)를 집계하고 표로 표시하여 요인별 결과내역을 교차한 크로스 그림을 작성하여 분석하는 방법
4) **관리도** : 재해발생건수 등의 추이를 파악하여 목표관리를 행하는데 필요한 월별 재해 발생수를 그래프화하여 관리선을 설정·관리하는 방법

11 보호구 안전인증 고시에 따른 안전모의 일반 구조 중 턱끈의 최소 폭 기준은?

① 5mm 이상
② 7mm 이상
③ 10mm 이상
④ 12mm 이상

Answer ➡ 06. ② 07. ④ 08. ④ 09. ④ 10. ① 11. ③

해설

안전모의 일반구조 요약정리
1) 안전모의 착용높이는 85mm 이상이고, 외부수직거리는 80mm 미만일 것
2) 안전모의 내부수직거리는 25mm 이상 50mm 미만일 것
3) 안전모의 수평간격은 5mm 이상일 것
4) 머리받침끈이 섬유인 경우에는 각각의 폭은 15mm 이상이어야 하며, 교차되는 끈의 폭의 합은 72mm 이상일 것
5) 턱끈의 폭은 10mm 이상일 것
6) 안전모의 모체, 착장체 및 충격흡수재를 포함한 질량은 440g을 초과하지 않을 것.

12 허츠버그(Herzberg)의 동기·위생 이론에 대한 설명으로 옳은 것은?

① 위생요인은 직무내용에 관련된 요인이다.
② 동기요인은 직무에 만족을 느끼는 주요인이다.
③ 위생요인은 매슬로우 욕구단계 중 존경, 자아실현의 욕구와 유사하다.
④ 동기요인은 매슬로우 욕구단계 중 생리적 욕구와 유사하다.

해설

허즈버그(Herzberg)의 위생요인 및 동기요인
1) **위생요인** : 직무환경에 관계된 내용으로 기업정책, 개인 상호간의 관계(친교, 대인관계), 감독형태, 작업조건, 임금(급료), 보수지위, 안전 등이 있다.
2) **동기요인** : 직무내용 (일의 내용)에 관한 것으로 목표달성에 대한 성취감, 안정감, 도전감, 책임감, 성장과 발전, 작업자체 등이 있다.(자아실현을 하려는 인간의 독특한 경향 반영)

13 연평균 근로자수가 1,000명인 사업장에서 연간 6건의 재해가 발생한 경우, 이 때의 도수율은? (단, 1일 근로시간수는 4시간, 연평균 근로일수는 150일이다.)

① 1
② 10
③ 100
④ 1,000

해설

$$도수율 = \frac{재해건수}{연근로시간수} \times 10^6$$
$$= \frac{6}{1,000 \times 4 \times 150} \times 10^6 = 10$$

14 산업안전보건법령상 일용근로자의 안전·보건교육 과정별 교육시간 기준으로 틀린 것은?

① 채용 시의 교육 : 1시간 이상
② 작업내용 변경 시의 교육 : 2시간 이상
③ 건설업 기초안전·보건교육(건설 일용근로자) : 4시간
④ 특별교육 : 2시간 이상(흙막이 지보공의 보강 또는 동바리를 설치하거나 해체하는 작업에 종사하는 일용근로자)

해설

일용근로자의 작업내용 변경 시의 교육시간 : 1시간 이상

15 산업안전보건법상 고용노동부장관이 산업 재해 예방을 위하여 종합적인 개선조치를 할 필요가 있다고 인정할 때에 안전보건개선계획의 수립·시행을 명할 수 있는 대상 사업장이 아닌 것은?

① 산업재해율이 같은 업종의 규모별 평균 산업재해율보다 높은 사업장
② 사업주가 안전보건조치의무를 이행하지 아니하여 중대재해가 발생한 사업장
③ 고용노동부장관이 관보 등에 고시한 유해인자의 노출기준을 초과한 사업장
④ 경미한 재해가 다발로 발생한 사업장

해설

안전보건개선계획 수립대상 사업장 : ①, ②, ③항 (3개 항목만 있음)

16 산업안전보건법령상 안전인증대상 기계·기구 등이 아닌 것은?

① 프레스
② 전단기
③ 롤러기
④ 산업용 원심기

Answer ● 12. ② 13. ② 14. ② 15. ④ 16. ④

해설

안전인증대상 기계·기구

구분	안전인증대상 기계·기구	자율안전확인대상 기계·기구
기계·기구 및 설비	① 프레스 ② 절단기 및 절곡기 ③ 크레인 ④ 리프트 ⑤ 압력용기 ⑥ 롤러기 ⑦ 사출성형기 ⑧ 고소작업대 ⑨ 곤돌라	① 연삭기 또는 연마기 (휴대형은 제외) ② 산업용 로봇 ③ 혼합기 ④ 파쇄기 또는 분쇄기 ⑤ 컨베이어 ⑥ 식품가공용기계(파쇄·절단·혼합·제면기만 해당) ⑦ 자동차정비용리프트 ⑧ 인쇄기 ⑨ 공작기계(선반, 드릴기, 평삭·형삭기, 밀링만 해당) ⑩ 고정형 목재가공용 기계 (둥근톱, 대패, 루타기, 띠톱, 모떼기 기계만 해당)
방호장치	① 프레스 및 전단기 방호장치 ② 양중기용 과부하방지장치 ③ 보일러 압력추출용 안전밸브 ④ 압력용기 압력방출용 안전밸브 ⑤ 압력용기 압력방출용 파열판 ⑥ 절연용 방호구 및 활선작업용 기구 ⑦ 방폭구조 전기기계·기구 및 부품 ⑧ 추락·낙하 및 붕괴 등의 위험 방지 및 보호 필요한 가설기자재로서 고용노동부 장관이 정하여 고시하는 것	① 아세틸렌 용접장치용 또는 가스집합 용접장치용 안전기 ② 교류아크 용접기용 자동전격방지기 ③ 롤러기 급정지장치 ④ 연삭기 덮개 ⑤ 목재가공용 둥근톱 반발 예방장치 및 날접촉 예방장치 ⑥ 동력식 수동 대패용 칼날 접촉방지장치 ⑦ 산업용 로봇 안전매트
보호구	① 추락 및 감전 위험방지용 안전모 ② 차광 및 비산물 위험방지용 보안경 ③ 방진마스크 ④ 방독마스크 ⑤ 송기마스크 ⑥ 전동식 호흡보호구 ⑦ 방음용 귀마개 또는 귀덮개 ⑧ 용접용 보안면 ⑨ 안전장갑 ⑩ 안전화 ⑪ 안전대 ⑫ 보호복	① 안전모(추락 및 감전 위험 방지용 제외) ② 보안경(차광 및 비산물 위험방지용 제외) ③ 보안면(용접용 제외)

17 적응기제(Adjustment Mechanism)의 도피적 행동인 고립에 해당하는 것은?

① 운동시합에서 진 선수가 컨디션이 좋지 않았다고 말한다.
② 키가 작은 사람이 키 큰 친구들과 같이 사진을 찍으려 하지 않는다.
③ 자녀가 없는 여교사가 아동교육에 전념하게 되었다.
④ 동생이 태어나자 형이 된 아이가 말을 더듬는다.

해설
고립 : 현실을 피하고 자신의 내부로 도피하려는 행동기제

18 조직이 리더에게 부여하는 권한으로 볼 수 없는 것은?

① 보상적 권한   ② 강압적 권한
③ 합법적 권한   ④ 위임된 권한

해설
리더십의 권한
1) 조직이 지도자에게 부여한 권한
   ㉠ 보상적 권한
   ㉡ 강압적 권한
   ㉢ 합법적 권한
2) 지도자 자신이 자신에게 부여한 권한
   ㉠ 전문성의 권한
   ㉡ 위임된 권한

19 안전교육 훈련기법에 있어 태도 개발 측면에서 가장 적합한 기본교육 훈련방식은?

① 실습방식
② 제시방식
③ 참가방식
④ 시뮬레이션방식

해설
안전교육 훈련기법 (사업장에서의 기본교육 훈련방식)
1) **지식형성** : 제시방식
2) **기능숙련** : 실습방식
3) **태도개발** : 참가방식

Answer ➡ 17. ② 18. ④ 19. ③

20 무재해운동의 추진을 위한 3요소에 해당하지 않는 것은?

① 모든 위험잠재요인의 해결
② 최고경영자의 경영자세
③ 관리감독자(Line)의 적극적 추진
④ 직장 소집단의 자주활동 활성화

해설

무재해 운동 추진의 3기둥(무재해 운동의 3요소)
1) 최고 경영자의 경영자세
2) 라인화의 철저(관리감독자에 의한 안전보건의 추진)
3) 직장(소집단)의 자주 활동의 활발화

제2과목 인간공학 및 시스템안전공학

21 반복되는 사건이 많이 있는 경우에 FTA의 최소 컷셋을 구하는 알고리즘이 아닌 것은?

① Fussel Algorithm
② Boolean Algorithm
③ Monte Carlo Algorithm
④ Limnios & Ziani Algorithm

해설

최소컷셋을 구하는 알고리즘(Algorithm)
1) Fussel 알고리즘
2) Boolean 알고리즘
3) Limnios & Ziani 알고리즘

22 1cd의 점광원에서 1m떨어진 곳에서의 조도가 3lux이었다. 동일한 조건에서 5m 떨어진 곳에서의 조도는 약 몇 lux인가?

① 0.12 ② 0.22
③ 0.36 ④ 0.56

해설

1) 조도는 거리의 제곱(자승)에 반비례한다.

$$조도 = \frac{1}{(거리)^2}$$

2) 조도 $= 3(\text{lux}) \times \frac{1^2}{5^2} = 0.12 \text{lux}$

23 지게차 인장벨트의 수명은 평균이 100,000시간, 표준편차가 500시간인 정규분포를 따른다. 이 인장벨트의 수명이 101,000시간 이상일 확률은 약 얼마인가? (단, P(Z ≤ 1)=0.8413, P(Z ≤ 2)=0.9772, P(Z ≤ 3)=0.9987이다.)

① 1.60% ② 2.28%
③ 3.28% ④ 4.28%

24 산업안전보건법령에서 정한 물리적 인자의 분류 기준에 있어서 소음은 소음성난청을 유발할 수 있는 몇 dB(A)이상의 시끄러운 소리로 규정하고 있는가?

① 70   ② 85
③ 100 ④ 115

해설

소음 : 소음성난청을 유발할 수 있는 85 dB(A) 이상의 시끄러운 소리

25 모든 시스템 안전 프로그램 중 최초 단계의 분석으로 시스템 내의 위험요소가 어떤 상태에 있는지를 정성적으로 평가하는 방법은?

① CA   ② FHA
③ PHA   ④ FMEA

해설

1) PHA(예비위험분석) : 대부분 시스템 안전 프로그램에 있어서 최초단계의 분석으로, 시스템 내의 위험한 요소가 얼마나 위험한 상태에 있는가를 정성적으로 평가하는 것이다.
2) PHA의 목적 : 시스템의 개발 단계에 있어서 시스템 고유의 위험상태를 식별하고 예상되는 재해의 위험수준을 결정하는 데 있다.

26 인터페이스 설계 시 고려해야 하는 인간과 기계와의 조화성에 해당되지 않는 것은?

① 지적 조화성   ② 신체적 조화성
③ 감성적 조화성 ④ 심미적 조화성

해설

인간기계 체계에서의 계면설계
1) 계면(interface) : 인간기계 체계에서 인간과 기계가 만나는 면(面)
2) 인간과 기계(환경)의 계면에서의 조화성 : 다음 3가지 차원

Answer ◐ 20. ① 21. ③ 22. ① 23. ② 24. ② 25. ③ 26. ④

이 고려되어야 함
① 신체적 조화성
② 지적 조화성
③ 감성적 조화성

27 FTA에 의한 재해사례 연구의 순서를 올바르게 나열한 것은?

[다음]
A. 목표사상 선정
B. FT도 작성
C. 사상마다 재해원인 규명
D. 개선계획 작성

① A→B→C→D
② A→C→B→D
③ B→C→A→D
④ B→A→C→D

해,설
FTA에 의한 재해사례의 연구순서
1) 1step : 톱사상의 선정
2) 2step : 사상마다 재해원인·요인의 규명
3) 3step : FT도의 작성
4) 4step : 개선계획의 작성
5) 5step : 개선안의 실시계획

28 청각적 표시장치에서 300m 이상의 장거리용 경보기에 사용하는 진동수로 가장 적절한 것은?

① 800Hz 전후
② 2,200Hz 전후
③ 3,500Hz 전후
④ 4,000Hz 전후

해,설
300m 이상의 장거리용 경보기는 1,000Hz 이하의 진동수를 사용하여야 한다.

길잡이
경계 및 경보신호의 선택 또는 설계 시의 설계 지침
1) 500~3,000Hz(또는 2,000~5,000Hz)의 진동수 사용
2) 장거리 (300m 이상용은 1,000Hz 이하의 진동수 사용 (고음은 멀리가지 못함)
3) 장애물 및 칸막이 통과시 500Hz 이하의 진동수 사용
4) 주의를 끌기 위해서는 변조된 신호 (초당 1~8번 나는 소리, 초당 1~3번 오르내리는 소리 등) 사용
5) 배경소음의 진동수와 구별되는 신호 사용

29 FT도에 사용되는 다음 기호의 명칭으로 맞는 것은?

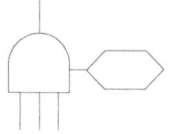

① 억제 게이트
② 부정 게이트
③ 배타적 OR 게이트
④ 우선적 AND 게이트

해,설
수정기호의 종류
1) **우선적 AND 게이트** : 입력사상 가운데 어느 사상이 다른 사상보다 먼저 일어났을 때에 출력사상이 생긴다.(A는 B보다 먼저)와 같이 기입
2) **짜맞춤(조합) AND 게이트** : 3개 이상의 입력사상 가운데 어느 것인가 2개가 일어나면 출력사상이 생긴다.(어느 것이든 2개)라고 기입
3) **위험지속기호** : 입력사상이 생기어 어느 일정시간 지속하였을 때에 출력사상이 생긴다.(위험지속시간)과 같이 기입
4) **배타적 OR 게이트** : OR 게이트로 2개 이상의 입력이 동시에 존재한 때에는 출력사상이 생기지 않는다.(동시에 발생하지 않는다.)라고 기입

30 작업장 내의 색채조절이 적합하지 못한 경우에 나타나는 상황이 아닌 것은?

① 안전표지가 너무 많아 눈에 거슬린다.
② 현란한 색배합으로 물체 식별이 어렵다.
③ 무채색으로만 구성되어 중압감을 느낀다.
④ 다양한 색채를 사용하면 작업의 집중도가 높아진다.

해,설
④항, 다양한 색체를 사용하면 작업의 집중도가 낮아진다.

31 위험처리 방법에 관한 설명으로 틀린 것은?

① 위험처리 대책 수립 시 비용문제는 제외된다.
② 재정적으로 처리하는 방법에는 보류와 전가 방법이 있다.
③ 위험의 제어 방법에는 회피, 손실제어, 위험분리, 책임 전가 등이 있다.
④ 위험처리 방법에는 위험을 제어하는 방법과 재정적으로 처리하는 방법이 있다.

해설

①항, 위험처리 대책 수립시 비용문제가 포함된다.

32 인간의 가청주파수 범위는?

① 2~10,000Hz
② 20~20,000Hz
③ 200~30,000Hz
④ 200~40,000Hz

해설

가청주파수 범위 : 20~20,000Hz

33 산업안전보건법에서 규정하는 근골격계 부담작업의 범위에 해당하지 않는 것은?

① 단기간작업 또는 간헐적인 작업
② 하루에 10회 이상 25kg 이상의 물체를 드는 작업
③ 하루에 총 2시간 이상 쪼그리고 앉거나 무릎을 굽힌 자세에서 이루어지는 작업
④ 하루에 4시간 이상 집중적으로 자료입력 등을 위해 키보드 또는 마우스를 조작하는 작업

해설

근골격계 부담작업의 범위 : "근골격계부담작업"이라 함은 다음 각 호의 1에 해당하는 작업을 말한다. 다만, 단기간작업 또는 간헐적인 작업은 제외된다.
1) 하루에 4시간 이상 집중적으로 자료입력 등을 위해 키보드 또는 마우스를 조작하는 작업
2) 하루에 총 2시간 이상 목, 어깨, 팔꿈치, 손목 또는 손을 사용하여 같은 동작을 반복하는 작업
3) 하루에 총 2시간 이상 머리위에 손이 있거나, 팔꿈치가 어깨 위에 있거나, 팔꿈치를 몸통으로 들거나, 팔꿈치를 몸통뒤쪽에 위치하도록 하는 상태에서 이루어지는 작업
4) 지지되지 않은 상태이거나 임의로 자세를 바꿀 수 없는 조건에서, 하루에 총 2시간 이상 목이나 허리를 구부리거나 트는 상태에서 이루어지는 작업
5) 하루에 총 2시간 이상 쪼그리고 앉거나 무릎을 굽힌 자세에서 이루어지는 작업
6) 하루에 총 2시간 이상 지지되지 않은 상태에서 1kg이상의 물건을 한손의 손가락으로 집어 올리거나, 2kg이상에 상응하는 힘을 가하여 한손의 손가락으로 물건을 쥐는 작업
7) 하루에 총 2시간 이상 지지되지 않은 상태에서 4.5kg 이상의 물체를 드는 작업
8) 하루에 10회 이상 25kg 이상의 물체를 드는 작업
9) 하루에 25회 이상 10kg 이상의 물체를 무릎 아래에서 들거나, 어깨 위에서 들거나, 팔을 뻗은 상태에서 드는 작업
10) 하루에 총 2시간 이상, 분당 2회 이상 4.5kg이상의 물체를 드는 작업
11) 하루에 총 2시간 이상 시간당 10회 이상 손 또는 무릎을 사용하여 반복적으로 충격을 가하는 작업

34 기능식 생산에서 유연생산 시스템 설비의 가장 적합한 배치는?

① 합류(Y)형 배치
② 유자(U)형 배치
③ 일자(-)형 배치
④ 복수라인(=)형 배치

해설

시스템 설비의 배치 : 기능식 생산에서 생산성 향상을 위한 가장 효율적인 배치는 U자형으로 배치하는 것이다.

35 인간-기계 체계에서 인간의 과오에 기인된 원인 확률을 분석하여 위험성의 예측과 개선을 위한 평가 기법은?

① PHA
② FMEA
③ THERP
④ MORT

해설

1) PHA(예비사고분석) : 최초단계 분석법, 정성적분석법
2) FMEA(고장형과 영향분석) : 정성적·귀납적분석법
3) THERP(인간과오율 예측기법) : 정량적 분석법
4) MORT(경영소홀 및 위험수 분석) : 광범위한 안전도모, 고도의 안전 달성

36 인체계측 자료에서 주로 사용하는 변수가 아닌 것은?

① 평균
② 5백분위수
③ 최빈값
④ 95 백분위수

해설

인체 측정자료의 응용원리
1) **최대치수와 최소치수(극단적 개인용 설계)** : 최대 및 최소 설계 매개변수로서는 남성의 제 95백분위수와 여성의 제 5백분위수를 사용한다.
2) **조절식 (가변적 설계)** : 여성의 제 5백분위 수 및 남성의 제 95백분위 수 범위에서 조정하도록 한다.
3) **평균 설계** : 극단적 설계 및 가변적 설계가 곤란할 때 적용한다.

Answer ➔ 32. ② 33. ① 34. ② 35. ③ 36. ③

37 다음 그림은 C/R비와 시간관의 관계를 나타낸 그림이다. ㉠~㉣에 들어갈 내용이 맞는 것은?

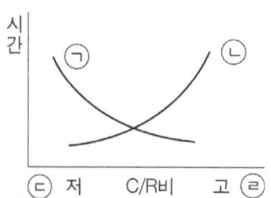

① ㉠ 이동시간 ㉡ 조정시간 ㉢ 민감 ㉣ 둔감
② ㉠ 이동시간 ㉡ 조정시간 ㉢ 둔감 ㉣ 민감
③ ㉠ 조정시간 ㉡ 이동시간 ㉢ 민감 ㉣ 둔감
④ ㉠ 조정시간 ㉡ 이동시간 ㉢ 둔감 ㉣ 민감

해설

통제표시비 (C/D비 또는 C/R비) : 통제표시비가 감소함에 따라 이동시간은 급격히 감소하다가 안정되며 조정시간은 이와 반대의 형태를 갖는다.
(최적 C/D비 : 1.18~2.42)

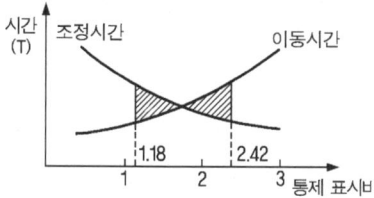

38 어떤 작업자의 배기량을 측정하였더니, 10분간 200L이었고, 배기량을 분석한 결과 O_2 : 16%, CO_2 : 4%였다. 분당 산소 소비량은 약 얼마인가?

① 1.05L/분 ② 2.05L/분
③ 3.05L/분 ④ 4.05L/분

해설

1) 배기량 = 200L/10min = 20L/min
2) 흡기량 × 79% = 배기량 × N_2%

   흡기량 = 배기량 × $\dfrac{N_2\%}{79\%}$

   $= 20 \times \dfrac{100-(16+4)}{79}$

   $= 20.25$ L/min

3) 산소소비량

   $= \left(흡기량 \times \dfrac{21}{100}\right) - \left(배기량 \times \dfrac{16}{100}\right)$

   $= (20.25 \times 0.21) - (20 \times 0.16)$
   $= 1.05$ L/min

39 인간공학에 관련된 설명으로 틀린 것은?

① 편리성, 쾌적성, 효율성을 높일 수 있다.
② 사고를 방지하고 안전성과 능률성을 높일 수 있다.
③ 인간의 특성과 한계점을 고려하여 제품을 설계한다.
④ 생산성을 높이기 위해 인간을 작업 특성에 맞추는 것이다.

해설

인간공학의 정의 : 기계기구, 환경 등의 물적 조건을 인간의 특성과 능력에 잘 조화되도록 설계하기 위한 수단을 연구하는 학문이다.

40 설비나 공법 등에서 나타날 위험에 대하여 정성적 또는 정량적인 평가를 행하고 그 평가에 따른 대책을 강구하는 것은?

① 설비보전   ② 동작분석
③ 안전계획   ④ 안전성 평가

해설

안전성평가의 6단계

1) 제1단계 : 관계자료의 정비검토
2) 제2단계 : 정성적 평가
3) 제3단계 : 정량적 평가
4) 제4단계 : 안전대책
5) 제5단계 : 재해정보에 의한 재평가
6) 제6단계 : F.T.A에 의한 재평가

제3과목 기계위험방지기술

41 방호장치의 안전기준상 평면연삭기 또는 절단연삭기에서 덮개의 노출각도 기준으로 옳은 것은?

① 80° 이내   ② 125° 이내
③ 150° 이내   ④ 180° 이내

Answer ▶ 37. ③ 38. ① 39. ④ 40. ④ 41. ③

해설

연삭기 덮개의 노출 각도
1) 원통 연삭기, 만능 연삭기의 덮개 : 덮개의 노출각은 180° 이내
2) 휴대용 연삭기, 스윙 연삭기의 덮개 : 덮개의 노출각은 180° 이내
3) 평면 연삭기, 절단 연삭기의 덮개 : 덮개의 노출각은 150° 이내

42 롤러기의 방호장치 중 복부조작식 급정지 장치의 설치위치 기준에 해당하는 것은? (단, 위치는 급정지장치의 조작부의 중심점을 기준으로 한다.)

① 밑면에서 1.8m 이상
② 밑면에서 0.8m 미만
③ 밑면에서 0.8m 이상 1.1m 이내
④ 밑면에서 0.4m 이상 0.8m 이내

해설

급정지장치의 종류 및 설치위치

급정지장치의 종류	설치위치
1. 손조작로프식	밑면에서 1.8m 이내
2. 복부 조작식	밑면에서 0.8m 이상 1.1m 이내
3. 무릎 조작식	밑면에서 0.6m 이내

43 광전자식 방호장치가 설치된 프레스에서 손이 광선을 차단했을 때부터 급정지기구가 작동을 개시할 때까지의 시간은 0.3초, 급정지기구가 작동을 개시했을 때부터 슬라이드가 정지할 때까지의 시간이 0.4초 걸린다고 할 때 최소 안전거리는 약 몇 mm인가?

① 540 ② 760
③ 980 ④ 1,120

해설

안전거리 = 160(cm)×(0.3+0.4) = 112cm = 1,120mm

44 드릴링 머신의 드릴지름이 10mm이고, 드릴 회전수가 1,000rpm일 때 원주속도는 약 얼마인가?

① 3.14m/min ② 6.28m/min
③ 31.4m/min ④ 62.8m/min

해설

드릴링 원주속도(V)
$$V = \frac{\pi DN}{1,000} = \frac{3.14 \times 10 \times 1,000}{1,000} = 31.4 \text{m/min}$$

45 금형 운반에 대한 안전수칙에 대한 설명으로 옳지 않은 것은?

① 상부금형과 하부금형이 닿을 위험이 있을 때는 고정 패드를 이용한 스트랩, 금속재질이나 우레탄 고무의 블록 등을 사용한다.
② 금형을 안전하게 취급하기 위해 아이볼트를 사용할 때는 숄더형으로 사용하는 것이 좋다.
③ 관통 아이볼트가 사용될 때는 조립이 쉽도록 구멍 틈새를 크게 한다.
④ 운반하기 위해 꼭 들어 올려야 할 때는 필요한 높이 이상으로 들어 올려서는 안된다.

해설

아이볼트 : 머리부분에 고리가 달린 볼트를 말한다.

46 기계설비 구조의 안전을 위해 설계 시 고려하여야 할 안전계수(safety factor)의 산출 공식으로 틀린 것은?

① 파괴강도 ÷ 허용응력
② 안전하중 ÷ 파단하중
③ 파괴하중 ÷ 허용하중
④ 극한강도 ÷ 최대설계응력

해설

$$\text{안전계수} = \frac{\text{파괴강도(파괴하중)}}{\text{허용응력(허용하중)}} = \frac{\text{극한강도(절대하중)}}{\text{최대설계응력(최대사용하중)}}$$

47 지게차의 안정도 기준으로 틀린 것은?

① 기준부하상태에서 주행시의 전후 안정도는 8% 이내이다.
② 하역작업시의 좌우안정도는 최대하중상태에서 포크를 가장 높이 올리고 마스트를 가장 뒤로 기울인 상태에서 6% 이내이다.

Answer ➡ 42. ③ 43. ④ 44. ③ 45. ③ 46. ② 47. ①

③ 하역작업시의 전후안정도는 최대하중상태에서 포크를 가장 높이 올린 경우 4%이내이며, 5톤 이상은 3.5% 이내이다.
④ 기준무부하상태에서 주행시의 좌우안정도는 (15+1.1×V)%이내이고, V는 구내최고속도(km/h)를 의미한다.

해설
① 기준 부하 상태에서 주행시의 전후 안정도는 18%이다

길잡이 | 지게차의 안정도

구 분	상 태	구 배(%)
전후 안정도	하역작업시	4(최대하중 5톤 이상은 3.5)
	주행시	18
좌우 안정도	하역작업시	6
	주행시	1.5+1.1×최고속도(V)

48 선반 등으로부터 돌출하여 회전하고 있는 가공물이 근로자에게 위험을 미칠 우려가 있는 경우 설치할 방호 장치로 가장 적합한 것은?

① 덮개 또는 울   ② 슬리브
③ 건널다리   ④ 체인 블록

해설
선반의 안전장치
1) **칩 브레이크** : 바이트에 설치된 칩을 짧게 끊어내는 장치
2) **쉴드**(Shield) : 칩비산방지 투명판
3) **덮개 또는 울** : 돌출 가공물에 설치한 안전장치
4) **브레이크** : 급정지장치
5) 기타 척의 인터록 덮개, 고정브리지(bridge) 등

49 원심기의 안전대책에 관한 사항에 해당되지 않는 것은?

① 최고사용회전수를 초과하여 사용해서는 아니된다.
② 내용물이 튀어나오는 것을 방지하도록 덮개를 설치하여야 한다.
③ 폭발을 방지하도록 압력방출장치를 2개 이상 설치하여야 한다.
④ 청소, 검사, 수리 등의 작업 시에는 기계의 운전을 정지하여야 한다.

해설
압력 방출 장치 : 보일러, 압력용기 등의 방호장치

50 탁상용 연삭기의 평형 플랜지 바깥지름이 150mm일 때, 숫돌의 바깥지름은 몇 mm이내 이어야 하는가?

① 300mm   ② 450mm
③ 600mm   ④ 750mm

해설
플렌지 직경 = 숫돌의 바깥지름 × 1/3
숫돌의 바깥지름 = 플랜지 직경 × 3 = 150 × 3 = 450mm

51 산업안전보건법령상 고속회전체의 회전시험을 하는 경우 미리 회전축의 재질 및 형상 등에 상응하는 종류의 비파괴검사를 해서 결함유무(有無)를 확인하여야 하는 고속회전체 대상은?

① 회전축의 중량이 0.5톤을 초과하여, 원주속도가 15m/s 이상인 것
② 회전축의 중량이 1톤을 초과하고, 원주속도가 30m/s 이상인 것
③ 회전축의 중량이 0.5톤을 초과하고, 원주속도가 60m/s 이상인 것
④ 회전축의 중량이 1톤을 초과하고, 원주속도가 120m/s 이상인 것

해설
비파괴검사의 실시(안전보건규칙 제 115조) : 고속회전체 (회전축의 중량이 1ton을 초과하고 원주속도가 120m/sec 이상인 것 한정)의 회전시험을 하는 경우 미리 회전축의 재질 및 형상 등에 상응하는 종류의 비파괴검사를 해서 결함 유무를 확인하여야 한다.

52 기계운동 형태에 따른 위험점 분류에 해당되지 않는 것은?

① 접선끼임점   ② 회전말림점
③ 물림점   ④ 절단점

해설
위험점의 분류
1) 끼임점   2) 협착점
3) 물림점   4) 절단점
5) 회전말림점   6) 접선물림점 등

Answer ● 48. ① 49. ③ 50. ② 51. ④ 52. ①

53 기계를 구성하는 요소에서 피로현상은 안전과 밀접한 관련이 있다. 다음 중 기계요소의 피로 파괴현상과 가장 관련이 적은 것은?

① 소음(noise)
② 노치(notch)
③ 부식(corrosion)
④ 치수 효과(size effect)

해설

1) **노치**(notch) : 축의 키 홈, 핀 구멍 등과 같이 갑자기 단면이 변화하는 부분으로 그곳에 응력 집중현상이 일어나 파괴되는 수가 있다.
2) **부식**(corrosion) : 금속이 그 표면에서 화학적 또는 전기화학적 작용으로 변질되어 가는 현상이다.
3) **치수효과**(size effect) : 부재치수의 증대에 수반하여 파괴강도가 저하하는 것을 말한다.

54 위험기계·기구 자율안전 확인고시에 의하면 탁상용 연삭기에서 연삭숫돌의 외주면과 가공물 받침대 사이 거리는 몇 mm를 초과하지 않아야 하는가?

① 1   ② 2
③ 4   ④ 8

해설

연삭숫돌의 외주면과 가공물 받침대 사이 간격 : 2mm 이내

55 지게차의 헤드가드 상부틀에 있어서 각 개구부의 폭 또는 길이의 크기는?

① 8cm 미만   ② 10cm 미만
③ 16cm 미만   ④ 20cm 미만

해설

지게차 헤드가드(head guard)의 구비조건
1) 강도는 지게차의 최대하중의 2배의 값(그 값이 4톤을 넘는 것에 대하여서는 4톤)의 등분포정하중에 견딜 수 있는 것일 것
2) 상부틀의 각 개구의 폭 또는 길이가 16cm 미만일 것
3) 운전자가 앉아서 조작하는 방식의 지게차에 있어서는 운전자의 좌석의 상면에서 헤드가드의 상부틀의 하면까지의 높이가 1m 이상일 것
4) 운전자가 서서 조작하는 방식의 지게차에 있어서는 운전석의 바닥면에서 헤드가드의 상부틀의 하면까지의 높이가 2m 이상일 것

56 안전한 상태를 확보할 수 있도록 기계의 작동 부분 상호간을 기계적, 전기적인 방법으로 연결하여 기계가 정상 작동을 하기 위한 모든 조건이 충족되어야만 작동하며, 그 중 하나라도 충족되지 않으면 자동적으로 정지시키는 방호장치 형식은?

① 자동식 방호장치   ② 가변식 방호장치
③ 고정식 방호장치   ④ 인터록식 방호장치

해설

인터록(interlock) : 기계장치 자체가 어떤 조건을 갖추지 않으면 작동하지 않도록 하여 오조작이 발생하지 않도록 하는 것을 말한다.

57 다음 중 목재가공용 둥근톱에 설치해야 하는 분할날의 두께에 관한 설명으로 옳은 것은?

① 톱날 두께의 1.1배 이상이고, 톱날의 차진폭보다 커야 한다.
② 톱날 두께의 1.1배 이상이고, 톱날의 치진폭보다 작아야 한다.
③ 톱날 두께의 1.1배 이상이고, 톱날의 치진폭보다 커야 한다.
④ 톱날 두께의 1.1배 이내이고, 톱날의 치진폭보다 작아야 한다.

해설

분할날의 두께 : 톱날두께의 1.1배 이상이고 톱날의 치진폭 이하로 할 것
∴ $1.1t_1 \leq t_2 \leq b$
여기서, t_1 : 톱의 두께
t_2 : 분할날의 두께
b : 치진폭

58 롤러기의 급정지장치를 작동시켰을 경우에 무부하 운전 시 앞면 롤러의 표면속도가 30m/min 미만일 때의 급정지거리로 적합한 것은?

① 앞면 롤러 원주의 1/1.5이내
② 앞면 롤러 원주의 1/2이내
③ 앞면 롤러 원주의 1/2.5이내
④ 앞면 롤러 원주의 1/3 이내

Answer ◆ 53. ① 54. ② 55. ③ 56. ④ 57. ② 58. ④

해설

급정지장치의 성능

앞면 롤러의 표면속도(m/min)	급정지거리
30 미만	앞면 롤러 원주×1/3
30 이상	앞면 롤러 원주×1/2.5

59 산업용 로봇의 재해 발생에 대한 주된 원인이며, 본체의 외부에 조립되어 인간의 팔에 해당되는 기능을 하는 것은?

① 센서(sensor)
② 제어 로직(control logic)
③ 제동장치(brake system)
④ 머니퓰레이터(manipulator)

해설

매니퓰레이터 : 산업용 로봇에 있어서 인간의 팔에 해당하는 아암(arm)이 기계 본체의 외부에 조립되어 아암의 끝부분으로 물건을 잡기도 하고 도구를 잡고 작업을 행하기도 하는데, 이와 같은 기능을 갖는 아암을 매니퓰레이터(Manipulator)라고 한다.

60 산업안전보건법령상 크레인의 직동식 권과방지장치는 훅 · 버킷 등 달기구의 윗면이 드럼, 상부 도르래 등 권상장치의 아랫면과 접촉할 우려가 있을 때 그 간격이 얼마 이상이어야 하는가?

① 0.01m 이상
② 0.02m 이상
③ 0.03m 이상
④ 0.05m 이상

해설

크레인의 권과방지장치(안전보건규칙 제 13조) : 권과방지장치는 훅 · 버킷 등 달기구의 윗면이 드럼, 상부 도르래, 트롤리 프레임 등 권상장치의 아랫면과 접촉할 우려가 있는 경우에 그 간격이 0.25m 이상 (직동식 권과방지장치는 0.05m이상)이 되도록 조정하여야 한다.

제4과목 전기 및 화학설비위험방지기술

61 교류아크 용접기의 재해방지를 위해 쓰이는 것은?

① 자동전격방지 장치
② 리미트 스위치
③ 정전압 장치
④ 정전류 장치

해설

교류아크 용접기의 방호장치 : 자동전격방지 장치

62 방폭구조의 종류와 기호가 잘못 연결된 것은?

① 유압방폭구조 － o
② 압력방폭구조 － p
③ 내압방폭구조 － d
④ 본질안전방폭구조 － e

해설

1) 본질안전방폭구조 : ia, ib
2) 안전증방폭구조 : e

63 누전에 의한 감전위험을 방지하기 위하여 누전차단기를 설치하여야 하는데 다음 중 누전차단기를 설치하지 않아도 되는 것은?

① 절연대 위에서 사용하는 이중 절연구조의 전동기기
② 임시배선의 전로가 설치되는 장소에서 사용하는 이동형 전기기구
③ 철판 위와 같이 도전성이 높은 장소에서 사용하는 이동형 전기기구
④ 물과 같이 도전성이 높은 액체에 의한 습운 장소에서 사용하는 이동형 전기기구

해설

누전차단기 설치적용 제외대상
1) 이중절연구조일 것
2) 비접지방식의 전로에 접속하여 사용하는 것
3) 절연대 위에서 사용하는 것

Answer 59. ④ 60. ④ 61. ① 62. ④ 63. ①

64 누전차단기의 설치 환경조건에 관한 설명으로 틀린 것은?

① 전원전압은 정격전압의 85~110% 범위로 한다.
② 설치장소가 직사광선을 받을 경우 차폐시설을 설치한다.
③ 정격부동작전류가 정격감도 전류의 30% 이상이어야 하고 이들의 차가 가능한 큰 것이 좋다.
④ 정격전부하전류가 30A인 이동형 전기기계·기구에 접속되어 있는 경우 일반적으로 정격감도 전류는 30mA 이하인 것을 사용한다.

해설

누전차단기의 설치 환경조건
1) 주위 온도 : -10~40℃ 범위 내에서 성능을 발휘할 수 있을 것
2) 표고 : 1,000m 이하 장소로 할 것
3) 상대습도 : 45~80% 사이에서 사용할 것
4) 전원전압 : 정격전압의 85~110% 범위로 할 것
5) 누전차단기 최소동작전류 : 정격감도 전류의 50% 이상

65 위험장소의 분류에 있어 다음 설명에 해당되는 것은?

> 분진운 형태의 가연성 분진이 폭발농도를 형성할 정도로 충분한 양이 정상작동 중에 연속적으로 또는 자주 존재하거나, 제어할 수 없을 정도의 양 및 두께의 분질층이 형성될 수 있는 장소

① 20종 장소 ② 21종 장소
③ 22종 장소 ④ 23종 장소

해설

위험장소 구분

폭발위험 장소 분류	적요	예(장소)
20종 장소	분진운 형태의 가연성 분진이 폭발농도를 형성할 정도로 충분한 양이 정상 작동 중에 연속적으로 또는 자주 존재하거나, 제어할 수 없을 정도의 양 및 두께의 분진층이 형성될 수 있는 장소	호퍼·분진저장소·집진장치·필터 등의 내부
21종 장소	20종 장소 외의 장소로서 분진운 형태의 가연성 분진이 폭발농도를 형성할 정도의 충분한 양이 정상작동 중에 존재할 수 있는 장소	집진장치·백필터·배기구 등의 주위, 이송벨트의 샘플링 지역 등
22종 장소	20종 장소 외의 장소로서 가연성 분진운 형태가 드물게 발생 또는 단기간 존재할 우려가 있거나 이상작동 상태에서 가연성 분진층이 형성될 수 있는 장소	21종 장소에서 예방조치가 취하여진 지역, 환기설비 등과 같은 안전 장치 배출구 주위 등

66 전기화재의 직접적인 발생요인과 가장 거리가 먼 것은?

① 피뢰기의 손상
② 누전, 열의 축적
③ 과전류 및 절연의 손상
④ 지락 및 접속불량으로 인한 과열

해설

출화의 경과에 의한 전기화재 분류
1) 단락 (25%)
2) 스파크 (24%)
3) 누전 및 지락
　① 누전 (15%)
　② 지락
4) 접촉부의 과열 (12%)
5) 절연열화, 절연파괴(11%)
6) 과전류 (8%)

67 이온생성 방법에 따라 정전기 제전기의 종류가 아닌 것은?

① 고전압인가식 ② 접지제어식
③ 자기방전식   ④ 방사선식

해설

제전기의 종류
1) 전압인가식(코로나 방전식)
2) 자기방전식
3) 방사선식

Answer ➡ 64. ③ 65. ① 66. ① 67. ②

68 피뢰설비 기본 용어에 있어 외부 뇌보호 시스템에 해당되지 않는 구성요소는?

① 수뢰부   ② 인하도선
③ 접지시스템   ④ 등전위 본딩

해설

등전위 본딩 : 같은 전위를 서로 연결시킨다는 의미를 나타낸다.

69 콘덴서의 단자전압이 1kV, 정전용량이 740pF일 경우 방전에너지는 약 몇 mJ인가?

① 370   ② 37
③ 3.7   ④ 0.37

해설

$$E = \frac{1}{2}CV^2$$
$$= \frac{1}{2} \times (740 \times 10^{-12}) \times (1,000)^2$$
$$= 3.7 \times 10^{-4} J \times \frac{1,000 mJ}{1 J} = 0.37 mJ$$

70 송전선의 경우 복도체 방식으로 송전하는데 이는 어떤 방전 손실을 줄이기 위한 것인가?

① 코로나방전   ② 평등방전
③ 불꽃방전   ④ 자기방전

해설

코로나방전 : 돌기형 도체와 평판 도체 사이에 전압이 상승할 때 발생하는 현상이다.

71 다음 중 화학물질 및 물리적 인자의 노출기준에 따른 TWA 노출기준이 가장 낮은 물질은?

① 불소   ② 아세톤
③ 니트로벤젠   ④ 사염화탄소

해설

TWA 노출기준
1) 불소(F_2) : 0.1ppm
2) 아세톤(CH_3COCH_3) : 500ppm
3) 니트로벤젠($C_6H_5NO_3$) : 1ppm
4) 사염화탄소(CCl_4) : 5ppm

72 대기 중에 대량의 가연성 가스가 유출되거나 대량의 가연성 액체가 유출하여 그것으로부터 발생하는 증기가 공기와 혼합해서 가연성 혼합기체를 형성하고, 점화원에 의하여 발생하는 폭발을 무엇이라 하는가?

① UVCE   ② BLEVE
③ Detonaion   ④ Boil over

해설

1) UVCE(Unconfined Vapor Cloud Explosion : 증기운 폭발) : 본문 설명
2) BLEVE(Boiling Liquid expanding Vapor Explosion) : 비등액 팽창 증기 폭발
3) Detonation : 폭굉
4) Boil over : 기름탱크의 일종의 수증기 폭발

73 화재 발생 시 알코올포(내알코올포)소화약제의 소화효과가 큰 대상물은?

① 특수인화물
② 물과 친화력이 있는 수용성 용매
③ 인화점이 영하 이하의 인화성 물질
④ 발생하는 증기가 공기보다 무거운 인화성 액체

해설

내알코올포 소화약제 : 알코올과 같은 물과 친화력이 있는 수용성 액체 (극성액체)의 화재에 사용되는 소화약제이다.

74 산업안전보건법령에서 정한 위험물질의 종류에서 "물반응성 물질 및 인화성 고체"에 해당하는 것은?

① 니트로화합물   ② 과염소산
③ 아조화합물   ④ 칼륨

해설

물반응성물질 및 인화성고체(안전보건규칙)
1) 리튬
2) 칼륨·나트륨
3) 황
4) 황린
5) 황화인·적린
6) 셀룰로이드류
7) 알킬알루미늄·알칼리튬
8) 마그네슘분말
9) 금속분말(마그네슘분말은 제외)

Answer ➡ 68. ④   69. ④   70. ①   71. ①   72. ①   73. ②   74. ④

10) 알칼리금속(리튬 · 칼륨 및 나트륨은 제외)
11) 유기금속화합물(알킬알루미늄 및 알킬리튬은 제외)
12) 금속의 수소화물
13) 금속의 인화물
14) 칼슘탄화물 · 알루미늄탄화물

75 다음 중 폭발한계의 범위가 가장 넓은 가스는?

① 수소　　　　② 메탄
③ 프로판　　　④ 아세틸렌

해설

폭발한계(폭발범위)
1) 수소(H_2) : 4.0~75vol%
2) 메탄(CH_4) : 5.0~15vol%
3) 프로판(C_3H_8) : 2.1~9.5vol%
4) 아세틸렌(C_2H_2) : 2.5~81vol%

76 20℃, 1기압의 공기를 압축비 3으로 단열 압축하였을 때 온도는 약 몇 ℃가 되겠는가? (단, 공기의 비열비는 1.40이다.)

① 84　　　　② 128
③ 182　　　④ 1091

해설

단열압축시 가스의 온도(T_2)

1) $T_2 = T_1 \times \left(\dfrac{P_2}{P_1}\right)^{\frac{n-1}{n}}$

　　$= (273+20) \times \left(\dfrac{3}{1}\right)^{\frac{1.4-1}{1.4}} = 401K$

2) $T_2 = 273 + t℃$
　　$t℃ = T_2 - 273$
　　　　$= 401 - 273 = 128℃$

77 산업안전보건법령에서 정한 안전검사의 주기에 따르면 건조설비 및 그 부속설비는 사업장에 설치가 끝난 날부터 몇 년 이내에 최초 안전검사를 실시하여야 하는가?

① 1　　　　② 2
③ 3　　　　④ 4

해설

안전검사의 주기
1) 크레인, 리프트 및 곤돌라 : 사업장에 설치가 끝난 날부터 3년 이내에 최초 안전검사를 실시하되, 그 이후부터 매 2년 (건설현장에서 사용하는 것은 최초로 설치한 날부터 매 6개월)
2) 그 밖의 유해 · 위험기계 등 : 사업장에 설치가 끝난 날부터 3년 이내에 최초 안전검사를 실시하게, 그 이후부터 매 2년 (공정안전보고서를 제출하여 확인을 받은 압력 용기는 4년)

78 여러 가지 성분의 액체 혼합물을 각 성분별로 분리하고자 할 때 비점의 차이를 이용하여 분리하는 화학설비를 무엇이라 하는가?

① 건조기　　　② 반응기
③ 진공관　　　④ 증류탑

해설

증류탑 : 증발하기 쉬운 차이 (비전의 차이)를 이용하여 액체혼합물의 성분을 분리시키는 장치

79 프로판(C_3H_8)가스의 공기 중 완전연소 조성 농도는 약 몇 vol%인가?

① 2.02　　　② 3.02
③ 4.02　　　④ 5.02

해설

완전연소조성농도(양론농도 ; Cst)

$$Cst = \dfrac{1}{1+4.773\left(n+\dfrac{m}{4}\right)} \times 100$$

$$= \dfrac{1}{1+4.773\left(3+\dfrac{8}{4}\right)} \times 100$$

$$= 4.02vol\%$$

여기서, n : C_3H_8의 C의 수
　　　　m : C_3H_8의 H의 수

80 가스를 저장하는 가스용기의 색상이 틀린 것은? (단, 의료용 가스는 제외한다.)

① 암모니아 – 백색
② 이산화탄소 – 황색
③ 산소 – 녹색
④ 수소 – 주황색

해설

②항, 이산화탄소(CO_2) : 청색

Answer ▶ 75. ④　76. ②　77. ③　78. ④　79. ③　80. ②

제5과목 건설안전기술

81 콘크리트 타설작업을 하는 경우에 준수해야 할 사항으로 옳지 않은 것은?

① 당일의 작업을 시작하기 전에 해당 작업에 관한 거푸집동바리등의 변형·변위 및 지반의 침하 유무 등을 점검하고 이상이 있으면 보수할 것
② 작업 중에는 거푸집동바리등의 변형·변위 및 침하 유무 등을 감시할 수 있는 감시자를 배치하여 이상이 있으면 작업을 중지하고 근로자를 대피시킬 것
③ 설계도서상의 콘크리트 양생기간을 준수하여 거푸집동바리 등을 해체할 것
④ 콘크리트를 타설하는 경우에는 편심을 유발하여 한쪽 부분부터 밀실하게 타설되도록 유도할 것

해설

콘크리트 타설작업시 준수 해야 할 사항
1) ①, ②, ③항
2) 콘크리트를 타설하는 경우에는 편심이 발생하지 않도록 골고루 분산하여 타설할 것
3) 콘크리트의 타설 작업시 거푸집 붕괴의 위험이 발생할 우려가 있는 때에는 충분한 보강 조치를 할 것

82 철골공사에서 나타나는 용접결함의 종류에 해당하지 않는 것은?

① 가우징(gouging)
② 오버랩(overlap)
③ 언더 컷(under cut)
④ 블로우 홀(blow gole)

해설

가우징(gouging) : 용접시 쪼아 따내기 등에 의해 여분을 제거하는 작업

83 버팀대(Strut)의 축하중 변화상태를 측정하는 계측기는?

① 경사계(Inclino meter)
② 수위계(Water level meter)
③ 침하계(Extension)
④ 하중계(Load cell)

해설

계측기의 종류 및 계측내용
1) **하중계**(load cell) : 버팀보(지주) 또는 어스앵커(earth anchor) 등의 실제 축하중 변화상태를 측정(부재의 안전상태를 파악하는 기기)
2) **간극 수압계**(piezometer) : 지하수의 수압을 측정
3) **수위계**(water level meter) : 지반내 지하수위 변화를 측정
4) **경사계**(inclinometer) : 흙막이벽의 수평변위(변형) 측정
5) **변형계**(stain gauge) : 흙막이벽의 변형과 응력을 측정

84 이동식비계를 조립하여 작업을 하는 경우의 준수사항으로 옳지 않은 것은?

① 이동식비계의 바퀴에는 뜻밖의 갑작스러운 이동 또는 전도를 방지하기 위하여 브레이크·쐐기 등으로 바퀴를 고정시킨 다음 비계의 일부를 견고한 시설물에 고정하거나 아웃트리거(outrigger)를 설치하는 등 필요한 조치를 할 것
② 작업발판은 항상 수평을 유지하고 작업발판 위에서 안전난간을 딛고 작업을 하지 않도록 하며, 대신 받침대 또는 사다리를 사용하여 작업할 것
③ 비계의 최상부에서 작업을 하는 경우에는 안전난간을 설치할 것
④ 작업발판의 최대적재하중은 250kg을 초과하지 않도록 할 것

해설

이동식 비계를 조립하여 작업을 할 때 준수사항
1) ①, ③, ④항
2) 작업 발판은 항상 수평으로 유지하고 작업발판 위에서 안전난간을 딛고 작업을 하거나 받침대 또는 사다리를 사용하여 작업하지 않도록 할 것
3) 승강용사다리는 견고하게 설치할 것

Answer ● 81. ④ 82. ① 83. ④ 84. ②

85 건설업에서 사업주의 유해 · 위험 방지 계획 제출 대상 사업장이 아닌 것은?

① 지상 높이가 31m 이상인 건축물의 건설, 개조 또는 해체공사
② 연면적 5,000m² 이상 관광숙박시설의 해체 공사
③ 저수용량 5,000톤 이하의 지방상수도 전용 댐 건설 등의 공사
④ 깊이 10m 이상인 굴착공사

해설
다목적댐, 발전용댐 및 저수용량 2천만 톤 이상의 용수 전용댐, 지방상수도 전용댐 건설 등의 공사

86 굴착작업을 하는 경우 지반의 붕괴 또는 토석의 낙하에 의한 근로자의 위험을 방지하기 위하여 관리감독자로 하여금 작업시작 전에 점검하도록 해야 하는 사항과 가장 거리가 먼 것은?

① 부석 · 균열의 유무
② 함수 · 용수
③ 동결상태의 변화
④ 시계의 상태

해설
굴착작업시 지반의 붕괴 또는 토석의 낙하에 의한 위험방지를 위해 관리감독자가 작업시작 전에 점검해야 할 사항
1) 작업장소 및 그 주변의 부석 · 균열의 유무
2) 함수 · 용수 및 동결상태의 변화

87 다음은 산업안전보건법령에 따른 지붕 위에서의 위험 방지에 관한 사항이다. ( ) 안에 알맞은 것은?

슬레이트, 선라이트 등 강도가 약한 재료로 덮은 지붕 위에서 작업을 할 때에 발이 빠지는 등 근로자가 위험해질 우려가 있는 경우 폭 ( )센티미터 이상의 발판을 설치하거나 안전방망을 치는 등 근로자의 위험을 방지하기 위하여 필요한 조치를 하여야 하는가?

① 20 ② 25
③ 30 ④ 40

해설
슬레이트, 선라이트(sunlight) 등 지붕 위에서의 작업시 위험 방지조치사항
1) 폭 30cm 이상의 발판 설치
2) 안전방망 설치

88 안전방망을 건축물의 바깥쪽으로 설치하는 경우 벽면으로부터 망의 내민 길이는 최소 얼마 이상이어야 하는가?

① 2m ② 3m
③ 5m ④ 10m

해설
안전방망(추락 방지망) 설치기준
1) 설치위치 : 작업면에 가장 가까운 지점에 설치하여야 하며, 작업면에서 방망설치 지점까지의 수직거리는 10m를 초과하지 않을 것
2) 방망 : 수평으로 설치
3) 방망의 처짐 : 짧은 변 길이의 12% 이상일 것
4) 방망의 내민 길이 : 벽면으로부터 3m 이상(다만, 그물코가 20mm 이하인 망을 사용한 경우에는 낙하물방지망을 설치한 것으로 봄)

89 다음에서 설명하고 있는 건설장비의 종류는?

앞뒤 두 개의 차륜이 있으며(2축 2륜), 각각의 차축이 평행으로 배치된 것으로 찰흙, 점성토 등의 두꺼운 흙을 다짐하는데 적당하나 단단한 각재를 다지는 데는 부적당하며 머캐덤 롤러 다짐 후의 아스팔트 포장에 사용된다.

① 클램쉘
② 탠덤 롤러
③ 트랙터 쇼벨
④ 드래그 라인

해설
1) 크렘쉘 : 붐의 선단에서 버킷을 와이어로프로 매달아 바로 아래로 떨어뜨려 흙을 떠올리는 중기
2) 텐덤롤러 : 본문설명
3) 트랙터쇼벨 : 트랙터 앞면에 버킷을 장착한 적재기계
4) 드래그라인 : 지반보다 낮은 연질지반의 넓은 굴착에 적합

Answer ➡ 85. ③ 86. ④ 87. ③ 88. ② 89. ②

90 작업으로 인하여 물체가 떨어지거나 날아올 위험이 있는 경우 설치하는 낙하물 방지망의 수평면과의 각도 기준으로 옳은 것은?

① 10° 이상 20° 이하를 유지
② 20° 이상 30° 이하를 유지
③ 30° 이상 40° 이하를 유지
④ 40° 이상 45° 이하를 유지

해설
낙하물방지망 또는 방호선반 설치시 준수사항
1) 설치 높이 : 10m 이내마다 설치
2) 내민 길이 : 벽면으로부터 2m 이상으로 할 것
3) 수평면과의 각도 : 20° 내지 30°를 유지할 것

91 다음은 산업안전보건법령에 따른 말비계를 조립하여 사용하는 경우에 관한 준수사항이다. ( )안에 알맞은 숫자는?

> 말비계의 높이가 2m를 초과한 경우에는 작업발판의 폭을 ( )cm 이상으로 할 것

① 10 ② 20
③ 30 ④ 40

해설
말비계를 조립하여 사용시 준수사항
1) 지주부재의 하단에는 미끄럼 방지장치를 하고, 양측 끝부분에 올라서서 작업하지 아니하도록 할 것
2) 지주부재와 수평면과의 기울기를 75° 이하로 하고, 지주부재와 지주부재 사이를 고정시키는 보조부재를 설치할 것
3) 말비계의 높이가 2m를 초과할 경우에는 작업발판의 폭을 40cm 이상으로 할 것

92 건설업 산업안전보건관리비의 안전시설비로 사용가능하지 않은 항목은?

① 비계·통로·계단에 추가 설치하는 추락방지용 안전난간
② 공사수행에 필요한 안전통로
③ 틀비계에 별도로 설치하는 안전난간·사다리
④ 통로의 낙하물 방호선반

해설
안전통로는 안전시설에 해당되지 않는다.

93 터널 지보공을 설치한 경우에 수시로 점검하여야 할 사항에 해당하지 않는 것은?

① 기둥침하의 유무 및 상태
② 부재의 긴압 정도
③ 매설물 등의 유무 또는 상태
④ 부재의 접속부 및 교차부의 상태

해설
터널지보공 설치시 수시점검사항
1) 부재의 손상·변형·부식·변위 탈락의 유무 및 상태
2) 부재의 긴압의 정도
3) 부재의 접속부 및 교차부의 상태
4) 기둥침하의 유무 및 상태

94 통나무 비계를 건축물, 공작물 등의 건조·해체 및 조립 등의 작업에 사용하기 위한 지상 높이 기준은?

① 2층 이하 또는 6m 이하
② 3층 이하 또는 9m 이하
③ 4층 이하 또는 12m 이하
④ 5층 이하 또는 15m 이하

해설
통나무비계를 사용할 수 있는 경우 : 지상높이가 4층 이하 또는 12m 이하인 건축물·공작물 등의 건조·해체 및 조립 등 작업시

95 굴착공사 중 암질변화구간 및 이상암질 출현 시에는 암질판별시험을 수행하는데 이 시험의 기준과 거리가 먼 것은?

① 함수비 ② R.Q.D
③ 탄성파속도 ④ 일축압축강도

해설
굴착공사중 암질변화구간 및 이상암질의 출현시 암질판별 기준
1) R·O·D(%)
2) 탄성파 속도(m/sec)
3) R·M·R
4) 일축압축강도(kg/cm²)
5) 진동치속도(cm/sec = Kine)

Answer ➡ 90. ② 91. ④ 92. ② 93. ③ 94. ③ 95. ①

96 거푸집동바리등을 조립하거나 해체하는 작업을 하는 경우 준수사항으로 옳지 않은 것은?

① 해당 작업을 하는 구역에는 관계 근로자가 아닌 사람의 출입을 금지할 것
② 비, 눈, 그 밖의 기상상태의 불안정으로 날씨가 몹시 나쁜 경우에는 그 작업을 중지할 것
③ 낙하·충격에 의한 돌발적 재해를 방지하기 위하여 버팀목을 설치하고 거푸집동바리 등을 인양장비에 매단 후에 작업을 하도록 하는 등 필요한 조치를 할 것
④ 재료, 기구 또는 공구 등을 올리거나 내리는 경우에는 근로자로 하여금 달줄·달포대 등의 사용을 금지하도록 할 것

해설
거푸집동바리 등을 조립·해체작업을 하는 경우 준수사항
1) ①, ②, ③항
2) 재료, 기구 또는 공구 등을 올리거나 내리는 경우에는 근로자로 하여금 달줄·달포대 등을 사용하도록 할 것

97 크레인을 사용하여 작업을 하는 경우 준수해야 할 사항으로 옳지 않은 것은?

① 인양할 하물(荷物)을 바닥에서 끌어당기거나 밀어 정위치 작업을 할 것
② 유류드럼이나 가스통 등 운반 도중에 떨어져 폭발하거나 누출될 가능성이 있는 위험물 용기는 보관함(또는 보관고)에 담아 안전하게 매달아 운반할 것
③ 미리 근로자의 출입을 통제하여 인양 중인 하물이 작업자의 머리 위로 통과하지 않도록 할 것
④ 인양할 하물이 보이지 아니하는 경우에는 어떠한 동작도 하지 아니할 것(신호하는 사람에 의하여 작업을 하는 경우는 제외한다)

해설
①항, 인양할 하물을 바닥에서 끌어당기거나 밀어내는 방법으로 작업을 하지 않도록 할 것

98 고소작업대가 갖추어야 할 설치조건으로 옳지 않은 것은?

① 작업대를 와이어로프 또는 체인으로 올리거나 내릴 경우에는 와이어로프 또는 체인이 끊어져 작업대가 떨어지지 아니하는 구조여야 하며, 와이어로프 또는 체인의 안전율은 3 이상일 것
② 작업대를 유압에 의해 올리거나 내릴 경우에는 작업대를 일정한 위치에 유지할 수 있는 장치를 갖추고 압력의 이상저하를 방지할 수 있는 구조일 것
③ 작업대에 정격하중(안전율 5 이상)을 표시할 것
④ 작업대에 끼임·충돌 등 재해를 예방하기 위한 가드 또는 과상승방지장치를 설치할 것

해설
①항, 와이어로프 또는 체인의 안전율은 5이상일 것

99 추락방지망의 방망 지지점은 최소 얼마 이상의 외력에 견딜 수 있는 강도를 보유하여야 하는가?

① 500kg   ② 600kg
③ 700kg   ④ 800kg

해설
방망지지점 강도
1) 600kg 외력에 견딜 수 있을 것
2) 연속적인 구조물이 방망지지점인 경우의 외력
$F = 200B$
여기서, F : 외력(kg)
B : 지지점 간격(m)

100 아스팔트 포장도로의 노반의 파쇄 또는 토사 중에 있는 암석제거에 가장 적당한 장비는?

① 스크레이퍼(Scraper)
② 롤러(Roller)
③ 리퍼(Ripper)
④ 드래그라인(Dragline)

해설
리퍼(ripper) : 단단한 흙이나 연약한 암석을 파내는 갈고리 모양의 기계장비

Answer ● 96. ④ 97. ① 98. ① 99. ② 100. ③

2025 산업안전산업기사 필기

초판 1쇄 발행 2025년 3월 27일

지은이 경국현
펴낸이 정은재
펴낸곳 세영에듀

세영에듀
등록 제 2022-000031호
주소 서울 영등포구 경인로 71길 6 3층
홈페이지 www.seyoung24.com
전화 02) 2633-5119
팩스 02) 2633-2929
이메일 syedu24@naver.com
ISBN 979-11-991961-2-4 (13530)

정가 42,000원

※ 파본은 구입하신 서점에서 교환해 드립니다.